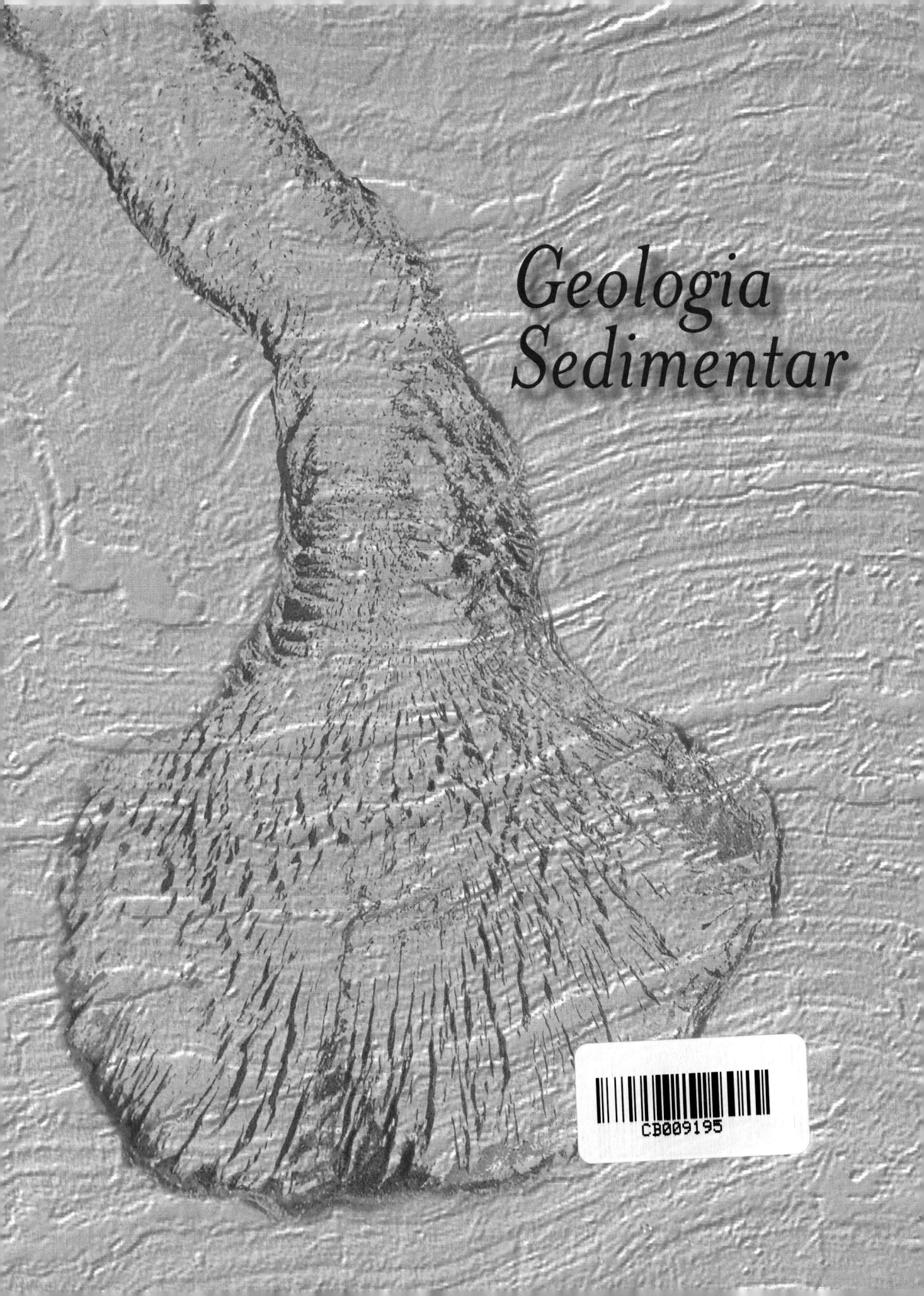

Geologia
Sedimentar

Blucher

Kenitiro Suguio

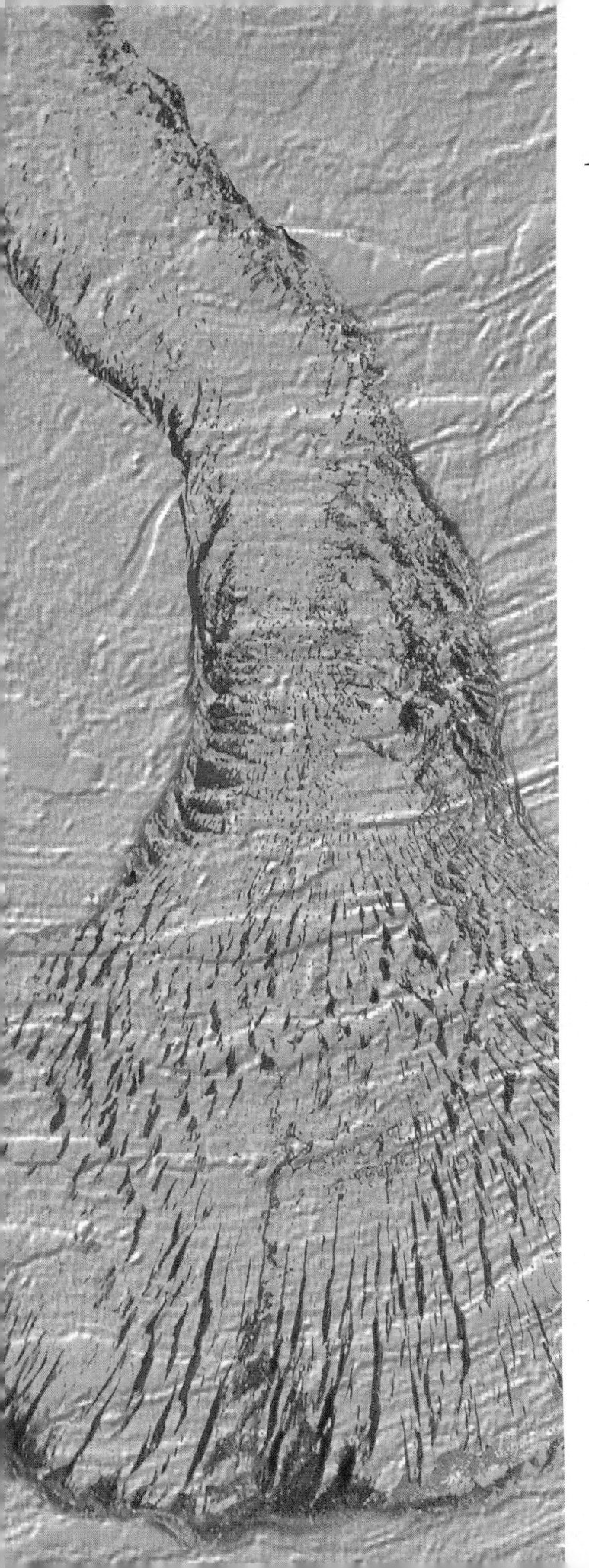

Geologia Sedimentar

Pró-Reitoria de Pesquisa

Auxílio parcial da Pró-Reitoria de Pesquisa da Universidade de São Paulo

Geologia sedimentar

© 2003 Kenitiro Suguio

1ª edição – 2003

5ª reimpressão – 2022

Editora Edgard Blücher Ltda.

Blucher

Rua Pedroso Alvarenga, 1245, 4º andar

04531-012 – São Paulo – SP – Brasil

Tel 55 11 3078-5366

editora@blucher.com.br

www.blucher.com.br

FICHA CATALOGRÁFICA

Suguio, Kenitiro

    Geologia sedimentar / Kenitiro Suguio –
São Paulo: Blucher, 2003.

    "Auxílio parcial da Pró-Reitoria de Pesquisa
da Universidade de São Paulo".

    Bibliografia.

    ISBN 978-85-212-0317-9

    1. Geologia 2. Rochas sedimentares
3. Sedimentação e depósito 4. Sedimentos (Geologia)
I. Título.

05-6317   CDD-551.3

Índices para catálogo sistemático:

1. Geologia sedimentar: Ciências da terra 551.3

2. Sedimentologia: Geologia: Ciências da terra 551.3

Foto da capa

Diques clásticos de arenito em rochas sedimentares da Formação Corumbataí do Permotriássico da Bacia do Paraná. Entre os quilômetros 161 e 162 da Rodovia dos Bandeirantes (SP-348), em Cordeirópolis, SP.

(Foto de Marcos N. Suguio)

Livros Já Publicados Pelo Autor

Suguio, K. 1973. *Introdução à sedimentologia.* São Paulo, Editora Edgard Blücher Ltda., EDUSP, 317 pp.

Suguio, K. & Bigarella, J. J. 1979. *Ambientes fluviais.* Florianópolis, Editoras UFSC-UFPR, 183 pp.

Suguio, K. 1980. *Rochas sedimentares - propriedades, gênese e importância econômica.* Editora Edgard Blücher Ltda., EDUSP, 500 pp.

Suguio, K. 1992. *Dicionário de geologia marinha* (com termos correspondentes em inglês, francês e espanhol). São Paulo, T. A. Queiroz, editor, 171 pp.

Suguio, K. 1998. *Dicionário de geologia sedimentar e áreas afins* (com termos correspondentes em inglês, francês, espanhol e alemão). Rio de Janeiro, Bertrand-Brasil, 1217 pp.

Suguio, K. 1999. *Geologia do Quaternário e mudanças ambientais* (passado + presente = futuro?). São Paulo, Paulo's Editora, 366 pp.

Conteúdo

Capítulo 1
Introdução Geral

1. Generalidades

O desenvolvimento mundial da sedimentologia, nos dias atuais, é espantoso, principalmente na América do Norte. Com a descoberta de volumes fantásticos de petróleo, em sedimentos pensilvanianos do oeste do Texas e em sedimentos devonianos do Canadá, os estudos centralizados em calcários e arenitos, que constituem as rochas-reservatório, permitiram um notável progresso da matéria. Desta maneira, tendo como base a indústria petrolífera, os Estados Unidos imprimiram um impulso extraordinário à sedimentologia, enquanto outros países da Europa e da Ásia receberam esta influência e foram também encaminhados para a rota do progresso, que continua até hoje.

Nos Estados Unidos, as pesquisas relativas aos sedimentos inconsolidados e aos sedimentos consolidados antigos têm caminhado lado a lado, ajudando-se mutuamente, mas em alguns países, como o Japão, as pesquisas foram realizadas principalmente em sedimentologia marinha, tendo ocorrido menor preocupação com o estudo das rochas sedimentares consolidadas. No Brasil, a sedimentologia também recebeu, como na América o Norte, um grande estímulo da indústria petrolífera, principalmente nas três últimas décadas.

Além disso, atualmente, tem-se constatado a importância da sedimentologia na consolidação dos conceitos básicos ligados a campos relacionados, tais como, geografia, estudo do Quaternário, mineralogia, geologia dos depósitos minerais, paleontologia, geologia aplicada, geoquímica e geofísica, mostrando a necessidade de pesquisas cada vez mais entrosadas.

2. Definição da sedimentologia

A sedimentologia é o estudo dos depósitos sedimentares e suas origens. Ela é aplicável em vários tipos de depósitos: antigos ou modernos, marinhos ou continentais, inclusive seus conteúdos faunísticos e florísticos, minerais, texturas e estruturas, além da diagênese e evoluções temporal e espacial. Esta ciência, baseada na observação e na descrição de numerosas e intrincadas feições de sedimentos moles e duros em seqüências naturais, seguidas de reconstrução dos paleoambientes de sedimentação em termos estratigráficos e tectônicos. Para isso, a sedimentologia toma emprestados dados e métodos de vários ramos das geociências e das ciências afins (Figura 1 -1).

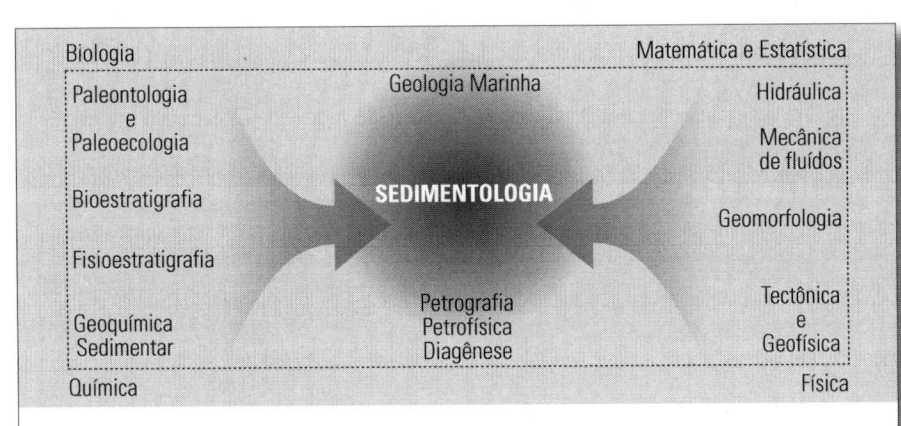

Biologia		Matemática e Estatística
Paleontologia e Paleoecologia	Geologia Marinha	Hidráulica
Bioestratigrafia	**SEDIMENTOLOGIA**	Mecânica de fluídos
Fisioestratigrafia		Geomorfologia
Geoquímica Sedimentar	Petrografia Petrofísica Diagênese	Tectônica e Geofísica
Química		Física

FIGURA 1.1   Visão "egocêntrica" da sedimentologia (modificada de Potter, 1974), mostrando as relações com algumas disciplinas geológicas e com outras matérias ligadas aos conhecimentos científicos fundamentais.

Os conhecimentos da *biologia* sobre os animais e as plantas podem ser aplicados em *paleontologia* e *paleoecologia*. Os fósseis podem ser estudados sob enfoque essencialmente científico tratando de aspectos como a *evolução*, *morfologia* e *taxonomia* ou na definição de *zonas bioestratigráficas* (bioestratigrafia) e suas relações com as *unidades litoestratigráficas* (fisioestratigrafia), de acordo com Shaw (1964) e Mathews (1974).

A análise paleoambiental dos depósitos sedimentares exige também o emprego da *geoquímica* isto é, do estudo de suas propriedades químicas. Desta maneira, os *minerais detríticos* (terrígenos ou clásticos) indicam as suas fontes primárias e a história pré-deposicional, enquanto os *minerais autigênicos* (ou autóctones) podem fornecer informações sobre os *ambientes deposicionais* e até mesmo sobre as *histórias diagenética* e *intempérica*. A *geoquímica sedimentar* (Degens, 1965) encontra profícuo campo de aplicação nos chamados *sedimentos químicos*, tais como, as *rochas evaporíticas* e *fosfáticas*, além de alguns *carbonatos* e *rochas pelíticas*.

A *petrografia sedimentar* e *petrologia sedimentar*, às vezes empregadas como quase sinônimas (Carozzi, 1960; Folk, 1968), versam fundamentalmente sobre

o estudo microscópico dos sedimentos. Esses estudos podem abarcar as *propriedades petrofísicas* (porosidade e permeabilidade) e a *diagênese* que trata das transformações pós-deposicionais ocorridas no sedimento em vias de *litificação*. A *diagênese* é de grande interesse porque pode diminuir ou aumentar a *porosidade* e a *permeabilidade* de um sedimento, influindo na capacidade de armazenamento e na transmissibilidade de fluidos intersticiais, como água, petróleo ou gás.

A *geologia marinha* principalmente a *sedimentologia marinha*, ao lado dos estudos dos produtos de outros processos ativos na superfície terrestre atual, como os sedimentos eólicos, fluviais, glaciais, litorâneos e coluviais, constitui um importante campo de pesquisas sedimentológicas.

Os conceitos de *hidráulica* e de *mecânica dos fluidos* são conhecimentos atualmente empregados em *sedimentologia*, de modo que os estudos que no início eram essencialmente qualitativos tornaram-se cada vez mais quantitativos. Os princípios físicos podem ser desenvolvidos pela matemática e experimentalmente, em laboratórios hidráulicos, ou no campo, em ambientes atuais de sedimentação. Esses estudos podem ser aplicados na compreensão dos *parâmetros físicos* que controlaram a deposição de sedimentos antigos (Allen, 1970).

A *geomorfologia* — que trata da descrição dos sistemas das paisagens e dos seus processos modificadores (Bloom,1978) — constitui também um ramo essencial das geociências, principalmente na *sedimentologia do Quaternário*.

Finalmente, a descoberta do fenômeno da *expansão do fundo oceânico* e o desenvolvimento da *teoria da tectônica de placas*, em meados da década de 60, aumentaram as possibilidades para que a *megassedimentologia* ou *sedimentologia global* pudesse explicar melhor o papel da sedimentologia no *ciclo das rochas*.

3. Histórico da sedimentologia

Embora o termo *sedimentologia* tenha sido empregado, pela primeira vez, somente em 1925 por A. C. Trowbridge (Wadell,1933), o despertar do interesse pela sedimentação e origem das rochas sedimentares remonta aos primeiros dos estudos da geologia. Pode-se dizer que as bases da moderna sedimentologia foram lançadas entre a Renascença e a Revolução Industrial, por pesquisadores como Leonardo da Vinci, James Hutton e William

Smith. No fim do século XIX, foi estabelecida a *teoria do atualismo* (ou *princípio do uniformitarismo*) como uma idéia geológica fundamental. Os trabalhos de Sorby (1853 e 1908) e de Lyell (1865) já mostravam como os processos modernos poderiam ser usados na interpretação de texturas e estruturas sedimentares antigas.

Middleton (1978) subdividiu o histórico da sedimentologia em cinco capítulos com limites arbitrários separados pelos anos de 1830, 1894, 1931 e 1950. Os principais fatos que caracterizam cada um dos períodos foram:

1. *primeiro período* (antes de 1830) — aceitação geral do *princípio do atualismo* (Lyell,1830) como uma das leis básicas da geologia;

2. *segundo período* (1830-1894) — elaboração teórica do atualismo como fundamento de uma ciência específica dedicada às rochas sedimentares (litologia comparativa da lei de Walther, 1893-1894) e a demonstração prática de métodos atualísticos por investigações científicas, com a sondagem de Funafuti e a expedição Challenger;

3. *terceiro período* (1894-1931) — desenvolvimento da profissionalização da sedimentologia, que culminou com a publicação do primeiro periódico sedimentológico (Journal of Sedimentary Petrology) em 1931;

4. *quarto período* (1931-1950) — início dos estudos de sedimentos recentes em larga escala e introdução de muitas técnicas novas, particularmente na *oceanografia*, fatos esses que coincidiram com grandes avanços em *geoquímica* e na interpretação de calcários, arenitos e estruturas sedimentares;

5. *quinto período* (1950 ao presente) — publicação do vários livros-texto clássicos, tais como os de Twenhofel (1950), Trask (1950), Kuenen (1950a,b) e Krumbein & Sloss (1951), que forneceram uma excelente idéia sobre o "estado da arte" dos conhecimentos sedimentológicos em meados do século XX.

Diversos são os aspectos que distinguem este último período de todos os anteriormente descritos. O primeiro deles foi, por exemplo, a grande expansão na escala das investigações de sedimentos recentes visando, principalmente à procura de *armadilhas estratigráficas* de petróleo. Um dos primeiros projetos integrados multidisciplinares, com este objetivo, foi desenvolvido sob a égide do American Petroleum Institute (Projeto 51), realizado a noroeste do Golfo do México (Shepard *et al.*, 1960).

O emprego de conceitos genéticos, já consagrados em estudos estratigráficos, como o das *seqüências sedimentares* de Sloss (1963) e o dos *sistemas deposicionais* de Fisher & McGowen (1967), conduziu os pesquisadores à formulação da *estratigrafia genética*, que se mostrou extremamente útil no mapeamento de áreas desconhecidas ou na revisão estratigráfica de bacias, por ocasião da retomada mais intensificada dos seus estudos geológicos. A aplicação dos conceitos acima, combinados com as idéias fundamentais da *estratigrafia convencional*, ampliaram as perspectivas interpretativas que a utilização isolada de cada conceito ou as analogias lito e cronoestratigráficas apenas fazem vislumbrar, conforme foi demonstrado também no Brasil por Braga & Della Fávera (1978) e outros. A crescente importância da *sismoestratigrafia*, método geológico para a interpretação de informações geofísicas, sísmicas, tornou-se o instrumento ideal para se proceder à síntese geológica regional, pois, atualmente, dispõe-se da perfilagem sísmica tridimensional.

No Brasil, o Projeto Rio Doce foi um dos poucos estudos sedimentológicos integrados sobre sedimentos recentes que foi desenvolvido por uma equipe de geólogos da Petrobras e por pesquisadores da Universidade de São Paulo, entre 1972 e 1975 (Bandeira Júnior *et al.*,1975 e 1979).

O Projeto REMAC (Reconhecimento Global da Margem Continental Brasileira), desenvolvido em conjunto entre a Petrobras, DNPM, CPRM, DHN e CNPq, reuniu até hoje o maior acervo de conhecimentos sedimentológicos sobre a plataforma continental brasileira (Projeto REMAC 1 em 1977 e Projeto REMAC 5, em 1979). Em termos de *sedimentologia da plataforma*, outros estudos integrados como o GEOMAR e alguns estudos específicos ligados a instituições oceanográficas universitárias também têm contribuído, não obstante o caráter mais restrito em áreas dessas pesquisas.

Nos últimos vinte anos, aporte substancial de conhecimentos sobre a *sedimentologia costeira* e suas relações com as variações do nível do mar, durante o Quaternário, originou-se do esforço de pesquisadores de várias universidades brasileiras e algumas instituições estrangeiras, como o IRD (antigo ORSTOM) da França (Suguio *et al.*, 1985 e 1988; Martin *et al.*,1987 e 1993).

4.   Abrangência da sedimentologia

Entre os termos técnicos mais comumente usados em campos correlatos da sedimentologia tem-se: *estratigrafia*, *petrografia sedimentar* e *petrologia sedimentar*, mas as definições precisas de cada uma dessas palavras e os seus campos de abrangência são comumente confusos.

Segundo os conceitos originais estabelecidos por Grabau (1913) e Twenhofel (1932), a *estratigrafia* versa sobre o *"estudo de formações estratificadas"*. Neste caso, o termo abrangeria várias atividades de pesquisa de origem das rochas sedimentares, inclusive a *petrografia sedimentar*, mas sem qualquer relação com a *geologia histórica*, estabelecendo a *"seqüência de estratos*" que seria incorporada só mais tarde. De acordo com Dunbar & Rodgers (1957), Weller (1960) e Krumbein & Sloss (1963), o termo estratigrafia deveria abranger a *sedimentologia* propriamente dita, a *petrografia sedimentar* e a *geologia histórica*.

A *sedimentologia* é uma disciplina que tem como escopo os estudos da desintegração e/ou decomposição, a erosão e o transporte, o mecanismo de sedimentação o tectonismo do ambiente deposicional, além das relações entre as condições de sedimentação e os processos diagenéticos. Desse modo, deve-se excluir da sedimentologia a *geologia histórica* e a *estratigrafia*, tratando exclusivamente da *sedimentologia* e da *petrografia sedimentar*, que juntas poderiam ser chamadas de *petrologia sedimentar*. Além disso, a sedimentologia versaria sobre sedimentos marinhos, não-marinhos e continentais.

4.1   Princípios básicos da sedimentologia

Em geral, para se chegar à desintegração e/ou decomposição intensivas por intemperismo, seguidas por erosão, é necessário admitir que o substrato rochoso da região tenha sofrido soerguimento para se transformar em *área-fonte* de detritos. Mas para que ocorra a sedimentação, é necessário também que se imagine a formação de uma área deprimida para onde os detritos são carreados e depositados, chegando a constituir as *bacias sedimentares* (Figura 1.2) Com o tempo, os *processos tectônicos* de *soerguimento* e *subsidência* podem atingir uma situação de quase equilíbrio, quando os processos geológicos são praticamente interrompidos.

No espaço entre a *área-fonte* e a *área de deposição*, são desenvolvidos os fenômenos de erosão e de transporte e, por outro lado, no sítio de deposição ocorrem os fenômenos de sedimentação por *processos físicos* (mecânicos), *químicos* ou *orgânicos*. Obviamente, durante o desenrolar desses processos, as *mudanças climáticas* são particularmente importantes. Entretanto, fatores químicos e físico-químicos, tais como, pH, Eh, composição química da água do mar, etc. não podem ser esquecidos. As *velocidades das correntes*, as *profundidades* e as *paleotemperaturas* são também fatores físicos importantes, que atuam ao lado dos fatores biológicos durante a sedimentação.

Imediatamente, os depósitos sedimentares assim originados passam a sofrer *modificações diagenéticas* físicas e químicas. Por exemplo, ocorre a *compactação* dos sedimentos com a formação de minerais autigênicos, e os sedimentos tornam-se mais densos e mais coesos. Por esses processos, os sedimentos inconsolidados podem ficar completamente litificados para originar as *rochas sedimentares*, que são estudadas pela *petrografia sedimentar*.

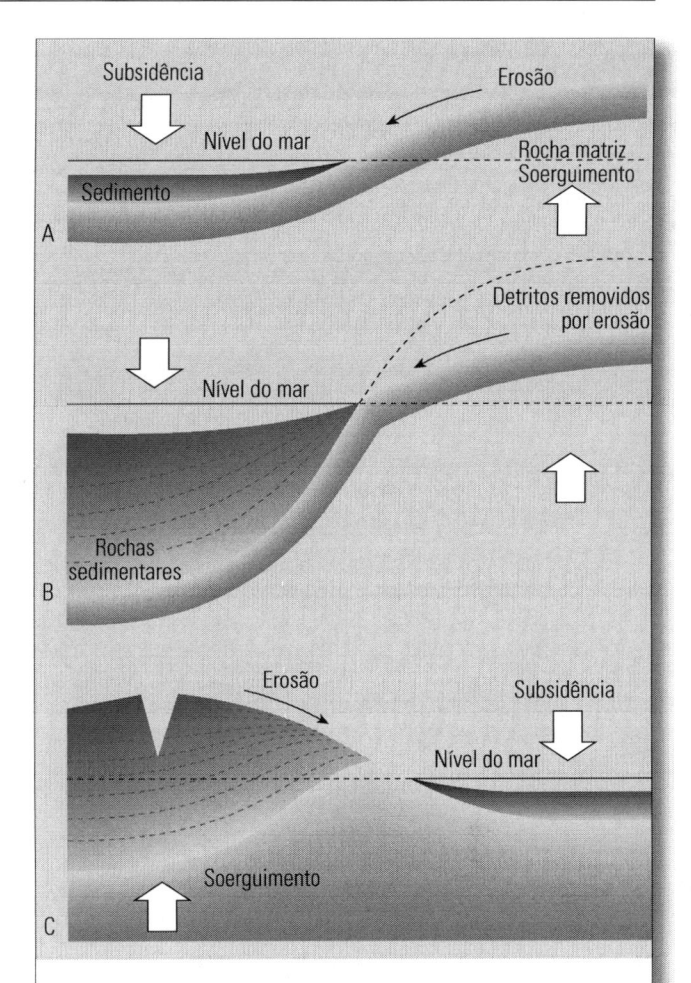

FIGURA 1.2   Os processos endógenos (internos), que causam o soerguimento e a subsidência, também determinam as posições dos continentes e dos mares rasos em qualquer época e, além disso, governam os processos exógenos (externos) de erosão e sedimentação. A profunda incisão no pacote sedimentar em C representa uma situação como a do atual Grand Canyon dos Estados Unidos.

Um fato que não deve ser esquecido na evolução dos processos de *sedimentação* para a *diagênese* é o *tectonismo*, que atua incessantemente em todas as etapas. Portanto, os principais objetivos da sedimentologia consistem no estabelecimento das relações fundamentais entre o tectonismo, ambientes de sedimentação e os tipos de sedimentos depositados, de modo a tentar compreender a sua origem (Fig. 1.3).

4.2   Os sedimentos recentes de origens marinha e não-marinha

Diversos pesquisadores têm salientado a necessidade de se estabelecer relações fundamentais entre os depósitos sedimentares e as condições de *tectonismo* e de *sedimentação* como procedimento básico para se interpretar corretamente a *origem de um depósito*

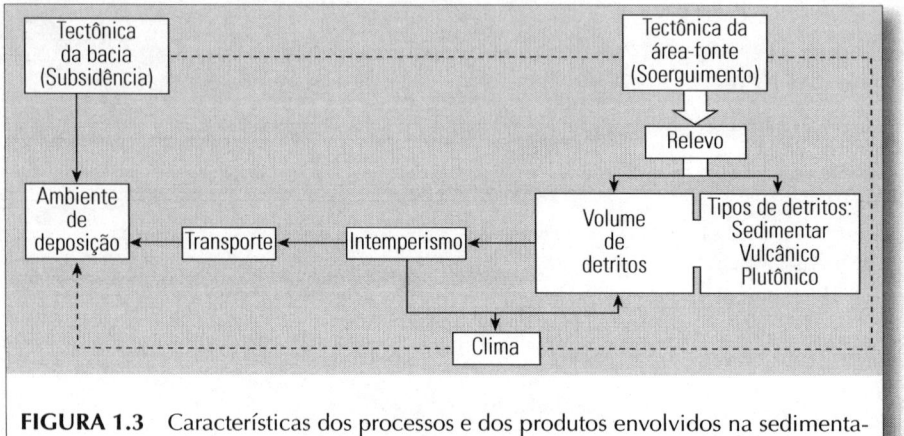

FIGURA 1.3 Características dos processos e dos produtos envolvidos na sedimentação que, por sua vez, dependem das peculiaridades dos fatores tectônicos e climáticos nas áreas-fonte e nos sítios deposicionais.

sedimentar. Isto pode ser feito somente pelo estudo de sedimentos recentes de vários ambientes (marinhos, lacustres, fluviais, etc.). O estudo dos sedimentos recentes marinhos e não-marinhos não constitui apenas um instrumento da sedimentologia para o estudo dos depósitos mais antigos, pois muitos desses depósitos, por si sós, representam o objetivo final da pesquisa, como acontece na *sedimentologia marinha*.

Porém, não há dúvida que a finalidade primordial da *sedimentologia marinha* é a sua aplicação na tentativa de correlação de sedimentos submarinos recentes com sedimentos situados sobre os continentes adjacentes originados em város ambientes. Por essas pesquisas, podemos estabelecer as relações entre os sedimentos recentes e os ambientes atuais de sedimentação resultantes principalmente da topografia e da hidrodinâmica do fundo submarino.

A abrangência da *sedimentologia marinha* considerando-se as principais pesquisas em andamento no mundo, é muito grande. Próximo à costa têm-se as pesquisas de profundidades do embasamento, de sucessivas posições ocupadas por vales soterrados, de erosão marinha de bancos arenosos, de deslocamentos de linhas de costa, etc. Especialmente nos dias atuais, a utilização de *isótopos de elementos químicos* ($^{18}O/^{16}O$, $^{13}C/^{12}C$ e ^{14}C) tem possibilitado medição de *paleotemperaturas* e *idades geológicas*, além de interpretações das relações entre os *níveis do mar* e os *períodos glaciais* e *interglaciais* Nas *plataformas continentais* têm sido realizadas pesquisas relacionadas as suas origens e aos sedimentos de cobertura, bem como de escarpas submarinas e as antigas linhas de costa. Os *vales* e *fossas* submarinas têm sido estudados quanto as suas origens e aos sedimentos que os preenchem. Têm sido realizadas também pesquisas de *montes submarinos* e *cadeias mesoceânicas*. Os tipos de argilominerais estão intimamente associados às condições de Eh e pH dos fundos submarinos e, portanto, prestam-se à subdivisão em diversos ambientes de sedimentação.

Da mesma maneira, os estudos de sedimentos recentes de origens lacustre, fluvial, desértico e glacial têm fornecido informações igualmente interessantes, para se entender melhor as suas relações com as *mudanças paleoambientais*.

4.3 Pesquisas experimentais em sedimentologia

Como nos outros campos de pesquisa, na sedimentologia também são necessários estudos experimentais. Em geral, sobre os processos ligados às fases de *intemperismo*, de *desintegração* e/ou *decomposição* de *erosão* e *transporte*, existem informações mais ou menos numerosas, mas em relação aos *processos de sedimentação* há poucos dados. Além disso, a quase inexistência de dados experimentais relacionados à *diagênese* tem dificultado bastante a sua compreensão. Informações relacionadas a dados experimentais sobre a gênese e alteração dos argilominerais são relativamente numerosas.

Nas últimas décadas, a utilização de *isótopos de elementos químicos*, os estudos de *paleomagnetismo* e as pesquisas de *texturas superficiais* com microscópio eletrônico de varredura têm melhorado as interpretações sobre as condições de sedimentação.

4.4 Intemperismo, desintegração e/ou decomposição, erosão e transporte

Quaisquer que sejam as naturezas das rochas matrizes que vão formar os detritos (magmáticas, sedimentares ou metamórficas), elas passam inicialmente por processos de intemperismo em ambientes subaéreo ou subaquático que produz a desintegração (ação física) e/ou decomposição (ação química), seguidas por erosão dos materiais. Os detritos originados sofrem transporte por ação de vento, água ou gelo, sendo em seguida sedimentados e litificados.

4.5 Mecanismos de sedimentação

Durante a atuação dos fenômenos de intemperismo, causando a desintegração e/ou decomposição das rochas em ambiente subaquático, parte da rocha é dissolvida quimicamente e outra porção passa para a suspensão em *estado coloidal*, ao lado de fragmentos minerais mais estáveis como o quartzo. Os elementos químicos em solução podem ser precipitados, em função das modificações do pH, Eh, concentração e temperatura. Por outro lado, corais, algas e radiolários absorvem o cálcio ou sílica do meio, formando as suas carapaças que, depois da morte dos organismos, podem ser preservadas, passando a sedimentar-se nos fundos aquosos juntamente com outros detritos.

Desse modo, como mecanismos de sedimentação subseqüentes à formação dos detritos, é necessário considerar os de natureza física, química ou orgânica, que atuam após transporte por distância mais ou menos longas.

4.6 Tectonismo e os ambientes de sedimentação

As causas principais de origem das *bacias sedimentares* são os *movimentos tectônicos*, que podem ocorrer antes, durante ou depois da sedimentação. A reconstituição histórica do *tectonismo sinsedimentar* é de grande importância, embora esta pesquisa nem sempre seja muito fácil. São internacionalmente conhecidos os estudos realizados no Japão sobre conjuntos de terraços fluviais, principalmente no que diz respeito as suas correlações. Muitas dúvidas persistem em relação a esses terraços, mas verifica-se uma forte tendência de relacioná-los a movimentos tectônicos subseqüentes às atividades vulcânicas ou às variações de nível relativo do mar, em função de alternâncias de estádios glaciais e interglaciais.

Entre as várias questões ligadas à classificação de arenitos, ficou esclarecido, por exemplo, que a maturidade dessas rochas sofre influência muito grande da natureza da rocha matriz, dos movimentos tectônicos e do clima e suas variações, estando também ligada ao nível de energia das correntes aquosas no ambiente de sedimentação. Portanto, a classificação de arenitos pode ser estabelecida em função da *maturidade textural* que, por sua vez, pode conduzir à interpretação da *história tectônica* da área-fonte pelos estudos petrográficos. Por exemplo, nas formações paleozóicas das regiões montanhosas de Ashio e Quitacami (Japão), ocorrem várias repetições de *ciclotemas* de algumas dezenas a centenas de metros de espessura. Eles são formados de arenito, ardósia, tufo vulcânico, calcário (parte dolomítico) e silexito, cujas origens são muito importantes na interpretação do tectonismo e dos ambientes de sedimentação.

4.7 Rochas sedimentares e ambientes de sedimentação

As análises das estratificações, das marcas onduladas, das marcas de corrente e de outras estruturas sedimentares primárias permitem a interpretação dos *ambientes de sedimentação*. Os estudos de *texturas superficiais* de grãos arenosos e de seixos, das distribuições granulométricas de areias e de seus valores estatísticos como seleção, diâmetro médio, assimetria e curtose, das formas e de arredondamentos, das razões isotópicas de elementos que possibilitam a obtenção de outros dados sobre os *ambientes de sedimentação*. Por outro lado, é também possível interpretar os sedimentos por estudos ecológicos e bioquímicos, usando-se foraminíferos, conchas de moluscos, algas calcárias, etc.

4.8 Processos diagenéticos

As rochas sedimentares exibem muitas propriedades distintas daquelas observadas em sedimentos recentes, sendo então possível reconhecer a ação de condições físicas e físico-químicas reinantes durante ou após a deposição dos sedimentos. Para que sedimentos inconsolidados se transformem em rochas litificadas é necessária a atuação de processos diversos, que coletivamente são conhecidos como *diagenéticos*.

Os sedimentos de diversas composições químicas e mineralógicas são inicialmente compactados pelo próprio peso dos materiais superpostos, originando-se dessa maneira alguns *minerais autigênicos*. Além disso, podem ser formadas camadas perturbadas com escorregamentos, estruturas de sobrecarga e laminações convolutas que, em geral, são consideradas como estruturas originadas simultaneamente ou logo após a sedimentação. Essas anomalias eventualmente podem conduzir também ao reconhecimento de possíveis *atividades tectônicas sindeposicionais*.

Por outro lado, as origens de diversos *tipos de silexitos* (nodular, acamado, concrecionado, etc.) ainda não foram perfeitamente esclarecidas. Acredita-se que, pelo menos parcialmente, sejam resultantes da segregação, dispersão ou concentração de gel de sílica com argila, carbonato de cálcio e solução de manganês, etc. por mecanismos essencialmente semelhantes aos da *química dos colóides*.

Durante os processos diagenéticos, os argilominerais podem ser transformados em novas variedades por modificações de pressão, temperatura e composição química das águas intersticiais. Quando *soluções hidrotermais*, provenientes dos magmas, invadem as rochas sedimentares, a calcita pode ser substituída pela dolomita ou por gel de sílica. Esse fenômeno é bastante importante na geologia dos depósitos minerais, ao mesmo tempo que auxilia no esclarecimento dos *processos diagenéticos*.

4.9 Petrografia sedimentar

Como já foi visto, os sedimentos recém-depositados são transformados em rochas sedimentares por processos diagenéticos. O estudo petrográfico deste produto final constitui a *petrografia sedimentar*.

Em geral, as rochas sedimentares podem ser subdivididas em conglomerados, arenitos e folhelhos, além de rochas silicosas, calcárias e piroclásticas, cujos estudos têm sofrido um notável progresso. No campo de ação da *petrografia sedimentar*, há classificações baseadas na composição e no arcabouço dos minerais, na identificação dos minerais autigênicos, na descrição da organização dos minerais componentes, na utilização de isótopos de elementos químicos, etc.

a) *Classificação baseada na composição mineralógica* — Dependendo dos tipos de rochas matrizes e dos processos de formação, podem ser originadas rochas sedimentares com diferentes composições mineralógicas. Desse modo, por exemplo, os arenitos podem ser classificados em arcózio, grauvaque e ortoquartzito, conforme as porcentagens relativas de quartzo, feldspato, argila, fragmentos de rochas metamórficas e de micas. A classificação de calcários também tem experimentado grande avanço. Dependendo dos tipos de fragmentos componentes, tais como, *fósseis, intraclastos* (intraclasts), *oólitos* (oolites) e *pelotas* (pellets) e da natureza da calcita que preenche os espaços vazios entre os fragmentos, tais como, *micrita* (micrite) ou *calcita espática* (sparry calcite) tem-se, por exemplo, *biosparito, intrasparito, oomicrito, pelmicrito* etc.

b) *Classificação baseada no arcabouço (estrutura)* — Admite-se, hoje em dia, que entrem na composição dos silexitos três tipos principais de componentes mineralógicos: *quartzo microcristalino, quartzo calcedônico* e *quartzo normal*. Embora se saiba que todos os silexitos são compostos por esses minerais, ainda não se conhecem os papéis desempenhados por cada um desses componentes nessas rochas. Como não se pode usar uma classificação baseada na composição, como nos outros casos, os silexitos são classificados segundo o arcabouço em *nodular, tabular, concrecionar*, etc.

5. A sedimentologia e as suas relações com outros campos das geociências

A sedimentologia possui íntimas ligações com a geografia física, estudo do Quaternário, paleontologia, mineralogia, geologia dos depósitos minerais, geologia aplicada, geoquímica e geofísica e, não raras vezes, apresenta superposição com as pesquisas nesses campos. Essas áreas de transição costumam freqüentemente permanecer como um vácuo de pesquisas, devendo prevalecer atitudes de colaboração entre os especialistas envolvidos.

5.1 Relação com a geografia física

Os fenômenos de intemperismo, desintegração e/ou decomposição, erosão e transporte de materiais são também importantes em geografia física no entendimento da *modelagem geomorfológica*. Os estudos geográficos sobre os *ciclos hidrológicos* de uma bacia fluvial, por exemplo, são importantes para se compreender as origens dos minerais autigênicos e dos argilominerais relacionados à migração dos elementos químicos nas águas subterrâneas durante a diagênese.

5.2 Relação com o estudo do Quaternário

Com a constatação da realidade das mudanças climáticas e dos níveis do mar durante o Quaternário, novos campos de pesquisa foram rapidamente incorporados nessas pesquisas. As mudanças climáticas da Terra, através dos tempos geológicos, resultam em geral de *causas múltiplas* e *cíclicas*.

A idéia de que as geleiras apresentaram fases intermitentes, de *períodos glaciais* e *interglaciais* e, em conseqüência, teriam causado *mudanças nos níveis do mar*, é bastante antiga. Por sua vez, as mudanças cíclicas nos níveis do mar teriam contribuído decisivamente nos terraceamentos do Quaternário e na estratigrafia dos sedimentos desta idade.

Por outro lado, têm surgido também hipóteses de que os ciclismos em calcário e em rochas intercaladas com depósitos de carvão, constituindo os ciclotemas, tenham íntima relação com as variações nos níveis do mar e nos climas do passado.

5.3 Relação com a paleontologia

A paleontologia era inicialmente empregada na definição de idades geológicas de camadas sedimentares e nas suas correlações. Na estratigrafia tinham também a função de fornecer informações sobre os *paleoambientes sedimentares* e, desta maneira, esforços maiores foram despendidos na descrição e na classificação morfológica dos fósseis.

Porém, a introdução do uso de *isótopos de elementos químicos* tem possibilitado a obtenção de informações sobre *paleotemperaturas* bem como sobre as salinidades e profundidades pretéritas das águas que, em conjunto, esclarecem as *condições paleoecológicas* durante a sedimentação. Além disso, o uso de *isótopos radioativos* tem levado à obtenção de *idades absolutas*, estabelecendo com maior precisão as relações entre os fósseis e os *paleoambientes*.

5.4   Relação com a mineralogia

A petrografia sedimentar vem desenvolvendo-se com base na mineralogia, de modo que não é exagero afirmar que o progresso dos conhecimentos mineralógicos contribui diretamente na evolução da sedimentologia. Os métodos de identificação de minerais, que tiveram ultimamente notável progresso, prestam-se diretamente nos estudos de rochas sedimentares. Entretanto, algumas modificações que ocorrem durante a sedimentação ou diagênese podem exigir o uso de métodos específicos.

Nos estudos de *minerais pesados* por exemplo, é necessário conhecer as particularidades de comportamento ao intemperismo de cada mineral. Em calcários, é possível que a determinação dos minerais insolúveis exija o emprego do método da película com acetona. Em areias e cascalhos de composição mineralógica homogênea, é possível que as *texturas superficiais* sejam importantes na interpretação dos ambientes de sedimentação. Exames detalhados de silexitos podem exigir o emprego de microscópio eletrônico de varredura. Em geral, sempre que possível, deve-se utilizar métodos preferencialmente simples, rápidos e precisos.

Portanto, a mineralogia não somente é fundamental nos estudos sedimentológicos em geral, mas a sua importância aumenta em pesquisas envolvendo *minerais pesados*, *argilominerais* e *minerais autigênicos*.

5.5   Relação com a geologia dos depósitos minerais

Sabe-se, hoje em dia, que um melhor conhecimento do ambiente de formação do *minério preto* (black ore) só é possível com o estudo dos foraminíferos associados. Simultaneamente, vêm sendo realizados estudos petrográficos de *tufos verdes* (green tuffs) e de argilitos que circundam aquele tipo de minério.

A formação de jazidas econômicas de petróleo, carvão, bauxita e urânio dependem das *condições paleoambientais*, compreendendo não somente Eh e pH, bem como suas modificações, além de *fatores tectônicos*. Em depósitos metálicos, os fenômenos de metassomatismo e a paragênese dos minerais devem ter íntimas relações com as fases diagenéticas dos sedimentos.

5.6   Relação com a geologia aplicada (geotecnia)

A geologia aplicada apresenta muitas relações, não somente e com a sedimentologia, mas com diversos outros campos das geociências. Por outro lado, quando os geólogos são convocados para trabalhar com problemas geológicos ligados à engenharia civil, a maioria está relacionada com a *geologia do Quaternário*. Desta

maneira, a existência concomitante de argilas moles e pré-adensadas, as primeiras causando problemas de recalque de fundação na planície costeira de Santos (SP), foi esclarecida pela compreensão da evolução geológica da área durante o Quaternário (Massad, 1985a). Nas camadas de tufos vulcânicos e aglomerados da região de Cantô (Japão), foi constatado que, de acordo com os tipos de argilominerais presentes, a infiltração de águas favorecia, em maior ou menor grau, os problemas de escorregamentos. Finalmente, nas planícies aluviais do Japão, as explorações de petróleo e/ou gás ou perfurações para água e para extração de iodo e/ou metano têm provocado subsidências locais dos terrenos.

5.7   Relação com a geoquímica

Hoje em dia, são relativamente freqüentes as pesquisas em que, partindo das *composições isotópicas* de elementos químicos de sedimentos, tenta-se interpretar os *ambientes de sedimentação* atuais ou pretéritos. Para se obter as *paleotemperaturas* das águas, podem ser usadas razões isotópicas de $^{18}O/^{16}O$ ou $^{231}Pa/^{230}Th$ e para *determinações geocronológicas* usam-se ^{37}Ar ou $^{87}Sr/^{87}Rb$.

Para se estimar os valores de *paleossalinidades*, podem ser usados teores de B e para obtenção de *informações paleobatimétricas* das águas as razões Ca/Mg ou Sr/Ca. *Informações paleoecológicas* sobre algas calcárias e silicosas podem ser conseguidas com teores de isótopos de oxigênio ou de hidrogênio nas águas do mar.

Recentemente são também comuns os estudos que, baseados nas características das *matérias orgânicas*, tentam interpretar os *paleoambientes de deposição*. Entre as substâncias que formam as matérias orgânicas de sedimentos, os aminoácidos definem, de acordo com as profundidades das águas, as condições de oxirredução. Além disso, as porfirinas e as relações C/N são também úteis na definição dos *ambientes de sedimentação*.

5.8   Relação com a geofísica

Os estudos das causas das variações climáticas, através dos tempos geológicos, constituem um tema importante de pesquisa em geofísica, pois elas governam as modificações nos processos de intemperismo, desagregação e/ou decomposição, erosão e transporte dos sedimentos. Mas também elas interferem na origem e distribuição das rochas carbonáticas.

Além disso, a erosão e o transporte por correntes costeiras, dos ambientes neríticos para as porções mais profundas dos oceanos, a topografia submarina e os movimentos das correntes, são algumas pesquisas que estabelecem as ligações entre a geofísica marinha e a sedimentologia.

6. A importância da sedimentologia

Durante a primeira metade do século XX, a sedimentologia, como se entende hoje em dia, apresentou um progresso bastante lento. No início do século, as rochas sedimentares chegaram a ser encaradas simplesmente como *"portadores de fósseis"* ou, na melhor das hipóteses, como *"objeto de estudo petrográfico microscópico."*

Porém, a utilização das estruturas sedimentares na definição de topo e base de camadas sedimentares deformadas em *geologia estrutural* (Shrock, 1948), o estabelecimento do conceito de *correntes de turbidez* (Kuenen, 1950b) e, finalmente, procura do petróleo e de outros combustíveis fósseis deram novo alento ao estudo das rochas sedimentares. Na pesquisa do petróleo, a *geoquímica orgânica* ensejou a identificação e a avaliação das *rochas geradoras*, a detecção de hidrocarbonetos gasosos, a compreensão da evolução diagenética das rochas sedimentares, etc. Emery (1976:581-592) utilizou a designação *sedimentologia de plataforma*, referindo-se aos estudos de sedimentos superficiais da plataforma continental para a obtenção do padrões de distribuição, os processos atuantes e as idades de deposição etc. Os métodos de *geofísica marinha* ou *submarina* e as *perfuração profundas* permitiram compreender a natureza das *margens continentais,* bem como o arcabouço tectono-sedimentar das bacias costeiras (ou marginais) e as suas potencialidades em recursos minerais.

Até muito recentemente, a interpretação genética das rochas sedimentares, consubstanciada na *estratigrafia genética*, restringia-se à geologia do petróleo, principalmente no Brasil. Entretanto, recentes descobertas de minerais metálicos e não-metálicos em rochas sedimentares têm estimulado o desenvolvimento deste campo da geologia econômica. Desta maneira, as reservas conhecidas de carvão e de minerais radioativos na Bacia do Paraná, por exemplo, têm aumentado em função do esforço exploratório pela aplicação do *conceito de modelos deposicionais*. Além disso, os depósitos de sais de potássio e de enxofre da Bacia de Sergipe, de fosfato da Formação Gramame e de sulfetos metálicos e fosfatos no Grupo Bambuí, são alguns dos recursos minerais associados a rochas sedimentares de diversas idades geológicas.

Segundo Potter (1974), campos promissores da sedimentologia são os estudos de *megassedimentolo-*

gia, dos ambientes deposicionais, da *geoquímica sedimentar* e da *diagênese*, adentrando em assuntos de interesse mais imediato à sociedade através da *geologia ambiental*, da *geologia do planejamento* e da *geotecnia* (geologia de engenharia).

A *megassedimentologia* que versa sobre a sedimentologia de bacias e de amplas áreas, tais como das margens continentais pretéritas e atuais, ou de faixas de dobras antigas, tais como das cadeias montanhosas alpinas ou andinas evoluíram, em grande parte, após a publicação do livro de Potter & Pettijohn (1963). Atualmente, com a descoberta do fenômeno da *expansão do assoalho oceânico* e com o desenvolvimento da *teoria de tectônica de placas*, a *megassedimentologia* ganhou a possibilidade adicional de explicar os tipos principais de bacias sedimentares.

A determinação da *proveniência*, isto é, da fonte de sedimentos detríticos, tem sido uma das importantes funções da sedimentologia (Fig. 1.4). Neste caso, são necessários estudos sistemáticos de *petrologia, paleocorrentes* e *fácies sedimentares* como aqueles que foram empreendidos por Bigarella (1970). Começando com técnicas convencionais, é possível chegar ao emprego de métodos mais sofisticados como, por exemplo, envolvendo a determinação de temperaturas de formação de feldspatos alcalinos (Wright, 1968), que são muito importantes na discriminação de *áreas-fonte*.

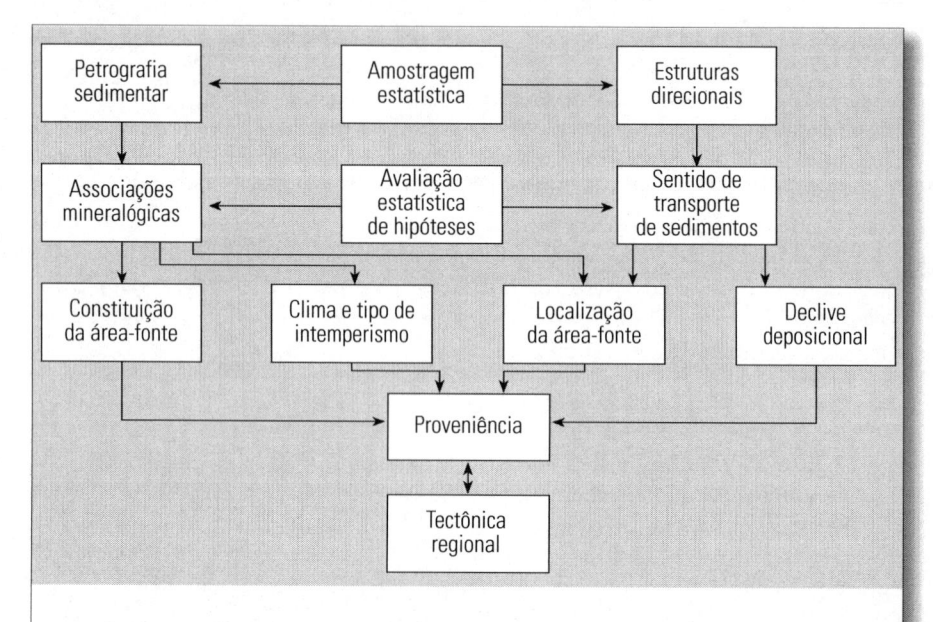

FIGURA 1.4 Fluxograma de alguns dos estudos fundamentais da sedimentologia, ligados especificamente à petrografia sedimentar, para a reconstituição paleogeográfica de uma área.

A identificação dos ambientes primários de deposição continua também a atrair a atenção de muitos especialistas em sedimentologia. Esses estudos tiveram um avanço muito grande, iniciando-se no tempo de Leonardo da Vinci, e a tendência atual parece indicar o uso cada vez mais freqüente de *perfis geofísicos*, por exemplo, no reconhecimento de ciclos de *diminuição ascendente de profundidade* (shoaling ou shallowing upward) ou de *granodecrescença ascendente* (fining upward) de carbonatos.

Ao lado da sua importância na prospecção e explotação de petróleo, água subterrânea e recursos minerais, a sedimentologia está assumindo papéis cada vez mais importantes nos estudos relacionados ao homem e aos seus ambientes de vida (Guy & Jones Júnior,1972) tais como:

a) colmatação de reservatórios portos, rios e canais;

b) despejo, dispersão e efeitos de poluentes químicos sobre organismos em lagos, rios e águas costeiras;

c) desenvolvimento de pesquisas sistemáticas de deltas, incluindo a determinação da descarga e carga fluviais, da biota, do clima, da água subterrânea e da geomorfologia para eventual ocupação mais planejada e eficiente da área;

d) determinação de propriedades físicas e químicas de sedimentos dragados de canais, particularmente sob o ponto de vista do impacto ecológico sobre a área de seu despejo e a sua estabilidade ao longo do tempo;

e) caracterização de solos quanto as suas suscetibilidades à erosão e ao ravinamento, etc.

Segundo Potter (1974), essas atividades exigem trabalhos crescentes de quantificação e mapeamento sistemático de áreas afetadas pelos processos de sedimentação, sejam eles físicos, químicos ou biológicos, que devem ser facilitados pela introdução de técnicas cada vez mais sofisticadas.

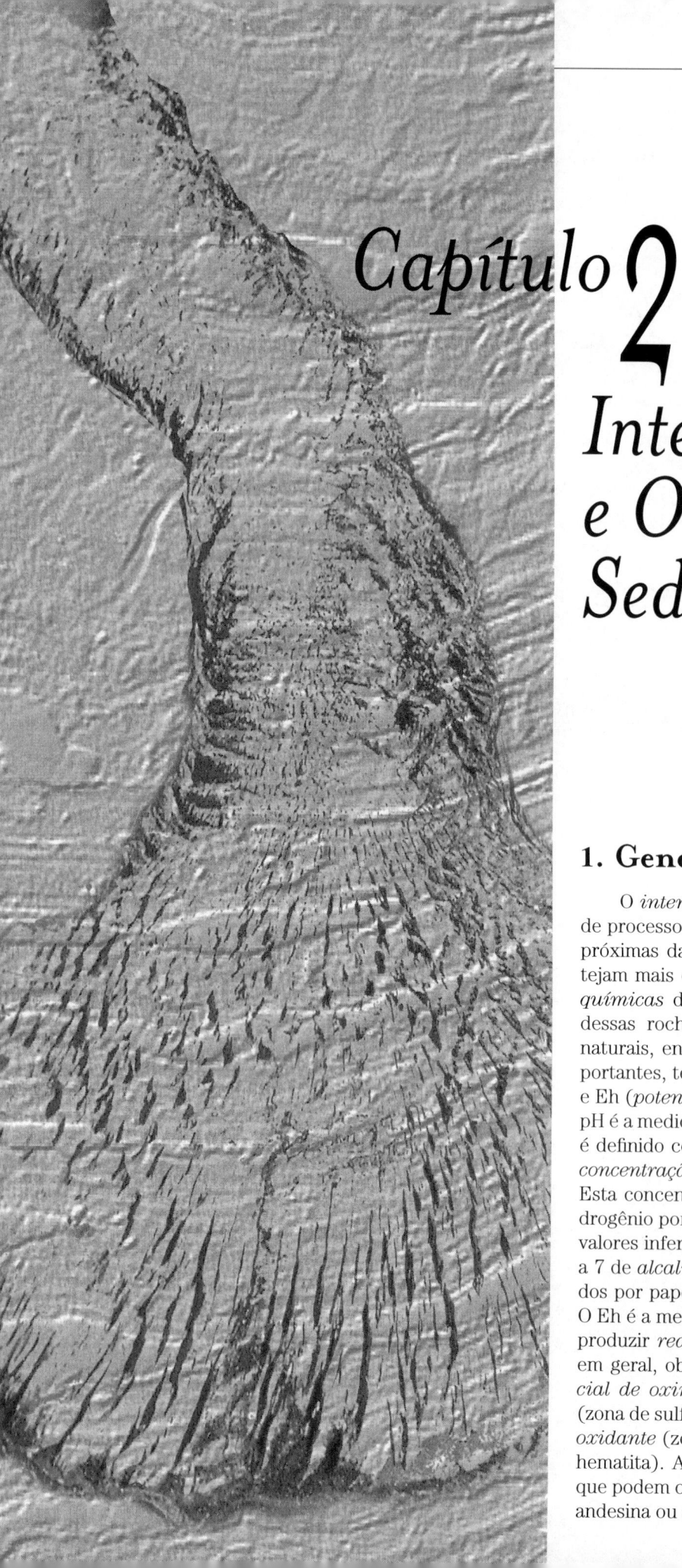

Capítulo **2**

Intemperismo e Origem dos Sedimentos

1. Generalidades

O *intemperismo* (ou *meteorização*) é o conjunto de processos naturais que causa a alteração das rochas, próximas da superfície terrestre, em produtos que estejam mais em equilíbrio com *novas condições físico-químicas* diferentes das que deram origem à maioria dessas rochas (Ollier, 1969 e 1975). Nos ambientes naturais, entre os parâmetros físico-químicos mais importantes, tem-se o pH (*potencial do íon hidrogênio*) e Eh (*potencial de oxirredução*), conforme Fig. 2.1. O pH é a medida da força de um ácido ou de uma base, que é definido como logaritmo negativo, na base 10, da sua *concentração em íons de hidrogênio* ($pH = \log_{10} 1/H^+$). Esta concentração é expressa em moles de íons de hidrogênio por litro de solução e varia de 0 a 14, sendo os valores inferiores a 7 indicativos de *acidez* e superiores a 7 de *alcalinidade*. Os valores de pH podem ser obtidos por papel indicador ou por um medidor eletrônico. O Eh é a medida em volts da tendência de um ambiente produzir *reações de oxidação* ou *de redução*, sendo, em geral, obtido por um medidor eletrônico. O *potencial de oxirredução* varia desde *fortemente redutor* (zona de sulfetos de ferro, como a pirita) até *fortemente oxidante* (zona de óxidos e hidróxidos de ferro, como a hematita). Ambos constituem variáveis independentes, que podem ocasionar a oxidação do ferro, a lixiviação da andesina ou a decomposição da matéria orgânica.

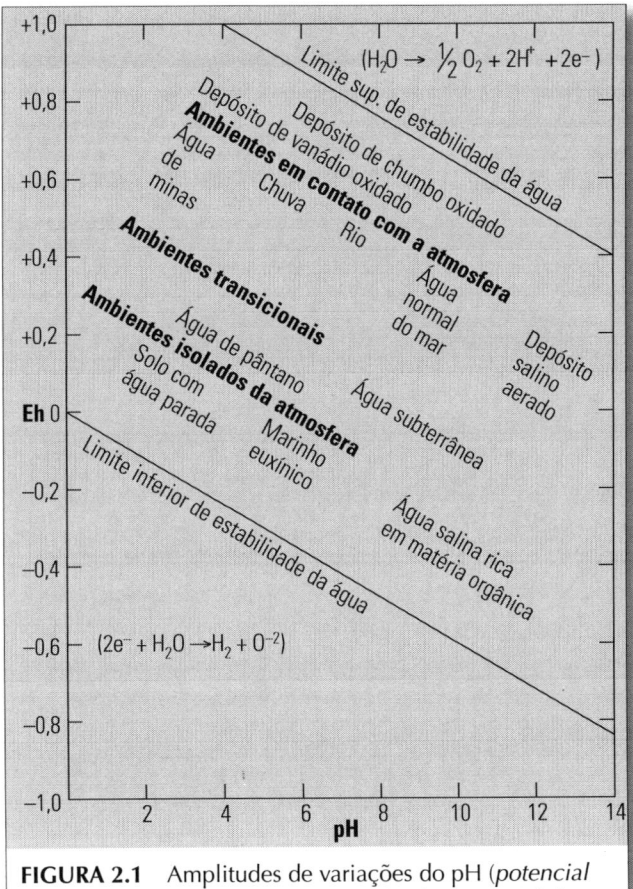

FIGURA 2.1   Amplitudes de variações do pH (*potencial do íon hidrogênio*) e de Eh (*potencial de oxirredução*) de ambientes naturais mais comuns na superfície terrestre e os limites de estabilidade da água (baseada em Baas-Becking *et al.*, 1964; Mason, 1966).

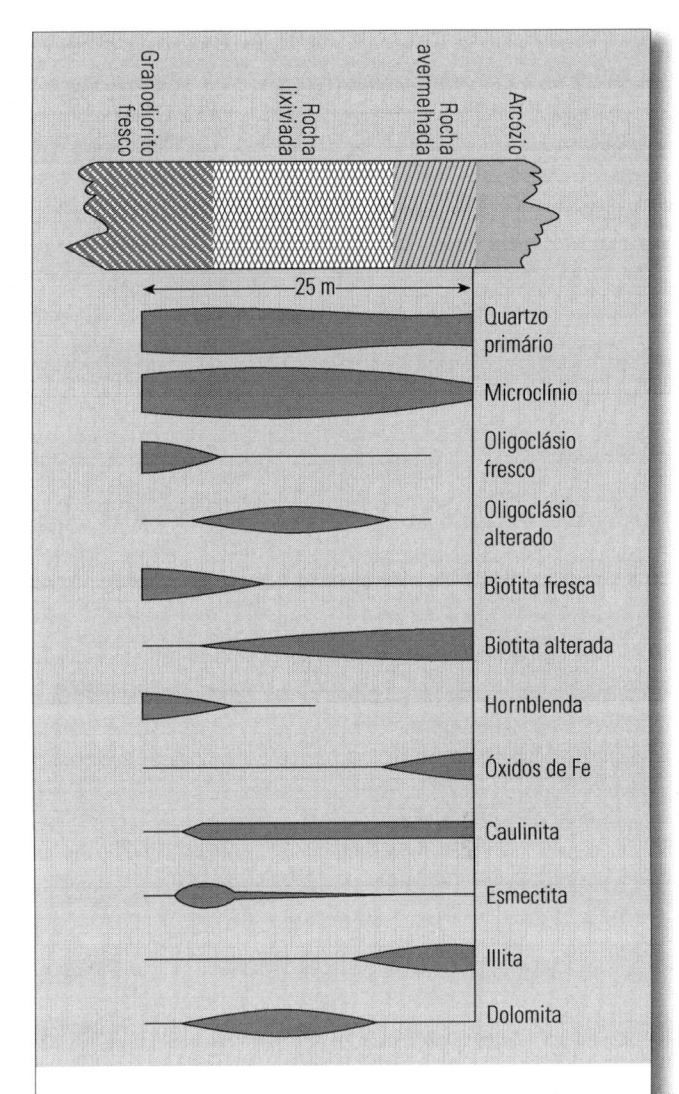

FIGURA 2.2   Diagrama mostrando as *diferenças de persistência* com a profundidade, dos principais minerais componentes de um granodiorito do Carbonífero, próximo a Boulder, Co., EUA (Wahlstrom, 1948).

Além disso, muitas rochas expostas ao intemperismo foram formadas sob condições de pressão e temperatura bem mais altas que as normalmente existentes na superfície e na ausência de ar e de água. Por outro lado, o *intemperismo* é, em grande parte, uma resposta às condições de superfície com pressão e temperatura baixas e presença daqueles elementos (Fig. 2. 2). A *zona de intemperismo*, que corresponde à profundidade afetada por este fenômeno envolve, na prática, meia dúzia de tipos de rochas mais comuns compostas por meia dúzia de minerais principais (silicatos, óxidos, sulfetos, carbonatos, sulfatos e fosfatos), formados por oito elementos químicos mais importantes (0, Si, Al, Fe, Ca, Mg, Na e K). Segundo Leopold *et al.*, (1964), dos quase 150 milhões de quilômetros quadrados de terras emersas, sujeitas à ação do intemperismo, 75% são ocupados por *rochas sedimentares* e apenas 25% por *rochas cristalinas* (metamórficas e ígneas). Por outro lado, mais de 90% das regiões continentais são ocupados por folhelhos (52%), arenitos (15%), granitos e granodioritos (15%), calcários (7%), basaltos (3%) e outras rochas (8%).

Uma rocha que sofre intemperismo libera os seus produtos, que podem ser removidos *fisicamente* (ou mecanicamente) e *em solução*. O processo de remoção desses produtos é conhecido por *erosão* e a movimentação

desses materiais é chamada de *transporte*. O conjunto do intemperismo e erosão constitui o processo também conhecido por *denudação*. Por outro lado, não é fácil estabelecer os limites precisos entre *intemperismo*, *erosão* e *transporte*, pois são processos mais ou menos simultâneos e intimamente relacionados. Os sedimentos transportados são eventualmente depositados intermediariamente, mas o destino final são os oceanos. Lá, eles são acumulados, compactados e, pela *diagênese* (ou *litificação*) podem formar as rochas sedimentares. Os movimentos crustais podem conduzir essas rochas acima do nível do mar e, desta maneira, inicia-se um novo ciclo de intemperismo.

Por definição, o *intemperismo* age na interface entre a *atmosfera* e a *litosfera* e inclui os processos que levam à desagregação das rochas expostas na superfície da Terra. São originadas partículas minerais discretas (*produtos residuais*) presentes na rocha matriz, que permanecem mais ou menos inalteradas, ao lado de novos minerais formados por intemperismo, além de materiais em solução (Fig. 2.3 e Tab. 1). Os novos minerais produzidos por *intemperismo* resultam das reações de silicatos, sulfetos ou óxidos com água, que é mais abundante nos ambientes de intemperismo que nos de formação das rochas ígneas e metamórficas.

A natureza e a efetividade dos processos de intemperismo dependem principalmente de três grupos de variáveis: *condições climáticas* (principalmente temperatura e pluviosidade), *propriedades dos materiais* (composição, coesão, etc.) e *variáveis locais* (vegetação, vida animal, lençol freático, etc.). A suscetibilidade das rochas ao intemperismo depende também da textura. Sob determinadas condições, rochas de composições mineralógica e química praticamente iguais, as mais grossas alteram-se mais rapidamente que as mais finas. Ademais, é raro que todos os minerais componentes exibam a mesma intensidade de alteração.

O *intemperismo* pode ser causado por *processos físicos*, *químicos* e *biológicos* (Tab. 2). O *intemperismo físico* (ou mecânico) é também conhecido por *desintegração* e os produtos envolvidos não apresentam alterações químicas e/ou mineralógicas. O *intemperismo químico* (ou mineralógico) é também designado como *decomposição*, e os produtos resultantes envolvem mudanças químicas e/ou mineralógicas. Em muitos ambientes da superfície terrestre, o intemperismo físico é praticamente desprezível, quando comparado ao intemperismo químico. Provavelmente, as únicas exceções a esta regra são representadas por ambientes subárticos e de grandes altitudes em latitudes temperadas, quando pode ocorrer a ação de cunha por congelamento da água. Finalmente, como o *intemperismo biológico* se traduz em efeitos físico e/ou químico, alguns autores admitem apenas os dois primeiros processos.

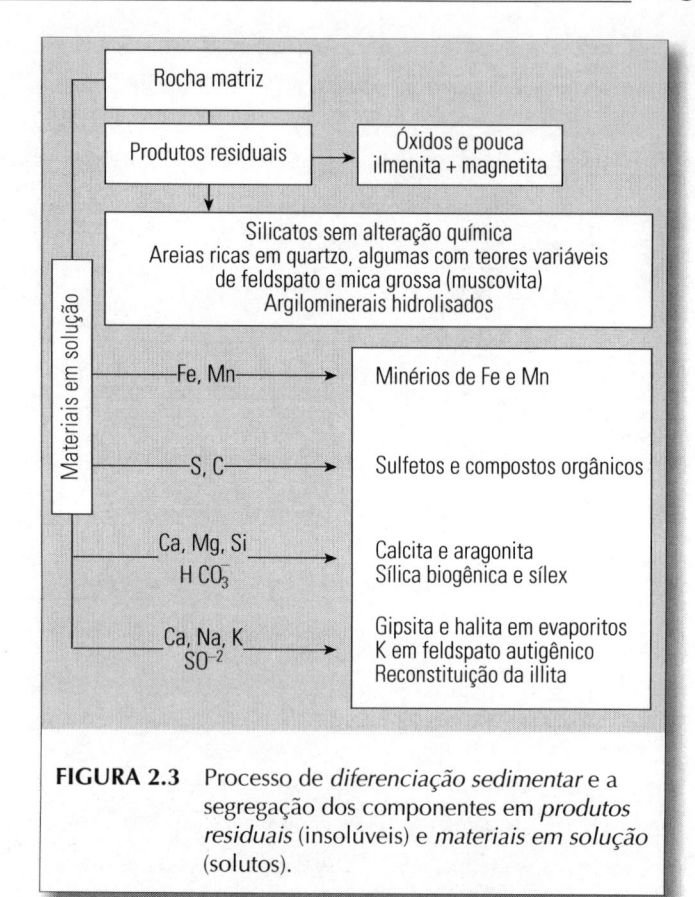

FIGURA 2.3 Processo de *diferenciação sedimentar* e a segregação dos componentes em *produtos residuais* (insolúveis) e *materiais em solução* (solutos).

TABELA 1 Produtos de intemperismo resultantes da transformação de alguns minerais mais comuns na Terra (Tarbuck & Lutgens,1976)

Minerais	Produtos residuais	Materiais em solução
Quartzo	Grãos de quartzo	SiO_2 (sílica)
Feldspatos	Argilominerais	SiO_2, K^+, Na^+, Ca^{+2}
Hornblenda	Argilominerais e "limonita" (hidróx.)	SiO_2, Ca^{+2}, Mg^{+2}
Olivina	"Limonita" (hidróx.) e hematita	SiO_2, Mg^{+2}

TABELA 2 Tipos de intemperismo, com exemplos e descrições sucintas. Alguns autores admitem só os dois primeiros tipos, pois o último atuaria pela combinação de processos físicos e/ou químicos

Tipo de intemperismo	Exemplos	Descrição sucinta
Físico	*Alívio de pressão* (expansão da rocha durante a erosão) *Cristalização* ou *congelamento* (gelivação) - ação de cunha *Expansão térmica* por insolação	Geralmente apresenta importância secundária. Ocorrem redução granulométrica e aumento de superfície específica, sem mudança na composição química
Químico	*Dissolução* *Hidratação* e *hidrólise* *Oxidação* (com ou sem aumento de valência) *Redução* *Carbonatação* (em parte reação de troca)	Ocorre completa mudança nas propriedades físicas e químicas. Verifica-se aumento no volume dos compostos secundários, quando comparados aos minerais primários.
Biológico	*Ação de cunha de raízes* *Ação de escavação por animais* *Ácidos orgânicos vegetais*	Combinação dos efeitos de intemperismo físico e químico induzidos por animais e vegetais.

2. Intemperismo físico

O *intemperismo físico* corresponde à rotura das rochas da crosta terrestre por solicitação de esforços inteiramente mecânicos atribuídos a várias causas. Algumas dessas forças originam-se no interior das próprias rochas, enquanto outras são aplicadas externamente. Os esforços aplicados conduzem à deformação e, eventualmente, ao colapso das rochas.

Três são os principais mecanismos de intemperismo físico: *alívio de pressão*, *cristalização* ou *congelamento* em poros e fraturas e *expansão térmica*.

O primeiro processo de intemperismo físico deve-se ao *alívio de pressão*. Muitas rochas, como os granitos, possuem propriedades elásticas e acham-se comprimidas a grandes profundidades pelo peso das rochas superpostas. Quando as rochas de cima são gradualmente intemperizadas e erodidas, a pressão exercida é aliviada. Então as rochas expandem-se e freqüentemente provocam fraturas. Esse alívio de carga pode provocar o aparecimento de *esfoliações* ou *pseudoestratificações* próximas à superfície, que acompanham aproximadamente o relevo do terreno. Os processos de intemperismo químico subseqüentes podem realçar essas fraturas. A remoção de materiais sobrejacentes, em pedreiras, pode causar em certos granitos uma *expansão linear* de até 0,1% (Dale,1923). Esta dilatação das rochas, segundo Hack (1966), ocorreria em rochas que estiveram profundamente soterradas, independentemente da intensidade de *diaclasamento tectônico*. Além disso, somando-se aos *efeitos da hidratação* dos minerais primários com conseqüente aumento de volume, podem ser originadas *pseudoestratificações dobradas* (Fig. 2.4A). Outro fenômeno de alteração superficial relativamente comum em regiões de clima quente e úmido é a disjunção esferoidal (Fig.2.4B). Quando as fraturas de alívio de pressão acham-se abertas, são suscetíveis ao alargamento por dissolução devida percolação de águas pluviais e outros processos.

Um caso de *crescimento de cristais*, causando *intemperismo físico*, é verificado quando a água que preenche fissuras e poros das rochas sofre *congelamento*. O volume da água contido torna-se 9,2% maior pelo congelamento e passa a exercer uma força de *expansão por congelamento*, de cerca de l50 kg/cm^2, suficiente para fraturar uma rocha como o granito. Essa variação de volume tem um grande efeito cau-

sando o intemperismo físico das rochas. O mecanismo é mais ativo em climas polares, sendo mais efetivo durante a fase de degelo na primavera. A paisagem resultante desse processo se traduz por montanhas exibindo picos e cristas pontiagudos.

Um outro processo análogo de *intemperismo físico* deve-se à *cristalização* de vários tipos de sais. O crescimento de cristais de sal, inicialmente dissolvido nas águas intersticiais ou que preenchem as fraturas, pode eventualmente causar a *desagregação das rochas*. Entende-se o mecanismo de formação do sal pela

Figura 2.4   Duas modalidades de *alteração superficial* das rochas basálticas da Bacia do Paraná:
A) *alívio de carga* somado à *decomposição* (hidratação e hidrólise) originando *pseudodobras* Localidade: Paulo de Faria (SP). Foto do autor;
B) *disjunção esferoidal* originada pela somatória de *diaclasamento* e *decomposição* (hidratação e hidrólise). Localidade: Pântano Grande (RS). Foto de J.C. Mendes. Escalas = martelo de geólogo.

evaporação da água, mas torna-se mais difícil explicar a continuidade do seu crescimento, vencendo a pressão de confinamento da rocha, conduzindo até a *desagregação total*. Uma possível explicação do mecanismo foi idealizada em algum detalhe por Wellman & Wilson (1965).

O *intemperismo físico* por expansão térmica devida à *insolação* ocorreria em regiões com grandes amplitudes térmicas entre o dia e a noite, fato que é característico de regiões desérticas. No Saara, por exemplo, a variação de temperatura diária no inverno no pode chegar a 25°C. Segundo Roth (1965), rochas de cor escura em regiões desérticas ou topos de montanhas podem ser submetidas à variação da ordem de 50°C, entre as temperaturas máxima e mínima diárias. Desse modo, as rochas expandem-se e contraem-se e, como a maioria das rochas possui *condutibilidade térmica* muito baixa, estabelece-se um *gradiente de temperatura* entre a superfície e o interior, quando uma rocha é aquecida. Dessa maneira, a superfície da rocha expande-se mais que o seu interior, desenvolvendo-se um esforço que poderia eventualmente levar ao fraturamento (ou desagregação). Além disso, como os diferentes minerais das rochas mudam de tamanho em diferentes proporções, de acordo com as suas propriedades físicas, desenvolver-se-íam esforços diferenciados no interior do maciço rochoso. A *expansão volumétrica* do quartzo, por um efeito de incremento de temperatura, é três vezes superior que a do feldspato e, além disso, esses e muitos outros minerais comuns expandem-se de modo completamente anisotrópico, com expansão ao longo de determinados eixos cristalográficos, até vinte vezes superior que ao longo de outros eixos. Quando esses processos ocorrem muito rapidamente e de maneira repetitiva, os esforços gerados seriam suficientes para causar o *fraturamento* ou mesmo a *desintegração* das rochas, principalmente em climas desérticos. No entanto, experiências executadas por alguns pesquisadores têm mostrado que, na verdade, esse efeito é desprezível e, portanto, segundo Blatt *et al.* (1972), mesmo nessas situações o intemperismo químico seria mais importante que o físico.

3. Intemperismo químico

O *intemperismo químico* ocorre quando o equilíbrio do conjunto de átomos, que constitui os minerais é rompido e ocorrem *reações químicas* que conduzem o mineral a um arranjo mais estável, sob novas condições mais próximas da superfície terrestre. O equilíbrio físico-químico determina que todas as substâncias estejam presentes na forma de fases, que sejam estáveis sob pressão e temperatura relativamente baixas. As fases componentes de um sistema natural (líquida, gasosa e a estrutura cristalina sólida) são estáveis sob certas condições de pressão e temperatura. Quando essas condições ou a composição química são modificadas pela presença de água e/ou ar, certos minerais ou fases tornam-se ins-

táveis e podem surgir novos minerais mais estáveis sob estas condições denominados *neoformados* (autigênicos) e *transformados*.

O agente principal de intemperismo químico é a água. Poucos minerais formadores das rochas reagem com água pura, exceto os minerais mais solúveis dos *evaporitos*. Porém, as águas pluviais e subterrâneas são, em geral, levemente ácidas pela dissolução de *dióxido de carbono* (CO_2) da atmosfera, formando um *ácido carbônico* (H_2CO_3) diluído. O pH é também freqüentemente diminuído pela presença de *ácidos fúlvicos* e/ou *húmicos* produzidos por processos biológicos de degradação de materiais vegetais dos solos.

Os principais tipos de reações químicas que ocorrem durante o *intemperismo* químico das rochas são *dissolução*, *oxidação* ou *redução*, *hidratação* ou *hidrólise*, *carbonatação* e *quelação*.

A *dissolução* é geralmente o primeiro estágio de intemperismo químico. O volume de material dissolvido depende da quantidade e qualidade da água envolvida e da solubilidade do mineral. A halita (NaCl) é muito solúvel mesmo em água pura. Portanto, subsiste só em regiões de climas extremamente secos. A gipsita ($CaSO_4 \cdot 2H_2O$) e os carbonatos seguem a halita entre os materiais solúveis mais comuns na natureza. Pode-se ter uma idéia aproximada do volume de material dissolvido durante o intemperismo químico analisando-se as propriedades químicas das águas dos cursos fluviais. Elas contêm, em geral, carbonatos em solução e, em águas mais quentes, talvez sílica, sugerindo que os diferentes elementos apresentem diferentes graus de solubilidade conforme o clima. A calcita dissolve-se muito lentamente em água pura, fornecendo poucos íon de Ca^{+2} (cálcio) e de CO_3^{-2} (carbonato) à solução:

$$CaCO_3 \rightleftharpoons Ca^{+2} + CO_3^{-2}$$

Calcita — Íon cálcio — Íon carbonato

Porém, se a calcita for colocada em água contendo algum CO_2 os íons carbonato formados pela reação acima combinam-se com íons de hidrogênio, formando mais bicarbonato, segundo a seguinte equação:

$$H^+ + CO_3^{-2} \rightleftharpoons HCO_3^-$$

Íon hidrogênio — Íon carbonato — Íon bicarbonato

Portanto, água contendo dióxido de carbono pode dissolver muito mais calcita que a água pura.

$$CaCO_3 + H_2O + CO^2 \rightleftharpoons Ca(HCO_3)_2$$

Calcita — Água — Dióxido de carbono — Bicarbonato de Ca (em solução)

Do ponto de vista essencialmente ligado ao *intemperismo químico*, a *oxidação* é uma reação com oxigênio para formar óxidos ou com oxigênio e água para formar hidróxidos. Entretanto, muitas vezes o sentido do termo *oxidação é* usado pelos químicos sem envolver necessariamente reação com oxigênio. Por exemplo, o ferro pode combinar-se com enxofre para formar sulfetos de ferro e, neste caso, diz-se que o ferro foi oxidado. O processo de oxidação pode progredir para FeS_2 e, finalmente, para os óxidos e hidróxidos de ferro. A *redução* é um processo oposto ao da oxidação e ocorre na natureza em ambientes subaquosos anaeróbios, isto é, pobres ou praticamente isentos de oxigênio. Uma das provas mais evidentes da redução de ferro é verificada quando as cores vermelha e amarela são transformadas em verde e cinza em ambientes redutores.

Na natureza, minerais como a pirita e a marcassita, ambos com composição FeS_2, são *altamente suscetíveis à oxidação* e passam a sulfatos, porque o ferro possui grande afinidade com o oxigênio, através da seguinte reação:

$$2FeS_2 + 2H_2O + 7O_2 \longrightarrow 2FeSO_4 \quad 2H_2SO_4$$

Pirita ou marcassita   Água   Oxigênio   Sulfato de ferro   Ácido sulfúrico

As *reações de oxidação* e *de redução* dependem do *potencial de oxirredução* (Eh), que varia com a concentração de substâncias reagentes. Na presença de íons H^+ e OH^-, segundo Ollier (1975), o Eh é função do pH da solução. Ainda, segundo esse autor, as soluções aquosas naturais apresentam valores de Eh variáveis entre 0 e 1,23 volts, pois, além desses limites, a água é decomposta (Fig. 2. 1).

A *hidratação* consiste na adição de água a um mineral sem que ocorra qualquer reação química, enquanto que a *hidrólise* é uma reação química entre o mineral e a água, isto é, entre os íons H^+ e OH^- da água e os íons do mineral. O íon H^+ está sempre presente nas águas que percolam a porção superficial da crosta, mais sujeita ao intemperismo. A concentração de H^+, expressa em forma de pH, é de extrema importância no controle de muitas reações químicas. De acordo com Ollier (1969, 1975), a solubilidade do ferro em pH = 6 é cerca de 100.000 vezes superior que a pH = 8,5 e soluções levemente ácidas contendo ferro, quando em contato com ambiente alcalino, precipitam ferro. Acredita-se que a *hidrólise* ocorra somente com excesso de água, isto é, em solução aquosa. É a mais comum das reações de intemperismo químico de minerais silicatados. A água pura é muito suavemente ionizada, mas é suficiente para reagir com alguns minerais silicatados mais suscetíveis, da seguinte maneira:

$$Mg_2SiO_4 + 4H^+ + 4OH^- \longrightarrow 2Mg^{+2} + 4OH^- + H_4SiO_4$$

Olivina   4 moléculas ionizadas de água   Íons em solução   Ácido silícico

Entretanto, em ambientes naturais de sedimentação, a ocorrência de CO_2 (dióxido de carbono) é ubíqua sendo, deste modo, mais realística a seguinte reação:

$$Mg_2SiO_4 + 4H_2O + 4CO_2 \longrightarrow 2Mg^{+2} + 4HCO_3^- + H_4SiO_4$$

Os óxidos de ferro como, por exemplo, a hematita (Fe_2O_3) podem absorver água para ser transformados em hidróxidos de ferro, através do seguinte processo de *hidratação*:

$$\underset{\text{Hematita}}{Fe_2O_3} + \underset{\text{Água}}{nH_2O} \rightleftharpoons \underset{\text{"Limonita"}}{Fe_2O_3 \cdot nH_2O}$$

A anidrita, que se precipita em climas áridos, pode sofrer *hidratação* transformando-se em gipsita com conseqüente aumento de volume:

$$CaSO_4 + 2H_2O \rightleftharpoons CaSO_4 \cdot 2H_2O$$

A *carbonatação*, resultante da reação de íons carbonato ou bicarbonato com os minerais formadores das rochas, também constitui um importante processo de intemperistmo químico, como segue:

$$\underset{\substack{\text{Ortoclásio} \\ \text{(Feldpato K)}}}{2KAlSi_3O_8} + \underset{\substack{\text{Ácido} \\ \text{carbônico}}}{2H_2CO_3} + \underset{\text{Água}}{H_2O} \rightarrow \underset{\substack{\text{Caulinita} \\ \text{(Argilomineral)}}}{Al_2Si_2O_5(OH)_4} +$$
$$+ \underset{\substack{\text{Bicarbonato} \\ \text{de K (solução)}}}{2KHCO_3} + \underset{\substack{\text{Sílica} \\ \text{(em solução)}}}{4SiO_2}$$

A solubilidade do gás carbônico (ou dióxido de carbono) é mais alta em águas frias, aumentando, em conseqüência, a sua atividade química. Se ocorrer um aumento de temperatura, pode haver escape de CO_2 e conseqüente precipitação de $CaCO_3$. A solubilidade aumenta também com o incremento de pressão. A ação das águas superficiais, através da *carbonatação* é um dos processos de intemperismo químico mais comuns na natureza, principalmente em regiões de climas tropicais, onde o fenômeno é intensificado pela contribuição do CO_2 de origem vegetal.

Finalmente, outro processo igualmente importante de *intemperismo químico* é a *quelação* (ou *complexação*). Segundo Lehman (1963), este é um processo orgânico pelo qual cátions metálicos são incorporados às moléculas de hidrocarbonetos. Muitos processos orgânicos requerem, para o seu funcionamento, a presença de *quelatos organometálicos*. Dessa maneira, acredita-se que nos solos onde se desenvolvam e se decomponham plantas existam quelatos de cátions metálicos, embora poucos compostos complexos tenham sido identificados com certeza (Loughnan,1969:47-49).

Numerosos estudos têm sido realizados sobre as *taxas de intemperismo químico* dos diferentes minerais formadores de rochas (Ruxton, l968; Parker, 1970). Esses trabalhos mostraram que as taxas de mobilidade relativas dos óxidos dos principais elementos químicos das rochas decrescem a partir do cálcio e do sódio para o magnésio, potássio, silício, ferro e alumínio. Por isso, as rochas submetidas a processos de *intemperismo químico* tendem a perder principalmente os primeiros elementos da lista acima, mostrando um relativo enriquecimento nas proporções de óxidos de ferro, alumínio e silício. Em termos mineralógicos, esses parâmetros químicos controlam a seqüência de intemperismo dos minerais formadores das rochas, conhecida como *série de intemperismo de Goldich* (1938), que é inversa à *série de cristalização de Bowen* (1922).

Os processos de *intemperismo químico* dão origem a duas frações componentes: os *resíduos* (ou *produtos residuais*) e os *solutos* (ou *materiais em solução*) conforme Tab. 1. Os resíduos correspondem à parte dificilmente solúvel em água, nas condições superficiais, sendo compostos principalmente de quartzo e, dependendo do grau de intemperismo, por quantidades variáveis de feldspato e mica. Os solutos incluem elementos como os metais alcalinos, principalmente sódio e potássio, além de terras raras, magnésio, cálcio e estrôncio. Eles tendem a ser lixiviados do perfil de intemperismo e em sua trajetória vão terminar nos oceanos onde são precipitados como calcários, dolomitos e outros evaporitos. Segundo Mackenzie & Garrels (1966), mais de 99% dos materiais transportados em solução pelos rios e mesma proporção de sólidos dissolvidos na água do mar são compostos por Na^+, Mg^{+2}, Ca^{+2}, K^+, Cl^-, SO_4^{-2}, HCO_3^- e SiO_2. A água do mar apresenta, em geral, concentrações mais altas que a água doce de todos os componentes acima, com exceção da sílica, que é mais abundante nas águas fluviais. Um dos fatos mais importantes e interessantes do *intemperismo químico* é a formação de *argilominerais* (ou *minerais de argila*).

Durante os primeiros estágios de intemperismo, os minerais máficos (olivinas, piroxênios e anfibólios) degradam-se para formar argilominerais ricos em ferro e magnésio. O concomitante intemperismo químico dos feldspatos produz mica sericítica, illita e caulinita. O progressivo intemperismo químico dos argilominerais produz partículas coloidais que são lixiviadas da área-fonte, mas também podem permanecer "in situ" para formar depósitos de argila residual. Se o intemperismo prosseguir ainda mais, o magnésio e o cálcio serão totalmente lixiviados.

O resíduo final de uma rocha intensamente intemperizada é composto de quartzo (se for abundante na rocha-matriz), caulinita, bauxita (silicatos e principalmente hidróxidos de alumínio) e "limonita" (hidróxidos de ferro). Para que esses resíduos sejam formados, é necessário um *clima quente e úmido* associado à *baixa taxa de erosão*. Além disso, a remoção de produtos intemperizados (erosão) é de grande importância para que haja continuidade nas reações de intemperismo. A erosão faz com que as reações de intemperismo químico prossigam no mesmo sentido, mas se os produtos intemperizados não forem removidos, o sistema poderá ser fechado, e a reação será interrompida nos primeiros estágios.

4. Intemperismo biológico

De acordo com Blatt *et al.* (1972), o reconhecimento da participação das bactérias no *processo de intemperismo químico* das rochas data de 1890, das algas de 1891 e dos líquens de 1904. É mesmo provável que o intemperismo dos minerais componentes de uma rocha seja predominantemente resultante das atividades orgânicas, particularmente dos vegetais de baixo nível taxonômico.

Embora a ação dos organismos vivos, em termos de intemperismo seja principalmente química, ela pode ser também física. Assim, a *ação de cunha de raízes* de árvores ou a *escavações por animais* pode facilitar a atuação de outros processos de intemperismos físico ou químico. Entre os animais escavadores tem-se as minhocas, cupins, formigas e pequenos roedores, cuja população pode chegar a 150.000/ha e estima-se que 10 a 15 t/ano de material particulado fino sejam deslocados até a superfície por esses organismos.

Não há dúvida de que o aspecto mais importante do *intemperismo biológico* é o papel fundamental desempenhado pelos organismos na gênese dos solos. Eles são, deste modo, definidos como um produto de intemperismo biológico, sendo compostos basicamente de *resíduos minerais* e *húmus* (matéria orgânica gelatinosa formada por restos vegetais em decomposição). O húmus é muito importante na preservação da umidade que, por sua vez, acelera os processos de intemperismo químico. Outro agente importante de *intemperismo biológico* é de formação dos solos são as *bactérias*, que são extremamente ativas sob condições redutoras (ou anaeróbias), por exemplo, na formação de sulfetos que são típicos desses ambientes. Experiências de laboratório têm mostrado que a albita e muscovita são decompostas duas vezes mais rapidamente na presença de bactérias e tem sido sugerido também que elas sejam responsáveis pela remoção da sílica dos solos tropicais, onde a quantidade média de microrganismos pode chegar a 1 bilhão/g.

A disciplina que estuda os solos é conhecida como *pedologia*, matéria esta que é de grande interesse aos geólogos e geomorfólogos, na medida em que eles afetam o intemperismo das rochas e a formação dos sedimentos. Além disso, o advento da *paleopedologia* (estudo de *solos fósseis* ou *paleossolos*), cujos conceitos básicos datam do fim do século XVIII (Hutton, 1795), aumentou a importância desses estudos em geologia (Retallack, 1990).

5. Manto de intemperismo

A denominação *manto* ou *crosta de intemperismo* possui aproximadamente o mesmo significado de *regolito* que é designação atribuída à porção externa de cobertura da litosfera, diretamente atingida pelos processos de intemperismo.

Segundo Bigarella *et al.* (1994), os produtos de intemperismo das rochas, especialmente os originados por intemperismo químico, consistem de:

a) mistura de fragmentos de minerais e rochas em diversos estágios de decomposição;

b) substâncias orgânicas supridas principalmente por vegetais;

c) soluções e suspensões coloidais de várias naturezas.

Onde o clima e a topografia permitem rápida erosão dos produtos de intemperismo, existe menos oportunidade de preservação de espessos mantos de intemperismo, verificando-se uma situação oposta em outros locais com taxa de erosão reduzida (Fig. 2.5). É uma situação encontrada nos *peneplanos africanos* e *brasileiros*, onde o clima favorece o rápido intemperismo, o relevo é pouco acentuado e os cursos de água são pouco desenvolvidos. Entretanto, muitos exemplos de espessos mantos de intemperismo, em zonas de relevo bastante acidentado, têm sido mencionados. É possível que esses casos representem *relíquias de regolitos* ainda mais espessos, desenvolvidos quando o relevo da área era muito menos acentuado que hoje em dia.

Não é muito fácil estimar as profundidades ou espessuras médias dos *mantos de intemperismo* em uma área, pois ocorrem grandes variações mesmo em regiões não muito extensas. Autores como Ollier (1965) e Thomas(1966) têm relatado profundidades de 900 m em Nova Gales do Sul (Austrália) e l00 m na Nigéria (África), respectivamente. Além disso, profundidades de até mais de l.000 m, onde os processos de intemperismo teriam penetrado através de fissuras de rochas, foram relatadas por Vageler (1930) na Plataforma Russa.

Por outro lado, o *manto de intemperismo* exibe zonações ou graus de intemperismo diferenciados, desde o *saprolito* (material ligado à rocha completamente decomposta) friável e terroso na superfície, gradando em profundidade até a *rocha completamente fresca.*

As *rochas porosas, permeáveis* e *altamente reativas* tendem a ser profundamente alteradas, enquanto com rochas impermeáveis e inertes acontece o contrário. Por exemplo, diques de diabásio e espessos veios de quartzo apresentam profundidades de intemperismo completamente discrepantes em situações similares de clima e topografia. Finalmente, como a evolução desse material só se processa em escala de tempo geológico, em geral o *manto de intemperismo* mais desenvolvido é encontrado em áreas continentais tectonicamente estáveis.

A maioria dos *perfis de intemperismo* é caracterizada, na porção superior, por aumento de volume, enquanto o *saprolito é* restrito à rocha menos intemperizada com mudança desprezível de volume. Desta maneira, os produtos de alteração predominantemente química, que constituem os *mantos de intemperismo* podem ser distinguidos em perfis verticais e pelas suas características físicas e mineralógicas (Fig. 2.2). Em perfil vertical, eles se apresentam com considerável espessura e exibem zonações. As características físicas e mineralógicas do material variam segundo a posição no perfil, dependendo também dos tipos de rocha, dos graus de intemperismo e das intensidades de exposição na superfície do terreno (Faniran & Jeje,1983).

5.1 Elúvio, eluvião ou depósito eluvial

Os termos acima são praticamente sinônimos de *saprolito*, sendo representados por material residual sem movimentação, isto é, que permaneceu "in situ" após a sua formação. Conforme a *rocha-matriz* (source rock) do eluvião, Polynov (1937) atribuiu as seguintes denominações: *ortoeluvião* (orthoeluvium), originado de rochas ígneas; *paraeluvião* (paraeluvium), ligado a rochas metamórficas e *eoeluvião* (eoeluvium), relacionado a rochas sedimentares.

Em geral, a passagem do *elúvio* para a *rocha-matriz* não é brusca, mas transicional. Além disso, embora o elúvio seja bastante decomposto quimicamente, ainda exibe as estruturas originais das rochas, como as xistosidades e gnaissificações.

Via de regra, o *elúvio* forma linhas de cristas e ombreiras e as suas espessuras aumentam com a diminuição da declividade da encosta, sendo mais comuns em declives inferiores a 25 graus.

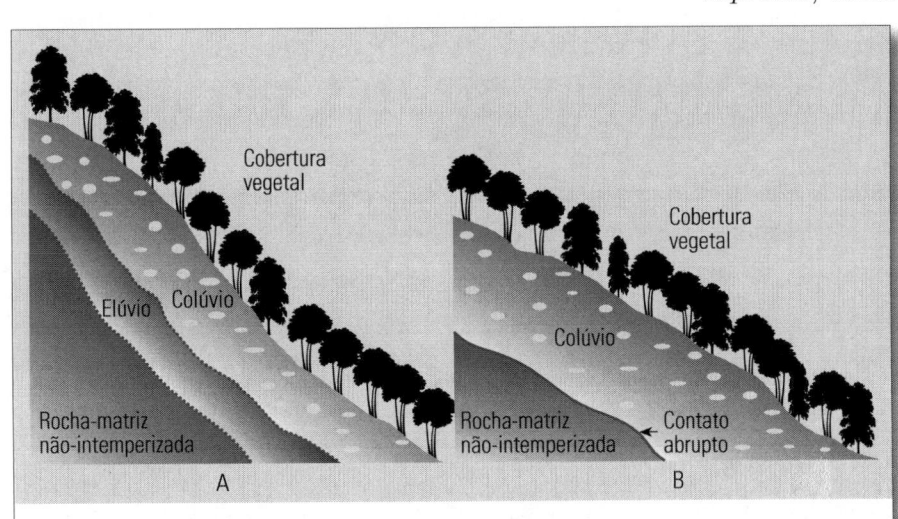

FIGURA 2.5   Perfis típicos de *mantos de intemperismo* recobertos por vegetação florestal densa:
A) sobre rocha-matriz não-alterada superpõem-se *elúvios* seguidos de *colúvios* com contatos transicionais entre si.
B) sobre rocha matriz não-alterada superpõem-se *colúvios* com contato abrupto. Esta situação ocorre em regiões montanhosas de clima úmido, onde os *elúvios* podem ter sido eliminados durante uma crise climática prévia (Bigrella *et al.*, 1994).

O *elúvio é* originado por eluviação que é um processo de intemperismo, pelo qual os materiais do solo de um horizonte superior são deslocados em solução ou suspensão, para os níveis inferiores. A *eluviação* afeta inicialmente só os sais mais solúveis, mas com o tempo passa a atuar sobre substâncias menos solúveis, tais como, a sílica nos lateritos ou os argilominerais nos podsóis. Os horizontes que perderam materiais por *eluviação* formam os *eluviões* ou *horizontes eluviais*, e os que receberam materiais constituem os *iluviões* ou *horizontes iluviais*, entrando ambos na composição do *regolito*.

Além disso, alguns *elúvios* constituem importantes fontes de recursos metálicos básicos, tais como, bauxita e garnierita, que são minérios de Al e Ni, respectivamente. Por outro lado, as *duricrostas* (Woolnough, 1927) são, em geral, típicas de regiões com climas áridos a semi-áridos, porém algumas delas, como os *ferricretes* e *alcretes* são mais características de áreas muito úmidas.

5.2 Colúvio, coluvião ou depósito coluvial

Estas são designações genéricas atribuídas a depósitos incoerentes de aspecto terroso, em geral localizados em vertentes e sopés de relevos mais ou menos acentuados, normalmente resultantes da movimentação declive abaixo de um *elúvio*. Comumente, os *depósitos de tálus* e *detritos de escarpas,* transportados predominantemente por processos gravitacionais, também são incluídos nesta categoria.

Embora constitua um revestimento amplamente distribuído na paisagem e represente um importante registro de evolução geomorfológica, em geral este tipo de depósito tem sido referido simplesmente como "solo" ou "solo coluvial" pela maioria dos geólogos.

Os *colúvios* apresentam, em geral, aspecto maciço e são compostos por sedimentos areno-argilosos, porém também podem conter fragmentos rochosos de vários tamanhos, mais ou menos intemperizados. A maior parte dos pesquisadores acredita que o *colúvio* resulte de deslocamento por curta distância, por movimento gravitacional chamado *rastejo* (creeping). Segundo Bloom (1978), dependendo dos materiais envolvidos, tem-se o *rastejo de solo* (soil creep) e *rastejo de rocha* (rock creep). Os depósitos coluviais mais espessos são encontrados em depressões de paleorrelevos ou em áreas onde os *fenômenos de soliflu-xão* foram particularmente intensos no passado.

Em muitos cortes de rodovias no Sudeste do Brasil, ocorrem colúvios amarelados, síltico-argilo-arenosos e aparência em geral homogênea. Um exame mais acurado pode até revelar várias gerações de colúvios, ou diferentes *fases de coluviação* separadas por horizontes de paleossolos ou com "linhas de pedra" ou "linhas de seixos" (stonelines), compostas em geral por fragmentos minerais ou rochosos angulosos ou subangulosos, representando muitas vezes, *paleopavimentos detríticos* dispostos mais ou menos paralelamente às vertentes. Existem controvérsias sobre o significado das "linhas de pedra", mas segundo Ruhe (1959) essas feições jazem normalmente sobre *superfícies de erosão*.

Segundo Mousinho & Bigarella (1965), o estudo dos depósitos coluviais não é uma tarefa simples, pois muitos dos processos que intervêm na sua gênese ainda são imperfeitamente compreendidos.

6. Intemperismo e clima

Os diferentes processos de intemperismo, como já foi visto, são favorecidos por determinados fatores climáticos e inibidos por outros. Deste modo, pode-se estabelecer uma correlação entre os tipos e intensidades de intemperismo e as diferentes regiões climáticas da Terra, que exibem profundidades de intemperismo, bem como processos pedogenéticos variáveis (Fig. 2.6). A *máxima lixiviação* processa-se nas *áreas tropicais*

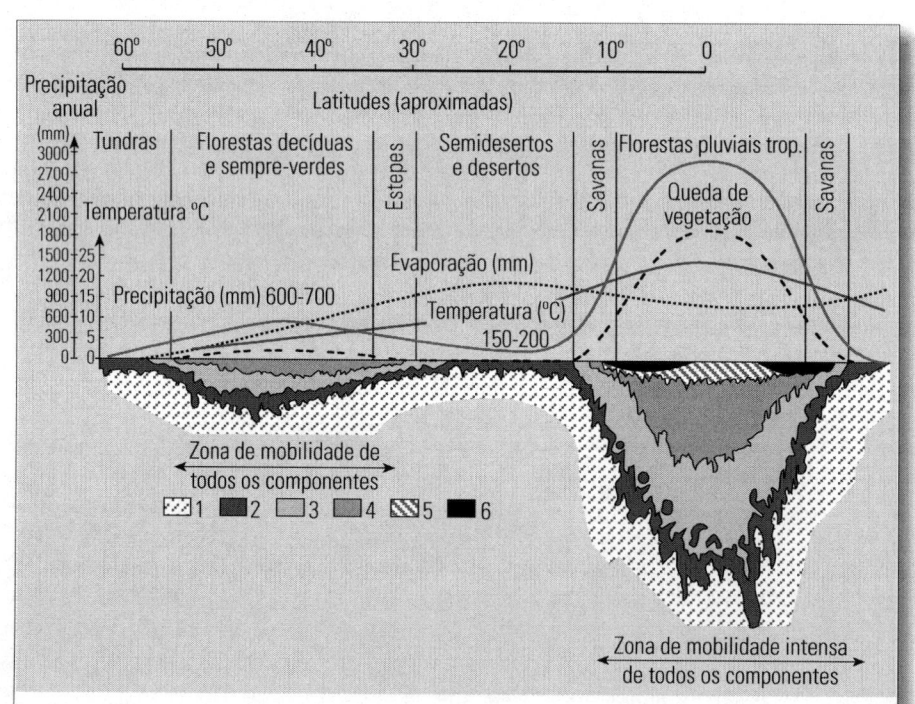

FIGURA 2. 6   Profundidades e características das zonas de intemperismo, de acordo com as latitudes (modificada de Strakhov, 1967):

1 = rocha fresca; 2 = detritos rochosos quimicamente pouco alterados
3 = zona de predomínio de hidrólise; 4 = zona de caulinita
5 = zona de ocre e de alumina e 6 = ferricrete

(aproximadamente 10 graus de latitudes norte e sul), caracterizadas por altas pluviosidades e temperaturas, sendo ocupadas por florestas pluviais, seguida pela zona de podsolização (35 a 55 graus de latitudes norte e sul) com florestas mistas (decíduas e sempre-verdes). Nas zonas de tundras e zonas desérticas e semidesérticas, o intemperismo químico é desprezível pela baixa temperatura e escassez de água, respectivamente, estabelecendo-se faixas latitudinais de intemperismos químico e biológico mínimos.

Nas *regiões tropicais*, a *hidrólise* e a formação de *argilominerais residuais* podem atingir profundidades superiores a 100 m. A grande profundidade de intemperismo tropical deve-se, em parte, à temperatura elevada mas a precipitação abundante é o fator talvez mais importante. A despeito da imensa produtividade biológica, relativamente pouco húmus é acumulado sob a floresta pluvial, em função dos incessantes ataques por microrganismos (micróbios e fungos) e da rápida reciclagem dos nutrientes. As intensas chuvas promovem uma eficiente lavagem dos compostos mais solúveis.

O *intemperismo químico* nos trópicos é tão intenso que os argilominerais, estáveis em regiões mais frias, são dessilicificados como acontece, por exemplo, com a caulinita em ambiente com grande excesso de água:

$$Al_2Si_2O_5(OH)_4 \; + \; 5H_2O \longrightarrow 2Al(OH)_3 \; + \; 2H_4SiO_4$$

Caulinita   Água   Gibbsita   Ácido silícico (em solução)

Não se conhece a forma real da sílica removida por lixiviação, mas é possível que em parte seja *amorfa* e/ou *coloidal*. Ela pode precipitar-se no nível de lençol freático de regiões tropicais sazonalmente secas, para formar *nódulos*, *crostas* e *leitos* de calcedônia ou opala. A gibbsita, que forma o hidróxido de alumínio residual, recristaliza-se lentamente para dar a alumina hidratada:

$$2Al(OH)_3 \longrightarrow Al_2O_3 \cdot 3H_2O$$

Nas faixas de latitudes periféricas às florestas pluviais, ocorrem regiões tropicais dominadas por *savanas*. Nas estações chuvosas, as savanas podem ser até inundadas, mas durante a estiagem praticamente não ocorre precipitação. A fase úmida sazonal favorece um intemperismo profundo, mas o período seco acelera a oxidação irreversível dos compostos de Al e Fe. Desenvolvem-se crostas lateríticas, denominadas *ferricretes* e *alcretes*, que podem constituir rochas capeadoras, que controlam eficientemente a evolução do relevo.

Entretanto, as relações entre o intemperismo e o clima nem sempre são muito fáceis de ser estabelecidas, porque praticamente todas as áreas da Terra já estiveram submetidas no passado a climas diferentes dos atuais. Comumente é difícil definir se determinados processos e relevos são compatíveis ou não com os regimes climáticos vigentes.

Muitas paisagens atuais da Europa e da América do Norte mostram claras evidências de *processos glaciais* e *periglaciais*, exaustivamente descritas por diversos autores (Flint, 1971; Bloom, 1978; Andersen & Borns Jr., 1994). Mas nas regiões equatoriais, as evidências de flutuações climáticas não são tão claras, embora não haja dúvidas de que também nessas regiões tenham ocorrido deslocamentos das faixas climáticas, com mudanças nos limites dos desertos e nas condições de pluviosidade.

Por outro lado, não é fácil comparar evidências de condições climáticas do passado com as de clima atual de outra região. Desta maneira, tem havido tentativas de comparação das condições de intemperismo encontradas na região ártica de hoje com aquelas que poderiam ter existido nas regiões periglaciais da Europa durante o Pleistoceno. Entretanto, esta comparação não é absolutamente correta, pois há diferenças nas latitudes dessas regiões. Além disso, as condições climáticas de regiões de latitudes semelhantes, mas de altitudes diferentes, também não são comparáveis entre si.

Em suma, de acordo com Brinkmann (1964), os tipos de climas reinantes podem determinar as seguintes características de intemperismo:

- *Clima tropical sempre úmido* — nele verifica-se intensa e profunda decomposição química, caracterizada por intensa lixiviação dos elementos químicos mais solúveis.

- *Clima quente com estações úmidas e secas* — neste caso, o intemperismo químico ainda é acentuado, com decomposição de silicatos e formação de lateritos, acompanhados de fenômenos de *disjunção esferoidal*.

- *Clima quente e árido* — aqui a decomposição química é menos intensa, mas nas estações mais secas os sais sobem à superfície, originando *eflorescências* de vários tipos de sais, como os carbonatos (calcretes), até gipsita e halita.

- *Clima temperado e úmido* — no qual alguns processos de intemperismo físico, como o do *congelamento (gelivação)* assumem importância, em detrimento da decomposição química. Ocorre acentuado acúmulo de húmus e intensa solubilização pela atuação de abundante CO_2.

- *Clima glacial* — nele há o predomínio do intemperismo físico por *congelamento*, enquanto o intemperismo químico e processos pedogenéticos são desprezíveis.

7. Intemperismo e ciclo sedimentar

O *ciclo sedimentar* pode ser definido em escala menor relacionada à *sedimentologia convencional*, mas também pode ser entendido como um ciclo bem maior, envolvendo a formação e destruição de placas litosféricas. Neste caso, abrange fenômenos ligados a um campo especializado da sedimentologia, freqüentemente denominado de *megassedimentologia* ou *sedimentologia global*.

O *ciclo sedimentar clássico* é composto pelas fases de intemperismo, erosão, transporte, deposição, litificação (ou diagênese) e soerguimento (Fig. 2.7). Só a parte superior desta figura é essencialmente ligada ao ciclo sedimentar, pois na porção inferior o movimento de massas não mais ocorre na forma de material sedimentar. Logicamente, os estágios que mais interessam aos estudos sedimentológicos são os anteriormente especificados, intimamente ligados à *sedimentogênese* (origem dos sedimentos).

Em termos de *megassedimentologia* o *ciclo sedimentar* refere-se à sucessão de etapas ou eventos de preenchimento de uma bacia sedimentar, que termina com o retorno às condições iniciais. A duração desse ciclo é variável. Na teoria geossinclinal, conforme denominação proposta por Dana (1873), atualmente algo desacreditada, o *ciclo sedimentar* é caracterizado, de baixo para cima, pela seguinte seqüência:

a) conglomerado basal;
b) sedimentos químicos (calcários, etc.);
c) pelitos;
d) grauvaques e pelitos alternados;
e) grauvaques maciças;
f) subgrauvaques, pelitos e carvão.

Entre os primeiros depósitos incluem-se os chamados depósitos de *"flysch"* e entre os últimos tem-se a *molassa*.

Outros *ciclos sedimentares* de menor importância podem repetir-se por várias vezes e podem ter várias causas, tais como tectônicas, climáticas (varves), atividades vulcânicas, etc.

Embora esta designação possa ser usada normalmente com o mesmo significado de *ritmo sedimentar*, talvez seja mais conveniente que o termo ciclo seja reservado a uma seqüência repetida de pelo menos três diferentes litologias.

8. Intemperismo e paleopedologia

Os *solos do passado*, tanto os soterrados no meio de seqüências sedimentares, quanto os que permanecem em condições superficiais hoje modificadas, constituem objetos de estudo da *paleopedologia* (Retallack, 1990).

Os registros mais antigos de solos soterrados em seqüências de rochas sedimentares são diagnosticados pela presença das *"camadas sujas"* (dirty beds) e *"tocos fósseis"* (fossil stumps) descritos, por exemplo, em calcários do Jurássico superior da costa de Dorset, Inglaterra (Webster, 1826). A seguir, várias *florestas fósseis* foram descobertas, e os restos vegetais foram descritos, mas os *paleossolos do substrato* permaneceram completamente ignorados. Durante o século XIX, solos inumados foram também reconhecidos em depósitos superficiais de *"loess"* e *"till"*.

Os estudos de *paleossolos do Quaternário* têm merecido algum destaque, levando os pesquisadores a entender a complexidade desses materiais e a variedade de fatores envolvidos na sua formação (Kukla, 1975; Johnson & Watson-Stegner, 1987). Em contraste, embora freqüentes em alguns locais, os *paleossolos pré-quaternários* têm passado em geral ignorados ou as suas feições têm sido atribuídas erroneamente a causas diagenéti-

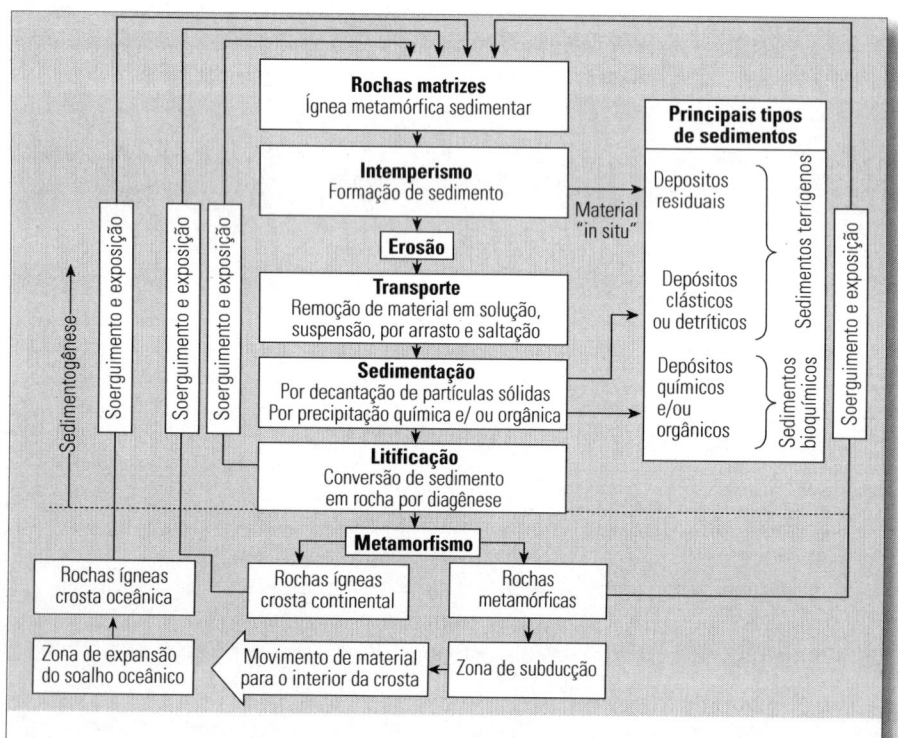

FIGURA 2.7 Principais processos que contribuem para a formação dos grupos mais importantes de rochas sedimentares e o ciclo sedimentar. Os minerais estáveis como o quartzo podem passar por várias fases de retrabalhamento, antes de serem destruídos por metamorfismo.

cas. Na realidade, as pesquisas mais comuns associadas aos *paleossolos pré-quaternários* versam sobre os seus conteúdos fósseis (Retallack, 1988). Porém, ultimamente vem tornando-se mais comuns trabalhos que usam os *paleossolos pré-quaternários* como indicadores da natureza dos processos de intemperismo (Holland, 1984).

Os *solos fósseis* podem ser, em geral, usados como *marcadores estratigráficos* não somente em trabalhos científicos, mas também nas prospecções de petróleo, carvão e minerais de urânio. Além disso, podem fornecer evidências para *comprovação da sua gênese* e para *reconstrução paleoambiental*.

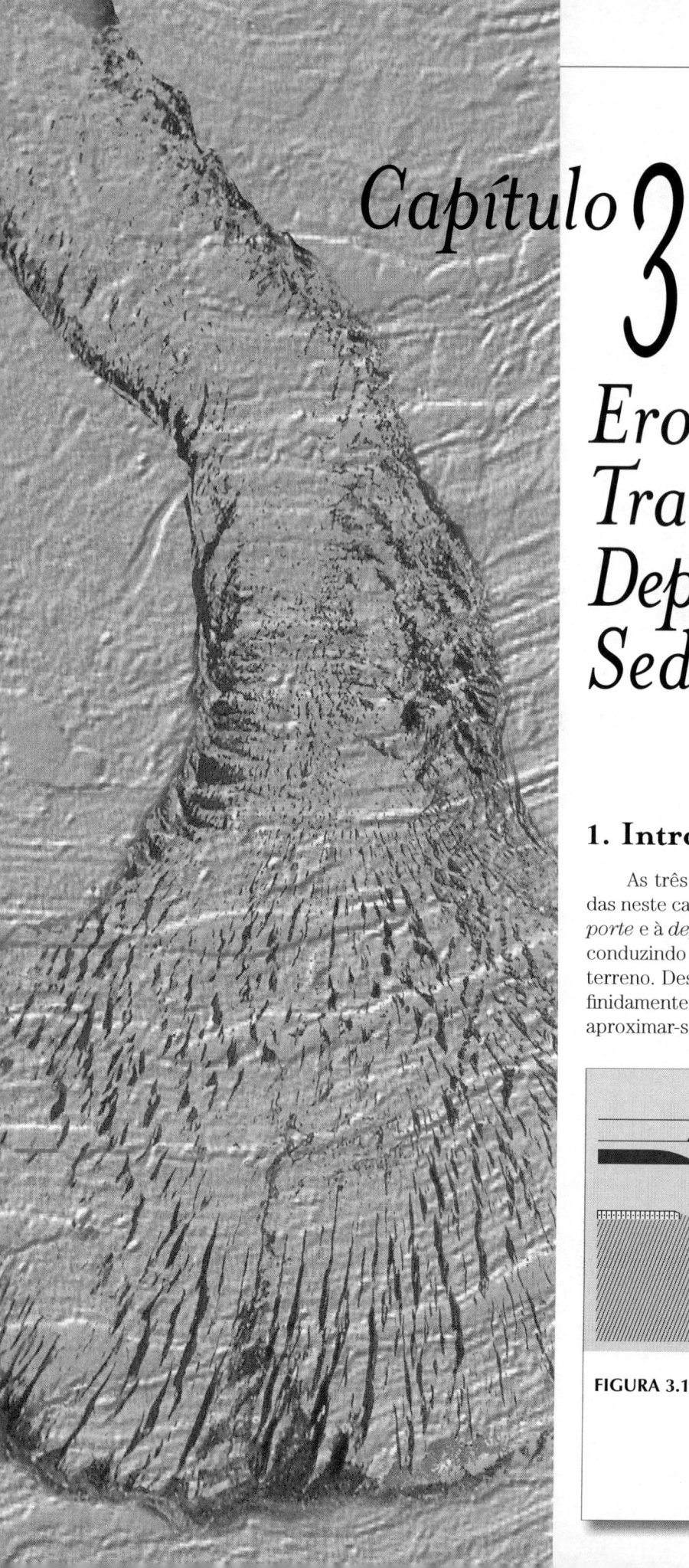

Capítulo **3**

Erosão, Transporte e Deposição de Sedimentos

1. Introdução

As três categorias de processos geológicos enfocadas neste capítulo, correspondentes à *erosão*, ao *transporte* e à *deposição*, atuam continuamente na natureza, conduzindo à eliminação de todas as irregularidades do terreno. Deste modo, caso esses processos atuem indefinidamente sem qualquer rejuvenescimento do relevo, aproximar-se-ía do nível do mar (Fig. 3. 1).

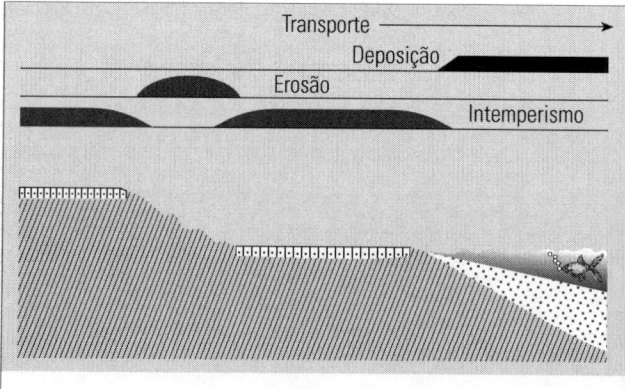

FIGURA 3.1 Perfil esquemático mostrando como o intemperismo é favorecido pelo relevo plano que, por sua vez, caracteriza-se por taxas muito baixas de erosão. A erosão, o transporte e a deposição são influenciados pela topografia (Selley,1976a).

Portanto, os *agentes erosivos* são também os *agentes de transporte* e *deposição* para cujos funcionamentos a *lei da gravitação* é fundamental. Esta lei foi formulada pelo pesquisador inglês Sir Isaac Newton (1642-1727), da seguinte maneira:

$$F_\alpha \frac{m_1 \times m_2}{d^2}$$

onde: F = força de atração,
  m_1 = massa do primeiro corpo (exemplo: Terra),
  m_2 = massa do segundo corpo (exemplo: Lua) e
  d = distância que separa esses corpos.

Em qualquer superfície inclinada, como a que constitui a vertente de uma montanha, a força de gravidade atuante sobre um corpo aí situado pode ser desmembrada em dois componentes (Fig. 3.2A). O *componente perpendicular* (g_p), que atua normalmente à superfície cria uma resistência devido ao atrito, que tende a manter o corpo no local. O *componente tangencial* (g_t), que age ao longo da superfície e para baixo da vertente. Quando $g_t > g_p$ (Fig. 3.2D) o corpo se move declive abaixo e, neste caso, se diz que o *ângulo de repouso* (angle of repose) foi ultrapassado. Portanto, este ângulo corresponde ao maior ângulo, medido em relação à horizontal, em que um corpo rochoso ou material granular inconsolidado, em uma encosta, permanece estável. Materiais mais grossos podem ter ângulo de repouso superior a 37 graus, enquanto este valor decresce para 20 a 25 graus em areias finas e secas e, além disso, materiais granulares angulosos tendem a apresentar este valor maior que os arredondados.

A erosão, o transporte e a deposição são processos fundamentais na *geologia física*, pois sem a atuação desses mecanismos o intemperismo cessaria, o relevo não se modificaria e a deposição nas margens continentais se interromperia. As taxas (ou razões) dessas transformações são muito baixas, em relação ao lapso de tempo envolvido na vida humana, mas produzem efeitos significativos em escala geológica de tempo.

Alguns dos agentes envolvidos nesses processos geológicos são os seguintes:

a) rios e fluxos laminares;
b) ventos;
c) geleiras;
d) ondas;
e) marés;
f) correntes oceânicas;
g) correntes de turbidez;
h) rios subterrâneos;
i) águas subterrâneas.

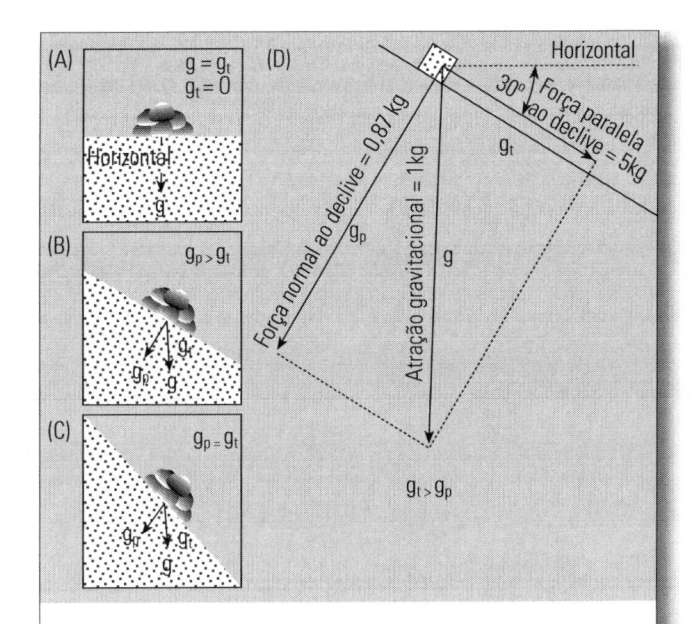

FIGURA 3.2 Efeitos da gravidade sobre objetos jazendo ao longo de vertentes. A gravidade pode ser desmembrada em dois componentes: uma perpendicular (g_p) e outra paralela (g_t) à superfície (A a C). A componente g_p cria uma resistência ao atrito, que é vencida quando $g_t > g_p$ (D).

Eles atuam de diferentes maneiras e com diversas velocidades, alguns sobre os continentes e outros nos oceanos e, além disso, as geleiras, por exemplo, são restritas a climas muito especiais (Fig. 3.3). Por outro lado, a

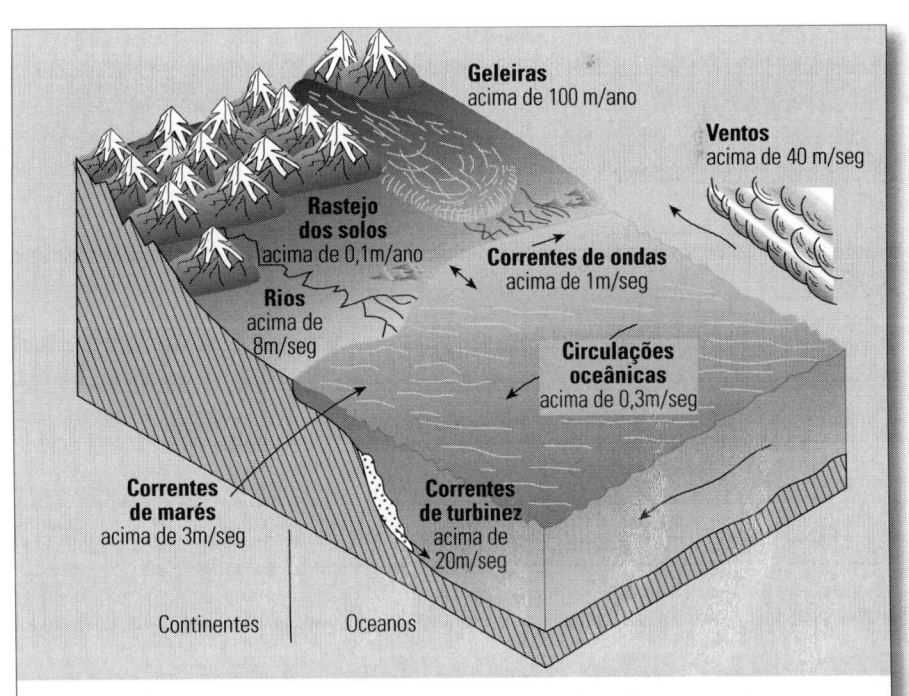

FIGURA 3.3 Variações das velocidades de atuação dos *agentes geológicos* mais comuns (Allen, 1975). Alguns, como o *rastejo dos solos* (soil creeps) são muito lentos (> 0,1 m/ano) enquanto outros, como as *correntes de turbidez* (turbidity currents) são muito velozes (20 m/s).

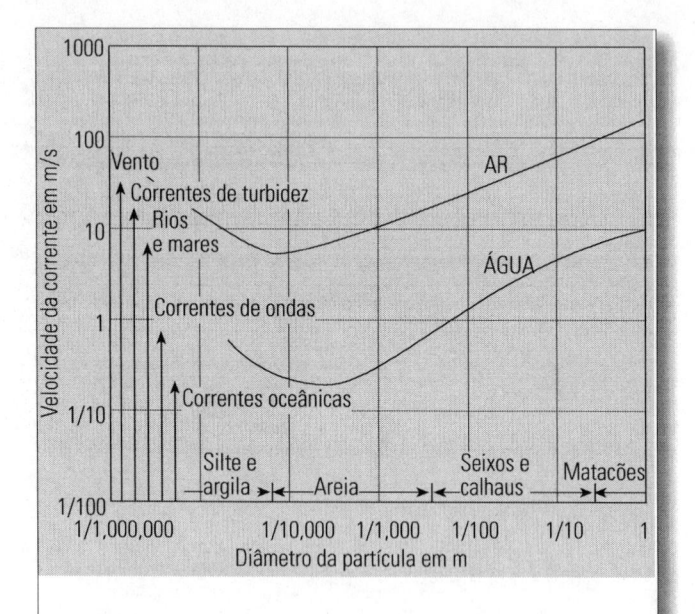

FIGURA 3.4 Competências dos agentes geológicos, relacionadas às velocidades que as correntes devem atingir para que as partículas minerais de determinadas dimensões sejam carreadas. As setas da esquerda mostram as amplitudes de variação das velocidades de alguns *agentes geológicos* (Allen, 1975).

competência e a *capacidade* desses agentes geológicos são muito variáveis (Fig. 3.4). A *competência* está relacionada aos fragmentos de sedimentos com maiores diâmetros que podem ser transportados pelos agentes. A *capacidade* diz respeito às cargas sedimentares que podem ser carreadas pelos agentes em condições de equilíbrio.

2. Erosão

2.1 Generalidades

A *erosão* ou *gliptogênese* (dos termos gregos *glyptós* = gravado + *génesis* = geração) é um fenômeno natural, através do qual a superfície terrestre é desgastada e afeiçoada por processos físicos, químicos e biológicos de remoção, que modelam a paisagem. Este conceito mais amplo, de escala global, é válido em geologia e geomorfologia, pois para os agrônomos e engenheiros civis, na maioria das vezes, o significado desta palavra pode ser reduzido a simples eliminações das camadas superficiais dos solos, principalmente quando desprotegidas.

Analogamente aos processos de intemperismo, na erosão também podem ser admitidos processos físicos, químicos e biológicos. Segundo Strakhov (1967), os processos físicos e químicos seriam pouco atuantes em regiões frias e úmidas, com temperatura média anual inferior a + 10°C, enquanto em regiões quentes e úmidas, com temperatura média anual superior a + 10°C, seriam mais importantes (Tab. 3).

Também em analogia aos processos de intemperismo, a *erosão biológica* (ou *bioerosão*) poderia ser traduzida em termos de processos físicos e químicos e, deste modo, poder-se-ía admitir apenas dois processos de erosão. Alguns pesquisadores chegam ao extremo de restringir o conceito de erosão somente ao trabalho físico de remoção pelas águas correntes (rios).

Se uma *fase de sedimentação*, principalmente subaquosa, for interrompida por um *episódio de erosão* são originadas *discordância erosivas*. Elas podem ser provocadas por interrupção momentânea na *subsidência de uma bacia* ou por *mudanças nas condições hidrodinâmicas*, causando a erosão parcial do sedimento recém-depositado. Este fato pode ser comprovado pela *estrutura de corte-e-preenchimento* (cut and fill structure), por exemplo, que dá origem a uma *discordância local* (local unconformity) do tipo *diastema* (diastem).

Em geral, um *episódio de erosão* pode ser correlacionado a uma *fase de sedimentação* como, por exemplo, em muitos depósitos sedimentares neocenozóicos do Nordeste e de outras regiões do Brasil, comumente referidos como correlativos de fases de reafeiçoamento do relevo (Bigarella *et al.*, 1965; Mabesoone, 1966).

TABELA 3 Valores de taxas de erosão física (mecânica) e química nos diversos continentes e as suas respectivas áreas (Strakhov,1967)

Continentes	Superfícies $(10^6 km^2)$	Materiais em suspensão $(10^6 t)$	Materiais em solução $(10^6 t)$	Taxas de erosão (t/km^2)	
				Erosão física	Erosão química
Europeu	9,67	420	305	43,0	32,0
Asiático	44,89	7.445	1.916	166,0	42,2
Africano	29,81	1.395	757	47,0	25,2
América do Norte/Central	20,44	1.503	809	73,0	40,0
América do Sul	17 98	1.676	993	93,0	55,0
Australiano	7,96	257	88	32,1	11,3

2.2 Tipos de erosão

A erosão provocada sem a interferência antrópica através de vários *agentes erosivos*, tais como as águas pluviais, fluviais e marinhas, além dos ventos e geleiras é denominada de *erosão natural* ou *erosão geológica*. Segundo os agentes envolvidos, podem ser reconhecidos os *processos de erosão pluvial, fluvial, marinha, eólica* e *glacial*. Todos esses agentes como água, gelo e ar são acionados pela atração gravitacional rumo ao centro da Terra e, portanto, as partículas minerais envolvidas tendem a cair ou a deslizar das partes mais altas para as mais baixas (Fig. 3.1).

2.2.1 Erosão pluvial

É executada pelas águas das chuvas, não somente pelo gotejamento sobre os solos, provocando a *erosão por salpico* (splash erosion), bem como pelo *lençol de escoamento superficial* (enxurrada) e pela *água de infiltração* que passa a atuar por *processos físicos* e *químicos*. Embora o efeito erosivo de um pingo de chuva seja insignificante sobre o solo, quando multiplicado por bilhões, constitui um dos principais problemas na conservação dos solos (Ellison, 1948).

Quando a declividade do terreno for pequena, ocorre a *erosão laminar* (sheetflood erosion), porém com o aumento da inclinação, verifica-se a multiplicação do escoamento linear que, finalmente, pode conduzir à *erosão subterrânea* (underground erosion) com a produção de *ravinas* e *voçorocas* (gullies). Na realidade, o afeiçoamento da maior parte do relevo, inclusive das vertentes dos vales, é resultante principalmente da *erosão laminar* e de *movimentos de massa* (mass wasting) como, por exemplo, o *rastejo do solo* (soil creeping). Em regiões constituídas por rochas muito solúveis, a *erosão subterrânea* principalmente através da dissolução química, dá origem a *dolinas* (dolines) e *cavernas* (caves) que, em conjunto, definem uma *topografia cárstica* (karst topography). Um tipo particular de feição geomorfológica erosiva é representada pela *terra má* (badland), que se apresenta intensamente ravinada por água corrente pluvial (enxurrada). Esse tipo de relevo mais característico de área de granito decomposto, arcózio ou solo argiloso, formando vertentes pobres em vegetação em geral sob condições de clima árido.

2.2.2 Erosão fluvial

É também denominada de *erosão normal* em geomorfologia ou de *erosão geológica* em geologia, referindo-se ao trabalho de remodelamento do relevo exercido pelos rios nas vertentes e interflúvios.

A *erosão fluvial* é fortemente controlada pela *geologia* (litologia e estrutura) e pelo *clima*. Em termos litológicos, as rochas são caracterizadas por diferenças de consistência, de permoporosidade e suscetibilidade às alterações químicas. Em termos estruturais, não somente a presença ou ausência de estratificações, fo-

liações, xistosidades e gnaissificações, mas também fatores tectônicos, tais como falhas, dobras e juntas devem interferir na erosão fluvial. O clima modifica a descarga fluvial e, portanto, os regimes dos rios e os processos de atuação da erosão fluvial. Em clima seco, com rios efêmeros, pode haver predominância de movimentos gravitacionais e em clima mais úmido, com rios perenes, a água corrente torna-se mais importante.

2.2.3 Erosão marinha

É em geral provocada pelas *ondas* nas regiões litorâneas e as evidências mais conspícuas deste fenômeno são as *falésias marinhas ativas*. O impacto direto das ondas pode alcançar até mais de 10 t/m^2, porém o maior efeito de erosão por onda deve-se à pressão exercida pela penetração forçada das águas nas juntas das rochas. Outro processo de erosão por ondas deve-se ao impacto de fragmentos rochosos arremessados. Por essas características, a *erosão marinha* é também conhecida como *erosão costeira* (coastal erosion) ou *erosão por onda* (wave erosion). Porém, a *erosão costeira* pode envolver tanto a *costa baixa* (com praias) quanto a *escarpada* (com falésias marinhas), sendo mais intensa em promontórios e mais fraca em reentrâncias como baías e enseadas.

Embora a ação física das ondas seja a predominante na erosão marinha, o efeito da ação química de dissolução pode também se manifestar em rochas mais solúveis como os calcários.

A *erosão marinha* é mais típica de zonas litorâneas, mas também pode atingir 10 a 20 m de profundidade em condições de tempestade. Além disso, já foi aventada a possibilidade de que os *canhões submarinos* que ocorrem nas bordas das plataformas continentais podendo atingir até o sopé dos taludes continentais, poderiam resultar da escavação por *correntes de turbidez* (turbidity currents). Neste caso, tem-se uma verdadeira *erosão submarina* (submarine erosion).

2.2.4 Erosão eólica

Deve ser atribuída ao vento, que atuaria principalmente em regiões de climas secos (desertos), ou mais raramente em zonas litorâneas.

O fenômeno da *deflação eólica*, que consiste na remoção de material particulado fino pela ação do vento, é especialmente intenso em regiões áridas e semi-áridas. A areia transportada pelo vento acha-se mais concentrada junto à superfície do terreno e, portanto, deve atuar com intensidades decrescentes de baixo para cima, originando formas bizarras de erosão, que lembram o cogumelo, a taça, etc. Os *depósitos residuais* (lag deposits) da deflação eólica também sofrem a ação do vento com areia, originando-se os *ventifactos*, que são fragmentos de minerais ou rochas facetados e com superfícies foscas.

A atividade de erosão e pode estender-se por amplas áreas podendo, inclusive, atuar contra a declividade dos terrenos, contrariamente à ação de outros agentes como, por exemplo, de *erosão fluvial*, que segue necessariamente a inclinação do terreno, pois atua por ação da gravidade.

2.2.5 – Erosão glacial

Está relacionada à modificação da configuração da superfície terrestre por atividades de geleiras. Este processo de erosão desenvolve-se através dos detritos rochosos transportados pelas geleiras, no seu interior, originando-se *pavimentos estriados*, *vales em U*, *circos glaciais* e *vertentes côncavas*. O *pavimento estriado* ou *pavimento glacial* é uma superfície rochosa polida e estriada, rebaixada e relativamente lisa, produzida por *abrasão glacial* (glacial abrasion). O *vale em U* corresponde ao perfil transversal de vale originado por *erosão glacial*. O *circo glacial* é o anfiteatro formado nas cabeceiras dos vales e a *vertente côncava* é também característica da *erosão glacial*, resultando em relevo com divisores de água pontiagudos e muito irregulares.

Por outro lado, considerando-se não os agentes erosivos, mas os modos de atuação dos fenômenos de erosão, foram criadas designações como *erosão diferencial* (differential erosion) ou *erosão seletiva* (selective erosion), *erosão laminar* (sheetflood erosion), *erosão lateral* (lateral erosion), *erosão vertical* (vertical erosion) e *erosão remontante* (headward erosion).

2.2.6 Erosão diferencial ou seletiva

Está relacionada, em geral, a diferenças litológicas e/ou estruturais das rochas. Pode manifestar-se através da remoção preferencial de partículas minerais ou rochosas, especialmente em zonas costeiras submetidas à atuação de ondas, segundo a maior ou menor suscetibilidade dos materiais aos agentes erosivos naturais. Em alguns trechos da costa brasileira, onde as estruturas das rochas pré-cambrianas são transversais à linha de costa, sendo compostas por intercalações de rochas com diferentes resistências, a erosão diferencial favorece o afeiçoamento irregular com muitas saliências e reentrâncias.

2.2.7 Erosão laminar

Corresponde à erosão causada por água corrente através da chamada *enchente laminar* (sheetflood), isto é, através de fluxos rasos e espalhados não-canalizados, diferertemente da maioria dos rios. Este fenômeno é mais comum em regiões de *clima árido* (arid climate) com chuvas torrenciais, levando ao desenvolvimento de *pedimentos* (pediments). Em geral, as condições que favorecem a *erosão laminar* são as drenagens rápidas, de grande volume de águas pluviais, carregadas de partículas sólidas, relacionadas a chuvas torrenciais e esporádicas. No deserto de Sonora (Novo México, Estados Unidos), por exemplo, existem superfícies de erosão com *delgada cobertura sedimentar* (veneer rock), que têm

sido atribuídas à erosão desta natureza, constituindo um *pedimento* (pediment), como é atualmente conhecido. Este tipo de erosão é também denominado por alguns como *erosão espasmódica* (spasmodic erosion).

2.2.8 Erosão lateral

Efeito de erosão horizontal de rio em estado de maturidade, promovendo o alargamento do seu leito. Contrariamente, na juventude a *erosão vertical* (vertical erosion) conduz ao aprofundamento do leito. Sinônimo = *alargamento* (widening).

2.2.9 Erosão vertical

Efeito de erosão vertical de rio em estado de juventude, propiciando o aprofundamento. do seu leito, de maneira contrária ao rio em estado de senilidade. Sinônimo = *aprofundamento* (deepening).

2.2.10 Erosão remontante

Processo de erosão que atua nas cabeceiras de um vale fluvial, conduzindo ao aumento da extensão em parte por intemperismo e gravidade, atuando em conjunto com os processos fluviais. As cataratas do Rio Iguaçu (PR) resultam em grande parte da erosão remontante, auxiliada pela disjunção colunar dos derrames basálticos do seu leito. Sinônimo = *erosão regressiva* (regressive erosion).

Diferentemente da *erosão normal* (normal erosion), que atua sob condições ambientais naturais, a *erosão acelerada* (accelerated erosion) ou *erosão antrópica* (anthropic erosion) ocorre em situações ambientais degradadas, em geral pela *ação antrópica* (anthropic action). O fenômeno é mais conspicuamente observado, por exemplo, na *erosão praial* (beach erosion) e na *erosão do solo* (soil erosion). A *erosão praial* é mais comumente provocada pelo desequilíbrio no *balanço sedimentar* (sedimentary budget) por *efeito represamento* (dam effect) de retenção de sedimentos em reservatórios com barragens ou por construção de *espigões* (groins) ou molhes interceptando assim a *deriva litorânea* (littoral drift) de sedimentos. A *erosão do solo* é exacerbada por desequilíbrio ambiental, por exemplo, em função do desmatamento, cortes de barrancos para construção de estradas e moradias, etc. Em relação à *erosão do solo* têm sido usados dois parâmetros importantes: *erodibilidade* (erodibility) e *erosividade* (erosivity). O primeiro expressa a facilidade com que este tipo de material é removido pela água ou pelo vento, dependendo dos teores de areia, silte e argila, além da porosidade, teores de matéria orgânica, água, etc. A *erosividade*, que pode ser expressa pela *energia cinética*, é uma propriedade das águas das chuvas em provocar a erosão do solo. Uma visão integrada da problemática da erosão do solo foi apresentada por Bigarella & Mazuchowski (1985).

2.3 Ciclo de erosão do relevo

O *ciclo de erosão* é composto por levantamento (ou soerguimento), que pode ter diferentes causas, alternado com rebaixamento por erosão também atribuído a vários agentes. Davis (1899) idealizou diferentes fases pelas quais passaria o relevo de uma região, denominando-as de *juventude*, *maturidade* e *senilidade* (ou *velhice*). A fase de juventude seria caracterizada por um relevo montanhoso e pontiagudo, passando na maturidade por formas mais suavizadas e, finalmente, chegando na velhice a um peneplano. Como a *taxa* (velocidade) *de erosão* decresce com o avanço do processo, muitos milhares de anos são necessários para se ter um peneplano de grande extensão. Esta proposta de Davis (1899) tem-se constituído, ultimamente, em um dos assuntos de muitas dissensões.

De qualquer modo, dois são os aspectos fundamentais que interferem na perfeita aplicabilidade deste conceito de *ciclo de erosão*. O primeiro é que a Terra, raramente ou talvez até nunca, deve ter passado por fases de estabilidade suficientemente longas, para que uma área evolua desde a juventude até a senilidade, sem que ocorram importantes modificações. Além disso, os padrões de drenagem de uma área nem sempre são condizentes com as paisagens durante o ciclo evolutivo, isto é, as drenagens podem exibir características de juventude e a fisiografia da área pode ter atingido a maturidade. Estudos quantitativos mais recentes sobre as mudanças nas paisagens e nas drenagens, realizados por Schumm (1977), indicaram que a erosão e a sedimentação não exibem ciclos regulares como muitas vezes têm sido admitidos, devendo antes ser considerados como *ciclos episódicos*.

Segundo os diferentes tipos de agentes erosivos, vistos nos itens anteriores, podem ser admitidos *ciclo de erosão fluvial* (fluvial erosion cycle), *ciclo de erosão glacial* (glacial erosion cycle), *ciclo de erosão marinho* (marine erosion cycle), *ciclo de erosão desértico* (desert erosion cycle), *ciclo de erosão cárstico* (karst erosion cycle), etc. O *ciclo de erosão* é também sinônimo de *ciclo de denudação* (denudation cycle), *ciclo geográfico* (geographic cycle) e *ciclo geomorfológico* (geomorphologic cycle).

2.3.1 Ciclo de erosão fluvial

Está relacionado às modificações geomorfológicas ligadas à erosão por água corrente, que foi usado como modelo para o ciclo de erosão do relevo, idealizado por Davis (1899). Este ciclo é comumente denominado de *ciclo normal* (normal cycle) e tem como *nível de base final* (ultimate baselevel) a superfície oceânica, embora possa também apresentar vários *níveis de base locais* (local baselevels) controlados, por exemplo, por soleiras de rochas mais resistentes. Flint & Skinner (1977) estimaram que a transformação de uma área em extenso peneplano possa demandar 15 a 100 milhões de anos, dependendo das altitudes iniciais do relevo, dos tipos de rochas constituintes, da pluviosidade e de vários outros fatores.

2.3.2 Ciclo de erosão glacial

Este ciclo é produzido por processos ligados a geleiras, não sendo aplicável às *geleiras continentais* (continental glaciers), limitando-se às *geleiras de altitude* (valley glacers). Neste caso, o *nível de base de erosão* (erosion baselevel) corresponde à *linha de neve* (snowline).

As mudanças sucessivas da paisagem glacial, pela erosão por geleiras, podem levar ao estado senil e provocar o fenômeno da *compensação glacioisostática* (glacio-isostatic rebound), que promove o rejuvenescimento do relevo, transformando-se em região montanhosa, novamente acima de *linha de neve* e, desta maneira, reiniciando-se um novo ciclo de *erosão glacial* que ficará superposto ao ciclo anterior.

2.3.3 Ciclo de erosão marinho

O modelo de evolução geomorfológica de uma zona costeira, de maneira análoga ao *ciclo fluvial*, comporta várias fases desde a jovem até a senil.

A fase juvenil, é em geral, caracterizada por costa abrupta e indentada, enquanto a senil apresenta-se como costa de relevo suave e retilinizada.

2.3.4 Ciclo de erosão desértico

Refere-se aos estágios de evolução geomorfológica em regiões e *clima árido* (arid climate), onde predominam processos de *intemperismo físico* (physical weathering). O processo inicia-se pela erosão das regiões montanhosas circundantes que originam os *leques aluviais* (aluvial fans) e a drenagem tipicamente centrípeta desses ambientes pode terminar em *lagoas efêmeras* (ephemeral lakes), onde pode haver precipitação de depósitos salinos. Na fase senil, o relevo circunjacente torna-se completamente desgastado, e a *bacia árida* (arid basin) ficará completamente colmatada, diminuindo o suprimento de sedimentos e aumentando a intensidade dos processos de *deflação eólica* (eolian deflation), com formação de extensos *campos de dunas* (dunefields), comumente conhecidos como *mares de areia* (sand seas).

2.3.5 Ciclo de erosão cárstico

Corresponde ao ciclo que conduz à formação do *peneplano cárstico* (karst peneplain), recoberto por solo vermelho resultante do intemperismo de calcário, tendo antes passado por estágio de desenvolvimento de *dolinas* (dolines), *uvalas* (uvalas), etc. Podem ser reconhecidas três fases principais na evolução do relevo cárstico, desde a fase juvenil caracterizada pela preservação de extensas áreas da superfície original até a fase senil, quando a superfície fica completamente coberta por solo avermelhado e aproxima-se do *nível de água subterrânea* (groundwater level), passando intermediariamente pela fase de maturidade.

Há uma tendência entre os geomorfólogos de se admitir a seguinte seqüência para o ciclo de erosão cárstico: dolina, uvala e poliê. As *dolinas* aumentariam de tamanho e, com o tempo, evoluiriam para as *uvalas*. Entretanto, muitas vezes os *poliês* não parecem ser simplesmente uvalas grandes e complexas, podendo apresentar algum tipo de controle estrutural (Bloom, 1978).

2.4 Taxas de erosão do relevo

De acordo com Mallory & Cargo (1979), várias estimativas realizadas, em diversas partes do mundo, indicam que a *taxa de erosão média* da superfície terrestre tenha sido de 2,5 cm/1.000 anos, embora esta cifra possa ter variado através dos tempos geológicos. Além disso, sendo esta uma média mundial, é preciso lembrar-se de que essas taxas são muito variáveis, pois é um processo seletivo que depende muito do clima, da natureza dos processos e produtos envolvidos e, no período Quaternário, da intensidade das atividades antrópicas. No território dos Estados Unidos, segundo Flint & Skinner (1977), a *taxa de erosão média* teria sido de 6 cm/1.000 anos, correspondente a 1 cm/166 anos. Embora esta cifra possa parecer muito baixa, indica que só aquele país teria fornecido 1,3 bilhão de t/ano de sedimentos aos oceanos.

Nas áreas de climas mais úmidos, a cobertura vegetal protege o solo contra a erosão, o que não sucede nas regiões áridas e com escassa vegetação. Mesmo em condições climáticas semelhantes, as regiões de declives mais acentuados são mais rapidamente erodidas. Por outro lado, onde as superfícies rochosas sejam mais permeáveis haverá maior infiltração de água, que atuará na dissolução dos minerais constituintes. Em geral, rochas bem cimentadas e muito maciças tendem a resistir mais à erosão do que os siltitos finos pouco consolidados.

Além disso, a taxa de erosão depende também dos *agentes erosivos*. Desse modo, o substrato rochoso coberto pela geleira de Muir, no Alasca (Estados Unidos), estaria sendo erodido à taxa de 2 cm/ano, o que representaria uma velocidade 332 vezes superior à média dos Estados Unidos. As taxas de *erosão costeira* dependem bastante do tipo de rocha, sendo os valores mais altos em rochas mais moles e erodíveis que em rochas mais duras e resistentes. Medidas realizadas durante dois anos nos Estados Unidos revelaram que, em rochas metamórficas duras de Boothbay (Maine), o valor era in-

ferior à precisão das medidas, enquanto em Edgartown (Massachusetts), a taxa de erosão de areia e cascalho chegava a 167 cm/ano.

Entretanto, há muitas razões para se pensar que atualmente as *taxas de erosão* sejam muito mais altas que no passado geológico. Enormes quantidades de silte e lama são anualmente erodidos dos campos cultivados, que antes estavam recobertas por plantas arbóreas e/ou gramíneas. Porém, as mudanças que as atividades antrópicas introduziram nas taxas de erosão não são muito fáceis de serem determinadas. Judson (1968) estimou que, antes das intervenções humanas, todos os rios do mundo estariam transportando 9,3 bilhões de t/ano de sedimentos aos oceanos, enquanto hoje em dia esta cifra seria de 24 bilhões de t/ano.

Finalmente, um aspecto interessante a ser considerado está ligado às relações entre a *tectônica de placas* (plate tectonics) e as *taxas de erosão*. As rochas mais antigas da crosta continental possuem idades de aproximadamente 3,8 bilhões de anos, mas as rochas mais antigas das bacias oceânicas possuem idades inferiores a cerca de 200 milhões de anos. Esta discrepância de idade sugere que os sedimentos dos mares profundos mais antigos que 200 milhões de anos tenham sido carreados para baixo da crosta às *zonas de subducção* (subduction zones) ou incorporados às massas continentais e, ao mesmo tempo, constitui uma evidência da existência do fenômeno da *expansão do fundo submarino* (sea floor spreading).

3. Transporte

3.1 Generalidades

Quando uma rocha sofre os efeitos do *intemperismo* (veja Capítulo 2), as partículas minerais residuais (inalteradas) são liberadas do arcabouço rochoso e passam a integrar o *regolito* ou *manto de intemperismo*, constituído por *produtos de alteração*. As partículas soltas ficam sujeitas à *energia potencial* devida a aceleração da gravidade, sendo mais cedo ou mais tarde transportadas declive abaixo. O transporte e os seus processos traduzem-se no carreamento dos produtos de intemperismo de um local para outro.

Nas partes mais altas das vertentes predominam os *movimentos de massa* (mass movements), de natureza essencialmente gravitacional em ambiente subaéreo e, a seguir, com a participação crescente da água, passam a ser transportados por água corrente (rios). Finalmente, os materiais transportados terminam nos oceanos, contanto que não sejam retidos antes, em trechos de rios ou em lagoas controladas por *níveis de base locais* (local baselevels).

Em situações climáticas particulares, o transporte pode ser promovido pelos ventos ou geleiras.

3.2 Tipos de transporte

Podem ser reconhecidos vários tipos de transporte conforme os agentes envolvidos, que fundamentalmente são os mesmos que atuam na erosão. Dessa maneira, podem ser reconhecidos entre os principais, os transportes por *águas pluviais*, *fluviais* e *correntes costeiras* (ou litorâneas), *ventos*, *geleiras* e *movimentos de massa*.

3.2.1 Águas pluviais e fluviais

Constituem os agentes mais importantes que atuam sobre as áreas continentais. As partículas sedimentares incorporadas a esses meios, através das atividades mecânicas e hidráulicas, podem ser transportadas por diferentes processos. As areias e os cascalhos, que são relativamente grandes e pesados, são transportados por arrastamento, rolamento ou saltação junto ao leito, constituindo a *carga de fundo* (bedload). As partículas que permanecem muito juntas entre si podem sofrer colisão, durante o processo de transporte, causando a eventual fragmentação. Parte das forças de colisão atua contra a atração gravitacional, isto é, para cima, evitando decantação. Em contraste, as partículas argilosas e sílticas são suficientemente leves e/ou apresentam formas que permitem o transporte como *carga de suspensão* (suspended load).

Comumente a metade da carga total em águas correntes é representada pela *carga de solução* (dissolved load), composta por substâncias provenientes da dissolução química dos minerais, que são transportadas na *forma iônica*. Entretanto, essas proporções dependem, entre outros fatores, da natureza dos materiais transportados, dos climas reinantes durante o intemperismo e/ou transporte, etc.

3.2.2 Correntes costeiras

Entre as correntes costeiras ou litorâneas, muito ativas no transporte de sedimentos, merecem ser destacadas as *correntes longitudinais* (ou de *deriva litorânea*), as *correntes de retorno* (rip currents) ou *sagitais*, as *correntes de marés* e as *correntes de ondas* (de *costa adentro* ou de *costa afora*).

As *correntes longitudinais* são essencialmente paralelas à costa e atuam na *plataforma interna* (inner shelf), sendo geradas por frentes de ondas que incidem mais ou menos obliquamente à *linha costeira* (coastline), Fig. 3.5A. Segundo Larras (1961), essas correntes atingem as maiores velocidades quando as ondas atingem as costas com inclinação, entre 46 e 58 graus. Essas correntes são também conhecidas por *correntes de deriva litorânea* (longshore drift currents)..

As *correntes de retorno* correspondem a forte fluxo superficial de água, que corre do litoral para o *mar aberto* (open ocean), originado por movimento de retorno das águas acumuladas na *zona costeira* (coastal zone) contra praias ou falésias marinhas pela chegada de sucessivos *trens de ondas* (wave trains), Fig. 3.5B. Segundo Bird (1969), além das correntes de retorno com disposição perpendicular à linha costeira, formadas por ondas normais à praia, existem as inclinadas em relação à linha costeira, originadas por ondas oblíquas à costa. Os comprimentos dessas correntes podem variar de 70 a 830 m, e as velocidades podem chegar a dois nós. Reimnitz *et al.* (1976) descreveram canais originados pelas correntes de retorno que se alargam *rumo ao mar* (seaward) com 30 a 100 m de largura, 0,5 m de profundidade e que chegavam a estender-se por 1.500 m da praia em água com até 30 m de profundidade.

As *correntes de marés* (tidal currents) são representadas por movimentos alternados das águas do mar, em função da subida ou descida das marés, com amplitudes variáveis entre menos de 1 m (Mar Mediterrâneo) a mais de 15 m (Baía de Fundy, Canadá), causadas por fatores astronômicos. As periodicidades, bem como as orientações dessas correntes, dependem dos regimes (diurnos ou semidiurnos) das marés. Em locais abertos, os sentidos das correntes de marés podem variar até 360 graus, enquanto em regiões costeiras, tanto as velocidades quanto as orientações, são afetadas pela *geomorfologia costeira* (coastal geomorphology) e pela *geomorfologia submarina* (submarine geomorphology), bem como pelo *efeito Coriolis* (Coriolis effect), conforme Defant (1961). Os estuários e os braços de mar, sendo mais rasos e fechados, são mais afetados pelas correntes de marés que as áreas de plataforma continental e de

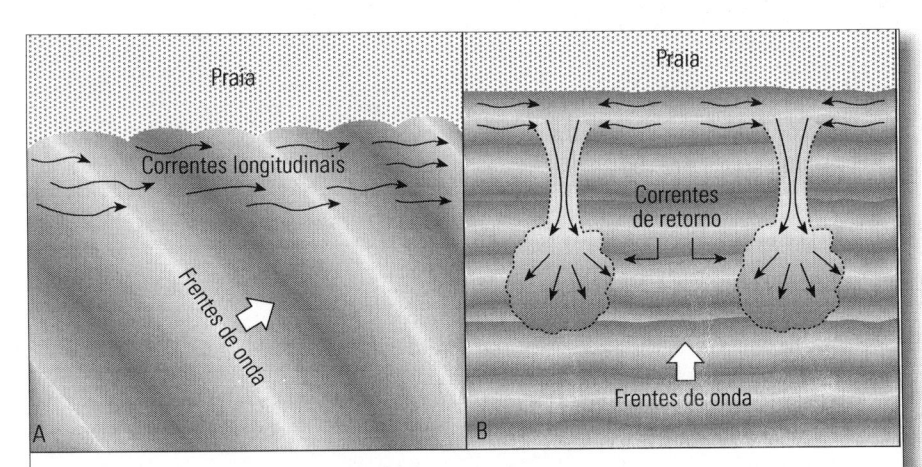

FIGURA 3.5   Origens das correntes costeiras. Em A, as frentes de onda aproximam-se obliquamente à praia, dando origem a fortes *correntes longitudinais*. Em B, os trens de onda dispõem-se quase paralelamente à praia; as *correntes longitudinais* são fracas e desenvolvem-se também *correntes de retorno intermitentes* (Allen, 1975)

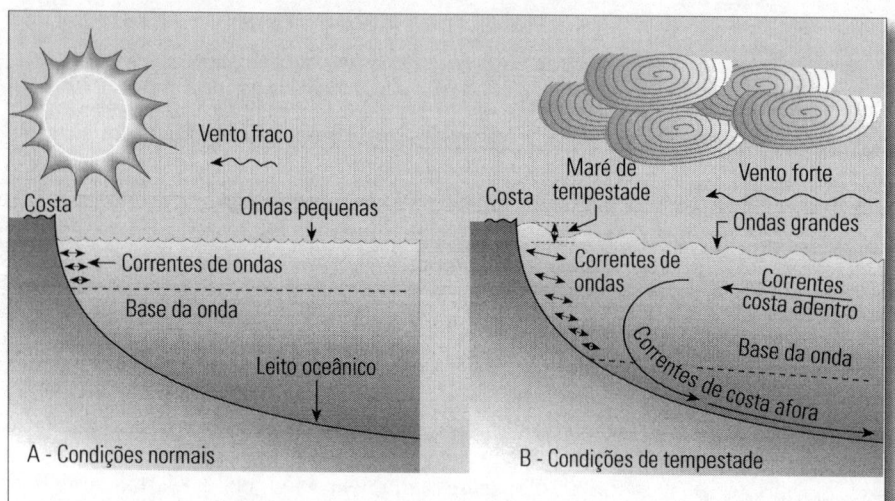

FIGURA 3.6 Modelos esquemáticos de ação das ondas, gerando *correntes costa adentro* (onshore currents) e *correntes costa afora* (offshore currents) sobre a plataforma continental (Allen, 1975).
A) correntes lentas ocasionadas por ondas pequenas em tempo bom.
B) correntes velozes devidas a ondas grandes em condições de tempestade.

costa afora, onde os sentidos de propagação mudam com o tempo. As correntes de marés chegam a apresentar velocidades superiores a 6 m/s nas regiões costeiras.

As *correntes de ondas* (wave currents) traduzem-se em correntes de costa adentro (onshore currents) e *de costa afora* (offshore currents), que atuam até as profundidades correspondentes às *bases das ondas* (wave bases). Essa profundidade, grosso modo, é correspondente à metade do comprimento de onda. Desse modo, quando o tempo está calmo, as ondas são pequenas e somente as porções mais rasas (até cerca de 10 m) das plataformas são afetadas pelas ondas (Fig. 3. 6A). Contrariamente, em condições de tempestade, formam-se ondas grandes e fundos oceânicos até algumas dezenas de metros de profundidade podem ser afetados por correntes de ondas (Fig. 3.6B). Neste caso, ação conjunta de *correntes de costa afora* geradas por *marés de tempestade* (storm tides) e das *correntes de ondas de tempestade* (storm wave currents) podem remover grandes volumes de areia e lama das águas rasas para áreas mais profundas.

3.2.3 Ventos

Ocasionam o deslocamento de material sedimentar, de barlavento para sotavento, tanto a favor como contra o declive do terreno. Esse tipo de transporte é mais característico de *desertos* (deserts) ou *planícies costeiras* (coastal plains) e mais raramente de *planícies aluviais* (aliuvial plains) e de *regiões periglaciais*. Em geral, a granulação dos sedimentos transportados varia de areia fina (0,125-0,250 mm) a muita fina (0,062-0,125 mm) e a composição é predominantemente quartzosa, embora mais raramente possam ocorrer areias calcíticas e gipsíticas. O vento transporta os sedimentos em sus-

pensão, por saltação ou por arrastamento superficial, analogamente ao transporte por água corrente. O silte, em geral, é transportado em suspensão, mas a areia move-se por *combinação de arrastamento e saltação*. Os freqüentes impactos das partículas entre si, durante o transporte, fazem com que as areias eólicas alcancem alto grau de arredondamento e tornem-se *foscas*.

Os ventos atuam mais eficientemente em costas arenosas planas com clima quente e seco, particularmente quando ventos fortes sopram por longos períodos, como acontece na costa nordestina do Brasil, principalmente entre Rio Grande do Norte e Ceará, alcançando a costa oriental do Maranhão, onde forma o *mar de areia* (sand sea), conhecido como Lençóis Maranhenses. Dunas regularmente alinhadas e dispostas perpendicularmente ao vento são formadas onde o clima é tão seco, que pouca vegetação se desenvolve na área, principalmente nas zonas interdunas. Em regiões de climas mais úmidos, as dunas são mais irregulares, pois a cobertura vegetal mais densa impede o transporte mais livre das areias.

3.2.4 Geleiras

As geleiras promovem o deslocamento do material sedimentar declive abaixo através de um *vale glacial* (glacial valley). Em geral, o material de transporte glacial é caracterizado pela grande heterogeneidade granulométrica e composicional e, além disso, os fragmentos são muito angulosos. Os diâmetros variam entre argila e silte a areia até matacões de várias toneladas. As composições mineralógicas variam porque as *rochas matrizes* (source rocks) são diversificadas e as condições ambientais são propícias à preservação dos minerais.

O comportamento das geleiras, durante o transporte glacial, depende, entre outros fatores, do regime climático vigente. Onde o clima é especialmente rigoroso e neve é adicionada incessantemente, tem-se a *geleira fria* ou *polar* caracterizada por *base seca*, isto é, sem água de degelo no contato com o substrato rochoso. Por outro lado, em regiões de clima menos rigoroso e onde as neves caem menos freqüentemente, tem-se a *geleira quente* ou *temperada*, caracterizada por *base úmida*, isto é, com água de degelo no contato com o substrato rochoso. Naturalmente, a velocidade de fluxo de uma *geleira fria* é menor que a de uma *geleira quente* (Fig. 3.7). De qualquer modo, as geleiras fluem com velocidades lentas, entre dezenas de metros a 100 m/ano (Fig. 3.3).

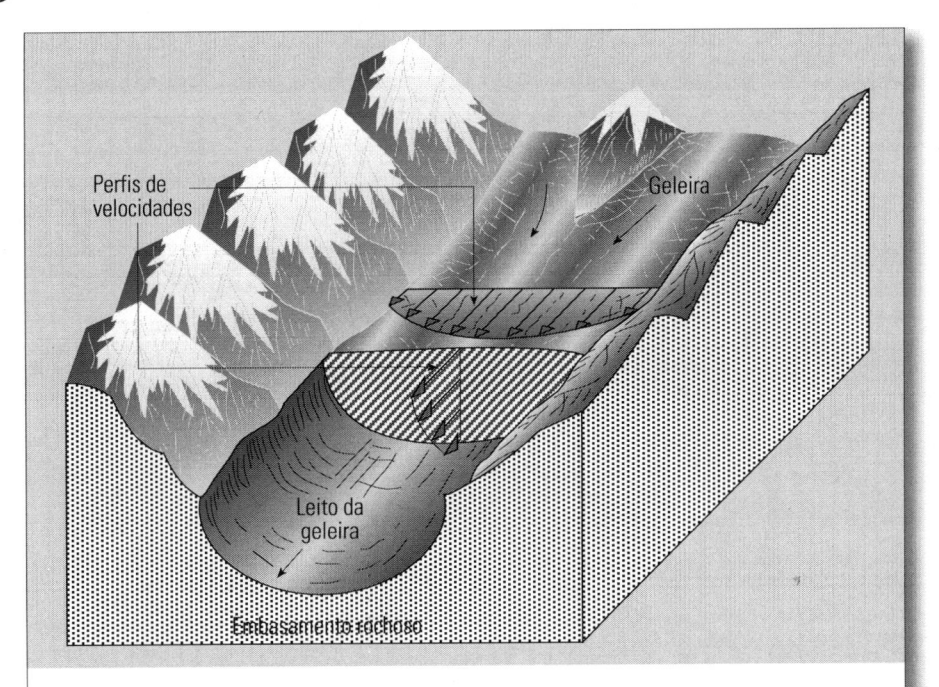

FIGURA 3. 7 Modelo de variações nas velocidades de fluxo de uma *geleira de vale*, onde a velocidade máxima é encontrada na superfície e no centro do vale (Allen, 1975). É um padrão diferente de uma vale fluvial, onde a velocidade máxima situa-se a cerca de 1/3 da superfície e, em geral, deslocada em relação ao centro do vale, principalmente em função de sua assimetria.

subaéreos, mas ocorrem também em ambientes subaquáticos, desde fundos lacustres relativamente rasos até submarinos profundos. Portanto, não é fácil estabelecer definições e classificações de *movimentos de massa* que, ao mesmo tempo, satisfaçam às necessidades das três áreas de conhecimentos geocientíficos. Embora esses fenômenos se diferenciem em vários aspectos, os pontos comuns que os unem são os que se processam sobre superfícies declivosas e sempre resultam da atuação da força gravitacional. Por outro lado, as designações referem-se a situações de *"membros extremos"*, com variação contínua pela maior ou menor interferência de gravidade e/ou água, fatos que dificultam sobremaneira o reconhecimento e a nomenclatura dos tipos de fluxos gravitacionais (subaéreos ou subaquáticos).

Um fato importante é que, embora as velocidades de fluxo das geleiras sejam bastante lentas em relação às águas correntes e ventos, caracterizam-se por altíssima competência, transportando desde argilas e siltes até matacões.

Por outro lado, as geleiras e *"icebergs"* geralmente afetam as plataformas continentais situadas em altas latitudes. Quando a água for muito rasa, impedindo a flutuação livre do gelo, podem ser cavados vales e trincheiras nos fundos submarinos, análogos aos vales glaciais de regiões emersas. Com a fusão, os *"icebergs"* liberam toda a carga sedimentar, e os fragmentos rochosos maiores vão formar os *seixos* e *matacões caídos* (dropstones).

3.2.5 Movimentos de massa

São também conhecidos como *fluxos gravitacionais* (gravity flows) e correspondem aos mecanismos de transporte de sedimentos paralelamente ao substrato, com maior ou menor participação, porém sempre essencial, da gravidade.

Os *movimentos de massa* são de diversos tipos, tanto em relação aos tamanhos e naturezas dos materiais, bem como em relação às escalas temporais e espaciais em que se processam os fenômenos. Além disso, os processos e os produtos ligados a esses fenômenos são de grande interesse para a *geologia*, *geomorfologia* e *geotecnia*. Por outro lado, não estão restritos aos ambientes

3.2.5.1 Processos gravitacionais subaéreos

Os *movimentos de massa subaéreos* têm sido designados genericamente de *escorregamentos* (landslides), talvez melhor dizendo, *escorregamentos subaéreos*, referindo-se a quaisquer movimentação declive abaixo de material. Mas as naturezas dos processos e dos materiais envolvidos e as velocidades desses movimentos permitem distinguir vários tipos.

Uma tentativa de classificação desses movimentos, realizada por Flint & Skinner (1977), é baseada nos processos (tipos de movimentos) e na natureza dos materiais envolvidos (Fig. 3.8). Porém, não é fácil classificar os movimentos de massa subaéreos, com base nos processos, que podem compreender dois ou mais diferentes tipos de movimentos.

a) *Queda e deslizamento de rochas e detritos* — Esses tipos de *movimentos de massa* são geralmente representados por processos de pequena escala, observáveis em falésias e vertentes íngremes, onde fragmentos rochosos de diversos tamanhos caem ou deslizam declive abaixo. Em geral, são eventos muito rápidos que, no caso de queda de blocos rochosos formam *depósitos de tálus* (talus deposits) que, por deslizamento, dão origem a montes e massas irregulares de fragmentos rochosos.

b) *Escorregamento* — É representado por deslizamento rápido de um corpo mais ou menos coerente de rocha ou regolito, ao longo de superfícies de ruptura curvas. O centro de gravidade da massa, que sofreu o escorregamento, desloca-se para baixo e para fora de um talude (natural ou artificial, de corte ou de aterro).

c) *Fluxo de detritos* — É constituído de fluxo rápido declive abaixo de massa de detritos de natureza mais ou menos plástica. Muitas dessas feições possuem 2 a 5 km de comprimento, embora possam também ser maiores ou menores. O fluxo de detritos que se inicia, por vazes, como deslizamento a montante, apresenta velocidades variáveis desde menos de 1 cm até l km/h.

d) *Corrida de lama* — Representa uma variedade de *fluxo de detritos* composta predominantemente por partículas finas (silte e argila) com até cerca de 30% de água. Dada essa constituição, a *corrida de lama* acompanha a fisiografia do terreno, fluindo através dos vales. Pode-se considerar que, a partir da *queda e deslizamento de rochas e detritos* até a *corrida de lama*, verifica-se não somente uma diminuição nos diâmetros dos materiais envolvidos, mas também um aumento na participação de água no processo, diminuindo a ação da força gravitacional.

Diferentemente da classificação de Flint & Skinner (1977), Mallory & Cargo (1979) resumem em um bloco-diagrama quatro tipos de movimentos de massa, enfatizando principalmente as diferenças de velocidade dos processos (Figura 3.9).

Processos	Características	Esquemas
Queda de rochas e detritos	Descida rápida de massas rochosas, provenientes de uma falésia, por saltos declive abaixo, originando depósitos de tálus.	
Deslizamento de rochas e detritos	Descida rápida de massas rochosas, por deslizamento declive abaixo, formando montes e massas irregulares de fragmentos.	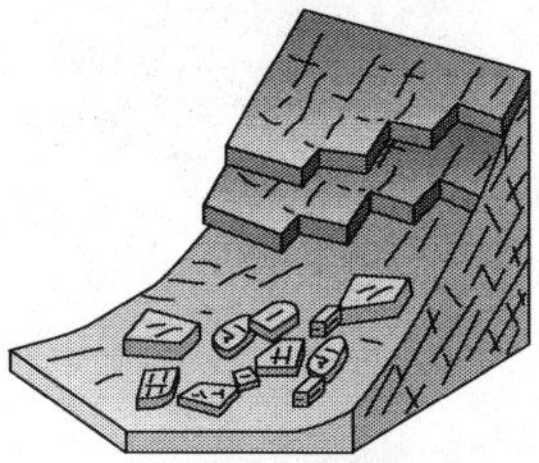
Escorregamento	Deslizamento para baixo de um corpo coerente de rocha ou regolito ao longo de superfície de ruptura curva. A superfície original da massa deslizada ou qualquer superfície plana nela contida torna-se rotacionada com a movimentação.	
Fluxo de detritos	Fluxo rápido declive abaixo de massa de detritos de natureza plástica. Comumente forma depósitos em formas de avental ou língua com superfície irregular. Por vezes inicia-se como deslizamento a montante e exibe cristas concêntricas e sulcos transversais na porção linguóide.	
Corrida de lama	Um fluxo de detritos no qual a consistência é de lama. Em geral contém abundante argila e água.	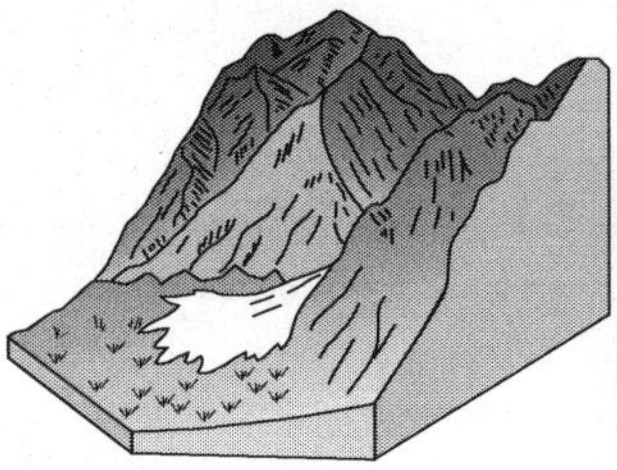

FIGURA 3. 8 Tentativa de classificação de tipos de movimentos de massa subaéreos, baseada nos processos envolvidos (Flint & Skinner, 1977).

a) *Rastejo de solo* — Embora não tenha sido representado na Figura 3.8, esse fenômeno foi também descrito por Flint & Skinner (1977). Em contraste aos tipos anteriormente discutidos, esse movimento declive abaixo do *regolito* (ou *manto de intemperismo*) é tão lento que é impossível, na prática, ser medido em dias ou poucas semanas. Entretanto, ele pode ser perfeitamente diagnosticado pela inclinação vertente abaixo dos troncos de árvores ou pela danificação de construções artificiais, tais como muros, casas e estradas.

Sobre as possíveis causas do *rastejo de solo*, não há dúvida de que a gravidade é essencial. Entretanto, efeitos da secagem e umedecimento ou expansão e contração alternados das partículas minerais e, provavelmente, ação de organismos perfuradores invertebrados e vertebrados representam papel importante. Por outro lado, em regiões de climas frios o congelamento e degelo das águas intersticiais do regolito são importantes e, neste caso, o processo é designado pelo termo solifluxão (solifluction).

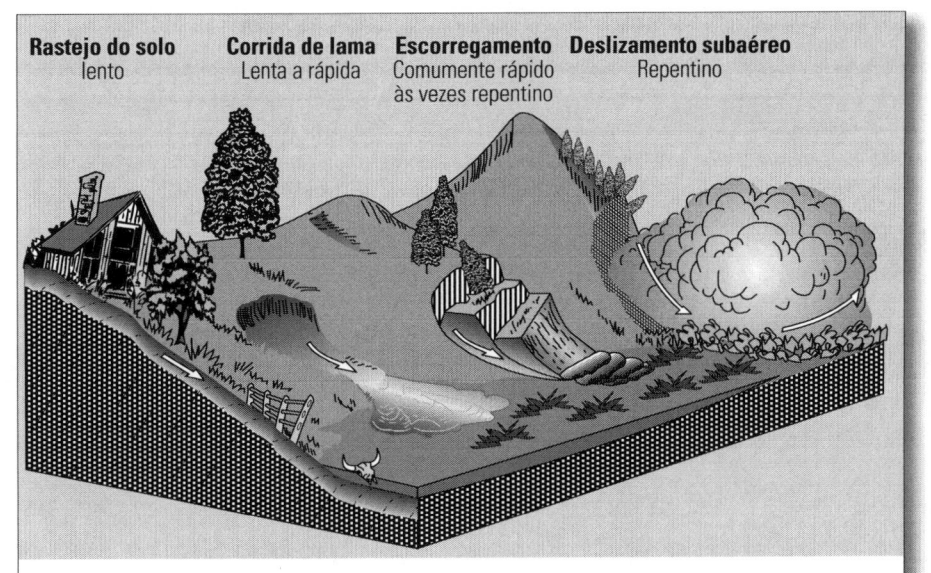

FIGURA 3.9 Bloco-diagrama ilustrando diferentes tipos de movimento de massa subaérea, com ênfase nas velocidades dos processos (Mallory & Cargo, 1979).

até de tradução dos termos relacionados para outras línguas a partir do inglês.

No Brasil, as questões relacionadas aos *movimentos de massa subaéreos*, na tentativa de entendimento dos mecanismos e de classificações dos tipos, têm sido tratadas por engenheiros civis e geólogos envolvidos com a geotecnia (Wolle, 1988), porém ainda representam um assunto para dissensões.

3.2.5.2 – *Processos gravitacionais subaquosos*

Grande parte dos sedimentos grossos removidos das margens continentais é transportada para as bacias oceânicas profundas por processos gravitacionais subaquosos. Esses processos podem ser induzidos pelos fatores de dinâmica externa como ondas, marés e correntes costeiras, além de fatores de dinâmica interna como os maremotos. Basicamente, podem ser reconhecidos quatro tipos: *correntes de turbidez*, *fluxo de sedimento liquefeito*, *fluxo granular* e *fluxo de detritos*, conforme os mecanismos de sustentação das partículas acima do fundo subaquoso (Fig. 3.10).

b) *Corrida de lama* — Segundo Mallory & Cargo (1979), esse fenômeno está relacionado a intensas chuvas e pode apresentar velocidades lentas ou rápidas. Quando associada a erupções vulcânicas, a *corrida de lama* representa um grande perigo, somente suplantado pela queda de cinzas e outros ejetos rochosos.

c) *Escorregamento* (slump) — Representa um movimento rápido a freqüentemente repentino de materiais intemperizados, que constituem os regolitos, ocorrendo comumente mais ou menos como massas coesas, ao longo de planos côncavos para cima. Em geral, pode ser observado ao longo de rodovias recém-constuídas com cortes de taludes muito inclinados, ou quando ocorre solapamento natural de porções basais de vertentes inclinadas.

a) *Correntes de turbidez* — O conceito original de correntes de turbidez remonta aos tempos de Forel (1885), que observou uma corrente de fundo formada pelo Rio Ródano, desembocando no Lago Gênova, a qual ele atribuiu esta designação. São assim denominados os fluxos mantidos pela ação da gravidade sobre porções com densidades levemente

Além disso, Mallory & Cargo (1979) empregaram o termo genérico *landslide* (escorregamento) referindo-se a movimentos repentinos de solos e de fragmentos intemperizados de rochas. Esses materiais seriam transportados vertente abaixo como massa caoticamente misturada de várias granulações e composições diversas e, portanto, poderiam ser correlacionados aos materiais resultantes da *queda e deslizamento de rochas e detritos* de Flint & Skinner (1977). Essas discrepâncias demonstram a falta de perfeita compreensão dos processos envolvidos e, por outro lado, criam dificuldades

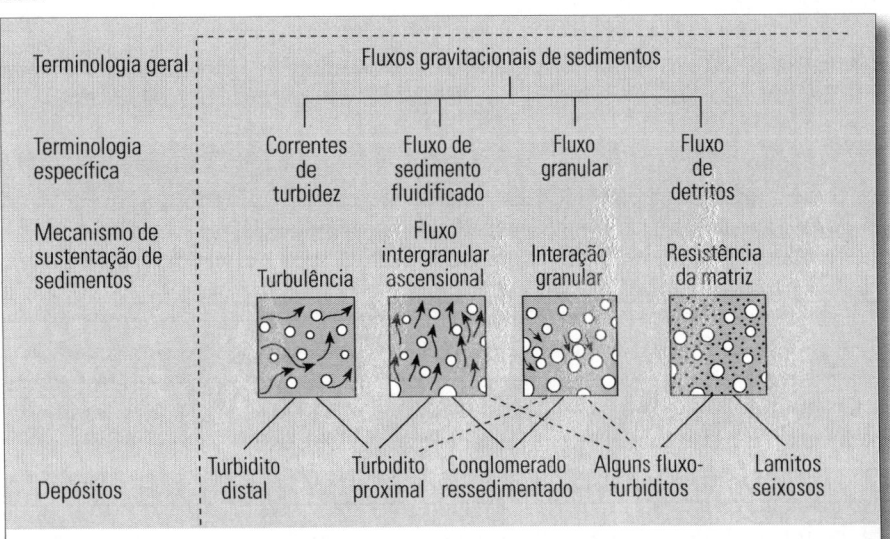

FIGURA 3.10 Classificação dos principais tipos de fluxos gravitacionais subaquosos, com base nos mecanismos de sustentação dos sedimentos (Middleton & Hampton, 1976).

diferentes de uma massa fluida, onde as partículas sedimentares são sustentadas principalmente pela componente dirigida para cima do fluido em turbulência. Alguns autores usam também designações como *fluxos estratificados* e *correntes de densidade* ao se referir às *correntes de turbidez*.

Em geologia, o conceito atraiu a atenção de Daly (1936) e mais tarde de Bell (1942) e Kuenen (1950b). Walker (1984) sintetizou a história da evolução dos conceitos de *correntes de turbidez*. Inicialmente foram consideradas como agentes de escavação de *canhões submarinos* (submarine canyons). Mais tarde foram interpretadas como agentes importantes na formação dos depósitos de "*flysch*" (Kuenen & Migliorini, 1950). Esses depósitos são formados por espessas seqüências (até vários milhares de metros) de arenitos e folhelhos marinhos intercalados.

A subdivisão anatômica das *correntes de turbidez* compreende quatro porções distintas: cabeça, pescoço, corpo e cauda. A cabeça é em geral mais espessa que o resto e apresenta forma característica e comportamento hidrológico particular. Atrás da cabeça, passando pelo pescoço aparece o corpo, onde o fluxo é quase uniforme em espessura. Na parte terminal tem-se a cauda, onde a espessura diminui bruscamente e o fluido torna-se mais diluído (Fig. 3.11A). A cabeça é caracterizada pela forma bem definida e padrões de fluxo bem conhecidos. A água e o sedimento fluem para frente e para cima através da cabeça e circulam para trás da cabeça, sendo em parte perdido em redemoinhos. Os fragmentos mais grossos retornam à corrente para serem recirculados, porém os finos são incorporados à "nuvem" diluída que forma a cauda. Este padrão de circulação produz importantes conseqüências:

a) a cabeça constitui um sítio de erosão mesmo que esteja havendo concomitante deposição de materiais originários do corpo;

b) deve haver suprimento contínuo de fluido mais denso (mistura de sedimento e água) à cabeça para compensar a perda para os redemoinhos e

c) a cabeça desloca-se mais lentamente que o corpo nas partes mais íngremes dos canais e a espessura da cabeça pode chegar a ser no mínimo dobro em relação ao corpo (Figuras 3.11B e 3.11C).

Têm sido feitas várias tentativas para o equacionamento de diversos parâmetros que devem governar as *correntes de turbidez* com base em dados experimentais e teóricos. Os pesquisadores estão mais ou menos de acordo quanto aos parâmetros que influem nas velocidades das correntes, mas existem divergências quanto às relações entre esses parâmetros. Segundo Middleton & Hampton (1976), a velocidade V da cabeça, de uma corrente de turbidez, poderia ser calculada pela fórmula:

$$V = 0{,}7\sqrt{(\Delta\rho/\rho)\,g \cdot e}$$

onde V é a velocidade da cabeça;

$\Delta\rho$ representa a diferença de densidades entre os fluidos (água pura e com sedimento);
ρ corresponde à densidade da água pura;
g é a aceleração da gravidade e, finalmente,
e representa a espessura da cabeça da corrente.

O coeficiente (0,7) modifica-se muito pouco com as variação das declividades (Fig. 3.11D).

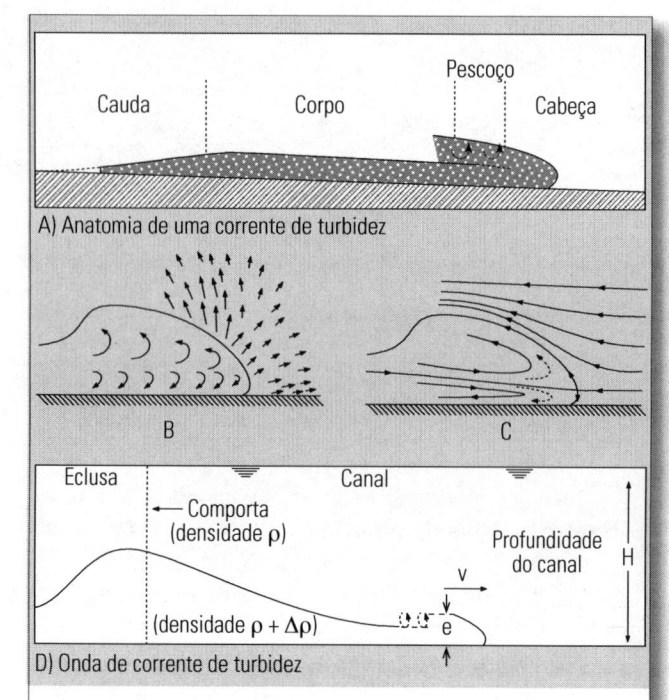

FIGURA 3.11 Principais características hidráulicas das correntes de turbidez:
A) partes componentes de uma corrente de turbidez;
B) movimentos dos fluidos na cabeça e suas vizinhanças em relação ao substrato;
C) movimentos dos fluidos na cabeça e suas vizinhanças quando em movimento e
D) onda de corrente de turbidez ao longo de um canal horizontal.
A velocidade V da cabeça depende da espessura da cabeça (e), das razões de densidade entre a corrente de turbidez e a água ($\Delta\rho$), da densidade da água (ρ) e da aceleração da gravidade (baseado em Allen, 1975 e em Middleton & Hampton, 1976).

Muitos são os trabalhos que versam sobre as evidências da existência de *correntes de turbidez* nos atuais e antigos fundos submarinos (Fig. 3.11). Rompimentos mais ou menos repentinos de cabos telegráficos submarinos já foram atribuídos às *correntes de turbidez* (Heezen & Ewing, 1952). Areias bioclásticas modernas encontradas em mares profundos também têm sido relacionados a essas correntes (Bornhold & Pilkey, 1971). Além disso, ocorrências atuais dessas correntes têm sido descritas também em ambientes lacustres, como no Lago Mead, nos Estados Unidos (Gould, 1951), e

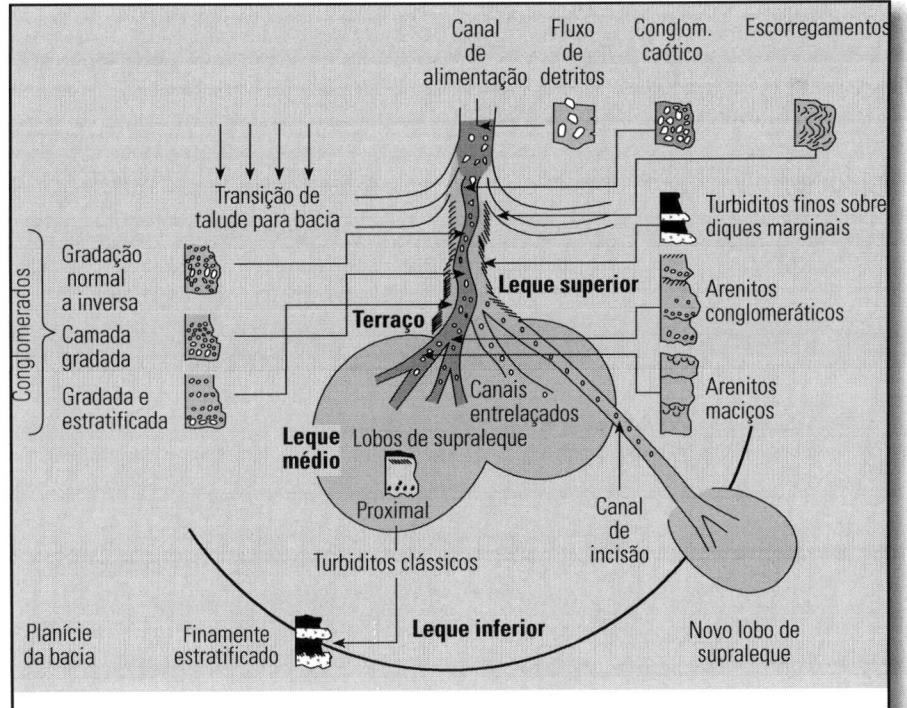

FIGURA 3.12 Modelo faciológico de leque submarino (submarine fan) proposto por Walker (1978), que incorpora feições comuns, mas não-onipresentes nos leques submarinos. As fácies definidas em rochas antigas estão mostradas em suas posições inferidas sobre o leque. Além disso, é mostrado o "canal inciso" (fase de dissecação), a extensão do leque e o desenvolvimento de novos "lobos" (como no modelo atual do Leque de La Jolla, Califórnia, EUA).

em fundos de fiordes (Holtedahl, 1965). Nesses casos, é possível demonstrar uma relação direta entre o influxo de um rio lamacento e os depósitos turbidíticos extensos formados nos fundos dos lagos e fiordes.

b) *Fluxo de sedimento liquefeito* — O termo liquefação (ou fluidificação) tem sido usado pelos engenheiros químicos na descrição do processo de expansão de uma camada granular. O fluxo, através de uma camada granular, de fluido dirigido para cima, faz com que ela se transforme em "camada expandida" de dispersão concentrada que, na prática, comporta-se como um fluido muito viscoso (Fig.3.10).

Certas areias têm petrofábrica instável, que pode ser destruída por um forte choque repentino ou série de choques fracos, com conseqüente liquefação ou perda de resistência (Seed, 1968). Entretanto, as areias densamente "empacotadas" resistem à liquefação porque é necessário expandir a petrofábrica, aumentando a porosidade, para que as areias possam ser cisalhadas. Segundo Castro (1969), as areias soltas com propriedades texturais favoráveis, até hoje pouco compreendidas, são as mais suscetíveis à liquefação. Nos sedimentos liquefeitos, os grãos são parcialmente sustentados pelos fluidos intersticiais e, portanto, a areia torna-se instável e pode fluir por declives muito suaves (5 a l0 graus). O efeito da liquefação pode ser constatado mesmo após a cessação do fluxo, se a de-

posição for suficientemente rápida a ponto de reter um excesso de água intersticial, que será expulsa durante a consolidação.

c) *Fluxo granular* — O conceito de *fluxo granular* foi desenvolvido principalmente como resultado de trabalhos experimentais de Bagnold (1954). Segundo os estudos experimentais desse autor, areias com este fenômeno (Fig. 3.10) ocorreriam preferencialmente em declives entre 18 a mais de 30 graus, inexistentes em escala regional nos fundos submarinos, mas também poderiam ocorrer em declives mais suaves.

Shepard & Dill (1966) teriam presenciado a ocorrência de numerosos casos de fluxo granular de pequena escala nas cabeceiras de *canhões submarinos* (submarine canyons). Após cuidadosa descrição da morfologia, da textura e das estruturas sedimentares, Stauffer (1967) interpretou que o *fluxo granular* poderia ter atuado em grande escala na origem de rochas antigas. Entretanto, o fato é que faltam dados mais detalhados sobre as feições de verdadeiros depósitos formados por fluxo granular pretérito.

d) *Fluxo de detritos* — Em ambientes subaéreos, Blackwelder (1928) publicou um trabalho clássico sobre o tema, que foi acompanhado por inúmeras pesquisas subseqüentes. Entretanto, o *fluxo de detritos* em meios subaquosos é muito menos conhecido.

Em geral, o *fluxo de detritos* ocorreria como movimento declive abaixo de mistura de sólidos granulares (areia, cascalho, etc.) e argilominerais com água em resposta à ação da gravidade (Fig. 3.10). Enquanto as partículas sedimentares estiverem secas, o atrito interno evitará o movimento declive abaixo, mas o umedecimento durante raras e intensas tempestades, típicas de regiões semi-áridas ou por rápido degelo, pode deflagrar o *fluxo de detritos*. As densidades dos materiais em *fluxo de detritos* variam de 2,0 a 2,4 g/cm³,sugerindo conteúdo de água muito baixo, de até 40% do volume.

Acredita-se que as velocidades desses *fluxos gravitacionais subaquosos* sejam semelhantes às de concreto úmido, isto, da ordem de 1 a 3 m/s. A espessura do fluxo seria da ordem de 1 m e o declive pode chegar a l grau, embora seja mais comumente de cerca de 5 graus.

Durante a ocorrência desse fenômeno, os sólidos granulares ficam literalmente flutuando. Johnson (1970) desenvolveu um modelo reológico, descrevendo o comportamento dos detritos durante as corridas. As equações derivadas do seu modelo permitem prever o perfil das velocidades no interior de um *fluxo de detritos* e as condições críticas necessárias para a manutenção do fenômeno. O modelo reológico de Johnson (op. cit.), baseado no *modelo viscoso de Coulomb* pode ser expresso pela seguinte fórmula:

$$T = c + \tau_\mu \, tg \, \theta + \mu \in \qquad T > c + \tau_\mu \, tg \, \theta$$

onde T é o esforço de cisalhamento interno;
τ_μ é o esforço normal interno;
θ é o ângulo de atrito interno;
μ é a viscosidade e
$\in$ é a razão de deformação por cisalhamento (gradiente de velocidade).

A inequação da direita indica que o fluxo ocorre se o esforço de cisalhamento ultrapassar a resistência total. Esta resistência tem como componentes: c = coesão e τ_μ tg θ = atrito intergranular. No modelo reológico de Johnson (*op. cit.*), se a resistência total dos detritos for igual a zero, a expressão ficará reduzida à equação de Newton $T = \tau \in$, que caracteriza o fluxo da água pura.

A competência dos *fluxos de detritos* é controlada pela resistência e pela densidade do fluido composto de argila + água.

4. Deposição

4.1 Generalidades

A deposição corresponde à fase de sedimentação e/ou acumulação de partículas essencialmente minerais, em meios subaquoso ou subaéreo móveis, sob condições físicas e químicas normais, isto é, muito parecidas com as existentes na superfície terrestre (temperaturas superficiais e pressões atmosféricas). O material depositado, em grande parte, é originário de rochas preexistentes ou formado "*in situ*" por processos biológicos ou bioquímicos. O processo de sedimentação inicia-se quando a força transportadora, em geral devida à onipresente gravidade, é sobrepujada pelo peso das partículas (*sedimentos clásticos* ou *detríticos*) ou quando a água torna-se supersaturada em solutos (*sedimentos químicos*) ou, ainda, pela atividade ou morte de organismos (*orgânicos* ou *bioquímicos*). Todos os sedimentos tendem a ser deslocados e acumulam-se nos sopés das vertentes, em ambientes subaéreos ou subaquáticos. Os derradeiros sítios deposicionais são representados pelas partes mais profundas das bacias oceânicas, porém essa tendência freqüentemente é interrompida pela "deposição temporária" em inúmeros ambientes deposicionais definidos por *níveis de base locais* (local baselevels).

Considerando-se que a origem dos sedimentos (*sedimentogênese*) esteja relacionada a três fases principais (erosão, transporte e deposição), esta última representa a etapa final. Embora as duas primeiras sejam também importantes, a *deposição* é a mais detalhadamente estudada, pois nesta fase são formados os registros dos eventos geológicos sedimentares.

Melhor compreensão da deposição em *geologia sedimentar* só se tornou possível com a introdução de alguns conceitos fundamentais, como os relacionados à *subsidência* (subsidence), aos *níveis de base* (baselevels) e, principalmente aos *ambientes deposicionais* (depositional environments).

4.2 Subsidência

Refere-se ao *afundamento* (ou abaixamento) sofrido por uma região da superfície terrestre como conseqüência da dinâmica interna da crosta, quando é designada de *subsidência tectônica* (tectonic subsidence). Alguns outros tipos são: *subsidência térmica* (thermal subsidence) e *subsidência por dissolução* (solution subsidence). A subsidência térmica corresponde ao abatimento da litosfera por perda de calor e conseqüente contração que ocorre durante a restauração da estrutura térmica original de região previamente aquecida. A *subsidência por dissolução* é relacionada ao abaixamento gradual de camadas não-solúveis de rochas sobrejacentes a camadas solúveis como acontece, por exemplo, quando existem calcários em subsuperfície, dando origem à *topografia cárstica* (karst topography) com *dolinas* (dolines), *uvalas* (uvalas) e *poliês* (poljes). Localmente podem ocorrer fenômenos de subsidência induzidos pelo Homem, devidos à extração de fluidos (água, petróleo, e gás) ou minérios. Esse fenômeno pode ser lento ou rápido, contínuo ou descontínuo e periódico, talvez até interrompido por fases de soerguimento (ou levantamento).

O conceito de subsidência é imprescindível para se entender a acumulação regional de sedimentos. Provavelmente, todas as bacias com deposição de quantidade considerável de sedimentos tenham se caracterizado, na sua evolução geológica, pela predominância de fases de subsidência sobre as de soerguimento.

As regiões subsidentes recebem todos os tipos de sedimentos, que podem constituir seqüências espessas de camadas homogêneas e monótonas ou heterogêneas e cíclicas.

Por outro lado, para se explicar a grande quantidade de sedimentos depositada em bacias subsidentes, torna-se necessário admitir a presença de áreas-fonte ativas. O constante soerguimento dessas áreas, concomitante à subsidência das bacias por tempo geológico suficientemente longo, propiciaria essa sedimentação.

Quando a taxa de subsidência for superior à de suprimento de sedimentos, a depressão torna-se mais profunda. Se as taxas de subsidência e de suprimento sedimentar forem iguais, ocorrerá o equilíbrio. Porém, sendo a taxa de subsidência inferior à do suprimento sedimentar, a depressão ficará mais rasa, podendo atingir o nível do mar ou até a exposição subaérea.

4.2.1 Subsidência e deposição terrígena

A distribuição das fácies sedimentares (tipos de sedimentos) é controlada pelas relações entre as taxas de subsidência e de suprimento sedimentar.

Quando a subsidência for mais acentuada que o suprimento sedimentar, os depósitos são pouco retrabalhados e/ou são tipicamente marinhos, com predominância de calcários e margas.

Se a subsidência for ainda forte e os aportes terrígenos forem muito ativos, formam-se faixas de sedimentos paralelas à costa, mais grossos na praia e mais finos ao largo. O mar avança depositando conglomerados basais, seguidos de sedimentos em bandas paralelas, diacrônicas e sucessivamente mais finas. Constitui uma seqüência com *recobrimento expansivo* (onlap), associado à *transgressão marinha* (marine transgression).

Entretanto, quando a subsidência for fraca e o suprimento sedimentar abundante, tem-se uma situação de *recobrimento retrativo* (offlap) e os depósitos se sucedem, na ordem inversa à anterior com conglomerado no topo, representando uma situações de *regressão marinha* (marine regression).

As relações entre a subsidência e a sedimentação terrígena são, em geral, bastante complexas. Podem ocorrer inúmeras oscilações das razões entre a subsidência e a deposição e, temporariamente, a subsidência pode converter-se em soerguimento, quando os sedimentos são submetidos a condições subaéreas, podendo ser parcial ou totalmente erodidos.

4.2.2 Subsidência e sedimentação calcária

Segundo Grabau (1913), os calcários seriam depositados longe da costa, além da faixa dos sedimentos terrígenos. De fato, os exemplos citados por esse autor são bastante claros. Entretanto, outras situações são sugestivas de que a deposição desses sedimentos se manifeste principalmente pela ausência de terrígenos, podendo ocorrer a qualquer distância da costa, mesmo nas suas proximidades.

A influência da subsidência sobre a deposição calcária depende da profundidade e do ambiente de fundo, da sua morfologia, das correntes, da produtividade do mar em organismos e de inúmeros outros fatores.

4.3 Nível de base

O limite topográfico, abaixo do qual uma drenagem não consegue erodir o continente representando, segundo Barrell (1917), o estado de equilíbrio num dado momento entre a deposição e erosão, é também conhecido como *nível de base*. Como abaixo desse nível não ocorre erosão pelas águas superficiais, é também conhecido como *nível de base de erosão* (erosion baselevel).

Para um rio que desemboca num lago, a superfície lacustre representa o seu *nível de base* e, desta maneira, a erosão abaixo desse nível torna-se possível, com o rebaixamento da superfície do lago ou pelo seu desaparecimento. O nível lacustre, acima referido, e todos os outros níveis de base situados acima do nível do mar são chamados de *níveis de base locais* (local baselevels) ou *temporários* (temporary baselevels).

Além dos lagos, ao longo do percurso fluvial, funcionam também como *níveis de base locais,* soleiras de rochas mais resistentes e os rios principais, que controlam os seus tributários.

Qualquer modificação do *nível de base* causa o correspondente reajustamento das atividades fluviais. Desse modo, a construção de barragens para reservatórios hidrelétricos, ou para outros fins, ocasiona o levantamento do nível de base, com conseqüente redução da velocidade das águas e, portanto, da *competência e capacidade* do rio. O rio torna-se incapaz de transportar toda a carga, depositando-a parcialmente no seu leito. Esse processo prosseguirá até que o rio readquira gradiente suficiente para transportar toda a sua carga. O perfil do novo canal seria similar ao antigo, exceto por situar-se à maior altitude. Se houver um rebaixamento do *nível de base*, tanto por soerguimento do continente como por rebaixamento do nível do mar, a drenagem será também reajustada. Com o novo *nível de base*, o rio adquirirá maior energia que, conseqüentemente, causará o aprofundamento do seu canal. Este processo terá início próximo à foz e avançará para montante até que seja atingido o novo perfil de equilíbrio. O nível do mar, obtido pela projeção continente adentro de uma superfície imaginária abaixo de todas as drenagens, representa o *nível de base final* (ultimate baselevel), que também se modifica através dos tempos geológicos, pois os níveis relativos do mar têm flutuado bastante durante a história da Terra (Vail & Mitchum Jr., 1977).

Além desses conceitos de *níveis de base*, existem os denominados *níveis de base de corrosão* (baselevel of corrosion) e o *nível de base de deposição* (deposition baselevel). O primeiro está relacionado ao plano padrão de referência até onde evolui o *ciclo cárstico* (karst cycle) que, em geral, corresponde ao nível do *lençol freático* (water table), onde cessa o processo de dissolução. O segundo representa o mais alto nível até onde os depósitos sedimentares podem ser empilhados em uma bacia (Twenhofel, 1939) que, no caso de sedimentos marinhos, coincide com o *nível de base de erosão* (baselevel of erosion) e representa o *nível de base final*.

Esses conceitos são muito úteis na interpretação geológica dos *ciclos de níveis de base* (Wheeler & Mallory,1956), das *discordâncias* (unconformities) e *diastemas* (Dunbar & Rodgers,1957), das *seqüências deposicionais* (Sloss, 1963), das *lacunas e hiatos deposicionais* (Sloss, 1964), dos *diacronismos das lacunas* (Wheeler, 1964) e das *lacunas* e *interrupções*, em geral interpretadas como limites de ciclos.

4.4 Taxa de sedimentação

Representa a *velocidade de acumulação* de sedimentos em um ambiente, comumente subaquático, medida pela espessura depositada em um determinado intervalo de tempo. O valor absoluto desse parâmetro é muito difícil de ser determinado, pois fases de sedimentação alternam-se com deposição mais lenta, de não-deposição ou mesmo de erosão e, além disso, são muito variáveis de um local a outro de um mesmo ambiente. Entretanto, é importante estabelecer valores médios para os diferentes ambientes, para se compreender melhor os processos que atuam na superfície da Terra.

Dados apresentados por Barrell (1917) sugerem que tenham ocorrido variações seculares nas taxas de sedimentação da Terra. Segundo esse autor, dividindo-se as conhecidas espessuras máximas de camadas sedimentares depositadas em cada período geológico pelas suas durações, aparentemente ocorreu um aumento progressivo nas taxas de sedimentação com a diminuição das idades geológicas. Porém, segundo Gilluly (l949), esta tendência pode ser falsa, pois os depósitos mais antigos são, em geral, recobertos pelos mais novos, dificultando a obtenção das espessuras máximas. Ademais, as camadas sedimentares mais antigas podem estar mais compactadas que as mais novas. Desse modo, as espessuras das mais novas podem ser mais corretas, enquanto as das mais antigas poderiam estar subestimadas.

Entre os vários métodos usados para se medir a *taxa de sedimentação* tem-se os seguintes: observações diretas, cálculos teóricos, datações radiométricas, métodos paleontológicos, contagem de varves, etc.

Os *ambientes deltaicos* caracterizam-se por taxas muito altas (6.000 a 45.000 cm/l.000 anos), segundo Kukal (1970), enquanto nas planícies abissais (abyssal plains) marinhas a sedimentação é muito lenta (2 cm/l.000 anos), de acordo com Emery *et al.* (1970). Petri & Fúlfaro (1965), por observação direta, estimaram uma taxa média de sedimentação de 1 cm/ano na represa Billings (São Paulo), desde a sua construção na década de 30. Esta cifra é muito próxima da medida recentemente por F. Campagnoli (informações verbais) pela datação radiométrica (^{210}Pb).

4.5 Os ambientes de erosão, em equilíbrio e de sedimentação

Uma rápida observação da atual superfície terrestre é suficiente para distinguir áreas com nítidos predomínios da erosão ou da sedimentação, além de áreas com aparente equilíbrio entre os dois processos geológicos (Fig. 3.13).

Os ambientes com nítido predomínio da erosão são tipicamente terrestres ou continentais, sendo amplamente compostos por regiões montanhosas. Em tais ambientes os processos de intemperismo são, em geral, bastante intensos e os de erosão são acelerados. A sedimentação local pode dar-se através de processos glaciais, ou ainda por corridas de lama ou de enchentes-relâmpago, principalmente sob condições de climas árido ou semi-árido. Porém, seguidos processos de erosão tornam tais depósitos efêmeros, e os perfis de solo têm pouco tempo para se desenvolver, tanto sobre o embasamento rochoso como sobre o sedimento. Além disso, ambientes com nítido predomínio da erosão ocorrem em linhas costeiras escarpadas, ou mesmo em ambiente submarino, em áreas mais restritas da plataforma e talude continentais, especialmente ao longo de canhões submarinos. Entretanto, nessas linhas costeiras e sob condições submarinas, os produtos de sedimentação sobrepujam aos processos de erosão. Disso resulta que provavelmente mais de 90% da cobertura sedimentar mundial seriam de depósitos subaquosos, e desses cerca de 60% correspondem aos depósitos costeiros e submarinos. Aparentemente, os *paleoambientes sedimentares* estiveram sempre dominados por *depósitos de origem subaquosa*.

Aos ambientes com nítidos predomínios da erosão ou da sedimentação deve ser acrescida a categoria dos ambientes com *aparente equilíbrio* entre os dois processos. Esses ambientes são compostos pelas porções da superfície terrestre sobre os continentes ou mesmo em fundos submarinos que, por longos intervalos de tempo, representaram áreas sem predomínio da erosão ou da deposição, principalmente em função da *quiescência tectônica*. Esta estabilidade propicia, em geral, intenso e profundo intemperismo químico do substrato. Sobre os continentes, os ambientes de equilíbrio são representados por extensos peneplanos dos interiores continentais (King, 1962), que permaneceram expostos subaereamente por diversos milhões de anos. A prolongada exposição à ação do intemperismo é responsável pelo desenvolvimento de perfis de intemperismo e formação de solos sobre as rochas imediatamente subjacentes ao ambiente em equilíbrio. Os horizontes lateríticos e bauxíticos são os produtos de condições climáticas tropicais e equatoriais úmidas, em conjunção com substratos rochosos adequados que, desse modo, podem ser encarados com produtos secundários (ou epigenéticos) típicos de ambientes em *aparente equilíbrio* entre a sedimentação e a erosão.

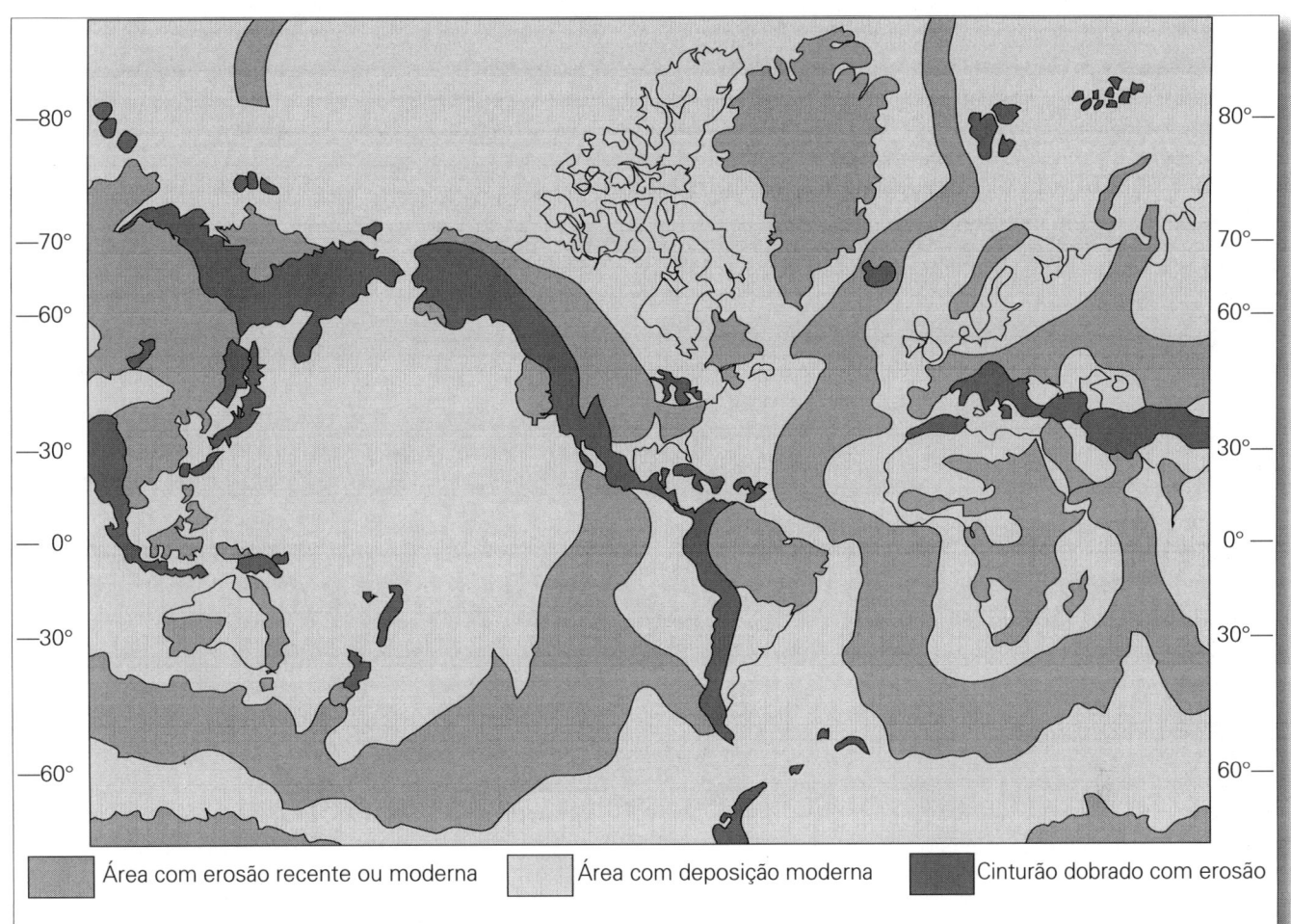

| | Área com erosão recente ou moderna | | Área com deposição moderna | | Cinturão dobrado com erosão |

FIGURA 3.13 Classificação da superfície terrestre, nos dias atuais, tanto continental como submarina, em termos de áreas com predominância de erosão ou de deposição (Allen, 1975).

Os ambientes antigos com esta peculiaridade podem ser reconhecidos também nos fundos submarinos. Extensas áreas, tanto sobre as plataformas continentais como sobre as planícies abissais, estiveram submetidas a correntes suficientemente fortes para remoção de qualquer sedimento decantado de uma suspensão, embora ainda demasiadamente fracas para causar a erosão do substrato. Essas superfícies expostas são suscetíveis a reações químicas com as águas oceânicas, levando à formação de crostas de manganês, fosfatização e a outras reações químicas (Mero, 1965), que são mais propriamente classificáveis como intempéricas que diagenéticas. Nas seções geológicas, os paleoambientes sedimentares submarinos em equilíbrio são superfícies mineralizadas comumente com calcários, exibindo abundantes perfurações e superpostas por uma delgada camada conglomerática, composta por clastos do substrato. Os paleoambientes plataformais do giz cretáceo do norte da Europa (Jefferies, 1963), ou dos depósitos pelágicos do Jurássico dos Alpes (Fischer & Garrison, 1967) constituem alguns exemplos. A Tab. 4 apresenta um sumário desses conceitos relacionados aos ambientes sedimentares erosivo, em equilíbrio e deposicional.

Pela tabela abaixo, torna-se evidente que a geologia sedimentar preocupa-se primordialmente com os ambientes deposicionais, tanto atuais como pretéritos. Esses conceitos devem estar bem compreendidos para a interpretação dos *paleoambientes deposicionais* das

TABELA 4 Conceitos ligados a ambientes essencialmente erosivos, em equilíbrio e deposicionais

Ambientes	Erosivo	Em equilíbrio	Deposicional
Continental subaéreo	Dominante	Desenvolvimento de peneplanos com solos lateríticos e bauxíticos	Raro (eólico e glacial)
Continental subaquoso	Localizado	Desconhecido?	Localizado (fluvial e lacustre)
Marinho	Raro	Desenvolvimento de duricrostas de mineralização, comumente nodular	Dominante

rochas sedimentares. Os fatos observados não representam somente o resultado dos processos deposicionais que deram origem às rochas, que são mais ou menos facilmente identificáveis pelas estruturas sedimentares presentes. Os sedimentos e os fósseis nelas contidos podem ter sido originados de extensas áreas contíguas de paleoambientes erosivos ou em equilíbrio, contribuindo para o seu paleoambiente deposicional. Considere-se, por exemplo, um depósito de antigo *canal fluvial entrelaçado* (braided river channel). As estratificações cruzadas fornecerão a orientação, a energia, a profundidade e outras características das *paleocorrentes deposicionais*. A composição e a textura dos sedimentos (areias e seixos), entretanto, são em grande parte herdadas do *paleoambiente erosivo* da área-fonte. A eventual ocorrência de troncos de madeira fossilizados no sedimento testemunharia a existência contemporânea de um *paleoambiente em equilíbrio*, que teria propiciado o desenvolvimento de importante cobertura vegetal (Suguio & Mussa, 1978).

4.6 Os ambientes e paleoambientes de sedimentação

Desde os primórdios dos estudos de geologia sedimentar, os pesquisadores vêm tentando classificar os paleoambientes de sedimentação. Algumas das classificações mais importantes foram propostas por Twenhofel (1950), Dunbar & Rodgers (1957), Krumbein & Sloss (1963), Blatt *et al.* (1972), e outros. Crosby (1972) realizou uma revisão das várias classificações apresentadas até a época e discutiu os problemas gerais dessas classificações.

Os conhecimentos atuais, mesmo decorridos quase trinta anos das classificações acima citadas, são ainda incompletos para uma perfeita compreensão de todas as variáveis que atuaram sobre os depósitos de um mesmo tipo de paleoambiente, por exemplo, sob diferentes condições paleoclimáticas. Certamente, os depósitos de um mesmo paleoambiente (lagunar, praial, etc.) devem exibir diferenças significativas entre climas úmidos, áridos ou subárticos. Outros fatores que afetam os *paleoambientes deposicionais* são: disponibilidade de sedimentos, energia e natureza do meio, efeitos da tectônica, marés, tendências transgressivas ou regressivas, etc. Todos esses fatores, além de outros, interagem em diferentes níveis e, dessa maneira, complicam sobremaneira o problema da classificação dos ambientes e paleoambientes de sedimentação.

Uma classificação ideal deveria permitir a subdivisão de todos os ambientes e paleoambientes em categorias menores de uso prático, sem qualquer omissão ou superposição dos ambientes. Porém, em geral, alguns dos ambientes considerados separadamente podem apresentar superposição ou ocorrerem associados, de modo que é quase impossível chegar-se a uma classificação que atenda todos esses requisitos.

Selley (1976a) apresentou um esquema geral de classificação muito útil ao estudo de *ambientes deposicionais modernos* (Tab. 5).

Segundo o autor, o esquema acima apresenta algumas limitações em estudos paleoambientais. A primeira restrição liga-se à baixa representatividade desses depósitos em seções estratigráficas pretéritas. Desse modo, rochas sedimentares de origens espélica ou abissal, por exemplo, são muito raras nas colunas geológicas do passado. A segunda razão é que, nas rochas antigas, é muito difícil determinar as profundidades em que os sedimentos foram depositados. Na maioria das vezes, o que se consegue obter não passa da posição relativa das fácies sedimentares em relação à linha de costa, sendo muito difícil encontrar valores de *profundidades absolutas* (Hallam, 1967).

O mesmo autor acima apresentou uma classificação com três tipos principais de *paleoambientes deposicionais*: continental, transicional costeiro e marinho, que deixaram quantidades mais significativas de depósitos sedimentares, podendo ser identificados com bastante segurança em depósitos antigos (Tab. 6). Nessa classi-

Tabela 5   Classificação de ambientes típicos de sedimentação moderna (Selley, 1976a).

Continental	Terrestre	Desértico Glacial Espélico (cavernas)
	Subaquoso	Fluvial Paludial (pântanos) Lacustre
Transicional	Deltaico Estuarino Lagunar Litorâneo (intermarés)	
Marinho	Recifal Nerítico (maré baixa a –180m) Batial (–180 a –1.800m) Abissal (abaixo de –1.800m)	

Tabela 6   Classificação dos paleoambientes típicos que deixaram registros sedimentares significativos nas colunas geológicas pretéritas (Selley, 1976a)

Continental	Fanglomerático (leque aluvial) Fluvial (entrelaçado e meandrante) Lacustre Eólico
Costeiro	Lobado (deltaico) Linear (barreira)
Marinho	Recifal Plataformal Turbidítico (terrígeno, misto e carbonático) Pelágico

ficação, os depósitos glaciais e espélicos, por exemplo, foram eliminados por serem mais raros nos registros pretéritos, bem como os depósitos paludiais, por serem incluídos em depósitos de alguns subambientes dos paleoambientes fluvial, lacustre ou transicional costeiro. Por outro lado, nos ambientes costeiros, é enfatizado o fato se são lineares (tipo ilha-barreira) ou se são lobados (tipo deltaico). Na definição dos vários depósitos marinhos, foram eliminados os limites dos ambientes marinhos.

A reconstituição dos *paleoambientes deposicionais* só se tornou possível com o estabelecimento de alguns dos conceitos básicos da geologia, enunciados nos *princípios do atualismo* (ou *do uniformitarismo*) e *da superposição*, acompanhados do conhecimento dos princípios fundamentais da biologia, como a *lei da sucessão faunística* e muitas outras.

Embora a regra da analogia seja, muitas vezes, aplicada em estudos paleoambientais, deve-se ter muita cautela na aplicação dos princípios acima mencionados, pois alguns eventos geológicos do passado foram únicos, não havendo fenômenos equivalentes reconhecidos hoje em dia. Além disso, durante diversos períodos geológicos, as distribuições dos continentes e oceanos eram muito diferentes e, em conseqüência, as zonas climáticas e os relevos da época freqüentemente não correspondem aos atuais. Outro fator ambiental muito importante é a cobertura vegetal, que controla fortemente a *taxa* e o *tipo de erosão* e, portanto, a quantidade de sedimentos disponíveis para sedimentação.

Entretanto, não há dúvida de que a compreensão dos processos físicos, químicos e biológicos atuantes nos vários ambientes atuais, ajuda na reconstituição dos paleoambientes, até mesmo daqueles cujos análogos inexistem nos dias de hoje.

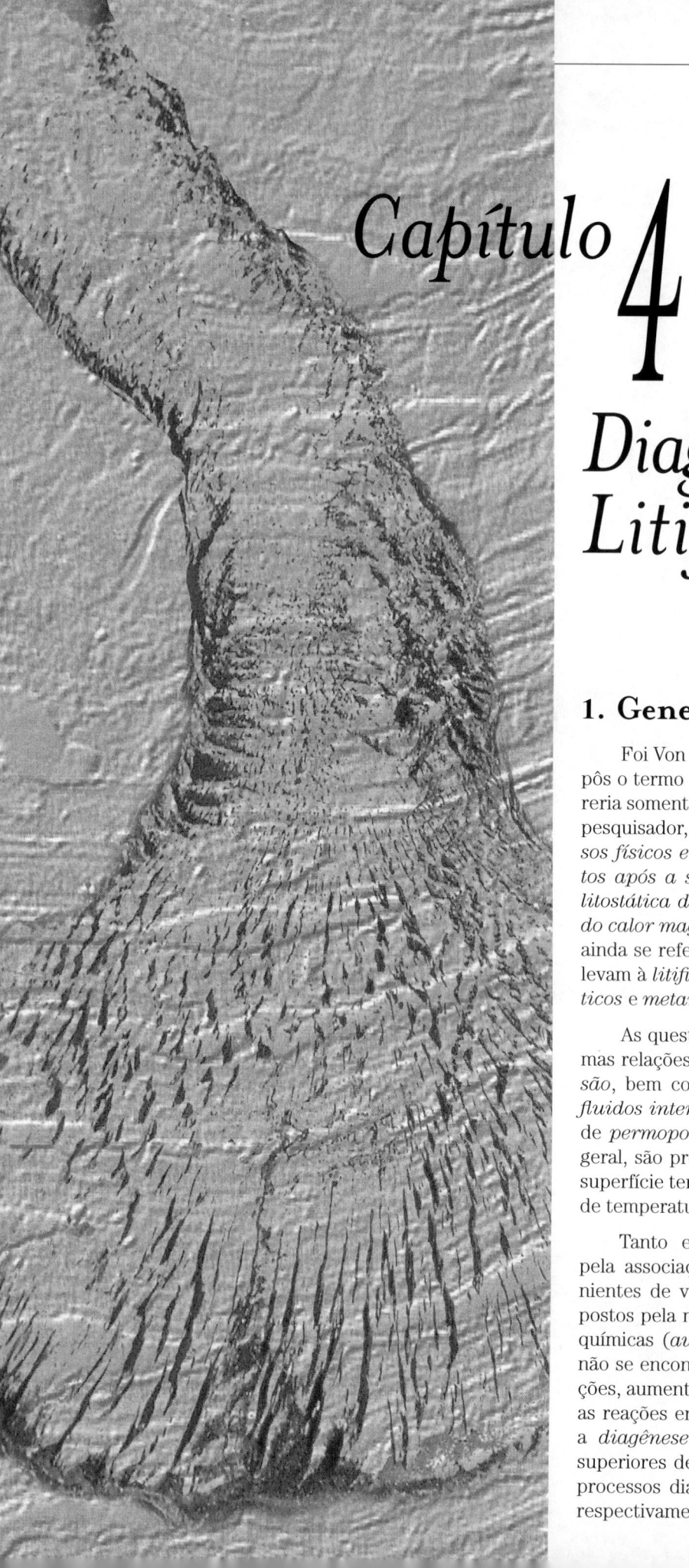

Capítulo 4

Diagênese e Litificação

1. Generalidades

Foi Von Gümbel (1868) que, pela primeira vez, propôs o termo *diagênese*, mas a sua aceitação geral ocorreria somente após Walther (1894). De acordo com esse pesquisador, "*a diagênese abrangeria todos os processos físicos e químicos que atuam sobre os sedimentos após a sua deposição, excetuando-se a pressão litostática devida aos sedimentos superpostos, além do calor magmático*". Posteriormente, Van Hise (1904) ainda se referia a todos os processos deposicionais que levam à *litificação* (lithification), inclusive os *diagenéticos* e *metamórficos*.

As questões ligadas a esse fenômeno possuem íntimas relações com as variações de *temperatura* e *pressão*, bem como volumes e composições químicas dos *fluidos intersticiais*, além de modificações nos valores de *permoporosidade* (propriedades petrofísicas). Em geral, são processos que ocorrem nas proximidades da superfície terrestre, sendo caracterizados por condições de temperatura relativamente baixas.

Tanto em sedimentos essencialmente formados pela associação fortuita de minerais detríticos provenientes de várias fontes, quanto em sedimentos compostos pela mistura de frações clásticas (*alotígenas*) e químicas (*autígenas*), deve-se supor que os materiais não se encontrem em equilíbrio químico. Nessas condições, aumentos de temperatura e/ou pressão promovem as reações entre as fases, que em conjunto constituem a *diagênese*. Segundo Fairbridge (1967), os limites superiores de temperatura e pressão que delimitam os processos diagenéticos seriam de 300°C e 1.000 bars, respectivamente.

Conceituações e terminologias altamente disparatadas relativas ao termo foram empregadas através dos tempos, em parte pelas dificuldades de comunicação talvez em função das barreiras lingüísticas. Entretanto, o *metamorfismo* que compreende processos de temperatura e pressão relativamente mais altas e o *intemperismo* devido aos agentes de dinâmica externa (chuva, vento, etc.) foram quase sempre excluídos da *diagênese*. Porém, nem sempre o estabelecimento das fronteiras diagenéticos (Fig. 4.1) é uma tarefa muito fácil. Desse modo, segundo Retallack (1990), a diagênese incluiria a formação do solo (pedogênese) que, segundo Kimmins (1987), ocorreria sobre a Terra sob pressão de 1 bar e temperaturas entre 84°C a –88°C.

A passagem do *intemperismo* para a *diagênese* não é de reconhecimento muito fácil, embora processos diferenciados (*halmirólise* e *aquatólise*) definam esse limite, conforme os respectivos ambientes de sedimentação sejam marinhos ou de água doce (Fig. 4.2). A halmirólise é um processo de *intemperismo submarino* (Hummel, 1922), compreendendo reações de substituição e rearranjos químicos, além da remoção de íons dissolvidos na água, quando o sedimento ainda se encontra no fundo do mar e sem soterramento. Dessa maneira, se formariam a *glauconita* e os *nódulos de Mn* (ou *nódulos polimetálicos*). A *aquatólise*, por outro lado, corresponde a um termo proposto por Müller (1967a) para designar os processos químicos e físico-químicos, que ocorrem em ambientes de água doce durante o intemperismo, erosão, transporte e diagênese pré-soterramento dos sedimentos.

Outra dificuldade advém da inexistência de limites rígidos de temperatura e pressão mais altas, onde se iniciaria o metamorfismo que, entre outros fatores, dependem bastante da natureza (composições química e/ou mineralógica) dos materiais envolvidos. Alguns autores,

como Déverin (1924), consideravam que a separação entre a *diagênese* e o *metamorfismo* é impossível, pois esses processos seriam contínuos e levariam a modificações de textura, estrutura e composição mineralógica dos sedimentos. Há discussões, por exemplo, se a *petrofábrica* ou a *composição mineralógica* seriam critérios utilizáveis no estabelecimento desses limites. *Petrofábricas pseudometamórficas* podem ser produzidas por processos essencialmente diagenéticos em materiais mais suscetíveis como, por exemplo, *evaporitos* e *calcários*. Embora dependam, em maior ou menor grau, da *natureza dos materiais* envolvidos e do *gradiente geotérmico* local, normalmente os processos metamórficos só se manifestam a profundidades consideráveis (5 a 10 km). Harassowitz (1927) propôs o termo *anquimetamorfismo* (anchimetamorphism), referindo-se às mudanças de conteúdo mineralógico, que ocorreriam nos sedimentos na transição para o verdadeiro metamorfismo. Esta fase de transição entre a *diagênese* e o *metamorfismo* pode ser medida pelo *grau de cristalinidade da illita* (índice de Kubler), como foi mostrado por Dunoyer de Segonzac *et al.* (1968) e Dunoyer de Segonzac (1970).

De qualquer modo, os *processos diagenéticos* levam à conversão de *sedimentos recém-depositados* e completamente inconsolidados em *rochas sedimentares*, causando a *litificação* (lithification).

Esse fenômeno pode processar-se logo após ou muito tempo após a sedimentação e até, em parte, ser *sindeposicional*, isto é, simultânea ou penecontemporânea à sedimentação. A simples presença da dissolução ou de película argilosa recobrindo grãos de quartzo pode constituir evidência de diagênese, mas por si só não fornecem indicações se ocorreu antes ou após o soterramento. As

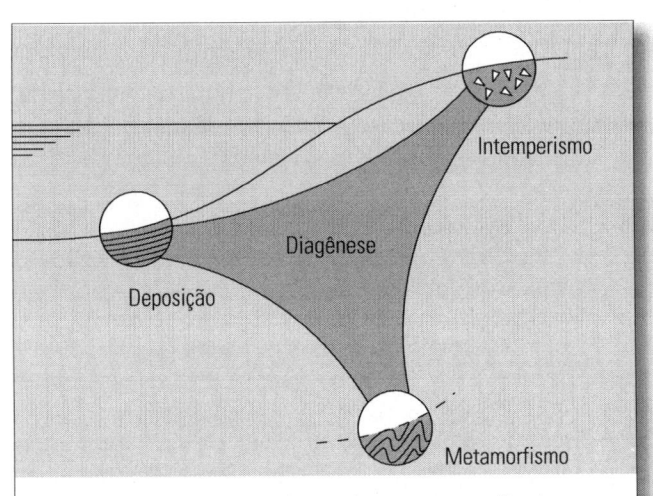

FIGURA 4.1   Fronteiras diagenéticos entre a *diagênese*, envolvendo processos subaquáticos ou subterrâneos rasos, o *intemperismo*, ocorrendo sob condições essencialmente subaéreas e o *metamorfismo*, em situações subsuperficiais mais profundas (Dunoyer de Segonzac,1968).

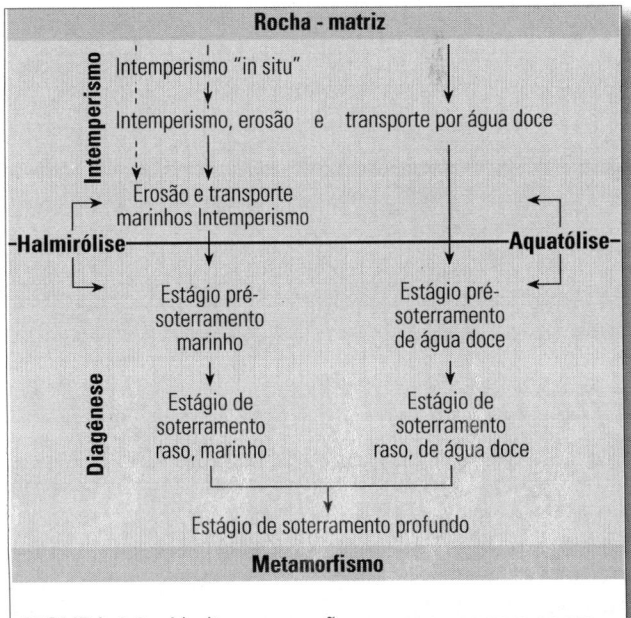

FIGURA 4.2   Limites e sucessões em que ocorrem os processos envolvidos no *intemperismo*, *diagênese* e *metamorfismo*, conforme os conceitos vigentes.

mudanças diagenéticas tendem a estabelecer o equilíbrio entre os materiais sedimentados às novas condições, embora o verdadeiro equilíbrio seja praticamente inatingível e não existia até mesmo nas rochas-matrizes.

2. Estágios e fases diagenéticos

Na maioria dos casos, os *estágios diagenéticos precoces* (estágio I) iniciam-se sob temperaturas ambientes, sem aumento ponderável da pressão litostática devida à superposição de sedimentos mais novos (Fig. 4.3). Deste modo, a redução de óxidos (ou hidróxidos) férricos pela *matéria orgânica* ou a expulsão da água em sedimentos lamosos processam-se praticamente sob condições superficiais. Isto se deve à restrição para livre circulação dos *fluidos intersticiais* e eventualmente até completa inibição em sedimentos mais pelíticos. A migração das substâncias mais solúveis processa-se principalmente através da *difusão* que constitui um fenômeno muito lento de transferência de materiais. Ainda neste estágio, principalmente quando em presença de matéria orgânica, os *fluidos intersticiais* adquirem *propriedades redutoras* (Eh negativo).

No estágio diagenético II, a sobrecarga dos sedimentos mais novos comprime os sedimentos sotopostos, colocando as partículas em contato entre si. Nesta fase pode ocorrer quebra dos componentes mais frágeis e dissolução dos minerais mais solúveis, levando ao desenvolvimento de novos minerais e/ou à reprecipitação de substâncias, iniciando-se a *cimentação* dos espaços porosos (Taylor, 1950). Estes processos, acompanhados de outras transformações, causam a *litificação* incipiente do sedimento.

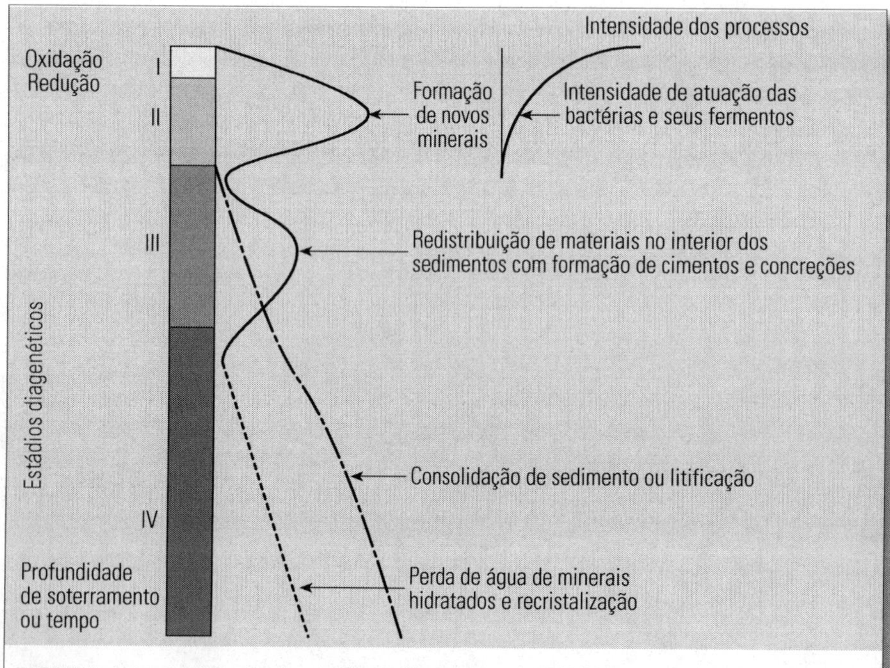

A seguir, no estágio diagenético III de Strakhov (1953), ocorre ampla redistribuição das substâncias minerais no interior dos sedimentos, com *cimentação* e *recristalização* intensas e formação de *nódulos* e *concreções*. Nesta fase, constata-se um incremento na *consolidação* (ou *litificação*) com tendência crescente seguindo a profundidade de soterramento.

No estágio diagenético IV, os processos de redistribuição dos materiais diminuem drasticamente no início e, a seguir, ocorre a desidratação de hidróxidos e a continuidade da recristalização com conseqüente aumento da *litificação*.

Naturalmente, as profundidades em que se desenvolvem os *estágios diagenéticos* acima descritos são bastante variáveis e são fortemente dependentes da natureza (composições física e química) dos materiais envolvidos.

Por outro lado, Fairbridge (1967) propôs três *fases diagenéticas* que permitem estabelecer, talvez de modo mais apropriado, os limites dos processos diagenéticos (Fig. 4.4).

A *sindiagênese*, conforme a proposição de Bissell (1959), corresponde às *mudanças diagenéticas sinsedimentares*. Processa-se a profundidades rasas (0 a 100 m) e caracteriza-se pela interação muito grande com o ambiente de deposição. As transformações podem ocorrer sob condições oxidantes ou redutoras e conduzem à *litificação precoce* e à *autigênese singenética*.

A *anadiagênese* envolve processos de *compactação, desidratação secular* e *autigênese hipogenética* e ocorre durante o soterramento profundo (1.000 a 10.000 m). As temperaturas podem variar de 100 a 200°C, quando ocorre intensa migração horizontal e vertical das águas conatas e outros fluidos (petróleo e salmoura quente).

A *epidiagênese* deste autor, conforme as Figs. 4.1 e 4.2 deste compêndio, não corresponde à *diagênese*, mas ao *intemperismo*.

Dunoyer de Segonzac (1968) realizou um trabalho de revisão crítica do conceito de diagênese e a sua evolução entre 1866 e 1966. Nesse trabalho, foram mencionados os autores segundo as literaturas geológicas em línguas inglesa, alemã e russa. Na Fig. 4.5, correspondente aos autores de língua inglesa, percebe-se que foram considerados três estágios diagenéticos (I a III), seguidos de estágio metamórfico

FIGURA 4.3 Seqüência dos estágios diagenéticos (Strakhov, 1953) e as intensidades relativas dos processos envolvidos (Greensmith, 1975).

(IV) e de estágio orogenético (V), caracterizado por deformação e exposição subaérea de sedimentos. Nesses quadros de revisão, os estágios de litogênese II e III representam espessuras muito desiguais de sedimentos, onde II pode ser de dezenas de metros, enquanto III corresponde a centenas ou mesmo milhares de metros.

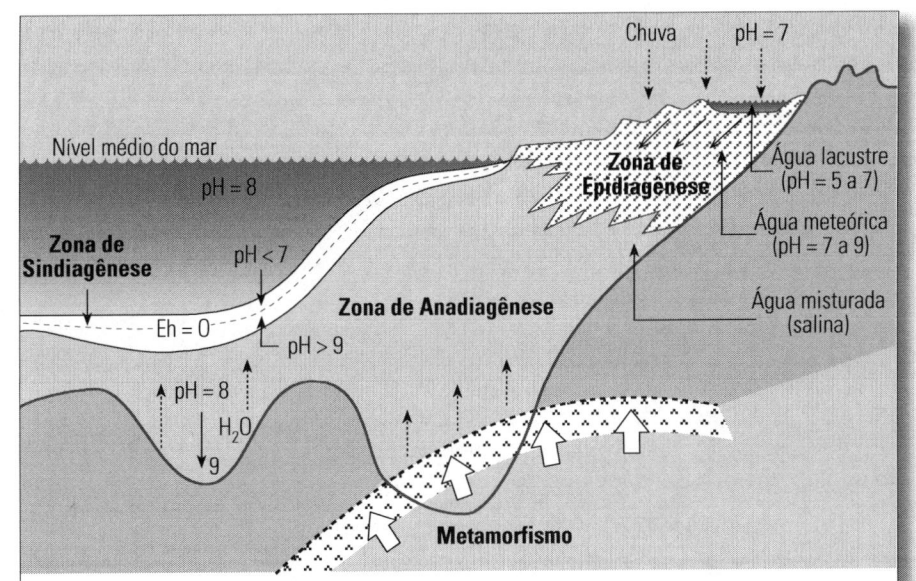

FIGURA 4.4 Seção transversal da margem continental, com indicação dos sítios de sedimentação marinha contemporânea e as três fases diagenéticas. Deve-se prestar atenção ao:
a) potencial de difusão durante a *sindiagênese*
b) movimento ascendente de fluidos na *anadiagênese* e
c) movimento descendente de fluidos na *epidiagênese* (Fairbridge, 1967).

Estádios de litogênese	Autores									
	Van Hise (1904)	Twenhofel (1926) (1939) (1950)	Krumbein (1942, 1947) K. & Sloss (1963)	Pettijohn (1947, 1957)	Williams *et al.* (1954)	Packham & Crook (1960)	Dapples (1959)	Dapples (1962)	Taylor (1954)	Wolf & Conolly (1965)
I. Partículas detríticas em movimento no meio aquoso		Deposição	Deposição							Pré-deposição
II. Partículas imobilizadas em sedimento com alto conteúdo aquoso, porém isolado do meio deposicional	Metaformismo	Diagênese	Interface deposicional	Halmirólise	Halmirólise / Diagênese precoce	Halmirólise / Diagênese precoce (Fácies de baixo grau)	Estágio inicial = deposição / Estágio intermediário = soterramento precoce	Estágio redoxomórfico / Estágio locomórfico	Estágio pré-soterramento / Estágio de soterramento raso	Singênese / Pré-cimentação / Diagênese
III. Sedimento transformado em rocha mais ou menos compacta		Litificação	Diagênese	Diagênese	Diagênese / Diagênese tardia	Diagênese / Epigênese (Fácies de alto grau)	Diagênese / Estágio pré-metamórfico = soterramento tardio	Estágio filomórfico	Diagênese / Estágio de soterramento profundo	Sin-cimentação / Pós-cimentação / Epigênese
IV. Seqüência sedimentar submetida às condições de metamorfismo (Orogenia)		Metamorfismo	Metamorfismo	Metamorfismo	Metamorfismo	Metamorfismo	Metamorfismo		Metamorfismo	Metamorfismo
V. Fenômenos tectônicos levam os sedimentos à exposição em afloramentos (intemperismo)										

FIGURA 4.5 Quadro de evolução dos conceitos de diagênese, de 1904 a 1965, segundo pesquisadores de língua inglesa (Dunoyer de Segonzac, 1968).

3. Processos diagenéticos

De acordo com Krumbein & Sloss (1963), entre os principais processos diagenéticos tem-se: autigênese, cimentação, compactação, desidratação, diferenciação diagenética, dissolução diferencial, recristalização, redução e substituição metassomática.

3.1 Autigênese

A palavra *autigênese é* originária do grego authigenes e foi usada pela primeira vez por Kalkowsky (1880), referindo-se a novos minerais componentes dos sedimentos, formados praticamente "*in situ*".

Foram feitas algumas tentativas para se restringir a abrangência da autigênese no tempo e em relação às formas dos novos minerais (Fairbridge, 1967). Entretanto, parece que este tipo de uso mais restritivo do termo é pouco recomendável, devendo ser empregado com acepção coletiva, envolvendo tanto a *neoformação* (gênese de novos minerais) como o *sobrecrescimento* (crescimento secundário sobre partículas detríticas).

De qualquer modo, a *autigênese* refere-se à formação de minerais "*in situ*", mas não deve ser confundida com o *metassomatismo* (ou *substituição diagenética*).

Comparados aos grãos minerais mais ou menos arredondados das partículas detríticas, os cristais autigênicos são comumente euedrais e apresentam contornos angulosos em seções delgadas, embora nem sempre esta distinção seja muito fácil.

3.1.1 Parâmetros controladores da autigênese

Entre os fatores importantes tem-se o estado físico e a composição mineralógica dos sedimentos originais, bem como as características físico-químicas dos ambientes deposicional e pós-deposicional.

Entre os parâmetros principais tem-se o pH (potencial do íon hidrogênio), Eh (potencial de oxirredução), fenômeno de absorção iônica e os potenciais iônicos dos componentes químicos (Na^+, Mg^{+2}, Fe^{+2}, Al^{+3}, Fe^{+3}, etc.). Quando o pH do *fluido intersticial* é fortemente controlado pelos teores de CO_2, como em *ambientes diagenéticos precoces*, as concentrações de cátions são importantes. Outros controles fundamentais são a temperatura, a pressão e o tempo.

Os *fragmentos minerais*, que constituem a fase sólida e os *fluidos intersticiais*, que saturam os espaços porosos em sedimentos recém-depositados de ambientes subaquosos, são instáveis em termos físico-químicos. Por outro lado, a *matéria orgânica* (organic matter) contida nos sedimentos influi na disponibilidade de CO_2 que, juntamente com a temperatura, atua nas variações de pH. As bactérias anaeróbias promovem a diminuição do Eh pelo consumo de oxigênio. Então, os íons de elementos metálicos (Cu, Pb, Zn, Hg, etc.) podem ser removidos, por adsorção, das águas naturais através das partículas coloidais dos hidróxidos de ferro.

Deste modo, algumas das reações químicas autigênicas mais importantes são: oxidação — redução, hidratação — desidratação, hidrólise, adsorção iônica, troca de cátion ou base e carbonatação.

3.1.2 Fases de autigênese

Um sedimento recém-depositado é mais ou menos afetado pelo ambiente deposicional, que causa uma série de mudanças físico-químicas promovendo a formação de um conjunto de minerais autigênicos.

Inicialmente, as bactérias anaeróbias substituem as aeróbias e, concomitantemente, processa-se a diminuição do Eh e o aumento do pH, após um rápido rebaixamento. O decréscimo no conteúdo de oxigênio é também acompanhado pelo aumento dos teores de sulfeto de hidrogênio, amônia, dióxido de carbono e hidrogênio. Segundo Strakhov *et al.*(1954) os sedimentos com condições oxidantes ou neutras são, em geral, restritos aos 10 a 15 cm superficiais, mas podendo chegar aos 40 cm e assim permanecer por alguns dias a milhares de anos. Em ambiente subaquoso marinho, esses fatos levam à formação da glauconita, fosforita e depósitos ferro-manganesíferos na forma de *nódulos* ou *crostas*. A seguir, na zona subjacente, ocorre a redução de sulfatos e óxidos. Acompanhando essas mudanças de condições de oxidantes para redutoras, alguns materiais sólidos como sílica, carbonato de cálcio, carbonato de magnésio etc. são dissolvidos, e os *fluidos intersticiais* tornam-se saturados ou mesmo supersaturados nessas substâncias. Desta maneira, alguns íons, como os de S e Mg, podem concentrar-se de tal modo a produzir até depósitos minerais economicamente importantes.

Entretanto, uma das conseqüências mais significativas das mudanças físico-químicas é a formação de *minerais autigênicos* como siderita, pirita (ou marcassita), galena, etc., que registram fases de equilíbrio dos parâmetros controladores da autigênese. A *autigênese*, portanto, é um *processo multifásico* e *dinâmico* que desenvolve uma paragênese complexa, existindo uma correlação entre os *minerais autigênicos* e os *processos diagenéticos*. Dessa maneira, a história evolutiva das mudanças diagenéticas pode ser registrada por um mineral ou por um conjunto de minerais. Estudos realizados por Krumbein & Garreis (1952), Teodorovich (1961) e Larsen e Chilingar (1967) conduziram ao reconhecimento das características, em termos de Eh e pH, dos principais ambientes deposicionais e diagenéticos (Fig. 4.6).

O Eh desses ambientes varia desde *oxidante* (zona de óxidos e hidróxidos de ferro), *fracamente oxidante* (zona de glauconita), *neutro* (zona da leptoclorita),

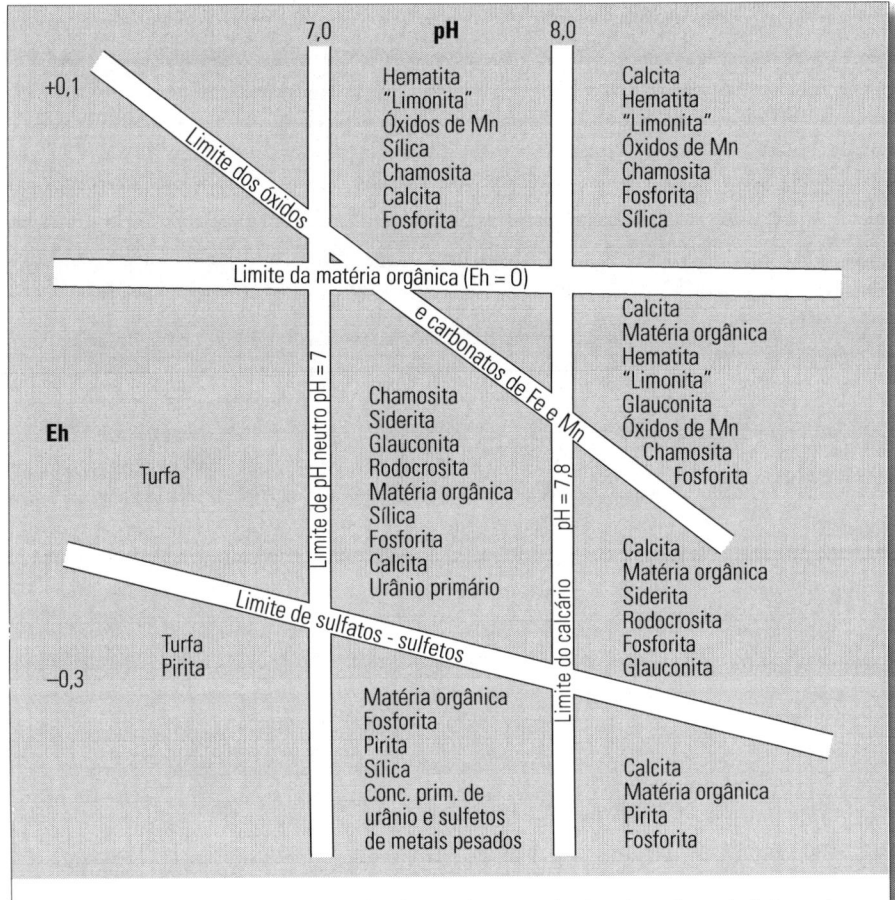

FIGURA 4.6 - Diagrama mostrando alguns dos principais minerais autigênicos, formados nos ambientes deposicionais e diagenéticos, de acordo com os valores de Eh e pH (Krumbein & Garrels, 1952).

fracamente redutor (zona da siderita e vivianita), *redutor* (zona de carbonatos e de sulfetos de ferro) e finalmente *fortemente redutor* (zona de sulfeto de ferro). As amplitudes de variação do pH são: *ácido* (2,1-5,5), *levemente ácido* (5,5-6,6), *neutro* (6,6-7,2), *levemente alcalino* (7,2-8,0), *alcalino* (8,0-9,0) e *fortemente alcalino* (acima de 9,0).

Além disso, alguns minerais autigênicos, como a glauconita, são bons indicadores ambientais e fornecem informações sobre as condições físico-químicas do fundo oceânico raso. Outros minerais podem ser importantes indicadores das tendências diagenéticos subseqüentes, sendo de grande importância acadêmica.

3.2 Cimentação

A cimentação é um *processo diagenético* associado à *precipitação química* de diversas substâncias, que preenchem os poros (espaços vazios) de sedimentos. Esse fenômeno é mais facilmente observado em *rochas sedimentares macroclásticas* (conglomerados e arenitos) que em *rochas sedimentares microclásticas* (siltitos e folhelhos). Representa um dos mais importantes processos diagenéticos, que convertem um *sedimento inconsolidado* em *rocha sedimentar*.

Entre algumas causas da cimentação tem-se a *precipitação inorgânica* de íons saturados contidos em *soluções intersticais*, a *precipitação orgânica* de íons através das atividades biológicas de organismos vegetais (como algas) e animais (como moluscos), além da *reprecipitação inorgânica* do cimento dissolvido por *pressão de soterramento*. Além disso, a cimentação pode até mesmo ocorrer durante a *pedogênese* formando *nódulos* e *duricrostas* (Flach *et al.*, 1969), não representando necessariamente um fenômeno ligado ao soterramento profundo.

As composições química e mineralógica bem como a petrofábrica dos cimentos, dependem de vários fatores, tais como, composição química das *soluções intersticiais*, fenômenos de nucleação cinética da cristalização, temperatura, pressão, condições físico-químicas de pH e Eh, além dos efeitos causados por micro e macrorganismos e processos bacterianos. Por outro lado, se as naturezas do grão detrítico e do cimento forem iguais, a porção resultante do *sobrecrescimento* (regeneração) apresentar-se-á em continuidade óptica (Blatt *et al.*, 1972).

Finalmente, a cimentação pode ocorrer imediatamente após a deposição e quase sem soterramento, ou muito tempo depois, já na fase de soterramento profundo. Como exemplo do primeiro caso tem-se as *rochas praiais* (beach rocks), comuns no Nordeste do Brasil.

3.2.1 Tipos de cimento

Entre as substâncias minerais mais comuns, que ocorrem como agentes de cimentação tem-se: carbonatos, sílica, sulfetos, óxidos (ou hidróxidos) e sulfetos de ferro.

a) *Cimentos carbonáticos* — De acordo com Folk (1974), as calcitas pobres ou ricas em Mg, dolomita, aragonita e siderita representam os carbonatos mais comuns que são encontrados como cimentos. Os hábitos desses minerais podem variar desde *micríticos* (microcristalinos) a *fibrosos* até cristais mais grossos *euedrais* ou *anedrais*.

Aparentemente, a calcita pobre em Mg e a dolomita são mais freqüentes em rochas sedimentares mais antigas, enquanto a calcita rica em Mg e a aragonita são mais comuns em sedimentos mais recentes. A cimentação dolomítica grossa parece estar ligada a *processos diagenéticos* tardios por *substituição diagenética*. A siderita requer, em geral, baixos valores de Eh (condições redutoras) e, desta maneira, dificilmente ocorre em afloramentos, onde muitos cimentos hematíticos e limoníticos (hidróxidos de ferro) atuais podem representar a siderita, que foi oxidada e/ou hidratada.

A precipitação inorgância de cimento carbonático, a partir de *fluidos intersticiais* depende da temperatura, pressão, pH, P_{CO_2} e das concentrações iônicas. Por outro lado, a *extração fotossintética* do CO_2 e os *processos bacterianos* devem promover o aumento de pH dos fluidos intersticiais e, portanto, indiretamente causam a precipitação do cimento de carbonato de cálcio (Berner,1971). Em geral, a calcita precipitada em condições de pH acima de 8,3 é solubilizada em condições mais ácidas. Por outro lado, as idades relativas dos cimentos carbonáticos podem ser obtidas pelas razões de $^{18}O/^{16}O$, que tendem a diminuir com as profundidades crescentes de soterramento (Dickson & Coleman, 1980).

b) *Cimentos silicosos* — O mais comum e o único termodinamicamente estável dos cimentos silicosos, é o *quartzo macrocristalino*. Entretanto, são também relativamente freqüentes a *opala* (sílica amorfa hidratada) e *calcedônia* (sílica microcristalina). Em termos de modos de ocorrência, os cimentos silicosos podem apresentar-se como macrocristais granulares, sobrecrescimentos (crescimentos secundários) ou como material de substituição de substâncias químicas preexistentes.

A *opala* ocorre como cimento de arenito rico em *vidro vulcânico* e detritos silicosos orgânicos derivados de *frústulas de diatomáceas* (algas), *carapaças de radiolários* (microrganismos marinhos) e *espículas de esponjas silicosas*. O soterramento profundo de sedimentos com cimento de opala leva ao aumento de temperatura e pressão com conseqüente recristalização para quartzo microcristalino ou calcedônia. Além disso, a calcedônia ocorre como cimentos de substituição em materiais como madeira, ossos e carbonatos.

A sílica é encontrada nos *fluidos intersticiais* na forma de ácido silícico (H_4SiO_4) cuja constante de dissociação é de $10^{-9,9}$. Conseqüentemente, a sua solubilidade permanece mais ou menos constante até pH < 9, precipitando-se acima deste valor. Pode-se estimar o valor do Eh durante a cimentação silicosa pelas inclusão de matéria orgânica preta (*condição redutora*) ou de hematita vermelha (*condição oxidante*). Estas informações podem subsidiar os estudos sobre as idades relativas de cimentos.

A velocidade de precipitação do quartzo, a partir dos *fluidos intersticiais*, é extremamente lenta e este fato poderia explicar por que a cimentação silicosa é mais rara em sedimentos mais recentes.

c) *Cimentos sulfáticos* — Entre os cimentos sulfáticos mais comuns têm-se a anidrita ($CaSO_4$) e a gipsita ($CaSO_4 \cdot 2H_2O$). Esses cimentos são mais freqüentes em regiões que foram submetidas a condições climáticas secas (áridas ou semi-áridas) no passado e acham-se associados a outros *depósitos evaporíticos*.

Embora mais raramente, tem-se a barita ($BaSO_4$), que também pode ser encontrada como cimento.

d) *Cimentos de óxidos (ou hidróxidos) e sulfetos de ferro* — Durante os processos de *intemperismo químico*, os minerais ferromagnesianos das rochas, como os silicatos (augita, hornblenda e biotita) ou óxidos (magnetita e ilmenita) podem ser oxidados e/ou dissolvidos como Fe^{+2}. Este íon pode ser transportado por consideráveis distâncias, através dos *fluidos intersticiais* redutores e levemente ácidos. Quando a concentração de sulfetos for alta deverá precipitar-se na forma de pirita e na presença de abundante carbonato precipitará na forma de siderita, mas em ambientes oxidantes resultará em óxidos (ou hidróxidos de ferro).

3.3 Compactação

Refere-se ao fenômeno físico que, em geral, conduz à diminuição de volume e porosidade de um sedimento em função do esforço compressão exercido pelos sedimentos superpostos em uma bacia. A compactação inicia-se no instante da deposição e prossegue por muito tempo, em termos geológicos, enquanto progridem os processos diagenéticos Em geral, este fenômeno é acompanhado pelo rearranjo espacial das partículas sedimentares e pela perda de *fluidos intersticiais*. Porém efeito semelhante pode ser também produzido pela simples ressecação ou outras causas.

A redução de porosidade em sedimentos pelíticos, que passa de cerca de 50% em lama recém-depositada para 9 a 10% em folhelho soterrado a quase 2.000 m de profundidade, pode ser atribuída principalmente ao efeito da compactação que, em *geotecnia* é denominada de *adensamento*.

Outro aspecto interessante é que o *fator de compactação*, isto é, a razão entre as espessuras original e atual varia muito com o tipo de sedimento, surgindo daí o conceito de *compactação diferencial* (ou *compactação seletiva*) O efeito deste processo é muito mais acentuado sobre lama que sobre areia ou calcário. Por outro lado, na passagem da *turfa* (peat) para *carvão betuminoso* (bituminous coal), por exemplo, pode haver redução de espessura de 50 para 5 m (fator de compactação = 10), enquanto o teor de carbono passa de 60 para 80%. Deste fato, podem surgir os *mergulhos de compactação* (compaction dips), em flancos de recifes carbonáticos formando "altos" praticamente incompactáveis, quando superpostos por depósitos de folhelho e/ou carvão.

Além disso, a diminuição da porosidade é também uma função da espessura de camadas superpostas. Deste modo, Rubey (1931) expressou as relações entre a porosidade e a profundidade pela seguinte equação:

$$P = 100 \, K/(E + K + p)$$

onde P = porosidade,
       K = constante,
       E = espessura de sedimentos removidos por erosão,
       p = profundidade abaixo da superfície.

No entanto, as relação entre a porosidade e a profundidade de soterramento são, na verdade, complicadas por fatores como as diferenças de textura e as intensidades de deformação.

3.4   Desidratação

Durante a compactação por *pressão de soterramento* ocorrem reações de desidratação que podem modificar os volumes e os hábitos dos minerais componentes dos sedimentos. Desta maneira, os cristais alongados de gipsita, que são estáveis nas condições superficiais, transformam-se em anidrita, de menor volume, a apenas 35 m de profundidade (Murray, 1964).

Os hidróxidos de ferro microcristalinos castanho-avermelhados passam para goethita acicular castanho-amarelada e finalmente para hematita microcristalina de cor vermelho-tijolo (Walker, 1967a). Essas fases de desidratação são particularmente importantes na interpretação dos paleossolos ricos em hematita que, nem sempre seriam formados em climas tropicais, onde os solos atuais mais ricos neste mineral são encontrados (Birkland, 1984).

3.5   Diferenciação diagenética

Corresponde ao processo de redistribuição seletiva de materiais no interior de um sedimento, por dissolução e difusão para núcleos ou centros de reprecipitação, levando à segregação discreta de componentes menores, formando estruturas químicas como *nódulos* ou *concreções carbonáticas* em folhelhos e arenitos (Pettijohn, 1957).

Muitos *nódulos* e *concreções* podem ser formados nas fases de *diagênese precoce* da rocha hospedeira, sendo denominados de *singenéticos* ou *primários*. Corresponde à precipitação direta dos íons dissolvidos nos *fluidos intersticiais*. Entretanto, alguns *nódulos* e *concreções* comuns em arenitos parecem ser formados durante a *diagênese tardia*, quando são designados de *epigenéticos* ou *secundários*.

De acordo com Pettijohn (1975), *nódulos* e *concreções* de calcita, sílica, pirita, marcassita, barita, siderita e gipsita são relativamente comuns. Além disso, freqüen-temente possuem os núcleos compostos de *restos de animais* (fragmentos de conchas de moluscos e restos de peixes) e *plantas* (fragmentos de troncos, sementes, etc.). Podem também incorporar partículas minerais predominantes nas rochas hospedeiras, tais como, siltes e areias quartzosas.

O *princípio* (ou *lei*) *de Riecke* estabelece que, em partículas minerais submetidas à pressão não-uniforme, a solubilidade é mais alta que as não sujeitas pressão e, deste modo, são preferencialmente dissolvidas e reprecipitadas com a mesma mineralogia em locais livres de pressão. Por outro lado, crê-se que a energia livre molar necessária para substâncias segregadas seja menor que nas dispersas e, portanto, o crescimento dos *nódulos* e *concreções* seria um processo espontâneo.

Os *nódulos* e *concreções* possuem, em geral, melhor cimentação e, portanto, são mais resistentes ao intemperismo que as rochas hospedeiras, tornando-se salientes nos afloramentos.

3.6   Dissolução diferencial

Refere-se ao fenômeno de dissolução, que atinge constituintes específicos ou determinadas camadas de sedimentos, durante a diagênese. A eliminação seletiva de minerais componentes de um sedimento com o tempo, especialmente de alguns *minerais pesados* pela atuação de *fluidos intersticiais*, constitui um caso de *dissolução diferencial*. A *suturação* (penetração intergranular) e os *estilólitos* (stylolites) por *dissolução por pressão* (pressure solution) também representam outros casos deste fenômeno, que é mais freqüentemente encontrado em calcários e arenitos.

Além disso, por *dissolução diferencial* pode ocorrer a *descimentação* de uma substância precipitada durante a diagênese de sedimentos. Acredita-se que os carbonatos e a sílica possam ser lixiviados por este processo, mas são pouco conhecidos os casos em que este tipo de fenômeno tenha atuado em grande escala.

3.7   Recristalização

Ao tratar de calcários antigos, Folk (1965) distinguiu os casos de *transformação polimórfica* da *recristalização*, mas ambas representariam casos de *neomorfismo*. A conversão da aragonita em calcita nos materiais esqueletais, como de corais, seria uma *transformação polimórfica*. A *recristalização*, por outro lado, envolveria mudanças nos tamanhos, formas e orientação dos cristais, com total preservação da espécie mineralógica.

Pouca sobrecarga por soterramento é necessária para que se processe o fluxo de evaporitos, como salgema (halita), gipsita ou anidrita, de áreas de alta pressão para de baixa pressão, com deformação e/ou recristalizações acentuadas. A gipsita pode ser convertida em anidrita com aumento de profundidade e a mudança contrária é verificada quando a anidrita for colocada em condições superficiais.

Embora tenha sido estudada por muitos pesquisadores (Chilingar *et al.*, 1967), a *recristalização* de rochas essencialmente carbonáticas é ainda pouco compreendida. Em geral, a aragonita pode ser rapidamente convertida em calcita mas, em outros casos, pode também persistir por vários milhões de anos. Um efeito comum da *recristalização* é o aumento dos tamanhos dos cristais, como acontece com a calcita, passando de *micrítica* para *espática*. Alguns pesquisadores pensam que tipos especiais de elementos-traço funcionem como *catalisadores da recristalização,* outros atribuem este papel a impurezas orgânicas, aos fluidos intersticiais, etc. Deste modo, não há uma única hipótese sobre a causa da recristalização, que seja aceita por todos os pesquisadores.

Por outro lado, os argilominerais em sedimentos pelíticos sofrem muitas modificações durante a diagênese, iniciando-se com efeitos suaves como de substituições iônicas nas redes cristalinas e terminando com completa mudança mineralógica, como a conversão da esmectita com o aumento da profundidade, em estágios diagenéticos tardios, para illita.

3.8 Redução

As reações químicas que envolvem o ganho de elétron ou redução tornam-se cada vez mais importantes com o soterramento crescente dos sedimentos. Esta reação é grandemente auxiliada pelas bactérias anaeróbias, que intermediam a reação como uma fonte de elétrons, que são usados para fermentar ou oxidar a *matéria orgânica* (organic matter) contida nos sedimentos para obtenção de energia.

Alguns dos principais minerais formados por redução são: pirita, marcassita e siderita.

3.9 Substituição metassomática

Quando ocorre a substituição da *rocha hospedeira* em grande escala, por mineral de composição química diferente originária de fora, tem-se o fenômeno da *substituição metassomática.* Deste modo, muitos dolomitos e silexitos são interpretados como produtos deste fenômeno diagenético atuando sobre calcários, em condições de soterramento profundo, através de processos comumente designados por *dolomitização* e *silicificação*, respectivamente, porém ainda imperfeitamente compreendidos.

Outras vezes, pode ocorrer a completa substituição dos tecidos orgânicos por uma substância mineral, como no caso da *madeira silicificada* (silicified wood), conchas de moluscos piritizadas, com preservação das

estruturas (*histometabase*). Por outro lado, a *madeira piritizada* parece representar um caso de preenchimento e não de substituição metassomática.

4. Alguns exemplos de litificação de sedimentos

Com raras exceções, os sedimentos são depositados como materiais completamente incoerentes e através dos processos diagenéticos são transformados em rochas sedimentares. Essas mudanças podem ocorrer imediatamente após a deposição em termos geológicos, mas normalmente demandam um intervalo de tempo bem longo.

Poucos tipos de sedimentos, como as lamas de planícies de inundação fluvial ou de marés podem tornar-se bastante consolidadas por simples perda de água devida à ressecação. Entretanto, a litificação deste tipo é reversível, podendo desagregar-se em contato com excesso de água por tempo suficientemente longo.

Os sedimentos carbonáticos, como as lamas aragoníticas, provavelmente tornam-se litificadas pela conversão da aragonita em calcita por soterramento, embora este fenômeno acarrete uma diminuição da porosidade para menos de 5%. Na maioria dos sedimentos carbonáticos a litificação é provavelmente acompanhada pela cimentação calcítica intergranular em *fase de diagênese precoce*, embora a fonte desta calcita nem sempre esteja muito clara.

Em relação às lamas terrígenas e carbonáticas, acima mencionadas, as areias terrígenas são, em geral, pouco litificadas em fase de diagênese precoce. A cimentação de areias e cascalhos pode ser observada localmente por influência da água subterrânea. Embora de natureza também restrita, cimentação muito conspícua de areias e cascalhos, em fase de diagêne precoce, é verificada em *rochas praiais* (beach rocks), muito comuns nas costas do Nordeste brasileiro (Branner, 1904).

4.1 Sedimentos pelíticos

A diagênese de sedimentos pelíticos, bem como de muitos outros sedimentos, é claramente iniciada quando eles ainda estão sob influência direta dos ambientes deposicionais. Além disso, entre os sedimentos terrígenos, os pelíticos são os que exibem mudanças diagenéticas mais conspícuas (Fig. 4.7).

Já no estágio de pré-soterramento, através de processos de *halmirólise* ou *aquatólise*, podem ser desenvolvidos vários novos minerais, tais como, glauconita, nódulos de Mn, zeólitas, etc., sem que seja verificada qualquer mudança na composição original dos argilominerais.

Os estágios iniciais de compactação desenvolvem-se ainda na fase de *soterramento raso* (0 a 500 m), quando

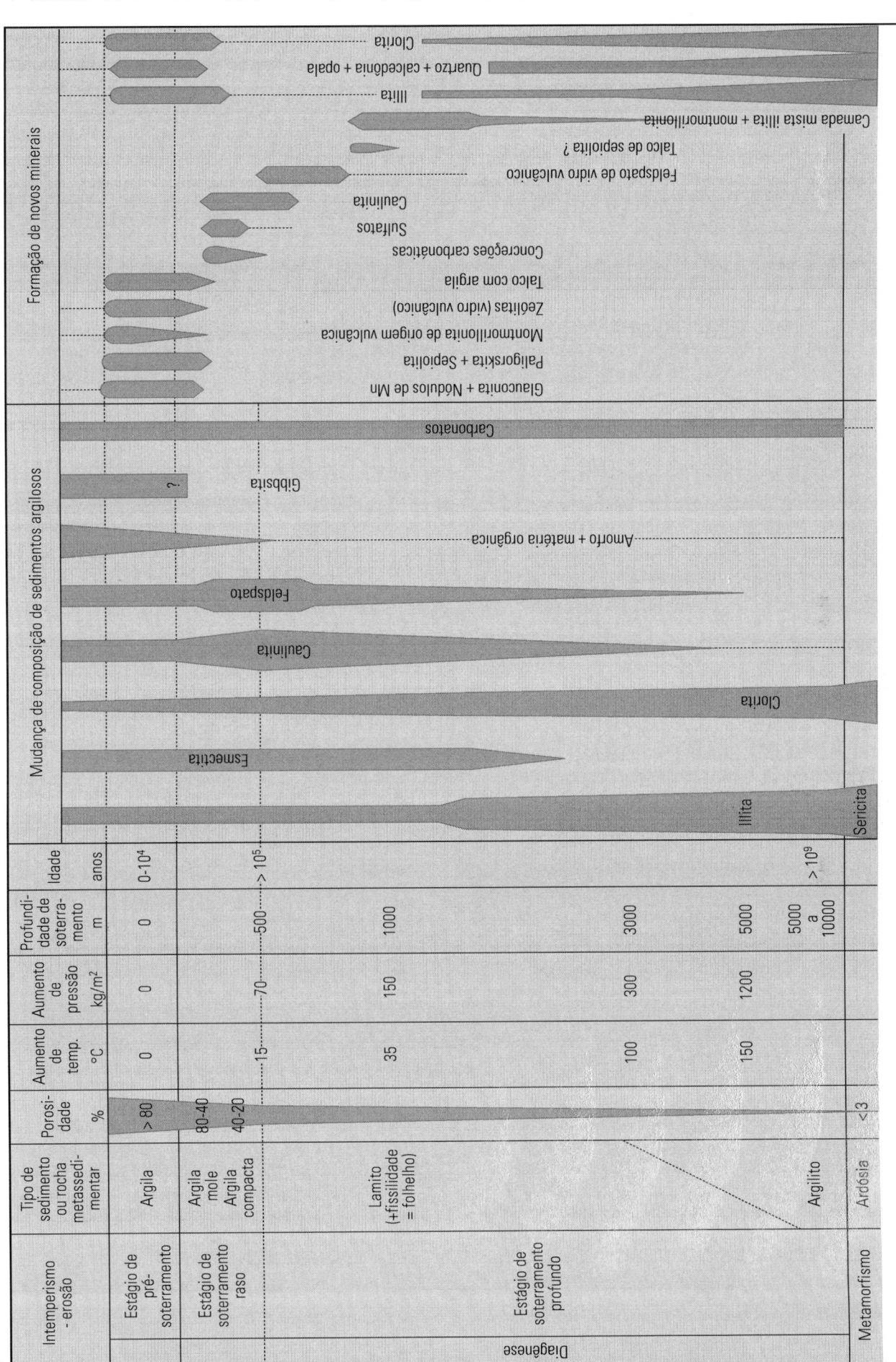

FIGURA 4.7 Mudanças de composição dos sedimentos argilosos e formação de novos minerais durante a diagênese em estágios de soterramentos raso e profundo.

os incrementos de temperatura (até 15°C) e de pressão (até 70 kg/m²), fazem com que a porosidade pré-soterramento superior a 80% seja reduzida para 80-40% nas *argilas moles* e para 40-20% nas *argilas duras*. Nesta fase já se verificam mudanças na composição dos sedimentos argilosos, tais como, aumentos nos conteúdos de illita e de feldspato e diminuições ou desaparecimentos de substâncias amorfas e de matéria orgânica e gibbsita. Por outro lado, vários minerais neoformados na fase pré-soterramento (glauconita e nódulos de Mn, paligorskita e sepiolita, etc.) também desaparecem e formam-se novos minerais (carbonatos de concreções, sulfatos, etc.).

A fase de *soterramento profundo* (até 5.000 a 10.000 m) leva ao desenvolvimento de *lamito* (mudstone) que, quando apresenta *fissilidade* (fissility), passa a chamar-se *folhelho* (shale) gradando para *argilito* (argillite). Nesta fase a temperatura pode chegar a mais de 150°C e a pressão a mais de 1.200 kg/m² e a porosidade da argila dura de até cerca de 20% é reduzida a menos de 3% no argilito. As mudanças mais conspícuas na composição dos argilominerais, neste fase, são representadas pelos incrementos dos conteúdos de illita e clorita e desaparecimento da esmectita, caulinita e feldspato. Entre os minerais neoformados, nesta fase, tem-se a illita e clorita, além do quartzo, calcedônia e opala e os argilominerais de camada mista illita-montmorillonita.

4.2 Sedimentos carbonáticos

Esses sedimentos estão entre os mais suscetíveis às alterações diagenéticas, independentemente dos estágios de litificação Entre as modificações mais profundas têm-se as atribuídas à *dolomitização* e à *silicificação*, que representam processos diagenéticos de *substituição metassomática*. Quando não envolve entrada de material externo, mas apenas rearranjo das substâncias já existentes, tem-se o processo de *diferenciação* ou *segregação diagenética*.

Entre as principais alterações diagenéticas de sedimentos carbonáticos têm-se: cimentação, compactação, dissolução, neomorfismos agradacional e degradacional e a substituição.

a) *Cimentação* — Até a década de 70, os conhecimentos sobre a cimentação de sedimentos carbonáticos eram restritos aos dados microscópicos. Atualmente, dispõe-se de dados sobre as composições químicas dos cimentos e dos fluidos intersticiais, que melhoraram a compreensão deste processo diagenético. Pesquisas detalhadas sobre a cimentação carbonática são encontradas em Bricker (1971).

Um sedimento carbonático recém-depositado pode apresentar até 70 a 80% de porosidade, que é principalmente de natureza intergranular. Em casos de cimentação precoce, como nas *rochas praiais* (beach rocks), pode ser aragonítica, mas em rochas antigas é geralmente calcítica.

Quando as cavidades são preenchidas por diversas gerações de cimentos podem apresentar *petrofábrica geopetal*, que pode ser usada na determinação de topo e base de camadas fortemente deformadas.

Finalmente, muita cimentação pode ser de natureza sinsedimentar, porém cimentos de diferentes idades, mesmo pós-soerguimento precipitado pela percolação de águas meteóricas, não podem ser descartadas.

b) *Compactação* — Analogamente às areias quartzosas, as *areias carbonáticas* sofrem pouca ou nenhuma compactação. As *lamas carbonáticas* por outro lado, diferentemente das *lamas terrígenas*, sofrem pouca compactação e este fato, segundo alguns pesquisadores poderia ser atribuída à *cimentação precoce das lamas carbonáticas* (Zankl, 1969). Entretanto, evidências opostas foram encontradas por Terzaghi (1940), sendo ainda um assunto sujeito a controvérsias.

c) *Dissolução* — Os sedimentos carbonáticos são bastante suscetíveis à dissolução, levando à remoção de conchas e outros fragmentos esqueletais e ao aumento de porosidade. Naturalmente, esses vazios podem ser posteriormente preenchidos por cimentação.

Outra feição de *dissolução por pressão* (pressure solution) muito comum em sedimentos carbonáticos, são as faixas de *estilólitos* (stylolites) que, segundo Stockdale (1926) pode reduzir a espessura original em até 40%.

d) *Neomorfismo agradacional* — Muitos sedimentos carbonáticos exibem claras evidências de aumento da cristalinidade com o decorrer do tempo, que Folk (1965) denominou de *neomorfismo agradacional*.

Os detalhes do mecanismo de crescimento ainda são obscuros. Em alguns casos deve ser um resultado da conversão da aragonita em calcita, mas, em outros casos, representaria o processo de recristalização coalescente de uma lama carbonática ou micrito. De qualquer modo, o processo envolve o crescimento de alguns cristais às expensas de outros.

e) *Neomorfismo degradacional* — O processo de neomorfismo agradacional representa a regra geral, mas em casos especiais ocorre a *micritização* (Bathurst, 1966). Esse autor atribui a alteração diagenética de micritização a *algas perfuradoras*, cujos furos seriam posteriormente preenchidos com calcita micrítica. Este tipo de fenômeno tem sido observado em sedimentos carbonáticos recentes e antigos.

f) *Substituição* — O processo de substituição mais freqüente é a *dolomitização*, embora *silicificação*, *fosfatização* e outras substituições sejam também conhecidas.

A substituição pela dolomita parece processar-se volume por volume que molécula por molécula. No segundo processo verifica-se uma redução de volume na razão de 100 para 88, causando aumento de porosidade. Embora a ocorrência do fenômeno seja bem conhecida, nem sempre se sabe quando se processou esta substituição, podendo ser parcialmente *sinsedimentar*, *pós-soterramento* e, mesmo, *pós-soerguimento*. Embora mais raramente, em condições superficiais (temperatura inferior a 50°C) pode ocorrer a *dedolomitização*, isto é, a substituição da dolomita pela calcita.

4.3 Sedimentos carbonosos

As matérias orgânicas, de origens animal e/ou vegetal, contidas em sedimentos e os sedimentos essencialmente carbonosos sofrem sucessivas mudanças físicas e químicas, em função dos incrementos de temperatura e pressão devidos ao soterramento cada vez mais profundo.

Segundo Degens (1967), a diagênese da *matéria orgânica* (organic matter) em sedimentos é muito complexa envolvendo, nos estágios preliminares, a destruição química (hidrólise) e microbiana de macromoléculas orgânicas. A seguir, verifica-se a concentração dos produtos resultantes, tais como aminoácidos, açúcares e ácidos gordurosos, para formar substâncias húmicas complexas, quando termina a atividade bacteriana. Em estágio mais tardio, processam-se lentas transformações inorgânicas e redistribuições da matéria orgânica residual, levando à formação de hidrocarbonetos e querogênios. Segundo Stach *et al.*, (1975), as transformações diagenéticas dessas substâncias orgânicas complexas conduzem, em geral, ao incremento da concentração de carbono e ao decréscimo de elementos químicos voláteis como hidrogênio, oxigênio e nitrogênio.

Em lamas marinhas, as bactérias redutoras de sulfatos agem sobre essas substâncias dissolvidas na água ou adsorvidas nas partículas de argilominerais para formar os sulfetos como, por exemplo, a pirita e/ou marcassita. Em sedimentos de águas doces, contendo *matéria orgânica* derivada principalmente de tecidos vegetais, *gás carbônico* e *metano* são os principais produtos de atividade bacteriana e a redução do óxido férrico presente forma a siderita ou pirita, dependendo do Eh.

As transformações tardias da matéria orgânica, segundo evidências atualmente disponíveis sugerem que, tanto na geração do petróleo como do carvão, são devidas a processos puramente inorgânicos.

4.3.1 Hidrocarbonetos

Os hidrocarbonetos líquidos e gasosos são primariamente originados dos *lipídios* (resíduos gordurosos e graxos) provenientes de *microrganismos marinhos* (vegetais inferiores como algas e bactérias), com alguma contribuição de material terrestre e caracteriza-se pelo baixo conteúdo de oxigênio.

Ainda existem dúvidas sobre a seqüências das reações que realmente levam à geração de hidrocarbonetos, a partir das matérias orgânicas contidas em folhelhos ou sobre as condições exatas que causam e controlam a evolução desses processos. Entretanto, hoje em dia, há inúmeros aspectos de aceitação geral sobre as *reações termoquímicas* que levam à produção de hidrocarbonetos aromáticos, naftênicos e parafínicos componentes do petróleo (Erdman, 1961). Um suave incremento de temperatura, até cerca de 50°C, produz o *querogênio* (matéria orgânica imatura), mas acredita-se que a produção de hidrocarbonetos ocorra principalmente a temperaturas inferiores a 107°C, contanto que suficiente lapso de tempo seja disponível (Fig. 4.8). A temperatura máxima de geração do petróleo é de cerca

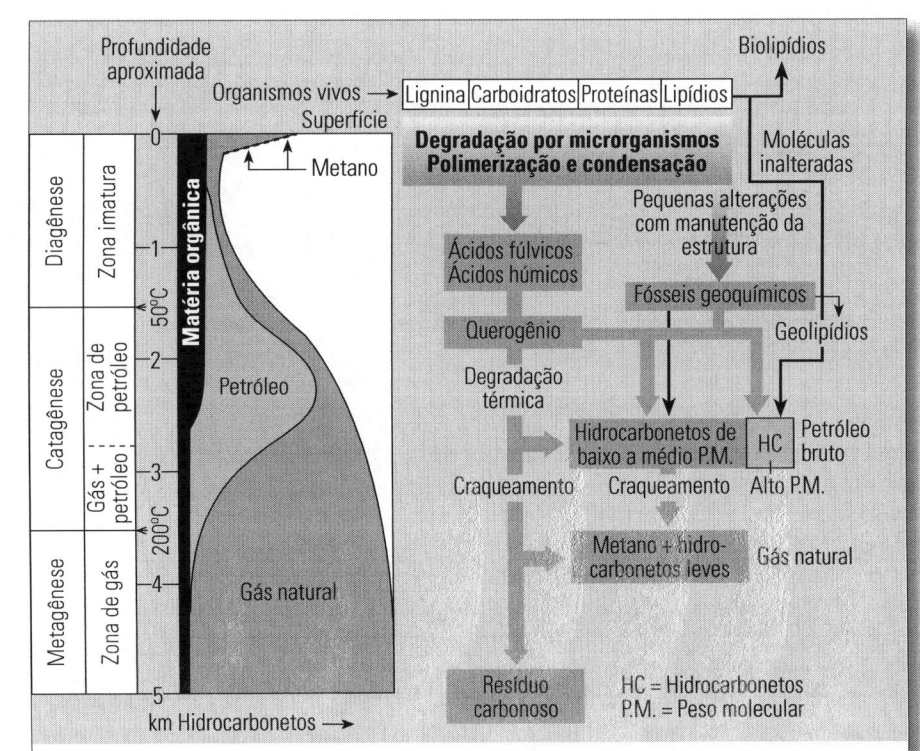

FIGURA 4.8   Evolução diagenética dos *biolipídios* para *geolipídios,* passando por estágios de diagêneses precoce e tardia, que explicaria a *geração do petróleo* (Tissot & Welte, 1978) e a *formação de outros hidrocarbonetos* em função das temperaturas e profundidades pretéritas.

de 200°C, acima da qual se formam somente gases (metano e hidrocarbonetos leves). O papel desempenhado pela *matriz inorgânica* sobre a *matéria orgânica* não está bem compreendido, mas possivelmente alguns argilominerais aparentemente possuem a capacidade de acelerar certas reações

Por outro lado, em geral aceita-se que a geração do petróleo ocorra na *rocha matriz* (rocha geradora), que é comumente um folhelho, mais provavelmente durante a *compactação*. Os hidrocarbonetos expulsos da *rocha geradora* (folhelho) acumulam-se em rochas porosas não-compactáveis, representadas mais freqüentemente por arenitos e mais raramente calcários, situados nas adjacências. Durante a migração o meio de transporte, em geral composto por *salmoura quente*, promove reações químicas complexas, que causam um efeito seletivo nos hidrocarbonetos, de modo que a composição final do petróleo encontrado na *rocha armazenadora* não será a mesma da que existia no *rocha geradora*.

4.3.2 Carvão

Os carvões são derivados originalmente da *linhina* (ou *lignina*), isto é, partes lenhosas e cuticulares das plantas terrestres e apresentam conteúdos relativamente altos de oxigênio.

Os estágios iniciais de formação do carvão, a partir da *turfa*, envolve a compactação da *matéria orgânica* (organic matter) e a perda da umidade através da *pressão de soterramento*. Contrariamente às idéias anteriores, segundo Stach *et al.* (1975), a *carbonização* (ou *incarbonização*) até o estágio de *carvão betuminoso*, e mesmo de *antracito*, não exige temperatura e pressão muito altas (Fig. 4.9). Durante a *carbonização* são gerados hidrocarbonetos de baixo peso molecular, principalmente metano e outros componentes, tais como dióxido de carbono e água. Em contraste aos grandes volumes de metano, a potencialidade para produzir hidrocarbonetos mais pesados é muito limitada.

O excesso de pressão pode até inibir a carbonização pela remoção mais acelerada dos voláteis. As *porosidades* dos carvões reduzem-se ao mínimo, quando o oxigênio e o hidrogênio voláteis são perdidos e o teor de carbono, em estado seco e isento de cinza, atinge 89%. As *densidades* variam, em geral, entre 1,2 a 1,5 g/cm³ e o valor mínimo é atingido com 89% de carbono, crescendo a seguir até 2,2 g/cm³ na grafita.

As mudanças de porosidades e de densidades dos carvões são acompanhadas por decréscimos de espessura devidos à compactação e, em geral, são concordantes com as mudanças de espessura sofridas pelos sedimentos associados lateralmente. Muitos *linhitos* e *carvões betuminosos* indicam redução de espessura de cerca de 50%, havendo maiores reduções com a crescente carbonização.

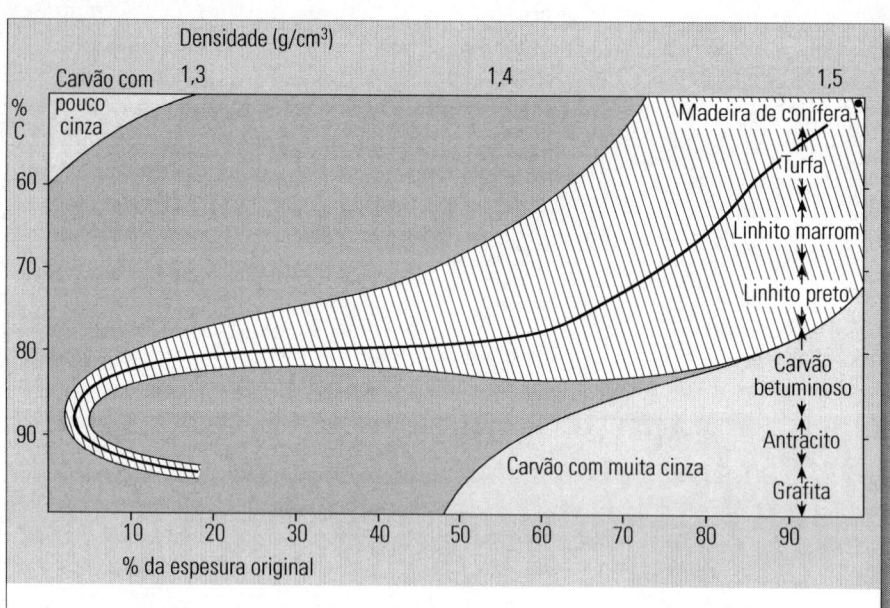

FIGURA 4.9 Variações de espessuras e de densidades dos carvões minerais com a progressiva carbonização, de turfa a grafita, conforme indicada pelo incremento de teores de carbono (Stach *et al.*, 1975).

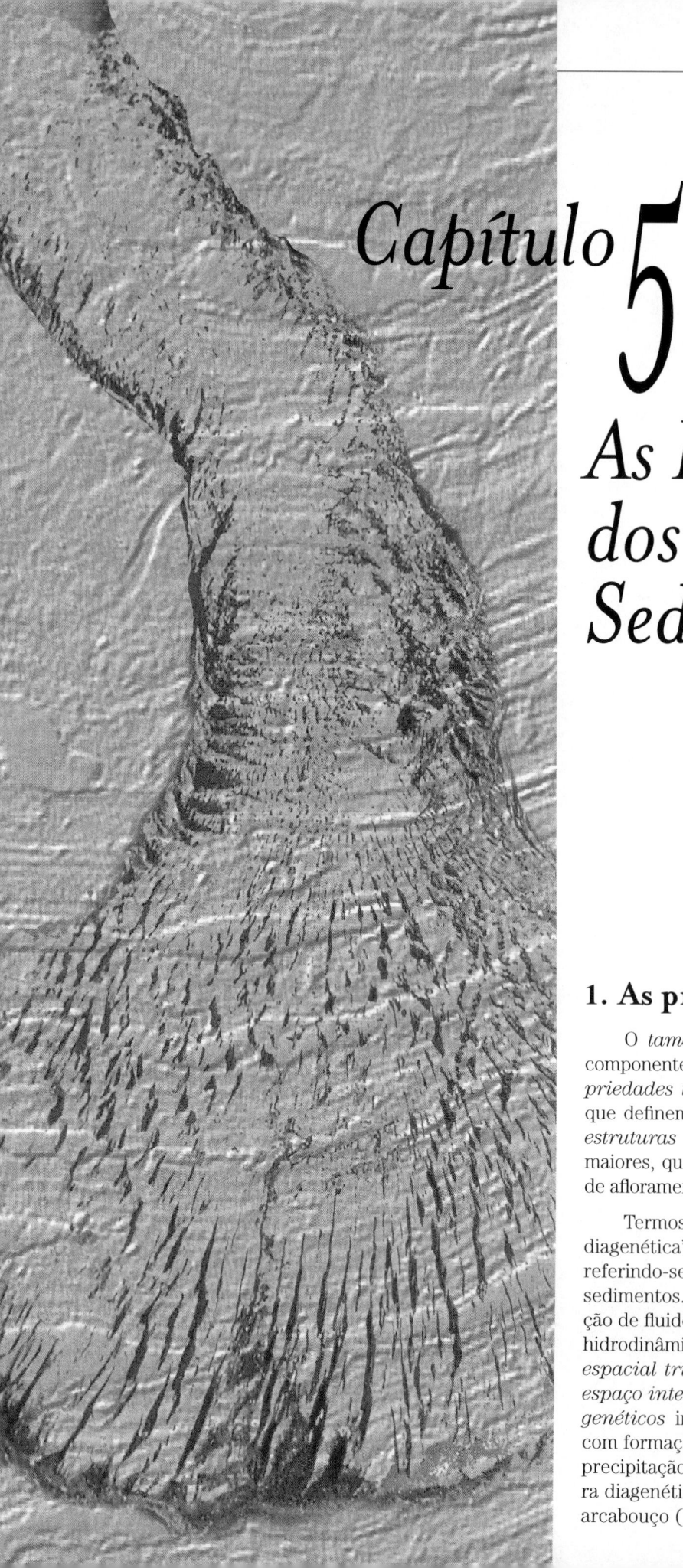

Capítulo 5

As Propriedades dos Sedimentos

1. As propriedades físicas

O *tamanho*, a *forma* e o *arranjo espacial* dos componentes mineralógicos constituem algumas das *propriedades texturais* mais importantes dos sedimentos, que definem a sua *microgeometria*. Por outro lado, as *estruturas sedimentares* estão relacionadas às feições maiores, que são geralmente bem observadas em escala de afloramento e constituem a sua *macrogeometria*.

Termos como "textura hidrodinâmica" e "textura diagenética" foram empregados por Pettijohn (1975), referindo-se a algumas feições texturais específicas dos sedimentos. A deposição de sedimentos por movimentação de fluidos, sob ação da gravidade, produz a "textura hidrodinâmica", que é caracterizada por um *arranjo espacial tridimensional* aberto exibindo considerável *espaço intergranular* (porosidade). Os *processos diagenéticos* introduzem modificações pós-deposicionais, com formação de *minerais autigênicos* e *cimentos* de precipitação química, por exemplo, originando a "textura diagenética" causando modificação nos elementos do arcabouço (Fig. 5.1).

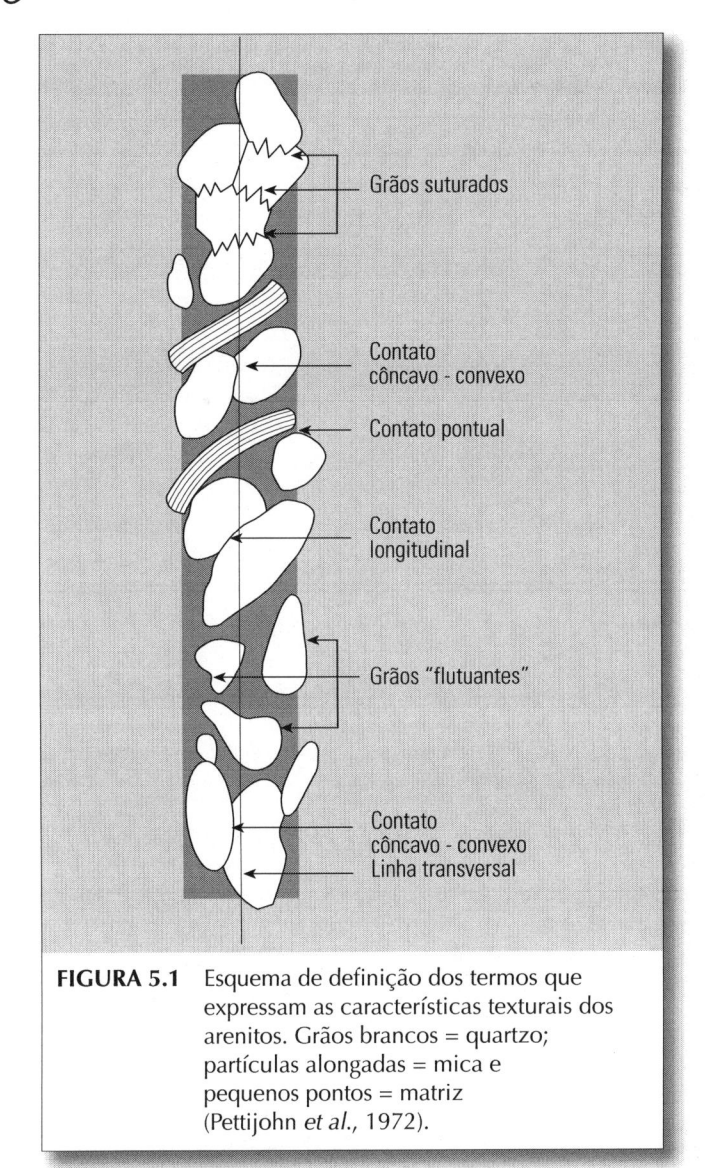

FIGURA 5.1 Esquema de definição dos termos que expressam as características texturais dos arenitos. Grãos brancos = quartzo; partículas alongadas = mica e pequenos pontos = matriz (Pettijohn *et al.*, 1972).

1.1 A granulometria

O tamanho das partículas em sedimentos detríticos (ou clásticos), expresso pelo seu diâmetro, constitui uma propriedade textural fundamental. Esta propriedade é empregada na classificação dos sedimentos detríticos em *rudáceos* (ou *psefíticos*), *arenáceos* (ou *psamíticos*) e *lutáceos* (ou *pelíticos*), conforme se empreguem prefixos latinos (ou gregos), respectivamente.

Há pelo menos quatro razões principais porque as *análises granulométricas* (grain size analysis) são importantes no estudo de sedimentos detríticos:

a. a granulometria fornece as bases para uma descrição mais precisa dos sedimentos;

b. a distribuição granulométrica pode ser característica de sedimentos de determinados ambientes deposicionais;

c. o estudo detalhado da granulometria pode fornecer informação sobre os processos físicos, por exemplo hidrodinâmicos, atuantes durante a deposição; e

d. a distribuição granulométrica está relacionada a outras propriedades, como a *porosidade* e a *permeabilidade*, cujas modificações podem ser estimadas com base nas características granulométricas.

Como as partículas sedimentares muito raramente são esféricas, é necessário conceituar o diâmetro de partículas não-esféricas (irregulares). Embora existam métodos mais ou menos precisos de medição da granulometria, nem sempre é muito fácil compreender claramente o conceito de tamanho das partículas detríticas. Na prática, os significados do termo *diâmetro das partículas sedimentares* variam amplamente, de acordo com o método de medição, pois a maioria não pode ser medida diretamente.

1.1.1 O problema da escala granulométrica

Infelizmente, não existe uma escala universalmente aceita. Os engenheiros (civis), pedólogos e geólogos que são os principais especialistas interessados nas *escalas granulométricas* usam escalas-padrão diferentes entre si. Mesmo entre os sedimentólogos, não há um consenso mundial e, em geral, a escala adotada na Europa é diferente da seguida nos Estados Unidos.

Nos Estados Unidos, Wentworth (1922a), partindo da escala proposta por Udden (1898 e 1914), propôs uma escala que então poderia ser denominada de Wentworth-Udden. Após a introdução da notação "fi"(Ø) de Krumbein (1938), a escala de Wentworth tem sido amplamente empregada. No Brasil, sem que tenha havido qualquer acordo ou recomendação, os sedimentólogos adotaram a escala de Wentworth.

Os limites estipulados para as várias classes granulométricas são mais ou menos arbitrários mas, segundo Wentworth (1933), as principais classes granulométricas seriam intimamente correlacionáveis aos *comportamentos básicos* durante o transporte por água corrente ou aos diferentes modos de desintegração da rocha-matriz. Analogamente, Bagnold (1941) utilizou o *comportamento hidrodinâmico* na definição da areia. Segundo esse autor, a areia teria a capacidade de "acumulação espontânea", resultante da utilização da energia do meio de transporte na reunião de grãos espalhados, deixando parte da superfície do substrato isenta de partículas sedimentares.

1.1.2 A natureza matemática das distribuições granulométricas

Udden (1914) e outros pesquisadores notaram que o uso da *escala geométrica* e não da *aritmética* tendia a tornar mais simétricas as curvas de distribuição granulométrica. Isto equivale a dizer que a distribuição granulométrica dos sedimentos é mais ou menos normal na *base logarítmica*. Entretanto, o primeiro que chamou a atenção geral dos pesquisadores para a possibilidade de que a distribuição granulométrica das areias tendesse à normalidade foi Krumbein (1934). Essa observação estimulou as pesquisas pela procura de equações que expressassem as distribuições granulométricas e os seus significados físicos. Bagnold (1941) acreditava que a distribuição granulométrica não seria log-normal, mas seguiria uma outra função de probabilidade. Roller (1937 e 1941) chamou a atenção para as incompetências teórica e prática da *lei da probabilidade de Gauss* (Krumbein, 1938) na solução do "problema das caudas" (classes granulométricas mais grossas e mais finas) de muitos sedimentos. Em muitos casos, é provável que a distribuição se aproxime muito mais da equação para "produtos de moagem" da *lei de Rosin* (Fig. 5.2). Diversos estudos mostraram que os materiais produzidos por fragmentação de rochas cristalinas, por exemplo, apresentam uma distribuição granulométrica semelhante aos "produtos de moagem" de materiais rochosos (Fig. 5.3). Esses produtos de *fragmentação mecânica* caracterizam-se, em geral, pelo excesso de fragmentos finos.

De fato, Dapples *et al.* (1953) encontraram distribuições granulométricas em sedimentos arenosos comuns (arenitos arcozianos e quartzosos) que se aproximam bastante da lei de Rosin:

$$y = 100 \ (1 - e^{bx^n})$$

onde y é a porcentagem de peso do material que passa por uma peneira de abertura x;
b é o recíproco do diâmetro médio e
n é um coeficiente numérico análogo ao desvio-padrão da distribuição normal.

Estudos teóricos posteriores (Middleton, 1968; Swift *et al.* 1972) têm sido executados a fim de precisar a hipótese, considerando-se a *teoria da probabilidade*. O *modelo probabilístico* para explicar a origem das populações granulométricas com distribuição log-normal admite uma corrente aquosa sobre um substrato arenoso, em que a

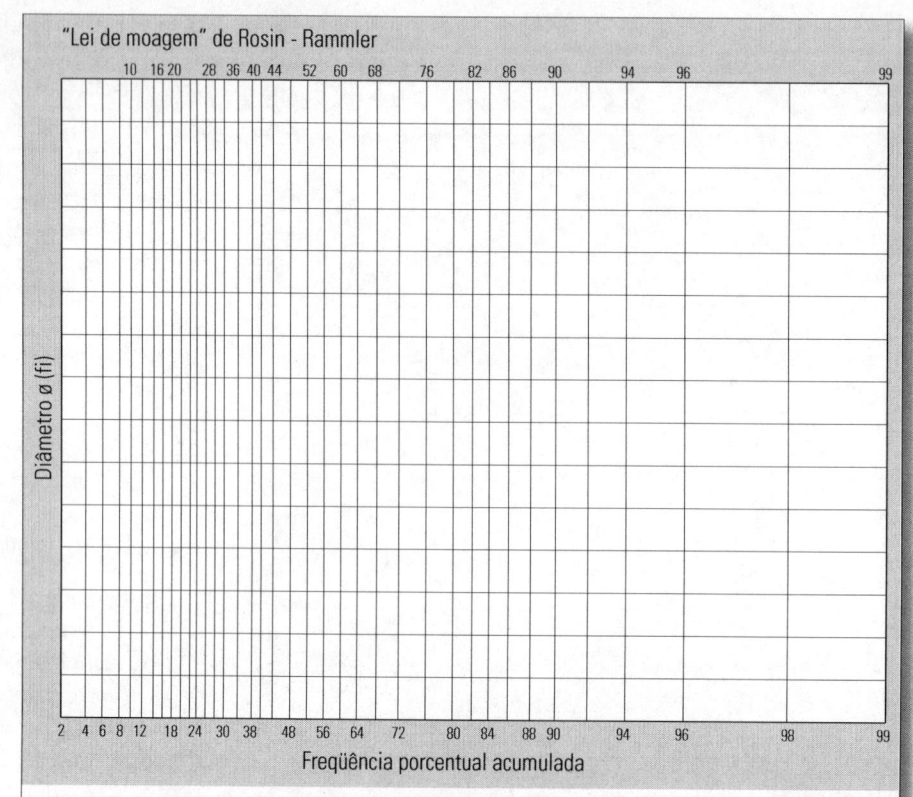

FIGURA 5.2 Gráfico construído segundo a "lei da moagem" de Rosin & Rammler (1934). As curvas acumulativas de distribuição granulométrica de produtos de moagem artificial de quartzo, rocha ígnea desintegrada artificialmente, tufos vulcânicos e detritos de gnaisses e granitos intemperizados resultam em linhas retas mais ou menos perfeitas.

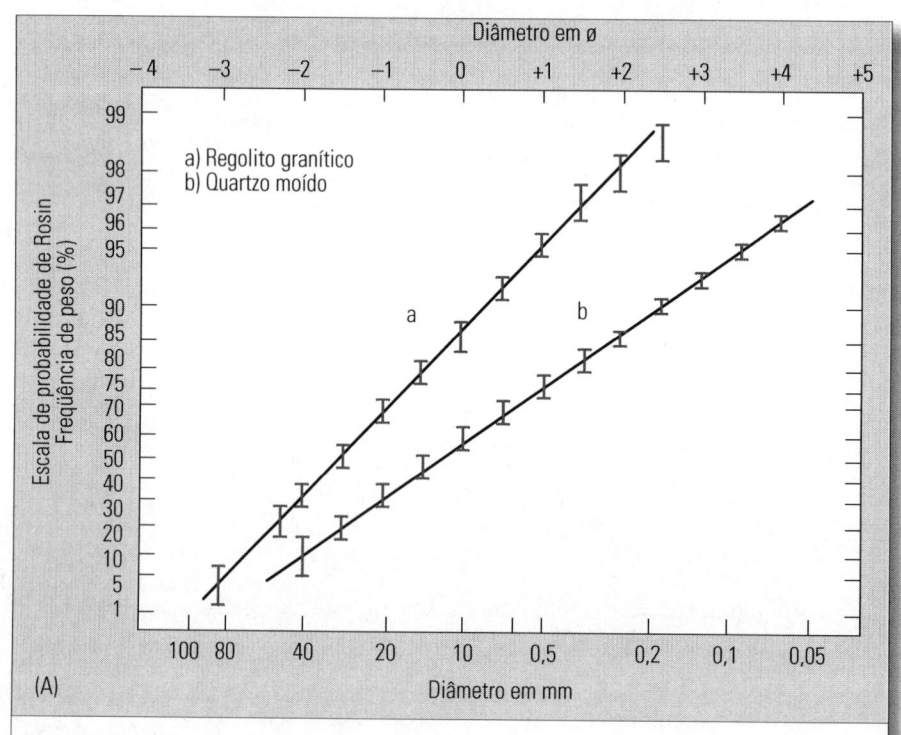

FIGURA 5.3 Distribuições granulométricas de partículas de regolito granítico e de quartzo moído. Em A, estão representadas as curvas acumulativas em escala de *probabilidade de Rosin & Rammler* (1934). *(continua na página seguinte).*

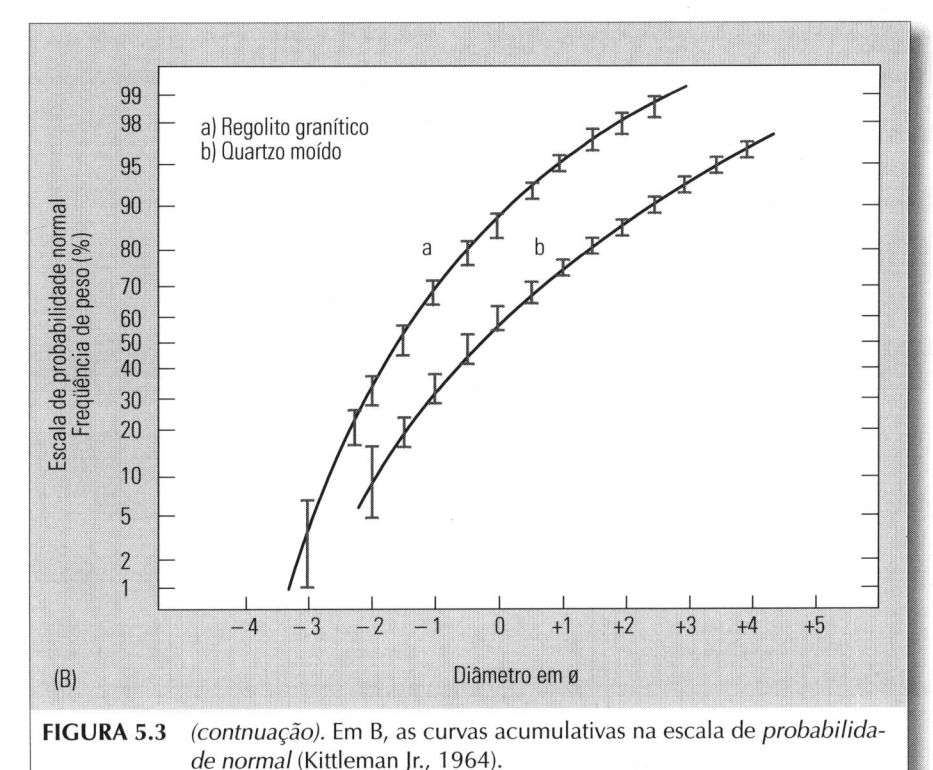

FIGURA 5.3 *(contnuação).* Em B, as curvas acumulativas na escala de *probabilidade normal* (Kittleman Jr., 1964).

carga sólida total seja ajustada às condições do fluxo. Dessa maneira, a distribuição de tamanho dos grãos na carga sólida em transporte, será tal que ocorrerá o fenômeno da *seleção progressiva* (Russell, 1939). A granulometria decrescerá de montante para jusante em conseqüência do empobrecimento do material transportado em partículas mais grossas. Materiais sedimentares que tenham sido transportados, mesmo por distância muito curta, não mostram mais a distribuição granulométrica segundo a *lei de Rosin*. Acredita-se que os materiais transportados se aproximem, em geral, da distribuição *log-normal*, embora poucas amostras exibam uma distribuição granulométrica próxima da ideal. Em termos físicos, isso significa que as partículas mais grossas tendem a ser deixadas para trás, quando o fundo é erodido por uma corrente mais fraca que a precedente. Desse modo, teoricamente deveria ocorrer uma distribuição linear no tamanho dos grãos. No entanto, quando frações arenosas estão misturadas com materiais síltico-argilosos, a taxa de transporte varia exponencialmente com a granulometria. Como a areia apresenta maior probabilidade de ser transportada, sofrerá maior ação selecionadora à medida que o sedimento é transportado. Portanto, o sedimento se tornará progressivamente mais rico em partículas mais finas e a curva mostrará pior seleção para o lado das partículas síltico-argilosas.

Tanner (1959, 1964), Spencer (1963) e Visher (1969) são alguns dos pesquisadores que têm tentado reconhecer, nas curvas acumulativas de distribuição granulométrica, as várias subpopulações componentes. Teoricamente, as distribuições granulométricas de sedimentos arenosos constituem os *registros hidrodinâ-*

micos das condições de fluxo. Desse modo, a análise de subpopulações que compõem os sedimentos arenosos tem-se mostrado mais eficiente que a interpretação da distribuição global. Os estudos fundamentais baseados em subpopulações foram realizados por Moss (1962, 1963 e 1972). Ele notou que a maioria das areias depositadas por fluidos não se apresentava como uma linha reta sobre o *papel de probabilidade*, fato esperado caso apresentassem distribuições normais. Em vez de linha reta, as curvas exibiam forma de "S". Esse pesquisador concluiu que essas curvas representavam distribuições compostas, sendo uma conseqüência da presença de três ou mais subpopulações com distribuições normais. Então, as subpopulações seriam um registro da maneira como o depósito foi formado. Na realidade, muitos sedimentos são a combinação de duas ou mais subpopulações de origens distintas (Doeglas, 1946; Spencer, l963), e essas misturas podem refletir comportamentos de sedimentos de diferentes ambientes deposicionais.

Segundo Visher (1969), a *subpopulação do arcabouço* (framework) representa as partículas movidas por saltação; a *subpopulação intersticial (matriz)* representa partículas suficientemente finas filtradas pelos interstícios dos grãos do arcabouço e seria transportada em suspensão; e, finalmente, a *subpopulação de contato* representa partículas mais grossas de arrastamento e rolamento. As freqüências das três subpopulações variam em um determinado depósito, dentro dos limites estabelecidos pela geometria dos grãos e pelos processos de interação entre os grãos, de acordo com a disponibilidade das três subpopulações e também de acordo com as condições hidrodinâmicas durante a deposição dos sedimentos.

1.1.3 As interpretações geológicas das distribuições granulométricas

Os diferentes pesquisadores que trataram da interpretação das distribuições granulométricas enfocaram a questão sob três ângulos distintos.

O primeiro grupo considerou as distribuições granulométricas como um produto dos *processos geradores* de sedimentos. Nesse caso, as distribuições foram atribuídas principalmente aos materiais das áreas-fonte e aos produtos de sua desintegração. Entre os trabalhos que deram este tipo de enfoque, há os de Rosin & Rammler (1934), Kolmogorov (1941), Tanner (1959), Rogers *et al.* (1963) e Smalley (1966).

O segundo tipo de enfoque consistiu em relacionar as distribuições granulométricas aos processos de transporte. Dessa maneira, os mais grossos seriam produtos de transporte por tração e os mais finos por saltação e suspensão. Este tipo de interpretação hidrodinâmica foi enfatizado por Inman (1949), Moss (1962; 1963), Friedman (1967) e Visher (1969).

O terceiro grupo, talvez o mais numeroso, realizou estudos empíricos de distribuição granulométrica de sedimentos de vários ambientes deposicionais para verificar as relações entre eles. Este tipo de enfoque foi iniciado por Udden (1914), seguido por Wentworth (1931) e, mais tarde, por Sindowski (1957), Friedman (l961; 1962a, b), Moiola & Weiser (1968), Stapor & Tanner (1975) e Tanner (1991).

1.1.3.1 As distribuições granulométricas e as proveniências

Segundo Pettijohn (1940), resultados de mil análises granulométricas mostraram uma deficiência, na natureza, das classes de 2-4 mm (grânulos) e de 1-2 mm (areia muito grossa) e também provavelmente, da classe de 1/8-1/16 mm (areia muito fina). Entretanto, nem todos os pesquisadores ficaram convencidos da deficiência generalizada das classes de 1-2 mm e de 2-4 mm na natureza. Russell (1968) sugeriu que a causa dessa aparente escassez generalizada dos grânulos em depósitos fluviais poderia estar relacionada ao fato de esses grãos serem mais rapidamente transportados que as areias às quais se acham associados. Portanto, seriam, em conseqüência, eliminados dos rios e acumulados em ambiente de praias. Porém, há relativamente poucos dados sobre as distribuições granulométricas das praias para comprovar ou não se esta afirmação é verdadeira.

Wentworth (1933) atribuiu essa presença excessiva de certas classes e a aparente pobreza de outras a processos de produção de partículas e a certos fatores hidrodinâmicos. Pode-se supor que todas tenham sido produzidas pela desintegração das rochas, mas sendo fisicamente instáveis algumas teriam sido destruídas. Outra explicação seria que partículas de determinados diâmetros nunca tenham sido produzidas em quantidades apreciáveis na área-fonte. A primeira hipótese foi invocada por Hough (1942) para explicar a aparente deficiência em partículas de 2-4 mm.

Segundo Dake (1921) e Smalley (1966), as distribuições granulométricas de grãos de quartzo estariam inteiramente relacionadas à granulometria do quartzo nas rochas cristalinas faneríticas e grãos maiores que 1 mm seriam muito raros nessas rochas.

Vita-Finzi & Smalley (1970) concluíram que a moagem glacial poderia ser responsável pelo grande volume de silte no registro geológico. De fato, a íntima associação dos depósitos de "loess" (predominantemente compostos de silte) com a glaciação continental parece corroborar com essa hipótese.

1.1.3.2 As distribuições granulométrica e os processos de transporte

O problema dos graus de modificação das distribuições granulométricas factíveis de serem introduzidos pelos processos de transporte não está ainda suficientemente compreendido.

Em geral, os cascalhos carreados pelos rios parecem diminuir de tamanho de montante para jusante. A abrasão durante o transporte, com conseqüentes aumentos dos graus de arredondamento e de esfericidade, é apenas uma das causas desta diminuição devendo haver maior participação do decréscimo da competência do rio pela suavização do gradiente. O fato de as areias e cascalhos sofrerem redução de tamanho, durante o transporte, é quase que axiomático.

Até agora existem poucos estudos mais completos acerca dos efeitos da diminuição granulométrica sobre os parâmetros da distribuição de tamanho das partículas em sedimentos. A principal dificuldade reside no fato de que a redução de tamanho ocorre juntamente com o aumento de seleção granulométrica, sendo quase impossível discernir os efeitos de cada processo. Além disso, como tem sido demonstrado por experiências de Kuenen (1955 e 1956a,b) e Bradley *et al.* (1972), a redução de granulometria por abrasão e processos relacionados é muito complexa, pois depende de vários fatores. Entre os principais tem-se o tamanho original, a propriedade física do material, a natureza do agente, os tamanhos e as proporções dos materiais associados, os tipos (areia ou cascalho) dos materiais do substrato, além do tempo e distância envolvidos na ação abrasiva. Segundo Kuenen(1960b), os efeitos da ação eólica parecem ser várias vezes superiores aos da ação subaquosa.

Embora a diminuição de tamanho dos seixos fluviais, por exemplo, seja causada também pela abrasão, além da redução de competência do rio, é provável que ocorra uma diminuição granulométrica imperceptível, praticamente nula, no caso de grãos arenosos, como mostraram as experiências de Kuenen (1958, 1959, 1960a, b). Porém, esse fato é facilmente constatado em sedimentos fluviais grossos (cascalhos), como demonstraram Sternberg (1875; *in* Reineck & Singh, 1975) no rio Reno; e Plumley (1948) em materiais de terraços fluviais do Rio Black Hills, em Dakota do Sul, EUA.

Em suma, a distribuição granulométrica é mais um produto da hidrodinâmica que da ação abrasiva e a granulometria presente foi, em geral, herdada da rocha-matriz ou é um produto da desintegração e não resulta dos processos e agentes de transporte.

1.1.3.3 As distribuições granulométricas e os ambientes deposicionais

Os resultados da distribuição granulométrica podem ser empregados na interpretação dos ambientes deposicionais de sedimentos antigos. O princípio básico dessa metodologia é que os sedimentos de ambientes modernos têm os seus parâmetros granulométricos condicionados pelos *níveis de energia* característicos de cada ambiente. Então, se as diferenças entre os parâmetros granulométricos de sedimentos de diversos ambientes puderem ser quantitativamente estabelecidas, torna-se possível comparar os resultados de análises de sedimentos antigos, de origens desconhecidas com os de sedimentos modernos de ambientes conhecidos, para a interpretação dos *paleoambientes deposicionais*.

Udden (1914) foi o primeiro pesquisador que tentou relacionar a composição granulométrica de um sedimento com as *condições hidrodinâmicas* durante a deposição de sedimentos clásticos.

Posteriormente, o uso de parâmetros granulométricos em diferentes combinações como "indicadores ambientais" foi tentado por Folk & Ward (1957), Mason & Folk (1958), Gees (1965), Schlee *et al.* (1965), Folk (1966), Kolduk (1968), Doeglas (1968), Solohub & Klovan (1970), Buller & McManus (1972), Stapor & Tanner (1975), Tanner (1991) e outros.

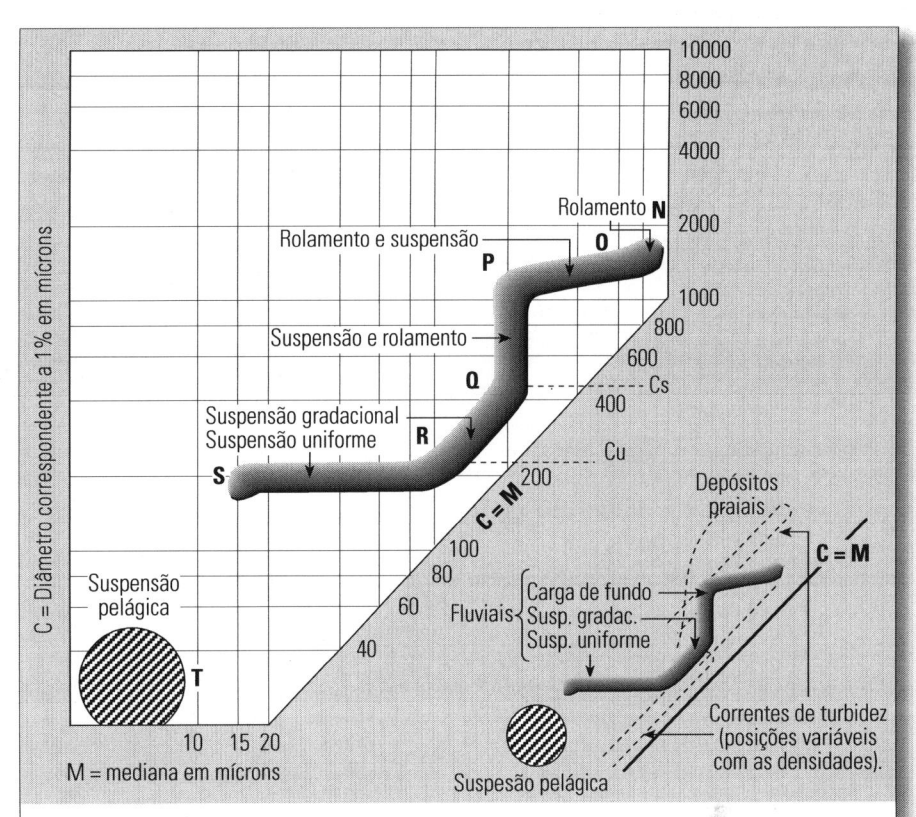

FIGURA 5.5   Diagrama C-M em que *C* é o diâmetro correspondente a 1% da distribuição granulométrica em mícrons e *M* é a mediana em mícrons, mostrando a existência de subpopulações características de tipos particulares de mecanismos deposicionais. Este diagrama enfatiza a fração mais grossa das distribuições granulométricas das amostras (modificado de Passega & Byramjee, 1969).

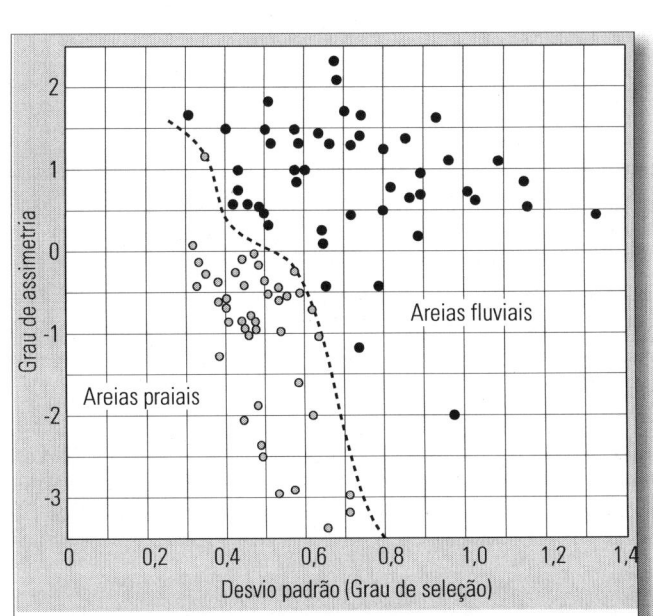

FIGURA 5.4   Distinção entre areias praiais e fluviais pelas relações entre os graus de assimetria e os desvios padrão das freqüências de distribuições granulométricas (Friedman, 1961).

Friedman (1961 e 1967) tentou distinguir entre areias de praia e de duna, lançando em um gráfico a assimetria × diâmetro médio, e entre areias fluvial e de praia utilizou o gráfico de grau de assimetria × desvio-padrão (Fig. 5. 4).

Aparentemente, os coeficientes estatísticos diferenciam, quase sempre, bem melhor os sedimentos de ambientes modernos que os de depósitos antigos. Esse fato poderia ser, em parte, explicado pelas mudanças granulométricas introduzidas por fenômenos pós-deposicionais, como os *processos diagenéticos*. Por exemplo, vários trabalhos têm demonstrado que as areias de dunas apresentam assimetria positiva, enquanto as de praias caracterizam-se pela assimetria negativa (Mason & Folk, 1958; Friedman, 1961 e Chappell, 1967).

Passega (1957 e 1964) plotou o diâmetro correspondente a 1% (C) representando a porção mais grossa do sedimento contra a mediana (M). Esses gráficos foram empregados para tentar obter os "padrões C-M" característicos e elucidativos de determinados agentes ou processos deposicionais, isto é, as posições dos pontos representando as amostras, sobre o diagrama C-M, dependeriam do modo de deposição dos sedimentos, conforme tenham sido depositados como suspensões pelágicas, turbiditos, carga de fundo fluvial, etc. (Fig. 5.5)

Mais tarde, Passega & Byramjee (1969) sugeriram que, se aos gráficos C-M forem acrescidos outros parâmetros, como F-M, L-M e A-M, podem ser obtidas informações adicionais para a caracterização do sedimento e do seu ambiente deposicional. Como já foi visto, C-M caracterizaria as frações mais grossas, e F-M, L-M e A-M as frações mais finas, onde M é a mediana e F, L e A representariam as porcentagens em peso na amostra de partículas mais finas que 125, 31 e 4 mícrons, respectivamente (Fig. 5.6). Segundo esses autores, esses parâmetros fornecem uma "imagem granulométrica" de um sedimento detrítico.

Outra técnica mais elaborada, denominada análise discriminante, usando-se mais de dois parâmetros ao mesmo tempo, foi aplicada por Sahu (1964a,b). Este método foi bastante usado no Brasil e, mesmo em locais onde os sedimentos exibem propriedades hereditárias acentuadas, o método demonstrou suficiente capacidade de resolução (Suguio, 1971 e Suguio & Barcelos, 1978), Fig. 5.7.

Alguns desses métodos têm funcionado a contento, enquanto outros mostram uma superposição muito grande de pontos em amostras provenientes de diferentes ambientes. É provável que o *efeito de proveniência* das partículas não tenha sido suficientemente compreendido. Além disso, mesmo os processos dinâmicos, ou que pelo menos produzam distribuições granulomé-

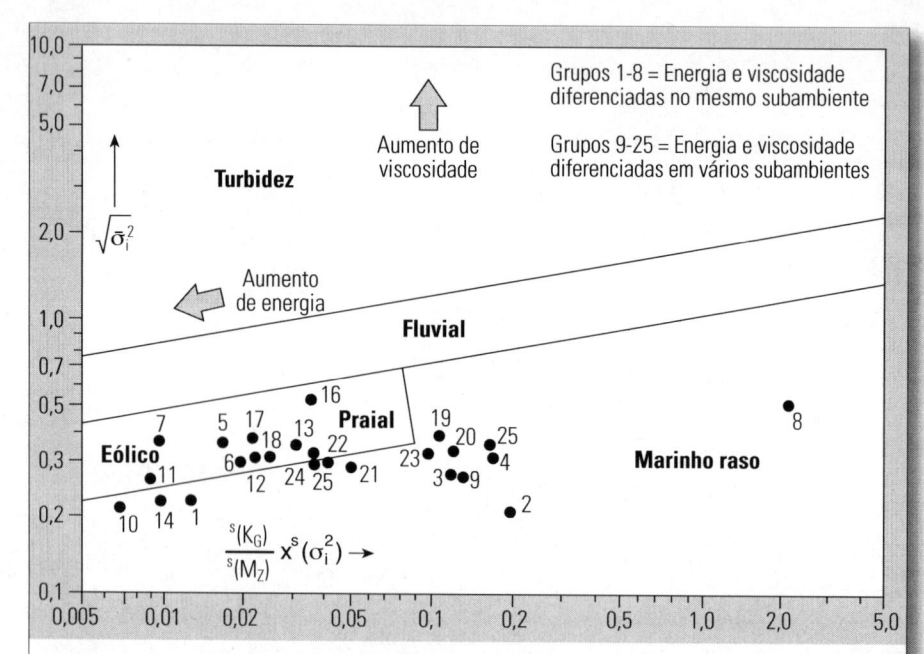

FIGURA 5.7 Diferenças de energia e viscosidade e as suas relações com os subambientes deposicionais em sedimentos quaternários da Ilha Comprida, Estado de São Paulo (Suguio & Barcelos, 1978).

tricas semelhantes, podem estar atuando em mais de um ambiente deposicional. Indubitavelmente, um dos problemas na definição das características granulométricas e dos ambientes deposicionais atuais está ligado às *propriedades hereditárias*. Tem sido demonstrado que, se uma areia de granulometria fina for transportada para uma bacia, então esta será a única granulação a ser depositada, independentemente do ambiente ou dos processos atuantes. Exemplos mais específicos do efeito da *características hereditárias*, principalmente sobre o grau de seleção têm sido descritos em aluviões modernos do Irã e do Mediterrâneo (Vita-Finzi,1971).

As análises de sedimentos modernos indicam que a fração argilosa fina é muito sensível aos processos deposicionais, mas em sedimentos antigos a *matriz argilosa* pode ter-se infiltrado de fora ou ter-se originado como minerais autigênicos pós-deposicionais. A argila pode também ter sido transportada na forma de agregados de diversos diâmetros, desde granulação de areias a matacões (pelotas e bolas de argila). Se não forem tomados os devidos cuidados durante a análise granulométrica de sedimentos antigos, esses clastos podem ser desagregados até seus constituintes granulométricos individuais. Além disso, os grãos de quartzo podem ser consideravelmente modificados por processos diagenéticos de dissolução, cimentação ou crescimento secundário (Sippel,1968).

Na verdade, a maioria dos estudos utilizando-se a distribuição granulométrica na discriminação de ambientes deposicionais tem sido executada em sedimentos modernos e poucos foram os testes realizados em sedimentos antigos. Além disso, nem todos os ambientes deposicionais modernos foram pesquisados com suficiente detalhamento.

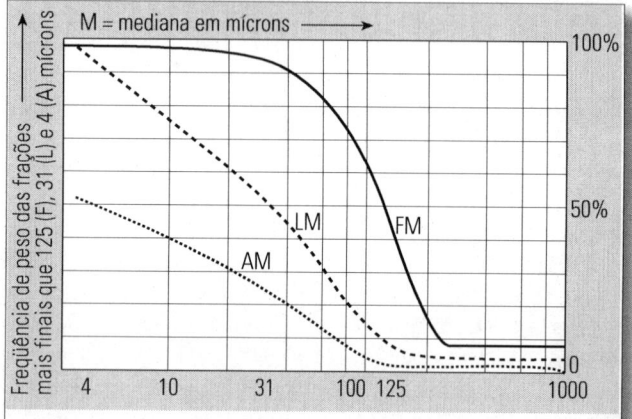

FIGURA 5.6 Diagramas F-M, L-M e A-M que, juntamente com o diagrama C-M, definem a "imagem granulométrica" dos sedimentos detríticos. F, L e A definem as porcentagens das partículas mais finas que 125, 31 e 4 mícrons, respectivamente. Estes diagramas caracterizam as frações mais finas das distribuições granulométricas das amostras (Modificado de Passega & Byramjee, 1969).

As distribuições granulométricas podem auxiliar na identificação dos ambientes deposicionais, mas deve-se tomar o cuidado de realizar a interpretação baseada no *contexto global*. Os resultados dessas análises devem ser confrontados com outros parâmetros obtidos no laboratório e no campo na reconstituição da evolução geológica da área de estudo.

1.1.4 Análise granulométrica de sedimentos bem litificados

Os sedimentos bem litificados, de difícil desagregação sem afetar as propriedades originais das partículas, devem ser estudados ao microscópio petrográfico através de seções delgadas (Chayes, 1956).

Dois são os métodos de estudo da distribuição granulométrica por seções delgadas: o de Chayes (1956) e o de Friedman (1958 e 1962a).

a) *Método de Chayes* — É um método rápido e consiste na medida do diâmetro do campo visual do microscópio a um determinado aumento, seguida de contagem do número de grãos interceptados pelas linhas de referência do microscópio e subseqüente divisão de dobro do diâmetro pelo número de grãos. Este processo deve ser repetido várias vezes, até que se tenha um número de "grãos cortados" estatisticamente significativo (algumas centenas). A granulometria média da seção delgada é calculada pela fórmula:

$$\text{Granulometria média} = \frac{\Sigma 2d/n}{N}$$

onde n é o número de "grãos cortados" pelas linhas de referência;
d é o diâmetro do campo visual do microscópio e
N é o número total de campos visuais submetidos à contagem.

b) *Método de Friedman* — Consiste em medir-se o comprimento dos grãos individuais. É um procedimento demorado e, além disso, deve-se ter cuidado quanto à direção do corte na preparação da seção delgada, pois as partículas apresentam, em geral, uma orientação preferencial no interior dos sedimentos. O processo envolve um erro ligado ao fato de que é muito improvável que a seção ocorra sempre segundo o eixo maior de cada partícula e, então, os resultados apresentam um desvio natural para diâmetros menores que os reais. Friedman propôs um método gráfico (Fig. 5.8) de conversão de dados

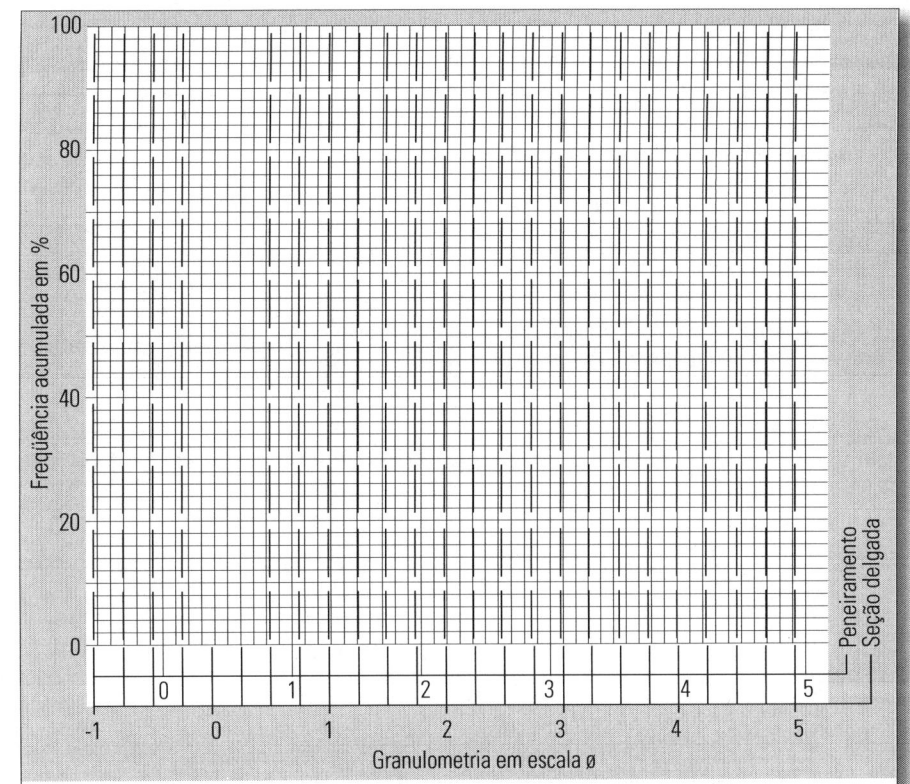

FIGURA 5. 8 Método gráfico de Friedman para a conversão dos dados granulométricos de seções delgadas (freqüências numéricas) em resultados comparáveis aos obtidos por peneiramento (freqüências em peso) (Friedman,1958).

granulométricos de seções delgadas em resultados comparáveis aos de peneiramento.

Os argilitos e siltitos, em virtude da granulação muito fina, não são submetidos à análise granulométrica por seção delgada em microscópio petrográfico. Porém, a sua granulação pode ser medida, partícula por partícula, por meio de microscópio eletrônico.

1.2 Morfometria

A morfometria compreende a medida da forma (ou esfericidade) e arredondamento das partículas sedimentares detríticas que fornecem informação sobre os agentes e/ou ambientes deposicionais. Dessa maneira, os seixos de formas facetadas, característicos de sedimentos glaciais ou de ventifactos de depósito eólicos, são por demais conhecidos desde os primórdios das ciências geológicas.

Os *parâmetros morfométricos* dependem muito do meio (ou agente) de transporte e do modo de transporte. Entretanto, fatores de controle importantes são também as composições química e/ou mineralógica, além da estrutura interna e forma original do fragmento. Uma rocha bem estratificada ou com xistosidade bem desenvolvida tendem a produzir fragmentos tabulares ou alongados, enquanto rochas homogêneas tendem a produzir fragmentos esferoidais. Desse modo, os seixos de xistos e ardósias apresentam formas tabulares ou laminares, enquanto que os de quartzo de veio exibem formas mais eqüidimensionais. Alguns agentes geológicos, além do gelo e do vento, podem modificar essas formas originais atribuindo-lhes características morfométricas particulares.

Wayland (1939) notou uma tendência ao maior alongamento dos grãos de quartzo detrítico na direção do eixo *c*, fato que o autor atribuiu à abrasão diferencial devida a pequenas diferenças de dureza, segundo as direções cristalográficas. Por outro lado, Bloss (1957) e Moss (1966) demonstraram, experimentalmente, que os grãos de quartzo apresentam fraturas prismáticas e romboédricas, de modo que os grãos fraturados tendem a ser alongados paralelamente ao eixo cristalográfico *c* ou a um determinado ângulo daquele eixo. Desse modo, a forma final dos grãos de quartzo é determinada, em grande parte, pela *configuração original* ou pelo *fraturamento*. Acredita-se também que o quartzo das rochas metamórficas tenha forma inicial mais alongada que o das rochas ígneas (Krynine,1946), fato que permitiria discriminar os grãos de quartzo, segundo essas duas origens (Bokman, 1952). Além disso, a forma das partículas que constituem um determinado depósito sedimentar, ao menos parcialmente, é resultante dos mecanismos de seleção hidráulica das partículas, de acordo com as suas formas. É provável que o *efeito de seleção hidráulica*, segundo a forma, dependa também da granulometria das partículas associadas, pois um seixo esférico pode rolar facilmente sobre um leito arenoso, o que não sucede se o leito for composto por seixos de tamanho igual ou superior.

Os métodos de medida morfométrica, bem como os significados da forma (ou esfericidade) e arredondamento, são diferentes para partículas grossas (cascalhos) e finas (areias). Por essas razões, é conveniente que esses sedimentos sejam discutidos em tópicos separados.

1.2.1 Forma e arredondamento dos cascalhos

a) *Forma dos seixos e calhaus* — Como os fragmentos minerais ou rochosos contidos nos sedimentos apenas se aproximam bastante grosseiramente dos sólidos regulares, a sua caracterização numérica também é muito aproximada. Apesar disso, um índice numérico de forma é muito útil e, por isso, várias tentativas têm sido feitas para se encontrar os "índices de forma" mais apropriados.

Uma maneira de resolver o problema é baseada na escolha de uma forma-padrão de referência como, por exemplo, uma esfera. Entre todas as formas possíveis de sólidos, a esfera é a que possui a menor superfície para um dado volume e, portanto, a sua velocidade de decantação é maior que a de qualquer outro sólido

com volume e densidade iguais (Krumbein, 1942). Sob condições de transporte por suspensão, as partículas esféricas tendem a se separar dos demais grãos menos esféricos com volume e densidade iguais. Dessa maneira, pode-se definir adequadamente a forma de uma partícula pelo seu *grau de esfericidade,* que expressa o "grau de aproximação" das superfícies específicas de uma partícula qualquer e de uma esfera com mesmo volume e densidade. Portanto, tem-se que a esfericidade = s/S, onde s é a superfície específica da esfera e S é a superfície específica da partícula em questão.

Por outro lado, partículas com os mesmos *graus de esfericidade* podem exibir formas achatadas ou alongadas, isto é, a *esfericidade* por si só é incapaz de definir completamente as diferentes formas, de modo que índices adicionais são necessários. Esses índices podem ser obtidos, por exemplo, pelas medidas dos três eixos principais: comprimento máximo (A), largura máxima (B) e espessura máxima (C), perpendiculares entre si. Zingg (l935) usou as razões B/A e C/B, na definição de quatro diferentes classes de seixos (Tabela 7 e Fig. 5.9).

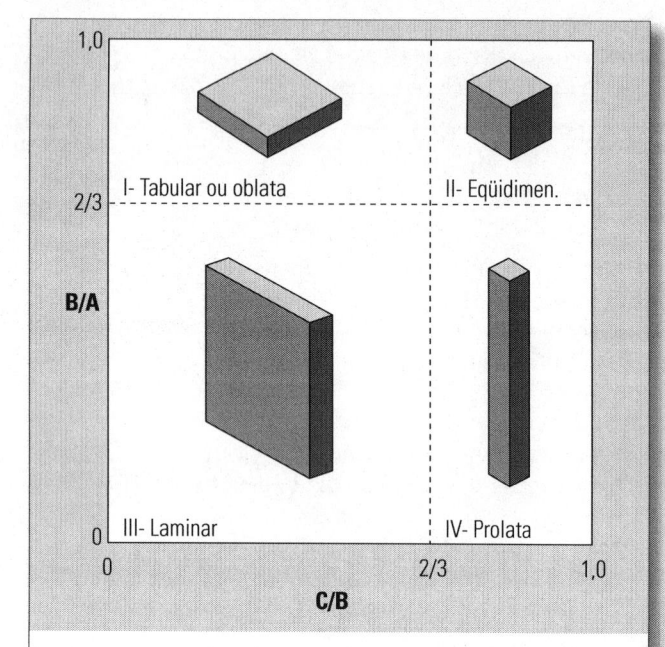

FIGURA 5.9 Classificações das formas de seixos, segundo o esquema de Zingg (1935). Deve-se notar que os sólidos, representando esquematicamente os seixos de diferentes formas, possuem o mesmo grau de arredondamento (= nulo).

TABELA 7 Diferentes classes de forma de seixos segundo Zingg (1935)

Classe	B/A	C/B	Forma de seixo
I	> 2/3	< 2/3	Oblata (discoidal)
II	> 2/3	> 2/3	Eqüidimensional (esférica)
III	< 2/3	< 2/3	Triaxial (laminada)
IV	< 2/3	> 2/3	Prolata (bastonada)

Sneed & Folk (1958) desenvolveram um esquema de classificação de forma de seixos mais elaborado. Esses autores propuseram uma modificação no parâmetro de forma (ou de esfericidade) de Zingg e definiram um "índice de esfericidade de projeção máxima" expresso pela fórmula $(C^2 A^{-1} B^{-1})^{1/3}$ que, segundo os autores, se correlacionaria melhor com a velocidade de decantação observada que o grau de esfericidade de Wadell (1938).

A forma das partículas sedimentares é, desta maneira, um fator muito importante no processo de sedimentação por água corrente. Krumbein (l942) e Sneed & Folk (l958), já citados, encontraram uma íntima correlação entre o "índice de forma" e a *velocidade de decantação*. Os estudos experimentais de Briggs *et al.* (l962) demonstraram que a forma das partículas é tão importante quanto o peso específico (ou densidade) na decantação de vários tipos de minerais pesados.

b) *Arredondamento de seixos e calhaus* — Uma outra propriedade muito importante das partículas sedimentares é o *grau de arredondamento*. Esse índice expressa numericamente o "grau de curvatura dos cantos (pontas e arestas)" das partículas minerais. É um coeficiente mais ou menos independente da sua forma (ou esfericidade).

Os seixos bem arredondados comumente indicam abrasão mecânica prolongada durante o transporte, mas em geral os seixos não requerem grandes distâncias para se arredondar, sendo freqüentemente mais ou menos arredondados com um percurso de apenas poucos quilômetros. Existem até casos de seixos e matacões arredondados praticamente "*in situ*", sem relação com abrasão mecânica, mas relacionados à *disjunção esferoidal* (Fig. 2.4B), durante o intemperismo químico Esse tipo de arredondamento foi encontrado em seixos e matacões de gnaisses de materiais de escorregamentos de 1967, ocorridos em Caraguatatuba (SP), pelo autor deste livro.

O termo *arredondamento* foi, pela primeira vez, definido de maneira bastante clara por Wentworth (1919), como sendo uma relação entre r_i/R, onde r é o raio de curvatura da aresta mais aguda e R é a metade do diâmetro mais longo da partícula.

Wadell (1932) definiu o arredondamento como a razão do raio de curvatura média de várias pontas e arestas em relação ao raio de curvatura do maior círculo inscrito no grão. Entretanto, como esta definição tridimensional não pode ser aplicada, na prática utiliza-se uma figura bidimensional, como uma fotografia ou uma imagem projetada da partícula. Neste caso, o arredondamento segundo Wadell, é definido pelo raio de curvatura médio dos cantos da imagem do grão dividido pelo raio da circunferência máxima inscrita na imagem da partícula, isto é:

$$\text{Arredondamento} = \frac{\Sigma(r_i/R)}{N}$$

onde r_i representa os raios individuais dos cantos;
    N número de cantos; e
    R, o raio da circunferência máxima inscrita.

Várias modificações desta definição foram propostas por outros pesquisadores. Essas proposições foram revistas por Humbert (1968:11-15), Pryor (1971:138-142) e outros.

Os *graus de arredondamento* são fortemente influenciados pelos tamanhos dos fragmentos. Em rios, os *graus de arredondamento* aumentam na proporção direta do aumento da granulometria. Em cascalhos marinhos, essa relação é mais complexa, pois aqui os seixos maiores não estão sempre em movimento e, portanto, são menos arredondados. Segundo Kuenen (1964), em cascalhos marinhos existe uma determinada granulação que desenvolve melhor arredondamento e o valor médio desse diâmetro depende da energia das ondas na praia.

1.2.2 Forma e arredondamento das areias

a) *Forma das areias* — Em função de suas dimensões reduzidas, as medidas morfométricas das areias são feitas sobre imagens das partículas, apenas em duas dimensões. O "índice de forma" mais empregado é o *grau de esfericidade* para areias segundo Wadell (1935), determinado por comparação visual. Os detalhes sobre as medidas desse parâmetro em areias são encontrados em Krumbein & Pettijohn (1938), Milner (l962) e Müller (1967a).

b) *Arredondamento das areias* — O arredondamento dos grãos arenosos, como nos cascalhos, é também uma medida do grau de "agudez de cantos e arestas". O método mais comumente empregado para a sua determinação é o de Wadell (1932).

Russell & Taylor (1937a, b) sugeriram cinco grupos (ou classes) de arredondamento, que podem ser determinados visualmente. Powers (1953) e Shepard (1967) estabeleceram seis grupos de graus de arredondamento (Fig. 5.10).

1.2.3 Outros parâmetros morfométricos

Shepard & Young (1961) introduziram o termo *rolabilidade* (rollability), que expressa a facilidade com que uma partícula sedimentar começa a rolar sobre um plano inclinado que, fundamentalmente, depende do seu *grau de arredondamento*. Segundo Winkelmolen (1982), essa palavra pode ser empregada no sentido amplo, como sinônimo de *pivotabilidade* (pivotability), indicando a tendência para uma partícula começar a rolar em um declive, conforme o seu significado original, ou no sentido mais restrito para designar a tendência de continuar a rolar depois de iniciado o movimento. Esse índice mostra uma correlação positiva com a velocidade de decantação e uma correlação negativa com a facilidade de transporte, isto é, as partículas com menor rolabilidade são mais facilmente transportadas como, por exemplo, as placas de mica.

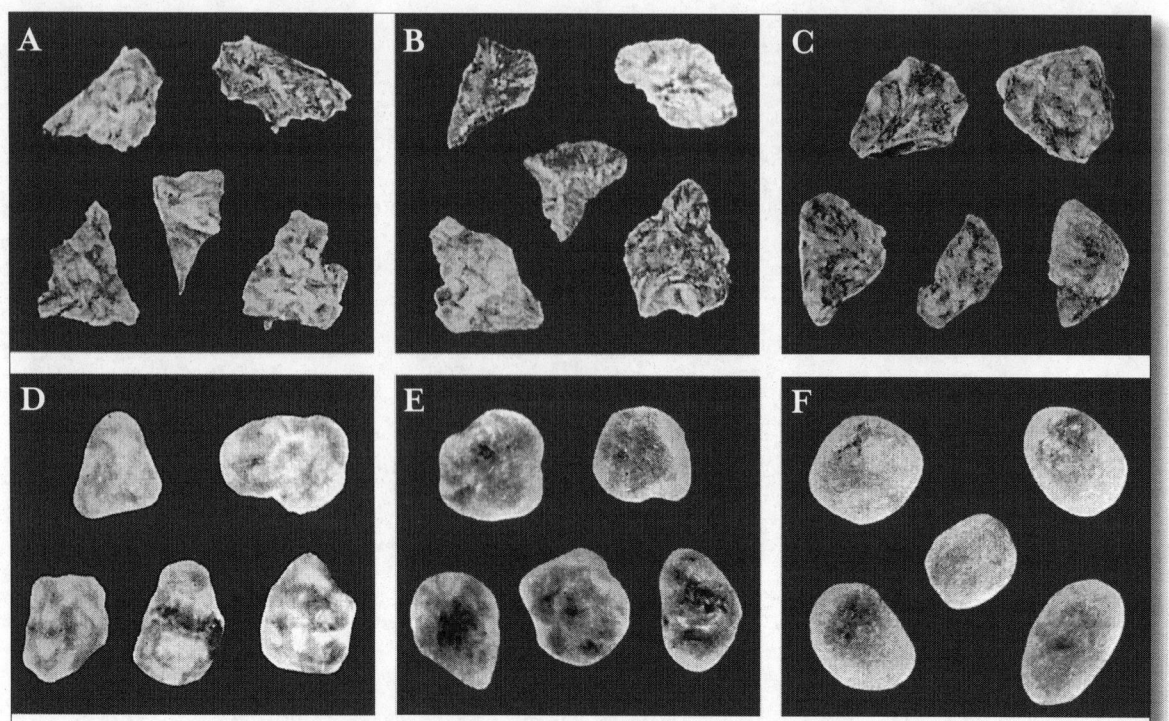

FIGURA 5.10 Exemplos de seis classes usadas nas determinações dos graus de arredondamento:
A = muito angulosa; B = angulosa; C = subangulosa; D = subarredondada; E = arredondada e
F = bem arredondada (Shepard,1967).

1.2.4 Significados geológicos da morfometria

Considerável atenção têm merecido os significados geológicos dos graus de arredondamento e esfericidade das partículas sedimentares detríticas, cujos estudos tiveram início com os trabalhos pioneiros de Daubrée (1879).

Várias tentativas foram feitas para se correlacionar as formas dos seixos aos ambientes deposicionais (Cailleux & Tricart, 1959). Em geral, acredita-se que os seixos de praias marinhas sejam mais achatados que os fluviais (Landon, 1930; Cailleux, 1945; Lenk-Chevitch, 1959; Dobkins Jr. & Folk, 1970) e esta forma seria, segundo esses autores, adquirida como resultado dos movimentos de avanço e recuo do mar pelo efeito das ondas. Segundo Lenk-Chevitch (1959), os seixos marinhos, além de mais achatados, possuiriam formas triangulares quando vistos com os eixos menores orientados verticalmente, enquanto os seixos fluviais tenderiam a ser alongados ou em forma de bastão. Sames (1966) propôs um método para se distinguir seixos marinhos dos fluviais, mas, neste caso, os seixos devem ser compostos de materiais isótropos e duros, como o quartzo e o sílex. King & Buckley (1968), estudando cascalhos das regiões árticas, concluíram que os seixos de "eskers" e deltas são mais bem arredondados que os de "kames"; os seixos de "tills" mostram os piores arredondamentos e que essas diferenças seriam relacionadas a distâncias de transporte. Richter (1959; in Reineck & Singh, 1975) conseguiu diferenciar seixos de diferentes ambientes em sedimentos pleistocênicos do norte da Alemanha (Fig. 5.11).

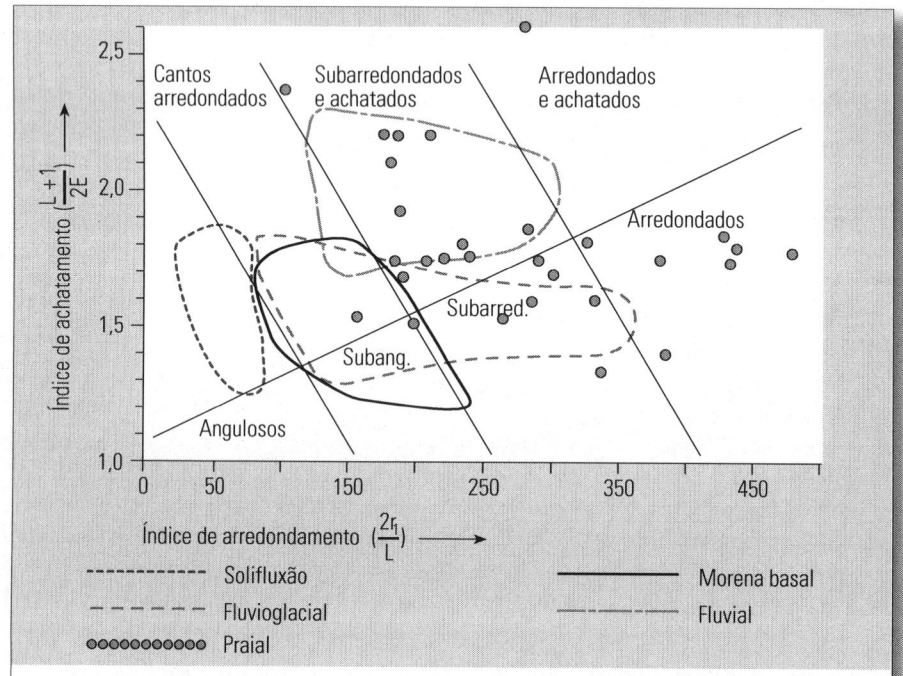

FIGURA 5.11 Diferenciação de seixos de diversos ambientes e mecanismos deposicionais segundo os seus parâmetros de forma. Este esquema é baseado em medidas executadas sobre seixos de arenito (modificado de Richter, 1959; in Reineck & Singh, 1975).

Em geral, acredita-se que é muito difícil relacionar a forma dos seixos aos ambientes deposicionais, quando não forem confrontados materiais com propriedades físicas e químicas semelhantes e de formas iniciais idênticas. Alguns pesquisadores, como Gregory (1915), Wentworth (1922b), Grogan (1945) e Kuenen (1964) chegaram a afirmar que não há diferenças significativas nas formas de seixos fluviais e marinhos.

O uso do *grau de arredondamento* na distinção de ambientes deposicionais é também limitado. Os estudos de Beal & Shepard (1956) demonstraram que, em vários subambientes praiais da costa do Golfo, ocorrem somente pequenas diferenças de graus arredondamento. Outros estudos mostraram que os graus de arredondamento aumentam com a distância de transporte, mais rapidamente no início e mais lentamente nas fases finais (Fig. 5.12).

Segundo Krumbein (1941a), a taxa de mudança do *grau de arredondamento* é uma função da diferença entre o arredondamento em um ponto qualquer e um certo "intervalo-limite" de arredondamento, que é um valor dependente das características do material envolvido e das particularidades de um rio ou de uma praia. Essa relação poderia ser expressa por:

$$A = A_1(1 - e^{kx})$$

onde A é o arredondamento em um ponto qualquer;
A_1 é o "intervalo-limite" de arredondamento;
x é a distância percorrida e
k é um coeficiente.

As pesquisas posteriores de Krumbein (1941b) e de Plumley (1948) suscitaram dúvidas quanto à validade da expressão acima. Parece que o avanço do processo de arredondamento com a distância percorrida é bastante complexo. Plumley sugeriu que a modificação do *grau de arredondamento* seja proporcional não só às diferenças entre o arredondamento em um ponto qualquer e o "intervalo-limite" de arredondamento, mas também à alguma potência da distância percorrida.

Kuenen (1956b), através de pesquisas de laboratório, verificou que fragmentos de calcário se tornavam bem arredondados após percorrer cerca de 50 km, e o quartzo de veio só após 300 km. Plumley (1948), estudando seixos de rios de Black Hills, verificou que eles se tornavam bem arredondados (0,60) após percorrer cerca de 18 a 37 km.

Sendo o avanço do grau de arredondamento dos seixos muito maior nas primeiras fases, os depósitos conglomeráticos não devem mostrar diferenças sensíveis de arredondamento a não ser nas fácies proximais de um *leque aluvial*, situadas na zona adjacente à fonte. Regionalmente as diferenças devem ser mínimas, fato que limita a sua utilização na reconstituição de *paleocorrentes*. A efetividade da ação praial nos processos de arredondamento ainda não foi devidamente avaliada, principalmente quando se relaciona o arredondamento com a distância de transporte, mas aparentemente existe um "intervalo-limite" de arredondamento, como acontece nos sedimentos aluviais.

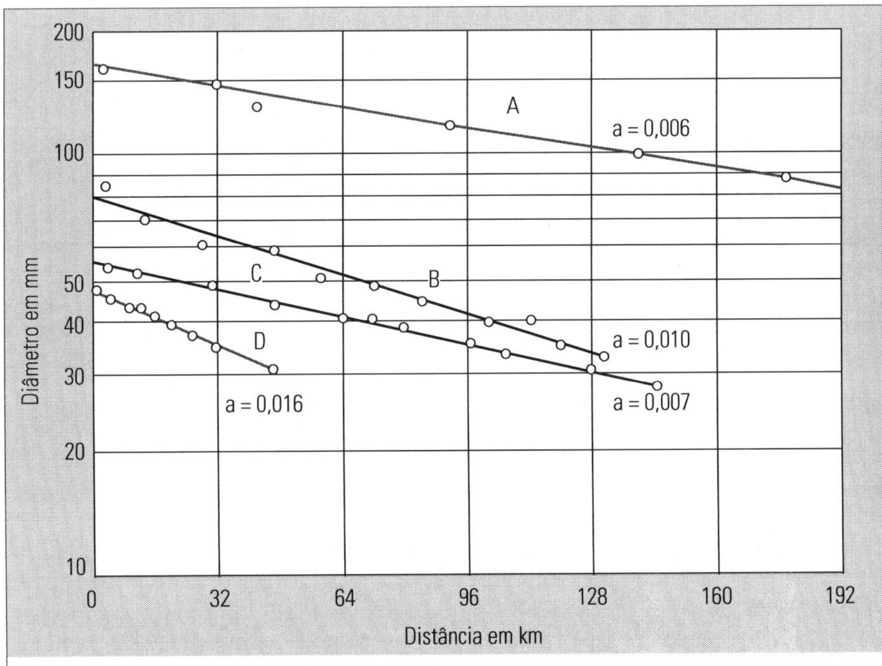

A forma e o arredondamento dos grãos arenosos não têm sido empregados diretamente na interpretação dos ambientes deposicionais, mas não há dúvida de que ajudam na caracterização dos corpos arenosos. Além disso, os grãos mais arredondados e mais esféricos são indicativos de *maturidade textural* mais alta em arenitos.

Russell & Taylor (1937b) mostraram que nas areias do rio Mississippi entre Cairo (Illinois) e o Golfo do México, distantes de 1.770 km, aparentemente verifica-se uma redução no grau de arredondamento para jusante. Eles interpretaram o fenômeno como devido à "fraturamento progressivo" mas, na realidade, a causa deve estar ligada à ação da seleção, de modo que o pequeno incremento de arredondamento, que normalmente deveria ocorrer, estaria completamente mascarado pela seleção. Como as partículas menos esféricas possuem menor velocidade de decantação, mantidos constantes o volume e a den-

FIGURA 5.12 Relação entre as taxas de redução de diâmetros de seixos e as distâncias transportadas:
A = maiores calhaus do Rio Reno (Sternberg & Barrell, 1925);
B = Rio Mur (Hochenburger, 1886 in Grabau, 1913:246);
C = dados experimentais sobre seixos de calcário em moinhos (Wentworth, 1919) e
D = seixos de calcário em moinhos (Wentworth, 1919). O parâmetro *a* é um coeficiente de redução de tamanho (Krumbein, 1941a).

sidade, as mais esféricas seriam decantadas antes das menos esféricas. Como se sabe que, em geral, existe uma correlação positiva entre o arredondamento e a esfericidade, isto é, que as partículas menos esféricas são geralmente as menos arredondadas, pode-se entender a situação aparentemente inversa encontrada por Russell & Taylor nas areias do rio Mississippi, de aparente decréscimo de arredondamento de montante para jusante. Esta idéia é corroborada pelos resultados de uma série de experiências executadas por Kuenen (1956a,b; 1959 e 1960a), que mostraram ser a mudança de *graus de esfericidade* e *arredondamento* de partículas arenosas e até mesmo de cascalhos, ao longo de praias e rios, devida muito mais à seleção de forma que propriamente à abrasão.

Em virtude da alta *estabilidade química* nas condições superficiais da Terra, muitos grãos de quartzo, principalmente nos *arenitos limpos* (com pouca matriz) são comumente *policíclicos*. Então, eles herdam parcialmente o arredondamento dos ciclos anteriores de deposição e retrabalhamento (Suguio *et al.*,1974a).

São relativamente escassas as informação sobre o papel da *dissolução química* como processo de arredondamento de partículas arenosas. Porém, Margolis & Krinsley (1971) afirmam que o alto *grau de arredondamento* comumente encontrado nas areias eólicas é devido à combinação da abrasão e da precipitação contemporânea de sílica nas superfícies dos grãos.

1.3 Textura superficial

As diminutas (microscópicas e submicroscópicas) feições superficiais encontradas nas partículas sedimentares detríticas, independentemente do tamanho, forma ou arredondamento desses fragmentos constituem as *texturas superficiais*. Sobre os seixos, essas feições são reconhecíveis macroscopicamente ou, no máximo, com o uso de uma lupa de bolso, enquanto sobre os grãos arenosos são executados exames microscópicos ópticos ou até mesmo eletrônicos.

Os *seixos estriados* (striated pebbles) são mais freqüentes em materiais mais moles e atribuídos à ação glacial, formados por atrito contra as paredes e o substrato da geleira. Entretanto, existem também *seixos estriados* de origem tectônica ou associados a sedimentos de *escorregamentos* e de *leques aluviais*, mas nesses casos acham-se acompanhados de evidências indicativas de cada tipo de origem.

Os seixos e matacões de desertos podem mostrar uma superfície brilhante devida ao *verniz do deserto* que constitui um delgado filme (até 100 mícrons de espessura) de óxidos de Fe e Mn. Convencionalmente, o *verniz do deserto* era atribuído ao fluido em movimento ascendente que, por capilaridade, percolaria os seixos e matacões e, por evaporação, precipitaria o resíduo sílico-ferruginoso e manganesífero. Porém, os estudos de

Potter & Rossman (1977) e Elvidge (1979) sugerem que os materiais do verniz tenham uma origem eólica.

Vários pesquisadores têm tentado correlacionar a *textura superficial,* principalmente de grãos arenosos de quartzo, aos ambientes deposicionais. Segundo esses autores, os agentes deposicionais deixariam impressas certas feições superficiais características sobre os grãos de quartzo. O reconhecimento dessas feições permitiria determinar o agente e/ou ambiente deposicionais. Desse modo, convencionou-se, por exemplo, que os grãos de areia de origem eólica apresentariam superfícies foscas e que os de origem subaquosa teriam superfícies lisas e polidas. Entretanto, segundo Kuenen & Perdok (1962), o fosqueamento deve-se, muitas vezes, à dissolução e à reprecipitação alternadas de sílica, sob condições subaquosas na superfície dos grãos de areia e não à ação eólica. É provável que tipos semelhantes de *textura superficial* tenham origens bem distintas.

O estudo das feições superficiais de grãos de quartzo apresenta certos problemas e limitações. Muitos grãos de quartzo possuem uma textura intermediária e, portanto, dificilmente podem ser relacionados a um ambiente específico. Areias transportadas principalmente por um agente, por exemplo eólico, podem ser depositadas sem qualquer retrabalhamento em ambiente diferente (lagoa ou laguna). Neste caso, verifica-se o problema devido à mistura de grãos de areia de diferentes ambientes. Além disso, em sedimentos antigos, a *cimentação diagenética* pode afetar as superfícies dos grãos, obliterando as feições superficiais anteriores.

Embora a *textura superficial* do mesmo modo que a *esfericidade* ou *arredondamento* possa ser herdada de ciclos pretéritos, abrasão de menor intensidade já é suficiente para eliminar as feições, principalmente em partículas de menor dureza, conforme demonstraram os estudos de Wentoworth (1922a:114) e Bond (1954).

As dificuldades inerentes ao estudo da textura superficial fizeram com que alguns pesquisadores, como Selley (1976a) admitissem que a textura superficial dos antigos grãos de quartzo revela muito pouco ou praticamente nada da sua história deposicional.

1.3.1 Textura polida versus textura fosca

A textura polida é, em geral, atribuída à superfície homogênea e lisa, que reflete praticamente toda a luz incidente enquanto a difusão de luz produz a superfície fosca. O polimento pode ser atribuído ao suave retrabalhamento por agente abrasivo de granulação fina. Grãos de superfície fosca são tipicamente relacionados às areias eólicas, embora Kuenen & Perdok (1961 e 1962) e Ricci-Lucchi & Casa (1970) tenham demonstrado que a corrosão química também pode produzir resultado semelhante. Segundo Roth (1932), existiriam também grãos de superfícies foscas resultantes de incipiente *crescimento secundário* ou *sobrecrescimento*.

Em ambiente marinho, segundo Cailleux (1945), a maioria dos grãos de quartzo mostra superfícies polidas. Entretanto, em ambientes fluviais, só uma pequena porcentagem apresenta-se com superfícies brilhantes e polidas.

1.3.2 Feições de microrrelevo

As feições de microrrelevo compreendem as estriações, marcas de percussão, endentações e microcrateras, que geralmente são observáveis a olho nu sobre superfícies de seixos e calhaus.

As *estriações* e *arranhaduras* são devidas principalmente à ação glacial, embora a porcentagem de seixos estriados não seja normalmente muito alta nesses depósitos, como tem sido constatado tanto em sedimentos da *glaciação cenozóica* do hemisfério norte, como em produtos de *glaciação permocarbonífera* do Gondwana. Wentworth (1936), estudando diversos depósitos de *"tills"* da glaciação wisconsiniana (Pleistoceno da América do Norte), conhecidos pela alta freqüência de seixos estriados, encontrou entre 600 seixos examinados, 40% sem quaisquer estrias, 50% com estrias fracas e apenas 10% com estrias pronunciadas.

As *marcas de percussão* aparecem na forma de crescente (meia lua), sendo comuns em seixos de sílex e de quartzito bem compacto e de granulação fina. Essas marcas, que são encontradas em seixos e calhaus, são relacionadas a correntes de alta velocidade, sendo atribuídas mais à ação fluvial que praial (Klein, 1963b).

Alguns seixos podem exibir endentações ou microcrateras, que podem ser produzidas por dissolução diferencial devida à heterogeneidade litológica (anisotropia) dos seixos. As rochas ígneas de textura grossa são caracteristicamente marcadas por essas feições, enquanto os seixos e calhaus de quartzito, calcário e sílex de textura fina são tipicamente lisos.

1.3.3 Texturas superficiais ultramicroscópicas

Biedermann (1962) e Porter (1962) forneceram os primeiros resultados da aplicação de microscopia eletrônica no exame da textura superficial de grãos de areia quartzosa.

Krinsley e colaboradores (Krinsley & Takahashi, 1962a, b; Krinsley & Funnell, 1965; Krinsley & Donahue, 1968; Krinsley & Cavallero, 1970; Krinsley & Doornkamp, 1973) identificaram numerosos padrões de *texturas superficiais ultramicroscópicas,* que seriam característicos de ação glacial, eólica ou subaquosa. Entretanto, em afloramentos e profundidades rasas em regiões tropicais, essas feições abrasivas podem ser modificadas por dissolução e reprecipitação de sílica secundária. Conforme demonstraram as experiências de Paraguassu (1968), as águas superficiais, maiores agentes de intemperismo tropical, possuem teores relativa-

mente altos de SiO_2 em solução, que provêm em grande parte da dissolução superficial dos grãos de quartzo de arenitos. Portanto, processos de intemperismo e/ou diagênese podem obliterar as características indicativas dos ambientes deposicionais pretéritos.

Em estudos mais recentes, o *microscópio eletrônico de varredura* (MEV) tem sido empregado, com maior freqüência, no estudo da *textura superficial* de grãos arenosos de quartzo (Cailleux & Schneider, 1968; Busson, 1968; Krinsley & Margolis, 1969 e Ribault & Tastet, 1979).

Provavelmente, os primeiros estudos de *textura superficial* de grãos de areia ao microscópio eletrônico, realizados no Brasil, estão relacionados aos sedimentos do Subgrupo Itararé (Permocarbonífero) e da Formação Botucatu (Cretáceo inferior) da Bacia Sedimentar do Paraná (Rocha-Campos *et al.*, 1968a, b). Esses pesquisadores encontraram, na primeira unidade, texturas sugestivas de ação glacial e, na segunda unidade, texturas indicativas de atividade eólica confirmando assim os dados geológicos anteriores de vários autores.

Entretanto, ainda existem inúmeras controvérsias sobre a interpretação de várias texturas superficiais dos grãos de quartzo, observadas por diversos autores e as linhas básicas do procedimento não parecem estar bem fundamentadas. Schneider (1970) realizou uma interessante revisão sobre o problema da morfoscopia de grãos de quartzo. É provável que algumas experiências de laboratório permitam esclarecer muitas dúvidas ainda existentes sobre o assunto.

1.4 Orientação preferencial das partículas sedimentares

A disposição espacial de quaisquer corpos ineqüidimensionais pode ser medida em relação a planos de referência verticais ou horizontais. Se os elementos componentes de uma amostra exibirem um certo paralelismo, pode-se dizer que ela apresenta *orientação preferencial*.

A orientação das partículas em um sedimento pode ser definida em termos de sentido (ou rumo) de mergulho (ou inclinação) do eixo maior e do ângulo formado entre este eixo e o plano horizontal. No caso de partículas discoidais, o sentido do mergulho é indistinto, mas o ângulo é facilmente medido.

A natureza do meio de transporte, o tipo (ou regime) de fluxo, o sentido e a velocidade das correntes são as principais variáveis que controlam a existência ou não de orientação preferencial nas partículas sedimentares. Segundo Seibold (1963), a morfologia da superfície de deposição (ou substrato) também pode afetar a orientação no caso de sedimentos arenosos. Em geral, medem-se as orientações de seixos e de grãos de areia, mas plaquetas de mica e restos orgânicos (fósseis) também podem ser usados. Em casos favoráveis, o padrão obtido por tais medidas pode ser relacionado a tipos especiais de fluxo ou a determinados ambientes deposicionais.

Em uma *seção estratigráfica*, as *associações faciológicas* tendem a ser encontradas em uma determinada sucessão vertical, e os padrões de orientação das partículas sedimentares, juntamente com outros dados de paleocorrentes e de geometria dos corpos arenosos, podem ser suficientemente característicos para permitir a discriminação de diferentes ambientes deposicionais.

1.4.1 Orientação preferencial de seixos

Os seixos que podem sofrer orientação preferencial exibem formas alongadas (bastonadas) ou achatadas (discoidais). Comumente, os seixos mais achatados dispõem-se com superposição parcial entre si formando o *padrão imbricado*, que apresenta seixos com os eixos maiores mergulhando contra o sentido da paleocorrente (para montante) que os transportou. Muitas vezes, os sedimentólogos consideram que a presença do padrão acima, em uma cascalheira, seja indicativa de transporte por tração fluvial ou por ação de ondas. Entretanto, esta afirmação não é completamente verdadeira, pois pode ser produzido por outros mecanismos, como os *movimentos de massa* (ou *gravitacionais*). Por outro lado, se os seixos alongados possuírem extremidades desiguais, a mais volumosa geralmente será dirigida contra a paleocorrente, estabelecendo-se um *padrão longitudinal* (*paralelo à corrente*). Desse modo, a própria *forma* dos seixos controla, em parte, o padrão de orientação preferencial.

Observações executadas em ambientes fluviais modernos mostram que os seixos alongados podem ficar dispostos paralelamente (*padrão longitudinal*) ou perpendicularmente (*padrão transversal*) à direção de fluxo. Acreditava-se que a orientação normal à corrente estava ligada a rios de *fluxo periódico* (rio temporário) e que a orientação longitudinal aparecia em rios de *fluxo regular* (rio permanente). Entretanto, Ruchin (1958; in Reineck & Singh, 1975) e Sengupta (1966) acreditam que a orientação preferencial de seixos em depósitos sedimentares seja controlada principalmente pelo gradiente. Os rios de regiões montanhosas, com gradientes abruptos, depositam seixos dispostos paralelamente (*padrão longitudinal*) e rios de planícies, com declives suaves, orientam os seixos alongados dispostos normalmente (*padrão transversal*) à direção de fluxo.

Em depósitos de turbiditos, a orientação dos seixos com o eixo maior paralelo à corrente parece ser predominante (Doeglas, 1962). De modo análogo, os "tills" glaciais exibem orientação paralela à direção de fluxo da geleira (Pettijohn,1957). Em cascalhos de praias, deltas e bancos costeiros os seixos alongados dispõem-se com os eixos maiores orientados paralelamente à linha de praia, isto é, normalmente à direção de fluxo e refluxo das ondas.

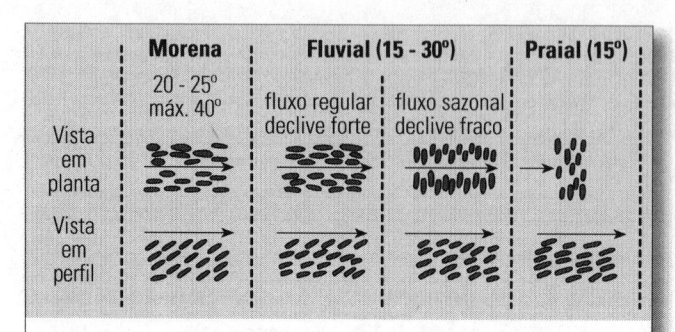

FIGURA 5.13 Representação esquemática de orientação de seixos em depósitos rudáceos de diversas origens. Em depósitos de "*till*", os seixos são imbricados com fortes mergulhos (20 a 40 graus) dos eixos maiores para montante. Em rios de declives fortes, a elongação dos seixos é paralela à corrente, enquanto em rios de declividades suaves ela é perpendicular à corrente e apresenta inclinações com mergulhos suaves (15 a 30 graus). Em praias, a elongação é paralela à linha de praia e a ângulo reto da direção de propagação das ondas; os eixos médios mergulham rumo ao mar com valores inferiores a 15 graus (modificado de Ruchin,1958).

Muitos pesquisadores acreditam que o ângulo de mergulho dos seixos seja sensível ao tipo de ambiente. Segundo Cailleux (1945), Pettijohn (1957) e Doeglas (1962), os ângulos de mergulho dos seixos fluviais imbricados variam entre 15 a 30 graus, mas não atingem valores tão baixos como 8 graus. Em sedimentos glaciais e fluvioglaciais, os ângulos seriam de 20 a 25 graus (Harrison, 1957), embora valores altos de até 40 a 50 graus não sejam raros. Os seixos de ambientes praiais apresentam imbricação com baixo ângulo de mergulho, em geral inferior a 15 graus, segundo Cailleux (1945) e Pettijohn (1957). Na Fig. 5.13, podem ser vistos as orientações e os ângulos de mergulho típicos de vários ambientes de sedimentação.

Alguns pesquisadores têm descrito seixos imbricados com mergulho a favor da corrente, isto é, para jusante (Byrne, 1963), porém tais casos parecem constituir exceções. Esses seixos com mergulho para jusante são comumente encontrados em sedimentos com muita matriz fina em depósitos de sedimentação rápida como, por exemplo, leques aluviais de regiões de climas áridos.

Mapas de rumos de imbricação de seixos em bancos de cascalhos têm mostrado que podem ocorrer desvios locais em relação à direção do canal, relacionados à circulação de correntes aquosas.

1.4.2 Orientação preferencial de areias

De modo análogo aos seixos, os grãos alongados de areia também adquirem orientação preferencial com disposição paralela à direção da corrente. Segundo Rusnak (1957), estrutura fracamente imbricada pode ser observada em grãos arenosos e, como demonstraram Dapples

& Rominger (1945), as extremidades mais volumosas das partículas apontam para montante.

A imbricação em arenitos é comumente estudada por seção delgada normal ao acamamento. Os grãos mostram geralmente uma forte orientação preferencial paralela ao acamamento ou com imbricação para montante.

As técnicas de medição da orientação de grãos de areia foram desenvolvidas por Dapples & Rominger (1945), Schwarzacher (1951), Zimmerle & Bonham (1962) e Winkelmolen *et al.* (1968).

Os grãos de areia das praias dispõem-se paralelamente à direção de propagação das ondas (Nanz, 1955; Curray, 1956; Sriramadas, 1957) e, freqüentemente, ao lado da orientação preferencial máxima apresenta uma moda subordinada, que é normal ao sentido da corrente principal (Seibold, 1963). É muito interessante constatar que a orientação dos grãos de quartzo é perpendicular ao alongamento do corpo arenoso em depósitos costeiros, enquanto nas areias fluviais a orientação preferencial é paralela ao comprimento do corpo arenoso. Nas areias de ilhas-barreira, por outro lado, a orientação é mais variável.

A orientação dos grãos de areia em turbiditos, estudada por Bouma (1962), mostra um padrão de preferência longitudinal ou paralela, embora existam casos de orientação transversal à direção da corrente, que é definida principalmente pelas *marcas basais* (sole marks).

Curray (l956) sugere que a direção de orientação preferencial dos grãos alongados em sedimentos eólicos fornece a direção do vento predominante. Porém, segundo Dapples & Rominger (1945), a orientação preferencial de grãos arenosos em sedimentos eólicos seria menos desenvolvida que nas areias subaquosas.

Em geral, a consistência das medidas de orientação de grãos de areia em depósitos sedimentares é baixa. Desse modo, este parâmetro deve ser usado mais para mostrar detalhes locais de variabilidade no padrão geral das paleocorrentes, merecendo pouca confiança em estudos de caráter mais regional. A orientação preferencial primária dos grãos de areia deve ser facilmente afetada por *atividade biogênica* (bioturbação), *deformação penecontemporânea* e outros *processos pré-deposicionais*. Esses fatos tornam o uso da orientação preferencial de grãos de areia, em estudos de paleocorrentes, mais duvidoso que a utilização de seixos.

Embora a maioria dos grãos arenosos medidos seja de quartzo, trabalhos de Diessel (1966) utilizando plaquetas de mica e de Stauffer (1962), sobre partículas carbonáticas, sugerem que outras espécies mineralógicas podem ser igualmente empregadas nesses estudos.

1.4.3 Orientação preferencial das partículas argilosas

De acordo com Rosenquist (l955), os depósitos argilosos de água doce (lagoas e lagos) apresentam partículas orientadas e paralelas entre si, em contraposição à disposição caótica das partículas argilosas marinhas (lagunas, baías e estuários) que são depositadas por floculação.

Porém, as argilas são fortemente afetadas pela compactação que causa uma completa reorientação, além de outras mudanças diagenéticas, inclusive com neoformação de alguns minerais. Esses processos secundários (ou epigenéticos) podem modificar completamente a textura original dos depósitos argilosos.

Estudos realizados na costa brasileira, no estuário de Santos (SP), sugerem que nem sempre as argilas de sedimentos marinhos são floculadas durante a sedimentação, pois apresentam laminações mais ou menos conspícuas. Além disso, as dificuldades analíticas, em virtude do tamanho diminuto das partículas (freqüentemente menores que 2 mícrons), ao lado de problemas ainda não resolvidos sobre o exato mecanismo de deposição das partículas argilosas, tornam esses sedimentos pouco recomendados para pesquisas de paleocorrentes deposicionais.

1.4.4 Orientação preferencial de restos orgânicos

Restos de origem orgânica, tais como fragmentos de conchas de moluscos, tubos cônicos, espinhas de peixes, etc., são suscetíveis à orientação preferencial pelas águas correntes. Restos orgânicos cônicos, como as conchas de gastrópodes, dispõem-se com a extremidade mais fina dirigida contra a corrente, isto é, apontada para montante. Em sedimentos da Formação Ponta Grossa (Devoniano da Bacia do Paraná) ocorrem conchas alongadas orientadas de um pequeno gastrópode chamado *Tentaculites*. Esses fósseis permitem, deste modo, deduzir a existência de paleocorrentes durante a deposição, possibilitando também a medição dessas paleocorrentes.

1.5 Porosidade dos sedimentos inconsolidados e consolidados

Archie (l950) denominou os estudos de porosidade e de permeabilidade de "*petrofísica*". A porosidade é definida pela porcentagem dos espaços vazios existentes em uma rocha (ou outro tipo de material poroso), quando confrontada com o seu volume total. O pesquisador deve ter uma idéia suficientemente clara da gênese dos poros para ser capaz de predizer o padrão de sua distribuição dentro das rochas estudadas.

O estudo de *porosidade* juntamente com o de *permeabilidade*, é de importância primordial na prospecção de fluidos contidos nas rochas sedimentares, tais como petróleo, gás e água subterrânea e no reconhecimento das "barreiras de permeabilidade", que podem controlar a precipitação de minérios de baixa temperatura. O estudo dos fluidos contidos nos poros integra os escopos da *hidrogeologia* e da *geologia do petróleo*.

A porosidade das rochas sedimentares varia de zero, por exemplo em sílex compacto não-fraturado, até 80 a 90% em argilas recém-depositadas. Porém, os valores mais freqüentes de porosidade são da ordem de 5 a 25% e, quando alcançam cifras de 25 a 35%, são referidas como excelentes, tanto para reservatórios de água subterrânea (aqüíferos) quanto de hidrocarbonetos (rochas-reservatório).

1.5.1 Morfologia (geometria) dos poros e tipos de porosidade

A morfologia dos poros deve ser descrita detalhadamente em relação à *forma, tamanho* e *distribuição* de modo a possibilitar a determinação de *volume dos poros* (ou porosidade). Este parâmetro pode ser obtido em termos de *porosidade total* que compreende o volume de todos os poros existentes em relação ao volume total da rocha. A *porosidade efetiva* por outro lado, abrange o volume dos poros interligados entre si e com a parte externa da rocha.

Além da *geometria dos poros* também é importante reconhecer a presença de *argilas autigênicas* e outros detalhes, que são importantes não somente nos *estudos petrofísicos*, mas também em *estudos paleoambientais*. As *argilas autigênicas* podem ocorrer como revestimentos e preenchimentos de poros e fraturas, além da *substituição pseudomórfica*. Alguns critérios úteis na identificação de argilominerais autigênicos são: fragilidade morfológica por não ter sido submetida a processos de transporte, modo de ocorrência como revestimento, estando ausentes nos contatos intergranulares e composição muito diferente dos argilominerais detríticos associados.

Existem vários esquemas de classificação dos tipos de porosidade (Robinson,1966; Levorsen, 1967; Choquette & Pray, 1970). De acordo com Murray (1960), existem dois tipos principais de porosidade: a *primária* (ou *singenética*) que é sindeposicional, e a *secundária* (ou *epigenética*) que é pós-deposicional (Tabela 8).

1.5.2 Fatores que influem na porosidade primária

A porosidade primária depende muito do *arcabouço deposicional*. Beard & Weyl (1973) mostraram que a porosidade de um sedimento, logo após a deposição, depende de cinco fatores: granulometria, grau de seleção, forma (ou esfericidade) dos grãos, arredondamento dos grãos e petrofábrica (arranjo espacial das partículas).

a) *Efeito da granulometria* — Teoricamente a granulometria não deveria influir no valor da porosidade. Massas formadas por um conjunto de esferas de mesmo grau de seleção e mesmo grau de empacotamento deveriam apresentar a mesma porosidade, independentemente do tamanho das esferas mas, na prática, Fraser (1935) constatou que a porosidade variava na proporção direta do volume das esferas.

Segundo Pettijohn (1957:86), têm-se em média os seguintes valores de porosidade, conforme a variação da granulação: areia grossa, de 39 a 41%; areia média, de 41 a 48%; areia fina, de 44 a 49% e silte fino, de 50 a 54%.

O efeito da granulometria, tendendo a aumentar a porosidade com a diminuição de tamanho dos grãos, deve estar provavelmente relacionado a inúmeros fatores, os quais são só indiretamente ligados à granulometria. Deste modo, talvez a causa principal seja atribuível ao maior arredondamento das partículas mais grossas diminuindo, em conseqüência, a porosidade. Além disso, nos sedimentos mais finos podem ser encontrados argilominerais que, devido ao seu hábito placóide, determinam porosidades mais altas, mormente quando eles apresentam *disposição espacial caótica*. Por outro lado, os grãos mais finos são, em geral, mais angulosos e assim poderiam sustentar um *empacotamento mais aberto* (livre), de modo a propiciar porosidade maior que nas areias grossas.

b) *Efeito do grau de seleção* — Numerosos estudos têm demonstrado que a porosidade aumenta com o incremento do grau de seleção (Fraser, 1935; Rogers & Head, 1961; Pryor, 1973; Beard & Weyl, 1973).

A razão para a existência desta relação não é difícil de ser encontrada. Quanto maior for a seleção das partículas de um sedimento menor será a quantidade de detritos finos para o preenchimento dos espaços vazios deixados entre os mais grossos, isto é, possui alta proporção de grãos/matriz. Nesta situação, as partículas mais finas que poderiam bloquear as passagens dos poros, em conseqüência inibindo a porosidade tornam-se escassas.

Em um sedimento bimodal, característica em geral admitida para

TABELA 8 Classificação dos tipos de porosidade (Murray,1960), baseada principalmente no tempo de formação de porosidade, aplicável em especial em calcários.

	Tipo	Origem
A. Primária ou singenética (sindeposicional)	a) intergranular ou inter-partículas b) intragranular ou intra-partículas	Sedimentação
B. Secundária ou epigenética (pós-deposicional)	a) intercristalina b) fenestral (janelas)	Cimentação
	c) de molde d) vesicular e) de fratura	Dissolução, movimentação tectônica, compactação ou desidratação

os sedimentos eólicos, a *porosidade efetiva* pode ser diminuída conforme o arranjo das partículas ou os tamanhos relativos dos dois extremos.

c) *Efeito da forma e arredondamento das partículas* — A forma (ou esfericidade) e o arredondamento dos grãos devem afetar, com certeza, a *porosidade intergranular,* mas poucos trabalhos têm sido feitos a respeito.

Segundo Fraser (1935), quanto mais esféricos e mais arredondados forem os grãos, menores são os valores de porosidade, fato que ele atribuiu ao *empacotamento mais fechado* (firme) neste caso que nos sedimentos compostos por grãos menos esféricos e menos arredondados.

De fato, o quartzo moído pode apresentar 44% de porosidade, enquanto a areia de duna mal chega a 38%. Como a esfericidade do quartzo moído é de cerca de 0,60 a 0,65 e a de areia de duna de 0,82 a 0,84 , a forma dos grãos deve ter influência, embora muito pequena e ainda pouco compreendida.

d) *Efeito da petrofábrica* — Em termos de *petrofábrica*, tanto a *orientação espacial* como o *grau de empacotamento* dos grãos devem ter influência.

A orientação espacial das partículas em conglomerados é mais bem estudada. A orientação dos grãos em arenitos, apesar da existência de alguns métodos também eficientes (Shelton & Mack, 1970; Sippel,1971), é menos conhecida.

Graton & Fraser (1935) demonstraram que existem seis possíveis geometrias de empacotamento de esferas de mesmo diâmetro e que a porosidade varia com o modo de empacotamento.

Certamente, a *petrofábrica* é um parâmetro muito importante nos estudos de *porosidade* mas é muito difícil de ser medida em rochas consolidadas. As dificuldades de medição relacionam-se ao desconhecimento do controle do ambiente e dos processos deposicionais sobre o empacotamento, bem como dos efeitos da compactação *pós-deposicional*. Em decorrência deste fato, pouco se sabe sobre a verdadeira porosidade deposicional ou primária. Em geral, deve-se esperar que as lamas pelágicas e os turbiditos sejam depositados com empacotamento mais aberto que os depósitos de tração e que, talvez, areia com estratificação cruzada seja mais solta que areia com estratificação horizontal.

Pryor (1973) demonstrou que, em areias holocênicas, as de origem fluvial são mais soltas que de dunas e praias. Porém, a *compactação pós-deposicional* reorienta de tal modo os grãos, que o empacotamento primário deve ter pequena influência sobre a porosidade de sedimentos litificados.

e) *Efeito da compactação e da cimentação sobre a porosidade primária* — O peso dos sedimentos superpostos torna os subjacentes mais compacta-

dos aproximando, em conseqüência, os grãos entre si e diminuindo a porosidade.

Compactação e cimentação das areias — As areias podem passar de porosidade primária de 35 a 40% para 15 a 20% ou ainda menor. As evidências sugerem que a porosidade das areias diminui muito pouco com a *compactação* (Fig. 5.14), sendo a maior parte da perda devida à *cimentação* (Sippel, 1968).

Os estudos de diferentes arenitos feitos por Taylor (1950) mostraram que o número de contatos entre os grãos aumenta com a profundidade crescente. Concomitantemente, a natureza dos contatos muda de *tangencial* para *curvilínea* (côncavo-convexa) e, finalmente, *suturada* (interpenetrante) com o aumento gradual da profundidade (Fig. 5.1).

Entre os vários tipos de cimentos de arenitos quartzosos, a sílica é um dos mais comuns e geralmente constitui o estágio final irreversível dos espectros diagenéticos de arenitos. Entretanto, antes de atingir esta fase, o arenito pode sofrer soerguimento, seguido de *epidiagênese* (intemperismo), quando pode ocorrer o desenvolvimento de porosidade secundária. Outros tipos de cimentos comuns, principalmente em arenitos quartzosos, são calcíticos, limoníticos, hematíticos, etc.

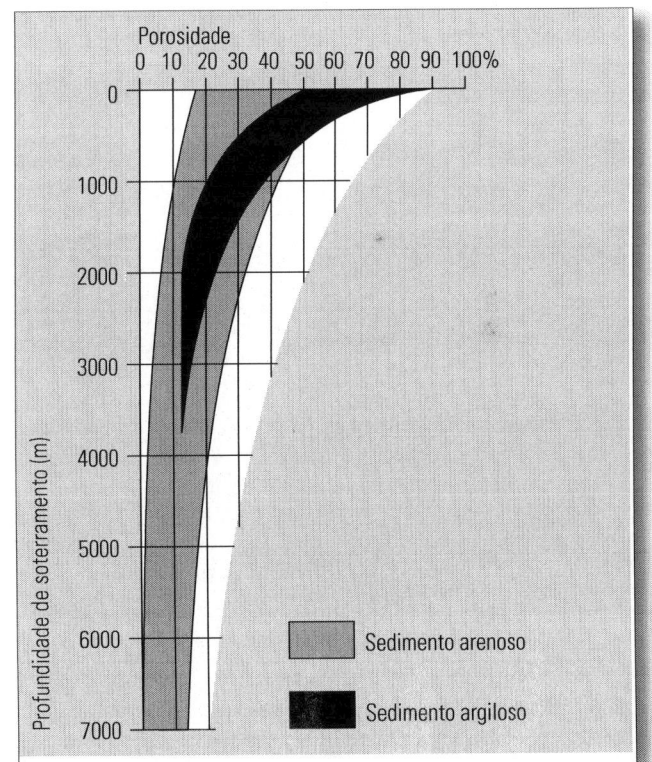

Figura 5.14   Relações entre as porosidades e as profundidades de soterramento dos depósitos sedimentares. A grande perda inicial de porosidade em sedimentos argilosos é devida principalmente à *compactação*. A perda gradual de porosidade de sedimentos arenosos pode ser atribuída principalmente à *cimentação* (Selley, 1976a:39).

Compactação de argilas — O efeito da compactação sobre sedimentos argilosos é comumente muito acentuado, mormente nas fases iniciais de soterramento (Fig.5.14). Neste caso, a porosidade é aparentemente uma função da profundidade de soterramento, segundo a seguinte expressão:

$$P = p \ (e^{-bx})$$

onde P é a porosidade;

p a porosidade média das argilas superficiais;

b uma constante e

x a profundidade de soterramento.

A Fig. 5.14 mostra que as argilas são depositadas com porosidades variáveis entre 50 a mais de 80%. A *água conata* (sindeposicional) é perdida após a deposição por compactação sendo o processo acompanhado ou não por cimentação e/ou desidratação.

A *compactação de argilas* em profundidades rasas tem sido intensamente pesquisada em *geotecnia,* onde é conhecida por *adensamento,* para se determinar as propriedades físicas críticas se uma camada pode ou não suportar as estacas de fundação em uma obra de engenharia civil.

Como se pode ver também na Fig. 5.14, as taxas de expulsão da água e de perda de porosidade diminuem com o incremento de profundidade e, ao mesmo tempo, o fenômeno de *compactação das argilas* deixa de ser uma área de interesse só da geotecnia, passando para a *exploração de petróleo*. A expulsão do petróleo, a partir das *rochas geradoras* (folhelhos), usando como veículo a *água conata* (em geral, uma *salmoura quente*) rumo às *rochas armazenadoras* (arenitos e calcários) é fundamental na teoria da origem de jazidas petrolíferas. Segundo Powers (1967), durante este processo, a esmectita converte-se em illita com o aumento crescente de profundidade (Fig. 4.7), liberando água e gerando altíssimas pressões intersticiais.

1.5.3 Técnicas de medição de porosidade

Existem vários métodos de determinação de porosidade das rochas sedimentares. Muitos desses métodos requerem análise direta de uma amostra de rocha, usando-se para isso vários tipos de *porosímetros.*

Entretanto, em furos de sondagem é muitas vezes possível realizar medidas indiretas de porosidade, através dos *métodos geofísicos*. Por exemplo, pelo processo da *perfilagem sônica* a velocidade de transmissão de som, através das rochas, é registrada por uma sonda (equipamento eletrônico preso a um cabo, que é descido no furo), de modo contínuo à medida que ela é descida. As velocidades do som nas diferentes camadas de rocha são registradas conhecendo-se as velocidades de propagação do som nos fluidos dos poros (*fluidos intersticiais*) e na substância mineral da rocha, sendo a

porosidade calculada pela relação:

$$\emptyset = \frac{t - t_{ma}}{t_f - t_{ma}}$$

onde $\emptyset$ é a porcentagem de porosidade;

t é a velocidade sônica medida;

t_{ma} é a velocidade sônica da matriz mineral e

t_f é a velocidade sônica do fluido intersticial.

Para calcários, usa-se como valor de t_{ma} a velocidade sônica da calcita e para arenitos comuns, a velocidade sônica do quartzo.

1.6 Permeabilidade

A *permeabilidade* é a propriedade de uma rocha que permite a passagem de fluidos através dela, sem se deformar estruturalmente ou causar o deslocamento relativo das suas partes componentes. É óbvio que a razão de descarga de fluidos, através de um corte transversal da rocha, não depende só da sua natureza, mas também do tipo de fluido e do gradiente de pressão hidrostática.

Embora seja a *porosidade efetiva* e não a *porosidade total* que define a *permeabilidade* das rochas, não existe uma relação direta entre a porosidade e a permeabilidade. Em condições favoráveis, o valor aproximado da permeabilidade pode ser estimado a partir dos dados de análises granulométricas e da porosidade, mas na maioria dos casos é preferível recorrer-se à determinação direta da permeabilidade.

Hoje em dia a permeabilidade das rochas é determinada, na maior parte dos laboratórios, utilizando-se o ar como fluido de medição por possuir a vantagem de não introduzir modificações nas amostras por dissolução ou intumescimento por hidratação de eventuais minerais suscetíveis a essas reações.

A permeabilidade pode ser expressa pela *velocidade de fluxo* ou *vazão* (c.c. de fluido por segundo), que passa através de uma amostra cilíndrica da rocha de seção A (cm^2) e comprimento C (cm). Como a velocidade depende também do gradiente de pressão $P_1 - P_2$ (em atmosfera) e da viscosidade do fluido μ (em centipoise), as relações observadas entre esses fatores podem ser expressas pela fórmula:

$$Q = K \frac{A(P_1 - P_2)}{\mu \cdot C}$$

O *coeficiente de proporcionalidade K* é a *permeabilidade* que é um fator característico da rocha em questão. Este *coeficiente de permeabilidade* foi denominado de *darcy*, segundo termo proposto e definido por Wycoff *et al.* (1934). Desse modo, uma rocha possui a permeabilidade de 1 darcy, quando deixa passar 1 cm^3 de fluido com viscosidade de 1 centipoise, por segundo, através de uma seção de 1 cm^2 de área e comprimento de 1 cm, quando submetida a uma diferença de pressão de 1 atmosfera entre os extremos da amostra. Então, a *Lei de darcy* é expressa por:

$$K = \frac{\mu \cdot Q \cdot C}{A(P_1 - P_2)}$$

Como o *darcy* é uma unidade muito grande, para as situações normais na natureza, costuma-se usar o *milidarcy* que é equivalente a milésima parte do darcy. A permeabilidade dos arenitos armazenadores de petróleo, por exemplo, varia de 1 a 3.000 milidarcys. Segundo Levorsen (1954:102), sob o ponto de vista da produtividade de petróleo, a permeabilidade de 10 milidarcys é considerada regular; de 10 a 100, boa; e de 100 a 1.000 milidarcys, muito boa. Porém, há casos excepcionais em que se verifica boa produtividade com permeabilidade até menor que 1 milidarcy.

Em arenitos pertencentes à Formação Botucatu (Cretáceo da Bacia do Paraná), foram obtidos os seguintes valores de permeabilidade: 731 milidarcys, perpendicularmente à estratificação e 1.173 milidarcys, paralelamente à estratificação. Tem sido observado que a orientação dos grãos é, em geral, paralela à direção de fluxo em areias de canais fluviais, turbiditos e bancos arenosos marinhos com estratificação plana (Shelton & Mack, 1970; Martini, 1971; Von Rad, 1971) e que esta orientação é coincidente com a permeabilidade preferencial. Esta é a razão porque, não somente em sedimentos subaquosos, mas também em sedimentos eólicos, a permeabilidade é mais alta na direção paralela ao acamamento. Os folhelhos podem possuir permeabilidade de até 10^{-4} e os calcários 10^{-7} milidarcys.

1.6.1   Fatores que influem na permeabilidade

O coeficiente de permeabilidade K de um sedimento inconsolidado é afetado pela granulometria e pela seleção, além da forma e arranjo espacial das partículas sedimentares.

a) *Efeitos da granulométrica e seleção* — Esses efeitos foram pesquisados experimentalmente por diversos autores e, entre eles, Krumbein & Monk (1942) usaram uma areia de lavagem glacial, que foi peneirada e recombinada em misturas de areias com as composições desejadas. Segundo esses pesquisadores, o coeficiente de permeabilidade varia diretamente com o quadrado do diâmetro e inversamente com o logaritmo do desvio padrão (seleção). Em outros termos, a permeabilidade aumenta com o incremento da granulometria e com a melhoria do grau de seleção (Fig. 5. 15).

O efeito da granulometria foi confirmado por Pryor (1973) e deve-se ao fato de, em sedimentos muito finos, os poros serem demasiadamente pequenos e estrangularem a passagem, e a alta atração capilar das paredes dos poros inibir o fluxo do fluido.

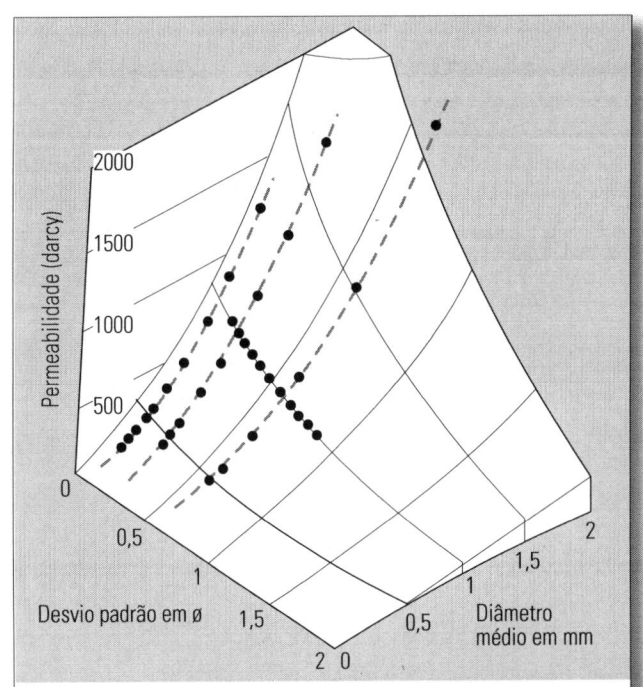

FIGURA 5.15 Superfície de variação das permeabilidades, mostrando o controle mútuo das permeabilidades pelos diâmetros médios e pelos desvios-padrão da granulometria. A superfície de permeabilidade é representada pelas grades de linhas que são paralelas ao plano de permeabilidade — diâmetro médio, exponenciais e paralelas ao plano de permeabilidade — desvio padrão (Krumbein & Monk,1942).

Quanto ao papel da seleção granulométrica, pensa-se que, quando existem materiais de diferentes granulações, os grãos mais finos obstruam as passagens dos poros e inibam a permeabilidade, analogamente ao que sucede com a porosidade. Os estudos de Pryor (1973), em areias modernas de diferentes ambientes, confirmaram essas relações para as areias fluviais, mas mostraram que as areias de dunas e de praias são anômalas, apresentando permeabilidades crescentes com o decréscimo da seleção granulométrica.

b) *Efeitos da forma dos grãos* — As formas dos componentes granulares, expressas por suas esfericidades, afetam de algum modo a permeabilidade. Além disso, como as areias com esfericidades mais baixas possuem porosidades mais altas, também devem exibir permeabilidades mais altas.

c) *Efeitos da petrofábrica* — Além de ser dependente do tamanho e da forma das partículas, a permeabilidade de sedimentos detríticos depende da *disposição espacial dos grãos*. Para materiais com determinada granulometria e forma, a permeabilidade depende só da petrofábrica. Nessas condições, em geral, mudanças de porosidade e permeabilidade são diretamente proporcionais.

Como já foi visto anteriormente, em sedimentos estratificados, a permeabilidade é maior paralela que perpendicularmente ao acamamento e, certamente, este fato pode ser atribuído à *petrofábrica anisotrópica* dos minerais placóides, tais como mica e argilominerais, que se dispõem segundo o acamamento.

1.6.2 – Relação entre a porosidade e a permeabilidade

Embora a porosidade e a permeabilidade sejam grandezas geometricamente distintas, apresentam algumas correlações entre si. Obviamente, uma rocha não-porosa é também impermeável. Por outro lado, uma rocha altamente porosa não é necessariamente muito permeável. Por exemplo, as rochas argilosas são, em geral, muito porosas, mas exibem baixas permeabilidades. As relações entre porosidade, permeabilidade e granulometria foram estudadas por Engelhardt & Pitter (1951; *in* Pettijohn,1957). Teoricamente, tem-se:

$$K = 2 \times 10^7 \times \frac{P^3}{(1-P^2)} \times \frac{1}{S^2}$$

onde K é o *coeficiente de permeabilidade* em darcy;
   P é a *porosidade* e
   S é a *superfície específica* (cm^2/cm^3) da areia.

A superfície específica é uma função da forma e do tamanho dos grãos e pode ser obtida a partir da granulometria, se os grãos forem considerados perfeitamente esféricos. As relações teóricas foram obtidas por estudos experimentais em areias soltas.

Se a *superfície específica* de um sedimento for calculada por dois processos diferentes, isto é, primeiramente a partir da relação acima, usando-se os respectivos valores de porosidade e de permeabilidade e, depois, a partir da granulometria, considerando-se as partículas como perfeitamente esféricas, os resultados encontrados serão bastante discrepantes. A diferença encontrada corresponde aproximadamente à medida do *grau de cimentação*. Naturalmente, a precipitação de substância mineral, nos interstícios dos grãos de areia, reduz tanto a porosidade quanto a permeabilidade.

Os efeitos da reação entre os minerais de um sedimento e os fluidos empregados não são, em geral, computados nos estudos de permeabilidade. Entretanto, se estiverem presentes argilas intersticiais do *grupo da esmectita* (argila expansiva), por exemplo, em contato com a água, sofrem intumescimento e, conseqüentemente, ocasionam o bloqueio da circulação diminuindo a permeabilidade.

1.6.3 Métodos de determinação da permeabilidade

Neste caso, pode-se considerar os sedimentos inconsolidados e consolidados (ou litificados).

a) *Sedimentos inconsolidados* — A permeabilidade de materiais inconsolidados pode ser determinada,

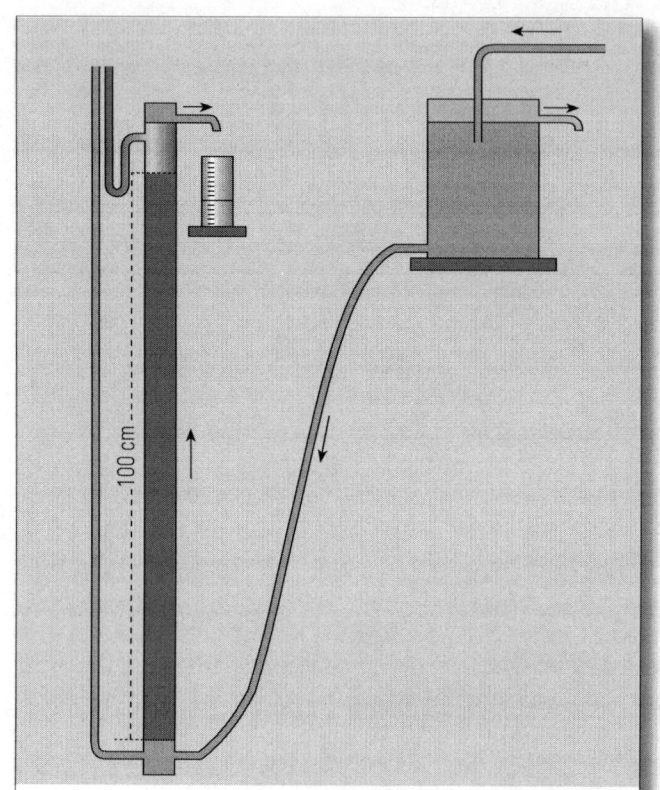

FIGURA 5.16 Permeâmetro de Meinzer, composto por um tubo cilíndrico de cobre com 100 cm de comprimento e 7,6 cm de diâmetro (Krumbein & Pettijohn, 1938:515). As setas indicam os sentidos de percolação do fluido (em geral, água), dos reservatórios inicial até o final.

em laboratório pela vazão de um fluido (normalmente é a água), através de uma coluna do sedimento, acondicionado em um cilindro de percolação.

Stearns (1927) descreveu o teste idealizado por Meinzer. Dois tipos de equipamentos foram empregados, cujas diferenças estão unicamente nos comprimentos dos cilindros de percolação. Um dos cilindros tinha 121,92 cm (48 polegadas) de comprimento e o outro 142,24 cm (56 polegadas), construídos de cobre, tendo um diâmetro de 7,62 cm (3 polegadas). Havia uma abertura próxima à base, para a entrada de água, e outra próxima ao topo, para a saída da água, que subia através da coluna de sedimento (Fig. 5. 16).

A diferença de nível entre o topo e a base é regulada por meio de suprimento ajustável determinado pela leitura dos tubos capilares ligados no topo e na base do cilindro. A parte da água que extravasa é recolhida em um cilindro graduado. A água introduzida pela porção inferior do cilindro é percolada pela amostra, previamente compactada para ocupar o menor volume possível e, quando se inicia uma descarga uniforme no topo do cilindro, o teste é iniciado. A temperatura é lida, as diferenças de nível nas colunas capilares são tomadas e a razão de descarga estabelecida para 30 ou 60 segundos. Vários ensaios, usando-se diferentes níveis de água, podem ser executados.

b) *Sedimentos consolidados* — De acordo com o método proposto por Nütting (1930), a amostra de rocha é cortada em discos de tamanho padrão de 1,27 cm de diâmetro e 5 cm de espessura. Esse disco de rocha deve ser envolvido lateralmente com lacre e cimentado dentro de um tubo de seção circular. A amostra convenientemente preparada é adaptada em um tubo ligado a um recipiente com gás. O tempo requerido para um determinado volume de gás percolar a amostra é registrado, e a permeabilidade é encontrada por meio de tabelas.

Botset (1931) e Nevin (1932) depreciam a validade das permeabilidades medidas por meio da água que flui através da areia ou rocha, pois a razão de fluxo de água através de areia diminui com o tempo. Segundo Botset, isso se deve à *hidrólise da sílica* pela água com formação de ácido silícico e, desse modo, esse autor recomenda o uso do ar nessas medições. Ainda, de acordo com esse autor, haveria uma proporcionalidade direta entre as permeabilidades ao ar e à água nas amostras.

Além disso, durante a perfuração de um poço para prospecção de petróleo, por exemplo, podem ser obtidos vários dados para se ter uma idéia aproximada sobre a permeabilidade da rocha que está sendo perfurada. Em alguns casos, pode-se conseguir dados mais interessantes que os medidos em laboratório, pois neste caso apenas algumas amostras podem representar dezenas de metros de espessura de sedimentos. Um desses dados pode estar ligado à intensidade de diluição da lama pela penetração da *água conata* quando as pressões das formações são muito altas, ou ocorre perda de lama de perfuração quando as formações possuem pressões menores que o peso da coluna de lama. Comumente, o segundo caso é devido ao fraturamento ou à existência de cavernas em rochas solúveis, como os calcários. Outra situação indicativa do aumento de permeabilidade pode estar ligada à diminuição do tempo de perfuração que pode ser uma conseqüência da presença de rochas mais porosas, em geral, também mais permeáveis.

1.6.4 Conceitos de permeabilidades absoluta, efetiva e relativa

A *permeabilidade absoluta* é a medida em laboratório, segundo a *Lei de darcy*, que é válida quando um único fluido satura por completo o meio poroso. Isso não se verifica na natureza onde, em geral, existem associações de água, gás e petróleo, água e gás, etc.

A *permeabilidade efetiva* é a determinada para tipo de fluido específico (água, gás ou petróleo), na presença de outro. O valor desta permeabilidade difere com a saturação de fluidos no meio e verifica-se uma proporcionalidade na mudança de permeabilidade com a saturação, mas como esta varia de acordo com a amostra, deverá ser determinada experimentalmente. Exemplos: K_p (60,13) refere-se à *permeabilidade efetiva ao petróleo*, haven-

do 60% de petróleo, 13% de água e os restantes 27% de gás; K_a (50,40) relaciona-se à *permeabilidade efetiva à água* quando a porcentagem de saturação é de 50% de petróleo, 40% de água e 10% de gás.

A *permeabilidade relativa* é obtida pela relação entre as permeabilidades absoluta (100% de saturação) e a efetiva. Desse modo, tem-se o valor de $K_{ra} = K_a/K$ ou $K_{rp} = K_p/K$. A permeabilidade relativa apresenta valores diferentes, dependendo da natureza do outro fluido ou dos outros fluidos presentes, sendo determinada experimentalmente em cada caso particular. Para exemplificar, uma dada amostra com petróleo e gás retém capilarmente o petróleo até 30%, quando fluirá somente gás e a permeabilidade relativa ao petróleo será nula. É representado pelo trecho *a* da curva (Fig. 5.17). No ponto *b*, com 55% de petróleo, ambos fluirão com a mesma intensidade. Acima deste ponto, o gás fluirá cada vez menos, em forma de bolhas intermitentes dentro do petróleo.

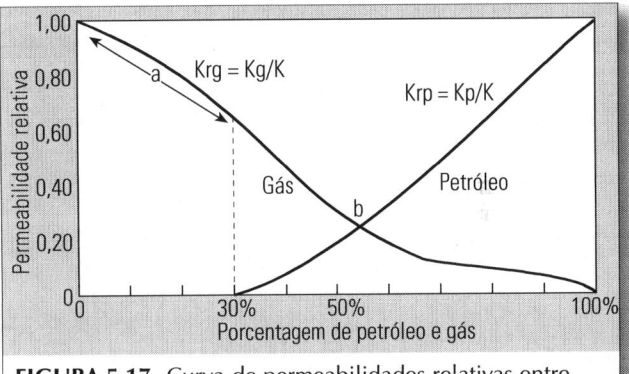

FIGURA 5.17 Curva de permeabilidades relativas entre petróleo e gás (Suguio, 1973a:63).

Considerando-se a permeabilidade relativa à água, o gráfico mostra que ela fluirá quando a sua porcentagem alcançar valores superiores a 20%, quando em presença de petróleo. Com valores inferiores, a água adere-se capilarmente aos grãos minerais. Em toda extensão do trecho a, fluirá somente petróleo. No ponto b da curva (Figura 5.18), a água e o petróleos fluirão com iguais intensidades. Depois o petróleo continuará fluindo com a água, mas em quantidades cada vez menores, até fluir somente água, quando este for o único fluido contido na rocha.

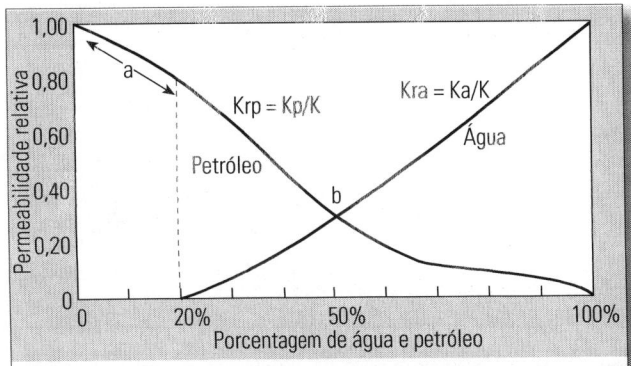

FIGURA 5.18 Curva de permeabilidades relativas entre petróleo e água (Suguio, 1973a: 64).

1.7 Cor dos sedimentos

1.7.1 Generalidades

A cor dos sedimentos é a propriedade que, em primeiro lugar, chama a atenção de um pesquisador, ou até mesmo de um leigo, em trabalhos de campo. Além disso, comumente é um fator determinante no discernimento de diferentes camadas em sucessão litológica, embora isoladamente a cor não seja uma propriedade suficiente para definição de diferentes unidades litológicas.

A cor dos sedimentos pode ser *primária* (original ou singenética) e *secundária* (ou epigenética). A cor primária é a existente no momento de soterramento dos sedimentos e a secundária resulta de mudanças ocorridas após a sedimentação e mesmo durante o intemperismo.

As *cores singenéticas* mais freqüentes nos sedimentos são branca, cinza e preta. Entre as *cores secundárias* as mais comuns são vermelha cor de tijolo, vermelho-acastanhada, castanho-avermelhada e diversas tonalidades de amarelo e verde. As cores azul, azul-celeste e roxa são pouco comuns nas rochas sedimentares.

1.7.2 Fatores determinantes

A cor dos sedimentos é determinada fundamentalmente pela sua composição. A cor branca é peculiar aos sedimentos sem compostos de ferro e/ou manganês ou matéria orgânica. Diversas espécies de *evaporitos* (depósitos salinos) dolomitos, calcários, argilominerais do grupo da caulinita e areias quartzosas, quando puros, exibem a cor branca.

As cores cinza e preta são, na maior parte dos casos, relacionadas à *matéria orgânica* (carbono orgânico ou hidrocarbonetos) e, quando os sedimentos contêm esta substância são relativamente freqüentes os compostos de enxofre, como a pirita e marcassita. Esses minerais, quando finamente disseminados nos sedimentos, também atribuem cores cinza-escura a preta. Além disso, os óxidos de manganês também exibem a cor preta. As diversas tonalidades da cor cinza, gradando a quase preta, são ligadas a quantidades variáveis de *matéria orgânica* e *sulfetos* (mais comumente de ferro e mais raramente de cobre ou chumbo), dispersos nos sedimentos.

Na Fig. 5.19 são mostradas as relações entre as colorações de carbonatos (calcário e dolomito) e as substâncias contidas como impurezas. Na figura verifica-se perfeita concordância entre as curvas de variação de tonalidades, principalmente em relação à intensidade da cor preta, em função dos conteúdos da rocha em carbono orgânico, ferro e enxofre de sulfetos. A curva de coloração foi baseada em medidas executadas por fotômetro.

As relações entre as cores dos sedimentos e os teores de *matérias orgânicas* contidas foram pesquisadas por Trask & Patnode (1936). Os resultados encontrados por esses autores estão representados na Fig. 5.20. As amostras examinadas por esses pesquisadores foram divididas em 37 grupos, entre as tonalidades mais claras e mais escuras. Na ordenada tem-se o conteúdo porcentual da *matéria orgânica* e, na abscissa, estão representadas as tonalidades associadas aos teores de carbono de cada uma das amostras. Por exemplo, a terceira amostra, a partir da esquerda, mostra variações de teores de 0,2 a 2,2%. Os valores médios de cada amostra estão representados por pequenas circunferências. A curva ascendente, em preto, mostra que a coloração torna-se mais escura com o incremento do teor de *matéria orgânica*.

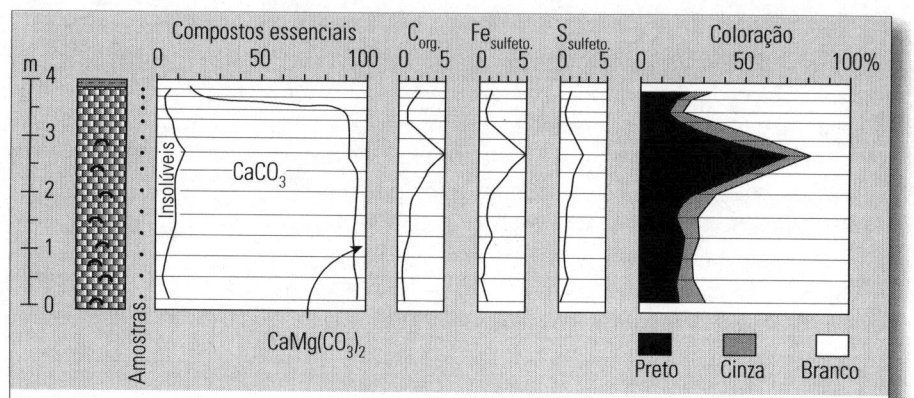

FIGURA 5.19 Relações entre as cores exibidas pelos calcários e dolomitos e os seus conteúdos em carbono orgânico, ferro total e compostos sulfetados. Os pontos à direita da coluna litológica correspondem aos locais de amostragem (Notícias Geológicas, 1966, do Serviço Geológico do Japão, em japonês).

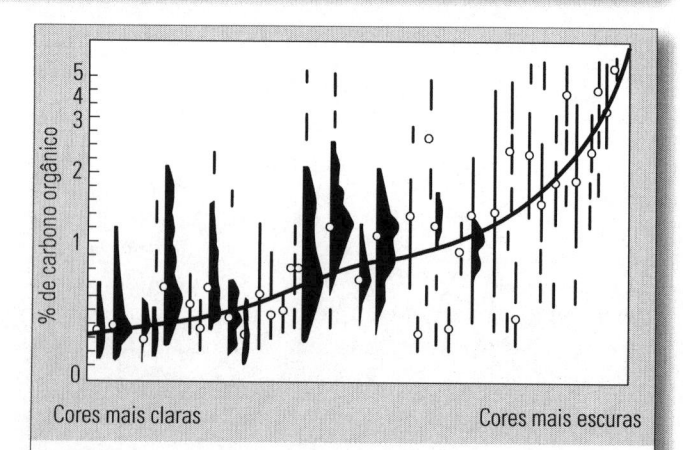

FIGURA 5.20 Relações entre as cores e os conteúdos em carbono orgânico presentes em sedimentos, comumente pelíticos. Note que menos de 5% de carbono orgânico são suficientes para mudar as cores dos sedimentos, que passam de cores mais claras para mais escuras (Trask & Patnode, 1936).

As várias tonalidades da cor vermelha e as cores acastanhadas ou amareladas são, em geral, relacionadas aos hidróxidos de ferro (goethita, lepidocrocita, etc.). A cor verde nas rochas sedimentares está ligada, na maior parte dos casos, a compostos de Fe na forma reduzida, relacionados a minerais filossilicáticos como clorita, glauconita e esmectita. Suguio (1969) atribuiu a cor verde-oliva pálida (10Y 6/2), que é bastante freqüente nos sedimentos da Bacia de Taubaté (Vale do Rio Paraíba do Sul, São Paulo) à presença da nontronita (argilomineral do grupo da esmectita). Às vezes, a cor verde pode estar associada a compostos de cobre, como a malaquita. Quando ocorrem simultaneamente compostos de Fe^{+2} e Fe^{+3} em um mesmo sedimento, as cores variam com as proporções de cada um dos compostos. Essas relações são mostradas na Fig. 5.21, onde se vê que a coloração das rochas argilosas varia de vermelha a verde, de acordo com a participação efetiva de Fe^{+2}. Em alguns casos, a cor verde pode aproximar-se da preta. (Fig. 5.21).

As cores azul e azul-celeste são típicas da anidrita e celestina, e mais raramente são encontradas na gipsita e sal-gema. Às vezes, essas cores são devidas à vivianita, que pode acompanhar jazidas de minério de ferro sedimentar que, por oxidação, adquirem aquelas tonalidades. Finalmente, a cor azul pode estar associada à azurita, mas isso é dificilmente verificado nas rochas sedimentares, sendo mais freqüentes nas *crostas de intemperismo* de depósitos de sulfetos de cobre.

A cor roxa é, em geral, difícil de ser explicada. É possível que, na maioria dos casos, esteja ligada aos teores e às relações dos óxidos de Mn e Fe contidos nessas rochas.

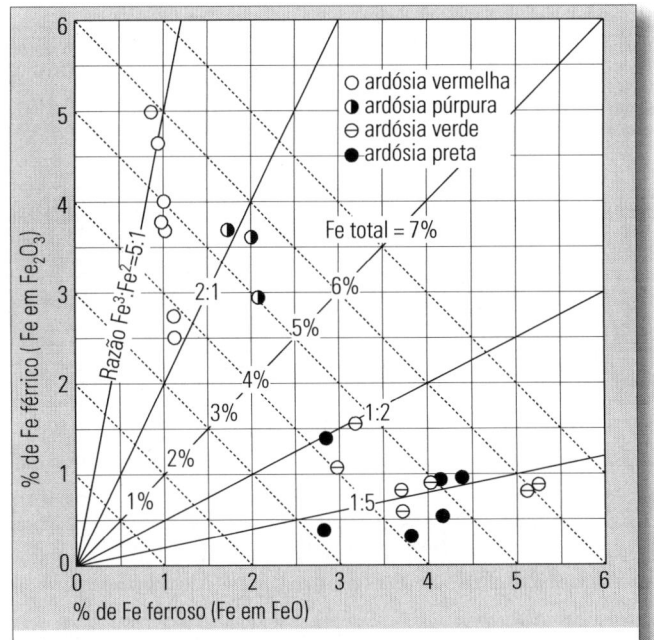

FIGURA 5.21 Relações entre as cores e os conteúdos de ferro em estados férrico (Fe^{+3}) e ferroso (Fe^{+2}). Note que as porcentagens de ferro total das ardósias de cor vermelha não diferem das de cor preta (Tomlinson, 1916).

Em geral, os teores de materiais corantes contidos nas rochas são muito pequenos. Baixíssimas porcentagens (menos de 1%) de *matéria orgânica* são suficientes para escurecer a cor de uma rocha calcária. Os conteúdos necessários de compostos de ferro para que um arenito ou argilito adquiram coloração avermelhada são também da mesma ordem de grandeza.

Além da composição original do sedimento e dos corantes principais, vários outros fatores interferem na cor final. Assim, por exemplo, um sedimento umedecido apresenta-se com uma tonalidade mais escura que quando seca e, em local muito iluminado, a cor tende a aparecer mais clara. Twenhofel (1932) e Pettijohn (1957) consideram que a granulação dos sedimentos é também um fator importante, isto é, ocorre uma tendência para as cores serem mais escuras em sedimentos de granulação mais fina. Sobre as relações entre a granulação e a coloração de sedimentos, Sauramo (1923) executou uma pesquisa detalhada em argilas quaternárias da Finlândia. Por todos esses fatores envolvidos, é importante examinar as cores dos sedimentos sob condições aproximadamente iguais ou especificar em que condições (seco ou molhado, em bloco ou em pó, etc.) as cores foram descritas.

1.7.3 Minerais coloridos em sedimentos

As causas das diferentes colorações presentes nas rochas sedimentares, nem sempre são muito fáceis de serem estabelecidas. Já foi visto, por exemplo, que pode haver influência até da granulação das partículas constituintes. Porém, em geral, as cores dependem dos matizes das partículas componentes ou da presença de algum pigmento corante. Por exemplo, as areias brancas são quartzosas puras, as róseas podem ser granatíferas e as pretas contêm magnetita e/ou ilmenita. Essas cores são denominadas de *hereditárias* porque os sedimentos herdaram essas características das *rochas matrizes* (source rocks). Outras cores podem estar ligadas a processos ocorridos nas fases iniciais de sua origem (sedimentação ou diagênese precoce) como, por exemplo, a *minerais neoformados* (*minerais autigênicos*) como no caso das *areias verdes* (green sands), que contém *glauconita*. As cores adquiridas durante a deposição ou diagênese precoce são, na maioria dos casos, característicos de sedimentos químicos ou orgânicos. Como exemplos, têm-se os calcários e dolomitos de cores claras até brancas.

Finalmente, a cor dos sedimentos pode ser atribuída aos fenômenos secundários, ligados por exemplo a *processos intempéricos*, quando é definida por *minerais secundários* (ou epigenéticos). Neste caso, as rochas sofreram oxidação e hidratação, podendo haver introdução ou eliminação de substâncias e, desse modo, as cores observadas podem ser bastante diferentes das originais.

MacCarthy (1926), que estudou pormenorizadamente as cores dos minerais, com especial ênfase as das argilas e outras devidas à *matéria orgânica* e aos óxidos de Mn, os compostos de Fe parecem ser, de um ou de outro modo, os maiores responsáveis pelas cores dos sedimentos. Ele correlacionou, com algum sucesso, as cores dos minerais com Fe e as suas razões FeO/Fe_2O_3 e os seus graus de hidratação. Porém, são verificadas algumas anomalias na aplicação do seu modelo, que foi baseado em *química molecular*. Os minerais sedimentares de ferro mais comuns são caracterizados por determinadas cores, que podem ser exemplificados, como a seguir.

a) Óxidos (Fe_2O_3) e hidróxidos ($Fe_2O_3 \cdot nH_2O$) férricos, que podem aparecer como diferentes minerais:

- *Hematita* (Fe_2O_3) — apresenta cores vermelha a púrpura e possivelmente cinza;

- *Goethita* ($Fe_2O_3 \cdot nH_2O$) — exibe cores amarela, castanha e raramente vermelha. A goethita é o principal mineral componente da "limonita".

- *Lepidocrocita* ($FeO \cdot OH$) — mostra cores vermelha, laranja ou castanha. Este também é um mineral componente da "limonita". A oxidação de Fe $(HCO_3)_2$, em solução, com baixa concentração de CO_2, favorece a formação deste mineral.

- "*Limonita*" — este termo usado para designar um grupo de minerais (hidróxidos de ferro) que, em geral, atribui cores amarelada a acastanhada aos sedimentos.

O óxido férrico é fortemente policromático e, desta maneira, com a diminuição da granulação a hematita muda de cor a partir de quase vermelha (que é a cor do traço) e, finalmente, para amarela (que a cor das soluções de ferro férrico). A hematita magnética, chamada de *maghemita*, é caracterizada pela cor variável entre vermelha à acastanhada e estrutura de magnetita. O óxido ferroso (wüstita) pode ser preparado artificialmente, mas não é conhecido na forma natural em sedimento. Portanto, é incorreto atribuir a cor verde dos sedimentos ao óxido ferroso. Mas a combinação natural dos óxidos ferroso e férrico forma a magnetita (Fe_3O_4), que confere aos sedimentos cores cinza ou preta.

b) *Silicatos de ferro* que atribuem cores verde ou esverdeada e compreendem vários argilominerais:

- *Esmectita* — principalmente a nontronita, que é rica em ferro;

- *Illita* — constitui um filossilicato rico em ferro e potássio. Provavelmente, existe um teor crítico de ferro, a partir do qual a cor torna-se verde, mas este limite é no momento desconhecido;

- *Clorita* — acha-se amplamente distribuída, mas as suas propriedades físicas não são suficientemente conhecidas para se avaliar o seu papel na determinação da cor verde nos sedimentos.

Em suma, as cores vermelha, amarela e acastanhada em sedimentos podem ser associadas, com certeza, aos óxidos e hidróxidos de ferro, com diferentes graus de hidratação. A cor preta pode estar ligada ao carbono orgânico, óxidos de manganês ou sulfetos de ferro finamente dispersos. A cor branca pode ser interpretada como resultante de reflexos em múltiplas superfícies diminutas de substâncias essencialmente incolores. As cores intermediárias podem corresponder às misturas desses materiais. Além disso, a cor final observada depende da granulação dos materiais, do índice de refração do meio circundante, da polarização, da difração e de outras causas.

1.7.4 Significados geológicos

Como os sedimentos são produtos de complexos processos, as suas cores são também de diferentes origens e, comumente, de difícil explicação. Freqüentemente, as cores estão relacionadas a *minerais detríticos (cores hereditárias)*, *minerais diagenéticos* ou, ainda, a *minerais secundários*. Na definição das *cores hereditárias*, interferem tanto o modo de desintegração das rochas matrizes quanto as condições climáticas, além do agente, distância e duração do transporte, bem como as condições físico-químicas do sítio deposicional.

O papel desempenhado por cada um dos fatores acima enumerados, na definição da cor dos sedimentos, é uma questão muito importante, mas de difícil solução. As observações de campo, compreendendo as relações e as variações entre as cores dentro de uma unidade litológica podem auxiliar na elucidação da origem da cor. Desse modo, se uma cor seguir ininterruptamente uma determinada camada, em perfeita concordância com a estratificação, é sugestiva de cor primária. Entretanto, se as cores aparecem na forma de manchas, acompanhando fraturas ou poros e não se modificando segundo diferentes litologias, por exemplo, podem ser indicativas de origem secundária. Além disso, as cores verificadas abaixo do nível do lençol freático de água subterrânea, que apresenta características menos oxidantes, têm grande possibilidade de que sejam primárias. As cores avermelhadas, situadas abaixo do lençol freático podem estar associadas a superfícies de discordância, indicando então fases de exposição subaérea com eventual erosão parcial, dos sedimentos. Os cortes de rodovias, por exemplo, exibem cores semelhantes às singenéticas, nas fases iniciais de abertura, mas com o decorrer do tempo, adquirem cores mais avermelhadas por oxidação devida a exposição subaérea, em condições de clima tropical úmido e quente.

Quando a cor de uma rocha estiver ligada principalmente a minerais da época de deposição ou a minerais diagenéticos, deverá fornecer informação sobre as condições físico-químicas dos *ambientes deposicional* ou *diagenético*. Por exemplo, as cores avermelhada ou acastanhada, ligadas ao Fe^{+3}, sugerem condições oxidantes, enquanto as cores cinzenta ou preta, devidas a *matéria orgânica,* são ligadas a condições redutoras.

Não deve ser esquecido que as cores das fases iniciais de deposição podem ser alteradas pela *diagênese.* Isto ocorre porque se, por exemplo, o sedimento contiver muita *matéria orgânica,* os óxidos de ferro poderão ser transformados em silicatos ou carbonatos de ferro ou, quando o *fluido intersticial* for rico em H_2S, pode haver a formação de sulfetos pelas seguintes reações:

Hidróxidos de ferro $\implies$ Silicatos ou carbonatos de ferro $\implies$ Sulfetos de ferro (pirita ou marcassita)

Em conseqüência dessas transformações, as cores dos sedimentos sofrerão as seguintes mudanças:

Amarela a castanho-amarelada $\implies$ Verde de várias tonalidades $\implies$ Cinza ou preta

Além dos *fenômenos diagenéticos,* o clima é sem dúvida outro fator importante na determinação da cor dos sedimentos, embora esta questão ainda não esteja bem estudada. Em climas quentes de regiões continentais, com baixa pluviosidade, o fator mais importante na definição da cor de sedimentos é a natureza das rochas da *área-fonte* (source area). De qualquer modo, as cores dos sedimentos depositados nessas condições tendem a ser claras (cinza, amarela, creme, etc.).

Entre as cores de sedimentos, muitas vezes de *origem primária* que têm merecido atenção especial dos sedimentólogos, desde longa data, têm-se as encontradas nas chamadas *camadas vermelhas* (red beds). Elas são relativamente comuns no registro geológico e ocorrem desde o Pré-cambriano ao Recente. São cores mais típicas de siltitos, folhelhos e arenitos, sendo mais raras em calcários. São atribuídas à presença da hematita, que ocorreria como pigmento da matriz argilosa ou como delgado filme recobrindo os grãos de quartzo. Neste caso, não há qualquer dúvida de que se trata de depósito de *ambiente fortemente oxidante,* porém, o que se pode discutir é o seu possível significado paleoclimático. Segundo Krynine (1949) e outros, esses sedimentos só se originariam em *climas tropicais úmidos.* Outros, como Walker (1967a), admitem que as *camadas vermelhas* tenham sido originadas em *climas áridos (desérticos).* A seguir, os minerais de ferro ficariam sujeitos a transformações diagenéticas que levariam à formação da hematita, que imputaria a cor vermelha aos sedimentos. Portanto, é até provável que esses sedimentos tenham, na verdade, implicações paleoclimáticas parciais, podendo formar-se em ambientes oxidantes de climas secos e úmidos, mas talvez necessariamente quentes. Nos sedimentos de desertos antigos é comum a presença da cor vermelha, sendo mais rara nos desertos atuais. Provavelmente, a cor vermelha é adquirida por *intemperismo químico* e, segundo Colman & Dethier (1986), este processo iniciar-se-ía simultaneamente à deposição e a sua intensidade de atuação seria aproximadamente uma função linear do tempo. Baseado nisso, Suguio (1999) propôs o uso do *grau de intemperismo químico* na datação relativa de sedimentos quaternários. Entretanto, não deve ser esquecido que esta propriedade depende não somente da idade da deposição, mas também das condições ambientais e das propriedades físico-químicas dos materiais envolvidos.

Outra cor que tem merecido muita atenção dos estudiosos é a cor verde, que freqüentemente está relacionada aos constituintes mineralógicos, principalmente argilominerais. Um argilomineral relativamente comum que apresenta cor verde é a *illita.* Os minerais do grupo da *esmectita* como a nontronita, são também esverdeados, mas por vezes exibem cores vermelhas, talvez em função do óxido férrico incorporado mecanicamente à argila, que permanece externamente à rede cristalina. Entre os sedimentos verdes têm-se também os *arenitos verdes* (green sandstones), cuja cor é conferida pela *glauconita,* que é um mineral de diagênese precoce, associado a ambiente marinho raso (plataforma continental).

Além disso, são muito importantes os *folhelhos pretos* ou *negros* (black shales) que são caracterizados, além da cor negra, pela *fissilidade* bem desenvolvida e altos conteúdos de *matéria orgânica.* Eles tendem a ser também ricos em urânio e sulfetos (pirita e marcassita) que, por vezes, substituem fósseis, mas em geral são pouco fossilíferos pela natureza hostil à vida dos seus ambientes deposicionais. Os *folhelhos negros* ocorrem em muitos lugares do mundo e são de diversas idades geológicas. O que não deixa dúvidas, quanto à sua origem, é que devem ter sido depositados em ambientes subaquáticos continentais ou marinhos, de diferentes profundidades, mas invariavelmente de águas calmas e com Eh extremamente redutor. Muitos *folhelhos negros* constituem *rochas geradoras* (source rocks) de hidrocarbonetos.

Sendo a cor dos sedimentos uma propriedade muito importante na descrição e interpretação genética é conveniente que se adotem critérios tão objetivos quanto possíveis na sua caracterização. Mas uma descrição precisa de cores constitui um desafio ainda não vencido. Grawe (1927) usou o fotômetro para executar uma descrição quantitativa da cor. Entretanto, o método mais prático de determinação de cores de sedimentos e de solos consiste no emprego de tabelas padrão denominadas respectivamente de *tabela de cores de rochas* (rock color chart) e *tabela de cores de solos* (soil color chart), que utilizam os mesmos princípios. Na descrição das cores de rochas, a mais conhecida é a da Sociedade Geológica Norte-Americana.

1.8 Outras propriedades de massa dos sedimentos

Além das *propriedades de massa* já vistas, como petrofábrica, empacotamento, porosidade, permeabilidade e cor, existem outras igualmente importantes na completa caracterização desses materiais.

1.8.1 Peso específico e densidade

A *densidade* de uma substância corresponde ao seu peso por volume unitário, enquanto o *peso específico* é a razão entre o peso de um corpo e o peso de igual volume de água destilada a 4 graus. No sistema métrico decimal, a *densidade* é representada em g/cm^3, sendo numericamente igual ao *peso específico*.

O *peso específico* (ou *densidade*) dos sedimentos pode ser determinado pela medição direta do peso e do volume em amostras de calhaus e seixos. O peso pode ser medido em uma balança e o volume por um volumímetro, através do deslocamento do nível de um líquido, que preenche um frasco graduado, antes e depois da imersão da amostra no líquido. Com o peso e o volume conhecidos, o *peso específico* é numericamente igual à *densidade* quando expressa como peso em grama dividido pelo volume em centímetro cúbico. O método de medida de volume, acima descrito, resulta em grandes erros, em virtude dos espaços porosos internos da amostra preenchidos por ar.

Existem vários métodos pelos quais o peso de um corpo é medido diretamente e o volume é determinado por pesagem subseqüente em água, verificando-se a resultante perda de peso, a partir da qual o peso da água deslocada pode ser conhecido pelo princípio de Arquimedes.

1.8.2 Coesão

Esta é uma propriedade ligada às forças superficiais, que tendem a conservar juntas as partículas de um sedimento, mesmo sem *litificação*. Esta propriedade é especialmente acentuada em partículas mais finas como, por exemplo, de diâmetros inferiores a 0,0 1mm (siltes finos e argilas) e mais baixa em sedimentos de diâmetros maiores (areias e siltes grossos).

1.8.3 Compactibilidade

É uma propriedade que se manifesta através do decréscimo de volume de sedimentos, quando submetidos à pressão (carga), resultando comumente em diminuição de porosidade e permeabilidade por rearranjo espacial das partículas e expulsão dos *fluidos intersticiais*. A *compactibilidade* é especialmente acentuada em sedimentos pouco consolidados de granulação fina. Deste modo, sedimentos argilosos compactados sob 1.500 m de espessura, de sedimentos superpostos, podem ter a porosidade reduzida de 50% para 5%. Esta propriedade também é muito conspícua em sedimentos carbonosos, como a *turfa* (peat), especialmente nas fases de diagênese precoce.

1.8.4 Elasticidade

Corresponde à capacidade de corpos submetidos à deformação recuperarem o tamanho e a forma anteriores, após a cessação da força. A *elasticidade* é um fator importante, que influi na velocidade de propagação de ondas sísmicas em *prospecção geofísica* ou em eventos naturais, como os terremotos.

O *módulo de Young* que define esta propriedade varia de 2×10^{11} dinas/cm^2 para folhelhos, 5×10^{11} dinas/cm^2 para arenitos e 6×10^{11} dinas/cm^2 para calcários.

1.8.5 Resistividade elétrica

É uma medida da resistência à passagem da corrente elétrica, que depende bastante da natureza do sedimento e do *fluido intersticial*. Em arenitos, a resistividade é da ordem de 10^4 ohm · cm. As resistividades relativas das rochas sedimentares perfuradas em poços, como os de prospecção de água subterrânea ou petróleo são registradas pela "curva lateral" (laterolog) dos *perfis elétricos*.

1.8.6 Suscetibilidade magnética

Esta propriedade é uma medida das características magnéticas dos sedimentos, que depende fundamentalmente do teor de magnetita presente. Em unidades CGS, 90% dos sedimentos possuem suscetibilidade magnética inferior a 0,001, enquanto derrames de lavas básicas apresentam valores superiores a 0,001 em 90% dos casos.

1.8.7 Radioatividade

Esta propriedade em sedimentos expressa em unidades equivalentes a 10^{-12} de rádio por grama de sedimento. Valores medidos para arenitos indicam 4,1 para arenitos puros, 4,0 para calcários, 11,3 para folhelhos cinzas e 22,4 para folhelhos negros. As radioatividades relativas das rochas sedimentares em poços, como os de prospecção de água subterrânea ou petróleo são registrados pelo perfil de raios gama (gamma-ray log).

1.8.8 Condutividade térmica

A condutividade térmica é uma medida da facilidade de fluxo de calor através do sedimento. Esta propriedade representada por k e medida em calorias/s · cm · grau, sendo da ordem de 0,005 para as rochas sedimentares.

2. As propriedades mineralógicas

2.1 As composições mineralógicas das rochas sedimentares e ígneas

Nas rochas ígneas, muitas variedades de minerais formam o arcabouço litológico, enquanto em rochas sedimentares apenas poucos minerais são importantes na composição da maioria das rochas.

Além disso, cada um dos minerais componentes dos sedimentos pode apresentar-se em grande número de formas. Deste modo, por exemplo, a calcita (CaCO₃) pode aparecer como *oólitos* ou *pisólitos*, *seixos transportados*, *fósseis*, *pelotas*, *vasas microcristalinas*, *várias gerações de cimento* de preenchimento de interstícios intergranulares de arenitos, *vênulas* etc.

Durante os ciclos repetitivos de intemperismo e erosão os sedimentos são enriquecidos em quartzo e empobrecidos em feldspatos e outros minerais menos estáveis, ocorrendo, com isso, grande incremento de sílica livre. Neste processo, os componentes ferromagnesianos são quase totalmente eliminados (Tabela 9).

TABELA 9 Comparação das composições mineralógicas porcentuais calculadas de rochas ígneas e sedimentares médias

Minerais componentes	Rocha ígnea média		Rocha sedimentar média
	Clarke (1924)	Leith & Mead (1915)	Leith & Mead (1915)
Quartzo	12,0	20,4	35,0
Feldspato	59,5	50,2	16,0
Min. Fe-Mg	16,8	24,8	—
Mica	3,8		
Miscelânea	7,9	4,6	34,0

Nas rochas ígneas comuns, os componentes são principalmente minerais de cristalização química direta, praticamente sem partículas transportadas e com pouca substituição, enquanto nos sedimentos podem ser reconhecidos dois grupos bem distintos de minerais, isto é, os *componentes terrígenos* (clásticos ou detríticos) e os *componentes químicos*.

2.2 Os fatores que controlam a abundância dos minerais nas rochas sedimentares

De acordo com Krynine (1948), a abundância relativa dos minerais terrígenos nas rochas sedimentares depende de três fatores principais:

a) *Disponibilidade* — Naturalmente o mineral deverá estar presente em freqüência suficiente na *rocha matriz* (source rock). Deste modo, não se pode esperar que um arcózio resulte do intemperismo e erosão de um calcário ou que se tenha seixos de sílex do intemperismo de um granito. Portanto, a ausência de feldspato em um arenito pode ser atribuída, muitas vezes, não a um clima úmido, mas ao fato de que a *rocha matriz* era isenta desse mineral.

b) *Resistência mecânica* — Esta propriedade é favorecida pela clivagem difícil ou inexistente e pela alta dureza, como acontece com o quartzo. Então, o processo de retrabalhamento tende a eliminar seletivamente, por abrasão os minerais de clivagem mais fácil, como os feldspatos e de menor dureza como os carbonatos.

c) *Estabilidade química* — Os minerais cristalizados no magma, em fase mais tardia sob condições de temperaturas mais baixas e na presença de mais água, tendem a ser mais estáveis nas rochas sedimentares, porque se ajustam melhor às condições de baixas temperaturas e mais ricas em água dos ambientes deposicionais.

A *seqüência de estabilidade química* decrescente dos minerais sob condições de baixa pressão e baixa temperatura (Tabela 10), segundo Goldich (1938), é aproximadamente inversa à *série de cristalização* de Bowen (1928).

Os minerais situados acima de linha horizontal tracejada podem ser formados também por precipitação em sedimentos, constituindo *minerais autigênicos*.

TABELA 10 Seqüência de estabilidade química, decrescente de cima para baixo, dos minerais terrígenos (Goldich, 1938). A olivina é a mais instável, e o quartzo, zircão, turmalina e rutilo são mais estáveis em condições superficiais.

Quartzo, zircão, turmalina e rutilo	
Sílex	
Muscovita	
Microclínio	
Ortoclásio	Albita
Hornblenda	
Piroxênio	
Olivina	

2.3 Abundância relativa dos minerais nas rochas sedimentares

A composição das rochas sedimentares pode ser expressa em termos mineralógicos ou químicos. A composição mineralógica é uma propriedade muito importante nos sedimentos e, juntamente com as características texturais e de estruturas sedimentares, define as propriedades dos agregados minerais.

As rochas sedimentares são, em última análise, produtos de amplos processos de fracionamentos físico e/ou químico. Portanto, as rochas sedimentares mostram maior diversidade na composição que as rochas ígneas, principalmente no que diz respeito às variedades de forma de um mesmo mineral. Para se compreender completamente os processos geoquímicos e a evolução dos vários tipos de sedimentos, é necessário executar a análise química. Em alguns casos, quando a granulometria das rochas sedimentares é excessivamente fina, dificultando ou mesmo impossibilitando os estudos petrográficos convencionais, a análise química pode auxiliar muito no estudo da sua composição mineralógica.

Mais de 150 espécies de minerais têm sido diagnosticadas nas rochas sedimentares. Porém, a maior parte desses minerais é relativamente escassa na natureza e a sua presença é devida à inclusão acidental entre os fragmentos detríticos. Segundo Krynine (1948), apenas cerca de vinte espécies compõem 99% das rochas sedimentares conhecidas.

A lista abaixo, elaborada por Folk (1968), fornece uma idéias sobre as freqüências relativas dos minerais mais comuns nas rochas sedimentares.

2.3.1 Minerais terrígenos

Esses minerais são provenientes do intemperismo e erosão das rochas matrizes (ígneas, metamórficas ou sedimentares), seguidos de transporte e deposição, constituindo cerca de 60 a 80% das colunas estratigráficas medidas. Os principais representantes desses minerais são:

a) *Quartzo* (de 35 a 50% de freqüência relativa) — Este é um dos minerais mais estáveis e mais abundantes na crosta terrestre.

b) *Argilominerais* (de 25 a 35%) — São, em geral, compostos por filossilicatos originários do intemperismo de outros silicatos de origem primária das rochas ígneas, principalmente feldspatos. Os principais tipos de argilominerais constituem os grupos da esmectita, caulinita, illita e clorita. Existem também os argilominerais formados por *processos hidrotermais.*

c) *Feldspatos* (de 5 a 15%) — Os feldspatos compreendem dois grupos (os potássicos e os plagioclásicos) sendo o primeiro muito mais abundante que o segundo nas rochas sedimentares.

d) *Sílex* (de 1 a 4%) — É formado pela sílica nas formas cripto ou microcristalina, resultando principalmente do retrabalhamento de partes silicificadas (nódulos e camadas de calcário substituídas pela sílica) de antigos depósitos carbonáticos. Existe também sílex de origem vulcânica ou mesmo de origem orgânica.

e) *Mica grossa* (de 0,1 a 0,4%) — A muscovita é a mais abundante por ser mais resistente ao intemperismo, podendo também ser encontrada alguma biotita ou clorita com diferentes graus de alteração.

f) *Carbonatos* (de 0,2 a 1%) — Os carbonatos mais comuns entre as rochas sedimentares são os calcários e os dolomitos. Comumente, os fragmentos carbonáticos são resultantes do retrabalhamento de calcários antigos, mas a sua preservação é favorecida somente em climas secos e em condições de pH alcalino.

g) *Minerais pesados* (de 0,1 a 1%) — Correspondem aos minerais acessórios de rochas ígneas, metamórficas e sedimentares preexistentes, que são liberados por intemperismo e erosão. Podem ser encontrados vários tipos de minerais pesados: *opacos* (magnetita, ilmenita, hematita, etc.), *ultra-estáveis* (zircão, turmalina e rutilo) e *metaestáveis* (granada, apatita, cianita, etc.).

2.3.2 Minerais químicos e autigênicos

Esses minerais são formados pela precipitação a partir de soluções no interior de uma bacia deposicional ou formados durante a diagênese dos sedimentos. Eles abrangem cerca de 20 a 40% das colunas estratigráficas, sendo representados principalmente por:

a) *Carbonatos* (de 70 a 85%) — Entre os carbonatos, o mais comum nos registros sedimentares é a calcita (2/3 a 3/4), seguida pela dolomita (1/3 a 1/4), ocorrendo menores quantidades de aragonita, siderita e ankerita;

b) *Sílica* (de 10 a 15%) — Ocorre principalmente como quartzo e sílex e mais raramente como opala (sílica amorfa).

c) *Sulfatos e outros sais* (de 2 a 7%) — Os sulfatos mais comuns são a gipsita e anidrita, mas os sais mais abundantes no registro geológicos são os depósitos de halita (sal-gema), podendo ocorrer menores quantidades de silvita, carnalita, barita, etc.

d) *Minerais autigênicos* (de 2 a 7%) — São grupos de minerais formados durante a *sedimentação* ou na fase de *diagênese precoce*, podendo então indicar as condições físico-químicas dos ambientes deposicionais e/ou diagenéticos.

2.4 Quartzo

2.4.1 Características gerais

a) *Composição química* — SiO$_2$ (essencialmente constante e sem substituição isomorfa).

b) *Propriedades físicas* — Cristaliza-se no sistema trigonal, exibe dureza em torno de 7, clivagem praticamente ausente, fratura conchoidal e índice de refração levemente superior ao do bálsamo do Canadá. O cristal de quartzo é uniaxial positivo e freqüentemente apresenta extinção ondulante.

A maioria dos grãos de quartzo, presente em sedimentos, exibe inclusões em geral como vacúolos isolados ou fileiras de vacúolos preenchidos por líquido e/ou gás. As inclusões minerais (*micrólitos*) são mais raras e constituídas por turmalina, mica, rutilo acicular, magnetita, feldspato e zircão. As inclusões fluidas ou de minerais dispostas com arranjo zonado paralelo às faces cristalinas indicam que o quartzo cresceu em uma cavidade aberta, sob forma de preenchimento de veio ou de geodo.

2.4.2 Disponibilidade (de 35 a 50%)

A maior parte dos grãos de quartzo, especialmente os que constituem as partes superiores das colunas estratigráficas, é originada do retrabalhamento de arenitos mais antigos ou de calcários arenosos.

As características que auxiliam na identificação de *grãos policíclicos*, isto é, que passaram por vários retrabalhamentos, são as relações anômalas de arredondamento e granulometria. Normalmente, as partículas mais grossas tendem a ser mais arredondadas, mas podem ocorrer misturas de grãos arredondados e angulosos de dimensões semelhantes ou, mais raramente, ocorrência de cristais com sobrecrescimento, que posteriormente sofreram abrasão. Outras evidências que podem sugerir retrabalhamento de depósitos sedimentares mais antigos são: presença de fragmentos de sílex ou de rochas sedimentares (folhelho, calcário, etc.) ou, como constataram Suguio *et al.* (1974a), fatos peculiares nas assembléias de minerais pesados como, por exemplo, existência de diferentes graus de arredondamento na mesma espécie mineralógica, etc.

Quantidades apreciáveis de quartzo provêm de quartzitos e xistos e menores quantidades são originadas de *veios hidrotermais* ou de *materiais vulcânicos*. Entretanto, as fontes primárias mais importantes de grãos de quartzo são os granitos e gnaisses.

2.4.3 Resistência física

O quartzo é um dos minerais mais abundantes nas rochas sedimentares porque apresenta alta dureza e não exibe clivagem. Para que ocorra o arredondamento de partículas arenosas de quartzo é necessário um transporte por longa distâncias e, então, comumente são angulosas ou subangulosas.

A alta resistência física também faz com que as formas originais, presentes nas rochas matrizes, sejam preservadas e, segundo Bokman (1952), os grãos tendem a ser mais ou menos eqüidimensionais, quando derivados de rochas graníticas e mais alongados quando originados de rochas gnaissicas.

Por abrasão os grãos de quartzo podem chegar a 2-3 mícrons de diâmetro, mas granulações da ordem de 0,010 a 0, 020 mm constituem praticamente os limites inferiores, quando presentes em lamitos.

2.4.4 Estabilidade química

O quartzo é ultraestável sob condições superficiais, de baixa pressão e baixa temperatura e, provavelmente, a dissolução por intemperismo não é muito importante, mormente em climas temperados, embora tenham sido relatados casos de dissolução mais ou menos acentuada em áreas tropicais (Paraguassu,1972). Millot & Fauck (1971) e Fauck (1972) também enfatizaram, em suas pesquisas, que a solubilização do quartzo em regiões tropicais era bastante importante. Este fenômeno se manifestaria freqüentemente na forma de película de sílica amorfa (Claisse, 1972) na borda dos grãos de quartzo, só identificável com o uso de técnicas modernas de laboratório como, por exemplo, da *microscopia eletrônica* de *varredura* ou de *microssonda eletrônica*.

Quando soterrado em subsuperfície, mesmo a profundidades relativamente rasas e sob pressão e temperatura bastante modestas, o quartzo pode dissolver-se e formar *estruturas de microssuturas* nos contatos entre os grãos.

Por outro lado, com certa freqüência os grãos de quartzo mostram *sobrecrescimento* (crescimento secundário e, até certo ponto, pode-se admitir que este mineral deva ser destruído ou regenerado, dependendo das condições físico-químicas reinantes.

2.4.5 Características deposicionais

Em arenitos, este mineral é homogeneamente distribuído mas, em lamitos, ele ocorre como concentrados em manchas ou certos níveis, e nos calcários apresenta-se disseminado ou também disposto em níveis.

Com alguma freqüência, os grãos exibem uma orientação paralela ao acamamento e também podem mostrar uma orientação óptica, com o eixo *c* paralelo ao acamamento. Wernick & Castro (1971a, b) realizaram estudos de orientação do eixo óptico dos grãos de quartzo em sedimentos do Grupo Bauru (Cretáceo) e Formação Botucatu (Jurássico) na Bacia do Paraná.

2.4.6 Variedades de quartzo detrítico

A pesquisa dos tipos de quartzo é um dos aspectos básicos na petrografia de arenitos. Este estudo é de grande significado na *interpretação paleogeográfica* e vem sendo executado em trabalhos envolvendo a correlação de formações sedimentares.

Sorby (1880) foi o primeiro pesquisador que se preocupou com as características das inclusões e da extinção em grãos deste mineral, como uma chave para a interpretação da sua área-fonte. Mais tarde, Mackie & Krynine realizaram estudos do quartzo com o mesmo tipo de enfoque, mas foi Blatt (1967) que, pela primeira vez, efetuou um estudo quantitativo minucioso em rochas matrizes e em rochas sedimentares. O quartzo é ideal neste tipo de pesquisa, pois se apresenta em inúmeras variedades e muitas delas podem ser atribuídas a determinados tipos de rochas matrizes.

Existem dois esquemas principais de classificação dos tipos de quartzo. Krynine (1940) propôs uma classificação genética, atribuindo a cada tipo de quartzo uma determinada rocha matriz. Desse modo, ele definiu os tipos plutônico, vulcânico, xistoso, metamórfico altamente deformado, quartzito recristalizado, hidrotermal, etc., baseados na extinção, inclusão e forma do grão (Fig. 5. 22).

Os grãos de quartzo dos tipos plutônico e as diversas variedades metamórficas predominam na composição de partículas quartzosas de arenitos mais comuns. Amaral (1961), por exemplo, reconheceu a predominância de grãos de quartzo, em amostras da Formação Barreiras (Terciário) de Sergipe, com inclusões, que, segundo Bokman (1952), sugeririam fontes ligadas a rochas ígneas e metamórficas.

As principais peculiaridades das diferentes variedades de grãos de quartzo, classificadas por Krynine (1940) e mais bem descritas por Folk (1968), são as seguintes:

2.4.6.1 Quartzo ígneo

Entre os grãos de quartzo de origem ígnea, os derivados de rochas granitóides maciças são os mais abundantes. Essas rochas decompõem-se por intemperismo, para liberar quantidades aproximadamente iguais de grãos monocristalinos e policristalinos de quartzo. Os grãos de quartzo, de origem ígnea, derivados da contribuição de riólitos, veios e outras fontes primárias são pouco freqüentes nos sedimentos.

a) *Plutônico* — É caracterizado pelas formas xenomorfa e irregular, subeqüidimensional e, às vezes

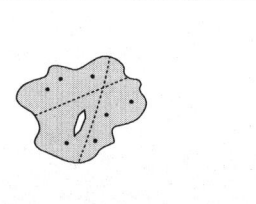

Tipo comum ou plutônico:

a) Extinção reta ou levemente ondulante

b) Alguns vacúolos e poucos micrólitos

c) Xenomorfo a subeuédrico

d) Típico de granito mas pode ser originado de outra rocha.

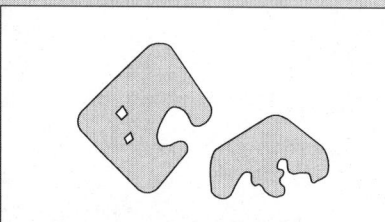

Tipo vulcânico:

a) Forma bipiramidal-hexagonal com arestas retas e cantos arredondados

b) Reentrâncias comuns

c) Transparente e sem ou com inclusões negativas

d) Extinção reta

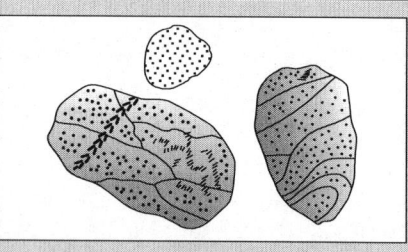

Tipo veio:

a) Abundantes vacúolos e cristais zonados

b) Extinção reta a ondulante

c) Grãos semi-compostos e cisalhados

d) Freqüentes grânulos e seixos

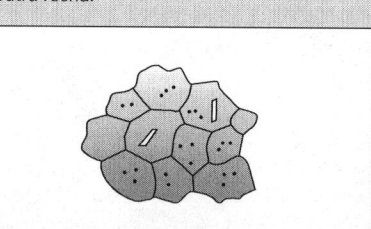

Tipo metamórfico recristalizado:

a) Mosaico de grãos com contatos retilíneos

b) Pode conter micrólitos e vacúolos

c) Extinção reta a ondulante

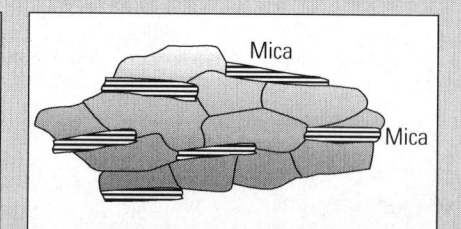

Tipo metamórfico xistoso:

a) Composto e alongado com bordas retas

b) Inclusões abundantes de mica

c) Extinção ondulante a reta

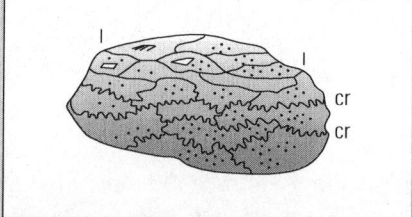

Tipo metamórfico alongado:

a) Forte extinção ondulante

b) Bordas lisas (l) ou crenuladas (cr)

c) Cristais unitários alongados e lenticulares

d) Alguns micrólitos e vacúolos

FIGURA 5.22 Classificação genética dos principais tipos de grãos de quartzo presentes em rochas sedimentares detríticas (Krynine, 1940), representativos das rochas matrizes primárias mais comuns.

com ângulos reentrantes. Ele exibe extinção ondulante acentuada, caso o *batólito* de onde provém, tenha sofrido esforços após a consolidação ou se a rocha matriz era gnáissica. Em média, 80 a 90% dos cristais mostram extinção ondulante por causa da deformação quando vistos em seção delgada. Geralmente, há predominância de *quartzo monocristalino*, principalmente em *arenitos policíclicos*. O *quartzo policristalino*, é normalmente, maior que o *monocristalino* tendo em média 1,0 e 0,5 mm, respectivamente. Apresenta alguns vacúolos e raras inclusões de cristais de rutilo, zircão, mica, feldspato, biotita, hornblenda, turmalina, etc. Este tipo pode ser designado, também de "quartzo comum".

b) *Vulcânico* — Este tipo é encontrado como *fenocristais* em rochas vulcânicas, tais como riólitos e cinzas vulcânicas, podendo constituir excelente *camada-guia* (*horizonte-guia*) em estratigrafia. O seu reconhecimento é baseado principalmente na sua forma idiomórfica em cristais inteiros ou fragmentados, hexagonais e com arestas retas. Pode exibir reentrâncias irregulares de corrosão. O cristal de quartzo vulcânico exibe, em geral, extinção reta e ausência de inclusão. Eventualmente, pode conter inclusões de vidro vulcânico. Quando submetido à abrasão, essas peculiaridades podem desaparecer.

Amaral (1955:74-75) observou que muitos arenitos terciários (Schaller *et al.*,1971) das perfurações de Limoeiro e Cururu (foz do Rio Amazonas) contém quantidades variáveis de quartzo facetado. Amaral (*op. cit.*) admitiu uma origem vulcânica para o quartzo facetado, não só baseado no caráter idiomórfico, mas também em vários outros argumentos, entre os quais o da coincidência da ocorrência deste quartzo com arcózios, que sugeririam períodos de atividade tectônica mais intensa, ligados a vulcanismo ácido na área. Segundo o autor (informações verbais), as freqüências assinaladas no trabalho supracitado seriam exageradamente altas.

c) *Quartzo de veio* — É um tipo de quartzo comum, sem ser abundante, a não ser em horizontes estratigráficos específicos, sendo derivado de pegmatitos e veios hidrotermais. A extinção é comumente reta, mas pode ser ondulante, porque a sua formação pode envolver certo esforço. A forma dos grãos não é diagnóstica e só raramente exibe *micrólitos* de mica, turmalina ou feldspato. Comumente apresenta muitos vacúolos, que lhe atribui uma aparência típica leitosa, comum em seixos e grãos de areia, indicando que a formação tenha se processado na presença de abundante água.

2.4.6.2 *Quartzo metamórfico*

a) *Metamórfico recristalizado* — Apresenta-se em grãos de forma eqüidimensional, podendo ser mono ou policristalinos. Os policristalinos são compostos por um mosaico de grânulos eqüidimensionais, com limites retos e orientações ópticas variáveis. Contém raras inclusões formadas de *vacúolos* e *micrólitos* de feldspato, mica, turmalina, etc. A sua origem deve ser atribuída a quartzitos altamente metamorfoseados e gnaisses, mas não é fácil distinguir este tipo do plutônico, especialmente quando uma abrasão prolongada e/ou repetida separou os *grãos policristalinos* em partículas individuais, pois a principal feição diagnóstica é relacionada à presença de grãos compostos.

Um gnaisse fornece em média 20 a 25% de *quartzo monocristalino* e 75 a 80% de *policristalino*. As partículas com extinção ondulante e com contatos suturados (policristalinos) são muito comuns em grãos de quartzo derivados de gnaisses que de granitos.

b) *Xistoso* — Este tipo é formado durante as injeção "lit-par-lit" dos xistos e durante a recristalização de rochas xistosas. O quartzo é desenvolvido entre as placas de mica e, portanto, exibe hábito achatado e grãos compostos são comuns. As inclusões são mais ou menos raras e, quando presentes, são compostas de minerais de origem metamórfica, como as micas. A sua propriedade diagnóstica principal é a forma que, quando perdida durante a abrasão, dificulta sobremaneira o seu reconhecimento. A sua presença pode ser até quantificada pelas medidas dos *graus de elongação,* de acordo com Bokman (1952), segundo idéia anterior de Sorby (1880).

Em rochas arenosas de granulação média (em torno de 0,5 mm), a freqüência dos grãos de quartzo monocristalino e policristalino é representada pela média entre a de granitos e gnaisses. Em rochas sílticas, a maioria dos grãos de quartzo provém de filitos e xistos finos e, portanto, é predominantemente monocristalina.

c) *Metamórfico cisalhado* — É um tipo de quartzo originado quando uma rocha portadora de quartzo (arenito antigo, granito, xisto ou veio de quartzo) sofre esforço de cisalhamento sem recristalização. O seu reconhecimento é fácil porque os grãos são alongados e/ou achatados e a extinção é moderada a fortemente ondulante. Os grãos podem ser simples mas freqüentemente são compostos de indivíduos lenticulares com contatos intensamente crenulados. As raras inclusões são de origem metamórfica sendo formadas de minerais, como mica, sillimanita e granada. Este tipo de quartzo é freqüente em grauvaques. Deve-se tomar muito cuidado para não confundir o quartzo metamórfico fino com sílex. A diferença está no fato de que os microcristais de quartzo do sílex possuem menos de 10 mícrons de diâmetro e são orientados caoticamente, enquanto que os de metamórfico cisalhado são superiores a 20 mícrons e possuem orientação subparalela.

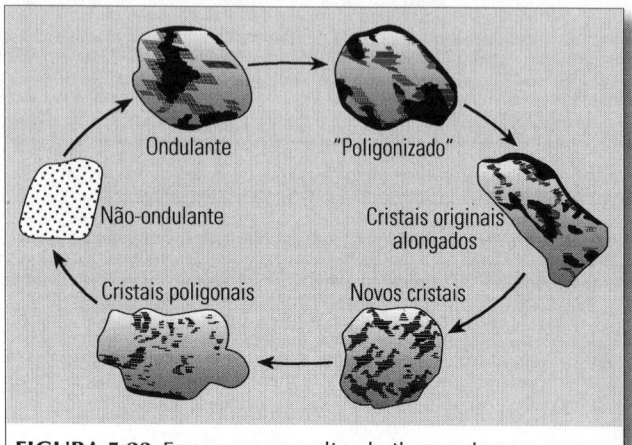

FIGURA 5.23 Esquema generalizado ilustrando uma seqüência de deformação do quartzo, iniciando-se com um cristal sem extinção ondulatória, por aumento da pressão e da temperatura (sentido horário), que causa a deformação até ser recristalizado, dando origem a um novo cristal sem extinção ondulatória (Young,1976:598).

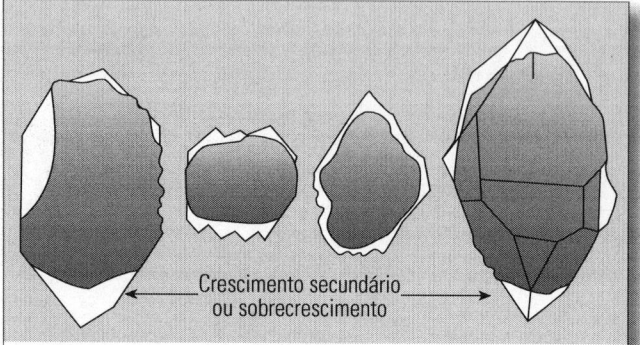

FIGURA 5.24 Cristais autigênicos de quartzo formados por *sobrecrescimento* (overgrowth) em grãos detríticos. Os contornos internos representam os limites entre partes detríticas e autigênicas (Pettijohn, 1949).

d) *Quartzo sedimentar retrabalhado* — O *quartzo autigênico* é às vezes encontrado entre os grãos detríticos retrabalhados. A característica mais comum do *quartzo autigênico retrabalhado* é relacionada ao desgaste das partes acrescidas por *sobrecrescimento* (ou *crescimento secundário*) O *quartzo autigênico* é suprido principalmente por arenitos e calcários antigos.

Por outro lado, qualquer um dos tipos de quartzo, até aqui vistos pode sofrer deformação, reajustando-se pelo desenvolvimento de mosaicos de grãos menores orientados subparalelamente (Fig. 5.23).

2.4.7 Variedades de quartzo autigênico

O quartzo autigênico pode ser desenvolvido a partir de soluções em condições de pressão e temperatura baixas, simultaneamente à sedimentação submarina ou ligadas às *águas conatas* durante a *dissolução intraestratal* ou, ainda, associadas às *águas subterrâneas*.

Os principais tipos de quartzo autigênico são: de *crescimento secundário* (ou *de sobrecrescimento*), *cristal idiomórfico*, *massa nodular*, *veios* e *geodos*.

O *crescimento secundário* é verificado sobre grãos de quartzo de arenitos ou calcários de idades muito antigas como, por exemplo, do Paleozóico. As partes de *crescimento secundário* apresentam-se em continuidade óptica com o núcleo original do grão detrítico e são separadas dele por vacúolos e películas de argila, de hematita, etc. (Fig. 5.24). Este tipo de quartzo deve ser estudado sob microscópio com grande aumento.

Os grãos de quartzo com *sobrecrescimento* são mais facilmente observáveis em arenitos comuns com matriz síltico-argilosa e pouco cimento, enquanto que a distinção entre os quartzos autigênico e detrítico torna-se mais difícil em quartzitos sedimentares, que são resultantes da *silicificação* de arenitos.

O *crescimento secundário* de grãos detríticos de quartzo em calcários arenosos dá-se com inclusão de pequenas partículas de calcita, que freqüentemente se localizam no limite entre o núcleo detrítico e a parte acrescida.

O *cristal idiomórfico* de origem autigênica é mais comumente encontrado em calcários, onde pode desenvolver-se por substituição da calcita. As dimensões dos cristais idiomórficos de quartzo em calcários variam entre 0,05 a 0,15 mm de diâmetro e muitas vezes resultam da substituição de fragmentos de fósseis ou de oólitos.

A *massa nodular* (ou *concrecionar*) forma corpos de 0,5 mm a mais de 30 cm de diâmetro, apresentando formas globular ou acamada; ocorre em calcários e dolomitos, onde é originada principalmente pela substituição.

Os *veios* e *geodos* resultam do preenchimento de cavidades de outras rochas, onde os cristais de quartzo, muitas vezes idiomórficos, apresentam-se com extinção reta.

2.4.8 Outros tipos de sílica

Entre os outros tipos de minerais silicosos mais importantes têm-se o sílex e a opala.

O *sílex* (ou *silexito*) é uma "rocha" sedimentar de precipitação química essencialmente monominerálica, composta principalmente de quartzo microcristalino (tipo calcedônia, com 0,1 mícron de diâmetro) e quantidades subordinadas de megaquartzo (mais de 20 mícrons de diâmetro) e menores quantidades de impurezas diversas. A calcedônia ocorre nos mesmos tipos de rochas que o *quartzo autigênico*, sendo interpretada como um produto intermediário, juntamente com a *opala*, anterior à formação do quartzo autigênico propriamente dito. As impurezas mais comuns presentes no *sílex são* os argilominerais, carbonatos, pirita e matéria orgânica mas, em geral, o teor de SiO_2 é superior a 95%.

O *sílex* pode apresentar-se sob a forma de camadas de dezenas de metros de espessura, nódulos (ou concreções), substituição de fósseis em matriz carbonática, cimento em arenitos e manchas dispersas em rochas carbonáticas. A origem do sílex acamado ainda não é bem conhecida, mas quase todos os nódulos (ou concreções) parecem resultar da substituição de carbonatos, na fase em que a *vasa carbonática* ainda não tenha sido consolidada. Mais raros são os casos de *sílex* formado por *atividade hidrotermal* ou por *intemperismo*.

O *sílex retrabalhado* resulta do intemperismo e erosão de camadas silicosas de antigos calcários e as partículas, assim originadas, contribuem na formação de arenitos e conglomerados. Esses grãos constituem 1 a 4% da fração terrígena das rochas sedimentares. Além da participação na fração arenosa, são comuns os seixos de sílex, que sempre constituem uma chave para a identificação de antiga fonte sedimentar.

A *opala* por outro lado, é composta de sílica-gel hidratada, opticamente isótropa, com índice de refração muito baixo variando entre 1,40 e 1,47. Ela é rara nos sedimentos e não tem sido encontrada em rochas mais antigas que triássicas, onde ocorre sob a forma de massas compactas (*argilas opalinas*), com cimento de aparência gelatinosa em alguns arenitos, como glóbulos de 0,003 a 0,05 mm de diâmetro em *trípoli* em esqueletos de organismos silicosos (espículas de esponjas, frústulas de diatomáceas e esqueletos de radiolários) e também em variedades precipitadas quimicamente. Além desses casos, a *opala* pode ser desenvolvida em zonas de intemperismo. Supõe-se que, com o tempo, a *opala* adquira estrutura cristalina, transformando-se em *sílex*. Muitas vezes, a *opala* está associada a sedimentos continentais derivados da decomposição de cinzas vulcânicas. Um provável exemplo dessa situação foi relatado por Suguio (1973b) Grupo Bauru (Triângulo Mineiro, rodovia BR-50), onde a opala aparece como cimento de arenito superposto às fácies vulcanoclásticas da Formação Uberaba.

2.5 Feldspato

2.5.1 *Características gerais*

Tanto os aspectos mineralógicos quanto os geoquímicos, dos feldspatos têm sido praticamente ignorados pelos petrógrafos de rochas sedimentares, mas a importância e a necessidade do seu estudo nos arenitos feldspáticos são inquestionáveis.

Os seguintes tipos de feldspato têm sido encontrados nas rochas sedimentares:

a) *Ortoclásico* ($KAlSi_3O_8$) — Este feldspato pertence ao sistema monoclínico. O termo *adulária* tem sido empregado para designar alguns tipos de ortoclásio de preenchimento de veios, formados a baixas temperaturas, mas ambos são idênticos em todas as propriedades e podem conter moléculas de $NaAlSi_3O_8$.

b) *Sanidina* ($KAlSi_3O_8$) — Pertence ao mesmo sistema do ortoclástico, mas difere daquele mineral por apresentar ângulo 2V pequeno e orientação óptica diferente. Os grãos possuem cor clara e comumente são isentos de inclusões gasosas, em contraste ao ortolásico. A sanidina é formada sob alta temperatura sendo, então, encontrada em lavas vulcânicas. Pode também conter considerável teor de $NaAlSi_3O_8$.

c) *Microclínio* ($KAlSi_3O_8$) — Cristaliza-se no sistema triclínico e caracteriza-se por exibir *geminação em grade*. Esta variedade também pode conter moléculas de $NaAlSi_3O_8$.

d) *Plagioclásios* — Constituem uma série contínua, que varia de albita ($NaAlSi_3O_8$), passando por oligoclásio, andesina, labradorita e bytownita, à anortita ($CaAl_2Si_2O_8$). Os plagioclásios também podem conter moléculas de $KAlSi_3O_8$. Este tipo de feldspato caracteriza-se pela presença de *geminação polissintética*.

Os fedspatos possuem, em geral, dureza de cerca de seis e clivagens em três direções. Todos os feldspatos potássicos possuem relevo suave no bálsamo do Canadá, são biaxiais e possuem ângulos ópticos grandes, exceto a sanidina. Os feldspatos potássicos são opticamente negativos, mas os plagioclásios variam de positivos a negativos. As inclusões não são muito comuns nos feldspatos.

2.5.2 *Disponibilidade (de 5 a 15%)*

O feldspato é um mineral muito abundante nas rochas ígneas, mas relativamente escasso em sedimentos. Esta diminuição de freqüência nas rochas sedimentares se deve à facilidade com que este mineral é decomposto, principalmente em *climas quentes e úmidos*. A maioria dos feldspatos é proveniente de granitos e gnaisses, onde o ortoclásio e o microclásio são os predominantes, podendo aparecer também plagioclásio e, em geral, o oligoclásio. Os pegmatitos contém muito mais microclínio. As rochas vulcânicas contribuem com pequenas quantidades de plagioclásio e sanidina.

Nos sedimentos, o ortoclásio é geralmente o feldspato predominante, em função da sua alta disponibilidade, seguido pelo microclínio. Os plagioclásios vêm em terceiro lugar e os cálcicos estão praticamente ausentes em sedimentos. Portanto, depósitos sedimentares ricos em plagioclásio constituem casos anômalos e, desse modo, se o conteúdo de plagioclásio for mais importante que o de feldspato potássico, por exemplo, pode-se suspeitar que a rocha matriz tenha sido vulcânica, especialmente se os cristais de plagioclásio forem zonados.

Quando ocorre abrasão prolongada ou intemperismo acentuado de sedimentos, o feldspato tenderá a desaparecer, mas a ausência deste mineral pode ser explicada também pela natureza da *rocha matriz* (source rock). Os xistos, os filitos e as ardósias ou, ainda, sedimentos antigos possuem pouco ou nenhum feldspato para ser fornecido com detritos. Ocasionalmente, o feldspato pode ser retrabalhado de sedimentos antigos, mas em geral ele é originário de fontes primárias ígneas ou metamórficas.

2.5.3 Resistência física

A abrasão provoca rápida redução no tamanho e incremento no grau de arredondamento em feldspatos, que geralmente são mais moles que o quartzo, possuem clivagens proeminentes e quase sempre se acham mais ou menos hidrolisados. Portanto, as relações de tamanhos e de graus de arredondamento entre os grãos de feldspato e de quartzo são muito importantes na compreensão da história do sedimento e na determinação da área-fonte. Em sedimentos recentes, o quartzo e o feldspato podem ter a mesma granulometria e formas essencialmente semelhantes. Outras vezes, o feldspato é levemente maior porque na rocha matriz ígnea os feldspatos desenvolvem-se mais que os cristais de quartzo. À medida que o sedimento é submetido à abrasão, o feldspato torna-se menor e mais arredondado que o quartzo e, além disso, a quantidade de feldspato diminui muito mais rapidamente que a de quartzo.

Partindo-se de um *arcózio típico* (arenito com mais de 25% de feldspatos), pode-se ter como produto final de abrasão prolongada uma *areia ortoquartzítica* com os grãos de quartzo bem arredondados. Nesta areia, o teor de feldspatos estará bastante reduzido ou mesmo ausente e a fração areia será essencialmente quartzosa e composta por grãos muito bem arredondados.

Em função das suas propriedades, o feldspato é rapidamente destruído em ambientes turbulentos, tais como em rios de regiões montanhosas, dunas eólicas e em praias marinhas.

2.5.4 Estabilidade química

Os feldspatos são instáveis sob *condições hidrotermais* e quando submetidos ao *intemperismo químico* sofrendo vários tipos de alteração, tais como *caulinização*, *sericitização* e *vacuolização* (formação de bolhas).

A *caulinização* conduz à formação do argilomineral caulinita, em geral sob climas quentes e úmidos, quando ocorre intenso intemperismo químico. A *sericitização* é o processo de formação da *sericita* (mica fina), que ocorre mais comumente por *processos hidrotermais* mas também pode resultar do intemperismo pouco acentuado, como o que ocorre em climas semi-áridos. A *vacuolização* por sua vez, produz minúsculas placas pela alteração dos grãos de feldspato, principalmente sob condições de intenso intemperismo ou por pro-

cessos hidrotermais, causando a completa eliminação do potássio. Os vacúolos preenchidos com água são os maiores responsáveis pela coloração acastanhada e opaca dos feldspatos alterados.

Os feldspatos podem ser alterados em várias situações, tais como:

a) na rocha matriz por *atividade hidrotermal*;
b) no solo da área-fonte por *intemperismo químico* e
c) epigeneticamente (secundariamente) por *água conata* em migração ou quando as rochas sedimentares são expostas ao intemperismo.

Entre os feldspatos potássicos, particularmente o microclínio é o mais estável ao intemperismo, sendo seguido pelo ortoclásio. O plagioclásio sódico é bastante instável e, portanto, o seu teor é muito baixo em sedimentos fluviais e nos solos de áreas graníticas peneplanizadas, embora possa ser abundante na rocha matriz. O plagioclásio cálcico é extremamente instável e só ocorre em situações excepcionais, de sedimentos ligados a vulcanismo e/ou erosão e deposição muito rápida.

2.5.5 Significados paleoclimático, tectônico e fisiográfico dos feldspatos

Este é um assunto complexo em que se devem considerar os teores relativos de quartzo e de feldspatos, em termos de resistência física e estabilidade química, ao lado dos efeitos combinados da *taxa de intemperismo* e da *velocidade de erosão*.

Krynine (1948) demonstrou que os aspectos básicos do problema se ligam aos graus de arredondamento das partículas, topografia da área-fonte e o seu arcabouço tectônico, intensidade e homogeneidade de alteração dos feldspatos. A homogeneidade de alteração define se todos os grãos de feldspato da mesma espécie mostram ou não a mesma intensidade de alteração. A ocorrência do ortoclásio mais intemperizado que o microclínio é uma situação normal em sedimentos, mas a homogeneidade de alteração é examinada em grãos da mesma espécie mineralógica.

Em condições de clima úmido e de topografia acidentada são produzidos muitos grãos de feldspato angulosos e grossos, com grande heterogeneidade nos graus de alteração, contendo grãos muito alterados e bastante frescos. Isto sucede porque nessas regiões atuam rios de alta energia, que podem erodir desde materiais muito intemperizados até o embasamento granítico pouco alterado. Todos os grãos de feldspato deverão apresentar-se pouco alterados, se o clima durante a deposição foi bastante seco e/ou frio. Quando o feldspato se apresenta como grãos arredondados e frescos, em quantidades moderadas a abundantes, constitui um bom indício de clima árido e relevo suave (peneplanizado) durante a deposição Esta situação pode ser encontrada em areias de desertos associadas a estratificações cruzadas de dunas e depósitos de evaporitos. Todos os grãos de feldspato podem apresentar-se completamente alterados ou mesmo ausentes, quando a topografia era suave e o paleocli-

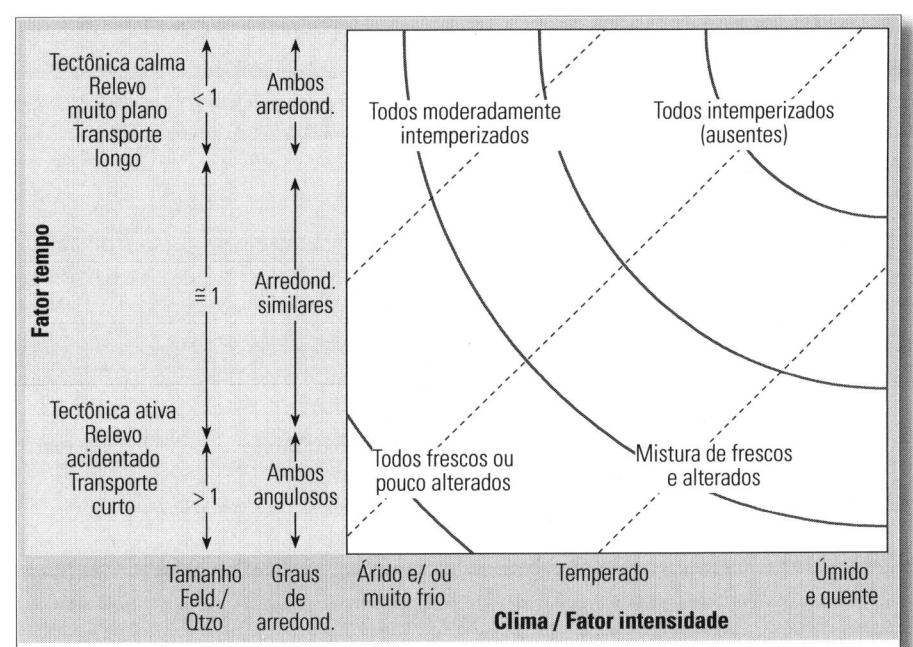

FIGURA 5.25 Possíveis interpretações climática, tectônica e fisiográfica baseadas nas características individuais e coletivas de grãos de feldspato em arenitos (Krynine, 1948). É muito importante considerar as variedades de feldspato presentes, pois elas possuem diferentes graus de suscetibilidade ao *intemperismo químico*.

ma bastante úmido e quente durante a deposição. Essas relações são mostradas na Fig. 5.25.

As linhas interrompidas paralelas e retas, de direção NE-SO, delimitam áreas com graus de intemperismo

homogêneos, variando de muito homogêneo (canto superior esquerdo) a muito heterogêneo (canto inferior direito). As linhas curvas e cheias indicam as intensidades médias de intemperismo dos feldspatos, sendo todos frescos no canto inferior esquerdo e todos alterados no canto superior direito, e também mostram aproximadamente as abundâncias dos feldspatos, com freqüência máxima no canto inferior esquerdo.

Areias contendo feldspatos frescos, clorita e outros materiais terrígenos relativamente grossos, do fim do Pleistoceno (estágio glacial wisconsiniano), foram recuperadas em testemunhos de águas profundas da Bacia das Güianas, ao largo da América do Sul, entre as latitudes 20°N e 10°S. Segundo Damuth & Fairbridge (1970), este fato vem de encontro às idéias prévias de que climas áridos e semi-áridos tenham prevalecido em amplas áreas da América do Sul, durante os estágios glaciais do Pleistoceno, em contraste ao atual clima tropical e úmido, que também teria existido durante os estágios interglaciais do Pleistoceno (Fig. 5.26). A veracidade deste fato foi, mais tarde, confirmada por Absy *et al.*(1991).

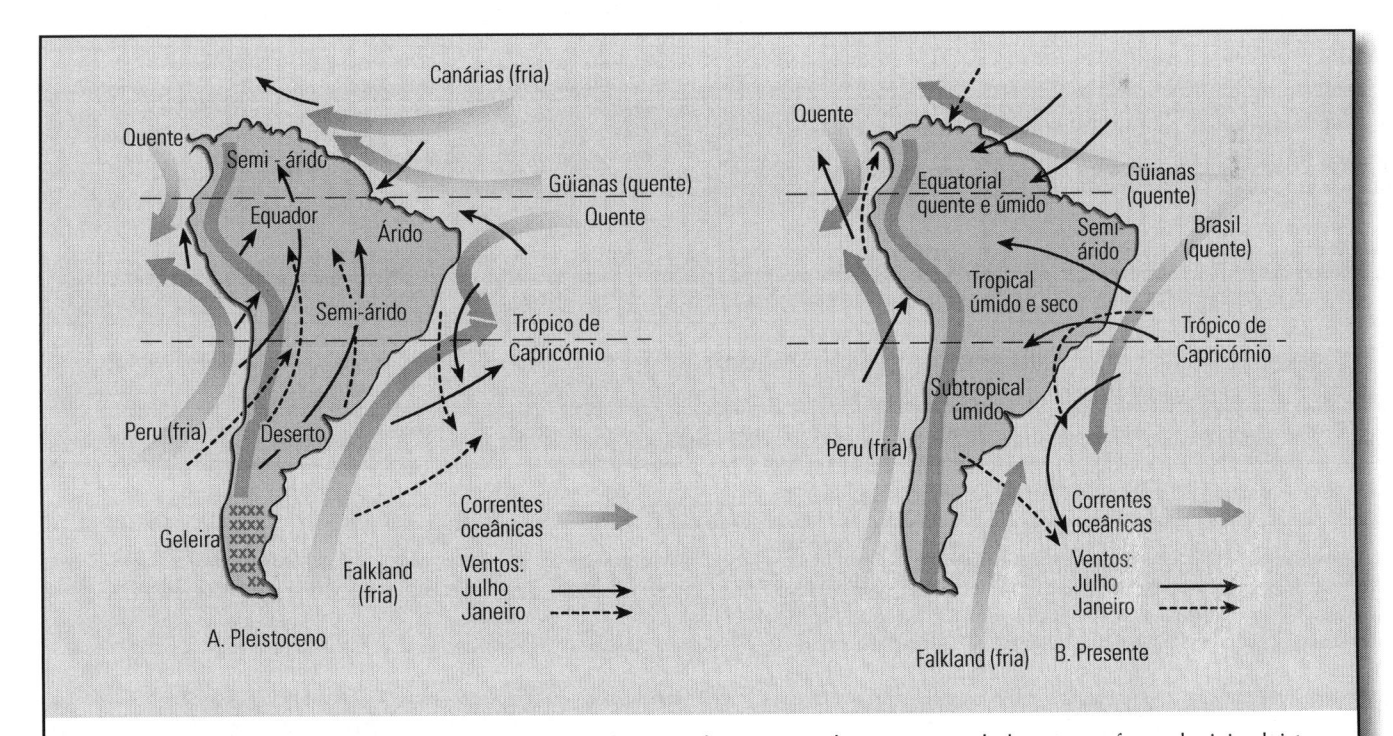

FIGURA 5.26 Padrão de distribuição das correntes oceânicas e dos sistemas de ventos postulados para as fases glaciais pleistocênicas (principalmente do hemisfério norte) em confronto com o atual (ou durante as fases interglaciais pretéritas) na América do Sul. Este esboço foi baseado em estudos de areias feldspáticas pleistocênicas recuperadas em testemunhos submarinos de águas profundas (Damuth & Fairbridge, 1970).

2.5.6 Feldspato autigênico

Os feldspatos constituem um dos *minerais autigênicos* relativamente comuns nas rochas sedimentares, principalmente nos depósitos de ambientes marinhos.

O ortoclásio, o microclínio e a albita têm sido formados autigenicamente, tanto por *sobrecrescimento* sobre grãos detríticos arenosos, como sob forma de *cristais idiomórficos* completamente novos em rochas carbonáticas. Segundo Boswell (1933) Pettijohn (1949), o feldspato ocorre neste caso sob a forma de pequenos cristais (±0,1 mm). Os feldspatos não têm sido encontrados em calcários de água doce, sugerindo que a origem autigênica do feldspato seja marinha e ligada a águas alcalinas ricas em K_2O e Na_2O. Em calcários, o feldspato pode também substituir carbonatos, atravessando fósseis, oólitos, etc., e sendo formados sob condições de pressão e temperatura baixas.

Em alguns arenitos, o feldspato autigênico pode resultar da precipitação química direta porém, mais comumente, esta autigênese é efetuada durante os *processos diagenéticos*, pois se nota que as partes sobrecrescidas se moldam ao redor de grãos de quartzo adjacentes. Em alguns casos, notam-se várias fases de *crescimento secundário*, pois podem ser vistas bordas das primeiras fases desgastadas antes do crescimento das fases subseqüentes. Nos arenitos, o reconhecimento do núcleo detrítico em feldspatos autigênicos de sobrecrescimento é geralmente muito fácil. O núcleo é arredondado e alterado superficialmente (caulinizado e/ou recoberto de óxido férrico), enquanto a parte sobrecrescida é isenta de inclusões. Os casos mais comuns de crescimento secundário de feldspatos são formados de núcleos de microclínio, com *sobrecrescimento* de ortoclásio. Quando o núcleo for de labradorita, o sobrecrescimento costuma ser albítico.

Ocasionalmente, o feldspato autigênico pode ser formado em rochas pelíticas (argilitos e folhelhos) por substituição de argilominerais durante a percolação de *fluidos intersticiais* ou *hidrotermais* saturados de potássio. Especialmente em sedimentos vulcânicos, algumas zeólitas podem ser alteradas em feldspatos após o soterramento.

2.6 Fragmentos líticos (ou rochosos)

Os fragmentos de rochas, encontrados em sedimentos, são muito importantes porque fornecem informações específicas sobre a natureza litológica da *rocha matriz* Os fragmentos de rochas preexistentes podem ser descritos com os mesmos detalhes usados na caracterização de amostras de mão de xistos, filitos, riólitos e calcários.

Diversos são os fatores que determinam o conteúdo das rochas sedimentares em fragmentos líticos, tais como a granulometria dos sedimentos, a proveniência, a maturidade e a idade. Quando todos os outros fatores são semelhantes, a rocha sedimentar de granulação mais grossa contém normalmente maior freqüência de fragmentos líticos. Desse modo, alguns conglomerados podem ser compostos quase que somente de fragmentos de rochas.

As rochas sedimentares e metamórficas, principalmente as de granulação mais fina (filitos e ardósias) e algumas rochas ígneas (basaltos e riólitos) são as que fornecem mais fragmentos líticos aos sedimentos que as rochas ígneas plutônicas, como os granitos. Este fato pode gerar resultados com uma estimativa errônea das proporções dos diferentes tipos de rochas na antiga bacia de drenagem. Os fragmentos de calcário são muito raros, e se presentes em teores apreciáveis, podem ser empregados como *indicador paleoclimático* ou de *proximidade da área-fonte*. O clima seco propiciaria a deposição de fragmentos líticos de calcário, que apareceriam preferencialmente em rochas sedimentares arenosas ou conglomeráticas.

2.6.1 Fragmentos argilosos

Os fragmentos argilosos, derivados de rochas sedimentares e metamórficas de baixo grau, são os mais facilmente identificados em areias modernas montadas em lâminas petrográficas. Entretanto, eles não são tão facilmente identificados em arenitos antigos, nos quais estão deformados e moldados por grãos mais duros de quartzo, passando eventualmente a se confundirem com a *matriz argilosa* (Allen, 1962:678). Quando as partículas perdem os contornos originais, torna-se difícil distinguir os verdadeiros fragmentos da matriz argilosa de arenitos. Além disso, os *agregados argilosos diagenéticos* podem também ser confundidos com os fragmentos líticos.

As variedades fortemente metamorfoseadas de rochas argilosas são mais facilmente reconhecidas, quando se apresentam em forma de partículas líticas, enquanto as partículas arenosas de folhelhos moles, por exemplo, perdem a sua identidade após a deposição e compactação dos sedimentos. Além disso, experiências de laboratório têm comprovado a baixa resistência física ao transporte dos fragmentos de folhelhos. Conseqüentemente, arenitos com abundantes partículas de folhelho sugerem fonte próxima e/ou deposição rápida. A freqüência desses fragmentos em arenitos pode ser também usada como um *índice de canibalismo* (*de autofagia*) durante a deposição desses arenitos.

Porém, em granulação arenosa é bastante difícil distinguir os fragmentos de folhelho de ardósia ou filito. Entretanto, qualquer que seja o caso, esses fragmentos líticos são bastante estáveis quimicamente, pois são compostos praticamente só de argilominerais e quartzo. Os fragmentos de rochas argilosas podem ser comuns também em rochas rudáceas (rochas conglomeráticas).

2.6.2 Fragmentos de rochas vulcânicas

Este grupo compreende os *detritos piroclásticos*, que são muito abundantes em alguns arenitos. Porém, a correta identificação dos fragmentos de rochas vulcânicas felsíticas é difícil por várias razões, tais como, dimensões diminutas dos cristais individuais que, opticamente, tornam-se indistintos como, por exemplo, fragmentos de alguns riólitos dos de sílex.

Os fragmentos de rochas vulcânicas podem provir de rochas vulcânicas antigas ou da atividade vulcânica contemporânea no interior ou nas proximidades do ambiente deposicional. A *devitrificação* dos vidros vulcânicos, no interior dos arenitos, pode conduzir à produção de *cimento de opala*.

2.6.3 Fragmentos de rochas silicosas (quartzo e sílex)

Em decorrência da alta resistência física e grande estabilidade química, os fragmentos rochosos silicosos podem estar presentes até em *arenitos policíclicos* que são resultantes de retrabalhamentos sucessivos. Entretanto, não deve ser esquecido que a resistência, dos grãos de *quartzo policristalino* é menor que em *quartzo monocristalino*.

A presença de *fragmentos de sílex*, por outro lado, constitui uma das melhores evidências de que a rocha que os contém, tenha sido originada por retrabalhamento de sedimentos preexistentes. Os grãos de quartzito de granulação muito fina, por outro lado, são muito difíceis de ser distinguidos dos de sílex, mas uma feição típica dos quartzitos é o contato suturado entre os grãos constituintes que está ausente no sílex.

2.7 Mica grossa

As micas ocorrem nas rochas sedimentares como componentes detríticos ou autigênicos, sendo mais freqüentes em arenitos finos e sílticos. O seu hábito placóide impede que sejam depositadas com *areias limpas*, isto é, com pouca matriz, que são mais característicos de ambientes de águas mais agitadas.

As micas cristalizam-se no sistema monoclínico com hábito placóide e freqüentemente são pleocróicas e exibem figuras biaxiais negativas com ângulo 2V muito reduzido.

A muscovita e a biotita são silicatos hidratados de potássio e alumínio. A biotita, que contém ferro ferroso e magnésio, pode adquirir cor dourada pálida por lixiviação, que causa a perda do ferro. A muscovita é mais estável que a biotita e, portanto, mais abundante nos sedimentos.

Por outro lado, em ambiente marinho raso (de plataforma continental), a biotita pode ser alterada para *glauconita* (Galliher, 1939), por um fenômeno de diagênese precoce, denominado *halmirólise*. Esse autor teria observado grãos de biotita em diferentes estágios de transformação para glauconita na baía de Monterey (Califórnia, EUA).

2.7.1 Disponibilidade

Embora a mica grossa apareça de maneira muito conspícua em amostras de mão, raramente constitui mais de 2%, mesmo em rochas sedimentares mais micáceas.

Os granitos contribuem principalmente com biotita e alguma muscovita nos tipos mais ácidos. Em rochas ígneas básicas e vulcânicas, a biotita é praticamente a única mica primária presente. Os pegmatitos contêm principalmente muscovita e pouca biotita. Entretanto, a maior fonte de mica são as rochas metamórficas, tais como os filitos e xistos, que podem fornecer biotita, muscovita e clorita.

Embora a biotita seja a mica mais abundante na fonte, nos sedimentos a muscovita é cerca de quatro vezes mais abundante que a biotita. Portanto, se a biotita for encontrada em freqüência maior que a muscovita em uma rocha sedimentar, constitui uma *situação anômala* que pode sugerir:

a) taxa de erosão superior à taxa de intemperismo da área-fonte ou

b) contribuição de rochas vulcânicas ou de cinzas vulcânicas.

Naturalmente, essas hipóteses devem ser cotejadas dentro do contexto regional, principalmente em termos de seqüência de eventos geológicos.

2.7.2 Resistência física

Embora a mica possua baixa dureza (2 a 3) e clivagem basal proeminente, constitui-se em um mineral muito resistente, de arredondamento muito difícil e fraturamento quase impossível. Raramente são encontradas placas arredondadas de mica, porque é exigida uma abrasão prolongada e suave durante o transporte.

2.7.3 Estabilidade química

A muscovita é em geral muito estável, exceto em condições de clima muito úmido e quente. A biotita é muito instável, tornando-se inicialmente descolorida por perda de ferro e, sob condições redutoras, abaixo do lençol freático, pode perder os álcalis e transformar-se em clorita ou vermiculita. Sob condições oxidantes, tanto a biotita como a clorita convertem-se em argilominerais cauliníticos e "limonita".

2.7.4 Características deposicionais

Em virtude de seu hábito placóide, a mica comporta-se hidraulicamente como uma partícula bem menor, portanto, placas de mica relativamente grandes são eliminadas das areias grossas e depositam-se juntamente com os siltes finos. Na maioria dos casos, as placas de mica são orientadas paralelamente às camadas e as suas freqüências então variam segundo os acamamentos. As placas de mica dispostas caoticamente são sugestivas de escorregamentos ou de *perturbações pós-deposicionais* ou orgânicas (bioturbações).

2.7.5 Mica autigênica

Os argilominerais podem ser convertidos em muscovita, biotita ou clorita sob condições de metamorfismo. Entretanto, sob *condições de diagênese*, mesmo em sedimentos profundamente soterrados a vários milhares de metros, os fenômenos de formação da mica autigênica são extremamente raros.

2.8 Argilominerais (minerais de argila)

2.8.1 Os conceitos de argila e os argilominerais

O termo *argila* "latu sensu", não possui necessariamente uma conotação mineralógica, sendo aplicado a todas as partículas com granulação fina encontradas em sedimentos e solos. Este é um conceito de argila, baseado na granulométria, segundo o qual, independentemente da composição química ou mineralógica, compreende partículas com diâmetro inferior a 0,004 mm (Wentworth, 1922a) ou 0,002 mm, segundo alguns outros autores.

Outra definição de *argila* é baseada na composição química. Segundo essa definição, as argilas compreendem silicatos de alumínio hidratados pertencentes aos grupos da caulinita, esmectita, illita e também clorita e vermiculita, de granulação fina.

A história de qualquer sedimento argiloso inicia-se, em geral, com a decomposição de feldspatos ou de outros minerais aluminossilicatados, sendo os argilominerais os produtos finais. Alguns sedimentos clásticos, finamente divididos, como as cinzas vulcânicas e as farinhas glaciais, não apresentam a mesma história evolutiva, embora também exibam granulação muito finas. Deste modo, os argilominerais não são componentes essenciais de todos os sedimentos extremamente finos.

O estudo de argilominerais em sedimentologia ganhou maior destaque com o desenvolvimento das pesquisas de petróleo, pois determinados tipos de argilominerais são indicadores de horizontes ou áreas potencialmente petrolíferas e, além disso, de 50 a 60% das rochas sedimentares contêm argilominerais.

2.8.2 Propriedades gerais

Os argilominerais são silicatos com estruturas placóides similares às micas. Praticamente, todos os argilominerais são cristalinos, exceto a *alofana*, que é o único argilomineral amorfo mais comum, constituído por solução sólida, contendo proporções variáveis de sílica, alumina e água.

Todos os argilominerais são biaxiais negativos com ângulo 2V pequeno e alguns exibem pleocroísmo. As semelhanças das propriedades ópticas entre si, o tamanho bastante reduzido (geralmente, com alguns mícrons de diâmetro) e a freqüente mistura de vários tipos de argilominerais dificultam ou praticamente impossibilitam a identificação óptica pelos métodos convencionais. Além disso, a aparência em seção delgada pode ser modificada pela espessura, pelos teores de várias substâncias corantes e impurezas que, também podem modificar os índices de refração.

2.8.3 Técnicas de identificação

Devido a dificuldades de estudo microscópico, os argilominerais são identificados principalmente pela técnica de *difração de raios X* e, em menor escala, pela *análise térmica diferencial* (ATD) ou outros métodos. Na prática, os métodos de identificação são definidos em função das suas propriedades físicas. Uma seqüência adequada de estudo desses minerais pode ser iniciada com a composição mineralógica pelos métodos supracitados, seguida de exame em seção delgada para se estabelecer as relações dos argilominerais com os outros minerais.

2.8.3.1 Análise por difração de raios X (DRX)

a) *Propriedade utilizada* — Estrutura da rede cristalina.

b) *Descrição do método* — A clivagem basal e a estrutura em leitos fornecem os elementos necessários para que ocorra a reflexão de raios X com espaçamento (001), principalmente em agregados mineralógicos orientados. Esses reflexos (001, 002, etc.) podem ser facilmente reconhecidos em fotografias de *diagramas de pó* ou em *difratogramas* (Fig. 5.27).

A distância interplanar define o grupo estrutural ao qual pertence o argilomineral. Os espaçamentos de cerca de 7, 10 e 14Å (angstrons) são característicos da caulinita, illita e esmectita, respectivamente. Alguns testes complementares de aquecimento e químicos, como a *glicolação* (tratamento com etilenoglicol), são necessários para a identificação dos diferentes tipos de argilominerais pela difração de raios X.

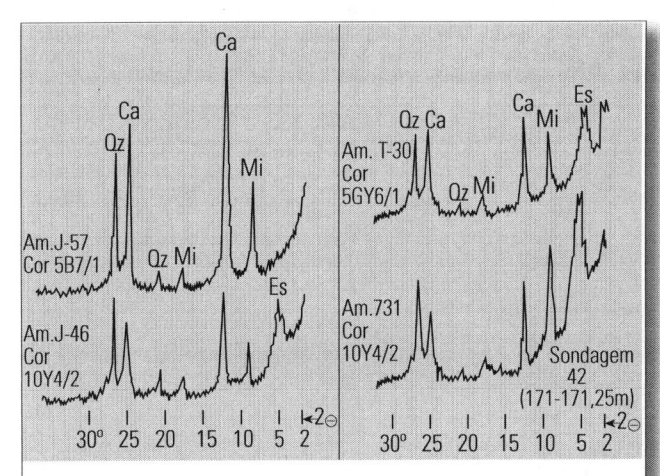

FIGURA 5.27 Difratogramas de raios X de alguns argilo-minerais mais comuns em sedimentos. As amostras J-57 e J-46 da região de Jacareí (SP) e T-30 da região de Taubaté (SP) são provenientes de afloramentos e a amostra 731 é de uma sondagem do extinto Conselho Nacional do Petróleo (CNP) em Tremembé (SP). As quatro amostras são originárias de sedimetnos terciários da Bacia de Taubaté, (SP) (Suguio, 1969).

2.8.3.2 Análise química

a) *Propriedade utilizada* — Composição química.

b) *Descrição do método* — A análise química completa fornece as bases necessárias para se chegar à fórmula química do mineral. Algumas propriedades dos argilominerais, que dependem da composição química, são a capacidade de troca de íons e a suscetibilidade à decomposição por ácido ou álcalis. Desse modo, testes químicos de decomposição de certos argilominerais podem ser empregados em combinação ao método de difração de raios X.

2.8.3.3 Análise térmica diferencial (ATD)

a) *Propriedade utilizada* — Conteúdo de água.

b) *Descrição do método* — Por este método, mede-se a perda de água dos argilominerais a várias temperaturas. Esta água pode estar adsorvida ou mesmo integrar a rede cristalina do mineral. No método de *análise térmica diferencial*, a perda de água é indicada por *reações endotérmicas* medidas na forma de mudanças de temperatura em relação a uma substância inerte, quando a temperatura é aumentada à taxa (razão) fixa conhecida. Existem temperaturas características para as *reações endotérmicas* da maioria dos argilominerais, já conhecidas. As *reações exotérmicas* ocorrem a temperaturas mais altas, durante a recristalização dos minerais.

2.8.3.4 Análise ao microscópio petrográfico

a) *Propriedade utilizada* — Característica óptica

b) *Descrição de método* — O *índice de refração* e a *birrefringência* são propriedades ópticas extremamente variáveis nos diversos tipos de argilominerais. Este fato permite que essas propriedades sejam usadas na identificação das partículas maiores dos principais argilominerais. Além disso, alguns argilominerais, tais como a nontronita e glauconita exibem *pleocroísmo*.

2.8.3.5 Análise ao microscópio eletrônico

a) *Propriedade utilizada* — Hábito cristalino

b) *Descrição de método* — Os argilominerais como a caulinita, dickita, haloisita, hidromicas e alguns membros do grupo da esmectita e paligorskita são minerais com formas características e reconhecíveis ao microscópio eletrônico (Figs. 5-28A e 5-28B). O aumento empregado é normalmente da ordem de 15.000 a 75.000 vezes os seus tamanhos naturais. Os cristais maiores de minerais do grupo da caulinita podem ser, muitas vezes, identificados ao microscópio petrográfico.

Atualmente, além do *microscópio eletrônico de transmissão*, usa-se também o *microscópio eletrônico de varredura* (MEV) que, além de mostrar o hábito cristalino, possui recursos técnicos adicionais, como a visão em relevo das partículas de argilominerais.

2.8.3.6 Análise por coloração diferencial

a) *Propriedade utilizada* — Adsorção de corante.

b) *Descrição do método* — Certos minerais podem ser coloridos, utilizando-se corantes orgânicos, tais como a benzidina, verde-malaquita, azul de metileno, etc. O efeito da coloração deve-se às reações ácidas e básicas e aos mecanismos de oxirredução. A adsorção do azul de metileno pode ser empregada como uma medida da capacidade de troca iônica dos minerais de argila.

2.8.3.7 – Método de saturação por íons orgânicos

a) *Propriedade utilizada* — Adsorção de corante

c) *Descrição do método* — As reações iônicas afetam a capacidade de troca catiônica, expandem a rede cristalina da esmectita (esta capacidade é empregada na identificação dos minerais deste grupo por difração de raios X), reduzem a capacidade de adsorção e, portanto, alteram as formas das curvas de ATD. Em solos argilosos podem ocorrer intercalações de *matéria orgânica* e argilominerais, alterando a *capacidade de troca iônica*.

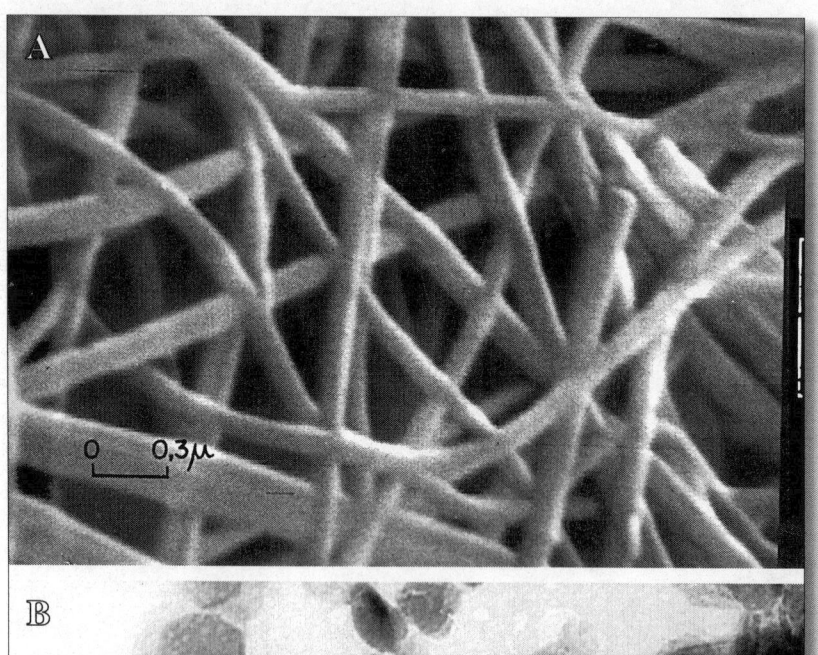

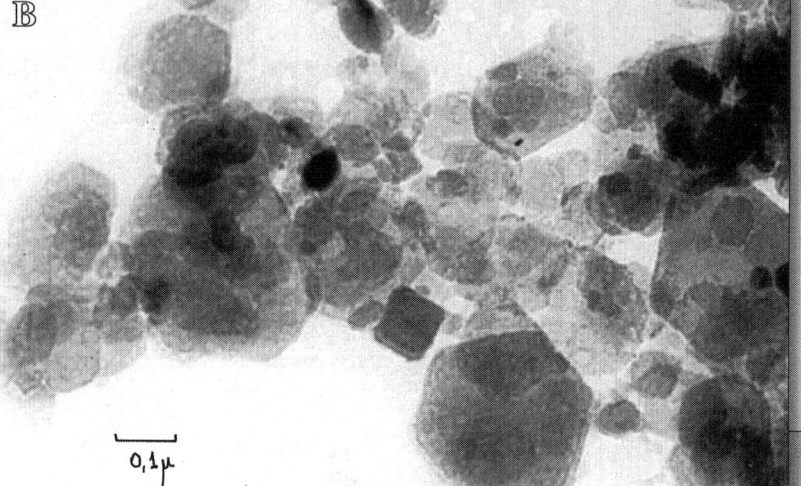

FIGURA 5.28 Formas de argilominerais vistas ao microscópio eletrônico. Em A, tem-se a *paligorsquita* (ou atapulgita.) encontrada em cavidades de basaltos, onde as fibras apresentam comprimentos variáveis da ordem de 10 mícrons. As extremidades dos cristais mostram hábitos cilíndricos e maciços. Local: Usina Hidrelétrica de Água Vermelha, Rio Grande (SP/MG). Foto de E.B. Frazão. Em B, tem-se a fotomicrografia eletrônica de plaquetas hexagonais de *caulinita* euédrica bem desenvolvidas nas "formações superficiais espessas" e arenosas da região de Ribeirão Preto (SP). Foto de N.M.M. Gonçalves (1978).

FIGURA 5.29 Estruturas cristalinas simplificadas de alguns argilominerais, com indicação dos espaçamentos interplanares característicos de cada um dos grupos.

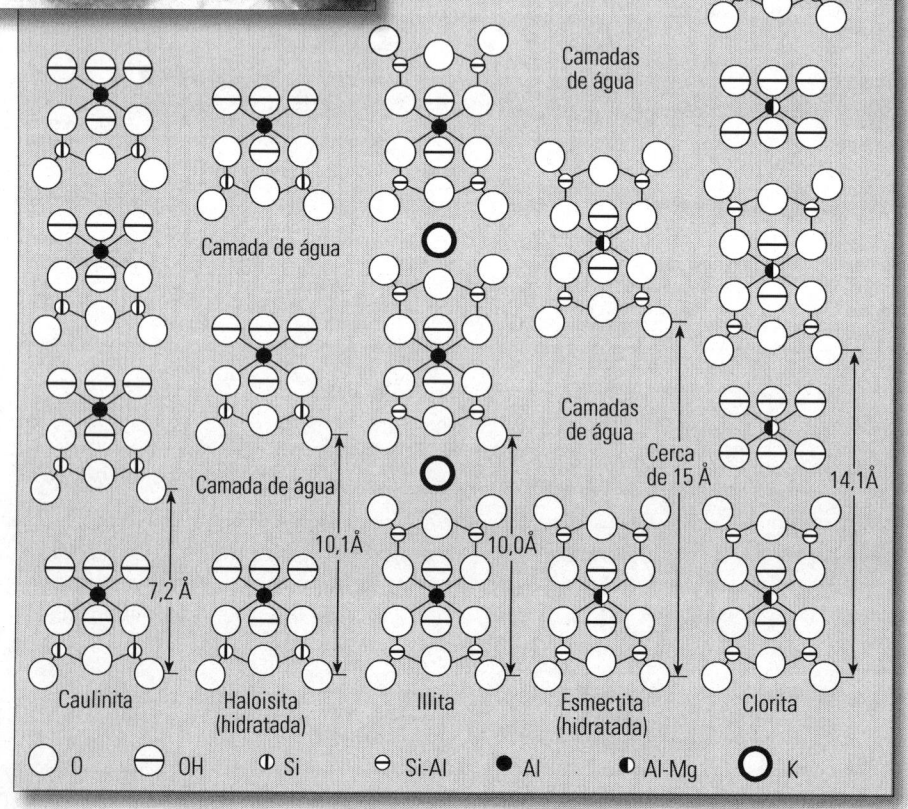

2.8.3.8 Espectômetro infravermelho

a) *Propriedade utilizada* — Absorção de raios infravermelhos.

b) *Descrição do método* — Vários argilominerais exibem as bandas de absorção características de raios infravermelhos. Entretanto, as técnicas ainda precisam ser mais bem padronizadas, exigindo mais pesquisas a respeito.

2.8.4 Estrutura cristalina

Os argilominerais estão estruturalmente relacionados à mica, que possui a estrutura básica composta de placas formadas pela ligação de tetraedros de sílica em arranjo bidimensional com octaedros (Fig. 5.29).

As diferenças em relação à estrutura da mica e as variações entre argilominerais são devidas às maneiras como as placas de sílica se dispõem em relação às outras camadas de composições químicas diferentes e aos graus de substituição química, tanto das camadas originais de sílica, como das camadas adicionais. Todos os argilominerais apresentam estrutura foliada e uma única clivagem perfeita de modo que, como as micas, caracterizam-se por exibir hábito laminar ou achatado, apresentando estruturas internas dos chamados filossilicatos.

Tanto as micas como os argilominerais têm uma estrutura característica, consistindo em camadas alternadas de dois tipos. Uma camada consiste em íons Al^{+3}, O^{-2} e OH^-; os íons negativos formam octaedros em torno do Al^{+3}, sendo as quantidades relativas de OH^- e O^{-2} ajustadas de modo a satisfazer às valências de toda a estrutura. Os íons O^{-2} e OH^- são compartilhados pelos octaedros adjacentes, de maneira que a estrutura é contínua em duas dimensões.

Uma estrutura completa de argilominerais consiste em uma das muitas combinações possíveis entre lâminas octaédricas e tetraédricas. A combinação mais simples é a estrutura laminar da caulinita, em que uma única lâmina octaédrica está ligada a uma lâmina tectraédrica, compartilhando alguns dos íons de oxigênio. A camada dupla estende-se indefinidamente em duas direções e o cristal do argilomineral é composto de uma sucessão dessas camadas, uma sobre a outra.

2.8.5 Classificação dos argilominerais

Os conceitos básicos sobre a estrutura cristalina dos argilominerais fornecem os elementos para a classificação teórica dos diferentes tipos.

Inicialmente, podem ser reconhecidos os tipos *bilaminares* como a caulinita, cujas camadas consistem em uma lâmina tetraédrica e uma octaédrica e os tipos *trilaminares*, como a esmectita e a illita, que possuem uma lâmina octaédrica entre duas tetraédricas.

De um modo geral, as argilas cauliníticas têm as camadas mais firmemente presas e admitem menos substituição de Al e Si por outros íons. Essas diferenças estruturais refletem-se nas capacidades mais reduzidas para trocas iônicas e de adsorção de água, o que resulta em menor plasticidade.

As *argilas bilaminares* são também classificadas de acordo com os graus de preenchimento das posições octaédricas na camada de gibbsita. No grupo da caulinita, o Al^{+3} preenche apenas dois terços das posições disponíveis, resultando daí o nome *dioctaédrico* para o grupo. No grupo das serpentinas, o Mg^{+2} e outros cátions preenchem todas as posições disponíveis sendo, então chamado de *trioctaédrico*. Segundo o modo de empilhamento das camadas sucessivas, o grupo da caulinita é subdividido em *caulinita* (mais comum), *dickita*, *nacrita* e *haloisita*.

A subdivisão das *argilas trilaminares* é baseada na facilidade com que as camadas são separadas uma da outra. Em termos estruturais, isso permite distinguir as argilas com as camadas presas pela atração do K^+, por cargas fortemente negativas nas lâminas tetraédricas (illita e muscovita), das argilas com cargas negativas mais difusas (esmectita). Estas são referidas como argilas de *rede expandida*, pois as suas camadas são facilmente separáveis pela água adsorvida, enquanto a illita é uma argila de *rede não-expandida*. Esta diferença manifesta-se pela facilidade de a esmectita intumescer-se quando colocada na água (e outros líquidos polarizados) e em sua grande capacidade de troca iônica.

As variedades da esmectita podem ser diferenciadas pela sua composição. Os membros extremos de uma série, com substituição quase completa de Al por outros íons na lâmina octaédrica, possuem nomes especiais: *nontronita* (Fe^{+3}), *saponita* (Mg), *sauconita* (Zn) e *hectorita* (Li). Um mineral correlacionável ao grupo é a *vermiculita*, que é um argilomineral trilaminar com todas as posições octaédricas ocupadas por Mg^{+2} e Fe^{+2} e com menor teor de substituição de Al por Si.

Numa classificação mais ampla, vários outros minerais hidrossilicáticos, produzidos por outros processos superficiais, podem ser agrupados entre os argilominerais. Especialmente importantes são os *minerais cloríticos*, cuja estrutura consiste em lâminas semelhantes à mica, com a composição $(Mg, Fe)_6 \cdot (Si, Al)_8 O_{20}(OH)_4$, alternada com lâmina de estrutura da brucita, de composição $(Mg, Al)_6 \cdot (OH)_{12}$. A *glauconita* pode ser considerada como uma variedade da *illita* com considerável substituição do Al da camada octaédrica por Fe^{+3} e do K^+ interlaminar por Ca^{+2} e Na^+.

Um outro grupo de silicatos hidratados é constituído pela *paligorskita* (ou *attapulgita*) e pela *sepiolita*, cujas estruturas não são bem conhecidas, mas provavelmente são baseadas em cadeias duplas de silício-oxigênio. A natureza fibrosa desses minerais é uma conseqüência da sua estrutura em cadeia.

As *argilas de camadas mistas*, cujos cristais consistem em camadas alternadas de espécies diferentes, apresentam uma estrutura muito complexa. A interlaminação pode exibir uma seqüência regular ou pode ser completamente casual. Os *minerais cloríticos* podem ser considerados como estruturas de camadas mistas, formadas pela alternância regular de camadas de brucita e de mica. Algumas *illitas* são estruturas de camadas mistas de mica e esmectita.

Finalmente, deve-se mencionar o argilomineral que apresenta aparência amorfa, mesmo quando examinado aos raios X, que recebe o nome genérico de *alofana*. Provavelmente, mesmo essas argilas devem ter uma certa ordenação de Al e O em modelos octaédricos e de Si e O em modelos tetraédricos, mas as unidades são tão pequenas e mal orientadas entre si que não se obtêm reflexões de raios X.

2.8.6 Considerações genéticas

Os argilominerais são formados pela alteração de silicatos de alumínio por processos de intemperismo ou por fenômenos hidrotermais. Os processos de intemperismo, atuando sobre alguns minerais primários, podem dar origem a *argilominerais autigênicos* de diferentes maneiras. No primeiro caso, os minerais primários são submetidos à *hidrólise total*, ainda na área-fonte, que destrói a estrutura e libera os constituintes solúveis; uma parte desses elementos pode recombinar-se para originar argilominerais nos ambientes de sedimentação. No segundo caso os minerais primários, como os feldspatos, são transportados na forma de componentes detríticos e, nos ambientes de sedimentação são submetidos à *hidrólise total,* fornecendo os elementos químicos necessários para dar origem aos argilominerais, de maneira análoga ao primeiro caso ou sofrendo *hidrólise parcial* com a formação de argilominerais no interior dos minerais primários (Douchaufour,1964).

Segundo Miliot (1970:303), três são os principais processos envolvidos na gênese dos argilominerais das rochas sedimentares: *herança detrítica* ou *herança total, herança por transformação* e *neoformação* (*autigênese*).

Todos os ambientes naturais de sedimentação herdam das áreas-fonte mais antigas os seus componentes sólidos, coloidais e em solução. O termo herança é aplicável aos dois primeiros tipos de constituintes, compreendendo os *minerais inertes* (*fração detrítica*) e os que sofreram alguma mudança no ambiente (*fração de transformação*). A *neoformação* (ou *autigênese*) é controlada pela dinâmica dos fluidos intersticiais percolando os produtos intemperizados dos sedimentos.

Em um mesmo ambiente de sedimentação podem ser encontrados argilominerais originados por diferentes processos. Entretanto, a origem essencialmente detrítica é defendida também por alguns autores, que consideram a autigênese dos argilominerais um fenômeno muito raro.

A maioria dos sedimentos argilosos é composta por uma mistura de dois ou mais argilominerais e, conse-

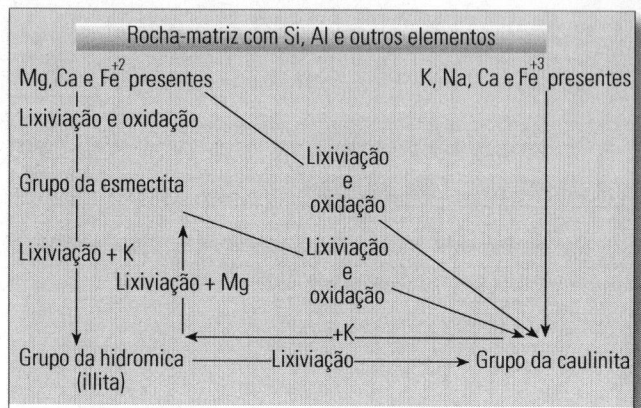

FIGURA 5.30 Mecanismos de formação de diversos grupos de argilominerais a partir do *intemperismo químico* da rocha matriz, exclusive clorita, vermiculita e argilominerais fibrosos. Note que a *lixiviação* e a *oxidação* de vários argilominerais podem dar origem ao grupo da caulinita (Frederickson, 1951).

qüentemente, as suas propriedades físicas e químicas são aproximadamente intermediárias entre as dos tipos (ou membros) extremos. O possível significado dessas associações deve ser encarado em função das variedades de argilominerais presentes (Fig. 5.30).

Nenhum argilomineral deve ser considerado como restrito a um ambiente geológico, podendo ser originado em diferentes ambientes de sedimentação. Entretanto, em geral, a caulinita reflete condições de intensa lixiviação, pH ácido e meio muito pobre em cátions (Fig. 5.31), sendo característica de ambientes fluviais de climas tropicais úmidos. Segundo Millot (1953), as lamas negras de origem marinha são ricas em *matéria orgânica* e pirita e também relativamente ricas em caulinita. Neste caso, o ambiente é comumente ácido e anaeróbio, indicando condições redutoras. Segundo este mesmo autor, os sedimentos marinhos não são muito favoráveis à ocorrência de caulinita, pois a presença de Ca^{+2} tende a inibir a formação deste mineral.

Por outro lado, a esmectita é formada preferencialmente em ambiente mal drenado, de pH aproximadamente neutro a alcalino e rico em cátions. Segundo Tardy (1969), o clima semi-árido é mais favorável à formação da esmectita a partir de íons em solução. Principalmente a *glauconita*, mas também a *esmectita,* é mais característica de ambientes marinhos. Entretanto, a natureza da rocha matriz determina, em grande parte, as variedades de esmectita ou de glauconita a serem formadas. Outra fonte importante de esmectita são os materiais vulcânicos, como as cinzas e, neste caso, a composição é, em geral, muito homogênea.

A *glauconita* forma-se em ambiente marinho mais ou menos redutor, onde a ação bacteriana seja intensa, especialmente se essas condições persistirem por longo tempo. Ela é um mineral das zonas de plataforma continental e parte superior do talude continental (Fig. 5.32). Além disso, parece ser mais freqüente em regiões

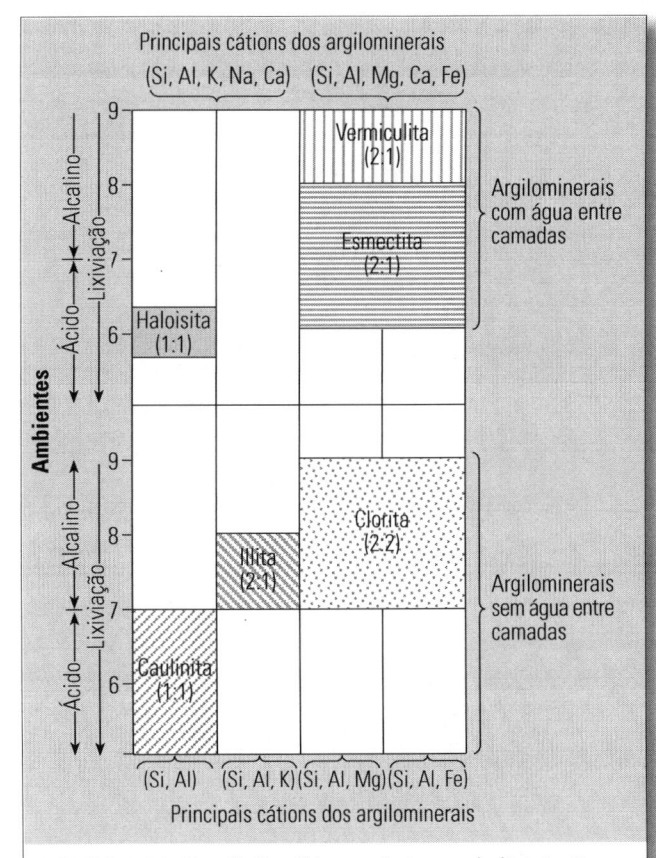

FIGURA 5.31 Condições físico-químicas e de lixiviação apropriadas à formação dos principais grupos de argilominerais (Degens, 1965). Note que a caulinita reflete condições essencialmente ácidas com intensa lixiviação e empobrecimento em cátions metálicos, enquanto que a esmectita indica condições físico-químicas alcalinas e ácidas, com menor intensidade de lixiviação e relativo enriquecimento em cátions metálicos.

onde a crosta seja formada por rochas magmáticas e não existam desembocaduras fluviais nas proximidades. Segundo Teodorovich (1961), correntes marinhas fortes e lenta sedimentação, além de fenômenos de transgressão e regressão marinhos, favorecem a formação da glauconita (Fig. 5-33).

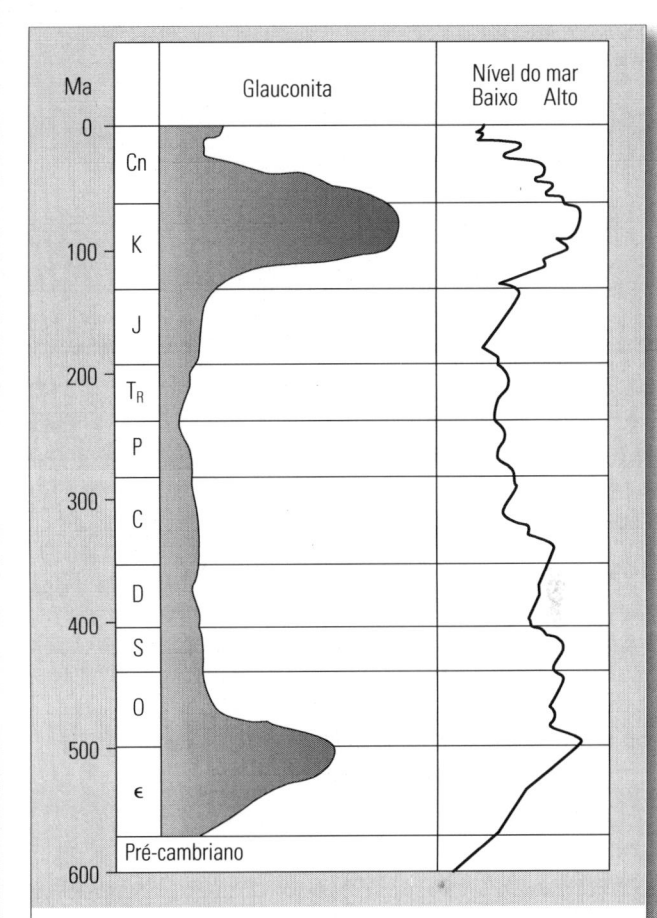

FIGURA 5.33 Relações entre as freqüências de glauconita nos registros geológicos, desde o Período Cambriano à Era Cenozóica, e as suas relações com as variações dos níveis médios do mar (Modificado de Van Houten & Purucker, 1984).

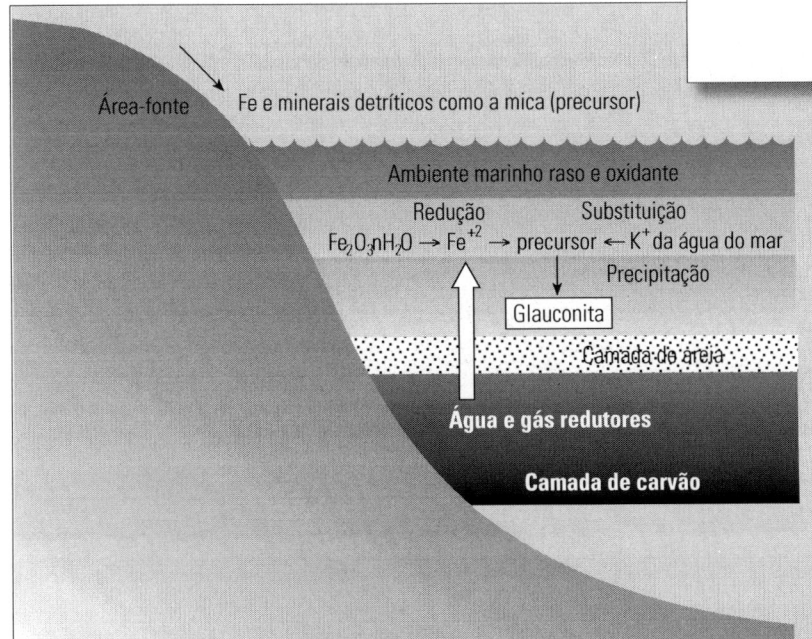

FIGURA 5.32 Modelo esquemático generalizado do mecanismo de *glauconitização*. Um microambiente levemente redutor atribuído por organismos em decomposição e migração ascendente de água e gás redutores, provenientes das camadas de carvão sotopostas, favorecem a dissolução do Fe^{+2} (ferroso) na água do mar (Miki, 1996).

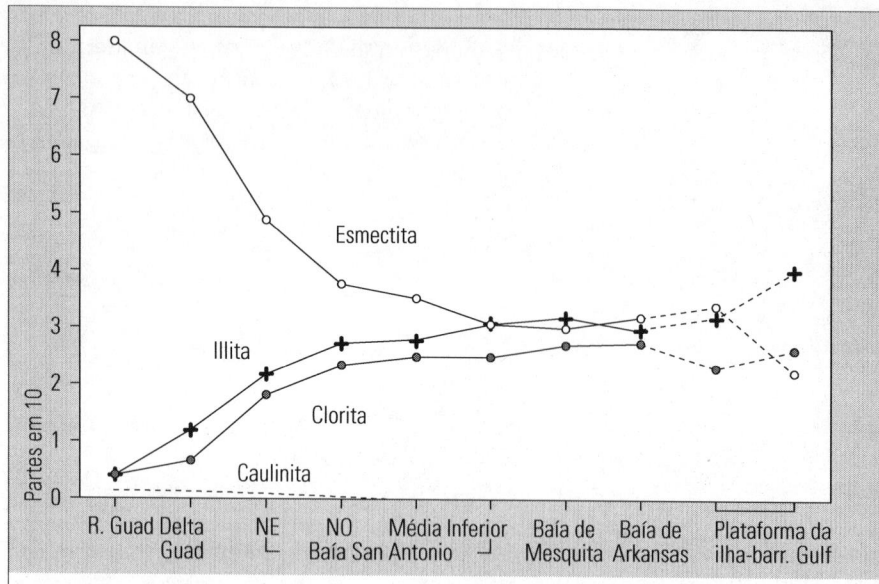

FIGURA 5. 34 Variações das freqüências composicionais de sedimentos costeiros em diferentes argilominerais, a partir de um ambiente fluvial, com grande predominância da *esmectita*, gradando para ambiente marinho mais pobre neste argilomineral e relativamente rico em *clorita* e *illita* (Grim & Johns,1954).

2.9 Minerais pesados

2.9.1 Generalidades

Por definição, *minerais pesados* são os que têm peso específico superior ao dos minerais mais comuns em rochas sedimentares tais como, o feldspato e o quartzo com valores em torno de 2,60. Os minerais pesados são comumente separados dos leves por intermédio do bromofórmio, que é um líquido pesado com peso específico de aproximadamente 2,85.

Embora mais de 100 diferentes variedades de *minerais pesados* tenham sido encontradas nas rochas sedimentares, as mais comumente diagnosticadas são em torno de 20 e não excedem de 0,1 a 0,5% das frações terrígenas dessas rochas. Não obstante a sua baixa freqüência, os *minerais pesados* são de grande importância nos estudos relacionados a:

a) proveniência dos sedimentos;

b) histórias do intemperismo e transporte e

c) correlação paleogeográfica.

As *assembléias de minerais pesados* constituem comumente uma propriedade muito importante de um sedimento, especialmente em *arenitos maturos* nos quais faltam fragmentos de rochas e grãos minerais leves diagnósticos de proveniência, pois em geral ocorre só quartzo nesta fração. Embora algumas espécies sejam destruídas seletivamente durante o transporte e a diagênese, os minerais pesados restantes constituem os únicos indicadores da proveniência de alguns arenitos.

Os *minerais pesados* comuns variam de pesos específicos entre 3 e 5. Em virtude de seus pesos específicos altos, os grãos de quartzo associados, durante o transporte subaquoso, possuem diâmetros 0,5 a 1,0 Ø (escala granulométrica de Krumbein, 1936) maiores que os dos minerais pesados. Esta relação de associação de fragmentos de diferentes diâmetros em decorrência de seus pesos específicos é conhecida como *razão hidráulica* (Rittenhouse, 1943:1743), e varia de acordo com as espécies mineralógicas envolvidas. Este fator é afetado, principalmente, pela *forma* e pelo *tamanho original* dos grãos minerais na rocha-matriz e pela *natureza* dos meios de transporte e deposição. A *forma* é muito importante quando estão em jogo minerais de pesos específicos semelhantes, mas de formas bem diferenciadas. Por exemplo, se uma areia tiver uma mediana correspondente a 2,5 Ø (0,177 mm), a turmalina hidraulicamente associada terá uma mediana de 2,9 Ø (0,133 mm) e o zircão de 3,5 Ø (0,088 mm). Portanto, quando

O ambiente marinho é, em geral, alcalino e contém quantidades apreciáveis de cálcio dissolvido. Este tipo de ambiente favorece mais a formação da esmectita, da illita e da clorita, em detrimento da caulinita. Essas são também as condições mais favoráveis à formação da paligorskita (ou attapulgita), embora ela não seja exclusiva de ambientes marinhos.

Em termos estruturais, a transformação da esmectita para illita ou clorita é muito fácil, pois a simples absorção de K^+ ou Mg^{+2} poderá fazer com que ela adquira características da illita ou da clorita (Fig. 5.34). Essa transformação poderia ocorrer, segundo Grim (1951) e Grim & Johns (1954), durante a diagênese, acompanhada por processos de compactação e/ou desidratação.

Segundo alguns autores, a diagênese não seria muito eficiente na transformação dos argilominerais e, em conseqüência, eles seriam predominantemente detríticos refletindo, principalmente, as características da área-fonte. Entretanto, segundo Weaver (1960) e Burst (1969), o *grau de diagênese* dos argilominerais em sedimentos poderia ser usado como índice do grau de avanço no processo de gênese do petróleo, quando ocorre teor suficiente de matéria orgânica de qualidade adequada. Segundo esta idéia, as rochas com porcentagens relativamente altas de argilominerais de camadas mistas de illita-esmectita, em que a razão de illita para as argilas expansivas seja de média a alta, teriam sofrido diagênese suficiente para gerar petróleo.

esta areia for peneirada, os minerais pesados deverão estar presentes nos intervalos granulométricos mais finos das areias. Deste modo, quando os minerais pesados forem montados em lâminas, no intervalo entre 4,0 (0,062 mm) e 4,5 Ø (0,044 mm), poderão ser encontrados 90% de zircão e 10% de turmalina, enquanto no intervalo de 3,5 (0,088 mm) a 4,0 Ø (0,062 mm) as freqüências relativas desses minerais poderão inverter-se, isto , 10% de zircão e 90% de turmalina. Conclui-se, portanto, que comparação de diferentes amostras só serão válidas, se as análises dos minerais pesados forem executadas nos mesmos intervalos granulométricos.

Deste modo, areias de granulação bem diferentes, embora pertencentes à mesma camada sedimentar, podem exibir diferenças muito grandes na composição de minerais pesados. Quando as relações de freqüência de duas variedades de minerais pesados, de formas e pesos específicos essencialmente semelhantes, portanto, sem diferenças de *razão hidráulica*, forem comparadas, as eventuais diferenças de composição devem refletir diferenças litológicas das áreas-fonte.

Por outro lado, as *formas* dos minerais pesados constituem índices de grande sensibilidade para se aferir as intensidades de abrasão durante o transporte. Comparando-se formas de grãos, de areias fluviais e praiais, é mais eficiente utilizar minerais pesados de baixa dureza, tais como, a cianita e o anfibólio, que minerais pesados mais duros como o zircão, porque os primeiros são afetados muito mais rapidamente. Quando ocorrem grãos de turmalina de formas angulosas, juntamente com os de formas arredondadas, nas mesmas amostras, poderia estar sugerindo que houve contribuição de duas fontes funcionando simultaneamente, uma primária (rocha cristalina) e outra secundária (rocha sedimentar).

2.9.2 Principais grupos de minerais pesados

Em geral, os minerais pesados de sedimentos e rochas sedimentares podem ser agrupados em: opacos, micáceos ultra-estáveis e meta-estáveis.

2.9.2.1 Minerais opacos

Esses minerais são comumente caracterizados pelos altos pesos específicos, devidos aos seus elevados teores em ferro. Essas frações têm sido pouco estudadas, a despeito da sua abundância em muitas rochas sedimentares e da sua importância nas pesquisas de áreas-fonte. Em parte, esse fato está ligado à necessidade de técnicas especiais de preparação, visando a *microscopia de luz refletida*. Alguns dos minerais pesados mais comumente encontrados entre os minerais opacos de rochas sedimentares são:

a) *Magnetita e ilmenita* — São minerais opacos moderadamente estáveis, que ocorrem freqüentemente associados em um mesmo sedimento. Eles são dificilmente separados entre si a não ser por processos magnéticos. A alteração da magnetita dá origem à hematita ou "limonita". A ilmenita intemperizada resulta em *leucoxênio*, que é um agregado microcristalino de esfeno, rutilo e anatásio com aparência de giz e contém cristais maiores desses mesmos minerais. A magnetita e ilmenita são mais estáveis sob condições oxidantes, mas são rapidamente dissolvidas em condições mais redutoras.

c) *Pirita e marcassita* — São quase sempre autigênicas e, deste modo, ocorrem em grandes quantidades em algumas lâminas de minerais pesados, mas podem estar completamente ausentes em outras lâminas. São minerais estáveis sob condições redutoras e, em ambientes oxidantes, decompõem-se dando origem a sulfatos e hidróxidos de ferro (Atêncio & Hypólito, 1988).

d) *Hematita e "limonita"* — São mais comumente produtos de alteração da magnetita ou da pirita, mas podem também ser detríticos. A "limonita" não é propriamente um mineral, mas sim uma mistura de hidróxidos de ferro, tais como, goethita e lepidocrocita.

2.9.2.2 Minerais micáceos

Os minerais micáceos nem sempre afundam no bromofórmio. Os que nele afundam são os minerais micáceos ricos em ferro, tais como, a biotita e a clorita. Em geral, esses minerais não são considerados nos estudos convencionais de minerais pesados, porque as suas formas são amplamente variáveis. Portanto, os seus comportamentos hidrodinâmicos podem ser bem diferentes podendo, inclusive, fazer parte da fração leve que flutua no bromofórmio.

2.9.2.3 Minerais ultra-estáveis

Este grupo é composto por zircão, turmalina e rutilo. Como os dois primeiros são muito duros e inertes (até mais que o próprio quartzo), podem sobreviver a vários ciclos de retrabalhamentos de sedimentos. Em *sedimentos policíclicos* antigos, o zircão e a turmalina chegam a ser praticamente os únicos minerais pesados que podem sobreviver. De um modo geral, a abundância de zircão e turmalina em uma assembléia de minerais pesados pode sugerir:

a) abrasão prolongada e/ou intenso intemperismo químico ou

b) retrabalhamento sucessivo de sedimentos antigos.

As rochas sedimentares paleozóicas das bacias do Paraná (arenitos Rio Bonito e Furnas), estudadas por Suguio *et al.* (1974a), e do Parnaíba, analisadas por Suguio & Fúlfaro (1977), são geralmente muito pobres em variedades de minerais pesados apresentando, por

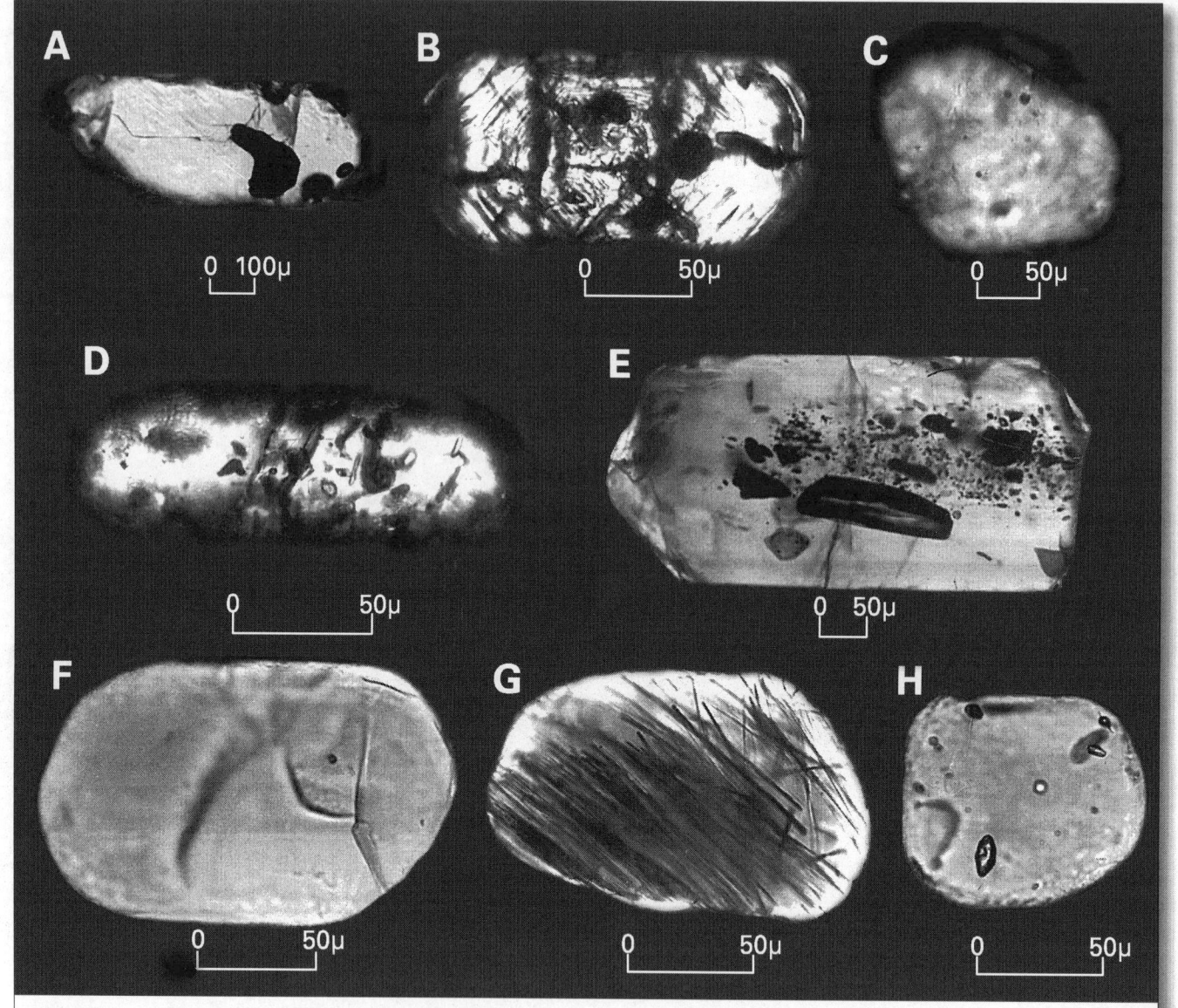

FIGURA 5.35 Diversas variedades de zircão e turmalina encontradas nas frações de *minerais pesados* transparentes não-micáce-os de arenitos da Bacia do Paraná (Suguio *et al.*, 1974a), no Estado do Paraná.

A = zircão prismático mal arredondado (Arenito Furnas do Devoniano).
B = zircão prismático zonado com inclusões (Arenito Botucatu do Cretáceo inferior).
C = zircão arredondado sem inclusões (Arenito Botucatu do Cretáceo inferior).
D = zircão prismático arredondado com inclusões (Arenito Botucatu).
E = turmalina prismática mal arredondada com inclusões (Arenito Furnas).
F = turmalina prismática arredondada sem inclusões (Arenito Rio Bonito do Permocarbonífero).
G = turmalina com inclusões aciculares de rutilo (Arenito Botucatu).
H = turmalina prismática bem arredonda da com inclusões de zircão (Arenito Botucatu).

outro lado, uma grande predominância de zircão e tur-malina. Nesses casos, é provável também que parte dos minerais pesados menos estáveis tenha sido eliminada por ataque químico dos sedimentos paleozóico por pro-cessos de *dissolução intra-estratal*. Enquanto isso, os sedimentos mesozóicos do Grupo Bauru, analisados por Coimbra (1976), e os depósitos cenozóicos das bacias de Taubaté (Suguio, 1969) e de São Paulo (Suguio *et al.*,1972) exibiram assembléias ricas em variedades de minerais pesados.

Tanto o zircão como a turmalina apresentam-se em muitas variedades (Fig, 5. 35). Diversos tipos de zircão foram reconhecidos com base na cor, forma do cristal, elongação e inclusão de várias dezenas de tipos de turmalinas foram encontradas, acreditando-se que essas variedades sejam indicadoras de rochas matrizes específicas, podendo sugerir, por exemplo, rochas peg-matíticas, xistosas, graníticas, etc.

A única característica de zircão aplicável na deter-minação do tipo de rocha matriz parece ser a forma. O zircão de rochas magmáticas é quase sempre *euédrico*, enquanto o zircão de rochas parametamórficas é freqüentemente *bem arredondado*, em virtude de sua origem sedimentar primitiva. As cores do zircão, que variam de incolor a rósea, amarela, castanha, verde, púrpura etc., podem constituir uma importante propriedade na individualização de populações provenientes de diferentes rochas clásticas.

Por outro lado, diferentes nomes são adotados para designar as variedades de turmalina, dependendo da composição química e da cor. Os cristais ricos em ferro são chamados de *schorlita* (ferro ferroso); a *dravita* é rica em magnésio; e a rósea, devida ao manganês é a *rubelita*, etc.

A soma das porcentagens de zircão + turmalina + rutilo é conhecida como *índice ZTR*, segundo Hubert (1971), e serve para indicar o *grau de maturidade mineralógica* dos arenitos e areias. Este índice é expresso em porcentagem relativa, correspondente à soma das freqüências numéricas desses minerais em relação aos minerais pesados, transparentes não-micáceos.

2.9.2.4 *Minerais meta-estáveis*

Diferentes variedades de minerais, algumas caracterizando tipos específicos de rochas matrizes, podem ser incluídas entre os meta-estáveis, tais como:

a) *Olivina* — É um mineral bastante instável em geral muito raro nos sedimentos, mas pode ocorrer eventualmente em depósitos formados sob condições climáticas muito secas ou muito frias, com rápida erosão e soterramento, em sedimentos de idade muito recente. A fonte provável deve ser composta de rochas máficas básicas e/ou ultrabásicas e apresenta-se com duas variedades: forsterita e faialita.

b) *Apatita* — Deve ser considerada como moderadamente estável e ocorre erraticamente, isto é, abundante em algumas rochas e raras em outras, podendo indicar fonte vulcânica, mas também pode ser derivada de rochas plutônicas básicas, ácidas ou mesmo alcalinas (carbonatitos), etc.

c) *Hornblenda* e *piroxênio* — São minerais moderadamente estáveis e podem ser derivados de rochas ígneas ou metamórficas; quando muito abundantes estão, em geral, associados a rochas vulcânicas e/ou metamórficas (hornblenda-xistos). O glaucofânio e a tremolita são menos comuns em sedimentos e, quando presentes, sugerem alguma fonte metamórfica. Os piroxênios são rapidamente dissolvidos por *soluções intersticiais*, logo, são raros em meios mais porosos e mais permeáveis.

d) *Granada* — A granada se apresenta em diferentes variedades, conforme as suas composições químicas. A sua proveniência pode estar ligada a rochas plutônicas, pegmatitos ou rochas metamórficas. A composição química deste mineral pode indicar um determinado tipo de rocha ígnea ou metamórfica. Porém, quando este mineral ocorre em grande abundância, sugere, em geral, uma fonte metamórfica. Algumas variedades de granada como, por exemplo, as ricas em crômio, são claramente associadas a quimberlitos e, portanto, funcionam como *mineral-guia* (ou *satélite*) na prospecção de diamante como, por exemplo, a variedade *piropo*. A estabilidade química da granada é variável conforme a variedade, podendo apresentar- se freqüentemente corroída por *soluções intra-estratais* (ou *intersticiais*).

e) *Epídoto, clinozoisita* e *zoisita* — São minerais que sugerem fontes metamórficas e/ou hidrotermais. O epídoto, aparentemente, pode ser formado em perfis de solo durante processos de intemperismo (Suguio *et al.*, 1972).

f) *Cianita, sillimanita, andaluzita* e *estaurolita* — São minerais que, em geral, indicam fontes metamórficas e todos podem ser considerados moderadamente estáveis.

2.9.3 *Disponibilidade de minerais pesados e a dissolução intra-estratal*

Antes da interpretação da litologia da rocha-matriz, tipo de intemperismo predominante na área-fonte ou, ainda a destruição por abrasão e/ou seleção progressiva durante o transporte, devem ser considerados os possíveis efeitos da *dissolução intra-estratal* sobre as *assembléias de minerais pesados*.

O fenômeno deve ocorrer preferencialmente sobre os minerais com menor estabilidade química, que são formados nas primeiras fases de cristalização do magma. A Tabela 10 ilustra as estabilidades químicas relativas de alguns dos minerais pesados mais comuns nas rochas sedimentares.

As evidências sugestivas da existência do fenômeno da *dissolução intra-estratal* de minerais pesados são de dois tipos. O primeiro é a constatação da existência de altas proporções de minerais pesados instáveis, no interior de concreções calcárias impermeáveis, muito mais que no arenito poroso e permeável circundante (Todd & Folk, 1957:2560), que constitui a rocha hospedeira das concreções. Entre os minerais pesados mais intensamente afetados pela dissolução intra-estratal, segundo estudos até agora realizados, estão a hornblenda e a granada. O segundo tipo de evidência é o gradual decréscimo das freqüências de minerais pesados menos estáveis em sedimentos de períodos geológicos mais antigos. Este fato foi constatado em vários países do mundo, inclusive no Brasil (Suguio *et al.*, l974a)

2.9.4 *Análise dos minerais pesados*

Todas as técnicas empregadas em laboratório para a separação dos minerais pesados e leves são baseadas em *líquidos pesados*, com pesos específicos intermediários

TABELA 10 Estabilidades químicas relativas aproximadas, decrescentes do topo para base, de alguns dos minerais pesados mais comuns, durante os processos de intemperismo (modificado de Smithson,1941; Pettijohn, 1957)

Minerais ultra-estáveis
- Rutilo
- Zircão
- Turmalina
} Índice ZTR

Minerais estáveis
- Leucoxênio
- Clorita
- Hematita

Minerais semi-estáveis
- Apatita
- Monazita
- Estaurolita
- Sillimanita
- Cianita
- Grupo do epídoto

Minerais instáveis
- Biotita
- Granada
- Magnetita
- Ilmenita
- Hornblenda
- Augita
- Olivina

entre os minerais ou grupos de minerais a serem separados. Mais comumente, a separação é executada por decantação gravitacional e/ou centrifugação da amostra em líquido pesado do tipo *bromofórmio*. Outras técnicas de separação mais freqüentemente empregadas estão relacionadas a processos industriais ou de prospecção mineral como, por exemplo, as baseadas nas diferenças de suscetibilidade magnética. Além disso, existem as técnicas baseadas nas propriedades elétricas dos minerais.

2.9.5 Tratamento prévio das amostras

2.9.5.1 – Desagregação

O primeiro passo do tratamento prévio (ou preliminar) de amostras de sedimentos consolidados (rochas sedimentares), para o estudo dos minerais pesados, é a *desagregação*. Os diversos problemas envolvidos na desagregação são os mesmos do tratamento prévio para análises granulométricas, isto é, a separação das partículas sem afetar as suas propriedades físicas e químicas.

2.9.5.2 Separação granulométrica

Rubey (1933) demonstrou que os grãos de minerais pesados são hidraulicamente equivalentes aos dos minerais leves de dimensões maiores, dependendo naturalmente dos pesos específicos dos minerais envolvidos.

Os diâmetros padrões específicos exatos em que devem ser estudados os minerais pesados em areias e arenitos não estão muito rigidamente estabelecidos. Os intervalos sugeridos pelos autores são variáveis: de 61 a

88 mícrons e de 124 a 175 mícrons (Young, 1966); de 124 a 175 mícrons e de 175 a 246 mícrons (Krumbein & Rasmussen,1941); e de 63 a 200 mícrons (Müller, 1967a). Esses intervalos estão aproximadamente compreendidos nas classes de *areia fina* (125 a 250 mícrons) e de *areia muito fina* (62 a 125 mícrons) da escala granulométrica de Wentworth (1922a), que têm sido adotados nos estudos realizados no Laboratório de Sedimentologia do Instituto de Geociências da Universidade de São Paulo.

O fato mais importante nessa questão é que os estudos de freqüências de minerais pesados, realizados em intervalos granulométricos diferentes não são, de forma alguma, comparáveis entre si.

2.9.5.3 Os líquidos pesados

O bromofórmio ($CHBr_3$) e/ou tetrabromoetano ($C_2H_2Br_4$) são comumente empregados nas técnicas de separação de minerais pesados. As suas propriedades são semelhantes e a escolha dependerá do custo, da disponibilidade, da familiaridade de manuseio, etc. Quando puros, os pesos específicos são de 2,89 para o bromofórmio e de 2,97 para o tetrabromoetano. Os líquidos citados são imiscíveis na água, mas no álcool etílico (comum) ou acetona misturam-se em todas as proporções.

Na Fig. 5.36 tem-se o equipamento muito simples e funcional para a separação dos minerais pesados dos leves usando-se líquidos pesados.

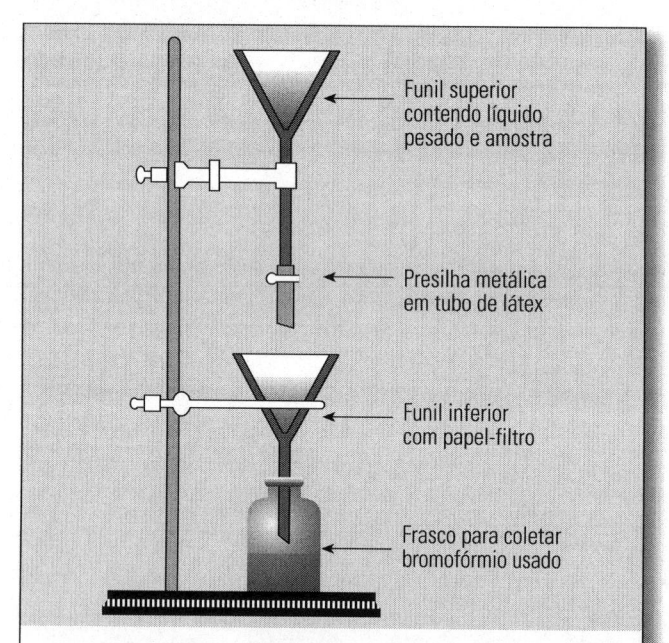

Funil superior contendo líquido pesado e amostra

Presilha metálica em tubo de látex

Funil inferior com papel-filtro

Frasco para coletar bromofórmio usado

FIGURA 5.36 Equipamento simples para separação de minerais pesados, usando-se líquidos pesados especiais de alta densidade.
A = funil de vidro contendo líquido pesado e amostra;
B = tubo de borracha (látex) com presilha regulável;
C = funil de vidro provido de papel-filtro; e
D = frasco para coletar o líquido pesado misturado com solvente, durante a lavagem, que pode ser posteriormente recuperado para reutilização.

2.9.5.4 O método de separação magnética

Este método depende de uma propriedade física dos minerais a serem separados, que é chamada de *suscetibilidade magnética*. Esta propriedade representa uma medida da intensidade com que um determinado mineral é atraído por um ímã.

A natureza desta propriedade é bastante complexa e depende da composição química, particularmente dos teores de ferro e de manganês, além da sua estrutura interna, variando bastante em uma mesma espécie mineralógica. A separação tende a ser mais eficiente, quando os grãos de um mineral possuem estrutura e composição bastante homogêneas.

A magnetita, por exemplo, é separada de sedimentos arenosos mais comuns com um simples ímã de bolso. Os outros minerais são, em geral, separados por aparelhos do tipo *separador isodinâmico Frantz*. Este equipamento é composto de um eletroímã, com duas peças metálicas alongadas, dispostas de tal forma que o espaço entre os dois pólos do eletroímã seja consideravelmente maior de um lado que do outro. Uma calha metálica colocada em vibração, dispõe-se entre os pólos, orientada paralelamente aos seus comprimentos. O eletroímã é montado, de tal modo que a calha fique inclinada e o material a ser separado seja alimentado pela parte mais alta da calha. Os grãos com suscetibilidade magnética mais alta são atraídos para o lado da calha, onde o espaço para o pólo seja menor e, portanto, o fluxo magnético seja maior. Uma divisão na parte mais baixa da calha separa o fluxo dos grãos em dois: um composto por minerais com suscetibilidade magnética mais alta e outro com suscetibilidade mais baixa.

2.9.5.5 Outros métodos

Existem outros métodos que se utilizam das diferentes propriedades dos minerais em separação, tais como, os métodos da centrifugação, da propriedade dielétrica, da condutividade elétrica, etc.

2.9.6 Avaliação dos conteúdos de minerais pesados

Os conteúdos de minerais pesados de um sedimento dependem de seis variáveis complexas. Um sedimentólogo que estiver estudando os minerais pesados de um conjunto de amostras, deverá considerar todas as seguintes variáveis antes de efetuar a correlação e a interpretação dos resultados.

2.9.6.1 Litologia da área-fonte

Normalmente, a área-fonte é composta por uma associação de vários tipos de rochas. Desta maneira, por exemplo, a turmalina e o zircão bem arredondados po-

dem ter sido supridos por um arenito antigo, enquanto os mesmos minerais prismáticos podem estar relacionados a uma fonte ígnea e, finalmente, a cianita angulosa pode ter sido fornecida por um xisto.

2.9.6.2 Estabilidade diferencial

Os minerais pesados, que normalmente constituem os minerais acessórios das rochas cristalinas, são submetidos ao intemperismo na área-fonte e durante o transporte para o sítio deposicional. Dependendo dos minerais envolvidos e das estabilidades, podem ser originadas grandes diferenças entre as freqüências com que ocorrem nas rochas matrizes e nos sedimentos.

2.9.6.3 - Resistência física

A resistência física dos minerais, por exemplo à abrasão contínua, depende das suas durezas e de outras propriedades como a presença ou não da clivagem, da forma original dos grãos, etc. Na transferência de minerais pesados de baixa dureza e com boa clivagem pode ocorrer drástico empobrecimento desses minerais e, em contraposição, deverá ocorrer enriquecimento relativo acentuado em minerais pesados duros e sem clivagem.

2.9.6.4 Razão hidráulica

Os minerais *menos esféricos* e *menos densos* são carreados para mais longe que os *mais esféricos* e *mais densos*, quando ambos possuem diâmetros semelhantes. Deste modo, as relações entre as freqüências de diferentes minerais são também modificadas pela *razão hidráulica*. A avaliação da possível influência deste fator pode ser feita graficamente, plotando-se os pesos específicos dos diferentes minerais em função das freqüências de ocorrência em diferentes áreas como, por exemplo, ao longo de um rio. Se a *razão hidráulica* for um fator decisivo, os pontos localizar-se-ão sobre uma reta ou sobre uma curva suave. Além disso, os minerais menos esféricos ficarão sistematicamente deslocados para um lado em relação à tendência geral.

2.9.6.5 Fatores pós-deposicionais

Em função da *dissolução intra-estratal* por *soluções intersticiais* (águas conatas e/ou meteóricas) em migração através dos sedimentos, os *minerais menos estáveis* (granada, piroxênio, anfibólio, estaurolita, etc.) podem ser completamente destruídos. Para se comprovar a possível influência desses fatores, deve-se comparar as assembléias de minerais pesados presentes nas porções menos permeáveis como, por exemplo, no interior de nódulos e concreções com as das partes mais porosas e permeáveis da rocha hospedeira.

2.9.6.6 Erros estatísticos

Algumas conclusões errôneas podem ser obtidas, a menos que sejam adotadas técnicas estatísticas padronizadas. Uma das questões estatísticas fundamentais, na análise de minerais pesados, diz respeito à determinação do número de grãos minerais que deve ser contado para que se tenha um certo grau de confiança nos resultados. Os prováveis erros em porcentagem de componentes individuais, a níveis de confiança de 50% e 95,4%, podem ser calculados pelas seguintes fórmulas:

$$E_{50} = 0,6745\sqrt{\frac{P(100 - P)}{N}}$$

e

$$E_{95,4} = 2\sqrt{\frac{P(100 - P)}{N}}$$

onde E é o erro provável em porcentagem;

N é o número total de grãos contados; e

P é a porcentagem de N, de um componente individual.

Quanto maior for o N, mais precisas serão as freqüências dos minerais pesados. Os níveis de confiança, que dependem dos números de grãos contados, podem ser estimados pelo gráfico de confiança binomial ou de Poisson (Pearson & Hartley,1954). Por outro lado, Van der Plas & Tobi (1965) idealizaram um método gráfico (Fig. 5.37).

2.9.7 Significados geológicos dos minerais pesados

2.9.7.1 Estudo de proveniência (área-fonte)

Para auxiliar a interpretação litológica das áreas-fonte, os minerais pesados podem ser agrupados em *assembléias cogenéticas*, tais como as representativas de sedimentos retrabalhados, de rochas metamórficas de baixo ou de alto grau, de rochas ígneas ácidas ou básicas, etc. (Tabela 12).

A seguir, a importância relativa de cada *assembléia cogenética* deve ser avaliada. Embora um intemperismo severo possa modificar profundamente as assembléias de minerais pesados em perfis de solos, o seu efeito sobre as composições das areias e arenitos, originados sob condições de taxas moderadas a altas de erosão e deposição tornar-se-á negligenciável.

Mesmo pequenas quantidades de detritos de precipitação de cinzas vulcânicas ou de erosão de cinzas e tufos vulcânicos podem ser reconhecidas pelos conjuntos de minerais pesados característicos.

Minerais de diferentes variedades definidas pelas cores, inclusão, morfologias, sobrecrescimentos, composições etc. podem ser usadas para correlacionar grãos detríticos de arenitos a rochas matrizes específicas. Este procedimento pode surtir melhor efeito em arenitos líticos e arcozianos depositados em ambientes fluviais ou

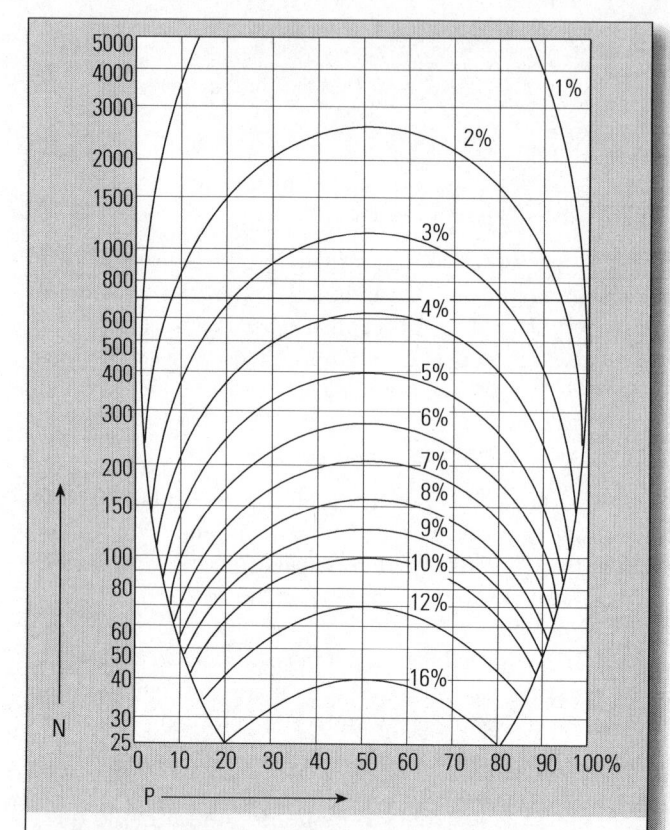

FIGURA 5.37 Níveis de confiança na contagem de freqüência de minerais pesados, onde N = número total de grãos contados por lâmina e P = proporção estimada de freqüência de um determinado mineral. Exemplo: Se N = 500 e P = 28%, o limite de confiança é de ± 4%, isto é, a verdadeira proporção deverá situar-se entre 24 e 32% (modificado de Van der Plas e Tobi, 1965).

fluviolacustres relativamente próximos às áreas-fonte. Quando se processa a mistura de materiais de várias fontes, em ambiente marinho com forte corrente paralela à costa, por exemplo, torna-se extremamente difícil identificar as fontes específicas de rochas sedimentares, a partir do estudo de assembléia de minerais pesados. Nesses casos, os tipos de minerais da fração leve, como as diferentes variedades de quartzo e/ou feldspato, podem eventualmente auxiliar nos estudos de proveniência (áreas-fonte) das rochas sedimentares.

2.9.7.2 Províncias petrológicas sedimentares

O conceito de *províncias petrológicas* de minerais pesados e leves permite o mapeamento dos padrões de dispersão dos sedimentos clásticos em uma área. Uma *província petrológica* é definida por um conjunto de sedimentos, mais ou menos homogêneos em termos de idade, origem e distribuição, que constitui uma unidade natural (Baturin, 1931 e Edelman, 1933).

TABELA 12 **Relações entre os tipos de minerais pesados, reunidos em assembléias cogenéticas e as prováveis litologias das áreas-fonte** (baseadas em Hubert,1971:462 e Pettijohn,1975:487)

Rochas matrizes	Minerais pesados
Sedimentos retrabalhados	Grãos bem arredondados de rutilo, turmalina e zircão. Partículas de barita, glauconita e leucoxênio
Rochas metamórficas de baixo grau	Biotita, clorita, granada (espessartita), turmalina (especialmente em cristais euédricos e com inclusões de grafita) e leucoxênio
Rochas metamórficas de alto grau	Actinolita, andaluzita, apatita, almandina (granada), biotita, diopsídio, epídoto, clinozoisita, glaucofânio, hornblenda (inclusive a variedade verde-azulada), ilmenita, cianita, magnetita, sillimanita, esfeno, estaurolita, turmalina, tremolita e zircão
Rochas ígneas siálicas	Apatita, biotita, hornblenda, ilmenita, monazita, rutilo, esfeno, turmalina (rósea euédrica) e zircão (euédrico)
Rochas ígneas máficas	Anatásio, augita, diopsídio, epídoto, hornblenda, hiperstênio, ilmenita, magnetita, olivina, piropo (granada), serpentina e rutilo
Pegmatitos	Apatita, biotita, cassiterita, granada, rutilo, topázio e turmalina azul (indicolita)
Cinzas vulcânicas	Cristais euédricos de apatita, augita, biotita, hornblenda e zircão
Autigênicos	Hematita, leucoxênio, "limonita", turmalina, zircão, cristais euédricos de anatásio, brookita, pirita, rutilo e esfeno

O mapeamento de províncias exige critérios *regionais* (espaciais) e *estratigráficos* (temporais), pois uma província representa um corpo tridimensional de rocha caracterizado por um conjunto peculiar e distinto das províncias vizinhas de minerais. Os limites entre as províncias de minerais pesados são, em geral, graduais e têm sido mapeados com base em vários critérios. Idealmente, uma província diferenciada das adjacentes pela ocorrência de minerais pesados representativos, que estão ausentes ou são raros nas outras províncias. Por conveniência, tomam-se minerais pesados com freqüência mínima de 5%. As dimensões das *províncias petrológicas* dependem de:

a) extensão da área coberta pelo sistema de correntes de dispersão como, por exemplo, uma bacia hidrográfica;

b) volume de sedimentos e das suas taxas de suprimento; e

c) grau de mistura dos sedimentos de províncias adjacentes que, em casos extremos, pode obscurecer completamente os limites entre as províncias.

Segundo Suttner (1974:76), a mineralogia de uma *província petrológica* é uma função de quatro variáveis seguintes:

a) proveniência (área-fonte);

b) modificação dos detritos durante o transporte;

c) modificação durante a deposição e

d) modificação pós-deposicionais, que ocorrem durante a litificação e a diagênese.

Cada uma das quatro variáveis é, por sua vez, dependente de outros fatores, como se vê na Tabela 13.

TABELA 13 **Fatores que controlam a composição em minerais pesados de uma província petrológica** (segundo Suttner, 1974:76)

MD = f (P, T, D, L)
MD = mineralogia dos detritos que preenchem uma bacia P = proveniência T = modificações durante o transporte D = modificações durante a deposição L = modificações durante a litificação e diagênese
onde
P = f (Rm, Iq/If, R)
Rm = natureza da rocha-matriz Iq/If = razão entre os intemperismos químico e físico na fonte R = relevo da área -fonte
T = f (At, Dt, Vt, Tt/Tsa/Tsu)
At = agente de transporte Dt = distância de transporte Vt = velocidade de transporte Tt/Tsa/Tsu = proporções relativas de sedimentos transportados por tração, saltação e suspensão
D = f (Ad, Rds, Cd)
Ad = ambiente de deposição Rds = razão entre deposição e soterramento Cd = clima do sítio deposicional
L = f (Po, Pe, Qa)
Po = porosidade Pe = permeabilidade Qa = Composição química da água intersticial

Pelo número de fatores envolvidos no controle da composição em *minerais pesados*, conclui-se a interpretação geológica de uma província petrológica é muito complexa, a menos que alguns dos fatores se tornem desprezíveis.

2.9.7.3 Correlação e diferenciação

Os princípios básicos das técnicas de correlação e diferenciação de depósitos sedimentares por meio dos seus componentes mineralógicos são fundamentais em geologia sedimentar.

Desse modo, pela aplicação adequada dos resultados de análise de *minerais pesados*, é possível ter-se uma idéia muito boa das condições de deposição. As Figs. 5.38A. 5.38B e 5.38C ilustram as relações entre as zonas de ocorrência de determinadas assembléias mineralógicas e as províncias distributivas de minerais pesados.

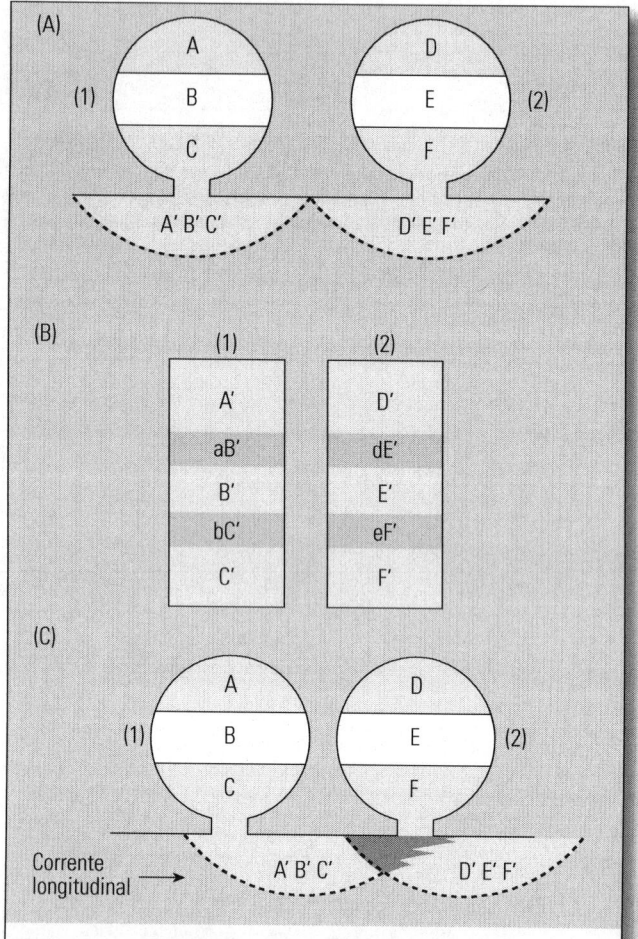

FIGURA 5.38 Relações entre as *províncias distributivas* (áreas-fonte) de minerais pesados e as *assembléias mineralógicas* de sedimentos.
A, B, C, D, E e F representam os diferentes tipos de rochas existentes nas províncias distributivas (1) e (2), respectivamente (Milner, 1962: 375, 376 e 377). A = diagrama das províncias distributivas.
B = seqüências verticais das assembléias mineralógicas.
C = influência de correntes na deposição.

A *denudação inicial* das províncias distributivas (1) e (2) começará provavelmente por C e F, respectivamente, e os sedimentos depositados apresentarão assembléias de minerais pesados definindo os tipos C′ e F′ (Fig. 5-38A). Com a erosão remontante nas bacias de drenagem, as províncias B e E passam a contribuir, sendo a transição marcada pelos sedimentos dos tipos bC′ e eF′ (a letra minúscula, em cada caso, denotaria influência subordinada). Com o progressivo avanço da denudação, B e E assumem importância maior, e o resultado é a deposição de sedimentos dos tipos B′ e E′. De forma similar, A e D contribuem respectivamente com os sedimentos dos tipos A′ e D′. As seqüências verticais, formadas pela sucessão dos eventos acima, são vistas na Fig. 5.38B. onde C′, F′, etc. representam os tipos de sedimentos com assembléias características de minerais pesados.

Quando a área de deposição estiver sujeita à ação de correntes, o processo tende a tornar-se mais complicado, principalmente no setor onde ocorre superposição e mistura de materiais fornecidos pelas duas províncias distributivas (Fig. 5.38C).

2.9.7.4 Ambiente de deposição

A identificação dos *minerais pesados* (e leves) *autigênicos* conduz ao diagnóstico das características físico-químicas dos *ambientes de deposição*.

Nos *processos de autigênese* podem ser constatados um ou mais períodos de *crescimento secundário* e o núcleo (ou germe) original de cristalização pode estar ausente. Quando a *autigênese* se processa em torno de um fragmento detrítico de minerais de mesma natureza, tem-se um caso de *sobrecrescimento* (overgrowth). Neste caso, a porção acrescida apresenta-se em continuidade cristalográfica em relação ao núcleo e, além disso, é mais limpa (isenta de impurezas), permitindo reconhecer o contorno do fragmento detrítico.

O fenômeno da autigênese resulta no estabelecimento do equilíbrio químico do *sistema sedimentar* de tal modo que ocorrem eliminação de formas menos estáveis, crescimento secundário (ou sobrecrescimento) e até geração de novas espécies mais estáveis nessas condições, através de reações químicas apropriadas.

Segundo Baturin (1942; *in* Teodorovich, 1961), os minerais pesados mais factíveis de ocorrer como autigênicos são, zircão turmalina e rutilo, ao lado de minerais leves, como o quartzo e algumas variedades de feldspatos.

Usando-se uma *série de minerais autigênicos* ou, até mesmo, um único *mineral-índice*, podem ser obtidos dados sobre pH, Eh e salinidade e, eventualmente, sobre temperaturas durante a formação e transformação dos sedimentos por diagênese. Desta maneira, a pirita e a marcassita, por exemplo, são indicadores de Eh fortemente redutor, enquanto óxidos e hidróxidos de ferro sugerem ambientes ricos em oxigênio. Os hidróxidos de ferro são precipitados e são estáveis em condições de pH igual ou superior a 2,5.

2.9.8 Informações essenciais para aplicação geológica dos dados de minerais pesados

Diversas são as informações necessárias para uma adequada aplicação geológica dos dados de minerais pesados. A lista seguinte, segundo Milner (1962:383), dá uma idéia de alguns dados úteis.

a) *Identidade dos minerais* — A determinação mineralógica deve ser executada com a máxima precisão. Entretanto, especialmente em sedimentos finos (como sílticos), nem sempre é fácil ou possível identificar todos os grãos de minerais pesados presentes.

b) *Época de formação* — Deve-se tentar reconhecer, antes de tudo, se os minerais pesados são de origem detrítica ou autigênica. No caso de minerais autigênicos, é importante saber se foram formados durante a deposição ou diagênese. Alguns critérios microscópicos, como o hábito cristalino e/ou arredondamento, permitem distinguir os minerais detríticos dos autigênicos.

c) *Feições cristalográficas especiais* — Incluem hábito cristalino, geminação, estriação, zonação, inclusões (sólidas, líquidas e gasosas), etc. Os minerais duros, como o zircão podem exibir freqüentemente cristais euédricos, desenvolvendo terminações e arestas acentuadas. As geminação, por exemplo, dos tipos "em joelho" e "em coração" são encontradas no rutilo.

d) *Feições físicas* — Essas propriedades compreendem a cor, o brilho e a morfologia dos grãos. Um mineral comum que apresente uma feição física rara pode ser um detalhe de grande importância geológica.

e) *Propriedades ópticas* — As propriedades ópticas mais importantes compreendem o índice de refração, a birrefringência, o pleocroísmo e a figura de interferência. Entretanto, em montagens de grãos de minerais pesados, em geral as propriedades ópticas são de pouca utilidade, pois dificilmente podem ser determinadas.

f) *Freqüências de ocorrência* — Principalmente em trabalhos de correlação e diferenciação de camadas sedimentares, as freqüências de ocorrência de minerais pesados devem ser determinadas com grande precisão.

g) *Razões recíprocas* — Essas relações devem ser testadas em cada caso, pois são muito variáveis. Deste modo, por exemplo, as razões entre as turmalinas azuis e castanhas, por exemplo, podem ser importantes em trabalhos de correlação e diferenciação.

h) *Granulometria* — Os tamanhos predominantes dos grãos de minerais pesados podem ser importantes na interpretação geológica adequada das assembléias mineralógicas.

i) *Forma dos minerais* — As formas dos minerais pesados, definidas pelos graus de arredondamento e esfericidade (ou forma), podem ser muito importantes chegando a constituir, por exemplo, um critério de correlação de camadas sedimentares ou para o reconhecimento de sedimentos policíclicos.

j) *Feições proeminentes* — Essas características incluem aspectos peculiares apresentados por alguns minerais que, por si só, constituem índices de grande significado geológico. Exemplos: pirita nodular, foraminíferos com câmaras preenchidas por "limonita", etc.

k) *Características das assembléias* — Os trabalhos de correlação e diferenciação geológica podem ser também auxiliados pelo estudo das particularidades das assembléias de minerais pesados. O uso de gráficos e de técnicas estatísticas apropriadas é muito importante na análise das características de assembléias de minerais pesados.

3. Propriedades químicas e isotópicas

3.1 Composição química das rochas sedimentares

As rochas-matrizes primárias, de natureza cristalina (metamórficas e ígneas), exibem uma *paragênese mineralógica* (associação genética de minerais) característica de pressão e/ou temperatura altas, encontradas a maiores profundidades (dezenas de quilômetros). Enquanto isso, as rochas sedimentares caracterizam-se por uma *paragênese mineralógica* de pressão e/ou temperatura baixas de menores profundidades (no mínimo alguns quilômetros) e, até mesmo, superficiais.

Os processos de intemperismo (Capítulo 2) e erosão, transporte e deposição (Capítulo 3) atuam sobre as associações mineralógicas das rochas cristalinas, levando à eliminação de vários minerais e formação de novos minerais. Dependendo das intensidades de atuação desses processos somados a outros, como os tectônicos, pode haver acentuada modificação na composição química (Tabela 14).

A maioria das rochas sedimentares exibe uma composição química mista, sendo a sua designação definida pelo mineral predominante, acompanhada ou não por um adjetivo relacionado ao mineral subordinado em freqüência. Confrontando-se as composições químicas médias das rochas ígneas com as das rochas sedimentares mais comuns (arenitos, folhelhos e calcários) podem ser constatadas várias diferenças. Elas são originadas pela formação de minerais carbonáticos, que tendem a segregar-se em calcários e, ao mesmo tempo, processa-se a dissolução do sódio e do potássio. O sódio será removido dos continentes rumo aos oceanos, e o potássio será

TABELA 14 Composições químicas médias das rochas sedimentares comuns e os teores médios das rochas ígneas (Mason, 1971: 192) (1) Segundo Leith & Mead (1915) e (2) segundo Poldervaart (1955)

Óxidos	Teores médios em porcentagens					
	Rochas ígneas	Arenito	Folhelho	Calcário	Rochas sedimentares	
					(1)	(2)
SiO_2	59,14	78,33	58,10	5,19	57,95	44,5
TiO_2	1,05	0,25	0,65	0,06	0,57	0,6
Al_2O_3	15,34	4,77	15,40	0,81	13,39	10,9
Fe_2O_3	3,08	1,07	4,02	0,54	3,47	4,0
FeO	3,80	0,30	2,45	—	2,08	0,9
MgO	3,49	1,16	2,44	7,89	2,65	2,6
CaO	5,08	5,50	3,11	42,57	5,89	19,7
Na_2O	3,84	0,45	1,30	0,05	1,13	1,1
K_2O	3,13	1,31	3,24	0,33	2,86	1,9
H_2O	1,15	1,63	5,00	0,77	3,23	—
P_2O_5	0,30	0,08	0,17	0,04	0,13	0,1
CO_2	0,10	5,03	2,63	41,54	5,38	13,4
SO_3	—	0,07	0,64	0,05	0,54	—
BaO	0,06	0,05	0,05	—	—	—
C	—	—	0,80	—	0,66	—
MnO	—	—	—	—	—	0,3

retido nas rochas ricas em argilominerais, como os folhelhos.

A Fig, 5.39 ilustra as diferenças de composição química dos produtos resultantes dessas transformações. A abscissa, que representa a razão $(CaO + Na_2O)/K_2O$, expressa o grau de diferenciação de uma rocha sedimentar. Deste modo, os folhelhos são empobrecidos em Na e Ca e enriquecidos em K, enquanto os calcários são ricos em Ca e pobres em Na e K. Por outro lado, a ordenada, que representa a razão SiO_2/Al_2O_3, é muito útil na diferenciação de arenitos, que podem gradar desde *arenitos ortoquartzíticos* (muito ricos em SiO_2) até *grauvaques* (muito ricos em Al_2O_3).

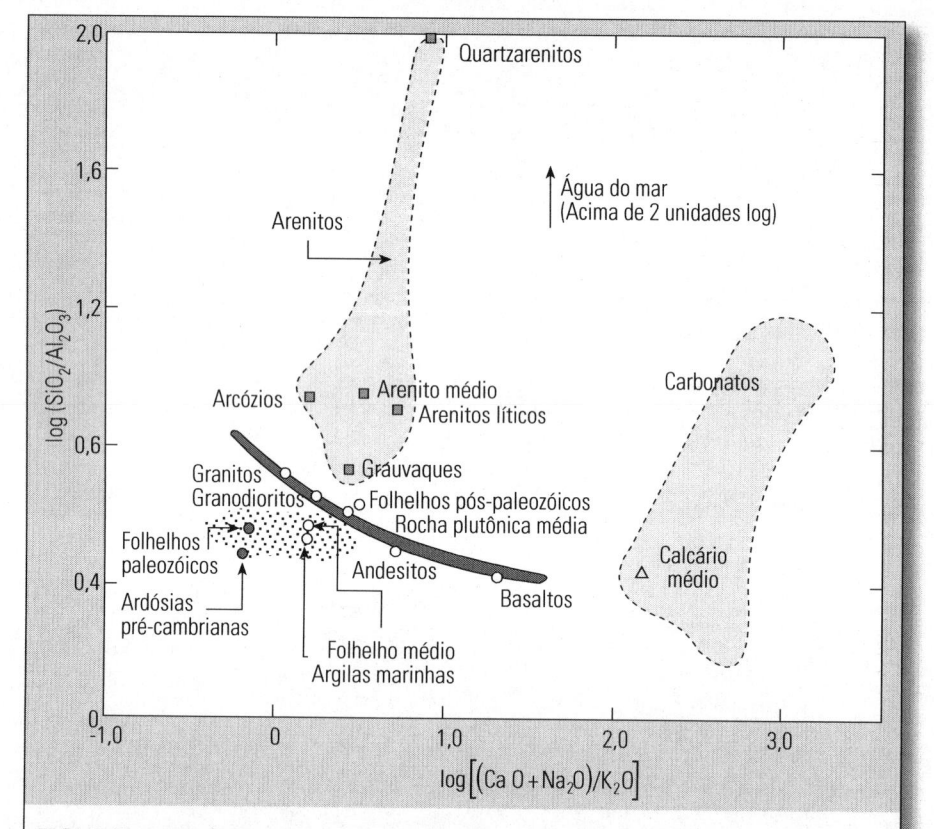

FIGURA 5.39 Relações entre as composições químicas das rochas ígneas e sedimentares (Segundo Garrels & Mackenzie,1971:227), que mostram processos de *diferenciação sedimentar* tendendo a *membros extremos*, compostos de arenitos ortoquartzíticos ou quartzarenitos e carbonatos, constituindo calcários médios. Entretanto, os folhelhos e grauvaques médios são bem pouco diferenciados em relação às rochas ígneas (rochas matrizes).

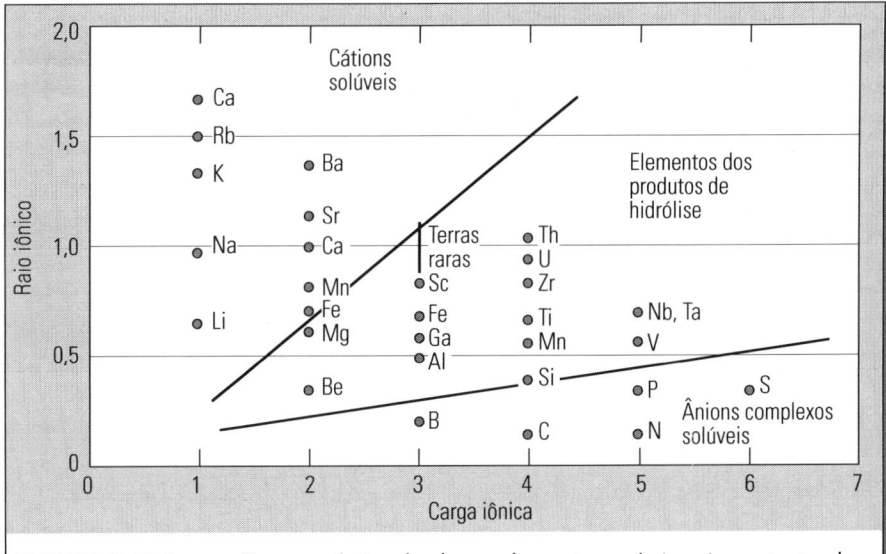

FIGURA 5.40 Separação geoquímica de alguns elementos químicos importantes, baseada nos seus potenciais iônicos (Mason,1971), formando os grupos de cátions solúveis, de elementos de produtos de hidrólise e de ânions complexos solúveis.

3.2 Fatores físico-químicos e a sedimentação

3.2.1 Potencial iônico

O *potencial iônico* é definido pela relação entre a carga e o raio de um íon, que é de grande significado na *hidrólise*. A sua intensidade é diretamente proporcional à carga e inversamente proporcional ao raio do íon (Fig. 5.40)

O *potencial iônico* de um elemento químico determina, de modo decisivo, o lugar que ele deverá ocupar durante a sedimentação subaquosa. Os elementos de baixos potenciais iônicos, como o sódio e o cálcio, permanecem em solução durante os processos de erosão e transporte. Os elementos de potenciais iônicos intermediários, como o ferro e o titânio, são precipitados por hidrólise. Finalmente, os elementos de altos potenciais iônicos, como o fósforo e o enxofre, são também solúveis. Além disso, este parâmetro também explica porque diferentes elementos, tais como berílio (bivalente), alumínio (trivalente) e titânio (tetravalente) podem precipitar-se juntos durante a deposição.

O Fe ferroso possui potencial iônico = 2,7 quando é estável em solução, mas por oxidação passa a ter potencial iônico = 4,7 e, então, sofre precipitação. De modo semelhante, os íons manganosos de potencial iônico = 2,5 são estáveis em solução porém, por oxidação, adquirem potencial iônico = 6,7 e também são precipitados. Esses fatos explicam porque produtos de hidrólise e de oxidação aparecem freqüentemente associados em um mesmo depósito e porque, não somente berílio e gálio, mas também titânio, zircônio e nióbio, podem estar muito mais concentrados nos bauxitos (minério de Al) que nas rochas-matrizes.

3.2.2 Concentração do íon hidrogênio (pH)

Na água pura a 20°C de temperatura, a concentração do íon hidrogênio é de 10^{-7} moles/litro. Como medida de concentração deste íon em um meio qualquer se usa o pH, que corresponde ao logaritmo negativo deste fator. O pH de um meio controla a precipitação e a dissolução das substâncias em meios naturais (Tabela 15).

O pH desempenha um importante papel durante os processos de intemperismo, substituindo os cátions metálicos removidos dos minerais silicosos pela força dipolar da água. Além disso, alguns minerais como os carbonatos (principalmente de Ca) são precipitados (pH alcalino) ou dissolvidos (pH ácido), enquanto o quartzo é precipitado em condições ácidas e dissolvido em ambientes alcalinos (Fig. 2 .1).

Por outro lado, as intensidades das reações aumentam com as temperaturas, sendo mais altas a 120°C do que a 20°C. Deste modo, o pH neutro, caracterizado por iguais quantidades de íons H^+ e OH^-, é de 6 (10^{-6} moles/litro) a 120°C.

3.2.3 Potencial de oxirredução (Eh)

A *estabilidade* de um elemento químico, em um determinado *estado de oxidação*, depende da mudança de energia envolvida na adição ou na remoção de elétrons. O *potencial de oxirredução* é uma medida desta mudança de energia e varia com os teores dos reagentes dissolvidos. Além disso, os potenciais de oxirredução di-

TABELA 15 Os valores de pH de alguns meios naturais e as suas relação com a precipitação de hidróxidos metálicos mais comuns (Mason, 1971)

pH	Precipitação de hidróxidos	Meios naturais
11	Magnésio	
10		Solos alcalinos
9	Magnésio bivalente	
8		Água do mar
7	Zinco	Água do rio
6	Cobre	Água de chuva
5	Ferro bivalente	
4	Alumínio	Água de turfa
3		Água de mina
	Ferro trivalente	
2		
1		Fontes termais ácidas

minuem rapidamente com os aumentos de pH e, portanto, em geral, a oxidação processa-se mais rapidamente com o aumento de alcalinidade de uma solução (Fig. 2.1).

É um parâmetro muito importante em reação envolvendo elementos como o ferro, manganês e enxofre. Em ambientes de sedimentação os valores de Eh dependem do suprimento de oxigênio gasoso em relação à quantidade de matéria orgânica que deverá ser decomposta (oxidada). Os valores de Eh são *positivos* (oxidantes) ou *negativos* (redutores) conforme o suprimento de oxigênio gasoso seja superior ou inferior, ao exigido para a oxidação de matéria orgânica, respectivamente.

3.3 Diferenciação geoquímica dos ambientes deposicionais

3.3.1 Distribuição dos elementos químicos na deposição

Os sedimentos são depositados em muitos tipos de ambientes, caracterizados por diferentes concentrações de diversos íons e submetidos a temperaturas, pressões e atividades orgânicas variáveis. Os valores de pH e Eh, que ocorrem nas proximidades e/ou na interface água-sedimento, são também parâmetros que interferem nas composições mineralógica e química dos sedimentos (Fig. 4.6). Esses fatores determinam os diferentes caminhos que serão seguidos pelos diversos elementos químicos durante os ciclos de intemperismo, erosão transporte e deposição.

Segundo Keith & Degens (1959) e Mason (1971), algumas das principais fases produzidas por *separação geoquímica na natureza* seriam as seguintes:

a) *Fase quartzosa* — O quartzo é um dos minerais mais resistentes aos processos de intemperismo físicos e químicos e, desta maneira, ocorre um enriquecimento acentuado deste mineral em relação rocha-matriz.

b) *Fase argilosa* — O intemperismo químico de diversos silicatos origina uma lama rica em argilominerais, especialmente rica em alumínio e potássio adsorvidos. Neste processo pode também ocorrer precipitação de hidróxido férrico por hidrólise, subseqüente à oxidação do composto ferroso original.

c) *Fase carbonática* — Por precipitação química e/ou bioquímica formam-se concentrações de carbonato de cálcio nas formas de *aragonita* ou *calcita* que dão origem aos *calcários*. Por ação metassomática ou pela ação de soluções ricas em magnésio, os calcários são parcial ou totalmente convertidos em *dolomitos* com o passar do tempo, embora não possa ser descartada a existência de *dolomitos singenéticos* (primários).

d) *Fase salina* — Os elementos químicos que permanecem em solução podem ser concentrados nos oceanos e, por evaporação, produzem os *depósitos de sal* (*evaporitos*). Entre eles se sobressai o de sódio, mas quantidades menores de sais de potássio e magnésio também se precipitam das águas do mar. Outros elementos envolvidos na separação geoquímica originam sulfetos, fosfatos e rochas derivadas da matéria orgânica.

Embora ocorram transformação apreciáveis durante a diagênese e litificação (Capítulo 4), não são suficientes para obliterar completamente as características originais da deposição.

3.3.1.1 Elementos maiores e menores

Esses elementos apresentam tendências de concentração em frações específicas das rochas sedimentares, com teores variáveis entre menos de 1% até várias dezenas porcentuais. Desta maneira, excluindo-se os componentes dos evaporitos, os elementos maiores e menores exibem as seguintes características de concentração:

a) SiO_2 no quartzo e em outros silicatos estáveis;

b) Al, Si, K e Mg nos argilominerais;

d) Fe e Mn nos óxidos e hidróxidos;

d) C, N e H na matéria orgânica;

e) Ca, Mg e C nos carbonatos e

f) P, Ca e F nos fosfatos.

Embora, mais comumente, muitas dessas frações ocorram naturalmente misturadas, os estudos geoquímicos devem ser conduzidos separadamente. Em geral, as análises químicas de amostras totais são bem menos significativas em *estudos paleoambientais* que as análises de fração especifica, como de *resíduos insolúveis* de carbonatos. Entretanto, nas frações de granulação mais finas (síltico-argilosas) dos sedimentos, nem as separações em diferentes frações e nem os diagnósticos dos modos de ocorrência dos diversos elementos químicos são muito fáceis.

Uma observação importante sobre os constituintes maiores e menores é que somente S e Mn costumam aparecer em teores mais altos em folhelhos marinhos, quando comparados aos de água doce.

Por outro lado, enquanto os elementos maiores são os componentes essenciais da crosta terrestre, os elementos menores desempenham um papel decisivo como nutrientes dos seres vivos.

3.3.1.2 Elementos-traço (oligoelementos)

São elementos químicos que aparecem em teores ínfimos (comumente, ppm = partes por milhão até ppb = partes por bilhão) que, mesmo bastante concentrados não chegam a modificar a composição mineralógica das rochas sedimentares. Entretanto, podem desempenhar um papel primordial na vida dos seres vivos, funcionando também como *indicadores paleoambientais*.

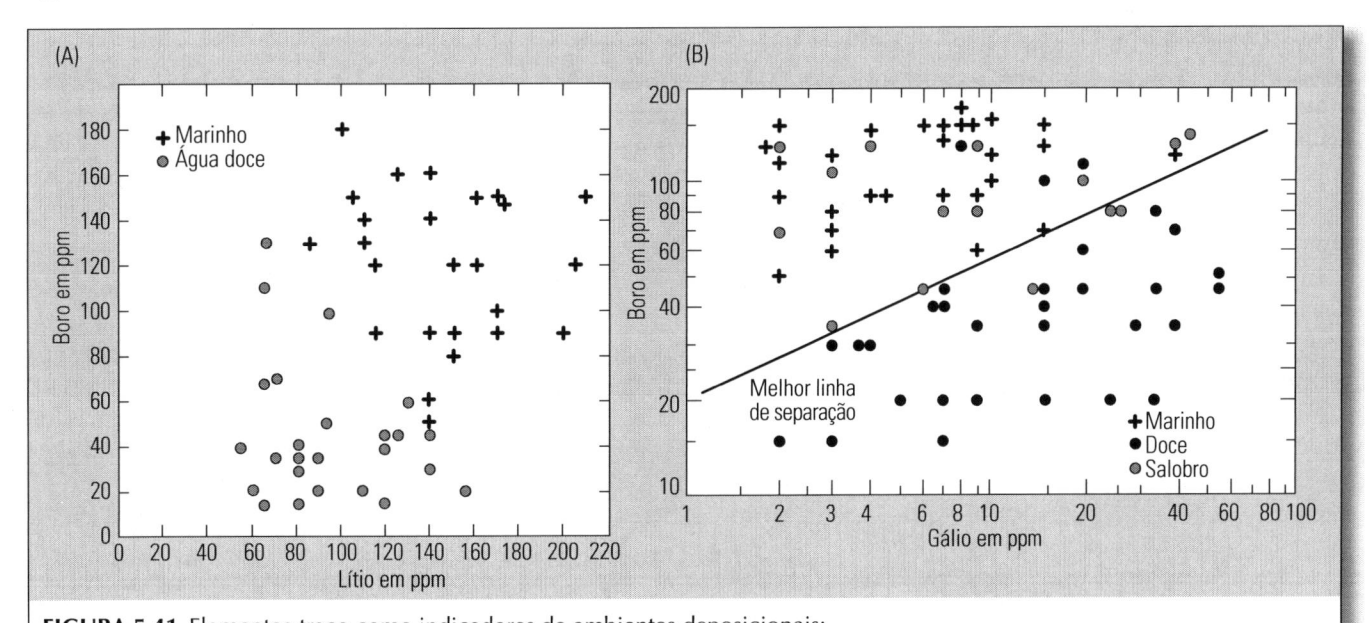

FIGURA 5.41 Elementos-traço como indicadores de ambientes deposicionais:
A = razões de composição em boro e lítio de um grupo de folhelhos pensilvanianos da América do Norte, de origens marinha e de água doce (Segundo Keith & Bystrom, *apud* Keith & Degens,1959) e
B = conteúdos de gálio e boro de folhelhos pensilvanianos da América do Norte, sedimentados em condições marinhas (águas salgadas), transicionais (águas salobras) e continentais (águas doces), segundo Degens *et al.* (1957).

Alguns elementos-traço, tais como B, Li, Ni e Rb, parecem ocorrer em teores mais altos em folhelhos marinhos que nos de água doce (Fig. 5.41A). Por outro lado, Ga e Cr aparentemente são mais abundantes em folhelhos de água doce que nos marinhos (Fig. 5.41B). Ti, Nb, Zr e Th tendem a permanecer em sedimentos de água doce sob forma insolúvel.

Por outro lado, conforme Potter *et al.* (1963), entre sete elementos-traço (B, Cr, Cu, Ga, Ni, Pb e V) estudados, com exceção do Pb e Cu, as concentrações nos sedimentos marinhos foram maiores que nos de água doce. Porém, a função discriminante mais eficiente foi baseada apenas nos teores de B e V. Neste estudo foram analisadas rochas sedimentares antigas e sedimentos recentes, que não mostraram diferenças significativas, sugerindo que esses teores não sejam praticamente modificados por *processos diagenéticos*.

3.4 Composição isotópica das rochas sedimentares

3.4.1 *Generalidades*

As composições isotópicas de diversas substâncias naturais são muito úteis na interpretação de diferentes fenômenos geológicos inclusive das rochas sedimentares e, deste modo, tornaram-se muito comuns as datações utilizando *isótopos radioativos* de vários elementos químicos. Porém, as *datações geocronológicas* representam apenas uma parte da *geologia isotópica*, que é um campo de pesquisas bastante amplo, e estudos interessantes podem ser realizados com *isótopos estáveis*,

como, por exemplo, de carbono, oxigênio, enxofre e hidrogênio. As datações baseadas em *isótopos radioativos* fogem ao escopo deste compêndio.

A *geoquímica dos isótopos estáveis* teve um notável progresso a partir da década de 50, concomitante à melhor compreensão da matéria, mas também pelo aperfeiçoamento de equipamentos analíticos, sendo hoje utilizada em várias pesquisas geológicas e de áreas afins, como em estudos da *matéria orgânica* de solos e em *pesquisas de hidrocarbonetos*.

Os *isótopos estáveis* de alguns dos elementos químicos mais comumente usados em sedimentologia, medidos até o momento, são de ^{12}C e ^{13}C, ^{16}O e ^{18}O e ^{32}S e ^{34}S que, segundo Rankama (1954) existem na natureza nas razões de, aproximadamente, $^{13}C/^{12}C = 0,011$, $^{18}O/^{16}O = 0,0204$ e $^{34}S/^{32}S = 0,045$. As diferenças de conteúdo desses isótopos podem chegar a alguns porcentos, dependendo da natureza das amostras e dos isótopos envolvidos. Atualmente as *razões isotópicas* não são representadas por valores absolutos, mas pelo desvio padrão em relação a uma amostra padrão da seguinte maneira:

$$\delta^{13}C, \delta^{18}O \text{ ou } \delta^{34}S = \frac{R_{amostra} - R_{padrão}}{R_{padrão}} \times 1.000 (\text{‰})$$

onde R = valores do δ em termos de $^{13}C/^{12}C$, $^{18}O/^{16}O$ ou $^{34}S/^{32}S$. Quando a amostra contiver mais isótopo pesado que a amostra-padrão, o δ é positivo e a amostra é considerada "mais pesada que..." ou "enriquecida em relação a..." o padrão. Analogamente, quando a amostra contém menos isótopo pesado que a amostra-padrão, o δ

é negativo e a amostra admitida como "mais leve que..." ou "empobrecida em relação a..." o padrão. Os termos "mais pesado" ou "mais leve" e "enriquecida" ou "empobrecida" são sempre aplicáveis em relação ao isótopo pesado, de modo que a notação $\delta^{13}C = -16‰$ significa que "razão $^{13}C/^{12}C$ de uma amostra é 1,6% menor que a mesma razão da amostra-padrão".

Diferentes padrões internacionais de referência são disponíveis, de modo a possibilitar calibração entre laboratórios de um país ou de diferentes partes do mundo, levando à obtenção de resultados consistentes e comparáveis. Alguns dos principais aceitos atualmente são:

Elementos	Padrões	Abreviaturas
Hidrogênio	*Água oceânica média padrão* Representa a "média" da água de vários milhares de metros de profundidade do oceano Atlântico Norte.	SMOW
Carbono	*Belemnite Peedee* – Esqueleto de $CaCO_3$ de um cefalópode fóssil da Formação Peedee (Cretáceo de Carolina do Sul - EUA).	PDB
Nitrogênio	Nitrogênio atmosférico	ATMN
Oxigênio	Água oceânica média padrão ou Belemnite Peedee	SMOW PDB
Enxofre	Troilita (FeS) do meteorito siderítico Canyon Diablo (EUA)	CDT

Nos calcários, os teores de $\delta^{13}C$ e $\delta^{18}O$ são normalmente expressos em relação à amostra-padrão PDB, enquanto em outras amostras (água, silicatos, sulfatos, etc.) são comumente relacionados ao padrão SMOW. A relação entre esses padrões para o oxigênio é $\delta^{18}O_{SMOW} = (1,03086 \times \delta^{18}O_{PDB}) + 30,86$. Segundo Craig (1957), o $\delta^{13}C$ apresenta razão $^{13}C/^{12}C = 0,0112372$ e de acordo com Thode *et al.*(1961) o $\delta^{34}S_{CDT}$ é caracterizado pela razão $^{34}S/^{32}S = 0,0450045$.

3.4.2 *Fracionamento isotópico*

O *fracionamento isotópico* é um *processo físico-químico* que resulta em enriquecimento relativo anormal de um isótopo em uma mistura de razão normal conhecida. A sua ocorrência em sistemas naturais pode ser explicada pelas diferenças nas propriedades químicas entre os nuclídeos de um elemento, que se manifesta durante processos físicos, químicos e biológicos. A termodinâmica do processo de *fracionamento isotópico* foi explicada, pela primeira vez, por Urey (1947).

O fator de fracionamento isotópico *r* entre dois tipos de moléculas pode ser calculado por:

$$r = \frac{(R)_A}{(R)_B} = \frac{1.000 + \delta_A}{1.000 + \delta_B}$$

onde $(R)_A$ representa as razões $^{13}C/^{12}C$, $^{18}O/^{16}O$ ou $^{34}S/^{32}S$ da molécula A e $(R)_B$ corresponderia às mesmas razões da molécula B. δ_A e δ_B indicam $\delta^{13}C$, $\delta^{18}O$ ou $\delta^{34}S$ das moléculas A ou B.

Os fatores de *fracionamento isotópico*, devidos às transformações físicas e químicas de compostos naturais, dependem das diferenças nas características físicas e químicas dos isótopos envolvidos. A ocorrência do *fracionamento isotópico* torna-se cada vez mais difícil com os aumentos dos tamanhos das moléculas e das temperaturas

A eficiência do *fracionamento isotópico* em uma única etapa é, em geral, muito baixa. Por exemplo, entre a água e o vapor de água em equilíbrio a 25°C a razão $H_2^{18}O/H_2^{16}O$ do vapor é apenas 0,6% menor que da água. Entretanto, através da eliminação progressiva do vapor, mantendo-se as condições de equilíbrio através da destilação é possível concentrar acentuadamente o $H_2^{18}O$ na água residual.

A evaporação remove preferencialmente o $H_2^{16}O$ das águas oceânicas para a atmosfera e, em conseqüência, as águas das chuvas e dos rios normalmente contêm mais ^{16}O que as águas oceânicas. Deste fato torna-se possível estabelecer uma correlação entre as salinidades e as razões $^{18}O/^{16}O$. Porém, como as águas doces não são igualmente enriquecidas em ^{16}O, esta correlação não é perfeita. Em geral, pode-se admitir que as águas polares possuam $^{18}O/^{16}O$ mais baixas que as águas equatoriais. Isto ocorre porque as águas atmosféricas movem-se do equador rumo aos pólos através de processos repetitivos de destilação quando, a cada chuva ou neve sucessivas, verifica-se o empobrecimento das águas em moléculas de $H_2^{18}O$. A situação é análoga nos isótopos de hidrogênio, e as águas polares são enriquecidas em ^1H_2O em relação ao ^2H_2O. Em relações envolvendo mudanças de fases, a menos condensada é comumente a mais enriquecida em isótopo mais leve. O fracionamento pode ocorrer por dois processos principais: de equilíbrios, isotópico e/ou cinético.

3.4.2.1 *Processo de equilíbrio isotópico*

Quando duas moléculas estão em equilíbrio, os isótopos distribuem-se de acordo com as suas propriedades termodinâmicas. Entretanto, na ausência deste equilíbrio, como acontece entre as razões isotópicas de um mineral e da água na qual ele foi precipitado, pode verificar-se uma tendência à situação de *equilíbrio isotópico* causando o fracionamento. Isto se deve às diferenças nas forças de ligação entre o oxigênio e os íons da estrutura do mineral em relação à ligação hidrogênio-oxigênio da água. O processo de *equilíbrio isotópico* é reversível e durante o fracionamento a redistribuição dos isótopos processa-se de modo a minimizar a energia livre do sistema.

Este processo é fortemente dependente da temperatura, especialmente nas rochas sedimentares que, em geral, envolvem fenômenos de baixas temperaturas. Com o incremento da temperatura, as massas dos átomos envolvidos nas ligação tornam-se menos importantes na definição das forças de ligação química e, portanto, os fatores de fracionamento tornam-se mais baixos (menores).

A intensidade necessária de *fracionamento isotópico* para se atingir o equilíbrio pode ser teoricamente calculada e, como foi mencionado, depende da temperatura. Por outro lado, as cifras calculadas são diretamente aplicáveis nas interpretações geológicas, principalmente como termômetros geológicos. Os fracionamentos esperados em compostos de várias naturezas foram inicialmente calculados por Urey (1947), seguido por outros pesquisadores (Bigeleisen & Mayer, 1947; Craig, 1953; Sakai, 1957).

3.4.2.2 Processo cinético

Como resultado da difusão, ou em função de diferentes taxas de reação podem ocorrer mudanças isotópicas e, nestes casos, tem-se o *fracionamento isotópico cinético*.

Quando a água se evapora, enquanto a atmosfera não estiver saturada, as composições isotópicas da água líquida e do vapor de água poderão estar em desequilíbrio entre si, pois a taxa de evaporação não é a mesma da taxa de condensação. Deste modo, deverá ocorrer *fracionamento isotópico*.

Além disso, muitos *fenômenos biológicos* também causam *fracionamento isotópico* por processo cinético. Por exemplo, o carbono fixado durante a fotossíntese é bastante empobrecido em ^{13}C em relação à fonte do carbono (CO_2 gasoso ou aquoso), enquanto o CO_2 respirado não é muito diferente da matéria orgânica que está sendo oxidada. Deste modo, como um dos fatores essenciais que determinam o comportamento dos elementos químicos nas proximidades da superfície tem-se o *potencial de oxirredução* (Eh).

Em geral, as moléculas mais ricas em isótopos ^{12}C e ^{32}S apresentam velocidades de reação maiores que os compostos enriquecidos em isótopos mais pesados.

A maioria desses fatores caracteriza-se por exibir *reação unidirecional*, onde não se verifica intercâmbio de isótopos entre os sistemas em reação e em formação, quando a velocidade de reação é influenciada pelo chamado efeito isotópico cinético. Esse efeito representa um fenômeno físico-químico decorrente da substituição de um isótopo por outro em um composto e, deste modo, sabe-se por exemplo, que a 25°C a pressão de vapor do $H_2^{16}O$ é 0,6% superior à do $H_2^{18}O$.

3.4.3 Os isótopos de carbono e os ambientes

3.4.3.1 Os calcários

Os calcários marinhos primários, depositados em *condições de equilíbrio isotópico* com as águas circundantes e com a fase gasosa, exibem valores de $\delta^{13}C$ idênticos, sejam eles de origem orgânica ou inorgânica. Existem inúmeras medidas na literatura geológica, mas segundo Craig (1953) e Oana & Deevey (1960), os valores podem ser expressos como na Tabela 16.

TABELA 16 Valores de $\delta^{13}C$ de calcários marinhos e de alguns outros de outros tipos de materiais

Tipos de materiais	$\delta^{13}C$(‰)
Calcário marinho	+2,4 a –3,3
	+1,7 a –2,3
Calcário de água doce	+9,8 a –14,1
Calcário capeador de domo salino	–19,4 a –48,4
Calcário de depósito de enxofre	–8,8 a –43,0
Plantas marinhas	–3,6 a –29,2
Plantas terrestres	–15,6 a –29,2
Petróleos	–22,4 a –29,0

Por outro lado, os valores de $\delta^{13}C$ de calcários de água doce são bastante variáveis. Isto se deve ao fato de que os teores de carbonatos de águas doces são bem mais baixos que nos oceanos e, além disso, verifica-se aqui a influência muito mais acentuada do carbono de outras origens, como o da matéria orgânica (Fig. 5.42). Como exemplos deste fato, podem ser citados o *calcário capeador de domo salino* e o de *depósito de enxofre biogênico*.

a) *Calcários primários* — Considerando-se os teores anormalmente altos de ^{12}C, em relação aos calcários marinhos, do calcário de domo salino da costa do Golfo do México, Thode *et al.* (1954) e Feely & Kulp (1957) concluíram que o *enxofre nativo*, associado ao calcário capeador de domo salino, é de *origem orgânica*.

Segundo Dessau *et al.* (1962), o valor médio de $\delta^{13}C$ em calcário associado ao enxofre nativo da Sicília (Itália) é de –28,7‰, enquanto o valor médio do calcário do embasamento não-associado ao enxofre nativo é de –5,4‰. Além disso, os domos salinos dos depósitos de enxofre nativo da Sicília contêm também anidrita e gipsita. Confrontando-se as razões $^{34}S/^{32}S$ dos sulfatos citados e do enxofre nativo, pode-se concluir que tenham ocorrido as seguintes reações bioquímicas:

$$CaSO_4 \xrightarrow{\text{dissolução}} Ca^{+2} +$$

$$+ SO_4^{-2} \underbrace{\xrightarrow[\text{por bactéria}]{\text{redução}} \to Ca^{+2} + H_2S + CO_2 \to}_{\text{Decomposição da matéria orgânica}}$$

$$\to CaCO_3 + H_2S + O_2 \to CaCO_3 + S + H_2O_2$$

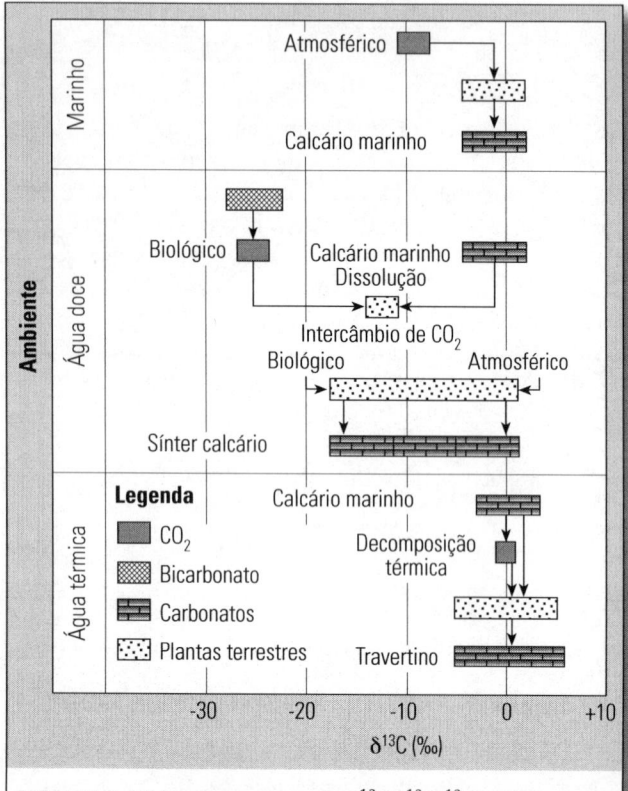

FIGURA 5.42 Fracionamento de $\delta^{13}C$ ($^{13}C/^{12}C$) em ‰ de materiais naturais de diferentes ambientes, que contém carbono na sua composição (segundo Münnich & Vogel, 1962).

Isto indica que, em *ambiente anaeróbio*, o sulfato tenha sido *bioquimicamente reduzido* e, neste processo, o CO_2 gerado pela decomposição da matéria orgânica dá origem ao calcário. A seguir, pode-se imaginar que, pela infiltração das águas superficiais, depósitos de enxofre e de calcário sejam formados pela oxidação do H_2S pelo enxofre nativo. Como se pode verificar na Tabela 16, as matérias orgânicas naturais são ricas em ^{12}C, não ocorrendo fracionamento durante a sua decomposição para CO_2. Como fonte de *matéria orgânica*, em domos salinos, tem-se os hidrocarbonetos e no depósito de enxofre da Sicília, pode-se pensar em matérias orgânicas naturais.

Além disso, comparando-se o $\delta^{13}C$ dos petróleos e das matérias orgânicas com os de calcários de domos salinos, percebe-se que a maioria dos calcários é mais rica em ^{12}C que os petróleos. Na Tabela 16, os calcários dos domos salinos possuem $\delta^{13}C$ entre –19,4 a –48,4‰, mas a maioria apresenta valores inferiores a –30‰, sendo a média 37‰. Neste caso, pode-se pensar que a *matéria orgânica* tenha sido fornecida pela fração volátil do petróleo e pelo CH_4 do gás natural. De fato, essas frações voláteis tendem a migrar para cima, e o $\delta^{13}C$ do metano do gás natural varia entre –65,5 a –74,8‰ (Nakai,1960). Sobre as frações voláteis do petróleo, Silverman (1963) chegou à conclusão que, quanto menor for o número de carbono no hidrocarboneto, a composição isotópica mostra-se mais enriquecida em ^{12}C, isto é, no caso do CH_4, a diferença em relação ao hidrocarboneto líquido chega a 15%.

b) *Calcários secundários* — Foi visto que os valores de $\delta^{13}C$ dos calcários marinhos primários são relativamente constantes. Entretanto, em relação ao calcário primário de recife de coral, por exemplo, o calcário secundário, composto por seus fragmentos, torna-se mais rico em ^{12}C com a cimentação. Desse modo, em geral o *calcário secundário*, formado pela recristalização, torna-se mais enriquecido em ^{12}C que o *calcário primário*. Imagina-se que o CO_2 atuante na dissolução do *calcário primário* seja essencialmente de *origem orgânica*, sendo caracterizado pela composição isotópica rica em ^{12}C.

$$CaCO_3 + CO_{2(a)} + H_2O \rightarrow Ca^{+2} + 2HCO_3^- \rightarrow CaCO_3 +$$

(primário) (matéria orgânica)   (secundário)

$$+H_2O + CO_{2(b)}$$

Nas relações acima, o $\delta^{13}C$ do $CaCO_{3(primário)} - \delta^{13}C$ do $CO_{2(a)}$ é maior que $\delta^{13}C$ do $CaCO_{3(secundário)} - \delta^{13}C$ do $CO_{2(b)}$ e, desta maneira, o $\delta^{13}C$ do $CaCO_{3(secundário)}$ tenderá a aproximar-se da composição isotópica da *matéria orgânica*, fato que é verificado também em *espeleotemas* como, por exemplo, em *estalactites* e *estalagmites*.

3.4.3.2 Os ciclos fotossintéticos e os paleoclimas

As diferenças na composição em isótopos estáveis de carbono em diversas espécies de plantas foram descobertas há cerca de 50 anos (Calvin & Benson, 1948). Os valores da razão isotópica $^{13}C/^{12}C$ foram apresentados em $\delta^{13}C$ por mil, quando comparados ao padrão PDB.

As plantas com *ciclo fotossintético C4* (herbáceas e gramíneas: dominantes em savanas e campos) apresentam valores de $\delta^{13}C$ entre –9‰ e –16‰, enquanto em plantas do *ciclo fotossintético C3* (arbóreas: dominantes em florestas tropicais) situam-se entre –20‰ e –35‰, permitindo discriminar muito bem esses dois grupos. Entretanto, *plantas CAM* (metabolismo via ácido crassuláceo) têm valores de $\delta^{13}C$ entre –10‰ e –28‰ (Erlingher, 1991), sendo representadas por cactáceas e bromeliáceas. Os valores de $\delta^{13}C$ das plantas CAM superpõem-se aos dois grupos anteriores, dificultando a discriminação.

Os valores típicos das razões isotópicas $^{13}C/^{12}C$ desses diferentes grupos, sem qualquer superposição entre as plantas dos tipos C3 e C4, resultam das diferenças das propriedades bioquímicas das enzimas de fixação primária do CO_2 e da limitação à difusão deste gás nas folhas.

Portanto, pode-se utilizar os valores de $\delta^{13}C$ de plantas C3 e C4, juntamente com datação por ^{14}C da M.O.S. (Matéria Orgânica do Solo) para se reconstituir, com razoável precisão, a composição dos isótopos de carbono representativa das paleovegetações. Desse modo, é possível conhecer, em uma determinada época, a fisionomia vegetal de uma área, se era dominada por *savanas* e *campos* ou por *florestas tropicais* (Nordt et al., 1994). Este tipo de estudo permite reconstruir as

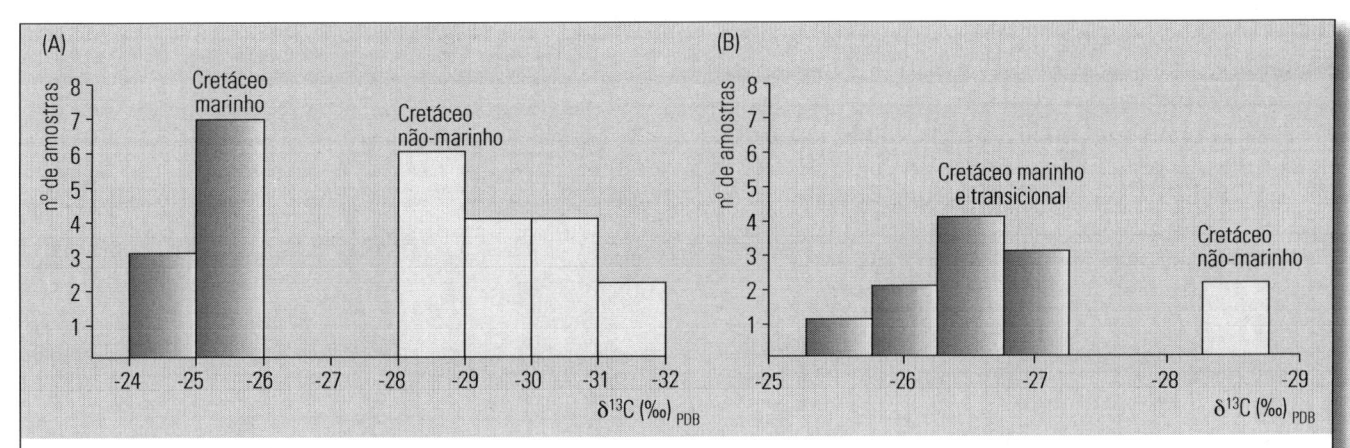

FIGURA 5.43 Valores de $\delta^{13}C(‰)_{PDB}$ determinados pela Petrobras S/A em petróleos brutos de campos brasileiros.
A = Bacias de Campos (Cretáceo marinho) e Recôncavo (Cretáceo não-marinho) nos estados do Rio de Janeiro e Bahia, respectivamente.
B = Formações Calumbi (Cretáceo marinho), Muribeca (Cretáceo transicional) e Barra de Itiúba (Cretáceo não-marinho), todas pertencentes à Bacia Sergipe - Alagoas.

mudanças paleoclimáticas de uma área, pois as savanas e os campos seriam mais típicos de regiões com chuvas mais escassas e/ou mal distribuídas, enquanto as florestas tropicais indicariam regiões com chuvas abundantes e/ou bem distribuídas. Interpretação análoga, fundamentada nas dominâncias de plantas arbóreas ou arbustivas e/ou herbáceas, é executada em estudos palinológicos.

No Brasil têm sido realizados alguns estudos de dinâmica das vegetações em função das variações paleoclimáticas quaternárias, usando-se $\delta^{13}C$ da M.O.S.(Matéria Orgânica do Solo), principalmente nas regiões Sudeste, Centro-Oeste e na Amazônia (Martinelli *et al.*, 1996; Pessenda *et al.*, 1998).

3.4.3.3 *Os isótopos de carbono e os hidrocarbonetos*

Os isótopos estáveis de carbono ($^{13}C/^{12}C$) também podem ser empregados na discriminação de hidrocarbonetos (petróleo e gás), quanto às origens *marinha* ou *não-marinha* conforme Schumacher & Perkins (1990).

Embora ainda persistam algumas controvérsias como, por exemplo, se este parâmetro poderia ou não ser modificado durante a *migração* e/ou durante a *biodegradação*, tem sido usado com relativo sucesso no Brasil (Rodrigues *et al.*,1982; Takaki & Rodrigues, 1986). Segundo esses autores, o $\delta^{13}C$ situar-se-ía entre –24‰ a –27‰ e entre –28‰ a –32‰, respectivamente, nos petróleos de origens marinha e não-marinha (Fig. 5.43).

3.4.4 *Os isótopos de enxofre e os paleoambientes*

Os *sulfatos dos oceanos atuais* caracterizam-se por $\delta^{34}S$ de cerca de +20‰, enquanto nos sulfetos sedimentares é de aproximadamente –20‰. Hoje em dia, cerca de metade do enxofre total existente no sistema composto pelos oceanos e pelas rochas sedimentares apresenta-se na forma de sulfato e a maior parte da outra metade é encontrada nas rochas como sulfetos de ferro (Fig. 5.44).

Os *isótopos de enxofre* fornecem vários tipos de informações geológicas como, por exemplo, determinar se um depósito de sulfetos de cobre adquiriu o enxofre

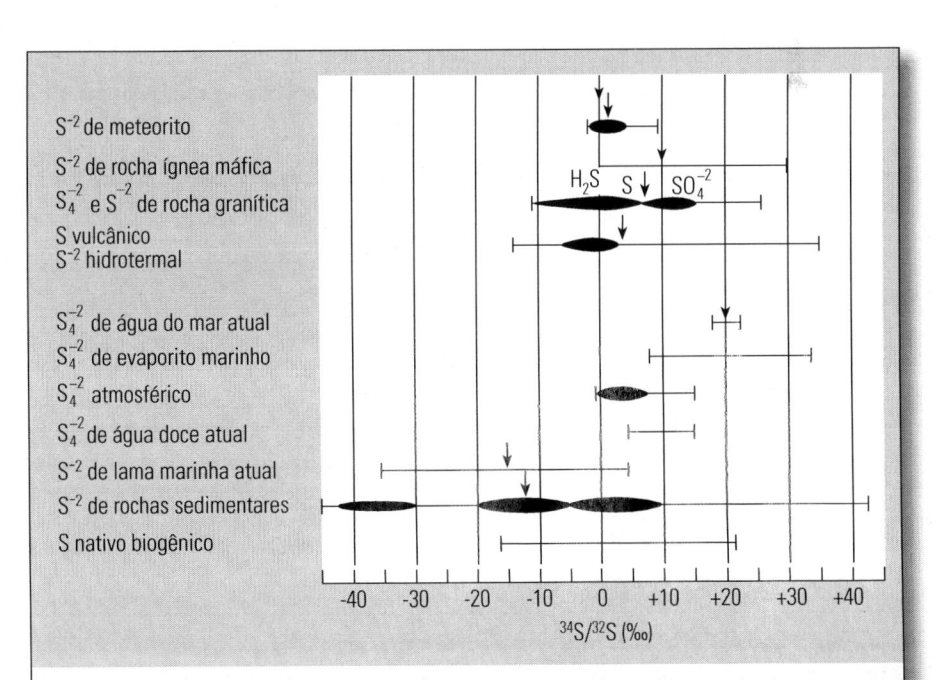

FIGURA 5.44 Variações de $\delta^{34}S(^{34}S/^{32}S)$ em ‰ de vários materiais naturais da Terra (segundo Holser & Kaplan, 1966).

de uma fonte sedimentar ou de maiores profundidades, como da crosta ou mesmo do manto. Além disso, as *razões dos isótopos de enxofre* podem ser usadas na determinação das fontes de enxofre atmosférico. Os sulfatos contidos nas águas de chuva e neve são isotopicamente mais leves que os das águas oceânicas. Isto sugere que sulfatos da atmosfera não sejam provenientes dos oceanos, mas da oxidação do H_2S naturalmente produzido e do SO_2 derivado da indústria, pois ambos são enriquecidos em ^{32}S em relação ao padrão.

As transformações das espécies químicas de *compostos sulfurosos* em ambientes de sedimentação, especialmente os processos de oxirredução, constituem *reações bioquímicas*.

A seguir, são tratados a redução de sulfato a sulfeto e, além disso, a oxirredução de sulfeto e do enxofre nativo a sulfato, ao lado do comportamento do ^{32}S e do ^{34}S durante esses processos.

3.4.4.1 *Processo de redução pelo ácido sulfúrico*

A Fig. 5.45 mostra as amplitudes de variação do $\delta^{34}S$ do sulfato da água e do sulfeto de lamas da superfície de fundo de ambientes marinho e não-marinho. O SO_4^{-2} das águas do mar exibe valores de $\delta^{34}S$ aproximadamente constantes de +20 ±0,3‰, enquanto nas águas doces (lacustres) verifica-se a recorrência de ambientes oxidante e redutor e os seus sulfatos apresentam valores de $\delta^{34}S$ variáveis entre +4‰ e +10‰. Como um caso de exceção tem-se o Lago Green (Nova York, EUA), que é um lago salgado com profundidade máxima de 52 m, cujo ambiente é sempre anaeróbio abaixo de 20 m de profundidade. Os fatores de fracionamento na passagem de sulfato para sulfeto estão representados na Fig. 5.46, mostrando maior valor nesse lago e menores nas lagoas de água doce.

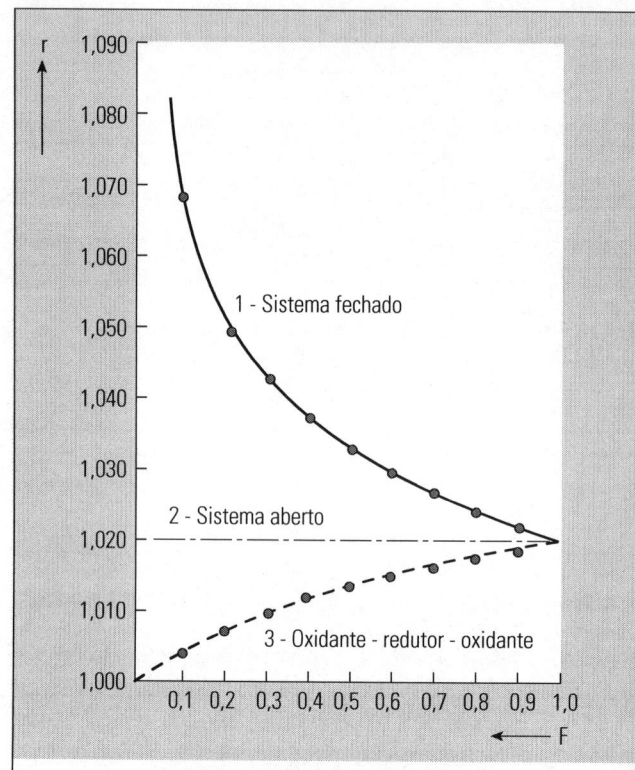

FIGURA 5.46 Relações entre r (fator de fracionamento isotópico) e F (razão entre as concentrações inicial e final de sulfato) durante a oxidação e redução de compostos sulfurosos (Nakai, 1967).

As causas dos resultados, acima relatados, podem ser explicadas, por exemplo, pelas experiências de laboratório como as executadas por Nakai & Jensen (1960 e 1964), que usaram culturas mistas, que reproduzem melhor as condições naturais. No trabalho de Harrison & Thode (1958), que versa sobre a redução dos sulfatos pelas bactérias, foi usada cultura pura, que difere substancialmente das condições naturais mais comumente encontradas. Segundo os resultados de laboratório, em sistema fechado, a redução de sulfatos constitui aparentemente a primeira reação de redução, quando a razão $^{32}K/^{34}K$ do coeficiente da velocidade de reação de $^{34}SO_4^{-2}$ e $^{32}SO_4^{-2}$ para $^{34}S_0^{-2}$ e $^{32}S_0^{-2}$ é de aproximadamente 1,020 a 30°C. Isto significa que na redução dos isótopos de SO_4^{-2}, o isótopo ^{32}S apresenta velocidade de redução cerca de 2% superior ao do isótopo ^{34}S e, deste modo, o H_2S formado tenderá a ser mais rico em ^{32}S que o SO_4^{-2} original. Além disso, quando $^{34}S_4^{-2}$ e $^{32}S_4^{-2}$ sofrem reação de redução unidirecional (processo cinético), o fator de fracionamento r em relação ao sulfeto formado pode ser expresso por:

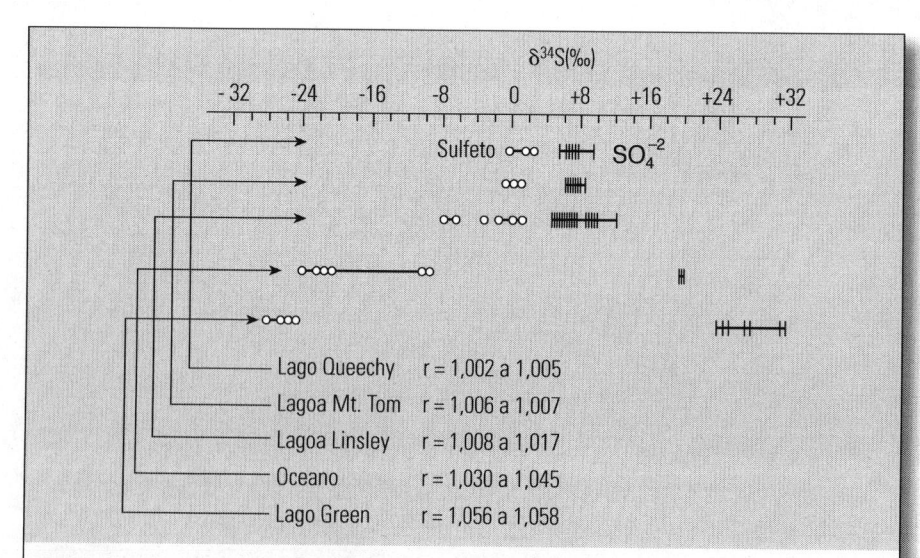

FIGURA 5.45 Variações de $\delta^{34}S(^{34}S/^{32}S)$ em ‰ dos sulfatos de águas marinhas (salgadas) e continentais (doces) e dos sulfetos das lamas superficiais (Nakai, 1967).

$$r = \frac{F\left({}^{34}K/{}^{32}K - 1\right) - F}{1 - F}$$

onde: $F = (SO_4^{-2})t/(SO_4^{-2})$ representa a razão entre as concentrações inicial e final do sulfato, que exibe valores inferiores a 1 e, quanto menor for o seu valor, maior terá sido o avanço da reação de redução e t representa a temperatura.

Por outro lado, as relações entre r e F acham-se representadas na Fig. 5. 46, onde o fator de fracionamento aumenta com o progresso da reação, verificando-se boa concordância entre as curvas teórica e experimental. É importante enfatizar que, enquanto na reação pelo *processo do equilíbrio isotópico* o fator de fracionamento possui um valor constante que depende da temperatura, na redução através do *processo cinético* é variável a mesma temperatura, modificando-se segundo o avanço da reação.

O sistema aberto pode ser exemplificado pelo sedimento da superfície de fundo submarino, onde sempre existe SO_4^{-2} com teor e composição isotópica mais ou menos definidos. Neste caso, o fator de fracionamento é independente do nível de avanço da reação, sendo:

$$r = \frac{{}^{32}K}{{}^{34}K} = 1,020$$

Por outro lado, em fundos de lagoas de água doce ocorrem mudanças cíclicas entre condições oxidantes e redutoras. Neste caso, o fator de fracionamento isotópico, que é inferior a 1,020, corresponde a um ciclo de oxidação — redução — oxidação, podendo ser expresso por:

$$r = \frac{1 - F\left(2 - {}^{34}K/{}^{32}K\right)}{1 - F}$$

onde F representa a proporção de SO_4^{-2} que foi reduzida no intervalo de tempo em ambiente redutor. Como se vê na Fig. 5.46, quanto menor for F, tanto menor será r, sendo completamente inverso dos casos anteriores (sistemas fechado e aberto). As mudanças ambientais cíclicas anuais podem ser tratadas da mesma maneira.

Comparando-se as condições ambientais (1), (2) e (3) com as naturais, percebe-se que no sistema fechado, como o do Lago Green, observa-se intenso fracionamento; no sistema intermediário entre o aberto e o fechado, como o dos sedimentos da superfície de fundo submarino, os valores serão intermediários e nas lagoas de água doce, como em (3), as razões de fracionamento são inferiores a 1,020.

3.4.4.2 *Processo de oxidação do enxofre e do sulfeto*

Pode-se imaginar uma situação em que o enxofre nativo e o sulfeto estejam sendo oxidados pelo SO_4^{-2} em ambientes de sedimentação. Como exemplos de experiências de laboratório para o caso tem-se o trabalho de Kaplan & Rafter (1958), que utilizaram uma cultura pura e o de Nakai (1963), que empregou uma cultura mista, mais próxima da situação natural. Pela experiência de oxidação de S nativo, ZnS, PbS e FeS₂, não foi constatado fracionamento considerável entre os sulfatos dessas substâncias, embora os sulfatos tivessem se tornado 0,1 a 0,3‰ mais leves.

3.4.5 *Os isótopos de oxigênio e os ambientes*

De maneira semelhante aos isótopos estáveis de carbono, os de oxigênio também fornecem várias informações ambientais (Fig. 5.47).

3.4.5.1 *Geotermometria isotópica*

Quando uma molécula contendo oxigênio modifica-se por reação, o *fator de fracionamento isotópico* (r) será definido pela temperatura. Desta maneira, por exemplo, durante a sedimentação do carbonato de cálcio marinho, estabelece-se uma relação entre $\delta^{18}O$ da água do mar e do calcário precipitado, dependente da temperatura (T em °K), que pode ser expressa, segundo O'Neil & Clayton (1964), pela equação seguinte:

$$\delta^{18}O_{CaCO_3} - \delta^{18}O_{\text{água do mar}} = 2,730(10^6 T - 2) - 1,84$$

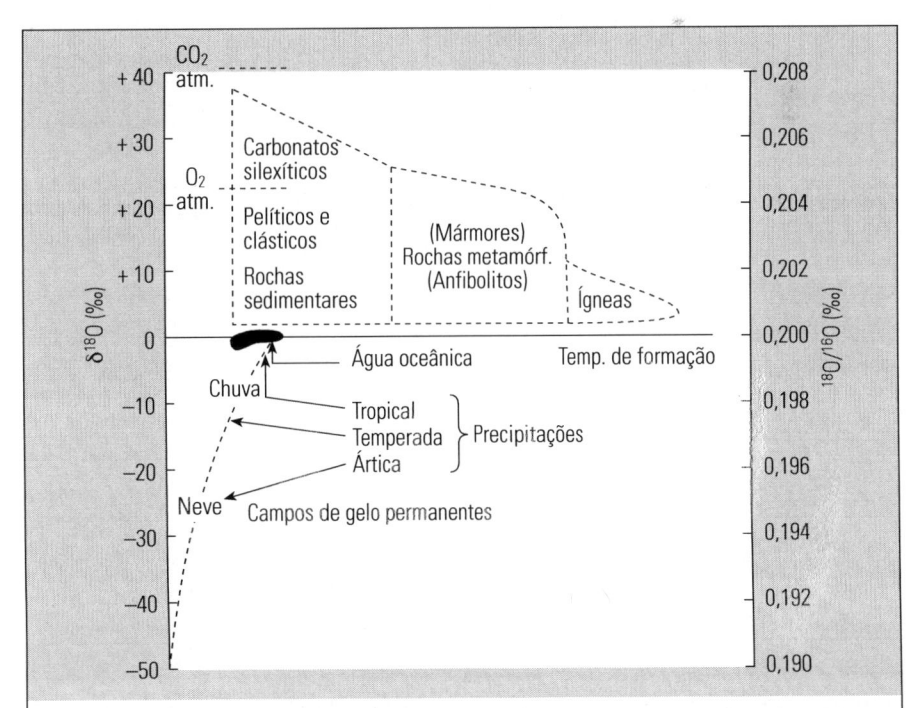

FIGURA 5.47 Variações de $\delta^{18}O({}^{18}O/{}^{16}O)$ em ‰ de vários tipos de materiais encontrados na Terra (segundo Garlick, 1969).

Usando-se o padrão SMOW (Standard Mean Ocean Water) o $\delta^{18}O_{\text{água do mar}}$ é nulo e, portanto, medindo-se o $\delta^{18}O_{CaCO_3}$ precipitado pode-se obter a temperatura de sedimentação.

Desta maneira, vários pesquisadores realizaram experiências de laboratório para demonstrar a aplicabilidade das *composições isotópicas de oxigênio* em medidas de *paleotemperaturas oceânicas*. Os equipamentos empregados por Epstein *et al.*(1953) já permitiram calcular as *paleotemperaturas* com precisão de ±0,5°C. A *escala de paleotemperaturas das águas superficiais oceânicas*, proposta por Emiliani (1958), já mostrava boa concordância com os resultados de estudos paleoclimáticos baseados em depósitos de "loess" e em palinomorfos para os últimos 300 mil anos. As informações para esta escala foram obtidas a partir de *carapaças carbonáticas* de protozoários planctônicos marinhos denominados *foraminíferos*. Com a morte desses organismos, as carapaças vão ter aos fundos submarinos, sendo imediatamente incorporados aos sedimentos, que foram coletados por testemunhos. As razões $^{18}O/^{16}O$ dessas *testas calcárias* foram medidas em função das profundidades das amostras, tendo sido constatadas variações, que foram atribuídas às mudanças nas temperaturas superficiais dos oceanos com o decorrer do tempo.

Além disso, a mesma relação já foi empregada em pesquisas de rochas ígneas e metamórficas, ao lado de jazidas minerais, pois existem muitos compostos na natureza com oxigênio, permitindo obter dados sobre vários fenômenos geológicos. Clayton & Epstein (1958) conseguiram obter da relação

$$K = \frac{r\text{Fe}_2\ ^{16}O_3 \times r\text{Si}\ ^{18}O_2}{r\text{Fe}_2\ ^{16}O_3 \times r\text{Si}\ ^{18}O_2}$$

a constante de equilíbrio K para as formações ferríferas de Michigan (EUA) que, confrontados com os valores deste coeficiente determinados experimentalmente, permitiram chegar às paleotemperaturas. Elas teriam variado na faixa entre 150 e 300°C, que foi interpretada como a *amplitude térmica* a que foi submetido o sedimento após a sua deposição.

3.4.5.2 Origem da dolomita

Segundo Engel *et al.* (1958), a dolomita primária apresenta valores de $\delta^{18}O$, que seriam 6‰ a 10‰ superiores aos da calcita e aragonita, formadas de modo semelhante.

Entretanto, a comparação dos valores de $\delta^{18}O$ da dolomita e da calcita de diferentes proveniências tem mostrado cifras muito semelhantes entre si (Epstein *et al.*, 1964). Isto poderia sugerir que a maior parte das dolomitas resultaria da substituição da calcita em estado sólido, herdando a composição em $\delta^{18}O$ daquele mineral

sem qualquer modificação. Este fato também poderia ser corroborado pela maior freqüência de dolomitos que calcários em carbonatos de idades mais antigas.

3.4.5.3 Distinção de sedimentos marinhos e não-marinhos

A composição em *isótopos de oxigênio* de quaisquer minerais contendo esse elemento, resultantes da precipitação química, deverá diferir em função da temperatura, como foi visto no item 3.2.5.1. Por outro lado, o $\delta^{18}O$ das águas continentais (doces) é normalmente inferior ao das águas oceânicas (salgadas), sendo a diferença de aproximadamente –10‰ nas latitudes médias. Desse modo, os minerais precipitados no mar e formados sob condições de temperaturas semelhantes, possuem $\delta^{18}O$ mais altos que os de origem não-marinha.

Sendo um tendência semelhante, de enriquecimento em $\delta^{13}C$, verificada em calcários de origem marinha, Suguio *et al.*, (1974b) utilizaram as relações entre os valores de $^{13}C/^{12}C$ e $^{18}O/^{16}O$ para propor que os calcarenitos oolíticos da Formação Estrada Nova (Taguaí, São Paulo) teriam sido depositados em ambiente marinho, contrariamente à idéia então vigente, que era *de água doce*.

3.4.5.4 As águas subterrâneas e as mudanças ambientais

Clayton *et al.* (1966) e Graf *et al.* (1965 e 1966) estudaram as águas salinas dos campos petrolíferos das bacias sedimentares de Illinois, Michigan e Albert, bem como do Golfo do México (EUA). Segundo aqueles autores, a salinidade das águas seria de *origem marinha*, porém as águas seriam de *origem meteórica*. As modificações dos teores de oxigênio pesado são muito mais conspícuas que as do hidrogênio pesado, fato que pode ser creditado a trocas isotópicas com as rochas circundantes. Além disso, o fenômeno poderia ser parcialmente atribuído à evaporação da água e ao fracionamento ocorrido durante a percolação da água, através dos sedimentos argilosos.

Isso significa que a salinidade teria sido herdada do *ambiente marinho* com pequenas modificações composicionais. Entretanto, a água seria quase totalmente de *origem meteórica*, em grande parte pluvial e parcialmente ligada ao degelo nos estádios interglaciais quaternários.

Desse modo, os isótopos de oxigênio podem fornecer informações, não somente sobre a origem da *águas conatas*, mas também podem refletir as mudanças dos *ambiente geológicos* a que foram submetidas as rochas sedimentares.

3.4.5.5 Velocidade (ou taxa) de acumulação do gelo

Não somente durante o *processo de evaporação*, mas também quando ocorre a *condensação* do vapor de água atmosférico, pode verificar-se uma mudança no $\delta^{18}O$ devida às diferenças de temperatura entre o vapor e o gelo. Em geral, a neve que se precipita em uma determinada área apresenta $\delta^{18}O$ mais baixo, quanto menor for a temperatura. Quando a neve que cai no Pólo Sul, por exemplo, passa a integrar a calota glacial sobre o continente, caso as razões de composição isotópica de oxigênio da neve sejam preservadas, seria possível discernir entre as precipitações ocorridas nos verões ou nos invernos austrais.

A partir da hipótese acima, Epstein *et al.* (1963) mediram as variações de $\delta^{18}O$ de testemunhos de gelo da Antártida e constataram a existência de variações sistemáticas nos valores. Com base na hipótese acima, os autores calcularam a velocidade de acumulação do gelo e estimaram também as mudanças de temperatura.

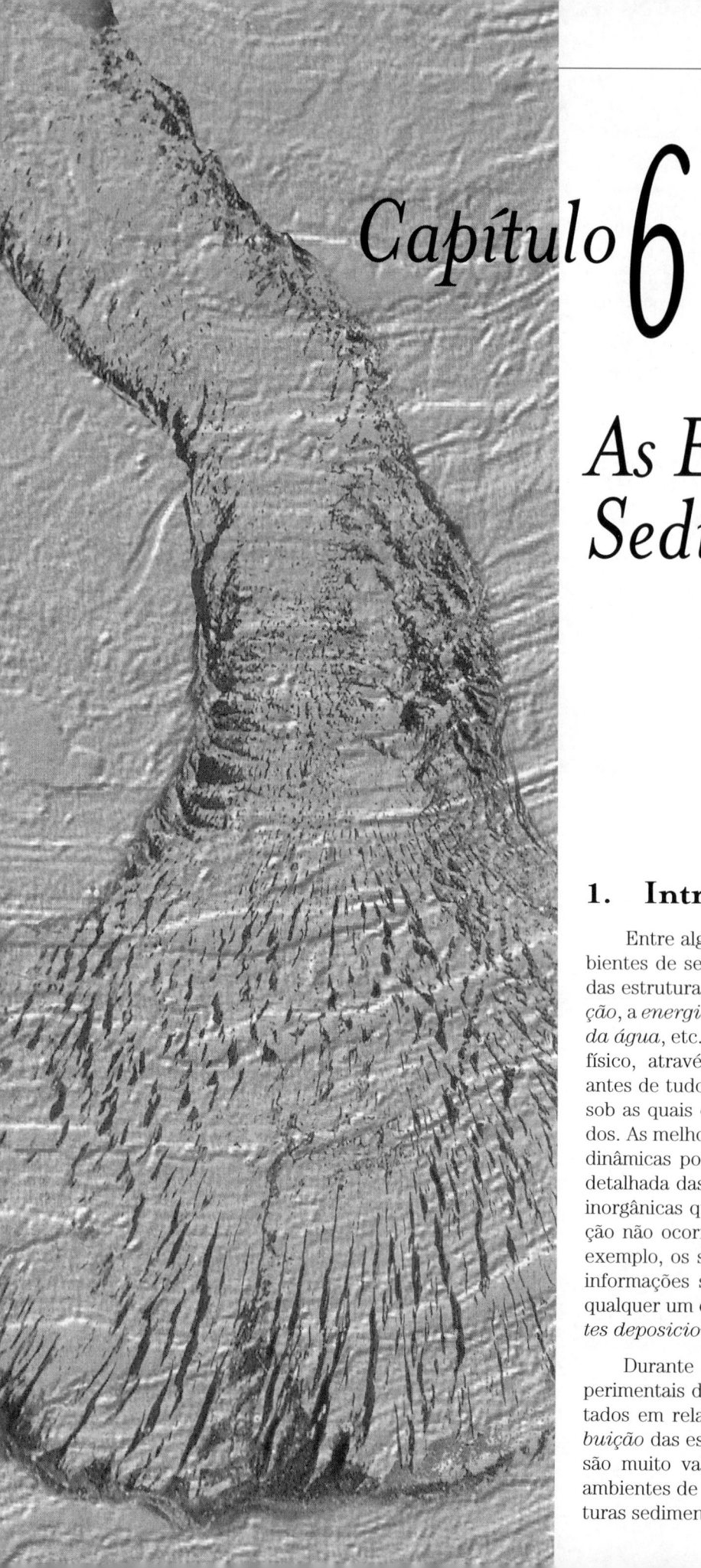

Capítulo 6

As Estruturas Sedimentares

1. Introdução

Entre alguns dos fatores mais importantes dos ambientes de sedimentação, que condicionam a formação das estruturas sedimentares, têm-se o *meio de deposição*, a *energia das correntes e ondas*, a *profundidade da água*, etc. Em outras palavras, o estudo do ambiente físico, através das estruturas sedimentares significa, antes de tudo, determinar as condições hidrodinâmicas sob as quais determinados sedimentos foram depositados. As melhores informações sobre as condições hidrodinâmicas podem ser obtidas da pesquisa cuidadosa e detalhada das estruturas sedimentares primárias, tanto inorgânicas quanto orgânicas. Entretanto, a sedimentação não ocorre só em meio subaquático e têm-se, por exemplo, os sedimentos eólicos que fornecem diversas informações sobre os ventos que os depositaram. Em qualquer um desses casos, os estudos das *paleocorrentes deposicionais* são de primordial importância.

Durante as últimas décadas, muitos trabalhos experimentais de laboratório e de campo têm sido executados em relação à *gênese*, à *estabilidade* e à *distribuição* das estruturas sedimentares. Essas informações são muito valiosas na *interpretação faciológica* dos ambientes de sedimentação antigos com base em estruturas sedimentares (Selley, 1976a).

Entretanto, só a presença ou ausência de determinadas estruturas sedimentares não pode ser, em geral, aplicada como um dado positivo na *interpretação paleoambiental*. A grande maioria das estruturas sedimentares é encontrada em vários *ambientes de sedimentação*. Por outro lado, a caracterização de *marcas onduladas* (ou *ondulares*) ou de *estratificações cruzadas* típicas de ambientes subaquoso ou eólico parece ser praticamente impossível. Portanto, é a *associação paragenética* de estruturas sedimentares e a sua presença em *determinada seqüência* que fornecem as chaves mais adequadas para a *interpretação paleoambiental*. Isto significa que *determinadas associações* de estruturas sedimentares, dispostas numa certa *seqüência temporal* (vertical) e *espacial* (horizontal), podem ser atribuídas a rochas mais ou menos peculiares de alguns paleoambientes.

2. Classificações das estruturas sedimentares

As estruturas sedimentares podem ser mais ou menos arbitrariamente subdivididas em *primárias* (ou *singenéticas*) e *secundárias* (ou *epigenéticas*). As primárias resultam de *processos físicos* atuantes durante a sedimentação como, por exemplo, as *marcas onduladas* e as *estratificações cruzadas*. As secundárias são formadas logo após ou muito tempo depois da deposição. Muitas estruturas secundárias resultam de processos geoquímicos, tais como os que levam à *formação diagenética* de *nódulos* e *concreções epigenéticos*.

Os aspectos genéticos de várias estruturas sedimentares, tais como a origem e distribuição em ambientes modernos, são bastante enfatizados em várias publicações. Outros autores, como Shrock (1948), agrupam as estruturas sedimentares em função das suas posições nas camadas, reconhecendo as *feições superficiais* (ou *externas*) e as *subsuperficiais* (ou *internas*). Acredita-se que, em vez de classificações muito rígidas, agrupamentos mais ou menos amplos e livres, tendo-se sempre em mente a sua aplicabilidade aos sedimentos mais antigos, sejam as mais interessantes (Tabela 17).

Diversas outras classificações de estruturas sedimentares têm sido propostas, tendo-se entre elas as de Pettijohn & Potter (1964), Gubler (1966) e Conybeare & Crook (1982).

3. Onde e como estudar as estruturas sedimentares

As *estruturas sedimentares* podem ser estudadas em afloramentos: escarpas, pedreiras, barrancos de margens de rios, cortes de estradas e outras exposições artificiais. Porém, elas podem ser examinadas também em cortes longitudinais de testemunhos de sondagem. Muitas estruturas sedimentares são de *grande escala* (vários metros) e são mais adequadamente estudadas em afloramentos. Outras são de *pequena escala* (vários centímetros) e são observáveis em amostras de mão ou em testemunhos de sondagem, enquanto as *microestruturas sedimentares* (milimétricas) são visíveis só com o auxílio de instrumentos ópticos (lupas binoculares ou lupas de bolso).

Em um amplo afloramento, pode-se observar primeiramente a seqüência vertical das estruturas e as texturas associadas. A seguir, pode-se executar um levantamento bidimensional para se determinar o comportamento lateral das estruturas presentes. Durante a descrição e a esquematização das estruturas, a utilização de máquinas fotográficas instantâneas do tipo Polaroid pode ser muito importante, pois o esquema será esboçado sobre a própria foto, confrontando-se certos aspectos de detalhe entre a ilustração e o próprio afloramento. Além disso, as feições presentes ficarão representadas em escalas relativas verdadeiras.

No caso dos testemunhos de sondagem, podemos considerar os casos de *sedimentos inconsolidados* (casos de depósitos lacustres ou marinhos atuais ou sub-recentes) e de *rochas sedimentares* (por exemplo, em poços para prospecção de petróleo). No primeiro caso, em que a amostragem é executada através de tubos de plástico ou de alumínio, costuma-se obter uma radiografia de raios X através do tubo, antes de abri-lo longitudinalmente para outras análises laboratoriais. No caso de sedimentos consolidados, o cilindro de rocha é cortado longitudinalmente com uma serra e o exame macroscópico (ou microscópico) é efetuado na superfície plana do corte. Em certos casos, pode-se usar técnicas especiais de *coloração diferencial* (differential staining) e/ou da *película* (peel technique) para realçar algumas feições pouco visíveis ou mesmo invisíveis sem esses artifícios (Bailey & Stevens, 1960).

Finalmente, sempre se deve ter em mente nesses estudos, que as estruturas sedimentares não se apresentam isoladas, mas formam vários tipos de *associações congruentes*. Diversas seqüências de estratificações cruzadas formam *cosseqüências* que, por sua vez, podem integrar as estruturas internas de *marcas onduladas*. Uma *estrutura de escorregamento* composta por camadas contorcidas associadas a vários outros tipos de estruturas, tais como, laminações cruzadas, gretas, concreções, etc.

TABELA 17   Classificação de estruturas sedimentares segundo Selley (1976b: 200)

I. Primárias	Inorgânicas {	Petrofábrica	Microscópicas
		Estratificação cruzada, etc.	
	Orgânicas {	Tubos e pistas	Macroscópicas
II. Secundárias {	Diagenéticas {	Concreções, etc.	

4. Estruturas sedimentares inorgânicas primárias

Três grupos principais de estruturas sedimentares inorgânicas primárias, baseados na morfologia e na época de sua formação, podem ser considerados (Tabela 18).

4.1 Estruturas pré-deposicionais

São feições que ocorrem nas superfícies entre as camadas e são formadas antes da deposição das camadas sedimentares imediatamente superpostas. Estas estruturas são freqüentemente designadas de *marcas basais* (bottom structures) ou *marcas de sola* (sole marks) e são interestratais, isto é, situadas entre as camadas. As suas origens são principalmente erosivas.

4.1.1 Canais

Os canais são estruturas em geral grandes, que podem exibir até alguns quilômetros de largura e centenas de metros de profundidade, podendo ter vários quilômetros de comprimento. Eles podem ser encontrados em ambientes diversificados, desde planícies aluviais subaéreas até em margens continentais submersas a maiores profundidades (centenas a alguns milhares de metros).

Os canais mais bem estudados são os de origem fluvial. O estudo de paleocanais permite determinar profundidade, largura, comprimento e os sentidos das paleocorrentes. Essas feições podem ser importantes como reservatórios de hidrocarbonetos ou de água, jazidas aluviais de minerais metálicos (cassiterita, ouro, etc.) e não-metálicos (diamante).

4.1.2 Escavação e preenchimento

As estruturas de *escavação e preenchimento* (cut and fill ou scour and fill), também chamadas de estruturas de *corte e recheio* são feições erosivas bem menores que os canais, sendo as suas dimensões de decímetros a alguns metros. Podem ocorrer em vários ambientes, mas sempre são formadas em condições subaquáticas, sendo o seu eixo maior disposto paralelamente à direção da *paleocorrente*. Em ambientes fluviais, representam *discordâncias locais* (ou *diastemas*), que envolvem curtos intervalos de tempo como, por exemplo, entre uma enchente e a subseqüente.

Via de regra, as escavações são preenchidas por sedimentos detríticos que, em geral, apresentam *estratificações cruzadas*, como acontece comumente em ambientes de *antepraia* (foreshore).

TABELA 18 Classificação das estruturas sedimentares primárias megascópicas de origem física inorgânica (Segundo Selley, 1976b:207, modificado)

Grupos	Exemplos	Origens
Pré-deposicionais (interestratais)	Canais Escavação e preenchimento Turboglifos Marcas de sulcos Marcas de objetos Marcas onduladas	Principalmente erosivas
Sindeposicionais (intraestratais)	Maciça Estratificação plana Estratificação cruzada Estratificação gradacional Laminação plana Laminação cruzada	Principalmente deposicionais
Pós-deposicionais (deformacionais)	Escorregamento e deslizamento Estruturas de deformação plástica: Laminação convoluta Acamamento convoluto Camadas frontais recumbentes Estruturas de sobrecarga	Principalmente deformacionais
Miscelâneas	Marcas de pingos de chuva Gretas de contração Diques clásticos Pseudonódulos "Boudinage", etc.	

4.1.3 – Turboglifos (Flute marks ou flute casts)

Os *turboglifos* são originados a partir de séries de pequenas (centimétricas) escavações assimétricas e alongadas, dispostas paralelamente sobre o substrato lamoso. As escavações são, a seguir, preenchidas por areia da camada superposta, constituindo contramoldes de escavação, formando os *turboglifos* (Fig. 6.1).

Em geral, os *turboglifos* não se apresentam isolados e variam de formas, tamanhos e arranjos espaciais. Se uma superfície de sedimento estiver coberta por grande número de *turboglifos* dispostos regularmente, fala-se em *turboglifos padronizados*. Porém, se não existe um padrão definido, têm-se *turboglifos dispersos*. Se cobrirem completamente uma superfície, podem ser denominados de *turboglifos conjugados*.

Essas feições surgem por ação erosiva de redemoinhos aquosos sobre sedimentos pelíticos por atuação exclusiva da corrente aquosa. Allen (1968a, b) realizou experiências de laboratório e explicou as condições hidráulicas que dão origem aos *turboglifos*. Diferentemente do que se acreditava até então, que a escavação ocorria por ação localizada de corrente paralela à direção de propagação, o padrão de fluxo consiste em redemoinhos horizontais, cujo eixo de rotação é perpendicular ao sentido da corrente (Fig. 6.2).

4.1.4 Marcas de sulcos (Groove marks)

São feições sedimentares, também de natureza erosiva, originadas provavelmente por objetos (seixos, conchas, etc.). Elas também tendem a ser escavadas sobre um fundo lamoso que, a seguir, é coberto por camada arenosa de maneira análoga aos *turboglifos*.

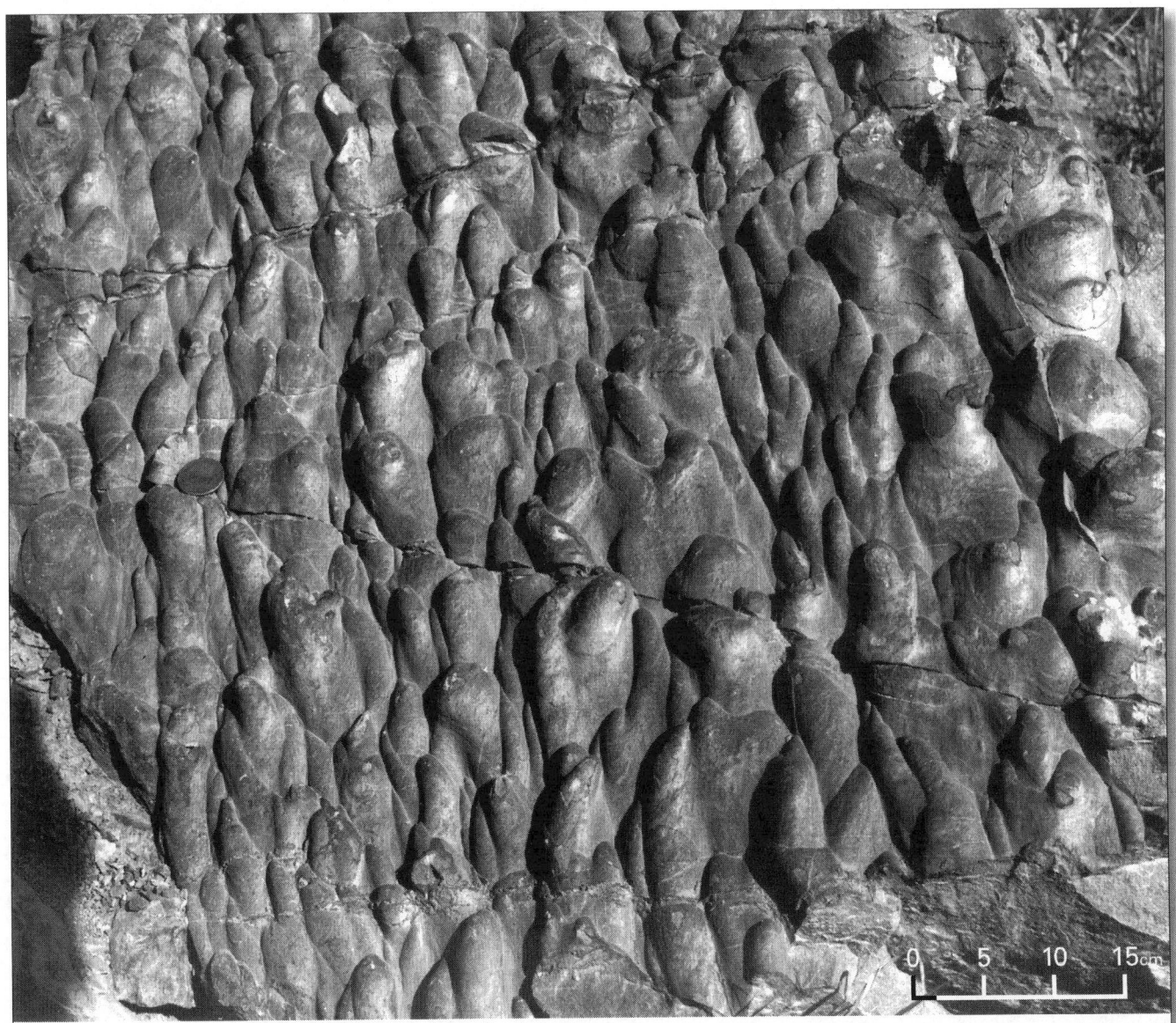

FIGURA 6.1   Turboglifos desenvolvidos na base de arenitos miocênicos do Grupo Nitinam, 700m a NE da estação ferroviária de Odotsu, Nitinam, província de Miyazaki, Japão. As paleocorrentes devem ter fluído, de cima para baixo desta foto, durante a formação dessas estruturas. Foto de H. Nagahama, do Serviço Geológico do Japão.

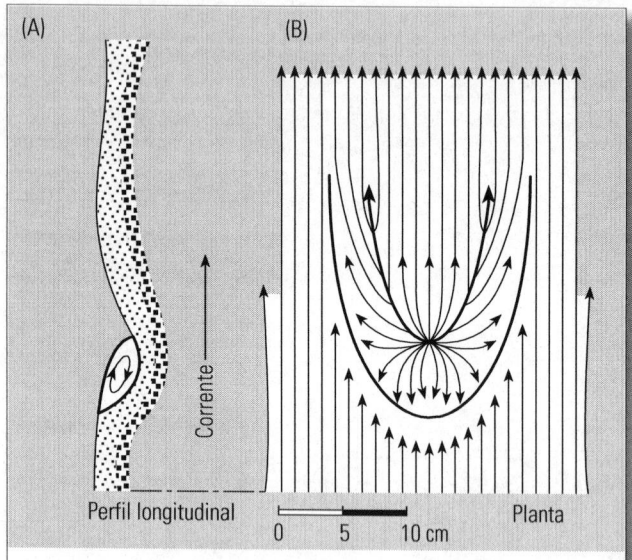

FIGURA 6.2 Comportamentos das linhas de fluxo durante a formação de *turboglifos*: (A) Perfil longitudinal de um *turboglifo* e (B) Linhas de fluxo na superfície da *marca de sola* e na interface sedimentar plana circundante (modificado de Allen, 1968b).

Raramente apresentam mais que alguns milímetros de profundidade e largura, mas podem continuar ininterruptas por mais de 1 m. Ocorrem em vários ambientes, mas são típicas de arenitos de *turbiditos* e possuem orientação paralela à direção das *paleocorrentes*. As *marcas de sulcos* são bem preservadas como *marcas basais* em depósitos de "*flysch*", de modo particular. Acredita-se que sejam produzidas em sedimentos de águas rasas. Quando associadas aos *turbiditos*, aparecem em fácies mais distais que os *turboglifos*.

A acentuada retilinidade dessas marcas indica que sejam formadas sob *condições de fluxo laminar*. Embora alguns autores, como Nowatzki *et al.*(1984), sugiram que elas possam ser escavadas por objetos, esta idéia ainda não foi definitivamente comprovada.

São relativamente comuns nos depósitos permocarboníferos do Subgrupo Itararé do Grupo Tubarão, nos estados do Paraná e Santa Catarina (Salamuni *et al.*,1966).

4.1.5 Marcas de objetos (Tool marks)

São feições produzidas comprovadamente por objetos em movimento, por ação de correntes aquosas, sobre fundo lamoso. São extremamente variáveis em forma, tanto em planta como em perfil, embora sejam grosseiramente orientadas na direção das *paleo-*

correntes deposicionais. Em circunstâncias ideais, pode-se encontrar os objetos que produziram as marcas, tais como seixos, pelotas de argila, fragmentos vegetais, conchas de moluscos e vértebras de peixes (Dzulynski & Slaczka, 1959).

Tanto objetos em repouso como em movimento no meio aquoso podem deixar marcas nas superfícies dos sedimentos de fundo inconsolidados e preferencialmente de natureza lamosa. Deste modo, as marcas de objetos podem ser classificadas em três grupos: marcas de objetos estacionários, marcas de obstáculos e marcas de objetos em movimento.

Diversos tipos de objetos podem permanecer estacionários sobre sedimentos lamosos moles, produzindo marcas. Em áreas de exposições subaéreas intermitentes, como nas planícies de marés ou de inundação, os objetos podem ficar estacionários durante os níveis de água mais baixos. Porém, por se situarem em áreas de retrabalhamento constante, são dificilmente preservadas.

Os obstáculos que jazem no caminho de uma corrente aquosa refletem as linhas de fluxo, ocasionando o surgimento de áreas de erosão e de deposição, ao redor dos obstáculos (Fig. 6.3). Feições semelhantes são também produzidas pelo vento e, desse modo, praias, dunas eólicas e canais fluviais são alguns ambientes de formação dessas marcas.

Diferentes tipos de *marcas de objetos* são produzidos, dependendo da forma e do tamanho dos objetos em movimento, do modo de transporte e da natureza da superfície de fundo. Em sedimentos antigos, as *marcas de objetos* em movimento podem aparecer bem preservadas, como *marcas basais* (ou *de sola*) nas superfícies inferiores de camadas de arenitos sobrejacentes a camadas mais ou menos lamosas. Em geral, essas feições podem ser subdivididas em contínuas e descontínuas. Entre as contínuas tem-se, por exemplo, as *marcas espigadas* e as *estruturas frondescentes*. As *marcas*

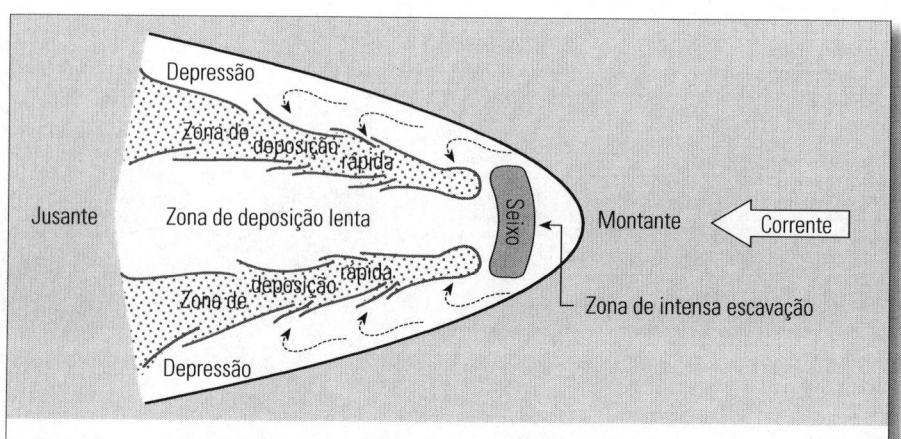

FIGURA 6.3 Padrões de circulação da água e zonas de erosão e deposição, durante o desenvolvimento de marcas em crescente devidas a obstáculos (segundo Sengupta,1966).

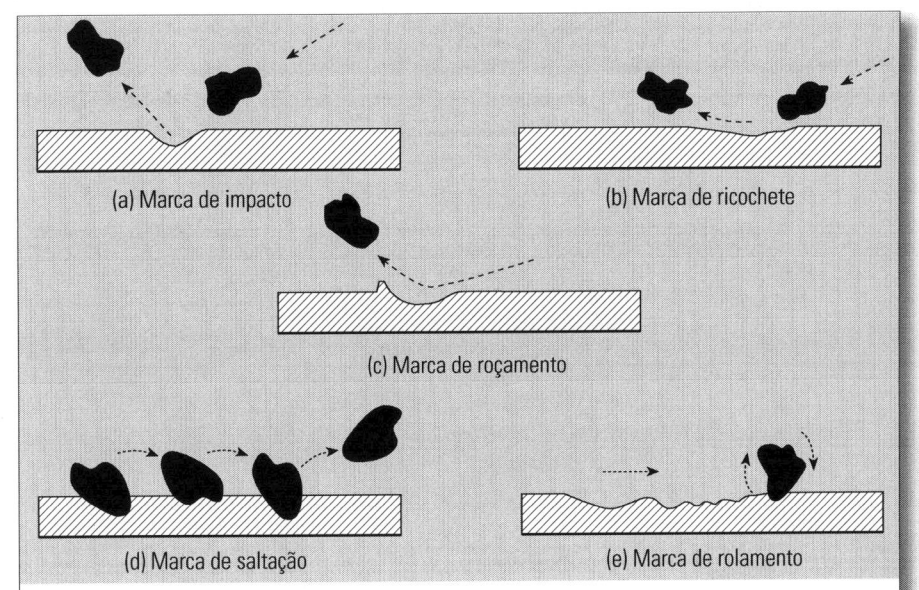

FIGURA 6.4 Alguns tipos de *marcas de objetos descontínuas*, formadas por objetos movendo-se sobre um sedimento mole e coesivo (argiloso). Nos três primeiros casos, a produção de diferentes tipos de marcas é devida a variações nos *ângulos de incidência* dos objetos sobre o fundo. Nos dois casos restantes, as marcas se devem às formas de transporte diversas (modificado de Ricci-Lucchi,1970).

espigadas são originadas por objetos que se movem junto às superfícies de fundo, de natureza lamosa, provocando atrás de si um movimento de sucção que leva ao empilhamento de sedimentos com forma de "V" ou de "U", cujos vértices apontam o sentido das paleocorrentes. Por outro lado, as *estruturas frondescentes* são alongadas e ramificadas com bordas crenuladas, contendo finas estrias, que se bifurcam no sentido das paleocorrentes. Entre as marcas de objeto descontínuas, tem-se as *marcas de impacto, de ricochete, de saltação, de rolamento*, etc., produzidas por objetos em deslocamento (Fig. 6.4)

Muitos estudos detalhados sobre os *turbiditos* mostram que existe uma relação entre os sentidos das paleocorrentes e as *estruturas basais* ou *marcas de sola*. Os *fluxoturbiditos* (turbiditos proximais) tendem a ocorrer dentro de canais. Os canais gradam a jusante para bacias de fundo chato, contendo turbiditos medianos, sob os quais ocorre uma seqüência de *marcas basais*. Essas feições passam de *estruturas de escavação e preenchimento* para *turboglifos* e *marcas de sulcos* e, finalmente, a marcas de objetos nas fácies distais. Essas mudanças correspondem ao decréscimo das velocidades das *correntes de turbidez*, a partir das fácies proximais para as distais (Fig. 6. 5).

4.1.6 Marcas onduladas (*Ripple marks*)

4.1.6.1 Generalidades

As marcas onduladas são superfícies produzidas sobre materiais incoerentes e arenosos por correntes aquosas e ondas ou eólicas quando intensidades apropriadas a cada granulação são atingidas. Elas podem ser designadas também como *marcas de ondulação* (Nowatzki *et al.*, 1984), mas não como *marcas de onda* como muitas vezes têm sido referidas, pois neste caso se constituiria em um caso particular de *marcas onduladas geradas por ondas* (wave ripples).

Essas feições são formadas na interface água-sedimento, em condições que se aproximam do *regime de fluxo laminar* em sedimentos transportados principalmente por tração (ou arraste).

A configuração usual consiste de cristas baixas separadas por depressões (ou calhas) rasas e exibem dois padrões básicos: marcas onduladas simétricas ou assimétricas, que podem ser superimpostas, dando origem a marcas onduladas compostas. As cristas podem ser anastomosadas ou paralelas entre si, e as suas formas podem ser agudas, arredondadas ou achatadas. Além disso, elas podem estar bem afastadas entre si, em relação à altura acima das depressões e, neste caso, diz-se que as marcas onduladas possuem um alto índice e, em caso contrário, apresentam um baixo índice.

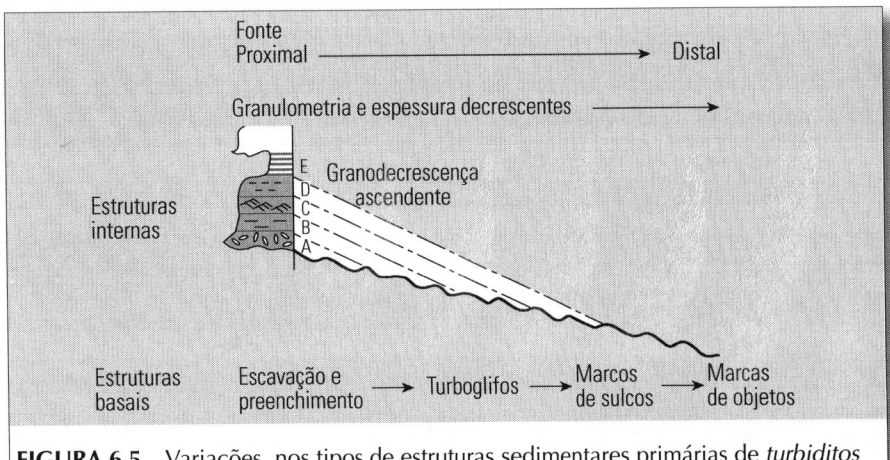

FIGURA 6.5 Variações nos tipos de estruturas sedimentares primárias de *turbiditos* de montante (mais próxima à fonte) para jusante (mais afastada da fonte) das *correntes de turbidez* (segundo Walker,1967a, b).

4.1.6.2 Classificações e descrições

Segundo Tanner (1967) as marcas onduladas podem ser, em geral, subdivididas em:

a) simétricas:

- marcas onduladas de vagas;
- marcas onduladas de oscilação;

b) assimétricas;

- eólicas;
- subaquosas:
  - marcas onduladas de oscilação;
  - marcas onduladas de corrente.

As marcas onduladas simétricas são formadas por vagas (ondas de translação) ou por oscilação estática da água, mas há também raros casos de marcas simétricas, produzidas por correntes. Do mesmo modo que as marcas assimétricas produzidas por correntes (eólicas ou subaquosas), a migração de marcas simétricas pode levar à formação de marcas assimétricas com lâminas truncadas. A distinção entre elas pode ser bastante difícil, a não ser que as lâminas possam ser acompanhadas através das cristas (Campbell, 1966).

A distância que separa duas cristas sucessivas é o *comprimento de onda*, e o desnível entre a crista e a depressão é a *altura de onda*. Entre os vários parâmetros geométricos que caracterizam as marcas onduladas têm-se o *índice de marca*, que é obtido dividindo-se o comprimento pela altura de uma onda. Em geral este índice é inferior a 15 nas marcas onduladas subaquosas e superior a 15 nas marcas onduladas eólicas, embora haja muitas exceções.

Outro parâmetro geométrico é o *índice de simetria de marca*, que é a relação entre os comprimentos das vertentes mais suave e mais íngreme das cristas. As marcas onduladas de corrente apresentam índices superiores a 2,5, as eólicas entre 20 a 4, e as de vagas entre 1 a 1,5.

Segundo os comprimentos de onda, as marcas onduladas podem ser classificadas em:

a) pequenas marcas onduladas — até 0,60 m;

b) megamarcas onduladas — de 0,60 a 30 m;

c) marcas onduladas gigantes — acima de 30 m.

4.2 Estruturas sindeposicionais

Compreendem as estruturas formadas contemporaneamente à sedimentação. Este grupo pode ser referido coletivamente como *estruturas intraestratais*, isto é, situadas no interior das camadas. Além disso, sendo originadas durante a sedimentação são essencialmente construtivas (ou deposicionais).

4.2.1 Estratificação ou acamamento

Embora a estratificação não seja uma propriedade exclusiva das rochas sedimentares, podendo aparecer até em rochas magmáticas (exemplo: basaltos), constitui uma das características mais importantes da maioria das rochas sedimentares. Sendo uma feição tão óbvia, poucos pesquisadores têm-se preocupado com esta questão (Otto, 1935; Campbell, 1967).

Otto (1935) estabeleceu um conceito intimamente relacionado à estratificação que ele denominou de *unidade de sedimentação*. Segundo o autor, a *unidade de sedimentação* é a espessura de sedimento que parece ter sido depositada sob condições físicas essencialmente constantes. Entretanto, na prática, não é muito fácil distinguir a chamada *unidade de sedimentação* em um afloramento.

Conforme Campbell (1967), o *plano de estratificação* (ou acamamento) representa fundamentalmente uma superfície de não-deposição ou de mudanças abruptas nas condições deposicionais (como hidrodinâmicas), ou ainda uma superfície de erosão. O esquema de nomenclatura proposto por Ingram (1954) e modificado por Campbell (1967) é bastante prático (Fig. 6.6). A *camada* (ou *estratificação*) é uma unidade litológica que pode variar de espessura, desde alguns milímetros até dezenas de metros, embora seja mais comumente medida em centímetro ou seus múltiplos. A camada pode ser internamente *homogênea* (ou *maciça*) ou composta de unidades menores denominadas *lâminas*. A *lâmina* pode ser compreendida como o menor leito megascópico dentro de uma seqüência sedimentar (Campbell, 1967).

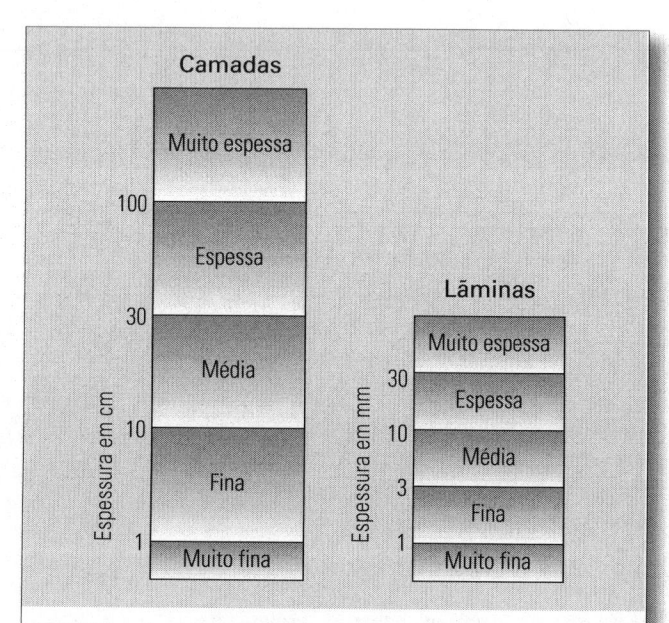

FIGURA 6.6 Nomenclatura de *acamamentos* (ou *estratificações*) e *laminações* de rochas sedimentares, baseada em suas espessuras (modificado de Ingram, 1954 e Campbell, 1967).

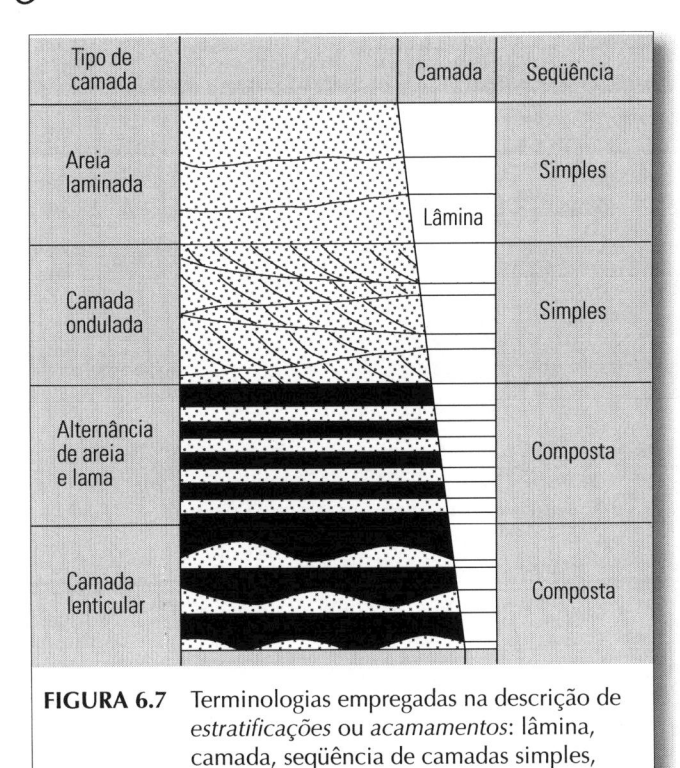

FIGURA 6.7 Terminologias empregadas na descrição de *estratificações* ou *acamamentos*: lâmina, camada, seqüência de camadas simples, seqüência de camadas compostas e tipos de camadas (segundo Reineck & Singh,1975: 84).

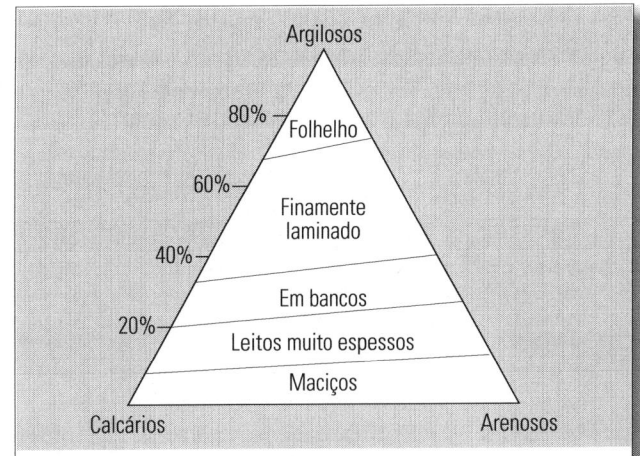

FIGURA 6.8 Diagrama triangular mostrando as relações gerais aproximadas entre composição (ou granulação) e espessura de sedimentos consolidados (modificado de Alling, 1945; *apud* Weller, 1960).

A geometria de uma camada depende das relações entre os planos de acamamento, que podem ser paralelos ou não e, por sua vez, apresentam-se planos, ondulados, irregulares, etc. Deste modo, as camadas podem adquirir diferentes formas: tabular, lenticular, cuneiforme, irregular, etc. Quando duas ou mais camadas de naturezas semelhantes ou diferentes, porém geneticamente relacionadas, encontram-se superpostas, definem uma *seqüência de camadas*.

Uma seqüência de camadas pode ser *simples*, quando constituída de duas ou mais camadas semelhantes, e *composta*, quando formada por duas ou mais camadas de naturezas diferentes (Fig. 6.7).

Estudos de espessuras de camadas têm revelado que muitos depósitos sedimentares são caracterizados por regularidades estatísticas, que podem ser aparentes só à primeira vista. Em algumas unidades estratigráficas, as medidas das espessuras de camadas mostram até uma distribuição de freqüência próxima da log-normal. Além disso, é comumente encontrada uma relação entre as espessuras das camadas e as granulometrias média ou máxima dos sedimentos (Fig. 6.8).

A figura supracitada mostra as relações entre os sedimentos puramente arenosos e calcários e para os que contêm porcentagens progressivamente maiores de argila. Os folhelhos são, entre as rochas sedimentares, as mais finamente laminadas, indicando lenta deposição em ambiente de águas calmas. A sua estrutura (*fissilidade*) é, contudo, em parte formada pela compactação e pela existência de minerais placóides (*micáceos*). Através da compactação, processa-se uma reorientação das partículas, e esses minerais assumem uma disposição perpendicular à sobrecarga exercida pelos sedimentos superpostos.

A mudança de cor, por si só, dentro de uma seqüência vertical de rochas sedimentares, não define uma *verdadeira estratificação*, mas uma *pseudo-estratificação*. Em geral, este fenômeno é de origem apenas intempérica; portanto, *secundária* (epigenética), enquanto a estratificação verdadeira é uma propriedade *primária* (singenética). Entre os principais fatores que determinam a ocorrência da estratificação têm-se:

a) *Mudança de granulação do sedimento* — Essas variações de granulação estão, em geral, ligadas às flutuações nas velocidades das correntes (aquosas ou eólicas) ou às características da(s) fonte(s) de suprimento dos sedimentos. Por vezes, a diferença granulométrica entre dois estratos é tão sutil, que só pode ser detectada ao microscópio.

b) *Mudança de composição mineralógica* — Esta é a causa mais óbvia da existência de estratificação como, por exemplo, quando ocorre concentração de minerais máficos em arenitos quartzosos. Pode estar relacionada, como no item anterior, às variações nas velocidades das correntes ou nas propriedades das fontes de suprimento, sendo a primeira a causa mais comum.

c) *Mudança de morfometria das partículas* — Diferenças nos graus de arredondamento ou de esfericidade (ou forma) podem, eventualmente, dar origem à estratificação.

d) *Orientação das partículas ineqüidimensionais* — Se a orientação das partículas for caótica como, por exemplo, em depósito de argila floculada, a estratificação pode estar ausente. Em folhelhos, a estratificação (ou *fissilidade*) é ressaltada pela orientação preferencial dos argilominerais que, em geral, apresentam formas placóides.

e) *Intercalação de lâminas argilosas* — Em alguns arenitos e calcários, a estratificação pode ser atribuída às intercalações de *filmes argilosos* que são acumulados durante momentos de ausência de correntes e predomínio da decantação.

Finalmente, a maioria das camadas sedimentares é depositada originalmente na posição horizontal. O contato entre os estratos subseqüentes chama-se *interface*, e cada um desses planos representa uma antiga *superfície de deposição*. Entretanto, estratificação original não-horizontal é também relativamente comum no registro geológico, podendo estar associada às irregularidades (colinas e vales) de fundo da bacia ou serem depósitos marginais de pequenas bacias (Suguio, 1969). O mergulho que uma camada sedimentar possui, no momento da sua deposição, é denominado de *mergulho primário* ou *original*.

4.2.2 Estrutura maciça

Diferentes unidades de sedimentação podem exibir rochas sedimentares aparentemente maciças, que podem ser originadas por causas variadas. Ela pode ser adquirida por *recristalização diagenética*, como acontece com alguns calcários e dolomitos. Existem também casos de arenitos aparentemente maciços em que as estratificações originais foram completamente destruídas por *bioturbações* causadas por organismos da *infauna*. Entretanto, neste caso, geralmente é possível identificar os vestígios das bioturbações (Fig. 6.9).

Uma estrutura maciça de *origem deposicional* (singenética), que pode ser considerada genuína, é encontrada geralmente em rochas sedimentares finas como argilitos e margas, além de alguns arenitos. Alguns

depósitos glaciais e periglaciais, como "*tills*" e "*loess*" têm sido considerados tradicionalmente como maciços. A ausência de estratificação sugere a falta de material transportado por correntes de tração, pois este mecanismo de transporte conduz invariavelmente à formação de alguma estratificação. Em geral, rochas sedimentares com estrutura maciça sugerem deposição muito rápida, principalmente por dispersões sedimentares altamente concentradas, através de *movimentos gravitacionais* (ou *de massa*). Prováveis arenitos deste tipo, com estrutura maciça, foram observados em sedimentos do Grupo Bauru do Cretáceo superior da Bacia do Paraná (Arid, 1967:64; Suguio, 1973b:91).

Freqüentemente, alguns arenitos e calcários são aparentemente maciços, mas usando-se técnicas especiais como a *radiografia de raios X* ou a *coloração diferencial* podem ser reveladas laminações cruzadas e outras estruturas (Hamblin, 1962). Parece ser o caso dos calcários dolomíticos da Formação Irati (Permiano da Bacia do Paraná), que às vezes mostra a presença de laminações cruzadas só por radiografia de raios X. Landim (1970) mostrou que as estruturas em calcários da Formação Estrada Nova (Permiano da Bacia do Paraná) também podem ser ressaltadas por este método. Outras vezes, as estruturas presentes só podem ser reveladas em *superfícies intemperizadas* como acontece em calcários, pré-cambrianos do Grupo Açungui, entre Apiaí e Iporanga, no Estado de São Paulo, descritos por Petri & Suguio (1969).

4.2.3 Estratificação plana

A mais simples das *estruturas intraestratais* é a *estratificação plana* que, em geral, apresenta-se com *atitude horizontal*. Ela pode ser encontrada em vários ambientes de sedimentação, desde canais fluviais e praias até em frentes deltaicas, mais comumente composta por leitos arenosos, tanto quartzosos (mais comuns) como calcários (carbonáticos).

A estratificação plana é atribuída à forma de leito plana, que ocorre mais comumente sob condição de regime de fluxo, cujo número de Froude seja próximo a 1. As partículas arenosas depositadas, sob essas condições, em geral dispõem-se com o eixo maior paralelo à direção de fluxo.

Os arenitos bem litificados separam-se facilmente segundo superfícies planas, que revelam uma lineação preferencial das partículas ao longo do leito exposto (Fig. 6. 10). Esta feição é chamada de *lineação de partição* ou *lineação primária de corrente* (Allen, 1964a).

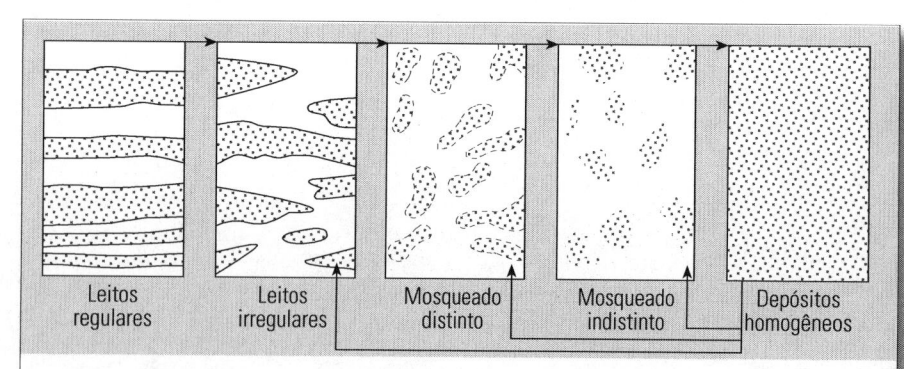

FIGURA 6.9 Seqüência de alteração de sedimentos por *bioturbação*. As setas superiores indicam a seqüência formada pela destruição das estruturas primárias e secundárias. As setas inferiores mostram que as *estruturas mosqueadas* (distintas e indistintas) e *leitos irregulares* podem ser originados a partir de *depósitos homogêneos*, também por bioturbação (segundo Moore & Scruton, 1957).

Leitos regulares | Leitos irregulares | Mosqueado distinto | Mosqueado indistinto | Depósitos homogêneos

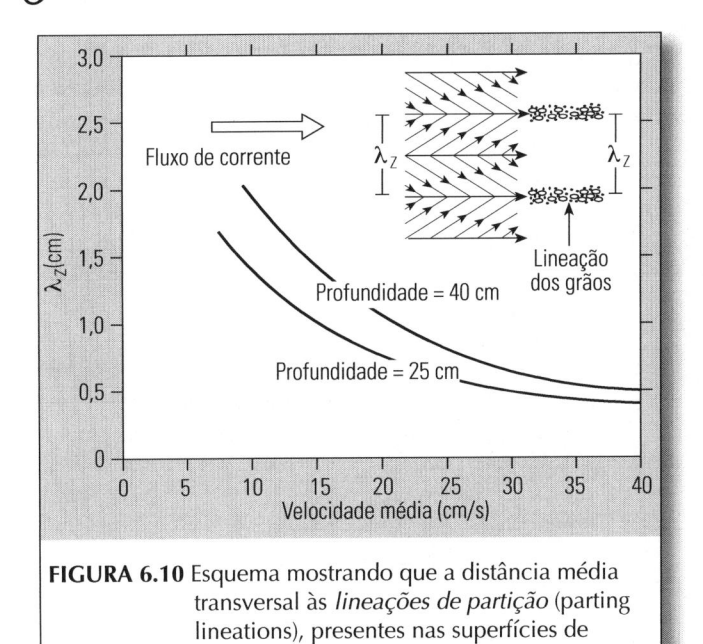

FIGURA 6.10 Esquema mostrando que a distância média transversal às *lineações de partição* (parting lineations), presentes nas superfícies de acamamento de um arenito, é uma função da *velocidade média* de fluxo e da *profundidade* da corrente aquosa (segundo Allen, 1970).

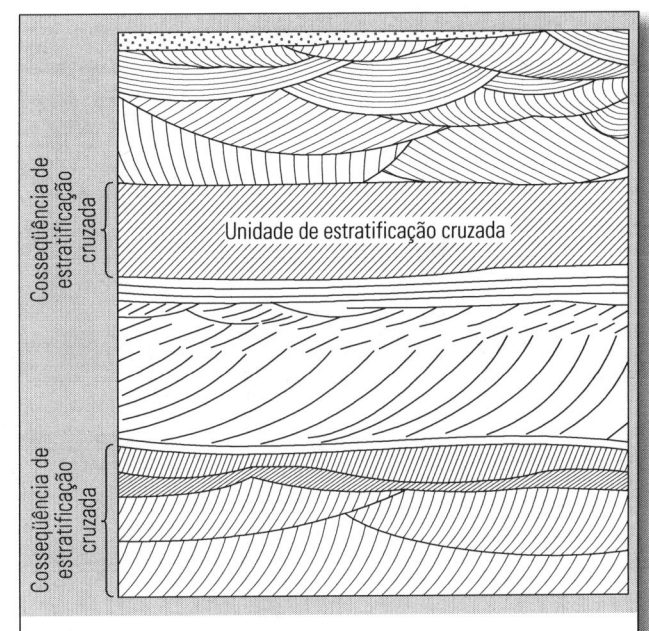

FIGURA 6.11 Estilo de *estratificação cruzada* do Arenito Furnas (Devoniano da Bacia do Paraná), segundo Bigarella *et al.*, (1966), mostrando uma *unidade de sedimentação* e uma *cosseqüência de estratificações cruzadas*.

4.2.4 Estratificação cruzada

4.2.4.1 Conceitos gerais

A estratificação cruzada pode ser definida, segundo Mckee & Weir (1953), como um arranjo de camadas depositadas com um ou mais ângulos em relação ao *mergulho original*, consistindo em leitos inclinados em relação à *superfície principal de sedimentação*. É uma feição confinada a uma *unidade de sedimentação*, distinguindo-a da inclinação adquirida por uma camada posteriormente a sua sedimentação por *causas tectônicas* (ou *diastróficas*) e *atectônicas* (ou *adiastróficas*), Fig. 6.11.

Uma *unidade de sedimentação*, segundo Mckee & Weir (*op.cit.*), é separada dos estratos adjacentes por *superfícies de erosão, não-deposição* ou de *mudança abrupta na natureza dos estratos*. Uma *cosseqüência* (coset) é formada por duas ou mais unidades de estratos cruzados ou não, separadas de outras *cosseqüências* por superfícies dos tipos acima mencionados. As camadas inclinadas que constituem as unidades fundamentais das estratificações cruzadas são chamadas de *camadas frontais* (foresets), podendo estar separadas na base pelas chamadas *camadas basais* (bottomsets) e no topo pelas *camadas dorsais* ou de *topo* (topsets).

As estratificações cruzadas ocorrem em *depósitos clásticos* (ou *detríticos*) de todas as idades geológicas e também em diferentes litologias. Como alguns exemplos brasileiros, além da Formação Furnas, já mencionada, tem-se a Formação Botucatu em arenito quartzoso do Jurássico e Cretáceo e a Formação Estrada Nova em calcarenito oolítico do Permiano, ambas da Bacia do Paraná. A par disso, a *estratificação cruzada* como

estrutura sedimentar primária mais comum — e das mais importantes entre as feições de origem inorgânica — pode estar presente, além de arenitos e calcários, em conglomerados (Fig. 6.12).

4.2.4.2 Tamanhos das estratificações cruzadas

A espessura de uma *unidade de sedimentação* com *estratificação cruzada* pode variar de alguns milímetros a vários metros. As unidades de escalas milimétricas ou centimétricas integram as *pequenas marcas onduladas* (até 0,60 m) e constituem mais propriamente laminações cruzadas associadas à migração das marcas onduladas. Em geral, podem ser distinguidos dois tipos de estratificações cruzadas, considerando-se as suas escalas:

1) *Estratificação cruzada de pequena escala* — As seqüências individuais possuem só alguns milímetros e no máximo 5 cm de espessura. As unidades são em geral acanaladas e correspondem a *laminações cruzadas de migração de marcas onduladas* (ripple-drift cross-laminations), formadas em águas muito rasas.

2) *Estratificação cruzada de grande escala* — É caracterizada por seqüências individuais com mais de 5 cm de espessura, podendo atingir vários metros. A sua origem deve estar ligada a *megamarcas onduladas* (0,60 a 30 m de comprimentos de onda) e a *marcas onduladas gigantes* (mais de 30 m), podendo ser geradas em águas profundas (dezenas de metros) ou em ambientes eólicos (dunas).

FIGURA 6.12 Estratificações cruzadas em conglomerados e arenitos.
A= camadas frontais, mostrando grande variação nas paleocorrentes e deposição em regime provavelmente torrencial. Serra da Galga na Rodovia Uberaba-Uberlândia (MG), correspondente ao membro homônimo da Formação Marília (Cretáceo superior da Bacia do Paraná). Foto de E. Franzinelli.
B = espessa seqüência (4 a 5m) de estratificações cruzadas eólicas da Formação Areado (Cretáceo inferior da Bacia do São Francisco) na Rodovia BR-40 (Canoeiros, próximo a Três Marias, MG). Foto do autor. Escalas = martelo de geólogo.

Mckee & Weir (1953) apresentaram importante contribuição para a classificação das estratificações cruzadas. Eles utilizaram como critérios as formas tabular ou tangencial das camadas frontais e as configurações das bases das seqüências e, desta maneira, definiram três tipos básicos de estratificações cruzadas: *tabular, tangencial* e *acanalada.* Na *estratificação cruzada tabular,* as camadas frontais consistem em superfícies mais ou menos planas e as faces delimitantes de cada seqüência são aproximadamente planas, embora possam ser levemente inclinadas. No tipo denominado *estratificação cruzada tangencial,* as camadas frontais são curvas na base e exibem contatos suaves com a seqüência basal, sendo as faces delimitantes das seqüências também planas. Na *estratificação cruzada acanalada,* as camadas frontais são totalmente curvas e as superfícies delimitantes de cada seqüência apresentam-se em forma de canal.

As idéias de Mckee & Weir (*op.cit.*) foram sumariadas por Potter & Pettijohn (1963), que esquematizaram apenas dois tipos básicos de estratificações cruzadas (Fig. 6.13):

1)   *Estratificação cruzada tabular* — quando a superfície basal da seqüência de estratificações cruzadas é plana, de naturezas erosiva ou não-erosiva.

2)   *Estratificação cruzada acanalada* — que possui as seqüências de estratificações cruzadas, delimitadas por superfícies erosivas escavadas e curvas. Podem ocorrer casos intermediários e também podem existir casos de estratificações cruzadas tabulares que, lateralmente, passam a acanaladas.

Quando as estratificações cruzadas de uma seqüência encontram as superfícies delimitantes superior e inferior com ângulos iguais, têm-se *camadas frontais não-tangenciais.* Quando os ângulos basais vão suavizando-se gradativamente, têm-se *camadas frontais tangenciais.* Além disso, as estratificações cruzadas podem mergulhar, no topo, em sentido oposto ao da base, quando se tem *camadas frontais reversas* (ou *recumbentes*).

4.2.4.3 Morfologia e classificação das estratificações cruzadas

As camadas frontais das estratificações cruzadas podem ser *tabulares* (planas) ou *tangenciais* (assintóticas na base). Bagnold (1954:127 e 238) denominou-as, respectivamente, de *tipo avalanche* e *tipo acreção.*

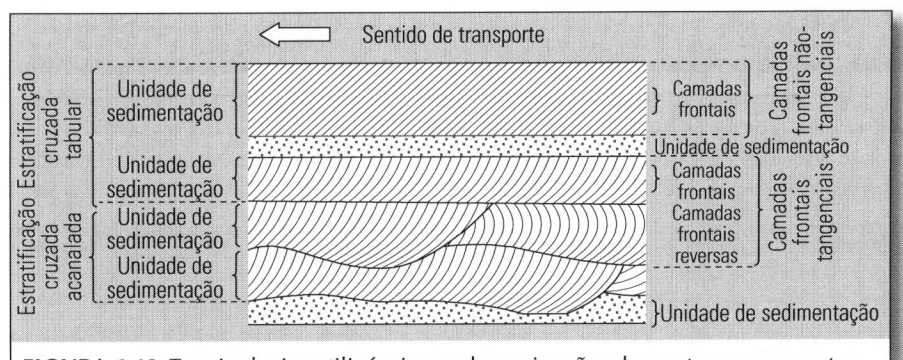

FIGURA 6.13 Terminologias utilizáveis nas denominações das partes componentes de seqüências de estratificações cruzadas (segundo Potter & Pettijohn, 1963).

Além disso, a *visão tridimensional* é muito importante na perfeita caracterização das estratificações cruzadas. Esta tarefa não é muito fácil, em vista da dificuldade de se conseguirem bons afloramentos. A Fig. 6.14 mostra como essas estruturas podem apresentar aspectos diferentes e enganosos, conforme os planos dos cortes em que são examinadas.

Nos dois blocos-diagrama da esquerda, as estratificações cruzadas são tangenciais em uma seção e tabulares em outra. Nos dois blocos-diagrama da direita, os contatos são acanalados na seção frontal e tabulares na lateral. Quando a estrutura é menor, as possibilidades de se conseguir uma *reconstituição tridimensional* são maiores. As estruturas maiores, quando possível, devem ser mapeadas para se ter uma reconstituição em blocos-diagrama, tendo-se acesso a duas ou mais seções não-paralelas.

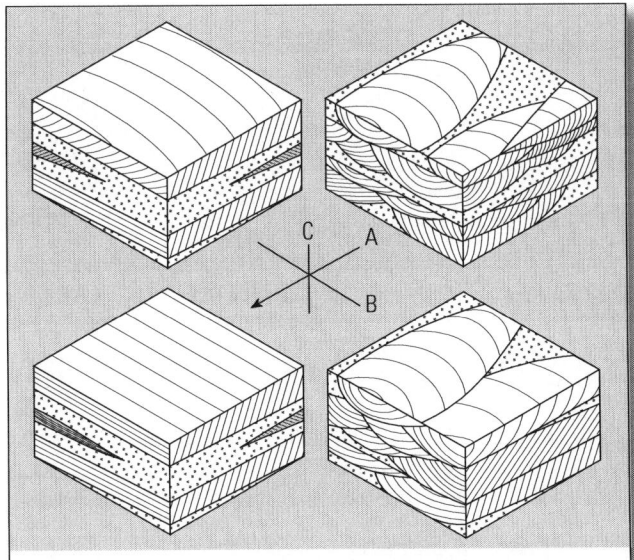

FIGURA 6.14 Blocos-diagrama de membros extremos de tipos de estratificações cruzadas, sendo os da esquerda tabulares; os da direita, acanalados, e o sistema padrão de eixos de referência (segundo Potter & Pettijohn, 1963).

Várias denominações têm sido usadas para designar padrões específicos de estratificações cruzadas, que podem apresentar certas implicações genéticas, e, portanto, tornam-se bastante importantes. Alguns desses exemplos são os seguintes:

a) *Estratificação cruzada espinha-de-peixe* (herringbone cross-bedding), onde as seqüências de estratificações cruzadas, em unidades adjacentes, exibem sentidos opostos. Singh (1965) descreveu caso especial deste tipo de estrutura, onde as duas seqüências sucessivas de sentidos opostos são separadas por um delgado filme argiloso, caracterizando um *ambiente de planície de maré*. Geralmente é uma feição indicativa de *zonas litorâneas* (littoral zones), formada por fluxo e refluxo de marés, embora nem sempre o fato descrito por Singh (*op. cit.*) esteja presente.

b) *Estratificação cruzada recumbente* (overturned cross-bedding), que é uma feição produzida por arrasto de correntes, transportando muito sedimento em suspensão, fluindo sobre uma seqüência de camadas com *estratificação cruzadas*. Mckee *et al.*, (1962) conseguiram produzir experimentalmente este tipo de feição, que foi denominado por esses pesquisadores de *dobras recumbentes intraformacionais*. Segundo Allen & Banks (1972), as camadas frontais seriam, neste caso, dobradas pelas ações das águas correntes, agindo sobre a superfície de sedimentos recém-depositados. O autor deste compêndio teve a oportunidade de observar este tipo de estratificação cruzada em sedimentos de fundo do Rio Paraná, no local onde foi construída a Usina Hidrelétrica de Porto Primavera, SP (Suguio, 1998).

c) *Estratificação cruzada côncava para baixo* é caracterizada por apresentar camadas frontais encurvadas para baixo e foi registrada em vários ambientes. Mckee (1966) descreveu-a em dunas parabólicas do Novo México, Estados Unidos, e Frazier & Osanik (1961) encontraram-na em depósitos de barras de meandros fluviais. Entretanto, esta variedade é relativamente rara, sendo certamente originada só em condições excepcionais.

d) *Estratificação cruzada de preenchimento de canal* é gerada pela colmatação de pequenos canais fluviais ou de erosão. O canal é preenchido lentamente por sucessão de finas camadas concordantes com a forma do fundo do canal (Mckee, 1957a). Nas fases seguintes, pode ocorrer erosão parcial dos depósitos prévios, antes de novas fases de colmatação. Ela exibe *estratificação festonada* quando observada em seção perpendicular aos canais (Fig. 6.15).

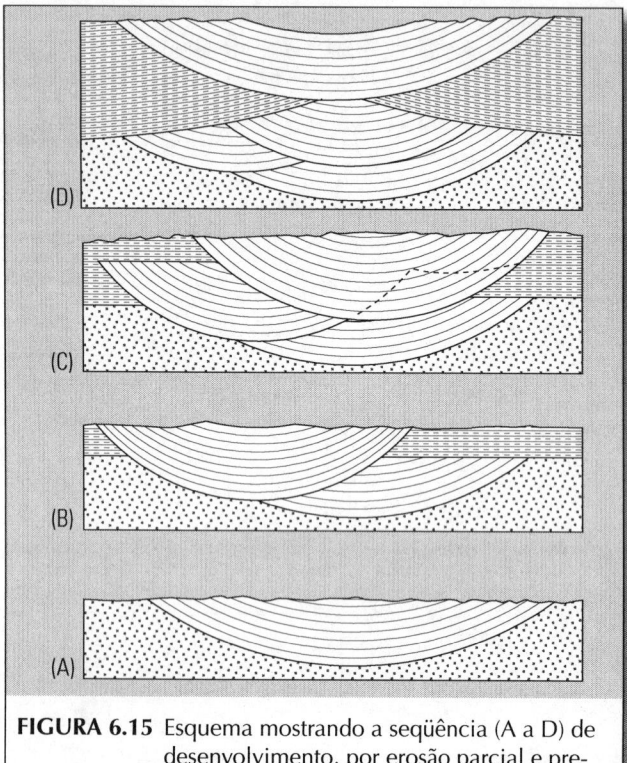

FIGURA 6.15 Esquema mostrando a seqüência (A a D) de desenvolvimento, por erosão parcial e preenchimento sucessivos de canais, conforme vista frontal em seção transversal (segundo Singh, 1972).

A estratificação cruzada de preenchimento de canal pode ser localmente comum em sedimentos fluviais, especialmente em subambientes de *diques marginais* (ou *naturais*) de grandes rios. Exemplo: Arenito Areado (Alto Paranaíba, MG) do Cretáceo inferior da Bacia do São Francisco.

e) *Estratificação cruzada de microdelta* é formada, conforme mostraram Mckee (1957a) e Jopling (1963 e 1965), por migração de *microdelta* que é um delta (ou barra) de escala não maior que alguns metros de extensão, semelhantes a *dunas subaquáticas* (subaqueous dunes) ou *megaondulações* (megaripples). Em planta, o *microdelta* possui configuração triangular, porém diferentemente das estratificações cruzadas de *marcas onduladas gigantes* (mais de 30 m de comprimento de onda), as de *microdeltas* constituem seqüências isoladas.

A *estratificação cruzada de microdelta* é comumente encontrada em *ambientes fluvioglaciais* e em *planícies de lavagem glacial* (outwash plains). Foi também observada por Suguio (1973b:94) em sedimentos do Grupo Bauru, entre o Canal de São Simão e Jataí (GO), onde representariam *deltas lacustres* (ou *do tipo Gilbert*).

f) *Estratificação cruzada de praias e bancos costeiros* é reconhecida pelo *ângulo baixo de mergulho* (alguns graus) e pela grande extensão lateral. Em geral, as praias são caracterizadas por mergulhos

de 2° a 6°, como na Costa do Golfo (Mckee, 1957b) até 7° a 10°, como nas praias da Califórnia, Estados Unidos (Mckee & Sterrett, 1961), sendo chamada de *estratificação cruzada de ângulo baixo* (low-angle crossbedding). As camadas de bancos costeiros mergulham mais fortemente (16° a 20°) rumo ao continente e mais suavemente (4° a 5°) rumo ao mar (Mckee & Sterrett, 1961).

g) *Estratificação cruzada de duna eólica* foi descrita em pormenores por Mckee (1966) nos Estados Unidos e por Bigarella (1972) no Brasil.

Esta estratificação cruzada é, em geral, caracterizada por dimensões relativamente grandes (vários decímetros até 1 a 2 m de espessura) e por camadas frontais com mergulhos fortes (até acima de 30° a 35°). As superfícies que separam as *seqüências cruzadas* adjacentes são, geralmente, mais ou menos horizontais, mas excepcionalmente podem mergulhar até mais de 30°. As *camadas frontais* apresentam-se em seqüências planares (tabulares e acunhadas), sendo as acanaladas muito mais raras que nos sedimentos subaquosos.

4.2.4.4 *Significados genéticos das estratificações cruzadas*

Através do estudo da *direção* (strike) e *mergulho* (dip) das estratificações cruzadas, pode-se obter as orientações das *paleocorrentes deposicionais*, sejam elas aquosas ou eólicas. A Fig. 6.16 mostra o sistema de referência convencional usado para as *estruturas direcionais* (vetoriais). A linha A dispõe-se segundo o senti-

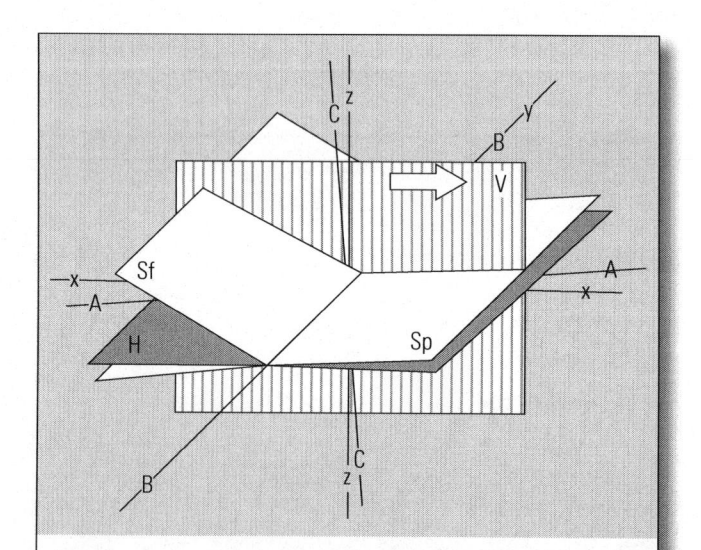

FIGURA 6.16 Sistema padrão de referência para as estruturas direcionais (ou estruturas vetoriais). A linha A é paralela ao vetor médio do sentido de transporte; B representa a direção (strike), que é perpendicular a A e C e ao plano AB. O Sp situa-se no plano principal de deposição; H é horizontal e Sf é a camada frontal da estratificação (segundo Potter & Pettijohn, 1963). A seta indica o sentido de fluxo das paleocorrentes.

do de fluxo da corrente; B é a *direção* perpendicular a A; a linha C é perpendicular ao plano AB (=Sp); H é o plano horizontal e Sp é a superfície principal de sedimentação e, finalmente, Sf é a superfície da formação contendo as *estratificações cruzadas*. A seta indica o sentido de *fluxo da paleocorrente*.

A gênese das estratificações cruzadas tem sido estudada empiricamente em depósitos antigos e experimentalmente em laboratórios em sedimentos modernos. Essas investigações, principalmente as executadas em laboratórios, têm demonstrado que elas resultam geralmente da *migração de formas de leito* (marcas onduladas).

Em *canais fluviais entrelaçados* (braided fluvial channels), por exemplo, o leito exibe porções mais profundas e mais rasas e, quando o material em transporte pelo talvegue penetra nas partes mais profundas, ocorre uma brusca perda de energia de corrente, de modo que pode ser formado um *microdelta subaquático*, com *estratificações cruzadas*. Uma outra maneira de haver formação de *estratificações cruzadas* é pelo preenchimento de *paleocanais*, onde se depositam areias com estratificações paralelas às margens do canal. Todas elas possuem as suas camadas frontais mergulhando a favor das correntes (ou paleocorrentes). Entretanto, quando são preservadas *estratificações cruzadas de antidunas*, os mergulhos das camadas frontais serão contrários às correntes que depositaram os sedimentos. As *antidunas* (antidunes) são formas de leito geradas sob condições de *regime de fluxo superior*, isto é, com número de Froude superior a 1.

As tentativas de correlação de certos tipos morfológicos de *estratificações cruzadas* a ambientes específicos de sedimentação nem sempre alcançaram os resultados desejados. Este fato mostra claramente que, embora a morfologia esteja intimamente ligada às *condições hidrodinâmicas*, diferentes ambientes subaquosos podem apresentar locais com valores desses parâmetros bastante semelhantes.

Por outro lado, as camadas frontais das *estratificações cruzadas* exibem ângulos variáveis. Em sedimentos antigos, a *moda* (classe mais freqüente) de ângulos de mergulho situa-se entre 20° a 25°. Estas cifras refletem a *inclinação crítica* do *ângulo de repouso* quando a areia é depositada em um meio qualquer. Deste modo, o *ângulo de mergulho* depende da granulometria, seleção e forma, bem como das velocidades do meio fluido envolvido. As medidas parecem sugerir que as areias eólicas apresentam valores mais altos que as subaquosas, pois mergulhos de 30° a 35° foram encontrados em *dunas eólicas modernas* por Bigarella (1972). Além disso, as areias de ambientes fluviais parecem ter camadas frontais mais acentuadas de mergulho que as de origem marinha. Por exemplo, no delta do Rio Doce (ES), as areias fluviais apresentam mergulhos entre 25° a 35°, enquanto as mesmas areias, após incipiente retrabalhamento por ondas, são depositadas como *cordões litorâneos* (ou *cristas praiais*) com mergulhos da ordem de 15° a 25° (Bandeira Jr. *et al.*, 1975). Por outro lado, Harms & Fahnestock (1965) e Imbrie e Buchanan (1965) admitem que as *camadas frontais* de estratificações cruzadas de areias subaquosas raramente atingem ângulos de mergulho superiores a 30°.

Os ângulos de mergulho mais suaves em sedimentos antigos podem ser atribuídos a diversas causas. Muitas vezes é difícil medir com exatidão, segundo um plano perpendicular à direção da camada em rochas sedimentares bem consolidadas, resultando daí ângulos geralmente menores que os verdadeiros. Poderia também ter ocorrido um decréscimo do *mergulho deposicional* por efeito de compactação (Rittenhouse, 1972).

Outra utilidade prática da *estratificação cruzada* está relacionada aos arenitos de origem subaquosa, na determinação da *profundidade* do corpo de água onde ocorreu a deposição. Segundo Pettijohn *et al.* (1972), a espessura das seqüências de estratificação cruzadas corresponderia aproximadamente a 1/5 a 1/6 da profundidade da água. Selley (1976b:218) questiona a validade desta relação porque, segundo esse autor, a espessura preservada de uma seqüência de estratificação cruzada seria dependente da intensidade de erosão pós-deposicional. De qualquer modo, o *dado paleoambiental* assim obtido representaria a *profundidade mínima de deposição*, no caso de estratificação cruzada subaquosa.

4.2.5 *Estratificação gradacional (ou gradativa)*

Esta estrutura é representada por *unidades de sedimentação* planoparalelas e mais ou menos horizontais, nas quais ocorre gradação granulométrica geralmente passando de partículas mais grossas na base para mais finas no topo.

Conforme Pettijohn (1957) e Middleton (1967), já mencionados anteriormente, dois são os principais tipos de *estratificações gradacionais*. No primeiro tipo, chamado de *gradação de distribuição*, ocorre um decréscimo granulométrico da base para o topo, como resultado da adição crescente de materiais cada vez mais finos. No tipo denominado *gradação de cauda grossa*, os materiais de cada fase de *acreção vertical* possuem granulações semelhantes às precedentes, exceto que ocorre uma diminuição gradual de freqüência dos grãos maiores da base para o topo.

O primeiro deve representar o produto de sedimentação por correntes, que diminuem gradualmente de *capacidade* e *competência* pelo gradual decréscimo da velocidade. A *capacidade* corresponde à habilidade das correntes aquosas ou eólicas em transportar detritos, medida pelo volume de sedimentos que passa por um ponto em unidade de tempo. Por outro lado, a *competência* refere-se ao poder de transporte de um rio, definido pelo tamanho máximo (diâmetro máximo), partícula de determinado peso específico que, a uma dada velocidade, a água pode transportar. Decantam-se inicialmente as partículas mais grossas, em geral seguidas de partículas finas e, gradualmente, as partículas tornam-se cada vez mais finas (Kuenen & Menard, 1952). O segundo tipo é o produto resultante da sedimentação, a partir de uma suspensão, carreando partículas de tamanhos bastante variáveis. A maioria parece pertencer ao segundo tipo, embora possam existir todas as transições entre esses extremos.

Algumas complicações podem surgir como, por exemplo, quando estão ausentes certos termos granulométricos e, neste caso, a estrutura designada *descontínua*, em contraposição à *contínua*, quando a sucessão granulométrica não está interrompida. Em casos especiais, quando termos argilosos jazem diretamente sobre leitos arenosos, sem a presença de termos sílticos e arenosos finos, a estrutura é dita *interrompida*. Outra dificuldade advém da presença de *gradação múltipla*, quando termos rudáceos passam para arenosos com reaparecimento sucessivo de termos mais grossos. A *gradação simétrica* representa um caso especial como, por exemplo, quando se tem termos rudáceos no meio, exibindo abaixo uma *gradação invertida* (Fig. 6.17).

A passagem de uma *unidade de sedimentação* com estratificação gradacional para outra, com características sedimentológicas semelhantes, pode processar-se por um *contato brusco* (ou *nítido*) em geral de *natureza erosiva*. Neste caso, os níveis mais grossos da camada superior jazem diretamente sobre os sedimentos mais finos da camada inferior evidenciando, desta maneira, uma *sedimentação cíclica*.

Às vezes, argilas e siltes várvicos exibem gradações bem desenvolvidas. O termo *varve* foi introduzido por De Geer (1912, *in* Bradley, 1929:87) e serve para designar pares de lâminas anuais de sedimentos rítmicos que, segundo Eicher (1969:94), representariam variação climáticas sazonais. Kuenen (1951a, b) sugere que as *varves gradacionais* sejam produzidas por ação de água túrbida de degelo em *lagos periglaciais*, associada a um fenômeno análogo às *correntes de turbidez*.

A estratificação gradacional é muito comum em seqüências de sedimentos do tipo "*flysch*", onde constitui a feição mais característica. Ela pode ser depositada até em águas muito rasas, mas, neste caso, não formam seqüências espessas. Rhoads & Stanley (1965) e Warme (1967) descreveram *estratificação gradacional*, formada por *atividade de bioturbação* de organismos perfuradores. Finalmente, as cinzas vulcânicas também podem mostrar *estratificações gradacionais subaéreas*.

Este tipo de estrutura sedimentar foi encontrado em sedimentos fluviais da Formação Resende (Terciário da Bacia de Taubaté, SP) por Suguio (1969:74) e da Formação São Paulo (Terciário da Bacia de São Paulo, SP) por Suguio *et al.*(1971:216). Em sedimentos fluviais do Grupo Bauru (Cretáceo superior da Bacia do Paraná) Freitas (1955:133), Arid (1967:64) e Suguio (1973b:91-92) reconheceram incipiente gradação granulométrica com membros texturais cada vez mais finos, rumo ao topo, em depósitos arenosos e conglomeráticos. Parece que os casos mencionados acima, tanto de sedimentos terciários como cretáceos, podem ser incluídos no tipo B de Ksiazkiewícz (1954, *in* Dzulynski & Walton, 1965), conforme a Fig. 6. 17. Nestes casos, a gradação incipiente seria devida separação pobre entre os termos granulométricos, sugerindo que o meio de sedimentação tenha sido muito viscoso e, portanto, incapaz de promover melhor separação entre as partículas segundo os diferentes diâmetros.

Petri & Suguio (1969:40) descreveram seqüências gradacionais em metaconglomerados (polimíticos e oligomíticos) do Grupo Açungui (Pré-cambriano superior), na região sul do Estado de São Paulo. Constataram também esses autores que as espessuras das camadas eram diretamente proporcionais aos diâmetros dos grânulos e seixos predominantes. Elas variaram de poucos centímetros até alguns decímetros e excepcionalmente cerca de 1 m.

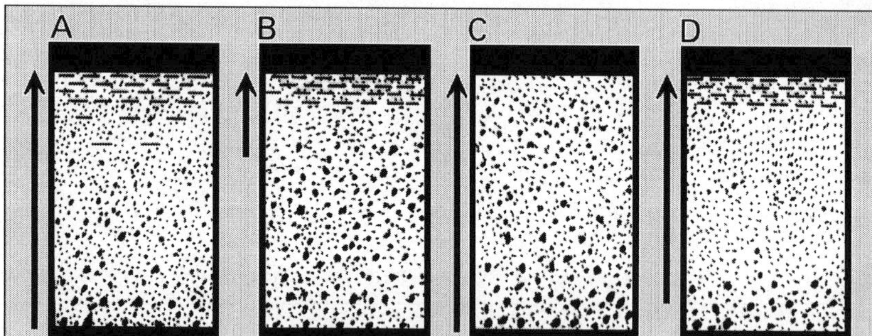

FIGURA 6.17 Vários tipos de *estratificações gradacionais*: (A) simples com *gradação contínua* e boa separação; (B) *gradação pouco conspícua* com separação pobre; (C) *gradação descontínua* (*interrompida*) com mistura de termos finos; (D) *gradação descontínua* com parte de granulação média (E) *gradação múltipla* ou recorrente; (F) *gradação simétrica normal* (parte inferior com gradação inversa); (G) *gradação simétrica invertida* e (H) *gradação múltipla* com unidade simétrica normal na base (baseado em Ksiazkiewicz, 1954, *apud* Dzulynski & Walton,1965).

4.2.6 Laminação plana

A *laminação plana* é composta por leitos, cujas espessuras correspondem à soma dos diâmetros de alguns grãos, podendo ser determinada pela alternância entre horizontes, com diferentes granulações, ou pelos diferentes teores de minerais pesados máficos, ou ambos.

As laminações mais finas são bem desenvolvidas em areia fina e silte. Na Formação Cananéia, Suguio & Petri, (1973) descreveram, na região da cidade homônima de São Paulo, laminações determinadas pela combinação dos fatores supracitados.

Arenitos com laminação plana podem ser originados na fase de leito plano do *regime de fluxo inferior* ou abaixo da velocidade crítica de formação das *marcas onduladas*. Outro importante mecanismo de formação da laminação horizontal é encontrado em sedimentos depositados a partir de uma suspensão e, neste caso, mostra *gradação granulométrica* no interior das lâminas individuais.

Esta estrutura é também encontrada em *sedimentos rítmicos*, definidos pela alternância de lâminas de granulação mais fina (silte e argila) e mais grossa (areia fina e silte), perfazendo espessuras que, em geral, raramente ultrapassam vários milímetros. A causa desta *repetição rítmica* está ligada a mudanças regulares nos regimes de transporte e/ou de suprimento de materiais sedimentares. Os fenômenos cíclicos podem ser de *curta duração* (planícies de maré) de *média duração* (lagos periglaciais e planícies de inundação) e de *longa duração* (mudanças climáticas). No sentido mais restrito, o termo *ritmito* refere-se aos sedimentos produzidos por mudanças regulares de curta a média duração (Fig. 6.18).Os *ritmitos* são peculiares aos lagos periglaciais, ambientes lacustres de diferentes climas, planícies de inundação fluvial e de zonas intermarés.

4.2.7 As laminações cruzadas e as marcas onduladas

As marcas onduladas são definidas como feições de ondulação que aparecem nas superfícies dos sedimentos, geralmente arenosos e depositados

FIGURA 6.18 Ritmito do Subgrupo Itararé (Grupo Tubarão) do Permocarbonífero da Bacia do Paraná, exibindo várias estruturas sedimentares primárias: laminação horizontal na metade basal e laminação cruzada de marcas onduladas na metade superior, indicativa de paleocorrentes da direita para esquerda. Pedreira de Itu, SP. Foto de A.C. Rocha-Campos. Escala = canivete.

por correntes de tração sob condições de *regime de fluxo inferior* (Fig. 6.19). Os estudos pioneiros dessas feições remontam ao século XIX. Sorby (1859) já reconhecia, pela primeira vez, que as laminações cruzadas deveriam ser formadas pelo deslocamento lateral de *marcas onduladas*, porém o trabalho de Allen (1968b) constitui uma obra fundamental mais moderna sobre o tema.

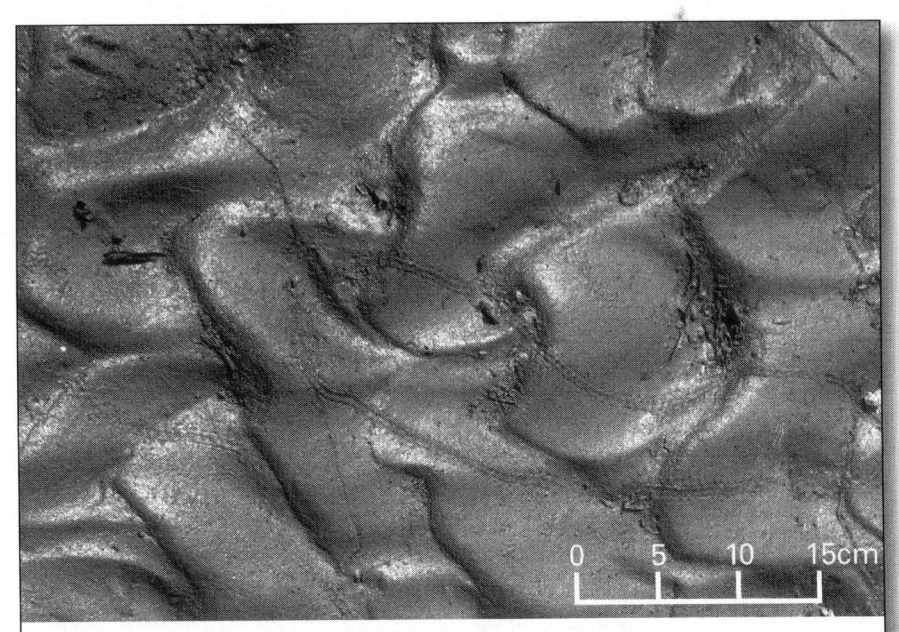

FIGURA 6.19 Marca ondulada linguóide na superfície de areia misturada com lama em sedimentos recentes (Imagane-mati, Hokkaido,Japão). A corrente fluiu da direita para a esquerda da foto. Note-se também a presença de pistas de organismos. Foto de H. Nagahama, do Serviço Geológico do Japão.

Em seção transversal, as *marcas onduladas de corrente* (current ripples) exibem uma encosta mais suave a montante (ou a barlavento) e uma encosta mais abrupta a jusante (ou a sotavento), definindo, portanto, um perfil geralmente assimétrico (Fig. 6.20). Outras vezes, o perfil é mais simétrico e, neste caso, tem-se as *marcas onduladas de oscilação* (oscillation ripples).

Os pontos mais altos das marcas onduladas definem as *cristas*, e os mais baixos, as *calhas*. A *amplitude* (ou *altura*) de uma marca ondulada é a distância vertical entre a crista e a calha. O *comprimento de onda* corresponde à distância horizontal entre duas calhas ou duas cristas sucessivas. Um importante parâmetro é, por exemplo, o *índice de marca ondulada* (ripple mark index), que é calculado dividindo-se o comprimento de onda pela respectiva amplitude. Outros índices característicos, como o *índice de simetria da marca ondulada* (ripple mark symmetry index), acham-se descritos por Tanner (1967) e Allen (1968b).

Alguns tipos de laminações cruzadas associados às formas de leito, com marcas onduladas, acham-se esquematizados na Fig. 6.21. O primeiro tipo de laminação interna, presente em *marcas onduladas de oscilação*, dispõe-se paralelamente à superfície. O segundo tipo, também associado a *marcas onduladas simétricas*, mostra laminação cruzada não-relacionada à forma da superfície e resulta da modificação de *marcas onduladas de corrente* por movimentos oscilatórios. As *marcas onduladas assimétricas* exibem internamente

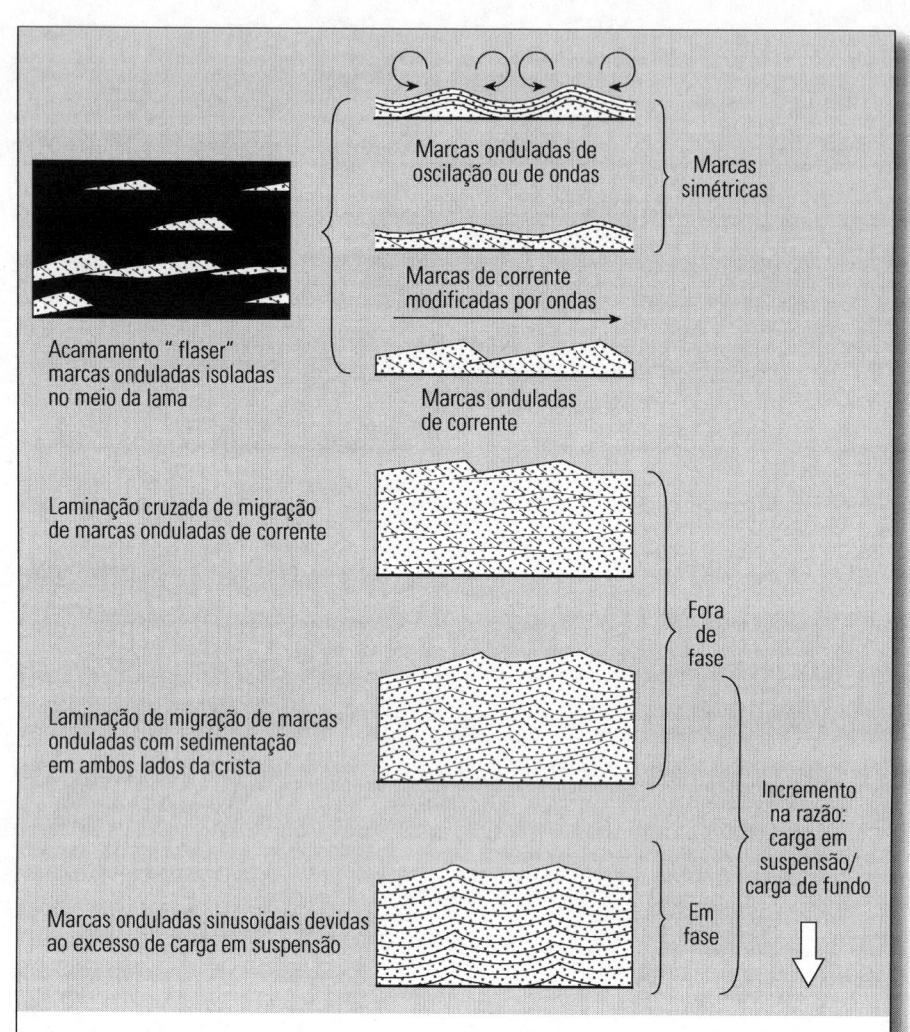

FIGURA 6.21 Vários tipos de estruturas sedimentares internas, produzidos por migração de formas de leito com marcas onduladas. Os tipos de laminações, associados às marcas onduladas, dependem das taxas de carga em suspensão/carga de fundo. O incremento da carga em suspensão faz com que a laminação cruzada passe para laminação com sedimentação em ambos o lados da crista (fora de fase) chegando até marcas onduladas sinusoidais (em fase) segundo Jopling & Walker (1968) e Selley (1976a).

laminações cruzadas concordantes com a encosta mais abrupta. Tanto as marcas onduladas simétricas como as assimétricas podem ocorrer como lentes isoladas de areia fina ou silte grosso em lamito definindo, neste caso, *acamamento* ou *estratificação "flaser"* (Terwindt & Breusers, 1972).

Jopling & Walker (1968) definiram um espectro contínuo de *marcas onduladas* com as respectivas *laminações internas* que são relacionadas às razões (ou taxas) de cargas em suspensão e de fundo (ou de tração). As correntes comuns de tração depositam areia só no flanco mais abrupto e no flanco mais suave é essencialmente erosivo, mas o aumento de carga em suspensão faz com que ocorra deposição de areia também no mais suave. As *laminações cruzadas de marcas onduladas* são feições bastante comuns em sedimentos fluviais, principalmente em depósitos de *diques marginais* (natural leveés) e de *planícies de inundação* (floodplains). São

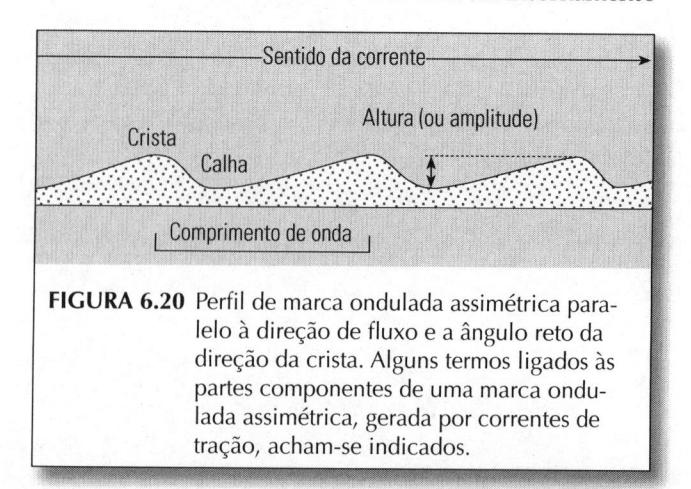

FIGURA 6.20 Perfil de marca ondulada assimétrica paralelo à direção de fluxo e a ângulo reto da direção da crista. Alguns termos ligados às partes componentes de uma marca ondulada assimétrica, gerada por correntes de tração, acham-se indicados.

mais raras em *planícies de marés* (tidal flats). Segundo Walker (1963, 1969), constituiriam importantes feições sedimentares de *depósitos de turbiditos*.

A *estratificação "flaser"* é composta de areias com laminações cruzadas, associadas às *marcas onduladas assimétricas*, onde as frações lamosas acham-se bem preservadas nas calhas e só parcialmente nas cristas. Segundo Reineck & Singh (1975), pode-se admitir uma completa gradação da *estratificação "flaser"*, passando por *estratificação (acamamento) ondulada* e, finalmente, *estratificação (acamamento) lenticular* (Fig. 6.22).

A *estratificação "flaser"* requer para sua formação, disponibilidade de areia e lama, além da alternância de períodos de atuação de correntes e fases de quietude, mas sempre favorecendo a preservação da areia.

Na *estratificação ondulada* ocorre alternância de camadas de areia e de lama, formando ambas camadas continuas. Em contraste com a *estratificação "flaser"* a ondulada requer condições de equilíbrio aproximado para a preservação da areia e da lama.

A *estratificação lenticular* é formada quando são produzidas ondulações arenosas isoladas sobre o substrato lamoso. O suprimento de areia deve ser limitado, e as *condições hidrodinâmicas* devem ser mais favoráveis à sedimentação e preservação da lama que da areia.

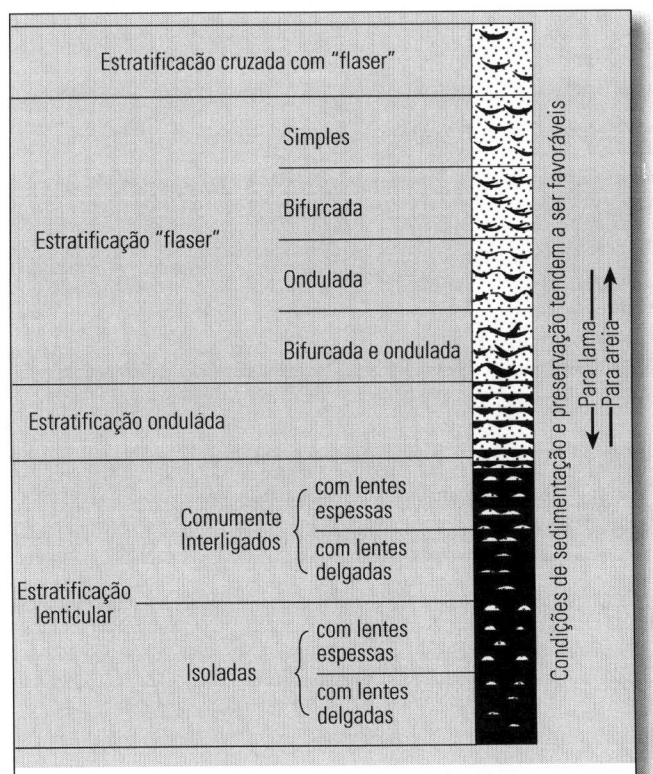

FIGURA 6.22 Esquema mostrando as relações entre as estratificações (ou acamamentos) "*flaser*", *ondulada* e *lenticular* em função das condições ambientais favoráveis à sedimentação e preservação de areia ou de lama (segundo Reineck & Singh, 1975: 98).

O ambiente mais favorável à formação dessas estratificações são as *planícies de marés*, mas, segundo Coleman & Gagliano (1965b), a *estratificação lenticular* (lenticular bedding) tem sido descrita também em *frentes deltaicas marinhas*.

4.3 Estruturas pós-deposicionais

Este grupo abrange as *estruturas sedimentares* formadas por deformação ou mesmo por rompimento das feições deposicionais precedentes (pré-deposicionais e sindeposicionais). As feições são originadas somente após a sedimentação quase sempre quando os sedimentos ainda se acham embebidos em água, isto é, ainda exibem *propriedades hidroplásticas* bastante acentuadas.

4.3.1 Estruturas de escorregamento e deslizamento

Esta é a denominação genérica usada para todas as *estruturas de deformação penecontemporâneas*, resultantes do deslocamento declive abaixo, principalmente por ação gravitacional, em geral em ambiente subaquoso.

O escorregamento pode originar dobras, que podem aparecer tanto em areia como em lama. Geralmente, elas evidenciam movimentos laterais e para baixo, segundo sentidos mais ou menos constantes. Podem estar associadas a falhamentos penecontemporâneos com pequenos ângulos de mergulho. De acordo com Fairbridge (1947) e Van Straaten (1949), essas feições seriam comuns, embora não sejam exclusivas, em sedimentos fluvioglaciais e glaciolacustres. Escorregamentos de grande escala acham-se registrados em perfis sísmicos de estudos de margens continentais de oceanos modernos (Moore Jr. *et al.*, 1970; Kelling & Stanley, 1970). Mckee *et al.* (1971) e Bigarella (1972) descreveram feições de *deformação subaérea* certamente mais raras, em *dunas eólicas modernas*.

As *estruturas de escorregamento* estão geralmente associadas à rápida sedimentação em vertentes mais ou menos acentuadas, cujo processo pode ser deflagrado, embora não necessariamente, por movimentos sísmicos. *Ondas de tempestade* (storm waves) e até mesmo o peso dos sedimentos depositados podem iniciar a movimentação lateral dos sedimentos. Essas condições podem ser encontradas, por exemplo, em *frentes deltaicas* (delta fronts) em bacias de subsidência muito ativa. O escorregamento de um depósito sedimentar pode ocasionar o rompimento das camadas, produzindo uma mistura caótica de diferentes sedimentos. Outras vezes, podem ser originadas camadas contorcidas associadas a deslocamento por distâncias variáveis (Potter & Pettijohn, 1963).

Analogamente aos escorregamentos, grandes massas de sedimentos podem ser deslocadas lateralmente ao longo de superfícies de deslizamento. A diferença fundamental entre os *escorregamentos* e *deslizamentos* está no fato de que os deslizamentos, ocorrendo em sedimentos mais compactados, não afetam tanto as estruturas internas da massa. Muitos autores não reconhecem este tipo de distinção.

As falhas e dobras originadas por *escorregamentos* e *deslizamentos* podem ser diferenciadas das relacionadas a fenômenos tectônicos porque os processos de deformação afetam somente determinados pacotes, deixando indeformadas camadas soto e superpostas. Além disso, as estruturas deformacionais ligadas a *fenômenos atectônicos* são geralmente de dimensões menores e podem exibir orientações discordantes do *arcabouço tectônico regional*. Por outro lado, os *escorregamentos* e *deslizamentos* podem ser eventualmente diferenciados por deformações mais dúcteis e mais rúpteis, respectivamente.

4.3.2 *Estruturas de deformação plástica*

As estruturas de deformação de materiais, ainda plásticos, envolvem movimentos verticais e horizontais. Entre essas estruturas podem ser reconhecidos dois tipos principais: o primeiro, que ocorre em *sedimentos arenosos fluidificados* (tipo areia movediça) e o segundo, que está relacionado às *interfaces deposicionais* tendo geralmente areia superposta à lama.

a) *Laminação convoluta* — Areias finas e siltes laminados com leitos argilosos (ritmitos) podem exibir *estruturas de deformação penecontemporânea* de materiais; neste caso, denominadas de *lâminas convolutas* (Fig. 6.23A). A intrusão de rochas ígneas, como diques e soleiras de diabásios em sedimentos, pode originar *camadas convolutas* semelhantes às supracitadas (Fig. 6.23B).

As *lâminas convolutas* são bastante comuns em arenitos associados a turbiditos, envolvendo a deformação de unidades laminadas paralelas e cruzadas de Bouma. A coincidência dos eixos das dobras com as cristas das marcas onduladas e a presença de superfícies de escavação intraestratais sugerem que o movimento de deformação foi penecontemporâneo à deposição. A *laminação convoluta* parece ser formada, em muitos casos, por desidratação de sedimentos por compactação, auxiliada por

esforços de cisalhamento desenvolvidos pela própria corrente de turbidez (Anketell *et al.*,1970). Mack & Suguio (1991) reconheceram *laminações convolutas* originadas provavelmente como *estrutura de escape de água* (water-escape structure), em depósitos de *lençóis eólicos* permianos. Esta é uma estrutura relativamente comum também em sedimentos lacustres periglaciais.

FIGURA 6.23 Estruturas de deformação plástica:

A = *camadas convolutas* de *origem sinsedimentar* em arenito argiloso da Formação Areado (Cretáceo inferior) da Bacia do São Francisco nas proximidades de Galena, Município de Patos (MG). Foto do autor.

B = *camadas convolutas* de *origem epigenética*, em seqüência alternada de folhelho pirobetuminoso e calcário dolomítico do Membro Assistência da Formação Irati (Permiano), da Bacia do Paraná, originadas por intrusão básica do Cretáceo em Assistência, Município de Rio Claro (SP). Foto de P. M. B. Landim. Escalas = martelo de geólogo.

b) *Estratificação convoluta* — O tipo mais simples desta estrutura é caracterizado por dobras com sinclinais largos e planos separados por *anticlinais* mais agudos e, às vezes, dirigidos no sentido do *paleodeclive*. Muitas *estratificações convolutas* possuem superfícies superior e inferior quase planas, embora a fase inferior possa apresentar proeminentes *turboglifos* e *marcas de sobrecarga*. No início pensava-se que esta feição era típica de *seqüências turbidíticas*. Entretanto, hoje em dia, sabe-se que é relativamente comum em arenitos fluviais muito finos, tais como de planícies de inundação e de marés (Mckee *et al.*, 1967).

Williams (1960) sugeriu que essas estruturas seriam produzidas por *liquefação* (fluidificação) *diferencial* de unidades de sedimentação. O *fluxo intraestratal* lateral das camadas liquefeitas produziria as contorções. A liquefação de sedimentos pode ser induzida por sobrecarga, por choques sísmicos ou por algum outro mecanismo que perturbe o *empacotamento* (packing) dos sedimentos. Segundo Sanders (1965), as camadas convolutas são produzidas por esforço de cisalhamento de corrente, fluindo sobre um fundo coesivo mole. Mckee & Goldberg (1969) produziram *camadas convolutas* em laboratório por sobrecarga diferencial devida à superposição de areia. Provavelmente, as camadas convolutas são produzidas por vários mecanismos e a *liquefação* (ou *fluidificação*) dos sedimentos seria uma das condições essenciais para a sua formação.

No Brasil são encontradas lâminas e camadas convolutas em sedimentos de várias idades. Salamuni *et al.* (1966) descreveram-nas em sedimentos permocarboníferos do Grupo Tubarão (Bacia do Paraná). Martin (1961) havia atribuído algumas dessas estruturas ao *empuxo glacial*, mas os autores supracitados reinterpretaram-nas como deformações associadas a *correntes de turbidez* por estarem confinadas entre camadas paralelas não-deformadas. Lâminas e camadas convolutas são também freqüentes em arenitos cretácicos da Formação Areado (Bacia do São Francisco), que poderiam sugerir sedimentação em ambiente tectonicamente ativo. Quando os mesmos mecanismos que dão origem a *camadas convolutas* atuam sobre camadas menos competentes, podem originar *microfalhas* (Fig. 6.24).

c) *Camadas frontais recumbentes* — Ainda associada à deformação pós-deposicional de sedimentos arenosos, têm-se as estratificações cruzadas com *camadas*

frontais recumbentes. Como as *camadas convolutas*, essas feições são também encontradas em areias depositadas por correntes de tração, sendo especialmente comuns em areias grossas de sedimentos fluviais de *canais entrelaçados*.

As pesquisas sobre a origem das *camadas frontais recumbentes* do mesmo modo que das *camadas convolutas* têm merecido considerável atenção dos pesquisadores (Allen & Banks, 1972). Provavelmente esta feição seria também produzida por esforços de cisalhamento exercidos por fluxo de correntes aquosas.

d) *Estruturas de sobrecarga e pseudonódulos* — As interfaces entre areia e lama, principalmente quando areia encontra-se superposta à lama, sofrem vários tipos de deformações. Uma das mais típicas é a formação de bolas esféricas ou irregulares de areia, que penetram na lama. Elas são genericamente denominadas de *estruturas de sobrecarga* e, quando as bolas de areia destacam-se da camada arenosa que lhes deu origem e ficam isoladas na lama, passam a constituir os *pseudonódulos* (Macar & Antun, 1949). Aparentemente, superfícies com *turboglifos* e *marcas onduladas* favorecem a formação de *pseudonódulos*, quando aquelas estruturas hidrodinâmicas são deformadas por sobrecarga. A preservação de lâminas deformadas no interior dos *pseudonódulos* sugere que não tenha havido completa liquefação da areia durante a sua formação.

FIGURA 6.24 *Microfalhas de origem atectônica* (adiastrófica), provavelmente originadas durante *escorregamentos* ou *deslizamentos* de camadas arenosas mais ou menos compactadas da Formação Areado (Cretáceo inferior) da Bacia do São Francisco (Rodovia BR-40), proximidades de Três Marias (MG). Foto do autor. Escala = martelo de geólogo.

Embora essas estruturas também se situem nas porções basais das camadas, não podem ser confundidas com as *marcas basais* (ou *marcas de sola*), que são de origem erosiva, tais como os *turboglifos* Entretanto, as *marcas basais* podem ser submetidas à deformação como foi mencionado acima, dificultando a distinção.

Essas *estruturas de deformação pós-deposicional* podem ser encontradas em vários ambientes, tanto antigos quanto modernos. Constituem feições comuns em *fácies turbidíticas*, embora possam ocorrer em sedimentos fluviais e deltaicos. Uma estrutura aparentemente inversa, composta por lobos lamíticos, penetrando de cima para baixo em areia subjacente, foi encontrada pelo autor em sedimentos periglaciais do Quaternário da Inglaterra (Fig. 6.25)

4.4 Outras estruturas inorgânicas

Além das estruturas sedimentares acima descritas, que apresentam algumas similaridades entre si, existem outras que dificilmente podem ser incluídas em quaisquer das categorias anteriores. Entre essas estruturas inorgânicas têm-se: marcas de pingo de chuva, pseudomorfos de cristais, diques clásticos, etc.

4.4.1 Marcas de pingos de chuva

Essas feições formam-se sobre sedimentos sílticos e argilosos, podendo ser preservadas pelo recobrimento por areias finas. Em planta elas apresentam-se como microcrateras de formas circulares ou elipsoidais (caso de chuva com vento), formando grupos pouco espaçados entre si.

As *marcas de pingos de chuva* constituem bons indicadores de exposição subaérea de sedimentos. Não são exclusivas de regiões de climas semi-áridos ou áridos, embora tenham maiores probabilidades de preservação nessas condições climáticas. Deve-se tomar cuidado para não confundir, por exemplo, moldes de grânulos em lama mole com verdadeiros pingos de chuva.

4.4.2 Pseudomorfos de cristais

Essas feições, do mesmo modo que as *marcas de pingos de chuva,* aparecem mais freqüentemente em argilitos e siltitos superpostos por arenitos finos. Os pseudomorfos mais comuns são de cristais cúbicos de halita sobre lama mole. Os cristais de sal crescem sobre lama sedimentada em substratos de águas hipersalinas. A eventual entrada de água doce turva pode dissolver os cristais de sal e o molde deixado pode ser preenchido por outro material e soterrado por nova camada de sedimento.

Suguio (1966) descreveu moldes cúbicos de *pseudomorfos de halita* preenchidos por *aragonita pulverulenta* em folhelhos cretácicos da Formação Muribeca da Bacia Sergipe - Alagoas, em Carmópolis (SE).

4.4.3 Gretas de contração

As *gretas de contração* (ou de ressecação) são rachaduras em lama preenchidas por areia após ser formadas por perda de água. Em planta, as gretas exibem formas poligonais centimétricas a decimétricas, podendo chegar a 0,50 m ou mais e as fendas milimétricas a centimétricas (Fig. 6. 26).

As *gretas de ressecação* são geralmente consideradas como evidência de exposição subaérea e servem também como critério de definição de *topo e base* de camadas invertidas por deformação. Porém, existem também feições semelhantes, formadas subaquaticamente através da contração por desidratação espontânea da argila (White, 1961), que recebem o nome de *gretas de sinérese*. Em geral, resulta da desidratação de material coloidal, isto é, separação entre o fluido e o gel. As *gretas de sinérese* distinguem-se

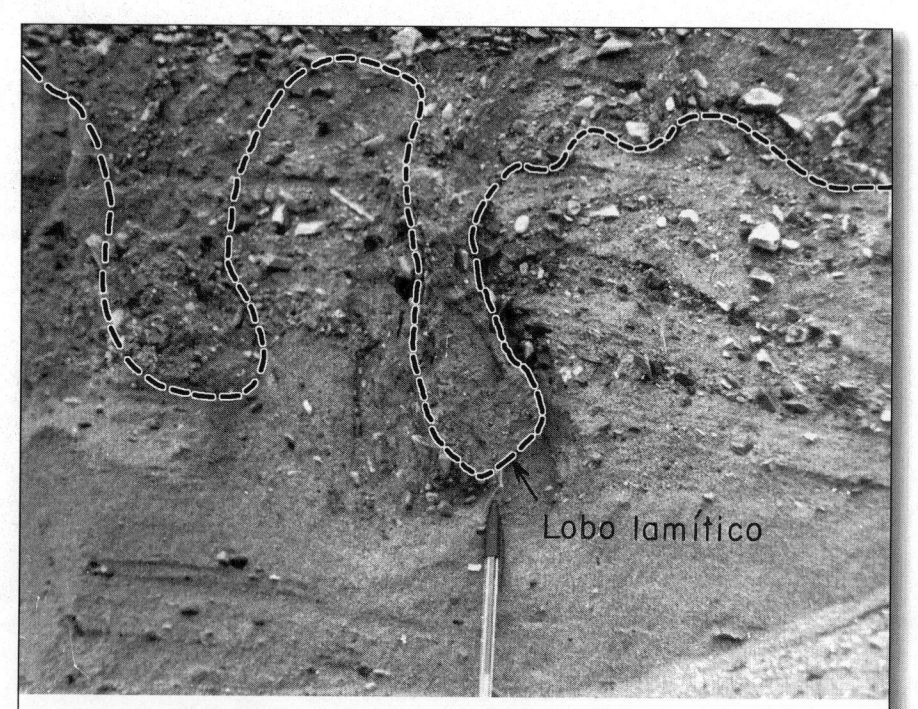

Lobo lamítico

FIGURA 6.25 Lobos lamíticos brechóides da camada superior injetados na areia subjacente. Provavelmente constitui uma estrutura de crioturbação associada a seqüências de depósitos fluvioglaciais do Devensiano médio a superior do Quaternário da Inglaterra (Earith, East Anglia) Foto do autor. Escala = caneta esferográfica.

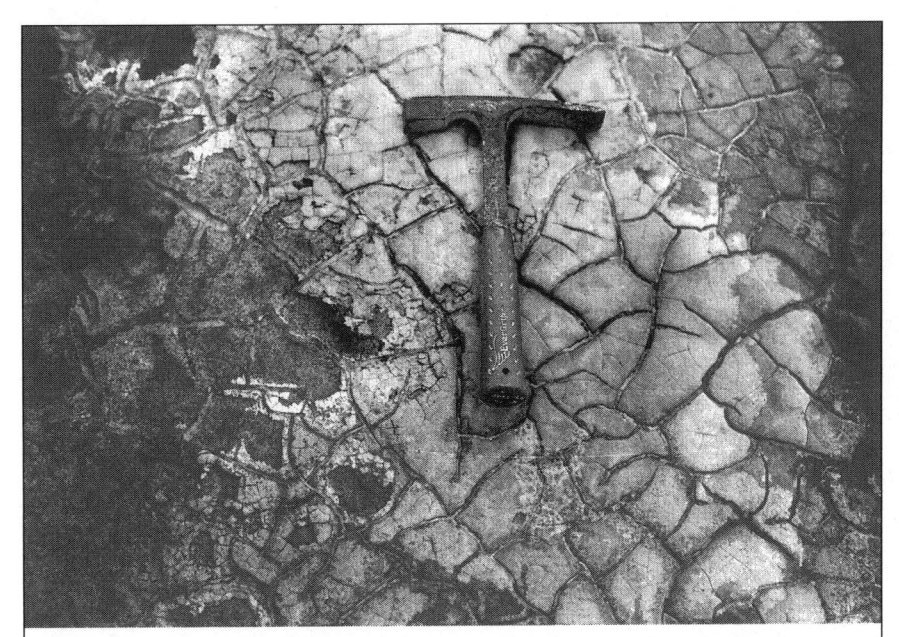

FIGURA 6.26 *Gretas de contração (ou de ressecação)* encontradas em delgadas intercalações pelíticas em arenitos finos a muito finos, de origem marinha rasa da Formação Cananéia (Pleistoceno superior) em Cananéia (SP). Foto do autor. Escala = martelo de geólogo.

deformados, originando até *dobras ptigmáticas* (Fig. 6.27B). Segundo Dzulynski & Walton (1965), essas dobras em *diques clásticos* podem estar ligadas ao efeito da compactação da lama, *hospedeira do dique* quando se originou o folhelho.

Nos basaltos cretácico-jurássicos da Bacia do Paraná (Formação Serra Geral) foram descritos *diques de arenito* (tipo Arenito Botucatu), formados por preenchimento e injeção por mecanismos semelhantes aos propostos para os diques de areia em lama (Suguio & Fúlfaro, 1974). No Folhelho Moreno da Califórnia (Estados Unidos) foram descritos por Smyers & Petersen (1971) mais de 350 diques e soleiras (sills) de arenito. Segundo Barratt (1966), esta profusão de diques de arenito seria indicativa de terremotos na área durante a sedimentação.

Nas vizinhanças de Santa Luzia e Recreio, Município de Charqueada (SP) ocorre um "enxame" de diques clásticos e feições associadas de arenito fino em siltitos e argilitos de antigas planícies de marés das porções média a superior da Formação Corumbataí do Permotriássico da Bacia do Paraná, que foram mencionados pela primeira vez, por Sousa (1985). Segundo Riccomini *et al.* (1992), essas feições poderiam ter sido formadas por liquefação induzida por abalos sísmicos penecontemporâneos à sedimentação.

4.4.5 "Boudinage" sedimentar

As estruturas de "*boudinage*" *sedimentar* são morfologicamente semelhantes às de origem tectônica descritas por Weller (1960: Fig. 95) e De Sitter (1964: 284). Elas são formadas quando lamas e areias interestratificadas, saturadas de água, são submetidas à tração

das de ressecação por serem geralmente menores e por serem preenchidas por lama ou material levemente mais grosso que dos polígonos. Entretanto, nem sempre é tão fácil distinguir os dois tipos de gretas.

Exemplos de *gretas de sinérese* são descritos no Grupo Torridon (Pré-cambriano) da Escócia por Selley (1965:373) e no Devoniano da Escócia (Donovan & Foster, 1972). Em sedimentos da Formação Estrada Nova (Permotriássico da Bacia do Paraná) são freqüentes as *gretas de contração* que se repetem em vários níveis, indicando sucessão de épocas de inundação seguidas de exposição e formação de gretas.

4.4.4 Diques clásticos

Os chamados *diques clásticos* são geralmente compostos de material arenoso penetrando, sob forma de corpo mais ou menos tabular e discordante, camadas argilosas ou de outra natureza. Existem casos de mero preenchimento de fendas, quando a areia provém indubitavelmente de cima. Entretanto, muitos são os casos em que a camada arenosa, de onde partem os diques situa-se abaixo e, neste caso, os diques devem ter sido injetados como *areia fluidificada* em lama saturada de água. Os *diques de preenchimento* tendem a ser regulares (Fig. 6.27A), enquanto os *diques de injeção* acham-se

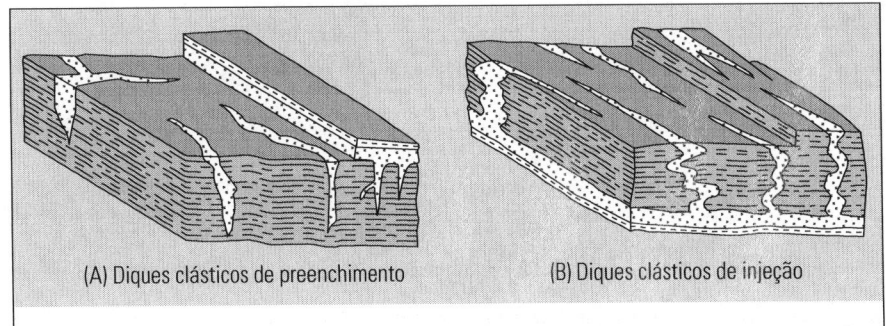

(A) Diques clásticos de preenchimento   (B) Diques clásticos de injeção

FIGURA 6.27 *Diques clásticos* originados por penetração discordante em relação à estratificação, de areia em sedimentos argilosos. Os *diques clásticos de preenchimento* devem resultar de ocupação passiva de fraturas preexistentes por areia (A). Os *diques clásticos de injeção* com *dobras ptigmáticas* requerem uma penetração forçada (injeção) de areia (B).

como, por exemplo, durante *escorregamentos* e *deslizamentos*. As camadas argilosas e arenosas apresentam comportamentos mecânicos distintos, isto é, as argilosas alongam-se e adelgaçam-se localmente, chegando até ao rompimento por injeção de areia. Desta maneira, podem ser originados os *olistólitos* e *olitostromas* (Abbate *et al.*, 1970), que constituem *blocos exóticos* de rochas sedimentares, bastante comuns em *depósitos turbidíticos*.

"*Boudinages*" *sedimentares* e *blocos rompidos* foram reconhecidos por Farjallat (1970) em diamictitos permocarboníferos do Grupo Aquidauana em Mato Grosso do Sul.

4.4.6 Brechas intraformacionais

As *brechas intraformacionais* são estruturas sedimentares penecontemporâneas à sedimentação, que são originadas por vários mecanismos. Em geral, os fragmentos das brechas, que são tipicamente angulosos, resultam da erosão e da deposição internas à bacia de sedimentação. Elas podem representar um estágio mais avançado de *camadas rompidas* (pull apart layers), retrabalhamento de *camadas gretadas*, fragmentos de *colapso por dissolução*, etc. (Fig. 6.28).

Amaral (1971:17) menciona que as *brechas intraformacionais* predominam dentre as estruturas sedimentares devidas à *deformações atectônicas* de calcários dolomíticos da Formação Irati (Permiano da Bacia do Paraná). As brechas aparecem em três níveis no banco basal, na faixa central do Estado de São Paulo e ao norte do Estado do Paraná. Os fragmentos são de calcário branco e a matriz composta de calcário acinzentado muito homogêneo, ambos microscópicos. Os fragmentos exibem tamanhos médios de 1 a 3 cm e formas tabulares, dispondo-se muitas vezes subparalelamente à estratificação, fato que denota pequeno deslocamento do ponto de origem.

Feições semelhantes foram também descritas por Petri & Suguio (1969:27) em calcários dolomíticos do Grupo Açungui (Pré-cambriano) em pedreiras da Empresa Brancal (Itapeva, SP). No caso parecem ter sido formadas penecontemporaneamente à sedimentação por retrabalhamento e remobilização a curta distância. Os contatos com o calcário não-brechado são bruscos e os fragmentos não exibem *estruturas gradacionais*.

Segundo Misi (1978:2551), as *brechas intraformacionais* do Grupo Bambuí, presentes em dolomitos proterozóicos, teriam sido formadas por movimentos tectônicos sinsedimentares locais e acham-se mineralizadas com sulfetos de Pb e Zn na Serra do Ramalho (BA).

FIGURA 6.28 *Brechas intraformacionais*, que representam um estágio mais avançado de *camadas rompidas* (pull-apart beds).
A = *brecha intraformacional* em calcário dolomítico, com fragmentos de cores mais claras dispostos caoticamente e situados entre camadas não-perturbadas. Membro Assistência da Formação Irati (Permiano) da Bacia do Paraná, entre Rio Claro e Piracicaba (SP). Foto de S. E. do Amaral.
B = *brecha intraformacional* composta por fragmentos angulosos de argila (cor escura) em matriz margosa (cor clara) da Formação Tremembé (Terciário) da Bacia de Taubaté, em Tremembé (SP). Foto do autor. Escala da Figura 6. 28A = canivete.

4.4.7 *Prismas de arenito*

Embora não tenham sido citados na literatura internacional, ocorrem *prismas de arenito* comumente com seção basal hexagonal, em diferentes unidades geológicas do Brasil. São bastante semelhantes às feições de *disjunção colunar* que são freqüentes em lavas básicas (basaltos) e ácidas (riólitos), cujas origens são em geral atribuídas à contração por resfriamento.

Os prismas de arenitos foram descritos, pela primeira vez, por Bjornberg *et al.*(1964) na região de São Carlos (SP) e posteriormente observados por Fúlfaro (1970) em Angatuba (SP), em ambos os casos na Formação Botucatu (Triássico-Jurássico da Bacia do Paraná). No caso de Angatuba, essas feições ocorrem nas adjacências de uma intrusão básica, e os prismas dispõem-se perpendicularmente ao contato dessas rochas. O autor teria encontrado tridimita (sílica de alta temperatura, que é estável entre 870 e 1.470°C) no arenito, sugerindo que a origem dos prismas possa ser atribuída à intrusão ígnea. Entretanto, é provável que esta não seja a única origem possível para esta estrutura, que também é encontrada na Bacia do Parnaíba (Fig. 6.29).

Recentemente, Martins-Sallun (1999) descreveu feições semelhantes em arenitos eólicos da Formação Patiño (Cretáceo-Terciário) da borda ocidental da Bacia do Paraná (Paraguai), injetados por diques de nefelinito.

5. Estruturas sedimentares biogênicas primárias

Podem ser consideradas como estruturas biogênicas os *rastros* (ou pegadas) de *vertebrados*, as *pistas de invertebrados*, os *tubos de origem orgânica*, os *coprólitos*, os *estromatólitos*, as *bióstromas* e as *bioermas*. Os animais e plantas, não só deixam vestígios de sua existência pela conservação parcial ou total de suas partes, como também através de vestígios de vários tipos. Grande número de impressões de diferentes naturezas, é deixado pelos seres vivos em fundos arenosos ou lodosos. Geralmente, os vestígios são mais numerosos que as espécies de seres viventes em um determinado nicho, pois um único espécime é capaz de deixar diferentes tipos de impressão. Por outro lado, a probabilidade de preservação deles é maior na lama que na areia que, somente quando úmida, pode haver conservação. Essas e outras evidências deixadas por comunidades de animais e vegetais, que viveram nos ambientes de sedimentação, podem então constituir importantes *parâmetros paleoecológicos*.

Os restos fossilizados de importância sedimentológica foram classificados por Reineck & Singh (1975) nas seguintes categorias:

a) partes duras de esqueletos, tais como conchas, dentes e escamas (mais comumente calcários ou quitinosos);
b) estruturas de bioturbação;
c) matérias excretadas, tais como, as pelotas fecais;
d) matéria orgânica (em geral, carbonosa).

5.1 Partes duras de esqueletos

Comumente as concentrações de conchas e outras partes duras de esqueletos ocorrem em regiões de antigas praias e nos fundos de canais e depressões., onde constituem os chamados *depósitos residuais* (lag deposits). Depósitos deste tipo, formando bancos intercalados em areias marinhas, ocorrem em ambientes de intensa energia de ondas e correntes, concentrando abundantes conchas, como acontece na regiões de Laguna, SC (Caruso Jr. *et al.*, 2000). Outras vezes, as conchas permanecem em *posição de vida* (life position), com as valvas unidas e sem qualquer vestígio de

FIGURA 6.29 *Prismas de arenito* na Formação Ipu do Grupo Serra Grande (Ordoviciano superior a Siluriano) da Bacia do Parnaíba, na Rodovia Fortaleza - Teresina (proximidade do limite entre os Estados do Ceará e Piauí). Foto de F. Pinheiro Filho.

retrabalhamento, como na planície do Porto do Frade (RJ). Neste caso, representaria uma *biocenose,* em associação com outros organismos que viviam juntos.

As investigações de sedimentos modernos de ambientes costeiros revelam, que as concentrações de conchas situadas abaixo da *base das ondas* (wave base) constituem, em geral, *biocenose.* Por outro lado, as associações que ocorrem acima da *base das ondas* representam quase sempre casos de *tanatocenose.* Essas questões foram discutidas por Hertweck (1971, *in* Reineck & Síngh, 1975) em sedimentos litorâneos do Golfo de Gaeta, Itália.

Além desses *processos naturais* de concentração das partes duras de esqueletos, existem outros, como os *processos artificiais* (antrópicos), que levam à construção dos *sambaquis,* que são muito comuns nas planícies costeiras do Sudeste e Sul do Brasil (Martin *et al.*, 1986; Suguio *et al.*, 1992).

Um aspecto ainda pouco explorado, principalmente no Brasil, no estudo das partes duras dos esqueletos relaciona-se à *tafonomia.* Este é um ramo da *paleoecologia* que versa sobre todos os processos que ocorrem desde a morte dos organismos até a descoberta na forma de fósseis. Braquiópodes, lamelibrânquios e restos de outros animais podem estar associados em *posição de vida.* Entretanto, mais freqüentemente foram transportados e sob influência de águas correntes mais ou menos fortes e podem ter 80 a 90% das valvas orientadas com a parte convexa para cima, que representa uma posição hidrodinamicamente mais estável. Na Formação Ponta Grossa (Devoniano da Bacia do Paraná) ocorrem conchas orientadas do gastrópode *Tentaculites,* que permitem obter os sentidos das *paleocorrentes deposicionais* (Fig. 6.30).

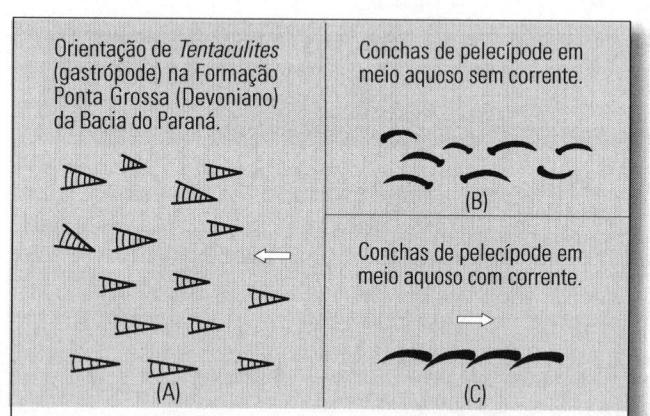

FIGURA 6.30 Posições ocupadas por partes duras de esqueletos (conchas de moluscos) por ação de correntes aquosas. No caso (A), as conchas de *Tentaculites* orientam-se com as extremidades pontiagudas contra as paleocorrentes. Em (B), a orientação das conchas de *moluscos bivalves* não permite obter o sentido, mas somente a direção e, finalmente em (C), as *conchas imbricadas* fornecem o sentido além da direção das paleocorrentes.

5.2 Estruturas de bioturbação

As *estruturas de bioturbação* abrangem feições produzidas pelas atividades, em vida, dos animais (*zooturbação*) e plantas (*fitoturbação*) no interior ou nas superfícies dos depósitos sedimentares. No caso dos animais, as *estruturas de bioturbação* são atribuídas a seres bentônicos, tanto os viventes no interior dos sedimentos (*infauna*) como os superficiais (*epifauna*). Comumente, a bioturbação causa destruição parcial ou total das estruturas sedimentares inorgânicas primárias.

Os sedimentos do fundo submarino são perturbados com a deformação dos acamamentos (ou estratificações) e outras feições.

Portanto, os sedimentos bioturbados podem ser reconhecidos pela ausência ou pela destruição parcial do acamamento, adquirindo comumente um aspecto manchado (*mosqueado*). Atividade biológica pode levar à completa mistura de sedimentos formados pela alternância de areia e argila, ocasionando o surgimento de distribuição irregular de manchas arenosas e argilosas.

Segundo Schäfer (1972), as estruturas de bioturbação podem ser divididas, grosso modo, em dois grandes grupos:

a) *estrutura de bioturbação deformativa* e
b) *estrutura de bioturbação figurativa.*

O primeiro grupo compreende as estuturas sem forma definida, que se apresentam como manchas de formas irregulares, devidas a diferenças de granulação e/ou coloração, etc. O segundo tipo abrange as estruturas de formas reconhecíveis, tais como os tubos. Verifica-se, na pratica, que o tipo deformativo é muito mais abundante que o figurativo, pois a morfologia dos *fósseis-traço* (trace fossils) é, em geral, mais acentuadamente controlada pelo comportamento em vida que pelas características morfológicas dos próprios animais. Esta também é a razão porque *fósseis-traço* semelhantes podem ser produzidos por animais sem quaisquer relações taxonômicas.

Moore & Scruton (1957) estabeleceram uma escala qualitativa para diferenciar os vários graus de *bioturbação deformativa* e as suas relações com as *microestruturas sedimentares* reconhecendo as seguintes variedades: camadas regulares, camadas irregulares, mosqueadas distintas, mosqueadas indistintas e depósitos homogêneos. Esta seqüência estaria relacionada à influência crescente de atividades biológicas na transformação das *estruturas sedimentares hidrodinâmicas* (Figs. 6.31 e 6.32). Os fósseis-traço também podem fornecer informação sobre a *taxa* (ou *razão*) *de sedimentação,* pois os sedimentos submetidos a constantes retrabalhamentos por processos físicos, tais como, as areias de praias e os sedimentos depositados muito rapidamente contêm poucas estruturas de bioturbação.

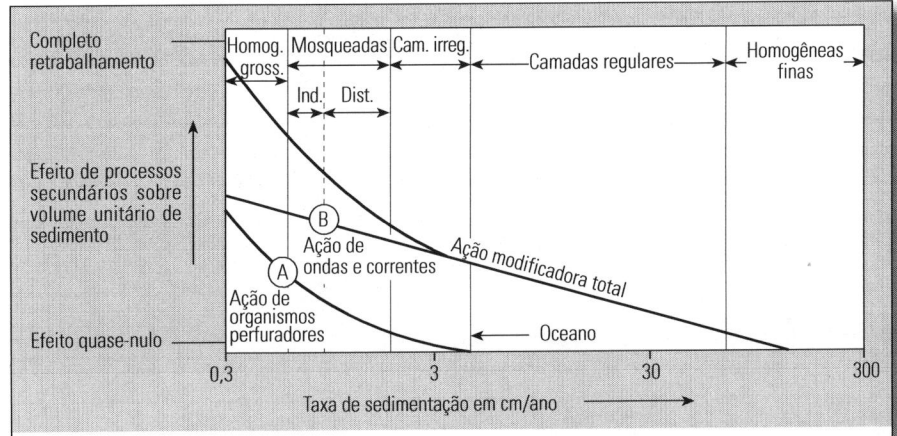

Figura 6.31 Gráfico semiquantitativo, mostrando as modificações das *estruturas sedimentares primárias* de sedimentos marinhos costeiros por ação de *organismos perfuradores*, somadas à atividade de ondas e correntes litorâneas. Note-se que quanto menor for a *taxa de sedimentação*, maior é o efeito das modificações introduzidas por *organismos perfuradores*, bem como pelas ondas e correntes litorâneas (segundo Moore & Scruton,1957).

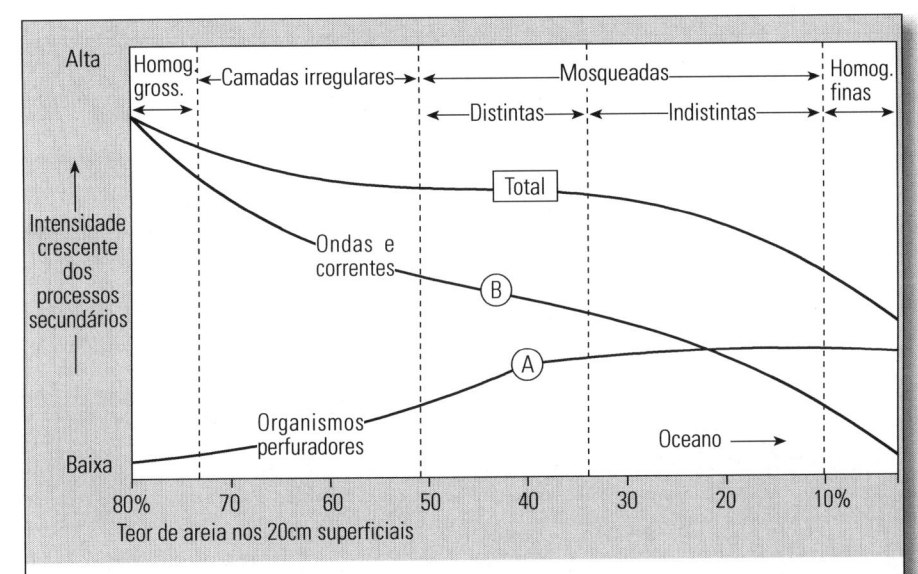

Figura 6.32 Gráfico semiquantitativo mostrando as modificações, nos 20 cm do topo, das *estruturas sedimentares* dos depósitos marinhos do delta do Rio Mississippi (Golfo do México, EUA), por ação de *organismos perfuradores* e atividades de ondas e correntes litorâneas. Note-se que as *estruturas homogêneas grossas* são originadas pela ação de ondas e correntes (locais de maior energia) e as *estruturas homogêneas finas* são caracterizadas pela ação de *organismos perfuradores* (locais de menor energia) segundo Moore & Scruton (1957).

As *estruturas biogênicas* compreendendo pistas, pegadas, tubos e perfurações são coletivamente designadas de *fósseis-traço* (trace fossils) ou *icnofósseis* (ichnofossils), Fig. 6.33. O seu estudo é chamado de *icnologia* em sedimentos modernos e de *paleoicnologia* em sedimentos antigos.

Segundo Seilacher (1964 e 1967), os *icnofósseis* podem ser estudados sob três pontos de vista: taxonô-

mico, ecológico e estratonômico. O *estudo taxonômico* é muito difícil porque quase sempre não se conhece o agente que produziu o *fóssil-traço*. O *estudo ecológico*, principalmente o *paleoecológico*, é prioritário. O *aspecto estratonômico* (posição dentro das camadas) é às vezes útil, mas afasta-se do enfoque biológico.

As características morfológicas dos *icnofósseis*, descritas em detalhe, permitem estabelecer o gênero e a espécie. Um dos princípios básicos na análise desses fósseis é que *icnogêneros* semelhantes podem ser atribuídos a diferentes organismos. Neste tipo de estudo, a forma da pista ou do traço é muito mais importante que o agente causador. Em geral, eles têm sido classificados com base em *fatores ecológicos*, isto é, segundo as atividades desenvolvidas (Seilacher, 1964), ou de acordo com o *esquema topológico*, isto é, segundo as relações entre os fósseis e as camadas adjacentes (Martinsson, 1965), Fig. 6. 34.

Na Tabela 19 tem-se, lado a lado, a classificação interpretativa de Seilacher e o esquema descritivo de Martinsson. No esquema de Martinsson, o *tubo de morada* (domícnia), é indistinto do *tubo de alimentação* (fodinícnia).

O aspecto mais importante do estudo de *fósseis-traço* é a possibilidade de sua aplicação na *interpretação paleoambiental*, isto é, nos *estudos paleoecológicos*. Portanto, embora alguns icnofósseis sejam também empregados na definição de *zonas paleontológicas* (*icnozonas*), são especialmente importantes ao sedimentólogo como *indicadores paleoambientais*, através da definição das *icnofácies* (associação de icnofósseis característicos).

Seilacher (1964 e 1967) tentou utilizar os *fósseis-traço* como *indicadores paleoambientais* por ter constatado uma correlação entre as *icnofácies* e as *profundidades pretéritas* (*paleobatimetrias*) de águas. Por exemplo, os *organismos perfuradores* são comuns em ambientes marinhos mais rasos, onde vivem em furos verticais de cerca de 0,30 m de profundidade para escapar às fortes flutuações de temperatura e salinidade fre-

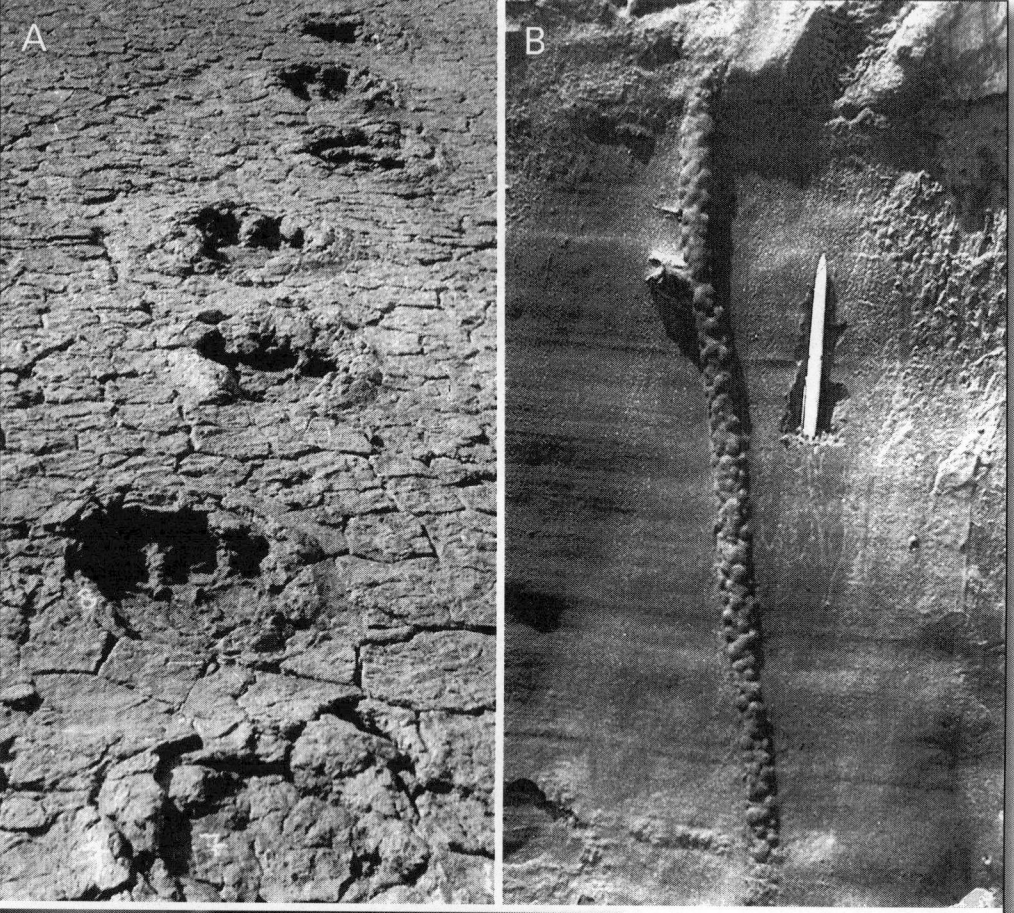

Figura 6.33 Alguns tipos representativos de *fósseis-traço* (icnofósseis) indicativos de diversos ambientes de sedimentação

A = pegadas do dinossauro *Sousaichnium pricei* G. Leon, 1976 (Iguanodontidae) da Formação Sousa (Cretáceo), Passagem das Pedras (PB). Foto de G. Leonardi. Sem escala.

B = tubo de *Callichirus major* que é mais freqüente em arenitos marinhos rasos da Formação Cananéia (Pleistoceno superior) de Cananéia (SP). Foto do autor. Escala: caneta esferográfica.

C = impressão de repouso (cubícnia) do gênero *Asteriacites sp.* da Formação Inajá (Devoniano) da Bacia de Jatobá em Petrolândia (PE). Foto de V. A. Campanha. Sem escala.

TABELA 19 Nomenclatura de alguns tipos principais de fósseis-traço

Baseada na atividade (Seilacher, 1964)	Baseada na topologia (Martinsson, 1965)
Repícnia: Tubo de rastejo Domícnia: Tubo de morada Fodinícnia: Tubo de alimentação	Endícnia e exícnia
Pascícnia: Pista de alimentação Cubícnia: Pista de repouso	Epícnia e hipícnia

qüentes nesses ambientes. Entre outros trabalhos que relacionam os *icnofácies* aos *paleoambientes deposicionais*, têm-se os de Rodriguez & Gutschick (1970) e Heckel (1972).

Campanha & Mabesoone (1974:221-235) verificaram a presença de *bióglifos* e *estruturas de bioturbação* no Membro Picos da Formação Pimenteiras (Devoniano da Bacia do Parnaíba) que, juntamente outros parâmetros, foram úteis na *reconstituição paleoecológica* daquela unidade litoestratigráfica.

Na Formação Maria Farinha (Paleoceno da Bacia Pernambuco-Paraíba), Beurlen (1959) menciona a ocor-

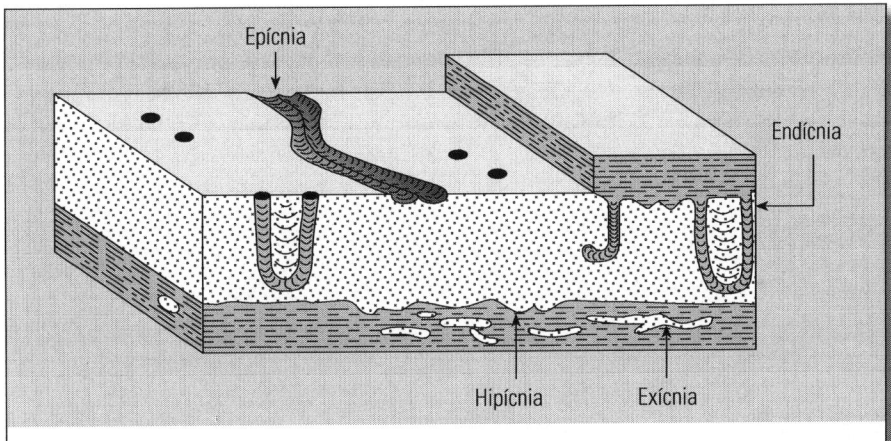

Figura 6.34   Representação esquemática da nomenclatura toponômica de *fósseis-traço* (ou *icnofósseis*), conforme o meio principal de preservação ou moldagem (Martinsson,1965).

rência de *tubos orgânicos* atribuíveis aos calianassídeos. Segundo Muniz & Ramires (1977), os *icnofósseis* predominantes nesta unidade são preenchimentos de escavações de galerias de crustáceos, equinóides e moluscos.

Nos ritmitos neopaleozóicos da Bacia do Paraná. têm sido encontradas próximo a Itu (SP), evidências de *bióglifos* representadas principalmente por *pistas de invertebrados* que já foram citados em muitos trabalhos, mas que carecem de pesquisas mais detalhadas.

5.3   Pelotas fecais

As *pelotas fecais* atribuíveis a excrementos de invertebrados, são comuns nos sedimentos, conforme estudos de depósitos modernos, tanto de planícies de maré quanto de ambientes marinhos rasos e profundos (Van Straaten, 1954a, b; Reineck, 1972).

Esses materiais são resíduos expelidos pelos moluscos, cracas e copépodos que se alimentam filtrando os sólidos em suspensão na água. Eles são capazes de separar partículas de 1 μm a cerca de 50 μm, eliminando os detritos na forma de *pelotas fecais*, que variam de comprimento em torno de algumas dezenas de mícrons até aproximadamente 3 mm (Haven & Morales-Alamo, 1972).

Comumente, as *pelotas fecais* são transportadas para fora dos locais de origem por agentes orgânicos ou inorgânicos. Deste modo, podem ser depositadas em calhas de marcas onduladas ou mesmo distribuídas continuamente por superfícies de fundo subaquosas.

As *pelotas fecais* e agregados similares produzidos por organismos invertebrados não são compostos somente por sólidos em suspensão. Além disso, não são exclusivos de ambientes marinhos, pois foram encontrados também em água doce, produzidos principalmente por gastrópodes. Segundo pesquisas realizadas por Johnson (1974), em baías próximas ao Cabo Cod (Estados Unidos), a agre-gação de sedimentos por esses organismos, produzindo *pelotas fecais*, modifica bastante as características físicas dos sedimentos superficiais do fundo submarino atual.

5.4   Outras estruturas biogênicas

Entre outras estruturas biogênicas tem-se feições essencialmente bioconstruídas, cujo arcabouço é formado por *organismos sedentários*. De acordo com as morfologias externas e/ou estruturas internas, podem ser reconhecidas várias estruturas biogênicas que, por vezes, assumem grande importância na explicação da gênese de muitos carbonatos (calcários e dolomitos). Muitos afloramentos carboníferos com espessuras e extensões consideráveis são compostos exclusivamente de *corais* ou de *estromatólitos*.

5.4.1   Bióstroma

O termo *bióstroma*, proposto por Cumings (1932), serve para designar leitos (camadas) de concentração de restos de *organismos sedentários* como, por exemplo, bancos de ostras, mexilhões, corais e crinóides. No Paleozóico são comuns bancos de braquiópodes e crinóides e, no Carbonífero e Permiano, existem *bióstromas* compostas, essencialmente, pelo foraminífero da família Fusulinidae.

5.4.2   Bioerma

A palavra *bioerma* empregada para feições semelhantes a *recifes* em forma de elevações (montículos ou lentes) de composição essencialmente orgânica e de origem marinha, encaixadas em rochas sedimentares de litologias diferentes. A *bioerma* geralmente forma um *recife* (obstáculo perigoso navegação), mas nem todo recife é uma *bioerma* (composição orgânica).

Muitos calcários e dolomitos pré-cambrianos, produzidos predominantemente por algas, formam verdadeiras *bioermas* sem qualquer estratificação visível. As formas das *bioermas* são mais comumente lenticulares, mas podem tender para formas dômicas e exibem alta resistência ao intemperismo e erosão, sobressaindo em elevações.

5.4.3   Estromatólito

O *estromatólito* é formado por massa rochosa carbonática com formas dômica, colunar ou hemisférica, que é atribuída à atividade de *algas azuis* (fotossintetizadoras). A sua estrutura interna revela lâminas concêntricas e curvas, com as convexidades voltadas para cima. Essas lâminas são formadas pela retenção de *lama calcária* (lime mud) por *tapetes algálicos* (algal mats) de cianofíceas. A sua textura microscópica não mostra senão cristais de calcita fina (micrito). O *estromatólito* possui tamanhos variáveis, desde alguns centímetros até algumas dezenas de metros.

Logan *et al.* (1964) mostraram que as formas do *estromatólito* dependem das *condições paleoambientais* e desenvolve-se, de preferência na região litorânea, na zona intermarés. Costuma ocorrer em carbonatos de várias idades, embora seja especialmente comum no Pré-cambriano e no Paleozóico.

No Brasil ocorrem estromatólitos pré-cambrianos como nos grupos Açungui (PR e SP), Bambuí (MG e BA) e Una (BA), além de paleozóicos como nas formações Corumbataí, SP (Fairchild *et al.*, 2000) e Pedra de Fogo (MA e GO), e até quaternários (Lagoa Salgada no delta do Rio Paraíba do Sul, RJ).

6. Estruturas sedimentares químicas

Embora existam algumas estruturas sedimentares químicas de *origem singenética* (*primária*), elas são mais características de *origem secundária* por resultarem, na maioria das vezes, da *diagênese dos sedimentos*. Sabe-se que as composições química e mineralógica dos sedimentos podem ser modificadas, em maior ou menor intensidade durante a diagênese, às vezes com completa obliteração das feições primárias.

Algumas das principais estruturas sedimentares químicas são concreções (ou nódulos), estilólitos, cones-em-cones e septárias.

6.1 Concreções (ou nódulos)

As concreções ou nódulos são corpos de tamanhos e formas variáveis, originados pela concentração local de substâncias químicas diversas no interior de um sedimento clástico comumente em torno de um *núcleo* (*germe de cristalização*). Distinguem-se dos seixos porque não são corpos que sofreram transporte, mas foram formados no interior da *rocha hospedeira* ou *rocha encaixante*. Em geral, são mais resistentes ao intemperismo que a *rocha hospedeira*, se bem que isso dependa das composições químicas da concreção e da rocha encaixante.

Ainda que muitos autores empreguem indistintamente os termos *concreção* e *nódulo*, praticamente como sinônimos, outros estabelecem distinção. Segundo Pettijohn (1957), as concreções são normalmente esféricas, enquanto os nódulos podem ser mais irregulares e, por vezes, sem contatos muito nítidos com a *rocha hospedeira*.

Os tamanhos das concreções são variáveis, de dimensões de pequenas esferas de alguns milímetros (Fig. 6.35) a corpos esferoidais de alguns metros de diâmetro. As pequenas concreções com diâmetros até 2 mm e até 4 mm recebem comumente as designações de *oólito* e *pisólito*, respectivamente.

As formas elipsoidal e discoidal podem ser singenéticas ou resultantes de processos de compressão pelos sedimentos superpostos. As concreções ou nódulos de pirita, marcassita e óxidos de ferro podem exibir formas cilíndricas. As concreções mais irregulares podem resultar da coalescência de concreções ou mesmo podem estar ligadas à fase de crescimento.

Entre as *concreções* mais comuns, em termos de composição mineralógica, tem-se as calcíticas e as silicosas (Fig. 6.36). Uma das mais interessantes concreções silicosas (sílex) ocorre na Formação Irati (Permiano da Bacia do Paraná), que foram descritas por Amaral (1971), nas pedreiras de calcário dolomítico entre Piracicaba e Rio Claro (SP). Essas concreções são normalmente centimétricas e encontram-se em solos avermelhados, derivados do intemperismo de rochas dolomíticas da Formação Irati e prestam-se para distinguir esses solos da "terra roxa" originada do intemperismo dos basaltos. Além das composições mineralógicas supracitadas, podem ser encontradas concreções de pirita, marcassita,

Figura 6.35 Calcário oolítico esférico exibindo a estrutura interna concêntrica e os núcleos (germes de cristalização de grãos de quartzo) da Bacia de Itaboraí (Terciário inferior) do Estado do Rio de Janeiro. Foto do autor. Escala centimétrica.

Figura 6.36
Concreções de diferentes formas e composições (Fotos do autor)
A = nódulos calcários alongados do Membro Serra Alta da Formação Estrada Nova (Permotriássico da Bacia do Paraná), km 75 da Rodovia BR-277 (Ponta Grossa, PR). Escala: martelo de geólogo.

B = nódulos calcários botrioidais acompanhando as camadas da Formação Areado (Cretáceo inferior da Bacia do São Francisco) em São Gonçalo do Abaeté (MG). Fotos do autor. Escala: caneta esferográfica.

C= concreção silicosa (calcedônia) esférica em calcário oolítico do Membro Teresina (Permotriássico da Bacia do Paraná) em Taguaí (SP). Note-se a estratificação do calcário estendendo-se até a concreção. A concreção também é oolítica, conforme os estudos microscópicos. Escala: caneta esferográfica.

D = nódulos silicosos (flint preto) contidos em calcário "tipo giz" do Cretáceo da Inglaterra. (Claydon Chalk Pit, East Anglia). Fotos do autor. Escala: livreto-guia de excursão geológica.

siderita, barita, fosforita, gipsita, etc. Em folhelhos pretos a cinzentos, de ambientes redutores, como os do Membro Jaguariaíva da Formação Ponta Grossa (Eodevoniano da Bacia do Paraná) foram mencionadas *concreções sideríticas* de cor púrpura, que se distribuem ao longo de toda a seqüência (Lange & Petri, 1967:23).

As composições química e mineralógica, os tamanhos e as formas, além das disposições no interior da rocha hospedeira, podem ser empregados como critérios na distinção entre as *concreções singenéticas* (ou *primárias*) e *epigenéticas* (ou *secundárias*). Comumente os planos de estratificação da rocha hospedeira continuam no interior das concreções, indicando que esses corpos são pós-deposicionais (Fig. 6.36C). Esta é a situação encontrada em concreções silicosas esféricas dos calcários oolíticos da Formação Estrada Nova em Taguaí (SP). Os estudos de Suguio *et al.* (1974b) mostraram que, além do fato acima, a estrutura oolítica do calcário da rocha hospedeira ocorre também no interior das concreções, comprovando a sua origem epigenética.

Segundo Amaral (1971), a profusão de grãos de pólen e esporo no interior dos nódulos, vulgarmente conhecidos como "bonecas do Irati", constitui uma clara evidência de sua *origem singenética*. Outro caso de *concreção singenética* é representado pelos ictiólitos (concreções contendo fósseis de peixes) do Cretáceo da Bacia de Araripe (CE). A decomposição das partes moles dos peixes, em ambiente anaeróbio, deve ter causado a liberação e concentração local da amônia (NH_4OH), que teria alcalinizado o meio propiciando a precipitação do $CaCO_3$ e originando as concreções (Fig. 6.37). Contrariamente, embora ocorram muitos dentes e escamas de peixes, praticamente inexistem peixes fósseis bem preservados na Formação Corumbataí (Permotriássico da Bacia do Paraná), provavelmente em função da inexistência de condições paleoambientais propícias à formação de *ictiólitos*.

Outro caso espetacular de *concreções singenéticas* é dos *nódulos polimetálicos*, erroneamente denominados também de *nódulos de manganês*, pois este é apenas um dos metais presentes nesses nódulos. Eles estão em formação nas superfícies dos fundos submarinos atuais, principalmente no oceano Pacífico. Bonatti & Nayudu (1965) estudaram a origem desses nódulos e concluíram que existe uma íntima relação entre esses materiais e os produtos de emanações vulcânicas submarinas.

Embora existam diferentes critérios úteis na distinção entre concreções ou nódulos singenéticos e epigenéticos, nem sempre se consegue encontrar evidências mais seguras sobre esta questão.

6.2 Estilólitos

Este é um termo usado para designar uma *estrutura de dissolução*, que se desenvolve em geral sobre rochas calcárias, exibindo feições de colunas cilíndricas ou piramidais verticalmente estriadas, que se interpenetram. Em seção perpendicular ao acamamento, imitam traçados irregulares feitos por um estilete, vindo daí o seu nome (Fig. 6.38).

As colunas possuem comprimentos de 1 mm a mais de 30 cm, sendo mais comuns as de 2 a 10 cm. Os comprimentos das faixas de estilólitos apresentam uma relação de proporcionalidade com as alturas das colunas. Por outro lado, podem estar presentes associações de estruturas estilolíticas de diferentes dimensões.

As "cintas" (ou faixas estilolíticas) dispõem-se, na maioria das vezes, paralelamente às estratificações embora ocorram casos em que, segundo Shrock (1948), não seguem as camadas (Fig. 6.39). Em A, tem-se a situação mais comum de disposição paralela ao acamamento. Em B, as colunas são verticais e a "cinta" estilolítica é horizontal, mas a estratificação é inclinada. Em C, ambas são inclinadas, embora as colunas sejam verticais. Em D, a "cinta" estilolítica e as estratificações são inclinadas e as colunas são perpendiculares às camadas. São relatados casos de interseções de "cintas" estilolíticas, bem como de conchas e oólitos cortados por estilólitos, sugerindo uma *origem epigenética*. Porém, as opi-

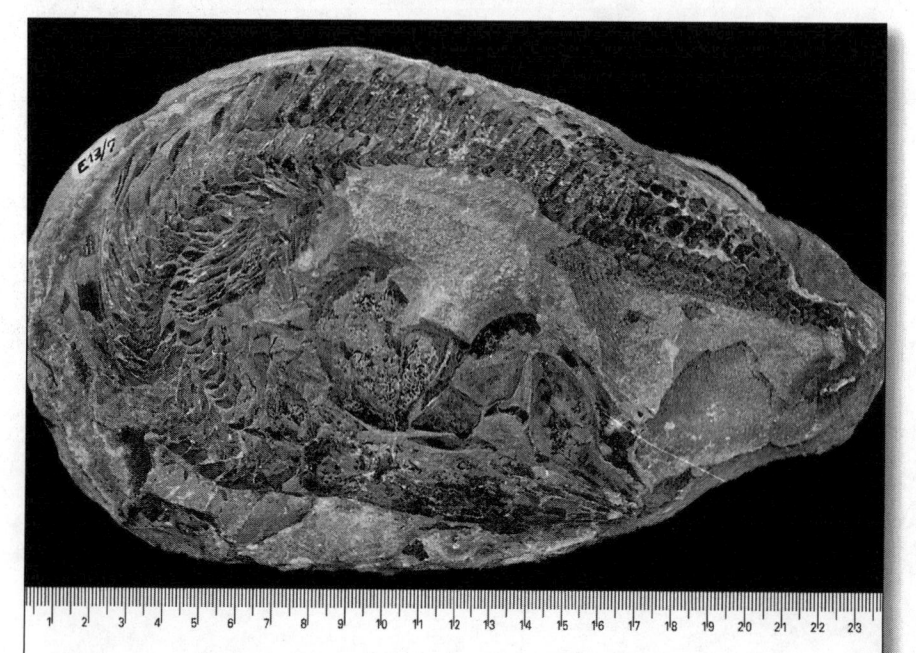

Figura 6.37 Nódulo calcário contendo peixe fóssil (ictiólito) onde a preservação perfeita da estrutura do animal é sugestiva de origem singenética do nódulo. Formação Santana (Cretáceo) da Bacia de Araripe (CE). Foto do autor. Escala centimétrica.

Figura 6.38 Estrutura estilolítica em calcário, quando vista em perfil. Em geral, acredita-se que, ao longo desta superfície irregular de descontinuidade, tenha ocorrido dissolução considerável de material. Formação Itaituba (Carbonífero da Bacia Amazônica) de Itaituba, AM. Foto do autor. Escala centimétrica.

niões divergem quanto à época exata de formação dos estilólitos. Para uns, seria epigenética e formada em

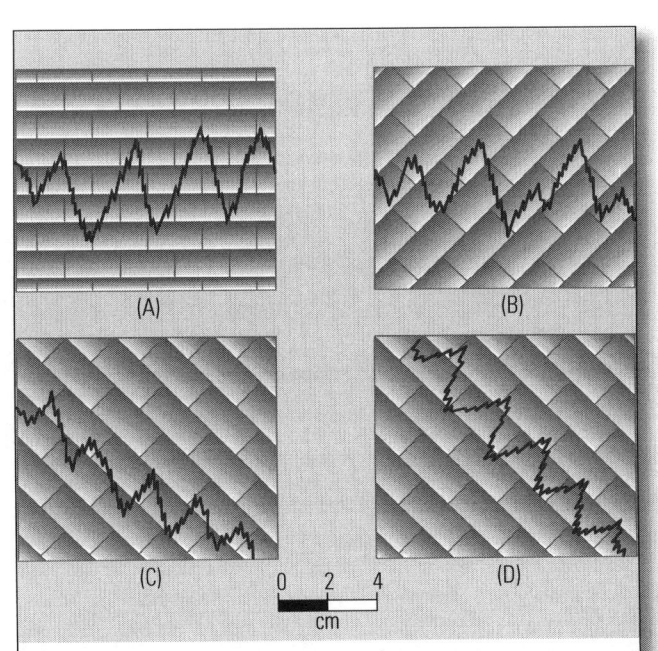

Figura 6.39 Relações entre as disposições das "cintas estilolíticas" e as *estratificações* em rochas calcárias. Em A e D, as "cintas estilolíticas" são paralelas e em B e C são discordantes às *estratificações*. Em geral, elas são formadas com o arranjo espacial perpendicular aos esforços e, dessa maneira, havendo "cintas estilolíticas" em várias direções, pode-se estabelecer as *idades relativas* dessas feições (segundo Shrock, 1948).

rocha já litificada, enquanto para outros seria secundária, porém estaria relacionada a sedimentos recém-depositados de litificação ainda incipiente.

Embora os estilólitos sejam mais comuns em calcários podem ocorrer também em quartzitos e em algumas rochas ígneas (Golding & Conolly, 1962). As *pressões de dissolução* produzem, ora cones-em-cones e ora estilólitos, talvez em função das diferenças de textura dos calcários. Em calcários com calcita fibrosa seriam originados *cones-em-cones* e em calcários com grãos caoticamente distribuídos seriam formados *estilólitos*. Em ambas as situações, estão presentes filmes argilosos, sugerindo suas relações genéticas com esse tipo de material. De acordo com Thomson (1959), o mecanismo de dissolução da sílica para formar estilólitos envolveria a *argila intersticial*, que liberaria K para as soluções percolantes, aumentando em conseqüência o pH e promovendo a dissolução.

Stockdale (1922) mostrou que a espessura do *filme argiloso* é diretamente proporcional às alturas das colunas dos estilólitos e inversamente proporcional ao grau de pureza do calcário. Deste modo, segundo este autor, a argila seria proveniente da dissolução do calcário, onde estaria presente como *fração insolúvel*.

Os estilólitos não constituem uma curiosidade científica, mas são importantes em estudos estratigráficos, pois, segundo Weller (1960), algumas formações carbonáticas tiveram as suas espessuras originais reduzidas em 25% ou mais. Neste processo, haveria dissolução considerável (30 a 40%) de material, levando à diminuição do volume inicial do calcário. Com isso, haveria incrementos de porosidade e permeabilidade das rochas calcárias, modificando as suas propriedades como *rochas-reservatório* de hidrocarbonetos e água.

No Brasil, além dos calcários do Grupo Itaituba (Carbonífero da Bacia Amazônica), ocorrem estilólitos na Formação Estrada Nova (Permotriássico da Bacia do Paraná) e em calcários cretácicos do Nordeste. Nos calcários dolomíticos do Membro Assistência da Formação Irati (Permiano da Bacia do Paraná) Petri & Suguio (1970) descreveram a presença de *microestilólitos*.

6.3 Cones-em-cones

Essas estruturas são também mais freqüentes em calcários, onde se acham constituídos de conjuntos de cones invertidos concêntricos e isoaxiais encaixados um no outro, embora possa ocorrer um único cone isolado. As zonas ou faixas que exibem essas feições formam lentes, cujas espessuras raramente são superiores a cerca 10 cm, podendo aparecer também nas vizinhanças de *concreções*.

Os ângulos dos ápices dos cones variam comumente entre 30 a 60°, se bem que possam ocorrer ângulos maiores ou menores, Os diâmetros das bases dos cones correspondem geralmente a cerca de metade dos seus comprimentos, embora essas relações também não sejam fixas. As alturas dos cones variam de 1 a 200 mm, sendo mais comuns de 10 a 100 mm. Em geral, os cones integrantes de uma zona exibem pouca variação nos tamanhos.

As paredes dos cones são compostas de *cristais fibrosos*, orientados paralelamente ao apótema do cone. Esse hábito cristalino faz com que as superfícies fiquem ornamentadas por finas estrias que se irradiam do ápice. As cristas e depressões dessas estrias são maiores nas porções basais e diminuem gradualmente rumo aos ápices. De maneira, semelhante aos *estilólitos*, os *cones-em-cones* são também comumente separados entre si por delgados *filmes argilosos*.

Os estudiosos concordam que a pressão desempenha um papel muito importante na origem desta estrutura. Além disso, durante a formação parece ocorrer movimentação dos cones entre si, fato esse sugerido por *espelhos de atrito* e *estrias* nas superfícies dos cones e pela interpenetração dos cones internos e externos. Esses movimentos podem ser atribuídos à *sobrecarga sedimentar*, sendo favorecidos pela presença de argila e devem ser acompanhados por dissolução de materiais ao longo desses planos. A pressão que causou a formação dessas feições deve ser atribuída ao peso dos sedimentos superpostos, conforme as seguintes evidências:

a) a grande maioria dos *cones-em-cones* ocorrem em camadas horizontais ou quase-horizontais;

b) os cones dispõem-se predominantemente nos topos das camadas, com as bases dirigidas para cima, porém alguns cones menores podem estar presentes nas porções basais das camadas com as bases apontadas para baixo;

c) os cones mais perfeitos possuem ângulos apicais que se aproximam dos ideais, desenvolvidos em calcita por pancadas bruscas.

Geralmente, estas estruturas ocorrem em calcários mais ou menos argilosos, mas podem também estar presentes em dolomitos ou em *folhelhos calcíferos*. Conhecem-se exemplos dessas estruturas em carvão do Carbonífero da Inglaterra e em gipsita do Cretáceo dos Estados Unidos.

No Brasil, conhecem-se *cones-em-cones* em calcários de Corumbá (MS), de idades pré-cambriana ou eopaleozóica

(Almeida, 1945). Foram também encontradas em *concreções carbonáticas* do Grupo Aquidauana do Permocarbonífero de Mato Grosso do Sul (Farjallat,1970) e em nódulos carbonáticos do Permotriássico da Bacia do Paraná (Mendes,1962; Landim, 1966).

6.4 Septárias

As *septárias* são variedades de *concreções* ou *nódulos* densamente recortados por fendas radiais, mais largas para o centro e mais estreitas nas extremidades, lembrando as ornamentações encontradas no plastrão das tartarugas. As fendas radiais são comumente recortadas por gretas concêntricas.

Essas rachaduras são preenchidas por cristais de calcita e, mais raramente, pirita, barita, galena, calcopirita, etc. (Figura 6. 40).

A origem das fendas das *septárias* tem sido atribuída à contração do material do interior das *concreções*. Outros consideram como resultantes da expansão da parte externa. Segundo a explicação mais aceita, postula-se a existência inicial de uma *concreção* com o centro em estado coloidal, que se transforma gradualmente em substância cristalina sólida, quando ocorre a contração acompanhada de fraturamento. Em fase subseqüente, as paredes das fendas são forçadas pelo crescimento de minerais, que acabam alargando as fraturas originalmente estreitas. A freqüências com que as *septárias* são encontradas em *concreções* mais argilosas poderia ser explicada por serem as argilas originadas, em grande parte de colóides, que seriam ativos no mecanismo supracitado. Quando os materiais de preenchimento das

Figura 6.40 Feições gerais de uma *septária*, com as fendas preenchidas por calcita, definindo septos poligonais. O nódulo é composto de uma marga. A procedência é desconhecida. Foto do autor. Escala centimétrica.

fendas forem mais resistentes que as próprias concre-ções, essas podem ser dissolvidas restando apenas os materiais de preenchimento das fendas.

As *septárias* são estruturas comuns em sedimentos mesozóicos e paleozóicos do mundo inteiro. No Brasil, já foram encontradas no Cretáceo de Sergipe (Bacia Sergipe - Alagoas) e do Ceará (Bacia de Araripe) e no Permiano do Rio Grande do Sul.

7. As paleocorrentes deposicionais e as estruturas vetoriais

As *estruturas vetoriais* são caracterizadas pela polaridade ligada a sua origem, isto é, podem fornecer os sentidos de fluxo das *paleocorrentes deposicionais*. O significado desses estudos é por demais óbvio, pois as *paleocorrentes deposicionais* são imprescindíveis na *reconstituição paleogeográfica* de uma bacia sedimen-tar. Por exemplo, foi por meio das medidas de estruturas sedimentares vetoriais, principalmente das estratifica-ções cruzadas, que Silva (1966) chegou à conclusão de que a Formação Sergi do Jurássico superior da Bacia do Recôncavo (BA) apresenta uma reversão nas orientação das *paleocorrentes deposicionais*, atribuída pelo autor ao fenômeno de basculamento tectônico. As paleocor-rentes fluíram inicialmente para NNO e posteriormente para SSO.

Nem sempre as *paleocorrentes deposicionais*, mesmo as aquosas seguiram os *paleodeclives*, situação que pode ser exemplificada por *correntes de deriva litorânea* em zonas costeiras. Bigarella *et al.*, (1961 e 1966) realizaram 2.839 medidas de rumos de mergu-lhos de camadas frontais de estratificações cruzadas da Formação Furnas (Devoniano da Bacia do Paraná) nos estados de Paraná e São Paulo. Na porção inferior, as pa-leocorrentes predominantes dirigiam-se para OSO, isto é, do continente para a bacia de sedimentação. Na por-ção superior, dirigiam-se para SSO, isto é, dispunham-se paralelamente à costa, indicando a origem litorânea da unidade na sua parte superior.

Os estudos de *paleocorrentes deposicionais*, por meio das estruturas sedimentares vetoriais, envolvem um mapeamento sistemático dessas feições. Excetuan-do-se o trabalho pioneiro de Ruedemann (1897), este tipo de trabalho começou a ser executado principalmen-te nos últimos 40 anos (Potter & Pettijohn, 1963).

7.1 As estruturas vetoriais

As principais estruturas vetoriais são de naturezas *interestratal* (pré-deposicionais) ou *intraestratal* (sin-deposicionais) e podem ser classificadas como singené-ticas e inorgânicas, incluindo-se entre elas as *estratifi-*

cações cruzadas, as *laminações cruzadas*, as *marcas onduladas assimétricas*, os *turboglifos*, as *marcas de sulcos*, etc.

Em condições favoráveis, algumas *estruturas bio-gênicas* (fósseis-traço), *estruturas pós-deposicionais* e mesmo *propriedades texturais* (granulometria e grau de arredondamento) que, em geral, são *propriedades escalares* podem fornecer indicações sobre *paleocor-rentes* e/ou *paleodeclives deposicionais*.

7.1.1 A coleta de dados de estruturas vetoriais

As medidas de orientação de *estruturas vetoriais* como, por exemplo, *estratificações cruzadas* devem ser executadas com muito cuidado. Idealmente, deve ser realizado um mapeamento regional, com os pontos de amostragem a intervalos mais ou menos regulares. Entretanto, na prática, este procedimento é limitado pelas dificuldades de acesso, falta de afloramentos ou de tempo e de localização dos pontos de amostragem. Nos últimos tempos, pelo menos a localização dos pon-tos de amostragem não constitui um óbice maior, pela facilidade de aquisição e utilização do SPG (Sistema de Posicionamento Global), que fornece as coordenadas geográficas com suficiente precisão e com rapidez.

As estações de amostragem são comumente cons-tituídas de escarpas (ou falésias) naturais, barrancos de rios, pedreiras, cortes de ferrovias e rodovias, etc. Como, quase sempre, os estudos de *paleocorrentes deposicio-nais* devem ser integrados a outros dados, cada estação de medida de estruturas vetoriais deverá ser também um sítio de observações e descrições detalhadas das *relações estratigráficas*, *litológicas*, *faciológicas* e *paleontológicas*.

As orientações correspondem às medidas de *direção* e *mergulho* de *estruturas planares* (camadas frontais de estratificações cruzadas) ou direção do eixo e respec-tivo mergulho em *estruturas lineares* (estrias glaciais). Simultaneamente devem ser anotados detalhes sobre as dimensões e as litologias das estruturas medidas.

No caso de *camadas frontais de estratificações cruzadas*, deve-se procurar medir diretamente as *ati-tudes dos planos* e não das linhas do traço, definidas pela interseção do plano de estratificações cruzada com o plano de corte do afloramento. Sem a visão tridimen-sional é muitas vezes difícil obter as medidas corretas das atitudes desses planos. Para simplificar esta ope-ração, que nem sempre é muito fácil, Bigarella & Sala-muni (1958) idealizaram um equipamento baseado no princípio, de que três pontos não alinhados definem um plano, que corresponde ao da camada frontal que deve ser medido.

O número de leituras necessário para cada estação de amostragem depende de vários fatores geológicos e constitui um assunto assaz controvertido. Em geral, este número acaba sendo limitado pelas dimensões do afloramento e pela freqüência de aparecimento dessas estruturas sedimentares. As discussões estatísticas sobre as amostragens são apresentadas por Miller & Kahn (1962) e Krumbein & Graybill (1965). Entretanto, como regra geral, em sistemas de *estratificações cruzadas unipolares* como em depósitos aluviais, 25 medidas devem ser suficientes para se definir o vetor médio com precisão de aproximadamente 30%. Esta precisão é normalmente suficiente para a maioria das finalidades. Entretanto, nos casos de *medidas vetoriais polimodais* é necessário realizar maior número de medidas para se definir um *vetor resultante* com razoável precisão. Em depósitos litorâneos, por exemplo, areias de canais fluviais (unimodais) podem estar intercaladas com areias marinhas (bimodais) devidas a correntes de marés.

No caso particular das medidas de camadas frontais de estratificações cruzadas, é importante enfatizar também que o número de medidas em cada afloramento dependerá do *número de seqüências* (sets). Em cada seqüência deverá ser feita uma leitura, uma vez que dentro de cada uma dessas unidades as camadas frontais são aproximadamente paralelas entre si.

7.1.2 Apresentação de dados de estruturas vetoriais

Os dados de paleocorrentes, anotados em uma caderneta de campo, devem ser tabulados e resumidos para publicação ou para elaboração de um relatório. O primeiro passo consiste na correção de mergulhos adquiridos por movimentos tectônicos utilizando para isso a projeção estereográfica (Ramsay, 1961 e Potter & Pettijohn, 1963: 259). Após isso, os azimutes são classificados segundo intervalos de classe arbitrários (20°, 30°, etc.) de 0 a 360°. Segundo as freqüências de cada intervalo, os dados podem ser representados em um histograma comum ou sobre um diagrama de roseta (Fig. 6.41).

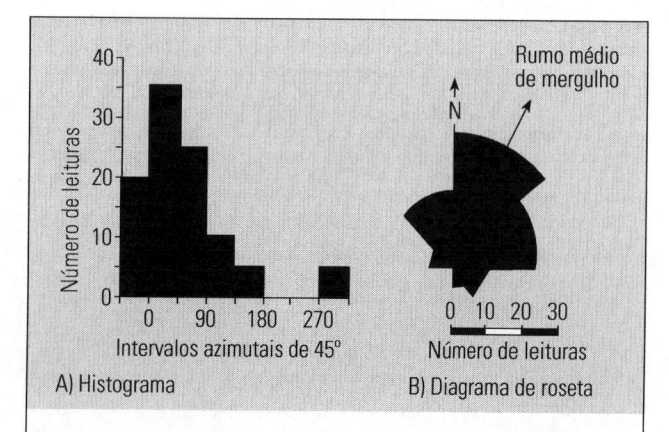

FIGURA 6.41 Representações esquemáticas gráficas de dados de *paleocorrentes deposicionais* por meio de histograma (A) ou por diagrama de roseta (B). Os dados representados nos dois gráficos são os mesmos (Selley,1976b: 233).

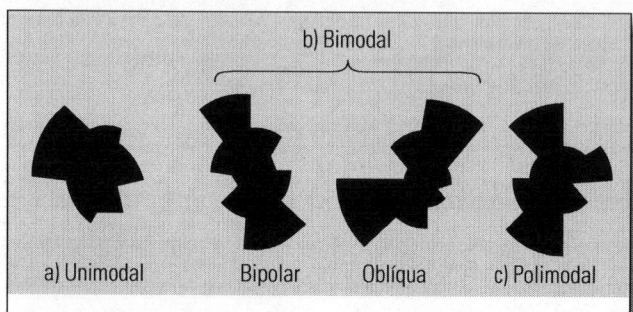

FIGURA 6.42 Padrões característicos de orientação de dados de *paleocorrentes deposicionais* plotados em diagrama de roseta (Selley ,1968).

Os quartzitos pré-cambrianos da Serra do Espinhaço (Diamantina, MG), embora metamorfoseados, mostram conspícuas estruturas sedimentares singenéticas, como *marcas onduladas* e *estratificações cruzadas*. Pflug (1963) usou as *estratificações cruzadas* na *reconstituição paleogeográfica* e concluiu que a deposição dos sedimentos deve ter ocorrido em mar raso sob ação de correntes de marés. Para NE, o mar tornava-se mais profundo, fato que também é sugerido pelo aumento de intercalações de filito nesta direção. Tratando-se de região com rochas metamórficas dobradas, as medidas foram restituídas às posições originais, antes das interpretações.

As orientações preferenciais dos mergulhos das camadas frontais, denominadas *modas* ficam muito bem caracterizadas nos gráficos. Segundo os padrões de orientação das *paleocorrentes deposicionais* podem ser reconhecidos os tipos *unimodal*, *bimodal* e *polimodal* (Fig. 6.42).

7.1.3 Determinação do vetor médio

O vetor resultante das medidas de paleocorrentes, com padrão de distribuição unimodal, é estatisticamente significativo e esta determinação pode ser feita pelo método gráfico ou analítico para cada estação de medidas.

O método gráfico foi desenvolvido por Reiche (1938) e Raup & Miesch (1957). Por este método, começa-se a partir de um ponto inicial arbitrário e traça-se uma reta correspondente à primeira leitura, com a orientação e com comprimento arbitrário (por exemplo = 1 cm). O mesmo comprimento é usado sucessivamente para as demais leituras, com as respectivas orientação começando cada reta no final dos segmentos correspondentes às leituras anteriores. Deste modo, procede-se até a última leitura e a linha reta que une o início da primeira leitura à extremidade final da última leitura corresponde ao *vetor gráfico médio* (Fig. 6.43).

Uma maneira mais elaborada de se calcular o *vetor médio* consiste na utilização da seguinte fórmula (Harbaugh & Merriam, 1968:42):

FIGURA 6.43 Método gráfico para se encontrar o *vetor médio* de um conjunto de dados de *paleocorrentes deposicionais* (Reiche,1938; Raup & Miesch,1957).

$$X_V = \text{arc tang} \left(\frac{\sum\limits_{i=1}^{n} n_i \operatorname{sen} X_i}{\sum\limits_{i=1}^{n} n_i \cos X_i} \right)$$

em que X_V é o sentido do vetor médio;

n é o número total de observações

n_i é o número de observações em cada classe de freqüência e

X_i é o azimute do ponto médio do i-ésimo intervalo de classe.

Os métodos supracitados são vetoriais. Entretanto, quando as leituras não estão muito espalhadas, pode-se encontrar o azimute médio aritmético, somando-se todos os valores de azimute e dividindo-se, a seguir, pelo número de leituras.

Alguns métodos estatísticos adicionais permitem calcular o *grau de dispersão* (ou *fator de consistência* das leituras e o *módulo do vetor resultante* (Potter & Pettijohn, 1963:255; Harbaugh & Merriam, 1968:42).

7.1.4 A interpretação dos dados de paleocorrentes

Os dados de paleocorrentes podem ser usados como elemento útil no mapeamento de *fácies sedimentares*. Quando número suficiente de dados unimodais de paleocorrentes estiver disponível, os seus *vetores médios* podem ser plotados sobre um mapa. Os pontos lançados podem ser usados para se traçar as *linhas de isovalores* que devem refletir o *paleodeclive deposicional*. Os mapas regionais de *paleocorrentes deposicionais* podem ser submetidos a técnicas matemáticas polinomiais, como de *análise de superfície de tendência*.

Porém, antes da fase de interpretação, as análises das paleocorrentes envolvem várias etapas, tais como: medidas de estruturas no campo, dedução das paleocor-

rentes, manipulação dos dados e dedução do paleodeclive. As estruturas sedimentares devem ser cuidadosamente examinadas no campo e as suas origens devem ser deduzidas, antes de se iniciar as medidas. No caso de *camadas frontais* de estratíficações cruzadas, por exemplo, se forem de *dunas subaquáticas*, os mergulhos ocorrem a favor das paleocorrentes, mas se forem relacionadas às *antidunas*, os mergulhos serão contra as paleocorrentes. Além disso, podem ocorrer casos mais raros de preservação de *camadas posteriores* (backset beds) e não de *camadas frontais* (foreset beds) de estratificações cruzadas.

Os significados hidrodinâmicos das estruturas vetoriais devem ser avaliados, pois uma *marca ondulada* reflete corrente mais fraca e mais localizada que uma *duna subaquática*. Por outro lado, uma *duna subaquática* poderia corresponder a condições locais e restritas de um paleocanal fluvial. Poucos sedimentólogos têm-se preocupado com as ponderações sobre os diferentes significados das estruturas sedimentares vetoriais (Iriondo, 1973). Na maioria dos ambientes, as *paleocorrentes deposicionais* são controladas pelos *paleodeclives*, mas em outros casos isso não ocorre. As *paleocorrentes* dependem dos *paleodeclives* em ambientes fluviais, deltaicos e na maioria dos turbiditos. Entretanto, essa relação inexiste em sedimentos eólicos e em ambientes marinhos litorâneos.

Em escalas mais amplas (regional ou mesmo continental), os dados de *paleocorrentes deposicionais* podem fornecer indicações sobre as épocas de formação das *feições estruturais* mostrando também se o paleorrelevo esteve ativo durante a sedimentação ou se ele soergueu-se após a sedimentação (Fig. 6.44). Segundo Petri & Fúlfaro (1976), medidas de estratificação cruzadas e as formas tridimensionais dos depósitos da Formação Parecis sugerem que, durante a sedimentação daquela formação, as paleocorrentes predominantes dirigiam-se para NNE e NNO. Portanto, a área-fonte desses sedimentos estaria localizada ao sul, na região hoje ocupada pelo Pantanal Matogrossense, onde estariam aflorando rochas do Grupo Alto Paraguai. Por outro lado, as *paleocorrentes deposicionais*, baseadas nas medidas de imbricação de calhaus e seixos de fanglomerados cenozóicos superpostos à Formação Parecis, forneceram sentidos de transporte para SSO e SSE. Esses fatos sugerem que o Pantanal Matogrossense, que constitui uma continuação natural das áreas, atualmente deprimidas do Paraguai e da Bolívia, originou-se durante o Terciário (46 milhões de anos passados). Esses dados foram atestados pelas idades dos basaltos da fossa tectônica de Ipacaraí (Paraguai) datados por Stormer Jr. *et al.*

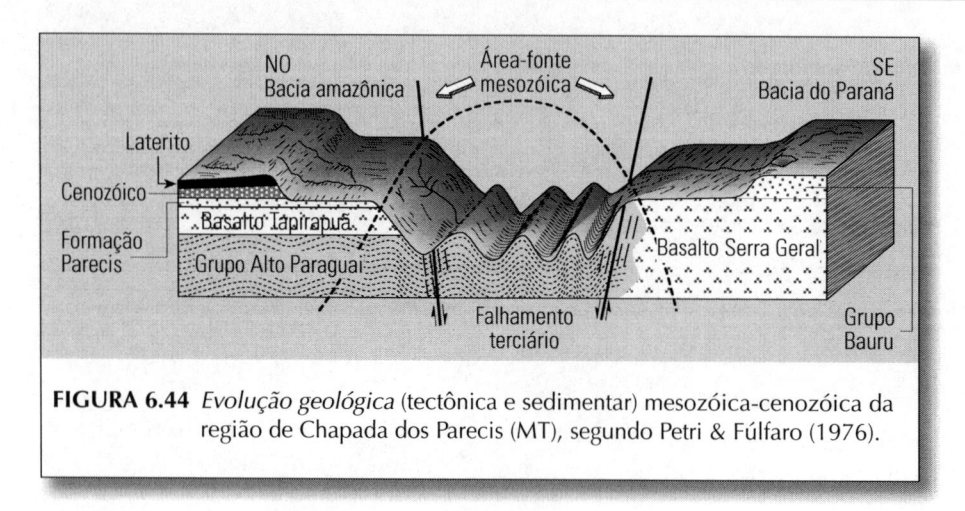

FIGURA 6.44 *Evolução geológica* (tectônica e sedimentar) mesozóica-cenozóica da região de Chapada dos Parecis (MT), segundo Petri & Fúlfaro (1976).

(1975). Conforme já foi enfatizado por Petri & Fúlfaro (1976), a ocorrência de diamantes nos depósitos modernos do sistema fluvial local atribui grande importância econômica a este modelo de eventos geológicos.

De modo semelhante, as análises de *paleocorrentes deposicionais* permitem distinguir bacias sedimentares sindeposicionais e pós-deposicionais (bacias tectônicas). No primeiro caso, as paleocorrentes devem convergir para o centro da bacia. Nas bacias pós-deposicionais, as paleocorrentes podem passar pela bacia, definindo uma orientação mais ou menos unidirecional (Fig. 6.45), mas não mostrando qualquer relação com a morfologia atual da bacia.

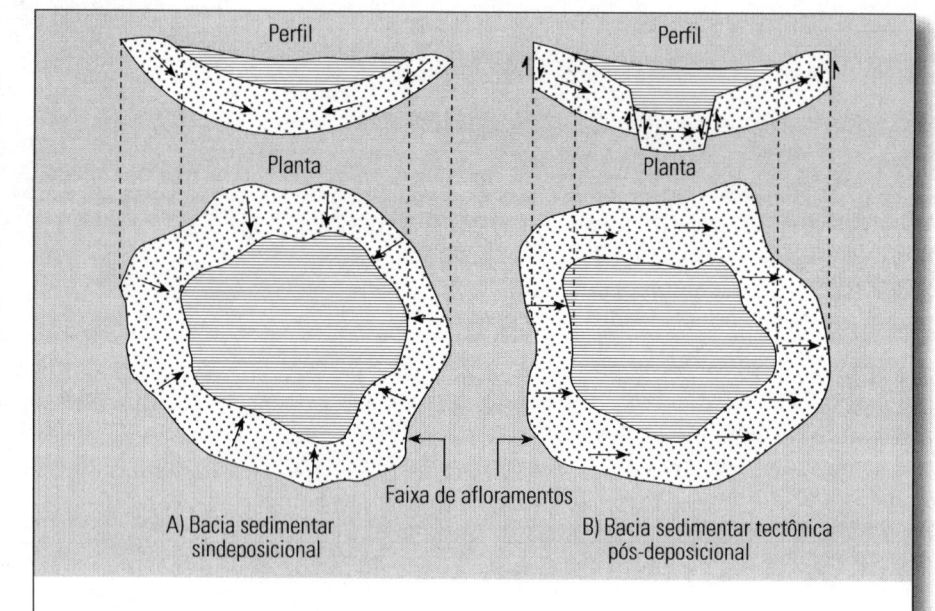

FIGURA 6.45 Relações entre os padrões de paleocorrentes deposicionais e as origens das bacias sedimentares. As paleocorrentes convergem para o centro deposicional (ou depocentro), isto é, a parte mais profunda da bacia em bacia sedimentar sindeposicional (A). Em bacia sedimentar pós-deposicional (B), de origem tectônica, os padrões de paleocorrentes deposicionais não mostram qualquer relação com a configuração atual da bacia (modificado de Selley, 1976b: 239).

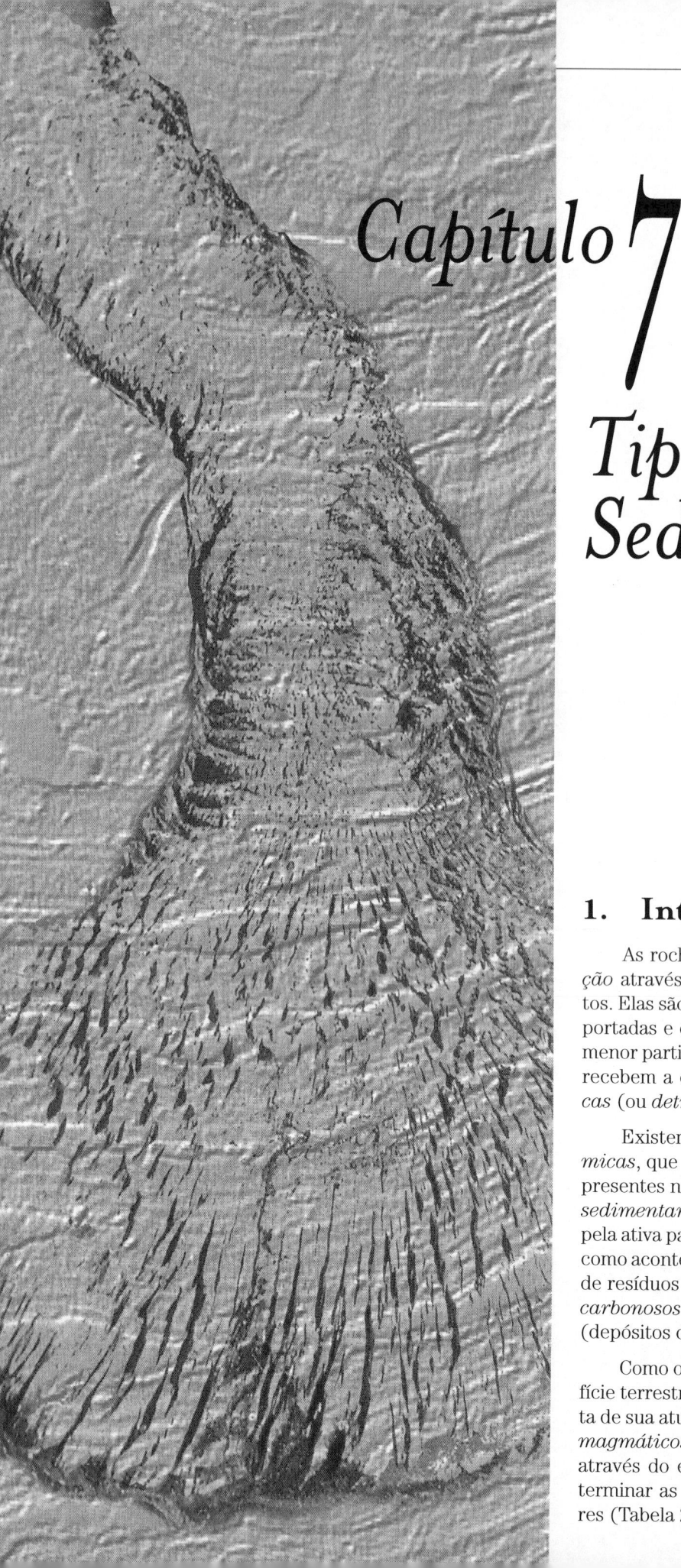

Capítulo 7

Tipos de Rochas Sedimentares

1. Introdução

As rochas sedimentares são formadas pela *litificação* através da *compactação* e *diagênese* de sedimentos. Elas são compostas por partículas de minerais transportadas e depositadas por água ou gelo, com maior ou menor participação da gravidade, além do vento, quando recebem a designação de *rochas sedimentares clásticas* (ou *detríticas* ou, ainda, *terrígenas*).

Existem também as *rochas sedimentares ortoquímicas*, que resultam da precipitação química de solutos presentes nas águas marinhas e continentais. As *rochas sedimentares biogênicas* por outro lado, são formadas pela ativa participação de organismos animais e vegetais, como acontece nos *recifes de corais* ou pela acumulação de resíduos de origem biológica, tais como os *depósitos carbonosos* (turfa, linhito e carvão) ou *carbonáticos* (depósitos de conchas e corais).

Como os processos sedimentares ocorrem na superfície terrestre, existe a possibilidade de observação direta de sua atuação, fato que não sucede com os *processos magmáticos* ou *metamórficos*. Cabe ao sedimentólogo, através do estudo das rochas sedimentares, tentar determinar as condições genéticas das rochas sedimentares (Tabela 20).

TABELA 20 Diferentes fatores ligados à origem das rochas sedimentares

Proveniência dos sedimentos	
Características da área-fonte	*Propriedades da rocha matriz*
Fisiografia Drenagem Tectônica (soerguimento) Clima	Composição Textura Estrutura Coerência
História pré-deposicional	
Características da desagregação	*Características de erosão e transporte*
Tipo de intemperismo Grau de intemperismo	Meio de transporte (água, gelo, etc.) Estado de transporte (solução ou sólido) Tempo, distância e velocidade de transporte
Ambiente deposicional	
Características da área de deposição subaérea	*Características da área de deposição subaquosa*
Fisiografia Tectônica (subsidência) Clima Relação ao nível hidrostático	Profundidade Condições hidrodinâmicas Temperatura Salinidade Eh e pH
História pós-deposicional	
Soterramento e processos diagenéticos Exposição ao ar, água, temperatura alta, etc.	

2. Classificação geral das rochas sedimentares

Os tipos de rochas sedimentares podem, em geral, ser estabelecidos com base em critérios *descritivos*, *genéticos* e *mistos* (descritivos e genéticos), sendo, talvez, o terceiro o mais usado. Idealmente, os critérios essencialmente genéticos poderiam ser os mais interessantes, pois a simples menção do nome explicaria a origem da rocha sedimentar. Entretanto, muitas vezes as condições genéticas não são muito bem conhecidas e, além disso, em classificação para fins industriais, por exemplo, os *critérios descritivos químicos* podem ser os mais adequados.

Segundo Folk (1968), as rochas sedimentares são fundamentalmente constituídas de três componentes, que podem estar misturados em várias proporções: (a) componentes terrígenos, (b) componentes aloquímicos e (c) componentes ortoquímicos:

a) *Componentes terrígenos* — São substâncias minerais provenientes da erosão de uma área situada fora da *bacia de sedimentação*, que foram transportadas ao sitio de deposição, na forma de partículas sólidas. Exemplos: quartzo, feldspato, minerais pesados, argilominerais, sílex ou calcários derivados de rochas sedimentares mais antigas, etc.

b) *Componentes aloquímicos* — São compostos minerais derivados do retrabalhamento de substâncias químicas precipitadas no interior da própria *bacia de sedimentação*. Esses componentes são também transportados em estado sólido dentro da bacia. Exemplos: conchas de moluscos, oólitos, pisólitos e fragmentos calcários penecontemporâneos, etc.

c) *Componentes ortoquímicos* — São os precipitados químicos normais, produzidos na bacia e sem evidências significativas de transporte ou agregação. Exemplos: calcita e dolomita microcristalina, alguns evaporitos, calcita e quartzo de preenchimento de arenitos, etc.

Os componentes (a) e (b) são coletivamente designados de *constituintes fragmentários*, enquanto os componentes (b) e (c) são *constituintes químicos*.

Ainda, segundo Folk (1968), baseado nas proporções relativas dos três componentes fundamentais, chamados *membros extremos*, as rochas sedimentares podem ser classificadas em cinco grupos principais (Fig. 7.1).

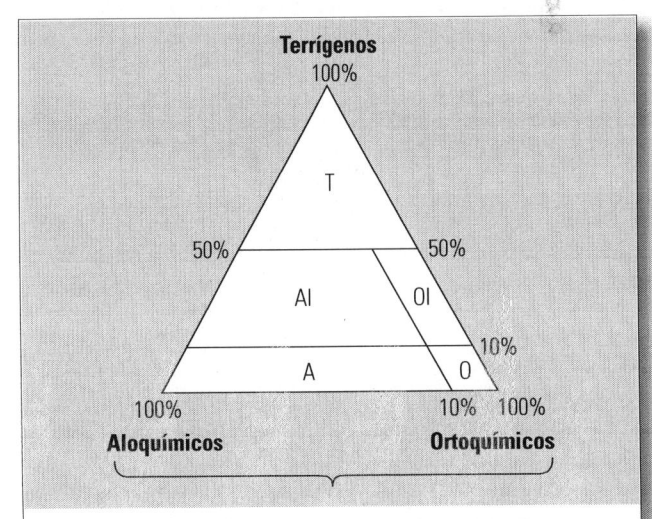

Figura 7.1 Diagrama triangular de classificação geral das rochas sedimentares segundo Folk (1968). T = *rochas terrígenas*; AI = *rochas aloquímicas impuras*; A = *rochas aloquímicas*; OI = *rochas ortoquímicas impuras* e O = *rochas ortoquímicas*.

Rochas terrígenas (*T*) — Compreendem 65% a 75% das seções estratigráficas descritas. Exemplos: folhelhos, arenitos e conglomerados.

Rochas aloquímicas impuras (*AI*) — Abrangem 10% a 15% das seções estratigráficas aflorantes. Exemplos: folhelhos muito fossilíferos, calcários arenosos muito fossilíferos ou calcários oolíticos impuros.

Rochas aloquímicas (*A*) — Compreendem 8% a 15% das seções estratigráficas. Exemplos: calcários fossilíferos, calcários oolíticos e calcários peletóides.

Rochas ortoquímicas impuras (*OI*) — Perfazem 2% a 5% das seções estratigráficas. Exemplos: calcários microcristalinos argilosos (margas).

Rochas ortoquímicas (*O*) — Compreendem 2% a 8% das seções estratigráficas. Exemplos: calcários microcristalinos, dolomitos microcristalinos, anidrita, halita, etc.

3. Rochas sedimentares alóctones

As *rochas sedimentares alóctones* são compostas por fragmentos minerais provenientes de fora da *bacia de sedimentação*. No caso do material terrígeno transportado por vários meios (água, gelo e vento), têm-se as *rochas sedimentares epiclásticas*. Quando se tem material vulcânico de explosões, seguidas de deposição subaérea e/ou subaquosa, têm-se as *rochas sedimentares piroclásticas* ou *vulcanoclásticas*. Essas rochas caracterizam-se pela presença de *textura clástica* e *estrutura deposicional*.

3.1 Rochas sedimentares epiclásticas

Essas rochas são formadas pela acumulação natural de materiais, como cascalhos, areias e siltes, que representam basicamente fragmentos de rochas preexistentes.

As partículas individuais que formam as *rochas sedimentares epiclásticas* variam de granulação (diâmetro) de diminutas partículas provenientes da decantação, a partir de suspensões que exibem muitas das propriedades das *soluções coloidais grossas* com diâmetros menores que 1 mícron, a matacões ou blocos de diâmetros de várias dezenas de centímetros.

Diversas escalas granulométricas têm sido propostas e permitem estabelecer os limites dos tamanhos das partículas constituintes desses sedimentos. Conforme a escala de Wentworth (1922a), têm-se as seguintes denominações para as classes granulométricas:

Maiores que 256 mm	= matacões
de 64 a 256 mm	= calhaus
de 4 a 64 mm	= seixos
de 2 a 4 mm	= grânulos
de 1/16 a 2 mm	= areias
de 1/256 a 1/16 mm	= siltes
menores que 1/256 mm	= argilas

Um depósito inconsolidado composto por matacões, calhaus, seixos e grânulos é chamado de *cascalho* e, portanto, têm-se os *cascalhos de matacões*, *de calhaus* etc., conforme as classes granulométricas predominantes. As areias comportam uma subdivisão em cinco categorias, desde areias muito grossas a areias muito finas. Em geral, os *sedimentos epiclásticos* são classificados, segundo a granulometria predominante entre as partículas clásticas em cascalhos, areias, siltes e argilas.

Os sedimentos clásticos grossos, tais como os cascalhos, podem conter *fragmentos monominerálicos* (quartzito) e *poliminerálicos* (granito). Os sedimentos de textura média, como as areias, são mais comumente compostos por partículas de *minerais individuais* liberadas fisicamente da rocha matriz. Os sedimentos clásticos mais finos, como os siltes e argilas, são compostos predominantemente por grãos finos de quartzo ou por argilominerais formados por intemperismo químico. Esses três grupos de fragmentos definem a subdivisão básica na classificação de *sedimentos epiclásticos* em: *rochas rudáceas* (ou *psefíticas*), *rochas arenáceas* (ou *psamíticas*) e *rochas lutáceas* (ou *pelíticas*), conforme se usem palavras de raízes latina ou grega, respectivamente.

3.1.1 Rochas rudáceas

3.1.1.1 Introdução

O *depósito de cascalho* (gravel deposit) é uma acumulação inconsolidada de fragmentos arredondados de minerais e/ou rochas de granulação mais grossa que areia.

Não há consenso entre os pesquisadores quanto à porcentagem de fragmentos maiores que 2mm para que um depósito sedimentar seja denominado de *depósito de cascalho* (Willman, 1942). Em descrição de campo, muitos sedimentólogos denominam de cascalhos alguns depósitos com menos da metade composta de fração maior que grânulos. Folk (1954) propõe que sejam considerados depósitos de cascalhos mistos, quando mais de 30% dos fragmentos são maiores que grânulos e adjetivos como *com seixos* sejam empregados para areias e lamas, contendo de 5% a 30% de grânulos e seixos ou fragmentos mais grossos.

A forma, o tamanho e a petrografia dos depósitos de cascalhos dependem da rocha matriz, do meio e modo de transporte, além do ambiente de sedimentação. Em geral, os seixos moles são desgastados por abrasão mecânica e podem ser até completamente consumidos mais rapidamente que os fragmentos menores de mesma composição mineralógica. Fragmentos de minerais ou rochas mais moles podem ser preservados em alguns tipos especiais de depósitos sedimentares, tais como os *leques aluviais* em parte pela rápida sedimentação e também pela alta viscosidade do meio.

O grau de cimentação e a natureza do cimento são muito variáveis nos diferentes tipos de *conglomerados*. As partículas menores (diâmetros inferiores a 2 mm), de origem também detrítica constituem a *matriz* e preenchem os espaços entre os seixos e, ao lado, pode ocorrer o *cimento* originado por precipitação química (calcita, sílica, hidróxidos de ferro, etc.). O depósito de cascalho que é litificado passa a chamar-se *conglomerado* ou *brecha*, conforme os fragmentos maiores sejam predominantemente arredondados ou angulosos.

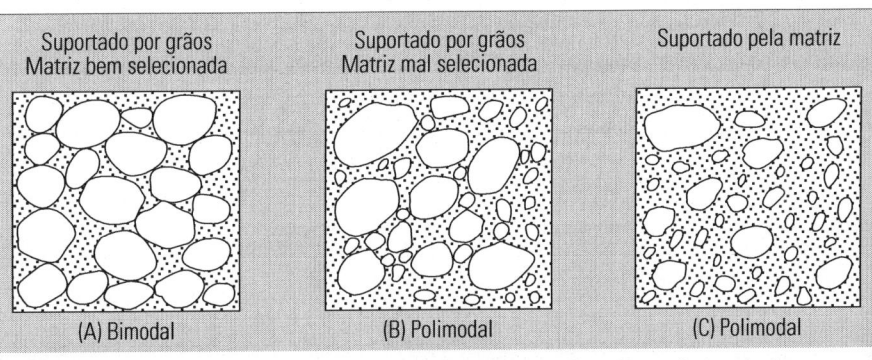

Figura 7.2 Alguns tipos padrão de distribuição granulométrica de partículas sedimentares detríticas em *cascalhos* (sedimentos não-consolidados) e *conglomerados* (sedimentos consolidados). Nos conglomerados, os espaços deixados entre os grãos e a matriz são preenchidos por um cimento de natureza química (calcita, sílica, hidróxido de ferro, etc.).

3.1.1.2 Feições descritivas

a) Tamanho, distribuição e forma das partículas

A seleção de tamanhos dos fragmentos grossos que compõem os depósitos rudáceos é bastante diversificada e depende das características da área-fonte e das características dos meios e dos modos de transporte e deposição.

Em geral, a *seleção granulométrica* é melhor em conglomerados finos, tendendo a ser cada vez mais pobres em rochas rudáceas grossas, pois nessas rochas aumenta a participação da matriz. Os depósitos de cascalhos modernos de praias tendem a ser *unimodais*, enquanto os conglomerados são mais freqüentemente *bimodais* com as classes modais predominantes na fração seixo e na fração areia (Fig. 7.2).

As formas dos seixos em conglomerados e depósitos de cascalhos são varáveis e dependem primordialmente da natureza da rocha matriz. Rochas fisicamente homogêneas tendem a produzir fragmentos aproximadamente eqüidimensionais, enquanto as rochas com comportamento mecânico anisótropo com xistosidade, estratificação ou qualquer outro plano de fraqueza, produzem fragmentos de preferência discoidais ou elipsoidais.

Aparentemente, o *grau de arredondamento* dos seixos é um bom índice do *grau de maturidade* dos conglomerados. Desse modo, um conglomerado com seixos arredondados é mais maturo que outro com seixos angulosos, porém não se pode estender este conceito de maturidade dos conglomerados em confronto direto com os arenitos, pois o arredondamento dos seixos processa-

se muito mais rapidamente que nos grãos de areia. Além disso, o arredondamento dos seixos, em muitos casos, pode ocorrer sem desgaste por transporte, mas simplesmente pelo fenômeno da *disjunção esferoidal*.

Nos estudos morfométricos de seixos em conglomerados, deve-se levar em conta a litologia, pois as rochas de maior resistência física necessitam de processo mais demorado de abrasão. Mas, por outro lado, esses seixos garantem a preservação por mais tempo das características adquiridas durante os processos de transporte e deposição.

Algumas feições texturais de seixos em conglomerados, tais como as formas típicas de abrasão eólica (*ventifactos*) e as faces estriadas de transporte glacial (*seixos estriados*), são importantes na discriminação dos ambientes deposicionais dos sedimentos rudáceos. Além disso, a verificação da existência ou não de *arranjo espacial preferencial de partículas* (*petrofábrica*), dentro das rochas rudáceas, é muito importante.

Quando a *petrofábrica* dos seixos é bem definida em um conglomerado, provavelmente os seixos foram deslocados livremente e assumiram orientações impostas pelo *mecanismo de transporte*. Em situação ideal, o mergulho e a direção de uma camada, bem como as orientações dos eixos maiores dos seixos contidos nesta camada podem ser medidos (Fig. 7.3).

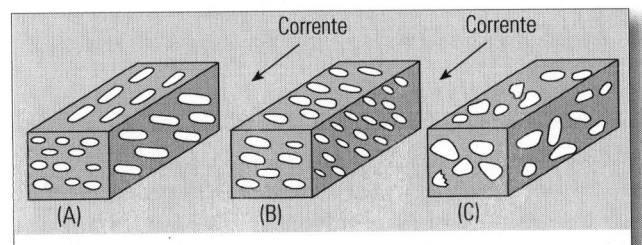

Figura 7.3 Alguns padrões de *petrofábrica* (orientação espacial) de seixos em cascalhos e conglomerados: (A) eixo maior longitudinal à corrente em planta e imbricado em perfil. (B) eixo maior transversal à corrente e imbricado e perfil e (C) sem qualquer orientação preferencial.

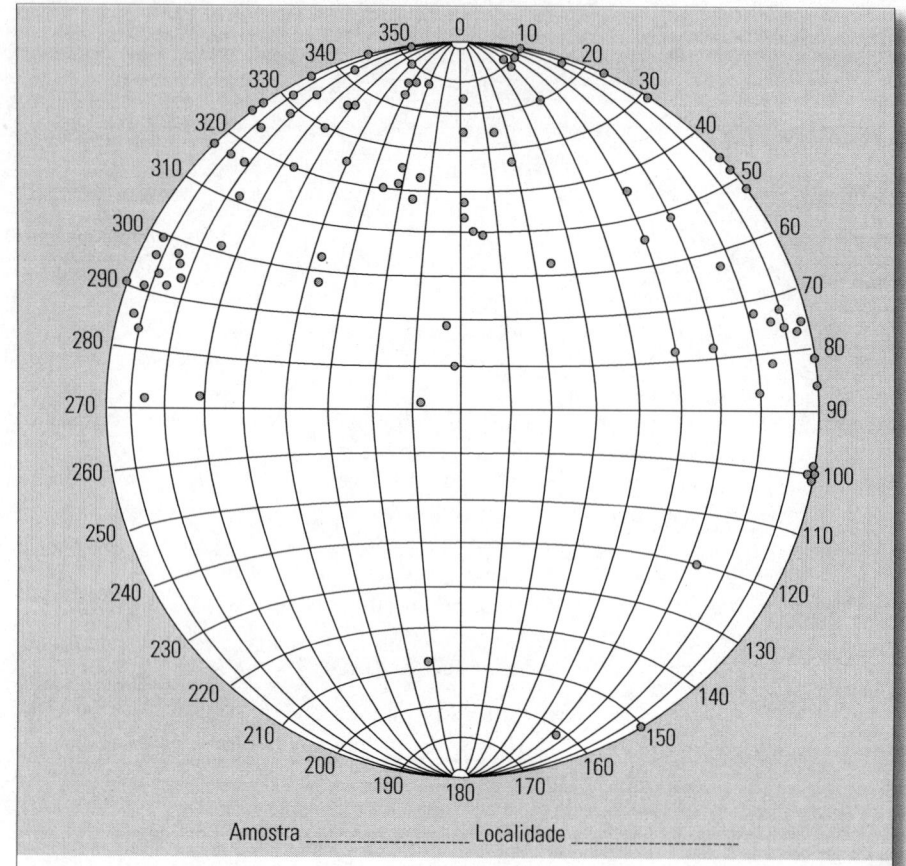

Figura 7.4   Diagrama de Schmidt-Lambert ou de igual-área. Os pontos representam as diferentes orientações dos eixos maiores de seixos em um conglomerado fluvial. Note-se que existe uma freqüência maior de seixos com os eixos maiores mergulhando rumo ao quadrante NO e secundariamente NE, sugerindo que tenham predominado paleocorrentes dirigidas para os rumos SE e subsidiariamente SO.

Os resultados das medidas podem ser projetados em diagramas para se determinar a existência ou não de orientação preferencial. Um diagrama comumente usado para esta finalidade é o de Schmidt-Lambert ou de igual-área (Fig. 7.4).

b) Tipos de estratificação

Estudos experimentais de laboratório mostram que nas areias observa-se uma seqüência de formas de leito em resposta ao aumento de energia (velocidade) da corrente. Nenhum trabalho experimental análogo parece ter sido executado em sedimentos rudáceos e os principais tipos de estratificação reconhecidos em conglomerados (horizontal e cruzada) não podem ser diretamente relacionados às condições de fluxo ou a aumento progressivo da velocidade da corrente.

No caso do *acamamento horizontal*, a estratificação parece ser resultante das mudanças de um ou mais dos seguintes fatores (Fig. 7.5):

a) tamanhos e/ou composições dos megaclastos;
b) seleção granulométrica;
c) petrofábrica (orientação espacial).

Se as camadas forem atribuíveis a seixos que definem *estratificações gradacionais*, então os processos deposicionais devem ter sido oscilantes (pulsantes). Quando as camadas de seixos ou calhaus alternam-se com leitos arenosos, a pulsação da velocidade da corrente pode não ter sido tão grande quanto se possa imaginar à primeira vista, pois há casos de transporte simultâneo de areias em suspensão e seixos e calhaus por tração e/ou rolamento através do leito.

Além das *estratificações horizontais*, muitos conglomerados mostram também *estratificações cruzadas* com ângulos variáveis, desde alguns graus até algumas dezenas de graus. As *estratificações cruzadas* de ângulo baixo em conglomerados ainda não estão suficientemente bem compreendidas, mas algumas podem resultar de fenômenos locais de *escavação e preenchimento* ou de *preenchimento de canais longos e rasos*. Outro caso de estratificação cruzada de ângulo baixo de mergulho, em depósitos rudáceos, pode representar fenômeno de acreção sobre superfícies de *barras de meandros* (Eynon, 1972) ou sobre margens pouco inclinadas de *barras diagonais* de *rios entrelaçados* (Smith, 1974).

c) Camadas gradacionais

A gradação indica uma progressiva mudança na granulometria dos megaclastos dentro de uma *camada sedimentar*. Existem diferentes tipos de camadas gradacionais (Fig. 6.17), mas fundamentalmente podem ser

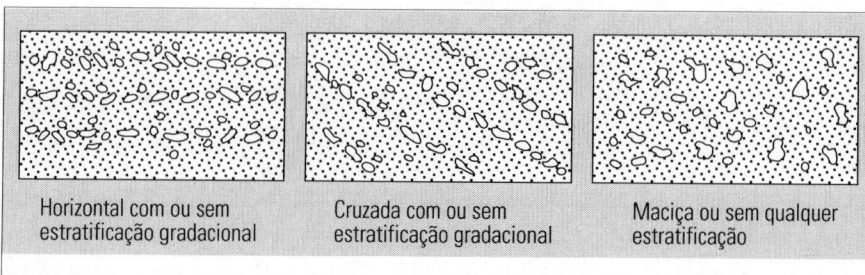

Horizontal com ou sem estratificação gradacional

Cruzada com ou sem estratificação gradacional

Maciça ou sem qualquer estratificação

Figura 7.5   Principais tipos de estratificações presentes em depósitos de cascalho ou de conglomerado com matrizes arenosas. Em conglomerados os cimentos podem ser de diferentes naturezas.

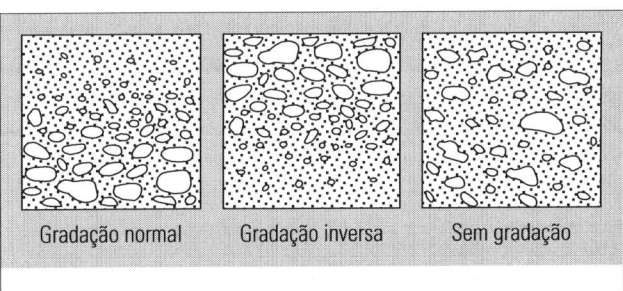

Figura 7.6   Camadas com e sem estratificações gradacionais (ou gradativas) em depósitos de cascalho ou conglomerado com matrizes arenosas. Em conglomerados os cimentos podem ser de diferentes naturezas.

resumidos em dois tipos:

1) os diâmetros de todas as partículas mudam;
2) só a granulação dos megaclastos varia (Middleton, 1966).

Entretanto, poucos conglomerados têm sido estudados e ainda não é possível estabelecer qual dos dois tipos é o predominante.

A *gradação normal* (mais grossa na base e mais fina no topo) indica deposição de materiais cada vez mais finos, acompanhada de melhoria progressiva na seleção granulométrica como conseqüência de redução na velocidade da corrente durante a sedimentação (Fig. 7.6).

Na base de algumas camadas com *gradação normal* podem estar presentes zonas relativamente delgadas de *gradação inversa*, passando de fina na base para grossa no topo. Tem sido constatado que *gradação inversa* (ou *reversa*) é pouco comum, sendo raros os trabalhos que tratam do assunto (Fisher, 1971; Walker, 1975). Segundo Fisher (*op. cit.*), esta feições seria típica de *depósitos de fluxo gravitacional* de alta densidade, tais como os *depósitos de fluxo granular* (grain flow deposits) e os *depósitos de fluxo de detritos* (debris flow deposits).

Tanto em *camadas gradacionais normais* como *inversas* as correntes transportadoras e deposicionais foram capazes de selecionar partículas de diferentes granulometrias, que se movem mais ou menos livremente de acordo com os seus tamanhos.

d) Forma dos corpos conglomeráticos

Os corpos de sedimentos rudáceos raramente exibem grandes dimensões sendo a maioria composta por acumulação de pequena extensão em relação à espessura, isto é, caracterizam-se por *baixa persistência lateral*.

Muitos se apresentam na forma de *cordão de sapato* (shoestring), como resultado de preenchimento de canais fluviais. Neste caso, são de largura e espessura limitadas, mas podem exibir comprimentos consideráveis (vários quilômetros). Comumente são aproximadamente retilíneos, porém podem ser ramificados e meandrantes.

Depósitos de formas *acunhada* (wedge) e de *leque* (fan) são também freqüentes, principalmente nas adjacências de antigas escarpas, sendo caracterizados por paralelismo dos *mergulhos deposicionais*. Podem formar *depósitos fanglomeráticos* (fanglomerate deposits) em regiões com tectônica de falhas e/ou clima seco. Os conglomerados diamantíferos de natureza polimítica da região de Romaria (MG), de idade cretácica, são *fanglomerados* associados a leques aluviais de clima seco (Suguio *et al.*,1979; Suguio & Barcelos, 1983a). Nas bacias costeiras de Sergipe - Alagoas, e do Recôncavo, também ocorrem *depósitos fanglomeráticos* claramente associados aos falhamentos cretácicos.

Relativamente freqüentes, mas de menor importância, são os *conglomerados em forma de lençol* (blanket conglomerates), que podem ser depositados em praias durante *transgressões marinhas*. Constituem depósitos pouco espessos e compostos de muitos seixos fragmentados.

3.1.1.3 Classificação dos conglomerados

A classificação dos conglomerados pode ser puramente descritiva, baseada na sua *textura* (conglomerado de matacões, conglomerado de calhaus,etc.) ou na sua *composição* (conglomerado arcoziano, conglomerado granítico, etc.) ou, ainda, no *tipo de cimento* (conglomerado ferruginoso, conglomerado silicoso, etc.). Outras vezes, eles são classificados de acordo com o *ambiente responsável* pela sua deposição sendo então reconhecidos conglomerados marinhos (praial), fluvial, glacial, etc.

Nos conglomerados, os seixos (resíduos mais grossos) estão associados a areias (partículas mais finas). Portanto, uma classificação baseada nos *macroclastos* deve estar relacionada também à dos *microclastos*. Segundo esta idéia, a classificação aqui empregada para os conglomerados segue os mesmos princípios usados para os arenitos, baseados nos seguintes parâmetros: *textura, maturidade e proveniência*.

Inicialmente, é importante distinguir entre conglomerados de *arcabouço aberto* e os de *arcabouço fechado*, que dependem das distribuições granulométricas *unimodais* ou *polimodais*, respectivamente. Os *conglomerados fluviais comuns* são do tipo *ortoconglomerado* que se caracterizam por um *arcabouço aberto*. Entretanto, os depositados por *correntes de turbidez, geleiras e movimentos gravitacionais subaéreos* possuem excessiva matriz em relação aos seixos e são denominados *paraconglomerados* (*lamitos conglomeráticos*), que possuem um *arcabouço fechado*. Entretanto, só a verificação da razão entre os grãos e a

TABELA 21 Classificação de rochas sedimentares clásticas rudáceas e de arenitos cogenéticos (modificada de Pettijohn,1957:255)

Grupo	Conglomerado	Arenito
Ortoconglomerado	Ortoquartzítico (oligomítico) Petromítico (polimítico)	Ortoquartzítico Lítico
Paraconglomerado	Tilóide (diamictito) Tilito	Grauvaque
Intraformacional	Conglomerados e brechas intraformacionais	Calcarenito, etc.

matriz não é suficiente, sendo também importante a razão de tamanhos das duas modas nas distribuições bimodais. Os *ortoconglomerados* possuem a moda principal nos seixos e a moda secundária na areia, normalmente separadas por quatro a cinco classes granulométricas. Nos *paraconglomerados*, no entanto, a moda principal situa-se nos pelitos (silte e argila) e a secundária nos seixos (Tabela 21).

Alguns conglomerados apresentam seixos de um só tipo litológico como, por exemplo, de quartzo de veio, porque os outros fragmentos foram eliminados por intemperismo ou abrasão durante o transporte. Esses *conglomerados* são considerados *supermaturos*. Outros contêm seixos de materiais menos estáveis (granito, basalto, calcário, etc.), sendo então denominados de *conglomerados imaturos*.

O terceiro parâmetro é o *fator de proveniência*. Neste contexto, são reconhecidos casos de origens interna e externa às bacias de sedimentação.

a) Ortoconglomerado

O *ortoconglomerado* é o tipo mais importante e o seu arcabouço é caracterizado por seixos, areia grossa e cimento químico. Ele representa um produto de deposição em águas muito agitadas, sendo, portanto, muito rico em *estruturas hidrodinâmicas*. Apresenta-se associado a arenito muito grosso, com freqüentes estratificações cruzadas. Petri & Suguio (1969) descreveram *ortoconglomerados metamórficos oligomíticos* e *polimíticos* entre as rochas do Grupo Açungui (Précambriano superior). Alguns *metaconglomerados* (ou conglomerados metamórficos) desta unidade gradam lateralmente a *metarenitos conglomeráticos* maciços, de cores cinza-escura média (N4) a cinza média (N5), com aparência de *metagrauvaque*. Os *ortoconglomerados* podem ser subdivididos em dois grupos: *conglomerado ortoquartzítico* (ou *oligomítico*) e *conglomerado petromítico* (ou *polimítico*).

Conglomerado ortoquartzítico — Este tipo de conglomerado é caracterizado por composição mineralógica muito simples. Os seixos são, em geral, compostos de materiais de alta dureza, portanto, de grande resistência física e baixa alterabilidade química, tais como quartzo, quartzito e sílex ou mistura desses materiais. Os seixos de quartzito e de sílex podem ser de diversos tipos, podendo estar presentes, por exemplo, sílex fossilífero ou sílex oolítico, que constituiriam elementos-guia nos estudos de proveniência dos seixos.

Geralmente, os *conglomerados ortoquartzíticos* não são muito grossos, porém podem ocorrer fragmentos com algumas dezenas de centímetros de diâmetro, mas os de 1 a 2 cm são muito mais comuns. Esses seixos são, em geral, bem arredondados em virtude do *intenso retrabalhamento* freqüentemente em ambiente fluvial.

Os *conglomerados ortoquartzíticos* não formam depósitos muito extensos, sendo comumente intercalados como camadas ou lentes em *arenito ortoquartzítico* com abundantes estratificações cruzadas. Esses depósitos ocorrem principalmente nas porções basais das camadas de arenitos, mas podem recorrer em níveis superiores. Os da base constituem os chamados *conglomerados basais* freqüentemente em *forma de lençol*, de espessuras variáveis, mas pequenas em relação à área de ocorrência.

Conforme observaram Plumley (1948) e Schlee (1956), os seixos atingem muito rapidamente a *maturidade composicional elevada*, de modo que *conglomerados maturos* podem associar-se, naturalmente, a *arenitos submaturos*.

Muitos desses *conglomerados ortoquartzíticos* devem ter sido depositados em praias marinhas, por sobre superfícies planas, durante *fases transgressivas* ou *regressivas*. Exemplo: *conglomerado basal* da Formação Furnas (Devoniano da Bacia do Paraná).

Conglomerado petromítico — Muitos conglomerados antigos pertencem a este grupo. Em geral, esses conglomerados constituem corpos espessos e prismáticos, formando acumulação marginais às bacias deposicionais, tendo sido os clastos supridos pelas regiões circunvizinhas mais elevadas. Eles podem ser basais ou estar intercalado em diversos horizontes, quando constituem *conglomerados intraformacionais*.

Os *conglomerados petromíticos* (ou *polimíticos*) são os equivalentes rudáceos dos *arenitos líticos* e *arcozianos*. Os seixos desses conglomerados são de litologia diversificada, podendo estar presentes seixos e calhaus de rochas plutônica, eruptiva, sedimentar ou metamórfica. Entretanto, na maioria das vezes, um tipo de seixo predomina sobre os demais.

Casos excepcionais são representados pelos *conglomerados de calcário*, que geralmente registram condições comuns de erosão de calcários antigos e preservação dos seixos, durante o transporte e sedimentação. Depósitos conglomeráticos desse tipo com grandes extensões podem estar associados a produtos de glaciação ou de regiões áridas.

As estratificações variam desde *quase-horizontal* a *cruzada torrencial* (torrential crossbedding). Só os arenitos associados são bem estratificados e possuem laminações cruzadas bem desenvolvidas.

As composições granulométricas desses conglomerados são sempre muito semelhantes, sendo características desses depósitos as seguintes propriedades:

- granulação muito grossa, mesmo para um conglomerado;
- grande número de classes texturais nas frações mais grossas;
- caráter polimodal dos seixos e deficiência de grânulos (2 a 4 mm);
- caráter geralmente unimodal dos arenitos intercalados;
- distribuição log-normal das freqüências granulométricas das areias;
- correlação entre a granulometria do material rudáceo e a espessura do conglomerado.

b) Paraconglomerado (ou lamito conglomerático)

Essas rochas contêm mais *matriz* que *megaclastos* e, na realidade, são lamitos (lamas litificadas) com seixos e calhaus dispersos. Em muitos casos, os seixos formam apenas cerca de 10% em volume ou menos da rocha. Alguns dos seixos e calhaus podem ser compostos de lamitos e argilitos. O termo *conglomerado lamítico* (muddy conglomerate) é mais comumente empregado para conglomerados deste tipo, contendo mais *megaclastos* que *matriz*.

Existem dois tipos fundamentais de *lamitos conglomeráticos*: 1) com matriz estratificada; 2) com matriz maciça. Os *lamitos conglomeráticos laminados* são originados, segundo Pettijohn (1957:264), pela "precipitação" (queda) de fragmentos grossos (seixos, calhaus e matacões) sobre lamas e siltes que estão acumulados em fundo aquoso, sendo então comuns as deformações produzidas pelo impacto da queda desses fragmentos maiores sobre material lamítico inconsolidado. Os *lamitos conglomeráticos maciços* (não-laminados) constituem sedimentos de origem essencialmente glacial (*till* e *tilito*) e, em parte, podem ser sedimentos não-glaciais. Os *tilóides* (ou *diamictitos*) variam muito apresentando seixos grossos e sem seleção granulométrica, imersos em matriz lamítica, com calhaus dispersos. *Tilóide* e *diamictito* são termos empregados para denominar *lamitos conglomeráticos* com aspecto de *tilito*, isto é, contendo megaclastos dispersos em abundante matriz lamítica, aparentemente sem laminação, sendo os fragmentos maiores compostos por litologias muito variadas. Sedimentos deste tipo podem ser formados não só em ambientes glaciais e periglaciais, mas também por escorregamentos de massa subaéreos (*movimentos gravitacionais*), correntes de turbidez,etc. Neste sentido, o *tilito* seria um *lamito conglomerático especial*, com origem essencialmente

glacial, e, portanto, não exibe qualquer tipo de estratificação. Exemplos: tilitos e tilóides do Grupo Tubarão (Permocarbonífero da Bacia do Paraná).

c) Conglomerados e brechas intraformacionais

Os conglomerados e brechas intraformacionais são *sedimentos rudáceos* (psefíticos) formados por fragmentação penecontemporânea e redeposição nas proximidades de material apenas levemente retrabalhado.

A fragmentação pode processar-se de diversas maneiras, mas um tipo é propiciado pela retirada temporária da água, seguida de ressecação e gretação de lamas recém-depositadas. Em fase de enchente subseqüente, os fragmentos dos polígonos argilosos das gretas são remobilizados a curta distância e redepositados como conglomerados e brechas intraformacionais de formas achatadas contendo matriz arenosa.

Dois tipos de *conglomerados intraformacionais* são comuns: um é o conglomerado com fragmentos de argilito, folhelho ou ardósia, nos quais os fragmentos de rochas pelíticas estão imersos em matriz arenosa. Exemplos: areias e arenitos com *pelotas de argila* (clay galls), muito comuns em sedimentos fluviolacustres (bacias de São Paulo e Taubaté do Terciário e Grupo Bauru do Cretáceo superior da Bacia do Paraná, etc). Um segundo tipo é encontrado em calcários e dolomitos. Neste caso, tanto os fragmentos quanto a matriz, são carbonáticos, mas em geral suas cores são diferentes. Exemplos: *brecha intraformacional* da Formação Irati (Permiano da Bacia do Paraná na região de Assistência, SP) e *conglomerado intraformacional* dos dolomitos do Grupo Açungui (Précambriano superior) em Itapeva, SP.

3.1.2 Rochas arenáceas

3.1.2.1 Introdução

A *areia* é um sedimento sem coesão, em que os *grãos* ou *elementos do arcabouço* são formados de partículas predominantemente entre 0,062 e 2 mm, segundo a escala granulométrica de Wentworth (1922a).

Como já foi enfatizado por Crook (1960), o termo *arenito* que corresponde à areia litificada, é empregado na literatura geológica com dois sentidos diferentes. O mais comumente aceito é o de Pettijohn (1957), segundo o qual a palavra seria essencialmente descritiva, designando sedimento clásticos com os componentes granulares com diâmetro médio de areia, sem quaisquer conotações mineralógica e/ou genética. De acordo com esta definição, todas as rochas sedimentares, compostas de fragmentos minerais de areia, são arenitos. Em geral, a composição mineralógica mais comum dos grãos de areia e arenito é a quartzosa. Além disso, adjetivos como fluvial, marinho, eólico, etc. podem ser acrescidos para referir-se as suas origens. Outros autores atribuem fortes conotações genéticas ao termo arenito.

3.1.2.2 Propriedades fundamentais

a) Composição mineralógica

Os arenitos resultam da mistura de grãos minerais e fragmentos líticos (de rochas), provenientes da erosão de vários tipos de *rochas matrizes*. Portanto, teoricamente, o número de espécies mineralógicas em arenitos seria tão grande quanto o número total de minerais conhecidos. Isto não ocorre na natureza, porque os processos que determinam a composição mineralógica dos arenitos são muito complexos, não sendo definidos só pela mistura pura e simples dos minerais fornecidos por diferentes rochas que constituem as *áreas-fonte*.

Muitos minerais são eliminados ou transformados por intemperismo nas *áreas-fonte*, durante o *transporte* até o sítio deposicional (bacia sedimentar) e após a sedimentação por *processos diagenéticos* (Fig. 7.7). Como a mineralogia de um arenito representa a herança da área-fonte, modificada por processos intempéricos, erosivos, deposicionais, etc., o seu estudo constitui um instrumento imprescindível na reconstrução da *proveniência*, do *transporte* e das condições físico-químicas reinantes nos *paleoambientes deposicional* e *diagenético*.

A *eliminação seletiva* dos minerais existentes na *área-fonte*, durante os processos de intemperismo, ocorre principalmente por decomposição química. Desta maneira, os feldspatos intemperizados são transformados em caulinita, os piroxênios e anfibólios são dissolvidos e transportados em *solução iônica*. Em contraste, alguns minerais, como os grãos de quartzo, são pouco solúveis e são transportados sem grandes alterações em relação às formas originais na rocha matriz. Deste modo, em grande escala, todos os arenitos representam um resíduo de *processos intempéricos* químicos superficiais, fracionado durante a dispersão nos diferentes meios de *transporte* e *deposição*. Durante o transporte, os minerais sofrem desgaste por *abrasão diferencial*, de acordo com a resistência física (dureza) de cada mineral. Alguns minerais são tão moles que mal sobrevivem aos rigores do transporte, sendo reduzidos a frações muito finas ou passando para a solução.

Finalmente, a composição mineralógica dos arenitos pode ser modificada por *dissolução, precipitação química* ou *transformações diagenéticas*. Nesses processos, os minerais menos estáveis podem ser eliminados completamente, enquanto novos minerais, carbonatos em particular, podem ser adicionados por precipitação química, preenchendo os meios porosos entre os grãos do arcabouço. Isto não significa, naturalmente, que o *cimento* só possa ser introduzido nesta fase particular de *litificação de areias*. Na verdade, os arenitos antigos devem conter cimentos de diversas gerações com diferentes idades.

b) Minerais detríticos

Minerais de sílica (SiO_2) — Apenas um *polimorfo cristalino* da sílica, o *quartzo de baixa temperatura* é termodinamicamente estável sob condições de sedimentação sendo, portanto, o mineral mais comum nos arenitos. Outros polimorfos, tais como a *tridimita* e a *cristobalita*, são raramente encontrados.

As variedades amorfas da sílica, inclusive a *opala* e *tufos silicosos*, etc., são freqüentes em arenitos antigos e modernos com afinidades vulcânicas, mas em arenitos não-vulcânicos só a *calcedônia* é mais comum.

Os termos *quartzo monocristalino* e *policristalino* são, em geral, empregados na descrição de variedades de quartzo. O *quartzo monocristalino* refere-se a grãos, consistindo em cristais simples (únicos) e *quartzo policristalino* a agregados de cristais de quartzo. A abundância de *quartzo policristalino* diminui com o incremento de pureza do arenito. Este fato sugere que os grãos de quartzo policristalinos sejam desagregados por intemperismo, transporte, deposisição e diagênese, considerando-se que os limites intercristalinos representem zonas de fraqueza, por onde ocorreria a desagregação.

Feldspatos — Todas as variedades de *feldspato* foram, até agora, encontradas como mi-

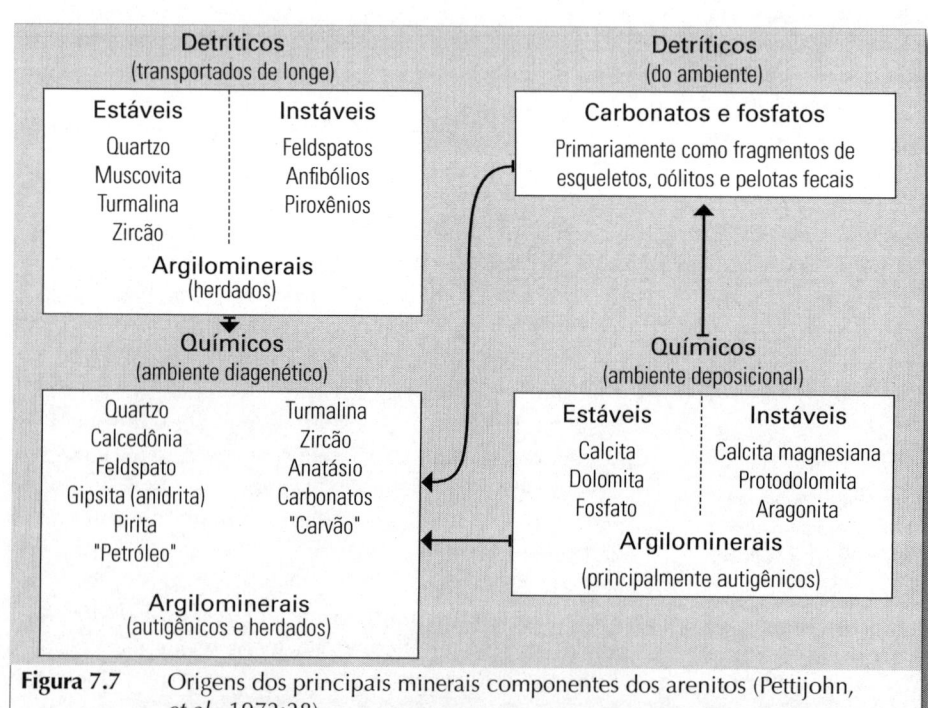

Figura 7.7 Origens dos principais minerais componentes dos arenitos (Pettijohn, *et al.*, 1972:28).

nerais detríticos em arenitos. Há evidências de que os *feldspatos potássicos* (ortoclásio e microclínio) sejam mais abundantes e que os *plagioclásios sódicos* superem os *cálcicos* em freqüência nos sedimentos. Como os feldspatos, de maneira análoga ao quartzo, são comuns em rochas ígneas e metamórficas, o simples registro de sua presença pode ser de pequena valia na interpretação da rocha matriz, a menos que a composição mais precisa seja especificada.

Argilominerais e outros minerais placóides (mica, clorita, etc.) — Esses minerais podem ser considerados juntos pelo fato de estarem intimamente relacionados em sua composição química, estrutura cristalina e modo de ocorrência nos arenitos.

A *muscovita*, a *biotita* e a *clorita*, comuns em arenitos, podem ocorrer como placas grandes, mas devido a sua forma achatada e conseqüente baixa velocidade de sedimentação, associam-se a grãos de silte ou argila de composição quartzosa.

Os argilominerais são componentes essenciais da matriz de fragmentos líticos de rochas argilosas (folhelhos, ardósias, etc.). Incluem-se minerais de todos os grupos principais: grupo da caulinita (caulinita, dickita e haloisita), as micas (muscovita, illita e glauconita), grupo da esmectita (montmorillonita, nontronita, saponita, etc.), grupo da clorita, etc.

Minerais pesados — Vários silicatos e óxidos constituem *minerais acessórios* de muitas rochas e dificilmente ultrapassam 1% em freqüência nos arenitos, sendo chamados de *minerais pesados* justamente pelas suas *densidades superiores* ao minerais mais freqüentes, como o quartzo e o feldspato.

Eles variam desde turmalina e zircão, que exibem altíssima estabilidade, aos anfibólios e piroxênios, que podem ser componentes abundantes de algumas rochas matrizes, que apresentam pequena resistência ao transporte e ao intemperismo químico.

Como os conjuntos de *minerais pesados*, entre outros fatores, estão relacionados às rochas matrizes mais ou menos específicas, são bastante úteis nos *estudos de proveniência*.

Fragmentos líticos — Os principais tipos de fragmentos líticos, encontrados nos arenitos, estão associados a rochas argilosas (folhelho, ardósia, filito e xisto), rochas vulcânicas (inclusive vidro vulcânico), e rochas silicosas (quartzito e sílex). Embora sejam menos importantes, os fragmentos de rochas carbonáticas podem localmente aparecer em freqüências significativas.

c) Minerais químicos

Carbonatos — Os minerais carbonáticos precipitados quimicamente são mais comuns em arenitos, como *cimento* que na forma detrítica, em virtude da baixa dureza e pequena estabilidade química, principalmente em condições de pH ácido. A *calcita* e a *dolomita* são os carbonatos mais comuns, sendo muitas vezes encontrados como preenchimento de poros e cimentos de origem pós-deposicional (epigenética). Os carbonatos ricos em ferro (*siderita*) são menos comuns que a calcita e a dolomita. Esses carbonatos são também encontrados como concreções.

Sílica autigênica — A sílica autigênica, sob formas de quartzo, calcedônia ou opala, é formada principalmente durante a diagênese das rochas sedimentares. Muitos desses minerais funcionam como material cimentante de *arenitos silicificados* (Fig. 7.8).

Sulfatos — A *gipsita*, a *anidrita* e a *barita* são os três sulfatos mais abundantes em arenitos, em geral encontrados na forma de cimentos. A *barita* ocorre também na forma de concreções.

Sulfetos — A *pirita* é o principal sulfeto encontrado nos arenitos, onde menores quantidades de *marcassita* também podem estar presentes. Em condições mais oxidantes, a *pirita* é mais estável que a *marcassita*, embora a estabilidade química desses sulfetos seja favorecida em condições bastante redutoras.

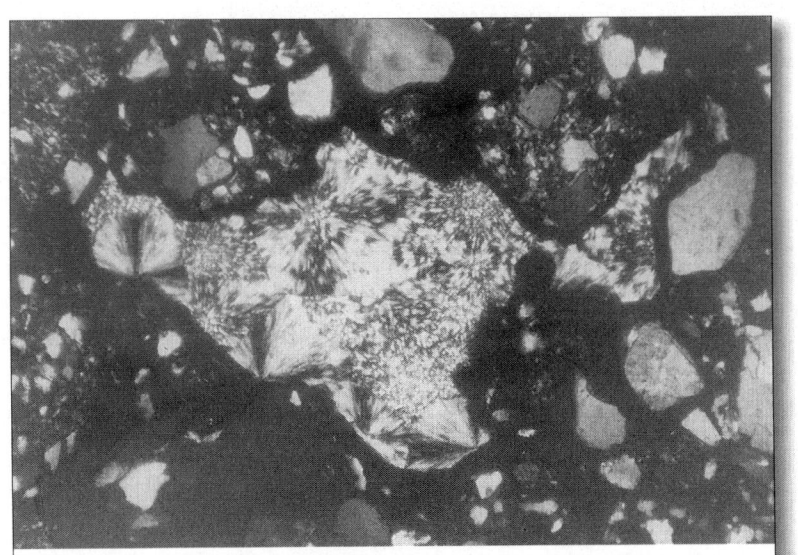

FIGURA 7.8 Opala e calcedônia ocorrendo como cimento de arenito. O cimento dos grãos detríticos, que aparece com cor cinza-escura na foto, é a opala. No centro da fotomicrografia é verificada a presença de calcedônia, com estrutura fibrorradiada. Nícois semicruzados. Arenito do Grupo Bauru (Cretáceo superior da Bacia do Paraná). Rodovia BR-50, entre Uberaba e Uberlândia (MG). Foto do autor. Os grãos claros (quartzo) apresentam diâmetros variáveis entre areias finas (0,125 -0,250mm) a muito finas (0,062-0,125 mm).

Outros minerais — Uma grande variedade de outros minerais de origem química ocorre em arenitos. Entre os mais importantes, tem-se os *fosfatos, silicatos de ferro, zeólitas, óxidos* e *hidróxidos de ferro* etc.

d) Aspectos texturais

Esses aspectos dizem respeito à forma, ao arredondamento, às feições superficiais, aos tamanhos dos grãos e à petrofábrica. Esses parâmetros têm sido estudados, principalmente com vistas à identificação dos ambientes deposicionais dos arenitos.

A *forma* e o *arredondamento* são propriedades dos grãos de areia, que têm grande significado para o estudo dos efeitos dos processos de transporte de sedimentos. Essas propriedades revelam as modificações sofridas pelos fragmentos arenosos, inicialmente angulosos, por abrasão, dissolução etc. O *grau de arredondamento* das partículas detríticas depende dos seus *tamanhos,* das suas *características físicas* e da *história da abrasão.* O arredondamento é um processo muito lento, principalmente nos grãos arenosos de quartzo. Portanto, grãos muito bem arredondados representam geralmente resultados de muitos ciclos de deposição e retrabalhamento em ambientes de praia. Especialmente no passado geológico muito remoto, quando a existência de extensas *áreas cratônicas estáveis* favoreceram maior retrabalhamento das areias.

O *tamanho médio* dos grãos e o *grau de seleção* são medidas da eficiência do agente de transporte, no processo de *fracionamento sedimentar,* durante a dispersão dos sedimentos. Desse modo, os vários agentes não selecionam igualmente os materiais transportados.

As feições menores das superfícies dos grãos, independentemente dos seus tamanhos, das suas formas ou dos graus de arredondamento, são denominadas de *texturas superficiais.* Elas são geralmente muito pequenas e, quase sempre exigem o uso do *microscópio eletrônico de varredura* (MEV). Em condições favoráveis, podem ser identificadas feições com *significado genético,* fornecendo importantes indicações sobre os ambientes de sedimentação dos arenitos.

A *petrofábrica* das areias e arenitos é definida pelo *arranjo espacial* dos grãos de diferentes tamanhos, formas e arredondamentos, que é determinada pelas *paleocorrentes deposicionais* e pelos processos de compactação.

e) Estruturas sedimentares

Como textura e composição mineralógica, as *estruturas sedimentares* são propriedades dos arenitos inerentes aos processos deposicionais. Portanto, elas são tão importantes quanto às características texturais nos estudos das areias e arenitos. Entretanto, ao contrário da textura e da mineralogia, que são propriedades determinadas principal-

mente em laboratório, muitas *estruturas sedimentares* são mais bem estudadas em afloramentos no campo.

Em uma subdivisão ampla e simplificada, podem ser reconhecidos quatro grandes grupos de estruturas sedimentares mais típicas de areias e arenitos:

- *estruturas de corrente* (principalmente hidrodinâmicas);
- *estruturas deformacionais;*
- *estruturas biogênicas;*
- *estruturas químicas.*

Estruturas de corrente — São formadas principalmente por correntes aquosas e eólicas, quando o sedimento é transportado. Essas estruturas são essencialmente *primárias,* ou *singenéticas,* e ajudam a interpretar os antigos ambientes de sedimentação e são usadas para mapear sistemas de *paleocorrentes deposicionais,* durante a dispersão dos sedimentos. As principais estruturas de corrente são *estratificações cruzadas, marcas onduladas assimétricas* e *marcas de sola* (turboglifos), etc. (Veja Capítulo 6).

Estruturas deformacionais — São estruturas produzidas logo após a deposição, antes da consolidação, principalmente por escorregamentos, escape de gases, sobrecarga, etc. As *marcas de sobrecarga* estão entre as *estruturas deformacionais* mais comuns e podem ou não ser indicativas de ambientes específicos. O único requisito para a sua formação é que haja depósitos de areia sobre *camada hidroplástica* (em geral, de argila saturada de água).

Estruturas biogênicas — São estruturas originadas por *organismos* (vegetais ou animais), tais como pistas, pegadas e tubos. Os siltitos e arenitos, raramente ricos em restos fósseis, podem conter bons *registros de atividade orgânica* chamados de *fósseis-traço* (trace fossils) ou *icnofósseis.* Esses fósseis são de fato mais bem preservados nesses sedimentos, onde encontram contraste suficiente de granulometria para se tornar visíveis. Na ausência de outras estruturas, os *fósseis-traço* podem ser empregados para, além de paleoambientes pós-deposicionais, definição de *topo e base* de camadas deformadas de uma seqüência sedimentar. *Icnofósseis* presentes em grande abundância foram descritos por Leonardi (1976), atribuíveis à *icnofauna de vertebrados,* além de *invertebrados* em afloramentos do Arenito Botucatu (s.s.), no município de Araraquara (SP).

Estruturas químicas — As estruturas sedimentares químicas em arenitos são resultantes de processos de *dissolução* e *precipitação.* Em *arenitos limpos* (com matriz escassa) são encontrados *estilólitos* que representam estruturas químicas de dissolução, além de *concreções carbonáticas,* originadas por precipitação química durante a diagênese. Exemplos: arenitos com *concreções carbonáticas* do Grupo Tubarão (Permocarbonífero da Bacia do Paraná) no km 80 da Rodovia Castelo Branco (SP). Podem também ocorrer concreções de sideritas, nódulos de fosfato, sílex, etc.

3.1.2.3 *Classificação dos arenitos*

a) *Introdução*

Muitos têm sido os esquemas propostos por diferentes autores para *classificação de arenitos*. Dois têm sido os critérios fundamentais de classificação: o descritivo e o genético. Alguns esquemas consideram um critério misto, isto é, descritivo e genético. Há propostas que encontraram ampla aceitação, enquanto outras foram praticamente ignoradas.

As linhas básicas para a classificação de arenitos foram estabelecidas por Krynine (1940 a 1948) e Pettijohn (1943 a 1957). Ambos reconheceram a importância da mineralogia como indício de composição da *rocha matriz* e de *tectonismo* da área-fonte, mas geralmente atribuíram ênfases diferentes ao papel da textura. O principal método de classificação usado, "emprestado" à petrologia ígnea, é o do *diagrama triangular.* Klein (1963a) e Okada (1971) realizaram uma revisão de cerca de cinqüenta classificações de arenitos, publicadas desde o trabalho clássico de Krynine (1948). A Fig.7.9 mostra quatro tipos de diagramas triangulares muito usados na classificação de arenitos.

Além do quartzo, igualmente importantes na *classificação de arenitos* são as proporções relativas de *feldspatos* (ou outros minerais de origem ígnea) e os *fragmentos líticos.* Krynine (1948) idealizou uma classificação baseada no diagrama triangular, considerando apenas as frações detríticas e computando-se os três componentes seguintes: quartzo (+ sílex), feldspato (+ caulinita) e filossilicatos (+ mica e + clorita). Ele observou que grande parte da mica, da clorita e da caulinita constitui matriz de granulação fina. Nesta classificação, o critério mais importante é a *composição mineralógica* e não a textura.

Muitas outras classificações foram propostas para resolver as ambigüidades no tratamento da textura e da mineralogia na mesma classificação. Folk (1954 e 1956) redefiniu a classificação de Krynine, introduzindo o tamanho dos grãos, gradando de areia a argila, bem como usando a *abundância de argila* como índice de maturidade.

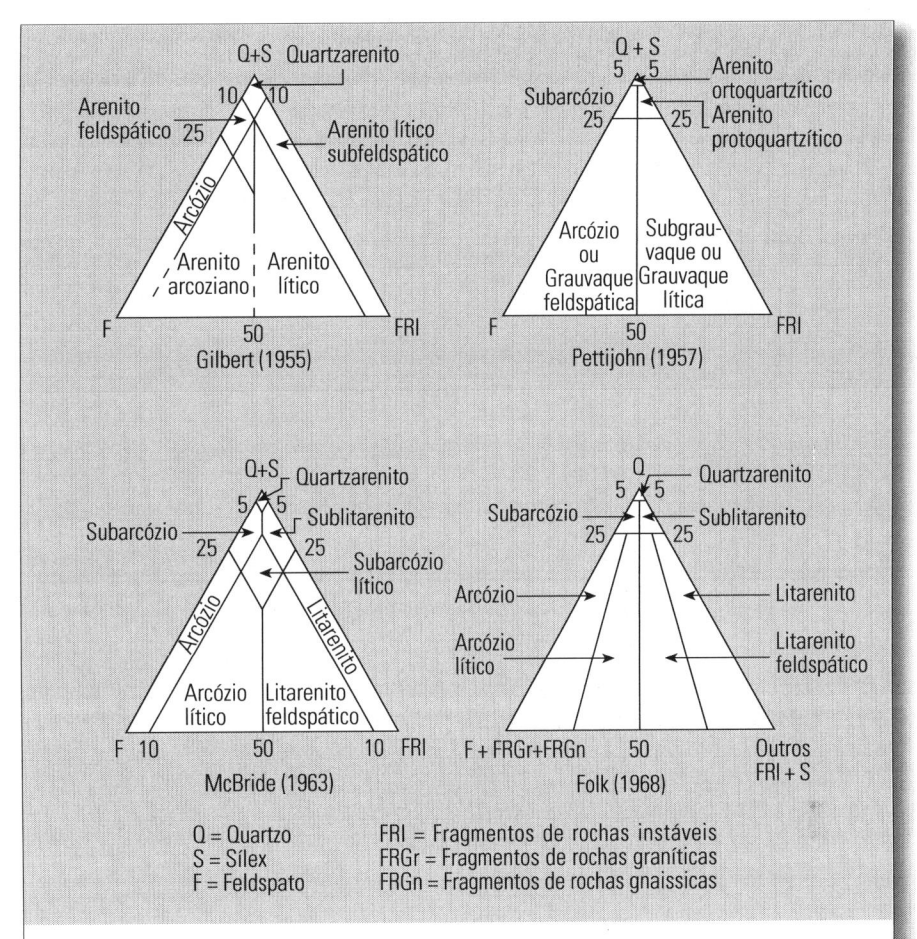

FIGURA 7.9   Alguns diagramas triangulares usados na classificação de arenitos. O termo *grauvaque*, para um tipo de arenito, é comumente usado quando apresenta 10 a 15% de matriz.

b) *Maturidade e classificação de arenitos*

Um dos conceitos muitos úteis na *nomenclatura de arenitos* é o baseado na idéia de *maturidade* (Folk, 1951).

A *maturidade de arenitos* é atingida de duas maneiras: química e fisicamente. Os sedimentos arenosos são formados a partir de uma rocha matriz, em geral de mineralogia bastante variada. Através do intemperismo, erosão e transporte os minerais mais instáveis são destruídos, causando um enriquecimento relativo em minerais quimicamente mais estáveis no resíduo. O quartzo é o mineral estável mais abundante e o feldspato é um exemplo de mineral instável. Portanto, um *índice de maturidade química* (ou *mineralógica*) de arenito pode ser expresso pela *razão quartzo/feldspato.* Os *sedimentos policíclicos*, resultantes de retrabalhamentos sucessivos, são comuns e há, neste caso, uma tendência ao enriquecimento gradual em quartzo. A *maturidade física* (ou *textural*), por outro lado, descreve as mudanças texturais que um sedimento sofre, desde o intemperismo da rocha matriz, passando pela erosão, transporte e deposição. Essas mudanças envolvem tanto os aumentos de *graus de seleção granulométricas*, assim como os de *arredondamento*, quanto o decréscimo

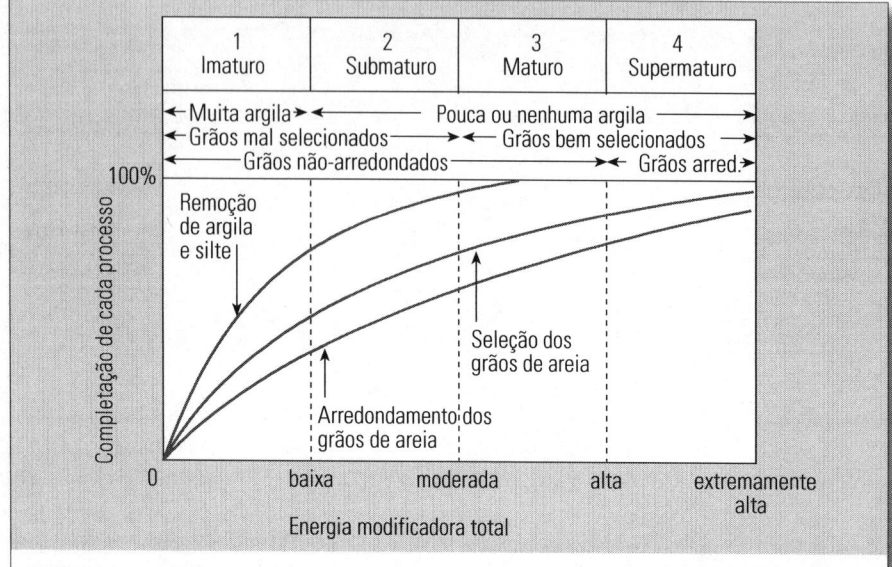

FIGURA 7.10 Vários estádios de maturidade textural, segundo Folk (1951), expressos em parâmetros que indicam cada estádio, com o grau de completação de cada processo dependente da energia modificadora total envolvida.

da quantidade de *matriz síltico-argilosa* (Fig. 7. 10). Portanto, este é um índice de *maturidade física* e pode ser fornecido pela *razão da porcentagem de grãos/ porcentagem de matriz*.

Tanto a *maturidade física* quanto a *química* ocorre durante a história do transporte de uma população arenosa e ambas estão intimamente relacionadas entre si. Portanto, uma areia com *alta maturidade física*

também exibe *alta maturidade química*. Isso porque a composição mineralógica é essencialmente dependente da proveniência, enquanto a composição textural é o resultado dos processos de transporte e deposição (Fig. 7.11).

Deste modo, as relações entre os parâmetros, como as freqüências de grãos estáveis, instáveis e matriz, lançadas em *diagrama triangular* definem os graus de maturidade dos arenitos (Fig. 7.12).

À medida que a *maturidade textural* progride, a população arenosa desloca-se a partir do vértice da matriz. Quando a *maturidade mineralógica* é melhorada, as areias movem-se a partir do vértice dos grãos instáveis. Como os dois tipos de maturidade avançam simultaneamente, a *tendência geral* (resultante) é que areias se desloquem para o ápice dos grãos estáveis. Provavelmente, a situação extrema seria dificilmente atingida em um único ciclo, mas a meta final de um sedimento arenoso, em continuo *processo de retrabalhamento*, será exatamente esta.

Segundo Selley 1976a), o conceito de maturidade pode ser quantificado da seguinte maneira: a *maturidade física* (*Mf*) é colocada em um dos lados do triângulo,

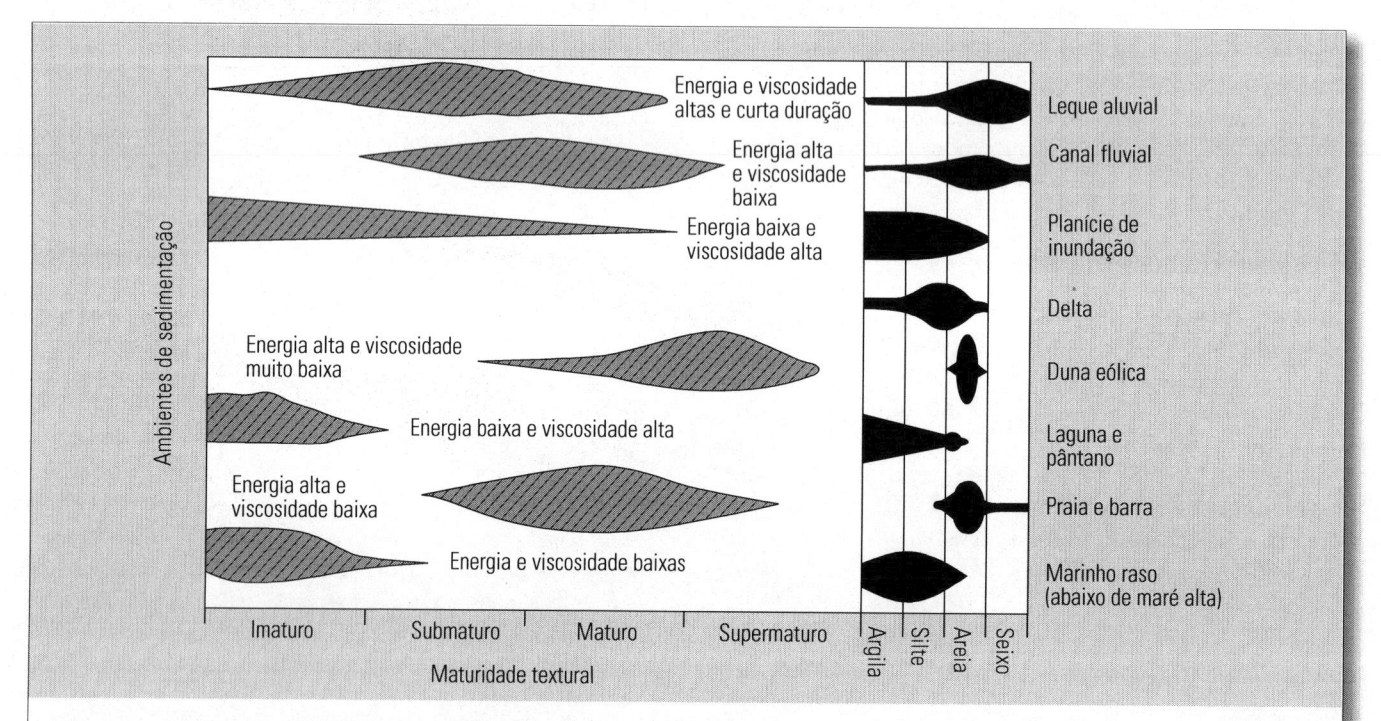

FIGURA 7.11 Maturidades texturais segundo Folk (1951) e os diferentes *ambientes de sedimentação* em termos de *energia* e *viscosidade* relativas envolvidas. Na figura, as larguras das faixas horizontais são proporcionais às importâncias relativas dos *graus de maturidade* (faixas hachuradas da esquerda) e das *granulometrias* (faixas pretas da direita) dos sedimentos nos diversos ambiente, especificados à direita.

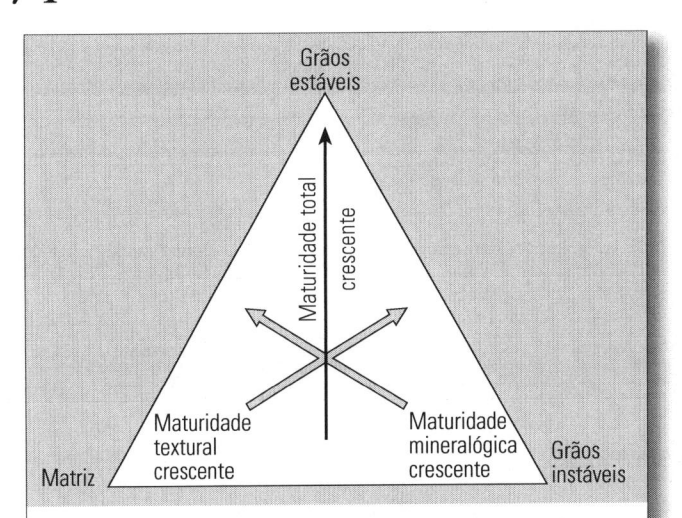

FIGURA 7.12 Diagrama triangular com indicação dos *membros extremos* para ilustrar como a composição mineralógica de uma areia (ou arenito) é uma função da maturidade textural (Selley,1976a: 83). Os graus de *maturidade mineralógica* (ou química) e de *maturidade textural* (ou física) evoluem, em geral, concomitantemente e juntas definem a *maturidade total*.

começando de zero, onde a rocha é totalmente composta pela matriz, até 100, onde a rocha seria completamente composta de grãos ou partículas (Fig. 7.13). Desse modo, tem-se:

$$Mf = \frac{G}{G + M} \times 100$$

em que *Mf* é o *índice de maturidade física*, *G* é o volume de grãos e *M* é o volume da matriz.

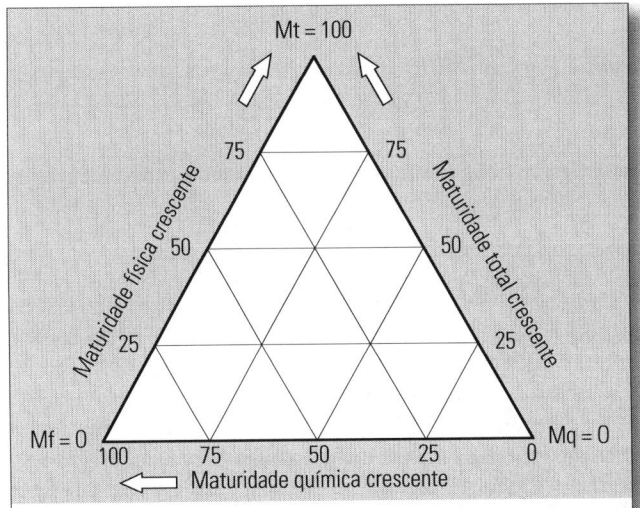

FIGURA 7.13 Diagrama triangular com indicação dos *membros extremos* em que uma areia (ou arenito) pode ser plotada para ilustrar os *índices de maturidade*, expressos em termos de porcentagem de *matriz*, de *grãos estáveis* e *instáveis*. Mf = índice de maturidade física; Mq = índice de maturidade química e Mt = índice de maturidade total (Selley,1976a: 85).

Da mesma maneira, a *maturidade química (Mq)* pode ser colocada no lado oposto do triângulo, em relação à *maturidade física*, variando de zero onde todos os grãos são quimicamente instáveis, a 100, onde todos os grãos são estáveis, isto é:

$$Mq = \frac{Ge}{Ge + Gi} \times 100$$

em que *Mq* é o *índice de maturidade química; Ge* é o volume de grãos quimicamente estáveis e *Gi* é o volume de grãos quimicamente instáveis.

Uma outra maneira de se avaliar o *grau de maturidade mineralógica* consiste no uso das razões de componentes detríticos estáveis sobre instáveis. Por exemplo, as razões de quartzo para feldspato, de quartzo mais sílex para feldspatos mais fragmentos líticos ou de quartzo monocristalino para policristalino constituem outros *índices de maturidade mineralógica*. Entretanto, a aplicabilidade dessas razões fica prejudicada quando todos esses minerais não estiverem presentes na área-fonte.

Combinando-se os índices de *maturidade física* e *química*, tem-se o *índice de maturidade efetiva (Mef)* de uma areia ou arenito, que pode ser encontrado pela relação:

$$Mef = \frac{Mf + Mq}{2}$$

em que *Mef* é o *índice de maturidade efetiva, Mf* e *Mq* são *índices de maturidade física* e *química*, respectivamente.

Este conceito pode ser empregado na nomenclatura de vários tipos de arenitos, pois o volume total de argila é o melhor indicador do conteúdo de matriz, o feldspato é um mineral instável volumetricamente importante, em muitos arenitos, e o quartzo é o mineral que indica o máximo de estabilidade, principalmente de natureza química.

c) Classificação de Pettijohn et al. (1972)

A classificação proposta pelos autores supracitados, utilizável em areias e arenitos, adota como *critério fundamental* as proporções de quartzo, feldspato e fragmentos líticos. Como *critério secundário* é considerada a freqüência da matriz argilosa no arenito, distinguindo-se *areias* ou *arenitos limpos* (com pouca matriz), quando contém menos de 15% de matriz das *areias* ou *arenitos sujos* (com muita matriz), quando possuem mais de 15% de matriz (Fig, 7.14).

Entre as areias e arenitos pobres em matriz, os que apresentam menos de 5% de feldspatos ou partículas líticas são chamados de areias ou *arenitos ortoquartzíticos (quartzarenitos)*. Os arenitos com 25% ou mais de grãos de feldspato e menor quantidade de fragmentos líticos são os *arenitos arcozianos*.

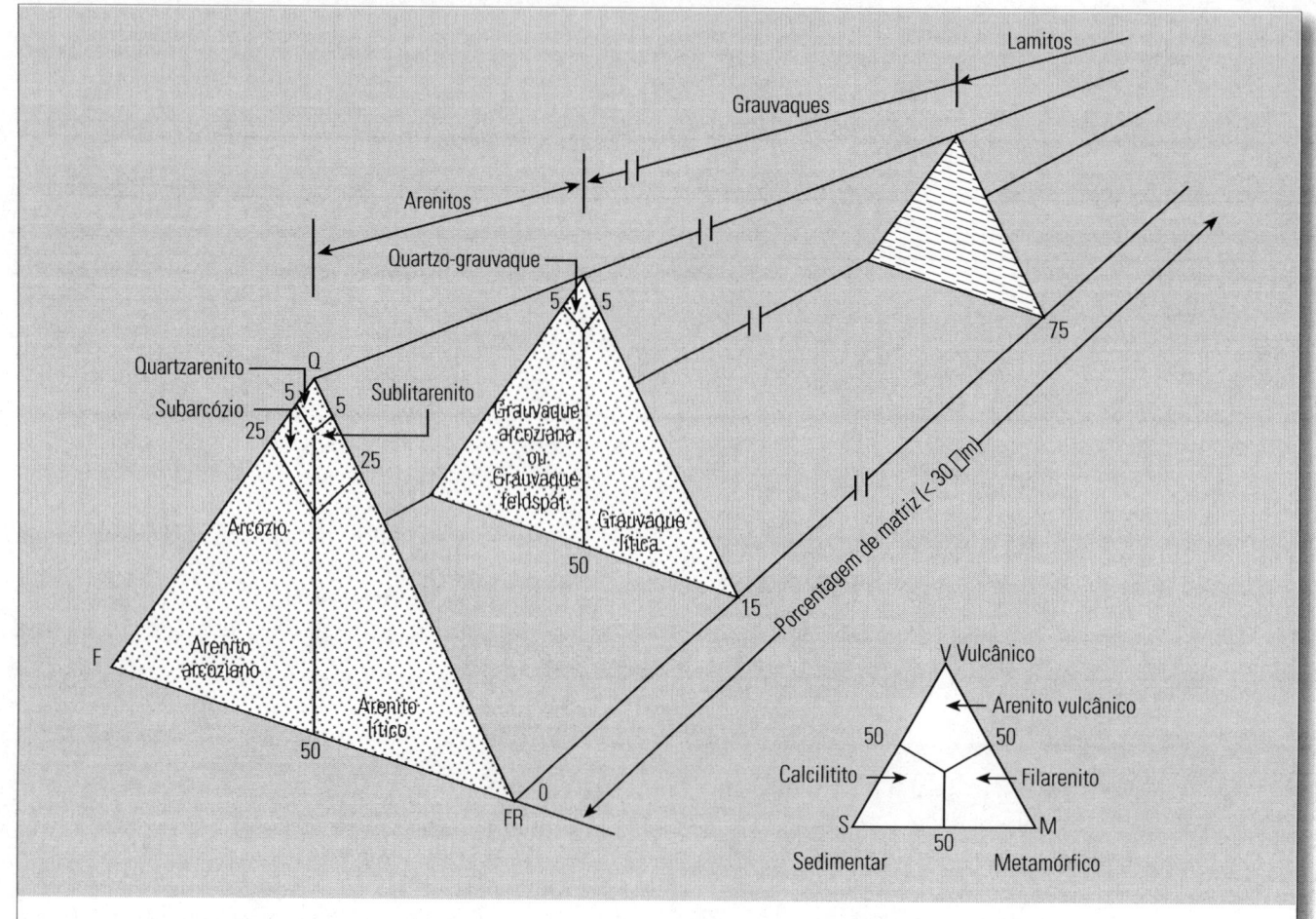

FIGURA 7.14 Classificação de *arenitos terrígenos*. Esta classificação usa fundamentalmente as porcentagens dos grãos minerais de arcabouço dos sedimentos compostos de quartzo, feldspato e fragmentos líticos de granulação de areia (Q= quartzo; F = feldspato e FR = fragmentos líticos). Modificada de Dott Jr. (1964: Figura 3)

As rochas arenosas com 25% ou mais de fragmentos líticos e menor quantidade de feldspatos são os *arenitos líticos* (*litarenitos*). As classes de transição compreendem os *subarcózios* (de 5 a 25% de feldspato) e os *arenitos sublíticos* (*sublitarenitos*) com 5% a 25% de fragmentos líticos.

O adjetivo *feldspático* é empregado com muita liberdade. Muitos arenitos contêm feldspato em proporções variáveis e, segundo Pettijohn *et al.*(1972), qualquer arenito com 5% ou mais de feldspato poderia ser denominado feldspático. Desta maneira, *subarcózios*, *arcózios*, alguns *arenitos líticos* e muitas *grauvaques* seriam incluídos entre os *arenitos feldspáticos*.

Em resumo, podem ser reconhecidos dois grandes grupos de arenitos, de acordo com os seus teores de matriz. As *areias* ou *arenitos comuns* com menos de 15% de matriz, que são subdivididos em três grandes famílias: *arenitos ortoquartzíticos* (ou *quartzarenitos*), *arenitos arcozianos* e *líticos* além das suas subfamílias (*subarcózios* e *sublitarenitos*). De acordo com a natureza dos fragmentos líticos, podem ser reconhecidos alguns subtipos de arenitos líticos. As areias e arenitos com 15% a 75% de matriz (partículas detríticas com dimensões inferiores a 30 mícrons) formam as *grauvaques*.

As duas variedades mais importantes dessas rochas são as *grauvaques feldspáticas* e *líticas*, dependendo da predominância de feldspatos ou fragmentos de rochas, respectivamente. As *grauvaques quartzosas* constituem um grupo mais raro e menos importante.

Os *arenitos líticos* contêm 25% ou mais partículas de rochas e conteúdo mínimo de matriz. Os diversos fragmentos líticos podem ser classificados em vulcânicos, sedimentares e metamórficas. Neste caso, podem ser reconhecidos os *filarenitos*, *calcilititos* e *arenitos vulcânicos*. Os *filarenitos* contêm mais de 50% das partículas líticas de ardósia, filito e micaxisto, isto é, rochas com predominância de filossilicatos. Nos *calcilititos*, verifica-se abundância de fragmentos líticos carbonáticos (calcários e dolomitos) de *origem alóctone* (fonte externa à bacia de sedimentação). Quando os fragmentos líticos forem constituídos predominantemente de rochas vulcânicas, tem-se os *arenitos vulcânicos*.

Esta classificação é essencialmente descritiva e baseada na composição mineralógica dos fragmentos detríticos (grãos + matriz), não dependendo do *ambiente deposicional*. Portanto, um *arenito ortoquartzítico* pode ser depositado em dunas e canais fluviais ou em praias marinhas.

3.1.2.4 Descrição e interpretação dos arenitos mais comuns

a) Arenitos ortoquartzíticos

Descrição geral — A designação *arenito ortoquartzítico* foi "popularizada" por Krynine (1948:149). Ele representa o produto final da evolução progressiva de sedimentos arenosos, composto por mais de 95% de quartzo na sua fração detrítica. Freqüentemente, o seu cimento silicoso é composto por quartzo precipitado quimicamente, em *continuidade cristalográfica* com os grãos detríticos. São encontrados *arenitos ortoquartzíticos* com cimento calcário, mas os outros tipos de cimento são mais raros. Sua cor é geralmente clara, variando de branca a rósea ou avermelhada. Neste caso, a cor geralmente é devida ao revestimento hematítico dos grãos.

As *partículas detríticas* de quartzo são predominantemente *monocristalinas*, pois as *policristalinas* tendem a ser eliminadas durante os *retrabalhamentos sucessivos*, em função da menor resistência física. Elas apresentam alto grau de arredondamento e excelente seleção granulométrica. Quando presentes, os outros componentes são formados por fragmentos de sílex e de outros minerais estáveis. A fração de minerais pesados é pouco variada, consistindo principalmente em turmalina, zircão e rutilo, bem arredondados e eventual ilmenita ou leucoxênio.

Modo de ocorrência — Esses arenitos têm distribuição mundial, embora sejam característicos de áreas tectonicamente estáveis, podendo ocorrer também em cinturões orogenéticos.

Significado genético — As características petrográficas que enquadram esses arenitos como *sedimentos supermaturos*, tanto em termos físicos como químicos, sugerem fortemente uma origem policíclica.

Alguns *arenitos ortoquartzíticos* são nitidamente marinhos por conter fósseis típicos desse ambiente. Outros são presumivelmente marinhos, mesmo que sejam afossilíferos, pois se encontram interdigitados com calcários e dolomitos marinhos.

b) Arenitos arcozianos

Descrição geral — Os *arenitos arcozianos* ou *arcózios* contêm mais de 25% de feldspato detrítico. Geralmente exibem granulação grossa e coloração rósea ou avermelhada, devida a feldspatos potássicos.

O mineral mais abundante dos *arcózios*, como em todos os outros arenitos, é o quartzo anguloso e granulometricamente mal selecionado. Excepcionalmente, o volume do feldspato pode exceder o do quartzo. A presença de *quartzo policristalino* é relativamente comum. O ortoclásio é o feldspato mais comum, embora possa aparecer também o microclínio. Os grãos de feldspato detrítico variam desde extremamente frescos até muito intemperizados, podendo também ocorrer mistura de ambos. Grandes placas de mica detrítica (muscovita e biotita) são também peculiares aos *arcózios*.

Modo de ocorrência — Os *arcózios* formam menos de 15% de todos os tipos de arenitos, mas ocorrem desde o Pré-cambriano até o presente. Comumente integram *fácies basal* de arenitos não-feldspáticos, no contato com o embasamento cristalino granítico.

Significado genético — Esses sedimentos parecem representar produtos de fontes próximas e intensamente soerguidas que de condições paleoclimáticas adversas (glaciais e desérticas). Desse modo, o *feldspato detrítico* resultaria principalmente de erosão acelerada que de intemperismo retardado.

Entretanto, os *arcózios* podem também ser produtos de clima mais rigoroso, em que a decomposição dos minerais é inibida. Quando encontrados no *registro geológico pretérito*, em rochas antigas, torna-se difícil distinguir os *arcózios* produzidos por fatores climáticos dos resultantes de altos gradientes topográficos. Por outro lado, freqüentemente tem-se a superposição desses dois efeitos.

c) Arenitos líticos

Descrição geral — Os *arenitos líticos* caracterizam-se por conter mais de 25% de partículas líticas em sua fração areia e pouca ou nenhuma matriz. A cor predominante cinza é atribuída pelas partículas de rochas sedimentares e metamórficas de baixo grau. Apresentam também lâminas de mica.

Entre os arenitos, os líticos são os que apresentam as maiores variabilidades mineralógica e química. Os principais tipos de *fragmentos líticos* são: sedimentares (folhelho, siltito e argilito), metamórficos de baixo grau (ardósia, filito e micaxisto) e vulcânicos (efusivas afaníticas).

Modo de ocorrência — Esses arenitos são comuns em sedimentos de todas as idades. Na maioria das vezes, correspondem a *sublitarenitos*, e os verdadeiros *arenitos líticos* são mais característicos de *depósitos aluviais*.

Significado genético — Os *arenitos líticos* são mais comuns em seqüência de "*flysch*" de idades cretácica e terciária. Em geral, são bons indicadores de *proveniência* (área-fonte), embora o mecanismo de produção de grandes volumes de fragmentos líticos arenosos, a partir de rochas de granulação fina, não esteja bem compreendido.

d) Grauvaques

Descrição geral — São arenitos de cor cinza, compostos de grãos de vários tamanhos do intervalo de areia e com abundante matriz pelítica (silte + argila). A fração arenosa é geralmente rica em quartzo (cerca de 50%), com proporções variáveis de feldspatos e partículas líticas, além da mica detrítica. Os grãos de quartzo são angulosos e mal selecionados e exibem pronunciada extinção ondulante. O feldspato mais comum é o plagioclásio com predominância de sódicos sobre cálcicos. O feldspato potássico pode estar completamente ausente, embora possa ocorrer em baixa freqüência em muitas *grauvaques*. As partículas líticas predominantes são de folhelho, siltito, ardósia, filito e micaxisto.

Modo de ocorrência — As *grauvaques* são geralmente marinhas e atribuídas a *areias turbidíticas* de *fácies de "flysch"*. Petri & Suguio (1969) descreveram *metarenitos* do Grupo Açungui (Pré-cambriano superior) como *metagrauvaques* em vista da abundante matriz, caráter maciço e disposição espacial caótica dos minerais. Ainda, segundo esses autores, a elevada freqüência de grãos de quartzo e quartzito e a baixa freqüência de feldspatos, permitiriam melhor defini-las como *metagrauvaques quartzosas*, segundo o conceito de Williams *et al.(*1954:294).

Significado genético — As grauvaques predominam em *depósitos de "flysch"*, sugerindo tratar-se de *turbiditos marinhos*. Sendo compostas de quartzo, feldspato e fragmentos líticos vulcânicos e metamórficos de baixo grau, denotam fontes mais diversificadas que os *arcózios*. Talvez, essas características sejam parcialmente devidas a sua *redeposição*.

3.1.2.5 *Geometria dos litossomas e ambientes sedimentares*

a) *Geometria de corpos arenosos*

A terminologia ligada à geometria de corpos arenosos pode ser descritiva ou genética. Os termos descritivos enfatizam principalmente as *formas dos litossomas*, enquanto os nomes genéticos possuem mais *conotações geomorfológicas*.

Existem pelo menos quatro formas básicas de corpos arenosos. Os chamados *lençóis* ou *cobertores* são caracterizados pela razão comprimento/largura em torno de 1 e cobrem áreas de alguns milhares de quilômetros quadrados. Petri & Suguio (1971) caracterizaram a Formação Cananéia (Pleistoceno do Estado de São Paulo) como depósitos arenosos marinhos em *forma de lençol* com *fator de persistência* (McGugan, 1965) da ordem de 90×10^6. Segundo Krumbein & Sloss (1963:550), este tipo de depósito exigiria condições especiais de sedimentação, que ocorreriam em mar em regressão, acompanhadas de abaixamento gradual do nível relativo do mar.

Ocorrem também corpos arenosos alongados, cujo comprimento é muito maior que a largura, tais como em *formas de vagem* (pod), *de fita* e *dendróides*. Os que têm *forma de vagem* apresentam uma relação comprimento/largura menor ou igual a 3, enquanto os que têm *forma de fita* possuem esta relação igual a 20 ou mais. Os que de *formas dendróides* são sinuosos e apresentam ramificações com tributários e distributários.

b) *Tipos de ambientes*

Os corpos arenosos com formas alongadas ocorrem em ambientes de *canais fluviais* (com tributários), *deltaicos* (com distributários) e de *correntes de turbidez*. Entre os diferentes ambientes, o fluvial seria talvez o mais bem estudado. Ele é composto por vários subambientes, tais como, planície de inundação, canais ativos e abandonados, dique natural, etc. Os *canais ativos* são caracterizados por sedimentação essencialmente arenosa. Os *deltas* também exibem vários subambientes com sedimentação essencialmente arenosa, tais como os canais distributários e a frente deltaica. Dependendo do tipo de delta, a planície deltaica é predominantemente formada por *cordões litorâneos* (ou *cristas praiais*) e *barras de maré* que também são arenosas.

Em estudos de sedimentos antigos de *áreas cratônicas*, os geólogos têm verificado a presença de corpos de arenitos pouco espessos, associados a carbonatos e folhelhos fossilíferos. As estruturas típicas desses arenitos são as *estratificações cruzadas* e as *marcas onduladas* que, em geral, caracterizam *ambientes marinhos rasos*. Por outro lado, espessas seqüências de sedimentos marinhos cíclicos, compostos de folhelhos argilosos e arenitos imaturos formam os depósitos de *"flysch"*.

Finalmente, onde houver suprimento de areia fina e seca pode ocorrer o transporte pelo vento, formando-se depósitos de dunas eólicas de diversas formas, que se acham preservados nos registros geológicos pretéritos de diferentes idades em várias partes do mundo.

3.1.3 *Rochas lutáceas*

3.1.3.1 *Introdução*

Entre as *rochas epiclásticas* mais comuns, os folhelhos são os mais abundantes, pois formam praticamente 50% a 80% das seções estratigráficas conhecidas e medidas no mundo. Embora elas sejam muito freqüentes nos *registros geológicos pretéritos*, são muito mais escassamente expostas que os calcários e arenitos, em razão da maior erodibilidade das *rochas lutáceas*.

Além disso, como a granulação muito fina dos componentes minerais dificulta o seu estudo em seções delgadas, elas são menos conhecidas que os arenitos e conglomerados. Muitos dos componentes mineralógicos nem mesmo podem ser identificados ao *microscópio petrográfico*, tendo que se recorrer a técnicas de *difração de raios X* (DRX) ou à *analise térmica diferencial* (ATD). Apesar da introdução de novas técnicas como a da *microscopia eletrônica de varredura* (MEV), os estudos concernentes às rochas argilosas são mais incompletos que os de outros *sedimentos epiclásticos*.

3.1.3.2 Terminologias e definições

As *rochas lutáceas* (ou *pelíticas*) compreendem os sedimentos cuja granulação predominante situa-se nos intervalos entre silte (0,062 a 0,004 mm) e argila (menores que 0,004 mm), de acordo com a escala granulométrica de Wentworth (1922a). As partículas mais finas desses intervalos granulométricas são predominantemente compostas por *argilominerais* (clay minerals).

Diferentes nomes são empregados para designar as *rochas lutáceas*. *Argilito* é um termo que poderia ser usado na denominação de *rochas lutáceas* mais maciças, correspondendo à *argila litificada*. Por outro lado, *folhelho* é um nome empregado para designar uma rocha argilosa com *fissilidade* que é uma propriedade inerente a esses sedimentos de separar-se em planos, cujas distâncias são essencialmente iguais aos diâmetros dos seus componentes (Suguio, 1998). O *lamito* refere-se à lama (mistura de várias proporções de fragmentos pelíticos e areia) consolidada. Segundo Picard (1971), as lamas modernas contêm aproximadamente 15% de areia, 45% de silte e 40% de argila.

Além disso, na literatura geológica em língua inglesa, há os termos *claystones* e *argillites*, indicativos de rochas lutáceas do tipo *argilito*, com diferenças muito sutis nos seus significados. Em geral, *claystone* refere-se à argila litificada, menos endurecida que o *folhelho* (shale), enquanto o termo *argillite* designa rochas lutáceas endurecidas e levemente metamorfoseadas, com características intermediárias entre o *folhelho* e *ardósia* (slate). Na Fig. 7.15, têm-se as relações entre os diversos tipos de rochas lutáceas.

3.1.3.3 Composição das rochas lutáceas

a) Composição química

As análises químicas ainda permanecem como um importante meio para se obter informações sobre a composição dessas rochas. A sílica (SiO_2) é o componente primordial de todas as *argilas* e *folhelhos*. Ela é constituinte essencial dos *argilominerais* na forma de silicatos detríticos residuais e como sílica livre (quartzo e sílica precipitados bioquimicamente em *radiolários, diatomáceas e espículas de esponjas*). A alumina (Al_2O_3) é também um componente importante dos *argilominerais* e de outros silicatos detríticos (fragmentos de feldspatos). O ferro surge nas rochas argilosas como pigmento corante, na forma de hidróxidos de ferro, também entrando na composição de minerais, como a nontronita, clorita, etc.

Constata-se uma íntima relação entre a razão sílica/alumina e a granulometria das *rochas lutáceas*, sendo as rochas mais ricas em sílica, em geral, mais grossas. Outros componentes mais ou menos comuns nas rochas argilosas são: K, Mg, Na e P, cujos teores variam principalmente em função do tipo de *argilomineral* presente.

b) Composição mineralógica

Embora a composição química possa ser determinada com relativa facilidade, a constituição mineralógica é, às vezes, mais difícil de ser estabelecida com precisão. Sob o microscópio petrográfico convencional, podem ser identificadas somente partículas de diâmetro superior a cerca de 0,01mm.

A fração mais grossa das *rochas lutáceas* comuns é mais rica em quartzo e feldspato e, na fração fina, predominam os *argilominerais* que, normalmente, perfazem mais de 50% dos minerais dessas rochas.

A composição mineralógica média do folhelho pode ser vista na Tabela 22, onde se pode estimar que cerca de 1/3 é formado de quartzo, 1/3 de argilominerais (caulinita, illita, etc.) e 1/3 de mistura de vários minerais (calcita, dolomita, etc.).

Em virtude da granulação muito fina, acredita-se que as *rochas lutáceas* sejam muito suscetíveis a rearranjos mineralógicos, originando diversos *minerais autigênicos*. Esse rearranjo poderia ser considerado como a principal causa de *litificação* dos folhelhos. O *sulfeto de ferro amorfo* disseminado pode ser recristalizado em cubos de pirita. Alguns outros componentes mais raros e dispersos podem ser segregados e concentrados em *nódulos* e *concreções*.

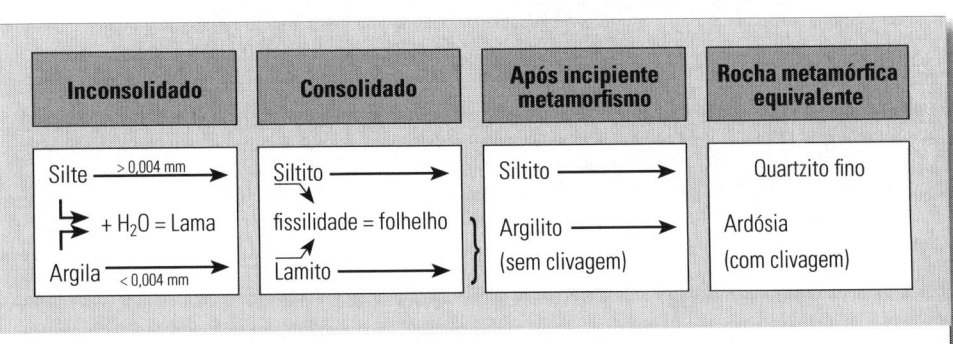

FIGURA 7.15 Classificação geral de *folhelhos* (*shales*) e das *rochas lutáceas* (ou *rochas pelíticas*) relacionadas (modificada de Twenhofel, 1937).

TABELA 22 Composição mineralógica média calculada de folhelhos (Petti-john,1957)

Componentes mineralógicos	Composição média do folhelho	
	Leith & Mead (1915)	Clarke (1924)
Quartzo	32	22,3
	(32)	(22,3)
Caulinita e outros argilominerais	10	25,0(a)
Sericita e paragonita	18	—
Clorita e serpentina	6	—
	(34)	(25,0)
"Limonita", hematita e pirita	5	5,6(b)
Calcita e dolomita	8	5,7
Feldspatos	18	30,0
Titanita e rutilo	1	—
Matéria orgânica	1	—
Outros minerais	—	11,4
	(33)	(52,7)

(a) Provavelmente em parte sericita.
(b) Somente "limonita".
Os números entre parênteses representam as somas das freqüências de quartzo, argilominerais e outros minerais.

3.1.3.4 Textura e estrutura

a) Granulometria

A distribuição granulométrica das *rochas lutáce-as* tem sido intensamente estudada. O resultado mais significativo das análise granulométricas mostra que a maioria dos *argilitos* e *folhelhos* contém grande porcentagem de silte, sendo raras as argilas puras. Segundo Nahon & Trompette (1982), os processos de intemperismo, principalmente os atuantes nas zonas tropicais, constituem o fenômeno mais importante na origem dos siltes, que são essencialmente quartzosos. A moagem glacial originaria relativamente pouco silte e grande parte deste sedimento contido nos depósitos de "*loess*" quaternários, seria resultante do retrabalhamento glacial de perfis de intemperismo. Entre as frações detríticas, compostas essencialmente de quartzo, o silte representaria cerca de 10% em arenitos, 20% em carbonatos e 75% em folhelhos (Blatt, 1967).

Uma feição característica de algumas argilas é a *estrutura em pelotas*, que são pequenos agregados arredondados de argilominerais e quartzo fino, dispersas em matriz do mesmo material ou de material mais grosso. A origem das *pelotas de argila* (clay galls) tem sido atribuída

à erosão de argilas anteriormente depositadas, por correntes aquosas mais velozes e, portanto, de maior energia.

b) Fissilidade

A compactação que causa a reorientação dos minerais placóides, concomitante com alguma recristalização causa a litificação do sedimento e desenvolve a *fissilidade* (Fig. 7.16). A origem da *fissilidade* está relacionada aos argilominerais na rocha, em termos de sua *abundância, grau de cristalinidade, tipo* e *orientação espacial*. Esta propriedade tem muito pouco a ver com a orientação paralela dos minerais placóides durante a decantação em meio aquoso.

Em alguns depósitos argilosos, os argilominerais dispõem-se caoticamente (Keller, 1946), e este fenômeno pode ser comumente atribuído ao *crescimento autigênico* de cristais "*in situ*" ou sedimentação por *suspensão floculada*.

Alling (1945) tentou estabelecer uma *escala de fissilidade*, relacionando esta propriedade com a composição mineralógica dos folhelhos (Fig. 6.8). Ele observou que a *fissilidade* de um folhelho decresce com o aumen-

FIGURA 7.16 *Folhelho carbonoso* de cor cinza escura, exibindo *fissilidade* (*fissility*) muito conspícua. Essa rocha apresenta também *concreções, provavelmente singenéticas* siderita ($FeCO_3$). Formação Ponta Grossa (Devoniano marinho) da Bacia do Paraná. Corte de ferrovia federal rumo a Arapoti em Jaguariaíva (PR).Foto do autor. Escala: martelo de geólogo.

to dos teores de *materiais silicosos* (principalmente quartzo) e *carbonáticos* (principalmente calcários). Por outro lado, os folhelhos ricos em matéria orgânica carbonosa parecem ser especialmente mais físseis. Exemplos: *folhelhos papiráceos* e *semipapiráceos* da Formação Tremembé do Terciário da Bacia de Taubaté, SP. Desse modo, acredita-se que uma importante causa do incremento da *fissilidade* seja a abundância, entre as moléculas orgânicas, de *hidrocarbonetos alifáticos* de cadeia retilínea, cujos átomos terminais de hidrogênio foram substituídos por grupos reativos. Um outro fator que favorece o desenvolvimento da *fissilidade* em *folhelhos orgânicos* é a ausência de organismos perfuradores, em ambientes de águas estagnadas, onde se sedimentam os *folhelhos negros*.

c) Laminações e ritmitos

As espessuras das *laminações* de folhelhos variam entre 0,05 mm a 1mm e elas se manifestam sob uma das três formas seguintes de alternância de:

1. partículas mais finas e mais grossas, tais como argilas e siltes, respectivamente;
2. materiais mais claros e escuros;
3. calcita e silte, ou ainda combinações desses materiais.

Essas alternâncias são originadas pelas diferenças nas velocidades de decantação ou nas naturezas dos materiais, supridos à bacia sedimentar. Elas podem ter *origem sazonal* e, desta maneira, produzem *ritmitos* semelhantes aos de *lagos periglaciais*.

d) Concreções e estruturas relacionadas

Os folhelhos e os siltitos comumente apresentam concreções que são formadas pela segregação de substâncias químicas durante a diagênese. Mais freqüentes são as concreções carbonáticas principalmente de $CaCO_3$, que se dispõem ao longo de camadas com formas levemente achatadas.

3.1.3.5 Descrição de alguns tipos de rochas lutáceas

a) Folhelhos comuns

Os minerais que compõem os *folhelhos comuns* podem ser derivados de três fontes:

1. material de abrasão mecânica;
2. produto final de intemperismo;
3. adições químicas e/ou bioquímicas.

Os folhelhos, de maneira análoga às *rochas epiclásticas* associadas de granulação mais grossa, variam amplamente de composição, em função das condições tectônicas e/ou geomorfológicas da bacia de sedimentação Segundo Krynine (1948), as composições mineralógicas dos folhelhos variam tanto quanto os arenitos com

os quais acham-se associados. Portanto, os folhelhos ligados aos *arenitos ortoquartzíticos* são mais quartzosos, os relacionados às *grauvaques* são mais micáceos ou cloríticos e, finalmente, os associados aos *arcózios* são ricos em caulinita.

Os folhelhos de origem marinha são caracterizados pelos argilominerais dos grupos da illita e da clorita, em contraposição aos de água doce, que são mais ricos em esmectita.

b) Folhelhos carbonosos (ou folhelhos negros)

São folhelhos altamente *físseis* e desagregam-se em lascas finas e semiflexíveis. Enquanto os folhelhos comuns contém cerca de 1% de matéria orgânica, os folhelhos negros apresentam 3% a 15%. Eles são também ricos em sulfetos, principalmente pirita que pode substituir fósseis ou formar nódulos e grãos dispersos. São também ricos em elementos-traço metálicos como U, V, Ni e Cu. Os fósseis estão, em geral, ausentes nesses folhelhos e quando presentes formam uma *fauna pobre* e homogênea.

Eles são depositados em *condições redutoras* (Eh negativos) e *anaeróbias* (pobres em oxigênio). O mar Negro e os fundos de fiordes atuais da Noruega e Dinamarca, por exemplo, são bastante propícios à sedimentação desses depósitos lutáceos.

c) Folhelhos silicosos

Enquanto o teor médio de sílica dos folhelhos é de 58%, os silicosos contêm até mais de 85%. Outros componentes, tais como ferro ferroso e carbonatos, estão ausentes ou são muito raros.

O caráter silicoso parece estar ligado à abundância de *quartzo detrítico* e não estaria relacionado à opala (sílica amorfa) de cinzas vulcânicas. Entretanto, o lento intemperismo químico de cinzas vulcânicas altamente silicosas, na presença de matéria orgânica em decomposição, também favoreceria a alta concentração dessa substância.

d) Folhelhos aluminosos

O teor médio de Al_2O_3 nos folhelhos é de cerca de 15,4%, mas nos folhelhos aluminosos ultrapassa 22%. A origem desses folhelhos não está muito bem compreendida, porém acredita-se que folhelhos ricos em minerais bauxíticos (com gibbsita, etc.) ou em argilominerais cauliníticos apresentem esta característica.

e) Folhelhos calcíticos e margas

A maioria dos folhelhos apresenta teor médio de 2,63% de CO_2 que corresponde a 6% de $CaCO_3$. Na Fig. 6.8 pode-se constatar que o aumento do teor de $CaCO_3$ nos folhelhos implica diminuição da sua *fissilidade*, passando gradualmente a calcário argiloso.

Quando os sedimentos pelíticos contêm 35% a 65% de $CaCO_3$, formando misturas semifriáveis de materiais argilosos e calcário, têm-se a *marga* (marl). Este termo tem sido comumente usado para designar *depósitos calcários terrosos* de origens lacustre ou paludial.

O $CaCO_3$ dos folhelhos está ligado a *materiais precipitados finos* ou a *carapaças de microrganismos*, principalmente testas de foraminíferos e ostrácodes.

3.2 Rochas sedimentares piroclásticas (ou vulcanoclásticas)

3.2.1 *Introdução*

Essas rochas resultam da acumulação natural de materiais vulcânicos de explosão e, portanto, possuem *origem mista* (ígnea e sedimentar) e, como as *epiclásticas*, também se caracterizam pela presença de *textura clástica* e *estrutura deposicional*.

As *rochas sedimentares piroclásticas primárias* são formadas por explosões vulcânicas e posterior deposição, por simples queda gradativa subaérea geralmente nas imediações dos edifícios vulcânicos. Elas são muito suscetíveis ao retrabalhamento e através da erosão, transporte e sedimentação, em meio diferente

do primeiro, pode originar *rochas sedimentares piroclásticas secundárias*. Neste caso, pode-se processar a mistura com materiais derivados de *rochas sedimentares epiclásticas*.

Os fragmentos presentes nessas rochas são de três tipos diferentes: vítreos, cristalinos e líticos (Fig. 7.17). Os *fragmentos vítreos* são compostos de vidro (sílica amorfa), formado por consolidação da lava durante a explosão, com formas tipicamente angulosas e com freqüentes fraturas conchoidais. Os *fragmentos cristalinos* são representados por cristais já consolidados no seio da lava que, durante a explosão, foram incorporados nos *materiais piroclásticos*. Os *fragmentos líticos* são compostos por fragmentos de *rochas vulcânicas*. Em geral, os dois primeiros tipos formam fragmentos mais finos, enquanto o último apresenta dimensões bem maiores.

3.2.2 *Classificação dos materiais piroclásticos*

Em analogia com as *rochas sedimentares epiclásticas*, os fragmentos lançados ao ar pelas explosões vulcânicas foram designados de *piroclastos* (Holmes, 1920). Mais tarde, independentemente de sua composição, surgiu também a designação *ejetos*. Finalmente, Thorarinsson (1954) propôs o termo *tefra* (do grego, *cinza*), referindo-se aos piroclastos transportados pelo

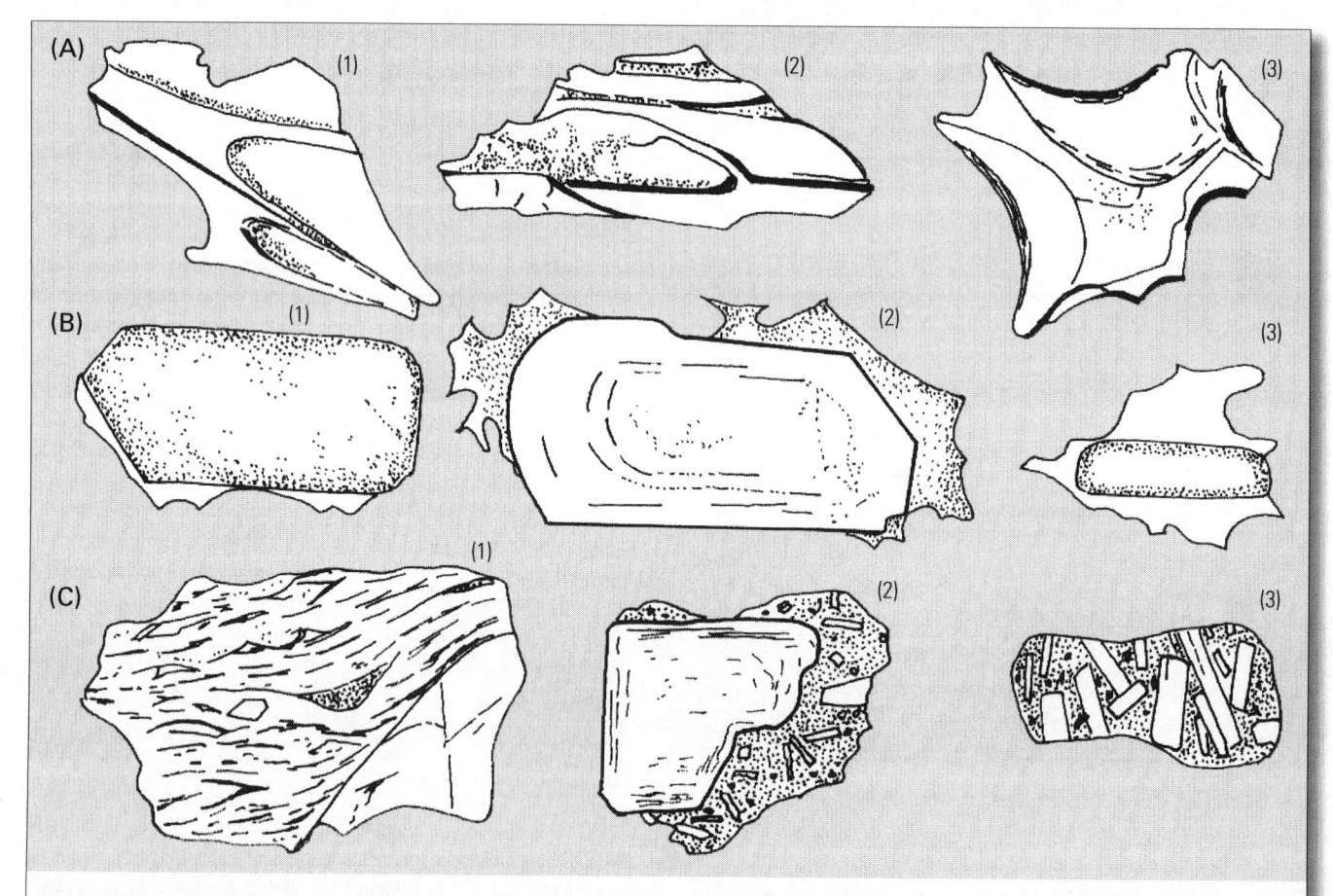

FIGURA 7.17 Fragmentos piroclásticos de diferentes formas. A = vítreos, B = cristalinos e C = líticos (modificada e Teruggi *et al.*, 1978).

Tabela 23 Classificação de sedimentos e rochas piroclásticas, segundo Fisher (1961)

Diâmetro (mm)	Piroclasto individual	Agregado inconsolidado	Rocha piroclástica
maior que 64	Blocos e bombas	Agregado de blocos e bombas	Aglomerado vulcânico (grosso e fino)
2 a 64	"Lapilli"	Agregado de "lapilli"	Lapillito
0,062 a 2	Cinza	Cinza grossa	Tufito grosso
menor que 0,062	Pó	Cinza fina	Tufito fino

ar. Deste modo, existem três termos quase sinônimos para designar os materiais componentes das *rochas sedimentares piroclásticas*, embora o termo mais difundido seja *piroclasto* (adjetivo: *piroclástico*).

Além disso, os *fragmentos piroclásticos* podem ser classificados em essenciais, acessórios e acidentais. Os *essenciais* são ligados ao magma de uma determinada erupção; os *acessórios* representam os piroclastos derivados de rochas mais antigas do mesmo vulcão, e os *acidentais* referem-se aos fragmentos não-vulcânicos (rochas plutônicas, metamórficas e sedimentares), destacados do substrato vulcânico durante as erupções.

Até hoje, a classificação mais empregada para sedimentos e rochas piroclásticas foi proposta por Fisher (1961, 1966), cuja subdivisão é baseada na escala granulométrica de Wentworth (1922a), Tabela 23.

Teruggi *et al.*(1978) propuseram pequena modificação à classificação de Fisher (1961), essencialmente limitada ao termo *"lapilli"*, que deveria abranger o intervalo 2-32mm e, desse modo, os *blocos* e *bombas* seriam representados por piroclastos mais grossos que 32 mm. Além disso, as *cinzas grossa* e *fina* seriam denominadas de *cinza* e *pó*, respectivamente.

3.2.3 Principais rochas piroclásticas primárias

3.2.3.1 Introdução

Uma das características peculiares às *rochas piroclásticas* é a presença de *ignimbritos* (ou *tufitos soldados*). Este tipo de material é formado porque, quando os fragmentos componentes dessas rochas são depositados, parte ainda apresenta-se quente e em estado de fusão (Fig. 7.18). Então, ocorre deformação e soldamento, originando-se estruturais fluidais típicas.

Quase todos os *ignimbritos* são compostos predominantemente por *cinzas vulcânicas*, eventualmente contendo também partículas

de *"lapilli"*, que se acham intensamente deformadas e orientadas. Por outro lado, a maioria desses depósitos está relacionada às *nuvens ardentes* (nuées ardents) ou *correntes* (ou *fluxos*) *piroclásticas de alta densidade*, que se movem a altas velocidades. As *nuvens ardentes* são, em geral, formadas por parte basal mais densa, que desenvolve *movimento de massa de alta temperatura* (*fluxo de cinzas*), e a porção superior de temperatura mais baixa apresenta nuvens de cinzas mais finas e gases.

3.2.3.2 Aglomerado e brecha vulcânicos

São *rochas piroclásticas* formadas predominantemente por *ejetos vulcânicos* com diâmetros superiores a 32 mm. Os fragmentos podem ser mais arredondados que nos depósitos mais finos e a estratificação apresenta-se menos desenvolvida ou falta por completo.

Quando os fragmentos maiores (blocos e bombas) são mais angulosos tem-se o *aglomerado brechóide* e quando se tem abundante matriz de diâmetro inferior a 2 mm, tem-se o *aglomerado tufáceo*. Finalmente, pode-se falar em *aglomerado vulcânico grosso*, quando ocorre predominância de *blocos* (diâmetro maior que 256 mm) e *aglomerado vulcânico fino*, quando se nota grande freqüência de bombas (64 a 256 mm).

3.2.3.3 – Tufo ou tufito de "lapilli"

Quando os piroclastos são predominantemente de tamanhos intermediários entre *cinza* (menor que 2 mm) e *bloco* e *bomba* (maior que 64 mm), tem-se a *rocha piroclástica*, denominada *tufo* ou *tufito de "lapilli"*. Em geral, esta rocha contém fragmentos de *pomes* (púmice) mais ou menos arredondados e, portanto, é representada principalmente por *ejetos essenciais* (essential ejec-

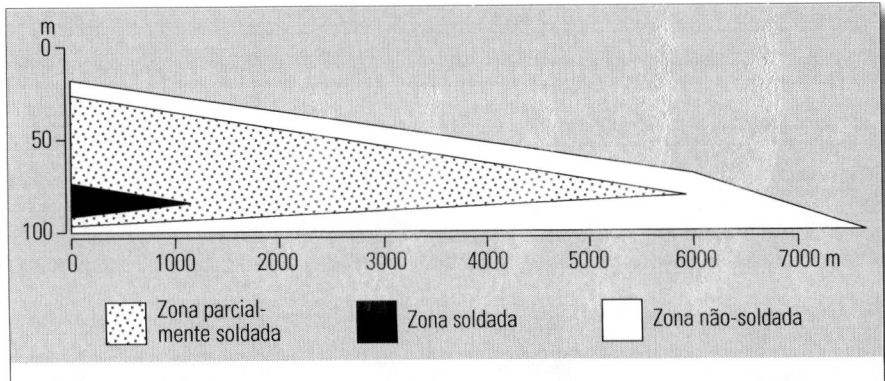

FIGURA 7.18 Corte longitudinal de *depósitos ignibríticos* (ou de *tufitos soldados*), segundo Smith (1960), parcialmente modificado por Teruggi *et al.*(1978).

ta), embora possam estar presentes *ejetos acidentais* (accidental ejecta) de fragmentos líticos ou agregados cristalinos. *Pomes* ou *pedra-pomes* corresponde a uma variedade de *rocha vulcanoclástica*, com altíssima porosidade e baixíssima densidade de cor esbranquiçada. Normalmente é originada de lava ácida do tipo andesítico. As dimensões variam desde granulometria de *cinza vulcânica* (volcanic ash) até mais de 1m de diâmetro.

3.2.3.4 - *Tufo ou tufito vulcânicos*

Nome genérico adotado para designar *rochas piroclásticas*, cujos clastos predominantes possuem diâmetro inferior a 2 mm. Desta maneira, *tufo* ou *tufito vulcânicos* representam *piropsamito* (Fig. 7.19). Além disso, a natureza predominante dos fragmentos permite subdividi-los em *vítreos*, *cristalinos* e *líticos*. O *tufo vulcânico vítreo* corresponde ao depósitos de cinza vulcânica litificado, predominantemente formado por fragmentos de vidro expelidos pelo vulcão. O termo é apropriado quando mais de 75% das partículas componentes são dessa natureza. O *tufo vulcânico cristalino* é composto predominantemente por cristais vulcânicos e fragmentos de cristais ejetados. O termo é adequado, quando o volume dos cristais contidos é igual ou superior a 75%. Finalmente, o *tufo vulcânico lítico* é composto predominantemente por fragmentos de rochas cristalinas formados por resfriamento dos materiais vulcânicos.

3.2.4 Algumas rochas piroclásticas secundárias

3.2.4.1 Introdução

Essas rochas resultam da desintegração, erosão, transporte e sedimentação de *rochas piroclásticas*. Na verdade, podem ser consideradas como *rochas sedimentares epiclásticas*, que diferem das demais porque as rochas matrizes são *rochas piroclásticas*. Desse modo, podem exibir qualquer granulação, mas as mais comuns apresentam granulação fina.

As informações científicas sobre essas rochas são muito deficientes, mas, em principio, existem dois tipos fundamentais:

1. as derivadas diretamente de *rochas piroclásticas*;

2. as relacionadas à mistura, em proporções variáveis, de *rochas sedimentares piroclásticas* e *epiclásticas*.

Baseado nos fatos acima e adotando-se a escala granulométrica de Wentworth (1922a), podem ser obtidas as seguintes denominações: *tufopsefitos*, *tufopsamitos* e *tufopelitos* (Teruggi *et al.*, 1978).

3.2.4.2 - *Características gerais*

Embora, no estágio atual dos conhecimentos, pareça prematura qualquer tentativa de classificação das *rochas piroclásticas secundárias*, segundo Teruggi *et al.*(1978), os especialistas da antiga União Soviética dividiram essas rochas em *ortotufitos* e *paratufitos* independentemente da granulometria. Os *ortotufitos* conteriam menos de 50%, e os *paratufitos* mais de 50% de *fragmentos epiclásticos* na composição dos clastos e da matriz.

De qualquer modo, quanto aos ambientes de sedimentação, podem ser bastante diversificados, podendo aparecer como depósitos fluviais, lacustres, eólicos e paludiais, além de depósitos gravitacionais (tipo "*lahar*"). O *lahar* é um termo originário da região vulcânica de Java e serve para designar *diamictito* associado à *corrida de lama vulcânica*, contendo cinzas e outros produtos de atividades vulcânicas.

No Brasil, em geral, são raras essas rochas. As unidades litoestratigráficas conhecidas como formações Uberaba (Cretáceo superior da Bacia do Paraná) e Capacete (Cretáceo da Bacia do São Francisco), distribuídas especialmente no Triângulo Mineiro e Alto Paranaíba (MG), poderiam ser tomadas como exemplos de *rochas piroclásticas secundárias* (Barcelos *et al.*, 1986/1987), possivelmente do tipo *ortotufito*.

4. Rochas sedimentares autóctones

4.1 Introdução

Em contraposição às *rochas sedimentares alóctones*, compostas basicamente por materiais extrabacinais, as *rochas sedimentares autóctones* são constituídas, principalmente, por fragmentos minerais originados dentro da bacia sedimentar.

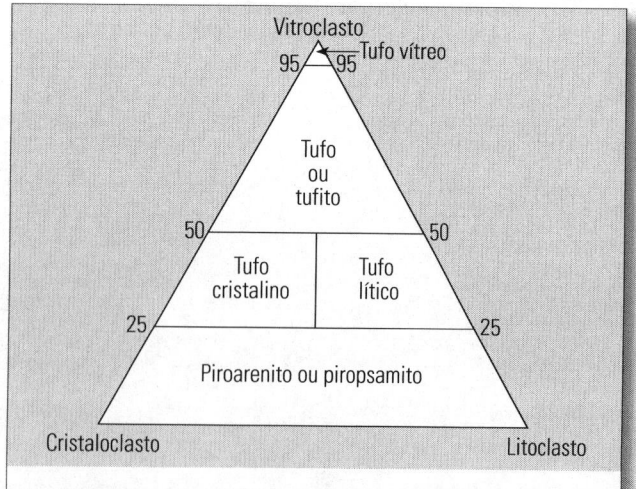

FIGURA 7.19 Classificação de *piropsamitos* (ou *arenitos piroclásticos*), segundo Teruggi *et al.,* (1978) baseada em Teruggi & Rossetto (1963).

As *rochas sedimentares autóctones* formam dois grupos, que se distinguem pelas suas composições químicas (ou mineralógicas): *carbonáticas* e *não-carbonáticas*. Entre as *rochas carbonáticas*, podem ser reconhecidas as *clásticas*, que são caracterizadas pela *textura clástica* e *estrutura deposicional* e as *não-clásticas* que exibem, em geral, *textura* e *estrutura de crescimento*. Entre as *rochas não-carbonáticas* têm-se as *biogênicas* (série do carvão), *não-clásticas* (evaporitos) e *clásticas* ou *não-clásticas* (fosforitos, silexitos, etc.).

4.2 Rochas sedimentares carbonáticas

4.2.1 Introdução

As rochas sedimentares carbonáticas perfazem de 25% a 35% das seções estratigráficas. Entre os principais tipos de carbonatos, tem-se: *calcita* - $CaCO_3$; *dolomita* - $CaMg(CO_3)_2$; *siderita* - $FeCO_3$; *magnesita* - $MgCO_3$ e *ankerita* - $Ca(Mg, Fe)(CO_3)_2$. Entre esses carbonatos, só os dois primeiros são mais estudados, como minerais mais comuns nas rochas carbonáticas. A *siderita* tem sido encontrada, com certa freqüência, em sedimentos lacustres como em Carajás (Soubies *et al.*, 1991). A *magnesita sedimentar*, embora mais rara, ocorre em depósitos lacustres e lagunares. A *ankerita*, que é uma variedade de carbonato de cálcio e magnésio enriquecido em $FeCO_3$, é encontrada como camadas de granulação fina ou concreções em carvão e sedimentos betuminosos.

A *calcita* forma provavelmente mais da metade em volume do carbonatos, ocorrendo como *vasa microcristalina* (de 1 a 4 mícrons) de precipitação química, como *mosaicos de cristais* bem desenvolvidos, *cristais xenomorfos* e como *cristais fibrosos*. Além disso, a calcita cimenta arenitos quartzosos, oólíticos, etc.; também preenche veios e substitui outros minerais. Deste modo, os calcários podem originar *rochas epiclásticas* com textura clástica e estrutura sedimentar, além de *rochas químicas* ou *bioquímicas*, com textura cristalina e estruturas química ou biológica.

4.2.2 Sedimentos carbonáticos modernos

Diversos ambientes modernos apresentam acumulações de sedimentos carbonáticos, e os tipos hoje existentes, em geral, encontram correspondentes no registro geológico pretérito. Entre os principais, há os seguintes tipos de carbonatos:

1. marinhos de água rasa;
2. marinhos de água profunda;
3. de bacias evaporíticas;
4. de água doce, de lagos e fontes;
5. eólicos.

A grande maioria dos calcários antigos pertence à primeira categoria dos *depósitos marinhos de água rasa*, enquanto atualmente os *carbonatos marinhos de água profunda* são os mais amplamente distribuídos. Vários depósitos antigos também são considerados como de água marinha profunda. Os *depósitos evaporíticos*, os *calcários lacustres* e de *fontes termais*, além de *dunas carbonáticas*, são menos importantes em volume no registro geológico.

a) Carbonatos marinhos de água rasa

Esses carbonatos acham-se amplamente representados geologicamente, mas hoje em dia ocorre em áreas relativamente restritas da Terra. As mais conspícuas são também as mais bem conhecidas, como as da região da Flórida (Bahamas, Estados Unidos). O *Grande Banco das Bahamas* é representado por um platô submerso de 300×700 km de superfície (Fig. 7.20). Acha-se recoberto por uma lâmina de água de menos de 10 m de profundidade. A maior parte é formada de *areias calcárias* (fragmentos de esqueletos de organismos e oólitos), contendo menor proporção de *lama calcária* e *rochas recifais*. Além disso, nas porções emersas do banco, as areias carbonáticas são acumuladas na forma de *dunas eólicas*. O embasamento do banco calcário é composto de calcários pleistocênicos e de calcários e dolomitos cretácicos sobre os quais se processa a sedimentação carbonática atual.

Os *depósitos carbonáticos* da plataforma da Flórida e os atóis do oceano Pacífico pertencem aos grupos de calcários marinhos de águas rasas, bem como os depósitos carbonáticos de "sabkha" costeira. Este termo é originário do árabe e refere-se à *planície salina* (salt flat), caracterizada por crostas de evaporitos e faixas de tapete algálico. Os sedimentos a acumulados contêm, em geral, fragmentos esqueletais carbonáticos ricos em Mg que, após o soterramento sofrem dolomitização

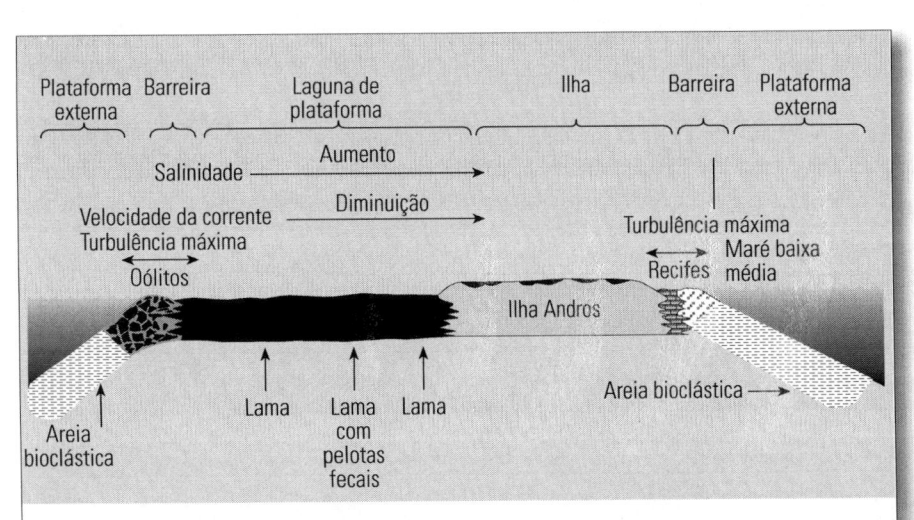

FIGURA 7.20 Seção transversal esquemática do *Grande Banco das Bahamas*, mostrando as distribuições dos principais tipos de sedimentos que estão sendo depositados.

(Glennie, 1970). Os produtos de deflação da "*sabkha*" *costeira* são ricos em foraminíferos, que passam a integrar as dunas adjacentes. A "*sabkha*" *costeira* pode ser interpretada como feição análoga às *planícies de "chênier"* de regiões litorâneas mais úmidas. Outra região conhecida também pela grande extensão de sedimentação de *rochas carbonáticas marinhas de água rasa* situa-se na costa oeste da Austrália (Queensland).

No litoral brasileiro, um dos segmentos que apresenta importantes ocorrências de carbonatos de águas rasas situa-se na costa do Estado da Bahia, onde foram estudadas por Leão e seus colaboradores. A mais meridional desses recifes de corais corresponde aos da região de Abrolhos (Leão, 1982). A sua história holocênica (7.000-1.500 anos A.P.) foi fortemente influenciada pelos níveis marinhos superiores ao atual neste lapso de tempo (Kikuchi *et al.*, 1998).

b) Carbonatos marinhos de água profunda

Os *carbonatos marinhos de água profunda* aparecem sob duas formas principais: *turbiditos* e *depósitos pelágicos de águas profundas* (Fig. 7.21). Os depósitos turbidíticos exibem menor extensão, porém são mais comuns no registro geológico pretérito. Os *depósitos pelágicos* são muito mais extensos nos mares atuais, cobrindo mais de 1/3 do fundo oceânico, com vasas contendo mais de 30% de $CaCO_3$, mas são mais raros no passado geológico.

Os *depósitos pelágicos* são compostos de vasas de *pterópodes* (gastrópodes), que ocorrem a cerca de 3.600 m de profundidade e as de *globigerina* (foraminíferos), que se distribuem mais comumente a mais ou menos 2.000 m de profundidade. As vasas de *globigerina* são mais abundantes em baixas latitudes, onde as águas superficiais caracterizam-se por salinidades e temperaturas mais altas.

Em profundidades superiores a 4.000 m, a dissolução do carbonato de cálcio sobrepuja a sua *taxa de sedimentação* (ou *de acumulação*) e, portanto, as vasas são bem mais pobres em $CaCO_3$. O limite entre as fácies mais ricas e mais pobres em $CaCO_3$ é denominado de *Profundidade de Compensação da Calcita* (PCC) que, em média, situa-se a 4.500 m (Suguio, 1998). Porém, ela pode atingir mais de 5.500 m no oceano Atlântico Norte e menos de 3.500 m no oceano Pacífico Norte. De qualquer modo, a mais de 6.000 m de profundidade o conteúdo carbonático dos sedimentos de fundo é praticamente nulo.

c) Carbonatos de bacias evaporíticas

As *acumulações carbonáticas* em áreas mais restritas, principalmente em regiões de climas mais secos (semi-áridos a áridos), processam-se sob as formas de depósitos conhecidos por *calcretes* e *caliches*.

Os *caliches* correspondem a solos endurecidos por cristalização da calcita e outros minerais nos interstícios e são comuns em regiões desérticas. Quando a cimentação carbonática é a predominante, o termo *calcrete* é mais apropriado.

Woolnough (1927) incluiu os *calcretes* entre os materiais análogos aos *ferricretes* (crostas ferrugino-

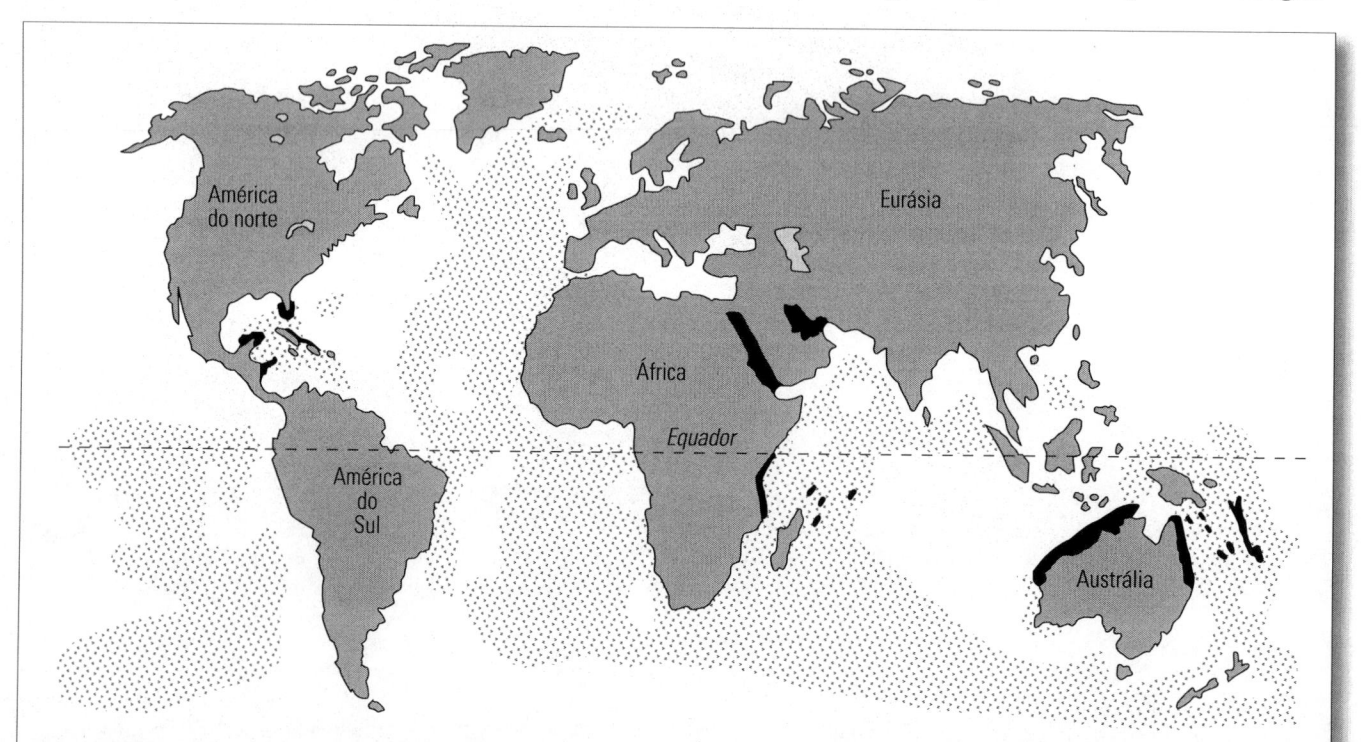

FIGURA 7.21 Mapa de distribuição de sedimentos carbonáticos modernos de origem marinha. Preto = áreas de carbonatos marinhos de águas rasas; pontilhado = vasas de carbonatos marinhos de águas profundas.

sas), *silcretes* (massas endurecidas por cimento silicoso) e *alcretes* (crostas ricas em alumínio). Este grupo de materiais pode ser chamado de *crosta endurecida* (hardpan) ou *duricrosta* (duricrust). Hoje em dia, é também conhecida a *magnesicrete* (crosta rica em magnesita).

O *caliche* forma-se em solos de climas semi-áridos a áridos, onde o sentido predominante de movimentação da umidade dos solos seja ascendente, em virtude do *excesso de evaporação* e da *ação da capilaridade*. Quando a água se evapora na superfície do solo, *calcita* e outras substâncias (*nitrato*, *sulfato*, etc.) podem precipitar-se entre as partículas minerais do solo.

No Grupo Bauru (Cretáceo superior da Bacia do Paraná), especialmente no Membro Ponte Alta da Formação Marília, na região de Uberaba (MG), são encontrados *calcretes* (caliches essencialmente carbonáticos), que foram estudados por Suguio *et al.* (1975), Fig. 7.22.

Os *caliches* e *calcretes* são compostos de $CaCO_3$ impuros e, em virtude do seu modo de formação, são importantes *indicadores paleoclimáticos* (Suguio & Barcelos, 1983b). Freqüentemente, contêm fragmentos de outras rochas clásticas, além de calcários e dolomitos e conchas de gastrópodes de água doce ou terrestres.

d) Carbonatos de água doce

Em alguns lagos e lagoas atuais, de água doce, ocorre a precipitação de carbonatos friáveis e/ou terrosos do tipo *marga* (marl). Embora muitas vezes tenha sido aplicada esta denominação a qualquer calcário argiloso, a rigor deveria ser usada somente para calcários lacustres. A *marga típica* forma-se a partir de flocos precipitados de $CaCO_3$ sobre algas do gênero *Chara* (ou talvez outros tipos de algas), por ação metabólica do próprio vegetal. *Camadas de marga* podem ser encontradas subjacentes a turfeiras de água doce, registrando um antigo ambiente lacustre.

Um outro exemplo de *carbonato lacustre* é encontrado, juntamente com outros tipos de *evaporitos* (sulfatos, etc.) em lagoas efêmeras ou evanescentes de regiões desérticas que, freqüentemente são denominadas de *lagoas* ou *lagos tipo "playa"* (playa lake) *"sabkhas" continentais*.

O *tufo calcário* (ou *sínter calcário*) é um depósito quaternário de calcário poroso e esponjoso, precipitado quimicamente a partir de água de fonte ou lago, ou ainda, água subterrânea percolante. Por outro lado, o *travertino* refere-se a depósito bandado e denso, especialmente comum em cavernas e freqüentes entre os depósitos quaternários. Em geral, todos esses carbonatos são precipitados pela combinação de atividades orgânicas e inorgânicas.

Auler (1999) identificou *travertinos* no vale do Rio Salitre (BA), afluente seco durante maior parte do ano do Rio São Francisco. Embora esses depósitos tivessem sido referidos de passagem por Branner (1910) coube, pela primeira vez, a Auler (*op.cit.*) definir a sua idade como do Pleistoceno tardio, correlacionável ao UMG (Último Máximo Glacial) do Hemisfério Norte. Além disso, segundo Crombie *et al.* (1997), os *travertinos* do rio Salitre também seriam formas reliquiares, herdadas da última fase paleoclimática mais úmida (Auler, *op.cit.*).

e) Carbonatos eólicos

Os fragmentos carbonáticos, que são inicialmente depositados em praias, podem sofrer retrabalhamento eólico, formando dunas que, em geral, sofrem rápida cimentação e consolidação.

Almeida (1955:48) menciona a presença de *dunas ativas* em vários locais da ilha principal do Arquipélago de Fernando de Noronha. Essas dunas são compostas principalmente de grãos calcários de origem marinha, provenientes das praias do

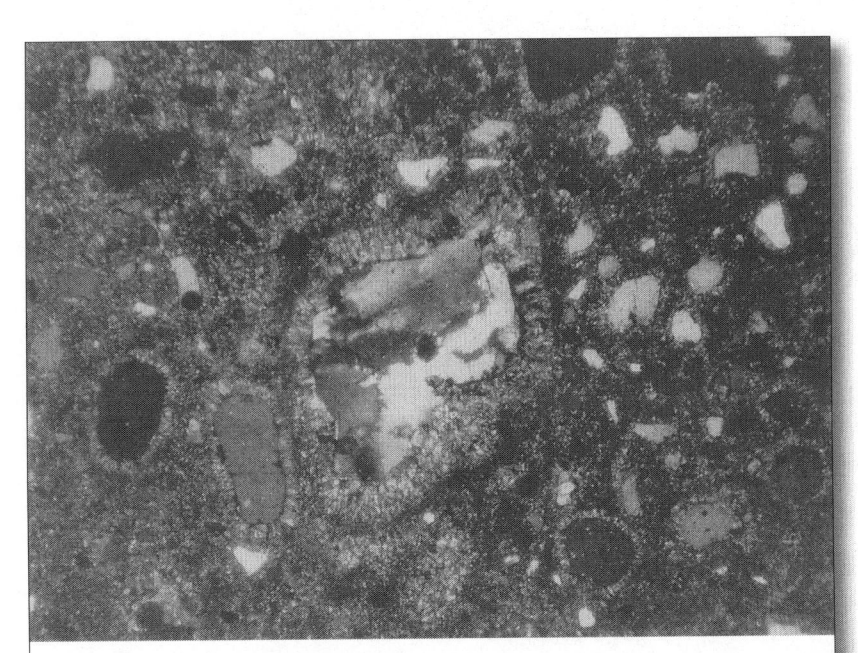

FIGURA 7. 22 Calcário arenoso *tipo calcrete nodular*, mostrando grãos de quartzo de diâmetros variáveis (cores claras), envoltos por auréolas de cristais de calcita, dispostas perpendicularmente às bordas dos grãos. Membro Ponte Alta da Formação Marília do Grupo Bauru (Cretáceo superior) da região de Ponte Alta, Município de Uberaba (MG). Foto do autor. No centro, observa-se um quartzo policristalino de diâmetro maior (superior a cerca de 0, 250mm), mas predominam os grãos de areia muito fina (0,062-0,125mm).

Leão, Sueste e Atalaia. Nesse mesmo arquipélago, o autor refere-se à existência do Arenito Caracas (Pleistoceno) de origem eólica, contendo fragmentos de algas *Corallinaceae*.

4.2.3 Composição química e mineralógica dos carbonatos

a) Minerais carbonáticos

Calcita e aragonita — Esses minerais formam mais da metade do volume total de carbonatos existentes na natureza, ocorrendo sob várias formas: *vasa microcristalina, cristais xenomorfos, mosaicos cristalinos, crostas e revestimentos fibrosos e veios*, além de *cimentos* de muitos arenitos.

A *aragonita* possui a mesma composição química da calcita, mas difere desta no sistema de cristalização e possui índices de refração levemente mais altos. A *calcita*, que se cristaliza no sistema trigonal, é muito mais comum que a *aragonita*, talvez porque, com o tempo, a *aragonita* se transforma em *calcita* que é mais estável na natureza.

Foi verificado que é necessária uma temperatura próxima de 400°C, para uma rápida conversão da *aragonita* em *calcita*, à pressão de 1 atmosfera. Portanto, a transformação para *calcita* sem a intervenção da água (solvente) ou amplas deformação parecem improváveis em temperaturas normais de *diagênese*. Segundo Chaudron (1952) e Brown *et al.*(1962), o tempo necessário para reação a seco (sem água), à temperatura inferior a 100°C, seria da ordem de dezenas de milhões de anos. No entanto, no Nordeste brasileiro, por exemplo, são encontrados fragmentos aragoníticos de corais, contidos em terraços do Pleistoceno tardio com pouco mais de 100.000 anos, quase sempre transformados em calcita. Segundo Fyfe & Bischoff (1965), alguns íons como Mg^{+2}, SO_4^{-2}, Sr^{+2}, Ba^{+2} e Pb^{+2}, funcionam como inibidores desta transformação.

De acordo com Urdininea (1977), a precipitação da *aragonita* poderia ocorrer em baixa salinidade e a sua preservação nos sedimentos carbonáticos, por longo intervalo de tempo, favoreceria a formação da *dolomita*.

Várias formas e gerações de calcita podem estar presentes em calcários: componentes primários de fragmentos de conchas, produtos de recristalização da aragonita e cimentos precipitados em várias etapas. Essas diferentes gerações de cimentos de calcita podem ser distinguidas pelas *diferenças de textura cristalina* (Bricker, 1971).

Dolomita — A *dolomita* pode ocorrer como vasa de precipitação direta em cristais de 2 a 20 mícrons ou mesmo como cristais grossos *idiomórficos*, ou *xenomórficos*, substituindo a *calcita* e, ocasionalmente, como preenchimento de veios ou cimentos em arenitos.

A *dolomita*, juntamente com a *calcita*, constitui um dos minerais carbonáticos mais comuns na natureza e, além disso, apresentam-se associadas. Entretanto, em geral, a *dolomita* não é primária, mas resulta da substituição da *calcita*.

O problema da existência ou não da *dolomita primária*, admitindo-se como tal os cristais de *dolomita* precipitados em água por *nucleação espontânea* é um assunto de muitas dissensões. Segundo Illing *et al.* (1965), as condições físico-químicas que controlam o processo de formação são ainda pouco conhecidas. As evidências de campo, por exemplo, na região do Golfo Pérsico, sugerem que a formação da *dolomita primária* seja favorecida pela alta temperatura, pH baixo e salinidade seis a oito vezes superior à da água marinha normal. Deste modo, nenhuma estrutura de concha é originalmente dolomítica, mas ela resulta da *substituição pós-deposicional*.

Em Lagoa Vermelha, um pequeno corpo de água hipersalino na região de Cabo Frio, Santelli (1988) verificou que, entre 56 cm e a base de um testemunho de 100 cm de comprimento, a *dolomita primária* ocorre em proporções variáveis entre 43% e 100%. Neste estudo, foi também sugerido que, durante a precipitação da *dolomita*, a salinidade tenha sido bem superior à fase de sedimentação correspondente à metade superior do testemunho.

Siderita e ankerita — Do mesmo modo que a *dolomita*, a *siderita* - $Fe(CO_3)_2$ e a *ankerita* - $Ca(Mg, Fe)(CO_3)_2$ podem ser formadas por substituição, como vasas de precipitação direta ou como concreções.

b) Outros minerais componentes

Sílica em várias formas — A *calcedônia* (sílica microcristalina) é a forma mais comum em sílica, que ocorre *disseminada* ou *segregada em nódulos* nos calcários e dolomitos. Ela pode ser encontrada também como *esferulitos* com estruturas fibrorradiadas.

Quando aparecem grãos de *quartzo euédricos* que cortam as estruturas primárias de calcário, tais como de conchas e oólitos, por exemplo, indicam a *origem autigênica* do quartzo. O *feldspato euédrico*, de origem autigênica, é também um silicato relativamente comum nessas rochas.

Os *argilominerais* constituem uma das principais impurezas, em geral invisíveis ao microscópio petrográfico, devido aos seus tamanhos reduzidos. Eles formam um dos *componentes insolúveis* dos carbonatos, que são estudados após a dissolução do carbonato por *difração de raios X*(DRX), *análise térmica diferencial* (ATD), etc. Os *argilominerais* do grupo da illita podem predominar nas rochas carbonáticas.

c) Componentes raros

Glauconita — Aparece na forma de grânulo esverdeado, de forma arredondada e localmente pode ser abundante.

Colofana — É um mineral amorfo com a mesma composição da apatita, que aparece como fragmento esqueletal fosfático.

Pirita e marcassita — Apresentam-se como pequenos grãos disseminados em calcários de *ambiente redutor* (Eh negativo) e podem originar "limonita" por oxidação.

Gipsita e anidrita — Esses minerais são relativamente comuns e aparecem especialmente em dolomitos.

d) Composição química e isotópica

Sendo a *calcita* o carbonato mais comum, os principais constituintes químicos dos carbonatos são CaO e CO_2. Entre outros componentes químicos, o MgO é um dos mais freqüentes e, quando surge com teores entre 1% a 2%, já sugere a provável presença da *dolomita*. Entretanto, podem também ocorrer calcários com teores relativamente altos de Mg, que permanece fora da estrutura cristalina, constituindo, então, a *calcita magnesiana*. A maioria dos calcários tem menos de 4% ou mais de 40% de $MgCO_3^1$, sendo mais raras as composições intermediárias.

Entre os resíduos insolúveis, o componente mais comum é a *sílica* mais freqüente na forma de quartzo, sendo mais raros *sulfetos* (pirita), *sulfatos* (gipsita), apatita, hematita e magnetita.

Paleoambientes de sedimentação (continentais e marinhos) ou *condições paleoclimáticas* (úmidas ou áridas) diferenciados interferem, em geral, no fenômeno do *fracionamento isotópico*. Desse modo, razões isotópicas de carbono ($^{13}C/^{12}C$) ou de oxigênio ($^{18}O/^{16}O$) são usados em estudos paleoambientais (veja item 3. 2, Capítulo 5).

4.2.4 Textura dos carbonatos

A *textura dos carbonatos*, principalmente nos de origem química, é muito diferente da encontrada em *rochas epiclásticas terrígenas* ou em *rochas vulcanoclásticas*.

Mesmo sob condições de *diagênese precoce* ou *moderada*, o calcário sofre *recristalização*, e a simples passagem da *aragonita* para *calcita* já pode obliterar os detalhes originais da textura. Os restos de organismos (conchas) e os oóides perdem as suas peculiaridades internas, adquirindo o hábito de *mosaico grosso* ou *fibrorradiado* similar ao de calcários metamórficos granoblásticos, com *traços reliquiares* (fantasmas) ainda nítidos ou bastante tênues da textura original.

4.2.5 Elementos do arcabouço

a) Componentes aloquímicos

As partículas originadas química ou bioquimicamente no interior da bacia de sedimentação, que sofreram *transporte limitado* (a curta distância), isto é, no âmbito da própria bacia, são designadas como *aloquímicas* e podem ser de quatro tipos diferentes: oólitos e pisólitos, bioclastos (fósseis), intraclastos e pelotas fecais (pellets).

Oólitos e pisólitos — Os oólitos são partículas esferoidais, cujos diâmetros variam desde microscópicos até 2mm, sendo formados de calcita ou aragonita e, mais raramente de dolomita. Quando os diâmetros são predominantemente superiores a 2 mm têm-se os pisólitos.

As formas dessas partículas são *esferoidais* ou *elipsoidais* (Fig. 7.23) e constituídas concentricamente ao redor de um núcleo (*germe de cristalização*), havendo também casos em que se apresentam com texturas radiais, que são de origem secundária diagenética. O núcleo, quando presente, pode ser composto por grãos de quartzo, fragmentos líticos diversos, pedaços de con-

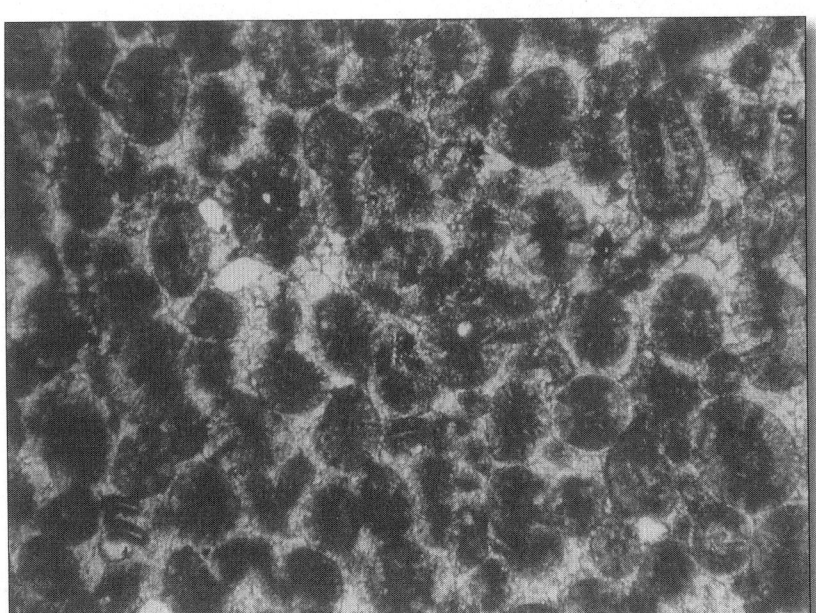

FIGURA 7.23 *Oólitos calcíticos* exibindo estruturas *concêntricas* (tênue) e *fibrorradiada* (nítida), formas predominantemente esferoidais e algumas bem achatadas. Os diâmetros médios variam entre o máximo de 2,44 Ø (0,185 mm) e mínimo de 2,92 Ø (0,133 mm). Calcarenito oolítico da Fácies Teresina (Formação Estrada Nova) do Permotriássico da Bacia do Paraná. Foto do autor. Nícois semicruzados.

chas de moluscos ou oólitos menores ou fragmentados. Os chamados *esferulitos* são partículas também esféricas que apresentam só a *textura radial*.

Bioclastos (fósseis) — Os materiais esqueletais formam a parte predominante de alguns calcários. As rochas carbonáticas compostas predominantemente de conchas mais ou menos fragmentadas de moluscos são denominadas de *coquinas* ou *microcoquinas*, conforme as dimensões das partículas componentes. O cimento desses sedimentos é geralmente também carbonático e, quando litificados, recebem a denominação de *coquinitos*. Além das conchas de moluscos, podem estar presentes restos de corais, algas calcárias e outros organismos (crinóides, briozoários, braquiópodes, etc.).

Entre as algas calcárias, têm-se, por exemplo, os gêneros *Halimeda* (aragonítica) e o *Lithothamnium* (calcítica). Além disso, podem estar presentes entre os bioclastos, foraminíferos (quase sempre menores que 1mm e predominantemente calcíticos), espículas de esponja e fragmentos diversos.

Intraclastos — Este termo foi introduzido por Folk (1959) para designar partículas carbonáticas fracamente litificadas e de idade penecontemporânea à sedimentação, que foram erodidas e redepositadas como sedimento clástico, formando um arcabouço diferente do original. Podem apresentar laminações internas e podem ou não estar desgastados. Em geral, esta designação é restrita aos fragmentos de calcários e não de outros sedimentos originados de modo semelhante.

Pelotas fecais (pellets) — São partículas diminutas (de 0,03 a 0,15 mm) de formas ovóides, esféricas ou esferoidais, compostas de *calcita microcristalina* e sem textura interna visível. Em geral, são excrementos de invertebrados, encontrados especialmente em sedimentos marinhos.

Elas podem ser diferenciadas dos oólitos pela ausência das texturas concêntrica e radial ou dos intraclastos pela homogeneidade de tamanho e forma.

b) Componentes ortoquímicos

Micrito (calcita microcristalina) — A *textura micrítica* característica dos *calcários afaníticos* como os *calcilutitos* (diâmetro igual ou inferior a cerca de 50 mícrons), segundo Grabau (1904).

De acordo com Folk (1959), o *micrito* pode apresentar-se nas formas de *calcita* ou *aragonita* e, em amostra de mão, é composto de granulação fina e cores variáveis entre cinza e quase preto e sem brilho (fosco). Exemplo: dolomicrito.

As impurezas detríticas e silicosas, existentes nesses calcários são argilosas e sílticas, por se sedimentarem em águas tranqüilas, onde as *lamas calcárias*

(lime muds) tendem a ser precipitadas. Outras possíveis origens admissíveis para as *lamas calcárias* são mecanismos de abrasão mecânica ou biológica, além da *aragonita acicular* originária dos tecidos de *algas calcárias*. Pesquisas de Lowenstam & Epstein (1957) e Stokman *et al.* (1967) sugeriram que ela seria originária principalmente da aragonita acicular de algas calcárias verdes. O *micrito* é também chamado de *matriz sindeposicional* ou *singenética*.

Calcita espática (esparito) — Muitos calcários contêm calcita cristalina grossa (de 0,02 a 0,010 mm), exibindo limites nítidos entre os cristais e com linhas de clivagem bem delineadas, que recebe o nome de *calcita espática*. Ela ocorre como *cimento de preenchimento* dos espaços porosos e dos interstícios entre os oólitos fósseis, etc. A calcita espática constitui a *matriz pós-deposicional* ou *epigenética*.

c) Componentes não-carbonáticos

Os componentes não-carbonáticos são a *calcedônia* (na forma de esferulito ou preenchimento de espaço poroso intercristalino em dolomito), *glauconita* (grânulos e substituição parcial de fósseis), *pirita* (grãos e esferulitos), *quartzo* e *feldspato* (cristais euédricos).

4.2.6 Estruturas dos carbonatos

a) Feições hidrodinâmicas

Todas as *feições hidrodinâmicas* encontradas freqüentemente nas rochas sedimentares epiclásticas terrígenas, tais como estratificações cruzadas, marcas onduladas assimétricas, estratificações gradacionais e turboglifos, ocorrem também nos *calcários de origem clástica*. Como exemplo, há os *calcarenitos oolíticos*, com feições de água corrente (estratificações cruzadas, marcas onduladas e laminações cruzadas) da Formação Estrada Nova (Grupo Passa Dois do Permiano da Bacia do Paraná) em Taguaí (SP), estudados por Suguio *et al.* (1974b). Nas proximidades de Assistência no Município de Rio Claro (SP), os calcários dolomíticos da Formação Irati (Permiano da Bacia do Paraná) também mostram algumas dessas feições.

b) Petrofábrica e estruturas de crescimento

Os calcários formados "*in situ*" não exibem as estruturas características de sedimentos detríticos. Em geral são de granulação fina, sugerindo acumulação em ambiente de águas calmas.

Por outro lado, os calcários autóctones, do *tipo estromatolítico*, exibem *acamamento de crescimento* (Fig. 7.24). Os *estromatólitos* ocorrem em rochas sedimentares de todas as idades, embora sejam mais freqüentes nas rochas pré-cambrianas e paleozóicas.

FIGURA 7.24 *Estromatólitos colunares* mostrando alternância de lâminas orgânicas (antigas esteiras de algas azuis filamentosas) e inorgânicas (carbonatos de precipitação bioquímica ou sedimentos aprisionados pelas esteiras). As *auréolas brancas*, em torno das estruturas estromatolíticas, representam vestígios de colonização por algas azuis cocoidais nas margens das colunas. Formação Capiru do Grupo Açungui (Proterozóico superior). Próximo à Gruta Bacaetava; 7,5 km N2O°E de Colombo (PR). Foto de T. R. Fairchild. Escala = martelo de geólogo.

No Brasil, são abundantes nos calcários pré-cambrianos dos grupos Açungui (PR e SP), Bambuí (MG,GO e DF) e Una (BA), bem como nas formações Corumbataí (SP) e Pedra de Fogo (MA e GO), de idades permotriássicas. Finalmente, em Lagoa Salgada (RJ), próximo a São Tomé, ocorrem pequenos (centimétricos) estromatólitos quaternários.

c) Acamamento nodular

Esta é uma estrutura particularmente característica de calcário fino e argiloso. Freqüentemente, *camadas nodulares onduladas* acham-se alternadas com lâminas argilosas mais delgadas. As massas nodulares variam de 1 a vários centímetros de espessura e 10 ou mais centímetros de comprimento.

No Brasil, são encontrados calcários com *acamamento nodular* conspícuo no Grupo Bauru (Cretáceo superior da Bacia do Paraná) e no Calcário Caatinga (Pleistoceno superior) descritos, entre outros, por Suguio *et al.* (1980).

d) Estruturas estilolíticas e cones-em-cones

Essas estruturas de dissolução são freqüentes em rochas carbonáticas e são peculiares a muitos calcários, dolomitos e sideritos.

4.2.7 Classificação de rochas carbonáticas segundo Folk (1959)

Deixando de lado, por um momento, o conteúdo em materiais terrígenos das rochas carbonáticas é possível estabelecer uma classificação prática dessas rochas, baseada nas proporções relativas dos três membros extremos:

1. *aloquímicos*;
2. *micrito* (vasa microcristalina) e
3. *cimento* (calcita espática) Fig. 7.25.

As rochas carbonáticas são extremamente complexas, e o estudo expedito de campo não dispensa, de modo algum, o exame detalhado em seções delgadas e, eventualmente, por *microscópio eletrônico de varredura* (MEV).

a) Calcários aloquímicos espáticos

Consistem essencialmente em *componentes aloquímicos* (oólitos, pisólitos, bioclastos, intraclastos e pelotas fecais) cimentados por *calcita espática*. Essas rochas são equivalentes aos conglomerados ou aos arenitos terrígenos bem selecionados, em que as partículas, aqui compostas de *aloquímicos*, tenham sido concentradas por correntes de alta energia, propiciando a expulsão da *vasa microcristalina*.

Os poros intersticiais são posteriormente preenchidos por cimento de *calcita espática* precipitado quimicamente. Geralmente, rochas carbonáticas recém-depositadas possuem porosidade mais alta que os arenitos ou conglomerados, em virtude das formas mais irregulares dos biodetritos em relação aos grãos de quartzo ou seixos de fragmentos líticos.

b) Calcários aloquímicos microcristalinos

Essas rochas são formadas por proporções consideráveis de *componentes aloquímicos*, mas aqui as correntes não foram suficientemente fortes para eliminar completamente a *vasa microcristalina*, que permanece parcialmente como *matriz*.

A *calcita espática* apresenta-se muito subordinada ou simplesmente pode estar ausente quando não havia espaço suficiente para a sua formação. Esses calcários são texturalmente equivalentes aos arenitos ou aos conglomerados argilosos, que também tendem a apresentar pouco cimento. Este tipo de rocha indica ação de

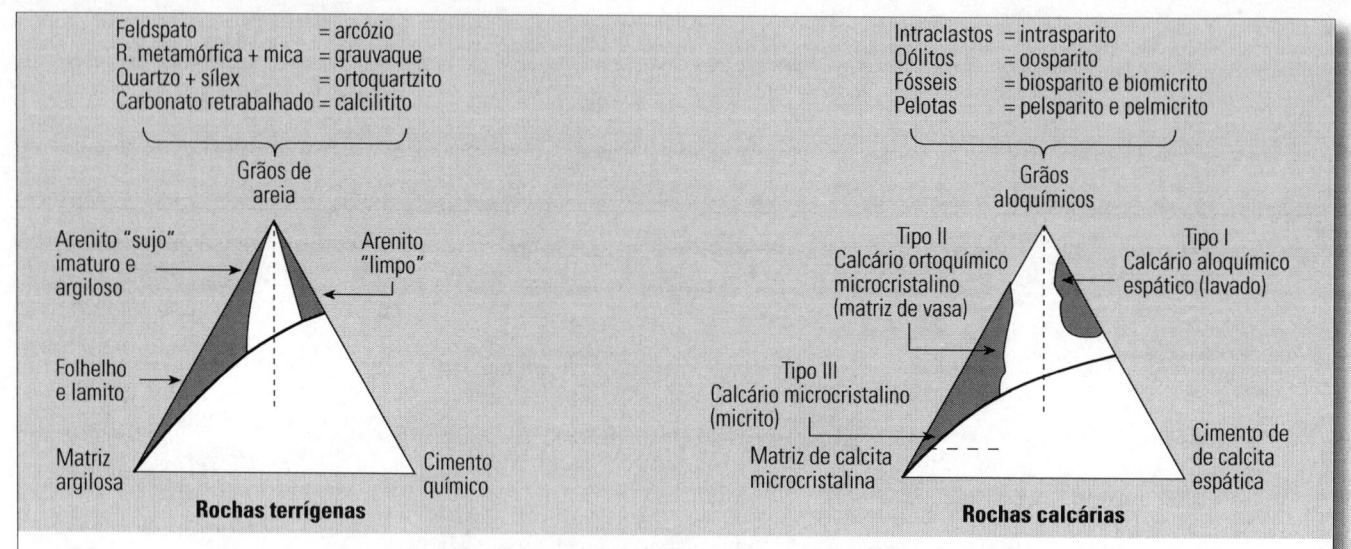

FIGURA 7.25 Classificação de calcários baseada nos seguintes *membros extremos:* grãos aloquímicos, matriz calcítica microcristalina e cimento de calcita espática, em analogia à classificação de *rochas terrígenas epiclásticas* mais comuns. As proporções relativas da vasa microcristalina e do cimento espático indicam o *"grau de seleção"* ou o nível de energia da corrente no ambiente deposicional, em analogia à *maturidade textural* dos arenitos terrígenos (Folk,1968). Calcários do tipo I = bem selecionados; calcários do tipo II = pobremente selecionados e calcários do tipo III = análogos às argilas (ou lamitos).

corrente fraca e de curta duração ou, ainda, taxa muito alta de formação e suprimento da vasa microcristalina. É normal que a passagem do tipo anterior para este seja gradual (ou transicional).

c) Calcários microcristalinos

Esses calcários representam o extremo oposto do primeiro tipo (*calcário aloquímico espático*), pois consistem quase que somente em *vasa microcristalina* com ausência praticamente total de material aloquímico ou de calcita espática. Isso implica tanto a *alta taxa de precipitação* da *vasa microcristalina* como a quase ausência de *correntes mais fortes* no ambiente deposicional. Texturalmente, eles correspondem aos *lamitos* de rochas terrígenas (Fig. 7.26).

Após a subdivisão em três tipos principais (acima descritos), é necessário distinguir se os *aloquímicos* consistem em *intraclastos*, *oólitos*, *fósseis* ou *pelotas fecais*. Em arenitos terrígenos, por exemplo, não basta saber se a rocha contém ou não argila, mas também a mineralogia do arenito e, deste modo, os sedimentólogos reconhecem os *arcózios*, as *grauvaques* e os *ortoquartzitos*. Em geral, uma classificação descritiva de calcários

pode ser obtida, usando-se os prefixos *oo* para *oólitos*, *intra* para *intraclastos*, *bio* para *bioclastos* e *pel* para *pelotas fecais*, acrescentando-se os termos relacionados à *matriz* (ou *cimento*) como sufixos. Uma classificação descritiva, essencialmente qualitativa, baseada no esquema de Folk (1959), acha-se esquematizada na Fig. 7.27.

Entretanto, em estudos mais pormenorizados, torna-se importante quantificar os diferentes tipos de aloquímicos nos calcários, conforme a Tabela 24.

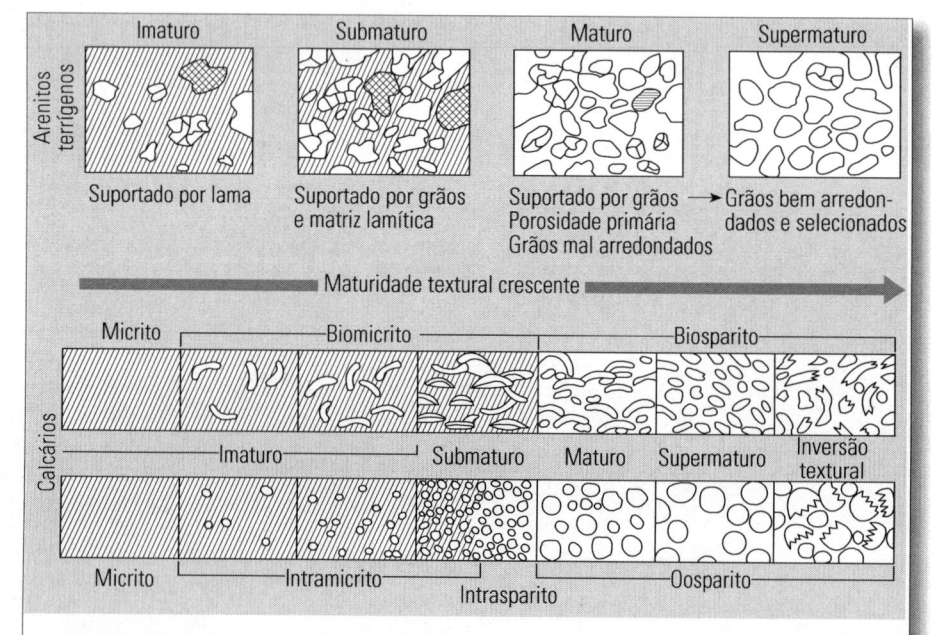

FIGURA 7.26 Analogia entre as *maturidades texturais* (ou *maturidades físicas*) de arenitos terrígenos (acima) e dos calcários (abaixo). Os *graus de maturidade* progridem da esquerda para a direita da figura.

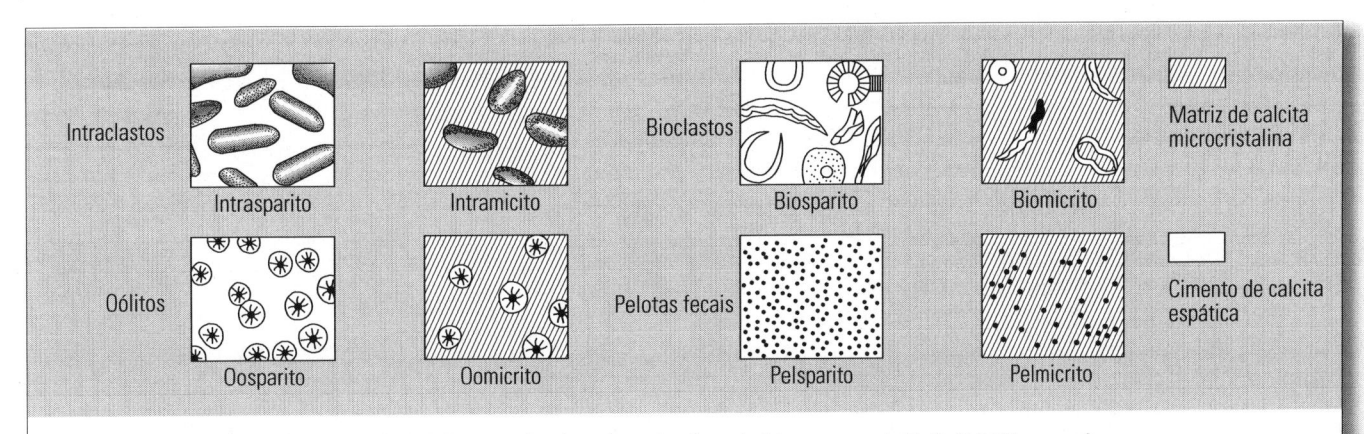

FIGURA 7.27 Esquema descritivo e qualitativo de classificação de calcários, segundo Folk (1968), usando-se a presença ou ausência dos três *membros extremos*: grãos aloquímicos, calcita microcristlina e calcita espática.

TABELA 24 Classificação de rochas carbonáticas segundo Folk (1959)

			Calcários, calcários parcialmene dolomíticos e dolomitos primários				Dolomitos secundários	
			Aloquímicos > 10%		Aloquímicos < 10%		Bioermas e bióstromas litificadas *in situ*	Com vestígios de aloquímicos	Sem vestígios de aloquímicos
			Cimento de calcita espática > lama microcristalina	Lama microcristalina > cimento de calcita espática	Aloquímicos 1 – 10%	Aloquímicos < 1%	Biolitito	Dolomito secundário	
			Rochas aloquímicas espáticas	Rochas aloquímicas micríticas	Micritos				
Conteúdo volumétrico de aloquímicos	Intraclastos > 25%		Intrasparrudito Instrasparito	Intramicrudito Intramicrito	Micrito com intraclastos	Micrito (dismicrito = perturbado por tectonismo, escorregamento, etc.) Dolomicrito (dolomito primário)	Biolitito	Dolomito com intraclastos	Dolomito biolitítico
	Intraclastos < 25%	Oólitos > 25%	Oosparrudito Oosparito	Oomicrudito Oomicrito	Micrito oolítico			Dolomito oolítico	Dolomito cristalino
		Oólitos < 25%	Razão pelotas fecais/fósseis	> 3:1	Biosparrudito Biosparito	Biomicrudito Biomicrito	Micrito fossilífero		Dolomito biogênico
			3:1–1:3	Biopelsparito	Biopelmicrito	Micrito com pelotas fecais		Dolomito com pelotas fecais
			< 1:3	Pelsparito	Pelmicrito			

As linhas divisórias entre os três grupos (I, II e III), da Fig. 7.25 são colocadas em posições que provavelmente refletem os significados dos materiais componentes. Desse modo, por exemplo, os *intraclastos* são geneticamente muito importantes, indicando que tenha ocorrido erosão de calcários mais antigos, que foram submetidos à denudação por possíveis soerguimentos tectônicos. Uma rocha calcária é chamada de *intraclástica*, se contiver só 25% de *intraclastos*, embora ela possa apresentar também 60 a 70% de fósseis. Indica-se que uma rocha calcária é *intraclástica*, *oolítica*, *biogênica* ou *peletóide* pela adição das letras *i, o, b* ou *p* aos símbolos I, II e III. Portanto, têm-se os *calcários intraclásticos espáticos* (I*i*), que podem constituir os *intraesparitos* e os *intraesparruditos* ou os *calcários biogênicos microcristalinos* (II*b*), que formam os *biomicritos* e os *biomicruditos* etc.

Embora a *textura geral* (aloquímica espática, aloquímica microcristalina ou microcristalina) e a *composição dos aloquímicos* (intraclastos, oólitos, fósseis ou pelotas fecais) tenham sido introduzidas no esquema de classificação, até aqui nada foi estabelecido sobre a *granulometria dos aloquímicos*. Então se o diâmetro médio dos fragmentos aloquímicos for superior a 2 mm, a rocha carbonática será chamada de *calcirrudito* (ou *dolorrudito*). Se este diâmetro estiver entre 0,062 mm e 2 mm, a rocha será um *calcarenito* (ou *doloarenito*). Quando predominarem partículas inferiores a 0,062 mm, tem-se o *calcilutito* (ou *dololutito*). Neste caso, só os diâmetros das *partículas aloquímicas* devem ser considerados na definição da *nomenclatura granulométrica*, sendo as granulações da *vasa microcristalina* e dos *minerais terrígenos* completamente desprezadas.

4.2.8 Outras classificações

Além da classificação proposta por Folk (1959), foram ainda realizadas várias outras tentativas por diversos autores. A distinção entre *calcita* e *dolomita* tem sido a base de subdivisão em algumas classificações. A identificação dos vários tipos de partículas são também importantes, tanto em calcários clásticos, como em não-clásticos. A textura deposicional (ou petrofábrica) é um parâmetro fundamental em outras classificações.

O esquema apresentado por Pettijohn (1957) é fundamentalmente genético, mas alguns dos subgrupos são baseados em critério descritivo (petrográfico), comportando os seguintes grupos:

1. *Autóctone* (*acrecionar* e *bioquímico*):
   a) bioerma;
   b) bióstroma e
   c) pelágico.

II. *Alóctone* (*detrítico*):
   a) calcirrudito;
   b) calcarenito e
   c) calcilutito.

III. *Metassomáticos*:
   Calcários dolomíticos

A proposta de Carozzi (1960) é semelhante à de Pettijohn (*op. cit.*) e admite as seguintes subdivisões:

Autóctone:
a) bioconstruído;
b) bioacumulado;
c) granulação fina
d) giz.

Alóctone:
a) calcirrudito;
b) calcarenito e
c) calcilutito.

Calcários dolomíticos e dolomitos.

Dunham (1962) sugere que exista uma distinção fundamental entre os carbonatos, conforme as *características hidrodinâmicas* dos ambientes de sedimentação. Sob condições de *alta energia* depositam-se calcários com *pouca matriz* (partículas menores que 20 mícrons). Por outro lado, a *baixa energia* favorece uma intensa *acumulação de lama* e, desta maneira, o autor admite seis diferentes tipos de calcários (Tabela 25 e Fig.7.28).

Calcário tipo-lamito — Rocha carbonática composta essencialmente de partículas de dimensões pelíticas (silte + argila) e com menos de 10% de grãos. Veja também micrito de Folk (1959).

Calcário tipo-vaque — Rocha sedimentar carbonática *suportada pela lama* (mud-supported), contendo mais de 10% de grãos (partículas maiores que 20 mícrons).

Calcário compacto — Rocha carbonática cuja textura é inteiramente *suportada por grãos* (grain-supported), mas contém alguma matriz micrítica.

Calcário granular — Rocha sedimentar carbonática praticamente isenta de matriz (menos de 1% de material mais fino que 20 mícrons) e, portanto, *suportada por grãos* (grain-supported). Deve ter sido depositada por água corrente, com eliminação contínua da lama, que sempre esteve em trânsito.

TABELA 25 Classificação de rochas carbonáticas, segundo a textura deposicional (Dunham,1962)

Textura deposicional reconhecível					Não-reconhecível
Contém lama			Sem lama e suportada por grãos	Componentes originais soldados entre si	
Suportada pela lama		Suportada por grãos			
Menos de 10% de grãos	Mais de 10% de grãos				Calcário cristalino (Crystalline carbonate)
Calcário tipo-lamito (Mudstone)	Calcário tipo-vaque (Wackestone)	Calcário compacto (Packstone)	Calcário granular (Grainstone)	Calcário agregado (Boundstone)	

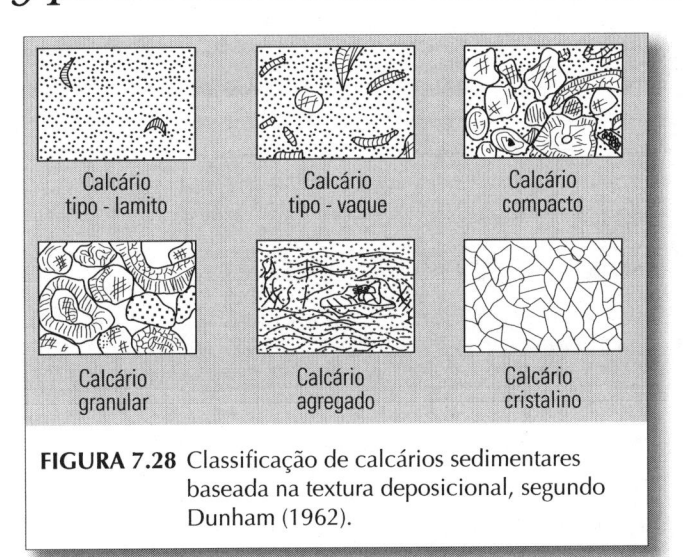

FIGURA 7.28 Classificação de calcários sedimentares baseada na textura deposicional, segundo Dunham (1962).

Calcário agregado — Rocha carbonática, cujos grãos componentes originais foram agregados e permanecem praticamente em posição de vida, como na maioria das *rochas recifais*. Ela é composta por bioclastos acima de 2 mm de diâmetro, formando mais de 10% da rocha, que são organicamente ligados ou quimicamente cimentados uns aos outros.

Calcário cristalino — Rocha sedimentar carbonática inteiramente recristalizada, na qual não é possível reconhecer qualquer textura deposicional.

4.3 Rochas sedimentares carbonosas

4.3.1 Introdução

Podem ser reconhecidos dois grupos principais de rochas carbonosas:

1. *grupo húmico* (série do carvão) e
2. *grupo sapropelítico* (rochas oleígenas).

Esses materiais caracterizam-se por exibir restos reconhecíveis de tecidos orgânicos, principalmente de origem vegetal. Embora já tenham sido aventadas outras origens, com certeza as *rochas sedimentares carbonosas* resultam da *diagênese* (ou *metamorfismo*), atuando sobre *matéria orgânica* contida em sedimentos.

4.3.2 Sedimentos carbonosos modernos

Os *sedimentos carbonosos modernos* estão sendo acumulados em *ambientes redutores* (Eh negativo) e/ou em locais onde as *taxas de atividade de microrganismos* (bactérias e fungos) sejam diminuídas pela baixa temperatura.

As condições supracitadas são mais comumente encontradas em regiões de climas frios, pois nas regiões tropicais de climas quentes as *atividades de microrganismos* são intensas e causam a oxidação da matéria

orgânica. Entretanto, a oxidação é um efeito superficial sob *condições aeróbias* (ricas em oxigênio). Quando a *matéria orgânica* chega a maiores profundidades e, portanto, com menos ou mesmo isentas de oxigênio, há *condições anaeróbias*, quando o efeito da oxidação é retardado ou mesmo inexistente, respectivamente. Desse modo, em lagos e lagoas mais profundos e, desta maneira, mais empobrecidos em oxigênio junto ao fundo, sedimentam-se lamas ricas em *matéria orgânica* do *tipo gyttja*, que, futuramente, deverá originar os *folhelhos negros* (black shales)

4.3.3 — Série do carvão

O carvão é uma *rocha sedimentar carbonosa* gerada por *processos bioquímicos*, atuando sobre restos de tecidos vegetais, acumulados em *condições anaeróbias* em regiões pantanosas (ou paludiais). Extensas e espessas camadas de carvão são bastante características de depósitos deltaicos antigos, acumulados em regiões de intensa subsidência tectônica.

Os principais tipos de sedimentos carbonosos da série do carvão listados na seqüência de crescente *maturação diagenética* são: turfa, linhito, hulha e antracito (metamórfico).

Turfa — É um *sedimento carbonoso* de *origem vegetal*, que se distribui nos depósitos sedimentares de *idades quaternárias*, estando ainda em processo de formação. Exemplo: bacia orgânica holocênica existente entre Jacareí e Caçapava (Vale do Rio Paraíba do Sul, SP) que, segundo Verdade & Hungria (1966) se estenderia por 16 km com até 11 m de espessura de turfa.

As turfas são, em geral, compostas de *plantas herbáceas* (principalmente musgos e ciperáceas), mas também podem ser constituídas predominantemente por *plantas lenhosas arborescentes*, como nos pântanos da costa oriental dos Estados Unidos. Existem turfas de diferentes composições que variam em função das *condições paleoclimáticas*, durante a acumulação desses sedimentos.

Desta maneira, as propriedades físicas e químicas das *turfas* são bastante diferenciadas, segundo os tipos de plantas. A densidade é, em geral, muito baixa e situa-se ao redor de 1 g/cm^3, e o teor em carbono total varia entre 55% a 65% do peso a seco. O teor de umidade varia entre 65% a 95%. O *poder calorífico* é baixo, sendo de 3.000 a 5.000 calorias/grama em estado seco.

Linhito — O *linhito é* um carvão acastanhado, que é encontrado em depósitos sedimentares cenozóicos (terciários) e mesozóicos. É composto de *restos vegetais* diversos, em que os *fragmentos lenhosos* representam um papel importante. Ele se distingue da *turfa* porque o teor de *celulose* é muito maior na *turfa*.

No Brasil, existem ocorrências de *linhito* em vários estados, mas a que apresenta maior extensão (cerca de 150.000 km^2) é a da região ocidental da Amazônia brasileira, que foi revelada principalmente pelas sondagens da Petrobras S/A, a profundidades máximas de 300 m na Formação Solimões do Terciário.

A densidade do *linhito* situa-se entre 1,1 a 1,3 g/cm^3. O teor em carbono total varia entre 65% a 75% e o de água, entre 10% a 30%. O *poder calorífico* do linhito situa-se entre 4.000 a 6.000 calorias/grama.

Hulha (ou carvão betuminoso) — A hulha constitui o carvão negro encontrado em sedimentos do Paleozóico e Mesozóico inferior. Existe uma tendência em se denominar o *carvão betuminoso* de *carvão húmico* para que não se pense ser ele resultante da solidificação do *betume*.

A hulha é formada por restos vegetais, cujas estruturas são observáveis ao microscópio em pequenas parcelas em meio a um fundo desprovido de estruturas reconhecíveis. A estrutura morfológica dos vegetais originais acha-se pouco deformada no *carvão betuminoso*. A *hulha* é *coqueificável*, isto é, transformável em *coque*, que é um produto artificial resultante da combustão parcial do carvão betuminoso, no qual o carbono fixo e a cinza apresentam-se fundidos conjuntamente.

No Brasil, a *hulha* ocorre na Região Sul, principalmente no Rio Grande do Sul e Santa Catarina, em sedimentos pós-glaciais de idade permocarbonífera da Bacia do Paraná. Pequenas quantidades são encontradas também no Paraná e no Estado de São Paulo. O *poder calorífico* dos carvões brasileiros é da ordem de 5.000 a 6.800 calorias/grama.

A densidade da hulha é de cerca de 1,2 a 1,5 g/cm^3. O seu teor em carbono total varia de 75% a 90% com conteúdos variáveis de matéria mineral, em geral conhecida como *cinza*. O teor em água é de 2% a 7% e, em alguns países, o *carvão betuminoso* é o que possui *poder calorífico* superior a 8.100 calorias/grama.

Antracito — Em geral, a *hulha* (ou *carvão betuminoso*) e o *antracito* formam, em conjunto, o que se conhece como *carvão mineral*. Corresponde à variedade de carvão mineral no estádio mais avançado da *incarbonização* (coalification) muito rica em carbono (90% a 93%) e pobre em substâncias voláteis (H, O e N). Possui densidade entre 1,4 a 1,7 g/cm^3, brilho semimetálico e fratura conchoidal. A compacidade do *antracito* mascara a sua estrutura interna, mas alguns métodos especiais permitem distinguir bandas de *vitrita* (vitrite) e *fusinita* (fusinite). O antracito é formado por metamorfismo do *carvão mineral*. O *poder calorífico* é superior a 8.000 calorias/grama.

São raras as ocorrências de antracito no Brasil e, em geral, provêm da destilação do carvão betuminoso do Sul do país, devida a intrusões de diques e soleiras de diabásio. Desse modo, pode ser produzido o coque natural (Mendes *et al.*, 1972).

4.3.4 Composição do carvão

a) Composição química

O carvão é formado quimicamente por uma mistura de compostos orgânicos complexos, pequenas quantidades de substâncias minerais inorgânicas e água. As substâncias orgânicas são compostas principalmente por oxigênio, hidrogênio, nitrogênio e enxofre.

A *matéria húmica*, que forma o principal componente do carvão, começa a se formar nas primeiras fases de conversão da *turfa* em *carvão*, como resultado da degradação química de macromoléculas da linhina, da celulose e da proteína. Este material fica enriquecido em hidrocarbonetos aromáticos ou alifáticos dependendo da composição original da *turfa* e das subseqüentes *histórias diagenética* e *geotérmica*.

Da destilação destrutiva, o *carvão* fornece vários óleos, gases e resíduos sólidos, cujas naturezas dependem do tipo de *carvão* e das condições de destilação. A *temperaturas altas*, a maioria dos carvões forma grande volume de gás, principalmente *metano* e *hidrogênio* e pouco *alcatrão de hulha*; a *baixas temperaturas*, o mesmo carvão fornece pouco gás e considerável volume de *óleo*, em vez de alcatrão. Em ambos os casos, sobra um resíduo sólido na forma de *coque*.

A chamada *cinza* do carvão compreende os compostos inorgânicos dos *tecidos vegetais* (sílica amorfa, etc.), *traços de argila* e outros sedimentos terrígenos finos. Outras vezes, contém *substâncias minerais diagenéticas* como pirita e carbonatos (dolomita, ankerita, siderita, etc.). Esses minerais ocorrem em associação íntima com as substâncias orgânicas do carvão e também como minúsculos veios, preenchendo fraturas. A cinza resultante da combustão normal do carvão pode conter alguns elementos em concentrações potencialmente econômicas de elementos-traço, como o *germânio*.

b) Composição petrográfica

Com base no brilho e na aparência física microscópica, o *carvão* é composto por quatro tipos de *macerais*: *vitrita* (vitrênio), *clarita* (clarênio), *durita* (durênio) e *fusinita* (fusênio), segundo Stopes (1919). O termo *maceral* refere-se à *composição petrográfica do carvão* e serve para designar os componentes fundamentais, que equivalem aos minerais constituintes das rochas cristalinas. Esses elementos são visíveis em seções delgada ou polida de amostras não-intemperizadas de carvão.

A *vitrita*, cujo nome arcaico é *vitrênio*, forma uma camada de brilho intenso (vítreo), que é muito quebradiça e exibe fratura conchoidal. Em geral é originada da parte lenhosa das plantas e forma um dos componentes essenciais do *carvão*. Comumente apresenta forma lenticular, mas pode conter delgadas lâminas horizontais. A sua *reflectância* (intensidade de brilho) define o *grau de paleotemperatura* atingido pelas rochas sedimentares associadas. Portanto, a vitrita desempenha um importante papel como *termômetro geológico* dos processos diagenéticos. A *reflectância* é usada como instrumento de determinação do *grau de maturação* do *carvão* e do *querogênio*. Segundo Abelson (1978), esta maturação processa-se com escape de CO_2, H_2O e CH_4 e o sólido residual, em última instância, aproxima-se da *grafita*. Tanto nas fases iniciais como nas finais, os processos de maturação do *querogênio* são intimamente relacionados com os do carvão. Este é um meio relativamente simples e rápido para se obter dados úteis na exploração do carvão e do petróleo.

A *clarita*, antigamente conhecida como *clarênio*, forma camadas delgadas ou espessas que seguem o acamamento do *carvão*. Apresenta brilho sedoso e reflexo difuso menos intenso que a *vitrita*. Não exibe fratura conchoidal, mas separa-se em fragmentos planos ou irregulares. O exame petrográfico mostra que a *clarita* tem composição múltipla, isto é, consiste em delgadas lâminas de *vitrita* dispostas em fundo de massa muito fina de natureza composta.

A *durita*, cujo nome antigo é *durênio*, constitui um dos quatro componentes microscópicos texturais do *carvão*, que é caracterizada pelas cores cinza a pretoacastanhada, possuindo superfície áspera (irregular) e brilho fosco. Consiste em fragmentos menores e mais resistentes das plantas, tais como fragmentos macerados de cutícula, partículas isoladas de resina, etc.

A *fusinita*, cujas designações antigas eram *fusita* ou *fusênio*, é uma substância similar ao próprio *carvão vegetal*. É responsável pela aparência suja do *carvão mineral* comum, pois é extremamente friável. Ocorre nas formas de manchas e lentes. Acredita-se que a *fusinita* resulte da alteração da madeira em *ambiente oxidante*, provavelmente formada de ramos e troncos expostos, pelo menos momentaneamente, ao ambiente subaéreo.

4.3.5 Diagênese do carvão

Quando restos vegetais são acumulados em *ambientes pantanosos* (ou *paludiais*, ou *palustres*) a decomposição anaeróbia das primeiras fases consome o oxigênio dissolvido na água, os *organismos aeróbios* morrem e os *microrganismos* (fungos e bactérias) *anaeróbios* tomam seu lugar. Esses *microrganismos* atuam na ausência de oxigênio, mas são também capazes de decompor a *matéria orgânica* como as *formas aeróbias*.

Desse modo, desenvolvem-se *estádios de maturação* sucessivos, que modificam os conteúdos de carbono,

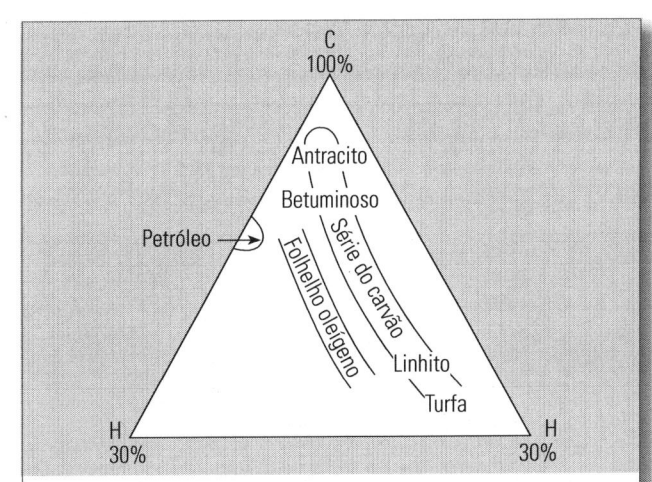

FIGURA 7.29 Diagrama triangular da "série do carvão" e as relações entre o carvão, o folhelho pirobetuminoso (oleígeno) e o petróleo, segundo as suas composições em carbono, hidrogênio e oxigênio (segundo Forsman & Hunt, 1958).

hidrogênio e oxigênio (Fig. 7.29). As mudanças químicas que acompanham a *maturação do carvão* (*incarbonização* ou *carbonização*) ainda não estão perfeitamente compreendidas. Entretanto, na há dúvida de que envolve a produção de CO_2 e CH_4, enquanto se processa a desidratação da *matéria orgânica vegetal*.

Em geral, o *carvão* tende a atingir estádios mais avançados de maturação com a idade dos sedimentos aos quais se acham associados. Portanto, a *turfa* está associada aos depósitos quaternários, o *linhito* à sedimentação terciária e cretácica superior, enquanto os verdadeiros *carvões húmicos* no Brasil ocorrem só no Paleozóico. Mas o parâmetro mais importante no *processo de incarbonização* é a temperatura, além da profundidade e idade dos sedimentos. Este fato pode ser comprovado pela ocorrência de *antracito* associado a sedimentos cretácicos da Província de Cumamoto (Japão) fato que pode ser atribuído ao *gradiente geotérmico* mais alto do Japão em relação ao Brasil. Geralmente, qualquer seqüência vertical normal de *carvão húmico* apresenta conteúdo de carbono crescente, de acordo com a profundidade. Esta relação é normalmente conhecida como *Lei de Hilt* (Hilt, 1873).

Segundo estudos de Teichmüller & Teichmüller (*in* Murchison & Westoll, 1968), as mudanças de *estádios diagenéticos* do carvão estão relacionadas principalmente às variações nas temperaturas máximas às quais o carvão foi submetido, conforme já foi mencionado acima. O efeito da pressão parece ser secundário e relativamente pouco importante. Por exemplo, na fossa tectônica do Reno superior, onde o *gradiente geotérmico* é alto (8°C/100 m), carvão betuminoso terciário é encontrado a 2.300 m de profundidade. Ao norte dos Alpes, na Baviera, onde o *grau geotérmico* é mais baixo, o carvão subbetuminoso ocorre só a 4.000 m de profundidade.

Há muita discussão sobre as causas da mudança do *carvão* para *antracito*. Às vezes, pode haver uma continuidade natural na *maturação geotérmica*, mas em muitas ocorrências o *carvão* muda lateralmente para *antracito* à medida que se aproxima de zonas com deformações tectônicas ou que são atravessadas por intrusões magmáticas.

Alguns estudos mostram que os *estágios diagenéticos* do carvão podem ser correlacionados a mudanças de *porosidades dos arenitos, das propriedades de massa dos folhelhos* (densidade, velocidade sônica, etc.), *de graus de cristalinidade dos argilominerais e de minerais detríticos* (Kisch, 1969). Tais estudos não precisam restringir-se a camadas de carvão, pois *vitritas* utilizáveis na determinação dos *estágios diagenéticos* podem ser encontrados também em folhelhos. Portanto, a potencialidade do uso deste método nos estudos diagenéticos de sedimentos parece ser bastante promissora.

4.3.6 Gênese do carvão

Admite-se que a formação da *turfa*, do *linhito* e do *carvão* ocorra em corpos de água rasos e calmos, onde se acumulam os restos vegetais. Em relação ao *paleoclima* associado à gênese do carvão, geralmente se pensa em *condições quentes* e *úmidas* comparáveis às do clima tropical úmido dos dias atuais, em vez de *condições frias e/ou secas*. Entretanto, este tema ainda está sujeito a discussões. Para se explicar a possível origem dos depósitos de carvão, são aventadas duas teorias, comentadas a seguir.

a) *Origem autóctone* — Os depósitos de *carvão* seriam formados no mesmo local onde viveram as plantas que lhes deram origem, como se forma a *turfa* nos dias atuais. Deste modo, os depósitos de carvão seriam formados em dois tipos de ambientes continentais: *lacustre* e *paludial* (pantanoso).

A *teoria autóctone* é demonstrada pela presença de muitas raízes de plantas, que partem de camadas de carvão e penetram nas *camadas basais* (underclays), de natureza argilosa, de cor clara e com propriedades refratárias, por serem compostas de caulinita muito pura.

Esses ambientes podem ser encontrados, por exemplo, em *regiões deltaicas* submetidas à lenta subsidência ou que tenha permanecido estacionária por algum tempo.

b) *Origem alóctone* — Fayol em 1887 (*in* Barrabé & Feys, 1965) foi um dos primeiros pesquisadores a propor uma *teoria alóctone* para a origem dos depósitos de carvão. No início, esta teoria foi aplicada a *pequenas bacias carboníferas interiores*, e só mais tarde ela foi estendida para as *grandes bacias sedimentares*.

4.4 Rochas sedimentares oleígenas

4.4.1 Folhelho pirobetuminoso

a) Introdução

Não há uma definição completamente satisfatória para o *folhelho pirobetuminoso*. Entretanto, em geral, pode ser descrita como "rocha de granulação fina" (pelítica), normalmente laminada, contendo matéria orgânica da qual quantidades apreciáveis de petróleo podem ser extraídas por aquecimento"(Duncan, 1967). Como a extração do petróleo é realizada por aquecimento dessas rochas, elas deveriam ser denominadas de *folhelhos pirobetuminosos* e nunca de *xistos betuminosos* como são comumente designados.

Essas rochas podem apresentar algum petróleo livre contido em pequenos veios e bolsões, na forma de matéria orgânica betuminosa de alta viscosidade (gilsonita, asfalto, etc.). Mas a maior parte do conteúdo orgânico dos *folhelhos pirobetuminosos* permanece na forma de querogênio, que só é liberado por aquecimento (*destilação destrutiva*).

O *querogênio* é uma mistura de hidrocarbonetos de grandes moléculas, tais como as que formam certas substâncias graxas, pigmentos e resinas. Na maioria dos casos, os *querogênios* são depositados em ambientes marinhos, constituindo exceções os contidos no Folhelho Green River (Estados Unidos) e na Formação Tremembé do Terciário da Bacia de Taubaté (SP). A predominância de um ou outro hidrocarboneto poderá ajudar na determinação da fonte de *querogênio* presente em um determinado folhelho, conforme Franzinelli (1972), usando-se *métodos geoquímicos*. Segundo Tissot *et al.* (1974), o *querogênio* e o *carvão* seguem aproximadamente etapas paralelas durante os respectivos *processos de maturação*. Essa substância é insolúvel em solventes orgânicos comuns, como o CCl_4 (tetracloreto de carbono).

b) Tipos de folhelho pirobetuminoso

Existem na natureza dois tipos principais de *folhelho pirobetuminoso*: carbonático e silicoso.

Folhelho pirobetuminoso carbonático — Esta rocha contém alto teor de carbonato, sendo muitas vezes um verdadeiro calcário. Os carbonatos mais comumente presentes nessas rochas são *calcita, dolomita* e *ankerita*, com teores variáveis de *silte* e *querogênio*.

A maior parte da calcita parece ser formada por precipitados microcristalinos primários, enquanto a dolomita e a ankerita resultariam da substituição penecontemporânea. A rocha é caracterizada por manchas cinzentas e acastanhadas, dura e normalmente laminada. Exemplo: Fácies Quiricó da Formação Areado (Cretáceo da Bacia do São Francisco). O calcário laminado físsil, que representa esta unidade litoestratigráfica, é fossilífero, contendo restos de peixes, palinomorfos e filópodes (Lima, 1979).

Folhelho pirobetuminoso silicoso — Este folhelho é composto por *quartzo* e *feldspato* de granulações finas (areia fina e silte), além de *argilominerais* e teores variáveis de *querogênio*. *Sílex* e *opala* em veios, além de *nódulos fosfáticos* podem estar presentes, e algumas camadas são ricas em *conchas calcárias* de moluscos. As rochas são normalmente de cores castanho-escura e preta e finamente laminadas.

c) Ocorrência e gênese do folhelho pirobetuminoso

Depósitos desta rocha são conhecidos desde o Cambriano ao Terciário. A maioria desses folhelhos do Paleozóico inferior, como os depósitos devonianos das porções central e oriental dos Estados Unidos, é do tipo silicoso e exibe características de deposição marinha.

Os *folhelhos pirobetuminosos* do Paleozóico superior são mais abundantes e conhecidos em todos os continentes, e este fato pode refletir o incremento das fontes de suprimento do material vegetal. Os *folhelhos pirobetuminosos* permianos da Formação Irati (Bacia do Paraná), por exemplo, afloram ao longo de 1.700 km e formam um dos maiores depósitos do mundo. O conteúdo orgânico desses *folhelhos pirobetuminsos* silicosos varia de 20% a 30% e o petróleo produzido por aquecimento (*destilação destrutiva*) varia entre 2% a 7%. Localmente, como em Assistência (SP) eles são intercalados por vários outros tipos de rochas, como *calcilutitos* (Padula, 1969).

Os depósitos de idade mesozóica são registrados em todos os continentes, exceto na Austrália.

Os *folhelhos pirobetuminosos* terciários são muito comuns e são também os mais bem estudados, como na Formação Green River dos Estados Unidos (Dinneen *et al.*, 1968). No Brasil, são também conhecidas várias ocorrências de folhelhos pirobetuminosos terciários e uma das mais estudadas é representada pela Formação Tremembé (Bacia de Taubaté, SP). Nesta unidade são encontrados cinco níveis principais de folhelhos com teor médio de 8,5% (material seco) de carbono orgânico. Esta *unidade litoestratigráfica* e outras relacionadas foram estudadas em bastante detalhe por Sant'Anna (1999).

4.4.2 Arenito asfáltico

A destilação das partes mais leves e mais voláteis deixa como resíduo asfaltos naturais. Pode-se definir o *arenito asfáltico* (tar sandstone) como rocha sedimentar arenosa terrígena, que se apresenta natural-mente embebida em asfalto, porque as frações mais leves migraram para outras áreas ou perderam-se por erosão. A reserva mundial mais representativa de *arenito asfáltico* é encontrada em Alberta (Canadá). De longa data as ocorrências desta rocha vêm despertando a curiosidade dos pesquisadores. No entanto, relativamente pouco se conhece a respeito da origem do asfalto e das possíveis causas que teriam promovido a sua migração e o *armazenamento* em determinados níveis e não em outros.

No Estado de São Paulo, são conhecidas ocorrências de *arenito asfáltico* nos municípios de Botucatu, Pirambóia, Anhembi, Bofete e Angatuba. Nessas localidades, o asfalto preenche os poros intersticiais dos arenitos das formações Pirambóia e Botucatu de idade mesozóica (Triássico a Jurássico). Ocorre também em arenitos mais grossos da Formação Tatuí (Permocarbonífero), todos da Bacia do Paraná.

Dados quantitativos sobre os teores de vanádio, determinados em amostras de arenito asfáltico e em betume de sedimentos da Formação Irati, sugerem uma relação mais íntima entre as concentrações deste elemento no *asfalto* e no *betume* do calcário, que no *pirobetume* do folhelho. Portanto, o asfalto que impregna os arenitos supracitados proviria principalmente do calcário dolomítico segundo Franzinelli (1972).

4.5 Sedimentos ferruginosos

4.5.1 Introdução

O ferro é o quarto elemento químico mais abundante na crosta terrestre e muitas rochas sedimentares terrígenas contêm substancial teor de óxidos, hidróxidos e silicatos de ferro. Porém, entre as rochas portadoras de ferro, poucas exibem teor superior a 15%, quando então podem ser denominadas de *ricas em ferro* (James, 1966; *in* Blatt *et al.*, 1972).

As rochas sedimentares *ricas em ferro* quase sempre metamorfoseadas, constituem as grandes reservas mundiais de minério de ferro, muitas das quais estão associadas às formações ferro-silexíticas do Pré-cambriano. Existem também depósitos modernos, mas estes não são completamente comparáveis em suas diferentes características, principalmente em termos de possança, aos depósitos antigos.

4.5.2 Minerais ferruginosos

Os *sedimentos ferruginosos* podem apresentar-se sob a forma de quatro tipos principais de minerais: óxidos (e hidróxidos), carbonatos, silicatos e sulfetos. Mais de uma variedade de mineral pode ocorrer dentro de um único depósito, podendo estar repetidas na seqüência estratigráfica ou mostrar mudanças laterais de um tipo para outro.

a) Óxidos (ou hidróxidos de ferro)

Entre os principais têm-se *goethita*, *hematita*, *magnetita* e *lepidocrocita*. A *lepidocrocita* e a *maghemita* são menos freqüentes. Diversos óxidos, como *goethita* e a *lepidocrocita*, formam a "limonita". Portanto, esta pode ser considerada como uma denominação de campo (informal) para um material mineral mais ou menos amorfo de ocorrência natural, em geral composto de hidróxido de ferro ($Fe_2O_3 \cdot nH_2O$), onde o teor de Fe é de cerca de 50 a 60%.

A *goethita* ($Fe_2O_3 \cdot nH_2O$) apresenta-se comumente como *oólitos* e, neste caso, podem ser formados pela alteração intempérica de conchas de moluscos preenchidas por *chamosita*. Os oólitos estão, muitas vezes, dispersos em uma *matriz* (ou *cimento*) de chamosita, argila, siderita ou calcita. A *goethita* não ocorre em depósitos pré-cambrianos.

A *magnetita* (Fe_3O_4) é mais comum em rochas pré-cambrianas do que fanerozóicas, sendo em geral encontrada como segregações cristalinas ao longo de fraturas e cavidades de rochas.

A *hematita* (Fe_2O_3) também forma oólitos e, como componente singenético, ocorre em muitos depósitos fanerozóicos e pré-cambrianos.

b) Carbonatos de ferro

A *siderita* ($FeCO_3$) representa um dos diversos componentes de depósitos ferruginosos fanerozóicos e pré-cambrianos. Ela forma depósitos primários de *lama fina* e *nódulos* e, ainda, *cimento de origem diagenética* em siltitos, mas é um mineral mais raro em arenitos. Pode formar camadas oolíticas, juntamente com minerais silicatados. Ocorre com certa freqüência em depósitos lacustres quaternários como, por exemplo, na Serra Sul da Carajás, no Pará (Soubiès *et al.*, 1991). A *siderita* pode formar depósitos de interesse econômico de *minério de ferro*, quando os teores de elementos indesejáveis (enxofre, fósforo, etc.) são baixos.

c) Silicatos de ferro

A *chamosita* é um dos diversos silicatos ricos em ferro. É um mineral do grupo da clorita e possui a seguinte composição aproximada: (Fe_4^2, Al_2)(Si_2Al_2)$O_{10}(CH)_{80}$. Pertence ao *grupo dos filossilicatos* verdes com espaçamento basal de 7Å. Como a sua granulação é comumente muito fina, não se conhecem muitos detalhes sobre as suas propriedades físicas e químicas.

A *glauconita* verdadeira é um mineral de hábito micáceo e reflexos de raios X de 3,3 a 10Å, mas o termo é, às vezes, amplamente usado para outros minerais verdes. Pode ocorrer em grande abundância nos *arenitos glauconíticos* (glauconite sandstones), caracterizados pela típica coloração verde. É um mineral autigênico, rico em K e, como tal, pode ser usado na determinação de idade de sedimentos marinhos pelo método do $^{40}K/^{40}Ar$.

Outros silicatos que podem ser localmente importantes são: *thuringita* (clorita), *minesotaíta* (talco), *greenalita* e *estilpnomelano* (mica quebradiça).

d) Sulfetos de ferro

Os sulfetos de ferro mais comuns são *pirita* e *marcassita*. Esses minerais apresentam a mesma composição química (FeS_2), mas o primeiro se cristaliza no sistema cúbico e o segundo no sistema romboédrico. A *marcassita* possui peso específico mais baixo, cor mais pálida e decompõe-se mais facilmente que a pirita. Ambos podem formar *nódulos* ou *concreções* em *ambientes redutores* (anaeróbios).

4.5.3 Gênese de sedimentos ferruginosos modernos

A fonte do ferro, que é transportado para as *bacias de sedimentação*, é ainda um tema controvertido. As condições ideais para o intenso suprimento de ferro às águas superficiais parecem estar fundamentalmente ligadas a regiões tropicais úmidas, com relevo suave e submetidas a intenso intemperismo químico. A água do mar contêm comumente menos de 0,01 ppm de *ferro dissolvido* ou em *estado coloidal*, enquanto as águas fluviais contêm em média 0,67 ppm desse elemento químico. O Rio Amazonas, que drena uma região de *intenso intemperismo tropical*, contém normalmente 2 a 3 ppm de ferro em suas águas e os depósitos sedimentares da sua foz estão enriquecidas com até 3% de ferro (Gibbs, 1976).

Hoje em dia, os *minerais ricos em ferro* estão sendo formados nos seguintes ambientes:

a) planícies de maré e regiões paludiais;
b) oceanos localizados em regiões tropicais;
c) bacias profundas e ambientes euxínicos (Mar Negro e fiordes escandinavos).

O estudo pormenorizado desses ambientes ajuda no entendimento dos princípios gerais que regem a deposição dos minerais ferruginosos e, portanto, contribui para a compreensão da origem das *rochas sedimentares ricas em ferro*. Teoricamente, os fatores de controle mais importantes na formação de *minerais ferruginosos* estão ligados aos valores de Eh e pH. Vários diagramas de relações desses parâmetros físico-químicos mostrando os *campos de estabilidade* desses minerais de ferro têm sido propostos (Fig. 7. 30). A partir desse diagrama, conclui-se que, para muitos desses minerais o Eh (potencial de oxirredução) é muito mais importante que o pH (potencial do íon hidrogênio) na sua formação na natureza. Em geral, a *hematita* é precipitada e permanece

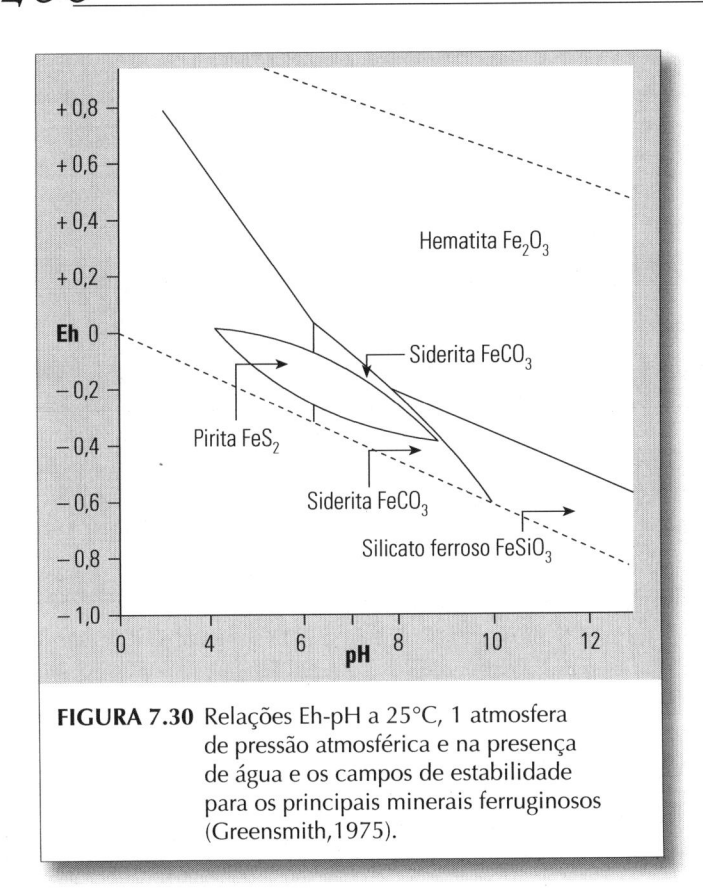

FIGURA 7.30 Relações Eh-pH a 25°C, 1 atmosfera de pressão atmosférica e na presença de água e os campos de estabilidade para os principais minerais ferruginosos (Greensmith,1975).

estável sob condições oxidantes. A formação da *siderita* é favorecida sob condições moderadamente redutoras, enquanto a *pirita* é precipitada somente em condições fortemente redutoras. Apesar dessas relações, este diagrama não é, por si só, suficiente para se entender todos os *significados paleoambientais* desses minerais.

4.6 Sedimentos fosfáticos

4.6.1 Introdução

Os *fosfatos sedimentares* ocorrem em muitos folhelhos marinhos e em depósitos continentais. A forma mais comum de *fosfato sedimentar* é o *colofânio* (comumente conhecido como *colofana*), que é uma substância fosfatada, amorfa a criptocristalina. O *cimento fosfático* (quase inteiramente cniptocristalino) ocorre em outras rochas fosfáticas ou em rochas compostas de outros tipos de partículas. Os minerais fosfáticos podem apresentar-se como *oólitos*, *pelotas* (fecais e não-fecais), *materiais bioclásticos* e *clásticos fosfáticos*.

4.6.2 Minerais fosfáticos

Cerca de 200 minerais contêm 1% ou mais P_2O_5, mas a maior parte do fósforo da crosta terrestre ocorre em minerais do *grupo da apatita: fluorapatita* - $Ca_5(PO_4)_3 \cdot F$, *clorapatita* – $Ca_5(PO_4)_3 \cdot Cl$ e *hidroxiapatita* - $Ca_5(PO_4)_3 \cdot OH$. A apatita é o principal mineral primário, e os outros são formados durante o intemperismo das rochas fosfáticas e do guano.

Como já foi mencionado, o *colofânio* é um dos minerais fosfáticas comuns, que pode ser encontrado como *nódulos, camadas, preenchimento ou substituição de fósseis*, tais como carapaças de foraminíferos. Ocorre também como *ossos fósseis* e sobre recifes de corais recobertos por *guano*.

O *guano* é uma mistura complexa de fosfatos (até mais de 30% de P_2O_5), compostos nitrogenados, oxalatos e carbonatos, formada pela acumulação de fezes e restos orgânicos de aves em zonas de clima suficientemente seco para retardar a destruição bacteriana desses materiais. Embora predominem *excrementos de aves marinhas*, podem estar presentes *fezes de morcegos* e de outros animais. Pode ocorrer em depósitos com até mais de 30 m de espessura, em áreas costeiras ou em algumas ilhas.

4.6.3 Origem dos sedimentos fosfáticos

Os depósitos marinhos modernos podem conter *nódulos fosfáticos*, principalmente ao largo das costas ocidentais da América do Norte e África. Estudos detalhados mostram diversos tipos de origem para os *depósitos de fosfatos marinhos*.

Alguns fosfatos são formados diageneticamente dentro de *vasas de diatomáceas* ricas em matéria orgânica da plataforma continental da costa SO da África (Baturin,1970). Na plataforma continental da África do Sul, ocorre fosfato de *substituição diagenética* em calcários miocênicos, que foram erodidos para formar *plácers de cascalhos fosfáticos* (Parker & Siesser, 1972). Mais para o norte, ao largo da plataforma continental da África ocidental, ocorrem plácers de fosfatos, que foram originados da erosão de fosforitas do Eoceno de Marrocos e do Plioceno do Saara (Tooms *et al.* 1971). Esses exemplos ilustram três peculiaridades dos minerais fosfáticos: sua origem por substituição de carbonatos; sua capacidade de serem retrabalhados e sua ocorrência sobre plataformas continentais.

No platô do Ceará, na plataforma continental do Nordeste brasileiro, foram coletadas amostras de sedimentos com teores da ordem de 0,1% (Summerhayes *et al.*, 1975). Análises de material coletado em único ponto, no flanco nordeste desse platô, acusaram teores de 2% a 18,4% de P_2O_5 (Guazelli & Costa, 1978), que seria, portanto, a única ocorrência registrada de fosforita na plataforma continental brasileira.

A água do mar apresenta-se, em geral, quase saturada em íon fosfato, cujo teor varia de cerca de 0,3 ppm de PO_4 em *água fria de profundidade* até aproximadamente 0,01 ppm em *água quente superficial*. A solubilidade decresce com incrementos de temperatura e pH. Então, os fosfatos são precipitados quando águas oceânicas frias, provenientes de maiores profundidades, atingem por algum tipo de mecanismo como, por exemplo, *fenômeno da ressurgência*, áreas quentes mais superficiais (Fig. 7.31).

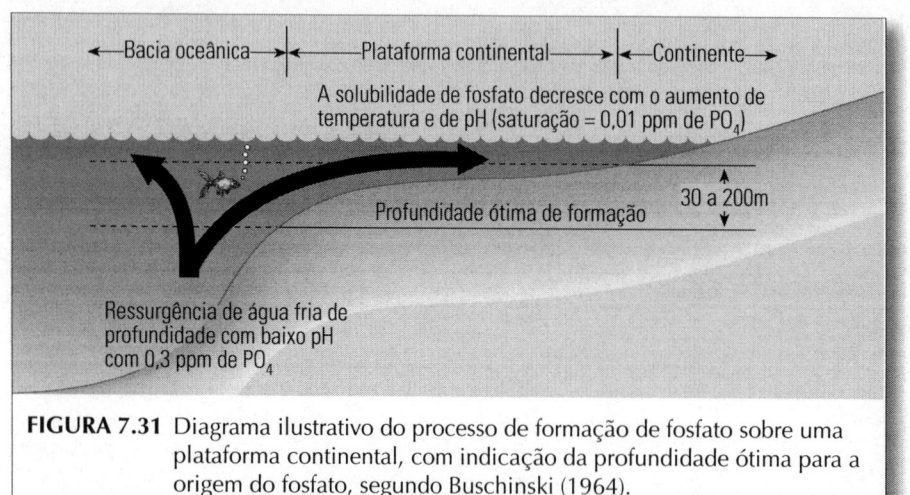

FIGURA 7.31 Diagrama ilustrativo do processo de formação de fosfato sobre uma plataforma continental, com indicação da profundidade ótima para a origem do fosfato, segundo Buschinski (1964).

A *ressurgência* é um fenômeno que consiste na remoção das águas superficiais mais leves e mais aquecidas, de regiões litorâneas por ação de ventos paralelos à costa e sua substituição por águas de profundidade, mais frias e, portanto, mais densas. Isso provoca, em geral, *aumento da fertilidade* das águas litorâneas e *modificações climáticas* das áreas adjacentes, como acontece na região de Cabo Frio (RJ), que apresenta baixa pluviosidade (cerca de 800 mm/ano) em contraposição às porções norte e sul daquela região, muito mais chuvosas. A *ressurgência* de Cabo Frio foi estudada por Ikeda *et al.* (1974), além de outros pesquisadores.

Ao largo da costa ocidental da América do Sul (principalmente no Chile) e em algumas ilhas do oceano Pacífico, onde soluções ricas em fosfato originárias do guano percolaram para baixo, houve substituição de calcários recifais por fosfatos.

Grande parte da produção mundial de fosfatos provém dos *fosfatos antigos*, remanescentes de rochas sedimentares de várias idades geológicas, inclusive do Pré-cambriano, como, por exemplo, do Grupo Bambuí, da regido de Patos (MG). A maioria foi formada em *águas relativamente rasas*, pois ocorrem foraminíferos desses ambientes, alem de estratificações cruzadas, feições de abrasão e associações de recifes de alga interdigitados com camadas fosfáticas e arenitos quartzosos.

massa total das rochas sedimentares (Garrels & Mackenzie, 1971).

A maioria dos *evaporitos* é de origem marinha, e a sua ocorrência na América do Norte tem sido constatada em sedimentos do Cambriano ao Terciário. No Brasil, são encontrados no Paleozóico das bacias do Amazonas e do Parnaíba, na bacia Sergipe-Alagoas (Cretáceo) e nas outras bacias costeiras.

4.7.1 Composição da água do mar e os evaporitos

A *água do mar* contém aproximadamente 34,5‰ de sais dissolvidos (Tabela 26). Esses compostos em solução são precipitados na ordem aproximadamente inversa das solubilidades dos sais a serem formados. Quando a água normal do mar é concentrada, por evaporação até cerca de 3,35 vezes a salinidade original, a cerca de 30°C começa a precipitação da *gipsita* ($CaSO_4 \cdot 2H_2O$). A *halita* (NaC1), que é um sal muito mais solúvel, inicia a precipitação quando a água do mar atinge 1/10 do volume original. A evaporação da água, ao reduzir o volume original de cerca de 1/20, causa a precipitação da *polialita*: $Ca_2K_2Mg(SO_4) \cdot 2H_2$. Portanto, os minerais menos solúveis são os primeiros a serem precipitados, formando-se então vários tipos de evaporitos.

Os últimos estádios de evaporação são muito complexos, e os minerais formados dependem do fato seguinte: se os cristais inicialmente originados estão isolados ou se permanecem em contato com a *salmoura residual*. Detalhes sobre a formação dos minerais evaporíticos dos últimos estádios são encontrados em Stewart (1963).

A sedimentação de seções relativamente espessas de *gipsita* e *anidrita*, associada a pouca ou nenhuma *halita*, sugere que havia fonte de água marinha renovável, de modo que a concentração de sais nunca atingia o *ponto de precipitação da halita*. Esse fato pode ser constatado na bacia do Parnaíba (MA-GO).

4.7 Evaporitos

Os *evaporitos* são depósitos salinos formados a partir da evaporação de corpos de água rasos e extensos (lagunas e mares reliquiares ou residuais), com comunicação restrita com o mar aberto submetidos intensa evaporação em climas árido a semi-árido. Os depósitos sedimentares assim formados, denominados *evaporitos* perfazem cerca de 3% da

TABELA 26	Composição média de sais nos oceanos (Clarke, 1924:23)		
Tipos de sais	Teores (%)	Tipos de sais	Teores (%)
NaCl	77,76	K_2SO_4	2,46
$MgCl_2$	10,88	$CaCO_3$	0,35
$MgSO_4$	4,74	$MgBr_2$	0,22
$CaSO_4$	3,60		

a) Carbonatos

A *calcita* - $CaCO_3$, a *dolomita* - $CaMg(CO_3)_2$ e a *magnesita* $MgCO_3$ são os principais carbonatos marinhos que compõem os *evaporitos*.

A calcita e a dolomita ocorrem em grandes quantidades nas partes inferiores de seqüências evaporíticas e nas porções marginais das áreas de deposição ou sobre altos estruturais. A magnesita ocorre geralmente em associação com sais potássicos.

Aragonita - $CaCO_3$, *estroncianita* - $SrCO_3$, *ankerita* - $(Ca, Fe, Mg)(CO_3)_2$ e *siderita* - $FeCO_3$ são componentes raros e estão presentes como *resíduos insolúveis* de domos e de outros tipos de depósitos evaporíticos.

b) Sulfatos

A *gipsita* - $CaSO_4 \cdot 2H_2O$ e a *anidrita* - $CaSO_4$ são sais abundantes em evaporitos. A *gipsita* é comum em depósitos próximos à superfície, e a *anidrita* predomina em depósitos de subsuperfície. Por outro lado, a *gipsita* pode resultar da hidratação da *anidrita* por *processos epigenéticos* ou *secundários* (Fig. 7.32).

A *gipsita* e a *anidrita* são comumente encontradas como precipitados químicos típicos de lagunas costeiras hipersalinas, formando depósitos em camadas, lentes ou disseminadas em outros sedimentos. Lamego (1955) menciona a ocorrência de *gipsita* (variedade *selenita*) em *sedimentos paleolagunares holocênicos* do delta do rio Paraíba do Sul (RJ). Esta mesma variedade de *gipsita* foi encontrada pelo autor em sedimentos estuarinos da região de Mossoró (RN).

Outros sulfatos mais escassos são a *celestita* - $SrSo_4$, *barita* - $BaSO_4$ e *glauberita* - $Na_2Ca(SO_4)_2$.

c) Cloretos

A *halita* - $NaCl$ forma 95% dos depósitos de cloretos de *evaporitos marinhos*. Excetuando-se a *halita*, os outros cloretos que ocorrem em quantidades significativas em *evaporitos marinhos* são a *silvita* - KCl e a *carnalita* - $KMgCl_2 \cdot 6H_2O$.

Os cloretos estão entre os compostos salinos solúveis dos evaporitos marinhos e, portanto, são os últimos a precipitar.

d) Boratos

A *boracita* - $Mg_3B_7O_{13}Cl$ aparece comumente associada a *evaporitos marinhos* e outros boratos são raros.

e) Fluoretos

A *fluorita* - CaF_2 ocorre em pequena quantidade em evaporitos, associada a depósitos de *anidrita*.

f) Outros minerais

Podem ocorrer subordinadamente os seguintes minerais: *pirita, hematita, caulinita, quartzo*, etc.

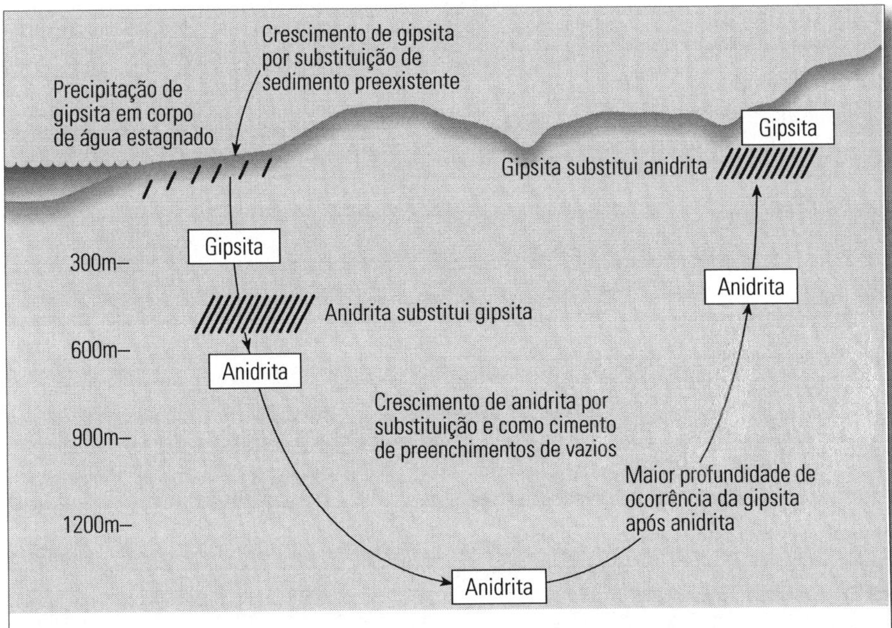

FIGURA 7.32 Diagrama esquemático de evoluções diagenética e intempérica da gipsita e da anidrita na natureza (Blatt *et al.*, 1972).

4.8 Sedimentos silicosos

4.8.1 Introdução

Além das *areias quartzosas* e dos *depósitos primários de sílica precipitada em fontes térmicas*, há vários outros tipos de sedimentos silicosos. Incluem-se aqui os depósitos puramente orgânicos, como os *diatomitos* (ou *terras diatomáceas*) e os *espogólitos* (spongolites). Nesses sedimentos, os restos orgânicos estão contidos em *matriz* ou *cimento* de sílica microcristalina.

As rochas silicosas distinguem-se, em geral, das outras rochas sedimentares pelo elevado teor de SiO_2, que pode apresentar-se como *sílica autigênica* nas variedades *amorfa* (opala), *cripto* a *microcristalina*.

4.8.2 Tipos de sedimentos silicosos

Com base nas características petrográficas, podem ser reconhecidas as seguintes variedades de sedimentos silicosos: diatomitos, porcelanitos e sílex, comentados a seguir.

1. *Diatomitos* — São sedimentos silicosos formados a partir da acumulação de *carapaças* (frústulas) de *diatomáceas* (algas), podendo aparecer pequenas quantidades de restos de outros organismos, como radiolários, espículas de esponjas, etc.

   Os *diatomitos* quando puros, caracterizam-se pela alta porosidade devida aos diminutos espaços entre as frústulas, que os compõem e pelo baixo peso específico (em torno de 0,5), quando secos. Com o aumento de impurezas o peso específico aumenta para 0,8 a 1,0.

   Esses sedimentos podem conter até mais de 90% de *frústulas de diatomáceas*, estruturas estas que envolvem a alga por meio de minúsculas valvas de *sílica amorfa* (opala). Elas são ornamentadas e variam muito em sua forma, podendo ser esféricas, discóides, fusiformes, etc., e as dimensões variam entre 100 a 1.000 mícrons.

   Os *hábitats* dessas algas variam segundo as espécies, havendo as de águas doce, salobra ou salgada. Vivem em colônias ou integrando o *plâncton*, principalmente em oceanos de águas frias.

   As *diatomáceas* mais antigas datam do Jurássico, representadas pelo gênero *Pyxidicula*. Nos oceanos modernos, extensos depósitos de diatomáceas, como os do sul do oceano Pacífico, ocorrem em águas muito profundas. Resultam da lenta acumulação em áreas praticamente isentas de sedimentação terrígena e carbonática. Isso sugere que os grandes depósitos diatomíticos antigos tenham sido originados em condições semelhantes.

   Em sedimentos holocênicos da área de Itanhaém (SP), Suguio & Kutner (1974) encontraram a espécie típica de água doce, que foi denominada *Pinnularia sp.*, ao lado de *Coscinodiscus excentricus, Coscinodiscus curvatulus* e *Navicula lira*, que indicam ambiente marinho, comprovando a origem mista desses sedimentos. Por outro lado, estudos de Servant-Vildary & Suguio (1990) em prováveis sedimentos pleistocênicos da Formação Cananéia, obtidos pela sondagem na região de Barra do Una, ao sul de Peruíbe (SP), comprovaram a origem litorânea. Além disso, a espécie mais abundante (*Raphoneis fatula)* é uma forma extinta e, até agora, não teria sido encontrada em sedimentos mais novos que o Plioceno. Este fato poderia indicar que a formação mencionada possa ser, em parte, de idade terciária, mas também pode ter sido fornecida por retrabalhamento de sedimentos mais antigos (Formação Pariqüera-Açu).

2. *Porcelanitos* — Este nome foi proposto por Tagliaferro (*in* Bramlette, 1946) e adotado por diversos pesquisadores para designar *silexitos impuros,* em geral cimentados por sílica e menos densos e menos vítreos que o *sílex normal*. Os *porcelanitos* e os *silexitos*, em geral, são diferentes dos diatomitos, pela rara ocorrência de *frústulas* que são abundantes em *diatomitos*.

   Os *porcelanitos* são basicamente compostos de uma mistura de argila, argila síltica e proporções variáveis de sílica amorfa (*opala*). Apresentam cores variáveis, mas comumente são cinzentos ou pretos, em função do conteúdo em geral alto de *matéria orgânica*, mas externamente podem ser esbranquiçados por intemperismo.

   Este tipo de rocha é poroso e exibe textura de porcelana não-vitrificada. O peso específico varia entre 0,9 e 1,4. Pode ser encontrado na forma de camadas extensas e delgadas, interestratificadas com folhelhos ou margas. Quando finamente laminado, passa a chamar-se *folhelho porcelânico*.

   A origem dessas rochas não está perfeitamente esclarecida, mas parece resultar do *metamorfismo térmico* de rocha silicosa, muito rica em impurezas argilosas.

3. *Sílex* — O *sílex* ou *silexito* (Cayeux, 1929) refere-se à rocha sedimentar química de composição essencialmente silicosa e não-transparente, composta por sílicas criptocristalina e microcristalina. Muitas dessas rochas são compostas de sílica quase pura, contendo raras impurezas de argilominerais, calcita ou hematita, que não ultrapassam 10%. O *sílex* preto que ocorre como *nódulo de giz* cretácico da Inglaterra é denominado de *"flint"*, que é composto de calcedônia e quartzo crisptocristalino, mas sem opala. A designação *novaculito* (novaculite) empregada para sílex esbranquiçado do Paleozóico inferior de Arkansas e Oklahoma (Estados Unidos). O *jaspe* é um sílex vermelho ou preto, composto de quartzo criptocristalino, colorido por hematita. O termo *cornubianito* (hornstone) atualmente encontra-se em desuso.

   A forma mais comum de *sílex* é composta de *opala* e *calcedônia*, é representada por *massas nodulares* ou *concreções*. Essas concreções são formadas por sílica quase pura, podendo apresentar formas esférica, alongada, achatada, irregular, etc. Quando alongadas ou achatadas, dispõem-se segundo os acamamentos da rocha hospedeira. Podem também ocorrer como camadas delgadas e extensas intercaladas em folhelho ou marga.

   A origem da maioria dos depósitos de *sílex* é controvertida. A sílica dissolvida na forma de solução coloidal poderia ser precipitada na forma de material muito fino pela diminuição da *alcalinidade do meio*. Quando submetido a processos diagenéticos, esse material poderá desenvolver depósitos de *sílex primário*. Muitos depósitos de sílex preservam estruturas primárias comuns em carbonatos alóctones (estratificações cruzadas, oólitos, conchas, etc.), que seriam indicativas de *sílex secundário*.

Segundo Amaral (1971:57-58), haveria sílex originado por quatro processos diferentes na Formação Irati (Permiano da Bacia do Paraná), com as seguintes origens:

1. *singenética* — representada por lâminas lenticulares e fragmentos de brecha de sílex no dolomito;

2. *metassomática* — formada por nódulos de sílex em folhelho pirobetuminoso;

3. *magmática* — sílex preenchendo fendas do magma basáltico;

4. *epigenética* (paleoclimática) - blocos grandes e irregulares de sílex, que ocorrem junto às rochas decompostas.

Blatt *et al.* (1972) referem-se a *lagos efêmeros* (playa lakes) da Austrália, onde sazonalmente desenvolvem-se altos valores de pH por intensa atividade fotossintetizadora de algas. Nessas circunstâncias, as partes detríticas de quartzo e argilominerais são corroídas, saturando as águas desses lagos em *sílica amorfa*. A atividade das algas também varia sazonalmente. Sendo o clima da região muito seco, nas estações mais secas ocorreria intensa evaporação em condições de pH ácido, causando a precipitação da sílica sob *forma de gel* (matéria amorfa), contendo *cristobalita*.

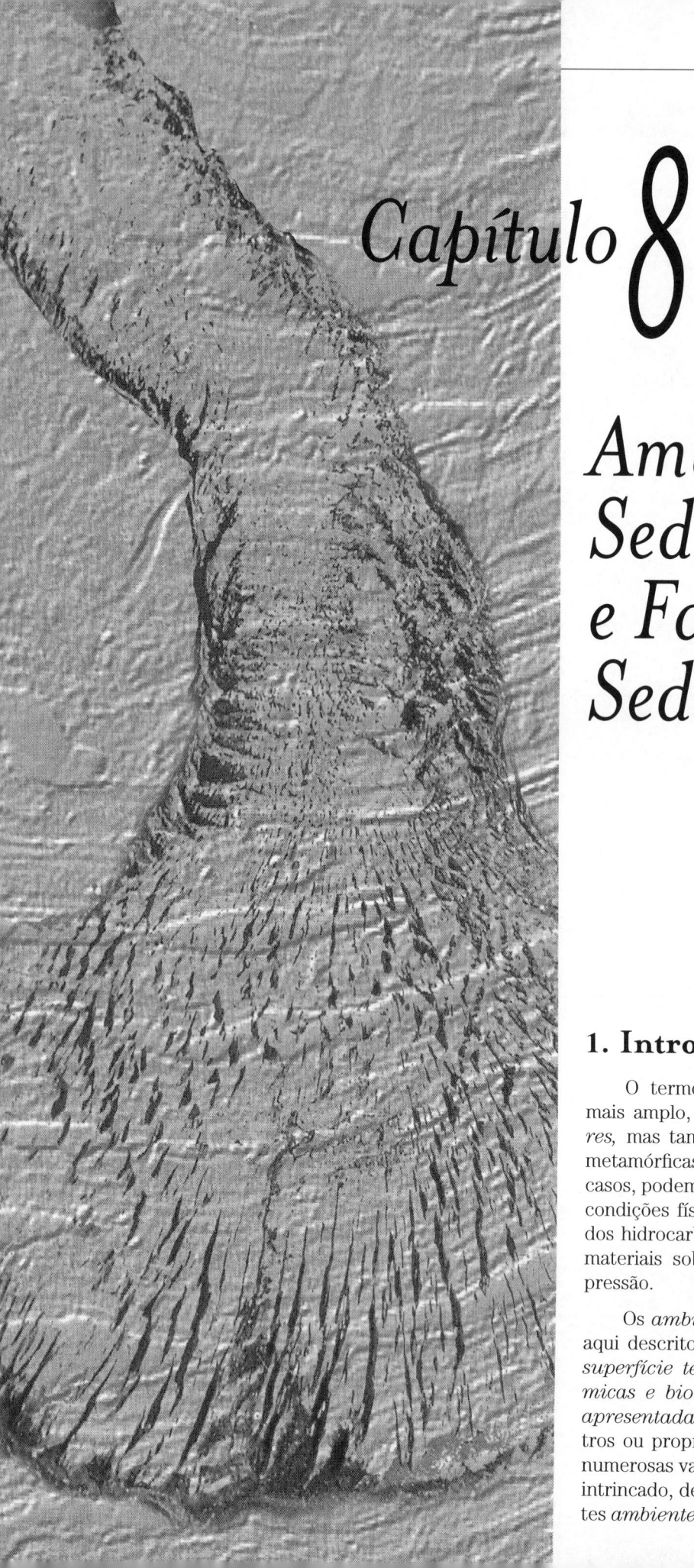

Capítulo 8

Ambiente de Sedimentação e Fácies Sedimentares

1. Introdução

O termo *ambiente* pode ser usado em sentido mais amplo, não só no estudo de *rochas sedimentares,* mas também no de *rochas cristalinas* (ígneas e metamórficas) e mesmo de *origem do petróleo.* Nesses casos, podem envolver, por exemplo, a determinação de condições físico-químicas de formação dessas rochas e dos hidrocarbonetos, bem como de estabilidade desses materiais sob diferentes condições de temperatura e pressão.

Os *ambientes de sedimentação,* em particular os aqui descritos, podem ser definidos como *porções da superfície terrestre com propriedades físicas, químicas e biológicas bem definidas e diferentes das apresentadas pelas áreas adjacentes.* Os três parâmetros ou propriedades aqui mencionados compreendem numerosas variáveis que se interagem de modo bastante intrincado, determinando as características dos diferentes *ambientes de sedimentação.*

Os *parâmetros físicos* de um ambiente de sedimentação compreendem as variações de velocidades ou de sentidos de atuação de vento, onda ou água corrente; incluem também o clima dentro do ambiente, definido em função de variáveis como a temperatura, a pluviosidade, a pressão atmosférica, etc. Os *parâmetros químicos* de um ambiente abrangem a composição da água nos ambientes subaquáticos e a geoquímica das rochas, nas áreas de influência de um ambiente continental, além dos parâmetros físico-químicos como Eh, pH, etc. Os *parâmetros biológicos* de um ambiente de sedimentação abarcam as associações faunísticas e florísticas, bem como as suas interações. Tanto nos ambientes continentais como marinhos, os animais e vegetais atuam influindo nas taxas de erosão e de deposição ou afetando as propriedades físicas e químicas dos sedimentos recém-depositados.

Podem ser reconhecidas áreas com predominância de processos erosivos ou deposicionais. Normalmente, no *registro geológico* (geological record), são os *subambientes deposicionais* que deixam informação nas seqüências sedimentares. Numerosos ambientes distribuídos na superfície terrestre, tais como os desertos, os rios, os lagos, os deltas, os recifes e outros, representados hoje em dia e no passado geológico, podem ser caracterizados por um número mais ou menos definido de subambientes. As *fácies sedimentarres* constituem uma "ferramenta" bastante eficiente na interpretação dos diferentes *paleoambientes de sedimentação*. Foi Gressly (1838) que, trabalhando na região dos Alpes suíços, concluiu que litologias e fósseis diferentes poderiam ter idades semelhantes. Então, ele propôs o termo *fácies* para designar unidades de rochas caracterizadas por *propriedades litológicas* (litofácies) e *paleontológicas* (biofácies) similares.

Segundo Moore (1949), a fácies sedimentar representa *parte limitada em área de uma determinada unidade estratigráfica, que exibe características significativamente diferentes das outras partes da unidade*. Por exemplo, os sedimentos depositados em diferentes partes de um ambiente marinho, durante um certo intervalo de tempo, exibem diferenças litológicas devidas à distribuição de correntes, de salinidades, de profundidades, de condições físico-químicas, etc. Portanto, a *fácies* representa parte com aspecto distinto, porém em continuidade às outras fácies, isto é, uma fácies não existe por si só, senão em relação às outras fácies de uma *unidade estratigráfica* (stratigraphic unit). As unidades podem ser *litoestratigráficas*, quando elas representam variações laterais de uma formação, membro, etc. e *cronoestratigráficas* quando elas são *sincrônicas*. À medida que a sedimentação prossegue, os limites das *fácies sedimentares* migram sob o efeito da *transgressão* ou *regressão* e dispõem-se em uma seqüência ordenada, tanto vertical como horizontalmente.

De acordo com Selley (1976a), uma *fácies sedimentar* pode ser caracterizada e diferenciada das demais pelas seguintes propriedades: *geometria do litossoma, litologia, estruturas sedimentares, padrão de paleocorrentes e fósseis*. Há um perfeito consenso sobre a existência, na natureza, de um número finito de *fácies sedimentares*, que recorrem em rochas de diferentes idades através da Terra. Os estudos de *fácies sedimentares* em ambientes modernos de sedimentação sugerem que haja uma íntima correlação com os diferentes *ambientes de sedimentação*. Portanto, essa relação também deve ser válida para os *paleoambientes de sedimentação*, embora sejam comuns as transições graduais entre as diferentes *fácies*.

Os *depósitos sedimentares pretéritos*, através das suas *fácies sedimentares*, refletem essencialmente as vicissitudes ocorridas nos *paleoambientes de sedimentação* e, desse modo, exibem também as feições relacionadas às *fases erosivas* e *não-deposicionais*. Exemplificando-se pelos depósitos de um *paleocanal fluvial*, o perfil do seu leito representa um *ambiente erosivo*. O sedimento de preenchimento do paleocanal reflete as características hidrodinâmicas das correntes transportadoras e deposicionais. Finalmente, os fragmentos de madeira e de osso, contidos eventualmente nos sedimentos do paleocanal, são provenientes dos *ambientes não-deposicionais*, que margeiam o paleocanal. Em suma, existe uma *relação inalienável entre os paleoambientes de sedimentação e as fácies sedimentares*, que se acha esquematizada na Tabela 27.

A análise ambiental de *seqüências sedimentares* é comumente parte de um estudo muito mais amplo, que pode abranger parcial ou integralmente uma *bacia sedimentar*. O reconhecimento dos *ambientes de sedimentação* não é só de interesse acadêmico (científico), mas também apresenta grande interesse na prospecção de recursos naturais associados às rochas sedimentares de

Tabela 27   Relação de causa e efeito entre os ambientes de sedimentação e as fácies sedimentares (Selley, 1976b).

Causa ➤		Efeito
Processos		
Físicos Químicos Biológicos	▶ Ambientes de sedimentação ◀ Erosivos Não-deposicionais Deposicionais: fácies sedimentares ◀	Geometria do litossoma Litologia Estruturas sedimentares Paleocorrentes deposicionais Fósseis

várias idades, tais como petróleo, carvão, calcário, fosfato, depósitos aluviais (ouro, diamante, cassiterita, etc.). Por outro lado, quando associados ao *Período Quaternário* (1,81 milhão de anos), os estudos dos *ambientes de sedimentação* constituem uma etapa essencial nas pesquisas de problemas ambientais, tanto induzidos por atividades antrópicas como de origem natural (Suguio, 1999).

A partir do conhecimento dos *ambientes de sedimentação* e das respectivas *fácies sedimentares*, pode-se realizar as *análises de bacias sedimentares*. Essas análises exigem também informações muito detalhadas sobre a natureza e o padrão dos *sistemas de paleocorrentes* (Potter & Pettijohn, 1963).

2. Descrição dos principais ambientes de sedimentação

2.1 Introdução

Entre os ambientes de sedimentação relacionados nas Tabelas 5 e 6 (Capítulo 3), independentemente das representatividades maior ou menor nos dias atuais ou no passado geológico, são aqui descritos os que o autor julgou como os mais importantes para os sedimentólogos brasileiros.

2.2 Ambiente desértico

2.2.1 Generalidades

O *ambiente desértico* é representado por uma região desprovida ou com vegetação muito rarefeita e pobre, que impede a fixação de qualquer fauna mais importante. Em geral, a *taxa de evaporação potencial* excede a *taxa de precipitação pluvial* e, conseqüentemente, o vento constitui um dos *agentes geológicos* mais efetivos nos *processos de erosão* e *sedimentação*. No ambiente desértico, predomina o *intemperismo físico* das rochas, mas nem sempre o ambiente desértico é sinônimo de *sedimentação eólica* como sói comumente acontecer, pois muitos desertos são até essencialmente *pedregosos* (stony deserts), Fig. 8.1. Neste sentido, os assim denominados *Lençóis Maranhenses* não formam um *ambiente desértico*, mas sim um *mar de areia* (sand sea ou draa) costeiro ou litorâneo.

Embora haja uma certa confusão na nomenclatura, em geral podem ser reconhecidos os seguintes três tipos extremos de desertos:

1. *Deserto polar ou frio* — Caracterizado por coberturas perenes e muito espessas (até 1 a 2 km ou mais) de gelo e intenso frio, como na Antártida ou Groenlândia. Ocorre em alta latitude, onde quase toda umidade atmosférica acha-se congelada e, portanto, indisponível para o crescimento das plantas (Stone, 1967:239).

2. *Deserto quente, de ventos alísios ou subtropical* — Em geral está situado entre as latitudes 15 graus a 30 graus ao norte ou ao sul do Equador, isto é, nas proximidades dos trópicos de Câncer e do Capricórnio. Há predominância de alta pressão e baixa pluviosidade (200 a 300 mm/ano) como, por exemplo, no deserto de Gobi.

3. *Deserto costeiro* (ou *litorâneo*) — Normalmente atribuído à interferência de *correntes oceânicas* (ocean currents) frias, como a Corrente do Golfo, que dá origem ao deserto costeiro do Peru.

Outros tipos de desertos incluem, por exemplo, o *deserto orográfico* (orographic desert) ou *deserto de sombra pluvial* (rain-shadow desert), que ocorre atrás de uma cadeia montanhosa, que deflete o ar úmido para cima e rumo ao sotavento, como em Atacama (Chile).

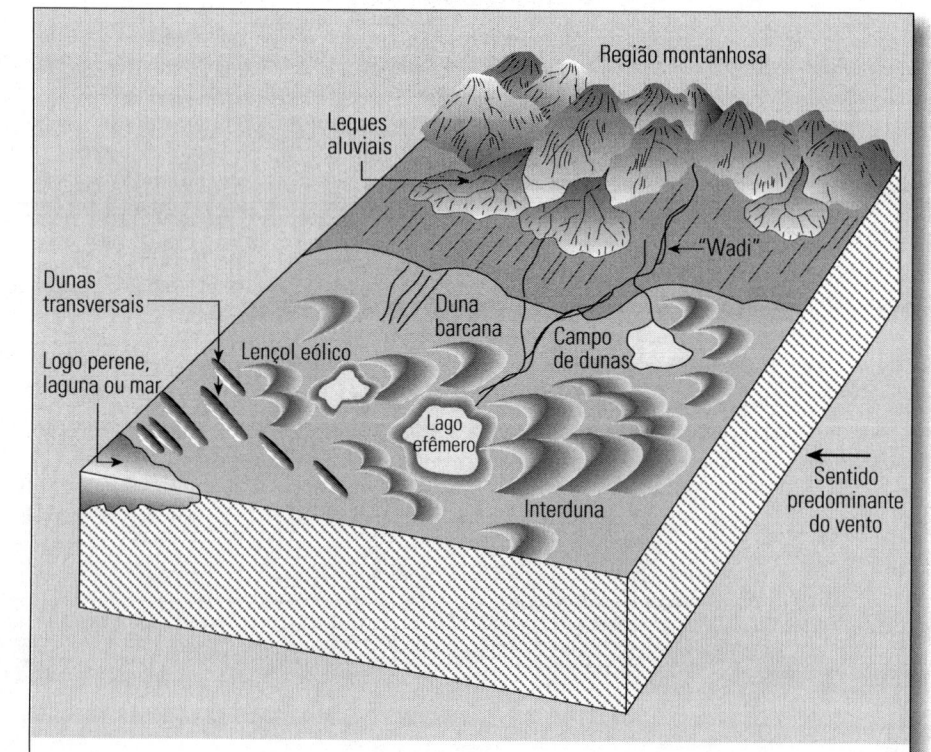

FIGURA 8.1 Modelo deposicional hipotético de ambiente desértico, mostrando a distribuição espacial de vários subambientes, onde se percebe a dominação de processos eólicos (dunas e lençóis arenosos eólicos), segundo Sneider *et al.* (1981), modificado.

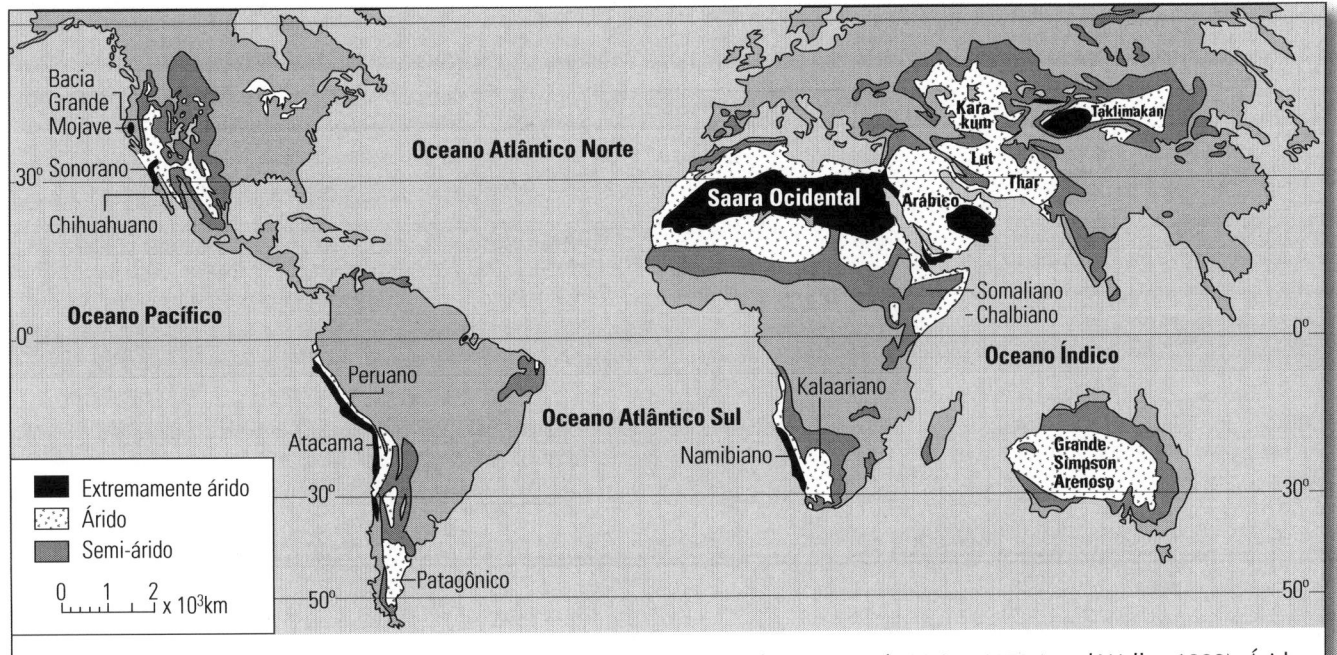

FIGURA 8.2 Distribuição mundial de terrenos áridos de regiões não-polares, segundo Meigs, 1953 (apud Walker,1992). Árido = menos de 250 mm/ano; semi-árido = 250 a 500mm/ano. As regiões áridas e extremamente áridas constituem os desertos propriamente ditos nos dias atuais.

Os *desertos quentes* estão restritos às zonas subtropicais, e a principal causa da sua existência é o sistema de ventos. São caracterizados por violentas flutuações de vento e de temperatura, tanto diária como sazonalmente (Fig. 8.2).

2.2.2 *Depósitos sedimentares de ambiente desértico*

Embora os *depósitos eólicos* sejam relativamente freqüentes no *ambiente desértico*, localmente existem também *depósitos subaquosos* de *rios efêmeros* (wadi ou oued) ou *temporários*, além dos relacionados a lagoas ou *lagos temporários* (playa lakes ou sabkhas continentais), juntamente com sedimentos tipicamente eólicos (Fig. 8.3).

Os assim denominados *depósitos de "reg"* (reg deposits) são coberturas superficiais de matacões e seixos, em geral muito angulosos, que ocorrem sobre áreas bastante planas. O termo *"reg"* é originário da Ar-

gélia, referindo-se ao *deserto pedregoso* (stony desert) ou *psefítico* (ou ainda rudáceo). Na Líbia e no Egito, o termo correspondente é *"serir"*.

Localmente surgem escarpas verticalizadas dos *"inselbergs"*, que são *morros-testemunho residuais* de intemperismo físico, com as vertentes muito inclinadas, sendo circundados por áreas muito planas. Esta é uma paisagem peculiar a regiões desérticas da África e da Austrália, onde existem planaltos interiores não-circundados por cadeias montanhosas.

Os fragmentos que constituem os *depósitos de "reg"* são produtos de *desintegração física* (ou mecânica), deixados "in situ", onde são comuns os *ventifactos*, embora alguma areia possa estar presente nas partes mais protegidas. Esses depósitos são dificilmente preservados, a não ser que o vento mude de sentido de atuação e recubra rapidamente o *pavimento detrítico* (ou *pavimento desértico*), que é um termo alternativo para referir-se aos *depósitos de "serir"*.

Os *ventifactos* são seixos, cujas formas típicas foram moldadas pela *abrasão eólica* e caracterizados por uma ou mais superfícies planas e foscas. Eles são típicos de *regiões desérticas* (e *periglaciais*) e, conforme o número de cantos, empregam-se designações do alemão *einkanter, zweikanter,* etc. Na região de Rifaina (SP), na estrada que desta cidade demanda a Porto Felício, Almeida (1953)

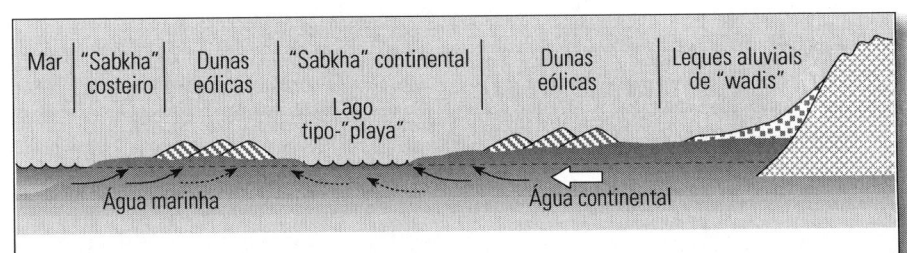

FIGURA 8.3 Seção esquemática através de uma costa desértica mostrando a distribuição espacial dos subambientes com os depósitos associados, além dos sentidos de fluxo de águas continental e marinha (modificada de Shearman, 1978).

descreveu ventifactos da Formação Botucatu (Jurássico-Cretácico da Bacia do Paraná).

Os *depósitos de "reg"* (ou *"serir"*) correspondem a uma concentração de sedimentos grossos (cascalho e areia grossa), cuja origem deve ser atribuída à remoção dos finos (silte e areia fina) por atividade eólica. Permanecem "in situ" os *depósitos residuais* (lag deposits), que não podem ser levados em suspensão ou saltação em meio eólico. Esses depósitos formam camadas com espessura máxima de vários centímetros sobre superfícies pouco inclinadas (5 graus a 10 graus), sendo compostos por sedimentos de seleção moderada a pobre e contendo *ventifactos*. São formados em *zonas interdunares* (situada entre dunas), podendo ser preservados quando soterrados sob areia.

McKee & Tibbits Jr. (1964) descreveram *depósitos de "serir"* no deserto da Líbia, onde sedimentos compostos de areia e cascalho, com pouco silte e argila, estão presentes. Os seixos apresentam-se dispersos ou concentrados em leitos residuais de *deflação eólica*, dispostos em camadas horizontais ou cruzadas de baixo ângulo de mergulho (Fig. 8.4).

Os depósitos lacustres de *ambiente desértico* são acumulados em fundos de *lagos efêmeros*, que são normalmente alimentados por uma drenagem essencialmente centrípeta, proveniente das regiões montanhosas circundantes. Os *sítios* (ou *bacias*) de retenção de água constituem depressões muito rasas, comumente formados por *deflação eólica* e mais raramente por *abatimento tectônico* (ou *subsidência tectônica*). Quando a área é completamente ressecada, formam-se depósitos cimentados por vários tipos de sais (*evaporitos*). As estruturas sedimentares típicas de *"sabkha"* são laminações paralelas de silte e argila com intercalações de leitos arenosos quartzosos e gipsíticos. Segundo Oomkens (1966) e Glennie (1970), uma estrutura sedimentar típica desses ambientes é o *dique clástico*, provavelmente originado por preenchimento de *gretas de ressecação* com grandes dimensões (aberturas de vários centímetros).

Os *depósitos de "wadi"* (ou *"oued"*) são sedimentados por *rios efêmeros* (ou *temporários*) que se caracterizam por baixa razão entre água/sedimento e por regime *tipicamente torrencial* associado a chuvas esporádicas. Os canais fluviais de *"wadi"* são quase sempre entrelaçados e recebem, ao lado de sedimentos fluviais, contribuições eólicas. As formas de leito características dos depósitos de *"wadi"* são micro e macrondulações com estratificações cruzadas, muito freqüentemente do *tipo torrencial* (camadas frontais definidas por seixos). Desse modo, podem alternar-se sedimentos eólicos e subaquosos (Fig. 8.5). Os depósitos são de *natureza fanglomerárica* (associada a *leques aluviais*), podendo exibir *gretas de ressecação* (ou *de contração*) e eventuais *marcas de pingos de chuva (raindrop imprints)*.

Existem vários tipos de depósitos de areias eólicas, sendo os mais importantes os *lençóis eólicos* (eolian sheets) e *dunas eólicas* (eolian dunes). Os *lençóis*

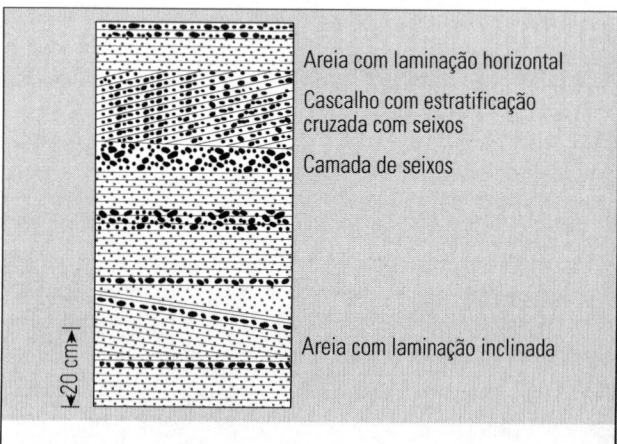

FIGURA 8.4 Tipos de acamamento e textura (granulometria) dos depósitos de "serir" (ou "reg"). Ocorre concentração característica de grãos mais grossos próximo ao topo, e internamente são visíveis estratificações horizontais e cruzadas de areias e cascalhos (segundo McKee & Tibbits Jr.,1964).

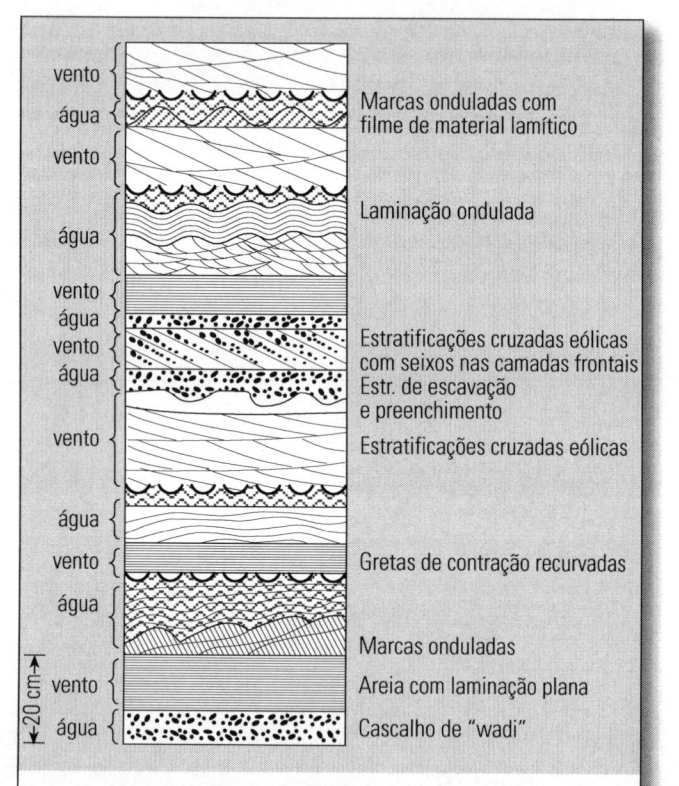

FIGURA 8.5 Seqüência de depósitos de "wadi" (ou "oued"), com alternância de sedimentos eólicos e subaquosos. As origens eólica e subaquosa dos sedimentos são indicadas principalmente pelas estruturas sedimentares primárias (estratificações cruzadas e marcas onduladas), mas também pelas características texturais (granulometria e textura superficial) das areias (segundo Glennie,1970).

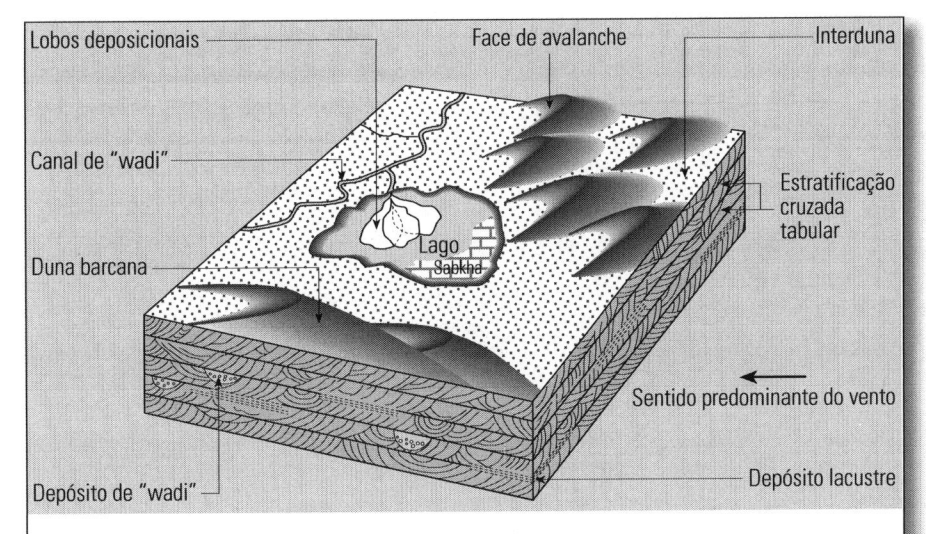

FIGURA 8.6 Modelo deposicional da Formação Monte Alegre (Carbonífero da Bacia do Alto Amazonas), na área de Juruá (AM), segundo Lanzarini (1984), baseado na proposta de Sneider et al. (1981). O bloco-diagrama mostra a geometria dos depósitos assim como o predomínio de fácies eólicas sobre as fácies lacustres e fluviais ("wadis") intercaladas.

com sedimentos lacustres, fluviais e glaciais.

Os depósitos mais impressionantes de "*loess*" foram formados durante o Pleistoceno, principalmente no Hemisfério Norte a partir de *farinhas glaciais*. Neste caso, estariam ligados a extensas *planícies de lavagem glacial* (glacial outwash plains). Existem também depósitos formados por sedimentação de poeiras de desertos nas zonas de estepes, provenientes de extensas planícies aluviais com "*sabkha*" e "*wadi*". Por essas duas diferentes proveniências de sedimentos para formação dos depósitos de "*loess*", alguns autores têm proposto as denominações "*loess*" *frio* (origem glacial) e "*loess*" *quente* (origem desértica).

Os depósitos de "*loess*" recobrem milhares de quilômetros quadrados, com espessuras de 50 m ou mais, áreas de sedimentos pleistocênicos da Europa Central, China e América do Norte. Diferentes aspectos de "*loess*" foram discutidos por Bryan (1945) e Smalley & Vita-Finzi (1968). Acredita-se também que as poeiras eólicas contribuam com importante parcela na sedimentação oceânica profunda (Bonatti & Arrhenius, 1965).

eólicos formam extensos depósitos arenosos de superfícies mais ou menos planas que, segundo Bagnold (1954) e Glennie (1970), seriam resultantes da sedimentação por ventos de alta velocidade, transportando areia de granulação heterogênea. As *dunas eólicas*, por outro lado, constituem as feições mais conspícuas entre os depósitos arenosos de *ambiente desértico*, embora não sejam exclusivas deste tipo de ambiente (Fig. 8.6).

Dependendo de vários fatores, como a eficácia do vento, tipo e suprimento de areia e natureza e densidade da cobertura vegetal (Fig. 8.7), as dunas podem assumir diferentes formas, que têm sido classificadas por vários autores (Melton, 1940; McKee, 1966 e Cooper, 1967).

McKee (*op.cit.*) reconheceu as formas denominadas *barcanas, transversais, parabólicas, "seif", estreladas, dômicas* e *reversas* (Fig. 8.8). De todas essas formas, *barcana* e "*seif*" são as mais freqüentes e mais importantes.

Quando as acumulações de areias eólicas, em superfícies mais ou menos planas, estendem-se por 10^3 a 10^6 km^2, têm-se os *mares de areia* (sand seas) ou "*ergs*" (Lancaster, 1988). A denominação *campo de dunas* (dunefield) seria aplicável a acumulações menos extensas chegando, no máximo a algumas centenas de quilômetros quadrados (Glennie, 1970) como o campo de dunas de White Sands (EUA).

Os depósitos de "*loess*" são compostos de sedimentos maciços (ou não-estratificados) e granulometricamente selecionados, em geral inconsolidados, constituídos predominantemente de silte e quantidades menores de areia e argila. Quando litificado, pode ser designado de *loessito*, que pode ocorrer interestratificado

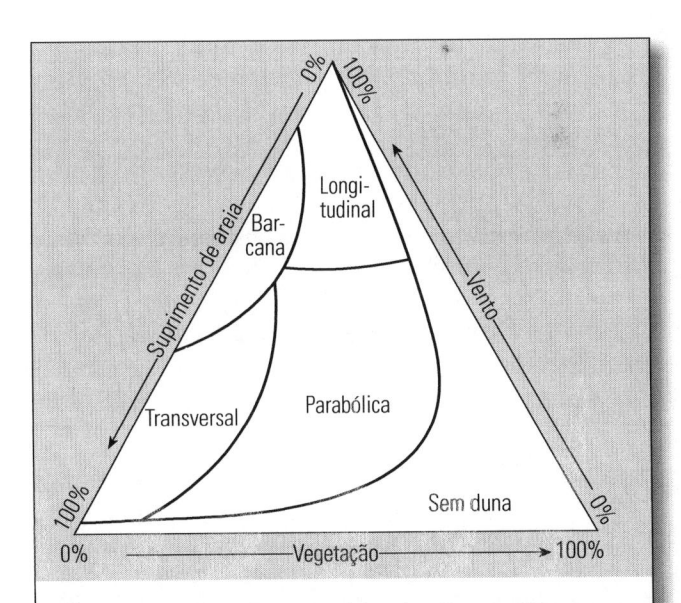

FIGURA 8.7 Formas assumidas pelas dunas eólicas em função de três variáveis semiquantitativas: eficácia do vento, cobertura vegetal e suprimento de areia. O sentido de propagação do vento é considerado como aproximadamente constante (modificado de Hack, 1941, Figura 19).

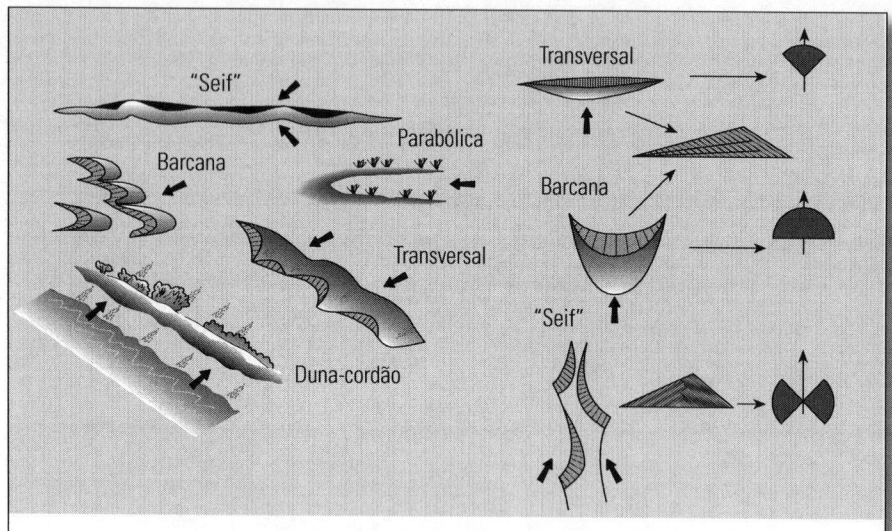

FIGURA 8.8 Morfologias assumidas pelos principais tipos de dunas eólicas e as suas orientações em relação aos sentidos predominantes dos ventos indicados pelas setas. À direita, podem ser vistas as configurações, em planta, de alguns desses tipos de dunas e as relações entre as estruturas sedimentares internas e os sentidos dos ventos (segundo Spearing,1974).

2.2.3 Evidências de ambientes desérticos em sedimentos antigos

Depósitos de areia e arenito com estratificações cruzadas de *grande escala* conspicuamente desenvolvidas e com fortes ângulos de mergulho (30 a 35 graus), apresentando localmente estratificações horizontais, são muito típicas de *sedimentação eólica* em *ambiente desértico*.

Na base de uma seqüência de dunas eólicas, são, comumente, encontrados sedimentos com estratificação horizontal ou cruzada de ângulo baixo, de granulação mais grossa e seleção pobre a moderada. Esses depósitos também de origem eólica, seriam relacionados aos *lençóis eólicos* (*eolian sheets*). Acima ocorrem areias bem selecionadas com estratificações cruzadas de grande porte, relacionadas às *dunas eólicas* (eolian dunes). Os padrões de *paleocorrentes deposicionais* (paleoventos) ajudam na identificação do *paleoambiente desértico* (Fig. 8. 9).

Os grãos de quartzo de areias e arenitos eólicos caracterizam-se pelo aspecto fosco (sem brilho) e cor geralmente avermelhada. Os grãos são foscos em função da existência de microcrateras de impacto e a cor avermelhada é devida ao revestimento por filme de óxido e/ou hidróxido de ferro. A granulometria é caracterizada por excelente seleção e distribuição uni ou bimodal e praticamente isenta de partículas argilosas e/ou sílticas.

Os depósitos de "*serir*" (ou "*reg*"), além da topografia com "*inselberg*" e "*hamada*", podem estar presentes nas porções marginais de ambientes fácies desérticos, podendo ser seguidos rumo ao centro, por espessas seqüências alternadas de *depósitos de "wadi"* e de *areias eólicas*. O

termo "*hamada*" (ou "*hammada*") refere-se ao deserto rochoso, onde as areias foram transportadas para outros lugares por deflação eólica, restando apenas o *embasamento rochoso cristalino*. Sob o ponto de vista de fases evolutivas de paisagens desérticas, a "*hamada*" representa a etapa final, quando ainda podem estar presentes "*inselbergs*" circundados por áreas muito planas (*peneplano desértico*).

2.2.4 Exemplos de depósitos de antigos desertos

Depósitos sedimentares atribuídos a ambientes desérticos, com diferentes idades geológicas, são conhecidos em diversas partes do mundo.

Um dos mais conhecidos é o Arenito Navajo (Jurássico) do platô do Colorado, EUA (Stokes, 1961;1968). Na Bacia do Paraná (Brasil) ocorre o Arenito Botucatu (Jurássico-Cretáceo), que foi estudado por Almeida (1953), Bigarella & Salamuni (1961), Soares (1973) entre outros.

2.3 Ambiente glacial

2.3.1 Generalidades

O *ambiente glacial* é, hoje em dia, relativamente restrito, estando limitado aos Pólos Norte e Sul e às altas montanhas (Himalaia, Alpes, Andes, etc.). Porém, estudos pormenorizados de diferentes feições sedimentares têm mostrado que, durante o *Pleistoceno,* as geleiras cobriram superfícies muito maiores, principalmente no Hemisfério Norte (Andersen & Borns Jr., 1994).

Grandes massas naturais de gelo, conhecidas por *geleiras,* são o agente principal nos *processos geológicos* que atuam no chamado *ambiente glacial.* A acumulação do gelo até formar grandes geleiras está relacionada à baixa temperatura, combinada com altas taxas de precipitação de neve e taxas muito baixas de evaporação. As *geleiras* consistem em neve recristalizada e compactada, contendo alguma água de degelo e fragmentos de rocha que, sob ação da gravidade, fluem para fora dos *campos de neve* (snowfield) onde foram originadas.

Massas permanentes de gelo existem acima da *linha de neve* (snowline), que é o nível abaixo do qual a neve sofre fusão no verão. As *linhas de neve* variam de altitude segundo a latitude e, em latitudes mais altas (nos pólos), a *linha de neve* desce a altitudes mais baixas, atingindo até nível do mar.

FIGURA 8.9   Feições originadas por atividades eólicas em ambiente desértico:
A = campo de dunas barcanas com altura média de 10 a 15m (máxima de 40m) na região do Morro Vermelho (Baía dos Tigres, Angola). Essas dunas são móveis e deslocam-se 70 a 80cm/ano. Resultam do retrabalhamento eólico de areias de praia por ventos com 90 a 100km/h, que sopram para NE. O embasamento local é de werhlito. B = Cordão litorâneo retrabalhado eolicamente. Note-se o sentido do vento indicado pelo facetamento dos seixos de quartzito escuro, quartzo leitoso e de diabásio no canto inferior direito da foto na região de Morro Vermelho. Fotos de J. R. Torquato. Escala da Figura 8.9B=máquina fotográfica.

2.3.2   Geomorfologia das geleiras

Por processos denominados de *acumulação*, as geleiras sofrem acreção, alimentadas por novas precipitações de neve e paulatinamente rastejam encosta abaixo, formando corpos alongados linguoidais. Os processos de degelo, evaporação e formação de "icebergs"

— chamados coletivamente de *ablação* — ocasionam a perda de gelo das geleiras. Portanto, conforme os processos de *acumulação* ou de ablação, respectivamente, sejam os dominantes, as geleiras avançam ou recuam.

Na Fig. 8.10, tem-se a seção longitudinal através de um *vale glacial,* onde são mostradas as importâncias relativas da *acumulação* e da *ablação* nas várias partes de uma geleira.

Quando uma geleira termina em um corpo aquoso (lago ou oceano), os sedimentos contidos na geleira são despejados neste ambiente, onde sofrem retrabalhamentos por ondas e correntes. Porém, quando a geleira termina em mar com profundidade suficiente para flutuação da sua extremidade, ela é destacada por *fragmentação glacial* (*calving*), formando-se um "iceberg". Com a fusão do "iceberg", os clastos de tamanhos variáveis (argila a areia até matacões) são depositados como sedimentos subaquosos, quase sempre laminados e deformados localmente por *clastos caídos (dropstones)* de dimensões maiores (seixos a matacões).

Segundo Holmes (1965), é possível distinguir três tipos básicos de geomorfologia em geleiras (Fig. 8.11):

1. *Geleira de vale* — É geleira confinada em vales intermontanos, que pode apresentar até várias centenas ou mesmo poucos milhares de metros de espessura (Fig. 8.12). As áreas de *circos* e *campos de gelo* (*icefields*), situadas a maiores altitudes, alimentam as geleiras de vale. Exemplo: geleira do Ródano (Alpes).

2. *Geleira de piemonte* — Diversas geleiras de vale podem espraiar-se nas áreas mais planas de sopés de montanhas, formando *lençóis de gelo* (*icesheets*) pela coalescência de várias geleiras. Exemplo: geleira de Malaspina (Alasca).

3. *Geleira tipo calota* — Este tipo só existe em locais onde a *linha de neve* é muito baixa, em altas latitudes, sendo composto por gigantescas massas de gelo recobrindo áreas continentais. Ela pode abranger vários milhões de quilômetros quadrados de área e até alguns milhares de metros de espessura. Atualmente, geleira desse tipo só existe na Antártida e na Groenlândia.

Embora seja possível reconhecer vários estádios de transição, muitos glaciologistas classificam também as geleiras em dois tipos extremos denominados de *geleiras*

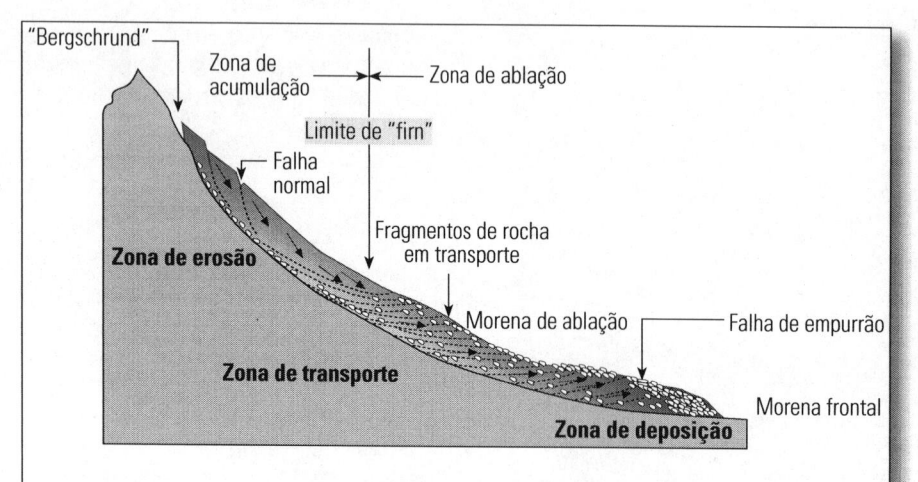

FIGURA 8.10 Perfil longitudinal esquemático através de um vale glacial, mostrando as principais feições geomorfológicas. No perfil, são bem reconhecidas as regiões do vale onde predominam os processos de acumulação e de ablação de neve e os processos de erosão, transporte e deposição dos detritos carreados pela geleira. O "bergschrund" representa uma fenda característica existente na cabeceira do vale glacial, onde são aprisionados detritos rochosos (segundo Bloom, 1970).

2.3.3 Fluxo glacial

Vários pesquisadores reconheceram um *padrão de fluxo laminar,* similar ao dos líquidos e gases em geleiras. Segundo Sharp (1960), os seguintes mecanismos explicariam o fluxo das geleiras: *deslizamento basal, ajustes "intergranulares", planos internos de deslizamento, recristalização* etc. Segundo Tricart (1970), esses mecanismos de movimentação das geleiras podem ser resumidos em dois tipos básicos: *fluxo de deformação plástica e fluxo de deslizamento.* A deformação plástica, que ocorre em função do peso, só se torna efetiva quando a geleira apresenta espessura suficiente (no mínimo algumas centenas de metros) e o *deslizamento* sobre o substrato causa cisalhamento, desenvolvendo fraturas abertas. Os dois processos podem atuar simultaneamente em diferentes partes de uma mesma geleira.

As geleiras possuem velocidades de deslocamento de menos de 1 m/dia e só em casos excepcionais pode atingir até mais de 20 m/dia. A porção central move-se mais rapidamente que as margens e, junto ao fundo, em função dos diferentes valores de atrito com o substrato rochoso (Fig. 3.7).

Em geral, os principais fatores que interferem na velocidade do *fluxo glacial* são: *espessura, temperatura, declividade, forma do vale* e *conteúdo em detritos sedimentares* no interior do gelo.

2.3.4 Erosão glacial

A *abrasão* e o *fraturamento* são os principais processos, de naturezas essencialmente físicas, que atuam durante a erosão glacial. Por *abrasão*, os fragmentos de rocha contidos no gelo causam *estriação, polimento* e *moagem* das superfícies do substrato rochoso e das partículas maiores em transporte dentro do gelo. Da abrasão resulta um detrito fino, que é conhecido por *farinha glacial.*

As rochas do substrato, os seixos e matacões contidos no gelo podem ser estriados, em forma de ranhuras que apresentam alguns milímetros a vários centímetros de largura, dispondo-se paralelamente

frias ou *polares* e *geleiras quentes* ou *temperadas.* O primeiro tipo caracteriza-se por temperaturas bem abaixo do ponto de fusão do gelo e, portanto, sem água de degelo na base sendo, portanto, chamado de *base seca* (dry-based). O fluxo dessa geleira é muito lento. No segundo tipo, as temperaturas são bem próximas ao ponto de fusão, por pressão do gelo e, portanto, existe água de degelo na sua base sendo, então, chamada de *base úmida* (wet-based), que flui com velocidade bem maior.

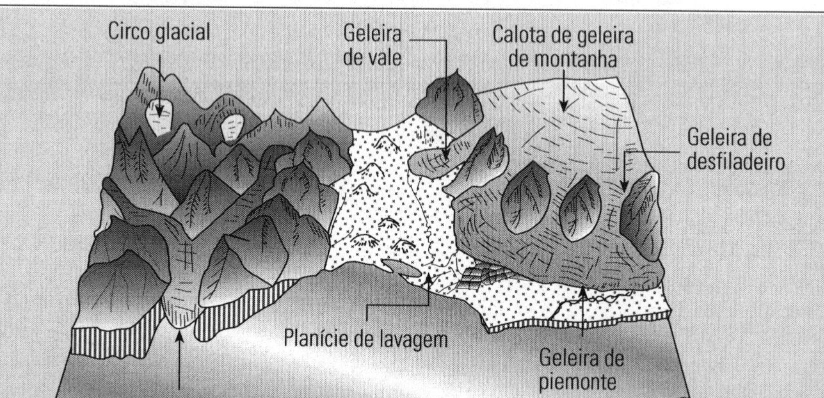

FIGURA 8.11 Esquema, mostrando as várias formas de ocorrência das geleiras e as configurações geomorfológicas associadas (segundo Allen, 1970).

FIGURA 8.12 Encontro de duas geleiras de vale provenientes da calota que recobre a Groenlândia (Vale do fiorde Rhedin). Quando essas gelerias atingem o oceano, dividem-se em inúmeros icebergs. Note-se a drenagem entrelaçada, formada pela água de degelo (meltwater), na planície de lavagem glacial (outwash plain). (Foto da Arktische Riviera, Ed. Kummerly & Frey, Berna, Suíça.)

à direção do fluxo glacial (Fig. 8.13).O fraturamento é promovido pelo processo de congelamento e degelo sucessivos da água contida nas *juntas* naturais das rochas do substrato, por *ação de cunha*.

A *erosão glacial* leva à formação dos *vales glaciais*, e o afogamento desses *vales glaciais* em estádios interglaciais ou pós-glaciais dá origem aos fiordes. O *vale em "U"* (perfil transversal) e os *vales suspensos* são comumente atribuídos à erosão glacial. O *fiorde*, por seu turno, corresponde a uma reentrância do mar continente adentro, estreita, profunda e ladeada por paredes íngremes, em geral originada por afogamento devido à subida do nível relativo do mar, ocupando antigos *vales glaciais*.

FIGURA 8.13 Superfície estriada sobre o Arenito Furnas (Devoniano) da Bacia do Paraná, originada durante a passagem da geleira de glaciação Rio do Salto (Permocarbonífero), 1,5km ao norte da estrada de Palmeira no vale do Rio do Salto (PR). Foto de J. J. Bigarella. Escala = martelo de geólogo.

2.3.5 Transporte glacial

Para muitos pesquisadores, como Allen (1970), a carga sedimentar transportada pelas geleiras deveria receber o nome genérico de *morena*. Neste caso, as morenas seriam qualificadas, segundo as suas posições nas geleiras, em *morenas laterais* ou *marginais, medianas, internas, de fundo* e *terminais*. As *morenas laterais* são transportadas superficialmente junto às margens das geleiras. As *morenas medianas* são formadas nas confluências de duas geleiras pela coalescência de *morenas laterais*. As *morenas internas* são relacionadas à penetração dos sedimentos no interior das geleiras, podendo atingir o substrato, quando passam a constituir as *morenas basais* ou *de fundo*. Finalmente, todas essas morenas podem juntar-se na extremidade das geleiras para formar as *morenas finais, frontais* ou *terminais* (Fig. 8.14). Neste sentido, quando o termo *morena* refere-se à carga sedimentar transportada e depositada pelas geleiras, o seu significado confunde-se com o de *"till"* (ou *tilito*).

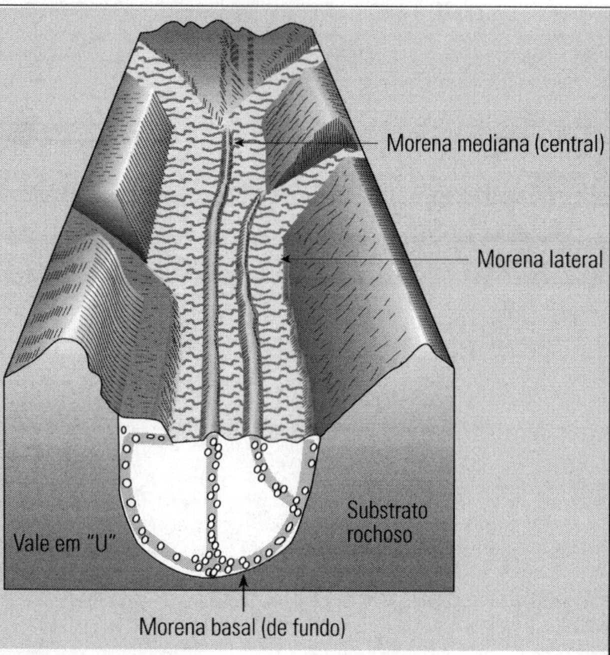

Portanto, geralmente, não somente no Brasil, mas também na literatura geológica internacional, o termo *morena* tem sido empregado como sinônimo de *"till"*. Em relação às rochas sedimentares glaciais, o uso do termo *tilito* prevalece sobre *morena* e passa-se a distinguir vários tipos de tilitos, tais como *basal, de ablação, de fluxo, de deformação, de alojamento*, etc., embora a diferença desses tipos nem sempre seja fácil.

Para Bloom (1978) e alguns outros pesquisadores, a palavra *morena* deveria ser usada apenas no *sentido geomorfológico*, conforme a Tabela 28.

Neste caso, *morena* seria uma designação atribuída à *feição topográfica* devida à acumulação de material detrítico sedimentado diretamente pela geleira. Desse modo, tem-se as *morenas laterais, terminais* ou *basais*, conforme as suas posições nas geleiras, que podem ser mais facilmente interpretadas em estudos de *glaciações pleistocênicas*. Todas as *morenas* seriam sedimentos mal selecionados, tanto em termos granulo-

FIGURA 8.14 Esquema mostrando vários tipos de carga sedimentar de uma geleira de vale designados pelos termos geomorfológicos indicativos das suas posições no interior da geleira (modificado de Sharp, 1960).

métricos como composicionais, denominados *"tills"* (ou *tilitos* quando litificados).

2.3.6 Depósitos glaciais

No início do século XIX, o termo *sedimento transportado* (drift) era amplamente empregado na Europa, referindo-se a areias e cascalhos muito mal selecionados e inconsolidados. Na época acreditava-se que eles teriam sido originados pelo "grande dilúvio" relatado no Velho Testamento, porém, mais tarde, descobriu-se que a grande maioria desses depósitos era de *origem glacial* quando, então, o nome foi modificado para *sedimento glacial transportado* (glacial drift).

A fase de recuo das geleiras corresponde à principal época de sedimentação pelas geleiras, quando a maior parte do material transportado é literalmente "despejado" na forma de *morena terminal*. Portanto, caso ocorram vários estádios de recuo de geleiras, serão formados vários "cordões" de *morenas terminais*.

O recuo das geleiras é acompanhado de degelo e, por conseguinte, mesmo os depósitos considerados genuinamente glaciais são, até certo

TABELA 28 **Classificação dos depósitos sedimentares e das topografias glaciais segundo Bloom (1978)**

Ambientes		Depósitos glaciais	Morfologias glaciais	
Subambientes	Glacial	"Till" (ou tilito, quando litificado)	Morenas {	lateral (ou marginal) de fundo (basal) final (terminal ou frontal)
			Planície de "till" "Drumlin"	
	Periglacial	Depósito de lavagem glacial (por água de degelo) Varve (ritmito glacial)	"Esker" "Kame" Planície de lavagem glacial (por água de degelo)	

FIGURA 8.15 Diamictito (ou tilóide) síltico-arenoso do Subgrupo Itararé do Grupo Tubarão (Permocarbonífero) da Bacia do Paraná. Note-se o aspecto maciço (sem estratificação) do afloramento. Localidade de Gramadinho no Município de Itapetininga (SP). Foto de A. C. Rocha-Campos. Escala = martelo de geólogo

ponto, retrabalhados subaquaticamente. Porém, quando forem intensamente retrabalhados, os sedimentos adquirem características mistas e passam a ser denominados de *depósitos fluvioglaciais*.

Segundo Flint (1957) e Tricart (1970), os depósitos de origem glacial podem ser genericamente subdivididos em dois tipos:

1. *Depósitos não-estratificados* (*ou maciços*) — São representados principalmente pelos sedimentos da morena basal, conhecidos como *"tills" basais e lamitos conglomeráticos* (pebbly mudstones ou boulder clays). A granulometria e a composição mineralógica são muito variáveis, contendo desde argilas e siltes, até seixos e matacões de diferentes composições (Fig. 8.15).

2. *Depósitos estratificados* — São formados por acumulação de materiais de *morenas internas* depositados durante rápido degelo, com algum retrabalhamento por água que propicia o desenvolvimento de estruturas hidrodinâmicas (Fig. 8.16).

Por outro lado, Flint (1957) classifica os sedimentos estratificados de origem glacial em dois grandes grupos:

1. *Depósitos proglaciais* — São formados sobre *planícies de lavagem glacial* (glacial outwash plains) ou ambientes marinhos, além dos limites das geleiras.

2. *Depósitos de contato glacial* — Incluem os depósitos denominados de *"esker"*, *"kame"*, *"drumlin"*, etc., que são sedimentos subaquosos formados no contato de geleiras e podem apresentar-se interestratificados com depósitos não-estratificados (Fig.8.15).

O cenário final de uma área de deposição glacial, reafeiçoado durante o recuo de uma geleira, é representado por uma vasta planície com dezenas de metros de espessura de *sedimentos glaciais*. Para a jusante das geleiras, os depósitos mais tipicamente glaciais cedem o seu lugar para os *sedimentos fluvioglaciais de planícies de lavagem* (outwash plains), onde se desenvolvem rios mais ou menos temporários com *padrão entrelaçado*. Se a geleira terminar em um corpo de água mais ou menos estacionário (lago ou mar), pode ocorrer sedimentação deltaica. Finalmente, os sedimentos glaciais gradam para sedimentos mais tipicamente lacustres e marinhos.

O *"esker"*, também conhecido por *"osar"* (termo sueco), é representado por sedimentos grossos fluvioglaciais, que se apresentam como "cordões" com 40 a 50 m de altura e até 500 a 600 m de largura, estendendo-se por vários quilômetros paralelamente à *direção de flu-*

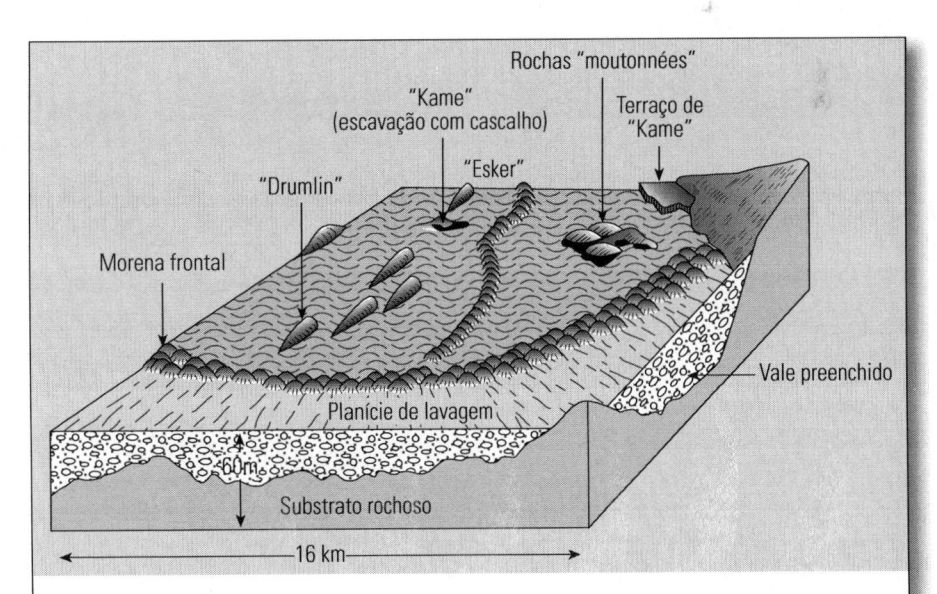

FIGURA 8.16 Bloco-diagrama mostrando as feições características de uma área submetida à glaciação. Toda a superfície é recoberta por sedimentos de transporte glacial (glacial drifts), que formam várias feições morfológicas peculiares como "eskers", "drumlins", etc. Localmente ocorrem projeções de rochas cristalinas do embasamento na forma de rochas "moutonnées" (Bloom, 1970).

FIGURA 8.17 Esker Hunstanton, depositado pelas águas de degelo do Devensiano superior (Pleistoceno da Inglaterra) Forma um "cordão" sinuoso de areias argilosas brechóides com 2 km de comprimento na direção N-S, que se superimpõe à topografia pretérita. Foto do autor.

xo da geleira (Fig. 8.17). As *estratificações cruzadas*, comumente presentes em seus sedimentos, permitem obter a direção da *paleocorrente deposicional*.

A sedimentação dos depósitos de "*esker*" processa-se em túneis internos às geleiras, por onde fluem as águas de degelo transportando sedimentos. Desse modo, formam-se estruturas semelhantes às de depósitos fluviais. As composições granulométricas são variadas, em geral grossas e compostas de areias e seixos (Szupryzynski, 1965; Radlowska, 1969 e Shaw, 1972).

Na Bacia do Paraná, foram reconhecidos possíveis depósitos de "*esker*", em sedimentos do Grupo Tubarão (Permocarbonífero) na localidade de Gramadinho (SP), que foram descritos por Frakes *et al.*, (1968), Fig. 8.18.

O termo "*kame*" é de origem escocesa e serve para designar feições deposicionais de contato glacial, em forma de montículos isolados ou agrupados, compostos por areias e cascalhos fluvioglacis com estratificação. Os "*kames*" são depositados próximos às margens das geleiras, em íntima associação com "*eskers*".

Na Fig. 8.19, estão esquematizados os depósitos de "*kame*", juntamente com outros depósitos de contato de geleiras. Keller (1952) descreveu em detalhe as origens de vários tipos de "*kame*".

O "*drumlin*" é uma feição geomorfológica típica de atividade glacial, composta de colinas ovóides ou elípticas mais rombudas a montante das geleiras e mais alongadas a jusante. Os "*drumlins*" ocorrem agrupados, principalmente em áreas com "*tills*" *basais* ricos em argila. Podem aparecer centenas de milhares de "*drumlins*" que indicam a direção e o sentido de fluxo das geleiras que os depositaram. Litologicamente, predomina o "*till*" *argiloso*, às vezes arenoso, maciço e incipientemente estratificado. No seu interior pode ocorrer um núcleo de rocha dura.

Os depósitos de *deltas lacustres* são feições comuns nas áreas marginais das geleiras, sendo formados quando uma geleira desemboca em um lago. Os seus sedimentos são representados por cascalhos mal selecionados, freqüentemente em contato com sedimentos várvicos da porção mais central de um *lago periglacial*. As *seqüências basais* (bottomset beds) de um *delta lacustre periglacial* são compostas de areia e silte com estratificação horizontal e laminação cruzada de microndulações. Elas gradam lateralmente e para cima para *camadas frontais* (foreset beds) com abundantes laminações

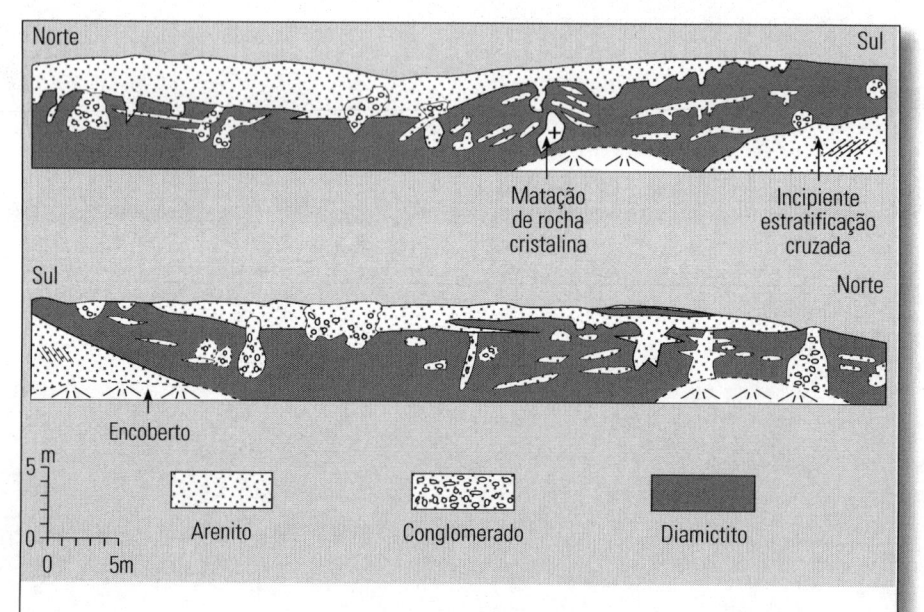

FIGURA 8.18 Esquema de estruturas sedimentares observadas em diamictitos do Subgrupo Itararé do Grupo Tubarão (Permocarbonífero) da Bacia do Paraná. Os corpos de arenito e conglomerado formam cunhas e canais que foram interpretados como depósitos de preenchimento de fendas e "eskers" fósseis, respectivamente. Afloram na Rodovia SP-270 (km 167,1) ao sul de Itapetininga (SP), segundo Frakes et al.(1968).

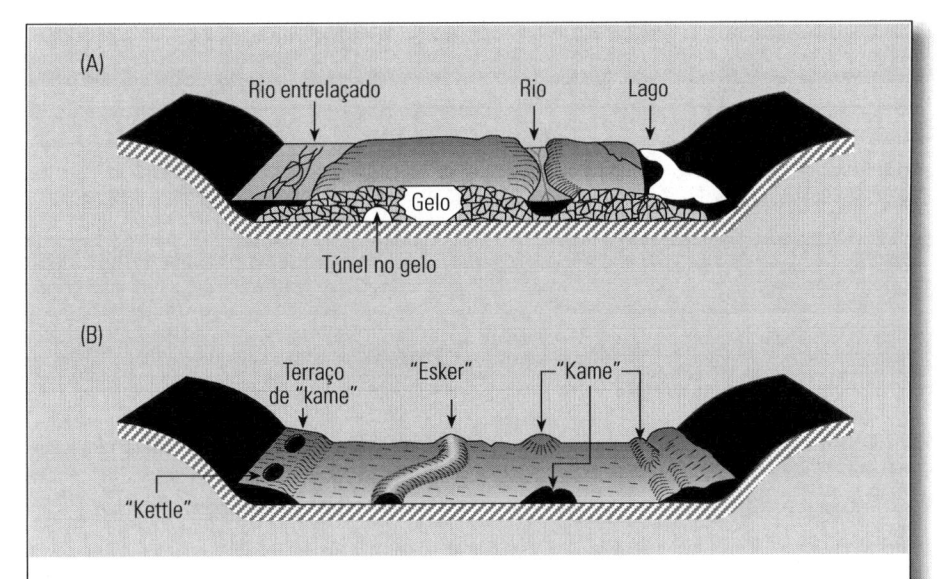

FIGURA 8.19 Vários tipos de corpos sedimentares estratificados de contato de geleiras. Em (A) são mostrados os agentes que propiciam a formação dos corpos sedimentares esquematizados em (B), segundo Flint (1957).

Os sedimentos de *varve* (*varvito* quando litificado) são *depósitos rítmicos*, típicos das porções centrais de *lagos periglaciais*, formados pelo represamento devido às *morenas terminais*. Esses lagos recebem suprimento sedimentar principalmente durante a época mais quente (primavera e verão), quando maior volume de água de degelo flui para o lago. Os sedimentos mais grossos são depositados nas margens, enquanto a argila permanece em suspensão sendo decantada mais lentamente. Durante o período mais frio (inverno e outono), cessa praticamente o fornecimento de sedimentos e, portanto, predomina a sedimentação argilosa com matéria orgânica. O processo é repetido anualmente, dando origem aos *sedimentos várvicos rítmicos* (Fig. 8.21).

Segundo Calvert (1966:546), as espessuras da *varve* são, deste modo, atribuídas às *variações climáticas*, de maneira análoga aos anéis de crescimento de algumas árvores, principalmente do Hemisfério Norte. Além disso, as suas espessuras podem refletir variações na precipitação e temperatura.

FIGURA 8. 20 Delta lacustre (ou tipo Gilbert) ligado à glaciação pleistocênica do Canadá, onde são claramente visualizadas as seqüências de camadas basais (bottomset beds), frontais (foreset beds) e dorsais (topset beds). Localidade de Utopia, próxima à Ottawa (Canadá). Foto do autor. Escala: pessoa (centro).

cruzadas. As camadas frontais são superpostas por depósitos fluviais de *camadas dorsais* (topset beds), como se vê na Fig. 8.20.

FIGURA 8. 21 Sedimento de varve, mostrando o ritmismo característico desses sedimentos depositados durante as glaciações do Pleistoceno na região de Estocolmo (Suécia) Foto do autor. Escala= pequena faca.

Entre os afloramentos mais representativos de *varvitos* no Brasil, têm-se os relacionados à glaciação permocarbonífera da Bacia do Paraná na região de Itu (SP). As lâminas desta rocha apresentam-se horizontais e compostas de sedimentos síltico-argilosos, intercalados com materiais argilosos orgânicos de cores cinzentas. Além desses *ciclos anuais*, Leonardos (1938) teria identificado camadas com 4 a 6 cm de espessura, representativas de ciclos mais longos de *estabilidade climática*.

A *água de degelo* desenvolve *canais fluviais entrelaçados* nas *planícies de lavagem* onde são depositados sedimentos melhor selecionados que os glaciais. Entretanto, a feição mais característica de um *depósito de planície de lavagem* é a grande heterogeneidade granulométrica entre depósitos adjacentes. *Estruturas de escavação* e *preenchimento* são freqüentes, e as camadas horizontais alternam-se com *seqüências de estratificações cruzadas* (planares e acanaladas). Augustinus & Riezebos (1971) descreveram estruturas sedimentares de depósitos de planícies de lavagem da última glaciação na Holanda.

Os depósitos representativos dos estádios interglaciais representam os períodos de melhoria climática e acham-se intercalados entre sedimentos tipicamente glaciais. São compostos de depósitos fluviais, lacustres, etc., contendo fósseis de fauna e flora de climas mais quentes. Nos estádios interglaciais, desenvolvem-se extensos lagos com sedimentação grossa em forma de *deltas lacustres* nas margens e depósitos de argila muito ricos em *matéria orgânica* e *diatomácea* ou *carbonato de cálcio* nas porções mais centrais. As plantas são preservadas em função do ambiente redutor, formando leitos de turfas com dezenas de metros de espessura.

FIGURA 8.22 Molde de cunha de gelo intraformacional desenvolvido na porção superior dos terraços cascalhosos do Rio Ouse. Esses depósitos representam seqüências fluviais periglaciais típicas do Devensiano médio a superior do Pleistoceno da Inglaterra (Earith, East Anglia). Foto do autor. Escala = caneta esferográfica.

2.3.7 Evidências de atividade glacial

As geleiras em movimento desenvolvem *feições erosivas* e *deposicionais* características, tais como vales em "U" (seção transvesal), *vales suspensos*, *circos glaciais*, *fiordes* e *lagos periglaciais*. Entretanto, a maioria dessas feições é mais evidente apenas em áreas de glaciações quaternárias, onde se acham muito bem preservadas. As feições deposicionais, tais como "*eskers*", "*drumlins*" e "*kames*" são também, em geral, mais facilmente identificadas em áreas de glaciações pleistocênicas.

As evidências de atividade glacial em regiões de glaciações antigas, como paleozóicas e pré-cambrianas são representadas por *superfícies rochosas estriadas* e/ou *polidas*, incluindo *rochas "moutonnée"*, eventualmente *vales em "U"* e depósitos sedimentares como *tilitos* e *varvitos*, além de *moldes de cunhas de gelo* (Fig. 8.22). Além disso, alguns estudos laboratoriais, como os das *feições submicroscópicas superficiais* dos grãos de quartzo, podem auxiliar na identificação de antigos depósitos de origem glacial.

2.3.8 Exemplos de depósitos de antigos ambientes glaciais

Depósitos pré-cambrianos com idades variáveis entre 2,5 bilhões a 600 milhões de anos foram identificados como glaciais em várias partes do mundo. Vestígios de provável *glaciação pré-cambriana superior*, segundo Leinz & Amaral (1978:165), foram mencionados no continente norte-americano (Estados Unidos e Canadá), na região sul do continente africano, no norte da península da Escandinávia e em três localidades do continente asiático (Índia e China). No Pré-Cambriano Superior da Austrália, foram descritos sedimentos e outras feições glaciais (Perry & Roberts,1968). Glaciação eocambriana foi mencionada na Noruega por Spjeldnaes (1964) e Reading & Walker (1966).

No Brasil, foram encontradas evidências de glaciação pré-cambriana em Minas Gerais, constituídas por *pavimentos estriados*, "*eskers*", *ardósia rítmica*, *seixos facetados* e *estriados* que sugerem origem glacial para pelo menos parte do Grupo Macaúbas (Supergrupo

São Francisco) ligada à *glaciação proterozóica* (Isotta *et al.*, 1969; Hettich, 1977).

Evidências de *glaciação neo-ordoviciana* no Brasil foram, pela primeira vez, encontradas por Maack (1947) na Formação Iapó a oeste de Castro (PR). Principalmente com base nas características litológicas, Maack (*op.cit.*) já havia proposto origem glacial, que foi corroborada recentemente e atribuída à *glaciação continental* por Assine & Soares (1993) e Assine (1996). Afloramentos desta unidade são escassos no flanco sudeste da Bacia do Paraná, mas a sua extensão foi expandida, com base em dados de subsuperfícies (sondagens), para os Estados de Santa Catarina, São Paulo, Mato Grosso do Sul e Goiás.

Entretanto, talvez a mais extensa das glaciações tenha ocorrido durante o Permocarbonífero, quando foram atingidas partes consideráveis dos seguintes continentes atuais: América do Sul, África, Austrália, Antártida e Índia. Pesquisas em amplas áreas dessa glaciação, na América do Sul, foram executadas por Frakes & Crowell (1969 e 1972). No Brasil, vários estudos sobre o Grupo Tubarão, contendo abundantes evidências dessa glaciação, foram realizados por Rocha-Campos e colaboradores.

Por outro lado, evidências de *glaciações pleistocênicas* (Período Quaternário) estão extensamente distribuídas principalmente no Hemisfério Norte, tendo sido discutidas em grande detalhe por Flint (1957). Entretanto, essas glaciações não atingiram o território brasileiro.

2.4 Ambiente fluvial

2.4.1 Generalidades

Os rios representam, sem dúvida, um dos mais importantes *agentes geológicos* que desempenham papel de grande relevância no modelado do relevo, no condicionamento ambiental e na própria vida do ser humano.

A idéia do afeiçoamento do relevo pela *ação fluvial* foi desenvolvida pelos pesquisadores do século XVIII, mas algumas leis fundamentais foram estabelecidas somente no século seguinte. O primeiro autor (Sorby, 1859) se preocupou com o estudo das *formas de leito*, enquanto o segundo (Powell, 1876) estabeleceu o conceito de *nível de base de erosão fluvial*. A partir desse conceito, foi formulada a idéia do *ciclo de erosão* que, na etapa final, causaria a *peneplanização do relevo*. O conceito de *ciclo de erosão* foi sistematizado

por Davis (1899), que propôs os estádios sucessivos de evolução denominados de *juventude*, *maturidade* e *senilidade*.

A *fase de juventude* é caracterizada por vale em "V", fluxo torrencial, carga sedimentar pouco volumosa, mas muito grossa. A *fase de maturidade* é atingida com a diminuição do gradiente e com vales mais largos. Finalmente, a *fase de senilidade* corresponde a amplos vales e extensas *planícies de inundação*. Esses três estádios de evolução de um sistema fluvial podem ser encontrados, do mesmo modo, ao longo de um único rio, da nascente até a foz (Fig. 8.23). O estádio jovem é encontrado na *cabeceira*, que é caracterizada pela predominância da erosão. Na porção intermediária do *vale fluvial*, tem-se o estádio maturo, com equilíbrio aproximado entre a erosão e sedimentação. O estádio senil ocorre na *desembocadura*, com predominância da sedimentação.

2.4.2 Hidrologia

2.4.2.1 Conceito de rio

Em termos geomorfológicos, *rio* é uma denominação empregada somente ao *fluxo canalizado* e *confinado*. Por outro lado, dependendo do suprimento de água, os rios podem ser *efêmeros* (ou *temporários*) e *perenes* (ou *permanentes*)

Os *rios efêmeros* correspondem a rios ou trechos de rios, cujas águas fluem em função direta das chuvas, somente durante parte do ano. Em geral, representam *rios influentes*, isto é, que perdem água para a *zona de saturação*, porque o seu leito situa-se acima do *lençol freático de água subterrânea*. Nas regiões de climas

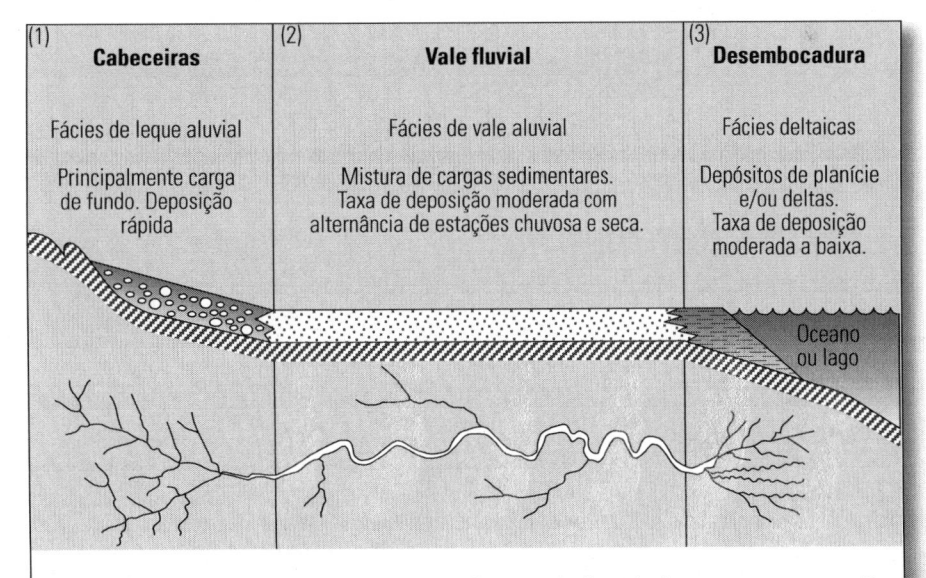

FIGURA 8.23 Perfil longitudinal ao longo de um vale fluvial, das nascentes na região montanhosa até o seu deságüe em lago ou oceano. Idealmente, em cada trecho o rio exibe estádios diferentes de maturidade, originando depósitos sedimentares com propriedades peculiares (Baseado em Medeiros et al., 1971 e Reineck & Singh, 1975).

semi-áridos ou áridos, é comum a existência desses rios que, nos desertos, são chamados de *"wadi"* ou *("oued")*.

Os *rios perenes* são rios ou trechos de rios, cujas águas fluem durante o ano inteiro, como a maioria dos rios brasileiros. Comumente correspondem a *rios efluentes*, isto é, que recebem água proveniente da *zona de saturação*, porque o seu leito situa-se abaixo do *lençol freático de água subterrânea*.

Alguns autores admitem tipos intermediários entre os *rios efêmeros e perenes*, designados *rios intermitentes*, porém, esta denominação confunde-se com os *rios temporários*, e, portanto, seria quase sinônimo de *rios efêmeros*.

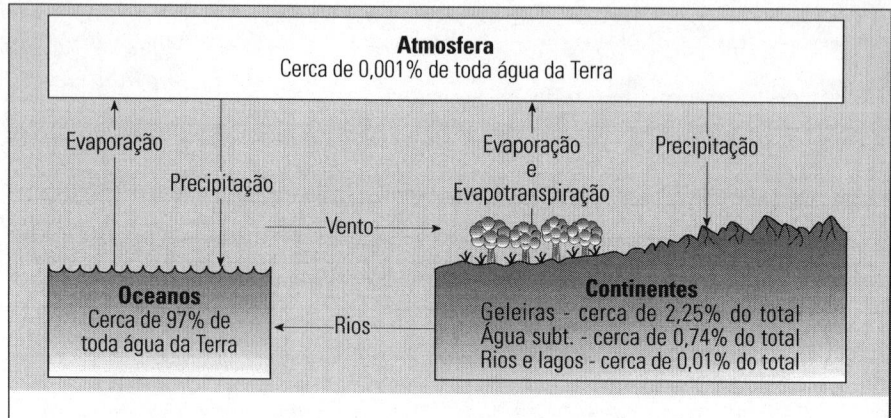

FIGURA 8.24 Ciclo hidrológico da Terra, mostrando os mecanismos e os volumes de transferência de água entre diversos, "reservatórios" existentes nos dias atuais (Allen, 1975). A distribuição da água nos diversos "reservatórios" tem variado bastante através dos tempos geológicos.

2.4.2.2 Ciclo hidrológico

As relações entre as várias formas de transferência de água, na superfície terrestre, constituem um sistema fechado denominado *ciclo hidrológico*, que pode ser representado pela relação: precipitação = escoamento + infiltração + evapotranspiração.

A *precipitação* compreende todos os tipos de água condensada, que cai sobre a superfície terrestre nas formas de chuva, neve, granizo e orvalho. O *escoamento* corresponde à parcela da água de *precipitação*, que corre pela superfície do terreno, em *fluxos confinado* ou *em lençol* (ou *não-confinado*). A *infiltração* representa a parcela da água de precipitação absorvida pelo solo, que pode permanecer armazenada no subsolo como *água subterrânea* ou, após percolar certa distância, emergir como *fontes*. Finalmente, a *evapotranspiração* inclui a evaporação superficial e a transpiração pela vegetação.

Da quantidade total de água precipitada, 77% caem sobre os oceanos e 23% sobre as áreas emersas. Por outro lado, 84% da evaporação total da Terra provêm dos oceanos, e as terras emersas contribuem com 16%. Desse modo, a evaporação dos oceanos é 7% superior à respectiva precipitação e, do mesmo modo, a dos continentes é 7% inferior à respectiva precipitação. O excesso de água sobre os continentes, que não sofre evaporação, é submetido ao escoamento e/ou infiltração para, finalmente, alcançar os oceanos e fechar o *ciclo hidrológico* (Fig. 8.24).

Segundo Barry (1973), de toda água atualmente existente na Terra 97% formam os oceanos e apenas 3% são encontrados sobre os continentes ou na atmosfera. Desse total, aproximadamente 75% constituem as geleiras e 24,5% ocorrem como água subterrânea. Portanto,

as águas dos rios, dos lagos e da atmosfera perfazem apenas cerca de 0,5% de 3%.

As distribuições dos continentes e das águas, além dos regimes hidrológicos atualmente existentes na Terra, são muito diferentes dos que existiram em vários tempos do *passado geológico*. Não há qualquer dúvida de que esse conjunto de fatores influiu decisivamente sobre os *regimes hidrológicos* que prevaleceram durante a deposição dos sedimentos fluviais pretéritos.

2.4.3 Dinâmica da água corrente

2.4.3.1 Conceitos básicos

O transporte e a deposição dos sedimentos fluviais são comandados pelas *leis da hidrodinâmica*. O comportamento dos sólidos granulares em fluidos, principalmente em meio aquoso, foi exaustivamente pesquisado por físicos e engenheiros hidráulicos. Gilbert (1914) obteve os primeiros dados experimentais sobre as relações entre as *velocidades de fluxo da água* e as *formas de leito*; porém, os processos físicos de sedimentação com enfoque geológico foram pesquisados bem mais tarde por Bagnold (1966) e Allen (1970).

Para se avaliar o trabalho realizado por um rio, deve-se determinar a sua energia, tanto na forma potencial como cinética. O fluxo das águas transforma, como se sabe, a *energia potencial* em *energia cinética*, deduzidas as perdas para vencer o *atrito* (ou *fricção*), que se contrapõe ao movimento.

Nas cabeceiras, a *energia potencial* transforma-se parcialmente em *energia cinética*, que modela o leito e vence a resistência ao fluxo. Ao longo do rio, as velocidades de fluxo sofrem modificações devidas a obstáculos diversos, que oferecem maior ou menor resistência à movimentação das águas. No curso inferior, a *energia potencial* é consumida na manutenção do fluxo para vencer as *forças de resistência*.

A energia disponível para o trabalho de um rio aumenta com a diminuição do atrito, seja pela suavização do leito como pela redução do perímetro molhado.

2.4.3.2 Tipos de movimento e energia da água corrente

Em canais abertos, podem ser encontrados vários tipos de movimento de fluidos. Entre eles, destacam-se os *fluxos laminares e os turbulentos*, cujas características variam muito em função de certos parâmetros adimensionais.

1. *Fluxo laminar* — A água corrente exibe este tipo de fluxo, quando as "camadas de fluido" deslizam umas sobre as outras, sem que ocorra mistura entre elas. Isto sucede quando a *velocidade de fluxo* é relativamente lenta, e cada elemento do fluido se move ao longo de um caminho específico, com *velocidade uniforme*. Nesse tipo de regime, as linhas de fluxo envolvem suavemente as irregularidades do leito fluvial e os objetos encontrados em seu caminho, sem formar redemoinhos e correntes turbilhonares durante a sua passagem (Fig. 8.25A).

Os *escoamentos laminares* não dependem da rugosidade do canal. Comumente as perturbações de fluxo são tantas, que o *fluxo laminar* raramente é encontrado. Com os aumentos de velocidade da água e/ou profundidade da corrente, podem ser atingidos determinados valores críticos que conduzem ao *fluxo turbulento*.

2. *Fluxo turbulento* — É originado quando, através das linhas de fluxo, verificam-se *flutuações de velocidades* que excedem um valor crítico (Fig. 8.25B). Essas flutuações são causadas por redemoinhos produzidos quando a água passa por obstáculos ou irregularidades de contornos rugosos existentes no fundo. Uma partícula, em suspensão numa *corrente turbulenta*, não segue uma trajetória uniforme e suave, mas move-se para cima e para baixo, de um lado para outro e mesmo para montante.

Este tipo de fluxo não é específico de correntes fluviais, sendo também desenvolvido pelos ventos, ondas e correntes marinhas. As leis de transporte dos sedimentos por esses agentes são também regidas pelos princípios gerais do *fluxo turbulento*.

Em água que flui através de um tubo de 15 cm de diâmetro, o fluxo torna-se turbulento, quando a velocidade for superior a cerca de 1,4 cm/s. Os fatores que afetam a velocidade crítica, permitindo que o fluxo laminar torne-se turbulento, são *viscosidade* e *densidade do fluido*, além da *profundidade* e *rugosidade* da superfície do canal.

O *fluxo turbulento* é o mais comumente encontrado nos rios e, portanto, o único de interesse prático. Segundo Christofoletti (1974), existem dois tipos de fluxos turbulentos: *correntes* e *encachoeirados*. O primeiro é o comumente existente nos cursos fluviais, e o segundo desenvolve-se só em trechos encachoeirados. Para se definir se o fluxo turbulento é *corrente* ou *encachoeirado*, emprega-se o valor do *número de Froude*.

Número de Reynolds — Para se predizer o tipo de fluxo, que irá se estabelecer, usa-se o número de Reynolds (Re), que é adimensional, sendo determinado pela seguinte expressão:

$$Re = \frac{V \cdot P \cdot \delta}{\mu}$$

onde: V = velocidade;
P = profundidade;
δ = peso específico e
μ = viscosidade ($1,12 \times 10^{-4} m^2 \cdot s$).

A relação entre a viscosidade (μ) e o peso específico (δ) constitui uma propriedade do fluido representada por v, de modo que o *número de Reynolds* passaria para:

$$Re = \frac{V \cdot P}{v}$$

Quando o valor de Re for menor que 500, tem-se o fluxo laminar, enquanto para valores superiores a 750 predomina o fluxo turbulento (Fig. 8. 26). Em canais naturais, o valor crítico situa-se ao redor de Re = 500, em virtude da rugosidade do leito (Simons, 1975).

Número de Froude — Este número constitui outro parâmetro adimensional, que é empregado na caracterização das condições de fluxo. Ele expressa a influência da força de gravidade em situação de fluxo, quando se estabelece uma interação entre os meios líquido e gasoso, como num canal fluvial aberto (Simons, 1975). O *número de Froude*

FIGURA 8.25 No diagrama da esquerda, tem-se as áreas de fluxos laminar e turbulento em um canal fluvial. Nos diagramas da direita, estão representadas as linhas de fluxo, em cada caso, desviadas por um corpo cilíndrico (adaptado de Rubey, 1937).

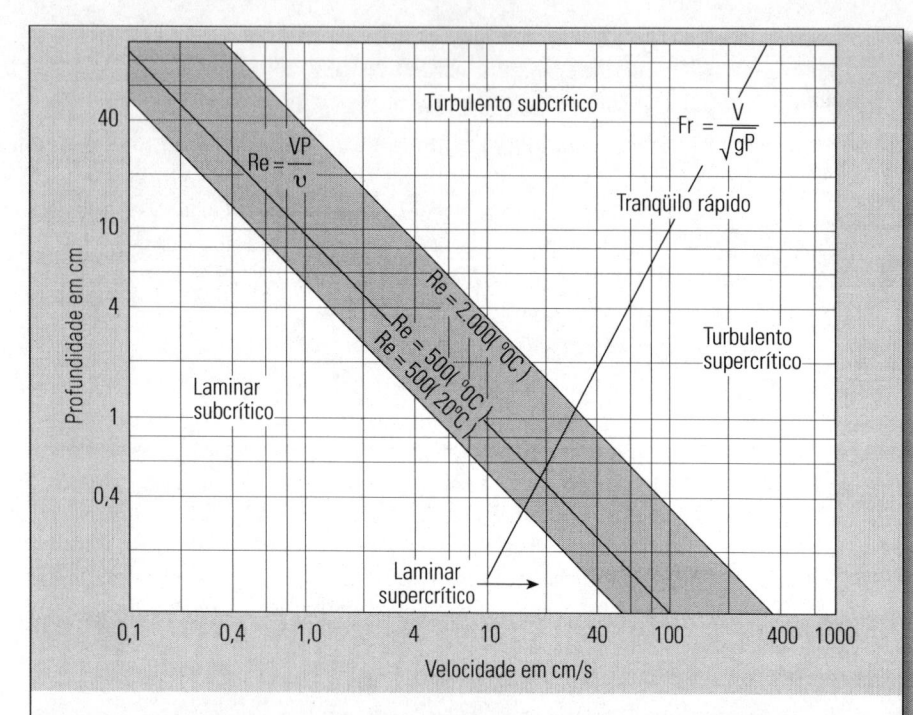

FIGURA 8.26 Regimes de fluxo em um canal aberto e largo (modificado de Sundborg,1956). Re e Fr correspondem aos números de Reynolds e Froude, respectivamente.

(Fr) é obtido pela seguinte expressão:

$$Fr = \frac{V}{\sqrt{g \cdot P}}$$

onde: V = velocidade média;
g = aceleração da gravidade e
P = profundidade.

Quando o *número de Froude* for inferior a 1, o rio apresenta um *regime de fluxo subcrítico* (ou regime de fluxo inferior), mas se for superior a 1, tem-se um *regime de fluxo supercrítico* (ou *regime de fluxo superior*).

Conforme os valores do *número de Reynolds*, os regimes de fluxo *subcrítico* ou *supercrítico* poderão ser *laminar* ou *turbulento*, em função das profundidades e velocidades (Fig. 8. 26).

2.4.4 Velocidades críticas

Muita atenção tem merecido o estudo das *velocidades críticas* necessárias para que uma partícula, submetida à água corrente, inicie a sua movimentação. Essas *velocida-*

des críticas dependem das variáveis contidas nas equações de Reynolds e Froude.

Numerosos estudos teóricos e experimentais têm sido realizados, para se tentar determinar as *velocidades críticas* de fluxo necessárias, para o início de movimentação de materiais de diferentes granulações (Hjulström, *in* Sundborg, 1956).

Em geral, quando o fundo é constituído de material arenoso (sem coesão), a *velocidade crítica* aumenta com granulação (Fig. 8.27). Uma exceção a esta regra está relacionada ao fundo argiloso (coesivo), que exige *velocidades críticas* maiores que as necessárias para erodir fundos de areias finas e siltes. Esta anomalia recebe o nome de *efeito Hjulström*, que é responsável pela preservação de delicadas e delgadas lâminas (ou filmes) argilosas decantadas sobre os depósitos de *planícies de maré*.

Os estudos de laboratórios realizados por Sundborg (1956), Kuenen (1965) e Postma (1967) demonstraram que depósitos sedimentares constituídos de partículas minerais menores que 100 mícrons exibem grande coesão. Esta propriedade manifesta-se, segundo Postma (1967), pela grande diferença entre a velocidade de fluxo necessária para o transporte dessas partículas (argila e silte) e a velocidade requerida para recolocá-las

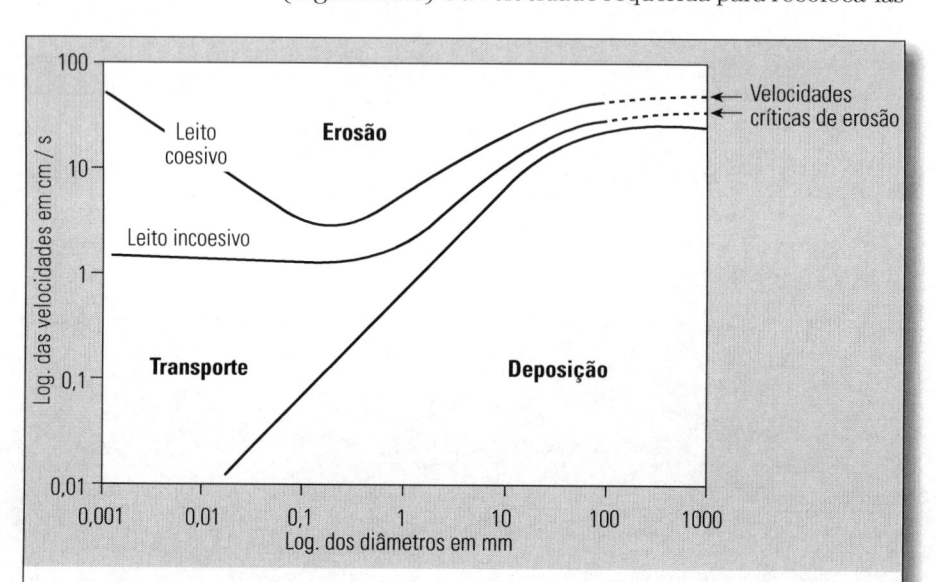

FIGURA 8.27 Gráfico de Hjulström, mostrando as velocidades críticas requeridas para erosão, transporte e deposição de sedimentos com diferentes granulações, representadas pelo logaritmo decimal do diâmetro em milímetros, enfatizando os comportamentos em leitos coesivos (fundo lamacento) e leitos incoesivos (fundo arenoso) segundo Sundborg (1956).

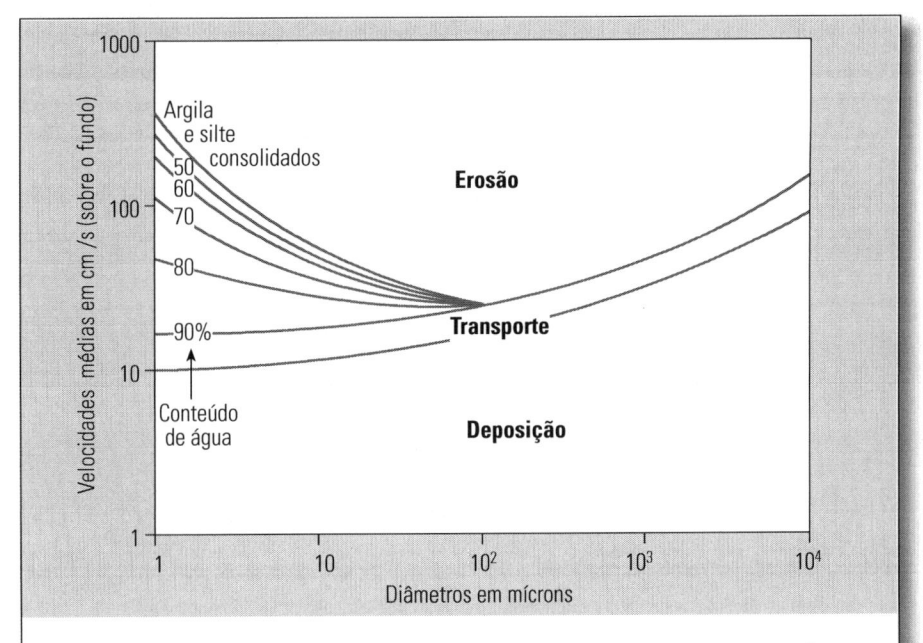

FIGURA 8.28 Velocidades das correntes aquosas exigidas para o transporte de materiais granulares de diferentes diâmetros enfatizando a importância dos conteúdos de água de sedimentos pelíticos na resistência à erosão (Postma,1967).

em suspensão após a decantação (Fig. 8.28). As lâminas argilosas são decantadas durante a *fase estacionária* de maré alta máxima. As *correntes de maré*, durante o seu abaixamento, não são suficientemente fortes para erodi-las. A repetição desses mecanismos faz com que se formem depósitos mais ou menos volumosos de *lama orgânica*.

A *coesão dos sedimentos finos* é uma função complexa, que depende da *composição mineralógica* (argilominerais), da *textura do sedimento* (granulação), dos *teores de água* e de *matéria orgânica*, tornando bastante complicada qualquer previsão quanto ao comportamento deste tipo de material. Talvez o único meio para se determinar os graus de modificação na interface entre água corrente e sedimento, neste tipo de material, resida no estudo de modelos de campo.

2.4.5 *Formas de leito e velocidades de fluxo*

Um dos mecanismos mais importantes de transporte e deposição de sedimentos clásticos está ligado a *correntes de tração*, que movem os sedimentos ao longo do leito por rolamento e tração, sedimentos

esses que representam a *carga de tração*. A compreensão dos princípios fundamentais da sedimentação por *correntes de tração* está ligada aos estudos experimentais com *correntes unidirecionais* em *canais confinados*. Essas experiências são executadas em laboratório com *canais artificiais* (flumes), onde se pode variar a inclinação bem como as naturezas dos materiais de fundo.

A experiência tem início com a água em completo repouso e a superfície do leito arenoso perfeitamente plana. Com o gradual aumento da velocidade de fluxo, a camada plana em repouso muda para *microndulações*, em materiais mais finos que 0,6 mm e para *macrondulações* em areia mais grossa que 0,6 mm. Isto acontece quando a velocidade de fluxo atinge valores que permitem vencer a *resistência ao cisalhamento* do material de leito (Fig. 8.29).

As *microndulações* possuem menos de 60 cm de comprimento de onda. Inicialmente as cristas são paralelas, mas com o aumento de velocidade as marcas

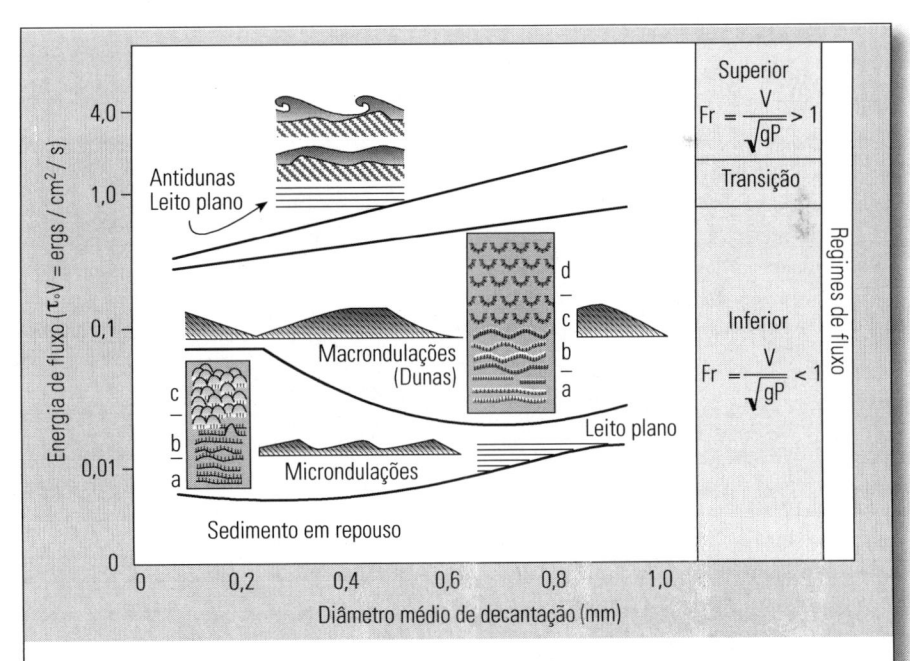

FIGURA 8.29 Diferentes formas de leito (bedforms) em fundos incoesivos (arenosos) e suas relações com as granulometrias para diferentes regimes de fluxo. Tanto em microndulações como em macrondulações (dunas subaquáticas) as cristas das marcas onduladas tendem a se tornar descontínuas com o incremento da energia de fluxo (a = cristas retilíneas; b = cristas ondulatórias e c = cristas linguóides e d = cristas em meia-lua). Baseado em Harms & Fahnestock (1965), Simons et al.(1965) e Allen (1968c).

atingem dimensões cada vez maiores, ao mesmo tempo em que as cristas se tornam descontínuas. A menor velocidade capaz de produzir *microndulações* em areia fina é da ordem de 20 cm/s.

À medida que aumenta a velocidade de corrente, poderá ser atingido um valor no qual o transporte do material de leito e o grau de turbulência atingem tais intensidades, que dão origem às *macrondulações* ou *dunas subaquáticas*. Elas são similares às microndulações nas suas formas, mas os comprimentos de onda variam de 60 cm a vários metros. Em contraste com as *microndulações*, as *macrondulações* aumentam de comprimento de onda com a profundidade e, além disso, o comprimento de onda e a forma são também uma função da granulação do material de leito. De acordo com Bagnold (1956), as *microndulações* não podem ser encontradas em grãos de quartzo com granulação superior a cerca de 0,67 a 0,71 mm.

Quando a velocidade de fluxo for aumentada até que o *número de Froude* atinja valores superiores a 1, as *macrondulações* desaparecem, e a superfície torna-se novamente plana. Em materiais de granulação fina, as *macrondulações* desaparecem com corrente de velocidade relativamente baixa, quando comparada com a necessária para as granulações mais grossas. Alguma segregação da carga de leito se manifesta na forma de *lineações de corrente*, paralelas e longitudinais ao fluxo. Como foi demonstrado por Jopling (1967), o material que origina as lineações é, em geral, levemente mais fino ou mais grosso que a média.

Alguns autores colocam o limite das fases de *regime de fluxo inferior* e *regime de fluxo superior* na velocidade intermediária entre as *macrondulações*, e o *leito plano* com material em movimento. Outros admitem um *regime de transição*, separando o regime de fluxo inferior do superior. Na *fase de transição*, a configuração do leito se situaria entre *macrondulações* e o *leito plano*, com erráticas *antidunas* de *regime de fluxo superior*. Na *fase de transição*, o *número de Froude* situa-se ao redor 1.

Com a velocidade superior à necessária, para a formação do *leito plano* com movimentação de material, formam-se as chamadas *antidunas*, cujas alturas e comprimentos de onda dependem da escala do sistema de fluxo, das características do fluido e do material do leito. Nesta fase, a resistência ao fluxo é pequena e o transporte do sedimento intenso. As ondulações do leito e da superfície da água ficam em fase, e a segregação de material do leito é insignificante.

As *antidunas* formam seqüências que crescem em altura até se tornarem instáveis e podem quebrar-se ou abaixar lentamente. O primeiro tipo gera as *antidunas de quebra*, e o segundo, as *antidunas estacionárias*. Quando as antidunas crescem, podem ficar estacionárias ou migrar para montante ou a jusante. Foi pela possibilidade de migração para montante, que Gilbert (1914) as denominou de *antidunas*.

O principal processo de transporte dos sedimentos é pelo rolamento quase contínuo dos grãos para a jusante em lençol com espessura correspondente ao diâmetro de alguns grãos. O *número de Froude* é maior que 1, e o padrão de fluxo é turbulento. Contrastando com as *microndulações*, as *antidunas* tendem a ser simétricas em seção transversal.

2.4.6 *Formas de leito e granulometria da carga de tração*

Tem sido demonstrado, por meio de experiências que, se os parâmetros ligados ao fluido (velocidade e viscosidade) forem mantidos constantes, as *velocidades críticas* de mudanças nas formas dos leitos dependerão da *granulometria*.

Segundo mostram também essas experiências, a fase de *microndulação* não é encontrada em materiais de granulação superior a cerca de 0,65 mm. De modo análogo, as observações de campo sugerem que a *laminação cruzada de marca ondulada* esteja ausente em sedimentos com diâmetro superior a cerca de 0,5 mm.

De acordo com Harms & Fahnestock (1965), a temperatura da água que, por sua vez, afeta a viscosidade também pode influir nos tipos de estruturas sedimentares que serão desenvolvidos. A Fig. 8.30 mostra as relações entre a granulometria e as estruturas sedimentares típicas de um *depósito fluvial antigo*, sedimentado por corrente de tração unidirecional.

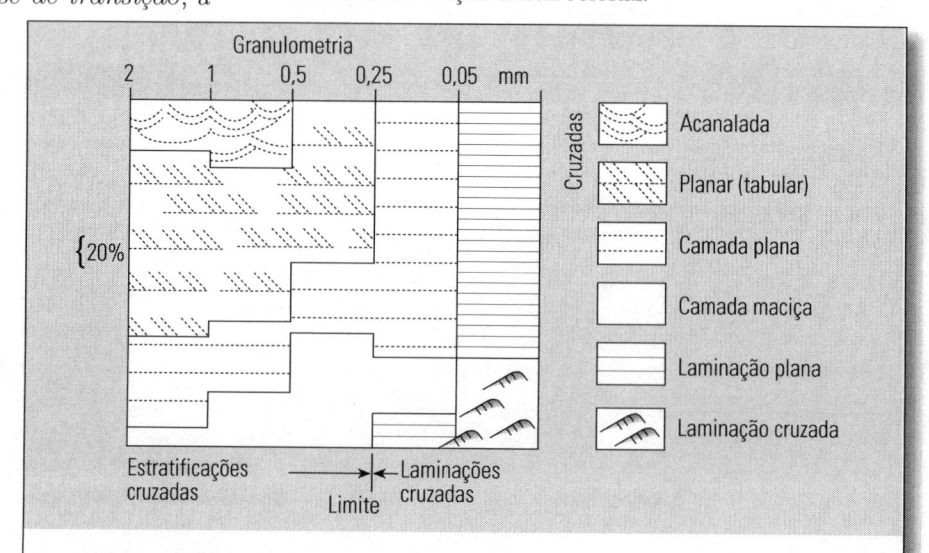

FIGURA 8.30 Relações entre as granulometrias e as estruturas sedimentares hidrodinâmicas em arenitos fluviais do Grupo Torridon da Escócia (Selley, 1969).

2.4.7 Formas de leito, energias de fluxo e profundidades de água

Essas relações não são muito fáceis de serem compreendidas. As experiências têm demonstrado as relações entre as *velocidades das correntes* (energias de fluxo) e as *microndulações* que são fortemente afetadas pelas *profundidades* em águas muito rasas de alguns centímetros a poucos decímetros. Para que haja a formação de *microndulações* nessas profundidades, o aumento de profundidades exige correntes de velocidades cada vez maiores. Entretanto, a partir de uma *profundidade crítica*, esse parâmetro não desempenha qualquer papel mais importante. Para que se originem *formas de leito* de *regime de fluxo superior*, o aumento das profundidades de água sempre corresponde às velocidades de fluxo cada vez maiores, para produzir o mesmo tipo de forma de leito.

Em conclusão, as *formas de leito sob regime de fluxo inferior* são mais ou menos independentes das *profundidades da água*, depois de atingida uma profundidade crítica. Entretanto, as *formas de leito ligadas ao regime de fluxo superior* são fortemente controladas pelas *profundidades de água*.

O cálculo, baseado no *número de Froude*, mostra que, para se ter Fr = 1 em corpo de água com 10 m de profundidade, exigiria uma velocidade de fluxo de 9,90 m/s (Tabela 29). Porém, velocidade como esta é excepcional na natureza, sendo encontrada só em *corredeiras*. Logo, mais comumente, as condições de fluxo rápido na natureza só podem ser atingidas em águas muito rasas, isto é, de no máximo alguns metros. Daqui se pode partir para a determinação da profundidade mínima em que uma *seqüência de estratificações cruzadas* em arenitos tenha sido formada.

2.4.8 Sedimentação a partir da suspensão

A suspensão é o mecanismo de transporte responsável pela maior parte de argila e silte depositados em meio aquoso. Embora a subdivisão seja muito arbitrária, de modo geral podem ser caracterizados três tipos de *depósitos de suspensão*.

TABELA 29 Relações entre as profundidades de água e velocidades de fluxo para que Fr = 1

Profundidade da água	Velocidade de fluxo
1 cm	0,31 m/s
10 cm	0,99 m/s
100 cm (1 m)	3,12 m/s
1.000 cm (10 m)	9,90m/s
100 m	31,32 m/s

Em primeiro lugar, têm-se os sedimentos pelíticos de *turbiditos distais*, que são finamente laminados e compostos principalmente de argila e silte. Esses depósitos são característicos de *ambientes lacustres* e dão origem aos *sedimentos várvicos*, embora ocorram também em *bacias marinhas profundas*. Cada varve é composta de lâminas de silte e argila e, por definição, corresponde ao *produto de sedimentação anual*. A lâmina de silte representa a carga de suspensão decantada durante o verão e primavera por água de degelo. A lâmina de argila, comumente rica em *matéria orgânica*, foi decantada durante o inverno e outono, quando a água das vizinhanças do lago estava totalmente congelada e não ocorria influxo de sedimento terrígeno ao lago. Depósitos semelhantes aos *sedimentos várvicos* ocorrem em ambientes lacustres antigos, sem conexão com o *ambiente periglacial* como, por exemplo, o folhelho da Formação Green River do Terciário de Wyoming e Utah (Bradley, 1931).

O segundo tipo de depósito, formado essencialmente da suspensão, é o que se origina a partir das chamadas *camadas nefelóidicas*, compostas por corpos de água turva. Aqui, a diferença de densidade com o ambiente fluido circundante não é suficientemente grande para formar a *corrente de turbidez convencional*. Ewing & Thorndike (1965) descobriram a existência de *camadas nefelóidicas* ao longo da costa do oceano Atlântico dos Estados Unidos. Camadas dessa natureza podem carrear argila e matéria orgânica para partes mais profundas (superiores a 4.500 m) das *bacias oceânicas*, onde os sedimentos finos são decantados sobre o *leito oceânico*.

O terceiro tipo de depósitos, formado a partir de sedimento em suspensão, resulta de fluxos túrbidos, que desembocam em corpos de água estacionários, sem diferenças significativas de densidade. Esta situação, que foi denominada de *fluxo hipopicnal* por Bates (1953), permite uma mistura completa das duas massas aquosas. Este mecanismo de sedimentação torna-se, em geral, mais acelerado, quando água doce lamacenta mistura-se com água salgada. Esta situação é típica de *áreas estuarinas* que são muito comuns na costa atlântica das Américas. Comumente pensa-se que os sais causem a *floculação das partículas argilosas* que, então, seriam decantadas mais rapidamente. Este fenômeno físico-químico é bem conhecido dos sedimentólogos (Krone, 1962 e 1972 e Gornitz, 1972). Consiste na agregação de partículas síltico-argilosas para formar partículas maiores, aumentando em conseqüência suas *velocidades de decantação*, principalmente quando ocorre, por exemplo, uma mudança de pH do meio.

Entretanto, os trabalhos supracitados são omissos quanto à natureza e ao significado dos depósitos floculados no *registro geológico* (Fúlfaro *et al.*, 1976). Esses pesquisadores encontraram no Estuário Santista (SP) depósitos argilosos muito menos expressivos do que seriam esperados nesse tipo de ambiente. Além disso, o fato de terem sido encontrados nos testemunhos de sondagem laminações de composições granulométricas distintas, com inclusão de fragmentos vegetais e de conchas, sugeririam a ausência da floculação. Os depósitos formados por floculação deveriam formar leitos espessos e maciços, já que seriam originários da *coagulação eletrolítica* do material pelítico. Segundo esses autores, a situação encontrada sugeriria que as flutuações de energia do meio foram muito mais importantes que o eventual papel da floculação. De fato, segundo Tricart (1972), uma característica muito importante dos sedimentos litorâneos intertropicais é a *alta mobilidade* em parte explicada pelas *altas temperaturas*. Elas parecem afetar a mobilidade das argilas, em função da diminuição da viscosidade e aumento de turbulência das águas, tendendo a manter os *colóides em suspensão*.

Além disso, o mecanismo biológico de formação de *agregados* e *pelotas fecais*, nesses ambientes, parece ser ignorado pelos pesquisadores. Esta *aglomeração biológica* pode acelerar de duas a dez vezes as velocidades de decantação das partículas argilosas nesses ambientes. Alguns estudos executados em baías rasas e estuários, nas proximidades de Cape Cod (Estados Unidos), sugerem que a *agregação biológica* modifique a natureza física dos sedimentos superficiais (Johnson, 1974).

Não é nada fácil discernir entre os três mecanismos subaquáticos de transporte, que levaram à sedimentação dos depósitos pelíticos na natureza. O produto final é um lamito argiloso com quantidades variáveis de silte e pode ser laminado ou maciço.

Provavelmente os depósitos formados essencialmente por floculação não seriam laminados. Os leitos de silte e areia muito fina, eventualmente presentes, formariam *marcas onduladas* de pequena escala com *laminações cruzadas*, registrando a atuação de *correntes de tração*. Além disso, *gretas de sinérese* e *estruturas de escorregamento* podem estar presentes.

2.4.9 *Padrão de canais fluviais*

Os *padrões de canais fluviais* são definidos pelas suas configurações em planta e representam os *graus de ajustamento* dos canais aos seus *gradientes* e as suas *seções transversais*. Embora haja uma completa gradação entre os *membros extremos*, a grande maioria dos pesquisadores admite três padrões fundamentais: *retilíneos, entrelaçados* e *meandrantes*, e eventualmente os *anastomosados*. Esta subdivisão representa uma enorme simplificação, e as características de cada padrão foram, em geral, estabelecidas com base em pesquisas realizadas no Hemisfério Norte.

Os *canais retilíneos* verdadeiros são muito raros na natureza, pois, em geral, eles exibem uma *sinuosidade desprezível* devida ao desenvolvimento de *barras laterais*. Os trechos mais retilíneos são muito limitados, e Leopold *et al.,* (1964) sugerem que essas partes jamais ultrapassem dez vezes a largura do canal. Os *talvegues* (linha formada pela união dos pontos de maior profundidade do canal) são sinuosos em planta e determinam também locais com maiores velocidades de água no canal. O *perfil longitudinal* é irregular e as *seções transversais* exibem um canal profundo e grosseiramente simétrico. Esse padrão é mais comum em rios com baixo volume de *carga de fundo*, alto volume de *carga em suspensão* e *baixo declive* como, por exemplo, em *canais distributários de deltas construtivos do tipo alongado* (rio Mississipi atual).

Os *canais entrelaçados* (*braided channels*) são excepcionalmente bem desenvolvidos em *planícies de lavagem* (outwash plains), *leques aluviais* (alluvial fans) e *deltaicos* (fan deltas). São caracterizados por sucessivas divisões e reuniões de canais, que contornam barras arenosas ou cascalhosas de sedimentos aluviais. As barras formadoras dos *múltiplos canais* podem ficar expostas durante as estiagens e submersas nas enchentes. Essas *barras de canal* podem orientar-se longitudinal, transversal ou obliquamente ao sentido de *fluxo fluvial*, embora as longitudinais sejam aparentemente as mais freqüentes. Podem ficar parcialmente estabilizadas pela vegetação, mas as partes sem vegetação mudam de posição e forma com o tempo. São típicos de rios com *excesso de carga de fundo* em relação à *descarga líquida* (Fig. 8.31) As seções transversais dos seus vales evidenciam canais rasos e grosseiramente simétricos, enquanto o perfil longitudinal, ao longo do talvegue, salienta cavidades relativamente profundas e saliências irregulares.

Por outro lado, segundo Leopold & Wolman (1957), quando a *sinuosidade do canal* (Fig. 8. 32) for superior a 1,5 pode ser denominado de *meandrante*. Esta é uma propriedade inerente ao *rio meandrante*, que reflete a intensidade de meandramento do canal. A *sinuosidade do canal* aumenta, em geral, de montante para a jusante, em consonância com a *diminuição da declividade* e *aumento da freqüência* de sedimentos pelíticos na *carga sedimentar*. De qualquer modo, na natureza, são raros os rios com sinuosidades superiores a 2,5.

Aparentemente, existe alguma relação entre a *largura do canal* e o *comprimento do meandro*, bem como entre a *largura do canal* e o *raio de curvatura* (Fig. 8.33). Bagnold (1960) e Leopold *et al.,* (1964) discutem sobre os *padrões de fluxo* em canais meandrantes. Embora os mecanismos exatos de controle ainda não estejam perfeitamente entendidos, a maioria dos pesquisadores acredita que a *circulação helicoidal* seja o fator determinante dos processos de erosão e sedimentação em rios com *canais meandrantes*. Quando visto em seção transversal, o *canal meandrante* é, quase sempre, assimétrico e esta característica é mais acentuada em trechos mais curvos e menos evidente nos segmentos mais retilíneos.

FIGURA 8.31 Rio Santo Antônio em Caraguatatuba (SP), exibindo momentaneamente padrão de canal entrelaçado em função de excesso de carga de tração disponível em anos subseqüentes aos grandes escorregamentos ocorridos na Serra do Mar em 1967. Foto do autor em 1971.

tes, os *canais entrelaçados* tendem a desenvolver-se em rios com declividade mais acentuada. Por outro lado, sem modificação de descarga, o canal pode passar de um padrão para outro, em função da mudança de *declividade*, por exemplo, por *atividade tectônica* com basculamento de blocos de falha na bacia de drenagem. Finalmente, mantendo-se constantes a *descarga* e a *declividade* de um canal fluvial, o padrão pode passar de *meandrante* para *entrelaçado*, por exemplo, por um *incremento no suprimento de sedimentos*, em função do desmatamento das vertentes.

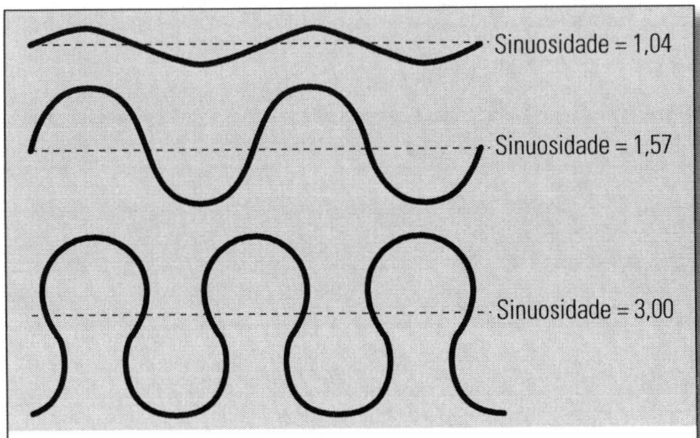

O padrão de *canal fluvial entrelaçado* é caracterizado por vários *canais menores e curvilíneos*, que fluem em baixa velocidade contornando ilhas aluviais permanentemente cobertas por vegetação. Até cerca de 20 anos passados, o padrão *braided* era traduzido no Brasil por "anastomosado" (Suguio & Bigarella, 1979 e Suguio, 1980). Entretanto, com surgimento do conceito de *canal anastomosado* (anastomosed channel) na literatura geológica em língua inglesa, obrigou os pesquisadores brasileiros a referir-se como entrelaçado ao *braided*.

Nos *canais meandrantes* a migração lateral é menos acentuada que em canais entrelaçados. Leopold & Wolman (1957) demonstraram que esses padrões de canais fluviais dependem, entre outros fatores, da *declividade do canal* e da sua *descarga* (Fig. 8.34). Desse modo, quando dois canais possuem descargas semelhan-

Os diferentes padrões de canais fluviais podem estar simultaneamente presentes em um mesmo rio (Stevaux, 1994), assim como variações temporais podem ser constatadas na evolução de uma sistema fluvial (Stevaux & Santos, 1998), Fig. 8.35. Segundo Russell (1954), um canal fluvial pode ser *meandrante* na época das chuvas e *entrelaçado* em períodos de estiagens. Outros fatores, tais como *carga sedimentar*, *diâmetro das partículas*, *duração dos picos de descarga*, *geometria do canal* e *desenvolvimento de diques naturais* são também importantes na definição do padrão de um canal fluvial.

Ao estudar os rios da Amazônia peruana, Kalliola & Puhakka (1993) reconheceram quatro padrão de canais fluviais, que foram designados de *meandrante*, *meandrante com ilhas fluviais*, *anastomosado* e *entrelaçado* (Fig. 8.36).

2.4.10 Processos fluviais e aluviões modernos

2.4.10.1 Fácies de leques aluviais

Generalidades

Os *leques aluviais* (alluvial fans) são depósitos sedimentares em *forma de leque* (ou *cone*) encontrados comumente em áreas de *sopé de regiões montanhosas*, especialmente sob condições de clima mais seco (semiárido ou árido). Comumente são também conhecidos como *depósitos fanglomeráticos*. A sua formação é

FIGURA 8.32 Diagramas ilustrativos do conceito de sinuosidade, que reflete a intensidade de meandramento de um canal. A sinuosidade aumenta com a distância, a partir da nascente, acompanhando a diminuição da declividade e com o incremento de participação de sedimentos pelíticos na sua carga. A distância axial é medida ao longo das linhas tracejadas

Sinuosidade = 1,04

Sinuosidade = 1,57

Sinuosidade = 3,00

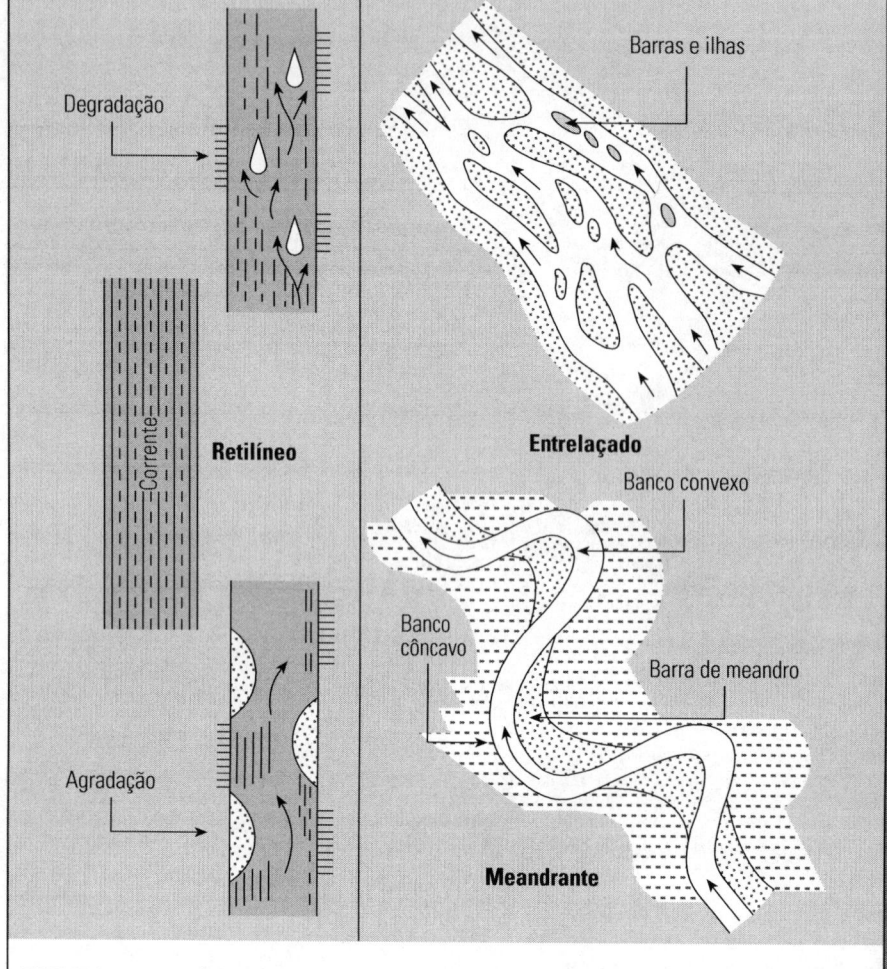

FIGURA 8.33 Padrões de canais fluviais: retilíneo, entrelaçado e meandrante. Canal perfeitamente retilíneo é praticamente inexistente na natureza (modificado de Allen,1965a). Mesmo em canais de margens quase-paralelas, o talvegue segue um padrão meandrante.

depósitos subaquáticos aumenta, em detrimento dos *depósitos subaéreos* nas *fácies medianas*. Finalmente, nas *fácies distais*, ocorre amplo predomínio de *depósitos subaquáticos*.

Quando os leques aluviais despejam os seus sedimentos de *fácies distais* em oceano ou lago, formam-se os *leques deltaicos* (fan deltas). Na bacia tafrogênica de Taubaté (SP), que integra o *Rifte Continental do Sudeste do Brasil* (RCSB), segundo Riccomini (1989), a Formação Resende representa um *sistema de leques aluviais coalescentes*, associado à planície aluvial de *rios entrelaçados*, inclusive com *leques deltaicos* que desembocam no *sistema lacustre* da Formação Tremembé.

Quase sempre, os *leques aluviais* não ocorrem isolados, mas são coexistentes e formam *leques aluviais compostos* (Blissenbach, 1954). Segundo Bull (1964) , a *litologia da rocha matriz* é o fator principal que controla a forma e o tamanho dos leques aluviais. Desse modo, se as rochas matrizes forem compostas de folhelhos e argilitos,

também favorecida em regiões tectonicamente mais ativas durante a sedimentação (Fig. 8.37).

Nas *fácies proximais* desses depósitos são comuns os sedimentos de *movimentos de massa* (ou *fluxos gravitacionais*), tais como os *fluxos de detritos* e *corridas de lama* de natureza mais subaérea, embora possam exibir intercalações e/ou interdigitações de depósitos subaquáticos em geral de *sistemas fluviais entrelaçados* (braided fluvial systems). A participação dos

FIGURA 8.34 Fatores que influem no desenvolvimento de canais fluviais entrelaçados e meandrantes. Sem alteração de declividade, o padrão entrelaçado pode evoluir para meandrante, por exemplo, em função da mudança climática. Sem alteração da descarga, o mesmo tipo de transformação pode ocorrer por atividade tectônica que modifique o grau de declividade (modificado de Leopold & Wolman,1957).

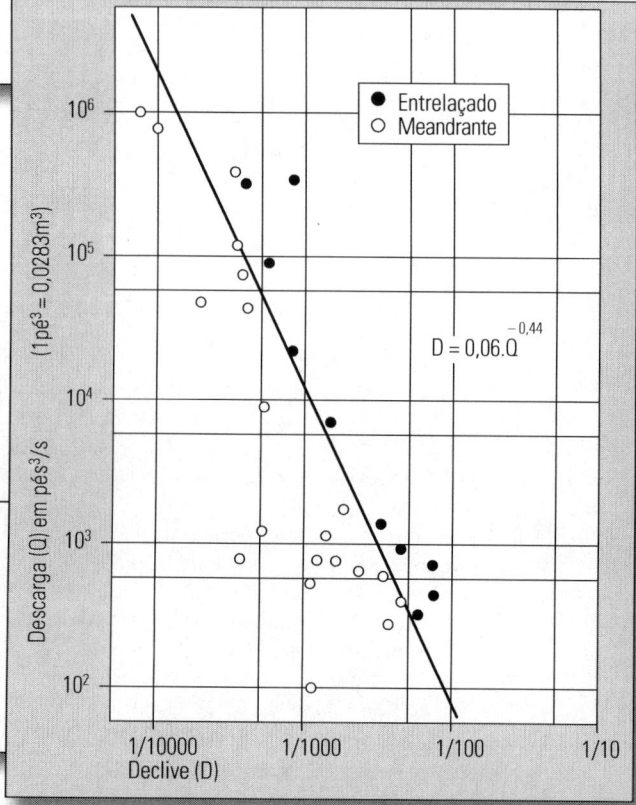

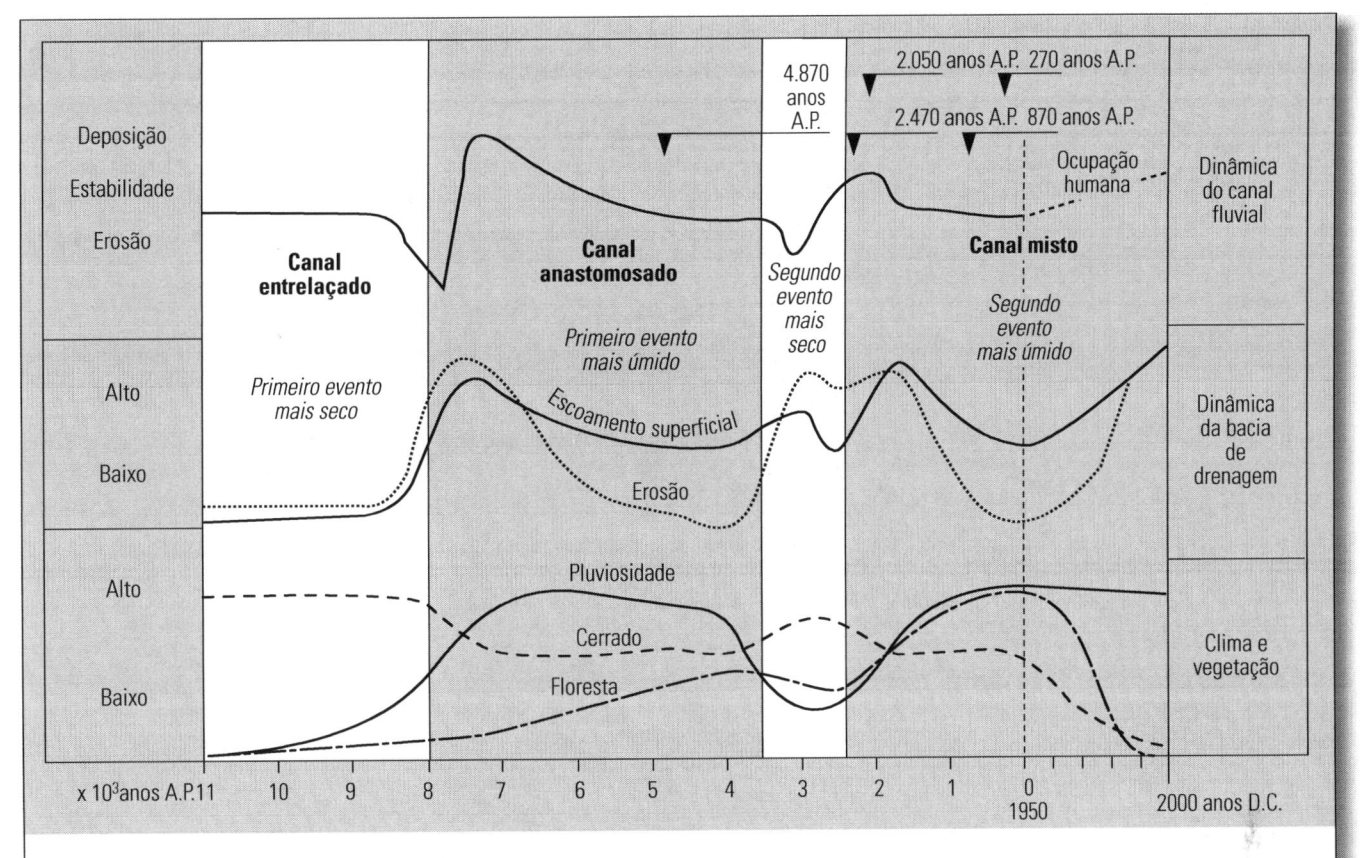

FIGURA 8.35 Influência da vegetação, do clima e dos processos morfogenéticos na evolução do padrão de canal fluvial, que passou de entrelaçado a anastomosado e misto nos últimos 11 mil anos, segundo Stevaux & Santos,1998 (adaptado de Thomas & Thorp,1995).

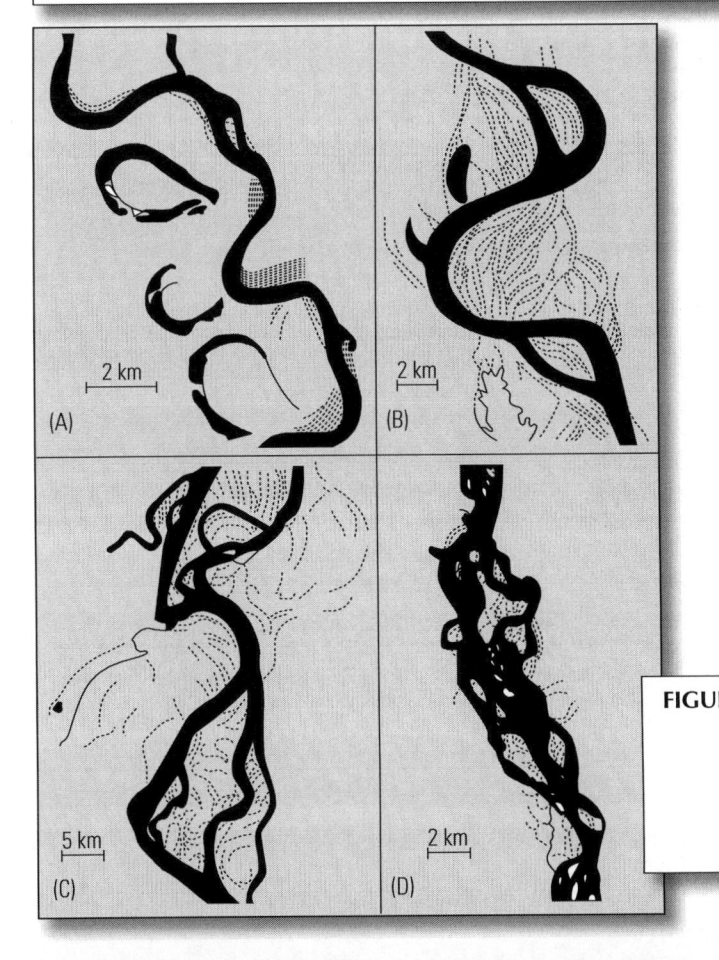

os *leques aluviais* terão declives fortes e apresentarão o dobro da largura dos leques de rochas matrizes arenosas. O *clima* é outro fator importante, pois em *climas áridos* o declive de depósitos é mais abrupto. Além disso, segundo Blissenbach (1954), os estudos de depósitos recentes sugerem que a formação de *leques aluviais de corrida de lama*, por exemplo, é favorecida pela pluviosidade em torno de 400 a 500 mm/ano (clima semi-árido). Em áreas tectonicamente ativas, freqüentemente os *planos de falhas* são desenvolvidos ao longo de cadeias montanhosas e, então, espessos depósitos de *leques aluviais* podem ser preservados como *fácies marginais de uma bacia deposicional* muito bem exemplificado pelos *fanglomerados* associados à falha de Salvador do Cretáceo da Bacia do Recôncavo, BA (Fernandes Filho *et al.*, 1982). O fator mais importante para a sua formação

FIGURA 8.36 Exemplos de diferentes padrões de canais fluviais na Amazônia peruana: (A) meandrante (Madre de Dios); (B) meandrante com ilhas fluviais (Ucayali); (C) entrelaçado (Amazonas) e (D) entrelaçado (Inambari). As linhas tracejadas mostram os padrões das margens (Kalliola & Puhakka 1993)

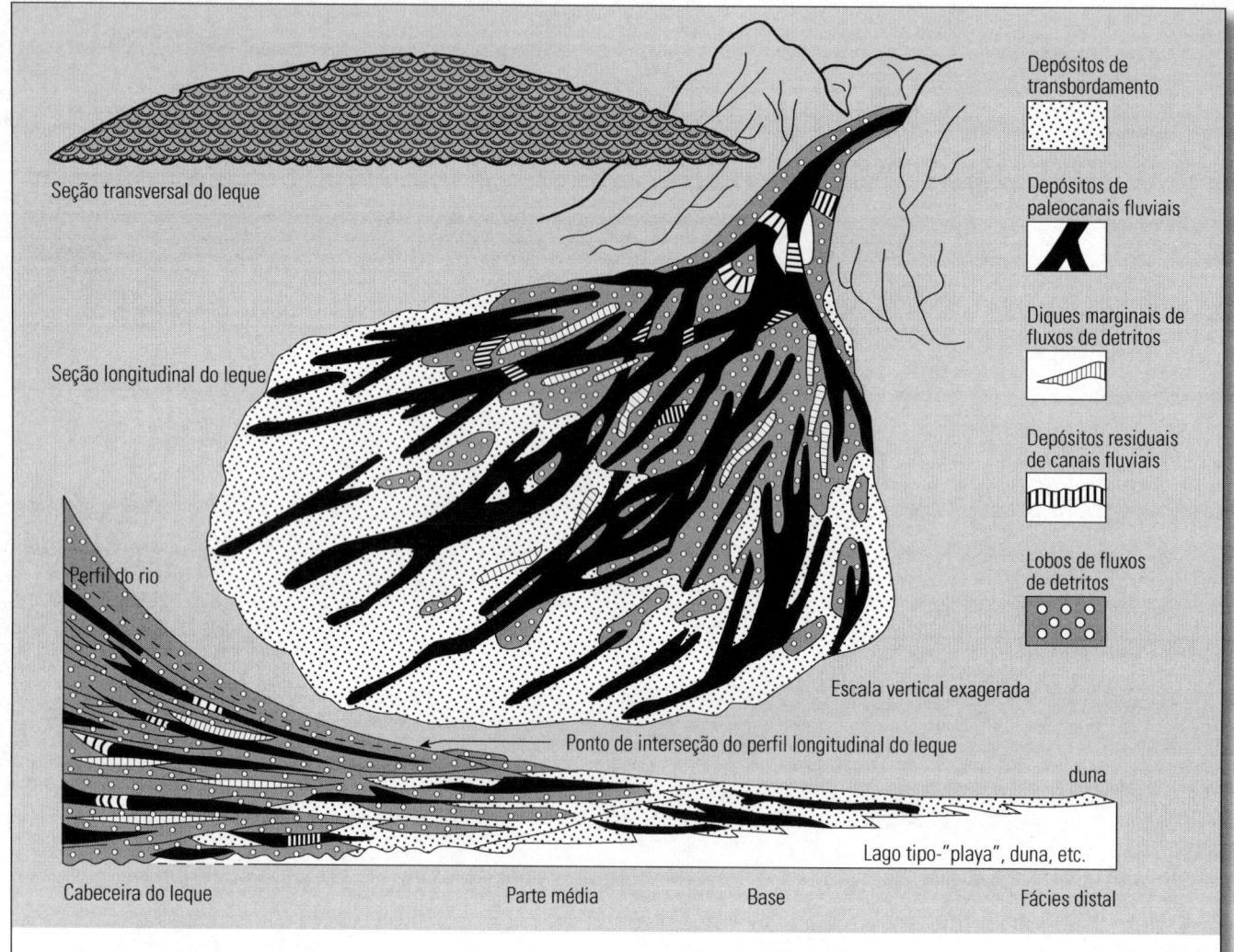

Seção transversal do leque

Seção longitudinal do leque

Perfil do rio

Depósitos de transbordamento

Depósitos de paleocanais fluviais

Diques marginais de fluxos de detritos

Depósitos residuais de canais fluviais

Lobos de fluxos de detritos

Escala vertical exagerada

Ponto de interseção do perfil longitudinal do leque

duna

Lago tipo-"playa", duna, etc.

Cabeceira do leque   Parte média   Base   Fácies distal

FIGURA 8.37 Distribuição espacial e temporal das fácies sedimentares em um depósito de leque aluvial (segundo Spearing, 1974), que seria mais propriamente correlacionável a leques dominados por processos gravitacionais de Stanistreet & McCarthy (1993).

foi o *tectonismo de falha*. Segundo Teixeira Netto (1978), a seção conglomerática da Formação Salvador possui uma espessura de até 3.000 m e registra o *tectonismo tafrogênico sinsedimentar*, que se desenvolveu do sul para o norte, seguindo a ruptura do *vale tectônico*. Este conglomerado acha-se interdigitado com sedimentos de *talude continental* da Formação Candeias.

Em suma, os principais fatores que determinam a extensão e a forma da área ocupada pelos *leques aluviais* são o *tamanho* e *litologia da área-fonte*, além do *clima, história tectônica* e *espaço disponível para deposição*. O tamanho da área-fonte geralmente é proporcional à superfície da *bacia hidrográfica*. Porém, em bacias com áreas de drenagem equivalentes, os *leques aluviais* derivados de rochas pelíticas são extensos e mais espessos que os provenientes de fontes psamíticas.

Classificação dos leques aluviais

Embora muitos considerem o *cone aluvial* (alluvial cone) como sinônimo de *leque aluvial* (alluvial fan), segundo Suguio (1998), outros como Rapp & Fairbridge (1968), atribuem a primeira designação aos depósitos com *declive mais acentuado* (5 a 10 e eventualmente 25 graus) e a segunda aos que exibem declive mais suave (desde menos de 1 até cerca de 5 graus).

Stanistreet & McCarthy (1993) classificaram os *leques aluviais* em três grandes categorias (Fig. 8.38):

1) leques aluviais dominados por processos gravitacionais;

2) leques de rios entrelaçados, cujo modelo é o leque de Kosi na Índia (Singh *et al.*, 1993) e

3) leques de rios meandrantes de baixa sinuosidade, representado pelo leque do Rio Okavango, em Botswana (McCarthy *et. al*, 1991).

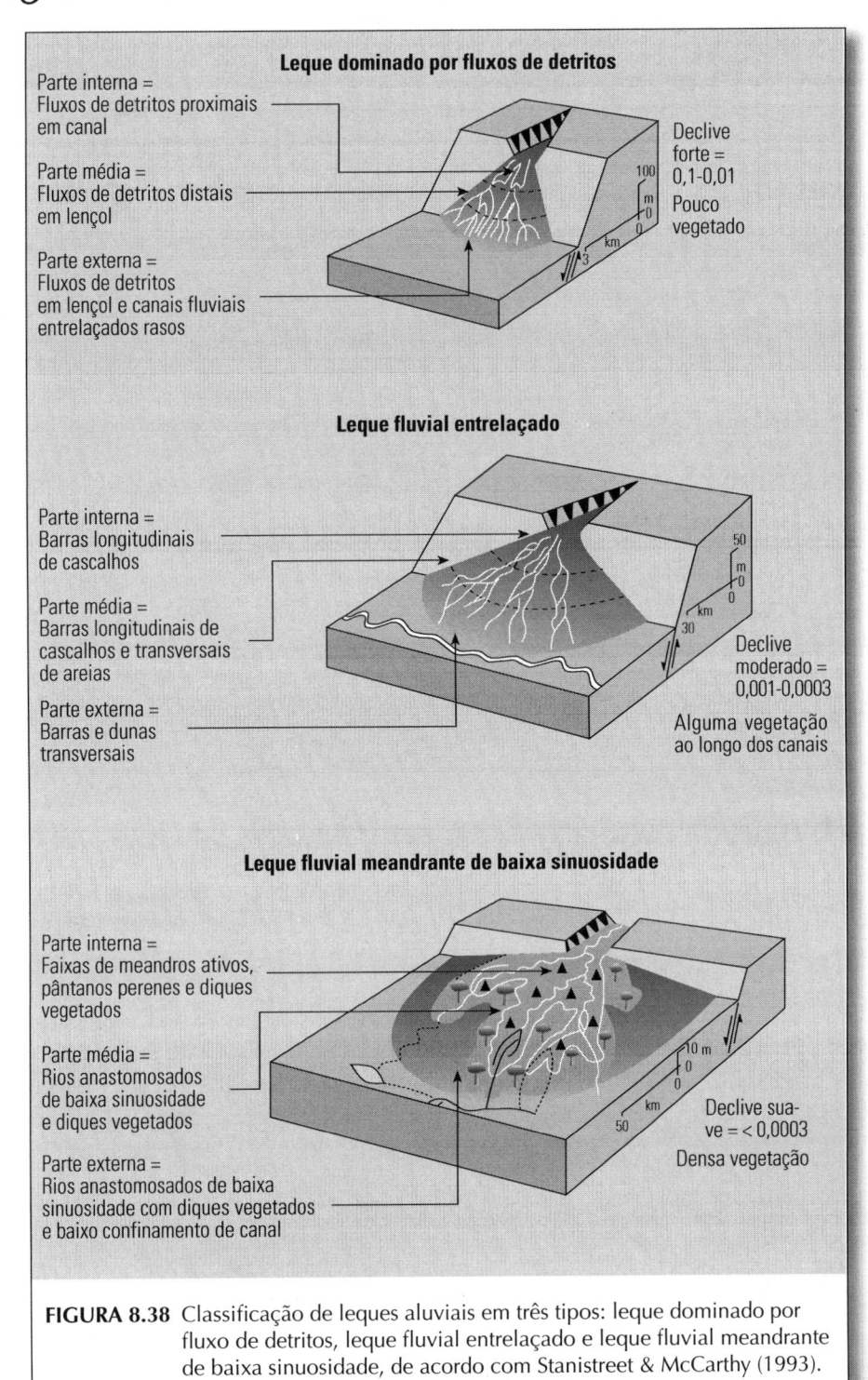

FIGURA 8.38 Classificação de leques aluviais em três tipos: leque dominado por fluxo de detritos, leque fluvial entrelaçado e leque fluvial meandrante de baixa sinuosidade, de acordo com Stanistreet & McCarthy (1993).

turbidez e os subaéreos como os *fluxos de detritos* e *corridas de lama*. As *naturezas* desses depósitos bem como os *mecanismos de sedimentação* já foram discutidos, com certo detalhe, no Capítulo 3 deste compêndio. Por outro lado, as fácies mais tipicamente relacionadas aos *vales fluviais* (depósitos de canais fluviais, diques marginais e residuais) serão descritas no item 2.4.10.2 (Fácies de vales fluviais).

O leque aluvial do Rio Taquari (MS)

Este leque aluvial foi referido como tal, pela primeira vez, por Braun (1977) e, mais tarde, por Tricart (1982). Entretanto, relativamente pouco se conhece sobre este *leque aluvial* que foi pesquisado recentemente por M. L. Assine e colaboradores (Assine & Soares, 1997, 2000 e Assine *et al.*, 1997).

Segundo os pesquisadores supracitados, trata-se de um *sistema multilobado* de forma aproximadamente circular com 250 km de diâmetro. As suas altitudes variam de 180 m no *ápice do leque* até 100 m nas porções distais, com um gradiente baixo de cerca de 36 cm/km (Fig. 8.39). A litologia deste leque é essencialmente arenosa, em conseqüência da natureza psamítica das rochas-fonte, situadas na bacia de drenagem do Rio Taquari, com idades entre o Ordoviciano e o Cretáceo.

O *leque aluvial do Rio Taquari* enquadra-se, segundo os autores acima, na categoria dos *leques aluviais meandrantes de baixa sinuosidade*, adotando-se a classificação de Stanistreet & McCarthy (1993). As suas dimensões são maiores que os dos leques aluviais de Kosi (Índia) e Okavango (Botswana), estudados por Singh *et al.,* (1993) e McCarthy *et al.,* (1991), respectivamente.

Usando-se imagens do satélite Landsat SS e TM, os autores citados foram capazes de discernir, no mínimo, oito lobos de leques aluviais, provavelmente construídos no Quaternário (Fig. 8.40). Através de critérios morfológicos, os pesquisadores conseguiram estabelecer as *idades relativas* desses lobos. Os mais antigos são caracterizados por paleocanais distributários lineares. Além disso, o lobo

Enquanto o primeiro tipo teria fortes controles climático (seco) e/ou tectônico (muito ativo), os dois últimos são diferentes e têm sido referidos na literatura internacional, como *leques de climas úmidos* ou *leques fluviais.*

Principais fácies de leques aluviais

Entre os depósitos representativos de *fluxos gravitacionais*, há os subaquáticos como as *correntes de*

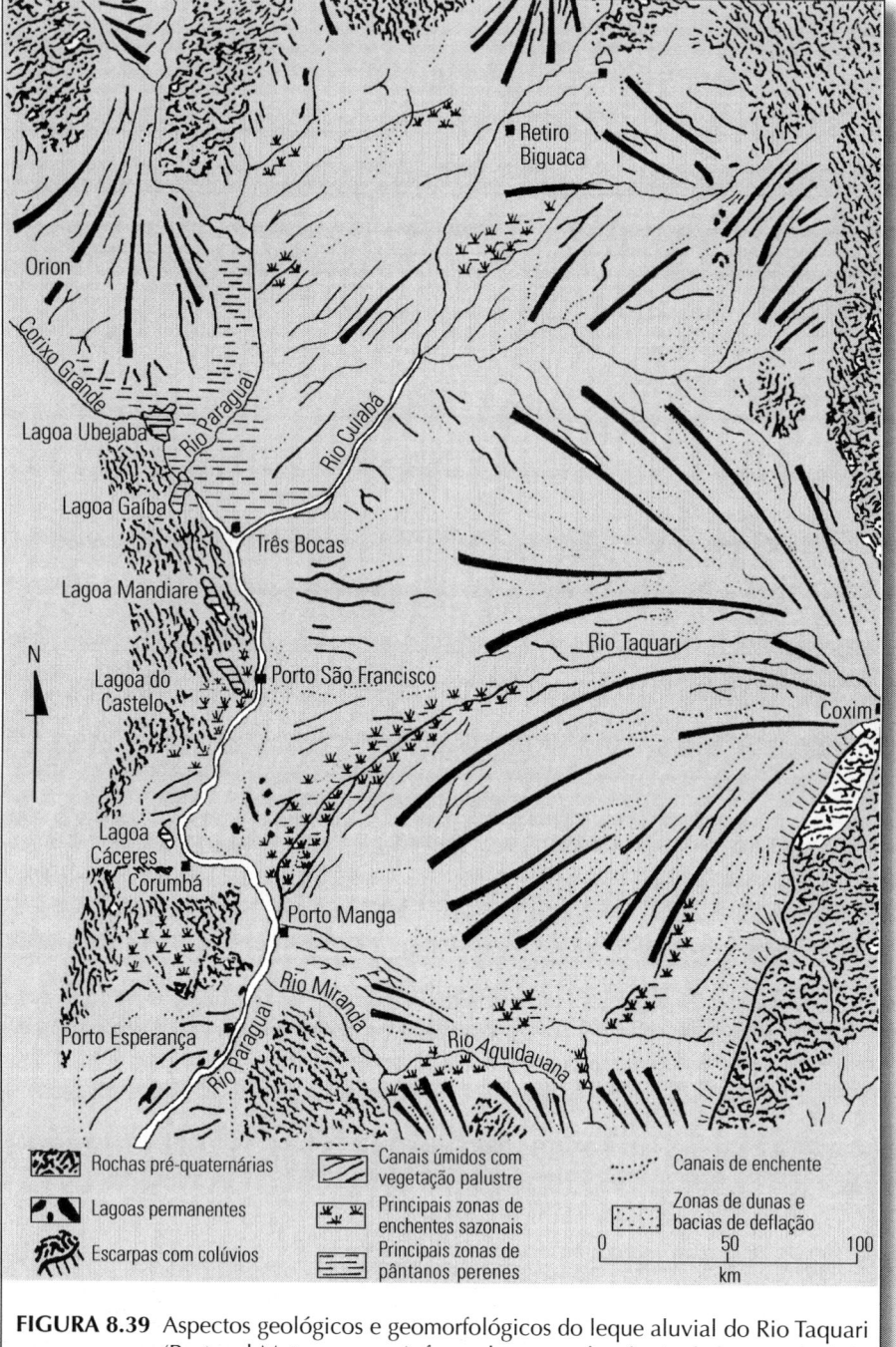

Rochas pré-quaternárias

Lagoas permanentes

Escarpas com colúvios

Canais úmidos com vegetação palustre

Principais zonas de enchentes sazonais

Principais zonas de pântanos perenes

Canais de enchente

Zonas de dunas e bacias de deflação

0   50   100
km

FIGURA 8.39 Aspectos geológicos e geomorfológicos do leque aluvial do Rio Taquari (Pantanal Matogrossense), formado por coalescência de leques aluviais menores (Tricart, 1982).

2.4.10.2 Fácies de vales fluviais

Generalidades

Em qualquer trecho de um rio, a forma do canal em seção transversal depende da *velocidade de fluxo, da carga sedimentar* e *suas características*, das *propriedades físicas dos materiais que constituem a margem do rio* e o *leito do canal* (Leopold *et al.*, 1964). Em geral, o *leito do canal* é composto de materiais incoesivos (arenosos), que são facilmente modificados e assumem formas diversas, dependentes da *energia* (ou *velocidade*) *de fluxo*. Dawdy (1961) constatou que o *regime de fluxo superior* é relativamente comum nos canais fluviais, quando as velocidades podem chegar a 7 a 8 m/s (Leopold *et al.*, 1964).

A *velocidade de fluxo*, por sua vez, também está condicionada a vários fatores, sendo os mais significativos o *gradiente hidráulico* (declividade do rio), a *profundidade da água* e a *rugosidade do leito*. Portanto, ela varia de uma seção a outra e mesmo em diferentes partes de uma única seção transversal (Fig. 8.41).

Os fragmentos sólidos (principalmente de minerais e rochas) transportados pelos rios podem ser divididos em dois grupos principais: *carga de fundo* e *carga em suspensão*. A *carga de fundo* é depositada como *resíduo de canal* (channel lag) e nas *barras de meandro* (point bars), enquanto a *carga em suspensão* deposita-se nos *diques marginais* e nas *planícies de inundação*. As *propriedades texturais* principalmente as granulométricas e as *composicionais* dos sedimentos fluviais dependem das *condições climáticas*, da *intensidade de tectonismo* e dos *tipos de detritos* supridos ao canal. Por sua vez, o *volume de material* suprido está condicionado à *topografia do terreno* e às *condições climáticas* da área-fonte e dos locais de transporte e sedimentação.

Os estudos de modernos *depósitos aluviais* mostram que eles podem ser classificados em numerosas subfácies, cada uma depositada em um subambiente específico. Cada subfácies pode ser definida pela sua

mais antigo exibe centenas de lagoas circulares, algumas das quais com águas salinas e/ou alcalinas.

Os fenômenos de *avulsão* ou *deslocamento* (shifting) constituíram os mecanismos de evolução geológica natural da área. Entretanto, as atividades antrópicas estão, hoje em dia, exacerbando os processos de *erosão da bacia de drenagem* e de *suprimento de sedimentos* ao leque aluvial do Rio Taquari. A avulsão corresponde ao repentino corte ou separação de trecho de um rio por uma enchente, ocasionando abrupta mudança no curso, como ocorre durante a migração de meandros.

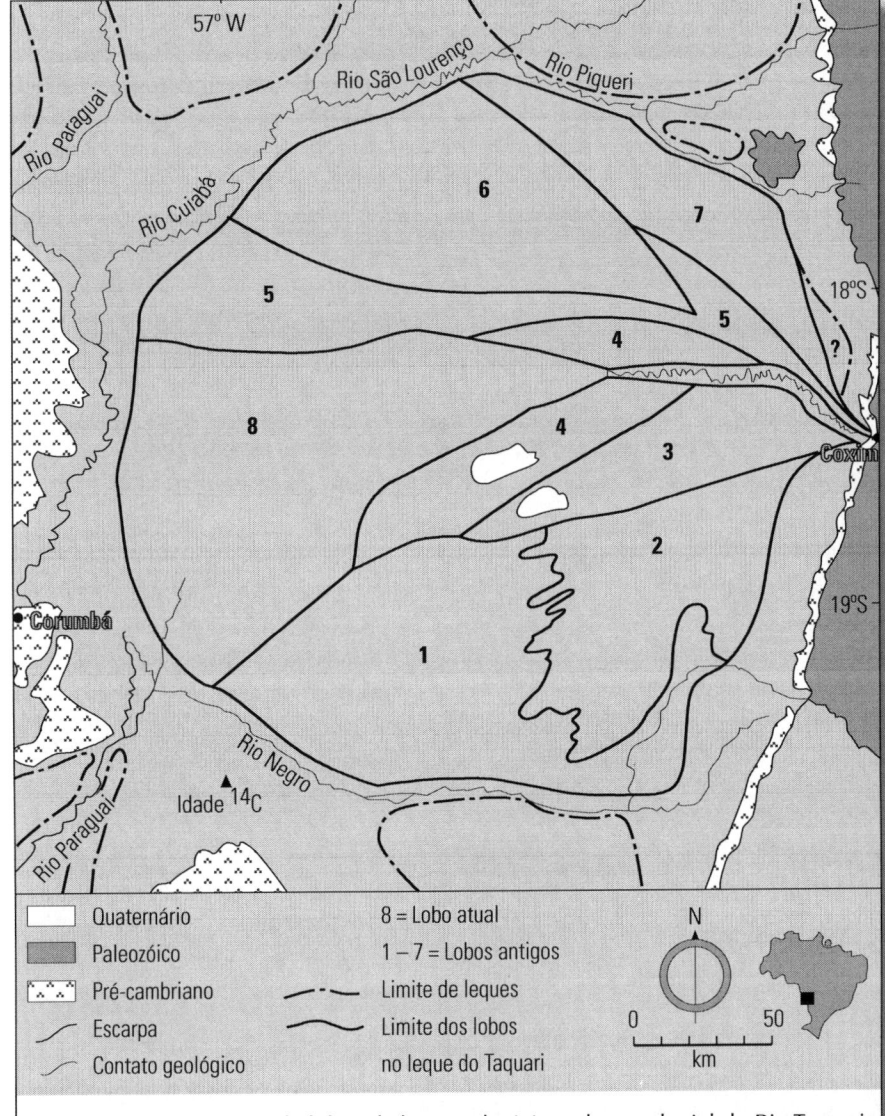

FIGURA 8.40 Sucessão de lobos de leques aluviais no leque aluvial do Rio Taquari (Pantanal Matogrossense). Os números referem-se às idades relativas desde o atual (8) até o mais antigo (1), segundo Assine & Soares (2000).

geometria, litologia, estruturas sedimentares, paleocorrentes deposicionais e conteúdo fossilífero. Na Tabela 30, há vários tipos de subambientes fluviais.

Geomorfologicamente, os depósitos de diferentes subambientes fluviais podem ser subdivididos em *depósitos de acreção lateral* e *depósitos de acreção vertical* (Leopold & Wolman, 1957). Através da *acreção lateral* (ou horizontal), ocorre a redistribuição em área dos sedimentos disponíveis, cujos processos são muito ativos em *barras de meandros*. A *acreção vertical* refere-se ao empilhamento dos *sedimentos em suspensão*, como se verifica nas *planícies de inundação*.

Com objetivos didáticos, os depósitos fluviais podem ser subdivididos em três grupos principais (Fig. 8.42):

- *depósitos de canal* — formados pela atividade do canal e incluem os *depósitos residuais de canal, de barras de meandros, de barras de canais e de preenchimento de canal*;

- *depósitos marginais* — originados nas margens dos canais, durante as enchentes e compreendem os *depósitos de diques marginais* (ou naturais) e *de rompimento de diques marginais*;

- *depósitos de planícies de inundação* — essencialmente compostos por sedimentos finos depositados durante as grandes enchentes, quando as águas ultrapassam e/ou rompem os diques naturais. Correspondem aos *depósitos de planícies de inundação* e *aos paludiais* (ou palustres).

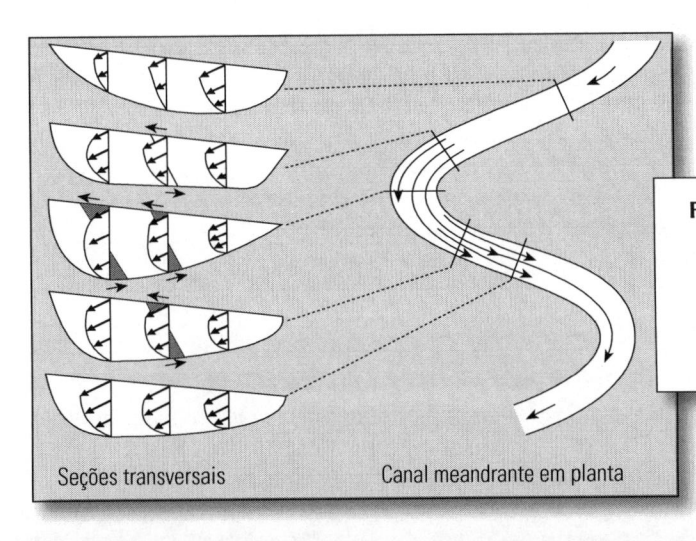

FIGURA 8.41 Variações das velocidades de fluxo das águas em diferentes seções de um trecho de canal fluvial. Essas variações promovem a migração lateral dos meandros através do desenvolvimento de um padrão de circulação helicoidal (Segundo Leopold & Wolman, 1960).

TABELA 30 Classificação hierarquizada dos vários subambientes fluviais (segundo Shantser, 1951 e Allen, 1965a)

Canal fluvial	Ativo	Fundo de canal
		Barra de canal
		Barra de meandro
	Inativo ou abandonado (lagos e meandros antigos)	
Transbordamento	Dique natural ou marginal	
	Rompimento de dique marginal	
	Planície de inundação (bacia)	Lagoa ou lago
		Zona pantanosa

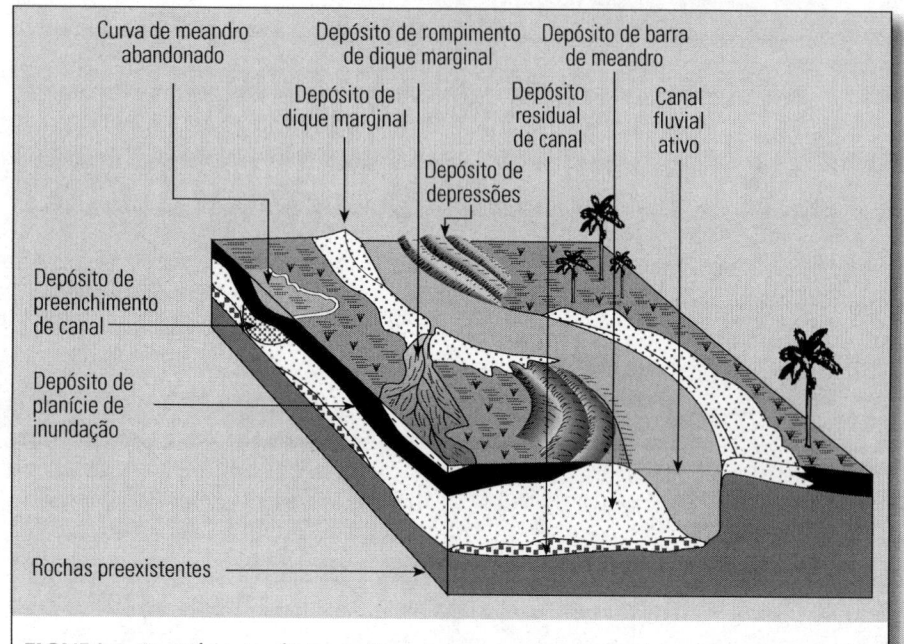

FIGURA 8.42 Diferentes fácies sedimentares associadas aos vários subambientes de ambientes fluviais meandrantes (modificado de Allen, 1964b).

Depósitos residuais de canal

Correspondem à fração mais grossa entre os sedimentos fluviais, em geral cascalhosa, que é abandonada como *acumulação residual*, enquanto a fração arenosa move-se para jusante como *carga de fundo* e a fração pelítica (silte + argila) como *carga em suspensão*. Esses depósitos preenchem as depressão dos leitos fluviais e ocupam as porções basais de seqüência de *barras de meandros* ou de *preenchimento de canal*. Além de seixos, principalmente de quartzo e quartzito, podem conter até *fragmentos de madeira, pelotas de argila* (clay galls), *restos de organismos* (ossos e dentes de vertebrados ou conchas de moluscos), etc. Na ausência de cascalhos, o leito do canal pode ser escavado durante as cheias e, a seguir, é preenchido por *ondas de areia migrantes*. Neste caso, os *depósitos residuais* são predominantemente substituídos por areias ricas em *estratificações cruzadas de escalas moderada a grande*. Esta fácies é desenvolvida em rios retilíneos onde, em razão da ausência de processos formadores de outros tipos de barras, a deposição de *carga de fundo* fica restrita ao leito do canal.

Depósitos de barras de meandro

Também chamados de *barras em pontal*, podem constituir a parte principal de uma seqüência fluvial e formam feições conspícuas na margem convexa dos meandros. Em grandes rios, como o Mississippi e o Amazonas, os *depósitos de barras de meandro* compõem-se de séries de cordões recurvados (arqueados) de vários metros de altura, intercalados por zonas de deposição de lama. Cada cordão representa uma fase de migração do canal durante a enchente.

As *barras de meandro* são tipicamente compostas de areias com *estratificações cruzadas* com *granodecrescença ascendente* (fining upward). Foi pela primeira vez documentada por Bernard & Major Jr. (1963) em estudos ao longo do Rio Brazos (Texas, EUA) e serviu de base para o conceito do *perfil vertical* de Visher (1965), fato que se verificará quando a fonte for capaz de fornecer toda variedade possível de granulação. Excetuando-se os *depósitos residuais de canal*, as *barras de meandro* constituem os sedimentos mais grossos de um rio.

A *seqüência vertical* de estruturas sedimentares de *barras de meandro* inicia-se com as *estratificações cruzadas acanaladas* de escalas moderada a grande, associadas ou não a estruturas de escavação e preenchimento (Fig. 8.43). Para o topo, segue-se uma seqüência com *estratificações cruzadas tabulares* e/ou *tangenciais* e menos comumente *acanaladas*. Para cima, as camadas exibem *estratificação horizontal* de *regime de fluxo superior*. A *estratificação horizontal* é seguida por *estratificações cruzadas acanaladas* de pequena escala, que marcam o retorno às condições de regime de *fluxo inferior*. Geralmente, camadas de materiais lamosos, no topo dos *depósitos de barras de meandro*, representam o término da seqüência e, em geral, apresentam-se em parte erodidas pela base da seqüência seguinte.

Finalmente, a espessura das *seqüências de barras de meandro* correspondem grosseiramente à *profundidade pretérita (paleobatimetria)* do canal, sendo de 20 a 25 m no Rio Mississipi (Fisk; 1947) 10 a 15 m no rio Níger (Allen 1965b).

Modelo fluvial ou de preeenchimento de vale					
Ambiente ou subambiente	Granulometria	Seleção	Litologia	Estruturas sedimentares	Geometria
Preenchimento de canal	Fina	Muito pobre	Silte a argila	Laminação horizontal Gretas de contração Raízes de plantas	Irregular
Pântano à retaguarda	Muito fina	Pobre	Silte a argila	Laminação horizontal, raízes e turfas	Irregular
Planície de inundação	•		Silte a argila	Laminação horizontal Estrutura de escorregamento Gretas de contração	Arqueada
Dique natural ou marginal	•		Areia fina a silte	Microlaminações cruzada e horizontal	Cuneiforme
Marca ondulada e estratificação cruzada	•		Areia fina a silte	Marcas onduladas e laminações cruzadas cavalgantes	Alongada
Zona laminada	•		Areia a silte	Acamamento ou laminação horizontais	Alongada
Zona de megaondulações	●	Muito boa	Areia	Estratificações cruzadas festonada ou planar	Alongada
Zona de carga de fundo	Grossa ●	Pobre a boa	Areia grossa e cascalho	Estratificação muito incipiente	Alongada

FIGURA 8.43 Perfil vertical representativo de ambiente fluvial ou modelo de preenchimento de vale fluvial (Segundo Visher, 1965).

Depósitos de barras de canal

Esses depósitos são controlados tanto por processos de *acreção lateral* como *vertical*, além de *escavação* e *abandono de canal*.

Eles migram de montante para a jusante por sucessivos retrabalhamentos de sedimentos de montante, como em *deltas*, produzindo *camadas frontais*. Entretanto, elas também podem migrar lateralmente produzindo *laminação de camadas frontais*.

Em *canais entrelaçados*, os depósitos de *carga de fundo* ocorrem principalmente como *barras longitudinais* e *transversais* ao canal fluvial.

Podem ser compostas de material grosso, como nos rios Durance e Ardèche (França) situados em regiões montanhosas (Doeglas, 1962) ou de material fino como no Rio Brahmaputra (Índia) situada em planície (Coleman, 1969).

Depósitos de diques marginais

Esses depósitos formam cordões sinuosos com seção transversal triangular, que margeiam os canais fluviais. As alturas máximas dos *diques marginais* situam-se mais próximas aos canais, onde formam barrancos abruptos e caem suavemente rumo às *planícies de inundação*. Os diques dificultam a drenagem das *planícies de inundação* provocando, em conseqüência, o surgimento de lagoas e *pântanos*. Em *canais retilíneos* de planícies deltaicas, os *diques marginais* podem desenvolver-se mais ou menos igualmente nas duas margens. Entretanto, em *canais meandrantes*, os da margem côncava desenvolvem-se mais que os da margem convexa.

As composições granulométricas e as estruturas sedimentares, presentes nas porções superiores das *barras de meandro*, são semelhantes às encontradas nos *diques marginais*. As estruturas sedimentares mais tópicas dos *diques marginais* são as *laminações cruzadas de microndulações*, *acamamentos horizontais com laminações paralelas* e *bioturbações* (fito e zooturbação), conforme Shepard (1956) e Lattman (1960).

Os depósitos de *diques marginais* passam gradativamente para os das *planícies de inundação*.

Depósitos de rompimento de diques marginais

Esses depósitos são originados quando o excesso de água de enchente rompe os *diques marginais*. Estendem-se em forma de línguas sinuosas ou lobadas rumos às *planícies de inundação* e exibem granulação levemente mais grossa que os de *diques marginais* do mesmo rio.

As *laminações cruzadas de microndulações* e algumas *laminações horizontais* representam as estruturas sedimentares típicas desses depósitos (Coleman, 1969).

Em sedimentos antigos, os *depósitos de rompimento de diques marginais* podem ser reconhecidos como sedimentos arenosos cortando sedimentos lamosos de *diques marginais*, comumente formando corpos sigmoidais imbricados. Sedimentos com essas características são encontrados em afloramentos da Formação Pindamonhangaba do Pleistoceno (?) da Bacia de Taubaté (SP).

Geralmente apresentam pequena espessura e a sua granulometria decresce à medida que se afasta do canal, de modo análogo aos *depósitos de frente deltaica*. Constituem uma fácies típica, embora não exclusiva, de *sistemas fluviais de distributários deltaicos*.

Depósitos de preenchimento de canais

São depósitos que resultam do entulhamento dos *canais fluviais*, em função de aumento exagerado da *taxa de sedimentação*, ultrapassando a *capacidade do rio*, com conseqüente redução de profundidade em um canal ativo ou de sedimentação em *canal abandonado*. No primeiro caso, os depósitos são grossos e, no segundo caso, são finos.

O abandono mais ou menos repentino de *canais fluviais* pode processar-se por *corte de meandros*, em canais meandrantes de alta sinuosidade (acima de 3,00) ou por *captura* (ou pirataria) *fluvial*. Este é um fenômeno pelo qual, nas cabeceiras fluviais, um dos rios pode inverter completamente (de até 180 graus) o sentido de fluxo de outro rio, pela *erosão remontante*.

Os depósitos de canais abandonados são formados em condições *essencialmente lacustres* e, portanto, os sedimentos são semelhantes aos de *planícies de inundação* ou até mais finos (Fig. 8. 44). Podem conter *turfas* e *bioturbações* (fito e zooturbações). A geometria e espessura dos *depósitos de preenchimento de canais abandonados* dependem da forma e profundidade do canal original. São diferenciados dos *depósitos de planícies de inundação*, pela *geometria do litossoma* e dos *canais ativos* pela *litologia*.

Por outro lado, o *preenchimento de canais ativos*, por aumento exagerado de *carga sedimentar*, é comumente relacionado a rios efêmeros de climas semi-áridos ou áridos. Schumm (1961) descreve em detalhes as feições dos depósitos de preenchimento de canais ativos.

FIGURA 8.44 Depósito de preenchimento de paleocanal no Grupo Bauru (Cretáceo superior) da Bacia do Paraná, formado por material siltico depositado em paleolagoa de meandro abandonado, cortando uma seqüência arenosa com estratificação cruzada (direção do paleocanal = N45°O). Rodovia para Pirajuí (SP), nas proximidades de Iacanga (15,7km da SP-300). Foto do autor. Escala = pessoa no nível da rodovia.

Depósitos de planícies de inundação

Esses depósitos são formados após as águas ultrapassarem os *diques marginais*, em áreas planas que margeam os canais fluviais. Essas áreas funcionam como verdadeiras *bacias de decantação* de materiais em suspensão. Os sedimentos síltico-argilosos são depositados, em geral, à razão de 1 a 2 cm por cada período de enchente.

Esses depósitos contêm os sedimentos mais finos entre os aluviais. As *gretas de contração* (ou *de ressecação*) são estruturas sedimentares muito comuns, sendo preservadas por preenchimento de material arenoso fluvial ou eólico. A estratificação plano-paralela suborizontal é a mais comum, podendo também aparecer *laminações cruzadas de marcas onduladas cavalgantes (*climbing-ripple cross-laminations).

Em climas úmidos, as *planícies de inundação* são planas e úmidas com densa vegetação, apresentando zonas pantanosas e turfeiras. Por outro lado, em climas áridos ocorrem *nódulos carbonáticos* (calcretes), *concreções de hidróxido de ferro* e *sais alcalinos* formados em função da *alta taxa de evaporação*.

Entre alguns dos autores que descreveram em detalhe os *depósitos de planícies de inundação*, tem-se Doeglas (1962), Schumm & Lichty (1963) e McKee *et al.* (1967).

Depósitos eólicos

Os *depósitos eólicos*, de origem fluvial, podem representar um papel muito importante. Em climas secos (semi-áridos e áridos), os depósitos fluviais podem ser ressecados e sofrerem *retrabalhamento eólico* e, como resultado, podem ser desenvolvidos *campos de dunas eólicas* nas margens dos rios.

Um verdadeiro *mar de areia* (ou "draa"), com cerca de 7.000 km^2, ocorre entre as cidades baianas de Barra e Pilão Arcado, delimitado entre o Rio São Francisco e a Serra do Estreito. Essas dunas fósseis registram importantes *mudanças climáticas pretéritas* e foram recentemente estudadas por Barreto (1996) e De Oliveira *et al.,* (1999).

2.4.11 *Evidências e exemplos de depósitos fluviais antigos*

Os sedimentos fluviais são comumente *bimodais* e exibem *assimetria positiva*, em termos granulométricos, especialmente os sedimentos de paleocanais.

Em *seqüência vertical* de depósitos fluviais, verifica-se uma tendência à *granodecrescência ascendente* (Fig. 8.45), isto é, de afinamento rumo ao topo dos tamanhos das partículas, que pode repetir-se por várias vezes. Exemplo clássico desse fato é o Arenito Old Red do Devoniano da Inglaterra (Allen, 1964b; Allen & Friend, 1968).

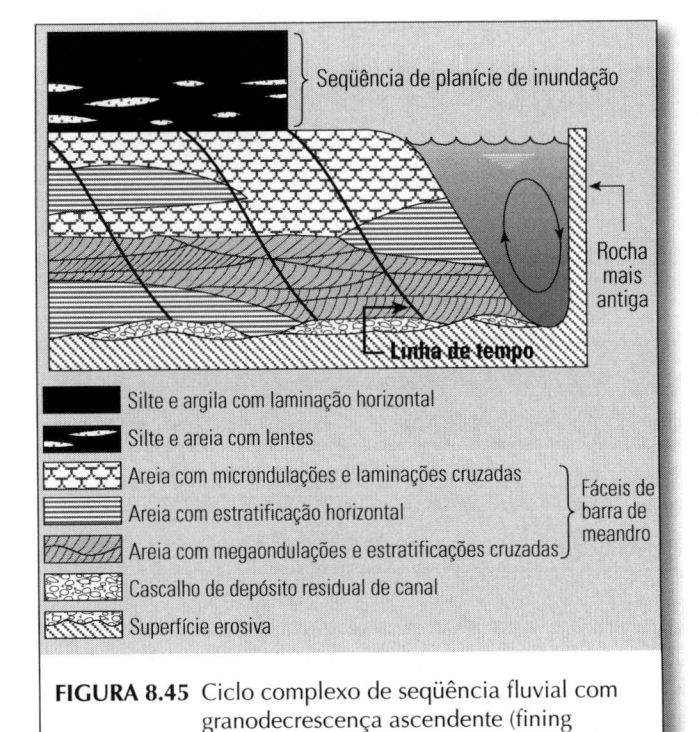

FIGURA 8.45 Ciclo complexo de seqüência fluvial com granodecrescência ascendente (fining upward) e os vários tipos de estruturas sedimentares primárias associadas (segundo Allen, 1970).

Legenda da figura:
- Silte e argila com laminação horizontal
- Silte e areia com lentes
- Areia com microndulações e laminações cruzadas
- Areia com estratificação horizontal — *Fáceis de barra de meandro*
- Areia com megaondulações e estratificações cruzadas
- Cascalho de depósito residual de canal
- Superfície erosiva

Rótulos internos: Seqüência de planície de inundação; Rocha mais antiga; Linha de tempo

Segundo Beerbower (1964), o *ciclismo* dos sedimentos fluviais poderia ser explicado pela simples *migração lateral* do canal na sua *planície de inundação* e pelo gradual reajuste isostático do fundo da bacia, em resposta ao peso dos sedimentos acumulados.

Em termos litológicos, os *depósitos de canais* variam desde cascalho a areia de seleção moderada a boa e com baixo conteúdo de argila. Os depósitos de *diques marginais* são compostos de areia fina e silte, moderadamente selecionados. Os *depósitos de planícies de inundação* são representados por silte e argila, pobremente selecionados e com alto conteúdo de argila. *Diagramas do tipo CM* têm sido usados na identificação dos vários subambientes fluviais (Royse, 1970), mas as *associações laterais e verticais das estruturas sedimentares*, por exemplo, representam um instrumento muito útil nesses estudos.

Em *termos cronológicos*, existem depósitos fluviais de várias idades geológicas, tanto no Brasil, como em outras partes do mundo. Allen (1964b) descreveu depósitos fluviais do Devoniano da Inglaterra. Friedman & Johnson (1969) realizaram pesquisas detalhadas sobre os depósitos do Devoniano das montanhas Catskill, Estados Unidos, onde parte da seqüência é de origem fluvial. Na Índia, Niyogi (1966) e Sengupta (1970) estudaram espessas sucessões de depósitos fluviais em bacias falhadas e isoladas do Carbonífero e do Triássico.

Entre as formações amplamente documentadas no Brasil, encontram-se os sedimentos do Grupo Bauru (Cretáceo) da Bacia do Paraná (Freitas, 1955; Suguio, 1973b). Segundo Castro *et al.,* (1999) no Grupo Bauru do Planalto Ocidental Paulista, por exemplo, seria possível identificar quatro *ciclos de sedimentação*, cada um composto por uma *sucessão vertical* de arenitos fluviais, acompanhados por folhelhos e arenitos lacustres. Além disso, muitos depósitos que preenchem o *Rifte Continental do Sudeste do Brasil* (Riccomini, 1989), compreendendo principalmente as bacias de Curitiba, São Paulo, Taubaté e Resende foram sedimentados em ambiente fluvial (Fig. 8.46).

2.5   Ambiente lacustre

2.5.1 *Generalidades*

O *ambiente lacustre* caracteriza-se por apresentar *água relativamente tranqüila*, em geral doce, embora existam lagos com água salgada até hipersalina e situa-se comumente no interior continental.

As pesquisas pioneiras sobre os *sedimentos lacustres* foram iniciadas no fim do século XIX, exemplificadas pelos trabalhos de Russell (1885) e Gilbert (1890) sobre os depósitos pleistocênicos dos lagos Lahontam e Bonneville, Estados Unidos. Entretanto, desde então relativamente poucos trabalhos foram realizados sobre os *depósitos lacustres* mais antigos.

FIGURA 8.46 Lenticularidade de camadas sedimentares em depósitos fluviais meandrantes. Note-se que as lentes de arenito argiloso, que preenchem os paleocanais com estruturas de escavação e preenchimento (cut-and-fill structures) e/ou de sobrecarga (load casts) na base, intercaladas em lamitos da Formação Resende (Terciário inferior) da Bacia de Taubaté (SP), Foto do autor. Escala = pessoa e veículo na rodovia.

As análises das características físicas, químicas e biológicas de depósitos antigos, registradas nos *sedimentos lacustres*, sugerem que esses ambientes sofreram muitas transformações, tanto no *arcabouço tectônico* como na *composição química* das águas e na *batimetria* através dos tempos geológicos.

Deste modo, a distribuição das *estruturas sedimentares* em *fácies lacustres* pode variar muito de uma fase a outra, pela evolução das características físicas e químicas dos lagos. Deste modo, sedimentos depositados em águas calmas, relativamente doces e oxigenadas podem ser *fossilíferas* e *bioturbadas*. Entretanto, as camadas depositadas durante fases acentuadamente alcalinas ou salinas podem exibir pouca ou nenhuma influência de atividade biológica, exceto pela possível presença de algas.

Muitas propriedades físicas, químicas e biológicas dos sedimentos lacustres não são exclusivas desses ambientes. Apesar disso, os depósitos lacustres são relativamente fáceis de ser identificados no registro geológico. Os principais critérios compreendem as evidências de *deposição subaquosa*, combinadas com *ausência de fósseis marinhos* e eventual presença de *fósseis característicos de água doce*. Os *depósitos lacustres* são comumente de granulação fina e exibem *delgadas laminações*. A geometria dos depósitos lacustres é variável, em função da forma dos lagos, que é muito diversificada e das profundidades também bastante variáveis, além de outros fatores, que podem mudar com o tempo.

2.5.2 Tipos de lagos

Na natureza existem vários tipos de lagos, que podem ser classificados segundo diferentes critérios. Entre alguns dos principais critérios, têm-se os seguintes: origem (ou gênese), qualidade da água (química, físico-química ou biológica) e regimes hidrológico e climático.

2.5.2.1 Quanto à origem

Lago de afundamento (cárstico ou de dissolução) — Corpo de água estacionário alojado em depressão fechada em região de *topografia cárstica* ligado, por exemplo, a *dolinas* e *uvalas* que são depressões formadas principalmente por dissolução de rochas calcárias.

Lago antrópico — Corpo de água estacionário, formado por *barragem artificial* (comumente de "terra" ou de concreto) da rede de drenagem, para finalidades aplicadas como, por exemplo, geração de energia elétrica, abastecimento doméstico e usos agrícola (irrigação) ou industrial.

Lago de barragem — Refere-se ao lago formado por *barragem natural*, por exemplo, dos tributários pelo entulhamento da drenagem principal, como nos lagos do médio Rio Doce, MG (Suguio & Kohler, 1992; Mello, 1997). No baixo Rio Doce (ES) têm-se lagos ligados à *barragem natural* devida ao nível relativo do mar superior ao atual durante o Holoceno (Suguio & Kohler, 1992).

Lago cárstico — Veja *lago de afundamento*.

Lago de circo — Lago em geral profundo e de águas límpidas, que jaz no interior de uma bacia predominantemente rochosa, no fundo de um *ciclo glacial*.

Lago de cratera — Lago alojado no interior de uma cratera, em geral formada por *atividade vulcânica*, embora haja também a cratera formada por impacto de meteoritos.

Lago em crescente (*fluvial* ou *de meandro abandonado*) — Lago em forma de meia-lua, situado em posição bem definida na faixa de meandros, formado pelo abandono de trecho do meandro durante a migração lateral de canais fluviais.

Lago de deflação — Relacionado a lago que ocupa uma depressão de *erosão eólica* encontrado principalmente em regiões de climas semi-árido a árido. Em geral forma corpos de água muito rasos, que se ressecam durante as estiagens prolongadas. Alguns autores atribuem a esta origem, pelo menos parte das lagoas e lagos do Pantanal Matogrossense, embora qualquer estudo mais pormenorizado não tenha sido feito sobre o assunto.

Lago deltaico — Lago formado ao longo da margem ou no interior dos deltas como, por exemplo, pela construção de *barras arenosas* através de embaíamentos ou pelo aprisionamento (barragem) de parte do mar pela sedimentação deltaica. Exemplos de lagos deltaicos são encontrados, hoje em dia, nas planícies costeiras das desembocaduras dos rios Doce (ES) e Paraíba do Sul (RJ), conforme Martin *et al.*, (1993).

Lago de dissolução — Veja *lago de afundamento*.

Lago escalonado — Um do conjunto de lagos que ocorre associado à *escadaria glacial* (glacial stairway) em um *vale glacial* (glacial valley).

Lago estrutural (*ou tectônico*) — Lago originado pela acumulação de água em depressão comumente alongada, delimitada entre *falhas*. Freqüentemente a margem é quase retilínea e a estrutura bastante simples, mas pode exibir grandes extensões e altas profundidades e o fundo, às vezes, situa-se abaixo do nível do mar atual. Exemplos: lagos Tanganica e Baical, que foram originados por falhamentos.

A Formação Tremembé, na Bacia de Taubaté (SP), foi acumulada em lago estrutural oligocênico (Lima *et al.*, 1985).

Lago fluvial — Veja *lago em crescente*.

Lago glacial (*periglacial ou proglacial*) — Corpo de água estacionário formado por *atividades glaciais*, cujo leito pode ter sido escavado na rocha do substrato ou simplesmente foi barrado por depósitos da *morena frontal* (ou *terminal*). Este tipo de lago é muito numeroso em regiões que foram submetidas às glaciações quaternárias, tais como Escandinávia, Canadá, etc. Os Grandes Lagos, na fronteira entre os Estados Unidos e Canadá, cujo diâmetro chega a mais de 300 km, tiveram esta origem.

Os *varvitos* do Grupo Tubarão (Permocarbonífero) da Bacia do Paraná foram depositados em lagos glaciais.

Lago de meandro abandonado — Veja *lago fluvial*.

Lago periglacial — Veja *lago glacial*.

Lago pluvial — Encontra-se em bacia interior de regiões secas e foi formado durante os *estádios glaciais* (glacial stades), quando a pluviosidade foi muito maior que atualmente na mesma região. Na região dos Estados Unidos, conhecida por Basin and Range, são encontrados mais de cem lagos, na maioria formada em época posterior ao *estádio interglacial* (*interglacial stade*) sangamoniano. Um desses exemplos é o Lago Bonneville, que se estende por parte dos atuais estados de Utah, Nevada oriental e sul de Idaho.

Lago proglacial — Veja *lago glacial*.

Lago reliquiar — É formado em regiões submetidas à transgressão marinha, seguida de regressão em zonas costeiras. Deste modo, os antigos estuários ou lagunas são conduzidos à situação de lagos de água doce e afastados do mar por *progradação costeira*. Exemplos brasileiros deste tipo de lago são encontrados nas planícies costeiras das desembocaduras dos rios Doce (ES) e Paraíba do Sul (RJ), representados respectivamente pelas lagoas Bonita e Feia. A Lagoa Feia exibe ainda hoje uma área de cerca de 328 km^2.

Lago residual — Veja *lago reliquiar*.

Lago suspenso - *Lago permanente* (permanent lake), cujo nível de água situa-se bem acima dos outros corpos de água, incluindo os aqüíferos associados ao lago como, por exemplo, um lago situado sobre um terraço que margeia um lago bem maior.

Lago tectônico — Veja *lago estrutural*.

2.5.2.2 *Quanto à qualidade da água*

Lago acidotrófico — Lago cuja acidez da água se deve a um *vulcão ativo* ou a uma *fonte sulfurosa*, podendo haver casos de acidez provocada por putrefação de *matéria orgânica vegetal*.

Lago alcalitrófico — Segundo alguns seria um lago rico em Ca^{+2} mas, de acordo com outros, não dependeria do teor de Ca^{+2} devendo ser apenas fortemente alcalino (pH acima de 9). Os lagos de *bacias de afundamento* (rift basins) da África e o Great Basin, do oeste americano, são lagos salgados de climas árido a semi-árido e fortemente alcalinos. Uma parte dos lagos do Pantanal Matogrossense também exibe pH alcalino.

Lago distrófico — Corresponde a um lago em estágio de evolução intermediária entre *eutrófico* (eutrophic) e *pântano* (marsh). O *pântano* representaria o estágio de *lago senil* ou *de extinção* por completa colmatação. É caracterizado por águas rasas com alto teor de *matéria orgânica*, baixa disponibilidade de nutrientes e alta *demanda bioquímica de oxigênio* (biochemical oxygen demand).

Lago doce — Veja *lago salgado*.

Lago eutrófico — Lago raso de alta *produtividade primária* e com abundante vegetação litorânea e densa população planctônica. A água de fundo, durante os estágios mais avançados de *eutrofização* tende a empobrecer-se em oxigênio dissolvido durante o verão.

Lago oligotrófico — Refere-se ao lago com considerável teor de oxigênio dissolvido em suas águas de fundo, apresentando material nutriente limitado, isto é, apresenta baixa *produtividade primária*.

Lago salgado — Refere-se a lago com salinidade superior a 500 mg/L, em contraposição ao *lago doce* (freshwater lake), que é caracterizado por salinidade inferior a este valor. O aumento da salinidade é favorecido em regiões de baixa pluviosidade e em lagos sem comunicação com outros corpos de água.

2.5.2.3 *Quanto aos regimes hidrológico ou hidrodinâmico*

Lago dimítico — Veja lago holomítico.

Lago efêmero (*temporário ou tipo "playa"*) — O termo *playa* refere-se à praia e, curiosamente, no SO dos Estados Unidos, é empregado para designar *lago efêmero* ou *evanescente* de regiões desérticas. Quando ressecados, esses lagos mostram superfícies brancas, muitas vezes com precipitação de gipsita, que talvez lembrem vagamente praias.

Lago evanescente — Veja *lago efêmero*.

Lago holomítico — Lago caracterizado pela circulação total de suas águas durante o inverno, devida ao fenômeno da convecção. Deste fato origina-se a denominação *holos* (total) e *miktos* (mistura). Conforme a freqüência de circulação de suas águas têm sido propostas as seguintes designações: *lago monomítico* (uma vez), *lago dimítico* (duas vezes); *lago polimítico* (várias vezes) e *lago oligomítico* (poucas vezes e sem regimes fixos). Durante a circulação, ocorre a saturação por oxigênio dissolvido de toda a coluna de água.

Lago meromítico — Lago no qual a água circula, através do ano, até certa profundidade. A camada superior, onde se processa a circulação da água, é denominada de *mixolímnio* (mixolimnion) e a camada inferior, sempre estagnada, é chamada de *monimolímnio* (monimolimnion). A porção inferior não apresenta oxigênio dissolvido e exibe, portanto, quase sempre, característica redutora e, além disso, pode conter alta concentração de sais.

Lago monomítico — Veja *lago holomítico*.

Lago oligomítico — Refere-se a um lago com considerável teor de oxigênio dissolvido em suas águas de fundo, apresentando material nutriente limitado, isto é, *baixa produtividade primária*.

Lago polimítico — Veja *lago holomítico*.

Lago temporário — Veja *lago efêmero*.

Lago tipo "playa" — Veja *lago efêmero*.

2.5.2.4 *Quanto às condições climáticas*

Lago polar — Lago com temperatura de água superficial sempre inferior a 4°C, onde a circulação da água processa-se somente durante o verão.

Lago temperado — Refere-se a lago no qual a temperatura das águas superficiais deve, ao menos uma vez por ano, ser inferior a 4°C. No inverno, as águas superficiais podem congelar-se e em profundidade permanecer em torno de 4°C, estabelecendo-se uma *estratificação térmica inversa*. No verão, a temperatura das águas superficiais sobe, enquanto a profundidade continua mais ou menos como durante o inverno, tendo-se então uma *estratificação térmica normal*. Em ambas situações, as águas permanecem estagnadas, porém, na primavera e no outono, por duas vezes durante o ano, processa-se a circulação e homogeneização das águas.

Lago tropical — Lago com *estratificação térmica normal* em que o *epilímnio* e *metalímnio* (ou *termóclina*) possuem temperaturas superiores às do *hipolímnio* que, por vez, exibe temperatura sempre superior a 4°C.

O *epilímnio* refere-se à camada superficial (5 a 15 m), saturada de oxigênio, bem iluminada e com temperatura uniforme, situada acima da *termóclina*, onde se processa intensa *produtividade primária*.

A *termóclina*, (ou *metalímnio*) delimita o *epilímnio* e o *hipolímnio* em um corpo aquoso como lago (ou lagoa) e laguna. Acima e abaixo da *termóclina*, processam-se rápidas mudanças de temperatura e outras propriedades (teores de CO_2, O_2, HCO_3, pH, etc.) e situa-se a cerca de 10 m de profundidade. Esta profundidade pode variar em função da área do corpo aquoso e da velocidade do vento.

O *hipolímnio* corresponde à porção de água do lago situada abaixo da *termóclina* nas partes mais profundas. Ele não sofre influência externa e, durante a fase estagnada de verão, comumente apresenta falta de oxigênio dissolvido (ambiente redutor).

Segundo Saijo & Tundisi (1997:485) o tipo de lago mais freqüente hoje em dia, na América do Sul e especialmente no Brasil, é do *tipo fluvial*, muitas vezes de *meandro abandonado* situado nas *planícies de inundação* dos rios Amazonas, Paraná, Paraguai e outros.

2.5.3 *Modelos de deposição lacustre*

Trabalhando com evidências de depósitos lacustres antigos, Visher (1965), Kukal (1971) e Picard & High Jr.

(1972) propuseram um modelo ideal com *granocrescença ascendente* (coarsening upward). Neste modelo, a deposição se iniciaria com sedimentos finos e laminados depositados no centro do lago. À medida que o lago é preenchido, os ambientes marginais (fluvial, deltaico e paludial) transgrediriam sobre aqueles sedimentos. As *argilas laminadas* gradariam rumo ao topo para areias turbidíticas, areias de canais fluviodeltaicos com estratificações cruzadas e, finalmente, para turfas formadas em ambiente paludial.

Outros pesquisadores, como Twenhofel (1950) e Reeves Jr. (1968) propuseram classificações baseadas na origem (ou gênese) dos lagos, mas elas são de pouca utilidade, principalmente na caracterização de depósitos lacustres do *registro sedimentar pretérito*.

Reineck & Singh (1975) apresentaram uma classificação mais objetiva, baseada no *paleoclima da área do lago*, distinguindo-se dois grupos principais de depósitos lacustres: lagos clásticos e lagos químicos. Conforme Selley (1976a), esses dois tipos constituem, na realidade, os *membros extremos* de uma série contínua, sendo comuns as intercalações de sedimentos detríticos em químicos.

2.5.3.1 *Depósitos de lagos clásticos*

Segundo o modelo ideal de sedimentação lacustre clástica de Twenhofel (1950), ocorreria uma faixa externa de cascalhos lacustres, seguida pela de areia, uma zona interna de marga (marl), e finalmente de lama muito carbonosa mais central (Fig. 8.47). Esta zonação é devida às diferenças de *energia hidrodinâmica*, que se inicia na zona litorânea com quebra de ondas, seguida pelas zonas acima e finalmente abaixo da base das ondas (wave base).

Em geral, a *seqüência vertical* típica de depósitos de lagos clásticos é composta por empilhamento de sedimentos fornecidos por um ou mais rios que deságuam no lago. Corresponde ao *modelo lacustre típico* de Visher (1965), encontrado em regiões montanhosas com alta precipitação e erosão acelerada, onde as *areias fluviodeltaicas marginais* progradam, recobrindo os sedimentos mais finos depositados da carga em suspensão (Fig. 8.48). As *camadas dorsais* (topset beds) caracterizam-se pela sua natureza fluvial, e as *camadas basais* (bottomset beds) são sedimentos típicos de ambiente lacustre. As *camadas frontais* (foreset beds) são de natureza mista, fluvial e lacustre.

Além do *modelo típico de lago clástico* acima apresentado, Kukal (1971) definiu mais três subtipos de *lagos permanentes* (ou *perenes*). O primeiro é encontrado sobre terrenos planos em climas úmidos temperados a quentes, onde o fornecimento de sedimentos terrígenos finos é pequeno, podendo ocorrer *sedimentação carbonática* longe da desembocadura fluvial, tanto nas margens como no centro do lago (Fig. 8.49). O segundo

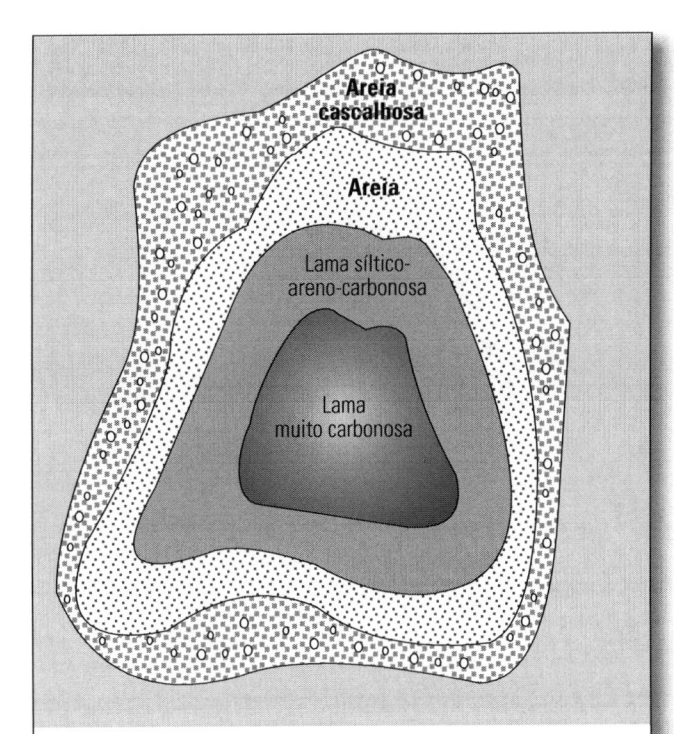

FIGURA 8.47 Distribuição esquemática ideal de sedimentos em um lago, quando estão disponíveis sedimentos com granulações variáveis de seixos a argilas na área-fonte (modificado de Twenhofel, 1932).

subtipo é um lago com *sapropelitos* no centro e *anel de sedimentos carbonáticos* de origem algálica e de moluscos. O terceiro subtipo consiste em *lago com pântanos marginais* que progradam centriptamente para recobrir *lamas orgânicas* (sapropelitos) depositadas na porção central dos lagos. Nesses lagos, os *sapropelitos* e *folhelhos oleígenos* são depósitos lacustres comuns. Exemplo: Formação Tremembé do Terciário da Bacia de Taubaté (Suguio, 1969).

2.5.3.2 *Depósitos de lagos químicos*

Esses depósitos são típicos de *lagos efêmeros* existentes em regiões desérticas, denominados de *lagos do tipo "playa"*. O depósito moderno típico desses lagos é composto por lamito vermelho-acastanhado, contendo quantidades variáveis de argila, silte e carbonatos disseminados.

Os *lagos químicos* ocupam áreas hidrograficamente mais baixas de bacias de drenagem e são circundados por um conjunto de subambientes deposicionais, que dependem principalmente das características do influxo. Pelo reconhecimento dos *registros sedimentares* desses subambientes e dos seus arranjos espaciais e temporais, pode-se interpretar a história dos *lagos químicos*, tanto em depósitos mais recentes como mais antigos.

Esses lagos podem originar depósitos economicamente exploráveis de sais como, por exemplo, nos

Modelo lacustre

Ambiente	Granulometria	Seleção	Litologia	Estruturas sedimentares	Geometria
Fluvial	Grossa a fina ●↔●	Variável	Cascalho a argila	Como em modelo fluvial	Como em modelo fluvial
Deltaico	Grossa a fina ●↔●	Variável	Cascalho a argila	Unidades mais persistentes e regulares que em modelo deltaico	Escala menor e menos variável que o modelo deltaico
Litorâneo	Grossa ●	Boa	Cascalho	Laminações paralelas, marcas de espraiamento e de microrravinamento (*rill marks*)	Desenvolvimento limitado, delgado e irregular
Zona de onda	●			Poucas pistas e pegadas. Pequenas marcas onduladas.	Desenvolvimento limitado e muito delgado
Zona de transição	●			Acamamento delgado, estruturas de corrente, pouco retrabalhamento e estruturas de escorregamento	Desenvolvimento limitado e muito delgado
Abaixo da zona de onda	Muito fina •	Pobre	Argila	Laminação rítmica, pouco retrabalhamento, estratificação gradacional e laminações convolutas	Grande persistência lateral

FIGURA 8.48 Características físicas (texturas e estruturas sedimentares) de sedimentos em um modelo lacustre de preenchimento por progradação deltaica (segundo Visher, 1965).

Grandes Lagos Salgados de Utah (Estados Unidos), que cobrem uma área superior a 5.000 km² com águas de profundidade inferior a 15 m. Hoje em dia processa-se precipitação de grande quantidade de halita nesses lagos, que representam um *lago reliquiar* (ou *residual*) de lago muito maior. Este fato é evidenciado por *paleopraias suspensas*, que circundam os lagos em vários níveis, até mais de 300 m acima do nível lacustre atual.

As composições químicas das águas dos lagos dependem das substâncias dissolvidas e, desse modo, vários tipos de sais (carbonatos, sulfatos, cloretos, boratos, nitratos, etc.) podem ser precipitados como *evaporitos* nesses ambientes lacustres.

2.5.4 Exemplos de depósitos lacustres antigos

Segundo Picard & High Jr. (1972), *depósitos lacustres* bem desenvolvidos em *registros geológicos antigos* são relativamente raros, embora sejam conhecidos em todos os períodos geológicos. A principal razão disso talvez resida no fato de que a *taxa de sedimentação* (sedimentation rate) neste tipo de ambiente geralmente é baixa. Portanto, para depósitos relativamente espessos seria necessário que o lago tivesse existido durante vários milhões de anos, ocupando área considerável.

Nos Estados Unidos, Visher (1965) e Picard & High Jr. (1972) apresentaram uma revisão detalhada da bibliografia relacionada aos *depósitos lacustres antigos*. Entre alguns dos mais representativos há os relacionados aos depósitos triássicos de Wyoming (High Jr. & Picard, 1965) e eocênicos de Utah, Wyoming e Colorado (Picard & High Jr., 1968).

No Brasil, entre os mais conhecidos têm-se a Formação Tremembé do Terciário da Bacia de Taubaté (SP) e a Formação Salvador do Cretáceo da Bacia do Recôncavo (BA). Vários outros depósitos lacustres terciários e cretácicos, contendo restos de peixes e outros fósseis, tais como nas bacias de Gandarela e Fonseca e a Fácies Quiricó da Formação Areado na Bacia do São Francisco, todos em Minas Gerais, também são conhecidos.

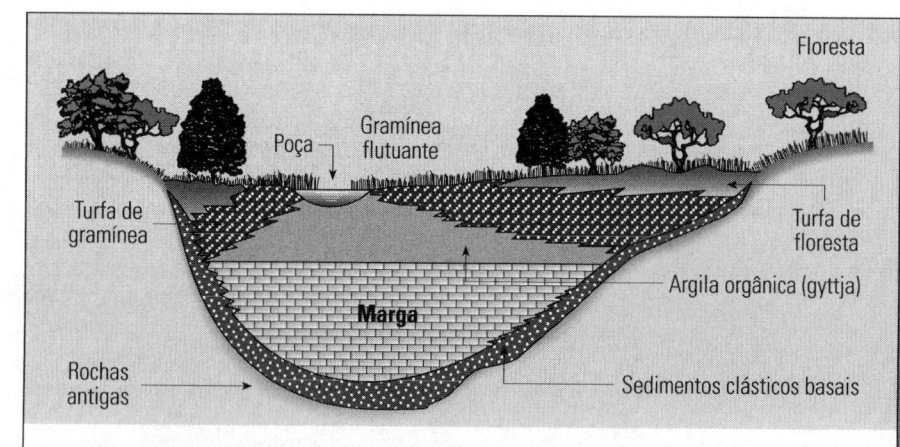

FIGURA 8.49 Lago de clima temperado (do Hemisfério Norte) em último estágio de preenchimento. Com incremento de produtividade primária o sedimento fino torna-se mais rico em matéria orgânica e adquire cores cinza esverdeada a preta (gyttja). Pode ou não conter $CaCO_3$ (marga), dependendo da composição química do lago (segundo Fouch & Dean, 1982).

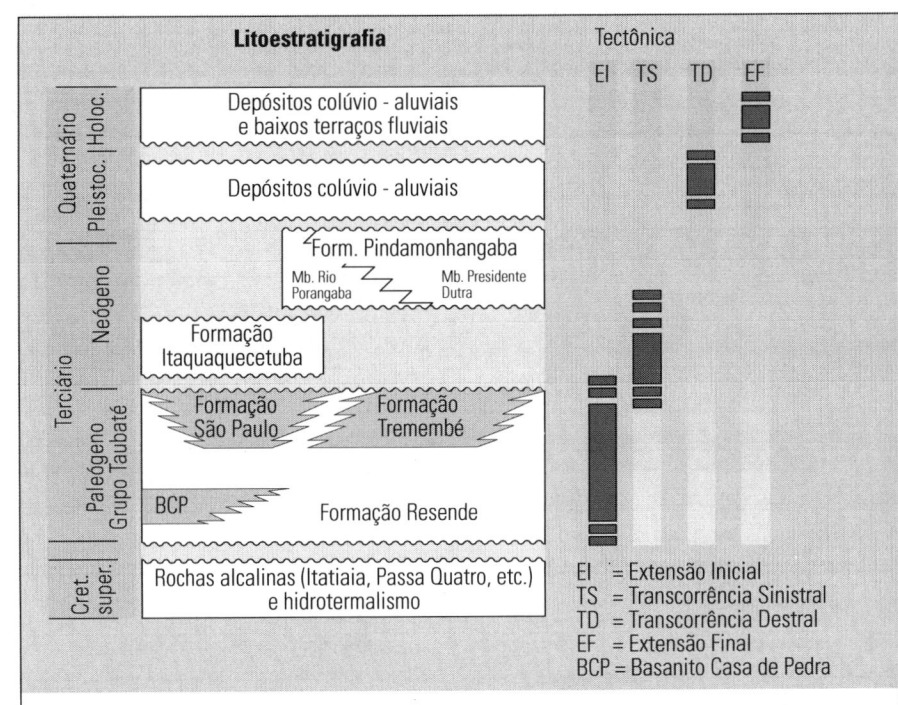

FIGURA 8.50 Quadro estratigráfico e tectônico do RCSB (Rifte Continental do Sudeste do Brasil), especialmente válido para as bacias situadas ao longo do Rio Paraíba do Sul (modificado de Riccomini,1989 e Mancini, 1995).

de aves, mamíferos e répteis, além de ostrácodes, gastrópodes, insetos, macrorrestos (folhas e caules) e microrrestos (pólens e esporos) vegetais. Esses fósseis têm fornecido idades entre o Oligoceno e o Mioceno. Outras características importantes são as ocorrências de *folhelhos pirobetuminosos* (Suguio, 1969) e de prováveis *depósitos turbidíticos* (Suguio & Vespucci, 1985).

Os *aspectos sedimentológicos* dos depósitos que preenchem a Bacia de Taubaté, em particular das *fácies lacustres*, foram estudados primeiramente por Suguio (1969). Recentemente, Sant'Anna (1999) enfatizou os *aspectos mineralógicos* (argilominerais), não somente da Formação Tremembé, mas também dos demais depósitos paleogênicos do RCSB.

2.5.4.2 – *Lago estrutural cretácico do Recôncavo (BA)*

No início do Cretáceo ocorreu a *reativação wealdeniana* (Almeida, 1967) ou a *reativação pós-paleozóica* (Almeida & Carneiro, 1989), que originou as bacias marginais do Atlântico Sul, entre as quais a do Recôncavo Baiano. Esta bacia foi sítio de sedimentação lacustre, praticamente desde o Jurássico superior ao início do Cretáceo (Fig. 8.52).

2.5.4.1 – *Lago estrutural terciário de Taubaté (SP)*

No vale do Rio Paraíba do Sul, entre Guararema e Cruzeiro, distantes entre si de mais de 150 km, estende-se a Bacia de Taubaté. Esta bacia alongada possui uma largura de 15 a 20 km e está orientada na direção NE-SO entre as serras do Mar e da Mantiqueira, integrando o RCSB (Rifte Continental do Sudeste do Brasil) segundo Riccomini (1989), Fig. 8.50.

A Bacia de Taubaté forma um *hemigráben* (ou *semigráben*), delimitado por *sistemas de falhas escalonados* (Fig. 8.51), cujos rejeitos mais acentuados situam-se junto à serra da Mantiqueira. Hasui & Ponçano (1978) reconheceram cinco sub-bacias, delimitadas por falhas transversais.

A Formação Tremembé, composta essencialmente por *fácies lacustres*, está presente na porção central da bacia, na área delimitada pelas cidades de Quiririm, Taubaté, Tremembé e Pindamonhangaba (SP) e no seu *depocentro* a espessura é superior a 500 m. Uma das peculiaridades da Formação Tremembé é a sua riqueza em fósseis, contendo restos de peixes, ossos

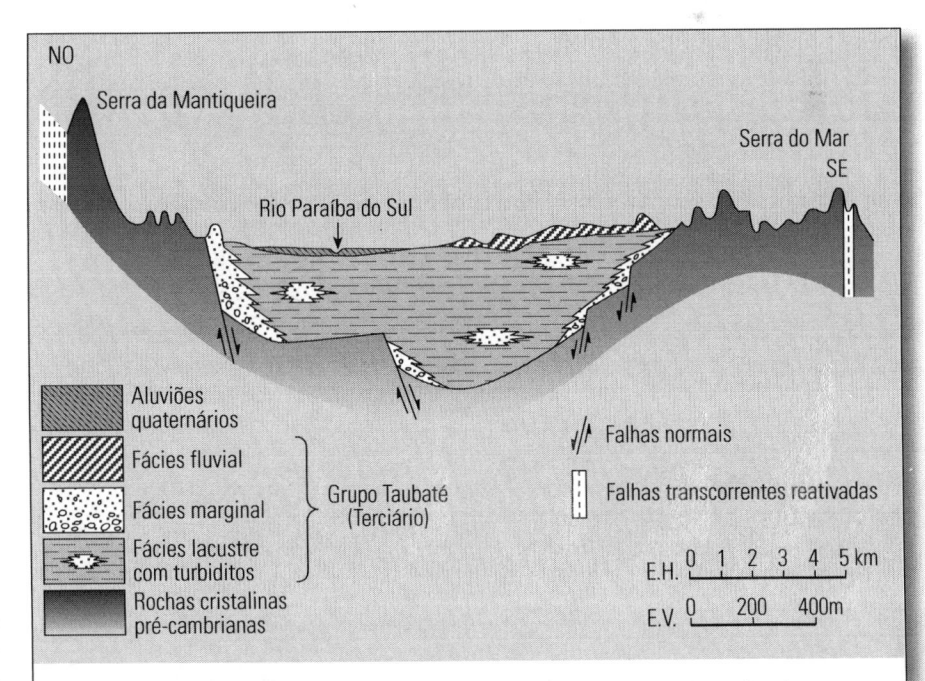

FIGURA 8.51 Seção geológica esquemática transversal à Bacia de Taubaté (SP). Note-se que o gráben é assimétrico e o tectonismo foi mais ativo na borda NO (modificado de Hasui *et al.*,1978).

Idade		Litologia		Ambiente de sedimentação	Seqüência deposicional
Terciário		Depósitos regressivos terrígenos e folhelhos transgressivos		Litorâneo, plataforma e talude continentais	Marinha
Cretáceo	Superior			Talude continental	
	Médio	Calcários		Plataforma marinha rasa	
	Inferior	Evaporitos		Marinho restrito e transicional	Golfo
		Conglomerados, arenitos e pelitos		Lacustre e deltaico	Lacustre
Jurássico		Depósitos terrígenos		Fluviolacustre	Continental

FIGURA 8.52 Coluna estratigráfica geral das bacias marginais brasileiras com indicações de idades, ambientes de sedimentação e seqüências deposicionais (segundo Ponte *et al.*, 1978).

As fácies lacustres da Formação Salvador (Carozzi *et al.*, 1976) compreendem, segundo Medeiros & Ponte (1981), além dos *depósitos pelíticos* típicos de sedimentação lacustre acumulados próximos ao depocentro, *fácies de leques deltaicos subaquáticos* e *fácies fluviais* (Fig. 8.53). Esta formação estende-se, em subsuperfície, por mais de 100 km com cerca de 10 km de largura e espessura máxima de 1.500 m, porém os afloramentos são muito escassos e disponíveis em pontos restritos na borda da bacia.

O *paleolago* que originou os depósitos da Formação Salvador seria assimétrico e alongado na direção NE-SO, delimitado por *falhas escalonadas*. Os folhelhos cinza-escuros *lacustres* estão interdigitados com *turbiditos* de mesma idade.

A seqüência vertical da Formação Salvador exibe ciclos, muitas vezes incompletos, com *granodecrescença ascendente,* que devem corresponder à repetição de *fluxos turbidíticos*, onde os autores têm conseguido reconhecer desde *fácies proximais* até *distais*.

Além do *paleoclima seco*, a intensa *atividade tectônica sinsedimentar* propiciou, tanto neste caso como na Formação Tremembé, a deposição de sedimentos textural e mineralogicamente imaturos. As esporádicas chuvas desencadearam *movimentos gravitacionais* subaéreos, seguidos por subaquáticos, acompanhados por sistemas fluviais entrelaçados, que terminavam em *leques deltaicos* e *ciclos turbidíticos*.

2.5.4.3 *Lago estrutural cretácico de Araripe (CE)*

São muito numerosos e diversificados os trabalhos executados sobre a Bacia de Araripe (CE-PE-PI), principalmente sobre os *aspectos paleontológicos*, cujas pesquisas pioneiras iniciaram-se no século XIX (Spix & Martius, 1828; *in:* Maisey, 1991). Apesar da grande *importância paleontológica* do sistema lacustre da Bacia de Araripe, aliás reconhecida mundialmente (Martill, 1993), até a pesquisa recente de Neumann (1999) eram escassos os *estudos sedimentológicos*.

Neumann (1999) versou sobre *estratigrafia* e empregou métodos sedimentológicos modernos para reconstruir, pela primeira vez, depósitos associados a esta *bacia intracratônica*. Além disso, o *paleolago estrutural cretácico de Araripe*, representado pela Formação Crato (Martill, *op. cit.*), constitui o exemplo brasileiro mais representativo até hoje estudado, de *depósitos de lago químico* de idade aptiana-albiana.

A extensão atual dos *depósitos lacustres* na bacia de Araripe é, segundo Neumann (*op.cit.*), de cerca de 6.000 km^2 (expressão mínima do desenvolvimento real), com espessuras variáveis de 10 m nas margens, até 60 m

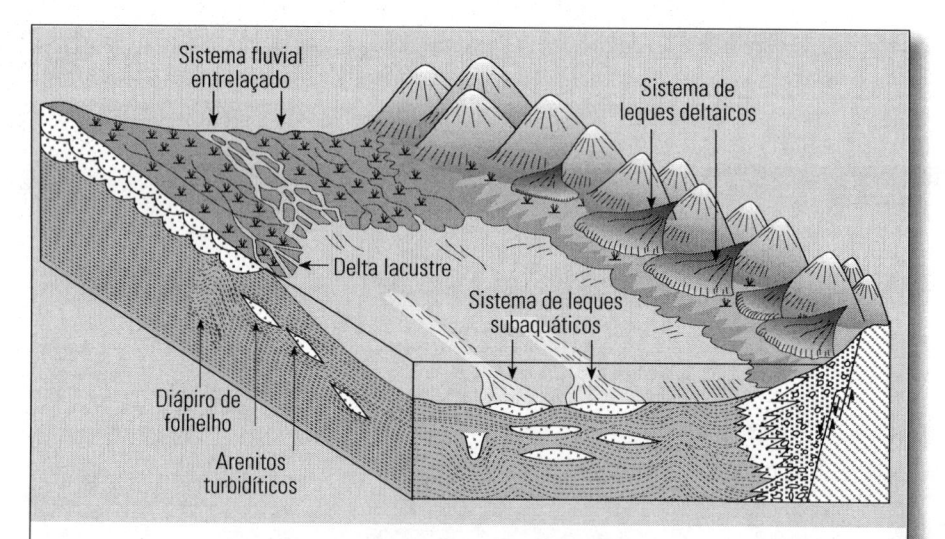

FIGURA 8.53 Sistemas deposicionais da Seqüência dos Lagos da Formação Salvador (Cretáceo) da Bacia do Recôncavo (BA), segundo Medeiros & Ponte (1981). Representa o modelo conceitual pictogramático do paleolago cretácico sujeito a falhamentos, com:
1 = delta;
2 = leques aluviais;
3 = lamitos lacustres;
4 = leques subaquáticos;
5 = depósitos de escorregamento e turbidito;
6 = diapirismo de folhelho (lutocinese) e
F = falhas.

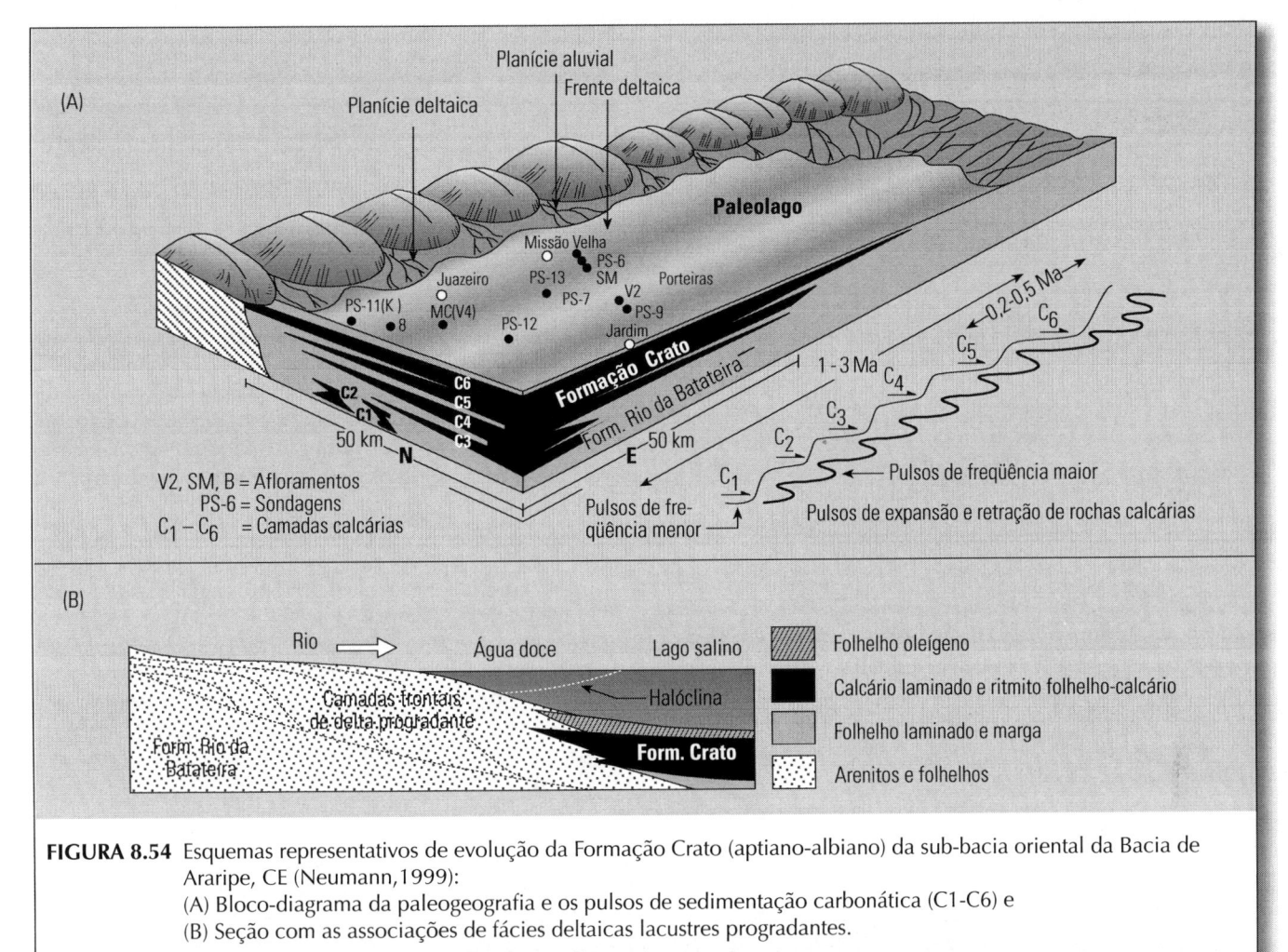

FIGURA 8.54 Esquemas representativos de evolução da Formação Crato (aptiano-albiano) da sub-bacia oriental da Bacia de Araripe, CE (Neumann,1999):
(A) Bloco-diagrama da paleogeografia e os pulsos de sedimentação carbonática (C1-C6) e
(B) Seção com as associações de fácies deltaicas lacustres progradantes.

nas porções mais centrais. Ainda, segundo esse autor, essas sucessões lacustres acham-se interdigitadas entre si e compostas de quatro associações de fácies: 1) marginal deltaica; 2) interna terrígena; 3) interna mista e 4) interna carbonatada (Fig. 8.54). Na *sedimentação carbonática*, o autor reconheceu seis episódios principais (C_1 a C_6), cujas possíveis relações geométricas com as fácies detríticas de origens fluvial e deltaica foram estabelecidas.

Pela aplicação do *modelo de circulação global* (MCG), Barron & Moore (1994) realizaram uma *análise paleoclimática* para o Cretáceo inferior a superior na área. Segundo esses dados, a paleotemperatura teria sido de 35°C a 40°C no verão e de 30°C a 35°C durante inverno. As precipitações anuais teriam variado de 900–1.000 mm (2 mm/dia) no verão e de 0–90 mm (0 a 1 mm/dia) no inverno, representando um clima semi-árido a árido.

2.6 Ambiente deltaico

2.6.1 *Generalidades*

Em termos conceituais, torna-se necessário, antes de tudo, distinguir entre os sentidos mais precisos de *delta*, *sistema deltaico* e *complexo deltaico*. A palavra *delta* vem da quarta letra do alfabeto grego e foi usada, pela primeira vez, por Heródoto há cerca de 2.500 anos passados, referindo-se à configuração exibida pela porção subaérea da foz do Rio Nilo. Nesta área, a planície aluvial está situada entre dois distributários principais e apresenta grande semelhança com a letra *delta*. Entretanto, segundo Moore (1966), deve-se a Lyell a introdução desse termo na literatura geológica, fato que ocorreu em 1832. Por *sistema deltaico* deve-se entender o conjunto de subambientes que constituem o *ambiente deltaico*. O *complexo deltaico* corresponde a uma associação de deltas geológica e geneticamente relacionada entre si, porém espacial e temporalmente independentes. Nesse contexto, as planícies litorâneas das desembocaduras de alguns dos principais rios da costa brasileira (Martin *et al.*, 1993) constituiriam, a rigor, *complexos deltaicos* como anteriormente foi denominada a planície costeira do Rio Paraíba do Sul (Suguio, 1981).

Os conceitos fundamentais de *sedimentação deltaica* foram objetivamente delineados por Gilbert (1890), como conclusão de suas pesquisas no Lago Bonneville (Estados Unidos). Desde o surgimento desse trabalho, tornaram-se muito conhecidos, nos meios geológicos internacionais, os conceitos de *camadas basais* (bottomset beds), *camadas frontais* (foreset beds) e *camadas dorsais* (topset beds).

Entretanto, a rigor, essas denominações só se aplicam a alguns deltas de origem lacustre, cujo *arcabouço sedimentar* é mais simples que nos *deltas oceânicos*.

Barrell (1912) usou o termo *delta* para designar *um depósito parcialmente subaéreo construído por um rio no encontro com um corpo permanente de água*. Estudando o delta do Rio Mississippi, nos Estados Unidos, Trownbridge (1930) concluiu que o substantivo *delta* e o adjetivo *deltaico* deveriam ser empregados para denominar *sedimentos depositados por um rio nas vizinhanças de sua desembocadura*. Bates (1953) definiu um delta como *depósito sedimentar construído por fluxo de água dentro de um corpo permanente de água*. Entretanto, esta última definição incorporaria também os *leques submarinos*, que são depósitos acumulados nas desembocaduras de *canhões submarinos*, em áreas de *sopés de taludes continentais*, a alguns milhares de metros de profundidade.

À medida que novas áreas de sedimentação costeira atribuíveis a *deltas* foram sendo estudadas, a exemplo dos deltas dos rios Niger (Allen, 1965b),Colorado (Thompson, 1968), Orenoco (Van Andel, 1968) e Ródano (Oomkens, 1970), o conceito original foi sofrendo modificação para acomodar as novas observações.

Esta palavra continua sendo empregada pelos geólogos e geógrafos físicos, referindo-se aos *depósitos sedimentares contíguos em parte subaéreos e parcialmente submersos, depositados em um corpo de água (oceano ou lago), principalmente pela ação de um rio*, de acordo com a definição de Moore & Asquith (1971: 2563), Fig. 8.55. O último trecho da definição supracitada não é aplicável, por exemplo, à evolução geológica nos últimos 2.500 anos dos complexos deltaicos brasileiros do Quaternário. Nesta situação, a definição mais genérica devida a Scott & Fisher (1969), que consideram o delta como *um sistema deposicional alimentado por um rio, que causa uma progradação irregular da linha de costa* seria, talvez, bem mais apropriada. Wright (1978) enfatiza, ainda mais, este caráter genérico ao definir um delta como *acumulações costeiras subaquosas e subaéreas, construídas a partir de sedimentos trazidos por um rio, adjacentes ou em estreita proximidade com o mesmo, incluindo os depósitos reafeiçoados secundariamente pelos diversos agentes da bacia receptora, tais como ondas, correntes e marés*.

FIGURA 8.55 Depósitos sedimentares em forma de leque, análogos ao delta, formados em ambientes subaéreos e subaquáticos compreendendo desde os leques aluviais até os leques submarinos (segundo Scott & Fisher,1969).

Verifica-se, portanto, que o conceito de *delta* é atualmente muito amplo, sendo empregado para designar *associações de fácies sedimentares*, que têm em comum apenas o fato de constituírem zonas de progradação vinculadas a um *curso fluvial*, tendo sido originalmente construídas a partir de sedimentos carreados por esse rio.

A literatura internacional sobre os *depósitos deltaicos* é muito numerosa, talvez pela sua grande importância econômica, principalmente em função do seu interesse para prospecção de alguns recursos naturais, como os *combustíveis fósseis* (petróleo e carvão).

2.6.2 Fatores que controlam a formação de um delta

Para que um *delta* seja formado, é necessário que um rio (corrente aquosa), transportando *carga sedimentar*, flua rumo a um *corpo permanente de água* em relativo repouso. As velocidades das correntes fluviais diminuem da desembocadura para as porções mais distais, de modo que sedimentos sujeitos a velocidades cada vez mais lentas (mais finos) e menos esféricas (placóides) sejam depositados nesse sentido.""

Além disso, para que a *carga sedimentar* carreada por um rio se acumule junto a sua foz e resulte na formação de um *delta* é necessário, que a energia do meio receptor não atinja o nível suficiente para dispersá-la ao longo da costa. Portanto, a condição *"sine qua non"* para que ocorra a *sedimentação deltaica* é que haja um *déficit de energia do meio receptor*, em relação ao *aporte sedimentar* sendo, então, os sedimentos empilhados ao redor da desembocadura fluvial. A energia do rio, expressa principalmente pela velocidade das suas águas, deverá em geral ser suficiente para manter um ou mais canais escavados através dos próprios depósitos. Com o prosseguimento dos *processos deposicionais*, o delta progradará para dentro do corpo aquoso. Desse modo, o rio se vê obrigado a avançar através dos seus próprios sedimentos, alterando assim o seu comportamento e gerando as condições peculiares de sedimentação, que resultarão em corpos sedimentares com faciologias próprias.

Um conceito também fundamental na compreensão da *sedimentação deltaica* está relacionado ao *ciclo deltaico* (Scruton,1960 e Coleman & Gagliano,1965a) pelo qual podem ser reconhecidas *fases construtivas* e *fases destrutivas*. A fase construtiva representa um período de ativa sedimentação com *rápida progradação* ao redor de desembocaduras de *distributários deltaicos*. Quando eles se tornam muito extensos, sofrem abandono, em favor de outro com maior declividade. Na extremidade do *lobo deltaico*, então abandonado, inicia-se a *fase destrutiva*, que causa o retrabalhamento dos depósitos deltaicos por processos atuantes na bacia receptora, com produção de *fácies marinhas típicas*. Essas fases têm atuado no complexo deltaico do Rio Mississippi, com periodicidade de cerca de mil anos. O lobo atual, em forma de pé de pássaro, começou a ser construído há cerca de oitocentos anos (Roberts *et al.,* 1980).

Vários são os fatores que condicionam os *processos de sedimentação deltaica*, os quais mudam muito, dando em conseqüência origem a *diferentes tipos de deltas*. Alguns ocorrem ao longo de *costas com amplitude de maré desprezível* e/ou *energia de onda mínima*, enquanto outros são originados sob *condições de grande amplitude de marés* e/ou *intensa atividade de ondas*. Por outro lado, os deltas podem ser construídos sob condições de *clima tropical úmido*, sob intensos processos químicos e biológicos ou em regiões desérticas, onde as atividades químicas e biológicas são praticamente nulas. A despeito da enorme diversidade ambiental, determinada pela combinação de diferentes fatores que interferem nos *processos deltaicos*, todos os deltas resultantes de progradação ativa apresentam ao menos um atributo em comum. *Um rio fornece sedimentos terrígenos à zona costeira e à plataforma continental interna mais rapidamente que a velocidade de remoção pelos agentes geológicos litorâneos.*

Coleman & Wright (1971,1975) discutiram sobre os vários *processos costeiros* e os seus efeitos e significados na *sedimentação deltaica*. Segundo esses autores, os fatores mais importantes são: *clima, flutuação da descarga fluvial* e da *carga sedimentar*, processos associados à desembocadura fluvial, *energia das ondas, regimes de marés, ventos, correntes litorâneas, declividade da plataforma, tectônica* e *geometria da bacia receptora*. Embora esses fatores tenham alguma influência, somente poucos processos atuam mais decisivamente na formação dos diferentes tipos de deltas. Segundo Morgan (1970), os seguintes fatores são fundamentais na sedimentação deltaica:

a) regime fluvial;
b) processos costeiros;
c) fatores climáticos; e
d) comportamento tectônico (Tabela 31).

Entre esses fatores, o autor considera o comportamento tectônico da área de deposição como um dos controles mais importantes.

a) *Regime fluvial* — Em rios com tendência a grandes flutuações de descarga, os canais exibem um *padrão entrelaçado* (braided pattern). Por outro lado, quando as variações de descarga anual são pequenas, os canais exibem um *padrão meandrante* (meandering pattern).

As diferenças de *padrão de canal*, portanto, dos *regimes fluviais*, comumente afetam a *granulometria* e a *seleção* das partículas transportadas. Desse modo, descargas extremamente erráticas tendem a transportar e depositar sedimentos mais grossos e pobremente

TABELA 31 Comparação entre alguns tipos de deltas modernos e o principais parâmetros que interferem na sedimentação deltaica, incluindo: regime de rio, processos costeiros, comportamento estrutural do sítio deposicional e fatores climáticos (segundo Morgan, 1970; modificada por Bandeira Jr. *et al.*, 1979).

Deltas			Rio Doce	Rio Mississippi	Rio Ganges-B. Putra	Rio Mekong
Tipo			Altamente destrutivo, dominado por ondas	Altamente construtivo, lobado e alongado	Altamente destrutivo, dominado por marés	Altamente destrutivo, dominado por marés
Regime do rio	Período de alta	Carga sedimentar (relativa)	Grande	Grande	Muito grande, inundado por monções	Muito grande, inundado por monções
		Granulometria (dominante)	Areias	Siltes e argilas	Siltes e argilas	Areias e siltes
	Período de baixa	Carga sedimentar (relativa)	Moderada	Moderada	Moderada	Pequena
		Granulometria (dominante)	Areias e siltes	Argilas e siltes	Argilas e siltes	Siltes e areias
Processos costeiros	Energia de onda (relativa)		Moderada a alta	Baixa	Moderada	Moderada a alta
	Variação de marés (máxima)		Média (≥ 2 m)	Baixa (< 0,6 m)	Alta (> 3 m)	Alta (> 3 m)
	Força de correntes (relativa)		Fraca	Fraca	Forte	Forte
Comportamento estrutural do sítio deposicional			Subsidência desprezível	Subsidência significativa	Subsidência significativa	Subsidência desprezível
			Embasamento estável e suave compactação com delgado pacote deltaico (50-60 m)	Embasamento subsidente e compactação com acumulação muito espessa (>120 m)	Falhamento e compactação de sedimentos com acumulação muito espessa de pacote deltaico (150 m)	Embasamento estável e suave compactação com delgado pacote deltaico (50 – 60 m)
Fatores climáticos			Clima tipo Aw	Clima tipo Caf	Clima tipo Aw	Clima tipo Aw
			Densa vegetação sobre a planície deltaica	Densa vegetação sobre a planície deltaica	Densa vegetação sobre a planície deltaica	Densa vegetação sobre a planície deltaica
			Extensos pântanos na planície e raros manguezais na costa	Raros manguezais na costa	Manguezais dominantes na costa	Manguezais dominantes na costa

selecionados, enquanto rios com descargas mais homogêneas depositam sedimentos mais finos e mais bem selecionados.

O *volume de sedimentos* supridos, que também depende das variações de descarga e da composição litológica das rochas matrizes da bacia sedimentar de drenagem, é também importante na taxa e no padrão de crescimento dos deltas. Em rios de descarga líquida e carga sedimen-

tar altas e constantes, como no caso do Rio Mississippi, comumente são formados *corpos lineares* dispostos a *fortes ângulos em relação à linha de costa*. Porém, em rios com grandes variações de descarga e, portanto, com grandes flutuações de carga sedimentar, as areias têm oportunidade de ser intensamente retrabalhadas pelos agentes marinhos, e os corpos arenosos tendem a ser *paralelos à linha de costa*.

b) *Processos costeiros* — Os *processos costeiros* compreendem principalmente os *efeitos das ondas e marés*, além de *correntes litorâneas*. O principal papel das ondas é o de selecionar e redistribuir os sedimentos supridos pelos rios. Os graus de influência dos regimes dos rios ou dos processos costeiros, como as ondas, são determinados pelas capacidades desses agentes em retrabalhar e redistribuir os sedimentos.

Quando a *energia das ondas* é muito forte, as composições mineralógicas das areias fluviais podem ser drasticamente alteradas, sempre tendendo a aumentar os teores de quartzo nos corpos arenosos, em detrimento dos minerais menos estáveis como o feldspato, resultando em areias limpas e bem selecionadas.

Em costas de baixa energia de ondas, as areias depositadas são essencialmente *produtos de processos fluviais*, em geral pobremente selecionadas e ricas em argila e mica.

Quando os rios lançam os sedimentos em ambientes com *grandes amplitudes de marés*, elas passam a desempenhar um papel importante na determinação das características dos corpos arenosos deltaicos. Nas desembocaduras dos rios submetidos a *macromarés* (amplitudes superiores a 4 m) são encontradas fortes correntes bidirecionais que dão origem a cordões arenosos subaquosos, cujas características foram descritas por Off (1963) e Wright *et al.*, (1975). Em geral, os deltas formados nessas áreas exibem sedimentos com feições típicas de *planícies de marés* e diferem das formadas sob condições de micromarés (amplitudes inferiores ou iguais a 2m).

Entre os *agentes geológicos* que desempenham um papel muito importante entre os *processos costeiros*, há as *correntes longitudinais* (ou de *deriva litorânea*), cuja característica principal consiste em formar corpos arenosos orientados subparalela ou paralelamente às correntes. Entre as várias causas geradoras dessas *correntes litorâneas* têm-se: propagação de marés, ondas e ventos, gradientes de densidade das águas e principalmente a incidência oblíqua das ondas em relação à praia.

c) *Fatores climáticos* — O *tipo de clima* determina a intensidade de atuação dos processos físicos, químicos e biológicos de um sistema fluvial. Em bacias hidrográficas situadas em áreas tropicais, verifica-se intensa decomposição química das rochas, formando-se espesso *manto de intemperismo*, que é protegido da erosão pela densa cobertura vegetal, em geral existente nessas áreas. Os rios transportarão principalmente *materiais solúveis* e *partículas finas em suspensão* e poucos sedimentos grossos. Este modelo pode ser perturbado pela *ação antrópica* como o desmatamento, que acaba induzindo o transporte de material mais grosso pelo rio.

Por outro lado, quando o clima da bacia de drenagem for árido, a vegetação é escassa e o regime fluvial é irregular. Nessas condições, os canais tornam-se instáveis e freqüentemente desenvolvem-se *canais entrelaçados* pelos quais serão transportados sedimentos com *excesso de carga de fundo em relação à carga em suspensão*.

d) *Comportamento tectônico* — A *geometria dos litossomas* em seqüências sedimentares deltaicas é muito fortemente controlada pelo *comportamento tectônico* do sítio deposicional. Uma *rápida subsidência* origina espessos pacotes de areias deltaicas (algumas centenas a poucos milhares de metros), enquanto uma *lenta subsidência* ou *relativa estabilidade* resulta em delgadas seqüências deltaicas (algumas dezenas de metros).

2.6.3 *Classificação de deltas*

Diferentes critérios têm sido usados na classificação de deltas. Considerando-se a *natureza da bacia receptora*, Lyell (1832) classificou os deltas em *continentais* (lacustres) e *marinhos* (ou oceânicos).

Bates (1953), baseado nos contrastes de densidade entre as *águas do afluente fluvial principal* e o *corpo líquido receptor*, reconheceu três tipos fundamentais (Fig. 8. 56):

a) *Deltas homopicnais* — A densidade do meio transportador (rio) é praticamente igual à do meio receptor (lago). Neste caso, a sedimentação progride nas três dimensões, segundo o *delta do tipo Gilbert* (1890) ou *delta lacustre*.

b) *Deltas hiperpicnais* — A densidade do meio transportador é maior que a do meio receptor e, desse modo, os sedimentos são carreados junto ao substrato por *correntes de turbidez*. Neste caso, não se formam verdadeiros deltas, mas sim *leques submarinos* que se depositam ao *sopé dos taludes continentais*, nas desembocaduras de *canhões submarinos*.

c) *Deltas hipopicnais* — A densidade do meio transportador é menor que a do meio receptor e, dessa maneira, os sedimentos movem-se pela superfície do meio mais denso. Esta situação é mais característica dos deltas originados por rios que deságuam em mares e oceanos.

Moore (1966), baseado em Lyell (1832) e Bates (1953), estabeleceu quatro tipos principais de deltas:

1. *de canhões submarinos* (fluxo hiperpicnal em forma de jato plano);

2. *lacustres* (fluxo homopicnal em forma de jato axial);

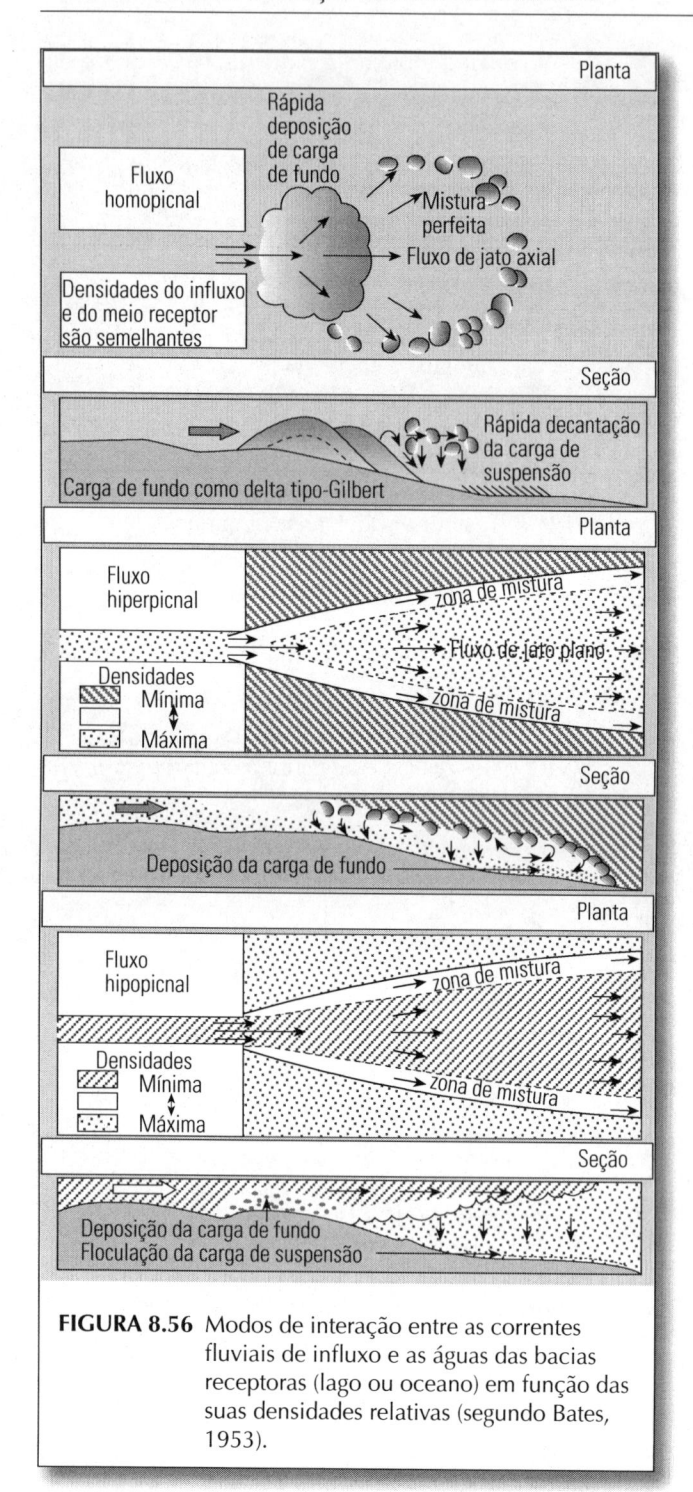

FIGURA 8.56 Modos de interação entre as correntes fluviais de influxo e as águas das bacias receptoras (lago ou oceano) em função das suas densidades relativas (segundo Bates, 1953).

3. *mediterrâneos* (fluxo homopicnal em forma de jato plano);

4. *oceânicos* (construídos em ambientes de macro-marés).

Scott & Fisher (1969) adotaram, especificamente para os *deltas marinhos*, uma classificação baseada em *conceitos genéticos* (natureza e intensidade dos agentes geológicos oceânicos) e na distribuição de fácies nas porções subaéreas (Fig. 8.57). Desse modo, estabeleceram dois grandes grupos: *deltas construtivos* (com predominância de *fácies fluviais*) e *deltas destrutivos*

(com predominância de *fácies marinhas*). O primeiro grupo foi subdividido em dois subtipos: *lobados* e *alongados*; o segundo grupo foi subdividido, conforme a predominância das ondas ou das marés em subtipo *em cúspide* (ou *cuspidado*) e *em franja* (ou *franjado*), respectivamente.

Baccocoli (1971) em um estudo pioneiro sobre os deltas quaternários brasileiros, discutindo as suas idades, considerou-os como holocênicos, mas atualmente sabe-se que eles são em parte pleistocênicos (Martin *et al.*, 1993).

Galloway (1975) apresentou uma classificação modificada de Scott & Fisher (*op. cit.*), baseada na *ação recíproca dos processos marinhos* e no papel desempenhado por esses processos na construção deltaica,

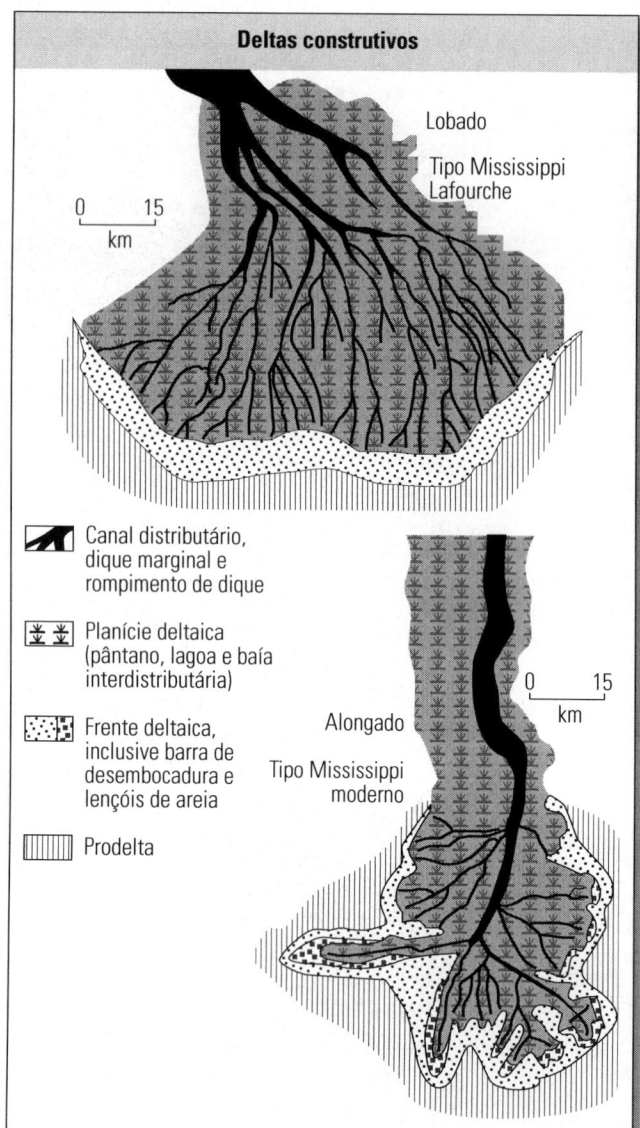

FIGURA 8.57 Classificação genética de deltas marinhos (ou oceânicos), segundo a predominância de processos fluviais (deltas construtivos) ou marinhos (deltas destrutivos) cada um comportando uma subdivisão em dois subtipos (Scott & Fisher, 1969).

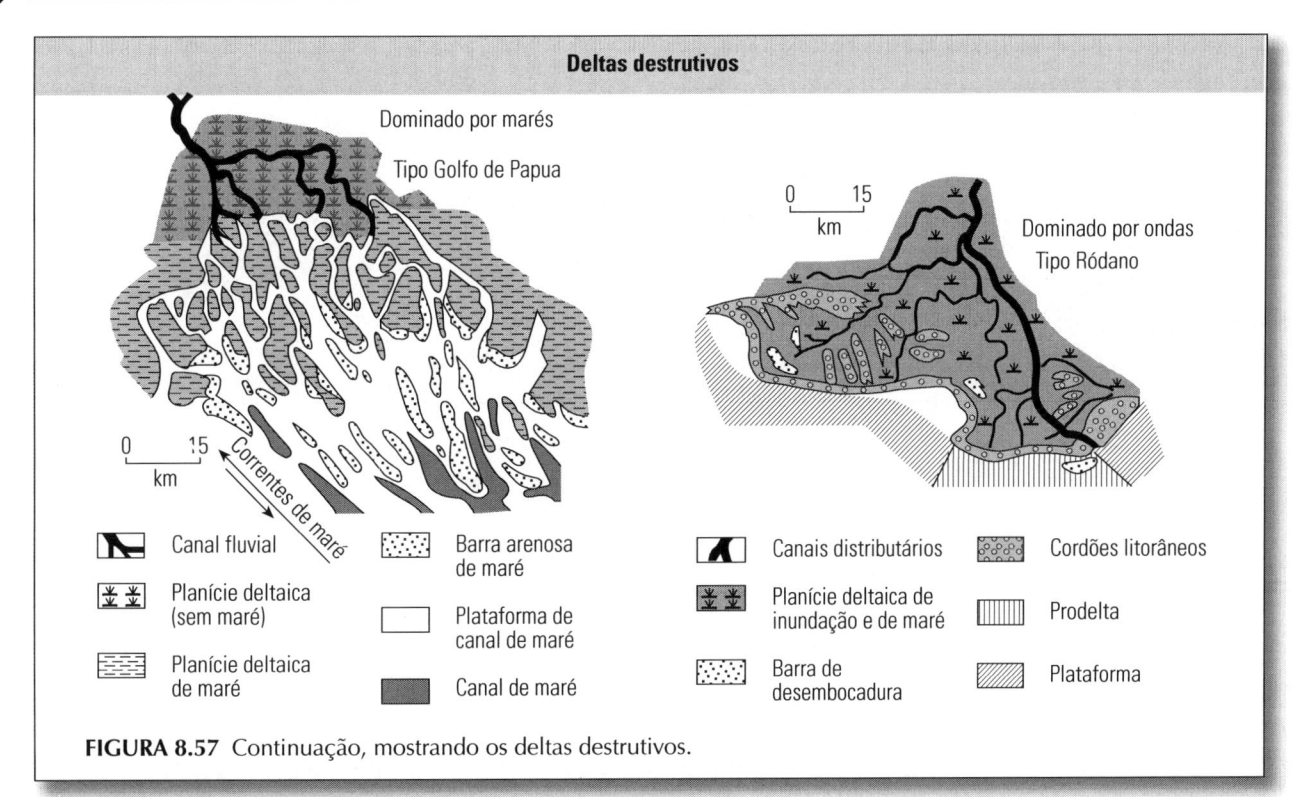

FIGURA 8.57 Continuação, mostrando os deltas destrutivos.

propondo uma grande variedade de deltas, que foram agrupados em um diagrama triangular (Figura 8.58) segundo três membros extremos:

1. deltas de domínio fluvial;

2. deltas dominados por ondas;

3. deltas dominados por marés.

Coleman & Wright (1975), baseados na geometria dos corpos arenosos encontrados nos depósitos deltaicos, reconheceram pelo menos seis tipos básicos de deltas, que não receberam da parte desses autores nenhuma designação formal.

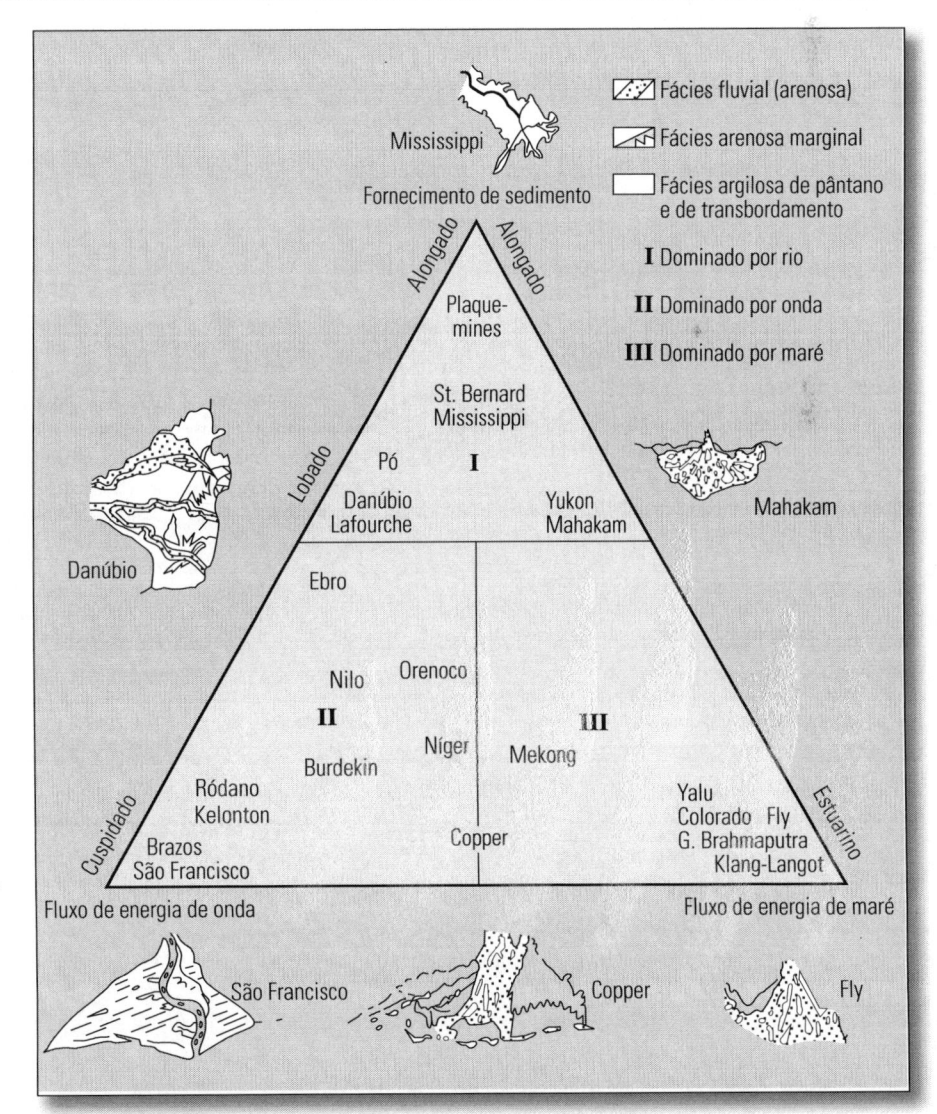

FIGURA 8.58 Classificação genética de deltas marinhos (ou oceânicos), análoga à anterior (Fig. 8.57), baseada nas intensidades de fornecimento de sedimentos e dos fluxos de energia de ondas e marés (segundo Galloway, 1975).

Em suma, o *delta* resulta quase que somente da *atividade fluvial* (velocidade de fluxo, densidade da água, carga sedimentar, etc.) somente quando a *bacia receptora* apresenta baixos níveis de energia (atividades desprezíveis de ondas e marés). Em contrapartida, quando os níveis de energia da bacia receptora são elevados, a acumulação deltaica resulta da *sedimentação marinha* devida a ondas e marés, que retrabalham os sedimentos fluviais e constroem o *arcabouço deltaico*.

2.6.4 Subambientes e fácies sedimentares deltaicos

Indistintamente, todos os deltas compreendem uma porção *subaérea* e outra *subaquosa*. A parte subaérea abrange a *planície deltaica* que está situada acima da maré baixa, e a subaquosa representa a porção permanentemente submersa. Esta última parte situa-se em cima de um substrato, sobre o qual se processa a *progradação* da porção subaérea. Na porção subaérea da *planície deltaica*, podem ser reconhecidas as partes superior e inferior, separadas pelo *limite de influência das marés*.

Apesar de haver divergências, o conceito clássico de delta admite uma subdivisão em três grandes *províncias de sedimentação*: planície (ou *plataforma*) *deltaica, talude* (ou *frente*) *deltaica* e *prodelta* (Fig. 8. 59).

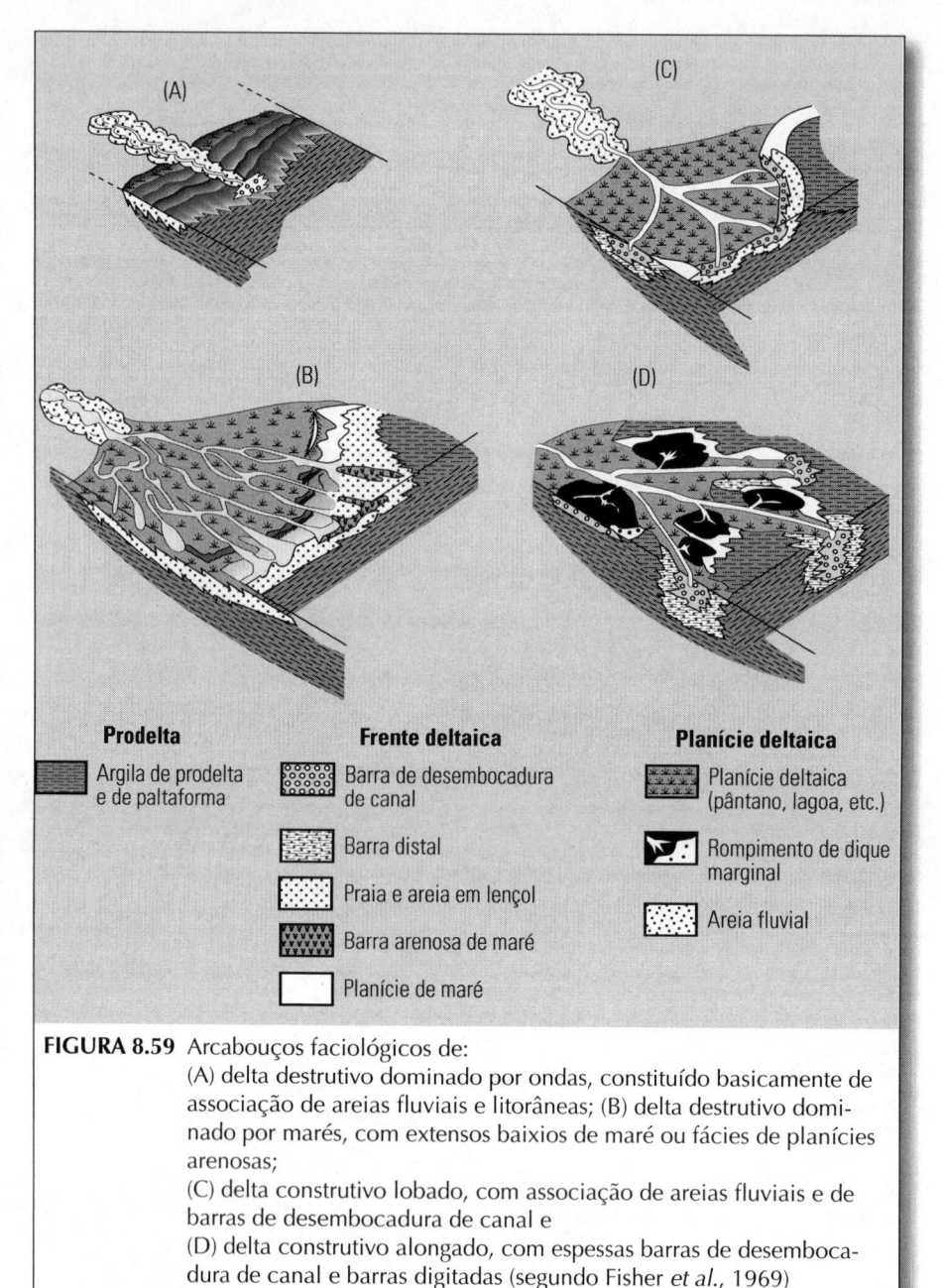

Prodelta
- Argila de prodelta e de paltaforma

Frente deltaica
- Barra de desembocadura de canal
- Barra distal
- Praia e areia em lençol
- Barra arenosa de maré
- Planície de maré

Planície deltaica
- Planície deltaica (pântano, lagoa, etc.)
- Rompimento de dique marginal
- Areia fluvial

FIGURA 8.59 Arcabouços faciológicos de:
(A) delta destrutivo dominado por ondas, constituído basicamente de associação de areias fluviais e litorâneas; (B) delta destrutivo dominado por marés, com extensos baixios de maré ou fácies de planícies arenosas;
(C) delta construtivo lobado, com associação de areias fluviais e de barras de desembocadura de canal e
(D) delta construtivo alongado, com espessas barras de desembocadura de canal e barras digitadas (segundo Fisher *et al.*, 1969)

2.6.4.1 Planície deltaica

Constitui a superfície suborizontal adjacente à desembocadura da corrente fluvial. As diferentes unidades sedimentares desta província exibem relações complexas entre si e são denominadas coletivamente de *depósitos dorsais* (ou *de topo*).

A *planície deltaica* abrange a parte predominantemente subaérea da estrutura deltaica, onde, em geral, a corrente fluvial principal subdivide-se em vários *distribuídos deltaicos*. Ela inclui, deste modo, os *canais distribuídos* (ativos e abandonados) e as áreas entre estes distribuídos (*planícies interdistribuídas*), onde se desenvolvem lagos, pântanos, etc. Como em cada um desses elementos fisiográficos

predominam condições peculiares de sedimentação, a *planície deltaica* constitui uma das províncias de sedimentação mais complexas do sistema deltaico.

Os principais depósitos sedimentares associados à planície deltaica são: *depósitos de preenchimento de canais, depósitos de diques naturais, depósitos de planície interdistribuída* e *depósitos de pântanos* e *lagos*.

Os *depósitos de preenchimento de canais* são compostos de sedimentos grossos e finos, que preenchem um canal abandonado pelo rio, quando a corrente aquosa foi desviada para um novo caminho, em geral mais curto para o mar (Figura 8.60). Os depósitos de canal consistem em areias sílticas com *estratificações cruzadas*, que passam para argilas sílticas e argilas. Um

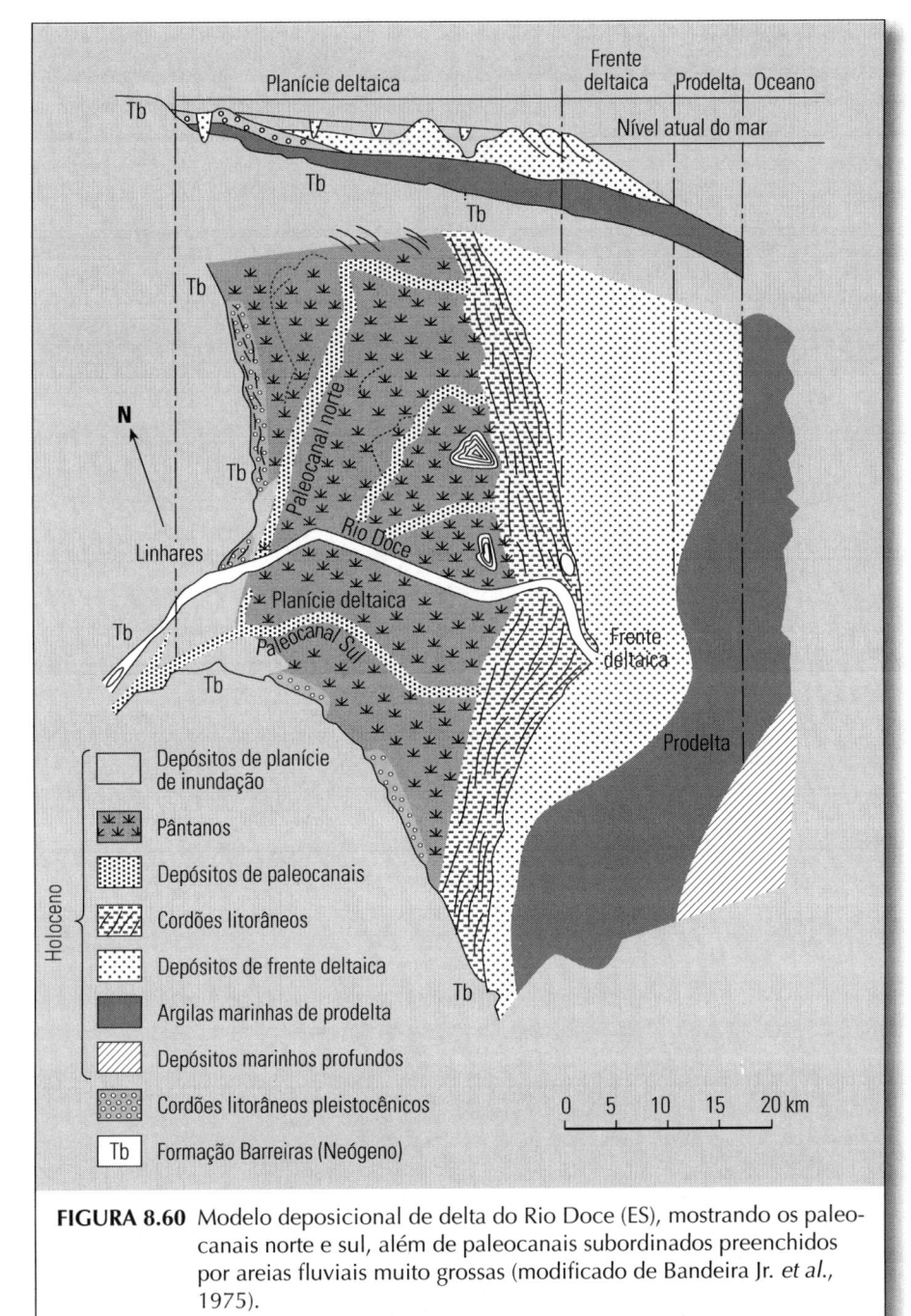

FIGURA 8.60 Modelo deposicional de delta do Rio Doce (ES), mostrando os paleo-canais norte e sul, além de paleocanais subordinados preenchidos por areias fluviais muito grossas (modificado de Bandeira Jr. *et al.*, 1975).

Legenda da figura:

Depósitos de planície de inundação

Pântanos

Depósitos de paleocanais

Cordões litorâneos

Depósitos de frente deltaica

Argilas marinhas de prodelta

Depósitos marinhos profundos

Cordões litorâneos pleistocênicos

Tb Formação Barreiras (Neógeno)

cas laminadas perturbadas mais comumente por raízes de plantas (*fitoturbações*). Associados aos *diques naturais*, também podem aparecer os chamados *depósitos de rompimento de diques naturais*, que se apresentam na forma de pequenos leques.

Os *depósitos de planície interdistributária* são constituídos por sedimentos argilosos acumulados nas áreas baixas da *planície deltaica*, entre os distributários ativos e abandonados, quando as águas extravasam dos *canais distributários*. Segundo Kolb & Van Lopik (1966), as argilas que os constituem podem apresentar espessuras consideráveis e gradam para baixo para *argilas prodeltaicas* e para cima para *argilas paludiais* muito orgânicas. As argilas das *planícies interdistributárias* apresentam laminações finas de silte e areia entre lâminas milimétricas de argila, dando uma aparência rítmica a esses depósitos.

Os *depósitos paludiais* (ou *de pântanos*) são formados, quando a área inundada entre os distributários, que flanqueia o canal principal, torna-se suficientemente rasa para suportar vegetação. Existem *pântanos de vegetação rasteira* (*marsh*), apresentando água salgada, doce ou salobra, que se desenvolvem próximo ao mar, e há os *de vegetação de maior porte* (*swamp*), que são de água doce e situam-se mais para o interior dos continentes. Quando os pântanos do tipo *marsh* existem em zonas costeiras de climas quente e úmido, desenvolvem-se os *manguezais* que são caracterizados por vegetação típica (*Rhizophora mangle, Laguncularia racemosa* etc.). O primeiro tipo de pântano origina os depósitos de *vasa orgânica* com muita água, denominados *sapropel* (gyttja) e o segundo a *turfa*, mas ambos podem apresentar proporções variáveis de substâncias inorgânicas (argila, silte e areia muito fina).

Os *depósitos lacustres* de argila orgânica, com laminação, formam-se em áreas pantanosas do tipo *marsh*, resultantes do afogamento.

Os *depósitos de planície deltaica* são extremamente sensíveis ao tipo de clima dominante na área. Em regiões de clima úmido e quente (subtropical a

contato erosivo separa esses depósitos dos subjacentes. Além dos *depósitos de preenchimento de canais* típicos, dois outros corpos sedimentares formados pela acumulação de sedimentos clásticos em canais fluviais, embora eles sejam mais comuns nos cursos superiores dos rios, ocorrem também na *planície deltaica* e constituem as *barras de meandros* e as *barras de canais entrelaçados*.

Nos períodos de enchentes, os *depósitos de diques naturais* formam áreas levemente elevadas, que flanqueiam os *canais distributários* construídos por deposição de sedimentos mais grossos da *carga em suspensão*, pela água que se extravasa dos canais fluviais. Eles consistem em argilas sílti-

tropical), podem exibir vegetação luxuriante, enquanto em condições de clima seco (semi-árido a árido) a vegetação torna-se rarefeita e são caracterizados por *depósitos de calcretes* ou de *evaporitos* (halita, gipsita, etc.).

2.6.4.2 *Frente deltaica*

Esta província forma a área frontal de *deposição ativa do delta* que avança sobre os *depósitos de prodelta*. Aqui são depositados siltes e areias finas fornecidos pelos principais *distribuitários deltaicos*. O conjunto desses depósitos recebe o nome de *depósitos frontais*.

Os principais depósitos associados à frente deltaica são: *depósitos de barra distal*, *depósitos de barra de desembocadura de distribuitário*, *depósitos de canal distribuitário submerso* e *depósitos de dique natural submerso*.

Os *depósitos de barra distal* ou *afastada* são formados por sedimentos do declive marginal da faixa frontal progradante do delta (Fig. 8.61). Esses sedimentos são diferenciados das *argilas de prodelta* pela granulação mais grossa. Aqui predominam siltes e argilas laminadas. Como nos *depósitos de prodelta*, pequenas perfurações por organismos e restos de conchas podem estar dispersos nesses sedimentos. *Laminações cruzadas* e *pequenas estruturas de escavação e preenchimento* são comuns e refletem provavelmente períodos de cheias mais acentuadas dos rios.

Os *depósitos de barra de desembocadura de distribuitário* são originados pela sedimentação da carga do rio na boca do *canal distribuitário*. A deposição resulta diretamente do decréscimo da velocidade e da rápida diminuição da competência da corrente, quando ela deixa o canal. Sendo depósitos sujeitos a constantes retrabalhamentos, não só pelas correntes fluviais, mas também pelas ondas, são formados de areia e silte com *laminações cruzadas acanaladas*. A redistribuição e a coalescência desses depósitos podem originar *corpos arenosos de grande extensão* (persistência lateral), aos quais Fisk (1955) denominou de *lençóis de areia de frente deltaica*. Outras vezes, com a *progradação do delta*, os *canais distribuitários* avançam rumo ao mar, e as *barras de desembocadura* alongam-se e adquirem o formato de dedos, as quais foram designadas por Fisk (1955) de *barras digitadas* (Fig. 8.62).

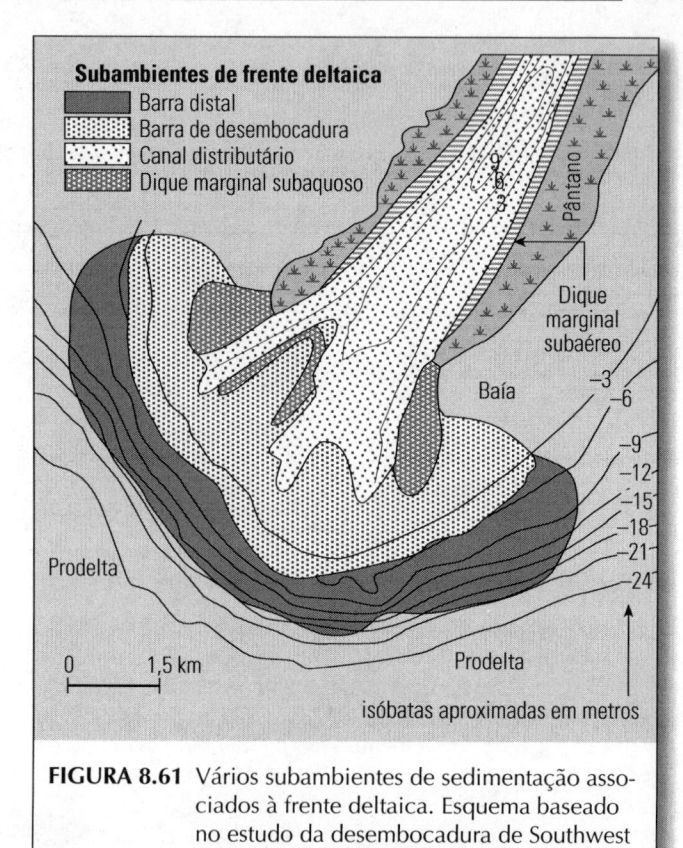

FIGURA 8.61 Vários subambientes de sedimentação associados à frente deltaica. Esquema baseado no estudo da desembocadura de Southwest Pass do delta do Rio Mississippi (segundo Coleman & Gagliano,1965b).

Os *depósitos de canais distribuitários submersos* correspondem ao prolongamento natural subaquático dos *canais distribuitários subaéreos*, que se alargam

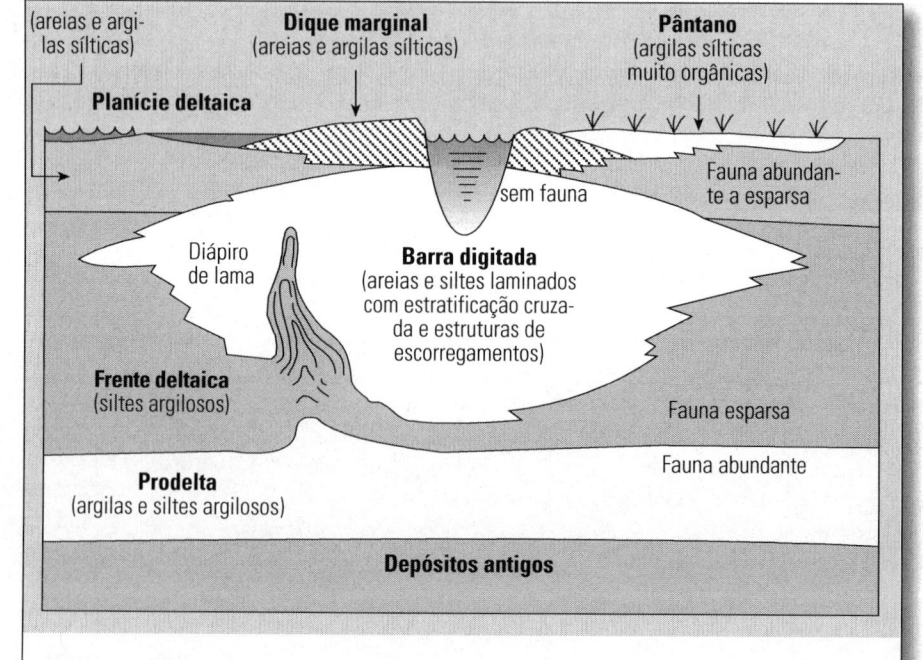

FIGURA 8.62 Feições características e tipos de sedimentos de barras digitadas e fácies associadas, observando-se as injeções de lama (lutocinese) nas areias de barras digitadas (segundo Gould,1970; modificado de Fisk, 1961).

ao atingir a *frente deltaica* e terminam pela deposição de *barras arenosas de desembocadura*. Tanto os *processos deposicionais* quanto as *fácies sedimentares* associadas são essencialmente semelhantes aos dos *canais distributários subaéreos* da mesma planície deltaica.

Os *diques naturais submersos* são cristas submarinas que marcam as margens dos *canais distributários submersos* e formam-se em resposta à redução da velocidade das águas na *frente deltaica*. Os sedimentos dos *diques naturais submersos* são mais grossos que os dos *diques subaéreos*. Do mesmo modo que os *depósitos de desembocadura*, os sedimentos dos *diques naturais submersos* também estão sujeitos a constantes retrabalhamentos e, portanto, são compostos de areias muito finas e siltes, bem selecionados, com ocasionais laminações finas de restos de plantas e argilas. As estruturas sedimentares predominantes nesses depósitos são as produzidas por correntes aquosas.

2.6.4.3 Prodelta

A *sedimentação prodeltaica* é essencialmente argilosa e representa a parte mais avançada de deposição de sedimentos carreados por um rio para uma *bacia receptora*. A construção de um *delta* tem início com a deposição desta argila marinha que, no delta do Rio Doce (ES), avança para o interior até as proximidades

de Linhares, sotoposta aos sedimentos das duas províncias anteriores (*planície deltaica* e *frente deltaica*), conforme se vê na Fig. 8. 63. No delta do Rio Mississipi (Estados Unidos), os sedimentos prodeltaicos atingem espessuras superiores a 400 m. As argilas dessa província contêm quantidades moderadamente altas de *matéria orgânica* finamente disseminada e apresentam, em geral, uma fauna marinha excessivamente pobre em número de espécies e em diversidade especifica, dependendo em parte da *taxa de sedimentação*.

Duas feições geológicas diretamente associadas à *deposição prodeltaica argilosa* são as *planícies de lama* (mudflats) e os *diápiros de lama* (mudlumps). As *planícies de lama* são formadas onde o fornecimento de lama fluvial sobrepuja a capacidade de dispersão de *processos costeiros*. Continuando o influxo de sedimentos argilosos fluviais, o *processo de acreção* também prossegue, e uma *linha de praia arenosa* pode ser isolada por trás de uma planície de lama, e os depósitos praiais assim isolados recebem o nome de *depósito de chênier*. Os *diápiros de lama* são projeções de lama dentro dos *depósitos de barra de desembocadura* ou extrusões de lama, formando ilhas próximas à desembocadura dos distributários, como acontece no delta do Rio Mississippi. Acredita-se que eles sejam formados pela injeção da *lama prodeltaica*, nos depósitos mais grossos sobrejacentes, como resultado de um fenômeno conhecido por *lutocinese* devido ao peso de sobrecarga dos corpos arenosos sobre argilas plásticas do *prodelta*.

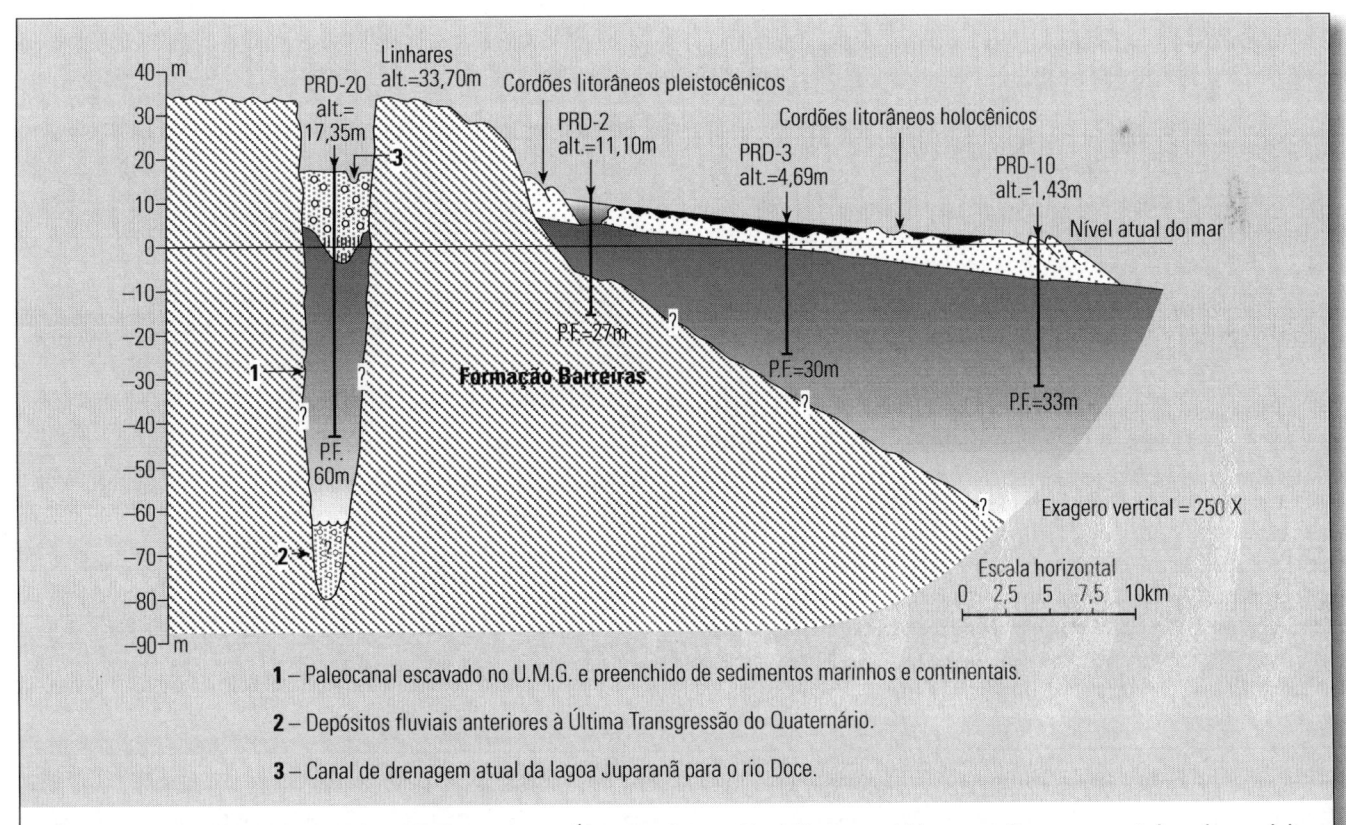

1 – Paleocanal escavado no U.M.G. e preenchido de sedimentos marinhos e continentais.

2 – Depósitos fluviais anteriores à Última Transgressão do Quaternário.

3 – Canal de drenagem atual da lagoa Juparanã para o rio Doce.

FIGURA 8.63 Paleocanal escavado durante o UMG (Último Máximo Glacial), preenchido por sedimentos marinhos de prodelta, durante a transgressão pós-glacial (Modificado de Bandeira Jr. *et al.*,1975).

2.6.5 Deltas quaternários brasileiros

Associadas às desembocaduras dos principais rios que despejam as suas águas no oceano Atlântico, ao longo da costa brasileira, existem *zonas de progradação* que Bacoccoli (1971), tomando por base a definição de Scott & Fisher (1969), interpretou como *deltas*. Alguns, como o do Rio Amazonas, seriam do tipo *altamente destrutivo dominado por marés*, enquanto outros, como os dos rios Parnaíba, Jaguaribe, São Francisco, Jequitinhonha, Doce e Paraíba do Sul (Fig. 8.64) seriam do tipo *altamente destrutivo dominado por ondas*. Além disso, Bacoccoli (*op. cit.*) atribuiu erroneamente a todos esses deltas uma *idade holocênica*. Ao mesmo tempo, esse autor propôs um esquema de evolução geológica, pelo qual eles teriam se formado a partir do máximo da *transgressão flandriana*. Em alguns casos, teriam passado por uma *fase estuarina intermediária*, até formarem *deltas típicos*, cuja construção resultaria em avanço generalizado da *linha de costa*.

Entretanto, ocorrem também ao longo do litoral brasileiro extensas *áreas* ou *zonas de progradação*, sem aparente ligação com qualquer desembocadura fluvial de porte, atual ou pretérita. Uma dessas zonas, digna de nota, situa-se em Caravelas (BA) onde, excetuando-se as *fácies fluviais*, ocorrem todos os outros tipos de depósitos sedimentares existentes nos demais *deltas quaternários brasileiros*. Por essa razão, Bacoccoli (*op. cit.*) chegou a sugerir que essa acumulação de sedimentos poderia representar um possível delta do Rio Mucuri, que é inexpressivo curso fluvial localizado ao sul da área. Portanto, a região de Caravelas representaria também um caso típico de *delta destrutivo dominado por ondas*. Essa área de progradação também mereceu a atenção de Martin *et al.*, (1993), que desqualificaram o Rio Mucuri como agente de formação dessa zona de progradação. Segundo esses autores, essa feição teria resultado da existência de feições morfológicas importantes, situada na *plataforma continental* adjacente, representada pelo Arquipélago de Abrolhos, que teria criado uma zona de energia mais fraca, favorável à sedimentação.

Por um exame dos parâmetros considerados importantes por diversos autores que estudaram os diferentes deltas, verifica-se que todos ignoraram o *papel das flutuações do nível relativo do mar*. Essas variações podem resultar da mudança real do nível do mar (*eustasia*) e das modificações do nível dos continentes (*tectonismo e isostasia*). As variações de volume das águas dos oceanos (*glacioeustasia*) e as modificações de volume das bacias oceânicas (*tectonoeustasia*) fazem sentir os seus efeitos *em escala mundial*. Por outro lado, as modificações da superfície do geóide (*geoidoeustasia*) e as modificações do nível da crosta terrestre influem *em escalas regional ou local*. Portanto, é evidente que as variações do nível relativo do mar não poderiam ter sido as mesmas em todos os pontos da Terra, contrariamente à idéia prévia de Fairbridge (1961), que tentou delinear até uma *curva mundial*.

As pesquisas realizadas na porção central (Nordeste, Leste e Sudeste) do litoral brasileiro (Martin *et. al.*, 1996) mostraram que o nível do mar passou nos últimos 5 mil a 6 mil anos por uma *fase de emersão* da ordem de 4 a 5 m. Mas esta não é a situação na costa atlântica e do Golfo do México (Estados Unidos), onde o nível atual do mar é o mais alto do Holoceno, isto é, essas costas têm estado em *contínua submersão* nos últimos milênios. Desse modo, a *dinâmica litorânea* não foi a mesma nessas áreas, pois o abaixamento do nível relativo do mar promove importante *aporte sedimentar* de areia da antepraia e face litorânea para a pós-praia. Naturalmente, os modelos de sedimentação idealizados a partir de exemplos de *costa em submersão* não são diretamente aplicáveis no Brasil, conforme demonstraram Suguio & Martin (1981) e Martin *et al.* (1993).

Os estudos anteriores executados nas planícies costeiras do Rio Doce (ES) por Bandeira Jr. *et al.*, (1975) e do Rio Paraíba do Sul por Araújo *et al.*, (1975), por falta de dados na época, não consideraram o *papel essencial desempenhado pelas variações do nível relativo do mar na sedimentação deltaica*.

Os estudos de Martin *et al.* (1993) revelaram que as variações do nível relativo do mar foram muito importantes na construção dos *complexos deltaicos quaternários brasileiros*. Além disso, foi possível constatar que parte dessas planícies exibe também sedimentos *pleistocênicos* e não somente *holocênicos*. Finalmente, a existência de *deltas intralagunares* (ou *intraestuarinos*) nas planícies costeiras das desembocaduras dos rios Doce (ES) e Paraíba do Sul (RJ) corresponde ao *estágio de culminação* do nível relativo do mar, acima do atual entre 5 mil 6 mil anos AP (Antes do Presente), correlacionável à *fase estuarina intermediária* vislumbrada por Bacoccoli em 1971.

2.6.6 Depósitos deltaicos antigos

O reconhecimento de depósitos deltaicos em *registros pretéritos* não é uma tarefa muito fácil, pois um diagnóstico mais fundamentado exige o conhecimento mais perfeito possível da evolução espacial e temporal dos paleoambientes. Rainwater (1966) forneceu uma série de critérios que podem ser úteis no reconhecimento mais definitivo dos depósitos deltaicos. Ao lado *de estudos de seqüências vertical e horizontal, da geometria dos litossomas e dos conteúdos fossilíferos*, o autor enfatiza a importância do reconhecimento das *estruturas diapíricas* devidas à *lutocinese*, que são feições relativamente comuns em depósitos deltaicos, principalmente em função das *altas taxas de sedimentação* e da existência de areias (mais densas e sem plasticidade) superpostas a lamas (menos densas e muito plásticas).

Um dos *complexos deltaicos antigos* mais bem estudados é o de Catskill do Devoniano dos Estados Unidos (Allen & Friend,1968). Outro exemplo é o dos depósitos deltaicos do Carbonífero do norte da Inglaterra.

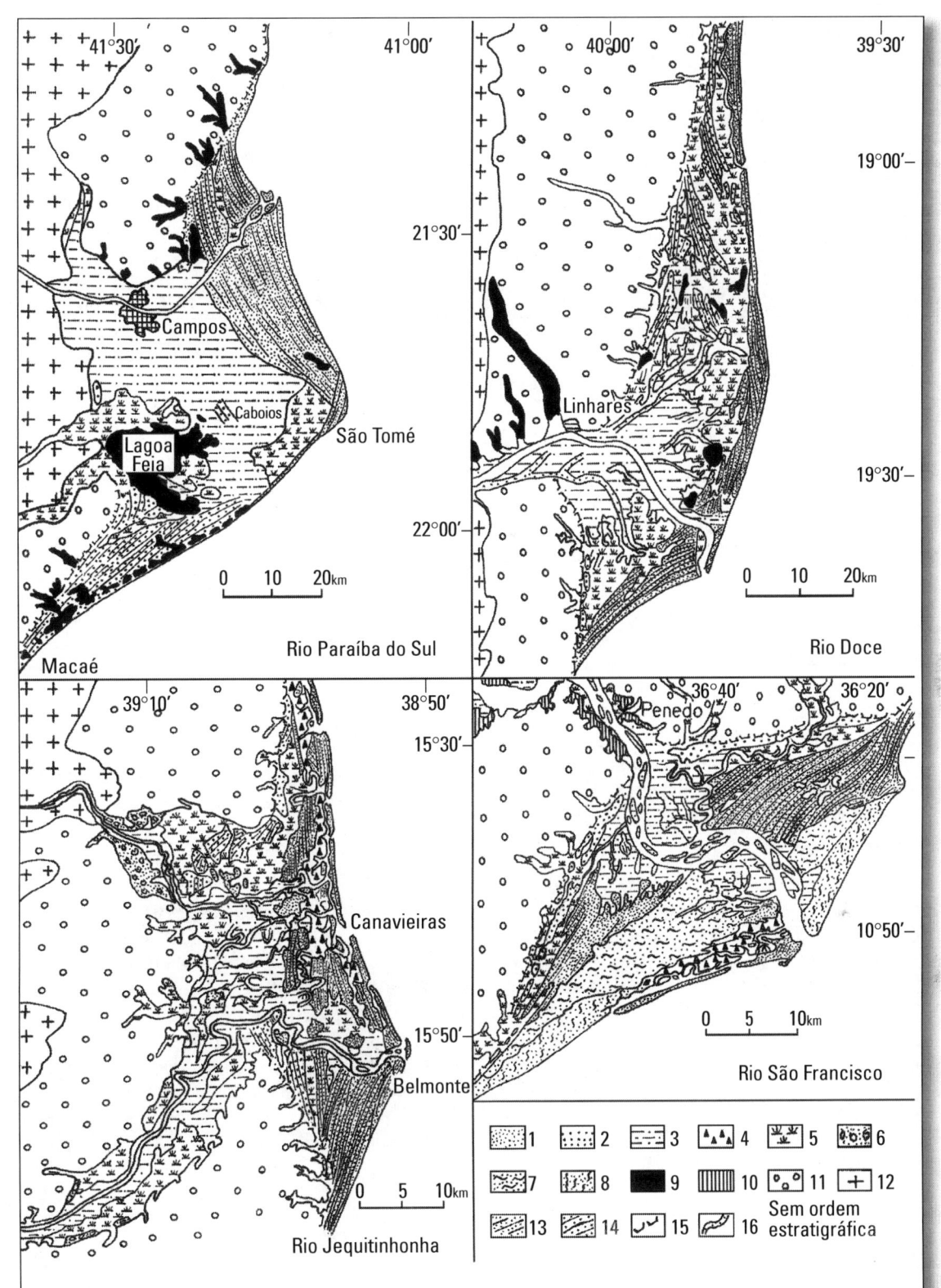

FIGURA 8.64 Alguns exemplos mais representativos de complexos deltaicos quaternários do litoral brasileiro (segundo Dominguez *et al.*, 1981).

Legenda: 1- terraço marinho holocênico; 2- terraço marinho pleistocênico; 3- terraço fluvial; 4- mangue; 5- pântano; 6- leques aluviais pleistocênicos; 7- dunas fixadas; 8- dunas ativas; 9- lagoas; 10- sedimentos da bacia Segipe-Alagoas; 11- Formação Barreiras; 12- embasamento pré-cambriano; 13- alinhamento de cordões litorâneos holocênicos; 14- alinhamento de cordões litorâneos pleistocênicos; 15- falésia morta e 16- canal abandonado.

Muitos depósitos deltaicos antigos foram identificados, até agora, também no Brasil. Ramos (1966) propôs para a Formação Rio Bonito do Grupo Tubarão (Permocarbonífero da Bacia do Paraná) um *modelo deposicional fluviodeltaico* que esteve submetido a transgressões e regressões marinhas. Trabalhos posteriores (Medeiros & Thomaz Filho, 1973) delinearam em superfície e em subsuperfície as *áreas deltaicas* e *interdeltaicas*, identificando as *fácies progradacionais correspondentes*.

A Formação São Sebastião, do Cretáceo do Recôncavo Baiano, representa um outro registro de sedimentação deltaica lacustre, análogo ao do Rio Mississipi atual, que avançou gradualmente para o meio de um *lago estrutural clástico* (Murphy & Schlanger, 1963).

As evidências geológicas externas e internas à Bacia de Campos (RJ), reunidas por Gama Jr. (1977), indicaram a existência de um *complexo deltaico* (*sistema deltaico Emborê*) constituído de duas fácies principais: *cordões litorâneos* (ou *cristas praiais*) e *barras interdistributárias*. Os ambientes subaquosos da planície deltaica, tais como lagos, lagunas, canais abandonados e planícies de inundação parecem ter deixado registros geológicos insignificantes. O *prodelta* também está quase ausente no *Sistema Deltaico Emborê* que teria sido construído por uma série de *deltas destrutivos, dominados por ondas* desenvolvidos em vários *ciclos deltaicos*, somando atualmente uma espessura máxima da ordem de 1.800 m, a partir do Oligoceno. O Rio Paraíba do Sul pretérito teria sido o principal alimentador do *Sistema Deltaico Emborê*.

Por outro lado, a Formação Crato do Cretáceo da Bacia de Araripe (CE), recentemente descrito por Neumann (1999) apresenta uma *fácies marginal deltaica* que progradou para o interior de um *lago estrutural químico* (Fig. 8.54).

2.7 Ambiente lagunar

2.7.1 Generalidades

As *lagunas* são corpos rasos de água, situados em planícies costeiras e comumente separados do *mar aberto* por *bancos arenosos* ou *ilhas-barreira*, porém com *canais de comunicação* mais ou menos eficientes. As salinidades das águas de uma laguna são muito variáveis, desde quase doce (*hipossalina*) até *hipersalina*. A *laguna* é, muitas vezes, referida como *laguna costeira* ou *albufeira*. Entre algumas das variedades de *laguna* tem-se a *laguna de atol* e a *laguna-barreira*. A primeira está associada a *recifes de atol* e exibe forma grosseiramente circular. A segunda exibe forma alongada e dispõe-se mais ou menos paralelamente à *linha costeira*, sendo separada do *oceano aberto* por uma *ilha-barreira*. Segundo Reineck & Singh (1975), os tamanhos e os números de *canais de comunicação*

dependem dos volumes de água que fluem através deles, os quais são controlados pelas freqüências e amplitudes das marés, bem como pelas descargas fluviais que chegam à laguna.

As *lagunas costeiras* distribuem-se, hoje em dia, pelo mundo inteiro. De acordo com Zenkovitch (1969), cerca de 13% das *linhas costeiras* exibem *ilhas-barreira* com *lagunas costeiras*. Essas lagunas apresentam em comum as seguintes características principais:

1. Foram originadas durante o *Holoceno*, entre 4 mil a 7 mil anos passados, em condições de *abundante suprimento de areia* para a zona costeira.

2. Estão situadas em planícies *costeiras adjacentes* a *amplas plataformas continentais de baixa declividade*, onde a velocidade de transgressão marinha, em época pós-glacial, tenha sido muito lenta.

3. Situam-se predominantemente ao longo de *margens continentais*, onde o mar atingiu só recentemente o atual nível relativo (Cromwell,1971), como na costa oriental norte-americana.

As lagunas podem exibir fundo irregular, até com profundos canais dispostos transversalmente à atual *linha costeira*, representando paleocanais de rios afogados durante a última transgressão. Eles se conservam ainda abertos. em virtude da baixa *taxa de sedimentação* neste tipo de ambiente, como, por exemplo, na baía de San Antonio, no Texas, Estados Unidos (Shepard & Moore,1960). Outras vezes, os canais são mantidos pelas correntes de maré como na Laguna Ojo de Libre, Golfo da Califórnia, Estados Unidos (Phleger,1969). Segundo Emery *et al.*, (1957), as *lagunas costeiras* são mais rasas que os *estuários* e, portanto, o *fundo lagunar* está mais constantemente sujeito a retrabalhamento por ondas. Por outro lado, os *estuários*, principalmente os maiores, não têm o seu fundo afetado por ondas. De qualquer modo, segundo Mendes (1984) reina certa confusão relativa à definição do *ambiente lagunar*, que se confunde com alguns *ambientes estuarinos*. Kukal (1970) julga inseparáveis, sob ponto de vista sedimentológico, os ambientes de *laguna*, *baía* e *golfo*.

Além dos *volumes relativos* de águas salgada (do mar) e doce (dos rios) que entram na laguna, o clima da área é um fator importante na salinidade de uma *laguna costeira*. Quando não ocorre contribuição de água doce, proveniente dos continentes e, principalmente quando o clima local é seco, as *lagunas* podem tornar-se até *hipersalinas*, como acontece no Golfo Pérsico, onde há formação de *evaporitos*. Nas *lagunas costeiras* dessa região, Evans & Bush (1969) mediram salinidades de 41‰ a 66‰ e temperaturas de 22°C a 36°C. A salinidade e a temperatura são fatores muito importantes que controlam a distribuição da fauna de uma *laguna costeira*, embora as constantes variações desses parâmetros, em geral, sejam desfavoráveis à vida nesses ambientes.

2.7.2 Lagunas costeiras brasileiras

Embora Mendes (1984) tenha descrito como exemplos brasileiros as lagunas de Araruama, Patos e Sepetiba, a rigor elas não constituem *verdadeiras lagunas*. Isto se deve ao comportamento do nível relativo do mar, ao longo do litoral brasileiro entre 7 mil a 4 mil anos A. P. (Antes do Presente), que esteve acima do atual e, após isso, entrou em *fase de regressão* (ou *de emersão*), segundo Suguio *et al.,* (1985) e Martin *et al.,* (1996). Contrariamente, na maior parte do Hemisfério Norte, onde as *lagunas costeiras* foram definidas, o nível relativo do mar atual é o mais alto do *Holoceno*. Nesses locais, como na costa oriental norte-americana (exemplo: litoral da Carolina do Norte), as *lagunas costeiras* são feições típicas de *fase de transgressão* (ou *de submersão*) e são separadas do *mar aberto* por *ilhas-barreira* (depósito arenoso transgressivo).

Desse modo, as *lagunas costeiras* brasileiras, nos dias de hoje, são separadas do mar por *falsas ilhas-barreira* como a Ilha Comprida (SP) ou por *esporões arenosos* (sand spits), como a "restinga" da Marambaia (RJ). A Ilha Comprida, embora relacionada às variações do nível relativo do mar e hidrodinâmica costeira, teve uma origem complexa (Martin & Suguio,1978). Por outro lado, a "restinga" da Marambaia teve a sua gênese essencialmente ligada às *correntes longitudinais* (ou *de deriva litorânea*) e desenvolveu-se a partir do morro da Marambaia para nordeste, com menor influência das variações do nível relativo do mar.

Dos fatos acima, depreende-se que não somente o *ambiente lagunar* como o *ambiente estuarino* são muito característicos de *costa em transgressão* (ou *em submersão*) e, portanto, não constituem ambientes de sedimentação muito representativos do atual litoral brasileiro. Talvez, por essas razões, as regiões de Cananéia e Santos, ambas no litoral paulista, têm sido mencionadas na literatura científica, ora como *lagunar* e ora como *estuarina*, quando não pela designação popular ainda menos precisa de *gamboa* (rio de águas calmas).

Os sistemas de ilhas-barreira/lagunas, reconhecidos no Quaternário superior da planície costeira sulriograndense e atribuídos às *fases transgressivas* (*estádios interglaciais*) por Villwock *et al.,* (1986), representam provavelmente os exemplos mais ilustrativos de depósitos de *verdadeiras lagunas* que atualmente não existem ao longo da costa brasileira. Entretanto, infelizmente, tanto sob aspectos sedimentológicos como paleontológicos, ainda pouco se conhece sobre esses *depósitos paleolagunares*.

2.7.3 Subambientes e fácies sedimentares lagunares

As *condições hidrodinâmicas* dentro de uma *laguna costeira* bem como a *disponibilidade de sedimentos* são alguns dos mais importantes fatores que controlam as *fácies sedimentares* dos *depósitos lagunares*.

Eles são representados principalmente por lamas muito ricas em *matéria orgânica*, areias finas e conchas fragmentadas. Em contraste com os sedimentos da *plataforma continental*, em geral, a glauconita está ausente. Os sedimentos terrígenos são supridos pelos rios, pelas correntes de maré ou ainda pelos ventos, como na Laguna de Guaraíras, situada 50 km ao sul de Natal, no Rio Grande do Norte (Fig. 8. 65). As areias das *praias lagunares* comumente mostram *marcas onduladas simétricas*, mas os depósitos das porções mais centrais são homogêneos e exibem estratificações plano-paralelas horizontais. As *bioturbações* (fito e zooturbações) representam uma característica bastante freqüente nesses depósitos.

O clima é um outro fator que condiciona os tipos de sedimentos depositados em *fundos lagunares*. Em regiões de climas tropicais e úmidos, está presente a vegetação típica de *manguezais* (Curray, 1969), onde predomina a espécie *Rhizophora mangle*. Em lagunas situadas em regiões áridas, ocorre o desenvolvimento de *crostas salinas* no lado continental das *lagunas costeiras*. Na Laguna Madre (México), a *hipersalinidade* atingida durante as estações secas leva à precipitação de evaporitos oolíticos (Rusnak 1960).

A colmatação completa de uma laguna é controlada principalmente pela disponibilidade de sedimentos nas áreas circundantes. Se o rio que flui para uma laguna transportar grande volume de sedimentos, ela poderá ser rapidamente colmatada.

2.7.4 Exemplos de depósitos lagunares antigos

São relativamente escassas as referências sobre *depósitos paleolagunares*, descritos na literatura geológica estrangeira, e a sua identificação nem sempre é confiável (Reineck & Singh, 1975).

Vicalvi *et al.,* (1977) identificaram *sedimentos paleolagunares* holocênicos na plataforma continental de Abrolhos (BA). No fim do Pleistoceno e início do Holoceno, a região da plataforma de Abrolhos, formada por bancos calcários biogênicos, encontrava-se emersa. A sua superfície era recortada por uma rede de drenagem fluvial, que desaguava no atual limite da plataforma continental externa. Com a elevação e estabilização do nível relativo do mar na isóbata atual de 60m, desenvolveu-se na depressão de Abrolhos, há cerca de 11 mil anos A.P. (Antes do Presente), um *ambiente lagunar* que passou a captar grande parte do sedimento de aporte fluvial terrígeno. As *condições mixoalinas* parecem ter perdurado até o afogamento total há cerca de 8 mil anos A.P., quando cessou a deposição terrígena, que foi substituída pela sedimentação carbonática marinha.

FIGURA 8.65 Vista parcial da Laguna de Guaraíras (RN), na saída do Canal de Surubajá, onde se vê um depósito deltaico construído por sedimentos supridos através do citado canal. No fundo, vê-se uma área branca correspondente à barra arenosa, retrabalhada superficialmente pelo vento. Foto de S. Cabral.

Na planície costeira do Estado de São Paulo, Suguio & Martin (1978) identificaram *depósitos paleolagunares holocênicos*, ligados ao *estágio de culminação* (5 mil a 6 mil anos A.P.), da *Transgressão Santos* ou *Santista* nas porções internas das planícies de Itanhaém e de Barra do Una.

Amaral (1971), baseado em vários argumentos, inclusive em elementos-traço e isótopos estáveis sugere que a Formação Irati (Permiano da Bacia do Paraná) tenha sido depositada em *paleoambiente lagunar*.

Na planície de Cantô (Japão), Kosugi *et al.* (1989) conseguiram reconstituir, através do estudo de populações de *diatomáceas*, as *paleossalinidades* e as *paleobatimetrias* do *ambiente paleolagunar* corresponde à antiga Baía de Tóquio (Fig. 8.66). Isto ocorreu durante o estágio de culminação holocênica do nível relativo do mar, no Período Jômon (neolítico da pré-história do Japão) há cerca de 5.500 anos A.P. Foi possível constatar, durante aquele período, a construção de sambaquis com conchas de moluscos de água salobra (*paleossalinida-*

des entre 5% a 12%) até a 60 km, para o interior da atual linha costeira da Baía de Tóquio. Em termos de *evento paleoclimático global*, corresponde à *Idade Hipsitérmica* (ou *Ótimo Climático*), ocorrido entre 8.500-2.500 anos A.P. no Holoceno.

2.8 Ambiente estuarino

2.8.1 Generalidades

O *estuário* é um corpo aquoso litorâneo raso e geralmente salobro com circulação mais ou menos restrita, que mantém comunicação constante com o oceano aberto. Muitos estuários são representados por *desembocaduras fluviais afogadas* e, dessa maneira, sofrem diluição significativa de salinidade em virtude do afluxo de água doce (Pritchard, 1967). Em geral, os *estuários* podem ser considerados como evidência de *submersão rápida* ou de *elevação do nível relativo do mar*, de cujo efeito ainda não se recuperaram até os dias atuais.

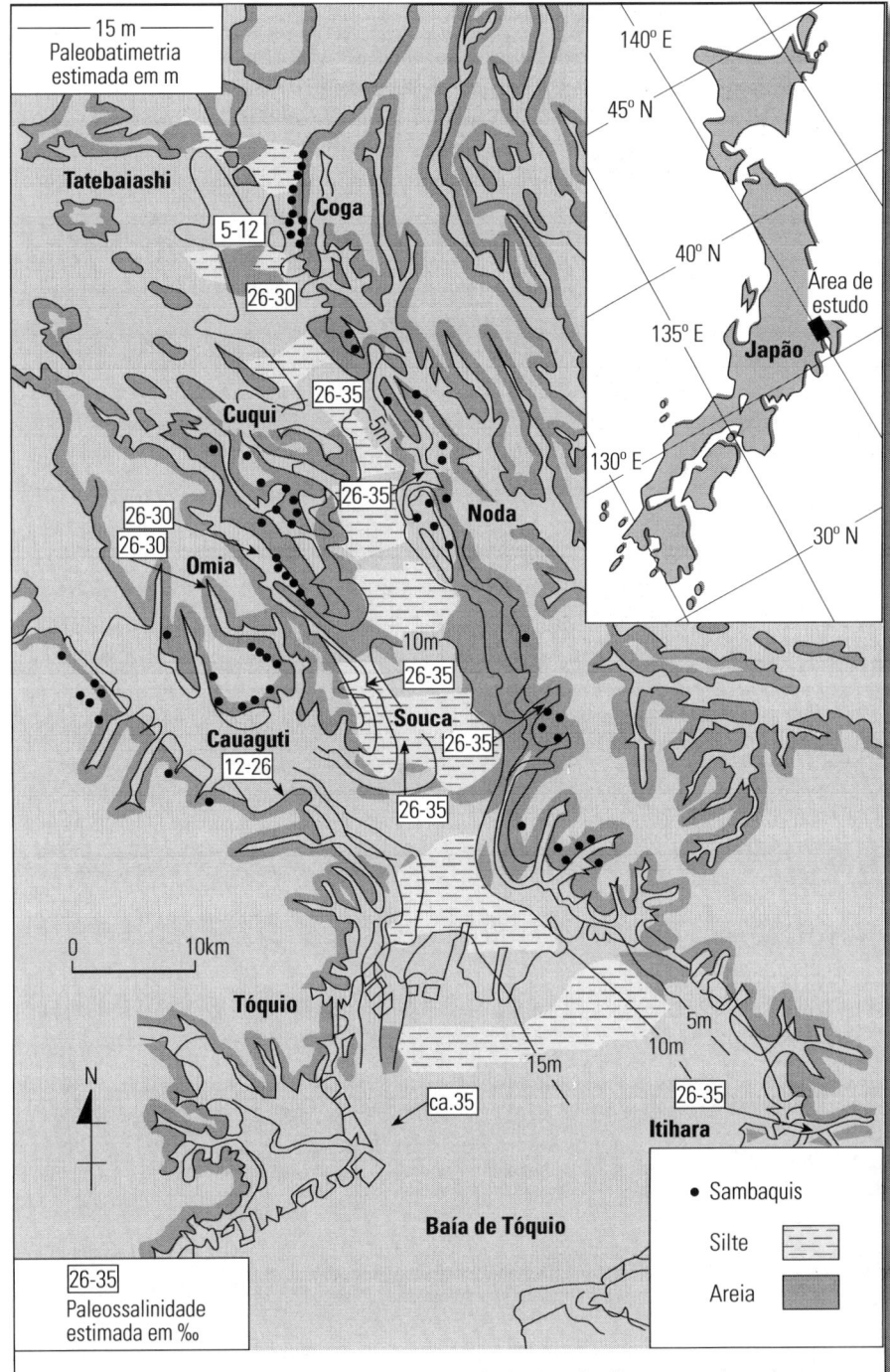

FIGURA 8.66 Reconstituição de paleossalinidades e paleobametrias do paleoambiente lagunar da antiga baía de Tóquio (Japão), durante o estágio de culminação do nível do mar holocênico, há cerca de 6 mil anos AP, baseada principalmente em diatomáceas (Kosugi *et al.*,1989). Observe a ocorrência de muitos sambaquis, contendo conchas de moluscos de águas salobras até mais 50 km da atual linha de costa.

embayments), além das *bacias formadas por processos tectônicos* em zonas litorâneas. A feição denominada "ria", cuja designação é originaria da costa atlântica NO da Espanha, também representa uma entrada de mar continente adentro, comumente formada por afogamento de desembocaduras fluviais. Algumas feições semelhantes a "*rias*" ocorrem na região de Parati (RJ) e no litoral do Norte (MA e PA). Geomorfólogos europeus têm usado o termo "ria" para denominar qualquer tipo de vale afogado. Desse modo, os termos *estuário* e "*ria*" são quase sinônimos.

No caso do assim conhecido Estuário Santista (SP), há canais que drenam zonas pantanosas costeiras e assim poderiam representar verdadeiros *estuários de maré* (tidal estuaries).

Os *estuários* são quase sempre mais profundos que as *lagunas*, tendo em média 4m na costa atlântica da América do Norte (Emery & Uchupi, 1972). Em conseqüência, os processos de transporte e sedimentação estuarinos são dominados mais pelas *correntes de maré* e pela *circulação estuarina* que pelas *ondas*, que são muito ativas em *ambientes lagunares*.

Segundo Ottman (1965), os estuários constituem, em geral, *zonas tectonicamente ativas*, que permitem a acumulação de grandes espessuras de sedimentos cenozóicos, como na foz do Rio Amazonas, onde mais de 2.000 m de sedimentos cenozóicos se acham depositados.

Em *estuário positivo*, verifica-se diluição mensurável da salinidade da água do mar, em função do excesso de drenagem continental e/ou precipitação. Entretanto, em *estuário negativo* (ou *inverso*) a evaporação excede o influxo de água doce (continental + precipitação) de modo que a salinidade torna-se maior que a do mar.

O ambiente estuarino é caracteristicamente submetido à influência das marés. Quando as águas do mar (salgadas) penetram nos estuários, tem-se a chamada *maré de salinidade*, que se distingue da *maré dinâmica* formada pela propagação de *ondas de maré* rio acima, sem invasão da água salgada. Segundo Ottman

Como já foi enfatizado no item 2.7, de modo semelhante ao *ambiente lagunar*, é também uma feição típica de *afogamento por submersão*, como acontece na costa atlântica e no Golfo do México (Estados Unidos). Segundo este ponto de vista, não existiriam verdadeiros *estuários* ou "*rias*" na atual costa brasileira.

Segundo Schubel (1971), os *estuários* incluem os *fiordes* (fjords), os *embaíamentos com barra* (*bar*-built

(1965), a *maré dinâmica* penetra apenas 12 km no Rio Capibaribe (Recife, PE), enquanto no Rio Amazonas ocorre o bloqueio das águas doces pela ação da *maré dinâmica* até 1.500 km da foz. Quando as correntes de *maré dinâmica* antepõem-se ao fluxo fluvial, são produzidas violentas *vagas de maré* (tidal bores), conhecidas no Amazonas como *pororoca*.

2.8.2 Hidrodinâmica do ambiente estuarino

A chamada *circulação estuarina* não é exclusiva dos estuários propriamente ditos, podendo também ocorrer em lagunas, baías, golfos, etc. (Curray,1969). De acordo com este autor, o modelo mais simples de *circulação estuarina* é baseado no conceito de *cunha salina* (salt wedge), que se estabelece nas seguintes condições (Fig. 8.67). A área da seção transversal de um rio, em sua desembocadura, suporta até o limite da média dos fluxos fluviais máximos. Quando o fluxo de água doce for inferior a esta média, deverá ocorrer a penetração de uma *cunha salina*, desembocadura fluvial adentro. Como na interface da *cunha salina*, ocorre mistura de águas doce e salgada, estabelece-se um fluxo contínuo de água salgada rio acima, tendendo a repor a água salgada perdida pela mistura.

Além disso, a *circulação estuarina* é caracterizada por padrões de *fluxos estratificados*, que levam à retenção dos sedimentos supridos pelos rios e ao carreamento para dentro dos estuários dos sedimentos detríticos marinhos (Morton, 1972). As águas salgadas são mais densas e, portanto, fluem continente adentro por baixo das águas fluviais menos densas, produzindo uma estratificação da *coluna de água*. A água da *cunha salina* decresce em salinidade com a mistura vertical, sendo gradualmente reciclada e encaminhada rumo ao mar, fazendo com que mais água do mar seja dirigida rumo à *cunha salina*. Durante as *marés enchentes*, na base da *cunha salina* podem desenvolver-se condições hidrodinâmicas de *regime de fluxo superior* (Visher & Howard, 1974). Denomina-se de *prisma de maré* (tidal

Máxima turbidez por carga de suspensão

Deposição de carga de fundo (de tração)

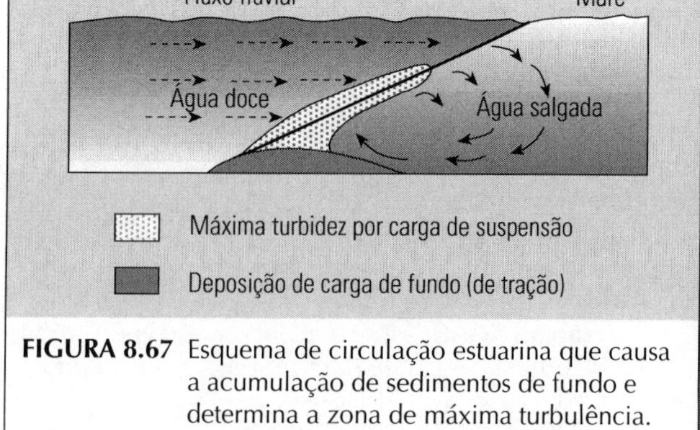

FIGURA 8.67 Esquema de circulação estuarina que causa a acumulação de sedimentos de fundo e determina a zona de máxima turbulência. As setas indicam os sentidos de transporte dos materiais em suspensão (modificado de Meade, 1972).

prism) ao volume de água do mar, que é retido no interior de um *estuário* entre a *preamar* e a *baixa-mar*. Este prisma gera as *correntes de maré* inicialmente para o interior (maré enchente) e depois para fora (maré vazante), independentemente do *fluxo fluvial* que adentra o *estuário*.

Durante os *picos de maré alta* em áreas de ação moderada de marés (mesomaré = 2 a 4 m), a *circulação estuarina* restringe-se às porções mais internas do estuário, enquanto as porções externas apresentarão uma *coluna de água verticalmente homogênea*, com predominância de processos ligados a marés e ondas geradas pelos ventos (Meade, 1972).

No *ambiente estuarino*, as *correntes de maré* e as *correntes fluviais residuais* são as únicas capazes de erodir e de transportar os materiais de fundo. A reversibilidade das correntes de maré torna-se menos eficaz no transporte de sedimentos e, em geral, a resultante final se traduz por transporte rumo ao mar, que se torna tanto mais importante quanto maiores forem o *volume de água do rio* (ou *descarga fluvial*) a *inclinação* (ou *declividade*) e a *profundidade do estuário*.

Segundo Fúlfaro & Ponçano (1976), o *Estuário Santista* não apresenta um modelo simples de *circulação estuarina*, havendo transição entre os diversos tipos de circulação.

2.8.3 Características físico-químicas de um estuário

As zonas de influência das *marés de salinidade* são afetadas por variações nas características físico-químicas. As águas do mar exibem, em geral, pH alcalino (7,4 a 8,4), enquanto as águas dos rios têm, em geral, pH ácido (em torno de 5) e excepcionalmente alcalino (cerca de 8). Portanto, acredita-se que a mistura de águas doce e salgada eleve o pH das águas fluviais, paralelamente ao incremento da salinidade.

Entretanto, as variações de pH de um estuário podem refletir variações dos teores de oxigênio dissolvido, em função do processo fotossíntese das algas verdes. Além disso, esse parâmetro muda também com a temperatura e com o volume de CO_2 dissolvido.

Os levantamentos realizados no *Estuário Santista* revelaram que a distribuição da *matéria orgânica* nos sedimentos de fundo está diretamente relacionada ao *padrão de circulação* de correntes de água, *configuração topográfica do fundo* e *composição textural de sedimentos*. Os sedimentos mais ricos em matéria orgânica correspondem aos *ambientes redutores* com baixa degradação da matéria carbonosa de origem orgânica, com águas calmas e sujeitas a baixas velocidades de corrente; a situação oposta indica regiões sujeitas à *circulação estuarina* mais eficiente, que promove oxidação mais intensa da *matéria orgânica* depositada (Kutner, 1976).

2.8.4 Sedimentação estuarina

Os sedimentos em trânsito ou depositados em um estuário podem ser provenientes da área continental (emersa) adjacente, sendo supridos por rios ou originários do mar. Em geral, simultaneamente à retenção de grande parte dos *sedimentos fluviais*, alguns sedimentos fornecidos pela *deriva litorânea* e pelo *oceano aberto* são também introduzidos nos estuários (Schubel, 1971; Barbosa & Suguio, 1999). Deste modo, muitos dos estuários deverão ficar completamente assoreados em algumas centenas ou milhares de anos.

Comumente, esses materiais são afetados pelas *condições físico-químicas*, principalmente pelas diferenças de pH entre os ambientes fluvial e estuarino, que induzem a floculação das suspensões argilosas. O fenômeno de floculação das argilas é evocado pelos sedimentólogos para explicar os *depósitos de vasa estuarinos*, mas, segundo Ottman (1965), este processo parece ser mais efetivo em experiências de laboratório que em ambientes naturais. Além disso, esse fenômeno parece ser mais ativo em regiões de *climas temperados* e menos atuante em *regiões tropicais* (Tricart, 1972).

Os sais de *metais polivalentes* são mais eficientes como agentes floculantes que os de *monovalentes*. Por isso mesmo, alguns autores admitem que a floculação das argilas pela água do mar ocorre mais em virtude dos sais de Mg que pelo NaCl. A salinidade necessária para promover a floculação depende da *natureza dos argilominerais* e das *condições do meio* e varia também segundo diferentes autores.

O transporte do material de fundo é sempre verificado, porém em escala limitada, pela reversibilidade das correntes de maré. Esse movimento verifica-se ao longo de ilhas e sobre o fundo dos canais, entre os bancos de vasa ou de areia. A *vasa* é um tipo característico de depósito inconsolidado existente em lagos, estuários e fundos submarinos. Nas *vasas* podem ser reconhecidas duas fases: uma inerte, composta por minerais estáveis, e outra sujeita a transformações químicas, que é formada por hematita ou "limonita" (vários óxidos e hidróxidos de ferro). Freqüentemente o ferro desses óxidos e hidróxidos pode ser transformado em *sulfatos* (esverdeados) e *sulfetos coloidais* (pretos), dependendo do Eh (potencial de oxirredução). Pode estar associado também a *ácidos húmicos*, formando *compostos organometálicos* pelo *processo de quelação*, isto é, combinação eletrônica de uma substância (*agente quelante*) com um íon metálico, levando a extraí-lo do meio, solubilizá-lo ou modificar as suas propriedades físicas, químicas ou biológicas. O teor de $CaCO_3$ das vasas varia com a região, sendo em parte associado a microrganismos (foraminíferos e cocólitos) e também ligado à calcita de precipitação química. A *salinidade das vasas* é maior que a da água sobrejacente, porque as águas salgadas do meio, mais densas que as águas doces, difundem-se mais lentamente em vasas (Fig. 8.68). Portanto, os *organismos bentônicos* podem avançar mais para montante do estuário que os *organismos nectônicos* em ambientes estuarinos, mesmo quando a maré recua.

Os *bancos de vasa* são protegidos da erosão pela *força de coesão* que é aumentada em vasas com alto teor (vários porcentos) de *matéria orgânica*. O Rio Capibaribe (PE), por exemplo, mostra bem este fenômeno, pois as *correntes de descarga fluvial* transportam, pelo fundo, areias e pequenos grânulos provenientes da erosão dos sedimentos aluviais, mas as margens permanecem recobertas por espessa camada de vasa, que não é erodida pela correntes. Esta coesão faz também com que as margens do rio se apresentem quase verticais, após a erosão por solapamento, permanecendo mais ou menos estáveis.

Como os *estuários*, analogamente às *lagunas*, são ambientes de *baixo gradiente topográfico* e *ativa sedimentação*, os materiais de fundo são compostos por *vasas* (lamas inconsolidadas) com areias misturadas em proporções variáveis. Em seção transversal, um *estuário* exibe as seguintes fácies sedimentares: *bancos de vasas laterais* e *marginais*, formados por colmatação; *bancos medianos* originados em conexão com duas zonas de turbulência máxima dos dois lados da linha mediana; e as *zonas de areias dos canais*. Em seção longitudinal, de montante a jusante, um *estuário* é caracterizado pelas seguintes fácies: *sedimentos fluviais* compostos por vasas e areias finas e *sedimentos litorâneos* (marinhos) representados por *areias biodetríticas* e *terrígenas*, que gradam para sedimentos mais ou menos finos da *plataforma continental*.

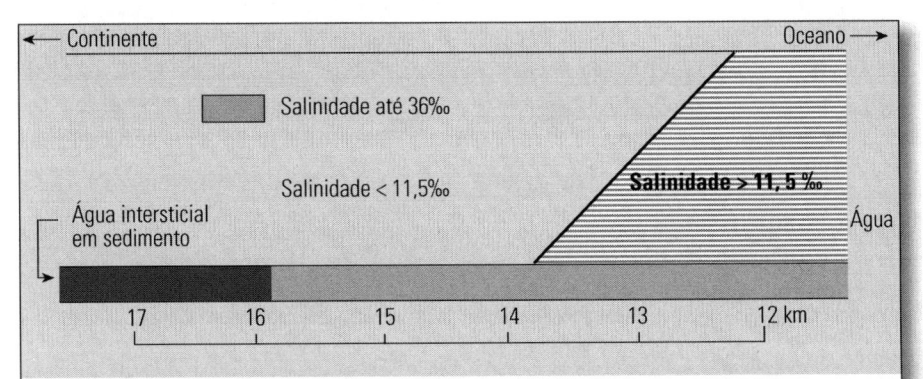

FIGURA 8.68 Diagrama ilustrando as distribuições das salinidades das águas e dos sedimentos de fundo. Os sedimentos de fundo exibem valores mais altos de salinidade, que avançam continente adentro (Segundo Alexander *et al.*, 1935; apud Emery *et al.*, 1957).

A *vegetação de manguezais* das regiões tropicais espalha as suas raízes em águas relativamente profundas (até cerca de 2 m), podendo favorecer a deposição de sedimentos ao redor de suas raízes. No *Estuário Santista*, por exemplo, os manguezais que contornam grande parte do estuário formam uma espécie de "barreira de segurança", retendo os detritos mais grossos lançados pelo sistema fluvial originário da Serra do Mar. Portanto, principalmente os materiais pelíticos (síltico-argilosos) atingem os canais de navegação da zona portuária.

A *matéria orgânica* sob várias formas e estados de degradação, originária de seres recentemente mortos e restos completamente decompostos e fixados em sedimentos finos, é freqüente em sedimentos estuarinos.

Os *processos estuarinos* promovem a *acumulação de sedimentos*, que lentamente causam a *colmatação de estuários*. Com a formação de baixios, em geral areno-lamosos, as correntes de maré e as ondas tornam-se cada vez menos efetivas na redistribuição de sedimentos. Esse preenchimento também ocasionará a redução do *prisma de maré*, acelerando o *processo de sedimentação*. A porção do estuário em equilíbrio poderá restringir-se ao interior do vale afogado, mas se o suprimento de sedimentos fluviais for grande, a superfície de fundo poderá emergir e dar origem a um delta (Fig. 8. 69).

2.8.5 Depósitos estuarinos antigos

Os depósitos estuarinos contêm, em geral, evidências suficientes que permitem a sua identificação, sendo caracterizados por uma mistura de microrganismos (foraminíferos, diatomáceas, etc.) de espécies típicas de águas doce, salobra e salgada.

Vicalvi *et al.,* (1977) demonstraram a natureza estuarina de pelo menos 88% dos sedimentos da plataforma continental média do Estado de São Paulo, através do estudo de foraminíferos, ostrácodes e moluscos, que refletem condições entre *tipicamente marinhas* e *mixoalinas*. Os levantamentos sísmicos rasos revelaram a existência de uma *rede de paleocanais* soterrada em grande parte dessa plataforma. Provavelmente, representariam canais de *antigas drenagens fluviais*, cuja ocorrência é compatível com o abaixamento de nível relativo do mar, de mais de 100 m durante o UMG (Último Máximo Glacial) há cerca de 17.500 anos A.P. (Corrêa,1996). A amostragem de sedimentos realizada a 62 m de profundidade de água, revelou a presença de *depósitos estuarinos*. O testemunho de sondagem obtido, com 5,08 m de comprimento acusou, da base para o topo, a existência de 0,41 m de *areias lamosas marinhas*, seguidas por 4,05 m de material de *preenchimento de paleocanal* e, finalmente, 0,62 m de *areias marinhas* semelhantes às que cobrem localmente a plataforma continental (Fig. 8.70).O ma-

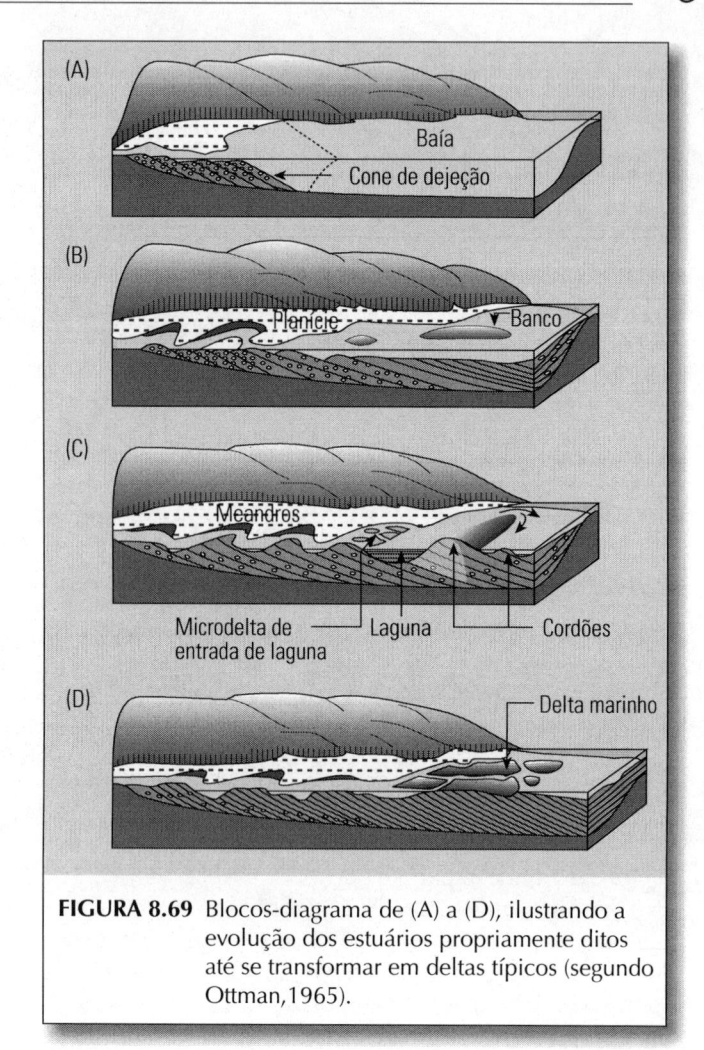

FIGURA 8.69 Blocos-diagrama de (A) a (D), ilustrando a evolução dos estuários propriamente ditos até se transformar em deltas típicos (segundo Ottman,1965).

terial de *preenchimento do paleocanal*, segundo os seus conteúdos em restos de foraminíferos ostrácodes, diatomáceas e moluscos, representariam *depósitos estuarinos holocênicos*, pois uma idade ao radiocarbono, obtida da *lama marinha basal*, foi de 12.550 ± 140 anos A.P.

Mesmo que os fósseis não estejam preservados, os *depósitos estuarinos* são comumente ricos em *matéria orgânica*. Por outro lado, os *depósitos estuarinos hipersalinos* podem conter halita e gipsita, formadas por intensa evaporação e conseqüente precipitação química. Além disso, o alto conteúdo de *matéria orgânica* de muitos *folhelhos graptolíticos*, por exemplo, sugere que sejam de origem estuarina ou lagunar.

Entretanto é preciso ter-se em mente que o alto conteúdo de *matéria orgânica*, mesmo considerando-se os fósseis indicativos de ambientes mixoalinos, não constitui critério decisivo para diferenciar os depósitos estuarinos dos sedimentos formados em baías, lagunas, planícies de maré etc.

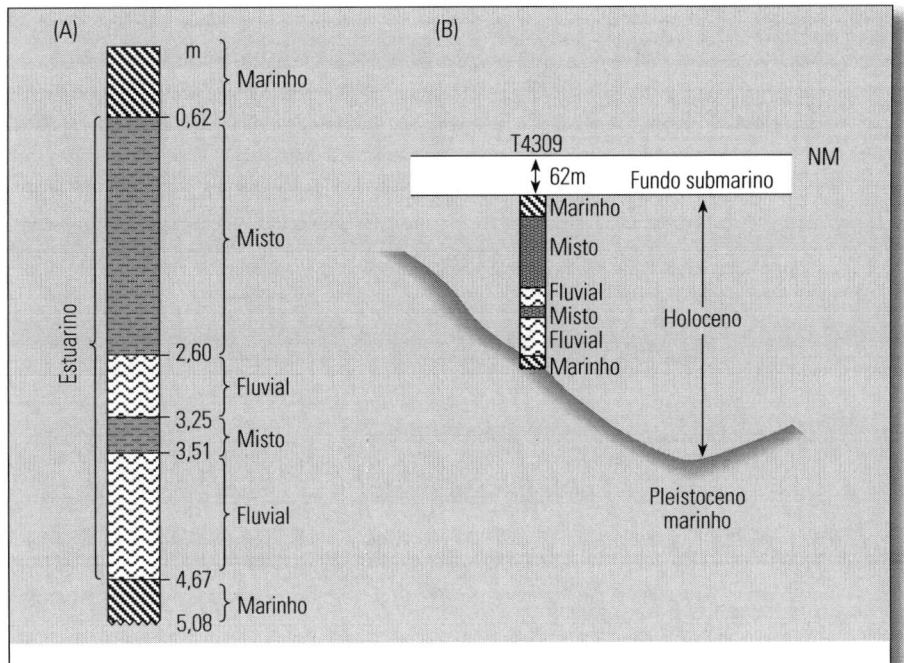

FIGURA 8.70 Prováveis depósitos estuarinos holocênicos, que preenchem um paleocanal, na plataforma continental do Estado de São Paulo:
(A) perfil do testemunho de sondagem, cujos paleoambientes de sedimentação foram interpretados com base em microrganismos e
(B) provável situação do testemunho no paleocanal (segundo Vicalvi *et al.*, 1977).

2.9 Ambiente de planície de maré

2.9.1 Generalidades

Nas margens de *estuários*, *lagunas*, *baías* ou atrás de *ilhas-barreira*, desenvolve-se o *ambiente de planície de maré* (Tabela 32), cujas representatividades dependem muito das respectivas *amplitudes de maré* (Hayes, 1975).

O *ambiente de planície de maré* é peculiar a regiões costeiras *muito planas* e de *baixa energia*. As condições necessárias a sua formação incluem amplitudes de maré mensuráveis e ausência da ação de ondas mais fortes. Grande parte dos sedimentos recém-depositados nesse ambiente é submetida à exposição subaérea nas fases de *refluxo de maré* (maré baixa).

A porção da *planície de maré* quase integralmente coberta pelas águas na preamar (maré alta ou maré cheia) e exposta na *baixa-mar*, em geral pouco inclinada, embora de declive irregular, é chamada de *zona intermarés*. Se areia e lama estiverem presentes nessa zona, comumente constituem seqüências alternadas. Mais internamente, continente adentro, tem-se a *zona supramaré* (supratidal zone) e mais externamente, mar adentro, ocorre a *zona inframaré* (subtidal zone), onde também se

desenvolvem *canais de maré* (tidal channels) e *baixios areno-argilosos* (Fig. 8.71).

As três zonas principais comportam inúmeras subdivisões baseadas nas *estruturas e texturas* dos sedimentos, incluindo os *aspectos biogênicos* ou dependendo do interesse particular de uma pesquisa. Apesar da variedade muito grande de *estruturas sedimentares*, comumente encontrada nas *planícies de maré*, não se tem notícia de nenhuma que seja exclusiva desse ambiente. Deste modo, como nos estudos de outros ambientes de sedimentação, as *planícies de maré* só podem ser definitivamente reconhecidas pelas relações verticais e laterais das diferentes *fácies sedimentares*.

A largura das *planícies de maré* é muito variável, podendo atingir pouco mais de 10 km, mas o comprimento ao longo da costa pode estender-se por centenas de quilômetros. A largura varia principalmente em função das *amplitudes de maré*, sendo menores em condições de *micromaré* (menor que 2 m) e maiores em *macromaré* (maior que 4 m), ou intermediárias em *mesomaré* (entre 2 e 4 m).

A velocidade das *correntes de maré* (tidal currents) atinge comumente 30 a 50 cm/s, que é suficiente para formar *marcas onduladas de pequena escala*

TABELA 32 Resumo de ambientes deposicionais terrígenos submetidos à ação de marés

	Ambiente ou subambiente	Amplitudes de maré
1.	Delta dominado por processos fluviais	Micromaré
2.	Sistema de ilha-barreira: (a) pântano salino; (b) praia; (c) barra de maré; (d) deltas de maré; (e) laguna pós-barreira	Micro a mesomaré
3.	Delta dominado por ondas	Micro a mesomaré
4.	Praia com cordões e canais	Mesomaré
5.	Planície de maré propriamente dita	Meso a macromaré
6.	Corpo arenoso intermarés	Meso a macromaré
7.	Pântano salino supramaré	Meso a macromaré
8.	Delta dominado por marés	Meso a macromaré

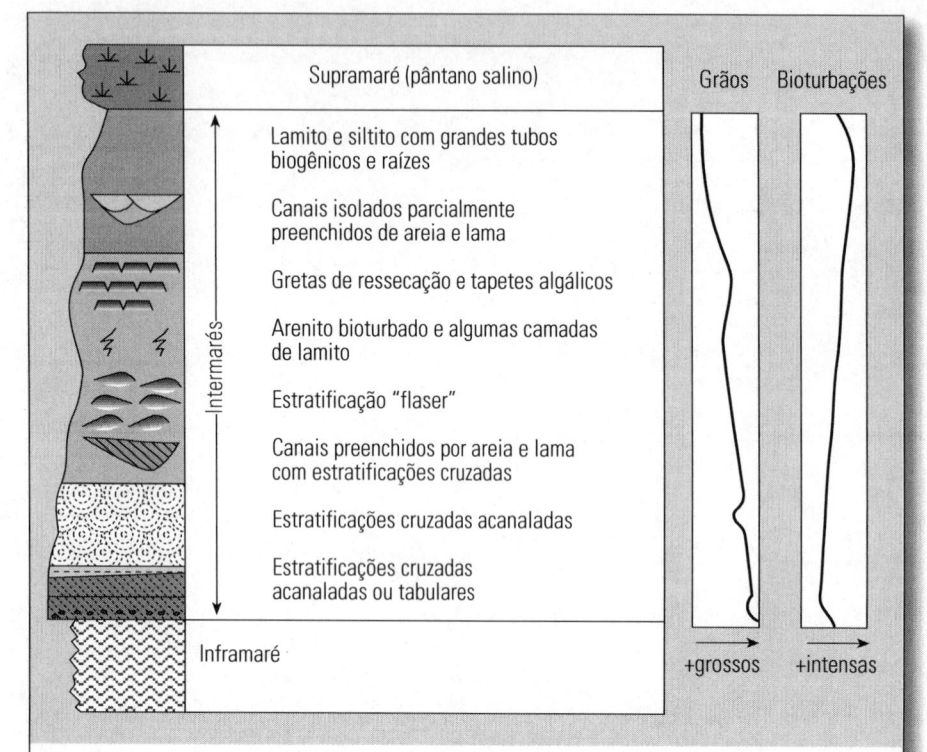

FIGURA 8.71 Seqüência hipotética de costa progradante de macromarés (amplitude superior a 4 m) com corpos arenosos intermarés (segundo Knight & Dalrymple, 1975; modificado com dados de Mackenzie, 1968).

(micromarcas onduladas) em sedimentos arenosos. Entretanto, nos *canais de maré*, pode ser superior a 150 cm/s, podendo gerar *marcas onduladas de grande escala* (megamarcas onduladas) até *antidunas*. As correntes de maré, desenvolvidas nos *canais*, são tipicamente *bipolares* e freqüentemente se manifestam na forma de *estratificação cruzada espinha-de-peixe* (herringbone crossbedding).

Os animais e as plantas são representados por relativamente poucas espécies, mas com elevado número de indivíduos e desempenham um importante papel no *ambiente de planície de maré*. Os animais consistem em caranguejos, bivalves, gastrópodes, vermes, etc. A vegetação típica é de manguezais, que ocorrem na *zona intermarés*, próxima a desembocaduras fluviais, sendo representadas no Brasil pelas espécies *Rhizophora mangle*, *Avicennia schaueriana* e *Laguncularia racemosa*. Eles são importantes no trapeamento de sedimentos, na gênese de partículas sedimentares (pelotas fecais) e nas *bioturbações* (fito e zooturbações) como resultado de atividades de alimentação, locomoção, morada, etc. O número relativamente pequeno de espécies, muitas vezes endêmicas, deve-se à *condição estressante*, pois o ambiente está submetido a variações extremas de velocidades de corrente, de profundidades, temperaturas e salinidades de água, a processos acelerados de erosão e sedimentação, além da ressecação e umedecimento alternados.

Portanto, a *bioturbação* constitui uma característica comum em sedimentos de planícies de maré,

principalmente por ação de *organismos bentônicos* (Van Straaten, 1954b), além da ação de raízes de plantas. Essa propriedade é mais conspícua em sedimentos lamosos, com *baixa taxa de sedimentação* e menos aparente em sedimentos arenosos com taxa de sedimentação mais alta.

2.9.2 Tipos de sedimentos de planície de maré

Segundo Mendes (1984:258), considerando-se os tipos de sedimentos, tem-se as *planícies de maré siliciclásticas* (siliciclastic tidal flats) e as *planícies de maré carbonáticas* (carbonate tidal flats).

Os estudos clássicos de *planícies de maré siliciclásticas*, executados no norte da Europa, são os de Van Straaten (1954b) na Holanda, e de Evans (1965) na Inglaterra, além dos trabalhos de Klein (1971) e Reineck (1972). Os tipos de sedimentos predominantes nessas planícies são areias finas, siltes e argilas. A textura de cada planície de maré depende não somente das condições de energia das *correntes de maré* e *ondas*, mas também da disponibilidade de sedimentos na área-fonte. Desse modo, as planícies de maré da Holanda, por exemplo, são menos lamosas que as da Alemanha, e as da Grã-Bretanha são muito arenosas, embora menos que as do Golfo da Califórnia.

Os depósitos da *zona inframaré* são predominantemente formados por migração lateral de canais de maré e, desse modo, são compostos de areia com *estratificação cruzada espinha-de-peixe*, além de freqüentes *fragmentos de conchas* e *pelotas de argila* (clay galls). Os sedimentos da *zona intermarés* são compostos de lamas e areias finas, comumente depositadas alternadamente. Porém, as areias tendem a concentrar-se nas porções inferiores e os siltes e argilas nas partes superiores, em decorrência do decréscimo de energia das correntes de maré e das ondas nesse sentido. As areias dessa zona também podem exibir *estratificação cruzada espinha-de-peixe*. Por outro lado, nas transições entre as areias e as lamas, formam-se *estratificação "flaser"*, *ondulada*, *lenticular* e *rítmica*, cujas ocorrências dependem dos teores relativos desses sedimentos (Fig. 6.22). Em regiões de climas mais secos, as *planícies de maré siliciclásticas* mais lamosas, principalmente na zona supramaré, são caracterizadas por *pântanos salinos* (salt marshes), que podem conter *cristais de gipsita* e/ou *halita*, precipitados em conseqüência da elevada *taxa de evaporação*.

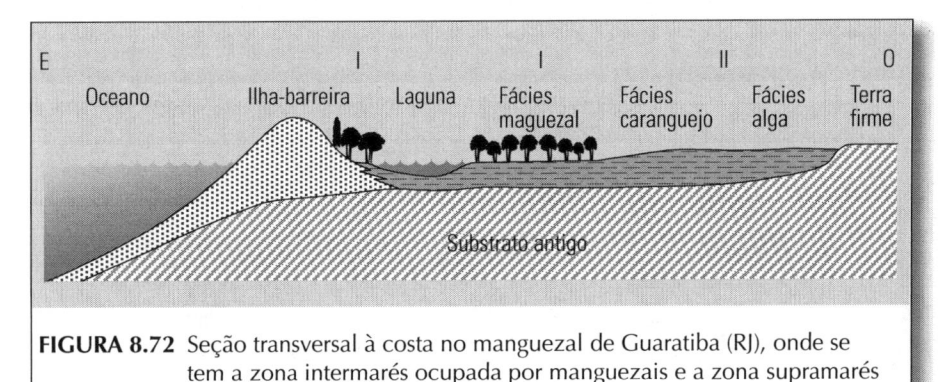

FIGURA 8.72 Seção transversal à costa no manguezal de Guaratiba (RJ), onde se tem a zona intermarés ocupada por manguezais e a zona supramarés (segundo Dias-Brito *et al.*,1982).

Dias-Brito *et al.*, (1982) forneceram dados muito interessantes sobre a *planície de maré* de Guaratiba (RJ), situada em área de clima quente e úmido. Segundo os autores, ela se estende por cerca de 40km², sendo seccionada por *canais de maré meandrantes* e *anastomosados*. Os sedimentos da *zona de supramaré* são lamosos e exibem gretas de ressecação, e a *zona intermarés* é composta por sedimentos argilosos ricos em *matéria orgânica* que é recoberta por vegetação típica de manguezal (Fig. 8. 72).

As *planícies de marés carbonáticas* ocorrem, hoje em dia, em regiões quentes, tanto em climas úmidos (Ilha de Andros, Bahamas), como secos (Golfo Pérsico), Fig. 8.73, que representam modelos de planície de maré transgressiva e planície de maré regressiva, respectivamente. Na Ilha Andros predomina sedimentação carbonática clástica (Fig. 8.73A). Nos pântanos salinos da *zona supramaré*, no entanto, ocorrem alternâncias de camadas claras de lama calcária e camadas escuras de turfa algácea. Esses calcários paludiais exibem *estrutura olho-de-pássaro* (bird's eye) ou *fenestral* (fenestral), que é composta de mancha de calcita espática, preenchendo vazios deixados por *bioturbação* ou por *escape de gases*, como ocorre em *dolomitos de supramaré*. Na *zona intermarés*, ocorrem lamas calcárias intensamente bioturbadas e nos canais existem conchas de gastrópodes e testas de foraminíferos cimentados por lama carbonática. Na *zona inframaré*, são encontradas lamas aragoníticas muito bioturbadas. Os estudos de *planície de maré carbonática* em clima árido

foram realizados no Golfo Pérsico (Fig. 8.73B) entre outros por Illing *et al.*, (1965), sobre problemas químicos de *formação da dolomita e evaporitos*, posteriormente sintetizados por Purser (1973). Além das feições acima descritas, outro aspecto característico de *planície de maré carbonática* é a existência de *estromatólitos colunares* (Purser, 1980), que se desenvolvem entre as *zonas intermarés* e *inframaré*, como acontece na Austrália Ocidental. Nesses casos, os pesquisadores têm concluído que as laminações algáceas da *zona supramaré* em climas áridos, possam resultar tanto da alternância de fases de crescimento da alga (em baixa-mar) e sedimentação marinha (em preamar), como de fases de crescimento de algas e sedimentação eólica.

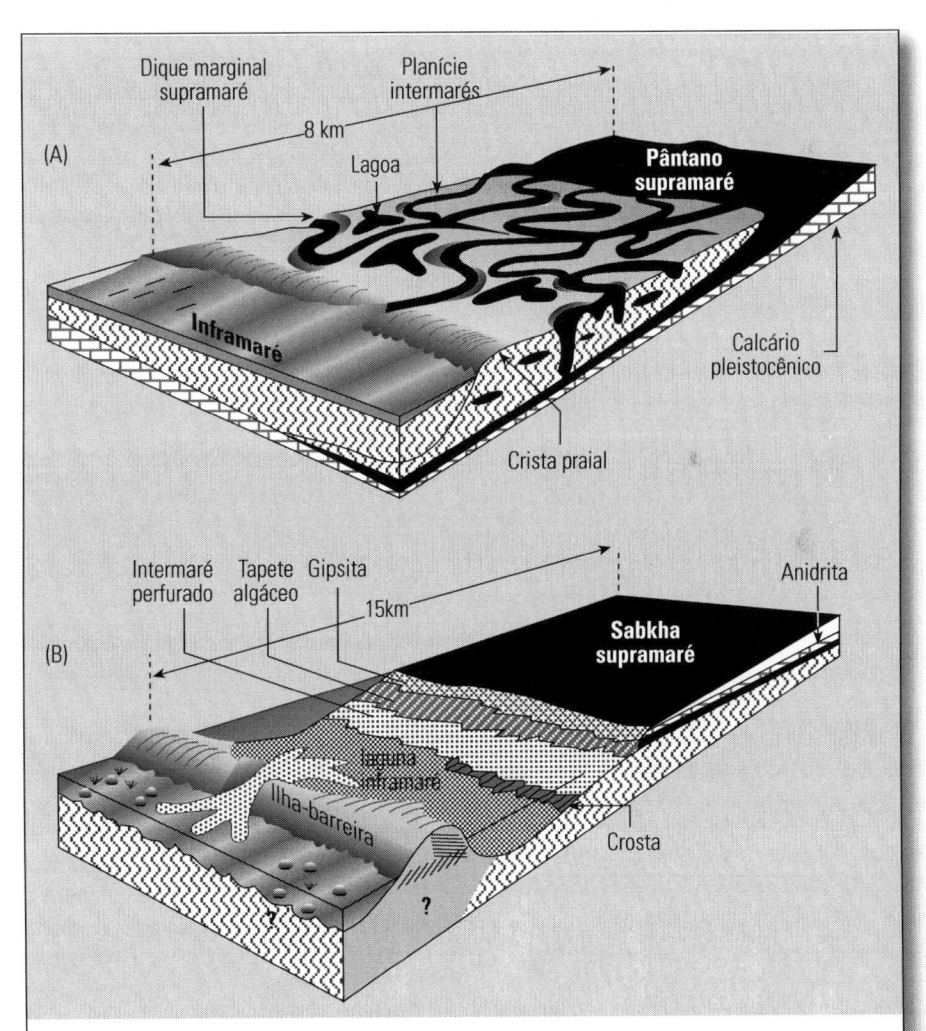

FIGURA 8.73 Blocos-diagramas dos principais subambientes de modelos de planície de maré carbonática:
(A) transgressiva de clima quente e úmido de fácies com recobrimento expansivo (Ilha de Andros, Bahamas);
(B) regressiva de clima quente e árido de fácies com recobrimento retrativo (Golfo Pérsico), segundo Shinn (1983).

A migração dos *canais de maré* pode causar o completo retrabalhamento dos sedimentos arenosos depositados em uma *planície de maré*. O mecanismo mais comum que ocasiona a migração desses canais é o *meandramento*.

2.9.3 Depósitos de antigas planícies de maré

Geralmente, tanto em depósitos modernos como pretéritos, as seqüências deposicionais são incompletas, pois o desenvolvimento de cada fase depende, entre outros fatores, da disponibilidade de materiais apropriados e da possibilidade de preservação dos sedimentos depositados. Quando uma seqüência completa de depósitos intermarés for reconhecida, pode-se estimar a *amplitude das paleomarés* da época de sedimentação, que pode ser igual ou diferente da atualmente encontrada nas áreas mais próximas (Fig. 8.74). Naturalmente, a espessura medida nesse caso representa um valor menor que a original, pois os sedimentos foram submetidos a vários processos diagenéticos e à compactação. Desse modo, a *amplitude das paleomarés* deveria ser algo maior. As variações em área dos depósitos de planícies de maré não são muito claras, pois, rumo ao continente, os sedimentos das planícies de maré associam-se a depósitos de planícies costeiras (pântanos e planícies de inundação) e rumo ao mar aberto esses sedimentos gradam para diversos tipos de depósitos litorâneos (praia e plataforma continental).

De acordo com diversos autores, têm-se as seguintes estruturas e outras feições que podem ser associadas a vários processos atuantes na deposição de sedimentos clásticos de *planícies de maré*:

a) *Resultantes do transporte bipolar e bimodal e alternadamente inverso dos sedimentos de fundo* (estratificações cruzadas com limites de seqüência abruptos, estratificações cruzadas espinha-de-peixe, distribuição bimodal na orientação dos rumos de mergulho máximo de estratificações cruzadas, laminações paralelas e grãos de quartzo com altos graus de arredondamento).

b) *Resultantes da deposição alternada entre material de fundo e da decantação da suspensão em fases estacionárias de maré* (estrutura "*flaser*", laminações cruzadas ligadas à estrutura "*flaser*", acamamentos ondulado e lenticular, laminação con-

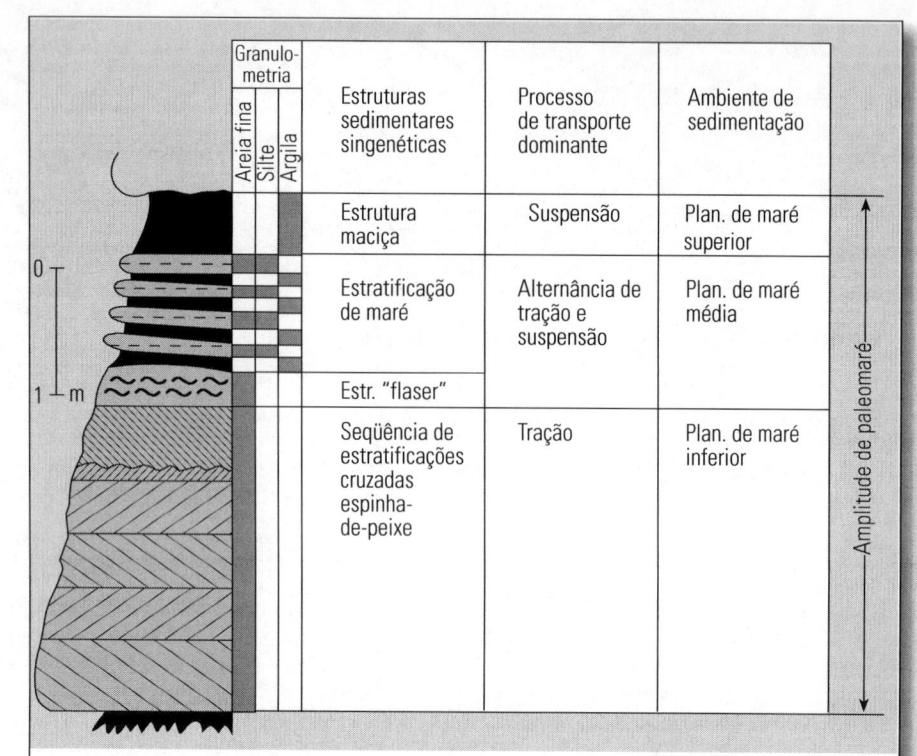

FIGURA 8.74 Seção colunar de uma seqüência de planície de maré siliciclástica correspondente à zona intermarés do membro médio da Formação Wood Canyon Formation (Pré-cambriano superior) de Nevada (EUA). Além da amplitude mínima de paleomaré, a figura mostra as granulometrias, as estruturas sedimentares singenéticas, os processos dominantes de transporte e os ambientes de sedimentação (segundo Klein, 1972).

voluta e marcas onduladas assimétricas com calhas preenchidas de lama).

c) *Resultantes do efeito erosivo das marés* (conglomerados e brechas de lamitos residuais e fragmentos de conchas na base de canais de maré, conglomerados e brechas intraformacionais, microrravinas ou sulcos de lavagem e turboglifos).

d) *Resultantes da exposição subaérea e conseqüente ressecação* (gretas de contração e conglomerados e brechas de "raspas argilosas").

e) *Resultantes da ação de organismos* (pistas e rastos, fragmentos de plantas arrastados e "fauna empobrecida").

f) *Resultantes da compactação diferencial e conseqüente reajuste hidroplástico* (laminação convoluta, estrutura de sobrecarga e pseudonódulos).

Embora os depósitos de antigas *planícies de maré* mostrem certa similaridade, nem todas as características são comuns a todos eles. As *feições faciológicas* típicas dos depósitos de *planícies de maré* podem diferir de acordo com o *estilo estrutural*, o *paleoclima*, a *idade* e a *localização geográfica* (latitude) da bacia sedimentar. A comparação dos depósitos de *planícies de maré modernos* mostra claramente grandes variações de detalhe entre os depósitos de diferentes regiões (Fig. 8.75).

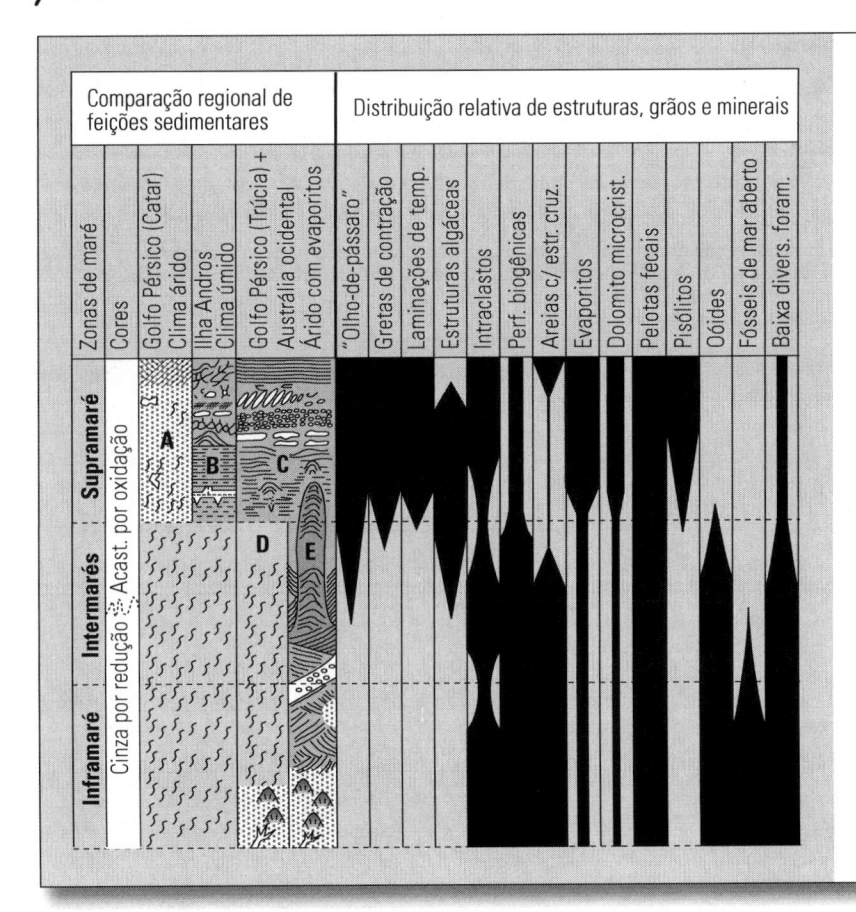

Comparação regional de feições sedimentares					Distribuição relativa de estruturas, grãos e minerais													
Zonas de maré	Cores	Golfo Pérsico (Catar) Clima árido	Ilha Andros Clima úmido	Golfo Pérsico (Trúcia) + Austrália ocidental Árido com evaporitos	"Olho-de-pássaro"	Gretas de contração	Laminações de temp.	Estruturas algáceas	Intraclastos	Perf. biogênicas	Areias c/ estr. cruz.	Evaporitos	Dolomito microcrist.	Pelotas fecais	Pisólitos	Oóides	Fósseis de mar aberto	Baixa divers. foram.

FIGURA 8.75 Variações faciológicas em depósitos de planícies de maré carbonáticos: (A) seqüência de planície de maré ao redor da Península de Catar (Golfo Pérsico); (B) estruturas sedimentares de "clastos de solos" e intraclastos depositados por corrente e domos de cabeços algáceos, além de gretas de contração; (C) feições sedimentares de planície de maré em clima árido da costa da Trúcia (Golfo Pérsico) e Shark Bay (Austrália). As zonas intermarés variam desde lamas oxidadas como em (D) até recifes de corais e grandes estruturas algáceas contidas em areias com estratificações cruzadas e marcas onduladas. À direita, tem-se as freqüências relativas de várias estruturas sedimentares, grãos minerais e fósseis (segundo Shinn, 1983).

Segundo Raaf & Boersma (1971), duas seriam as propriedades fundamentais que são úteis no diagnóstico de depósitos de antigas planícies de maré:

1. *Bimodalidade na orientação* de camadas frontais de estratificações cruzadas e de outras estruturas sedimentares vetoriais, provocada pelos movimentos de avanço e recuo das marés.

2. Ocorrência concomitante, em diferentes proporções de *estruturas de grande escala*, em associação com *diastemas de pequena escala*. Além disso, são freqüentes as estruturas de bioturbação e conchas de moluscos, como da *Mya arenaria* em posição de vida. Em sedimentos constituídos pela alternância de lama e areia, são também comuns as estratificações "*flaser*" e microndulações.

Carozzi *et al.*, (1973) identificaram fácies de *planícies de maré siliciclásticas* nas formações Maecuru (Devoniano inferior) e Ererê (Devoniano médio) na Bacia do Amazonas. O *modelo deposicional* idealizado por esses autores é muito simples e admite três subambientes: pântano salino supramaré, intermarés e inframaré. Os depósitos de pântano salino seriam representados por laminitos contendo restos vegetais, os de intermarés seriam compostos por lamitos e arenitos lenticulares com marcas onduladas e os depósitos inframaré seriam compostos por arenitos muito finos e bem selecionados com intensa bioturbação.

Na Bacia do Paraná, os sedimentos da Formação Estrada Nova (Permotriássico) parecem representar, pelo menos em parte, depósitos de antigas planícies de maré (Suguio *et al.*, 1974b Petri & Coimbra, 1982)

2.10 Ambiente de praia

2.10.1 *Generalidades*

Corresponde à zona perimetral de um corpo aquoso (lago, mar ou oceano), dominada por ondas e composta de material granular inconsolidado, comumente arenoso (0,062-2 mm) ou mais raramente cascalhoso (2 a 60 mm), além de conter teores variáveis de biodetritos (fragmentos de conchas de moluscos, etc.). Quase sempre, tanto a sua *morfologia externa* quanto as suas *características internas* podem apresentar modificações induzidas por atividades de *correntes longitudinais* (ou de *deriva litorânea*) e *de maré*. Estende-se desde o nível de *baixa-mar média* (profundidade de interação das ondas com o substrato) para cima, até a linha de *vegetação permanente* (limite das *ondas de tempestade*) ou até onde haja mudanças na fisiografia, como *dunas costeiras* ou *falésias marinhas*. Quando essa zona não apresenta material inconsolidado, mas *substrato rochoso*, tem-se o *terraço de abrasão por ondas* (wave-cut terrace).

A *praia arenosa* exibe forma mais ou menos arqueada, em planta, e côncava rumo ao continente.

Desenvolve-se em trechos de costa com abundante suprimento arenoso como, por exemplo, nas adjacências de desembocaduras fluviais com predominância da ação de ondas, levando à construção de *delta destrutivo cuspidado (*cuspate destructive delta) ou *delta destrutivo dominado por ondas* (wave dominated destructive delta). Por outro lado, a *praia cascalhosa* caracteriza-se por crista muito alta, que corresponde à altura máxima de ação das *ondas de tempestade* (storm waves). Muitas praias do Mar do Norte (Inglaterra), bem como da Patagônia (Argentina) ou do Canadá são cascalhosas, contendo abundantes fragmentos rochosos derivados do *retrabalhamento de depósitos glaciais* (Bird, 1969).

A largura das praias atuais varia de dezenas a centenas de metros e longitudinalmente estendem-se por até centenas de quilômetros. A declividade e a largura de uma praia dependem muito da *granulometria* dos sedimentos que as constituem, e a altura está relacionada ao *tamanho das ondas* e às *amplitudes das marés*. Em geral, tanto mais grossos os sedimentos mais inclinadas e estreitas se apresentam as praias, e esta correlação está ligada à maior permeabilidade dos sedimentos mais grossos, que favorece a infiltração e diminui muito o volume de águas de retorno superficial.

O *ambiente de praia* extrapola em muito a "praia propriamente dita" e estende-se a pontos permanentemente subaquosos, situados além da *zona de arrebentação* (breaker zone), onde as ondas, mesmo as mais fortes, já não mobilizam as areias, até a faixa de dunas, que comumente acompanha as praias arenosas em áreas mais ventosas. Na Fig. 8.76 estão representados os principais ambientes e fácies sedimentares associadas às praias e barreiras costeiras:

a) *ambientes de praia* e *faces litorâneas* (shorefaces) situados no lado marinho das *barreiras* (barriers) e *planícies litorâneas* (strandplains);

b) *desembocaduras lagunares* (inlet channels) e *deltas de maré* (tidal deltas), que interrompem lateralmente as barreiras;

c) *leques de lavagem* (washover fans) na face lagunar das barreiras.

A migração desses ambientes longitudinal ou transversalmente às linhas costeiras, resultarão em seqüências faciológicas que constituem muitos corpos arenosos litorâneos. A distribuição das fácies, a geometria externa dos corpos arenosos e a natureza das fácies associadas são muito variáveis e dependem, sobretudo, do suprimento de sedimentos, das mudanças do nível relativo do mar e de outros fatores particulares em cada caso. Uma *reconstrução estratigráfica* adequada deve levar em consideração a identificação das principais fácies e a determinação da distribuição e relação laterais, além de fatores locais ou regionais.

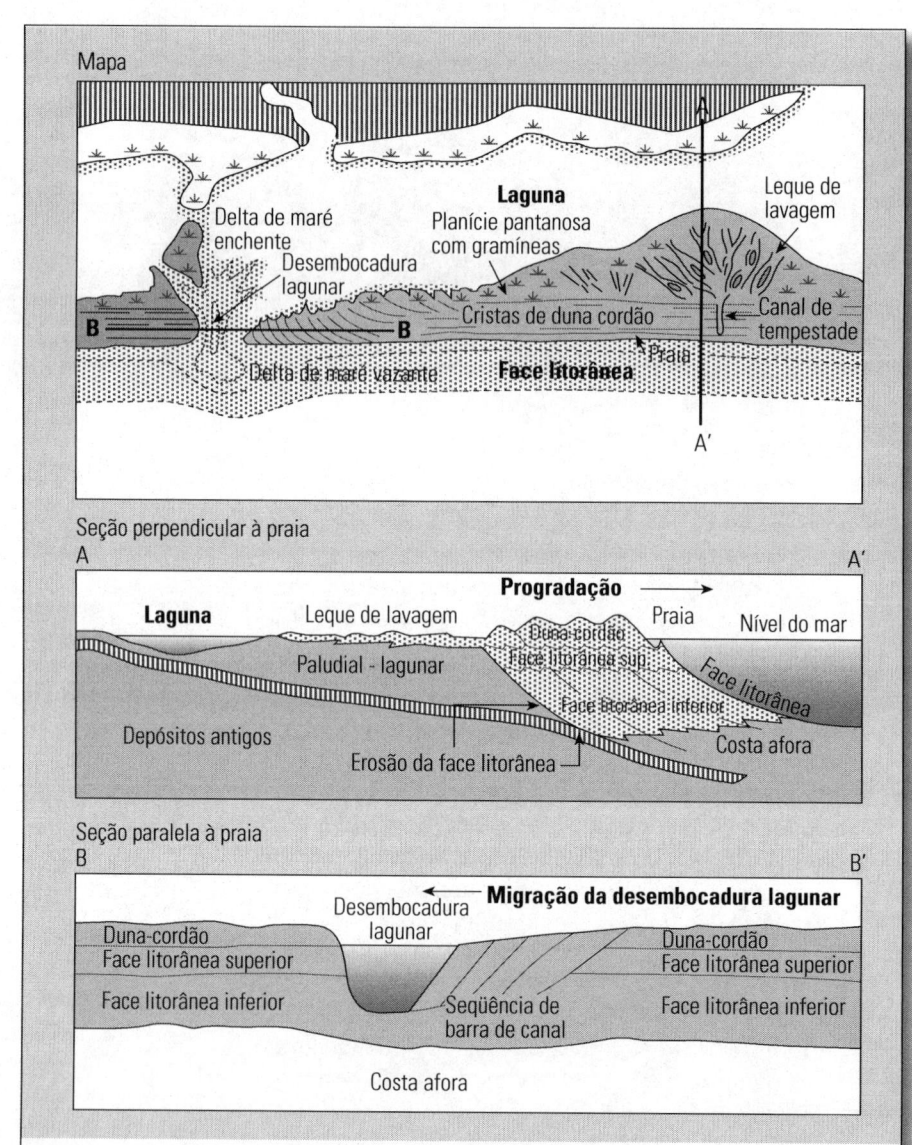

FIGURA 8.76 Mapa generalizado, além de seções transversal (A) e longitudinal (B) com os principais ambientes e fácies sedimentares de um sistema de ilha-barreira e laguna. Ambientes semelhantes acham-se associados com sistema de planície litorânea, excetuando-se o fato de que a planície progradante de planícies litorâneas é, em geral, mais larga e os ambientes de desembocadura lagunar são menos desenvolvidos sobre as planícies costeiras (baseado em McCubbin,1982).

2.10.2 Subambientes praiais

Um *ambiente praial oceânico típico* pode ser subdividido em vários subambientes: *pós-praia* (backshore), *antepraia* (foreshore) e *face litorânea* (shoreface), conforme a Fig. 8.77.

A *pós-praia* representa a porção mais alta da praia, correspondente aproximadamente ao nível de *berma* (berm), além do alcance das ondas e marés ordinárias. Estende-se desde a *crista praial* (beach ridge), construída pelo nível de preamar de sizígia até o sopé da *escarpa praial* (beach scarp). Originalmente é inclinada para a escarpa praial, mas como ela é lavada com certa freqüência durante as *marés extraordinárias* (de sizígia), pode tornar-se suavemente inclinada para o mar.

A *antepraia* apresenta-se sempre inclinada suavemente para o mar e inclui a *face praial* (beach face), que é comumente exposta à ação do *espraiamento* (swash) das ondas e, em algumas praias, uma ou mais barras alongadas separadas por canais, que recebem o nome de *crista-e-canal* (ridge and runnel). A *antepraia* corresponde à parte situada entre o limite superior da preamar (*escarpa praial*) e a linha de baixa-mar ordinária, isto é, parte anterior da praia, que normalmente sofre a ação da marés e os efeitos de espraiamento das ondas após a arrebentação. Os geomorfólogos brasileiros referem-se à parte desta porção de praia como *estirão* ou *estirâncio*.

Além disso, podem ser reconhecidas a *antepraia superior* (upper foreshore) e a *antepraia inferior* (lower foreshore), que são denominações baseadas em *critérios geomorfológicos*. A *antepraia superior* refere-se à porção da *antepraia* (ou *face praial*), que se inicia na base da *crista de berma* (berm crest) e exibe uma superfície lisa sem *barras-e-canais*. Corresponde aproximadamente ao estirâncio de Bigarella *et al.*, (1966). A *antepraia inferior* refere-se à porção inferior da *antepraia* ou *terraço de maré baixa* (low tide terrace), onde ocorrem as *barras-e-canais* (swash bars) de Roep (1986).

A *face litorânea* estende-se do limite da *antepraia inferior* ligado à linha de baixa-mar ordinária até a profundidade de 6 a 20 m, onde comumente ocorre mudança de gradiente, passando de superfície

de declive suave para quase horizontal e levemente côncava para cima (Price, 1954). Portanto, estende-se desde o nível de maré baixa ordinária até além da *zona de arrebentação* (breaker zone). Em inglês, denomina-se também de *inshore zone*. Abrange a *zona de surfe* (surf zone) e a *zona de ondas de tempestade* (zone of storm wave surge).

A *face litorânea* também comporta uma subdivisão em superior e inferior. A *face litorânea superior* representa um ambiente de inframaré (abaixo da maré baixa), que é dominado por correntes geradas por ondas, onde se depositam areias de granulação fina a média, com seixos dispersos ou em camadas. A areia pode apresentar *estratificação cruzada acanalada* (trough crossbedding) em seqüências e 10 a 30 cm de espessura, bem como laminação paralela. A *bioturbação* está presente entre 6 a 9 cm abaixo da baixa-mar. Comumente, mas nem sempre, apresenta barras alongadas paralelas

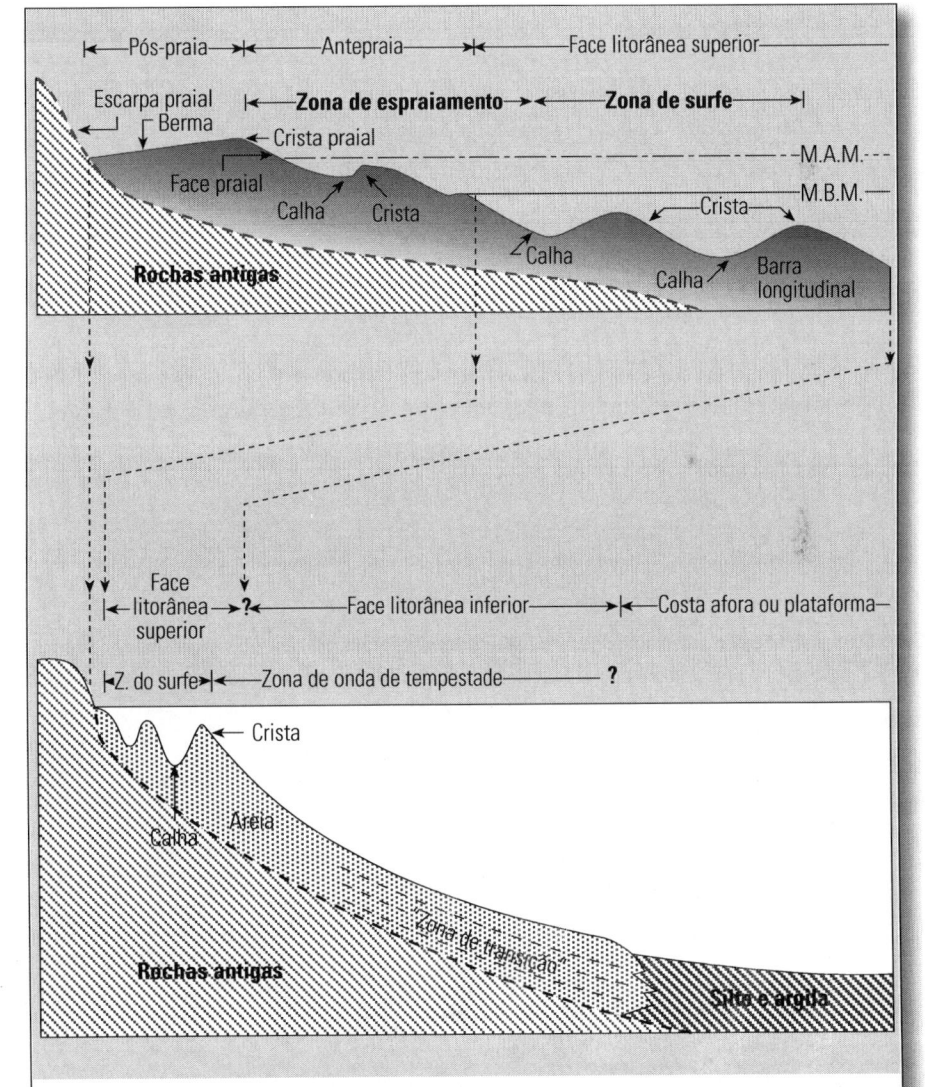

FIGURA 8.77 Perfil generalizado de praia costa afora, mostrando as terminologias usuais aplicadas a feições e zonas morfológicas principais (baseado em McCubbin, 1982). Ocorre certa confusão nessas nomenclaturas, nas literaturas geociências em inglês e em português.

ou levemente oblíquas à linha de costa. A *face litorânea inferior* é um ambiente caracterizado pela deposição rápida por *maré de tempestade* (storm tide) e deposição lenta de areia síltica e areia fina por decantação. A areia síltica exibe *bioturbação* e algumas laminações paralelas e cruzadas em areias mais puras, que podem também conter conchas inteiras e fragmentadas na porção basal.

2.10.3 *Processos costeiros e tipos de costas*

A movimentação dos sedimentos e as características morfológicas das praias acham-se intimamente relacionadas a parâmetros oceanográficos físicos que constituem os chamados *processos costeiros*. Comumente podem ser distinguidas *praias de alta energia* e *praias de baixa energia*, em função das energias relativas atuantes na movimentação dos sedimentos dessas praias. Esses processos envolvem a ação das *ondas*, *marés* e *ventos*, além das *correntes litorâneas* (ou costeiras) geradas por esses fatores (Fig. 8.78).

As *ondulações* (*swells*) que chegam à costa sofrem *refração*, isto é, mudança no sentido de propagação das ondas em águas rasas, acomodando-se à *topografia de fundo*. O fenômeno da *refração* é também responsável pelo alinhamento da *zona de arrebentação* (breaker zone), de tal modo que ela tende a ser paralela à praia, independentemente do sentido de aproximação das ondas nas águas mais profundas. A chamada *zona de arrebentação* é representada por uma faixa estreita, onde as ondas se rompem pela diminuição de profundidade até abaixo de um valor igual ou inferior à *base das ondas* (wave base). Além disso, ocorre também o fenômeno da *difração* ao redor de obstáculos naturais, como ilhas e promontórios (Fig. 8.79). Os fenômenos de *refração* e *difração* modificam os *sentidos de propagação das ondas* representados pelas suas ortogonais. Quando elas convergem em um determinado trecho da costa, ocorre a concentração de energia, causando a *predominância da erosão*. Em caso contrário, quando elas divergem ocorre dispersão de energia, ocasionando a *predominância da sedimentação*.

Outro fenômeno muito comum é a *reflexão* dos trens de onda, quando eles encontram um obstáculo gerando, em conseqüência um novo trem de ondas que se superpõem aos anteriores. A energia da *onda refletida* pela *face praial* (beach face) pode ser reintegrada ao oceano aberto ou ficar aprisionada junto à costa na forma de *onda de ressonância* (edge wave) que, segundo Guza & Inman (1975), seria responsável pelo surgimento de topografias rítmicas, como as *cúspides praiais* (beach cusps). Os fenômenos de *refração*, *difração* e *reflexão* que interferem nos sentidos de propagação das ondas, são muito comuns na região costeira do Estado de São Paulo.

A incidência de ondas na linha costeira gera grande variedade de *correntes costeiras* (coastal currents) entre as quais sobressaem as *correntes longitudinais* (Komar, 1991). As *correntes longitudinais* desenvolvem-se quando os *trens de onda* (wave trains) incidem obliquamente à linha de costa. Segundo Muehe (1994), ângulos superiores a 5 graus são suficientes para produzir correntes com velocidades eficientes, mas segundo

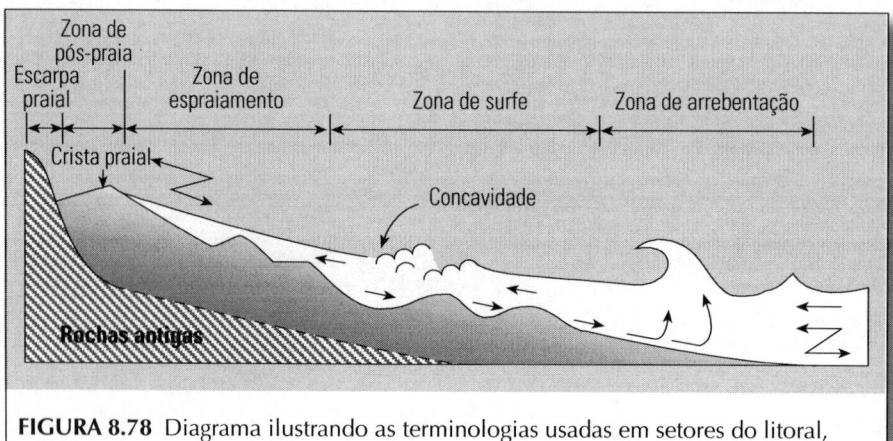

FIGURA 8.78 Diagrama ilustrando as terminologias usadas em setores do litoral, dominados por processos costeiros mais representativos, em seção transversal (Ingle,1966; modificado de Shepard & Inman,1950).

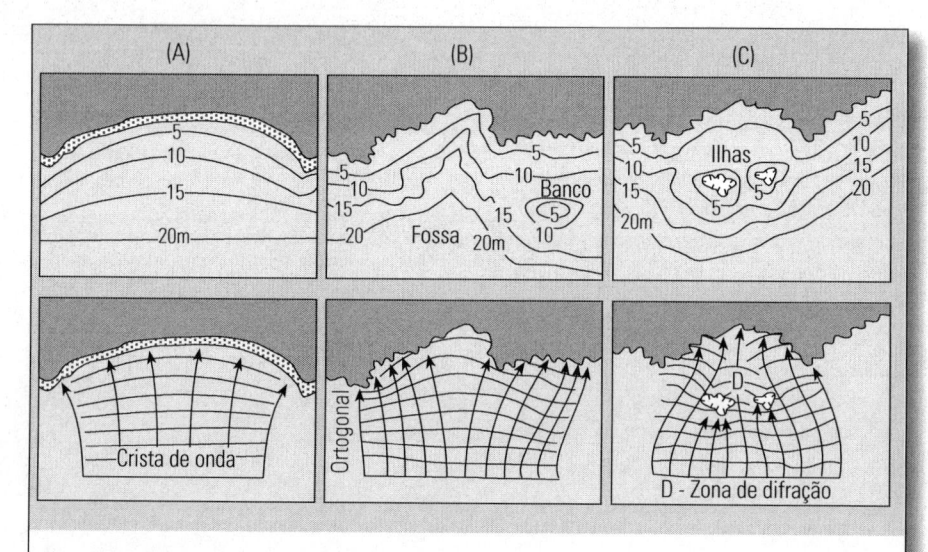

FIGURA 8.79 Padrões de refração de ondas:
(A) em embaíamentos de configuração simples;
(B) em embaíamentos com fossa costa afora e banco submerso;
(C) em costa com ilhas onde ocorre também o fenômeno da difração (segundo Bird, 1969).

Larras (1961) as maiores velocidades seriam alcançadas quando os *ângulos de incidência* situam-se entre 46 e 58 graus. O transporte de sedimentos na *zona do surfe* (área situada entre o *limite externo de arrebentação* e o *limite de espraiamento de ondas*) ocorre não só pela atuação das *correntes longitudinais*, mas também pela agitação das ondas no local, cujo movimento resultante é chamado de *deriva litorânea* (Taggart & Schwartz, 1988). Ainda, segundo esses autores, ocorre o transporte de sedimentos também na *zona de espraiamento* (*antepraia* e *face praial*), através do fenômeno da *deriva praial*, cujas trajetórias exibem forma serrilhada e apresentam o mesmo sentido da *deriva litorânea*. A *deriva costeira* que representa a somatória das *derivas litorânea* e *praial* segue um sentido predominante por um longo intervalo de tempo, a despeito da ocorrência de movimentos de menor duração como os de *regime sazonal*.

Cada trecho de costa, com um determinado sentido de *deriva costeira* dá origem a uma *célula de circulação costeira* (Noda, 1971). A *célula de circulação costeira* é composta de três partes:

1. *zona de erosão;*
2. *zona de transporte;*
3. *zona de deposição.*

A *zona de erosão* onde se origina a corrente (*barlamar*) caracteriza-se por apresentar ondas de maior energia. A *zona de transporte* corresponde ao trajeto através do qual os sedimentos são carreados ao longo da costa. Finalmente na *zona de deposição* (ou de acumulação) a corrente termina (*sotamar*) e representa o local com ondas de menor energia.

Quando duas *células de circulação costeira* se situam, lado a lado ao longo da costa, podem acontecer duas situações. Se a área for de terminação de duas células, ocorrerá a convergência de correntes, causando *intensa acumulação* ou desenvolvendo-se uma *corrente de retorno* (ou *corrente sagital*). Entretanto, se o local for de divergência de células, haverá *intensa erosão*. Segundo Taggart & Schwartz (*op. cit.*), uma *célula de circulação costeira* possui dimensões variáveis, desde de poucas dezenas de metros até alguns quilômetros.

A *corrente de retorno* constitui uma forte corrente superficial que flui do litoral ao *mar aberto* (open sea), representando o movimento de *retorno das águas acumuladas* na zona costeira pela chegada de sucessivos trens de onda (Fig. 8.80). Os comprimentos dessa corrente podem variar de 70 a 830 m e a velocidade pode atingir 2 nós. Reimnitz *et al.,* (1976) descreveram canais originados pelas *correntes de retorno* que se alargavam rumo ao mar com 30 a 100 m de largura, 0,5 m de profundidade e se estendiam por cerca de 1.500 m até aproximadamente 30 m de profundidade. Essa corrente pode transportar grande volume sedimentos costa afora.

Um exame mais acurado das linhas de costa do mundo sugere que existam variedades ilimitadas de configurações costeiras que, no entanto, enquadram-se em número relativamente pequeno de padrões (Fig. 8.81). É necessário ter em mente que os tipos de costa atuais não devem ser representativos de grande parte

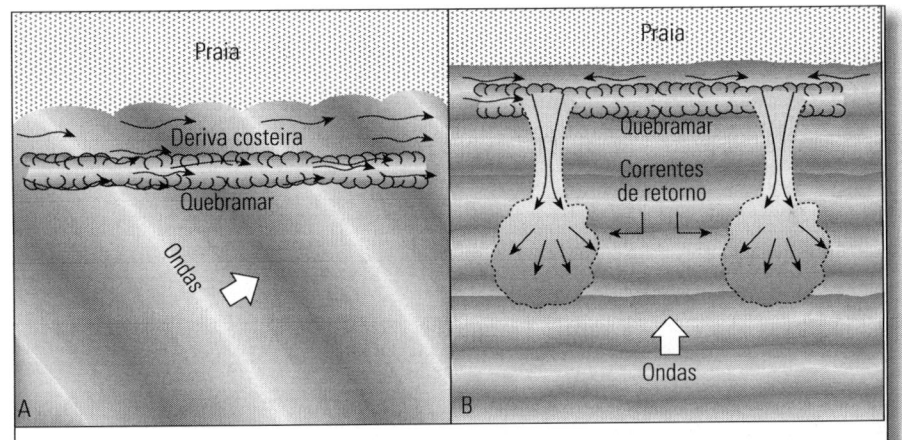

FIGURA 8.80 Circulação litorânea ligada a correntes longitudinais (longshore currents) e de retorno (rip currents)
(A) ondas oblíquas à praia, gerando fortes correntes de deriva costeira (ou deriva litorânea);
(B) ondas paralelas à praia, dando origem a correntes longitudinais e de retorno, com atuações intermitentes (segundo Allen, 1975).

FIGURA 8.81 Alguns dos principais tipos de linhas de costa, segundo Shepard (1967).

da história da Terra, pois eles refletem ainda muitas das características adquiridas durante as transgressões e regressões quaternárias.

2.10.4 Morfodinâmica praial

A forma de um *perfil transversal* de uma praia é função de inúmeros *fatores sedimentológicos* e *hidrodinâmicos*. Sonu & Van Beek (1971) construíram uma matriz de combinações possíveis dos fatores acima e dos perfis praiais e obtiveram seis configurações mais recorrentes, onde o estado antecedente é de importância fundamental.

Segundo Davis & Fox (1968), uma das variáveis que interferem na forma do *perfil praial* é de caráter sazonal, de modo que, no inverno, tem-se a *concavidade para cima* e, no verão, a *convexidade para cima*. Embora esses pesquisadores tenham relacionado a variação do *perfil praial* à sazonalidade, destacam que a deposição e a erosão de praias e barreiras não são um fenômeno unicamente sazonal, sendo também controlado pela freqüência e intensidade dos processos associados a tempestades.

A introdução dos *parâmetros oceanográficos* e *sedimentológicos* aos estudos de *morfodinâmica praial* data da década de 30 (Evans, 1939). Em 1951, Bascom relacionou a declividade da *face praial* (beach face) à *esbeltez da onda* (= A/C, onde A é a altura e C é o comprimento de onda), observando simultaneamente o caráter destrutivo e/ou construtivo do *perfil praial* e a variação da granulometria das areias. Mais tarde foram introduzidos conhecimentos sobre o comportamento das correntes e ondas em águas rasas, bem como o comportamento hidrodinâmico dos grãos de quartzo e os seus reflexos sobre a topografia praial (Komar, 1983).

Os trabalhos de Wright & Short (1984), Wright *et al.*, (1985) e Short (1988) ressaltam a *complexidade hidrodinâmica* da *zona de surfe*. Além das ondas incidentes, de caráter oscilatório, esses pesquisadores admitiram também a existência de ondas de diferentes freqüências de caráter quase oscilatório (*ondas estacionárias e de borda*), na definição da *morfologia praial*. A interação das ondas incidentes é de caráter quase oscilatório com as *correntes de retorno, longitudinais e de maré*. Além de outras correntes geradas por ventos locais, desenvolvem uma circulação complexa, que dará origem a *diferentes estados morfodinâmicos* (Fig. 8.82). Wright *et al.*, (1987) e Short (1991) salientam, além disso, a importância das amplitudes de maré e dos fluxos associados ao desenvolvimento de *praias dissipativas* e *praias reflexivas*.

No *estado dissipativo*, a *praia* e a *zona de surfe* são largas e exibem baixos gradientes topográficos, dispondo de elevado estoque de areias finas a muito finas, principalmente nas *barras arenosas*. Ocorrem sob condições de ondas altas de elevada esbeltez. No *estado reflexivo*, os gradientes topográficos da praia e do fundo submarino adjacente são elevados, praticamente sem *zona de surfe*. A *berma praial* é elevada dada a alta velocidade do espraiamento, e o estoque de areias médias a grossas ocorre essencialmente no *prisma praial emerso*, sendo baixo na zona submersa (ausência de barras). As situações extremas (estados dissipativo e reflexivo) caracterizam-se pela relativa estabilidade espacial e temporal, mas os estados intermediários seriam mais instáveis e apresentam cúspides além de barras e calhas submersas.

2.10.5 Cordões litorâneos, ilhas-barreira e chêniers

Essas são algumas das feições deposicionais costeiras que, em geral, exibem os *ambientes de praia* muito bem caracterizados.

Os *cordões litorâneos* (cordons littoraux) são também conhecidos como *cordões arenosos* (cordons sableux) ou *cristas praiais* (beach ridges). Constituem cristas alongadas, de alturas variáveis, mas, em geral, baixas (poucos metros), que constituem as *pós-praias* (backshores). Além de areias finas ou grossas, poderiam ser constituídas de seixos e até de conchas de moluscos. Ainda podem ocorrer um ou mais *cordões litorâneos* e, no segundo caso, formam *feixes de cordões* dispostos mais ou menos paralelamente entre si e com a atual linha costeira (Fig. 8.83).

Quando os *feixes de cordões* dispõem-se com *orientações discordantes* (não-paralelas) refletiriam, por exemplo, modificação na orientação das *correntes longitudinais*. Segundo Martin & Suguio (1992), as *seqüências de feixes de cordões* dispostas discordantemente no complexo deltaico do Rio Doce (ES), estariam relacionadas às variações na *dinâmica costeira*. Este fato refletiria nas orientações das *correntes longitudinais*, durante os últimos 5.100 anos, que seriam causadas por sua vez por *mudanças paleoclimáticas* atribuídas a fenômenos do tipo El Niño de longa duração (10 a 100 anos).

Os cordões litorâneos que se sucedem horizontalmente (*acreção lateral*) formam as *planícies de cordões litorâneos* ou de *cristas praiais* e são também chamadas de *planícies costeiras* (strand plains), que constituem os *terraços de construção marinha* (wave-built terraces). Quando situados acima do alcance das ondas do nível médio de preamar atual, por ocasião de *marés excepcionais* (ou *de sizígia*) ou ainda *de tempestade* representam níveis relativos do mar superiores ao atual. A designação *planícies de "restinga"* deve ser, na medida do possível, evitada por apresentar um significado genético muito vago, pois corpos arenosos litorâneos de diversas origens têm sido designados de "*restingas*" na literatura geocientífica brasileira.

As superfícies das *planícies de cordões litorâneos* podem apresentar-se horizontalmente, quando sugerem que tenha ocorrido *progradação* (avanço da linha de

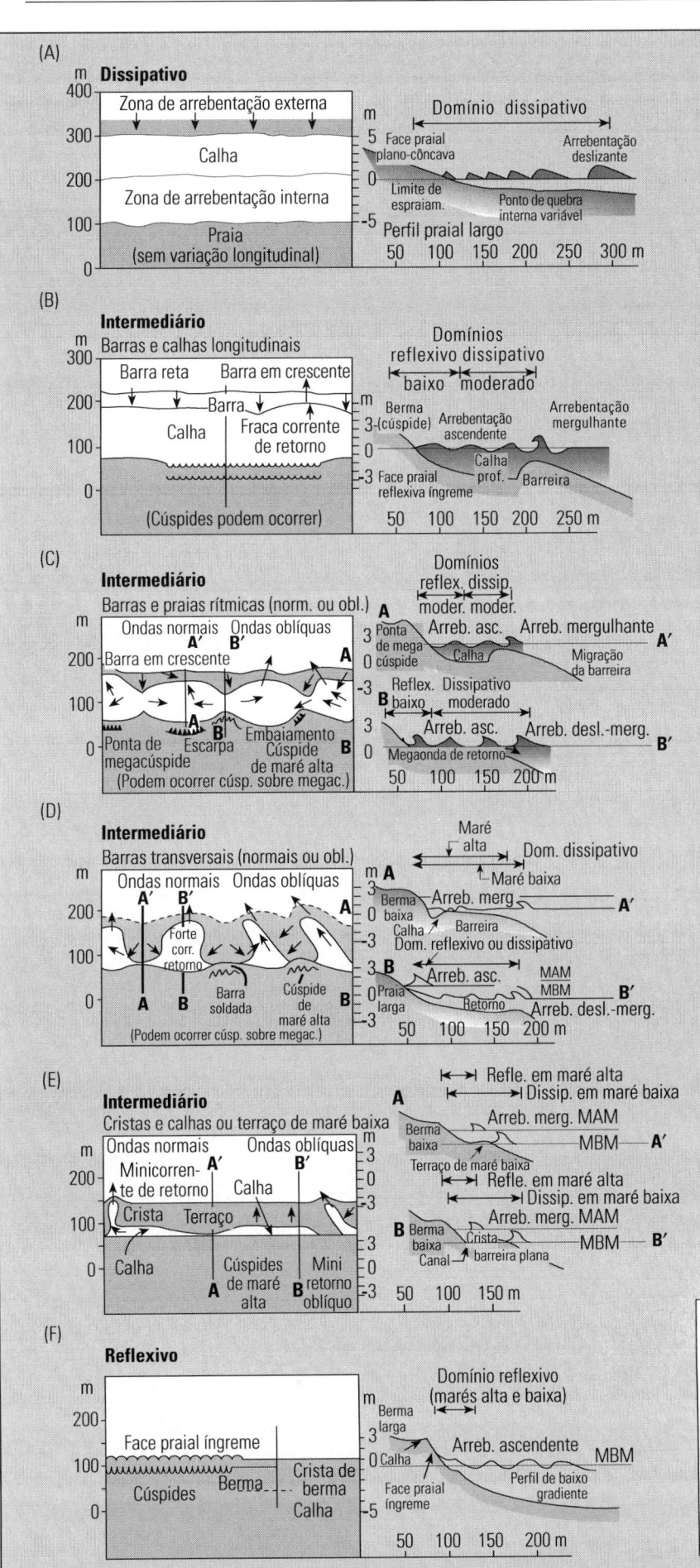

praia costa afora) com nível relativo do mar praticamente *estacionário*. Entretanto, comumente elas exibem um suave mergulho rumo ao mar aberto e indicariam que a *progradação* tenha sido acompanhada por *descensão* do nível relativo do mar, como aconteceu com a maioria das planícies litorâneas quaternárias do tipo do litoral brasileiro. A distinção entre esses dois tipos é muito importante, pois, além de eles estarem relacionados a diferentes comportamentos do nível relativo do mar, no primeiro caso a fonte de suprimento das areias seria essencialmente continental, enquanto no segundo caso a fonte seria a *margem continental* (continental margin) adjacente.

Os depósitos marinhos de *cordões litorâneos* podem ser superficialmente retrabalhados pelo vento, formando então as *dunas-cordão* (ridge dunes), como acontece na Ilha Comprida, em São Paulo (Suguio *et al.*, 1999). As dunas formam-se comumente à custa de areias de *pós-praia* (backshore), que são remobilizadas pelo vento durante as fases de paleoclimas mais secos, freqüentemente associadas aos estádios glaciais do Período Quaternário.

As *ilhas-barreira* (barrier islands) são ilhas predominantemente arenosas, que se estendem paralelamente ao litoral, em geral separadas do continente por uma *laguna* (lagoon). Elas são tipicamente construídas pela ação da deriva costeira, mas podem ser parcialmente relacionadas às mudanças do nível relativo do mar. Entre dois dos mecanismos principais, propostos para a formação das *ilhas-barreira* típicas, há os seguintes:

FIGURA 8.82 Principais estados morfodinâmicos de praias, segundo Wright et al. (1979). São observadas as feições morfológicas associadas aos estados dissipativo (A), intermediários (B, C, D e E) e reflexivo (F). MAM = Maré Alta Média e MBM = Maré Baixa Média.

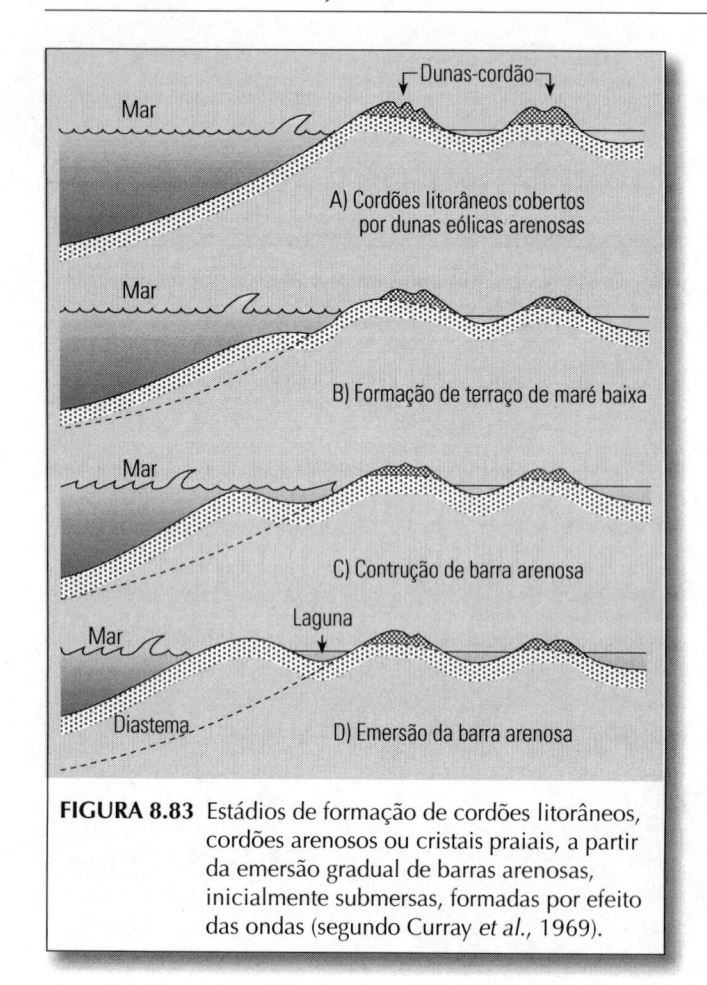

FIGURA 8.83 Estádios de formação de cordões litorâneos, cordões arenosos ou cristais praiais, a partir da emersão gradual de barras arenosas, inicialmente submersas, formadas por efeito das ondas (segundo Curray *et al.*, 1969).

a) empilhamento progressivo de areias sobre *barra de face litorânea* (shoreface bar), onde ocorre a arrebentação das ondas;

b) submersão parcial de *feixes de cordões litorâneos* ou de *dunas-cordão* (Fig. 8.84).

Embora não sejam *ilhas-barreira típicas* por não estarem associadas à fase de subida de nível relativo do mar do Quaternário, como acontece na costa do estado de Carolina do Norte (Estados Unidos), a Ilha Comprida em São Paulo (Martin & Suguio, 1978) e a chamada "restinga" da Marambaia no Rio de Janeiro (Dias-Brito *et. al.*, 1982) têm sido referidas na literatura geocientífica brasileira como *ilhas-barreira*. No caso da Ilha Comprida foi proposta uma evolução geológica holocênica em duas etapas. Apoiada em *testemunhos de erosão* da Formação Cananéia de idade pleistocênica, entre 5.150 e 3.500 anos A.P. teria ocorrido um *alongamento* relacionado principalmente às *correntes longitudinais*. A seguir, nos últimos 3.500 anos teria ocorrido um *alargamento* acompanhado pelo abaixamento do nível relativo do mar.

Finalmente, os "*chêniers*" ou *planícies de* "*cheniêrs*" (cheniers plain) são cordões litorâneos comumente arenosos, mergulhados em *planícies lamosas* (mudflats) e situados acima do nível de maré alta (Fig. 8.85). Podem ser compostos também por cascalhos ou conchas de moluscos, isto é, material mais grosso disponível na área, formando cordões isolados ou unidos entre si e dispostos paralelamente ao litoral, sobre sedimentos argilosos e orgânicos de *pântanos costeiros* (coastal marshes). Representam fases *estacionárias* ou *retrogradantes* em costas regressivas e formam-se durante as grandes tempestades ou furacões. Além disso, é necessário que a *taxa de suprimento de lama* à região litorânea sobrepuje em muito a dos sedimentos mais grossos (areias, cascalhos e conchas). O nome é originário do termo francês "*chêne*", porque na área onde este tipo de depósitos foi pela primeira vez definido (Louisiana, Estados Unidos) há bosques de carvalho. Na costa brasileira, feições desse tipo ocorrem na costa do Pará, conforme mencionadas por Franzinelli (1982). Uma das áreas de desenvolvimento mais conspícuas de planícies de "*chênier*" é representada pela zona de Caiena (*Güiana* Francesa), conforme Prost (1990). Nesses dois casos, principalmente em Caiena, a origem dos "*chêniers*" parece estar ligada ao grande volume de sedimento lamoso suprido pelo Rio Amazonas.

2.10.6 Depósitos de praia e alguns exemplos brasileiros

Como já foi mencionado, o processo dominante no *ambiente de praia* é o *espraiamento das ondas* após sua arrebentação, que se processa *antepraia* acima e ocasionalmente ultrapassa a *berma* durante as marés mais altas.

O *espraiamento das ondas* origina as *estratificações planares*, que são *quase horizontais* sobre a

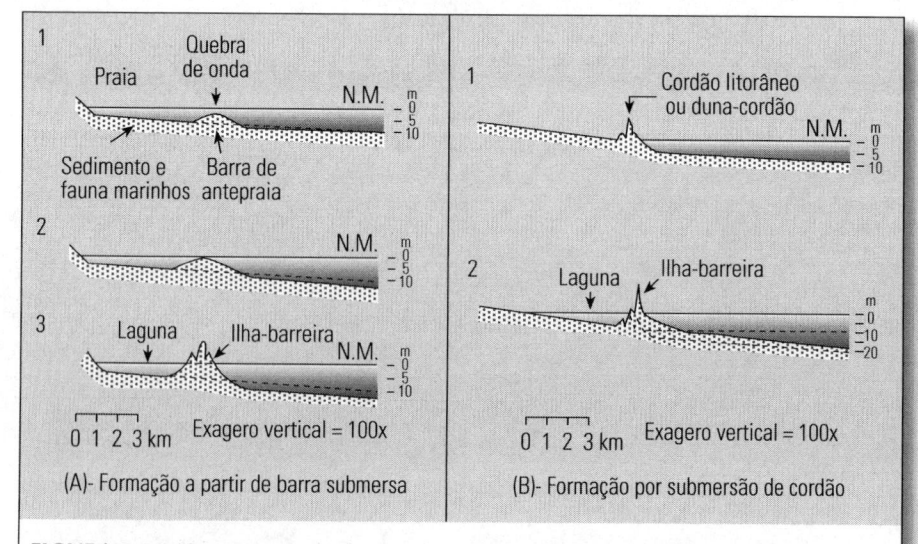

FIGURA 8.84 Mecanismos de desenvolvimento de ilhas-barreira: (A) a partir de barras submarinas sem variação de nível relativo do mar ou (B) por submersão de cordões litorâneos e/ou dunas eólicas por elevação do nível relativo do mar (modificado de Hoyt,1967).

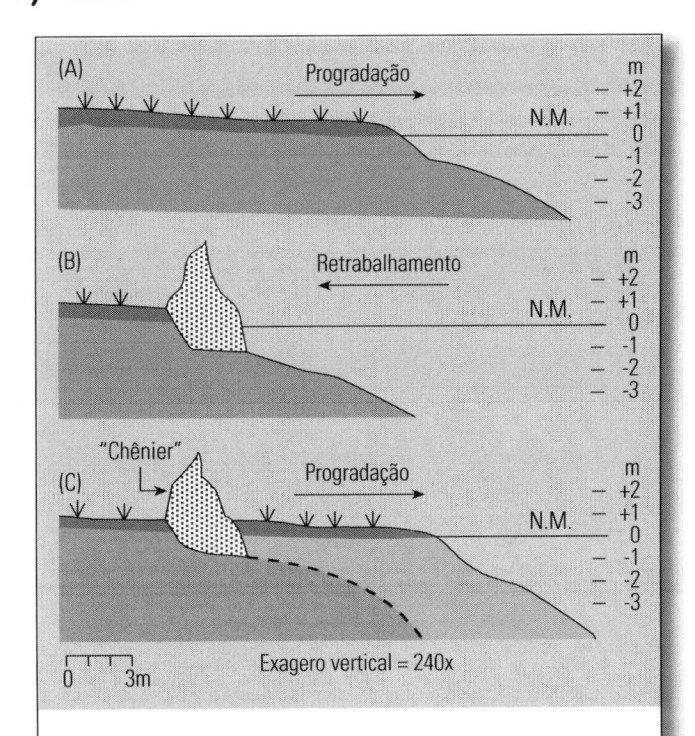

FIGURA 8.85 Seções transversais esquemáticas, mostrando as fases de desenvolvimento de um "chênier": (A) progradação de planície de lama (mudflat); erosão parcial e retrabalhamento de depósitos de planície de lama e deposição de cordão arenoso paralelo à linha de costa e (C) nova fase de progradação da planície de lama, quando então o cordão litorâneo (arenoso, cascalhoso ou conchífero) passa a constituir um depósito sedimentar costeiro, chamado de "chênier" (modificado de Hoyt, 1969).

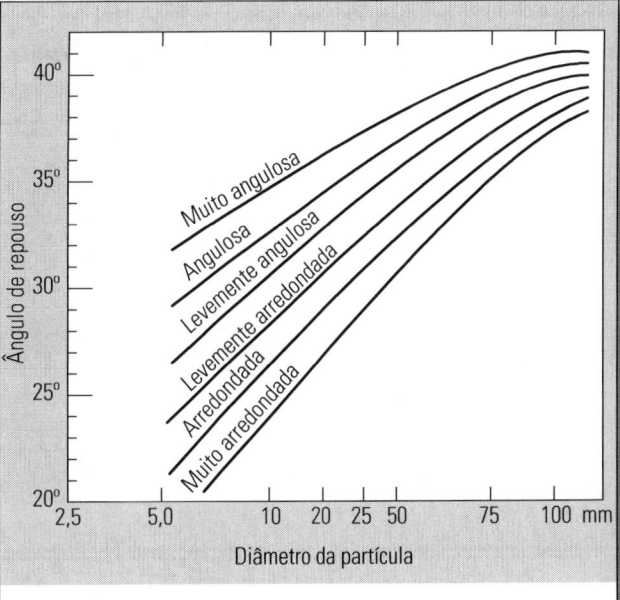

FIGURA 8.86 Variações dos ângulos de repouso de materiais granulares não-coesivos (arenosos), em função da granulometria (diâmetro em mm) e dos graus de arredondamento (segundo Cooke & Doornkamp,1974:78).

berma, exibindo mergulhos suaves rumo ao mar sobre a *face praial*. Este ângulo de mergulho depende da granulometria e alguns outros fatores, sendo comumente de 2 a 10 graus em areias finas a média (Fig. 8.86). Além disso, o mergulho depende também das *condições da onda*, de modo que a *estratificação de espraiamento* (swash stratification) apresenta-se comumente com *formas acunhadas* delimitadas por superfícies de truncamento de ângulo baixo. Além disso, esta estratificação manifesta-se pelas variações granulométricas das areias e/ou pelas concentrações anômalas de *minerais pesados*. Fragmentos vegetais e de outros materiais de menor densidade são escassos nessas areias, quando comparadas aos depósitos de *faces litorâneas* (superior ou inferior). Em virtude de *ativos processos hidrodinâmicos*, as areias modernas das *pós-praias* e *antepraias* são geralmente pouco bioturbadas, embora possam estar presentes perturbações mais ou menos conspícuas causadas por *Callichirus* e outros crustáceos escavadores, principalmente na *antepraia inferior*. As *fitoturbações* também podem aparecer na *pós-praia*, ocasionando perturbação de estratificações e mosqueamento, além de traços de raízes preservados.

O transporte de sedimentos na *face litorânea superior* (ou *zona de surfe*) é predominantemente *bidirecional*, em virtude do movimento oscilatório perpendicular à praia, relacionado às ondas incidentes primárias e arrebentações associadas, além de *correntes longitudinais* (longshore currents) e de retorno (*rip currents*) de origem secundária. As *dunas subaquosas* (ou megaondulações luniformes) podem estar presentes sobre o terraço de maré baixa e sobre *cristas de barras* durante as marés vazantes. As *estratificações cruzadas acanaladas* de escala média a grande são também formadas por migração de *dunas subaquosas*. Em muitas costas com barras, as areias da *face litorânea superior* podem ser mais grossas que as de *ambientes de praia* e de *face litorânea inferior* associadas. Completa bioturbação é raramente encontrada, porém podem estar presentes tubos muito nítidos de *Callichirus* e de outros crustáceos escavadores. Os depósitos de *face litorânea inferior* mostram intensas bioturbações, embora as estruturas sedimentares físicas possam também estar presentes. Os tipos de estratificação presentes sobre as vertentes dirigidas para o mar, das *barras costa afora*, são *estratificações cruzadas de pequena escala* formadas por migração para o continente das *marcas onduladas* e por *estratificação planares*, mergulhando para o mar a ângulos baixos (Fig. 8.87).

Por outro lado, os estudos de *ambientes de praia* modernos indicam que as *fácies sedimentares* dependem também das condições locais das ondas e das amplitudes de maré. Além disso, a natureza das fácies associadas depende do suprimento sedimentar, das variações de nível relativo do mar e da história evolutiva, locais.

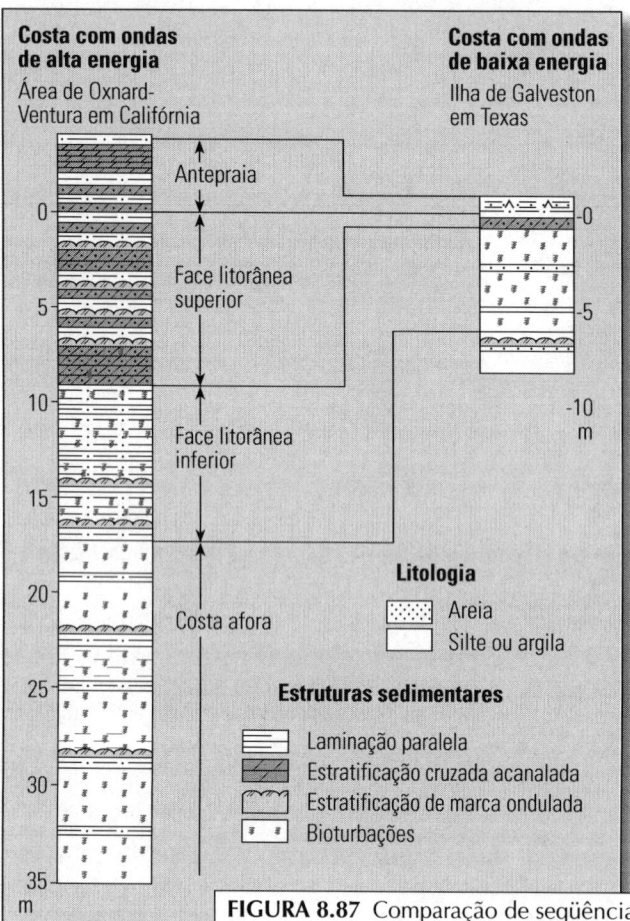

Costa com ondas de alta energia
Área de Oxnard-Ventura em Califórnia

Costa com ondas de baixa energia
Ilha de Galveston em Texas

Antepraia

Face litorânea superior

Face litorânea inferior

Costa afora

Litologia
Areia
Silte ou argila

Estruturas sedimentares
Laminação paralela
Estratificação cruzada acanalada
Estratificação de marca ondulada
Bioturbações

Em geral, podem ser reconhecidos os *depósitos praiais siliciclásticos* como os descritos por McCubbin (1982) ou os *depósitos praiais carbonáticos*, como os caracterizados por Inden & Moore (1983).

Albino (1999) estudou as praias atuais do litoral centro-norte do Espírito Santo, relacionadas à planície deltaica do Rio Doce ao norte e a uma estreita faixa de sedimentos quaternários delimitada pelas falésias da Formação Barreiras ao sul. As praias do delta do Rio Doce são *areias essencialmente siliciclásticas* de origem fluvial e marinha. As praias situadas defronte aos tabuleiros da Formação Barreiras são *predominantemente bioclásticas* de origem principalmente marinha. As areias carbonáticas são compostas de fragmentos de algas coralináceas, moluscos e briozoários que provêm das bioconstruções que revestem as couraças lateríticas da plataforma continental interna adjacente.

Algumas características de detalhe, em termos litológicos e de estruturas sedimentares de depósitos litorâneos pleistocênicos, foram descritas e interpretadas por Suguio & Tessler (1987). Esses autores reconheceram que, em parte, são depósitos de *antepraia* e as porções inferiores são de *face litorânea superior*, que foram correlacionados à Formação Cananéia (Fig. 8.88).

FIGURA 8.87 Comparação de seqüências faciológicas da praia até costa afora e as diferenças de espessura entre uma costa com ondas de baixa energia (Galveston Island) e a inferida para uma costa com ondas de alta energia (área de Oxnard-Ventura), ambas nos Estados Unidos, segundo Bernard *et al.* (1962), modificado por Howard & Reineck (1979).

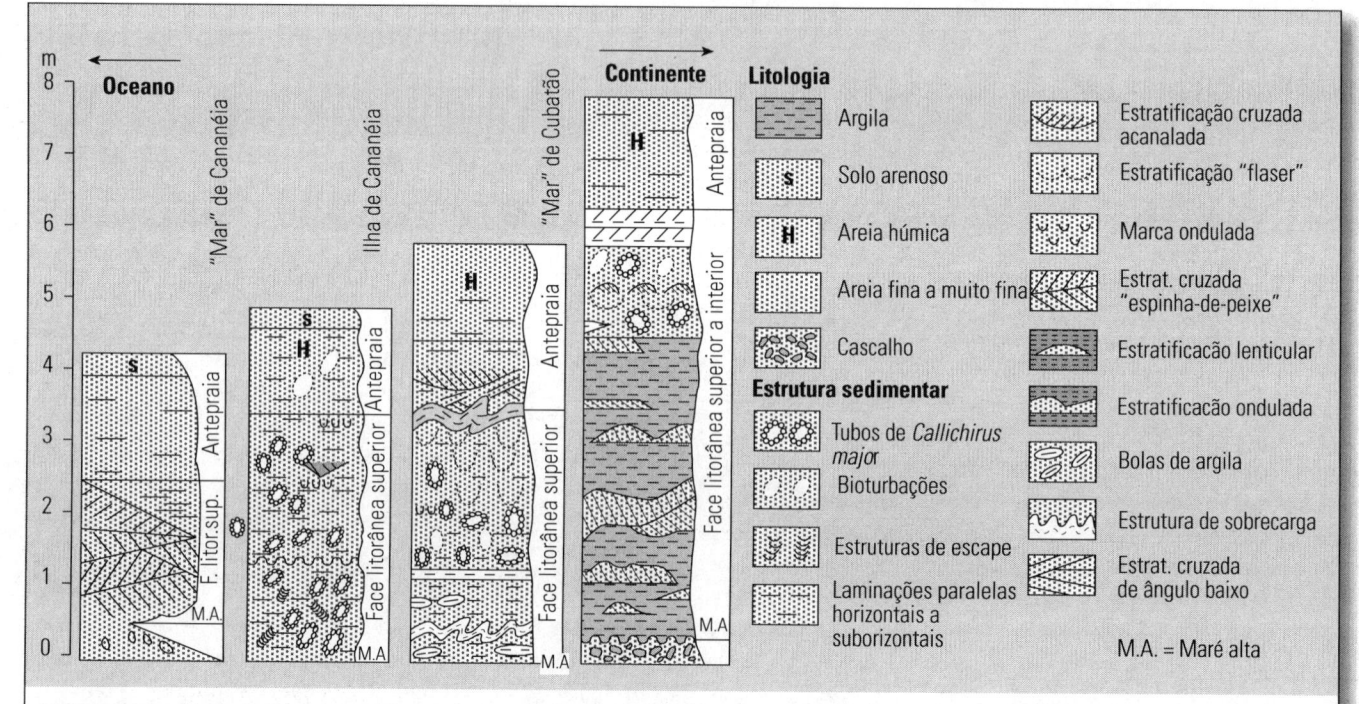

FIGURA 8.88 Seções colunares integradas do continente (O) ao oceano (E) em seção transversal à planície de Cananéia (SP), mostrando as principais fácies sedimentares representadas pelas litologias e estruturas sedimentares (segundo Tessler & Suguio, 1987).

2.11 Ambientes de sedimentação marinhos

2.11.1 Generalidades

Os oceanos e mares, segundo Lisitzin (1972), cobrem cerca de 70% da superfície da Terra. O fundo submarino compõe-se de duas unidades maiores: *margem continental* e *fundo oceânico* (Fig. 8.89). Denomina-se *margem continental* (continental margin) à extensão submarina dos continentes, que corresponde a pouco mais de 1/5 da superfície submersa pelos oceanos. A *margem continental* compreende, em geral, três subdivisões: *plataforma continental* (0-180 m), *talude continental* (180-3.000 m) e *sopé continental* (3.000 a 4.000 m), baseadas nas profundidades. Embora os limites entre o *sopé continental* e o *fundo oceânico* não sejam sempre iguais, eles se situam ao redor de 4.000 m.

A *plataforma continental* (continental shelf) representa a zona marginal dos continentes, caracterizada por suave declividade (menos de 1:1.000), que se estende da *baixa-mar média* até a profundidade de cerca de 180 m, quando tem início o *talude continental* (continental slope). O relevo local da *plataforma continental* é liso ou terraceado e com desnível inferior a 18 m. A largura é variável, podendo ultrapassar 300 km. Na Patagônia (Argentina) atinge 500 km e 1.200 km ao norte da Austrália, mas em média alcança 75 km. No Brasil, a sua maior largura ocorre no estuário do Rio Amazonas (cerca de 200 km). Esta porção da *margem continental* esteve quase totalmente emersa durante o clímax da última glaciação pleistocênica do Hemisfério Norte.

A *plataforma continental* pode ser subdividida em *plataforma interna* (inner shelf) e *plataforma externa* (outer shelf) e, às vezes, admite-se a *plataforma média* (middle shelf). A *plataforma interna* corresponde à porção proximal; inicia-se no nível de maré baixa média e estende-se até cerca de 30 m de profundidade. A salinidade e a temperatura são aqui extremamente variáveis, e a abundante iluminação possibilita o desenvolvimento profícuo de vidas animal e vegetal. Em baías podem aparecer fundos lamacentos, mas em trechos de *oceano aberto* (open ocean) o fundo é caracteristicamente arenoso. A *plataforma externa*, que representa a porção distal, inicia-se normalmente acerca de 30 m de profundidade, chegando até 100 a 200 m. Acha-se situada abaixo da *base das ondas* (wave base) e caracteriza-se por exibir, em geral, fundo lamacento, embora possam também aparecer areias e cascalhos. Quando comparada com a *plataforma interna*, a salinidade é mais constante, mas a insuficiência de iluminação leva ao

desenvolvimento principalmente de *algas calcárias* (calcareous algae).

Os fatores estruturais e isostáticos são muito importantes, na definição dos diferentes tipos de *plataformas continentais*. A topografia atualmente encontrada, em larga escala, nas plataformas resulta da superimposição de *eventos geológico do Plioceno* e *Pleistoceno*. Muito significativas são também as oscilações eustáticas de níveis do mar, freqüentemente de grande amplitude, ligadas à formação de imensas calotas glaciais, que ocasionaram o rebaixamento do nível relativo do mar, de cerca de 125 m abaixo do atual entre 15 mil e 28 mil anos A.P. (Curray, 1965). Nos períodos de máxima regressão, as linhas de costa situavam-se próximas ou na própria *quebra de plataforma* (shelf break), que delimita a plataforma do talude. Naquela época, os rios fluíram para o mar através das *plataformas continentais* em grande parte expostas subaereamente. Finalmente um outro fator, de certo interesse local, é o efeito dos processos físicos e biológicos, que continuam modificando a cobertura sedimentar superficial da plataforma, erodindo e transportando os sedimentos. Existem também os casos de *plataformas de construção marinha*. Interpretações de perfis sísmicos mostram que as *quebras de plataforma* estão situadas nas proximidades ou nas próprias declividades primárias (Worzel, 1968), e freqüentemente associadas a *controles estruturais*, *recifes de corais*, *domos salinos* ou *cones vulcânicos* (Fig. 8.90).

As *quebras de plataforma* estão de algum modo, relacionadas às *flutuações eustáticas no Quaternário* e, portanto, as feições hoje representadas são produtos de eventos geológicos ocorridos nesse período.

O *talude continental* (continental slope) ou *talude submarino* (submarine slope) representa a porção da *margem continental* com gradiente superior a 1:40. Está compreendida entre o limite externo da *plataforma externa* e a parte que exibe rápido decréscimo da

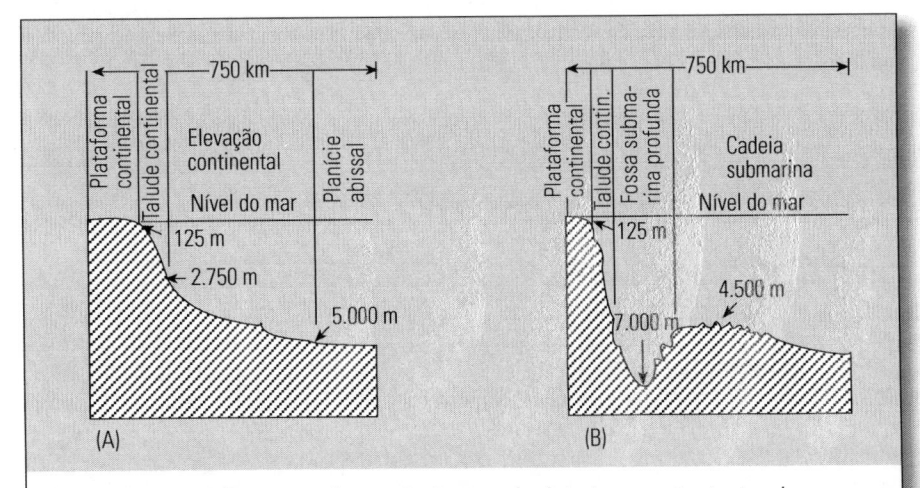

FIGURA 8.89 Perfis exagerados verticalmente de dois tipos contrastantes de margens continentais:
(A) margem continental do tipo Atlântico e
(B) margem continental do tipo Pacífico (segundo Allen, 1970).

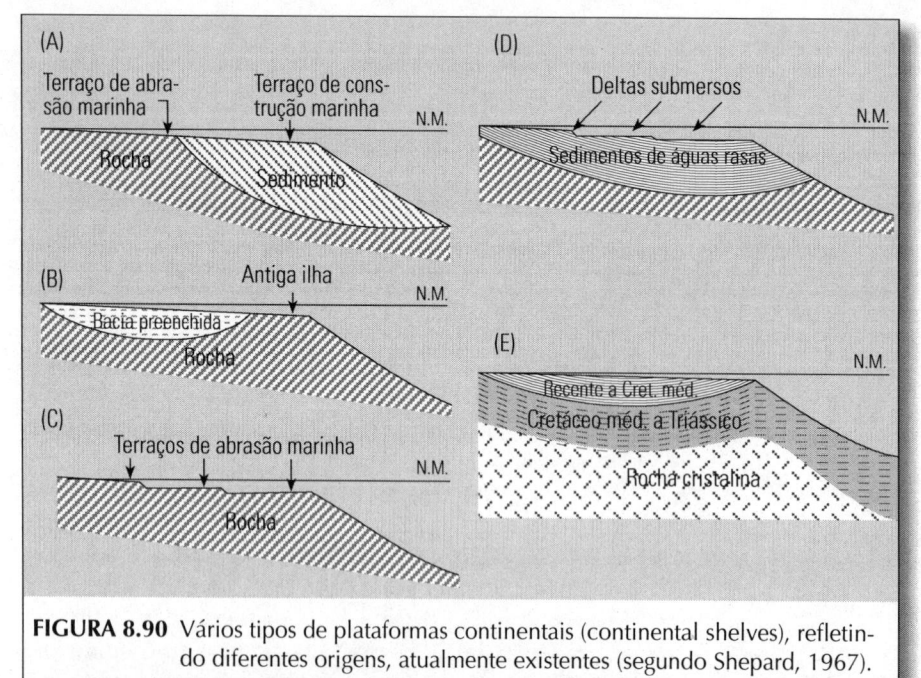

FIGURA 8.90 Vários tipos de plataformas continentais (continental shelves), refletindo diferentes origens, atualmente existentes (segundo Shepard, 1967).

declividade, situada entre 1.373 e 3.050 m, onde se inicia o *sopé continental* (continental rise). Na ausência do *sopé continental*, passa diretamente à *planície abissal* que forma o *fundo oceânico*. A largura do *talude continental* varia entre 20 a 100 km e a profundidade máxima chega a 3.000 m.

A delimitação entre o *talude continental* e o *sopé continental* (ou entre o *talude* e a *planície abissal*, na ausência do *sopé*) nem sempre é muito nítida pela redução da declividade no trecho inferior do *talude*.

A superfície do *talude continental* é recortada por numerosos *vales* e *canhões submarinos*, formando depressões. alongadas e profundas, possuindo paredes mais ou menos íngremes. Nas desembocaduras dos *canhões submarinos* no sopé do talude, ocorrem volumosos depósitos em forma de leque, formando os *leques* ou *cones submarinos*. Os exemplos mais ilustrativos de *leques submarinos* da costa brasileira são o *leque do Rio Amazonas* e o *leque do Rio Grande*.

O *sopé continental* (continental rise) representa uma superfície submarina além da base do *talude continental*, em geral com gradiente menor do que que 1: 1.000; ocorrendo a profundidades entre 1.373 e 5.185 m, continuando abaixo para as *planícies abissais* (abyssal plains). Esta feição constitui o elemento mais externo da *margem continental* que nem sempre está presente como, por exemplo, no Pacífico. A largura média do *sopé continental* varia entre 300 e 400 km. Representa uma feição geomorfológica típica dos oceanos Atlântico e Índico.

Finalmente, a *planície abissal* (abyssal plan) forma uma superfície plana e quase horizontal (declividade inferior a 1:1.000), que ocupa as porções mais profundas (mais de 4.000 m) de muitas *bacias oceânicas* sempre

com declividade muito suave. A sua superfície é recoberta por *sedimentos pelágicos* (pelagic sediments) e *turbiditos* (turbidites) que, em parte, obscurecem a topografia pre-existente. Segundo Mendes (1984), o *assoalho oceânico* ou *fundo oceânico* (ocean floor), situado entre 4.000 e 6.000 m de profundidade, exibe três expressões fisiográficas principais: as *dorsais oceânicas* ou *elevações mesoceânicas* ou, ainda, *cadeias mesoceânicas* (mid-oceanic ridges), as *fossas submarinas* ou *fossas oceânicas* (submarines trenches ou troughs) e as *planícies abissais*. As *dorsais oceânicas* formam uma faixa saliente e contínua, nas porções centrais dos oceanos, e erguem-se 1.000 a 3.000 m sobre o *assoalho oceânico*. Elas são cortadas por fraturas transversais denominadas *falhas transformantes* (transform faults) e longitudinalmente aos seus eixos exibem sulcos. Nos oceanos guarnecidos por *margens continentais ativas* (*active continental margins*) ou *costa do tipo Pacífico* (Pacific-type coast*)*, ocorrem as *fossas submarinas* que, situando-se mais de 2.000 m abaixo do *assoalho oceânico*, atuam como armadilhas para captura de sedimentos (Fig. 8. 89).

2.11.2 *Sedimentação na plataforma continental*

Embora a *plataforma interna* tenha início, por definição na linha de baixa-mar média, pode-se considerar também que esta porção da *face litorânea inferior* (lower shoreface) se inicie na linha de *base de onda de tempestade* (storm wave base) e se estenda até o topo do *talude continental*.

Os principais *agentes hidrodinâmicos* da *plataforma continental* são as *ondas internas* (internal waves) e correntes de várias naturezas. As *ondas internas* desenvolvem-se no interior dos fluidos de diferentes densidades causadas, por exemplo, por *estratificação térmica*. Há indícios de que, senão a erosão, pelo menos a não-deposição seja causada por *ondas internas* que, além da *plataforma continental*, podem ocorrer em *águas costeiras* ou em *estuários*, ou ainda em *mar profundo* (deep sea), que compreende desde a *zona sublitorânea* (sublittoral zone) até 800 a 1.100 m de profundidade. Algumas dessas ondas apresentam características mais próprias de *ondas de maré* (tidal waves), com oscilação vertical, quando passam a constituir uma *maré interna* (internal tide).

As *correntes oceânicas* (ocean currents) ou *correntes marinhas* (marine currents) representam movimentos das águas do mar, sem relação com as marés, sem mudança de sentido de fluxo, constituindo parte da *circulação oceânica global* (global ocean circulation). Elas são originadas por atrito dos ventos sobre a superfície das águas, ou por diferenças de densidade das águas, por aquecimento ou resfriamento diferenciais. Desse modo, estabelecem-se correntes de cursos horizontal ou vertical, mas, no domínio da *plataforma continental*, apenas as horizontais promovem o efetivo transporte das partículas. Como exemplo, tem-se a corrente das *Güianas*, que carreia para NO os sedimentos em suspensão supridos pelo Rio Amazonas. Outra variedade de corrente é representada pelas *correntes de maré* (tidal currents), que são formadas por movimentações horizontais alternantes da água do mar, em função da descida ou subida das marés devidas a fatores astronômicos. Nas regiões costeiras, elas chegam a atingir velocidades superiores a 6m/s. Finalmente, os sedimentos de fundo inconsolidados podem ficar sujeitos a *correntes de turbidez* (turbidity currents) que, geralmente, removem os sedimentos para o *talude continental* ou *sopé continental*.

As primeiras idéias sobre os modelos de sedimentação na *plataforma continental* consideravam que a granulometria diminuía em função do incremento de profundidade, com a crescente distância da praia, em conseqüência do influxo de energia cada vez menor, agindo sobre o fundo do mar (Johnson, 19l9:211). Segundo este autor, a *plataforma continental* seria essencialmente uma estrutura composta de plataforma interna, originada por abrasão pelas ondas e de *plataforma externa*, formada pela acumulação de fragmentos derivados da *plataforma de abrasão*. Quando a *taxa de dispersão* dos sedimentos sobre o *terraço de acumulação* for semelhante à *taxa de abrasão* do terraço interno, a plataforma continental representaria uma superfície de *equilíbrio dinâmico* ajustada para absorver a energia das ondas.

Shepard (1932) foi o primeiro pesquisador a mostrar que a maioria das *plataformas continentais* era recoberta por "película" de sedimentos, depositada quando o nível do mar era mais baixo que o atual durante o Pleistoceno. Emery (1968) foi quem alçou este conceito ao novo estado, determinando que cerca de 70% das *plataformas continentais* eram recobertos por *sedimentos reliquiares* (relict sediments), isto é, sedimentos que foram depositados por diversos agentes sob condições diferentes das encontradas atualmente no ambiente. O fato deve-se a uma rápida transgressão durante o Quaternário, pois o nível relativo do mar subiu 120 a 130 m de 16.000 a 17.500 anos A.P. até hoje (Corrêa, 1990).

Esta ascensão rápida não permitiu o estabelecimento de equilíbrio entre as *taxas de afluxo* dos sedimentos e de elevação do nível relativo do mar. Só nos últimos 6 mil a 7mil anos A.P. é que a velocidade de ascensão diminuiu e permitiu a deposição dos sedimentos na *plataforma continental* em equilíbrio com as condições vigentes.

Emery (1968) distinguiu os seguintes tipos de sedimentos sobre as *plataformas continentais modernas*: *detríticos* (fragmentos minerais depositados pela água corrente, vento ou gelo), *biogênicos* (fragmentos de conchas de moluscos, testas de foraminíferos e fragmentos de corais e algas), *vulcânicos* (detritos vulcânicos), *autigênicos* (principalmente fosforita e glauconita) e *residuais* (produto de intemperismo *in situ* do embasamento cristalino).

Em geral, os *sedimentos modernos* que estão em equilíbrio com as condições atuais de sedimentação podem ser diferenciados dos *sedimentos reliquiares* (relict sediments), que se encontram em desequilíbrio com a situação vigente. Segundo Shepard (1976:227), os *sedimentos reliquiares* da baía de Santa Mônica (Califórnia) são reconhecidos por seu alto conteúdo em faunas pleistocênicas, pela semelhança com a dunas pleistocênicas que margeiam a baía e pela existência de uma película de $Fe_2O_3 \cdot nH_2O$ (hidróxido férrico) recobrindo os grãos de areia. A existência de testas de foraminíferos preenchidos por *hidróxido férrico* nos sedimentos do Estuário Santista (SP) é também um indício de que esses sedimentos provêm, pelo menos em parte, do retrabalhamento de *sedimentos reliquiares* existentes na *plataforma continental* ao largo de Santos.

Na Fig. 8.91 pode-se observar a distribuição espacial dos *sedimentos reliquiares* nas *plataformas continentais modernas*, abrangendo cerca de 70% da área total. Algumas *plataformas continentais*, como as da

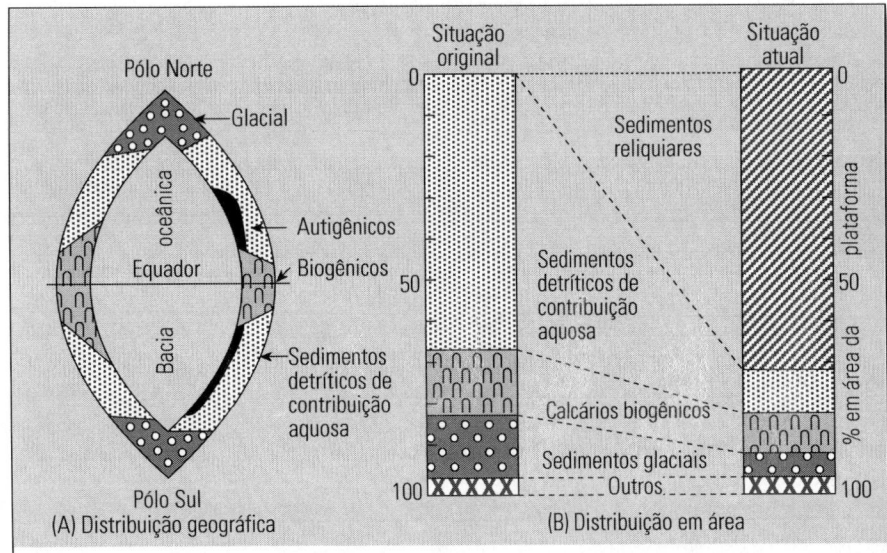

FIGURA 8.91 Distribuições geográficas (A) e em área (B) de diferentes tipos de sedimentos, classificados segundo as suas origens, nas plataformas continentais do mundo (segundo Emery,1968).

costa oriental dos Estados Unidos estão quase totalmente recobertas por *sedimentos reliquiares*, porque as lamas fluviais estão sendo retidas nas lagunas e estuários existentes neste trecho da costa norte-americana. Os *sedimentos reliquiares* são compostos por fragmentos de origem *biogênica*, *autigênica* e *vulcânica*, bem como *terrígena*, que testemunham as condições ambientais pretéritas diferentes das atuais.

Os *sedimentos reliquiares* que recobrem as *plataformas continentais* atuais estão sendo retrabalhadas sob condições hidrodinâmicas vigentes. Swift *et al.* (1971) introduziram a designação *sedimentos palimpsésticos* para se referir aos *sedimentos reliquiares* retrabalhados pelas condições atualmente vigentes nas *plataformas continentais*. Além disso, McManus (1975) introduziu os termos *sedimentos neotéricos* (neoteric sediments), referindo-se às partículas detríticas que estão sendo supridas atualmente como, por exemplo, os *detritos vegetais* e as *plaquetas de mica* nos embaíamentos da região de Ubatuba, SP (Mahiques, 1992). Por outro lado, os *sedimentos anfotéricos* (amphoteric sediments), segundo o mesmo autor, designariam sedimentos de natureza mista, compostos de materiais depositados em época anterior, quando o nível do mar era mais baixo, de natureza subaérea ou continental, e materiais de deposição recente, quando a *plataforma continental* foi recoberta pelas águas oceânicas. Deste modo, esses termos apresentam um significado semelhante a *sedimentos reliquiares*.

As lamas modernas das plataformas continentais são compostas de argilas sílticas e siltes argilosos. Apenas esses sedimentos podem ser usados nos estudos comparativos com sedimentos de *antigas plataformas continentais*. A razão disso é que essas lamas foram sedimentadas em equilíbrio com as condições hidrodinâmicas atuais da plataforma, isto é, não representam *heranças de condições pretéritas*. A principal fonte desses sedimentos lamosos é a carga em suspensão carreada pelos rios, que consegue ultrapassar os diversos *filtros da faixa costeira* (lagunas, estuários, etc.) indo depositar-se sobre a *plataforma continental*. Onde um rio desemboca no mar, a *carga sedimentar fluvial* é comumente dividida em duas frações. A *carga de fundo* (ou carga de tração) composta por areia, será depositada próxima à desembocadura, podendo ser levada para locais mais distantes por mecanismos de transporte costeiro, como as *correntes longitudinais*. A *carga em suspensão* é conduzida pelas águas para regiões mais distantes das praias. A distância da *fonte de sedimentos*, a partir da desembocadura do rio, a *capacidade* e *competência* do rio e provavelmente a *disponibilidade de várias granulações na área-fonte* são outros fatores que controlam a natureza da sedimentação na *plataforma continental*.

Nas plataformas continentais brasileiras são encontrados pelo menos três regimes sedimentares principais e outros subordinados:

1. *Plataforma de intenso aporte sedimentar terrígeno* associada a grandes bacias de drenagem. Neste tipo de regime processa-se intensa sedimentação sobre a *plataforma continental*, formando normalmente feições de progradação. Exemplos: *plataformas continentais* dos rios Amazonas e São Francisco.

2. *Plataforma com reduzido aporte sedimentar terrígeno e intensa atividade organógena* com produção de fundos biogênicos e com biodetritos. Este regime é típico de águas tropicais limpas como, por exemplo, nas plataformas média e externa do Norte e do Nordeste do Brasil.

3. *Plataforma de contribuição terrígena insuficiente* mesmo para cobrir áreas de sedimentação pretérita. Neste tipo de regime, os *sedimentos reliquiares* refletem as condições da época em que se formaram e não as atualmente vigentes. Exemplo: plataforma continental sul-brasileira, especialmente a do Estado do Rio Grande do Sul.

2.11.3 Depósitos de antigas plataformas continentais

Os estudos de *modelos de sedimentação* de plataformas continentais foram conduzidos com base nos conhecimentos de rochas antigas desses ambientes (Heckel, 1972). A tese na qual esses estudos foram baseados estabelece que, em épocas pretéritas de *quietude tectônica*, tenham existido *plataformas continentais* suborizontais, com gradientes inferiores a 1:1.000, controladas por dois níveis de grande significado, isto é, o *nível relativo do mar* e o *nível de base das ondas*.

As fácies e os processos dos *mares epicontinentais* (epicontinental seas), como foram denominados os ambientes de plataforma acima descritos, podem ser estudados com alguma aproximação em *plataformas continentais modernas*, mas o comportamento excêntrico da sedimentação atual na plataforma continental, em função de *causas eustáticas* e/ou *tectônicas* torna a compreensão das relações intrínsecas das fácies de plataforma mais simples em rochas antigas. Alguns exemplos atuais de *mares epicontinentais* são o Mar Báltico, a Baía de Hudson, etc.

Na Bacia de Campos (RJ), onde se localizam os campos petrolíferos mais prolíficos do Brasil, a gênese e o armazenamento de petróleo e outros hidrocarbonetos estão associados a sedimentos de *plataforma carbonática* e a *lamitos do talude continental* de idade cretácica. As rochas geradoras são compostas por folhelhos e calcilutitos, e as armazenadoras são calcários e lentes de arenitos (Ponte *et al.*, 1977).

2.11.4 Sedimentação de recife

O *ambiente de recife*, nos dias atuais, restringe-se aos mares tropicais de águas rasas, que oferecem as condições mais propícias à vida de *organismos coloniais construtores de edifícios calcários* (corais hermatípicos). Eles dão origem a elevações mais ou menos retilíneas ou circulares genericamente conhecidas como recifes.

Originalmente o termo *recife* (também *arrecife*, *parcel* ou *escolho*) significava qualquer obstáculo à navegação. Os organismos responsáveis pela edificação dos recifes, em geral suficientemente resistentes para suportar o embate das ondas, são hexacorais sedentários, hidrocorais, algas calcárias, briozoários e vermes do grupo dos serpulídeos.

Segundo autores como Laporte (1974) e Blanc (1982), os *recifes atuais* desenvolvem-se em águas rasas (menos de 50 m) e límpidas, de temperatura média não inferior a 20°C e salinidade entre 27‰ a 40‰. A turbulência das águas é prejudicial, pois os sedimentos em suspensão afetam a vida dos organismos construtores de recifes.

Muitos autores consideram os *recifes* como um tipo especial de *bioerma* (bioherm), pelo fato de resistirem ao impacto das ondas. O termo *bioerma* foi introduzido por Cumings (1932), referindo-se à estrutura calcária de origem essencialmente orgânica, com formas dômica ou lenticular. O nome *banco* (bank) pode ser usado para designar acumulação de ostras, crinóides, etc. que, em geral, não resistem às ondas. O mesmo autor acima propôs a designação de *bióstroma* (biostrome), referindo-se a camadas formadas pelo acúmulo de organismos predominantemente sedentários (crinóides, etc.). Em contraste à *bioerma*, a *bióstroma* não se apresenta em montículos ou lentes e, desse modo, o termo possui acepção aproximada de *banco* acima referida. Existe também o termo *domo* ou *montículo de lama* (mud mound), que é uma designação atribuída a um *paleorrecife* mais ou menos lenticular (plano-convexa), composto por *micrito* (lama calcária) e de cuja estrutura participam tetracorais, hexacorais, algas calcárias, etc.

Em termos sedimentológicos, o *ambiente de recife* é mais adequadamente chamado de *complexo recifal* (reef complex) pois, além do *núcleo recifal* (recife propriamente dito), abrange também as fácies associadas aos *flancos recifais* e às *zonas interrecifais* (Fig. 8.92). O conhecimento aprofundado das várias espécies de organismos que formam o *complexo recifal* é de im-

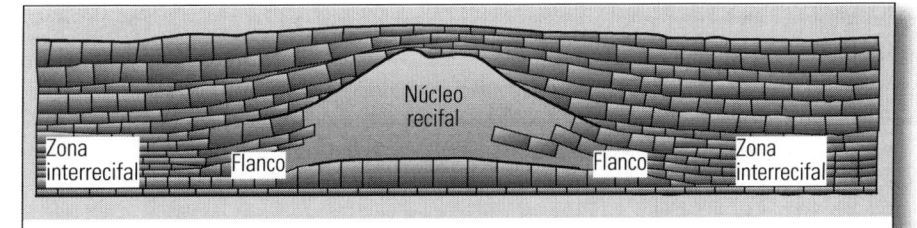

FIGURA 8.92 Esquema ilustrativo das principais fácies sedimentares associadas a um paleorrecife (ou recife fóssil), segundo James (1979).

portância acadêmica e econômica, pois os *paleorrecifes* podem armazenar hidrocarbonetos ou conter reservas de sulfetos de interesse econômico.

Entre os principais tipos de recifes atuais têm-se os *recifes franjantes* (fringing reefs), os *recifes-barreira* (barrier reefs) e os *recifes de atol* (atoll reefs), Fig. 8.93. Os *recifes franjantes* são paralelos e encontram-se em contato com a linha costeira de um continente ou de uma ilha, tendo a separá-los apenas um estreito canal. O seu topo é mais ou menos tabular e expõe-se subaereamente durante a maré baixa. Do lado do mar aberto ou na *margem recifal externa* (seaward reef margin), que forma a *frente recifal* (reef front) seguida pelo *anterrecife* (fore reef), os recifes delimitam-se por um talude fortemente inclinado. Os *recifes-barreira* são alongados, com disposição paralela à linha costeira de um continente ou de uma ilha, dos quais são separados por uma laguna com água demasiadamente profunda para o desenvolvimento de recifes. Esses recifes são cortados, a intervalos irregu-

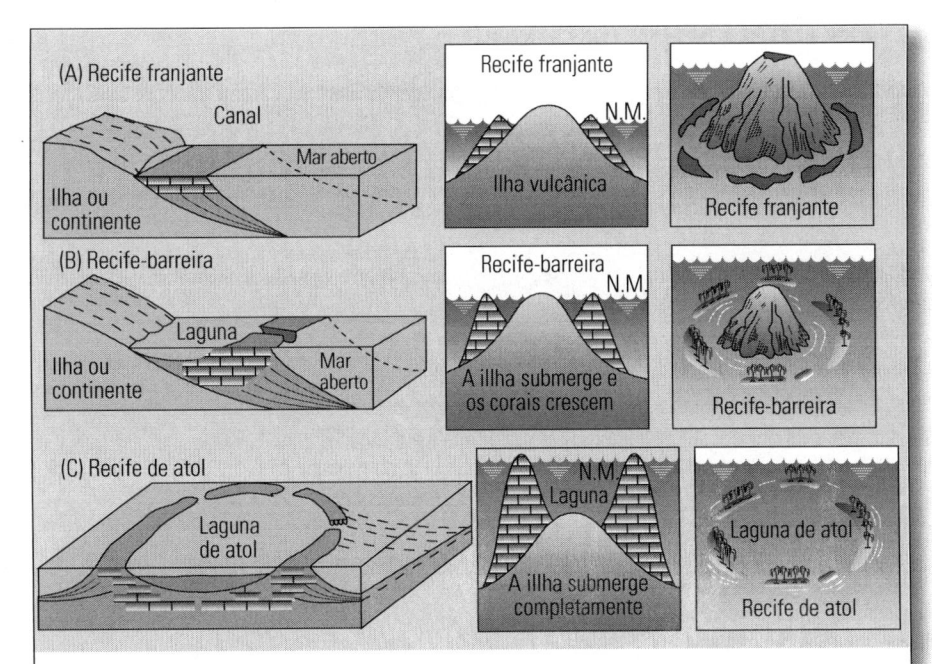

FIGURA 8.93 Blocos-diagramas esquemáticos de três tipos principais de recifes atuais: (A) recife franjante; (B) recife-barreira e (C) recife de atol (segundo Selley, 1976b). À direita tem-se a provável seqüência de evolução dos três tipos de recifes atuais, associados a ilhas vulcânicas em seções transversais e em vistas aéreas oblíquas, desde o franjante até o de atol (segundo Tarbuck & Lutgens, 1976).

lares, por pequenos canais. Nas porções mais profundas da laguna deposita-se *lama calcária* (lime mud) e nas margens *areia biodetrítica* (biodetrital sand). Essas areias tornam-se cascalhosas nas proximidades dos recifes, em grande parte por incorporação de fragmentos maiores originários da erosão do *edifício organógeno*. Por efeito da erosão que ocorre durante as grandes tempestades, forma-se um *depósito de talude* na *frente recifal*. Os *recifes de atol* são formados por uma série de ilhas dispostas em forma de anel sendo, em geral, compostas por algas calcárias (*Halimeda* e *Lithothamnion*) e corais.

Do sul do Estado da Bahia até pelo menos o Estado do Rio Grande do Norte, ocorrem recifes de corais quaternários (essencialmente holocênicos) dos tipos *franjante* e *barreira*. Entre os trabalhos pioneiros sobre os recifes atuais do Brasil, um dos mais detalhados é o de Branner (1904). Por outro lado, na sua subdivisão das principais áreas coralígenas do Brasil (Fig. 8.94), caracterizadas pelo maior desenvolvimento de recifes de corais, Laborel (1969) reconheceu os *recifes do Cabo de São Roque* (de Caiçara do Norte a Natal) e os *recifes de Abrolhos* (no sul da Bahia). Os *recifes do Nordeste*, desse mesmo autor, são dominados por *rochas praiais* (beachrocks ou stone reefs).

FIGURA 8.94 Subdivisão do litoral brasileiro e as localizações dos recifes mais importantes: Recife do Cabo de São Roque, Recifes do Nordeste e os Recifes de Abrolhos (segundo Laborel, 1969).

Segundo os estudos mais recentes de Leão e colaboradores (Leão, 1982 e Leão & Kikuchi, 1999), o crescimento dos recifes de corais atuais, em águas brasileiras, iniciou-se há pelo menos 7.220 anos calibrados A.P., concomitante ao fato verificado em outras partes do mundo tropical.

Na literatura geológica brasileira são encontradas referências a *paleorrecifes de rodoficófitas* (algas vermelhas) como, por exemplo, na Formação Bonfim (cenomaniana) da Bacia de Barreirinhas, MA (Carozzi *et al.*, 1973). Segundo Tibana & Terra (1981), a Formação Ponta do Mel (albiana-cenomaniana) da Bacia Potiguar (RN) seria também composta por *paleorrecifes de algas vermelhas*. Os dados sísmicos revelam que os *paleorrecifes* e os *paleodomos de lama*, compostos predominantemente por esqueletos de corais e de algas calcárias, podem estender-se por 10 a 30 km, tendo 50 a 200 m de espessura e 500 a 4.000 m de largura, sendo flanqueados por camadas inclinadas.

2.11.5 *Sedimentação de talude e sopé continentais e de bacia oceânica*

O *talude continental* (continental slope), segundo Emery (1970), ocupa atualmente uma área de cerca de 28×10^6 km^2. Como esta porção da *margem continental* é mais inclinada que a *plataforma continental*, só este fato representa uma causa predisponente à erosão dos sedimentos depositados. Na porção superior do talude, com declividade superior a 10 graus predomina a erosão, mas na sua base, onde o gradiente diminui, prepondera a sedimentação.

Em grande parte dos sedimentos acumulados no *talude continental*, os *processos gravitacionais* (ou movimentos de massa) representam um papel relevante (Fig. 8.95), fato recentemente estudado, por exemplo, no leque submarino do Rio Amazonas por Vilela (1998). Os depósitos formados por *processos gravitacionais* nesse *leque submarino* foram analisados quanto aos conteúdos em assembléias de foraminíferos bentônicos. Os dados obtidos foram confrontados com conteúdos de foraminíferos bentônicos atuais, na *plataforma* e *talude continentais* do Amazonas e com os de *sedimentos hemipelágicos* do Holoceno e do U.M.G. (Último Máximo Glacial) deste mesmo leque. A dominância de buliminídeos sugere que os depósitos de movimentos de massa provêm principalmente de *ambientes batiais*. As ocorrências rarefeitas de espécies características indicam que a *plataforma continental* constituiu outra fonte de sedimentos.

A natureza dos sedimentos acumulados no *talude continental* é bastante diversificada: *biogênica* (conchas de animais bentônicos e planctônicos), *vulcânica* (cinzas vulcânicas), etc. Todos eles pertencem à categoria de *depósitos hemipelágicos*, isto é, que ocupam uma posição intermediária entre os *depósitos de plataforma continental* (neríticos) e os *depósitos de fundos submarinos profundos* (pelágicos ou eupelágicos).

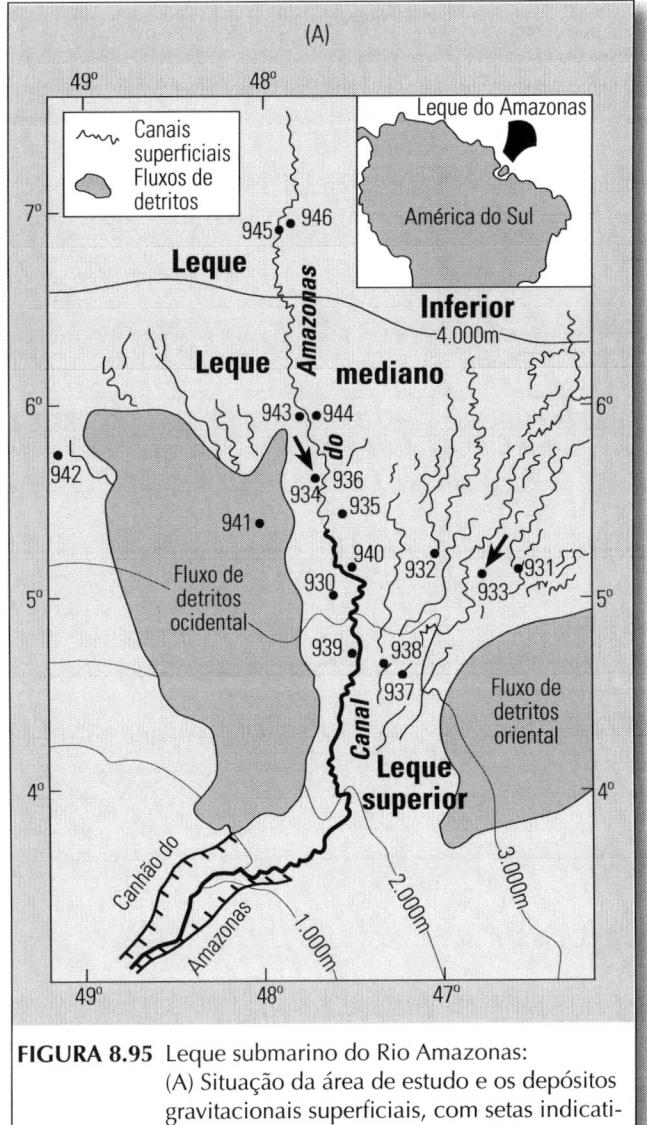

FIGURA 8.95 Leque submarino do Rio Amazonas:
(A) Situação da área de estudo e os depósitos
gravitacionais superficiais, com setas indicativas de estações analisadas por Vilela (1998)

Em geral, os *turbiditos modernos* não são comparáveis aos encontrados em antigos depósitos de "*flysch*,"
tanto em espessura como em extensão. Outra constatação é que as camadas de turbiditos pleistocênicos são,
em geral, mais espessas que as holocênicas.

Os estudos de Bouma (1962) sobre os depósitos
de "*flysch*" esclareceram muitas das características
dos turbiditos e conduziram o autor ao *modelo de
sedimentação de fácies turbidíticas*. Cada ciclo do
modelo conhecido como *seqüência de Bouma* (Bouma sequence), compreende uma sucessão de litologias
que refletem, em conjunto, uma queda progressiva na
velocidade da corrente. Tendo-se em conta as distâncias
geográficas, em relação ao ponto de origem das *correntes de turbidez*, usam-se os termos *fácies proximais*
(mais grossas e mais espessas) e as *fácies distais* (mais
finas e mais delgadas). Muitas vezes, admitem-se *fácies
intermediárias* que se situam a meio caminho entre as
fácies anteriores.

Outra variedade de sedimentos encontrados nos
sopés continentais são os *contornitos* (*contourites*).
Esses sedimentos mostram granulação mais fina e grau
de seleção maior que os *turbiditos* e exibem leitos mais
delgados. A sua origem é atribuída às *correntes de
contorno* (contour currents) ou *correntes geostróficas*
(geostrophic currents), que foram descobertas por Heezen *et al.* (1966). Esses autores descreveram-nas como
correntes de fundo, resultantes da circulação termoali-
na sobre a Terra em rotação por diferenças de temperaturas e de salinidades das águas oceânicas.

Elas fluem paralelamente aos contornos batimétri-
cos com velocidades até superiores a 20 cm/s e ocorrem
mais comumente sobre o *sopé continental* em oceanos
modernos. No flanco ocidental do Atlântico Norte, a
deposição de *contornitos* vem ocorrendo pelo menos
desde o Mioceno.

Nos *fundos submarinos de bacias oceânicas* cujas
profundidades médias oscilam entre 4.000 e 5.000 m,
acumulam-se *sedimentos pelágicos* (ou *eupelágicos*). Esta denominação é usada para referir-se aos sedimentos compostos de argilas e detritos biogênicos,
decantados diretamente da coluna aquosa sobrejacente. Caracterizam-se por baixa *taxa de sedimentação*
(*sedimentation rate*), isto é, da ordem de 1 mm/1.000
anos. Acredita-se que cerca de 50% das *vasas pelágicas*
sejam de origem eólica, embora possam também conter
carapaças calcárias e/ou silicosas de microrganismos.

A lenta sedimentação faz com que os sedimentos
fiquem submetidos à *oxidação*, *dissolução* e *bioturbação* por organismos bentônicos. Esses sedimentos compreendem as *lamas vermelhas* (red muds) ou *argilas
acastanhadas* (brown clays) e as *vasas orgânicas*
(diatomáceas, globigerinas, pterópodes e radiolários).

As *lamas vermelhas* são encontradas em profundidades superiores a 3.500 m. Variam de cor, do vermelho
ao acastanhado. Podem conter restos de microrganis-

Os *canhões submarinos* (submarine canyons),
que recortam as superfícies do *talude continental*,
constituem as vias de transporte de sedimentos carreados pelos *processos gravitacionais* desde a *plataforma* ao *sopé continentais* ou mesmo até as *planícies
abissais*. Até hoje permanecem dúvidas sobre a origem
dos *canhões submarinos*, que por muitos são considerados como produtos de erosão subaquática, devida às
correntes de turbidez. Muitos *canhões submarinos*
terminam em *leques submarinos* (submarine fans),
que parecem corroborar a hipótese de que as origens
dessas feições estejam intimamente relacionadas.

A área estimada por Emery (1970) para os *sopés
continentais* é da ordem de 19×10^6 km². O gigantesco
prisma de sedimentos acumulados, à frente da base dos
taludes continentais, é composto por *depósitos hemipelágicos* e *turbidíticos*.

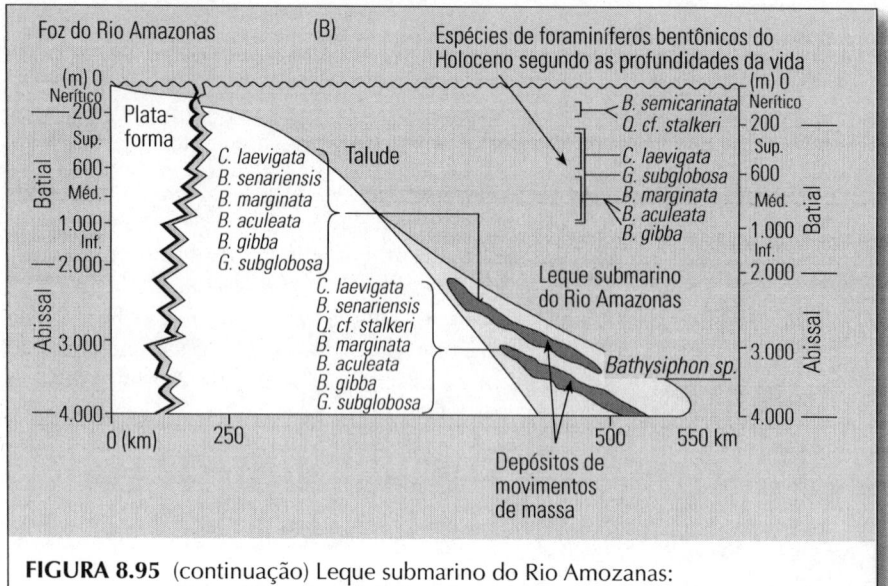

FIGURA 8.95 (continuação) Leque submarino do Rio Amozanas:
(B) perfil longitudinal desse leque submarino intercalado por depósitos gravitacionais, contendo espécies selecionadas de foraminíferos. Os foraminíferos bentônicos holocênicos estão relacionados às
profundidades dos respectivos hábitats.

mos, mas o teor de $CaCO_3$ não ultrapassa 30% e são predominantemente compostas de sedimentos eólicos. Por
outro lado, as *vasas orgânicas* são compostas de esqueletos fragmentários ou completos de *microrganismos
planctônicos* e de material inorgânico terrígeno. Neste
ambiente os elementos bentônicos estão ausentes e,
portanto, não ocorrem também nos sedimentos.

As *vasas de diatomáceas* (diatom oozes) são *lamas silicosas* (siliceous muds) e são encontradas em
fundos submarinos atuais. São compostas principalmente de *frústulas* (frustules) ou *carapaças* (carapa-
ces) de *diatomáceas* (algas), que consistem em *sílica
amorfa hidratada* (opala). Ocorre abundantemente
ao norte do oceano Pacífico e nas proximidades da
Antártida. Elas são conhecidas desde o Jurássico, mas
as assembléias mais bem preservadas são do Cretáceo
superior.

As *vasas de globigerinas* (globigerine oozes) constituem *lamas calcárias* (lime muds) com predominância de carapaças de microrganismos marinhos, principalmente de foraminíferos globigerinídeos. Comumente
essas vasas não ocorrem em profundidades superiores
a cerca de 3.500 m e compreendem cerca de 40% dos
fundos submarinos atuais.

As *vasas de pterópodes* são depósitos *pelágicos*
(ou *eupelágicos*), contendo mais de 30 a 45% de conchas de *pterópodes* (gastrópodes). Esta vasa calcária
ocorre em profundidades mais rasas que as outras.

As *vasas de radiolários* são sedimentos compostos predominantemente por esqueletos de radiolários
(protozoários com endoesqueleto silicoso = opala), que
ocorrem em fundos oceânicos entre 3.700 e 7.200 m de

profundidade, abrangendo cerca de
4% dos *fundos submarinos atuais*.
No passado geológico, podem ter
sido depositadas em águas muito
mais rasas. As ocorrências mais antigas de radiolários registradas na
literatura são do Cambriano, constituindo *silexitos* (silexites), especialmente denominados de *radiolaritos*
(radiolarites).

Os sedimentos de ambientes
rasos das *plataformas continentais*
são ricos, enquanto os de ambientes profundos de bacias oceânicas
são pobres em carbonato de cálcio
($CaCO_3$). Este fato é explicado, em
parte, pela *taxa de dissolução* que é
mais alta nas grandes profundidades,
enquanto a *taxa de sedimentação* é
superior nas profundidades mais
rasas. O limite entre essas fácies é
comumente chamado de *Profundidade de Compensação da Calcita*
(PCC) ou *linha de carbonato* (car-
bonate line) que, em média, situa-se a 4.500 m, variando
de mais de 5.500 m no Atlântico Norte até menos de
3.500 m no Pacífico Norte.

Nos *fundos submarinos* de *bacias oceânicas*,
são também encontrados *sedimentos autigênicos* que
podem ser exemplificados pelos *nódulos polimetálicos*
(polymetallic nodules) e *phillipsita* (phillipsite). Os
nódulos polimetálicos também conhecidos por *nódulos de manganês* (manganese nodules) são materiais
de precipitação química singenética de cores preta a
cinzenta, compostos principalmente de Fe^{+2} e Mn^{+2} mal
cristalizados. Eles apresentam núcleos de fragmentos
de conchas, corais, dentes de tubarão, ossos e rochas.
A composição química média é a seguinte: $MnO_2 = 32\%$,
$FeO = 22\%$, $SiO_2 = 19\%$ e $H_2O = 14\%$. No entanto, podem apresentar variações consideráveis, e os teores de
Mn e a razão Mn/Fe são mais altos no Pacífico que no
Atlântico. Aparecem também quantidades menores de
Cu, Ni, Pb, Ti, Zr e Co. A velocidade de crescimento dos
nódulos polimetálicos é bastante lenta e varia de 10^{-1}
a 10^{-2} mm/1.000^3 anos. A *phillipsita*, por outro lado, é
um silicato hidratado de Ca, Na, K e Al, que se cristaliza
como mineral esbranquiçado de brilho vítreo e hábito
acicular. É encontrada em sedimentos marinhos de natureza carbonática.

Nos registros antigos de ambientes marinhos, os
depósitos da *plataforma continental* são muito mais
freqüentes que os de águas profundas. Entretanto, através das associações faciológicas e/ou paleontológicas,
têm sido identificados muitos depósitos antigos de águas
profundas. Os fósseis representativos de faunas bentô-
nicas, que não sofreram transporte, podem ser úteis nas
reconstituições paleobatimétricas.

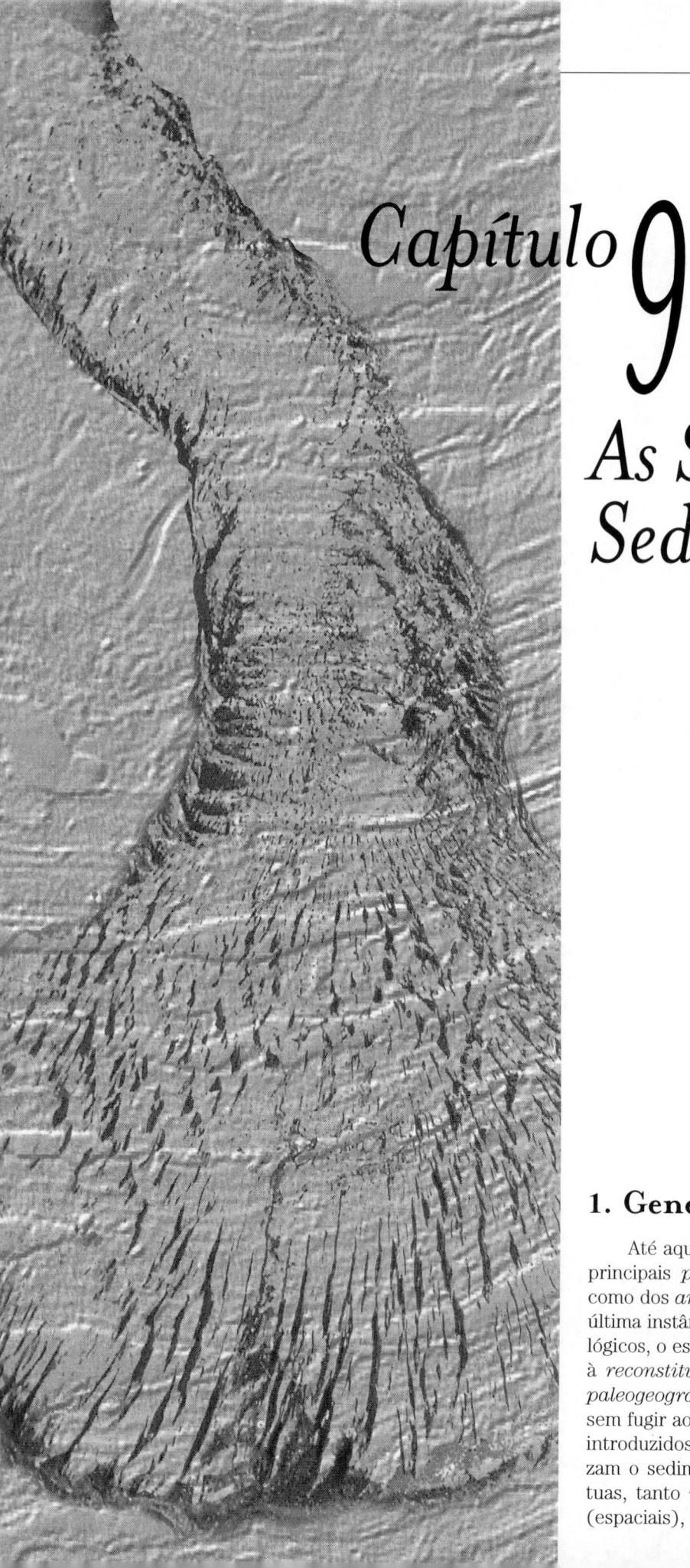

Capítulo **9**

As Seqüências Sedimentares

1. Generalidades

Até aqui foram apresentadas as características dos principais *processos* e *produtos sedimentares*, bem como dos *ambientes de sedimentação*. Entretanto em última instância, tanto para fins científicos como tecnológicos, o estudo de rochas sedimentares deve conduzir à *reconstituição* mais perfeita possível dos *cenários paleogeográfico* e *paleoambiental* da época. Para isso, sem fugir ao escopo maior deste compêndio, devem ser introduzidos outros conceitos fundamentais, que conduzam o sedimentólogo à identificação das relações mútuas, tanto *verticais* (temporais) quanto *horizontais* (espaciais), entre as *seqüências sedimentares*.

2. Análise seqüencial

Neste item é apresentada miscelânea de conceitos fundamentais para o estabelecimento da seqüência evolutiva das vicissitudes responsáveis pela formação das rochas sedimentares estudadas.

2.1 Conceitos básicos de estratigrafia

Os conceitos básicos da *estratigrafia* derivada das palavras latina *stratum* (estrato ou camada) e grega *graphein* (descrição) foram, inicialmente, estabelecidos a partir de estudos em *bacias sedimentares relativamente calmas com sedimentação contínua*. Portanto, os fatores primordiais que determinaram as *propriedades das seqüências sedimentares*, tais como a *natureza da área-fonte*, a *topografia da bacia e das suas vertentes*, as *irregularidades do fundo da bacia*, etc., permaneceram mais ou menos constantes.

Mas a *tectônica* que se manifesta através de movimentos verticais, horizontais e oblíquos da crosta terrestre, em tempos e espaços mais ou menos determinados, afeta a grande maioria das *seqüências sedimentares*. Essas atividades podem ocorrer durante ou após a sedimentação, causando variações de espessura e atribuindo características caóticas e originando contatos anômalos.

Alguns dos conceitos básicos estabelecidos há muito tempo ainda não estão ultrapassados, não obstante os enfoques que introduziram os conhecimentos modernos (*magnetoestratigrafia, sismoestratigrafia, estratigrafia de seqüências, estratigrafia isotópica*, etc.) e são os seguintes:

a)   *Lei de Steno-Smith ou da superposição*

Em qualquer seqüência de *rochas sedimentares* ou de *rochas ígneas extrusivas* (derrames de lavas), que não tenha sofrido deformações secundárias (pósformacionais), a camada mais nova situa-se no topo e a mais antiga na base.

b)   *Lei da horizontalidade original*

Segundo esta outra lei geral da geologia, estabelecida em 1669 por N. Stenon (1638-1687), sedimentos depositados subaquaticamente apresentam-se em *camadas horizontais* ou *quase-horizontais* e *paralelas* ou *quase-paralelas* à superfície terrestre.

c)   *Lei da continuidade original*

De acordo com esta lei geral da geologia, estabelecida também em 1669 por N. Stenon, uma camada depositada subaquaticamente deveria estender-se, *na época da deposição*, em todas as direções até adelgaçar-se e desaparecer como resultado da não-deposição ou por ter atingido a borda original da bacia.

d)   *Lei de Walther (1893-1894)*

Este princípio também denominado *Lei de Correlação de Fácies* estabelece que a sucessão vertical de fácies, tanto em *seqüências transgressivas* como *regressivas*, reflete essencialmente a ordem (ou seqüência) da distribuição horizontal das mesmas fácies. Desse modo, contanto que não tenham ocorrido perturbações, durante as *fases de transgressão* ou de *regressão*, no primeiro caso, por subsidência muito rápida ou diferenciada e, no segundo caso, por flutuações marcantes no nível do mar, etc., segundo esta lei, seria possível diagnosticar a *distribuição horizontal de fácies com base em uma única seção colunar*.

Além disso, quando as rochas sedimentares são fossilíferas, são muito importantes os seguintes conceitos:

a)   *Lei da camada identificada por fósseis*

Esta é uma lei fundamental da *bioestratigrafia* que foi apresentada por William Smith (1769-1839) no início do século XIX (1816). Segundo esta lei, uma *camada sedimentar* pode conter *fósseis característicos*, que permitem diferenciá-la das demais camadas superpostas ou sotopostas e, além disso, correlacioná-la a camadas de mesma idade encontradas em outros locais ou mesmo em outras bacias.

b) *Lei da sucessão faunística*

Esta é uma regra pela qual os fósseis eventualmente contidos em camadas sedimentares sucessivas mudam da base para o topo, cujo reconhecimento por William Smith (1769-1839) foi muito importante para a *correlação de unidades bioestratigráficas*.

c)   *Lei da assembléia faunística*

Segundo esta lei, assembléias semelhantes de organismos fossilíferos (paleofauna ou mesmo paleoflora) indicariam idades semelhantes às rochas que as contêm. Naturalmente, o conjunto de fósseis deve representar uma *biocenose* (*zoocenose* ou *fitocenose*), isto é, uma associação de organismos que viveram em estado de dependência mútua e não uma tanatocenose, que é ligada à associação após a morte, originada por mecanismos não-vitais.

d)   *Lei da evolução ascendente*

Esta é uma das 24 leis da evolução de Petronievics (1921, *in* Comissão de Redação do Dicionário da Sociedade de Pesquisas de Geociências, 1970). Segundo esta lei, durante a evolução progressiva de um grupo de organismos, enquanto algumas características progridem, outras regridem. Um exemplo é a evolução humana, na qual o desenvolvimento do cérebro foi acompanhado pela degeneração da mandíbula (ou dos dentes).

e) *Lei da evolução ilimitada*

Esta é também uma das 24 leis da evolução de Petronievics (*op. cit.*), segundo a qual, uma espécie pode sofrer transformações ilimitadas, podendo sempre dar origem a novas espécies.

f) *Lei da evolução irreversível*

Corresponde a uma das 24 leis da evolução de Petronievics (*op. cit.*), segundo a qual um organismo ou um órgão ou parte de um órgão após sofrer transformações evolutivas não pode retornar à situação primitiva.

g) *Lei da evolução limitada*

Esta também representa uma das 24 leis da evolução de Petronievics (*op. cit.*), segundo a qual um grupo biológico que atinja especialização excessiva extingue-se sem deixar descendentes. Um exemplo é o dos répteis gigantescos, (dinossauros) que atingiram o seu clímax na Era Mesozóica, para se extinguirem no fim do Período Cretáceo.

2.2 Fácies sedimentares

2.2.1 Generalidades

Este termo foi originalmente usado por N. Stenon, em 1669 e após isso tem sido usado amplamente com várias acepções (Teichert,1958). A palavra *fácies* corresponde ao aportuguesamento do termo latino *facies* (substantivo feminino), que significa aparência ou aspecto.

Segundo Mendes (1984), ela é empregada em estratigrafia com diversos sentidos, aparecendo com prefixo qualitativo (*litofácies, biofácies e tectofácies*, etc.) ou associada a um adjetivo (*fácies fluvial, fácies marinha*, etc.) ou, ainda, a um substantivo (*fácies de folhelhos negros, fácies de camadas vermelhas*, etc.), que traduzem as naturezas genética e/ou estratigráfica das referidas *fácies*.

De acordo com Wegmann (1962), A. Gressly (1814-1865) pode ser considerado o pai da moderna acepção atribuída ao termo *fácies*. Ao descrever as rochas do Triássico e do Jurássico da Alemanha, em *termos litológicos* e *paleontológicos*, ele empregou a designação fácies para identificar as características sedimentológicas e fossilíferas de um membro, de uma formação ou de um grupo de depósitos sedimentares. Segundo Gressly, a fácies abrangeria as características litológicas e paleontológicas que seriam intimamente relacionadas em termos ambientais. A *fácies* que este autor denomina de *coralina*, por exemplo, foi considerada como *litorânea* ou de águas rasas.

2.2.2 Fácies com conotação estratigráfica

Embora as *fácies* sejam, hoje em dia, fundamentais nas *classificações estratigráficas*, nem todas apresentam *conotação estratigráfica*, sendo úteis apenas para o conhecimento da *variação litológica* ou de outra natureza.

De acordo com Mendes (1984), cinco são os tipos de fácies com conotação estratigráfica: *fácies estratigráficas, fácies sedimentares, litofácies, magnafácies* e *fácies operacionais*.

A denominação *fácies estratigráfica* é atribuída a Weller (1958) que, em princípio, distingue-se pela forma, natureza do contato e relações intrínsecas. No caso, o aspecto e a composição teriam papéis secundários. Por outro lado, a *fácies sedimentar* definida por Moore (1949), distingue-se do resto pelos atributos litológicos e paleontológicos particulares. A *litofácies* com conotação estratigráfica está relacionada somente aos atributos litológicos distintos e não deve ser confundida com a *fácies sedimentar* de Moore (*op. cit.*). No Brasil, o termo *litofácies* com conotação estratigráfica, baseada em atributos essencialmente litológicos, foi usado para o Grupo Bauru (Cretáceo da Bacia do Paraná), na sua subdivisão informal e preliminar (Suguio *et al.*,1977a). O termo *magnafácies*, devido a Caster (1934), foi originalmente empregado para designar sedimentação homogênea ocorrida durante um *ciclo regressivo*, caracterizada por exibir grande *persistência lateral* (McGugan,1965). Uma *magnafácies* poderia ser subdividida em *parvafácies* delimitadas a seu turno entre duas isócronas que, portanto, correspondem a *unidades cronoestratigráficas* (Figura 9.1). Entretanto, esses conceitos são pouco pragmáticas, pois o pleno desenvolvimento de uma magnafácies só ocorre sob *condições de absoluta quietude tectônica* que são muito raras na natureza. De certo modo, o conceito de *magnafácies* confunde-

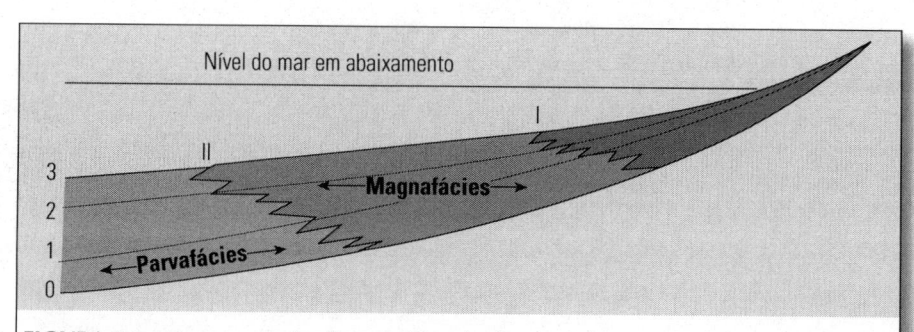

FIGURA 9.1 Representação diagramática de uma seqüência regressiva, mostrando os significados de magnafácies e parvafácies; 0, 1, 2, e 3 = isócronas que delimitam as parvafácies (modificado de Mendes, 1984).

se com o de *litossoma* (Sloss,1958) ou de *unidade de sedimentação* (Otto, 1935), que correspondem a um corpo sedimentar tridimensional com feições litológicas essencialmente constantes e características de um ambiente deposicional. Finalmente, a *fácies operacional* corresponde a uma concepção prática de fácies que foi estabelecida em termos quantitativos por Krumbein & Sloss (1963). Segundo esses autores, a *fácies operacional* baseia-se em dados provenientes de numerosos pontos e, além do *significado paleoambiental*, propõe-se a ilustrar outras características, como o seu interesse para a *geologia do petróleo*.

2.2.3 Fácies sem conotação estratigráfica

Algumas das variedades de fácies admitidas por Mendes (1984), neste grupo, são: as *fácies ambiental* e *petrográfica*, além da *tectofácies*.

A *fácies ambiental* (environmental facies) ou *ecológica* (ecologic facies) é uma designação genética proposta por Weller (1958). Ela estaria relacionada exclusivamente ao provável *ambiente de sedimentação* como, por exemplo, *fácies eólica*, *fluvial*, *marinha rasa*, etc.

A *fácies petrográfica* (petrographic facies) teria sido proposta também por Weller (*op. cit.*), baseada no aspecto e/ou na composição. Exemplos: *fácies de camadas vermelhas* (red bed facies), *fácies de folhelhos negros* (black shale fácies), etc.

As *fácies de camadas vermelhas* referem-se mais a arenitos e folhelhos e mais raramente a calcários com cores tipicamente avermelhadas. São consideradas, em geral, indicativas de *ambientes continentais* de extensas *bacias intermontanas*, com amplas planícies aluviais, submetidas a um clima normalmente seco e com estações úmidas, favorecendo a exposição subaérea periódica dos sedimentos. Embora ocorram em vários períodos geológicos, são mais freqüentes no Carbonífero superior e no Mesozóico.

As *fácies de folhelhos negros* são representadas por rochas sedimentares pelíticas ricas em *matéria orgânica* e *substâncias radioativas*, com conspícua laminação submilimétrica. A cor é devida ao material carbonoso (carbono fixo ou hidrocarbonetos betuminosos), além de pirita ou marcassita finamente disseminadas. Podem ser de origem marinha ou não-marinha, mas invariavelmente estão relacionadas a *ambientes euxínicos* (euxinic environments), que são *tipicamente anaeróbios*.

As *tectofácies*, segundo Sloss *et al.* (1949), caracterizariam as variações espaciais (laterais) das *unidades litoestratigráficas* por causas essencialmente tectônicas. O termo serve para designar as fácies peculiares a um determinado tectótopo (tectotope) ou *sítio tectônico* que, por sua vez, representa um ambiente geotectônico particular, como o de uma *bacia intracratônica* (intracratonic basin). Podem também se referir a cada

uma das fácies presentes em uma unidade estratigráfica diferenciadas entre si por suas propriedades, que refletem distintos ambientes tectônicos de sedimentação. Exemplos: fácies de "*flysch*" ou de molassa.

As *microfácies* e as *biomicrofácies* que expressam as variações espaciais e temporais nas características litológica e/ou paleontológicas detectáveis somente com o uso de um microscópio óptico. Este método de estudo tem sido aplicado principalmente em calcários especialmente à *geologia do petróleo* como, por exemplo, em Carozzi *et al.* (1973) e Bandeira Jr. (1978).

2.2.4 Biofácies

As *biofácies* são definidas pelas subdivisões baseadas nas variações espaciais dos *atributos biológicos* (conteúdos fossilíferos) de uma *unidade bioestratigráfica* sem considerar o caráter litológico dos sedimentos fossilíferos. Por vezes, esta designação é também empregada sem qualquer conotação estratigráfica, referindo-se a assembléias de plantas ou animais fósseis formadas ao mesmo tempo, mas sob diferentes *condições paleoambientais*, tais como as *fácies de moluscos*.

A fim de que uma *biofácies* tenha implicações paleoecológicas, é imprescindível que a sua definição seja fundamentada em indivíduos sensíveis às variações dos *parâmetros ambientais* (temperatura, luminosidade, salinidade, profundidade de água, etc.). Em geral, as faunas subaquáticas compreendem seres *planctônicos*, *bentônicos* e *nectônicos*. Além disso, é necessário distinguir:

a) organismos que vivem presos a outros, tais como briozoários fixos a algas, moluscos presos à madeira flutuante, etc.;

b) organismos planctônicos durante a vida toda ou só no estado larval (*meroplâncton*);

c) organismos dispersados pelo vento.

Em *bioestratigrafia* existem também vários termos derivados, tais como *biótopos* e *biossomas*. Os *biótopos* definem uma área (ou sítio) de ecologia e adaptação orgânica uniformes e correspondem a *ambientes ecológicos* (ou *paleoecológicos*) correspondentes a cada uma das *biofácies*. Os *biossomas*, por sua vez, referem-se a um corpo tridimensional de rocha sedimentar com conteúdo fossilífero uniforme, que tenha sido depositado sob *condições biológicas homogêneas*. É um termo bioestratigráfico equivalente ao *litossoma* que é usado quando se consideram somente os atributos litológicos.

2.2.5 Representações gráficas de fácies

As *fácies* são, em geral, representadas por *seções colunares*, *seções geológicas* e *mapas faciológicos*.

As *seções colunares* (ou *colunas litológicas*) são uma representação gráfica de uma seqüência e das relações estratigráficas das unidades rochosas de um local. Em coluna vertical, as litologias são representadas por símbolos padronizados, e as espessuras das unidades são desenhadas em escala apropriada.

As *seções geológicas* ou *perfis geológicos* correspondem à representação gráfica em corte da distribuição subsuperficial dos tipos litológicos, bem como a suas relações espaciais e estruturais, construídos com base em dados de *geologia de superfície* (surface geology). Para se ter maior precisão, podem ser usados dados de *geologia de subsuperfície*, provenientes de sondagens mecânicas ou geofísicas, contanto que estejam disponíveis.

Os *mapas faciológicos* mostram as distribuições dos diferentes tipos de *fácies sedimentares* que ocorrem dentro de uma *unidade estratigráfica* como, por exemplo, os mapas de litofácies (lithofacies maps) de uma formação. Os *mapas de entropia* (entropy maps) ou *mapas isentrópicos* (isentropic maps) são baseados nas intensidades ou graus de mistura de três *membros extremos* (end members) das rochas componentes de uma unidade estratigráfica, representando casos particulares de *mapas faciológicos*.

As *seções colunares* fornecem idéias sobre as variações faciológicas locais e as *seções geológicas* dão informação sobre essas mudanças ao longo de um perfil. Entretanto, somente os *mapas faciológicos* oferecem um cenário mais objetivo das variações desses atributos no espaço. Entre alguns dos *atributos faciológicos* mapeáveis, têm-se: *litofácies, biofácies, tectofácies*, etc. Além disso, as representações desses atributos podem ser meramente qualitativas ou até quantitativas. Nesse caso, usam-se comumente os *isovalores* (ou *isolinhas*) relacionados ao atributo escolhido como, por exemplo, os *mapas de isópacas*. Esses mapas são construídos por *isolinhas* que unem pontos de igual espessura real de uma *unidade estratigráfica*.

Mais detalhes sobre este assunto são encontrados em Krumbein & Sloss (1963) e Mendes (1984). Harbaugh & Merriam (1968), entre outros, versam sobre o uso do computador na construção de *mapas faciológicos*.

2.3 Tipos de contatos sedimentares

2.3.1 Generalidades

Antes de tratar dos tipos de *contatos sedimentares*, torna-se necessário definir a expressão geométrica dos *corpos sedimentares* (litossomas), pois ela varia muito, tanto em composição como em geometria.

Quanto à composição, o *litossoma* pode ser homogêneo e composto de litologia única, sendo então designado de *monogenético* ou de mais de um tipo liotológico, quando é chamado de *poligenético*.

Em relação à geometria, pode-se pensar em *geometrias externa* e *interna*. A *geometria externa* dos

corpos sedimentares (*tabular, lenticular, cuneiforme, mantiforme, em lençol, em lobo*, etc.), juntamente com a *geometria interna* (estruturas sedimentares), constitui uma das feições sedimentares essenciais na definição da *arquitetura deposicional* (depositional architecture). A *geometria interna* é expressa pelo padrão de associação de *litofácies*, de *superfícies de contato*, etc.

Krynine (1948) reconheceu as seguintes quatro formas de corpos sedimentares, com base nas relações entre as larguras e espessuras: *mantiformes* ou *em lençol* (maior que 1.000:1), *tabulares* (50:1 a 1.000:1), *prismáticas* (5:1 a 50:1) e *lineares* (menor que 5:1).

Pettijohn (1975), no seu clássico livro intitulado *Rochas Sedimentares*, dedicou um capítulo à *geometria dos corpos sedimentares*. Segundo esse autor, os corpos singenéticos de arenito, por exemplo, são classificados em *lineares, simples, complexos, bifurcantes, cuneiformes* e *em lençol*.

2.3.2 Contatos sedimentares

Denominam-se *contatos* (ou *limites*) as superfícies que separam *corpos sedimentares contíguos* (por exemplo: arenito e folhelho) ou as interfaces entre *unidades estratigráficas* (por exemplo: duas formações). Este termo é bastante empregado em *mapeamentos geológicos* (geological mappings) e pode ser classificado segundo vários critérios. Desse modo, quanto à posição espacial, distinguem-se os contatos *verticais, horizontais* e *inclinados* (ou *oblíquos*). Quanto aos graus de definição (ou de nitidez), tem-se os *contatos gradacionais* (gradativos ou transicionais) e bruscos (ou abruptos). Além disso, os *contatos laterais* podem exibir *acunhamentos* (pinchouts) ou *interdigitação* (intertonguings ou interfingerings). As zonas de *contatos interdigitados* causarão repetição vertical de *litossomas*, originando o fenômeno de *recorrência de fácies* (ou de litofácies), que é sugestivo de oscilações nas condições paleoambientais, como acontece comumente em regiões litorâneas (Figura 9.2). Finalmente, dependendo dos graus de certeza nas observações dos contatos, têm-se *contatos observados, inferidos, encobertos*, etc.

Os *contatos verticais* seguem aproximadamente a direção da componente vertical dos campos gravitacional ou magnético terrestres em qualquer ponto da superfície da Terra. Raramente são contatos de *origem sedimentar*, sendo em geral de *natureza tectônica* (falhas).

Os *contatos horizontais* caracterizam-se por acompanhar, grosso modo, o plano tangente à superfície equipotencial gravitacional em um ponto. Por exemplo, os *depósitos lacustres indeformados* apresentam, em geral, contatos horizontais.

Os *contatos inclinados* (ou *oblíquos*) correspondem a planos delimitantes inclinados entre duas litologias ou unidades litoestratigráficas. Esses contatos podem ou não apresentar implicações tectônicas.

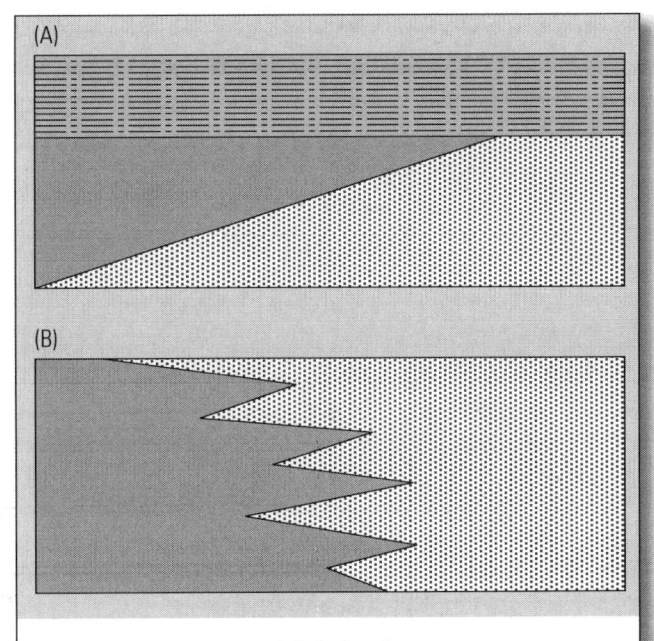

FIGURA 9.2 Duas modalidades de contatos laterais comuns entre os litossomas: (A) acunhamento (pinchout) e (B) interdigitação (intertonguing). Modificado de Mendes (1984).

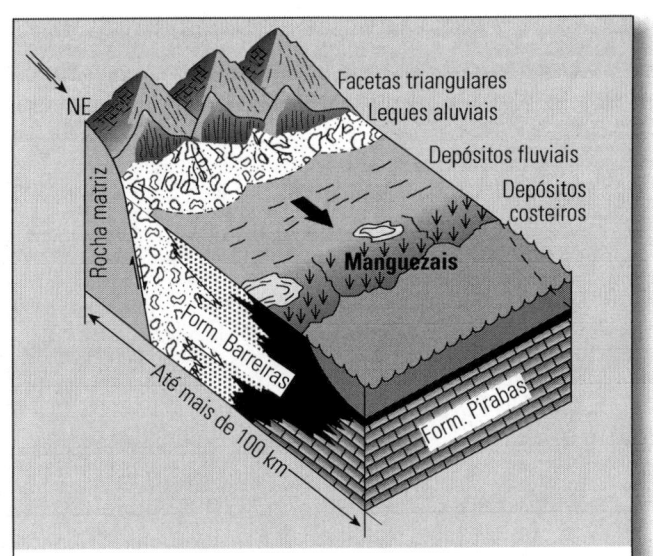

FIGURA 9.3 Bloco-diagrama esquemático do modelo deposicional da Formação Barreiras (Néogeno) no NE do Pará, mostrando as associações faciológicas "A" (proximal), "B" (intermediária) e "C" (distal), além das relações de contato lateral parcialmente interdigitado com a Formação Pirabas (Mioceno), segundo Suguio & Nogueira (1999).

Os *contatos gradativos* são encontrados na situação em que a passagem de um *litossoma* para outro se faz através de uma zona de gradação de espessura variável. A *passagem* (ou transição), por exemplo, de um arenito para folhelho caracteriza-se freqüentemente por enriquecimento progressivo em silte e argila e redução cada vez mais acentuada no teor de areia. Neste caso, segundo Mendes (1984), tem-se uma *gradação mista* (mixed gradation). Em outros casos, ocorre a *gradação contínua* (continuous gradation), que consiste em redução progressiva de diâmetro das partículas, desde areia até argila. Porém, comumente a mudança litológica é *abrupta* (ou brusca), representada por uma superfície bem delineada.

Os *contatos laterais com acunhamento* correspondem a um fenômeno pelo qual uma determinada camada (ou unidade litológica) diminui gradualmente de espessura até o seu completo desaparecimento e substituição por outras litologias.

Os *contatos laterais com interdigitação* representam uma situação na qual as camadas sedimentares de determinada litologia adelgaçam-se, até o seu desaparecimento total e substituição por outros tipos de rochas. Neste caso, a porção terminal das camadas não constitui uma única cunha, mas várias cunhas que se interpenetram com as litologias adjacentes. Este é um fenômeno que, comumente, não pode ser visualizado em escala de um único afloramento, devendo ser estudado em várias exposições sucessivas (Figura 9.3).

Sob o *ponto de vista estratigráfico*, os *contatos* (ou limites) podem representar uma *continuidade* (con-

tinuity) ou uma *quebra* (break) ou *descontinuidade* (discontinuity). Quando a interrupção da sedimentação ocorre por curto intervalo de tempo, a camada prévia recém-depositada não é sensivelmente perturbada pela erosão (subaquática ou subaérea) e, nesse caso, há uma coincidência entre o *contato* (ou limite) e a *estratificação* (ou acamamento) não denotando, portanto, uma *discordância*.

2.3.3 Discordâncias

Segundo Mendes (1984), é possível reconhecer *fase positiva* e *fase negativa* de sedimentação. A primeira representa o intervalo de tempo de *deposição contínua*, enquanto a segunda corresponde ao episódio de *sedimentação interrompida*, acompanhada ou não de erosão As *discordâncias propriamente ditas* expressam intervalos de tempo *não-deposicionais* (ou de *sedimentação interrompida*) maiores que os relacionados à origem da estratificação, separando duas seqüências distintas de camadas sedimentares.

Neste caso, tem-se um *diastema* (ou *discordância local* ou, ainda, *quase-concordância*) que sugere oscilação (ou flutuação) passageira nas *condições paleoambientais* que, comumente, separam camadas litologicamente semelhantes. O *diastema* diferencia-se da *discordância erosiva* (erosional unconformity) por apresentar distribuição espacial limitada, não evidenciando mudança paleoambiental muito importante. Certamente não deve haver quaisquer diferenças nos conteúdos *paleofaunísticos* e *paleoflorísticos*, acima e abaixo do *diastema*. Por exemplo, os períodos de inun-

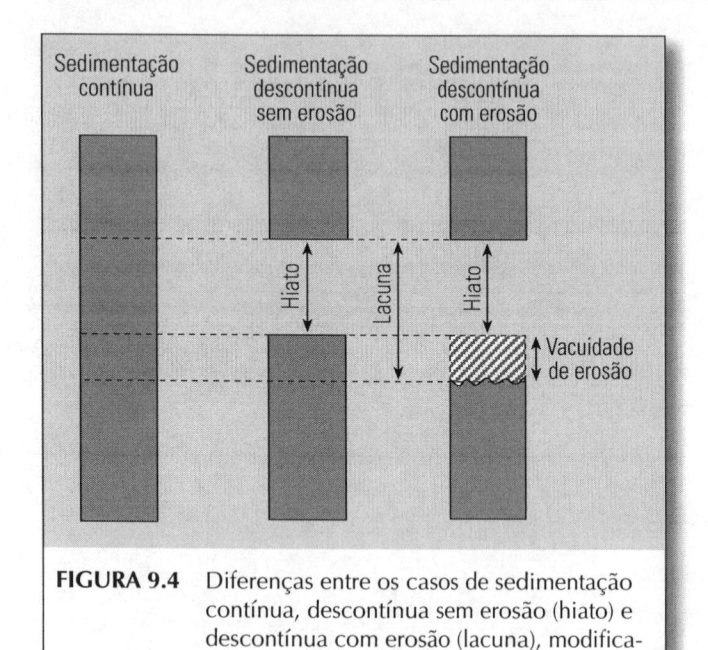

FIGURA 9.4 Diferenças entre os casos de sedimentação contínua, descontínua sem erosão (hiato) e descontínua com erosão (lacuna), modificado de Mendes (1984).

dação das planícies fluviais, nas épocas de cheias, são caracterizados pela sedimentação e erosão, mas, em geral, quase sempre ocorre um saldo positivo da deposição.

Qualquer pausa mais duradoura causaria uma interrupção no *registro geológico* que, comumente, é conhecida como hiato. Existe também a palavra *lacuna* que é usada comumente como sinônimo de *hiato*. Porém, para outros, a *lacuna* seria mais abrangente, pois representaria a somatória de *não-deposição* (ou hiato) e *erosão* (ou vacuidade erosiva). Quando não ocorre *erosão* durante o intervalo de tempo de *não-deposição*, o *hiato* e *lacuna* seriam coincidentes (Figura 9.4).

As *discordâncias* não somente possuem expressão geométrica (ou espacial), mas também envolvem importantes conotações que podem ser apreciadas no mínimo sob os seguintes aspectos:

Aspecto estrutural — A *discordância* sempre envolve um plano (regular ou irregular), que separa dois conjuntos de rochas, apresentando-se as mais antigas sotopostas e as mais novas superpostas. Este plano pode ser representado por *superfícies de intemperismo* e *denudação* ou de *não-deposição*.

Aspecto cronológico — O *plano de discordância* é uma superfície inumada, que sempre compre-

ende um *lapso de tempo* variável de interrupção no *registro estratigráfico*, ocasionada por *erosão* ou *não-deposição*.

Aspecto geológico — A *discordância* é comumente usada na delimitação de unidades em *classificações estratigráficas*. Podem corresponder ao *registro geológico* de importantes eventos, tais como transgressão e regressão marinhas, fases de orogênese, mudanças climáticas que se materializam através de acentuadas variações faciológicas.

Segundo Dunbar & Rodgers (1957), as *verdadeiras discordâncias* (ou *discordâncias regionais*) são de quatro tipos principais (Figura 9.5): *desconformidade* (disconformity) ou *discordância erosiva* (erosional unconformity), *paraconformidade* (paraconformity), *discordância angular* (angular unconformity) e *inconformidade* (non conformity) ou *discordância heterolítica* (heterolithic unconformity).

A *desconformidade* está ligada à *discordância* entre camadas paralelas, isto é, com as camadas inferiores sem qualquer mergulho em relação às superiores, separadas por uma superfície mais ou menos regular, que representa uma fase *erosiva* ou *não-deposicional* de grande significado geológico. Esta designação também é usada para plano de contato local em *diques* (corpos intrusivos ígneos), onde as *estruturas de fluxo* sejam discordantes.

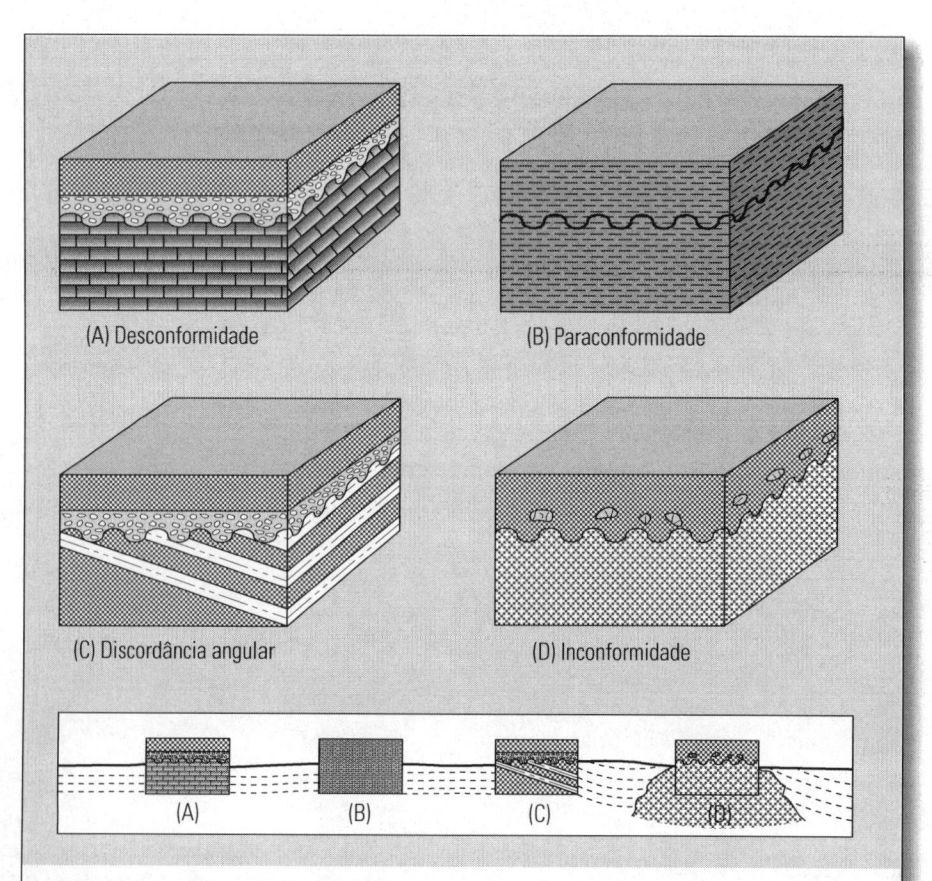

FIGURA 9.5 Blocos-diagrama (A a D) de tipos de discordância (figuras superiores) e as situações espaciais em corte (figura inferior).

A *paraconformidade* refere-se a uma discordância em que as camadas superpostas e sotopostas, bem como o próprio *plano de discordância* sejam horizontais e paralelos entre si, embora representem considerável *hiato* (hiatus). Na ausência de fósseis, este tipo de discordância fica muito difícil ou praticamente impossível de ser reconhecido.

A *discordância angular* está relacionada a uma situação em que as camadas mais antigas mergulham com ângulos mais fortes que as camadas mais novas, tendo a separá-las uma *superfície erosiva*. Esta situação deve-se a uma deformação tectônica mais intensa das camadas mais antigas, antes da erosão, seguida de deposição de camadas mais novas. A *discordância angular local* ocorre, por exemplo, nas bordas de pequenas bacias sedimentares, como foi constatado por Suguio (1969) na Bacia de Taubaté (Terciário do vale do Rio Paraíba do Sul, SP).

O termo *inconformidade* era antigamente empregado praticamente como sinônimo de *discordância erosiva* (desconformidade), porém, hoje em dia, é mais comumente usado para designar um tipo de *discordância* em que rochas estratificadas jazem mais ou menos horizontalmente sobre rochas maciças (não-estratificadas), em geral ígneas ou metamórficas. Por isso, esta discordância tem sido chamada também de *discordância heterolítica*.

Alguns outros tipos de discordância, encontrados na literatura geológica, são: *discordância cega* (blinded unconformity), *discordância química* (chemical unconformity) e *discordância tectônica* (tectonic unconformity). A *discordância cega* corresponde a uma situação em que não se consegue visualizar um limite nítido entre duas unidades litológicas originadas, por exemplo, quando sobre depósitos residuais de intemperismo de uma rocha estão superpostos sedimentos resultantes do intemperismo da mesma rocha-matriz. Pode ser exemplificado por arcózio superposto a um granito. A *discordância química* corresponde ao limite estratigráfico definido por análises químicas, como no caso de camadas carbonáticas, cuja porção basal exiba alta concentração de impurezas (sílica, enxofre, etc.) em função de clásticos residuais e matéria orgânica. A *discordância tectônica* é encontrada, quando duas porções de um *litossoma*, delimitadas por um plano, exibem *dobras desarmônicas* (disharmonic folds), com formas e tamanhos distintos.

Finalmente, entre alguns dos critérios para reconhecimento de discordâncias tem-se os de origens *tipicamente marinhas* (perfuração de organismos marinhos litorâneos, distribuição lateral de recifes de corais, etc.), *tipicamente subaéreas* (verniz do deserto, calcretes e outras duricrostas, paleossolos, etc.) e outras que podem ser *subaéreas* ou *marinhas* (cascalhos residuais, zonas porosas em geral, etc.).

2.3.4 Recobrimentos expansivo e retrativo

O termo *recobrimento* (overlap) pode ser empregado no sentido mais genérico, mas existem situações de *recobrimento expansivo* (onlap) e de *recobrimento retrativo* (offlap), quando se referem a casos mais específicos.

Verifica-se uma situação de *recobrimento expansivo* quando as *unidades estratigráficas* sucessivas estendem-se além dos limites das camadas precedentes, avançando sobre os sedimentos mais antigos. Isto ocorre durante as *transgressões marinhas* principalmente quando acompanhadas por *subsidência*, *eustatismo* e/ou *aporte terrígeno* suficientes. Denomina-se *transgressão* (transgression) ao avanço do mar sobre uma área continental. Este termo é comumente usado como sinônimo de *recobrimento* e por isso, alguns autores como Boulin (1977), acrescentam-lhe o adjetivo *marinha*, a fim de evitar confusão. O termo *ingressão* (ingression) é empregado para referir-se ao fenômeno de transgressão, limitado no tempo e no espaço. Por outro lado, a *subsidência* (subsidence) corresponde ao lento ou brusco abaixamento de uma área da superfície terrestre. As regiões mais suscetíveis a este fenômeno são as *margens continentais* mais estáveis (ou do tipo Atlântico), onde são empilhadas as maiores espessuras de sedimentos. A *transgressão* é traduzida por uma seqüência de depósitos marinhos, que constituem uma *seqüência transgressiva* (transgressive sequence), exibindo um perfil ideal em forma de cunha que recobre progressivamente, áreas da borda continental previamente expostas. O contato basal de uma seqüência deste tipo é comumente delimitado por uma *discordância erosiva* que desaparece gradualmente para dentro dos antigos limites do ambiente marinho. São originadas faixas de sedimentos paralelas à costa, com os mais grossos no litoral e cada vez mais finos costa afora. Desta maneira, o mar avança continente adentro, depositando um *conglomerado basal* (basal conglomerate) e *faixas paralelas* e *diacrônicas* de sedimentos (Figura 9.6A). Cada uma dessas litologias se desenvolverá espacialmente, como um *litossoma*, cujos contatos com os litossomas vizinhos são inclinados costa afora (de onde provém a transgressão).

O *recobrimento retrativo* é um fenômeno que se verifica quando uma *linha praial* (shoreline) recua e conseqüentemente camadas sedimentares cada vez mais jovens são depositadas com os limites faciológicos deslocados rumo ao mar. Denomina-se de *regressão marinha* (marine regression) ao recuo do mar, que resulta em abandono pelo mar de uma determinada área antes submersa. Entre as causas da *regressão marinha* há o *soerguimento*, o *eustatismo* e/ou *aporte terrígeno insuficiente*. O *soerguimento* é causado comumemente por fenômenos tectônicos. As causas do *eustatismo* mais comuns são de origens *paleoclimática* (glacioeustatismo) e *tectônica* (tectonoeustatismo). Os tipos de sedimentos se sucedem na ordem inversa do *recobri-*

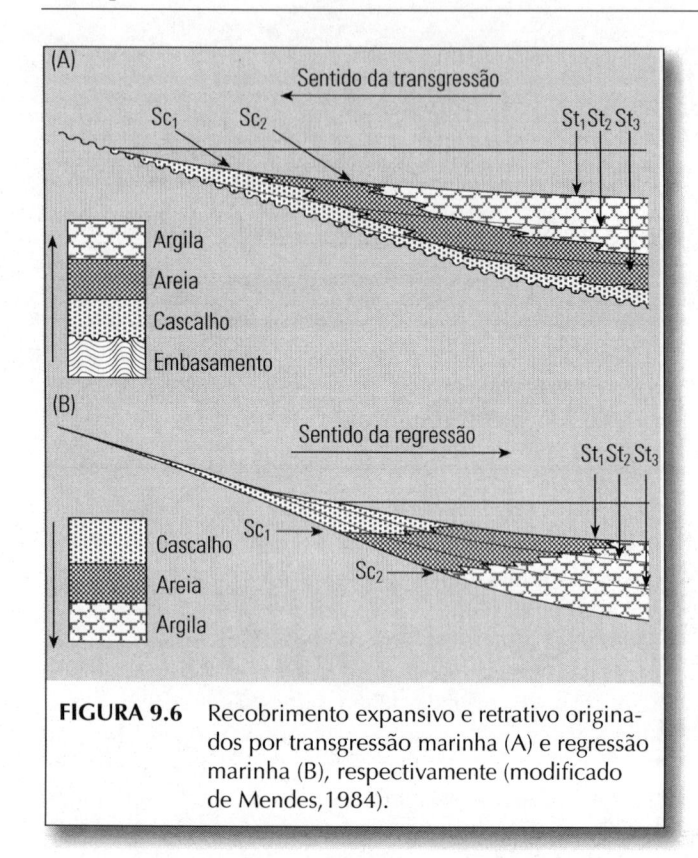

FIGURA 9.6 Recobrimento expansivo e retrativo originados por transgressão marinha (A) e regressão
marinha (B), respectivamente (modificado
de Mendes,1984).

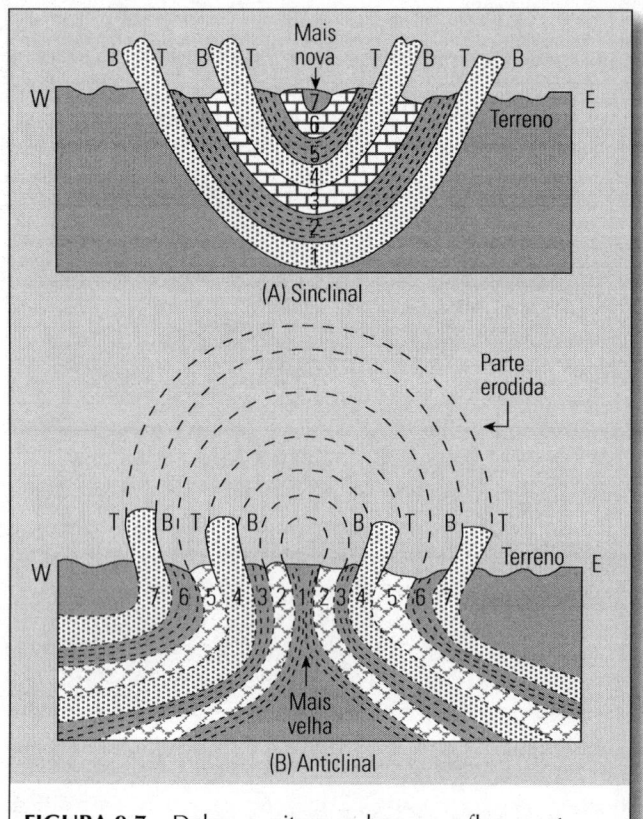

FIGURA 9.7 Dobras muito grandes, com afloramentos
contínuos de mergulhos muito fortes: (A)
sinclinal, com as camadas nas posições
originais e (B) anticlinal, com as camadas
invertidas. T = topo e B = base.

mento expansivo, isto é, com conglomerado no topo e
sedimentos mais finos na porção basal. Deste modo, o
mar recua depositando *faixas paralelas* e *diacrônicas*
de sedimentos cada vez mais grossos (Figura 9.6B).
A *regressão marinha* é traduzida por uma migração
contínua das litofácies, no sentido de deslocamento da
linha de costa. Da evolução dessas fácies, no decorrer do
evento, resultam *litossomas*, cujos contatos são mais ou
menos inclinados para o lado do continente.

2.4 Topo e base de camadas sedimentares

2.4.1 Generalidades

Em áreas constituídas de rochas sedimentares ou
metassedimentares intensamente deformadas por falhas
e dobras, as posições das camadas, em termos de topo
e base, podem apresentar-se completamente invertidas.
Entretanto, quando os afloramentos forem freqüentes e
mais ou menos contínuos, o fato acima pode ser diagnosticado com certa facilidade. Se os afloramentos forem
escassos e, além disso, se o relevo for bastante plano, as
simples medidas das *atitudes das camadas* (direção e
mergulho) podem conduzir a uma interpretação equivo-
cada da situação real. Na Figura 9.7, estão esquematiza-
das duas situações em que as *atitudes das camadas* são
as mesmas, porém o emprego de *critérios de definição
de topo e base* podem conduzir a interpretações diferentes entre si e mais ou menos corretas.

Shrock (1948) dedicou um compêndio a esta
questão. Segundo Petri (1975), os critérios comumente
usados pelos geólogos na definição de *topo e base de
camadas* são baseados nas seguintes feições:

a) primárias (ou singenéticas);
b) biossedimentares;
c) deformacionais (ou tectônicas).

2.4.2 Feições primárias

Entre algumas das feições primárias usadas para
esta finalidade, têm-se as sedimentares (marcas onduladas, estratificações cruzadas, etc.) e magmáticas
(derrames de lavas).

Marcas onduladas

As *marcas onduladas de oscilação* (oscillation
ripple rnarks) são formadas sobre fundo incoesivo (em
geral arenoso) pelo vaivém das águas. A característica
mais evidente dessas marcas é a acentuada simetria das
cristas, em conseqüência das águas que agem alternadamente com velocidades semelhantes e em sentidos
opostos. Elas podem exibir crista e calha suavizadas
(arredondadas) ou crista pontiaguda e calha suave.

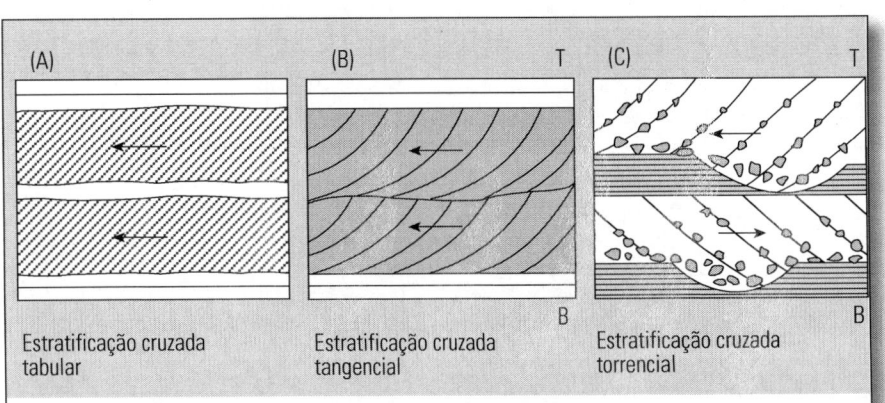

FIGURA 9.8 Marcas onduladas de oscilação com cristas suaves (A) e de corrente (B) não se prestam para definição de topo e base de camadas, mas marcas onduladas de oscilação com cristas pontiagudas (C) servem para esta finalidade.

No primeiro caso, da mesma maneira que nas *marcas onduladas de corrente* (current ripple marks), não se prestam para definição de *topo e base*, mas, no segundo caso, passa a representar um critério muito útil para esta finalidade (Figura 9.8).

Eventualmente, as *marcas onduladas de oscilação de cristas suavizadas* ou *marcas onduladas de corrente* também podem ser utilizadas, quando houver acumulação de sedimentos mais grossos e/ou mais pesados nas depressões dessas estruturas.

Estratificações cruzadas

Entre alguns dos principais tipos de *estratificações cruzadas* têm-se, conforme Figura 9.9, as *tabulares* (tabular crossbeddings), *tangenciais* (tangential crossbeddings) e *torrenciais* (torrential crossbeddings).

Nas *estratificações cruzadas tabulares* as *camadas frontais* são planas e paralelas entre si. Neste caso, as superfícies que delimitam as *seqüências* (sets) são também planares e os ângulos superior e inferior das *camadas frontais* em relação aos planos horizontais são iguais.

Nas *estratificações cruzadas tangenciais* as *camadas frontais* formam ângulos menores na base e maiores no topo e, deste modo, podem ser úteis na definição de *topo e base* de camadas dobradas.

As *estratificações cruzadas torrenciais* são formadas por sedimentos mais grossos, às vezes até cascalhosos, associados a estratificações horizontais lado a lado. Acredita-se que sejam originadas sob condições desérticas, com chuvas concentradas e abundantes, mas esporádicas, além da ação eólica em associação a depósitos lacustres de "playa". Em

geral, constata-se a existência da *estratificação gradacional* (granodecrescença ascendente) e *estrutura de escavação e preenchimento* (cut-and-fill structure), indicativas de *topo e base*.

Estratificação gradacionais

São *estruturas sedimentares singenéticas* que consistem, em geral, na diminuição de tamanhos das partículas da base para o topo das camadas (*granodecrescença ascendente*) também conhecida por *gradação normal* ou *positiva*. Podem ser encontradas em camadas isoladas, mas comumente repetem-se em *ciclos*. Os exemplos mais conspícuos de *estratificações gradacionais* ocorrem em depósitos de "flysch" e em varves, ambos sedimentados por *correntes de turbidez*. Mas também é relativamente comum em sedimentos fluviais. Essas feições também ocorrem em *rochas piroclásticas*, principalmente quando resultam da *ressedimentação* em ambientes subaquoso ou eólico.

Existem também casos de *estratificações gradacionais* onde se verifica um incremento nos tamanhos das partículas da base para o topo (*granocrescença ascendente*) também denominada de *gradação inversa* ou *negativa*. Esta feição é peculiar aos *depósitos de fluxos gravitacionais* de alta densidade, tais como os *depósitos de fluxo granular* (grain flow deposits) e *depósitos de fluxo de detritos* (debris flow deposits), conforme Fisher (1971).

Diastemas

Algumas *estruturas sedimentares* representativas de *diastemas*, tais como as *estruturas de escavação e preenchimento* (cut-and-fill structures), as *gretas de*

FIGURA 9.9 Estratificações cruzadas com camadas frontais tabulares (A) não se prestam para definição de topo e base de camadas, mas estratificações cruzadas tangenciais e torrenciais (B e C) servem para essa finalidade.

ressecação (mud cracks) e as *impressões* (imprints) em geral, também podem ser usadas na definição de topo e base de camadas sedimentares.

As *estruturas de escavação e preenchimento* (ou *estruturas de corte e recheio*), já mencionadas acima, resultam da remoção parcial por erosão das camadas mais antigas, seguidas por preenchimento do espaço assim formado por sedimentos mais novos. Elas são uma feição comum, embora não exclusivas de sedimentos fluviais. Comumente estão presentes *brechas intraformacionais* cujos fragmentos provêm da camada basal erodida.

As *gretas de ressecação* são rachaduras formadas por contração devida à desidratação de camadas mais argilosas pelo calor solar, que são subseqüentemente preenchidas por areia. Em geral, as gretas se estreitam para a base, em função da curvatura convexa para baixo dos polígonos de argila, indicando o *topo e a base* das camadas. Entretanto, esta situação pode inverter-se, embora menos comumente, quando a curvatura dos polígonos de argila torna-se convexa para cima.

As *impressões* (impressions ou imprints) são marcas ou sinais deixados por um agente natural, em geral meteórico sobre a superfície mole de sedimentos pelíticos recém-depositados, tais como *impressões de chuva* (raindrop imprints), *impressão de granizo* (hail impressions) e *impressões de cristais de gelo* (ice-crystals impressions) que, sempre se formam na superfície superior das camadas, mas eventualmente podem deixar moldes nas bases das camadas superpostas.

Estruturas geopetais

Quaisquer feições internas das rochas sedimentares que reflitam a direção de aceleração gravitacional, ao tempo de sua formação indicativas da posição original como, por exemplo, *topo e base* de camadas sedimentares, constituem as *estruturas geopetais* (Shrock,1948; Hills,1963).

Em geral, consistem em pequenas cavidades (milimétricas a centimétricas) nas quais as porções inferiores são ocupadas por sedimentos infiltrados, sendo o restante ocupado parcial ou totalmente por algum precipitado químico, como a calcita. As cavidades podem ser originadas por dissolução de conchas carbonáticas, mas também podem ser associadas à dissolução secundária local em calcários.

Farjallat & Suguio (1966) encontraram um tipo de *estrutura geopetal* em basaltos da serra de Maracaju (MS). É representado por vesículas de preenchimento misto, sendo as porções inferiores (basais) ocupadas por areia do tipo Formação Botucatu (Jurássico-Cretácico da Bacia do Paraná) e as partes superiores preenchidas parcial ou totalmente por vários tipos de zeólitas.

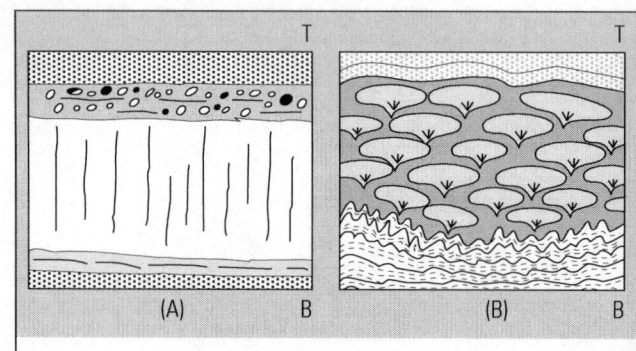

FIGURA 9.10 Topo e base de derrames de lavas vulcânicas, definidos em (A) por padrões de diaclasamento, vesículas e amígdalas e em (B) pelo formato e disposição das lavas almofadadas (pillow lavas) e pelas feições das camadas sotopostas e superpostas.

Derrames de lavas

Algumas feições constituem critérios muito úteis na definição de topo e base de *derrames de lavas*. Entre algumas dessas características têm-se as *vesículas* e as *estruturas almofadadas*.

As *vesículas* são cavidades pequenas (em geral milimétricas), circulares ou elipsoidais, que ocorrem preferencialmente no topo dos derrames de rochas ígneas afaníticas. Comumente formam-se pela expansão de bolhas de gás contidas nas lavas. Quando preenchidas por minerais secundários como calcita e/ou zeólita são denominadas de amígdalas (Figura 9. 10A). As disjunções (ou juntas), formadas por resfriamento das lavas podem constituir critérios auxiliares na definição de topo e base de derrames.

As *estruturas almofadadas* (pillow structures) são encontradas principalmente em *lavas básicas* (basaltos e andesitos), que se consolidam em fundos subaquáticos de diferentes profundidades. As almofadas possuem as superfícies superiores suavemente convexas e as inferiores exibem pequenas projeções pontiagudas, que se encaixam nos espaços entre as almofadas inferiores (Figura 9.10 B)

2.4.3 Feições biossedimentares

As *estruturas biogênicas* que compreendem as pistas, os tubos e as perfurações ao lado de *estruturas biossedimentares* como os estromatólitos e recifes de corais, além de outros animais sésseis (crinóides, briozoários e braquiópodes) são também indicadores muito importantes de *topo e base* de camadas sedimentares, pois ocorrem em *posições primárias*.

As *estruturas biogênicas* representam, em geral, evidências diretas de vida, mas quando não preservam qualquer parte do organismo são chamadas de *icnofósseis* (ichnofossils) ou *fósseis-traço* (trace fossils). O estudo desses fósseis sob o ponto de vista *estratonômico*, isto é, das suas posições dentro das camadas é muito útil na definição de *topo e base*, embora este enfoque fuja ao critério essencialmente biológico. Existem as variedades atribuídas a vegetais, denominadas de *fósseis-traço vegetais* (plant trace fossils) e as originadas por animais, chamadas de *fósseis-traço animais* (animal trace fossils). Putzer (1953) relatou sobre interessante ocorrência de *raízes fósseis* em posição de vida em sedimentos do Grupo Tubarão (Permocarbonífero da Bacia do Paraná) em Santa Catarina.

Os *estromatólitos* são *estruturas biogênicas* de formas dômica, colunar ou hemisférica, de dimensões variáveis (milímetros a dezenas de metros), internamente compostas de sucessivas lâminas convexas para cima, de calcita e/ou dolomita. Ocorrem em sedimentos de várias idades, desde pré-cambrianas até quaternárias. Entre os exemplos brasileiros têm-se os encontrados nos metassedimentos carbonáticos dos grupos Açungui e Bambuí do Pré-cambriano, bem como em sedimentos paleozóicos nas Formações Irati e Corumbataí do Permiano da Bacia do Paraná.

Os *recifes de corais* são também estruturas rochosas compostas principalmente de corais (organismos coloniais), mas também contendo algas calcárias. Quando ocorrem misturados a colônias de organismos vivos e mortos de algas, corais, crinóides e briozoários são chamados de *recifes orgânicos* (organic reefs) e, entre outras finalidades, servem para definição de *topo e base*.

2.4.4 *Feições deformacionais*

Durante a atuação de esforços tectônicos, que causam a deformação das rochas sedimentares ou metassedimentares, desenvolvem-se importantes feições, tais como *fraturas de cisalhamento* (shear fractures) e *dobras de arrasto* (drag folds), que podem auxiliar na reconstituição das posições originais das camadas. As *fraturas* ou *juntas de cisalhamento* como o próprio nome indica, são originadas pelo fenômeno de *cisalhamento* (shear), quando se verifica insignificante deslocamento ao longo do plano que contém as juntas. As *dobras de arrasto* podem ser definidas nos sentidos restrito e amplo. No primeiro caso, refere-se a pequenas dobras que se formam em uma *camada incompetente* (incompetent bed), quando *camadas competentes* (competent beds) de ambos os lados movem-se, de tal modo que acabam submetendo-a a um esforço binário. No sentido mais amplo, esta designação é usada para descrever dobras subsidiárias de uma dobra maior.

Deste modo, quando uma sequência de camadas se dobra em *sinclinais* e *anticlinais*, as camadas individuais deslizam umas sobre as outras. Em consequência, desenvolvem as *fraturas de cisalhamento* que se dispõem a ângulo agudo em relação à força aplicada, com algum material pulverizado ao longo da sua superfície.

Se α for o *ângulo de mergulho das camadas* e β o *ângulo de mergulho das fraturas de cisalhamento*, quando α for menor que β as camadas encontram-se em posição normal e, caso contrário (α maior que β), as camadas acham-se invertidas.

As *dobras de arrasto* desenvolvem-se em *camadas incompetentes*, quando *camadas competentes* adjacentes sofrem movimentação relativa durante os processos de deformação. Elas se formam nos flancos de dobras maiores e apresentam eixos paralelos com mesmos sentidos de mergulho das maiores. Para se determinar o topo e a base de camadas sedimentares, em função das *dobras de arrasto*, deve-se examinar as camadas em seção normal à estratificação, para se definir as posições espaciais dos eixos dos *sinclinais* ou dos *anticlinais*.

2.5   Ciclos sedimentares e seqüências cíclicas

2.5.1 *Generalidades*

Os ciclos sedimentares e seqüências cíclicas referem-se a etapas sucessivas de preenchimento sedimentar de uma bacia, que termina com o retorno às condições iniciais. Em termos concretos, os *ciclos sedimentares* (sedimentary cycles) são representados por uma repetição ordenada de dois ou mais *termos litológicos* e, neste caso, poderia ser quase sinônimo de *ritmos sedimentares* (sedimentary rythms). Embora para Duff & Walton (1962) e Duff *et al.* (1967) *ciclo* e *ritmo* sejam praticamente sinônimos, parece preferível que a primeira denominação seja reservada às seqüências repetitivas de pelo menos três tipos de litologia.

Desta maneira, os *varvitos* representam uma sucessão cíclica de dois componentes fundamentais (arenito fino ou siltito e argilito), mas há casos em que se repetem mais de dez variedades litológicas como, por exemplo, nos *ciclotemas* do Pensilvaniano (Carbonífero) dos Estados Unidos.

Cada conjunto de componentes litológicos de uma *seqüência cíclica* é denominado de *ciclo sedimentar* (sedimentary cycle) ou simplesmente de *ciclo* (cycle). Segundo Duff & Walton (1962), o *ciclo sedimentar* é representado por um grupo de *termos litológicos* que ocorre em uma certa ordem, no qual um deles repete-se com freqüência através da sucessão. Deste modo, as sucessões de depósitos que representam uma *transgressão marinha*, seguida de uma *regressão marinha*, também constituem *ciclos sedimentares*. Na acepção sedimentológica, segundo Schwarzacher (1975), os *ciclos sedimentares* referem-se às oscilações ou flutuações em sistemas quase periódicos, enquanto os *ciclos matemáticos* relacionam-se a processos essencialmente periódicos.

Cada termo componente dos *ciclos sedimentares* é conhecido como *fase* ou *litofase* (lithophase), embora cada litofase não seja representada necessariamente por uma única litologia, mas, por exemplo, por um *ritmito de calcário e folhelho*. Em geral, o termo ritmito refere-se a uma rocha sedimentar composta por repetição rítmica e alternada de dois tipos litológicos diferentes, embora possa referir-se ao par de lâminas rítmicas ou a uma camada gradacional única. Analogamente, quando se tratam de mudanças *faunísticas* ou *florísticas*, são chamadas de *biofases* (biophases).

As seqüências compostas por mais de dois componentes raramente exibem repetições perfeitamente ordenadas. Deste modo, representações do tipo ABCBA, por exemplo, são designadas de *ciclos ideais* (ideal cycles), já que constituem verdadeiras abstrações. Os *ciclos ideais* correspondem a inferências baseadas em um *modelo teórico de sedimentação* que, em geral, foge das situações verdadeiras. Na natureza há freqüente interferência de *fatores aleatórios*, como acontece, por exemplo, nos *ciclotemas*. Os *ciclos modais* (modal cycles), segundo Duff & Walton (1962), correspondem a grupos de tipos de rochas que ocorrem com maior freqüência em qualquer sucessão. Construindo-se um diagrama, com os tipos de ciclos nas abscissas e as suas freqüências nas ordenadas, obtêm-se os histogramas, que mostram os *ciclos modais*. Outros autores têm-se referido aos *ciclos modais* como *ciclos típicos* (typical cycles) ou *ciclos normais* (normal cycles). Finalmente, a *seqüência composta* (composite sequence) consiste em todos os tipos de rochas encontradas na sucessão cíclica, arranjados segundo a ordem em que tendem a aparecer nos ciclos.

Nas análises de *seqüência sedimentares cíclicas*, são, em geral, empregados os três conceitos acima referidos: *ciclos ideais*, *ciclos modais* e *seqüência composta*.

2.5.2 Os ciclotemas

A introdução da palavra *ciclotema* (cyclothem) na literatura geocientífica é devida a Wanless & Weller (1932), referindo-se ao *ciclo sedimentar* do Pensilvaniano (Carbonífero) dos Estados Unidos, mas posteriormente esta denominação foi estendida a ciclos análogos de outras regiões e de outras idades.

Os *ciclotemas* iniciam-se com um arenito fluvial que passa, sem discordância para sedimentos de ambientes de águas salobras e salgadas (marinhas), antes de começar um novo ciclo. Deste modo, cada *ciclotema* é determinado pelas oscilações nos níveis relativos do mar, sendo separados entre si por superfícies de *discordância erosiva* (erosional unconformity). A origem dos *ciclotemas*, tais como os descritos no Pensilvaniano dos Estados Unidos, tem sido atribuída a movimentos verticais do continente (*tectonoeustatismo*) e do mar (*glacioeustatismo*) acompanhados de mudanças paleoclimáticas etc.

Os *ciclotemas* constituem *ciclos sedimentares assimétricos* e segundo Bates & Jackson (1980), estariam tipicamente relacionados a *plataformas continentais* ou a *bacias interiores instáveis*, onde se alternam transgressões e regressões marinhas. Duff *et al.* (1967) consideram o termo *ciclotema* como simples sinônimo de *ciclo*.

O *ciclotema ideal* do Pensilvaniano do Estado de Illinois (Estados Unidos) seria formado por dez *litofases*. Este modelo de ciclotema é denominado deltaico e compreenderia dois *hemiciclotemas*, dos quais o inferior é dominantemente não-marinho e o superior tipicamente marinho. No topo do *hemiciclotema inferior* é encontrada camada de carvão (Figura 9.11).

Entretanto, na prática, os *ciclotemas individuais* compreendem 5 a 7 *litofases*, e as suas espessuras variam de 3,5 a 24 m. Podem ser encontrados 23 a 38 ciclotemas em Illinois, mas em outros estados norte-americanos são diferentes e, por exemplo, em Kansas, as condições marinhas e em Apalaches os ambientes continentais são predominantes.

Um conjunto (ou ciclo) de *ciclotemas* constitui um *megaciclotema* (megacyclothem) e um conjunto (ou ciclo) de *megaciclotemas* é denominado de *hiperciclotema* (hypercyclothem).

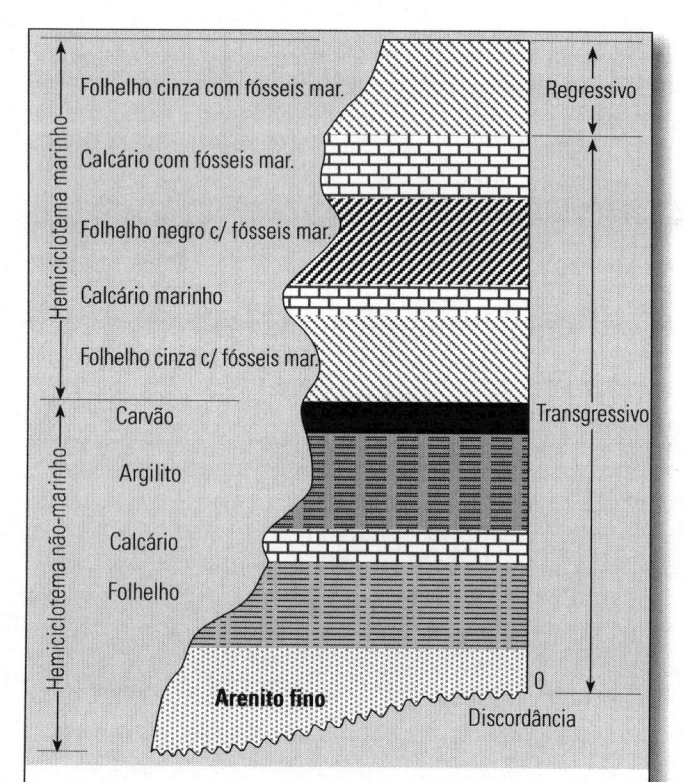

FIGURA 9.11 Seção colunar mostrando um ciclotema completamente desenvolvido do tipo encontrado no Pensilvaniano (Carbonífero) de Illinois, EUA (segundo Weller, 1960).

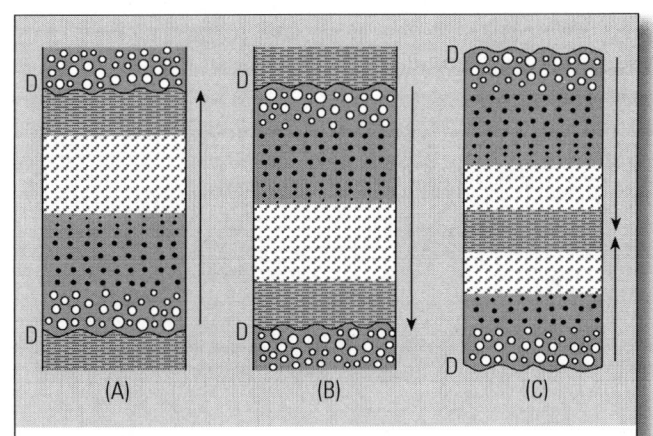

FIGURA 9.12 Representação esquemática de seqüência positiva (A), negativa (B) e simétrica (C). A primeira exibe granodecrescência ascendente, a segunda, granocrescência ascendente e a terceira consiste em uma fase positiva, seguida sem interrupção por uma fase negativa.

2.5.3 *Método gráfico de Lombard*

A interpretação da chamada *curva litológica* na *análise de ciclos sedimentares* foi proposta por Lombard (1956). O método baseia-se no reconhecimento, dentro das *seções colunares* (columnar sections), de pacotes sedimentares essencialmente contínuos que o autor chamou de *seqüências*.

Uma *seqüência* pode ser *monogenética*, isto é, composta por litologia única ou *poligenética*, que é formada por duas ou mais litologias distintas. Quando uma seqüência passa, da base para o topo, de um *termo litológico* (ou componente litológico) grosso para fino (*granodecrescência ascendente*) como, por exemplo, de componentes clásticos para químicos, tem-se uma *seqüência positiva* (Figura 9.12A). Este fenômeno indica diminuição gradativa de energia cinética do ambiente deposicional. Contrariamente, quando uma *seqüência* se caracteriza por *granocrescência ascendente* (coarsening upward) tem-se uma *seqüência negativa* (Figura 9.12B). As *seqüências positiva* e *negativa* devem ser consideradas como *assimétricas*. Entretanto, se uma *seqüência positiva* for seguida de uma *negativa* ou vice-versa, sem qualquer descontinuidade, tem-se uma *seqüência simétrica* (ou *bisseqüência* de Lombard), que indica um retorno às condições ambientais iniciais (Figura 9.12C).

Segundo Lombard (*op.cit.*), é possível distinguir a *seqüência fundamental* (ou *seqüência virtual*) que traduz a tendência teórica de sucessão dos *termos litológicos*.

Por outro lado, a *seqüência real* é aquela encontrada nos afloramentos ou identificada em subsuperfície onde, em geral, estão ausentes alguns *termos litológicos* da *seqüência fundamental*. O conceito de *seqüência fundamental* e o seu *grau de abrangência* (local ou regional) permitem, segundo Boulin (1977), detectar diferenças na evolução regional de certos parâmetros deposicionais.

A seguir, têm-se os passos a serem trilhados na construção das *curvas litológicas*. Inicialmente, é necessário distinguir as *seqüências reais* delimitadas por critérios de descontinuidade. Depois se determina a *seqüência fundamental* formada por tantos termos litológicos quantas forem as variedades encontradas na sucessão de *seqüências reais*. Embora, de fato, a composição da *seqüência virtual* apresente variação segundo as particularidades de cada bacia no tempo e no espaço (Delfaut, 1972), Lombard (1956), na verdade, ignorou este fato.

A *curva litológica* é traçada, tendo-se como eixo das ordenadas a *seção colunar* (Figura 9.13A) de um afloramento em escala adequada (por exemplo: 1/20 ou 1/50), e como eixo das abscissas os intervalos definidos pelas variedades litológicas da *seqüência virtual*. À direita da seção colunar são construídas colunas, as da esquerda reservadas para os termos mais grossos (cascalhos e areias) e as da direita para termos mais finos (siltes e argilas). Os pontos são assinalados sobre a linha correspondente à metade da espessura da unidade e na porção central da coluna. Interligando-se os pontos correspondentes, obtém-se a *curva litológica* (Figura 9.13B). Outro processo de construção da *curva litológica* consiste em representar, por segmentos de linha vertical, as granulometrias correspondentes a cada camada e, após isso, uni-los entre si por segmentos de linha horizontal (Figura 9. 13C).

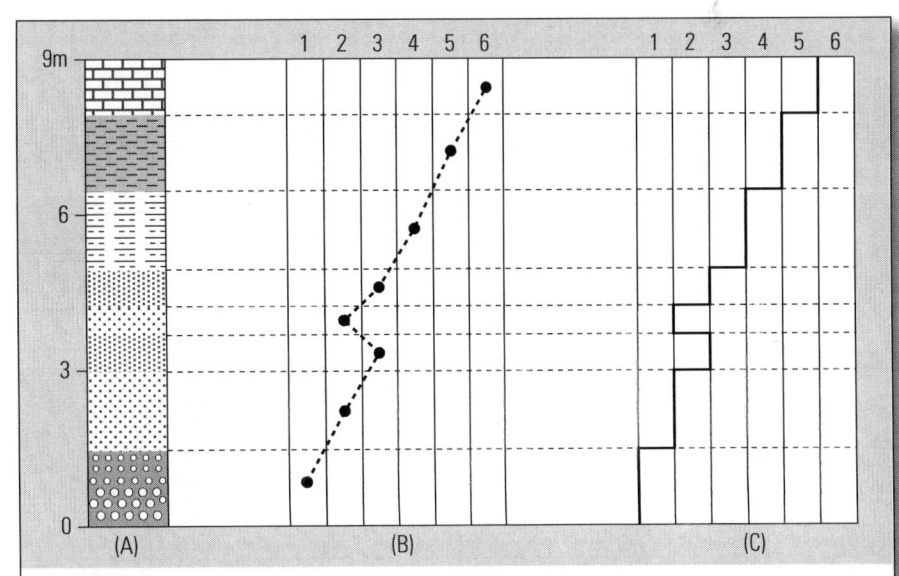

FIGURA 9.13 Dois processos de construção (B e C) de curvas litológicas. A seção colunar (A) contém seis variedades de termos litológicos numerados de 1 a 6 em B e C (1 = conglomerado; 2 = arenito grosso; 3 = arenito fino; 4 = siltito; 5 = folhelho e 6 = calcário). Modificado de Boulin (1977).

Quando sobe obliquamente, da esquerda para a direita, tem-se uma *curva litológica ascendente* que representa uma *seqüência positiva* e, caso contrário, uma *curva litológica descendente* é indicativa de *seqüência negativa*. Se uma *seqüência negativa* for superposta por uma *seqüência positiva* ou vice-versa, sempre sem qualquer interrupção, no primeiro caso há trechos *descendente* (inferior) e *ascendente* (superior) ou, no segundo caso, trechos *ascendente* (inferior) e *descendente* (superior). Segundo Lombard (1956), em ambas as situações tem-se *curvas simétricas* indicativas de ciclicidade com componentes inicial e final de mesma natureza, ABCBA.

Na etapa final, diversas *seqüências virtuais locais* devem ser comparadas (Lombard,1972), levando ao reconhecimento de *ciclos sedimentares* em seqüências truncadas e/ou compostas, permitindo a identificação da possível tendência durante um *período de sedimentação*. Desse modo, Suguio *et al.* (1979), ao descrever os leques aluviais diamantíferos de Romaria (MG), vislumbraram a ocorrência de uma *megasseqüência* com tendência geral aparentemente *negativa*, embora cada uma das seqüências componentes fosse *positiva*.

2.5.4 Método de Selley

As aplicações das cadeias de Markov, que prevêem as possibilidades de reaparecimento de um *determinado estado* em função das situações antecedentes, em estratigrafia, foram iniciadas por Vistelius (1949). Inicia-se com a organização de uma *matriz de transições* (transitions matrix), que expressa a mudança de um *determinado estado para outro*. O *estado* pode ser expresso pelas espessuras ou pelas litologias das camadas constituintes.

A aplicabilidade das cadeias de Markov foi demonstrada por vários autores, mas coube a Selley (1970) propor um método que utiliza as cadeias de Markov de primeira ordem, que logrou boa difusão. Neste método são consideradas as passagens (ou transições) de uma litologia a outra, ignorando-se as respectivas espessuras.

Neste caso, as probabilidades de transição, em uma seqüência alternada de rochas sedimentares, dependem das proporções relativas de ocorrência (por exemplo: 55% de

A, 25% de B e 20% de C) e da sua "memória". A primeira etapa de aplicação do método é representada pela construção de uma *seção colunar* (columnar section), que forneça não só as transições de *termos litológicos* como também a natureza litológica da sucessão (arenito para arenito, etc.), quando se tem a *transição multiepisódica* (multistory transition).

As informações sobre as transições são colocadas em uma tabela designada *matriz de transições observadas* de acordo com as *interfaces* (ou contatos) litológicas representadas. Esta tabela será composta por tantas colunas quantos forem os *termos litológicos* discerníveis. Na Figura 9.14A, têm-se quatro variedades litológicas (arenito, siltito, folhelho e carvão) e as litologias representadas na primeira linha e na primeira coluna são iguais e, assim, sucessivamente até perfazer 16 celas. Na primeira cela é registrada a *freqüência* (número de vezes) com que o arenito passa para arenito. Em afloramentos, as separações entre termos litológicos semelhantes são baseadas em descontinuidades menores (*diastemas*). Na segunda cela desta coluna deve-se marcar a freqüência com que o siltito passa para arenito e, assim por diante. O número 4 da primeira cela representa a existência de quatro *transição multiepisódicas*. As transições observadas nas linhas da tabela perfazem um total de 50.

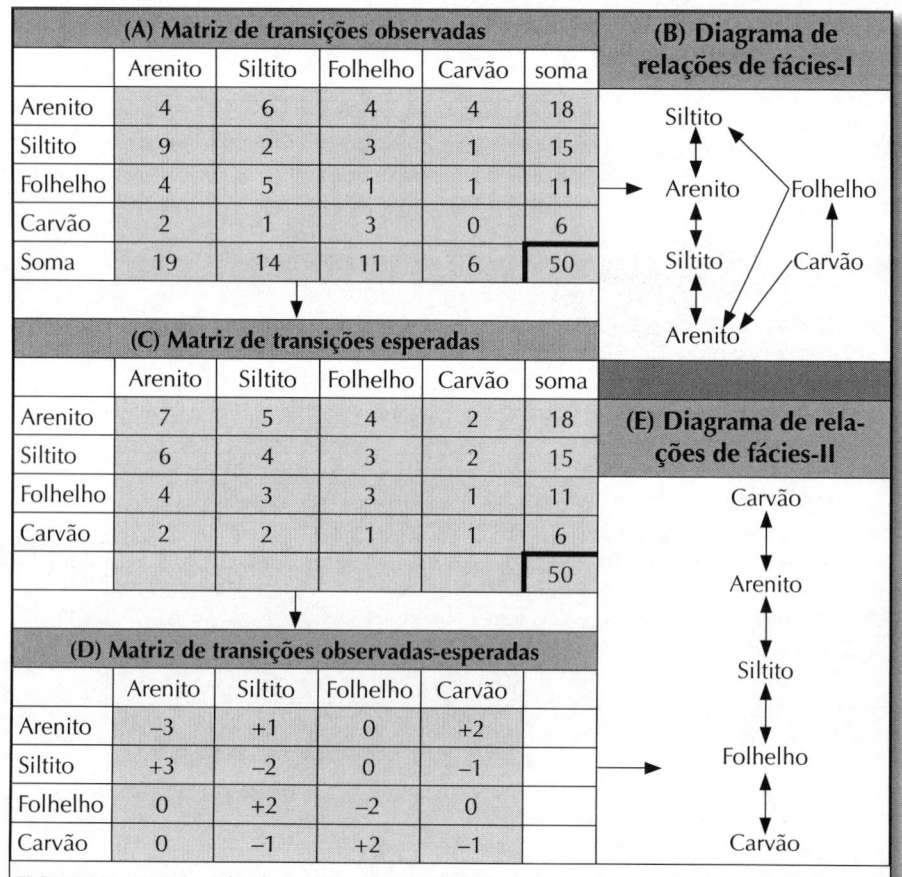

(A) Matriz de transições observadas					
	Arenito	Siltito	Folhelho	Carvão	soma
Arenito	4	6	4	4	18
Siltito	9	2	3	1	15
Folhelho	4	5	1	1	11
Carvão	2	1	3	0	6
Soma	19	14	11	6	50

(C) Matriz de transições esperadas					
	Arenito	Siltito	Folhelho	Carvão	soma
Arenito	7	5	4	2	18
Siltito	6	4	3	2	15
Folhelho	4	3	3	1	11
Carvão	2	2	1	1	6
					50

(D) Matriz de transições observadas-esperadas				
	Arenito	Siltito	Folhelho	Carvão
Arenito	−3	+1	0	+2
Siltito	+3	−2	0	−1
Folhelho	0	+2	−2	0
Carvão	0	−1	+2	−1

(B) Diagrama de relações de fácies-I

(E) Diagrama de relações de fácies-II

FIGURA 9.14 Exemplo de análise seqüencial hipotética, de acordo com o método de Selley (1970), seguindo a ordem de (A) a (E). Os detalhes estão explicados no texto.

A partir da *matriz de transições observadas* chega-se a um *diagrama de relações faciológicas* (Figura 9.14 B) que é composto pelos *termos litológicos* presentes, relacionados entre si por setas indicativas de transições mais freqüentes. O reconhecimento dos *ciclos modais* (*ciclos típicos* ou *ciclos normais*) é propiciado através do diagrama acima, que foi proposto por De Raaf *et al.* (1965). No exemplo em questão, o *ciclo modal* é representado pelo *par arenito-siltito* que é o mais freqüente. Dividindo-se o total de transições de uma linha ou de uma coluna pelo total geral das transições obtêm-se os valores percentuais das litologias correspondentes que, neste exemplo, são: arenito = 38%, siltito = 28%, folhelho = 22% e carvão = 12%.

Selley (*op.cit.*) seguiu a sistemática estabelecida pelos autores precursores até esse ponto e, a seguir, introduziu mudanças. Este autor usou o conceito de *matriz de transições esperadas* (predicted matrix), onde são registrados os números de transições que seriam esperados, caso houvesse um arranjo aleatório de *termos* (ou componentes) *litológicos* (Figura 9.14C). Os números prováveis de transições para cada cela são calculados multiplicando-se a soma total da linha em que ela figura pelo total de sua coluna e, a seguir, dividindo-se o resultado pelo número total de transições (50), sendo todos esses valores obtidos da *matriz de transições observadas*. Com isso, os números totais parciais ou final (50) permanecem inalterados, mas os valores de muitas celas mudam para mais ou para menos em relação aos observados, embora outros continuem iguais.

A seguir, organiza-se a *matriz de transições observadas-esperadas* (observed-predicted transitions matrix), que permite detectar as concordâncias e as discordâncias entre as duas matrizes anteriores (Figura 9.14D). As discordâncias podem ser positivas ou negativas, e as concordâncias são expressas por zero. Portanto, o valor –3 da primeira cela do alto da coluna de arenito significa que o número de transições observadas apresenta menos três transições que as esperadas em arranjos aleatórios, e assim por diante. As transições que ocorrem com maior freqüência que as esperadas podem ser interpretadas como as que possuem "memória".

Quando não se verificam *transições multiepisódicas*, torna-se impossível estabelecer quais foram as transições que ocorreram em número superior ao esperado. Finalmente, tomando-se os maiores valores positivos das linhas e das colunas correspondentes a cada litologia (+2, +3, +2 e +2 nas linhas 1 a 4, respectivamente) pode-se construir um *novo diagrama de relações de fácies*. Neste caso, estariam sendo considerados apenas as transições que possuem "memória" (Figura 9.14E), diferindo daquele que foi preparado com base na *matriz de transições observadas* e, em condições aleatórias, deve ser considerada como a mais correta.

No Brasil, Landim (1971) foi o pioneiro na aplicação da matriz de probabilidades de transição na *análise seqüencial*. Os resultados obtidos por este autor, na análise de dados de furos de sondagem no Subgrupo Itararé (Permocarbonífero da Bacia do Paraná) não só demonstraram o caráter markoviano (com "memória") das seqüências estudadas, como evidenciaram outros fatos importantes. O autor só empregou transições ligadas a mudanças litológicas reais e ignorou as *transições multiepisódicas*.

A Formação Yeso, Permiano da região centro-sul do Novo México (Estados Unidos), era previamente interpretada genericamente como representativa de ambientes transicionais entre marinho raso e litorâneo. Mack & Suguio (1991), baseados em descrição detalhada das sete litofácies componentes e de suas transições verticais, aplicaram o método estatístico de Markov. Deste modo, os autores evidenciaram, na Formação Yeso das Montanhas Caballo, a ocorrência de sedimentação cíclica em duas escalas diferenciadas. A maior consiste de uma *trangressão seguida de regressão* que estaria superimposta por ciclos menores com 0,5 a 10 m de espessura. Esses ciclos menores só puderam ser identificados em membros compostos por depósitos interestratificados de ambientes eólicos, de planície maré e de inframaré, representados por membros de siltito-dolomito e arenito-calcário de cores avermelhadas.

2.5.5 *Prováveis causas da sedimentação cíclica*

Entre as principais causas da *ciclicidade*, segundo Duff *et al.* (1967), têm-se as de natureza sedimentar, tectônica, climática e eustática. Além disso, pode-se pensar em casos de *alociclicidade* (allocyclicity) e de *autociclicidade* (autocyclicity). Segundo Beerbower (1964:32), a *alociclicidade* é o fenômeno de sedimentação cíclica devido a fatores externos à bacia de sedimentação, tais como variações nas taxas de suprimento de energia e/ou material de sedimentação. Ainda, segundo esse mesmo autor, a *autociclicidade* envolve principalmente fatores internos, como os ligados à redistribuição dos sedimentos no interior do sistema devida, por exemplo, à migração de canais e barras fluviais, etc.

São várias as causas de *ciclicidade* de natureza sedimentar como, por exemplo, mudanças das posições dos distributários deltaicos ou das taxas de suprimento (ou produção) de sedimentos à bacia.

As causas tectônicas da *ciclicidade* poderiam ser explicadas pelas eventuais ocorrências repetitivas de episódios diastróficos de âmbito mundial. Entretanto, a dificuldade ou até mesmo a impossibilidade de correlação entre, por exemplo, os ciclotemas pensilvanianos de Kansas e de Illinois (ambos dos Estados Unidos), ou até entre seções aflorantes em cada um desses estados norte-americanos, mostram que esta relação não é tão fácil de ser compreendida.

As *mudanças climáticas* através dos tempos geológicos que se manifestaram comumente pela alternância de *glaciações* e *deglaciações* podem ter propiciado o aparecimento de alguns fenômenos de *sedimentação cíclica*.

O fenômeno de *eustatismo* ou de variações dos níveis relativos do mar, causando *transgressão* e *regressão marinhas*, também parecem ter exercido papel decisivo sobre os ciclos sedimentares em mares epicontinentais do Mesozóico e do Cenozóico, tanto na América do Norte como na Europa.

De maneira análoga às discussões sobre as possíveis causas de vários fenômenos geológicos, as *causas da sedimentação cíclica* ainda não estão muito claras pelas seguintes três razões principais:

1. No início deste subitem (2.5.5), foram enumeradas quatro possíveis causas da sedimentação cíclica, entretanto, permanecem dúvidas sobre a existência ou não de outras causas importantes.

2. Mesmo que aquelas sejam as únicas causas, comumente não atuam isoladamente e, além disso, guardam entre si até relações de causa e efeito como, por exemplo, entre as variações climáticas e eustáticas.

3. Finalmente, mesmo que as dúvidas dos itens anteriores sejam esclarecidas, ainda permaneceriam as questões relativas à eficiência e/ou intensidade de atuação das diferentes causas na sedimentação cíclica, que devem ser diferentes entre si e variáveis no tempo e no espaço.

3. Classificações estratigráficas

3.1 Introdução

As *classificações estratigráficas* têm por objetivo primordial a sistematização dos conhecimentos sobre as rochas que formam a *crosta terrestre*, que conduz ao estabelecimento das *unidades* e *seqüências estratigráficas*.

Numerosas comissões e subcomissões pertencentes a diversas associações técnico-científicas, através do mundo, têm proposto códigos e guias de *classificação estratigráfica*. Mesmo sem força de lei, essas normas regionais ou nacionais têm aceitação mais ou menos ampla e, portanto, têm contribuído para uma tentativa de uniformização do tema.

No Brasil, entre as iniciativas pioneiras, destaca-se a tradução de Mendes (1963) do *Código de Nomenclatura Estratigráfica* elaborado pela Comissão Americana de Nomenclatura Estratigráfica. A Sociedade Brasileira de Geologia (SBG) publicou, preliminarmente, no Jornal do Geólogo, o *Código Brasileiro do Nomenclatura Estratigráfica* (1982), seguido pela divulgação do *Código Estratigráfico norte-americano* preparado pela Comissão Norte-Americana de Nomenclatura Estratigráfica (NACSN,1983). Em 1986 veio a lume a edição definitiva do *Código e Guia de Nomenclatura Estratigráfica*, no qual foram ignoradas algumas das inovações recém-propostas no *Código Estratigráfico norte-americano* como, por exemplo, a *Classificação Aloestratigráfica* (SBG, 1986).

Existe uma variedade muito grande de *unidades estratigráficas*, cada uma delas baseada em critérios distintos. Entre as mais comumente usadas, também chamadas de convencionais, têm-se as *litoestratigráficas*, *bioestratigráficas* e *cronoestratigráficas*. Elas são baseadas nas *propriedades litológicas*, nos *conteúdos fossilíferos* e em *dados cronológicos*, respectivamente. Entre as demais *unidades estratigráficas* há, por exemplo, as *litodêmicas* as *pedoestratigráficas*, as *aloestratigráficas*, etc. Outras unidades, como as *sismoestratigráficas*, as *magnetoestratigráficas* e as *isotópicas*, são em geral, de caráter informal. É o caso, por exemplo, das *unidades sismoestratigráficas* que, mesmo sendo informais, encontram ampla aplicação em *geologia do petróleo* (Severiano-Ribeiro, 2001).

As *unidades geocronológicas* representadas, em ordem hierárquica decrescente, por *Eon, Era, Período, Época, Idade* e *Crono* são de grande importância, em função da constante preocupação do geólogo, com as idades dos eventos e as suas relações com as *unidades cronoestratigráficas*. Por convenção, as designações das *unidades geocronológicas*, tais como Permiano, Oligoceno, etc., devem ser escritas com letras iniciais maiúsculas, pois, caso contrário, são consideradas como adjetivações desses termos.

3.1.1 Estratigrafia convencional

3.1.1.1 — Alguns conceitos fundamentais

Horizonte estratigráfico (stratigraphic horizon)

Denomina-se *horizonte estratigráfico* (ou nível estratigráfico ou simplesmente datum) a uma *interface* que ocupa uma posição definida no interior de uma *seqüência estratigráfica*. Ele pode representar um *limite estratigráfico* (stratigraphic boundary) ou um *contato estratigráfico* (stratigraphic contact) entre unidades estratigráficas de quaisquer categorias. Na Figura 9. 15 estão representadas as *unidades litoestratigráficas* que ilustram os termos supracitados.

De acordo com a sua vinculação com as unidades lito, bio ou cronoestratigráficas, há o *litorizonte* (lithohorizon), *biorizonte* (biohorizon) e *cronorizonte* (chronohorizon), respectivamente. O *litorizonte* ou *horizonte litoestratigráfico* corresponde à superfície de mudança litoestratigráfica ou de característica litológica distinta, como uma *camada-chave* (key bed) ou *camada-guia* freqüentemente utilizável na *correlação* (correlation). O *biorizonte* ou *horizonte bioestratigráfico* representa um nível de mudança bioestratigráfica ou de característica bioestratigráfica distinta. Os fatos nos quais este *horizonte* é comumente baseado incluem o "primeiro aparecimento" ou a "última presença" de um

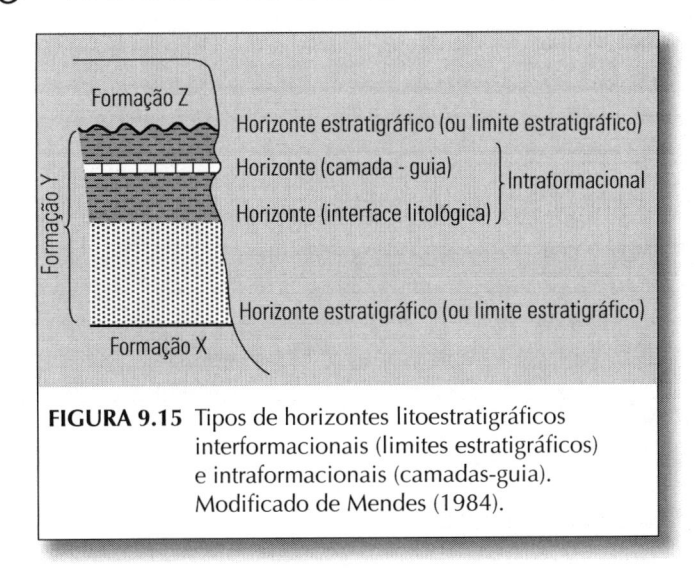

FIGURA 9.15 Tipos de horizontes litoestratigráficos interformacionais (limites estratigráficos) e intraformacionais (camadas-guia). Modificado de Mendes (1984).

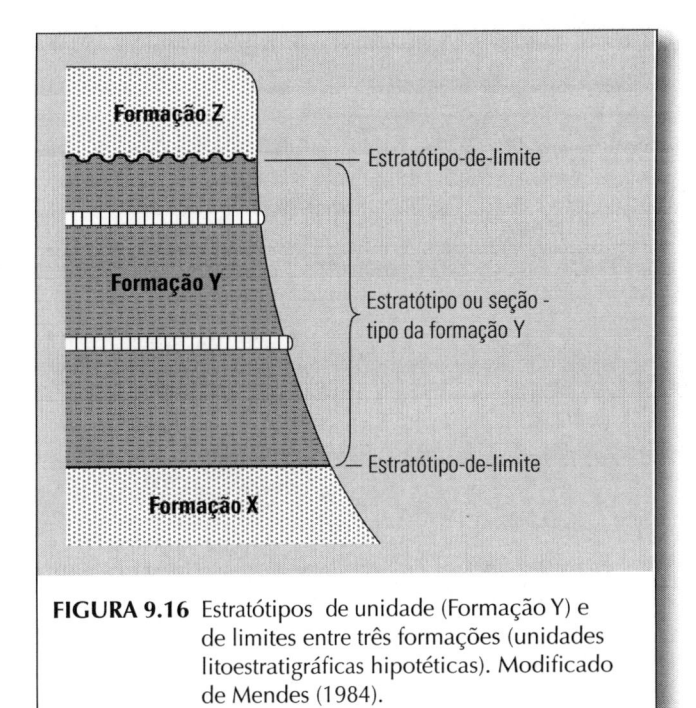

FIGURA 9.16 Estratótipos de unidade (Formação Y) e de limites entre três formações (unidades litoestratigráficas hipotéticas). Modificado de Mendes (1984).

determinado fóssil, mudança na freqüência, mudança evolutiva, etc. O *cronorizonte* ou *horizonte cronoestratigráfico* está relacionado à superfície ou interface estratigráfica, que apresenta a mesma idade em qualquer lugar, isto é, apresenta-se *essencialmente isócrona*. Alguns exemplos de *cronorizontes* compreendem muitos *biorizontes*, camadas de *bentonita*, horizontes de *reversão de polaridade magnética*, etc.

Intervalo estratigráfico (stratigraphic interval)

É designado *intervalo estratigráfico* ou simplesmente *intervalo* o corpo de rochas compreendido entre dois *horizontes estratigráficos*. A palavra *zona*, de emprego muito difundido na estratigrafia, refere-se a um *intervalo estratigráfico* de amplitude vertical variável, mas geralmente pequena (ISG, 1976). De acordo com a sua natureza, a zona pode ser uma *litozona* (lithozone), *biozona* (biozone) ou *cronozona* (chrozone). Quando o termo *zona* for empregado formalmente, isto é, seguindo as regras estabelecidas na *nomenclatura estratigráfica*, deve-se usar inicial maiúscula (Zona).

A *seção-tipo* (type section) ou *estratótipo* (stratotype), que são praticamente equivalentes, correspondem à exposição local representativa de uma *unidade litológica*, com os respectivos *limites estratigráficos* (contatos) e características bem definidas (Figura 9.16). Elas se situam na *localidade-tipo* (type locality), que corresponde ao sítio geográfico onde se encontra a *seção-tipo*.

Tratando-se de um intervalo estratigráfico aflorante, deve-se selecionar a seção mais completa e mais característica. Mas por interferência de falhas ou de erosão, ou ainda, porque a unidade é muito espessa ou a topografia muito suave ou, finalmente, porque se acha parcialmente coberta por depósitos aluviais e/ou coluviais, recorre-se à *seção-tipo* ou *estratótipo composto*. Na prática, quase sempre uma única seção dificilmente mostra todas as características do *intervalo estratigrá-*

fico, sendo necessário definir vários tipos de estratótipos, diferenciados pelos seguintes prefixos: *hipo, holo, lecto, neo* e *para*.

O *hipoestratótipo* (hypostratotype) ou *seção de referência* (reference section) representa um estratótipo suplementar ao *holoestratótipo* que pode servir para estender o reconhecimento de uma *unidade estratigráfica* a outras áreas.

O *holoestratótipo* (holostratotype) refere-se ao estratótipo original definido pelo autor, por ocasião da proposição de *unidade estratigráfica* como, por exemplo, uma *formação*.

O *lectoestratótipo* (lectostratotype) é um estratótipo proposto posteriormente na ausência de um *holoestratótipo adequado*.

O *neoestratótipo* (neostratotype) representa um novo estratótipo proposto em substituição ao *holoestratótipo* destruído ou invalidado.

O *paraestratótipo* (parastratotype) constitui um estratótipo suplementar, usado na definição original por um autor, para melhor elucidação do *intervalo estratigráfico*.

3.1.1.2 – Unidades litoestratigráficas

Conforme a própria denominação, as *unidades litoestratigráficas* (lithostratigraphic units) são estabelecidas essencialmente com base nas *propriedades litológicas*, sem qualquer relação com a origem (ambiente de sedimentação) ou idade das rochas componentes.

As *unidades litoestratigráficas* podem ser compostas de rochas sedimentares, metassedimentares, ígneas efusivas ou metavulcânicas ou da associação de rochas pertencentes a dois ou mais desses grupos. Tratando-se de sedimentos, não é necessário que estejam litificados. Para que elas possam ser estendidas geograficamente, os seus atributos litológicos devem ser distintivos e, na medida do possível, relativamente homogêneos. Eventualmente, algumas evidências indiretas, como as *feições fisiográficas* e/ou *fitofisionômicas* podem constituir critérios de correlação, por exemplo, durante *mapeamentos geológicos* (geologic mappings). O emprego de *litozonas* ou *zonas litoestratigráficas* peculiares, tais como camadas conglomeráticas, camadas-chave ou camadas de coquina podem ser também úteis nas correlações.

Entre as *unidades litoestratigráficas* formais da *estratigrafia convencional*, há as seguintes, dispostas na ordem decrescente de hierarquia:

Grupo — composto por duas ou mais formações.
Formação — unidade litoestratigráfica fundamental.
Membro — unidade litoestratigráfica discernível em uma formação.
Camada — menor categoria dessas unidades.

A *formação* (formation) representa a unidade básica imprescindível na *classificação litoestratigráfica* que, embora deva caracterizar-se por *alta homogeneidade litológica* não implica *composição monogenética*. As suas espessuras podem ser inferiores a 1m ou alcançar mais de 1.000 m. Não existem limites mais precisos de variabilidade litológica ou de espessura na definição de uma formação. Normalmente exige-se a sua mapeabilidade na escala 1 : 25.000. Além disso, na medida do possível, os limites superior e inferior devem ser representados por mudanças litológicas marcantes.

Uma *unidade litoestratigráfica* é designada por um substantivo relativo a sua posição hierárquica (Grupo, Formação, etc.) ou pela sua litologia predominante (arenito, folhelho, etc.), seguido de um nome geográfico (cidade, rio, etc.). Exemplo: Formação Botucatu, sempre com as letras iniciais maiúsculas.

Os derrames de rochas ígneas podem constituir uma formação independente. Entretanto, os derrames da Formação Serra Geral (Cretáceo da Bacia do Paraná), por exemplo, possuem intercalações de arenitos semelhantes aos da Formação Botucatu, nas suas porções basais.

Podem ser criadas as subdivisões hierarquicamente inferiores, compreendendo os *membros* (members) e as *camadas* (beds), quando há justificativas especiais para isso. Um *membro* diferencia-se das porções adjacentes da formação a que pertence por peculiaridades específicas. Exemplo: Membro Assistência da Formação Irati (Permiano da Bacia do Paraná) com presença conspícua de calcário dolomítico, enquanto na formação

predomina o folhelho pirobetuminoso. Em geral, o uso da designação camada, na estratigráfica formal, só se justifica no caso de *camada-chave* de especial interesse na correlação ou referência.

Entre as unidades hierarquicamente superiores à formação, há o *grupo* (group). Baseado na possível existência de traços comuns significativos, entre as *unidades estratigráficas* têm sido propostos subgrupos e supergrupos. Exemplo: Subgrupo Coruripe (divisão inferior ao Grupo Baixo São Francisco da Bacia Sergipe-Alagoas) e Supergrupo Minas (Pré-cambriano do Estado de Minas Gerais).

Na literatura geológica brasileira, existem nomes de *unidades litoestratigráficas* como a Formação Estrada Nova, que se encontra em desacordo com o *Código Brasileiro de Nomenclatura Estratigrafica* (1982). A designação Estrada Nova refere-se à estrada recém-construída por ocasião da proposição do nome da unidade, mas esta nomenclatura acha-se consagrada e, portanto, não deve ser abandonada. Outro exemplo é o da Formação Barreiras, cuja designação é originária da carta de Pero Vaz de Caminha, que assim se referiu ao descrever as falésias marinhas existentes na costa do descobrimento na região de Porto Seguro, BA (Brito, 1992; Martin *et al.*, 1999).

3.1.1.3 - *Unidades litodêmicas*

As *unidades litodêmicas* (lithodemic units) são analogamente às *unidades litoestratigráficas* baseadas nas características litológicas. Entretanto, neste caso, consistem em rochas predominantemente intrusivas e intensamente deformadas e/ou metamorfoseadas de modo que, em geral, não se aplica o *principio da superposição*. São particularmente úteis nos trabalhos de mapeamento de rochas mais antigas, como as pré-cambrianas. Os *contatos* dessas unidades correspondem às interfaces de mudanças litológica e podem ser de natureza *deposicional, intrusiva, metamórfica* ou *tectônica*.

Segundo Henderson *et al.* (1980), são reconhecidas quatro categorias distintas de *unidades litodêmicas*: litodema, suíte, supersuíte e complexo. O litodema (lithodeme) é hierarquicamente equivalente à *formação* e pode abranger um ou mais termos litológicos. As rochas podem ser ígneas e/ou intensamente deformadas e metamorfoseadas, exibindo estruturas primárias comumente não-planares. Exemplo: Granito Pirituba (rocha predominante + localidade geográfica). A *suíte* é composta por dois ou mais *litodemas* de mesma categoria (metamórfica, ígnea, etc.) com características litológicas comuns que, em termos práticos, é comparável ao *grupo*. Exemplo: Suíte Metamórfica Barbacena. O termo *supersuíte* equivale ao *supergrupo* cuja denominação é formada pela palavra *supersuíte* seguida do nome geográfico representativo da área de ocorrência.

O *complexo* (complex) corresponde a uma associação de rochas de duas ou mais categorias genéticas (sedimentares, ígneas e metamórficas). A sua denominação é formada pela palavra *complexo* seguida do nome geográfico como, por exemplo, Complexo Bação. Os exemplos citados foram extraídos por Mendes (1984) da edição preliminar do *Código Brasileiro de Nomenclatura Estratigráfica* (1982).

3.1.1.4 – Unidades bioestratigráficas

Os critérios paleontológicos de diversas naturezas levam ao estabelecimento das chamadas *unidades bioestratigráficas* (biostratigraphic units), que são compostas por corpos de rochas sedimentares ou metassedimentares. Alguns desses critérios são amplitudes ou abundâncias relativas da distribuição de uma ou mais entidades taxonômicas e particularidades morfológicas. Embora sejam muito raros, moldes de antigos animais como de conchas de braquiópodes podem ocorrer em rochas metassedimentares de alto grau de metamorfismo. Em metacalcários do Proterozóico do Brasil, como nos grupos Açungui, Bambuí e Una, são bastante comuns os *estromatólitos* (*estruturas biossedimentares* atribuídas a atividade de algas).

As *unidades bioestratigráficas* só são aplicáveis aos estudos de *seqüências fossilíferas* e, além disso, nem sempre os fósseis encontrados são apropriados ao *estabelecimento de biozonas* (zonação paleontológica ou bioestratigráfica). Em estudos de *geologia de sub-superfície* (sondagens), as *biozonas* são comumente baseadas em *microfósseis* (palinomorfos, foraminíferos, diatomáceas, etc.). Embora possam ser usados também *microfósseis,* em *geologia de superfície* (afloramentos) são geralmente empregados *macrofósseis* (animais e vegetais). As *unidades bioestratigráficas* assim estabelecidas podem apresentar espessuras muito variáveis, desde alguns centímetros até milhares de metros. Entre biozonas ou no interior delas, ocorrem também intervalos afossilíferos, que recebem as designações *interzonas estéreis* (barren interzones) ou *intrazonas estéreis* (barren intrazones), respectivamente.

Em geral, são admitidos quatro tipos principais de *biozonas*: 1) zona de acme; 2) zona de amplitude; 3) zona de associação e 4) zona de intervalo.

A *zona de acme* (acme zone), também chamada de *zona de abundância* (abundance zone), *zona de cheia* (flood zone), *zona de pico* (peak zone) ou *hemera* (hemera) é a *biozona* caracterizada pelo desenvolvimento

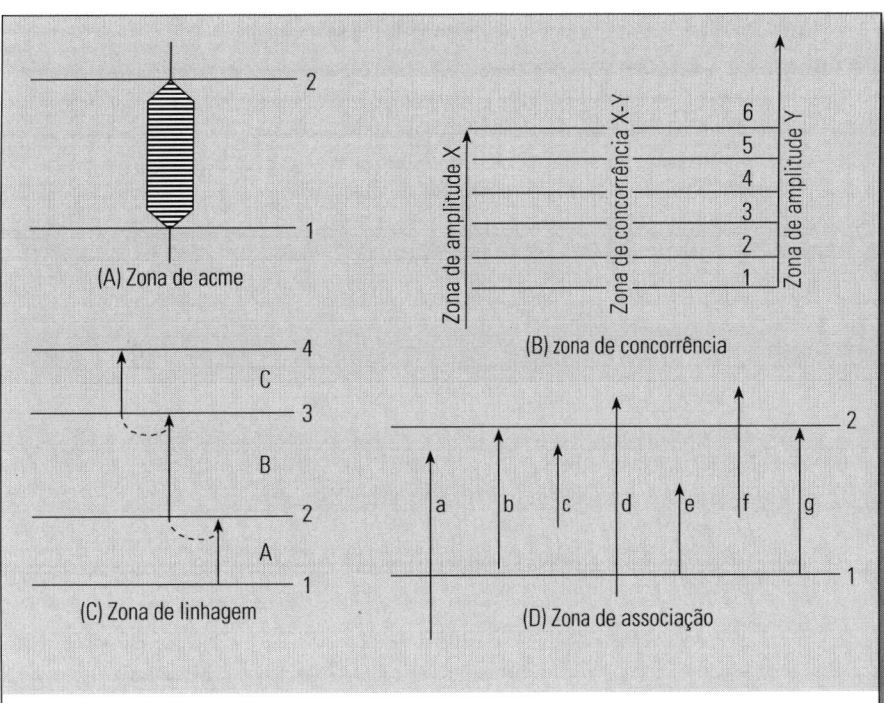

FIGURA 9.17 Quatro tipos de biozonas mais comumente empregados em bioestratigrafia. Modificado de Mendes (1984).

numérico e expansão geográfica máximos de um táxon (Figura 9. 17A) representada por um pacote rochoso contendo um ou mais táxons em freqüência maior que a normal. Exemplo: *Zona de acme de Didymograptus* (ISG, 1976).

A *zona de amplitude* (range zone) refere-se a corpos de rochas que expressam as distribuições vertical e horizontal de um ou de vários táxons e pode ser de seguintes tipos: *acrozona, zona de concorrência* e *zona de linhagem*. A *acrozona* (acrozone) ou *zona de amplitude de táxon* (taxon range zone) está relacionada à distribuição temporal total, variável de um local a outro, do fóssil que a define (Figura 9.17B), tomando emprestado o seu nome para designação como, por exemplo, a *acrozona de Linoproductus cora* (braquiópode do Paleozóico superior). A *zona de concorrência* (concurrent range zone) ou *zona de coincidência*, relaciona-se ao corpo de camadas fossilíferas delimitado pela porção coincidente das distribuições temporal ou espacial de um ou mais táxons (Figura 9.17B). Exemplo: *zona de concorrência de Globigerina sellii — Pseudohastigerina barbadoensis* (ISG, 1976).

Finalmente, a *zona de linhagem* (lineage zone) ou *filozona* (phylozone) é baseada na amplitude de distribuição de espécies congêneres, tidos como descendentes um do outro, embora sempre exista o risco de serem baseados em critérios mais ou menos subjetivos. A sua designação advém do táxon-chave (Figura 9.17C).

A *zona de associação* (assemblage zone) ou *cenozona* (cenozone) é uma *unidade bioestratigráfica* definida e identificada por um grupo de fósseis e não por um *fóssil-índice* (index fóssil) (Figura 9.17D). O aparecimento da *zona de associação* pode estar ligado à evolução biológica e/ou a mudanças paleoambientais. A *zona de associação* é designada pelos nomes de dois ou mais táxons de fósseis característicos. Exemplo: *zona de associação Pinzonella neotropica — Jacquesia brasiliensis* (biozona baseada em bivalves permianos da Formação Corumbatai da Bacia do Paraná, Mendes, 1952).

A *zona de intervalo* (interval zone), como sugere o próprio nome, representa um intervalo entre dois *biorizontes* situados acima e abaixo. A designação *zona de intervalo* pode ser baseada nos nomes dos biorizontes delimitantes (inferior e superior), como *zona de intervalo Globigerinoides sicanus — Orbulina suturalis* (ISG, 1976) ou emprestada do táxon representativo que nela ocorre, como *zona de intervalo Globigerina ciperoensis* (ISG, 1976).

Não existe uma seqüência hierárquica de *unidades bioestratigráficas* como nas *litoestratigráficas* ou *litodêmicas*, mas as zonas podem ser subdivididas em *subzonas* (subzones) e estas em *zônulas* (zonules), bem como várias zonas podem ser reunidas em *superzonas* (superzones), Figura 9.18. Deste modo, as *zônulas* representam subdivisões das *subzonas*, e as *superzonas* abrangem duas ou mais *biozonas*, que exibam características bioestratigráficas semelhantes. Entretanto, as *biozonas* não precisam ser necessariamente subdivididas em *subzonas* e estas em *zônulas*.

3.1.1.5 – Unidades cronoestratigráficas

As rochas podem ser separadas em diversas unidades por diferenças de idades ou pelos tempos de sua formação. Desse modo, têm-se as *unidades cronoestratigráficas* (chronostratigraphic units), que representam todas as rochas formadas durante um determinado

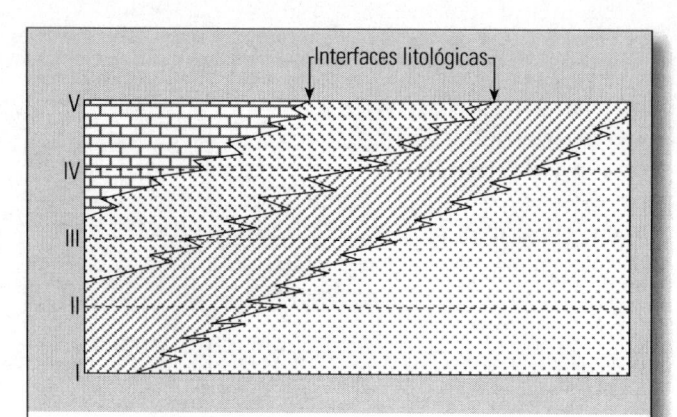

FIGURA 9.19 Diagrama ilustrativo das diferenças entre as unidades cronoestratigráficas e litoestratigráficas. As primeiras situam-se entre superfícies horizontais (isócronas 1, 2, etc.) e podem compreender várias litologias. As segundas são delimitadas por interfaces (contatos) litológicas e são diacrônicas, isto é, possuem idades diferentes em cada localidade.

intervalo de tempo da história da Terra. Por outro lado, as *unidades geocronológicas* (geochronologic units) como, por exemplo, *Período* (Period) *Época* (Epoch), *Idade* (Age), etc., foram estabelecidas com base nas grandes modificações, nas formas de vida (principalmente animais), que ocorreram na superfície terrestre. Essas unidades são separadas entre si por *superfícies* (ou interfaces) *isócronas* (ou *cronorizontes*) ou com mesmas idades em qualquer lugar. As *superfícies isócronas* que delimitam as *unidades cronoestratigráficas* não coincidem com as *unidades litoestratigráficas* (Figura 9.19).

Em ordem decrescente, na escala hierárquica são admitidas as seguintes *unidades cronoestratigráficas* (chronostratigraphic units): *Eonotema, Eratema, Sistema, Série, Andar* e *Cronozona*, correspondentes respectivamente às unidades *geocronológicas* (geochronologic units): *Eon, Era, Período, Época, Idade* e *Crono*.

Como as *unidades cronoestratigráficas* reúnem, por definição, rochas formadas através da Terra no decorrer do mesmo intervalo de tempo, deveriam ter extensão mundial. Entretanto, isso só ocorre nas unidades cronoestratigráficas de *hierarquia superior*, e as demais apresentam caráter regional ou mesmo local. Isto ocorre porque, embora a sedimentação seja mais extensiva em ambientes marinhos, na mesma época, muitas áreas continentais representam áreas de intemperismo e/ou erosão e comumente não deixam registros geológicos.

A palavra *cronozona* (chonozone) como uma *unidade cronoestratigráfica* refere-se às rochas formadas em lapso temporal relativo ao *crono* (chron), menor *unidade geocronológica*. Portanto, em geral, tem uso local ou no máximo regional.

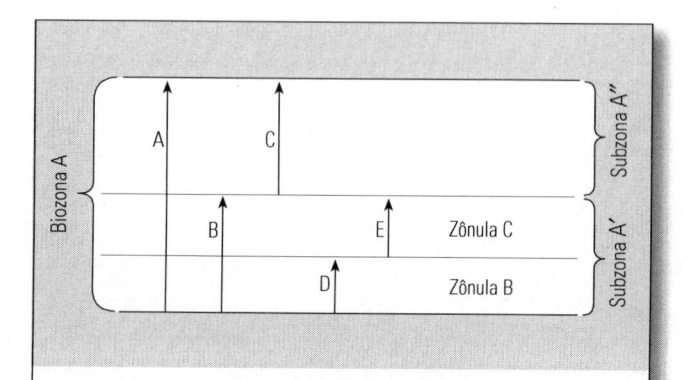

FIGURA 9.18 Subdivisões de uma biozona A, B, C, D e E representam diferentes táxons, cujas distribuições verticais (temporais) permitem o estabelecimento de subzonas ou zônulas. Modificado de Mendes, 1984.

O *andar* (stage) refere-se às rochas formadas durante o intervalo correspondente à *idade* (age) e constitui o elemento fundamental da *cronoestratigrafia regional*. Pode ser útil na correlação interregional e, por vezes, tem reconhecimento mundial. Excetuando-se os do Período Quaternário, os andares têm duração de 3 a 10Ma. A designação dos andares é, em geral, de origem geográfica, como o *Andar Cenomaniano* (de Cenomanum, nome latinizado de Le Mans, França), que representa uma subdivisão do Série Cretáceo superior.

No Brasil, usa-se a designação *Andar Alagoas*, referindo-se aos depósitos marinhos e não-marinhos da Bacia Sergipe-Alagoas (andar do Cretáceo).

A *série* (series) é equivalente ao intervalo de idade geológica correspondente à *época* e comumente tem reconhecimento mundial. Segundo Gama Júnior *et al.* (1982), têm sido propostas no Brasil, mais ou menos informalmente, algumas séries de âmbito regional, tais como as séries Campos Gerais, Rio Tietê e Serra do Espigão, todas na Bacia do Paraná.

O *sistema* (system) é uma *unidade cronoestratigráfica* que serve para designar as rochas formadas durante um *período geológico*. Exemplo: *Sistema Devoniano* que abrangeria todas as rochas existentes na Terra, que tenham sido originadas neste período. Desse modo, é uma *unidade cronoestratigráfica* de validez mundial, com duração extremamente variável como, por exemplo, Quaternário = 1,81 Ma e Cretáceo = 80 Ma.

A *eratema* (erathem) representa uma *unidade cronoestratigráfica* de categoria inferior ao *eonotema* (eonothem) e situada acima do *sistema* (system), referindo-se às rochas formadas durante uma *era* do tempo geológico. A *Eratema Mesozóica* é composta pelos *Sistemas Triássico, Jurássico e Cretáceo*.

O *eonotema* (eonothem) é a *unidade cronoestratigráfica* de hierarquia mais alta, cuja *unidade geocronológica* correspondente é o *eon*. A história da Terra comporta os *eonotemas criptozóico* (ou pré-cambriano) e o *fanerozóico*. O termo *criptozóico* (cryptozoic) é considerado por alguns como obsoleto, porém em analogia ao *fanerozóico* talvez seja até mais apropriado que o *pré-cambriano*. Refere-se às rochas mais antigas que 570 ± 20 Ma, quando os seres vivos já estavam presentes na Terra, porém ainda muito pouco conspícuamente. Por outro lado, por *fanerozóico* entende-se o conjunto de rochas originadas após o *pré-cambriano* quando a Terra já era habitada por muitos seres vivos, que hoje em dia se acham parcialmente fossilizados em rochas de diversas idades do *eon fanerozóico*. Este eon é subdividido em *eras paleozóica* (570-230 Ma), *mesozóica* (230-67 Ma) e *cenozóica* (67 Ma até hoje).

3.1.1.6 – Unidades pedoestratigráficas

No *Código Estratigráfico norte-americano*, publicado em 1983, é também proposto o conceito relacionado às *unidades pedoestratigráficas* (pedostratigraphic units). Correspondem a rochas formadas por um ou mais *horizontes pedológicos* (pedologic horizons), encontrados em uma ou mais *unidades litoestratigráficas*, *litodêmicas* ou *aloestratigráficas* formalmente propostas.

Os *horizontes pedológicos* são produtos complexos resultantes de *processos pedogenéticos*, cuja evolução depende do tipo de rocha-matriz, clima, relevo e seres vivos presentes (animais ou vegetais, principalmente microrganismos). Os *processos pedogenéticos*, por sua vez, compreendem mecanismos físicos, químicos e biológicos que ocorrem no interior dos solos, determinando a morfologia, a estrutura e as composições mineralógica e química dos solos. Começando no estágio inicial, os solos podem ser submetidos a vários *processos pedogenéticos*, entre os quais têm-se, por exemplo, a *sialitização* (siallitization), *podsolização* (podzolization), etc. Finalmente, os horizontes pedológicos fósseis constituem o tema de estudos da *paleopedologia* (Retallack,1990).

Entre alguns dos objetivos principais dos *estudos paleopedológicos*, têm-se:

a) reconstituição das condições paleoambientais através da identificação de *tipo de paleossolo* e de eventuais componentes presentes, como os *palinomorfos*;

b) determinação da *idade do paleossolo* como, por exemplo, pela datação da matéria orgânica contida pelo ^{14}C;

c) reconhecimento e utilização do *horizonte pedológico fóssil* (paleossolo) como *camada-chave* em estudos estratigráficos.

Os *paleossolos* que, em geral, correspondem aos horizontes A e B soterrados (inumados), são reconhecidas pela cor, textura (principalmente granulometria), estrutura, acumulação de matéria orgânica e outras propriedades. O limite inferior de *unidade pedoestratigráfica* é demarcado pelo limite físico mais baixo do *paleossolo*.

A *unidade pedoestratigráfica* fundamental é única e expressa pelo *geossolo* (geosol). Um *geossolo* não corresponde, em geral, ao *paleossolo* no sentido de *unidade pedogenética* (*pedon* = menor unidade ou volume de solo representativo de todos os horizontes do solo), mas representa um *conjunto de paleossolos* representativos de um cenário pretérito. Uma *unidade pedoestratigráfica* é designada pelo termo *Geossolo* (com inicial maiúscula), seguido de um nome geográfico, onde a unidade acha-se representada mais conspicuamente (Figura 9.20).

Como um exemplo brasileiro, tem-se o *Geossolo Santo Anastácio*, recentemente proposto Fúlfaro *et al.* (1999). Entretanto, segundo Mendes (1984), uma *unidade pedoestratigráfica não deve duplicar o nome de qualquer unidade geológica formal*. No caso, tem-se a *unidade litoestratigráfica* Formação Santo Anastácio, proposta anteriormente por Soares *et al.* (1980), duplicando desta maneira a denominação já existente, exceto se ela for abandonada.

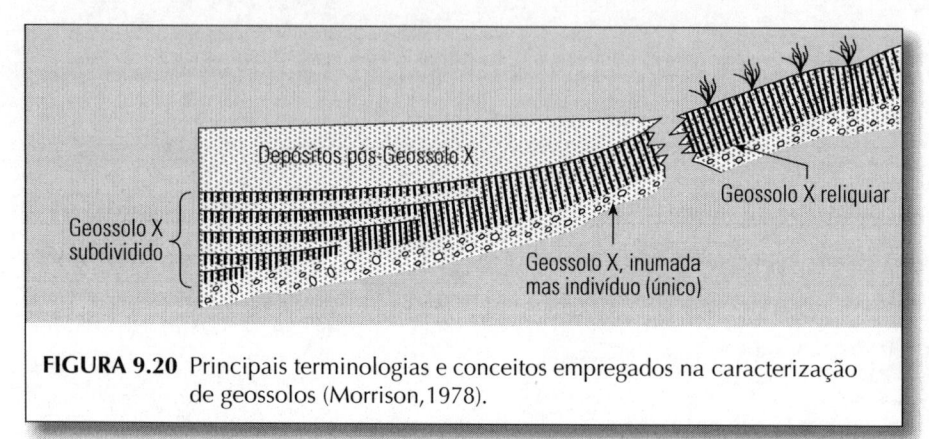

FIGURA 9.20 Principais terminologias e conceitos empregados na caracterização de geossolos (Morrison,1978).

Tentativa anterior, de utilização de *unidade pedoestratigráfica*, na ocasião referida impropriamente de *unidade edafoestratigráfica*, deve ser creditada a Mabesoone *et al.* (1972), na subdivisão estratigráfica da Formação Barreiras (Suguio & Nogueira,1999) no Nordeste do Brasil. De acordo com esses autores, o Grupo Barreiras na região seria composto pelas formações Serra dos Martins, Guararapes e Macaíba, separadas entre si por discordâncias. Essas formações estariam superpostas por *paleossolos* de intemperismo laterítico, sem designações formais.

3.1.2 As novas estratigrafias

3.1.2.1 - Generalidades

No presente momento existem, pelo menos, quatro tipos de estratigrafias que tentam subdividir as *seqüências sedimentares* em pacotes genéticos, separados entre si por *superfícies de discordância*: a *aloestratigrafia* (allostratigraphy), a *estratigrafia de seqüências* (sequence stratigraphy), a *seqüência estratigráfica genética* (genetic stratigraphic sequence) a *sismoestratigrafia* (seismostratigraphy). A designação *novas estratigrafias* foi usada por Walker (1990) a essas estratigrafias que, além das *discordâncias* que separam os pacotes genéticos, reconhecem *ciclicidades* (cyclicities) nas *seqüências deposicionais*. Essas idéias podem ser reconhecidas também na *cicloestratigrafia* (cyclostratigraphy) de Perlmutter & Matthews (1989) e na *estratigrafia de eventos* (event stratigraphy) de Einsele *et al.* (1991). Segundo Hachiro (2001), o termo *cicloestratigrafia* representa um neologismo, que passou para a literatura geológica a partir de uma reunião científica que ocorreu em Perugia (Itália) em 1988. De acordo com Schwarzacher (1993), a própria designação define os objetivos, que consistem na descrição e análise dos *ciclos sedimentares* para se chegar a uma interpretação refinada do *arcabouço estratigráfico*. Ainda, segundo esse autor, praticamente todos os ciclos estão relacionados, de algum modo, a *causas astronômicas* como as relacionadas aos *ciclos orbitais de Milankovitch*. A denominação *estratigrafia de eventos* deve ser creditada a Seilacher (1981) e representaria o estudo de

camadas sedimentares individuais, que registram acontecimentos geológicos raros. Segundo esse mesmo autor, este tipo de estudo pode ser executado em quaisquer escalas temporal ou espacial como, por exemplo, nos casos de *tempestitos* (tempestites), *sismitos* (seismites), etc. (Seilacher,1984).

Dentre elas, a única oficialmente apresentada no código da NACSN (1983) é a *aloestratigrafia*, embora na década de 70, Vail & Mitchum Júnior (1977), por exemplo, já tivessem realizado estudos baseados na *estratigrafia de seqüências*. Somente na década de 80, Posamentier e colaboradores (Posamentier & Vail,1988 e Posamentier *et al.*,1988) consolidaram os conceitos da *estratigrafia de seqüências* como uma nova teoria. Em 1989, Galloway utilizou os conceitos da *estratigrafia de seqüências* e propôs a seqüência estratigráfica genética aplicada ao delta do Rio Mississippi.

Não somente na *sismoestratigrafia* propriamente dita, mas também na *estratigrafia de seqüências*, as seções sísmicas constituem uma *ferramenta fundamental*. Somente este tipo de dado geofísico pode fornecer as informações imprescindíveis para se detectar muitas concordâncias de *recobrimento expansivo* (onlap) *costeiro* que têm conduzido os autores à proposta de *variações do nível relativo* do mar, como a causa primordial dessas situações. Hoje em dia, segundo alguns autores, deve-se encarar a *estratigrafia de seqüências* como uma importante metodologia, porém sem se prender demasiadamente a *modelos conceituais* (conceptual models).

Antigamente, a idealização de *modelos sedimentares* básicos consistia em:

a) Reconhecimento de um número relativamente limitado de *modelos básicos de ambientes sedimentares*, tais como fluviais, deltaicos, eólicos, etc.

b) Descrição mais cuidadosa possível dos registros correspondentes, comparando-os com modelos de *ambientes análogos atuais* e, finalmente, chegando-se à *interpretação dos depósitos pretéritos*.

Entretanto, alguns pesquisadores começaram a duvidar que número bastante restrito de modelos, usado nos procedimentos acima, abrangesse toda a diversidade de *fácies* e *sistemas deposicionais* existentes na natureza. Desse modo, embora existam *modelos faciológicos* relativamente consagrados, deve-se tentar uma *subdivisão faciológica* em escala adequada para cada situação geológica, e além disso, de acordo com os objetivos colimados. Em estudos locais, as descrições de fácies podem conduzir ao reconhecimento de número tão grande, que podem parecer além das nossas habilidades de interpretação. Neste caso, deve-se sintetizar os resultados organizando alguns *grupos de fácies geneticamente relacionados*. Esta operação pode ser feita em confronto com critérios locais ou regionais ou, de preferência, com critérios mundiais.

3.1.2.2 – Aloestratigrafia

Segundo a idéia de interação entre a *geomorfologia* e a *estratigrafia*, que é particularmente interessante na *geologia do Quaternário* (Suguio,1999), Frye & Willman (1962) propuseram as *unidades morfoestratigráficas* (morphostratigraphic units). Segundo esses autores, elas seriam corpos sedimentares identificáveis primeiramente pela forma apresentada em superfície, distinguindo-se ou não pela litologia e/ou idade das unidades adjacentes. Meis & Moura (1984) perceberam que havia demasiada subordinação da *estratigrafia à geomorfologia*, neste caso, e sugeriram que esse conceito se restringisse a situações em que ainda seria possível detectar, com base na *estratigrafia*, uma relação genética direta entre a *forma topográfica* e o *depósito sedimentar*. Por outro lado, as *unidades aloestratigráficas* (allostratigraphic units) correspondem a corpos sedimentares estratiformes, mapeáveis e definidos pelo reconhecimento de *descontinuidades limitantes* em geral compostas por *discordâncias erosivas* ou *desconformidades* (Figura 9.21).

Esta definição que é fortemente vinculada à *morfoestratigrafia* foi proposta pela NACSN (1983), sendo especialmente destinada à *classificação de depósitos neocenozóicos*, principalmente quaternários. No entanto, a sua aplicação é também válida em seqüências sedimentares mais antigas, constituindo um dos melhores esquemas descritivos, pois independem das relações interpretativas, sendo aplicável em qualquer escala. Elas permitem, em princípio, distinguir *depósitos de litologias semelhantes superpostos e contíguos* (Figura 9.22A) ou *geograficamente descontínuos* (Figura 9.22B), contanto que sejam delimitadas por *descontinuidades reconhecíveis*. Além disso, *depósitos de litologias heterogêneas* podem ser incluídos em uma única unidade, quando situadas entre as mesmas *descontinuidades limitantes*.

Uma *descontinuidade limitante* corresponde a uma *superfície de erosão* e/ou de *não-deposição* entre pacotes sedimentares, registrando um *hiato* ou uma *lacuna*. Esta superfície é originada por interrup-

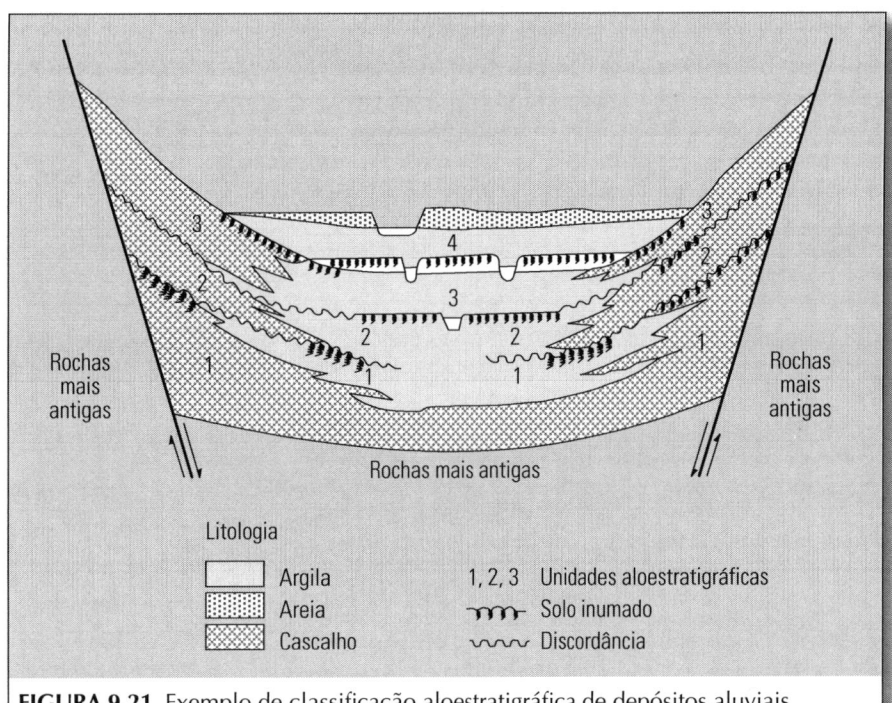

FIGURA 9.21 Exemplo de classificação aloestratigráfica de depósitos aluviais (fluviais) e lacustres em um gráben (modificado de NACSN,1983).

ção na sedimentação por considerável lapso de tempo (ISSC,1987), em geral, constituindo *verdadeiras discordâncias*. Desse modo, *discordâncias locais* como

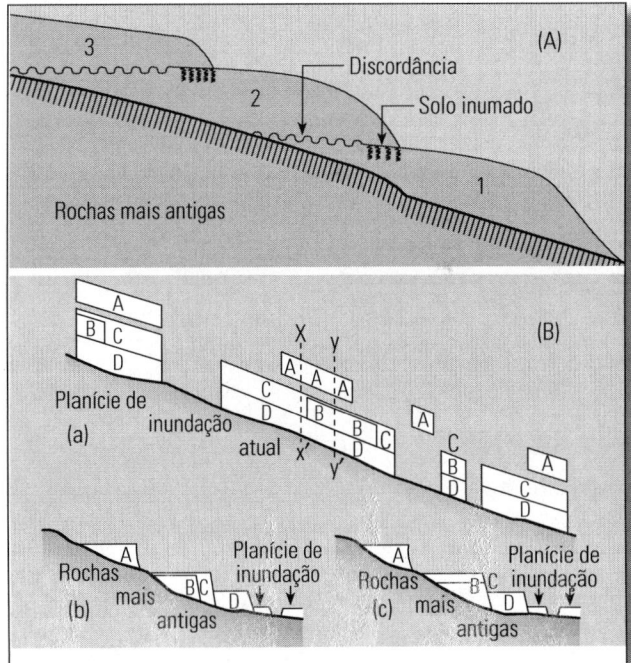

FIGURA 9.22 (A) - Exemplo de classificação aloestratigráfica de depósitos contíguos e litologicamente semelhantes, registrando três episódios de glaciação separados por solos inumados (paleossolos) e discordâncias.

(B) - Exemplos de classificação aloestratigráfica de depósitos de terraços fluviais descontínuos e litologicamente semelhantes (modificado de NACSN,1983).

os *diastemas* não são apropriados para o estabelecimento de unidades limitadas por *descotinuidades*.

Moura & Mello (1991) admitiram que a *aloestratigrafia* permite o reconhecimento de *marcadores estratigráficos* (stratigraphic markers) *mais conspícuos que os definidos por critérios litológicos e fossilíferos* e, portanto, embora constitua uma abordagem pouco convencional, é bastante adequada à ordenação de *seqüências sedimentares*. Além disso, as *descontinuidades limitantes* representam também *planos de tempo* (ou *isócronas*) e, desta maneira, podem ser consideradas como um critério importante para a *cronoestratigrafia*. As *unidades aloestratigráficas* comportam, em geral, grandes diversidades faciológicas horizontal e vertical e, à luz do conceito de *sistemas deposicionais* (depositional systems), representa uma ferramenta mais apropriada que as *unidades litoestratigráficas* para as *análises paleoambientais* (paleoenvironmental analysis).

Entre as *unidades aloestratigráficas*, a *aloformação* é a fundamental, e a sua designação formal é análoga à formação das *unidades litoestratigráficas* devendo ser acompanhada de um nome geográfico (montanha, rio, cidade, etc.), onde a unidade seja mais representativa, com as letras iniciais maiúsculas. Exemplo: *Aloformação Rio do Bananal*. Duas ou mais aloformações podem constituir um *alogrupo*, e uma aloformação pode ser única ou subdividida em *alomembros*. Uma *unidade aloestratigráfica* formal deve ser mapeável em escala 1 : 25.000, na região onde ela esteja sendo definida. Além de ser designada por um *nome geográfico*, deve-se apresentar uma seção-tipo (type section) e várias *seções de referência* (references sections).

No Brasil, entre os pioneiros da introdução e uso da *aloestratigrafia*, pode-se citar Maria R. M. de Meis e colaboradores (Meis & Moura, 1984; Moura & Meis, 1986; Moura & Mello, 1991). Como já foi demonstrado pelos trabalhos posteriores, as pesquisas pioneiras representam importantes paradigmas para o conhecimento do Quaternário continental no SE do Brasil (Moura, 1994).

3.1.2.3 - Estratigrafia de seqüências

Introdução

A palavra *seqüência* em *sedimentologia* ou *estratigrafia* apresenta uso muito diversificado, analogamente ao termo fácies. Desse modo, fala-se freqüentemente em seqüências *faciológica, sísmica, arenosa, pelítica, calcária*, de Bouma, etc. Ela refere-se, em geral, a uma *sucessão ordenada de eventos* delimitada por interrupções (ou quebras), de modo que a sua caracterização leva à identificação do seu início e do seu fim. Em estratigrafia, a *seqüência* serve para designar uma *sucessão de camadas* separada por discordâncias no topo e na base, cujo estudo conduz à *estratigráfica de seqüências*.

Este conceito varia em escalas crono e litoestratigráfica e refere-se, desde a sucessão vertical de fácies no sentido da *lei de Walther* até as seqüências estratigráficas preconizadas por Sloss *et al.*(1949). De acordo com a *lei de Walther* ou *lei da correlação de fácies*, a sucessão vertical de fácies tanto transgressivas como regressivas, segue essencialmente a seqüência de distribuição horizontal dessas mesmas fácies. Segundo Sloss *et al.* (*op. cit.*), as seqüências estratigráficas referem-se às *megasseqüências* que compreendem espessas unidades deposicionais, limitadas por *discordâncias interregionais* possuindo fortes conotações *tectono-sedimentares*. Entretanto, segundo Sloss (1963), este conceito não é novo, pois está intimamente ligado á própria definição dos *períodos geológicos*. Nos idos do século XVIII, quando James Hutton (1726-1797) reconheceu conjuntos de camadas de distintas idades, separadas por *discordâncias*, foi concebida a idéia preliminar que conduziria à subdivisão da *Era Primária*.

O avanço dos conhecimentos mostrou também que muitas dessas superfícies representavam limites de desaparecimento (ou extinção) de vários gêneros e mesmo de diversas famílias de organismos. Na primeira metade do século XIX, Adam Sedgwick (1785-1873) e Sir Roderick I. Murchison (1792-1871) foram os pioneiros na tentativa de estabelecimento de subdivisão da *Era Paleozóica* até então conhecida como *Era Primária*. Desse modo, os *sistemas estratigráficos* estabelecidos na Europa, tais como os períodos Cambriano, Ordoviciano etc. deram origem à *tabela do tempo geológico*. Outros sistemas definidos, também com base em *mudanças bruscas do registros geológicos*, foram estabelecidos em outros continentes.

Embora os conceitos preliminares tivessem aparecido no século XVIII e passassem a ser reconhecidas como *unidades naturais de subdivisão do registro sedimentar* já no século XIX, a sua identificação como unidade estratigráfica se deve a Sloss *et al.* (1949), somente em meados do século XX (Tabela 33). Durante o mapeamento regional das *fácies sedimentares* do Paleozóico do Estado de Montana (Estados Unidos), esses autores constataram que algumas *discordâncias* caracterizadas por mudanças litológica e/ou fossilífera estendiam-se por grandes distâncias (centenas até milhares de quilômetros). Com base nessas *discordâncias*, os autores reconheceram quatro unidades (Sauk, Tippecanoe, Kaskaskia e Absaroka), que foram denominadas de seqüências. Segundo Sloss *et al.* (*op.cit.*), as *seqüências estratigráficas* representariam unidades rochosas hierarquicamente superiores ao *grupo*, ao *megagrupo* ou ao *supergrupo* e seriam reconhecíveis em um continente, sendo delimitadas por *discordâncias interregionais*.

O advento da estratigrafia de seqüências

Embora o termo *seqüência* como *unidade estratigráfica* tenha sido introduzido por Krumbein & Sloss (1951), mesmo bem após o trabalho de Sloss *et al.* (1949), a sua aceitação pela comunidade geocientífica mundial foi relativamente baixa.

Tabela 33   Histórico da evolução do conceito de estratigrafia de seqüências (modificado de Ponte Filho,1991; *apud* Ponte, 1994)

Autor	Assunto
Wanless & Weller (1932)	Estabelecem denominações aos *ciclotemas carboníferos* da América do Norte e da Europa
Sloss *et al.* (1949) e Sloss (1950)	Sloss *et al.* (1949) apresentam uma técnica de mapeamento faciológico integrado e Sloss (1950) emprega esta técnica no estudo regional, que levou ao reconhecimento de *ciclos deposicionais*
Silberling & Roberts (1962)	Definem a seqüência como "sucessão geograficamente discreta de camadas de uma unidade litoestratigráfica, depositada sob condições ambientais semelhantes"
Sloss (1963)	Conceitua a *seqüência estratigráfica* como "unidade estratigráfica de hierarquia superior ao grupo, megagrupo ou supergrupo, limitada por discordâncias de caráter interregional"
Fischer & McGowen (1967)	Definem a *seqüência deposicional* como "unidade tridimensional composta por associação específica de fácies geradas por processos sedimentares atuantes nos ambientes da mesma província fisiográfica"
Chang (1975)	Propõe que as *unidades litoestratigráficas* limitadas por discordâncias sejam reunidas em categoria especial denominada de *sintema*
Vail *et al.* (1977)	Redefinem a *seqüência deposicional* anteriormente conceituada por Fisher & McGowen (1967), como "conjunto de estratos relativamente concordantes, geneticamente relacionados e limitados por discordâncias ou por concordâncias correlatas"
NACSN (1983)	Introduz a *unidade aloestratigráfica* como "corpo mapeável de rochas sedimentares, caracterizadas e identificadas com base nas descontinuidades limitantes"
Van Wagoner *et al.* (1987)	Postulam que a aplicabilidade da *estratigrafia de seqüências* depende da identificação hierárquica de unidades estratificadas, desde camadas, seqüências de camadas, parasseqüências e associaçoes de seqüências e parasseqüências
Evolução do conceito no Brasil (1968 a 2001)	Gomes (1968) e Almeida (1969) reconhecem *seqüências* em bacias interiores e Asmus & Ponte (1973) em bacias costeiras. Fúlfaro & Landim (1976) e Soares *et al.* (1978) aplicam o conceito em bacias intracratônicas, inicialmente na Bacia do Paraná e posteriormente em outras bacias do mesmo tipo. Em 2001, vem a lume dois livros de fundamental importância na divulgação dos conceitos básicos de autoria de Della-Fávera e Severiano-Ribeiro

Mais tarde, Sloss (1963) apresentou a história evolutiva completa da cobertura sedimentar cratônica da América do Norte onde, além das quatro *seqüências estratigráficas* supracitadas, reconheceu mais duas: Zuni e Tejas (Figura 9.23). Esses nomes, inclusive os quatro das seqüências mais antigas, foram emprestados das designações de tribos indígenas dos Estados Unidos, para distingui-las das denominações convencionais usadas nas subdivisões lito e cronoestratigráficas. Posteriormente, Sloss (1972) estabeleceu correlações entre as seqüências identificadas por ele na América do Norte e as presentes na plataforma russa. Esse autor admitiu que as *seqüências* seriam *ciclos deposicionais*, mas não constituiriam *unidades cronoestratigráficas*, pois as *discordâncias* não coincidiriam com as *isócronas* (linhas de tempo). Entretanto, na verdade, os limites de outras unidades físicas de natureza litológica, tais como *fácies, membros, formações* e *ciclos transgressivos* e *regressivos*, etc. também transgridem (cortam) sobre as *linhas de tempo*.

Outras designações em substituição ao termo *seqüência* têm sido propostas. Chang (1975) propôs que as unidades limitadas no topo e na base por *discordâncias regionais* e *interregionais* fossem chamadas de *sintemas*. Elas seriam comparáveis, em termos de espessura e tempo, ao *sistema* (system), que é uma *unidade cronoestratigráfica* (chronostratigraphic unit). Segundo o autor, esta não é uma *unidade litoestratigráfica* (lithostratigraphic unit), porque o conteúdo litológico não constitui a base de sua definição. Também não é uma *unidade cronoestratigráfica*, pois as discordâncias que a delimitam podem ser *diácronas* (diachronous), tanto na base como no topo. O termo *sintema* foi introduzido no Guia Estratigráfico Internacional (Hedberg,1976) e, além disso, foi empregado por Ramsbottom (1979) na mesma acepção original (Figura 9.24). O autor verificou

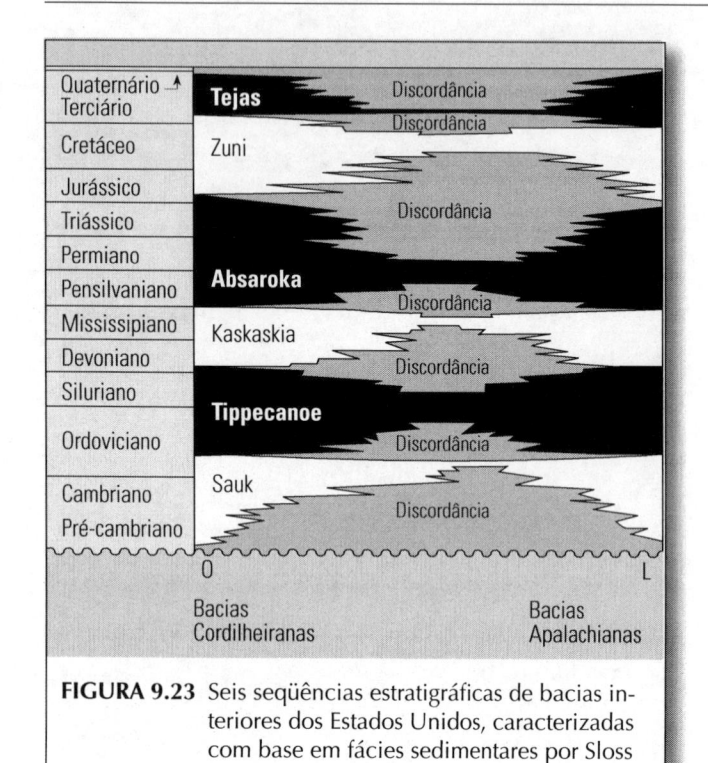

FIGURA 9.23 Seis seqüências estratigráficas de bacias interiores dos Estados Unidos, caracterizadas com base em fácies sedimentares por Sloss (1963).

que os *sintemas* comportam unidades de menor escala, limitadas por contatos discordantes nas porções marginais e concordantes nas partes mais internas de bacias, que seriam os *mesotemas* (mesothems). Eles exibem contatos mistos, à semelhança da *seqüência deposicional* (depositional sequence) de Mitchum Junior *et al.* (1977). Dessa maneira, não é equiparável ao *intertema* (interthem) de Chang (*op. cit.*), que é caracterizado por limites exclusivamente discordantes.

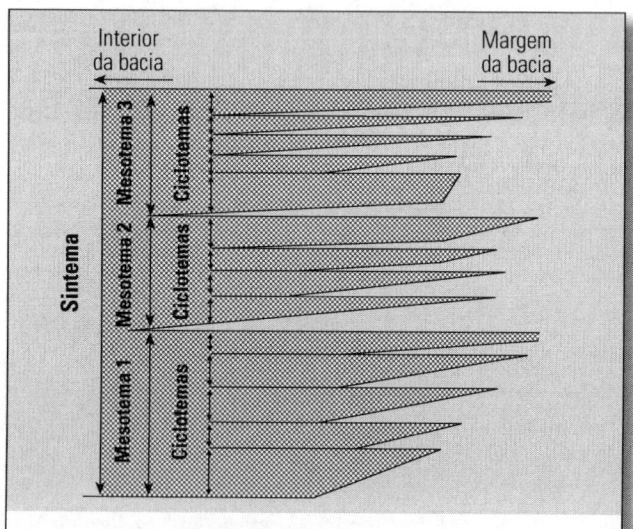

FIGURA 9.24 Representação esquemática de sintema (Chang,1975), subdividido em mesotemas (Ramsbottom,1979) e estes, por sua vez, compreendendo vários ciclotemas (modificado de Assine,2001).

A consolidação da estratigrafia de seqüências

A *sismoestratigrafia* (seismostratigraphy) ou *estratigrafia sísmica* (seismic stratigraphy) surgiu no fim dos anos 60 do século XX e experimentou um rápido progresso com o emprego da sísmica digital multicanal. Desse modo, estabeleceu-se definitivamente como um poderoso *método de prospecção de petróleo* (Payton,1977).

Por outro lado, o clássico trabalho de Vail *et al.* (1977), que integrou o livro editado por Payton (*op.cit.*), lançou sólidos alicerces à *moderna estratigrafia de seqüência* (Vail,1987). A *seqüência deposicional* segundo Vail *et al.* (1977), representa *uma unidade estratigráfica composta por uma sucessão relativamente concordante de estratos geneticamente relacionados e limitados no topo e na base por discordâncias ou suas conformidades correlatas* (Figura 9.25). Portanto, os limites de *seqüências deposicionais* são estabelecidos por critérios mistos que, de acordo com Vail *et al.* (1977), justifica a opção pelo termo *seqüência*, em detrimento da palavra *sintema* de Chang (1975).

Galloway (1989) usou critérios diferentes dos de Vail *et al.* (1977), no estabelecimento das *seqüências* e propôs o conceito de *seqüência estratigráfica genética*. Os limites dessas seqüências representam *superfícies de inundação máxima* que originam descontinuidades não-deposicionais nas porções mais distais, durante as *transgressões marinhas*.

Tanto a proposta de Vail *et al.* (1977), como a de Galloway (1989), constitui *unidade menor que a seqüência* de Sloss (1963) e, desse modo, Vail *et al.* (1977) denominaram a de Sloss de *superseqüência* ou *superciclo*.

Diferentes pesquisadores propuseram *ciclos estratigráficos de diferentes ordens de magnitude* atribuídos a fenômenos geotectônicos (primeira e segunda ordens), *ciclos eustáticos globais* (terceira ordem), etc. (Tabela 34).

Situação atual de aceitação do conceito

A aceitação do conceito de *seqüência* a começar do trabalho pioneiro de Sloss *et al.* (1949), foi gradual e bastante difícil. No entanto, a partir do trabalho pioneiro de Vail *et al.* (1977) surgiram muitas publicações sobre o tema, principalmente nos Estados Unidos.

No Brasil, o método de introdução e propagação do conceito, que revolucionou a concepção de preenchimento de bacias sedimentares, deve-se principalmente aos geólogos da Petrobras S/A. Isto é devido ao vínculo inalienável existente entre a *estratigrafia de seqüências* e a *sismoestratigrafia*. Finalmente, há pouco tempo foram publicados dois livros em língua portuguesa, por iniciativa de Della-Fávera e Severiano-Ribeiro, ambos em 2001.

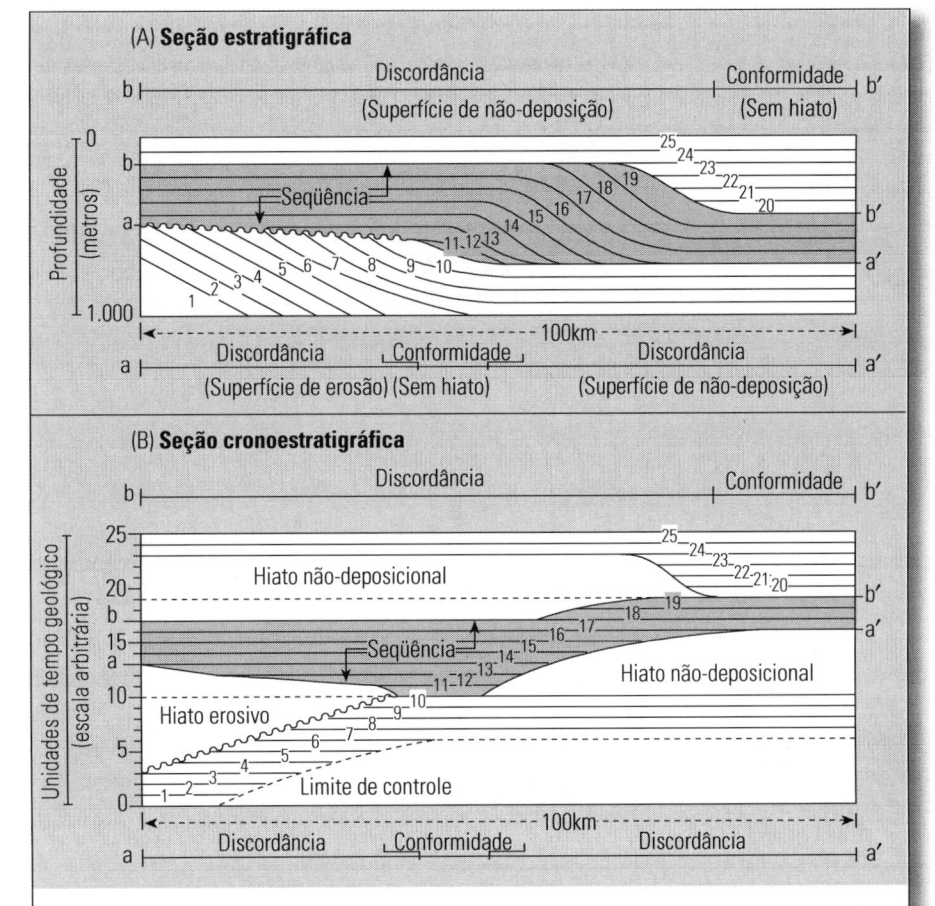

FIGURA 9.25 Representação esquemática do conceito de seqüência deposicional em uma bacia com a área-fonte situada à esquerda (modificado de Vail et al., 1977 por Assine, 2001). Em (A), o limite inferior (a-a') e o superior (b-b') da seqüência são discordantes, mas passam lateralmente para conformidades correlativas. Em (B), o limite inferior (a-a') é representado por um hiato erosivo (desconformidade) na borda da bacia, mas passa à conformidade no centro, entre as unidades 10 e 11, transformando-se em hiato não-deposicional (paraconformidade) rumo ao centro da bacia. O limite superior (b-b') é uma paraconformidade na borda, mas passa à conformidade correlativa rumo ao centro da bacia, nos contatos entre as unidades 10 a 20.

Tabela 34 Exemplos de ciclos estratigráficos de diferentes ordens de magnitude e as designações propostas por diversos autores (Assine, 2001)

Ciclos (ordem)	Duração (anos)	Seqüências (denominações propostas)
Primeira	>10^8	* Sem designação (Vail *et al.*,1977)
Segunda	10^7–10^8	* Seqüência estratigráfica (Sloss,1963) * Sintema (Chang,1975) * Superciclo (Vail *et al.*,1977) * Superseqüência (Vail *et al.*,1977) * Seqüência tectossedimentar (Soares *et al.*,1978)
Terceira	10^6–10^7	* Seqüência deposicional (Vail *et al.*,1977) * Intertema (Chang, 1975) * Mesotema (Ramsbottom, 1979) * Seqüência genética (Galloway,1989)
Quarta a sexta	<10^6	* Ciclotema (Wanless & Weller, 1932) * PACs (Goodwin & Anderson,1985) * Parasseqüência (Van Wagoner *et al.*,1987)

4. Análise de bacia sedimentar

4.1 Introdução

Uma *bacia sedimentar* (sedimentary basin) corresponde a uma *área deprimida* (depressão topográfica) em geral de *origem tectônica* preenchida por *rochas sedimentares* e/ou *vulcânicas* com várias centenas a alguns milhares de metros de espessura e diversas centenas a poucos milhões de quilômetros quadrados de área. Em planta, uma bacia pode ser grosseiramente circular, triangular ou alongada. A geometria final de uma *bacia sedimentar* depende bastante dos *padrões de tectonismo* que a afetam através de falhas e dobras, durante (*sindeposicionais*) ou após (*pós-deposicionais*) a sedimentação.

Entende-se por *arcabouço sedimentar* (sedimentary framework) ou *arcabouço estratigráfico* (stratigraphic framework) de uma *bacia sedimentar* as suas formas (externa e interna), bem como a natureza litológica das camadas que a preenchem. Uma *bacia sedimentar* contém o *registro deposicional* de uma área, que pode estar interrompido por *hiatos* ou *lacunas* de maior ou menor importância (duração) variáveis desde uma centena até mais de duas centenas de milhões de anos. Excetuando-se as áreas marginais de pequenas bacias, como a Bacia de Taubaté, no Estado de São Paulo (Suguio, 1969) esses registros não costumam exibir *discordâncias angulares*.

O *arcabouço estrutural* (structural framework) ou *arcabouço tectônico* (tectonic framework) de uma bacia sedimentar compreende o *conjunto de elementos estruturais* de uma região, incluindo as áreas de *soerguimento* (uplifting) como de *subsidência* (subsidence), além das *áreas estáveis adjacentes*. Aplicando-se este conceito, as *bacias sedimentares* podem ser classificadas em *fechadas* (closed basins) e *abertas* (opened basins),

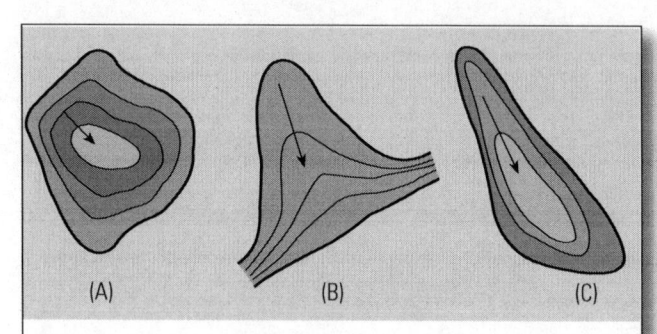

FIGURA 9.26 Três formas diferentes assumidas pelas bacias sedimentares: (A) fechada subcircular; (B) aberta e (C) fechada alongada. As isolinhas no interior das bacias indicam as isóbatas crescentes da borda para o centro, e as setas indicam os sentidos de aumento das espessuras das camadas (segundo Boulin,1977).

segundo Boulin (1977), Figura 9.26. Além disso, comparando-se as *taxas de soerguimento* (uplifting rates) da área-fonte e as *taxas de subsidência* (subsiding rates) do sítio deposicional podem ser admitidas três diferentes situações. Quando o soerguimento supera a subsidência, parte do sedimento suprido é dispersada e não contribui para o *registro geológico*. Verificando-se um equilíbrio entre as velocidades desses fenômenos, praticamente tudo que é suprido é preservado. Se a subsidência for superior ao soerguimento, formam-se as *bacias famintas* (starved basins) que recebem suprimento sedimentar menor que a sua capacidade de recepção e, nessa situação, a maior espessura de sedimentos ocorre nas margens do que no centro.

Entre os elementos geométricos de uma *bacia sedimentar*, há o *centro* que corresponde ao ponto mais baixo da depressão topográfica de uma bacia circular e o *eixo* que é representado por uma linha que passa pelos pontos mais baixos (profundos) de uma bacia alongada, como em um gráben (Figura 9.27).Tem-se ainda o *depocentro* (depocenter), que corresponde ao sítio de máxima acumulação (maior espessura = maior subsidência) em uma *bacia sedimentar*, durante um determinado intervalo de *tempo geológico*. Esse depocentro pode migrar no decorrer da evolução geológica de uma bacia. Esta migração é ocasionada por *tectonismo sinsedimentar*, por *mudanças de desembocaduras de rios importantes*, etc.

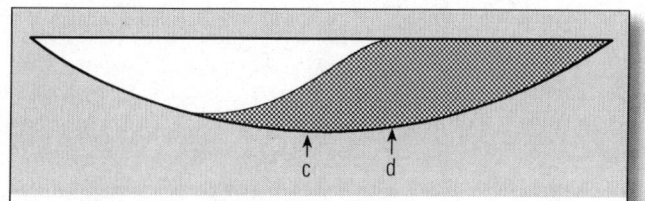

FIGURA 9.27 Seção esquemática de uma bacia sedimentar de configuração subcircular em seção, com indicação do centro (c) e do depocentro (d) ou centro deposicional (segundo Boulin, 1977).

Na *fase jovem* (inicial), as *bacias sedimentares* são muito semelhantes entre si, sendo o tamanho médio atingido na *fase madura* quando podem ser reconhecidos vários tipos. Na *fase senil* (final) ocorre a retração dos limites, acompanhada por aceleração do processo de preenchimento sedimentar.

A *análise de bacia sedimentar* (basin analysis) propicia a obtenção da *síntese estratigráfica* que é de grande interesse acadêmico, mas também econômico. Esta é uma tarefa afeita a uma equipe de geólogos especialistas em estratigrafia, sedimentologia, paleontologia, geologia estrutural, geofísica e geoquímica. Além disso, as análises devem ser repetidas periodicamente, acompanhando o acúmulo de informação e o advento de novas tecnologias,

4.2 Mapas usados em análise de bacia sedimentar

Entre as técnicas comumente empregadas nas análises de bacias sedimentares têm-se os *mapas estratigráficos* (stratigraphic maps), que podem ser de diversos tipos, tais como *mapa de contornos estruturais, mapa de isópacas, mapa de superfície de tendência, mapa paleogeológico, mapa palinspástico*, etc.

O *mapa de contornos estruturais* (structural contour map) contém linhas de contorno que unem pontos de igual elevação acima de uma *camada* (bed), *camada-guia* (key-bed) ou *horizonte* (horizon), sendo difícil obter a *atitude das camadas* bem como, na dependência da escala usada, reconhecer as principais feições estruturais da bacia, tais como falhas e dobras (Figura 9.28).

O *mapa de isópacas* (isopach map) mostra, através de linhas de contorno de isovalor (mesmo valor), as *espessuras reais* (true thicknesses) de uma *unidade litoestratigráfica* (Figura 9.29). As *espessuras reais* são obtidas ao longo de linhas perpendiculares às camadas, enquanto as medidas executadas verticalmente, no caso de camadas inclinadas, fornecem as *espessuras aparentes* (apparent thicknesses). Utilizando-se as *espessuras aparentes* como linhas de contorno de isovalor, obtém-se o *mapa de isocore* (isochore map).

O *mapa de superfície de tendência* (trend-surface map) corresponde ao método de avaliação do nível de concordância de um conjunto de dados, como as espessuras de uma *unidade litoestratigráfica*, em geral unidos por linhas de isovalor, para uma superfície matemática calculada de graus linear, quadrática ou mais alto.

O *mapa paleogeológico* (paleogeologic map) mostra as *condições geológicas* correspondentes a diferentes *tempos geológicos*. Freqüentemente, ele explica as relações litológicas mútuas entre rochas situadas abaixo de uma *discordância regional* recoberta por rochas sedimentares.

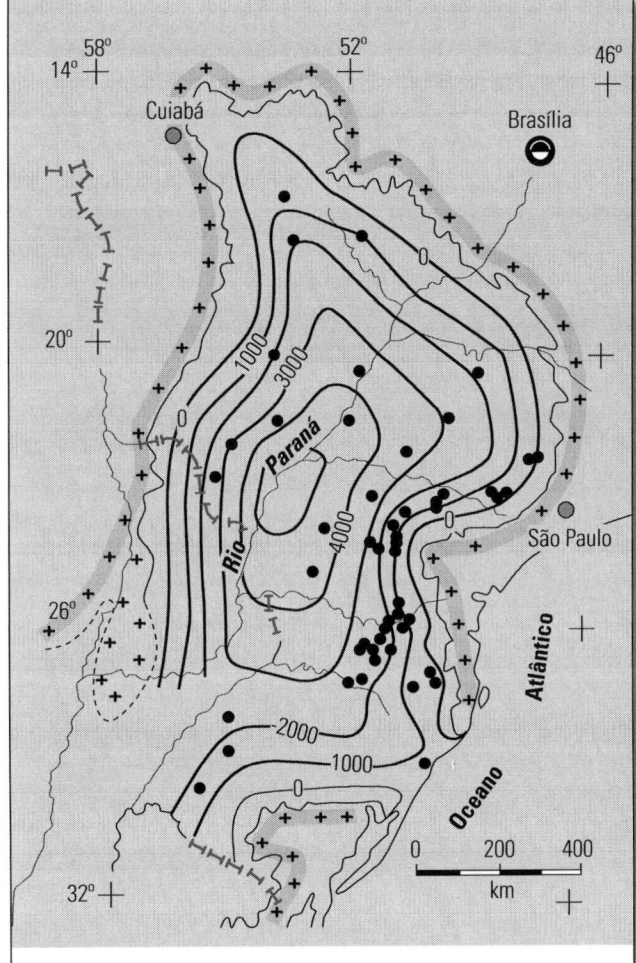

FIGURA 9.28 Mapa de contornos estruturais do embasamento cristalino da Bacia do Paraná. A eqüidistância (intervalo entre as curvas) é de 1.000 m e os pequenos círculos pretos correspondem às localizações dos poços profundos que forneceram os dados de profundidade (Ramos, 1970).

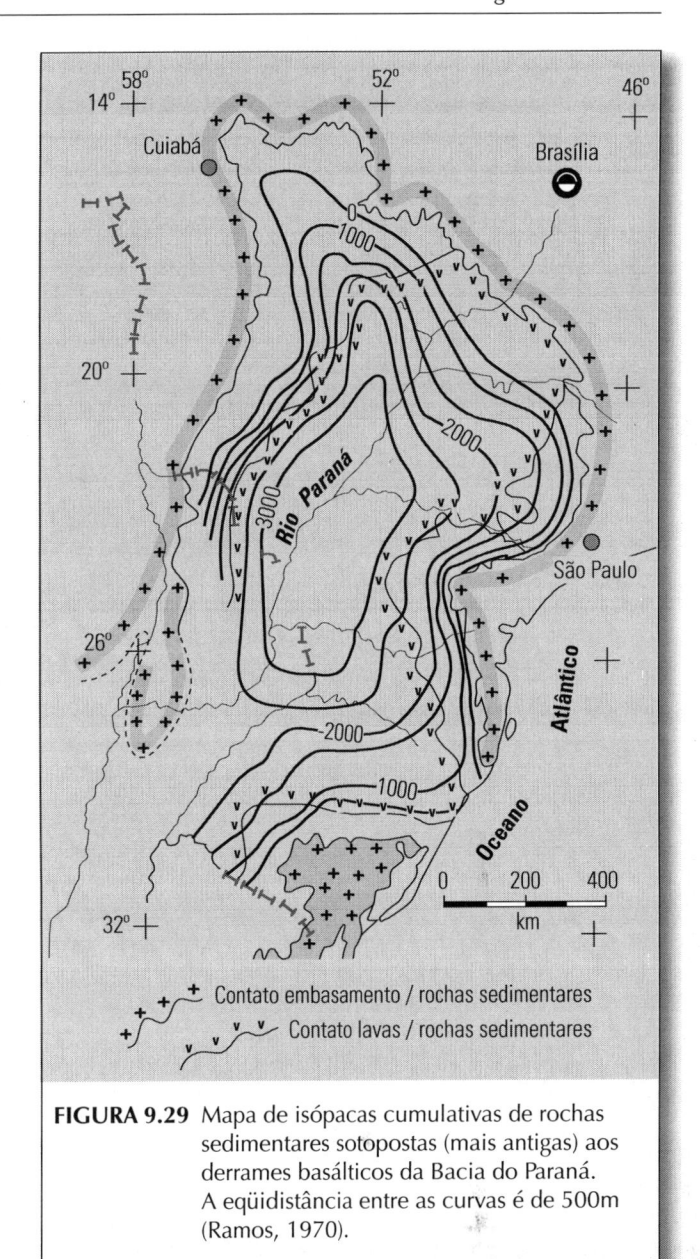

+ Contato embasamento / rochas sedimentares
v Contato lavas / rochas sedimentares

FIGURA 9.29 Mapa de isópacas cumulativas de rochas sedimentares sotopostas (mais antigas) aos derrames basálticos da Bacia do Paraná. A eqüidistância entre as curvas é de 500m (Ramos, 1970).

Finalmente, o *mapa palinspástico* (palinspastic map) representa um *mapa paleogeográfico* (paleogeographic map) ou *mapa paleogeológico*, construído em uma *região falhada* e *dobrada* após a restituição das camadas sedimentares às posições originais, antes de sofrerem as deformações tectônicas.

Existem outros *mapas estratigráficos*, tais como o *mapa de entropia* (entropy map), *mapa faciológico* (fácies map), *mapa de isofácies* (isofacies map), *mapa de isólita* (isolith map), etc.

Na construção desses *mapas estratigráficos*, usam-se dados de superfície (afloramentos naturais e artificiais) ou de subsuperfície (sondagens, sísmica de reflexão, etc.). As suas escalas e os intervalos entre as curvas de isovalor dependem do grau de detalhamento desejado e da densidade dos pontos de observação. Esses mapas são muito úteis nos estudos de *configuração do embasamento* (ou substrato) das bacias sedimenta-

res para se chegar a *interpretações tectono-sedimentares* ou visando aos programas de sondagem em geologia aplicada à engenharia, etc.

4.3 Classificação estrutural de bacias sedimentares

Entre algumas das *classificações estruturais* de bacias sedimentares, há as de Boulin (1977), de Klemme (1980) e de Kingstom *et al.* (1983). Embora a primeira seja a mais antiga, foi seguida mais de perto por Mendes (1984), que a considerou como a mais simples, em detrimento das outras, que são mais comumente adotadas por geólogos de petróleo.

Sob o ponto de vista estrutural, existiriam dois tipos básicos de bacias sedimentares: *bacias intracratônicas* (intracratonic basins) e *bacias pericratônicas* (pericratonic basins). O primeiro tipo, também chamado de *bacias de plataforma* (platform basins), situa-se no interior de áreas mais estáveis em *termos tectônicos* denominadas de *crátons* (cratons). Eles representam porções relativamente mais estáveis da *crosta terrestre* (earth crust), em geral ligadas a terrenos pré-cambrianos, sendo praticamente sinônimo de *escudo* (shield) ou de *antepaís* (foreland).

As *bacias intracratônicas* podem ser subdivididas em dois tipos: *sinéclises* (syneclises) ou *bacias de plataforma* (platform basins) propriamente ditas e *bacias de afundamento* ou *fossas de afundamento* também chamadas de *fossas tectônicas* (rift valleys).

As *sinéclises* representam feições morfológicas de subsidência pouco acentuada em relação às áreas adjacentes e situam-se sobre a *crosta continental* (continental crust), com forma aproximadamente circular. Estendem-se por 10^5 a 10^6 km^2 e exibem, em geral, inclinações (ou mergulhos) inferiores a um grau nas camadas, rumo ao *centro* da bacia (centrípetas). A sinéclese de Moscou (Rússia), por exemplo, apresenta espessura 1.700 m de sedimentos no seu centro e o *depocentro,* situado na área do Mar Cáspio, possui cerca de 10.000 m de espessura.

As *fossas* ou *bacias de afundamento* constituem vales estreitos e alongados, resultantes do rebaixamento de *blocos de falha* (fault blocks), delimitados entre sistemas de *falhas normais* (normal faults) paralelos. Hoje em dia, usa-se o termo *gráben* referindo-se a fossas tectônicas de dimensões relativamente pequenas, originadas em *fases orogenéticas tardias.* As *fossas tectônicas* de dimensões continentais, como as existentes no NE do continente africano, constituem *sistemas de fossas de afundamento* (rift systems). As extensões são inferiores às sinéclises, e os comprimentos comumente são inferiores a 100km. Apesar de extensões relativamente reduzidas, o intenso tectonismo de subsidência conduz à espessa acumulação de sedimentos de até cerca de 10.000 m. Por outro lado, exibem perfis transversais quase sempre assimétricos, constituindo *hemigrábens* ou *hemifossas tectônicas* (half-grabens).

Finalmente, têm-se os *aulacógenos* (aulacogens), que são *fossas tectônicas* desenvolvidas sobre o *cráton,* delimitados por falhas normais convergentes, tendo orientações radiais e abrindo-se para fora (Shatsky,1946). Com o surgimento da *teoria da tectônica de placas* (plate tectonics theory), o *aulacógeno* passou a ser interpretado como um *rifte abortado* ou *interrompido.*

As *bacias pericratônicas* ou *bacias da margem continental* (marginal basins) desenvolvem-se em áreas alongadas de *margens cratônicas* e sofreram subsidências mais ou menos acentuadas. Caracterizam-se por perfis transversais muito assimétricos, apresentam comprimentos de até várias centenas de quilômetros,

e as espessuras chegam até cerca de 10.000 m. Essas bacias situam-se, comumente, em parte sobre a *crosta continental* (continental crust), de natureza granítica, e em parte sobre a *crosta oceânica* (ocean crust), de composição basáltica.

Muitas *bacias pericratônicas* por se situarem em *margens continentais passivas* (passive continental margins), não foram submetidas a dobramentos como, por exemplo, as *bacias costeiras brasileiras*. Outras *bacias pericratônicas*, situadas em *margens continentais ativas* (active continental margins), foram submetidas a *subducção* (subduction) ou à *colisão* (collision) e exibem dobra e falhas inversas, como nos Alpes ocidentais e nos Andes.

4.4 Classificação das bacias sedimentares brasileiras

Uma superfície superior a 4×10^6 km^2, correspondentes praticamente à metade do território brasileiro, é ocupada por terrenos sedimentares, distribuídos por algumas dezenas de bacias de tipos e tamanhos diversos (Ponte, 1994). Uma descrição individualizada dessas bacias seria longa e tediosa, fugindo ao escopo deste livro. Deste modo, optou-se por uma apresentação sucinta do conjunto, através de algumas classificações até hoje propostas.

Durante muito tempo (várias décadas) as *bacias sedimentares brasileiras* foram informalmente classificadas em três categorias: bacias paleozóicas, bacias mesozóicas e bacias cenozóicas. Porém, essa classificação era demasiadamente simplista e irrelevante, pois era baseada simplesmente nas idades predominantes admitidas para os sedimentos que as preenchiam. Foram completamente ignoradas as posições relativas das bacias no *escudo continental*, bem como as suas ligações com as grandes feições tectônicas da *crosta terrestre*. Presentemente, sabe-se que esses *fatores geotectônicos* exerceram controle decisivo na origem e evolução das *bacias sedimentares brasileiras*. Desse modo, ficaram registradas características estruturais e estratigráficas identificáveis em bacias geneticamente semelhantes, independentemente das suas posições geográficas. Dentre alguns dos trabalhos da literatura internacional, que foram baseados nesses critérios, têm-se os seguintes: Weeks (1952), Dewey & Bird (1970), Klemme (1980) e Kingstom *et al.* (1983).

Por outro lado, as principais classificações das *bacias sedimentares brasileiras*, baseadas em *critérios tectônicos*, foram elaboradas principalmente no âmbito da Petrobrás. Dentre elas, a de Asmus & Porto (1972) baseada no esquema de Klemme (1971), tornou-se um trabalho clássico (Figura 9.30), segundo Ponte (1994). Ela forneceu bases para as análises de ambiência (geração, migração e armazenamento) do petróleo e das perspectivas petrolíferas de várias bacias sedimentares.

Classificação	Perfil estrutural típico	Bacias sedimentares brasileiras	Localização na placa sulamericana
Tipo VIII Deltas terciários		Bacia da foz do Amazonas	Margem continental atlântica
Tipo V Bacias costeiras	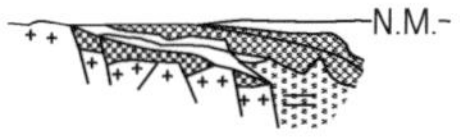	Bacias do Amapá, Barreirinhas, Ceará-Piauí, Potiguar, Recife-João Pessoa, Sergipe-Alagoas, Camamu-Almada, Jequitinhonha, Cumuruxatiba, Espírito Santo, Campos, Santos e Pelotas	
Tipo III Gráben ou fossa tectônica	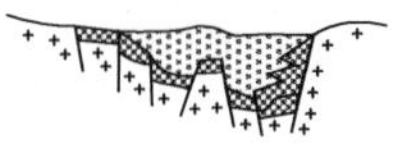	Bacias do Recôncavo, Tucano e Jatobá	
Tipo II Bacia interior (Plataforma)	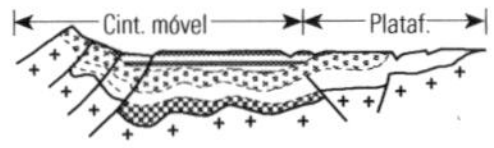	Bacia do Acre	Intracratônicas
Tipo I Bacia interior simples	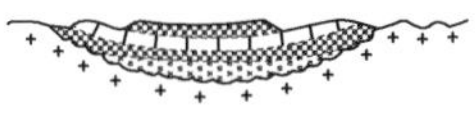	Bacias do Paraná, Parnaíba (Maranhão) e Amazonas	

FIGURA 9.30 Classificação das principais bacias sedimentares brasileiras, segundo a teoria de tectônica de placas, com base no esquema de Klemme (1971), proposta por Asmus & Porto (1972).

Idade	Bacia	Classificação e estilo tectônico	
		Asmus & Porto (1972) c/ termos de Klemme (1971)	Szatmari & Porto (1982)
Cenozóica	Pantanal Bananal	—	Intracratônicas de interior remoto
	Paraíba do Sul	—	Rifte
Mesozóica	Acre	II	Intracontinental cratônica da antefossa andina
	Tacutu Marajó Recôncavo-Tucano	III	Riftes abortados (Aulacógenos)
	Barreirinhas Potiguar Sergipe-Alagoas Bahia Sul Espírito Santo Campos Santos Pelotas	III—V	Riftes evoluindo para bacias transtensionais
Paleozóica	Paraná Parnaíba (Maranhão) Médio e baixo Amazonas	I	Intracratônicas de interior remoto = amplos arcos regionais
	Alto Amazonas	I	Intracratônica de interior próximo = efeitos orogênicos hercinianos
Proterozóica	Bambuí (São Francisco)	—	Intracontinental cratônica da antefossa brasiliana

FIGURA 9.31 Classificação das principais bacias sedimentares brasileiras, segundo Szatmari & Porto (1982), confrontada com a classificação de Asmus & Porto (1972) por Raja-Gabaglia & Figueiredo (1990).

Mais tarde, apareceram as propostas de Szatmari & Porto (1982), sintetizada na Figura 9.31 em confronto com a classificação anterior de Asmus & Porto (op. cit.), além da proposta de Figueiredo & Raja-Gabaglia (1986) fundamentada em Kingstom *et al.* (1983).

4.5 Papel da tectônica na sedimentação

4.5.1 Introdução

Em várias oportunidades, principalmente neste item (**Análise de bacia sedimentar**), referiu-se à importância do *tectonismo* na *sedimentação*. Essas relações podem ser exemplificadas através das *fácies de "flysch"* e *de molassa*, que exibem fortes *conotações tectônicas*. Representam verdadeiras *tectofácies* (tectofacies), características de determinados *tectótopos* (tectotopes), como os de uma *fossa tectônica*. As *tectofácies* são diferenciadas entre si por suas propriedades, que refletem os distintos ambientes tectônicos de sedimentação. São parcialmente continentais (vulcanogênicos nos Andes), outras parálicas (deltaicas) e em parte marinhas.

A *fácies de "flysch"* (flysch facies) é tipicamente marinha e encontra-se amplamente distribuída nas bordas norte e sul dos Alpes, sendo composta de arenitos, folhelhos, argilitos e margas. Em geral forma espessa seqüência (até alguns milhares de metros) de depósitos clásticos (ou terrígenos) pobremente fossilíferos, que exibem *granodecrescença ascendente*. O *depósito de "flysch"* é interpretado como uma *seqüência sedimentar* formada por *correntes de turbidez* (turbidity currents) em bacias associadas a margens continentais ativas, inclusive com *fossa oceânica* adjacente, em fase *pré-orogênica* (ou *pré-diastrófica*) ou em *bacias transtensionais* (ou *bacias de disjunção*).

Similarmente, relacionadas às *margens continentais ativas*, tem-se a *fácies de molassa* (molasse facies), que comumente é mais grossa que a *de "flysch"* sendo composta predominantemente por arenitos e folhelhos, além de conglomerados, que também atingem grandes espessuras. A seção inferior é de ambiente fluvial, passando da porção intermediária à marinha de composição arcózico-glauconítica, e a superior é formada por arcózio-esverdeado clorítico com cimento carbonático, no qual se verifica *granodecrescença ascendente*. A *fácies de molassa* é ligada à *fase tardiorogênica* em *bacias intermontanas* (intermontane basins) ou *aulacógenos* formados nos primórdios da *cratonização* (cratonization).

Além disso, em fase precedente à sedimentação de *fácies de "flysch"*, as zonas de convergência de placas criam bacias receptoras através de acentuada subsidência, que não é acompanhada pelo soerguimento das regiões adjacentes. Nessas circunstâncias, ocorre sedimentação pelítica, rica em matéria orgânica, que forma os *folhelhos negros* (black shales) ou até *silexitos* contendo restos de microrganismos planctônicos.

No *Ciclo Brasiliano* (orogênese que ocorreu do Pré-cambriano superior ao Paleozóico inferior), que ensejou a formação das três grandes *sinéclises* (bacias interiores), foram também geradas *bacias tectônicas intermontanas*, dispersas por áreas intensamente

dobradas do Brasil. Nessas bacias, houve acumulação de *fácies de molassa* que são representados no Rio Grande do Sul pelos grupos Camaquã e Bom Jardim (Almeida, 1969). Existem várias outras ocorrências de *molassa* no Brasil, que se acham comumente associadas a vulcanismos ácido ou intermediário.

4.5.2 O condicionamento estrutural da tectônica de placas

Foge ao escopo deste compêndio qualquer tratamento mais alentado da teoria de *tectônica de placas*, que é assunto próprio da disciplina *geotectônica*.

De acordo com essa teoria, a crosta terrestre seria formada por numerosas *placas litosféricas rígidas*, separadas entre si por junções que são de três tipos:

1) divergente;
2) convergente e
3) direcional.

Essas placas movem-se, umas em relação às outras, carreadas por lentas correntes de convecção existentes na *astenosfera* (astenosphere). As *cadeias mesoceânicas* (mid-oceanic ridges) correspondem às áreas de afastamento mútuo de duas placas, cujas bordas estão em crescimento por adição de novos materiais litosféricos por atividade ígnea. Nas *fossas submarinas* (submarine trenches), por outro lado, uma das placas está mergulhando por baixo da outra, ao longo da *zona de Benioff* (Benioff Zone) ou *zona de subducção* (subduction zone). Neste caso, a placa descendente está sendo consumida, enquanto a placa acavalada está em crescimento pela combinação de atividade ígnea e acumulação de material proveniente da placa descendente. Nas junções direcionais, as duas placas movem-se lateralmente sem divergências ou convergências consideráveis e, portanto, sem criação ou destruição de materiais nas placas envolvidas.

Segundo a *tectônica de placas*, as bacias sedimentares modificaram as suas posições em relação aos pólos, através dos *tempos geológicos*, conforme indicam os *dados paleomagnéticos*. Em conseqüência, as *condições paleoambientais* principalmente as paleoclimáticas, bem como as áreas-fonte, modificaram-se através dos tempos. Esses fatos não podem ser ignorados nas *análises de bacias sedimentares*.

Do mesmo modo, as posições das bacias em relação às bordas das placas são importantes, dependendo da natureza destes limites. As *bacias de margem estável* (inativa ou do tipo Atlântico) associam-se às *placas divergentes*. O seu substrato é composto pelas crostas: continental, transicional e oceânica. As bacias marginais ou costeiras (continentais e submarinas) do litoral brasileiro são todas desse tipo. Por outro lado, as *bacias de margem ativa* (ou do tipo Pacífico) são relacionadas às zonas de *placas convergentes*. Finalmente, as *bacias transtensionais* (transtensional basins) ou *de disjunção* (pull-apart basins) estão associadas às *falhas transformantes* (transform faults), como nas bacias ligadas à Falha de Santo André (América do Norte). As bacias situadas no interior das placas são denominadas de *bacias intraplacas*, que podem ser exemplificadas pela Bacia do Paraná, que se acha situada no interior da *placa continental sulamericana* ou pelo sistema de fossas tectônicas (riftes) da África Oriental.

Nesse contexto, são aqui descritas, em maior detalhe, as bacias marginais (de Campos, Potiguar, etc.) que, hoje em dia, apresentam os mais importantes campos petrolíferos do Brasil. Justamente por isso, são as bacias mais intensamente pesquisadas e, conseqüentemente, as mais conhecidas. A par disso, o seu importante papel na *neotectônica* (neotectonics) de macroescala, na evolução geológica da costa brasileira, foi enfatizado por Suguio & Martin (1996). Para se compreender melhor a formação dessas bacias, torna-se necessário, em termos cronológicos, recuar no tempo no mínimo ao fim do Jurássico (cerca de 150 Ma),

Naquele tempo, simultaneamente à persistência de gigantescas sinéclises (bacias intracratônicas do Amazonas, Paraná e Parnaíba), foi iniciada a fragmentação do *supercontinente Gondwana*, que foi acompanhada por um formidável evento tectonomagmático e sedimentar. Este evento foi inicialmente chamado de *Reativação Wealdeniana* por Almeida (1967), que foi substituído por *Evento Sul-Atlântico* por Schobbenhaus *et al.* (1984) e, finalmente Almeida & Carneiro (1987) denominaram-na de *Reativação Pós-paleozóica*. Independentemente da sua designação, não há dúvida de que este fenômeno geológico foi o grande responsável pela formação das *bacias marginais brasileiras* bem como do Oceano Atlântico Sul, ao lado de inúmeros acontecimentos geológicos, também na costa ocidental africana, que ocorreram em diversas escalas temporais e espaciais (Figura 9.32).

Em termos de extensão superficial, é necessário considerar não somente a *planície costeira*, mas, no mínimo, a *plataforma continental* adjacente, onde se situa parte das bacias marginais. A origem e a evolução dessas bacias sedimentares são entendidas, de acordo com o modelo de margem continental do tipo Atlântico (Asmus & Porto,1972), somente após a compreensão dos processos de separação das placas continentais da África e da América do Sul, subseqüente ao estágio de fragmentação, seguido pelo de *deriva continental*.

Considerando-se as histórias evolutivas dessas bacias, algumas de suas peculiaridades permitiram classificá-las em dois grupos: *bacias marginais orientais* e *bacias marginais equatoriais*. O primeiro grupo é geograficamente limitado entre os estados do Rio Grande do Sul (Bacia de Pelotas) e Alagoas (Bacia Sergipe-Alagoas). O segundo grupo inicia-se em Pernambuco (Bacia Pernambuco-Paraíba) e estende-se até a plataforma continental do Estado do Amapá (Figura 9. 33).

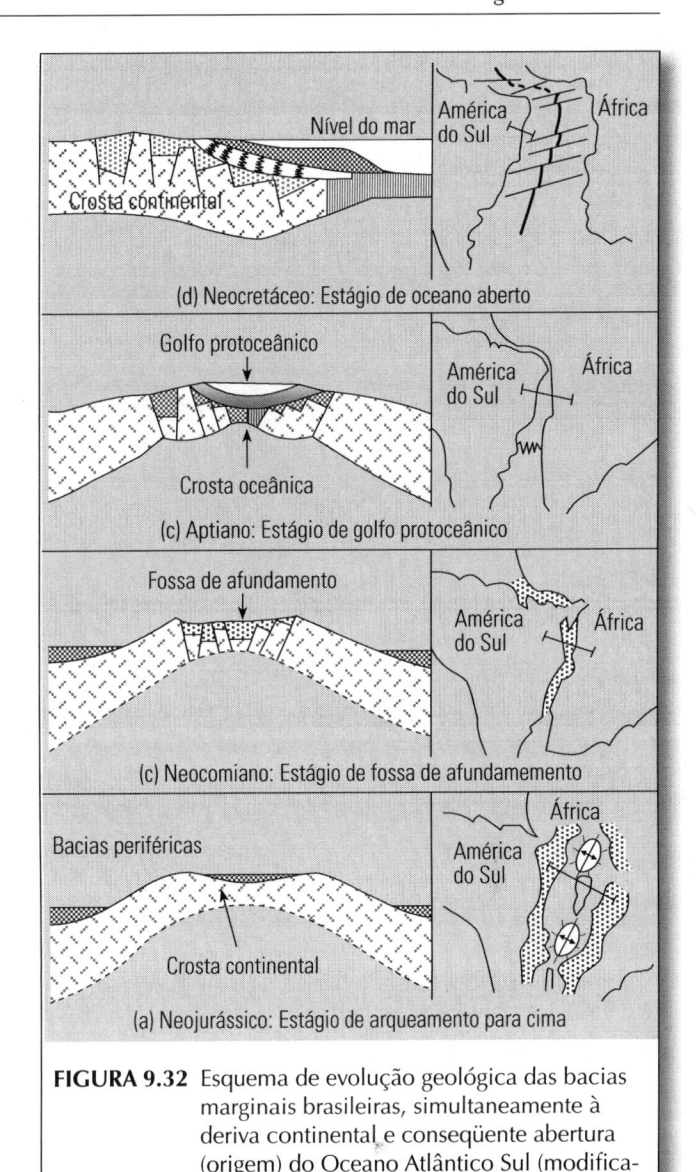

FIGURA 9.32 Esquema de evolução geológica das bacias marginais brasileiras, simultaneamente à deriva continental e conseqüente abertura (origem) do Oceano Atlântico Sul (modificado de Ponte & Asmus,1978).

Estas bacias, segundo a Classificação de Klemme (1971) evoluíram de acordo com Asmus & Porto (1972), do início de sua formação até hoje, através de dois ou três dos seguintes tipos:

1)   tipo I — *bacia intracratônica simples*;
2)   tipo III — *vale em rifte (fossa tectônica)* e
3)   tipo V — *bacia marginal aberta* (Figura 9. 34).

Do Cretáceo ao Terciário, essas bacias apresentaram os seguintes ambientes sedimentares: *lacustre* e *deltaico*, *marinho* e *transicional restritos*, *plataforma continental rasa*, *talude continental* e finalmente *litorâneo*. As mudanças nos tipos de bacias e nos ambientes de sedimentação do Cretáceo ao Terciário, respectivamente com 80 e 65 Ma de duração, foram controladas principalmente pelas *intensidades de atividades tectônicas* (subsidência térmica) bem como pelas *flutuações de níveis do mar* (Figura 9. 35). Os movimentos tectônicos no interior dessas bacias, embora acentuadamente arrefecidas em relação ao Cretáceo e Terciário, ainda continuam ativos (Martin *et al.*,1986b; Suguio & Martin, 1996).

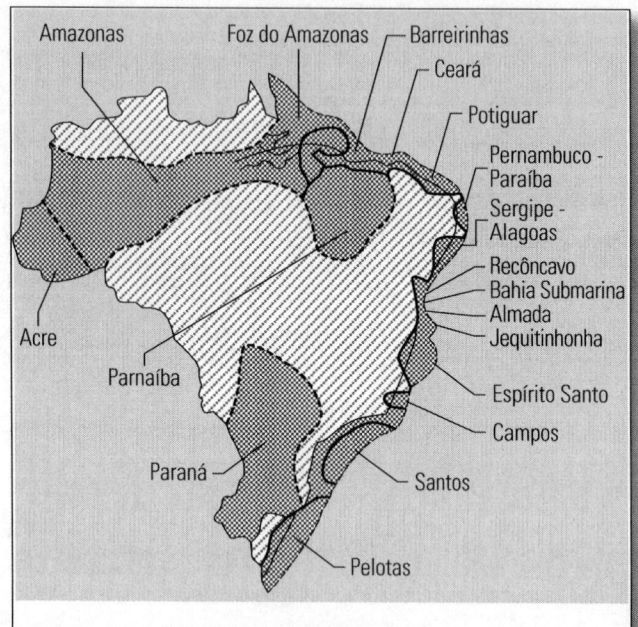

FIGURA 9.33 Localização geográfica, em território brasileiro, das bacias marginais e das bacias intracratônicas do Amazonas, Paraná e Parnaíba (segundo Ponte *et al.*,1978).

Os trabalhos de integração de dados de subsuperfície, baseados principalmente em cerca de 70 furos de sondagens (Northfleet *et al.*,1969; Fúlfaro, 1971 e Fúlfaro & Landim,1976) forneceram as idéias preliminares sobre o *comportamento tectonossedimentar* dessa bacia. Novos dados obtidos por cerca de 30 perfurações adicionais da Paulipetro melhoraram esses conhecimentos e fizeram Fúlfaro *et al.* (1982) vislumbrar a existência de zonas de fraqueza orientadas predominantemente na direção NO-SE. Segundo esses autores, elas teriam sido herdadas de *aulacógenos eopaleozóicos tardios*, desenvolvidos nos primórdios de *cratonização do embasamento cristalino* durante o Cambriano e o Ordoviciano.

Marques *et al.* (1993), baseados em *dados sísmicos, gravimétricos* e *aeromagnetométricos*, estabeleceram a configuração de uma feição que foi denominada pelos autores de *rifte central*. Esta feição seria composta por horsts e grábens subparalelos entre si e com orientação NE-SO, portanto, com disposição transversal aos *aulacógenos* de Fúlfaro *et al.* (*op.cit.*). Quintas (1995), trabalhando com *informações gravimétricas* e de *isópacas* de diversas *unidades litoestratigráficas* da bacia, modelou o *desenvolvimento termomecânico da sinéclise*. A partir disso, teceu considerações acerca das principais *unidades geotectônicas aflorantes* no entorno da bacia e as suas possíveis continuidades em subsuperfície.

Finalmente, os conceitos de *análise tectonoestratigráfica* de Vail *et al.* (1991) foram aplicados por Milani (1997) ao estudo da *evolução geológica* da

Finalmente, sem diminuir a importância e o interesse das outras *bacias sedimentares intracratônicas*, a Bacia do Paraná tem merecido especial destaque. Segundo os trabalhos mais recentes, percebe-se que esta *sinéclise* possui uma história de *evolução tectônica muito complexa*.

Idade		Litologia		Ambiente de sedimentação	Seqüência deposicional
Terciário		Depósitos regressivos terciários Folhelhos transgressivos		Litorâneo e de plataforma e talude continental	Marinha
Cretáceo	Superior			Talude continental	
	Médio	Calcários		Plataforma continental rasa	
	Inferior	Evaporitos		Marinho e transicional restritos	Golfo
		Conglomerados, arenitos e pelitos		Lacustre e deltaico	Lacustre
Jurássico		Depósitos terrígenos		Fluviolacustre	Continental

FIGURA 9.34 Coluna estratigráfica geral das bacias marginais brasileiras com indicações de idades, litologias, ambientes sedimentares e seqüências deposicionais (segundo Ponte *et al.*,1978).

Bacia do Paraná, por informações provenientes de 83 poços profundos. Segundo esse autor, essa técnica fundamenta-se na utilização de *curvas de subsidência do substrato*, de maneira integrada aos demais atributos de uma *bacia sedimentar*, no intuito de se decifrar a sua *evolução geológica*. Ainda, de acordo com esse pesquisador, o *registro estratigráfico* da Bacia do Paraná corresponde a um amplo intervalo temporal fanerozóico, documentado na forma de *seqüências sedimentares*, algumas com magmatismo associado, e *delimitadas por discordâncias de caráter interregional*. Este estudo conduziu o autor ao reconhecimento das seguintes *superseqüências* nessa bacia: Rio Ivaí, Paraná, Gondwana I, Gondwana II, Gondwana III e Bauru, compreendidas entre o Ordoviciano superior e o Neocretácio. O comportamento regional da subsidência foi estudado para cada uma das *superseqüências* do arcabouço da bacia, identificando-se os padrões característicos da *subsidência* atribuíveis a determinados processos e contextos geotectônicos. Além disso, o *mapeamento da subsidência* para alguns dos intervalos de tempo teria fornecido importantes parâmetros para melhor compreensão da *história evolutiva da sinéclise*. Entretanto, ainda segundo Milani (1997), o desenvolvimento *tectonossedimentar de bacias intracratônicas*, quando visualizadas como *unidades geotectônicas independentes*, ainda constitui um tema bastante obscuro e polêmico. Além disso, não

existiria um modelo ao qual se possa associar adequadamente a subsidência de amplas regiões do interior continental, repetindo-se em ciclos durante várias centenas de milhões de anos. Talvez este quadro ainda pouco compreendido dos mecanismos de sua evolução explique, pelo menos em parte, as discrepâncias entre as orientações de feições estruturais propostas por Fúlfaro *et al.* (1982) e por Marques *et al.* (1993).

5. Modelos geológicos e sistemas deposicionais

5.1 Conceitos fundamentais

Para se entender os *modelos geológicos*, são necessários alguns conceitos, como o de *sistemas e modelos*. Segundo Bettini (1989), os *sistemas* compreendem conjuntos de componentes, com os seus limites e interrelações bem definidos. Os *limites* (ou *fronteiras*) podem ser *físicos* ou *conceituais* e, além disso, podem ser *fechados* ou *abertos*. Os *sistemas reais* (naturais) são quase sempre abertos e são continuamente afetados por fatores externos, com os quais mantêm-se em *equilíbrio dinâmico* (Figura 9.36). Portanto, quaisquer modificações nos fatores externos causam naturalmente mudanças nos sistemas até que sejam readquiridas novas condições de equilíbrio.

Os modelos representam *sistemas artificiais* desenvolvidos para simbolizar as características principais dos *sistemas reais*. Em virtude da enorme complexidade de interação nos *sistemas reais*, o pesquisador vê-se comumente obrigado a introduzir simplificações que não cheguem a desvirtuar os modelos e permitam a classificação, a comparação e as interpretações nas condições mais realísticas possíveis. As eficiências dos modelos dependem das suas habilidades em incorporar e sumariar o maior número possível de informações em poucas palavras e/ou em figuras. Além disso, eles dependem também de suas reprodutibilidades e de suas capacidades de prognóstico. Finalmente, os modelos devem ser aceitos, como válidos, pela maioria das pessoas interessadas no tema.

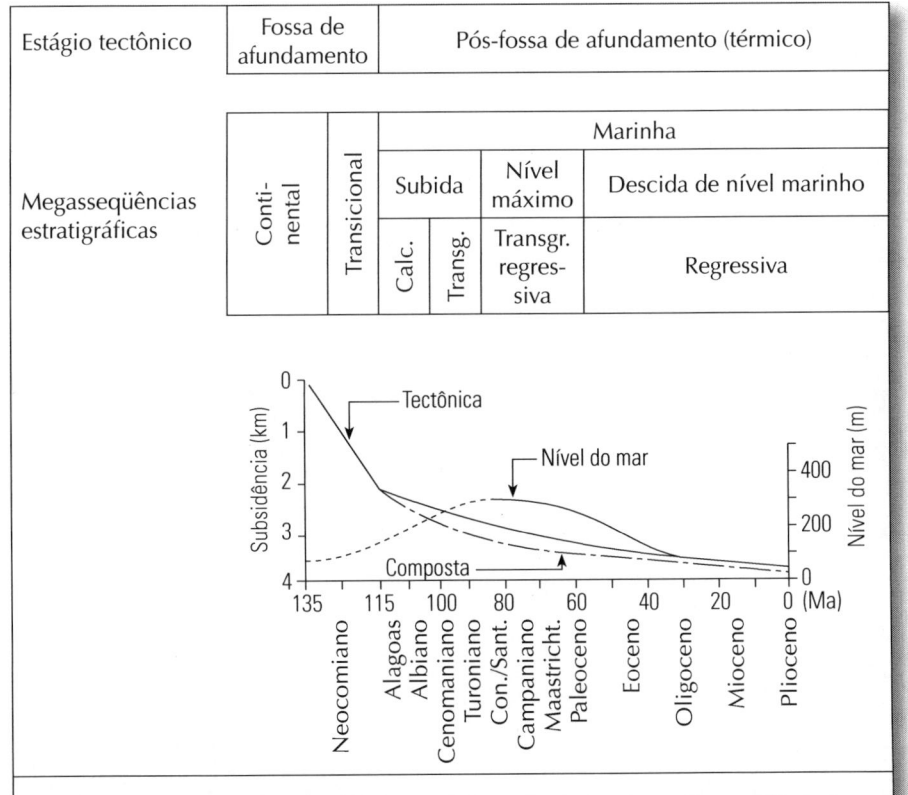

Estágio tectônico	Fossa de afundamento	Pós-fossa de afundamento (térmico)			
Megasseqüências estratigráficas	Continental	Transicional	Marinha		
			Subida	Nível máximo	Descida de nível marinho
		Calc.	Transg.	Transgr. regressiva	Regressiva

FIGURA 9.35 Curvas de subsidência tectônica (térmica) e de mudanças de nível do mar durante o Cretáceo e o Terciário, ao longo da costa brasileira. As curvas de flutuações de nível do mar foram baseadas em Vail & Mitchum Jr. (1977) & Pitman III (1978).

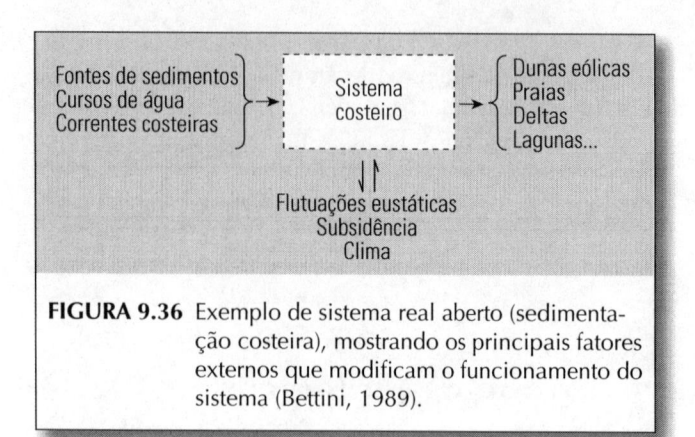

FIGURA 9.36 Exemplo de sistema real aberto (sedimentação costeira), mostrando os principais fatores externos que modificam o funcionamento do sistema (Bettini, 1989).

5.2 Tipos de modelos

Em geral, os modelos podem ser subdivididos em *conceituais*, *físicos* e *matemáticos* (Figura 9.37).

Os *modelos conceituais* (conceptual models) correspondem a imagens mentais de *sistemas reais* que podem ser caracterizados por descrição ou por diagramas qualitativos ou semiquantitativos. Entre alguns dos modelos conceituais em geociências, segundo Krumbein & Graybill (1965), há os *modelos estratigráficos*, *geomorfológicos* e *paleontológicos* (Figura 9.38).

Os *modelos físicos* (physical models) correspondem a modelos *reduzidos* ou *ampliados* (em escalas adequadas) ou analógicos. Exemplos: modelo reduzido de dispersão de poluentes no mar interior do Japão e o circuito analógico de fluxo de água subterrânea.

Os *modelos matemáticos* (mathematical models) representam abstrações de *sistemas reais* em que forças, objetos, eventos, interações, etc. constituem uma ou mais expressões matemáticas com variáveis, parâmetros e constantes. Entre os *modelos matemáticos*, podem ser reconhecidos os *determinísticos* e os *estocásticos*, que se distinguem pela ausência ou presença de variações aleatórias, respectivamente.

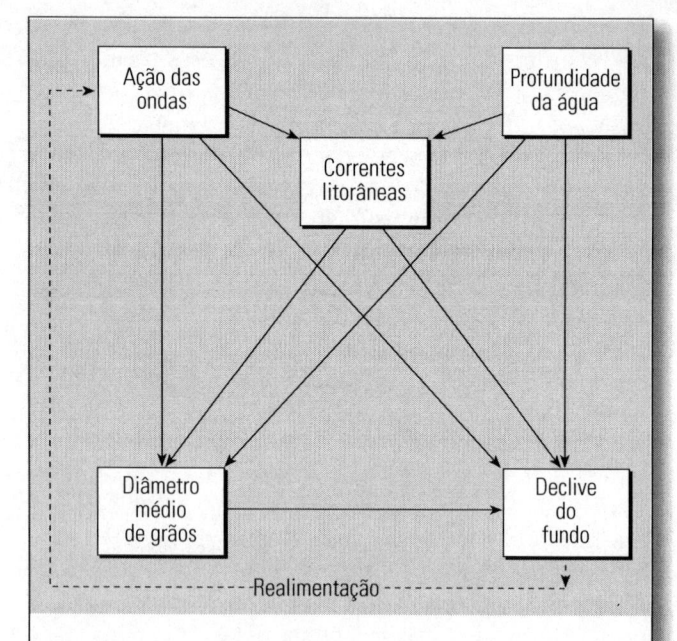

FIGURA 9.38 Modelo conceitual de processos e fatores envolvidos na sedimentação costeira (modificado de Krumbein & Graybill, 1965 por Bettini, 1989).

A lei de Stokes, por exemplo, é um *modelo matemático determinístico*, que expressa a velocidade de decantação de um corpo sólido, esférico e isótropo no interior de um líquido homogêneo, através da equação:

$$V = 2/9 \frac{d_1 - d_2}{\mu} gr^2$$

onde: V = velocidade de decantação da esfera;
d_1 = densidade da esfera;
d_2 = densidade do líquido;
μ = viscosidade dinâmica do líquido;
g = aceleração da gravidade e
r = raio da esfera.

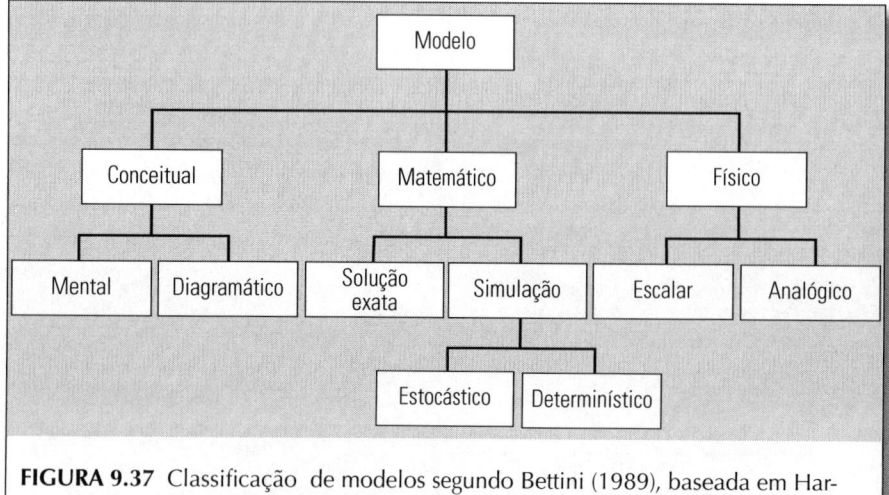

FIGURA 9.37 Classificação de modelos segundo Bettini (1989), baseada em Harbaugh & Bonham-Carter (1970). Em geociências, os modelos mais empregados são os conceituais seguidos, em ordem decrescente, pelos físicos e matemáticos.

Uma expressão matemática que envolva uma ou mais variáveis aleatórias constitui um *modelo estocástico*. Se o experimento acima, relativo à decantação de uma esfera, for repetido em condições estáveis, as velocidades apresentarão variações que são expressas pelo seguinte modelo:

$$V_i = V + e_i$$

onde: V_i = velocidade de decantação no i-ésimo experimento;
V = velocidade teórica, segundo a lei de Stokes, e
e_i = erro aleatório observado no i-ésimo experimento.

Outro conceito importante, ao discutir os tipos de modelos, é o da *simulação*, que é uma técnica que envolve a criação de um *modelo do sistema real* para, em seguida, submetê-lo a experimentos. Em geral, os *modelos conceituais* não permitem a simulação por questões de escalas temporais (duração do experimento) e espaciais (dimensão do modelo), geralmente muito grandes. Por outro lado, muitos *modelos físicos* e *matemáticos* envolvem a possibilidade de *simulação*. Entretanto, no caso de *modelos físicos*, como em geral as escalas temporais e espaciais são reduzidas (ou eventualmente ampliadas), para a realização dos experimentos este fato deve ser considerado como *fator de correção*, por ocasião da interpretação dos resultados obtidos nos experimentos. Qualquer um dos modelos requer uma *simplificação* que deve ser feita de modo a não falsear os resultados esperados.

5.3 Modelos deposicionais (ou sedimentares)

No estudo dos modelos deposicionais, aplica-se o conceito de *sistemas deposicionais* (depositional systems), baseado na *teoria geral dos sistemas* de Von Bertalanffy (1968). A concepção e a utilização dos *sistemas deposicionais* tiveram início na década de 60 do século XX. Este conceito é baseado fundamentalmente na *lei de correlação de fácies* de Walther (1893-1894), sendo a sua interpretação baseada em *seqüências sedimentares*, identificadas em perfis geofísicos de poços profundos e em seções sísmicas. Na década de 70 do século XX, foram incorporados os conceitos de *estratigrafia de seqüência* de Vail *et al.* (1977) e o de *modelos faciológicos* ou *deposicionais* de Walker (1979 e 1990), que permitiram o aperfeiçoamento desses modelos. A seguir, são resumidamente descritos alguns *modelos deposicionais conceituais* de ambientes fluviais e eólicos de sedimentação.

5.3.1 Modelo de sistema fluvial

Schumm (1972) classificou os canais fluviais segundo os tipos de carga sedimentar em *canais com carga de fundo* (areia e cascalho), *carga mista* e *carga em suspensão* (silte e argila). Essa classificação estabelece as relações existentes entre as *cargas sedimentares*, as *morfologias dos canais* e os *processos deposicionais* e *erosivos*. Galloway (1977) baseou-se nesses critérios de classificação e mostrou as principais características desses três sistemas (Figura 9.39).

Rust (1978), baseado na *morfologia do canal* em planta, expressa pela sua *sinuosidade* e, de acordo com a sua *complexidade*, representada por *canais simples* ou *compostos*, estabeleceu os *membros extremos* de uma série contínua, tendo reconhecido os canais *retilíneos*, *meandrantes*, *entrelaçados* e *anastomosados*.

Como se os modelos conceituais de canais fluviais já existentes não fossem suficientes, Miall (1977, 1978, 1982 e 1996) propôs uma *série grande de modelos fluviais*, cuja aplicação torna-se quase inviável, pela demasiada subdivisão em diferentes tipos.

5.3.2 Modelo de sistema eólico

Os *processos de transporte eólico* foram quantificados em detalhe por Bagnold (1941). Entre os numerosos trabalhos ligados aos *aspectos globais* de reconhecimento dos ambientes eólicos atuais e análogos pretéritos, destacam-se os de Glennie (1970), Bigarellla (1972) e McKee (1979). Os aspectos ligados à *geometria dos depósitos eólicos, tipos e dimensões das estratificações, arranjos espaciais das fácies de dunas* e de *interdunas* foram analisados, em detalhe, por Kocurek (1986), Fryberger (1986) e Blakey (1988).

Em *modelos de sistema eólico*, os *depósitos de areia de dunas, interdunas* e *lençóis de areia* são os mais importantes. Seguem-se, segundo Reineck & Singh (1980), os depósitos de "wadis" (rios efêmeros), *de "playa"* (lagoas efêmeras) e, finalmente, *a "hammada"* (peneplano desértico) e os *depósitos de "serir"* (depósitos rudáceos) e *de "loess"*.

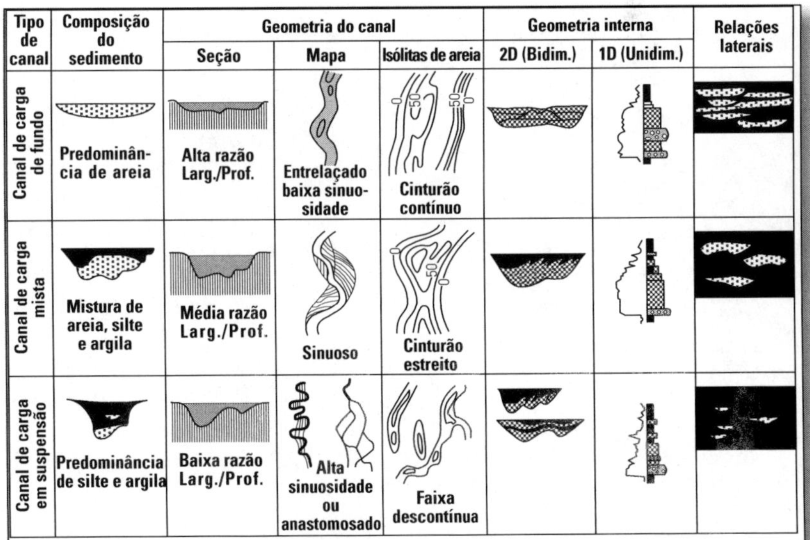

FIGURA 9.39 Características dos modelos de sistemas fluviais de acordo com os tipos de canal, composição dos sedimentos, geometria do canal e relações laterais das litologias (modificado de Galloway, 1977).

Capítulo 10

Geologia Sedimentar Aplicada

1. Generalidades

As aplicações tradicionais da *geologia sedimentar* estão ligadas à prospecção de *combustíveis fósseis* (fossil fuels), tais como *petróleo* (petroleum) e *carvão mineral* (coal), além de *depósitos minerais*, principalmente *depósito de plácer* (placer deposits) e *água subterrânea* (groundwater).

Um contínuo estímulo para o avanço das pesquisas em *geologia sedimentar* advém das *motivações econômicas* particularmente vinculadas à procura e exploração de *combustíveis fósseis*. Nas décadas de 30 e 40 do século XX ocorreram discussões muito frutíferas acerca dos *arranjos cíclicos* das camadas produtoras de carvão do Período Carbonífero, mormente dos Estados Unidos. Nas décadas subseqüentes, verificou-se notável crescimento de grupos de pesquisa de companhias petrolíferas, que reconheceram a necessidade de aperfeiçoar os métodos de interpretação que os conduzissem ao prognóstico mais precoce e preciso possível das *tendências de distribuição* da *permoporosidade* e *dos reservatórios* em subsuperfície.

Nos últimos anos, a melhoria dos equipamentos, das técnicas de interpretação e dos tipos de informação empregados, especialmente os *dados sísmicos* e os *perfis de poços* têm fornecido os meios necessários ao melhor entendimento do *arcabouço tridimensional* das rochas sedimentares, cujas escalas variam de *bacias sedimentares inteiras a reservatórios individuais*. A par disso, muitos dos dados obtidos durante as prospecções petrolíferas têm melhorado consideravelmente a compreensão dos *processos deposicionais,* da *evolução das bacias sedimentares,* dos *mecanismos diagenéticos* e da *migração de fluidos* em meios porosos e permeáveis.

Esta tendência ainda continua, com conseqüente incremento de quantidade e qualidade de dados de sub-superfície. Este fato tem levado à produção de *dados sísmicos tridimensionais* que pode estender-se por bacias inteiras, como no Golfo do México e no Mar do Norte. A aplicação dos modernos conceitos de *sismoestratigrafia* (ou *estratigrafia sísmica*) e da *estratigrafia de seqüências* tem aperfeiçoado a qualidade dos estudos de *bacias sedimentares* e de *rochas-reservatório*.

Os estudos de *modelagem matemática* tanto de *rochas-reservatório* como de *bacias sedimentares* desenvolveram-se rapidamente na década de 80, do século XX, pela necessidade de *melhorar a recuperação de petróleo* em acumulações já conhecidas, como pela disponibilidade de *computadores de alta capacidade,* que permitiram processar rapidamente grandes volumes de dados. Esses dados quantitativos podem ser cotejados com os de bacias mais bem conhecidas, possibilitando a *realização de simulações* pela modificação dos dados de entrada, que levem à produção de *modelos estratigráficos* capazes de conduzir ao *prognóstico de reservatórios, rochas geradoras* e *configuração de trapas de petróleo* ainda não encontrados.

Fundamental para a melhoria de qualidade desses modelos é a disponibilidade de *dados análogos de superfície* que são comumente obtidos de *afloramentos,* mas também de minas e de *ambientes modernos*. A necessidade desses modelos está incentivando os estudos de afloramentos de muitas *sucessões sedimentares* bem conhecidas para a *caracterização de reservatórios potenciais* particularmente em *depósitos clásticos.* Por outro lado, a extrema variabilidade dos *reservatórios carbonáticos,* em termos de *características dos espaços porosos,* restringe a aplicação da técnica supracitada.

Os temas relacionados às *mudanças ambientais,* tais como as *oscilações do nível do mar* e as *flutuações paleoclimáticas* são também de grande valia (Suguio, 1999). Os estudos sobre as *camadas aqüíferas de água subterrânea,* a *disposição de lixo* ou a *implantação de gigantescas estruturas,* como de *plataformas de produção* ou de *armazenamento de petróleo,* encontram-se em expansão. O incremento do consumo de água, especialmente de irrigação, tem tornado crítico o problema do *balanço entre o suprimento* e a *extração*. Além disso, ocorre *crescente demanda* de cascalho, areia, argila e de calcário cujas extrações devem ser monitoradas para *minimizar os danos ambientais* e os efeitos colaterais indesejáveis.

Os *registros sedimentares pretéritos,* principalmente os cenozóicos e especialmente os quaternários, constituem um dos principais instrumentos para o *prognóstico de mudanças ambientais do futuro próximo.* Eles podem indicar as recorrências e os efeitos dos eventos de baixa freqüência, tais como os terremotos em áreas de baixa sismicidade e os escorregamentos submarinos, como os que ocorrem nas ilhas do Havaí. Eles podem constituir elementos de comparação com *modelos climáticos prognosticados,* especialmente os seus efeitos sobre as *mudanças ambientais,* sendo também elemento de referência para essas mudanças, que tenham ocorrido sem a interferência humana. Portanto, a *geologia sedimentar* pode fornecer subsídios para o *prognóstico de catástrofes ambientais,* tais como as grandes inundações fluviais e os impactos danosos de furacões e maremotos em regiões costeiras. Além disso, pelo *estudo dos efeitos erosivos e deposicionais,* a *geologia sedimentar* pode subsidiar os trabalhos de sismólogos e vulcanólogos, na tentativa de prever o momento de deflagração e dos efeitos dos terremotos e explosões vulcânicas.

Os dados de alta resolução obtidos pelo *estudo de depósitos sedimentares quaternários e recentes,* conseguidos pela investigação de problemas específicos, podem fornecer elementos úteis para melhor compreensão da evolução das rochas sedimentares, incluindo as características deposicionais, diagenéticas e dos fluidos contidos. Por outro lado, os *estudos de depósitos antigos* podem auxiliar no entendimento dos ambientes modernos, através das perspectivas de escalas de tempo mais longas e do conhecimento de análises de seqüências.

Um dos principais benefícios advindos da *estratigrafia de seqüências* é representado pelo melhor entendimento das relações, por exemplo, entre os *ambientes costeiros* e *plataformais* especialmente do impacto das mudanças do nível relativo do mar no registro geológico resultante. Em parte como conseqüência disso, alguns tipos de depósitos arenosos antes pouco estudados, como as *barras de costa afora* (offshore bars) têm sido reavaliados. Muitas dessas *novas reinterpretações* foram conseguidas pela compreensão mais clara da natureza e do significado das *superfícies de acamamento* que se estendem lateralmente, definindo a *geometria externa* dos corpos arenosos litorâneos e dos depósitos correlativos bacinais.

O desenvolvimento de modelos e de esquemas de classificação novos para os *estuários e vales incisos,* por exemplo, resultou em aumento considerável do reconhecimento de seus depósitos em *registros estrati-*

gráficos pretéritos. Desta maneira, *muitos depósitos de maré*, antes tidos como de origem duvidosa, estão sendo reinterpretados como estuarinos, com base na natureza e geometria das superfícies estratais delimitantes.

Os *modelos de sistemas clásticos de mares profundos* foram inicialmente idealizados com base na análise de seqüência de afloramentos de *turbiditos* (turbidites), mas a ênfase desses estudos mudou para a elaboração de *modelos tridimensionais de subsuperfície*, tanto em sistemas modernos como em antigos. Porém, os *estudos de superfície em afloramentos* são ainda imprescindíveis na quantificação por exemplo, da *razão arenito/folhelho* (sand/shale ratio) e no *cotejamento de novas idéias* quanto aos processos envolvidos na erosão, transporte e deposição de sedimentos.

Os *depósitos de sistemas eólicos* são atualmente mais bem compreendidos, graças aos avanços no entendimento dos processos sedimentares de dunas e nas simulações em computador, que têm permitido detalhadas interpretações das *estratificações cruzadas* e das complexidades de *formas de leito* (bedforms). Entretanto, é necessário confrontar esses resultados com as pesquisas de campo e, além disso, é essencial que os *sistemas eólicos* que representam por assim dizer *verdadeiros barômetros globais* e, portanto, *indicadores paleoclimáticos*, sejam correlacionados aos *sistemas glaciais* para se reconhecer as prováveis ligações das suas *ciclicidades*.

Embora os depósitos de *sistemas evaporíticos* sejam, hoje em dia, interpretados com base em inúmeros *modelos deposicionais*, não mais restritos a modelos de depósitos marinhos de bacias profundas ou de "sabkha", ainda sofre da ausência de modelos de *ambientes análogos modernos*. Desse modo, a origem dos *grandes corpos evaporíticos*, como os encontrados nas *bacias marginais brasileiras*, ainda está sujeita a muitas discussões, havendo necessidade de introduzir os conceitos da *estratigrafia de seqüências* nas suas interpretações.

Como os *fragmentos biodetríticos constituem os grãos*, o *arcabouço* e o *cimento* de muitos carbonatos, exercendo um papel fundamental na estabilização e modificação dos sedimentos carbonáticos, a *reavaliação dos componentes bióticos* nessas rochas sedimentares é de crucial importância.

A *geologia sedimentar glacial*, pelo seu *intrínseco significado paleoclimático*, é um assunto particularmente relevante. Melhor compreensão dos processos e produtos glaciais deverá contribuir na *modelagem das mudanças paleoclimáticas globais*, em diferentes escalas espaciais e temporais. Muitos autores acreditam nas relações entre os *ciclos de Milankovitch* e as seqüências sedimentares (Schwarzacher, 1993), mas há urgente necessidade de mais estudos, por exemplo, sobre a *ciclicidade glacial* e suas relações com as *ciclicidades desértica, lacustre e oceânica*.

A *possibilidade de prognosticar eventos* constitui um dos aspectos mais relevantes da *geologia sedimentar*. Abundantes modelos, elaborados com base em casos reais bem estudados, têm auxiliado no prognóstico de casos pouco estudados ou com poucos dados. Entretanto, como essas previsões implicam investimentos financeiros, seria de bom alvitre que elas fossem *expressas em termos de riscos ou incertezas*, empregando-se *hipóteses de múltipla escolha*. A moderna análise dos atributos sísmicos e a técnica de visualização tridimensional, por exemplo, permitem uma discussão mais precisa e dinâmica dos problemas.

Conforme foi demonstrado recentemente por Suguio (1998), *o progresso das geociências nas últimas décadas*, com novos conceitos desenvolvidos nos tradicionais campos da geologia, da geomorfologia, geografia e pedologia, bem como o surgimento de inúmeras contribuições em campos, alguns dos quais recém-implantados no país, como os da geologia marinha, arqueologia e estudos ambientais e criminalísticos, *impõe a integração de todas essas áreas do conhecimento científico*. Nesse mister, particularmente a *geologia sedimentar* desempenha um papel de destaque entre as matérias geológicas, por tratar de processos e produtos resultantes da dinâmica externa da Terra.

2. Importância econômica da geologia sedimentar

2.1 Introdução

Além do profícuo campo essencialmente acadêmico, a *geologia sedimentar* encontra ampla aplicação, segundo Suguio (1980), como fonte de subsídios na *prospecção* e *exploração* de *recursos naturais não-renováveis* e, mais modernamente, em *geologias ambiental* e *de engenharia* e até em *pesquisas criminalísticas* (Tabela 35).

A maioria das aplicações da *geologia sedimentar em rochas antigas* trata da extração de matérias-primas nelas contidas. Essas atividades podem envolver remoção total de certas camadas ou extração de fluidos (líquidos e/ou gases) existentes nos poros, deixando as rochas sedimentares portadoras praticamente intactas.

A *geologia ambiental* encontra-se em franco desenvolvimento nas últimas décadas (Keller,1996), como área de conhecimento de importância vital no manejo (ou monitoramento) dos ambientes de vida do ser humano, principalmente nas grandes cidades (Legget, 1973). Segundo De Mulder (1996), a *geologia urbana* ou *geociência urbana é* um campo interdisciplinar das geociências e das ciências humanas (socioeconômicas), que se preocupa com os problemas relacionados à Terra em áreas urbanizadas.

Tabela 35   Alguns dos principais campos de aplicações da geologia sedimentar em tempos atuais (segundo Suguio,1980, modificado).

Áreas de aplicação		Disciplinas envolvidas
1. 1.1	*Geologia econômica* Remoção total ou parcial de sedimentos: areia e cascalho para agregados, argila, calcário, carvão, evaporito e minérios sedimentares.	Geologia de mineração
1.2	Remoção apenas do fluido intersticial: água subterrânea, petróleo e gás natural.	Hidrogeologia e geologia do petróleo
2. 2.1	*Geologia ambiental e de engenharia* Estruturas sobre o assoalho oceânico, defesa contra a erosão costeira, instalação de tubulações (oleoduto, gasoduto, etc.), construção e gerenciamento de portos e canais.	Oceanografia física e geológica
2.2	Escavação a céu aberto e túneis, além de fundações rodoferroviárias, principalmente em zonas urbanas (geologia urbana).	Mecânica de solos e rochas
3.	Investigações criminalísticas	Várias

Na *geologia de engenharia*, que utiliza os conceitos de mecânicas de solos e de rochas, são importantes os conhecimentos detalhados sobre as propriedades físicas pós-deposicionais dos sedimentos e as suas respostas a processos de drenagem, sobrecarga por construção de edifícios, barragens, ferrovias, rodovias, etc.

Finalmente, as *investigações criminalísticas* ainda usam muito pouco as *potencialidades da geologia sedimentar* combinados com conhecimentos de outras áreas da geologia e das ciências afins, mas podem subsidiar as investigações ligadas a latrocínios e homicídios.

2.2 Materiais de construção

Ê conveniente subdividir os materiais de construção em dois grupos principais. O *primeiro grupo* compreende os que são usados diretamente como existem no subsolo, sem qualquer tratamento químico envolvendo, no máximo corte, moagem e/ou peneiramento. Nesse grupo incluem-se a areia e o cascalho, além da "pedra" britada e a "pedra" cortada. O *segundo grupo* compreende os materiais que devem ser tratados quimicamente, queimados, fundidos e/ou misturados com outros materiais ou modificados por outro meio até que eles adquiram a capacidade de serem moldados tomando novas formas. Neste grupo de materiais de construção incluem-se as matérias-primas para fabricação de cimento, gesso, vidro, cerâmica, etc.

2.2.1 Materiais do primeiro grupo

Ao lado das chamadas "pedras" de construção utilizadas após corte ou sob forma britada, as *areias* e os *cascalhos* constituem os principais materiais de construção. As *areias* e os *cascalhos* situados em segundo lugar, em termos de volumes de produção, e em quinto lugar em valores econômicos, estão entre os mais importantes recursos minerais consumidos pela sociedade moderna (Archer *et al.*,1987).

Os principais problemas associados ao seu uso estão relacionados aos *custos de processamento* (custos unitários baixos) e *depósitos localizados em áreas aceitáveis, em termos ambientais* (fora das grandes cidades). Os extensos depósitos de areia e cascalho situados nas proximidades das áreas metropolitanas de Nova York e Boston, por exemplo, formam uma importante reserva de recursos naturais (Schlee *et al.*, 1971), embora ocorram como depósitos submarinos de custo de extração bem mais elevado.

As *areias* e *cascalhos* são normalmente extraídos de depósitos recentes de canais e terraços fluviais. Em alguns casos, a sua efetiva exploração econômica pode envolver uma precisa definição das propriedades físicas, tais como *granulometria, forma* e *seleção das partículas*, bem como do *volume* e *geometria* dos corpos sedimentares potencialmente exploráveis. A *profundidade do depósito* e a *posição do lençol freático de água subterrânea* podem ser determinadas por eletrorresistividade ou sísmica e, finalmente, confirmadas por sondagem mecânica. Desse modo, antes do início da extração dos cascalhos e areias fluviais, mapeia-se a distribuição dos corpos a serem explorados, sejam eles de paleocanal ou de terraço antigo. Além disso, os *antigos meandros abandonados* (ou "braços mortos") de rios, por exemplo, devem ser definidos, pois eles diminuem as reservas desses materiais, porque são comumente preenchidos por *material argiloso com matéria orgânica vegetal*.

Em função do *valor unitário muito baixo*, os materiais de construção do primeiro grupo comumente não podem ser extraídos de fundos submarinos, pois os custos serão altos. Entretanto, neste contexto, as *areias* e os *cascalhos* podem constituir importante exceção. Com o crescente adensamento de ocupação humana das áreas costeiras, principalmente em regiões de altas latitudes (acima de 40 graus), esses recursos sobre os continentes estão sendo consumidos rapidamente. Mas, é precisamente nessas latitudes que existem grandes extensões desses depósitos sobre a *plataforma continental*. Na América do Norte e Europa, particularmente na Inglaterra e Holanda, um valor estimado de 100 milhões de dólares americanos desses materiais estava sendo recuperado já em 1970. Nos Estados Unidos, a indústria extrativa de *cascalhos e areias de origem marinha* também é bastante desenvolvida. Em 1972 foram produzidas 900 milhões de toneladas, das quais 96% foram usadas na *indústria de construção*.

A origem dos *depósitos de areia* e *cascalho* de altas latitudes está relacionada aos *períodos glaciais do Quaternário* (Suguio,1999). Na época do U.M.G. (Último Máximo Glacial), há cerca de 18 mil anos AP, as calotas de gelo estendiam-se até os limites atuais da *margem continental*. Com a sua retração, as geleiras deixaram extensas pilhas de fragmentos de rocha de deposição direta por correntes fluviais formadas por águas de degelo. Esses depósitos recobrem atualmente a *plataforma continental* e o *talude continental* submersos pelo mar. Nos Estados Unidos, por exemplo, a potencialidade para a produção de areia e cascalho marinhos é muito grande, pois, até o momento, pequena parcela da plataforma continental americana foi submetida a levantamento de detalhe. Os estudos realizados indicaram uma reserva suficiente para suprir a demanda americana de pelo menos quinze anos.

No Brasil, os depósitos de areia e cascalho empregados como materiais de construção estão associados a *sedimentos fluviais recentes e sub-recentes de paleocanais e terraços fluviais*. Nas proximidades de São Paulo, os aluviões antigos dos rios Tietê e Pinheiros (Suguio & Takahashi, 1970; Suguio *et al.,*1971), atualmente atribuídos à Formação Itaquaquecetuba (Riccomini,1989), têm contribuído com *importantes reservas de areia e cascalho* para construção civil. Hoje em dia, os depósitos encontrados ao longo dos rios Paraíba do Sul e Ribeira de Iguape, no Estado de São Paulo, também fornecem *areia* e *cascalho* para construção civil na Região Metropolitana de São Paulo.

2.2.2 Materiais do segundo grupo

A fabricação de alguns materiais de construção como o *vidro* e o *cimento* requerem determinados tipos de matérias-prima com composições adequadas para cada finalidade.

A matéria-prima principal para a fabricação de cimento comum (tipo Portland) é o *calcário*, que é uma rocha sedimentar essencialmente composta de calcita. Em substituição ao *calcário*, podem ser usados carbonatos biogênicos, tais como os *depósitos de conchas*

e corais em geral do Período Quaternário e, mais raramente, *carbonatos ígneos* (carbonatitos).

Segundo Leão (1971), o depósito carbonático de *conchas* e *lamas calcárias* do fundo da Baía de Todos os Santos (Salvador, BA) vinha sendo usado por uma fábrica de cimento local. De acordo com o Anuário Mineral Brasileiro (1991), de cerca de 170 milhões de toneladas da reserva brasileira de *conchas calcárias*, mais da metade encontra-se no município de Salvador. Os calcários são também usados na fabricação de cal "virgem", corretivos para acidez de solos, fundente de ferro, etc. Segundo Caruso Jr. (1995), os depósitos naturais de conchas calcárias de Santa Catarina, que perfazem cerca de 6 milhões toneladas, são encontrados nos municípios de Jaguaruna e Imbituba. Eles são usados na agricultura, nas indústrias de cerâmica e celulose, além de rações balanceadas para avicultura. Na Laguna de Araruama (RJ), as conchas vêm sendo exploradas industrialmente na fabricação de carbonato de sódio (barrilha), usando-se também o sal proveniente das salinas que margeiam a laguna, havendo também exploração artesanal para fabricação de "farinha de ostra" para diversos fins (Martin *et al.,*1997).

As areias com *alto conteúdo de sílica* (praticamente 100% compostas de *grãos angulosos* e *bem selecionados* com granulometria variável entre *areias fina* e *média* são adequadas para a *fabricação de vidro*. As areias quartzosas, além da sua aplicação como materiais do primeiro e segundo grupos, são também empregadas como *fundentes*, *abrasivos* e *moldes de fundição* (CPRM, 1990; Ferreira, 1995) sendo, neste caso, denominadas de areias industriais.

As *argilas* têm diversos empregos de acordo com as suas composições, podendo ser usadas em *tijolos comuns* (cerâmica vermelha), *cerâmica, lama de perfuração de poços profundos, veículo de inseticida*, etc.

Além dos materiais acima mencionados, como depósitos lacustres e/ou lagunares, ocorre o *diatomito* que é formado por acumulação de *frústulas* (carapaças) *silicosas* (opala) de *algas unicelulares* denominadas de *diatomáceas*, que servem para a fabricação de *tijolos refratários* ou para *abrasivos brandos*.

A utilização desses materiais sedimentares envolve dois problemas básicos. O primeiro é da determinação das *propriedades físicas e químicas específicas* requeridas para o uso previsto, envolvendo determinações petrográficas e eventuais análises químicas. O segundo problema é o da previsão da *geometria do depósito* para o cálculo da reserva do *corpo de interesse econômico*, compreendendo estudos sedimentológicos e estratigráficos. Para um aproveitamento racional desses recursos, além dos aspectos geológicos e dos problemas inerentes à extração e ao transporte, devem ser considerados os problemas de *recuperação ambiental*, pois eles costumam deixar cicatrizes que, no mínimo, contribuem para a *degradação estética da paisagem*, deixando o terreno imprestável para outras atividades, como para agricultura em geral.

2.3   Carvão mineral

O *carvão mineral* é uma *rocha sedimentar combustível* de cor preta, de grande interesse para a *indústria moderna* pois, além da sua utilização em usinas termelétricas e na siderurgia, representa uma das matérias-prima na fabricação de diversos tipos de plásticos e compostos químicos. A *geologia do carvão* constitui um campo bem definido com seus próprios livros-texto (Diessel, 1992).

A mineração do *carvão mineral*, tal como no caso de outras rochas sedimentares de interesse econômico, apresenta dois problemas fundamentais: qualidade e quantidade do produto. A sua qualidade é determinada por *técnicas petrográficas* e *químicas especializadas* (Krevelen, 1981). Os aspectos quantitativos da mineração de carvão abrangem tanto problemas de *geologia estrutural* e de *engenharia de minas* como de *estudos faciológicos* detalhados (Williamson, 1967).

Exemplos clássicos de *depósitos sedimentares antigos* de origem deltaica, produtores de *carvão mineral*, acham-se descritos em vasta literatura. Esses estudos são executados com a combinação de furos de sondagem adequadamente espaçados e dados obtidos de *modelos atuais de sedimentação deltaica*. Usando-se essas informações, as *análises faciológicas* podem ser dirigidas para as *fácies potencialmente produtoras* tanto em quantidade como em qualidade (Jansa,1972).

O *carvão mineral* pode ser formado em diversos subambientes de *complexos deltaicos*, tais como *baías interdistributárias* ou como camadas mais ou menos homogêneas de distribuição regional. Segundo Dapples & Hopkins (1969), os carvões minerais associados a vários desses subambientes podem diferir, tanto em composições petrográficas e químicas quanto em distribuição geográfica. Desse modo, detalhados estudos ambientais se fazem necessários, com mapeamento da distribuição de cada uma das camadas sedimentares.

Desde o fim do século XVIII, conhece-se o fato de que os *carvões minerais* foram acumulados em antigas regiões pantanosas, pois:

a) existe uma completa gradação de materiais, que se encontram em *diferentes estágios diagenéticos*, desde o carvão propriamente dito até *turfa* que atualmente só se acumula em pântanos;

b) só nessas condições (*muito redutoras*) ocorre a conversão química da matéria orgânica carbonosa de origem vegetal em carvão mineral. Em condições subaéreas (*muito oxidantes*), a matéria vegetal morta, composta principalmente de carbono, hidrogênio e oxigênio, é atacada por *fungos* e *bactérias* que ocasionam a degradação da matéria orgânica, e os componentes químicos acima enumerados combinam-se com o oxigênio do ar para formar o CO_2 e o H_2O.

Em *condições de águas estagnadas e anaeróbias*, a matéria orgânica vegetal é atacada por bactérias próprias desses ambientes, que a decompõem parcialmente e liberam o oxigênio e o hidrogênio na forma de gases (CH_4 e CO_2), concentrando cada vez mais o *resíduo carbonoso*. Este processo é conhecido como *carbonização* ou *incarbonização* (carbonization) ou *hulhificação* (coalification). A *turfa* recém-formada é soterrada sob camadas sedimentares diversas e sofre contínuas modificações, sendo afetada pelo tempo, pressão e temperatura crescentes, passando sucessivamente por materiais conhecidos como *linhito, carvão subetuminoso* e *carvão betuminoso* até chegar a *antracito* e *grafita* em rochas metamórficas (Figura 10.1). O avanço desses *estágios diagenéticos*, até chegar ao metamorfismo, é dependente principalmente da temperatura e menos do tempo e da pressão. Portanto, a maturação avança mais rapidamente nas adjacências de corpos intrusivos de rochas magmáticas. Além disso, segundo Meyerhoff & Teichert (1971), o carvão se acumula preferencialmente em regiões de *climas úmidos*, com precipitação pluviométrica anual da ordem de 1.200 a 1.500 mm e com *invernos frios* (latitudes médias) para inibir ou, no mínimo, retardar a *decomposição bacteriana* mais rápida da matéria orgânica vegetal.

No Brasil, as jazidas de carvão mineral de maior interesse econômico estão situadas nos estados do Rio Grande do Sul e Santa Catarina. Elas estão contidas na

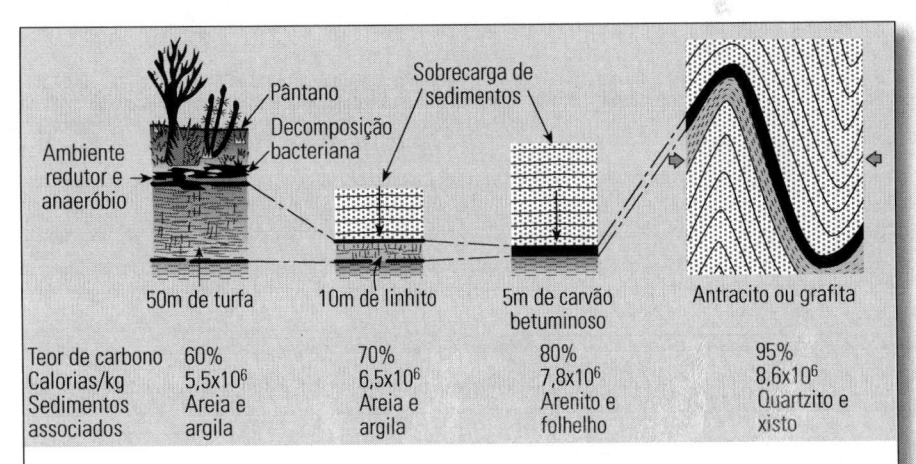

	50m de turfa	10m de linhito	5m de carvão betuminoso	Antracito ou grafita
Teor de carbono	60%	70%	80%	95%
Calorias/kg	$5,5 \times 10^6$	$6,5 \times 10^6$	$7,8 \times 10^6$	$8,6 \times 10^6$
Sedimentos associados	Areia e argila	Areia e argila	Arenito e folhelho	Quartzito e xisto

FIGURA 10.1   A matéria orgânica (organic matter) de origem vegetal, acumulada em ambiente anaeróbio, é convertida em carvão pela decomposição parcial por ação de bactérias, pressão (sobrecarga) de sedimentos superpostos e pelo calor geotérmico. Ao mesmo tempo, ocorre a perda de voláteis (H, N e O), concentração de carbono e aumento da capacidade calorífica (Suguio, 1980). Note que 50 m de turfa foram convertidos em 5 m de carvão betuminoso.

Formação Rio Bonito do Subgrupo (ou Grupo) Guatá do Permiano da Bacia do Paraná, correspondente ao período pós-glacial gondwânico. Nessas jazidas, em geral os teores de cinza são altos, quando comparados aos padrões internacionais, e os de enxofre situam-se entre menos de 0,5% a mais de 20%. De SO para NE do Rio Grande do Sul e Santa Catarina, ocorre incremento no *estágio de incarbonização* que chega regionalmente a exibir propriedades próprias para a *coqueificação*. Associados a intrusões de diabásio, são encontrados *semi-antracitos* formados pelo "cozimento" do carvão mineral pelo calor.

2.4 Fosfatos e evaporitos

Comumente, os depósitos sedimentares ricos em fósforo são chamados de *fosforitos*. Eles são originados por precipitação química de fosfato de cálcio, formado por organismos e apresenta-se como *substâncias amorfas, criptocristalinas* e *fibrosas* constituindo *oólitos* (oolites) ou *nódulos* (nodules). Ocorrem na base de *seqüências marinhas transgressivas* e estão associados ao fenômeno da *ressurgência* (upwelling). Grande parte da produção mundial de fosfatos provém de *fosforitos antigos* (desde o Pré-cambriano) e muitos desses depósitos foram *formados em mares rasos* (ao redor de 100m de profundidade). Evidências deste fato incluem organismos calcários específicos desses ambientes, *estratificações cruzadas, camadas fosfáticas interdigitadas com recifes algálicos* (algal reefs), etc. Os Estados Unidos são os maiores produtores de fertilizantes fosfatados do mundo, graças aos depósitos de fosforito da Flórida.

No Brasil, as pesquisas realizadas nas áreas de Olinda (PE), nas localidades de Forno da Cal e de Fragoso, revelaram a existência de 45 milhões de toneladas de minério fosfático em horizonte argilo-arenoso friável, situado na base do calcário da Formação Gramame (Cretáceo). O minério apresenta uma espessura de até 4 m (médias de 2,2 m) e contém de 18% a 25% de P_2O_5. Outra ocorrência interessante de minério fosfático no Brasil, no caso constituído de *bauxita fosforosa*, é encontrada na Ilha de Trauíra e na Chapada de Pirocaua (MA), onde se acham depositados vários milhões de toneladas de minério com 20% a 30% de P_2O_5 e 20% a 30% de Al_2O_3. A idade provável deste minério pode ser do Terciário. Nas rochas pré-cambrianas dos grupos Bambuí (MG) e Una (BA), também são encontrados depósitos fosfáticos.

Os *depósitos evaporíticos* são formados por *precipitação química de sais* a partir de uma solução aquosa, como resultado da *evaporação intensiva e extensiva do solvente*. Eles se formam em *bacias fechadas* situadas em regiões de *climas áridos* (ambientes de "sabkha" e de mares interiores), originando depósitos de sulfatos, carbonatos, cloretos, boratos, etc. A origem desses depósitos tem sido bastante estudada em laboratório e na própria natureza (Richter-Bernburg, 1973; Sonnenfeld, 1984). Os *evaporitos* são também chamados de *depósitos salinos* (saline deposits). Eles constituem a base da moderna indústria química e entre os principais minerais têm-se a *anidrita* ($CaSO_4$) e a *halita* (NaCl). Os outros sais são bem mais raros, mas são de importância econômica maior e aparecem na forma de carbonatos, cloretos e sulfatos. O estudo desses depósitos justifica-se não só pelo seu interesse na *exploração de sais de enxofre*, mas também por sua *íntima associação com jazidas petrolíferas* (Schreiber, 1988; Melvin, 1991). Esta relação estabelece-se pela existência de um fenômeno conhecido por *halocinese* (halokinesis), que deforma não somente os *depósitos evaporíticos*, mas também as *rochas encaixantes associadas*, originando dobras e falhas que podem formar trapas apropriadas à acumulação de hidrocarbonetos e outros minerais. O mecanismo de deflagração do fenômeno pode ser de naturezas *atectônica* (*adiastrófica*) e/ou *tectônica* (*diastrófica*).

No Brasil, são encontrados *depósitos evaporíticos* nas principais bacias sedimentares, destacando-se a presença de gipsita, anidrita, halita, silvita e carnalita, com idades variáveis desde o Paleozóico ao Cenozóico. Os depósitos mais significativos ocorrem nas bacias do Amazonas, Solimões, Acre, Tacutu, Parnaíba, Araripe, Recôncavo e nas bacias das margens continentais leste e equatorial. Outros depósitos de menor expressão são formados por gipsita do Cretáceo da Bacia Potiguar e por anidrita do Permiano da Bacia do Paraná (Florêncio, 2001). As reservas totais de três sub-bacias da Bacia Sergipe-Alagoas (Vassouras-Taquari, Santa Rosa de Lima e Aguilhadas), calculadas por Fonseca (1973) atingiam as cifras de 2.300×10^6 toneladas de cloreto de potássio, 1.100×10^6 toneladas de magnésio, 20.500×10^6 toneladas de cloreto de sódio e 55×10^6 toneladas de bromo.

2.5 Minerais de minérios sedimentares

Os *minerais de minérios*, ou simplesmente *minérios*, referem-se aos minerais componentes de uma rocha, que apresentam interesse econômico sendo, deste modo, exploráveis para fins comerciais e podendo-se extrair, por exemplo, um ou mais metais. Exemplo: galena (PbS) que é usada para extração de chumbo metálico.

Existem boas razões para que os estudos de rochas sedimentares tenham sido dirigidas principalmente à prospecção de hidrocarbonetos do que à procura de *minérios sedimentares*. A primeira razão é porque muitos minérios, principalmente os metálicos, ocorrem dentro ou justapostos às rochas cristalinas (ígneas e metamórficas) e muito raramente às rochas sedimentares. A segunda razão é que para muitos *minérios metálicos* existem métodos de *sensoriamento remoto* mais diretamente relacionados a sua prospecção, tais como alguns *processos geofísicos* e *geoquímicos*.

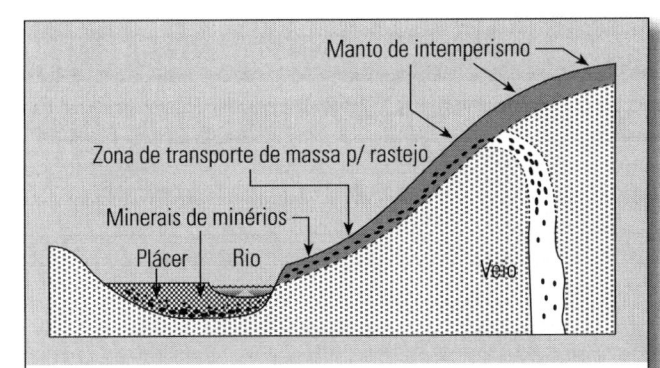

FIGURA 10.2   Os minerais mais resistentes ao intemperismo químico podem ser liberados de um veio de fissura e integrar a massa regolítica do manto de intemperismo (Suguio,1980). Este material pode sofrer transporte de massa por rastejo e ser, em seguida, submetido ao retrabalhamento fluvial, sendo finalmente formado o depósito de plácer (jazida aluvial ou aluvionar).

As *técnicas geoquímicas* compreendem desde a prospecção ao longo de rios, na tentativa de localizar correntes fluviais transportando cargas sedimentares, com *conteúdo anômalo* de algum metal (Figura 10.2), às técnicas mais modernas de detecção de *elementos-traço*. Por outro lado, os *métodos geofísicos* abrangem, por exemplo, as técnicas de *magnetometria* e de *cintilometria*, cujas medidas podem ser executadas em terra ou por avião. A prospecção e a exploração de *recursos minerais submarinos* envolvem a utilização de técnicas-padrão geológicas e geofísicas, adaptadas para serem operadas em ambiente submerso.

Se as relações entre a *metalogênese sedimentar* e os *ambientes de sedimentação*, além das *características geológicas* (estratigráficas e ambientais, locais e regionais) das *bacias sedimentares* estiverem perfeitamente equacionadas, seria suficiente conjugar esses conhecimentos para a identificação das *áreas mais favoráveis* à prospecção.

Entretanto, os conceitos (ou modelos) de *metalogênese sedimentar* ainda não se acham perfeitamente delineados para todos os *ambientes de sedimentação*. Por outro lado, as *bacias sedimentares* não estão ainda suficientemente conhecidas ao nível de detalhe requerido para este tipo de análise.

Mesmo assim, a *geologia sedimentar* pode lançar considerável luz sobre a *metalogênese*, principalmente quando são empregadas as características *geoquímicas* e *petrofísicas* (permeabilidade e porosidade). Os *modelos de metalo-*

gênese que admitem uma possível *paragênese mineralógica*, em *ambiente redutor* de zinco e chumbo, na forma de sulfetos ligados a *calcários de recife*, por exemplo, podem desempenhar um importante papel na seleção de áreas possivelmente mais prospectivas. Os *estudos faciológicos* também permitem o reconhecimento de *barreiras de permeabilidade* para depósitos aluviais ricos em *carnotita*. As mineralizações ligadas às rochas sedimentares são características de ambientes sujeitos à acentuada *diferenciação sedimentar*, tanto vertical (ou temporal) quanto horizontal (ou espacial). Os *estudos sedimentológicos* de qualquer modo devem ser simultâneos às *análises geoquímicas* e *geofísicas*, integrando um esforço concentrado de *prospecção mineral*.

Comumente podem ser admitidos três processos naturais que conduzem à formação dos depósitos de *minerais de minérios sedimentares* (Tabela 36).

Os *minérios sedimentares singenéticos* são originados por *precipitação química direta* no próprio ambiente subaquoso de sedimentação. Os *minérios sedimentares epigenéticos* formam-se por *substituição físico-química diagenética* de parte da rocha sedimentar, que ocorre mais comumente em calcários. Finalmente, as *jazidas aluviais* (ou aluvionares) são formadas por *segregação física* (hidrodinâmica) da carga de fundo (ou de tração) sendo, em geral, compostas pelos assim chamados *minerais pesados*.

Embora ainda pairem dúvidas quanto às origens singenéticas ou epigenéticas de muitos minérios sedimentares, por falta de trabalhos de detalhe ainda maior, as pesquisas realizadas sobre a mineralização de Pb e Zn nas seqüências pelítico-carbonáticas proterozóicas dos grupos Bambuí e Una (BA), têm demonstrado a importância dos *estudos sedimentológicos* na melhor compreensão dos problemas genéticos envolvidos (Misi & Souto, 1972; Beurlen, 1973). Para se decidir quanto às *origens singenéticas* ou *epigenéticas* desses minérios, seria necessário tentar responder as seguintes questões:

Tabela 36   **Principais processos de formação de minerais de minérios sedimentares (Suguio,1980)**

Nome	Processo	Exemplo
Singenético (ou primário)	Precipitação direta durante a sedimentação (processo químico)	* Nódulos de manganês (ou polimetálicos) * Ferro oolítico
Epigenético (ou secundário)	Diagênese pós-deposicional (processo físico-químico)	* Carnotita * Associação Cu-Pb-Zn * Alguns minérios de Fe
Aluvial ou aluvionar (ou plácer)	Concentração residual ou detrítica (processo físico)	* Ouro aluvial * Diamante aluvial * Cassiterita aluvial

a) quando foram cristalizados os minerais de minérios?

b) qual é a proveniência dos materiais que constituem o minério?

A resposta à primeira questão pode ser, freqüentemente, obtida através de observação das características geométricas dos minerais de minérios, em diferentes escalas temporais, que devem ser realizadas antes da proposição de qualquer *modelo genético*. Quando o problema cronológico estiver resolvido, pode-se partir para a tentativa de solução da segunda questão. Entretanto, em qualquer caso, deve-se diferenciar claramente as questões *cronológicas* (ou temporais) das *espaciais*.

2.5.1 *Minérios sedimentares singenéticos*

A formação desses minérios é *penecontemporânea à sedimentação*, que é observado atualmente em fundos submarinos (Figura 10.3), onde ocorre a precipitação de *nódulos e crostas polimetálicos* em amplas áreas dos *assoalhos oceânicos* (Glasby, 1972). Segundo Lemoalle & Dupont (1971), oólitos de goethita estão sendo formados no Lago Chade na África. Soubies *et al.* (1991) encontraram três camadas de dezenas de centímetros a quase 1m de espessura de siderita dos últimos 60 mil anos em lagoa da serra sul de Carajás (PA). Entretanto, os casos mais espetaculares de *processos metalogenéticos*, em fundos submarinos atuais, foram relatados por Degens & Ross (1969) e Puchelt (1971), em associação às *atividades vulcânicas submarinas* do Mar Vermelho.

Numerosos corpos de *minérios estratiformes* têm sido atribuídos à *origem singenética*, embora não seja fácil distingui-los dos minérios de *origem epigenética*. Como exemplo, pode-se citar o caso dos *folhelhos negros* (black shales), cuja cor está relacionada à abundância de *matéria orgânica* (organic matter) e sulfetos finamente disseminados, que exibem enriquecimento com teores anômalos em Cu, Ag, Zn, Pb, V, Ni, Co, U, etc., podendo formar jazidas economicamente aproveitáveis. Existem vários *ambientes sedimentares* responsáveis pela gênese de sedimentos deste tipo, como *lagos, lagunas e mares semiconfinados* (Mar Negro) e *epicontinentais, bacias intracratônicas*, etc. Não obstante a grande freqüência de folhelhos negros, os que se acham mineralizados são mais raros, devendo-se procurar os critérios de distinção entre os potencialmente importantes e os que não apresentam qualquer interesse.

Exemplos clássicos, de minério de cobre, de provável *origem singenética*, incluem os do Pré-cambriano de Catanga e Zâmbia na África, que constituem uma das províncias metalogenéticas mais importantes do mundo, totalizando 140 milhões de t de cobre e 6 milhões de t de cobalto. Extensas mineralizações por pirita, calcopirita, bornita e calcosina ocorrem em metassedimentos pouco metamorfoseados sobre embasamentos magmático e metamórfico. Segundo Bartholomé *et al.* (1971), para os depósitos de Camoto em Catanga admite-se *origem marinha rasa*, mas a mineralização parece ter ocorrido em função de extensos e intensos *processos diagenéticos*. Apesar de muitos estudos executados durante o século XX, a origem das mineralizações de cobre e cobalto permanece ainda especulativa, com o debate centrado entre *hipóteses singenética, sindiagenética*, além de *hidrotermal* e *diagenética* (Cailleux & Kampunzu, 2001).

Outro exemplo bastante clássico de *minério sedimentar singenético* de cobre é encontrado na Alemanha, onde os folhelhos "*Kupferschiefer*", *radioativos* e *muito ricos em matéria orgânica* de idade permiana, contêm localmente teores tão altos de calcopirita e malaquita, que se torna minério de cobre (Brongersma-Sanders, 1967).

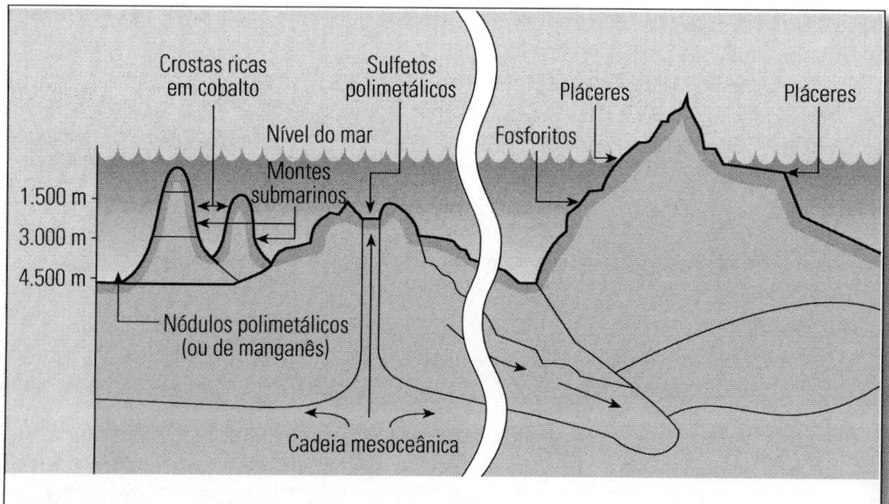

Ao sugerir duas fases de mineralização de Pb e Zn nos metassedimentos do Grupo Bambuí, Misi (1978, 1999) admite que a primeira estaria ligada à *época da sedimentação*. Apesar de muitas dúvidas, o autor tomou o *modelo do tipo "sabkha"* de Renfro (1974) para explicar os depósitos que, segundo Dardenne *et al.* (1997), seriam do "tipo vale do Mississippi". No modelo supracitado a concentração de metais ocorreria nas fácies dolomíticas geradas sob *condições subaéreas, após significativa regressão marinha*.

FIGURA 10.3 Cenário fisiográfico de ocorrência de depósitos minerais de diferentes composições e origens em fundos submarinos (modificado de McGregor & Lockwood, 1985).

2.5.2 *Minérios sedimentares epigenéticos*

A *mineralização sedimentar epigenética* associada às rochas sedimentares processa-se após a deposição da *rocha hospedeira*. Os processos envolvidos compreendem desde a *concentração por intemperismo* a *efeitos diagenéticos* e *termais* ou *metamórficos* sobre minerais inicialmente disseminados. São incluídos nesta categoria os casos em que se verifica uma *substituição parcial* da rocha regional por um mineral de minério, formado por introdução de *soluções meteóricas* ou *hidrotermais* na *rocha hospedeira*. Havia uma época em que os *minérios sedimentares epigenéticos* eram geralmente atribuídos a *emanações hidrotermais* a partir de *fontes magmáticas*, excetuando-se os casos de *enriquecimento supérgeno* (bauxita, garnierita, etc.). Entretanto, a existência de muitos *minérios sedimentares epigenéticos* em locais distantes de quaisquer *centros de atividades magmáticas* sugere que tenham sido, eventualmente, originados por soluções ricas em cloretos, derivados de evaporitos e soluções residuais de *estágios finais da diagênese de folhelhos* (Amstutz & Bubinicek, 1967). Dois tipos de *mineralizações epigenéticas* têm sido atribuídos a esses *processos de baixa temperatura* (teletermal). Eles são representados por sulfetos de chumbo e zinco e certos depósitos uraníferos de carnotita.

Minérios de chumbo e zinco

Esses minérios exibem *texturas óbvias de substituição*, tais como veios e geodos associados à calcita cristalina grossa, além de dolomita, fluorita e barita. Os minerais de minérios de chumbo e zinco ocorrem como galena e esfalerita, respectivamente.

Os *corpos mineralizados são irregulares*, embora possam exibir algum *controle estrutural* e, neste caso, possuem *orientação preferencial*. Esses minérios são caracteristicamente relacionados à *topografia atual* ou às *discordâncias* ou, se forem hidrotermais, a centros de atividade magmática. As *datações isotópicas* fornecem as relações cronológicas entre o minério e a rocha hospedeira (Bain, 1968), conforme foi demonstrado por Babinski (2001) para explicar a evolução geológica da Bacia do São Francisco (Brasil).

Exemplos mais famosos de mineralização de chumbo desta natureza estão associados a recifes do Carbonífero inferior (Mississipiano) de Oklahoma, Missouri e Texas nos Estados Unidos (Brown, 1968).

Segundo Misi (1978, 1999), a mineralização de segunda fase do Grupo Bambuí representaria o resultado de *remobilizações tardias*, possivelmente a partir de camadas superiores dolomíticas enriquecidas por metais na primeira fase. As concentrações estariam condicionadas a locais com suficientes espaços abertos para precipitação, a partir de soluções percolantes cuja natureza ainda não se pode precisar.

Minérios de urânio

As formas de ocorrência de urânio são muito variadas: *veio hidrotermal* (pitchblenda), *depósito de plácer* (monazita) e *mineral epigenético* como a carnotita (vanadato de K e U).

Concentrações de urânio também ocorrem em certos *folhelhos negros* (black shales), tanto de *origem marinha* como *não-marinha*. Esses folhelhos são comumente carbonosos e muitas vezes fosfáticos.

Outro modo de ocorrência bastante comum está associado a *conglomerados não-marinhos* como na Bacia de Witwatersrand do Pré-cambriano da África do Sul, onde o urânio é encontrado juntamente com ouro. Segundo Pienaar (1973), foi verificada uma íntima relação entre o *conteúdo metálico dos conglomerados* e as *características sedimentares*, tais como espessura, padrão de dispersão (paleocorrentes), forma dos leitos, população de seixos e porcentagem dos componentes rudáceos. Todos esses parâmetros podem ser empregados como *critérios de prospecção* de novos corpos mineralizados.

Arenitos fluviais arcozianos mal selecionados e com abundantes detritos vegetais (fragmentos de plantas e troncos de árvores) podem ser ricos em carnotita. Como cimento desses arenitos ocorrem a *calcita* e a *pirita*. Os arenitos hospedeiros são conglomeráticos com estratificações cruzadas e base erosiva, que são *feições típicas de depósitos de paleocanais fluviais* (Figura 10.4). A fonte original do urânio é assunto ainda discutido, mas a sua migração estaria ligada à *água subterrânea ácida* percolante. Esta íntima relação entre a *migração do mineral* e a *hidrodinâmica* sugere que as barreiras de permeabilidade sejam importantes na determinação dos sítios de precipitação da carnotita (Kovalev, 1972). A carnotita é assim precipitada em zonas adjacentes às *barreiras de permeabilidade*, tais como as *superfícies de discordância* ou em *formações superficiais* com razão areia/argila entre 1/1 a 1/4.

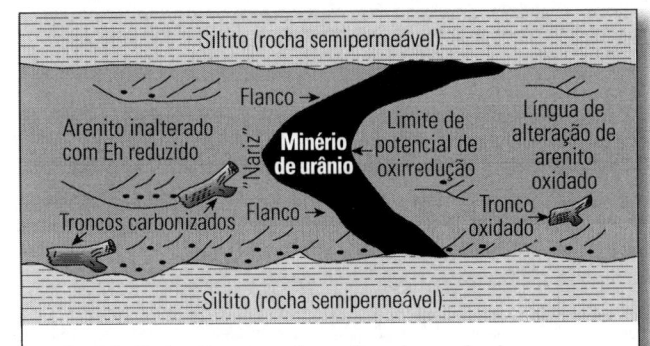

Siltito (rocha semipermeável)

Flanco

Arenito inalterado com Eh reduzido — **Minério de urânio** — Limite de potencial de oxirredução — Língua de alteração de arenito oxidado

"Nariz"

Troncos carbonizados — Flanco — Tronco oxidado

Siltito (rocha semipermeável)

FIGURA 10.4 Esquema ilustrativo do modo de ocorrência de carnotita (mineral de urânio) em arenitos conglomeráticos, de origem fluvial, contendo troncos de madeira carbonizada. O corpo de minério de urânio, no caso, foi formado por migração de soluções da direita para a esquerda da figura (modificado de Selley,1976a : 384). Dados adicionais de Reynolds & Goldhaber,1978.

Nos *metaconglomerados auríferos* do Pré-cambriano da Serra de Jacobina (BA), comparáveis aos de Witwatersrand na África do Sul e de Blind River no Canadá, White (1956) descobriu urânio na forma de uraninita e torbenita. Os levantamentos realizados pela Comissão Nacional de Energia Nuclear — CNEN — (Lemos, 1974) indicaram que a uraninita ocorre preferencialmente associada a camadas ou lentes irregulares de metaconglomerados ricos em pirita e ouro, enquanto a torbenita é encontrada em metaconglomerados e quartzitos, indistintamente. Lemos (1974) atribuiu à uraninita deposição na forma de *pláceres* e a torbenita seria de *origem hidrotermal.*

No fosforito da Formação Maria Farinha (Paleoceno da Bacia Pernambuco-Paraíba), também é conhecida a ocorrência de urânio, porém este depósito só será explorável se os aspectos econômicos ligados ao fosfato associado forem favoráveis (Saad, 1974).

Na Formação Rio Bonito do Grupo Tubarão (Permocarbonífero da Bacia do Paraná), em Figueira (PR), ocorre, segundo Saad (1973), *sedimentação de urânio em paleocanais da porção basal.* No interior do paleocanal, os teores médios de U_3O_8 variam entre 0,2% a 0,5% e 0,12% a 0,42% de MO_3 e, em zonas externas, os teores caem bruscamente para valores entre 0,02% a 0,09% de U_3O_8 mostrando um forte *controle faciológico* (paleocanais) na *concentração de urânio.*

Os métodos de prospecção de minerais de urânio encontram-se amplamente documentados (Bowie *et al.,* 1972; Maciel *et al.,* 1973) e o papel da *geologia sedimentar* para explicar a gênese e prever a distribuição dos minerais epigenéticos de urânio tem sido enfatizado por autores como Gabelman (1971). Embora os depósitos de urânio possam ser encontrados simplesmente vagando-se com um contador Geiger-Müller, os *cintilômetros* ou *espectrômetros de raios gama* e a *análise faciológica regional* podem ajudar a selecionar áreas onde *barreiras de permeabilidade* podem ser esperadas. A *geometria* e as *direções* de desenvolvimento de *paleocanais fluviais*, por exemplo, podem ser previstas por uma simples *análise de paleocorrentes* (Lowell, 1955).

2.5.3 Minérios sedimentares aluviais (ou aluvionares)

As *partículas detríticas* de sedimentos arenosos mais comuns são compostas quase que somente de quartzo e feldspato, com densidades variáveis entre 2 e 3 g/cm³, sendo mais raros os minerais com densidades maiores. Porém, algumas areias podem conter minerais com densidades entre 3 e 4 g/cm³ ou mais, que são compostos de zircão, turmalina, rutilo e por opacos como a ilmenita, cassiterita, etc.

A *fração pesada* associada a um sedimento detrítico é muito mais fina que a *fração leve.* Muitas são as

razões que explicam este fato. Primeiramente, os *minerais pesados* ocorrem em cristais bem menores que os de minerais leves nas próprias rochas matrizes cristalinas. Em segundo lugar, a *seleção granulométrica* e a *composição mineralógica* de um sedimento detrítico, que sofreu transporte subaquoso, são controladas pela densidade e pelo tamanho das partículas, que definem o conceito de *razão hidráulica* (hydraulic ratio). Este conceito refere-se à razão entre o peso dos grãos de *minerais pesados* (heavy minerals), compreendidos em um determinado intervalo granulométrico e o peso de grãos de *minerais leves* (light minerals) de *grau hidráulico equivalente* multiplicado por 100. Isto explica porque os arenitos contêm, em geral, só traços de *minerais pesados*, cuja granulometria é mais fina que a média dos *minerais leves.* Por outro lado, pode ocorrer uma inversão nesta relação de tamanho e densidade, se as suas formas forem bem diferentes. Deste modo, a biotita que é mais densa que o quartzo, mas de forma placoidal (menos esférica), pode ser depositada juntamente com grãos de quartzo de diâmetro menor, porém mais esférica.

Em determinadas condições de fluxo de corrente, as partículas maiores e menos densas do sedimento podem ser "varridas" deixando "*in situ*" um *depósito residual* (lag deposit) de *minerais pesados* de granulação mais fina. Este fenômeno natural de *segregação granulométrica* é chamado de *joeiramento* (winnowing) e aplica-se, no sentido mais restrito, aos *sedimentos eólicos.* Por este processo podem ser originadas também as laminações, que podem fornecer uma idéia sobre a velocidade e o sentido de atuação dos *paleoventos.* Por extensão, tem sido usado a processos análogos produzidos por ondas marinhas e correntes fluviais, isto é, a sedimentos subaquosos. As condições de fluxo que causam este tipo de separação são úteis na mineração, tanto como uma chave para a compreensão dos *depósitos aluviais*, bem como para idealizar métodos mais eficientes de separação no tratamento de minérios moídos, que são lavados para concentração de minerais de interesse econômico como, por exemplo, através do *processo de elutriação.*

Em geral, deve-se esperar por *concentração mecânica* de *minerais pesados* nos locais onde as velocidades de fluxo diminuem (Figura 10.5). Nesses sítios, ao lado de *minerais metálicos* mais duráveis como o ouro ou a platina e a cassiterita, podem ser encontrados minerais não-metálicos valiosos, como o diamante, a safira e outras gemas.

Depósitos de plácer

Representam concentrações *mecânicas* (ou *físicas*) superficiais de partículas minerais provenientes de detritos de intemperismo. Embora os *depósitos de plácer* sejam mais comumente de origem fluvial, os agentes de concentração também podem ser marinhos, eólicos e glaciais. Os *pláceres* situados entre 50 e 92 m acima dos atuais cursos fluviais, representando *paleoterraços fluviais*, são denominados de *pláceres de bancada* (ben-

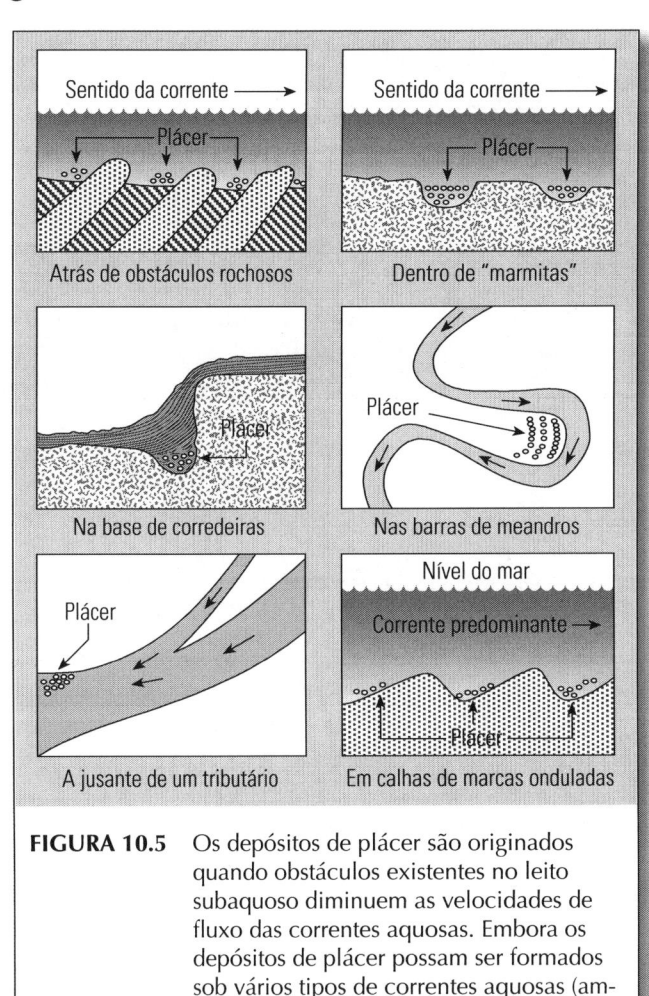

FIGURA 10.5   Os depósitos de plácer são originados quando obstáculos existentes no leito subaquoso diminuem as velocidades de fluxo das correntes aquosas. Embora os depósitos de plácer possam ser formados sob vários tipos de correntes aquosas (ambientes de praia, etc.), são mais comuns em cursos fluviais (modificado de Flint & Skinner, 1977 : 558).

ch placers). Nas planícies litorâneas da costa oriental do Brasil, desde o norte do Estado do Rio Janeiro à Bahia, ocorrem vários *depósitos de plácer praiais* de areias monazíticas e ilmeníticas, formados por retrabalhamento marinho de sedimentos continentais da Formação Barreiras (Neógeno). No interior das planícies litorâneas do Nordeste e no Rio Grande do Sul, são encontrados *depósitos de plácer eólicos*.

As ocorrências de *depósitos de plácer* são controladas essencialmente pela *composição mineralógica* da área-fonte dos sedimentos, pelo clima que condiciona a profundidade de intemperismo, pela *geomorfologia* que dita as taxas de erosão e o gradiente topográfico e pela *hidrodinâmica* dos processos de transporte e deposição (Sutherland, 1985).

Os *depósitos de plácer* ocorrem tanto em *canais fluviais* como em praias e sobre *superfícies de abrasão marinha*. Diversas operações de "mineração submarina", ligadas a *pláceres de minerais pesados* estão sendo realizadas nas plataformas continentais da Europa, Japão e sudeste da Ásia. Hoje em dia, particularmente em relação ao ambiente marinho, o termo é usado em geral para designar qualquer depósito inconsolidado de minerais ou rochas sobre ou próximo ao assoalho oceânico. Esta definição é aplicável para depósitos minerais de ouro, magnetita, ilmenita, diamante, ou mesmo para areia e cascalho sobre as *plataformas continentais* e até para *nódulos polimetálicos* (ou de *manganês*) existentes sobre o fundo oceânico.

Segundo Cronan (1992), esses depósitos são relativamente comuns nas ZEE (Zonas Econômicas Exclusivas), isto é, situadas em áreas submarinas costa afora até a distância de 200 milhas marítimas (Figura 10.3), que se acham sob jurisdição dos países costeiros adjacentes, sendo representados por:

Agregados — Minerais detríticos não-metálicos (areia e cascalho) e carbonato de cálcio, usados principalmente na construção civil.

Pláceres (propiamente ditos) — depósitos de minerais metálicos encontrados nas praias e nas áreas litorâneas.

Corais preciosos — são de alto valor econômico e usados em joalherias.

Fosforitos — minerais autigênicos formados *"in situ"* sobre o fundo oceânico, em profundidades comumente maiores que as de pláceres.

Nódulos polimetálicos — compostos de manganês, níquel, cobalto e cobre e ocorrem em zonas mais profundas da ZEE, principalmente no Oceano Pacífico e ao redor de ilhas oceânicas.

Crostas oxidadas manganesíferas — são também conhecidas por crostas enriquecidas de cobalto e ocupam áreas de montes submarinos e ao redor de cadeias de ilhas.

Depósitos hidrotermais — incluindo sulfetos polimetálicos que são precipitados de sulfetos de ferro, cobre e zinco, formados por atividades vulcânicas submarinas, apresentando enriquecimento em chumbo, prata e ouro.

As jazidas de petróleo e gás natural são tratadas, em geral, em textos mais específicos que esses depósitos, que nem sempre podem ser considerados como depósitos de plácer.

Depósitos de plácer metálicos

Os *depósitos de plácer marinhos metálicos* ocorrem em diferentes níveis topográficos, como conseqüência das flutuações dos níveis relativos do mar no Pleistoceno (Figura 10.6). Baseado em estudos de laboratório, Everts (1972) concluiu que vários tipos de *depósitos de plácer* podem ser reconhecidos em ambientes marinhos, mas as praias em processo de erosão constituem ótimos sítios de acumulação de *minerais pesados*. Alguns trabalhos desenvolvidos em Queensland (Austrália) demonstraram a importância das *paleolinhas praiais*

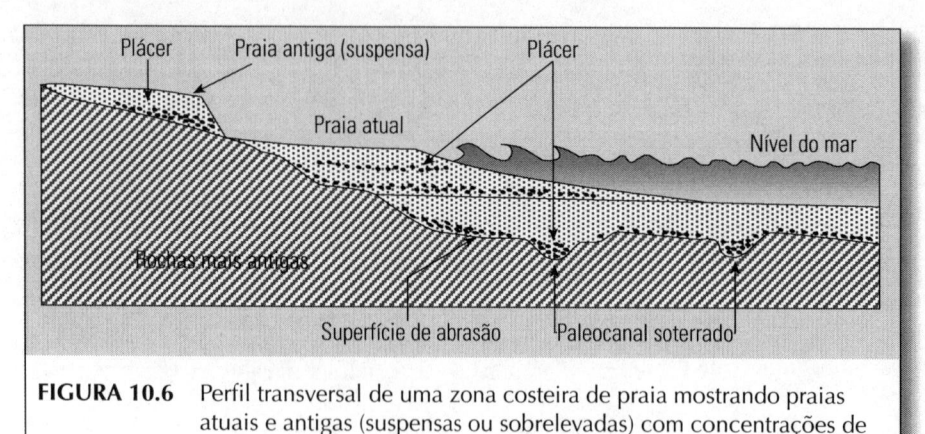

FIGURA 10.6 Perfil transversal de uma zona costeira de praia mostrando praias atuais e antigas (suspensas ou sobrelevadas) com concentrações de minerais pesados na forma de depósitos de plácer de interesse econômico (modificado de Selley, 1976a : 379).

mais ou menos estáveis para dar tempo à concentração de *minerais pesados* (zircão e rutilo) pelo retrabalhamento por ondas (Hails, 1972).

Em geral, a prospecção de *depósitos de plácer marinhos* tem sido propiciada pela extensão submarina dos trabalhos de exploração de depósitos emersos na planície costeira. A descoberta de *províncias metalogenéticas emersas* na planície litorânea constitui, normalmente, a primeira indicação da possibilidade de existência *depósitos de plácer submarinos*. Um aspecto importante a ser considerado, principalmente nesses depósitos, é que nem todas as jazidas tecnicamente exploráveis podem ser trabalhadas adequadamente em termos econômicos e/ou ambientais.

Os *depósitos de plácer marinhos*, situados acima do nível atual do mar, são muito mais comumente explorados que as acumulações submersas. Segundo Padan (1971), as praias da Austrália fornecem 95% do rutilo produzido no mundo, mas os prováveis depósitos submarinos ainda não estavam em exploração na época. Os depósitos deste tipo do SE do Japão contêm magnetita titanífera e foram explorados desde meados de 1950 até o início de 1970 (Anderson, 1972). Ele cobria uma área de 1 km^2 com 3% a 5% de magnetita titanífera contendo 50% de óxido férrico e 12% de óxido de titânio. As dragagens foram executadas em águas com profundidades entre 10 a 40 m.

Nas regiões de Cananéia-Iguape (SP) e Paranaguá (PR), sedimentos marinhos sobrelevados de idade pleistocênica (Suguio *et al.,*1977b) foram retrabalhados durante as transgressões holocênicas dos últimos 6 mil anos AP. Nos sopés das escarpas arenosas pleistocênicas, as areias holocênicas, resultantes do retrabalhamento de areias mais antigas, acham-se enriquecidas por ilmenita e magnetita.

Depósitos de plácer não-metálicos

Os *depósitos de areia e de cascalho submarinos* e *fluviais* que representam os *depósitos de plácer*

não-metálicos mais importantes em volume principalmente nos países do Hemisfério Norte, já foram discutidos entre os *materiais de construção do primeiro grupo.*

Por outro lado, *cascalhos diamantíferos* foram dragados ao largo da costa oeste da África do Sul entre 1960 e 1971. Os diamantes lá encontrados são originários do distrito de Kimberley e foram transportados até a costa pelo Rio Orange. Inicialmente foram extraídos de praias marinhas sobrelevadas e, mais tarde, foram localizados cascalhos diamantíferos em calhas e "marmitas" submarinas sobre as rochas do embasamento ou em camadas sedimentares do "tipo cobertor", que recobrem o embasamento.

2.6 Água subterrânea

Muitas rochas sedimentares constituem excelentes *aqüíferos* (aquifers), e os estudos ligados à *geologia sedimentar* podem subsidiar a localização e a exploração deste importante recurso natural. O *aqüífero* refere-se a uma camada sedimentar subsuperficial, cujos vazios e poros intersticiais se acham completamente saturados de água, que pode ser extraída através de um poço profundo ou até por uma cisterna. Como exemplo de *aqüífero*, tem-se o Arenito Botucatu, do Jurássico da Bacia do Paraná.

Tanto para armazenar água, como hidrocarbonetos (líquidos e gasosos), as rochas sedimentares devem ser *porosas*, isto é, possuir espaços vazios intersticiais que possam ser ocupados por fluidos e, além disso, *permeáveis* para permitir a sua percolação. Deste modo, na *hidrogeologia* como na *geologia do petróleo*, duas das propriedades físicas essenciais nas rochas sedimentares são a *porosidade* e a *permeabilidade*. Elas são referidas comumente, em conjunto, como *propriedades petrofísicas*. Além disso, outros pontos comuns aos dois campos da *geologia sedimentar aplicada* são a necessidade das *análises estratigráficas de caráter regional* que são essenciais na determinação das *geometrias* (formas) e das *atitudes* das *rochas armazenadoras* desses fluidos. Os *estudos faciológicos* e as *análises paleoambientais* são necessários para se atingir esses objetivos.

Diferentemente das prospecções de outros recursos minerais, principalmente dos minérios metálicos, não existem sensores específicos capazes de levar à localização direta do petróleo, gás ou água subterrânea. Portanto, a única maneira de se testar diretamente uma formação geológica é através da *sondagem mecânica*. As locações mais adequadas para as sondagens são se-

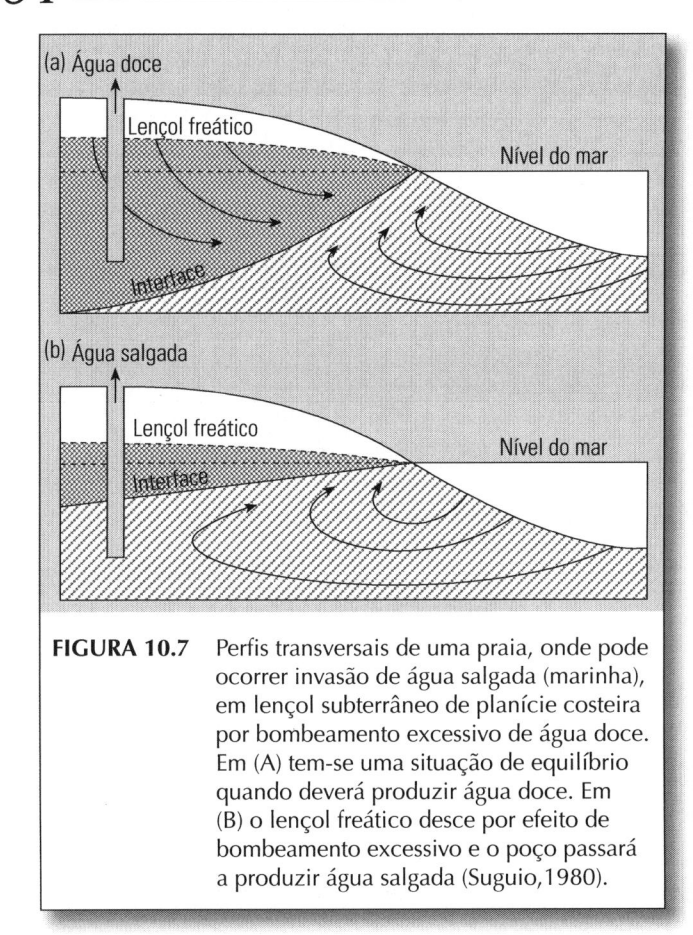

FIGURA 10.7 Perfis transversais de uma praia, onde pode ocorrer invasão de água salgada (marinha), em lençol subterrâneo de planície costeira por bombeamento excessivo de água doce. Em (A) tem-se uma situação de equilíbrio quando deverá produzir água doce. Em (B) o lençol freático desce por efeito de bombeamento excessivo e o poço passará a produzir água salgada (Suguio,1980).

lecionadas por *critérios de geologia de superfície* e *dados de subsuperfície* obtidos por prospecções prévias, auxiliados pela *geofísica* e, eventualmente, pela *geoquímica*. Terminada essa fase, ingressa-se no campo da estatística, pois quanto maior for o número de furos realizados, maiores serão as probabilidades de êxito.

Um aspecto importante da exploração de *água subterrânea* (groundwater) é que um bombeamento excessivo de água pode exceder a capacidade de *recarga do aqüífero*, de modo que o abastecimento pode ficar prejudicado. Além disso, em poços localizados em planícies costeiras, nas proximidades da praia atual, água doce pode ficar contaminada pela água salgada (Figura 10.7), em função também de bombeamento excessivo.

Segundo Rebouças (1976), o *sistema aqüífero* mais importante da Bacia do Paraná, representando cerca de 80% do *potencial hidrogeológico* desta bacia, é o Arenito Botucatu. A sua extensão, as carac-

terísticas litofaciológicas e o condicionamento estrutural fazem com que este *sistema aqüífero* se aproxime dos *modelos ideais*. Segundo Rebouças (1999), usa-se, hoje em dia, o termo *Aqüífero Guarani* de maneira mais ou menos informal, para se referir ao *sistema hidroestratigráfico* mesozóico da Bacia do Paraná, representado por depósitos de origem flúvio-lacustre-eólico do Triássico (formações Pirambóia e Rosário do Sul do Brasil e Buena Vista do Uruguai) e por depósitos de origem essencialmente eólica do Jurássico (formações Botucatu do Brasil, Misiones do Paraguai e Tacuarembó do Uruguai e Argentina). A área total de ocorrência do *Aqüífero Guarani* é de cerca de 1.195.200 km^2. Em segundo lugar, em *potencialidade hidrogeológica* na Bacia do Paraná do Brasil, aparecem os aqüíferos da Formação Serra Geral e o sistema formado pelos arenitos suprabasálticos do Grupo Bauru. Outros aqüíferos de menor importância, como as formações Furnas do Devoniano e Palermo e Rio Bonito do Permiano, além das fácies arenosas da Formação Estrada Nova, também do Permiano, encontram-se restritos a algumas zonas do domínio de afloramentos e podem ser explorados só a custos simplesmente proibitivos. De acordo com Rebouças (1999), os *potenciais hidrogeológicos* ou *capacidades específicas* (vazões que podem ser obtidas de um poço por metro de rebaixamento do seu nível de água) em território brasileiro são diversificados (Figura 10.8). Além disso, os volumes estocados de água na Bacia do Paraná correspondem, aproximadamente, a 50% do total no Brasil.

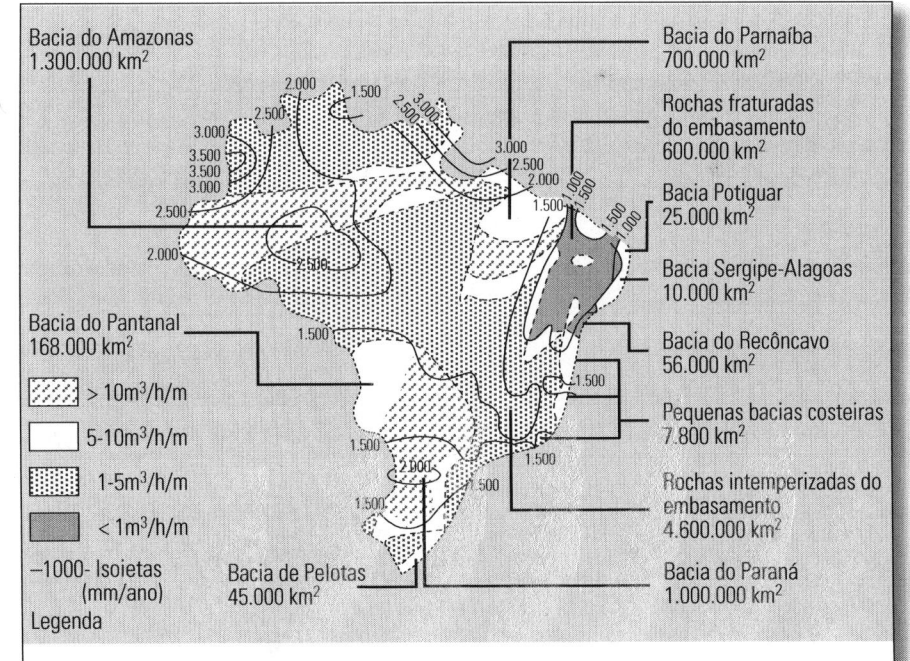

FIGURA 10.8 Potencialidades hidrogeológicas de produção de água subterrânea em território brasileiro, que dependem das naturezas geológicas e dos índices pluviométricos (mm/ano) das diferentes regiões (modificado de Rebouças,1988, pelo mesmo autor em 1999). Note que as maiores potencialidades correspondem às áreas ocupadas pelas bacias intracratônicas (Amazonas, Paraná e Parnaíba).

As *características litofaciológicas*, as *naturezas tectonossedimentares* e as *disposições estratigráficas* das formações geológicas da Bacia do Paraná, aliadas às *condições climáticas altamente favoráveis à recarga* e à *localização próxima a regiões mais povoadas e economicamente mais desenvolvidas do país*, fazem com que esta bacia reserve para o Brasil a *maior riqueza em recursos hídricos subterrâneos*.

2.7 Petróleo e gás natural

O petróleo é um líquido mais ou menos viscoso, de consistência oleosa e de densidade menor que a da água. A sua cor é variável, desde quase incolor até preta, podendo ser esverdeada ou acastanhada. Como o *petróleo* e o *gás natural* ocorrem associados na natureza, ambos são procurados pelas mesmas tecnologias. Aproximadamente 90% do petróleo produzido no mundo é usado como combustível, e o restante é transformado em óleos lubrificantes e milhares de produtos manufaturados pela indústria petroquímica.

Praticamente todos os hidrocarbonetos explorados no mundo inteiro provêm das *rochas sedimentares*. Em termos de idade, cerca de 60% são originários de sedimentos cenozóicos, pouco mais de 25% de depósitos mesozóicos, e o restante de sedimentos paleozóicos. A maior parte da produção brasileira está relacionada a *sedimentos mesozóicos*.

A grande maioria dos geólogos acredita que o petróleo e os hidrocarbonetos gasosos são ligados às *rochas sedimentares* quanto a sua gênese. Em termos de origem, seria essencialmente orgânica. Deste modo, a *geologia do petróleo* possui um vínculo inalienável com a *geologia sedimentar*. Além disso, admite-se que grande parte do petróleo produzido no mundo esteja associada a depósitos arenosos de *ambiente deltaico*. Segundo Rainwater (1966), não há dúvida de que existem em depósitos deltaicos numerosas acumulações de petróleo ainda não descobertas. A teoria de *tectônica de placas*, segundo Fischer & Judson (1975), poderia fornecer as chaves para a compreensão de muitos dos *problemas cruciais* relacionados a *gênese* e a *distribuição do petróleo e outros hidrocarbonetos*, tais como origem das bacias sedimentares, fontes de sedimentos, regimes de circulação (aberta ou fechada), previsão de geometria das bacias, história térmica das bacias, etc.

Entre as década de 60 e 70, foram publicados alguns dos textos básicos de *geologia do petróleo* (Levorsen,1967; Dott & Reynolds, 1969 e Chapman, 1973). Entretanto, alguns conceitos úteis na moderna prospecção de petróleo relacionados, por exemplo, a *estratigrafia de seqüências* e a *sismoestratigrafia* consolidaram-se nas décadas subseqüentes (Vail, 1987; Van Wagoner *et al.*, 1987; Walker, 1990).

2.7.1 Composições e origem dos hidrocarbonetos

Os *hidrocarbonetos líquidos* (petróleo) e *gasosos* (gás natural) são *compostos orgânicos complexos* que ocorrem na natureza no interior de poros e/ou fraturas, *principalmente de rochas sedimentares*. Eles são formados basicamente por hidrogênio e carbono, além de quantidades variáveis de oxigênio e de enxofre, juntamente com elementos-traço metálicos, tais como vanádio, cromo, níquel, etc.

Os hidrocarbonetos ocorrem em *condições naturais* nos estados sólido, líquido e gasoso. Os sólidos são conhecidos como *asfaltito* (piche ou asfalto), que se apresenta nas variedades *gilsonita* (gilsonite) e *grahamita* (grahamite), ambas de cor preta e fratura conchoidal. Os líquidos constituem o *petróleo bruto*. Os gasosos são referidos como *gás natural*, excluindo-se neste caso os gases naturais de outras origens, como os provenientes de *emanações vulcânicas*.

As teorias que tentam explicar a origem do petróleo podem ser classificadas em *inorgânicas* e *orgânicas*. Entre as teorias inorgânicas, destaca-se a de Porfirev (1974). Entretanto, segundo Ferreira (1984), a maiorias dos geólogos e geoquímicos advoga a origem orgânica, embora outros cheguem a admitir a possibilidade de existência de hidrocarbonetos inorgânicos na Terra (Szatmart, 1986).

Como os hidrocarbonetos são encontrados quase que somente em *rochas sedimentares* e não em rochas magmáticas ou metamórficas, a maioria dos geólogos acredita que os hidrocarbonetos sejam gerados e armazenados em rochas sedimentares. Os processos de geração e de migração dos hidrocarbonetos são complexos e muito discutíveis, mas, em geral, acredita-se *que a fonte primária sejam microrganismos* (animais e plantas) *marinhos*. Eles são acumulados com *sedimentos pelíticos* (silte e argila) e *decompostos por bactérias anaeróbias*. Segue-se um soterramento em profundidades e temperaturas crescentes, que atuam por milhões de anos, propiciando a perda dos componentes voláteis e concentração do carbono, *até a completa transformação em hidrocarbonetos* (Figura 4.8).

Até cerca de 1 km de profundidade a temperatura situa-se ao redor de 50°C, a *matéria orgânica* sofre *processos diagenéticos*, mas permanece ainda imatura, havendo produção só de *metano*. Abaixo de 1 km até mais de 3 km de profundidade, com temperaturas variáveis entre 50°C e 200°C, a matéria orgânica é submetida à *catagênese* (processos diagenéticos tardios) e são gerados os *hidrocarbonetos líquidos* (petróleo). Quando a temperatura ultrapassa os 200°C, a profundidades em geral maiores que 3.000 m, a *matéria orgânica* pode sofrer *metagênese* (processos metamórficos precoces) e passa a gerar *somente hidrocarbonetos gasosos*.

Analogamente aos processos que levam à transformação dos *restos vegetais* em carvão, anteriormente discutidos, a *matéria orgânica* que será convertida em petróleo sofre gradual perda dos *componentes voláteis* com conseqüente enriquecimento em carbono. Uma das grandes diferenças entre as origens do *carvão mineral* e dos *hidrocarbonetos* reside na natureza da *matéria orgânica* que é predominantemente *lenhosa*, no primeiro caso, e composta por *algas e outros microrganismos*, no segundo caso. Comumente, verifica-se a coexistência de *petróleo* e *gás natural*, mas, dependendo das condições de pressão e temperatura, ocorre a predominância de um deles.

Uma síntese interdisciplinar de informação sobre a *natureza*, a *origem* e a *diagênese precoce*, bem como sobre a distribuição e a composição química da *matéria orgânica sedimentar geradora de hidrocarbonetos*, foi apresentada por Tyson (1995).

2.7.2 Migração e armazenamento dos hidrocarbonetos

Os *hidrocarbonetos* formados migram para fora da rocha geradora (source rock), geralmente pelítica (folhelhos) com baixos valores de permeabilidade, para meios mais porosos e permeáveis. Este processo é denominado de *migração primária*. Por outro lado, a movimentação dos *hidrocarbonetos* através de rochas mais porosas e permeáveis, após serem expulsos da *rocha geradora* com participação da *água subterrânea* (groundwater), é chamada de *migração secundária*. Em última instância, em seu caminho para a superfície, os hidrocarbonetos podem ser dissipados através de *exsudação* (seepage), isto é, *exalação com perda de gases e componentes mais leves com retenção apenas das frações mais pesadas e viscosas*. Entretanto, em circunstâncias mais favoráveis, quando existem *rochas capeadoras* (cap rocks) *adequadas*, eles são retidos para formar uma jazida em *rocha-reservatório* (reservoir rock), situada por baixo de camadas impermeáveis.

Quaisquer arenitos, calcários e dolomitos porosos e permeáveis representam *rochas armazenadoras potenciais*. As freqüências dos tipos litológicos de *rochas-reservatório* de petróleo no mundo são de 59% de arenitos, 40% de calcários e dolomitos e 1% de outras rochas fraturadas (inclusive cristalinas).

Descrições sedimentológicas detalhadas de *reservatórios siliciclásticos* e *carbonáticos* (costeiros, deltaicos, fluviais e eólicos), combinadas com técnicas de engenharia e de geologia de subsuperfície, que permitem obter *modelos de reservatórios* úteis no monitoramento em campo e durante as *operações de recuperações secundárias* e *terciárias* foram apresentadas por Tillman & Weber (1987). Por outro lado, o livro de Barwis *et al.* (1990) versa sobre os reservatórios de petróleo compostos de arenitos e as influências dos seus *ambientes deposicionais* na sua arquitetura e no seu desempenho, com isso enfatizando a importância da *geologia sedimentar* na *geologia* e na *engenharia de produção* de petróleo.

Eventualmente, o petróleo pode ser armazenado em folhelhos e rochas cristalinas fraturadas. Por exemplo, o petróleo do primeiro poço produtor comercial brasileiro, perfurado em janeiro de 1939, em Lobato (BA), provinha de rochas gnáissicas fraturadas.

Além dos *processos de migração* e da *existência de rochas-reservatório* para que seja encontrada acumulação de petróleo, são necessárias as *rochas capeadoras* (cap rocks), que têm a função de "selar" os reservatórios. Elas são comumente compostas de *folhelhos* e *evaporitos* ou, menos freqüentemente, de calcários e arenitos pouco permeáveis.

As estruturas para acumulação de petróleo são chamadas de *trapas* ou *armadilhas* (traps), que podem ser classificadas em *estruturais*, *estratigráficas* e *hidrodinâmicas* (Figura 10. 9). As *armadilhas estruturais* são controladas pela presença de *camadas sedimentares deformadas* (dobradas e/ou falhadas) e *diápiros de sal*. As *armadilhas estratigráficas* são primeiramente devidas a *barreiras de permeabilidade*, que são originadas por fatores sedimentares. Os elementos que originam as *armadilhas estratigráficas* são, segundo Levorsen (1967), variações *litológicas* e/ou *estratigráficas*, tais como mudanças faciológicas, variações de propriedades petrofísicas, acunhamento ou adelgaçamento de camadas (*pinchout*), etc. Extensa documentação sobre *armadilhas estratigráficas* e métodos de localização é fornecida por King (1972). As *armadilhas mistas* são devidas concomitantemente às *causas estruturais* (padrão tectônico) e às *mudanças laterais de permeabilidade* por causas sedimentares. Finalmente, as *armadilhas hidrodinâmicas* formam um grupo muito raro de reservatórios, onde o petróleo é retido pelo *gradiente hidrodinâmico*, isto é, *pressões hidrostáticas* retêm o petróleo em posição estável. Esta situação poderia ser encontrada em *dobra monoclinal*. Alguns contatos petróleo-água adernados, encontrados em raras situações, sugerem que os *fatores hidrodinâmicos* sejam importantes nestas acumulações de hidrocarbonetos.

Segundo Halbouty *et al.* (1970), computando-se os tipos de armadilhas encontrados em 266 campos gigantes de petróleo (mais de 500 milhões de barris recuperáveis) e de gás (mais de 10,6 trilhões de metros cúbicos recuperáveis), 83% correspondem ao *tipo estrutural*, 6% ao *estratigráfico* e 11% ao *misto*. Essas cifras sugerem que as armadilhas de origem estrutural são mais fáceis de serem encontradas, perfurando-se simplesmente os *altos estruturais* definidos pela *geofísica* e/ou *geologia de superfície*, mas as trapas tipicamente *estratigráficas* são encontradas por acaso ou com a ajuda de *modelos de sedimentação*. Deste modo, a *geologia sedimentar* pode desempenhar um papel fundamental na localização e desenvolvimento de campos com *armadilhas estratigráficas*, fato que foi comprovado pela Petrobrás S/A, trabalhando nas bacias marginais brasileiras com *modelos de sedimentação turbidítica*.

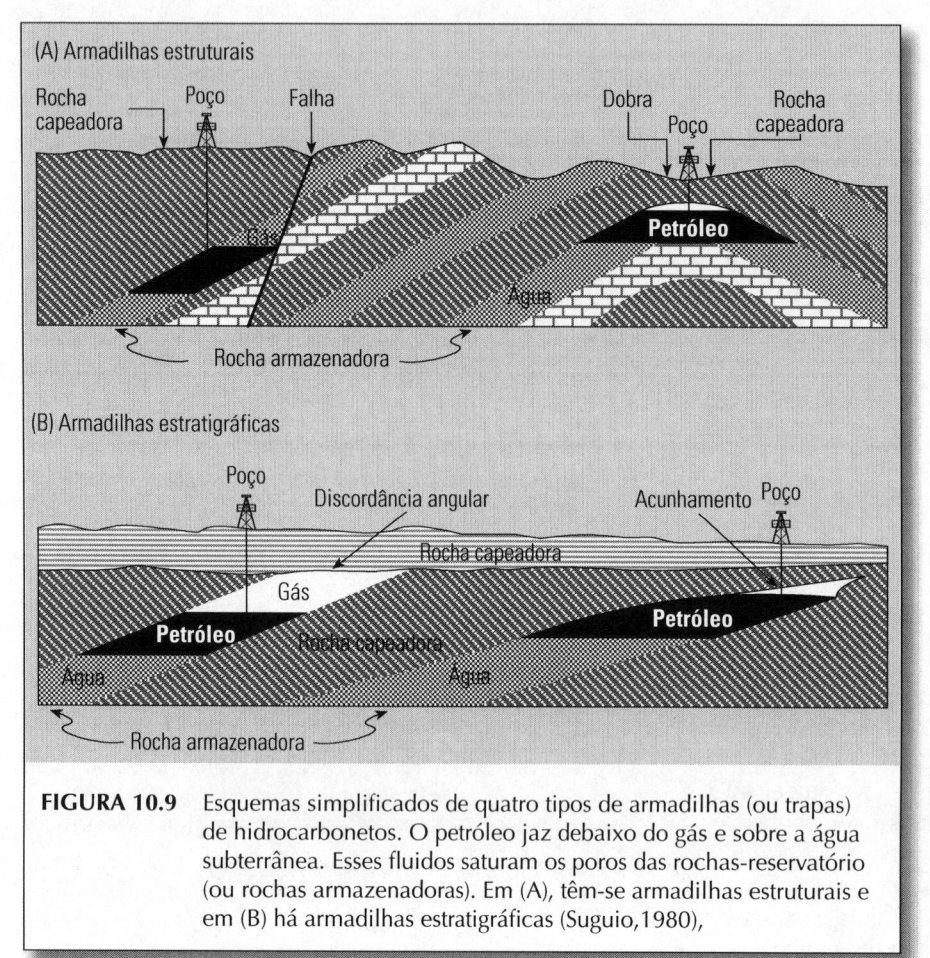

(A) Armadilhas estruturais

Rocha capeadora — Poço — Falha — Dobra — Poço — Rocha capeadora

Petróleo

Água

Rocha armazenadora

(B) Armadilhas estratigráficas

Poço — Discordância angular — Acunhamento — Poço

Rocha capeadora

Gás

Petróleo — Rocha capeadora — Petróleo

Água — Água

Rocha armazenadora

FIGURA 10.9 Esquemas simplificados de quatro tipos de armadilhas (ou trapas) de hidrocarbonetos. O petróleo jaz debaixo do gás e sobre a água subterrânea. Esses fluidos saturam os poros das rochas-reservatório (ou rochas armazenadoras). Em (A), têm-se armadilhas estruturais e em (B) há armadilhas estratigráficas (Suguio,1980),

2.8 Outros tipos de reservatórios de hidrocarbonetos

As outras fontes de hidrocarbonetos estão ligadas aos *arenitos asfálticos* (tar sandstones) e aos *folhelhos pirobetuminosos* (pyrobituminous shales), muitas vezes designados impropriamente de *xistos betuminosos*. Diferentemente do petróleo e gás convencionalmente extraídos através de poços profundos, a exploração desses materiais requer *processos de mineração* e de *extração total da rocha* e não somente dos fluidos intersticiais.

Embora haja exceções, as técnicas convencionais de produção de petróleo compreendem as fases de *recuperação primária* que retira em média 17% do petróleo do reservatório; a *recuperação secundária* que extrai mais 16% e a *recuperação terciária* que fornece mais 10%, perfazendo pouco mais de 40%. Desse modo, a *mineração de petróleo* seria aplicável em reservatórios preferencialmente mais rasos e com espessura considerável, baixa permeabilidade e baixa pressão, contendo petróleo de alta viscosidade. O método de *mineração de petróleo*, segundo Silva (1984), já tem sido aplicado em várias partes do mundo, em diferentes épocas, levando à recuperação de até 95% do petróleo total contido no reservatório.

2.7.3 Exploração de petróleo no Brasil

Hoje em dia tem-se uma idéia bastante clara da geologia e das potencialidades petrolíferas das *bacias sedimentares brasileiras*. A sua parte terrestre exibe uma área total de 3,167 ⬚ 10^6 km², distribuídos pelas bacias paleozóicas, mesozóicas e terciárias. Na *margem continental*, as bacias são de idades cretácica e terciária, distribuídas ao longo das costas equatorial e leste. A *plataforma continental* apresenta uma área de 700.000 km² e o *talude* e *sopé continentais* somam 1,719 ⬚ 10^6 km² (Zembruscki *et al.*, 1972). Por outro lado, Pontes *et al.* (1974) estimaram que a reserva recuperável esperada de petróleo na *plataforma continental brasileira* seria da ordem de 800 ⬚ 10^6 m³.

Segundo Castro (2002), que se baseou em informações da Petrobrás S/A, a produção atual de petróleo no Brasil seria de 1,5 ⬚ 10^6 barris/dia, dos quais 17% seriam produzidos em terra firme, 19% em águas rasas e 64% em águas profundas (mais de 1.000 m) e ultraprofundas (mais de 2.000 m). Deste total, 1,247 ⬚ 10^6 barris/dia, representando mais de 80% da produção atual brasileira, provém da Bacia de Campos (RJ), que também seria responsável por 47% da produção total de gás natural. Segundo estimativas da Petrobras S/A, até o ano 2005 deverão ser produzidos 1,85 ⬚ 10^6 barris/dia de petróleo, sendo 75% dos quais provenientes de águas profundas das *bacias marginais brasileiras*.

2.8.1 Arenito asfáltico

O *arenito asfáltico* (tar sandstone) é uma rocha sedimentar, cujas partículas minerais quartzosas são cimentadas naturalmente por *asfaltito*, tendo as *frações leves de hidrocarbonetos* migrado para outras partes mais superficiais ou sido perdidas por exsudação e erosão. A remoção do *asfaltito* deste tipo de rocha só é possível por seu aquecimento.

A maior ocorrência deste material situa-se na América do Norte em Athabasca, Alberta (Canadá), que cobre uma área total de cerca de 50.000 km² e apresenta uma espessura de 60m. O Projeto Syncrude, apresentado em julho de 1979, na Primeira Conferência Internacional sobre o Futuro do Petróleo Pesado e das Areias Betuminosas, em Edmonton (Canadá), previa o processamento de 283.000 ton/dia de rocha com produção de mais de 1 bilhão de barris de petróleo sintético durante 25 anos, previstos de vida útil da jazida (Bruni, 1981). Depósitos de *arenito asfáltico* tão grandes quanto aos de Alberta são conhecidos na

Venezuela e na Rússia. A reserva estimada dos depósitos da Venezuela era de 1 trilhão de barris.

No Brasil, são conhecidos os arenitos asfáltico que ocorrem no Estado de São Paulo, distribuídos por uma área limitada ao norte pelo Rio Piracicaba e ao sul pelos afluentes da margem direita do Rio Paranapanema. Segundo Franzinelli (1972), com exceção do arenito asfáltico de Jacutinga, que pertence Formação Tatuí do Grupo Tubarão (Permocarbonífero da Bacia do Paraná), todos os outros arenitos asfálticos correspondem à Formação Pirambóia (Triássico da Bacia do Paraná). Foi constatada pela autora, uma intima relação entre a *tectônica regional* e a *distribuição* desses arenitos. Por outro lado, os estudos geoquímicos sugeriram que o *asfaltito* proviria da Formação Irati, sotoposta, de idade permiana.

2.8.2 *Folhelho pirobetuminoso*

É composto de rochas sedimentares pelíticas com *matéria orgânica sólida* na forma de *querogênio* (kerogen). Quando este folhelho é submetido á destilação destrutiva por aquecimento, a *matéria orgânica* se decompõe em *hidrocarbonetos líquidos* e *gasosos* semelhantes ao *petróleo* e *gás natural,* respectivamente. O querogênio é insolúvel em solventes orgânicos comuns, como o tetracloreto de carbono (CCl_4). É necessário "queimar" em média 40 litros de petróleo por tonelada para destilação dos folhelhos pirobetuminosos. Portanto, só os folhelhos que forneçam acima deste volume de destilados por tonelada devem ser considerados como interessantes.

Uma das maiores reservas mundiais de *folhelho pirobetuminoso* é encontrada na Formação Green River (Terciário dos Estados Unidos), onde os geólogos do serviço geologia daquele país estimaram uma reserva total de 2 trilhões de barris de petróleo, dos quais cerca de 50% seriam recuperáveis, computando-se só os folhelhos capazes de produzir no mínimo 40 L/ton de destilados.

O Brasil possui a segunda maior reserva de *folhelho pirobetuminoso* do mundo. Os seus depósitos acham-se distribuídos pelo país todo, com idades variando de Devoniano (Bacia do Amazonas) ao Terciário (Bacia de Taubaté). Desses depósitos foram, até agora, tecnicamente estudados os da Formação Tremembé (Bacia de Taubaté) e da Formação Irati (Permiano da Bacia do Paraná).

O *folhelho pirobetuminoso* da Formação Tremembé (Bacia de Taubaté) estende-se desde as imediação de Quiririm às proximidades de Roseira no Estado de São Paulo, e apresentaria uma reserva de mais de 2 bilhões de barris de petróleo. As análises geoquímicas deste folhelho, executadas pela Petrobrás (Marques,1990), mostraram elevados teores de *carbono orgânico* que variaram entre 1,1% a 14,5%, com excelente potencial gerador de *hidrocarbonetos líquidos*. Entretanto, nas seções analisadas, os sedimentos apresentaram-se com a *matéria orgânica imatura*, pois a temperatura atingida foi ainda inadequada à transformação do *querogênio* em *hidrocarbonetos líquidos* por subsidência.

O volume de *folhelho pirobetuminoso* da Formação Irati seria suficiente para colocar a reserva brasileira em segundo lugar no mundo, sendo inferior apenas à dos Estados Unidos (Bruni & Padula,1974). Esses depósitos não guardam as mesmas feições em todas as áreas de ocorrência, mas a sua faixa de afloramentos prolonga-se quase ininterruptamente do Estado de São Paulo ao interior do Uruguai. Encontra-se em operação a Usina Protótipo do Irati, que funciona próximo à cidade de São Mateus do Sul (PR).

2.9 Geologia ambiental

2.9.1 *Conceitos básicos*

A *geologia ambiental* versa sobre o emprego das informações geológicas, principalmente da *geologia sedimentar* para o bom uso do *espaço físico*, procurando minimizar a *degradação ambiental* e maximizar os *resultados benéficos* advindos da ocupação humana dos *ambientes naturais* e *modificados*. A aplicação da geologia a esses problemas inclui, segundo Keller (1996), o estudo de:

∑ *Riscos naturais* (inundações, escorregamentos, terremotos e atividades vulcânicas) para minimizar as perdas de vida e de propriedades.

∑ *Cenário* (landscape) para escolha de locais adequados, planejamento de uso do *espaço físico* e *análise do impacto ambiental*.

∑ *Materiais terrosos* (minerais, rochas e solos) para determinação dos seus usos potenciais em sítios de descarte de *resíduos sólidos* (lixos) e os seus efeitos eventualmente danosos sobre a *saúde humana*.

∑ *Processos hidrológicos* ligados à água superficial e subterrânea para avaliar os *recursos hídricos disponíveis* e os problemas de poluição das águas.

∑ *Processos geológicos*, tais como erosão, transporte e sedimentação aceleradas de materiais, para avaliar as eventuais *mudanças fisiográficas* locais e regionais.

Portanto, a *geologia ambiental* deve preocupar-se com o espectro total de transformações produzidas pela *interação humana* com o *ambiente físico*. Neste particular, não se deve esquecer o fato de que o homem aumenta, a cada dia que passa, o seu papel como *agente geológico muito ativo*, causando a devastação de florestas em enormes áreas, como está atualmente em curso na Amazônia, acelerando os processos de modificação do *relevo* (ou fisiografia) da superfície

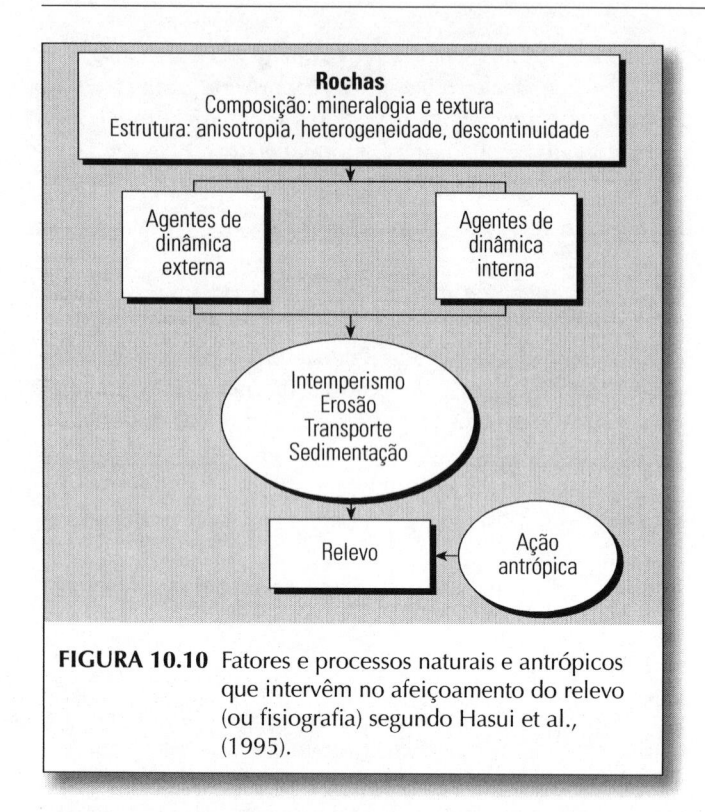

FIGURA 10.10 Fatores e processos naturais e antrópicos que intervêm no afeiçoamento do relevo (ou fisiografia) segundo Hasui et al., (1995).

terrestre (Figura 10.10). Essas interferências humanas refletem-se em mudanças das características originais da litosfera, da hidrosfera, da atmosfera e da biosfera, causando transformações em todos os ecossistemas (Suguio, 2000).

Comumente, os *fenômenos naturais*, tais como os grandes *movimentos de massa* (mass movements) são inevitáveis, pois eles integram o conjunto de processos de modificação do relevo, que tendem a conduzir para uma situação mais estável. Entretanto, a deflagração desses eventos pode ser acelerada ou retardada pela interferência humana como, por exemplo, através do desmatamento ou reflorestamento, respectivamente. Muitos casos de deslizamento de terras, queda de blocos de rochas através de encostas íngremes, subsidência de terrenos (recalques), movimentos sísmicos, regimes fluviais e até climáticos podem ser, hoje em dia, induzidos ou exacerbados pelo homem, com conseqüências muitas vezes catastróficas.

O geólogo que se dedica à *geologia ambiental* deve ser, antes de tudo, muito eclético e saber desenvolver projetos em equipes multi e interdisciplinares, com participação de especialistas, cuja exigência de conhecimentos depende da natureza do problema. Ele deve preocupar-se com a identificação de *áreas mais suscetíveis* à erosão e/ou sedimentação aceleradas, aos grandes escorregamentos, as vastas inundações, etc.

De acordo com Keller (*op.cit.*), existem conceitos fundamentais que devem ser bem conhecidos, quando se procuram possíveis soluções para os problemas ambientais, tais como:

a) A Terra constitui um *sistema essencialmente fechado* e, portanto, é preciso ter perfeita compreensão de taxas de mudança e de retroalimentação em sistemas, que é indispensável na solução dos problemas ambientais.

b) A Terra, até o momento, é o *único hábitat apropriado à vida humana*, e os seus recursos naturais são limitados (finitos).

c) Os processos físicos atuais, que *modificam a paisagem terrestre*, já atuam há muito tempo em termos geológicos, mas as freqüências e as intensidades desses processos estão sujeitas a mudanças naturais e induzidas pelo homem.

d) Sempre ocorreram *processos geodinâmicos perigosos aos seres humanos*, os quais devem ser identificados e, na medida do possível evitados ou, em último caso, a sua ameaça às vidas humanas e às propriedades deve ser minimizada.

e) O planejamento de *usos da água e do solo* deve empenhar-se na obtenção do equilíbrio dinâmico entre os fatores econômicos e as variáveis menos pragmáticas, como a própria estética.

f) Os efeitos, *tanto benéficos como danosos*, ligados ao uso do solo, tendem a ser cumulativos e, dessa maneira, é necessário "assumir um compromisso" de preservação para as gerações futuras.

g) O *componente ambiental básico* do ser humano é de *natureza geológica* e, portanto, torna-se imprescindível uma perfeita compreensão das geociências e das disciplinas correlatas.

h) Os principais problemas ambientais estão relacionados ao *incremento desenfreado da população humana* sobre a Terra.

Deste modo, segundo Heling (1994), cabe à *geologia ambiental* realizar *prognósticos geocientíficos quantitativos sobre o futuro da geosfera*, atuando como um elo de ligação entre as outras ciências afins, mas também com as ciências humanas (sociais e econômicas) e, finalmente, fornecendo alternativas que devem ser seguidas por tomadores de decisão (decision-makers).

Algumas das questões ambientais mais corriqueiras, ligadas direta ou indiretamente à *geologia sedimentar* que podem influir no êxito ou no malogro de uso do *meio físico* no Brasil, ligam-se à erosão e sedimentação aceleradas, aos movimentos de massa, a quantidade e qualidade dos materiais de construção, ao abastecimento de água e à geologia urbana.

2.9.2 *Erosão e sedimentação aceleradas*

A *erosão* representa o processo natural que desencadeia todos os outros problemas causados aos ambientes naturais pelos sedimentos. Outros danos são também produzidos durante o *transporte* e, finalmente, pela *sedimentação* do material erodido. Esses processos podem ser acelerados pelas atividades humanas, com um aumento desenfreado de suas taxas, em decorrência do *rompimento do equilíbrio dinâmico*. Entre algumas das atividades humanas que mais contribuem para este fato têm-se as alterações na cobertura vegetal (desmatamento, queima, sobrepastagem, etc.), abertura de estradas, modificação de regimes hidrológicos pela retificação de canais ou construção de barragens, práticas agrícolas inadequadas e urbanização descontrolada (Rohde, 1996).

a) *Problemas causados pela erosão*

∑ Em *cursos fluviais* pode ocorrer a erosão das margens no seu percurso ou a erosão remontante nas nascentes (mananciais) que, muitas vezes, introduzem modificação no *regime fluvial*.

∑ Em *zonas agrícolas*, a erosão promove a remoção das camadas superficiais mais férteis do solo, causando a gradual *perda de fertilidade*.

∑ Em *zonas costeiras*, a erosão destrói as praias e falésias marinhas que são, em geral, ligadas a causas naturais, mas podem ser exacerbadas pela ação antrópica, através da construção de barragens (*efeito represamento*) molhes, espigões e quebramares.

∑ Tanto em *áreas rurais* como na urbana, o *escoamento superficial concentrado* das águas sobre sedimentos muito suscetíveis, principalmente de idade cenozóica (Popp & Bigarella, 1975) originam *boçorocas* (Figura 10.11), que desfiguram as encostas e causam graves problemas (Hasui *et al.*, 1995), com destruição de infra-estruturas e propriedades.

b) *Problemas causados pelo transporte*

∑ Principalmente quando há excesso de sedimentos, em transporte fluvial, o escoamento é prejudicado e pode causar *transbordamentos* e *inundações*.

∑ Os sedimentos em transporte fluvial (suspensão, saltação ou arrasto) degradam a *qualidade da água*, levando à restrição dos seus usos: doméstico, industrial, recreacional ou mesmo em usinas hidrelétricas, sendo também prejudicial à vida aquática.

FIGURA 10.11 Feição erosiva (boçoroca) muito comum em áreas de sedimentos permeáveis e incoerentes. (A) Boçoroca (ou voçoroca) desenvolvida sobre o Membro Serra da Galga da Formação Marília do Grupo Bauru (Cretáceo superior da Bacia do Paraná). Rodovia BR-050 (localidade de Mangabeira) entre Uberaba e Uberlândia (MG). Foto de E. Franzinelli. (B) Boçoroca em área de sedimentos cenozóicos de preenchimento da paleotopografia da Formação Adamantina do Grupo Bauru. Rodovia Assis-Londrina, próxima a Assis (SP). Foto do autor.

∑ Os sedimentos em transporte fluvial, principalmente as *frações finas* (siltes e argilas), podem atuar como *veículo de poluentes*, tais como de inseticidas, herbicidas e metais pesados (Hg, Pb etc.).

∑ Os seixos e matacões, transportados em *regime torrencial* podem danificar por impacto, não somente árvores, mas também vários tipos de obras civis (instalações hidráulicas, pontes, edifícios, etc.).

c) *Problemas causados pela sedimentação*

∑ A deposição de sedimentos promove o *assoreamento* (ou *colmatação*), reduzindo o volume de água armazenado e, portanto, a *capacidade dos reservatórios* de usinas hidrelétricas de abastecimento urbano, etc.

∑ Os sedimentos depositados em canais de irrigação, de drenagem e de navegação *interferem no uso adequado* para as finalidades previstas e, além disso, *influem no escoamento* e podem causar inundações e enchentes ou impossibilitar a navegação.

∑ Os sedimentos depositados podem *conter produtos danosos* às vidas animal e vegetal e ao homem, mas também podem ser *portadores de nutrientes benéficos* ao desenvolvimento de plantas.

2.9.3 *Movimentos de massa (depósitos gravitacionais)*

2.9.3.1 - *Generalidades*

Sob certos aspectos, as *boçorocas* também exibem localmente este fenômeno, porém os casos mais espetaculares de *movimentos de massa* são comumente conhecidos como *escorregamentos*. Representam movimentos coletivos de *blocos de rochas* de vários tipos e de materiais terrosos ligados a *regolitos* (mantos de intemperismo). O transporte desses materiais é propiciado pelo *efeito da gravidade*, somado à maior ou menor *participação da água* que atua como "lubrificante".

Os materiais resultantes dos *movimentos de massa* ou *movimentos gravitacionais* são muito diversificados e compreendem os *depósitos de tálus* (talus deposits), *fluxos de detritos* (debris flow deposits), *fluxos fluidificados* (fluidized flow deposits), *corridas de lama* (mudflow deposits), *rastejo de solo* (soil creep deposits), etc. Em geral, muitos desses depósitos apresentam-se, em planta, com forma de leque ou cone com o ápice voltado para a montante. Podem também atingir verdadeiras "montanhas de lixo" das periferias urbanas de grandes cidades, como São Paulo (SP) Belo Horizonte (MG).

Os *depósitos de tálus* são acumulações de detritos rochosos angulosos no sopé de uma vertente íngreme, transportados declive abaixo, quase que somente pela gravidade. Pode configurar-se como um *cone de dejeção* (talus cone) com declividade superior a 35 graus, em *condições de equilíbrio metaestável*, que pode ser rompido quando saturado de água, dando origem a *depósitos de fluxo de detritos*. Os *depósitos de tálus* caracterizam-se, em geral, pela ausência de seleção granulométrica, distribuição caótica, arredondamento quase nulo e a estratificação, quando presente, é muito inclinada e incipiente. É um tipo de depósito raramente registrado na *coluna geológica pretérita*, pois corresponde a uma etapa juvenil do *ciclo de erosão* (erosion cycle).

A designação *fluxo de detritos* aplica-se a todos os tipos de fluxos rápidos, envolvendo detritos minerais de várias espécies e tamanhos. É um tipo de *movimento de massa* que, às vezes, é usado como sinônimo de *corrida de lama*. Os materiais deste tipo são encontradiços em *depósitos de leques aluviais* (alluvial fan deposits).

Os *depósitos de fluxos fluidificados* correspondem a corridas de sedimentos, onde o movimento ascendente do *fluido intersticial* (interstitial fluid) sobrepuja o peso efetivo das partículas, de modo que elas passam a ser sustentadas pelo fluido (Lowe, 1975). Este fenômeno leva ao desenvolvimento de interessantes *estruturas sedimentares* denominadas em conjunto por *estruturas de escape de água* (water-escape structures).

Os *depósitos de corridas de lama* são formados por fluxo de *material detrítico heterogêneo* (areia, silte, argila e até seixos), declive abaixo e muitas vezes seguindo um antigo canal fluvial, graças à "lubrificação" por grande volume de água que satura o material. É um *fenômeno espasmódico* e relativamente comum em *depósitos de leques aluviais*.

Os *depósitos de rastejo de solos* são relacionados ao fenômeno de *lenta movimentação* (acima de cerca de 0,1 m/ano) de solos declive abaixo, identificado pela inclinação de árvores, deformação de muros, etc. Mesmo em regiões onde o fenômeno está aparentemente ausente, um exame pormenorizado pode revelar a presença do processo. Acredita-se que muitos *depósitos de colúvio* (colluvium deposits), que recobrem muitas regiões, tanto de terrenos sedimentares como cristalinos, sejam originados por este mecanismo.

Nem sempre é muito fácil a identificação desses depósitos, pois as suas características sofrem mudanças transicionais. Portanto, os depósitos acima descritos representam apenas alguns *membros extremos* (end members), que exibem uma gradação contínua.

2.9.3.2 - *Casos brasileiros*

Como não poderia deixar de ser, os *movimentos de massa*, em território brasileiro, são característicos de regiões de *relevo mais ou menos acidentado* e com *alta pluviosidade*. Esses dois fatores, por outro lado, atuam com maior intensidade em regiões com maior densidade de *ocupação humana*. Nesta categoria estão compreendidos os sítios urbanos de Rio de Janeiro (RJ), Belo Horizonte (MG), Vitória (ES) e Florianópolis (SC) com substrato de rochas cristalinas. Nas cidades de Salvador (BA) e Recife (PE), os *escorregamentos* relacionam-se comumente às vertentes dos tabuleiros da Formação Barreiras, de idade neogênica, onde predominam sedimentos areno-argilosos, raramente conglomeráticos.

Como alguns exemplos, podem ser citados os *movimentos de massa* ocorridos em Monte Serrat (Santos, SP) em 1956; na Serra de Caraguatatuba (SP) em 1967; em Campos do Jordão (SP) em 1972 e em Araranguá e Tubarão (SC) em 1974 (Figura 10.12). Recentemente, em função de chuvas torrenciais, ocorreram *escorregamentos* em Petrópolis (RJ), ocasionando mortes, destruição de casas e interrupção de rodovia. Em 23/12/1995 em Timbé do Sul (Alto Rio Figueira, SC) ocorreram *fluxos de detritos* do manto de intemperismo de basaltos da Formação Serra Geral (Jurássico) da Bacia do Paraná, que representa um caso mais raro, pois os materiais de intemperismo caracterizam-se por maior coesão e, em geral, são mais estáveis;

Em qualquer caso, esses fenômenos representam apenas processos naturais de *evolução geomorfológica* na ausência do homem, mas na sua presença eles são acelerados e intensificados, podendo apresentar conseqüências catastróficas com perdas materiais e de vidas humanas.

2.9.4 *Qualidade e quantidade de materiais de construção*

A disponibilidade de materiais de construção (*areias* e *cascalhos*) adequados e em quantidade suficiente também constitui um problema típico e importante no êxito de implantação de obras civis, tais como, rodovias, ferrovias, barragens e usinas hidrelétricas, etc.

2.9.5 *Abastecimento de água*

As peculiaridades geográficas e geológicas de cada região devem de-

terminar as *normas de utilização* de seus recursos hídricos subterrâneos e superficiais. Portanto, as regiões semi-áridas de rochas cristalinas do Nordeste do Brasil, a Amazônia tropical de floresta pluvial, as vertentes íngremes da Serra do Mar, os chapadões do interior, com as suas vegetações de cerrado, bem como as planícies sedimentares litorâneas devem, em cada caso, solicitar *uma tecnologia adequada* para a *exploração sustentável* de seus recursos hídricos.

FIGURA 10.12 Escorregamentos ocorridos em 1967 em Caraguatatuba (SP), conforme fotos do autor obtidas em 1971. (A) cicatrizes deixadas pelos escorregamentos (fluxos de detritos) de regolitos dos morros de rochas cristalinas pré-cambrianas. No plano anterior, vê-se o vale do Rio Santo Antônio, completamente assoreado pelos materiais de escorregamento. (B) detalhes texturais (granulométricos) dos materiais que exibem baixa seleção granulométrica. O arredondamento dos fragmentos maiores deve-se principalmente à decomposição esferoidal e não à abrasão por transporte, já que este processo foi muito incipiente. Escala da figura 10.12B = martelo de geólogo.

2.9.6 Geologia urbana

2.9.6.1 - Generalidades

Até o início do século XX não havia nenhuma cidade no mundo com 5 milhões de habitantes. Entretanto, em 1950 já havia cinco cidades nessa situação. Segundo Passerini (1984), existia uma área de cerca de 1 milhão de km^2 correspondente à área de 0,2% da superfície terrestre cobertos por cidades, enquanto De Mulder (1993) estimou uma área de 0,7% da superfície terrestre no ano 2000, com um incremento de 250% em 16 anos!

Passerini (*op. cit.*) criou o termo *antropostroma* (anthropostrome), para se referir às *cidades* ou *ambientes gerados pelos seres humanos* que se estendem como "tapetes" sobre a superfície terrestre. O espantoso impacto causado pelas atividades humanas tem transformado completamente os ambientes físicos dessas cidades, estabelecendo um completo desequilíbrio e introduzindo alguns danos irreversíveis à natureza.

Muitos dos problemas ambientais relacionados à *geologia urbana* estão ligados direta ou indiretamente à *geologia sedimentar*. Isto se deve principalmente ao fato de que muitos *sítios urbanos* independentemente dos tamanhos das suas população localizam-se em áreas de topografia relativamente plana, de margens fluviais e de planícies costeiras. Na maioria das vezes, representam áreas de sedimentação cenozóica. Entre alguns desses exemplos, têm-se as cidades de São Paulo (SP) e Curitiba (PR) no Brasil, cujos sítios urbanos estão predominantemente sobre as bacias sedimentares homônimas.

A *geologia urbana* pode ser definida como um campo da *geologia aplicada* que versa sobre os *sítios urbanos*. Esta disciplina deve combinar os conhecimentos advindos das áreas de geociências, que contribuam para o gerenciamento e o desenvolvimento urbanos. Constitui um campo multi e interdisciplinar das geociências e abrange parte da *geologia de engenharia*, da *geologia ambiental* e do *gerenciamento territorial*. Além disso, os conhecimentos provenientes das disciplinas geológicas tradicionais, tais como da *estratigrafia, sedimentologia* e *tectônica*, bem como da *geotécnica* (mecânica dos solos e mecânica das rochas) e *hidrogeologia* são também importantes. Finalmente, a *geologia urbana* possui vínculos inalienáveis com as *ciências humanas*, principalmente com as *ciências sociais* e *ciências econômicas*, além das ciências da saúde, principalmente com a *medicina* e *saúde pública*.

O estudo das *condições geológicas naturais* da cidade e das áreas circundantes, bem como do *impacto da interferência antrópica* constitui o objetivo primordial da *geologia urbana*. Conseqüentemente, os especialistas desta área deverão estar capacitados a assessorar os planejadores urbanos na escolha dos sítios mais adequados à expansão de zonas residenciais e industriais, para estocagem de produtos de rejeito, para construção de cemitérios, etc. Além disso, os *geólogos urbanos* podem participar na educação ambiental dos cidadãos, na questão do subsolo das cidades, sobre os riscos potenciais existentes e os recursos subterrâneos (minérios e água subterrânea), etc.

Rio de Janeiro (Brasil), Hong Kong (China) e Medellín (Colômbia) são apenas algumas das cidades que sofrem enormemente com os *escorregamentos* (landslides), pela intensa construção de residências em vertentes muito instáveis. O descarte de *rejeitos sólidos* (lixos urbanos) em locais apropriados constitui um dos problemas cruciais em todas as grandes cidades do mundo, pois há escassez de espaço desocupado, onde o lixo não vá contaminar os solos ou nascentes de água. Entre outras, as cidades do México (México) São Paulo (Brasil) são exemplos de cidades onde água potável enfrenta sérios problemas de contaminação por efluentes industriais e domésticos. Muitas cidades do mundo, por terem crescido muito rapidamente sobre áreas de ocorrência de recursos naturais, são obrigadas a buscar materiais de construção (areias e cascalhos) em locais muito distantes. Em outros sítios urbanos, como de Tóquio (Japão), Manila (Filipinas) e Shangai (China) o extensivo e intensivo bombeamento de água subterrânea tem acelerado o *processo de subsidência* (recalque) do terreno, levando a inundação de áreas da cidade pelos rios até pelos oceanos (Baetman,1994).

2.9.6.2 - Exemplo de estudo de geologia urbana

Segundo De Mulder (1993), após a realização de várias reuniões preparatórias sobre a geologia urbana, ocorridas principalmente no sudeste asiático e na Europa, foi criada a Cogeoenvironment (Commission on Geoscience for Environmental Planning) no âmbito do IUGS (International Union of Geological Sciences). A idéia de criação desta comissão nasceu da necessidade de existência de um foro internacional, que tratasse de problemas relacionados à *geologia urbana*, onde as possíveis aplicações das geociências, no planejamento e no gerenciamento urbanos, fossem discutidas entre os geocientistas e os planejadores ou tomadores de decisão.

A seguir, foi também implementado o *Grupo de Trabalho Internacional sobre Geologia Urbana* que, em 1990, distribuiu um questionário a todos os especialistas dos Serviços Geológicos da Europa Ocidental de 45 cidades com mais de 500 mil habitantes. Os problemas geológicos relacionados no primeiro questionário foram os seguintes:

a) solos salinos;
b) poluição de água subterrânea;
c) erosão e deposição;
d) subsidência de terrenos;
e) inundações;
f) escorregamentos;
g) atividades vulcânicas e
h) terremotos.

Para se avaliar a existência ou não de capacitação técnica local para a solução dos problemas geológicos existentes, foram também levantados dados sobre os conhecimentos disponíveis nessas cidades. Deste modo, o segundo questionário visou à listagem das informações geológicas disponíveis, tais como:

a) mapas geológicos e geotécnicos;

b) mapas de profundidade, sentido de fluxo e qualidade das águas subterrâneas;

e) mapas de áreas de mananciais;

d) mapas de fontes de poluição;

e) mapas de distribuição de áreas sujeitas a inundações;

f) mapas de locações de "pedreiras" e "portos de areia";

g) mapas de distribuição de áreas sujeitas à erosão;

h) mapas de distribuição de áreas sujeitas à subsidência;

i) mapas de distribuição de áreas sujeitas a escorregamentos;

j) mapas de recursos naturais;

k) mapas de distribuição de depósitos quaternários;

l) mapas de profundidades e de tipos de fundação; e

m) publicações.

Embora haja alguns problemas ligados à confiabilidade dos resultados alcançados, em parte pela subjetividade das questões formuladas, eles foram bastante interessantes. As 28 cidades que responderam ao questionário foram as seguintes: Atenas (Grécia), Dublin (Irlanda); Londres, Glasgow, Liverpool e Birmingham no Reino Unido; Lisboa (Portugal); Bremen, Essen, Duisburg, Dortmund, Frankfurt, Hamburgo, Hanover, Colônia, Stuttgart e Munique na Alemanha; Milão e Torino na Itália, Estocolmo (Suécia) Copenhague (Dinamarca); Viena (Áustria); Paris, Toulouse, Bordeaux e Lyon na França e Amsterdã e Roterdã na Holanda (Figura 10.13).

As respostas mostraram que todas essas cidades da Europa Ocidental enfrentam o problema de *poluição da águas subterrâneas*, excetuando-se Lyon na França (Figura 10.14). A grande maioria (70%) das 28 cidades sofre com *problemas de inundações* (principalmente das *planícies fluviais*) e de *subsidência de terreno*. Em nenhuma dessas cidades verifica-se o problema de subsidência de terreno por extração de

petróleo e/ou gás. Entretanto, considerável subsidência de terreno é verificada em função do *colapso de antigas minas* (principalmente de carvão) em Glasgow, Birmingham, Essen, Estocolmo e Paris. Além disso, *recalque por sobrecarga* foi relatado em 11 das 28 cidades pesquisadas, enquanto a extração de água subterrânea apareceu como causa de *subsidência de terreno* em cidades construídas sobre depósitos quaternários, tais como Amsterdã, Hamburgo e Copenhague. *Erosão e deposição costeiras aceleradas* causam sérios problemas em cerca de metade das cidades estudadas, enquanto os *terremotos* e *escorregamentos* afetam 40% das cidades.

Os questionários sobre as informações geológicas disponíveis forneceram resultados bem mais detalhados. Foi feita distinção entre informações geológicas apresentadas em mapas (Figura 10.15) e em publicações e relatórios (Figura 10.16.)

Recentemente, algumas cidades maiores da Europa Ocidental transformaram os dados tradicionais em formato digitalizado. A cidade de Amsterdã, por exemplo, possui um sistema de gerenciamento de dados (INGEO-base) com perfis de mais de 40 mil furos e de testes de penetração de cone. Algumas cidades fornecem essas informações em formas analógicas ou digitalizadas, quase sem restrição, mas poucas usam esses dados só internamente nos planejamentos municipais e nos processos decisórios.

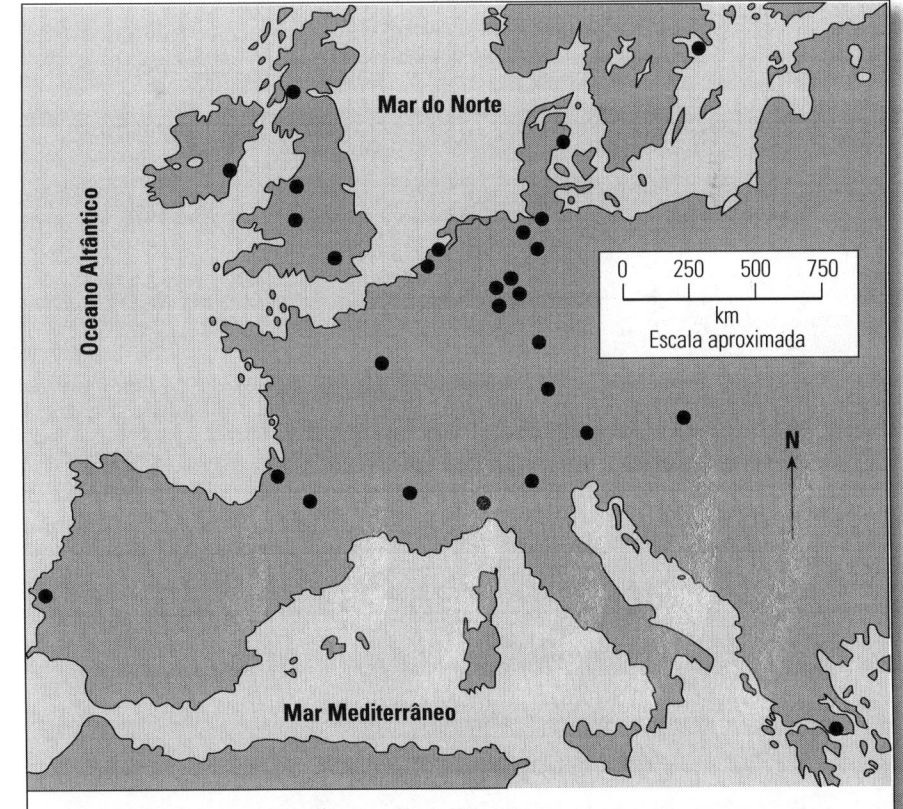

FIGURA 10.13 Mapa mostrando as localizações das 28 cidades da Europa Ocidental, que foram incluídas no questionário (De Mulder,1993).

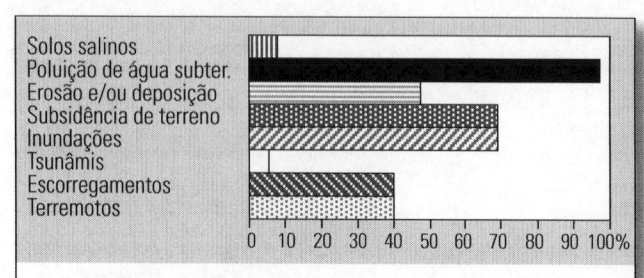

FIGURA 10.14 Resultados do questionário mostrando as freqüências de ocorrência de problemas geológicos selecionados em 28 cidades da Europa Ocidental com mais de 500 mil habitantes (De Mulder,1993).

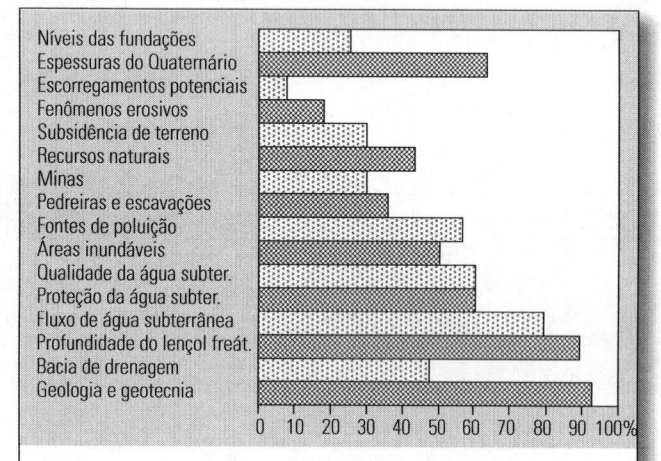

FIGURA 10.15 Resultados do questionário mostrando a existência de mapas impressos sobre problemas geológicos selecionados em 28 cidades da Europa Ocidental com mais de 500 mil habitantes (De Mulder,1993).

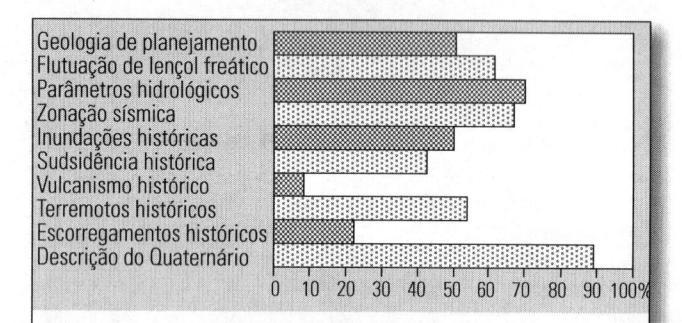

FIGURA 10.16 Resultados do questionário mostrando a existência de publicações sobre problemas geológicos selecionados em 28 cidades da Europa Ocidental com mais de 500 mil habitantes (De Mulder,1993).

Os *mapas geológico-geotécnicos* clássicos, existem em quase todas as cidades da Europa Ocidental, além de *mapas de águas subterrâneas* com *dados de profundidades dos aqüíferos* (89%), de *sentidos de fluxo* (78%), de *qualidades de água* (61%), de *zonas de proteção*

(61%), que também estão disponíveis. São bastante comuns (89%) as publicações sobre as *propriedades geológicas* e *geotécnicas dos depósitos quaternários* que são indispensáveis aos geólogos de engenharia ativos em áreas urbanas. *Mapas de recursos naturais* (minerais metálicos, materiais de construção, etc.) existem em menos da metade das cidades investigadas.

As *fontes de poluição de águas subterrâneas* são conhecidas em apenas 57% das cidades, e mapas mostrando *áreas de risco de escorregamentos* existem em apenas duas dessas cidades, embora esta questão seja considerada séria em 11 das 28 cidades pesquisadas. A falta de informações foi também constatada em relação à mitigação de problemas de subsidência de terreno, e menos da metade das cidades afetadas por este problema possui mapas temáticos sobre essa questão. Finalmente, em 9 das 13 cidades que sofrem com problemas de erosão e deposição aceleradas existem mapas temáticos ligados ao assunto.

2.9. 6. 3 – Geologia urbana no Brasil

Como à *geologia urbana* cabe a caracterização física da área ocupada por uma cidade, ela deveria assumir uma posição de vanguarda nos processos de *planejamento urbano*. Desse modo, fica patente a importância das *geociências* principalmente da *geologia do Quaternário*, que deveria atuar juntamente com *geomorfologia, engenharia civil, arquitetura* e *agronomia*, além de várias disciplinas das ciências humanas, como as *ciências sociais* e a *economia*. Neste caso, o papel da *geologia urbana* seria principalmente preventivo, diagnosticando áreas de risco para a ocorrência de *problemas geológicos* e assessorando o planejamento do projeto urbanístico, no sentido de, na medida do possível, *evitar a ocupação das áreas mais vulneráveis*. Porém, as grandes cidades brasileiras como São Paulo (SP) e Rio de Janeiro (RJ) foram fundadas quando ainda não existiam esses conceitos, e os problemas geológicos, no início, não chegavam a afetar seriamente a vida cotidiana dos moradores. A tremenda exacerbação dos efeitos que, por vezes assumem proporções catastróficas deve-se, entre outras causas, principalmente ao aumento explosivo da população humana nessas cidades.

Prandini *et al.* (1974) propuseram a substituição da *geologia ambiental* pela designação *geologia de planejamento*. Seignemartin (1979), tratando da geologia urbana de Ribeirão Preto (SP), não concordou com a proposta dos autores supracitados. Além disso, enfatizou que os objetivos da *geologia de planejamento* são comumente mais específicas e nem sempre coincidentes com os enfoques mais amplos, que devem ser perseguidos pela *geologia ambiental*. Dessa maneira, esse autor propôs o retorno da designação *geologia ambiental* e a criação da *geologia de áreas urbanas* (ou simplesmente *geologia urbana*), que versaria sobre os problemas geológicos relacionados ao planejamento das cidades.

De fato, também para a SBG (Sociedade Brasileira de Geologia,1983), a *geologia ambiental* e a *geologia de planejamento* teriam escopos diferentes:

1. *Geologia ambiental* seria o campo do conhecimento geológico que estuda as transformações no meio físico decorrentes da interação entre os *processos naturais* e os de ocupação humana. Inclui as noções fundamentais sobre o *meio físico* e o *equilíbrio ecológico*. Abrange os estudos de *conservação* e de *reciclagem* dos recursos naturais, a *valorização econômica das jazidas minerais*, considerando-se também os *custos ambiental* e *social* como os relacionados aos efeitos da mineração principalmente de materiais de construção. Engloba também o estudo da conservação de solos, das transformações devidas a seus diversos usos, das boçorocas e da desertificação.

2. *Geologia de planejamento* corresponderia à aplicação dos conhecimentos geológicos em *obras de engenharia civil* (barragens, escavações de solos e rochas, inclusive a mineração, obras viárias, portos, edificações diversas e obras de arte). Ela compreende a *análise ambiental*, os *planejamentos local* e *regional* e a *recuperação do ambiente físico*, considerando os aspectos ligados à geologia, além da confecção e utilização de *cartas geológicas* e *geotécnicas* bem como a *legislação ambiental*.

Segundo Cottas (1984), deveria ser mantida a denominação *geologia de planejamento urbano*, contrariamente à idéia de Seignemartin (1979) e, em relação às definições da Sociedade Brasileira de Geologia (1983), os objetivos atribuídos à *geologia de planejamento* constituiriam mais um escopo da *geologia de engenharia*.

Embora, desde a década de 60 do século XX, tenham aparecido trabalhos versando sobre os problemas geológicos decorrentes da urbanização, houve contribuição bastante limitada da geologia na solução dos problemas relacionados á *geologia urbana* no Brasil, até então.

Em termos de *geologia urbana* de São Paulo, embora sejam de naturezas mais específicas, podem ser listados os trabalhos de Cozzolino (1972) e de Pacheco (1984). A autora do primeiro trabalho contou com os dados pioneiros das obras do metrô de São Paulo, tendo contribuído na melhoria das caracterizações geotécnicas de sedimentos da Bacia de São Paulo. O autor do segundo trabalho, já preocupado com as várias *fontes de poluição* (efluentes industriais e domésticos, depósitos de lixo, cemitério etc.), das *águas subterrâneas*, analisou as características técnicas e a legislação para o uso e proteção desse recurso natural de importância vital.

Um trabalho de grande interesse para a *geologia urbana* de Santos (SP) e, no mínimo de toda a assim denominada Baixada Santista, foi realizado por Massad (1985b). O autor serviu-se do *modelo geológico de evolução quaternária* da área, proposto por Suguio & Martin (1978), para explicar convenientemente as *diferenças das propriedades geotécnicas* exibidas pelas argilas quaternárias daquela região. Esse trabalho veio elucidar um problema, aparentemente enigmático, da coexistência de argilas moles e sobreadensadas em subsuperfície a profundidades semelhantes, que constituía até então um "mistério" sem aparente explicação lógica para os especialistas em *mecânica dos solos*.

Segundo Rodriguez (1998), a partir da década de 90 do século XX, começaram a surgir novas abordagens sobre o uso da *geologia sedimentar em áreas urbanizadas*. Este fato teria ocorrido, em parte como conseqüência da admissão de geólogos nas prefeituras municipais de São Paulo, Guarulhos e Santos. Isto poderia sugerir o eventual reconhecimento pelo poder público de que a função do geólogo, especializado em *geologia urbana*, transcende ao de simples técnico de cartografias geológica e/ou geotécnica (Zuquette, 1987). Ele poderia atuar em diversas frentes, tais como em projetos de pavimentação de vias e logradouros públicos, de canalização e/ou retificação de córregos, de aterros sanitários, de análise de riscos de escorregamentos, etc. Este fato poderia significar que, sem abandonar os trabalhos de *escala regional*, o geólogo passaria também a trabalhar em *escala local*, onde os aspectos geológicos sejam ainda relevantes.

Por outro lado, as cartas geotécnicas de escala regional, como a elaborada pelo IPT em 1994, parece que não estão sendo utilizadas como se esperava, por várias razões. Segundo Rodriguez (1998), a escala de 1:500.000 seria inadequada ou ainda, segundo Peloggia (1997), este tipo de instrumento seria eficiente somente quando e onde os interesses políticos não fossem contrariados.

Recentemente, surgiram os livros de Peloggia (1998) e de Carvalho (1999), que vieram acrescentar novos enfoques à *geologia urbana*, versando sobre as cidades de São Paulo (SP) e de Belo Horizonte (MC), respectivamente.

2.10 Geologia sedimentar aplicada a outras áreas

2.10.1 *Geologia forense*

2.10.1.1 – *Introdução*

Analogamente à *medicina forense* (ou *jurisprudência médica*), pode-se falar em *geologia forense* (forensic geology). Enquanto a *medicina forense* trata da aplicação jurídica dos conhecimentos científicos da medicina, a *geologia forense* versa sobre o emprego dos conhecimentos da geologia na tentativa de solucionar litígios judiciais.

Em *geologia forense*, quaisquer que sejam os *processos* e os *produtos geológicos* envolvidos cm um caso, deve-se discernir muito claramente entre os eventos essencialmente naturais e os exacerbados por ação antrópica.

Os trabalhos de investigação devem ser completos e confinados aos itens solicitados pelo "cliente". Além disso, os testemunhos devem ser sempre honestos e não-evasivos.

2.10.1.2 – Pesquisas ambientais

Shuirman & Slosson (1992), em seu raro livro com este tipo de conteúdo relatam casos históricos relacionadas a *desastres ambientais*, tais como eventos ligados a *escorregamentos, enchentes, erosão* etc., que interessam tanto aos geólogos como aos engenheiros civis. Esses processos são comumente ligados à *dinâmica externa* da Terra e estão intimamente relacionados ao escopo principal deste compêndio. Sendo freqüentemente intensificados pela ação antrópica, podem resultar em litígios judiciais envolvendo até processos indenizatórios.

Até bem pouco tempo, talvez pela inexistência de legislação própria, eram bastante raros os litígios judiciais ligados a *desastres ambientais*. Entretanto, o explosivo aumento populacional da Terra nos últimos tempos, o advento da legislação ambiental (Sicoli, 2000) no Brasil e as conseqüentes disputas por *espaços físicos* e *recursos hídricos* podem tornar mais freqüentes as demandas por questões em que especialistas de *geologia forense* sejam levados a atuar como peritos.

O autor deste compêndio teve oportunidade de atuar em 1993 como perito, quando emitiu um parecer sobre a inexistência de dunas eólicas, em área de loteamento de condomínio na planície costeira de Bertioga (SP). Aquela área havia sido embargada pela Secretaria do Meio Ambiente do Estado de São Paulo, que alegou a existência de dunas eólicas com base na fisionomia vegetal.

Em 1996, emitiu um laudo técnico sobre possíveis danos ambientais devidos à construção de uma rampa de atracação de barcaças na Baía de Marajó (PA). Essa obra teria causado a erosão praial acelerada na Vila do Conde, estabelecendo-se, então, uma querela entre o povo da vila e a empresa responsável pela obra, com participação de um jornal de Belém.

Finalmente em 1998, emitiu um laudo sobre a inexistência de "restinga" nas encostas de morros de rochas granitóides, em área de empreendimento imobiliário na Praia da Rosa, Município de Imbituba (SC). Este projeto havia sido embargado pelo Ministério Público de Florianópolis (SC), que admitiu a existência de "restinga" com base também na fisionomia vegetal, como em Bertioga (SP).

Nos três casos supracitados, os pareceres respectivos foram exarados após cuidadosa inspeção local das áreas em discussão.

2.10.1.3 – Investigações criminalísticas

Outra área de aplicação da *geologia forense*, no contexto da *geologia sedimentar*, está relacionada à *criminalística* (ou *jurisprudência criminal*) em investigações envolvendo casos de homicídio, furto, etc.

Nesses casos, os materiais vinculados são freqüentemente encontrados no local do crime e comumente de natureza geológica (areia, argila e outros materiais terrosos). Esses materiais, quando analisados qualitativa e quantitativamente por técnicas de laboratório de *geologia sedimentar*, podem subsidiar as *investigações criminalísticas*. As características composicionais indicativas podem ser representadas por minerais com composições e formas peculiares. Desse modo, em areias de praias do litoral brasileiro, por exemplo, pela ausência de vulcões ativos atuais, não devem ser encontradas grandes freqüências de *minerais pesados instáveis* como, por exemplo, a augita e a olivina. Por outro lado, entre os *minerais leves* como o quartzo, o tipo vulcânico com forma bipiramidal e hexagonal com arestas retas e cantos arredondados, não devem estar presentes. Além disso, alguns *argilominerais* peculiares a determinadas regiões, por exemplo, podem fornecer pistas importantes.

O autor deste livro teve a oportunidade de participar, como perito, em um caso envolvendo o furto de equipamentos eletroeletrônicos no valor de US$ 300.000,00 contidos em três *containers*. Quando esses *containers* foram abertos, os equipamentos haviam desaparecido, e os espaços vazios estavam ocupados por blocos de rochas (matacões) e sacos de plástico contendo "material terroso preto" e "areia de construção". A questão consistia em procurar estabelecer a possível proveniência desses materiais. Após realizar *análises granulométricas* e de *minerais pesados* na "areia de construção" e determinações de espécies de *polens* e *diatomáceas* no "material terroso preto", foi deduzido que esses materiais provinham do Rio Ribeira de Iguape (SP) e de manguezais, provavelmente de Santos, respectivamente. Os matacões eram de rochas cristalinas da Serra do Mar.

Através dessas evidências, concluiu-se que o furto dos equipamentos ocorrera nos armazéns em Santos (SP) e não em Suzano (SP), para onde tinham sido transferidos os *containers* antes da abertura.

2.10.2 Geoarqueologia

O termo *geoarqueologia* (geoarchaeology) foi introduzido por Butzer (1982) e vem sendo usado com freqüência crescente nas últimas décadas. Ele compreende um conjunto de pesquisas, que utiliza técnicas geocientíficas, particularmente da *geologia sedimentar*, nos estudos dos registros arqueológicos (Rapp Jr. & Hill, 1998).

Este vínculo inalienável da *arqueologia* com as *geociências* foi recentemente enfatizado por Morais (1999). Segundo este autor, a literatura estrangeira, principalmente em língua inglesa, é muito profícua em exemplos que demonstram essa vinculação entre a *arqueologia* e as *geociências*. Esse mesmo fato não se verifica na *literatura arqueológica brasileira*, que é paupérrima em pesquisas onde o "fator geo" (geomorfologia, geografia e geologia) se revele como o enfoque principal. Deste modo, não obstante a voz corrente de que "*a interdisciplinaridade é imprescindível na arqueologia...*", na realidade, esta prática é muita mal exercida (Morais,1999). Além disso, tem-se o fato de que os *registros arqueológicos*, em países tropicais como o Brasil, são comumente pobres em *matéria orgânica* e são representados por *matéria inorgânica* (artefatos líticos e utensílios cerâmicos), que possuem forte ligação com o "fator geo".

Segundo Gladfelter (1981), para a *geoarqueologia* não interessa só o *contexto ambiental local* do sítio arqueológico especifico, pois este se insere no *contexto ambiental regional* que pode ser caracterizado em diferentes escalas espaciais e temporais, segundo a *arqueologia da paisagem* (landscape archaeology). A natureza expressa pela arqueologia da paisagem não constitui um elemento passivo, onde foram exercidas as atividades culturais e econômicas do povo que aí viveu. Nem pode ser encarada tão-somente como uma fonte de recursos que foram explorados. Ela representou também o resultado de transformações introduzidas, em maior ou menor grau, pelas atividades antrópicas.

Acredita-se que, quando a interdisciplinaridade nas pesquisas arqueológicas for plenamente exercida no Brasil, com forte vinculação ao "fator geo", a *geologia sedimentar* também poderá fornecer importantes subsídios.

Bibliografia

ABBATE, E.; BORTOLOTTI, V. & PASSERINI, P.1970. Olitostromes and olistoliths. *Sedim. Geol.*, **4:** 521-557.

ABELSON, P.H. 1978.Organic matter in the earth's crust. *Amer. Rev. Earth and Planet. Sci.*, **6:**325-351.

ABSY, M. L.; CLEEF, A.; FOURNIER, M.; MARTIN, L.; SIFEDDINE, A.; FERREIRA DA SILVA, M.; SOUBIES, F.; SUGUIO, K.; TURCQ, B. & VAN DER HAMMEN, T. 1991. Mise en évidence de quatre phases d'ouverture de la forêt dense dans sud-est de l'Amazonie au cours de 60.000 dernières années. Prémière comparaison avec d'autres régions tropicales. Comptes Rendus de l'Acad. Sci. Paris, Sér. II, Tome **312**:673-678.

ALBINO, J. 1999. *Processos de sedimentação atual e morfodinâmica das praias de Bicanga à Povoação, ES.* Instituto de Geociências da USP. Tese de doutoramento,175 p. (inédita).

ALLEN, J. R. L. 1962. Petrology, origin and deposition of highest Lower Old Red Sandstone of Shropshire, England. *Jour. Sed. Petrol.*, **32:** 657-697.

_____. 1964a. Primary current lineation in the Lower Old Red Sandstone (Devonian), Anglo-Welsh Basin. *Sedimentology*, **3:** 89-108.

_____.1964b. Studies in fluviatile sedimentation: Six cyclothems from the Lower Old Red Sandstone, Anglo-Welsh Basin. *Sedimentology*, **3:** 163-198.

_____. 1965a. A review of the origin and characteristics of recent alluvial sediments. *Sedimentology*, **5:** 89-191.

_____. 1965b. Late Quaternary Niger delta and adjacent areas: Sedimentary environments and lithofacies. *Amer. Assoc. Petrol. Geol. Bull.*, **49:** 547-600.

_____. 1968a. On criteria for the continuance of flute marks, and their implications. *Geol. Mijnbouw,***47**:3-16.

_____. 1968b. *Current ripples.* Amsterdã: North Holland.

_____.1968c. On the character and classification of bedforms. *Geol. Mijnbouw,* **47:** 173-185.

_____.1970. *Physical processes of sedimentation - An introduction.* Londres: G. Allen & Unwin.

_____. 1975. *Physical geology.* Londres: G. Allen & Unwin.

_____. & BANKS N. 1972. An interpretation and analysis of recumbent-folded deformed crossbedding. *Sedimentology,* **19:** 257-283.

_____. & FRIEND, P. F. 1968. Deposition of the Catskill Facies, Appalachian region, with notes on some other Old Red Sandstone basin. *Geol. Soc. Amer. Spec. Paper,* **206:** 21-74.

ALLING, H. L. 1945. Use of microlithologies as illustrated by some New York sedimentary rocks. *Geol. Soc. Amer. Bull.*, **56:** 737-756.

ALMEIDA, F. F. M. 1945. Geologia do Sudeste Matogrossense. *Bol. DNPM-DGM,* **116**:54-59,Rio de Janeiro.

_____. 1953. Botucatu: A triassic desert of South America. *In*: Congrès Géologique Internationelle, 19e., Alger. *Comptes Rendus, Sect.* **7**:9-24. Alger.

_____. 1955. Geologia e petrologia do Arquipélago de Fernando de Noronha. *Div. Geol. Mineral.,DNPM, Monogr.* **XIII:** 1-181. Rio de Janeiro.

_____. 1967. Origem e evolução da Plataforma Brasileira. *Div. Geol. Mineral., DNPM, Bol.* **241:** 1-36, Rio de Janeiro.

_____. 1969. Diferenciação tectônica da Plataforma Brasileira *In:* Congresso Brasileiro de Geologia, XXIII, Brasília (DF). *Anais...* 29-46.Brasília.

_____. & CARNEIRO, C. D. R. 1987. Magmatic occurrences of post-Permian age of the South American Platform. *Bol. IG-USP, Sér. Cient.*, **20:** 71-85.

_____. & CARNEIRO, C. D. R. 1989. The igneous record of the Mesozoic activation of South American Plataform. *Geotectonica et Metallogenia,* **13**:308-325.

AMARAL, S. E. 1955. Sedimentologia e geologia das camadas perfuradas na região da foz do Rio Amazonas. *Fac. Filo.Ciên. Letras-USP, Bol.* 192, Geol. **12**:1-93. São Paulo.

_____. 1961. Silicificação intersticial de arenitos de Sergipe (Série Barreiras) e de Varnhagen, São Paulo (Série Itararé). *Bol. Soc. Bras. Geol.,***10**:79-99. São Paulo.

_____. 1971. Geologia e petrologia da Formação Irati (Permiano) no Estado de São Paulo. *Bol. IGA*, Instituto de Geociências- USP, **2:** 3-81. São Paulo.

AMSTUTZ, G. C. & BUBINICEK, L. 1967. Diagenesis in sedimentary mineral deposits. *In*: S. Larsen & G. V. Chilingar (eds.) *Diagenesis in sediments*: 417-475.Amsterdã: Elsevier.

ANDERSEN, B. G. & BORNS JR., H. W. 1994. *The ice age world.* Oslo, Copenhagen, Estocolmo: Scandinavian Univ. Press.

ANDERSON, R. J. 1972. Recent developments in offshore mining. *In:* Annual Offshore Conference, 4th. *Paper OTC* (Preprint) **1**:703-708.

ANKETELL, J .M.; CEGLA, J. & DZULYNSKI, S. 1970. On the deformational structures in system with reversed density currents. *Ann. Soc. Geol. Pologne*, **15**:3-29.

ANUÁRIO MINERAL BRASILEIRO. 1991. Ministério de Minas e Energia. DNPM. Brasília.

ARAÚJO, M. B.; BEURLEN, G.; PIAZZA, H. D.; CUNHA, M. C. C. & SANTOS, A. S. 1975. Sedimentação deltaica holocênica. *In: Projeto Rio Paraíba do Sul.* Petrobras-RPBA.DEXTRODIVEX, 2 v.(Relatório inédito DIREX 1649).

ARCHER, A. A.; LÜTTIG, G. W. & SZEZHKO, I. I. 1987. *Man's dependence on the Earth.* Stuttgart-Paris: Unesco.

ARCHIE, G. E. 1950. Introduction to petrophysics of reservoir rocks. *Amer. Assoc. Petrol. Geol. Bull.*, **34:** 943-961.

ARID, F. M. 1967. Formação Bauru na região norte ocidental do Estado de São Paulo. *Fac. Filo. Ciên. Letras-UNESP. Geociências,* **1:**1-126. São José do Rio Preto.

ASMUS, H. E. & PONTE, F. C. 1973. The Brazilian marginal basins. *In*: A. E. Nairn & F. G. Stehli (eds.). *The ocean basins and margins*, v. 1: *South Atlantic*: 87-133. Nova York: Plenum Press.

_____ & PORTO, R. 1972. Classificação das bacias sedimentares brasileiras segundo a tectônica de placas.*In*: Congresso Brasileiro de Geologia, XXVI, Belém (PA). *Anais...*, **2**:67-90. Belém.

ASSINE, M. L. 1996. *Aspectos de estratigrafia das seqüências pré-carboníferas da Bacia do Paraná no Brasil*. Instituto de Geociências-USP.Tese de doutoramento, 207 p. (inédita).

_____. 2001. Evolução do conceito de seqüência (Cap. 2). *In:* H. J. P. Severiano-Ribeiro (org.) *Estratigrafia de seqüências – Fundamentos e aplicações:* 9-25. São Leopoldo (RS): Editora UNISINOS.

_____ & SOARES, P.C. 1993.Glaciação neo-ordoviciana na Bacia do Paraná. *In:* Simpósio sobre Cronoestatigrafia da Bacia do Paraná, 1, Rio Claro (SP). *Bol. de resumos...*,8-9. Rio Claro.

_____ & SOARES, P. C. 1997. The giant Taquari wet alluvial fan, Pantanal Basin, Brazil. *In:* I.A.S. International Conference on Fluvial Sedimentology, Cape Town, 1997. *Abstracts*: 16. South Africa.

_____ & SOARES, P. C. 2000. Taquari magafan: a multi-lobe Quaternary alluvial system in Pantanal Basin, Brazil *In:* Congresso Latino-Americano de Sedimentologia, Mar del Plata, 2000. *Resúmenes:* 37-38. Argentina.

_____ & SOARES, P. C. & ANGULO, R. J. 1997. Construção e abandono de lobos na evolução do leque do Rio Taquari, Pantanal Matogrossense. *In:* Congresso da ABEQUA,VII, Curitiba. *Resumos expandidos...*431-433.Curitiba.

ATÊNCIO, D. & HYPÓLITO, R. 1988. Soluções de intemperismo natural e simulado de sulfetos de ltaquaquecetuba, São Paulo. *An. Acad. Bras. Ciên.*, **60**: 305-319.

AUGUSTINUS, P. G. E. F. & RIEZEBOS, H. T. 1971. Some sedimentological aspects of the fluvioglacial outwash plain near Soesterberg (The Netherlands). *Geol. Mijnbouw*, **50**:341-348.

AULER, A. S. 1999. *Karst evolution and paleoclimate of Eastern Brazil*. Ph.D thesis. Univ. of Bristol, 268p. (inédita).

BAAS-BECKING, L. G. M.; KAPLAN, I. R. & MOORE, D. 1964. Limits of the natural environments in terms of pH and oxidation-reduction potentials. *Jour. of Geol.*, **68**:243-284.

BABINSKY, M. 2001. Pb. Isotopes on carbonate rocks: implications for the evolution of the São Francisco Basin. *In:* A.Misi & J.B.G.Teixeira (orgs.). *Proterozoic base metal deposits of Africa and South America*: 38-40. In: IGCP-450. Field Workshop, 1,2001, Belo Horizonte and Paracatu (MG).

BACOCCOLI, G. 1971. Os deltas marinhos holocênicos brasileiros – Uma tentativa de classificação. *B. téc. Petrobras*, **14**: 5-38. Rio de Janeiro.

BAETEMAN, C. 1994. Subsidence in coastal lowlands due to groundwater withdrawal: The geological approach. *In:* C.W. Finki Jr. (ed.) *Coastal hazards: Perception, susceptibility and mitigation*. Jour. Coastal Res. Spec. Issue., **12**:61-75.

BAGNOLD, R. A. 1941. *Physics of blown sand and desert dunes*. Londres: Methuen & Co. (1.ª edição).

_____. 1954. *The physics of blown sand and desert dunes*. Londres: Methuen (2.ª edição).

_____. 1956.The flow of cohesionless grain in fluids. *Phil. Trans. Roy . Soc . , Ser. A.*, **249**: 235-297.

_____.1960. Some aspects of river meander. *U. S .Geol. Surv. Prof. Paper*, **283E**: 135-144.

_____. 1966. An approach to the sediment transport problem from general physics.*U. S. Geol. Surv. Prof. Paper*, **422**-1:1-37.

BAILEY, E. H. & STEVENS, R. E. 1960. Selective staining of K-feldspar and plagioclase on rock slabs and thin sections. *Amer. Mineralogist*, **45**: 1020-1025.

BAIN, G. W. 1968. Syngenesis and epigenesis of ores in layered rocks. *In:* International Geological Congress, 23th., Praga, Checoslovaquia. *Rept. Sect.*, **7**: 119-136.

BANDEIRA JR. A. N. 1978. Sedimentologia e microfácies calcárias das formações Riachuelo e Cotinguiba da Bacia Sergipe-Alagoas. *B. Téc. PETROBRAS*, **21**: 17-69.

_____; PETRI, S. & SUGUIO, K. 1975. *Projeto Rio Doce* (Relatório final).CENPES-Petrobras, *Rel. Int.* 203 p. (inédito).

_____; PETRI, S & SUGUIO, K. 1979. The Doce River delta An example of highly destructive wave-dominated delta on the Brazilian Atlantic coastline, State of Espírito Santo. *In:* International Symposium on Costal Evolution in the Quaternary. *Proceedings*: 275-295. São Paulo.

BARBOSA, C. F. & SUGUIO, K. 1999. Biosedimentary facies of subtropical microtidal estuary - An example from Southern Brazil.*Jour.Sed. Res.*,**69**: 576-587.

BARCELOS, J. H.; SUGUIO, K.; G0DOY, A. M.; HIRATA, R. A. & GONTIJO, R. C. 1986/1987. Aspectos litoestratigráficos da Formação Uberaba, Cretáceo da Bacia do Paraná. *Geociências*, **5/6**: 31-42.

BARRABÊ, L. & FEYS, R. 1965. *Géologie du charbons et des bassins houillers*. Paris: Masson & Cie.

BARRATT, P. J. 1966. Effects of the 1964 Alaskan earthquake on some shallow water sediments in Prince William Sound, SE Alaska. *Jour. Sed. Petrol.*, **36**:992-1006.

BARRELL, J. 1912. Criteria for the recognition of ancient delta deposits. *Geol. Soc Amer. Bull.*, **23**: 377-446.

_____.1917. Rhythms and the measurement of geologic time. *Geol .Soc. Amer. Bull.*, **28**:745-904.

BARRETO, A. M. F. 1996. *Interpretação paleoambiental do sistema de dunas fixadas do Médio Rio São Francisco Bahia*. lnst. Geociências- USP. Tese de doutoramento,174 p. (inédita).

BARRON, E. J. & MOORE, G. T. 1994. *Climate model application in paleoenvironmental analysis*. SEPM Short Course n. 33,339 p.

BARRY, R. G. 1973. The world hydrological cycle.*In:* R.J.Chorley (ed.) *Introduction to physical hydrology:* 8-26. Londres: Methuen.

BARTHOLOME, P.; EVRARD, P.; KATEKESHA, F.; LOPEZ-RUIZ, J. & NGONGO, M. 1971. Diagenetic ore-forming processes at Komoto, Katanga, Republic of Congo.*In:* G.C.Amstutz & A.J.Bernard (eds.) *Ores in sediments*: 21-41. Heidelberg:Springer-Verlag.

BARWIS, J. H.; McPHERSON, J.G. & STUDLICK, J. R. J (eds.). 1990. *Sandstone petroleum reservoirs*. Nova York-Berlim-Heidelberg-Londres-Paris-Tóquio-Hong-Kong: Springer-Verlag.

BASCOM, W. 1951. The relationship between sand size and beachface slope. *Trans. of the Amer. Geophys. Union*, **32**: 866-874.

BATES, C. C. 1953. Rational theory of delta formation. *Amer. Assoc. Petrol. Geol. Bull.*, **37**: 2119-2162.

BATES, R. L. & JACKSON, J. A.(eds.)1980.*Glossary of geology* (2.ª edição). Falls Church (Va.):*Amer.Geol.Inst.*

BATHURST, R. G .C. 1966. Boring algae micrite envelopes and lithification of molluscan biosparites. *Geol. Jour.*, **5**: 15-32.

BATURIN, V. P. 1931. Petrography of the sands and sandstones of the productive series. *Trans.Azerbaidjan Petrol.lnst.Bull.*, **1**:1-95.

BATURIN, G. N. 1970. Recent authigenic phosphorite formation on the south-west African shelf. *In: The geology of east Atlantic continental margin.* **1**: *General and economic papers.* Inst. Geol. Sci. Rept., 70/13:90-97.Africa.

BEAL, M. A. & SHEPARD, F. P. 1956. An use of roundness to determine depositional environments. *Jour. Sed. Petrol.*, **26**:49-60.

BEARD, D. C. & WEYL, P. K, 1973. The influence of texture on porosity and permeability of unconsolidated sand. *Amer. Assoc. Petrol. Geol. Bull.*, **57**:349-369.

BEERBOWER, J. R. 1964. Cyclothems and cyclic depositional mechanisms in alluvial plain sedimentation. *Kansas State Geol. Surv. Bull.*, **169**: 31-42.

BELL, H. S. 1942. Density currents as agents for transporting sediments. *Jour. Geol.* **L:** 512-547.

BERNARD, H. A. & MAJOR JR., C. F. 1963. Recent meander belt deposits of the Brazos River: An alluvial sand model. *Amer. Assoc. Petrol. Geol. Bull.*, **47:** 350-351 (abstract).

_____. LeBLANC, R. J. & MAJOR JR., C. F. 1962. Recent and Pleistocene geology of Southeast Texas. *In:* E.H. Rainwater & R. P. Zingula (eds.) *Geology of the Gulf coast and Central Texas* (guidebook of excursions). Houston Geol. Soc..:175-224.

BERNER, R. A. 1971. Bacterial processes affecting the precipitation of calcium carbonate sediments. *In:* O. P. Bricker (ed.) *Carbonate cements*: 247-251. Baltimore: Johns Hopkins Univ. Press.

BETTINI, C. 1989. *Simulação de sistemas geológicos em computado*r. Petrobras/CENPES, 14 p. (inédita) Rio de Janeiro.

BEURLEN, H. 1973. *Ocorrências de chumbo, zinco e fluorita nas rochas sedimentares do Pré-cambriano do Grupo Bambuí em Minas Gerais (Brasil Central).* Univ. de Heidelberg (Alemanha). Tese de doutoramento, 165 p. (inédita).

BEURLEN, K. 1959. Observações sobre a Formação Maria Farinha, Estado de Pernambuco. *Arq. Geol.,* **1:** 5-15. Recife.

BIEDERMANN, E. W. 1962. Distinction of shoreline environments in New Jersey. *Jour. Sed. Petrol.*, **32:** 181-200.

BIGARELLA, J. J. 1970. Continental drift and paleocurrent analysis. *In*: Gondwana Symposium II. *Proceedings and papers* (IUGS Comission on Stratigraphy): 73-98.

_____.1972. Eolian environments: Their characteristics, recognition and importance. *In:* J.K. Rigby & W.K.Hamblin (eds.) *Recognition of ancient sedimentary environments*:12-62.Soc. Econ. Paleont. and Mineral. Spec. Publ. n 16.

_____. & MAZUCHOWSKI, J. Z. 1985. Visão integrada da problemática da erosão. *In*: Simpósio Nacional de Controle de Erosão, 3. Livro-guia, 332 p., Maringá, Paraná.

_____ & SALAMUNI, R. 1958. Sobre um aparelho para medição de estratificação cruzada. *Dusenia,* **8**:41-43, Curitiba.

_____ & SALAMUNI, R. 1961. Early Mesozoic wind pattern as suggested by dune bedding in the Botucatu Sandstone of Brazil and Uruguay. *Geol. Soc. Amer. Bull.*, **72**:1089-1106.

_____ SALAMUNI, R. & MARQUES FILHO, P. L. 1961. Considerações sobre a Formação Furnas. *Bol.Paran.Geogr.*, **4/5**: 1-53. Curitiba.

_____. MOUSINHO,M.R. & SILVA, J. X. 1965. Pediplanos, pedimentos e seus depósitos correlativos no Brasil. *Bol. Paran.Geogr.*, **16/17**:117-151. Curitiba.

_____. SALAMUNI, R. & MARQUES FILHO, P. L. 1966. Estruturas e texturas da Formação Furnas e sua significação paleogeográfica. *Bol. Univ. Fed. do Paraná, Geologia* **18**: 66-86. Curitiba.

_____. FREIRE, S. S. SALAMUNI, R. & VIANA, R. 1966. Contribuição ao estudo dos sedimentos praiais recentes. II: Praias de Matinhos e Caiobá. *Bol. de Geografia Física,* **6:** *1-109. Curitiba.*

_____. BECKER, R. D. & SANTOS, G. F. 1994. Estrutura e origem das paisagens tropicais e subtropicais: Fundamentos geológico-geográficos, alteração química e física das rochas, relevo cárstico e dômico (v. 1). Florianópolis: Editora da UFSC.

BIGELEISEN, J. & MAYER, M. G. 1947. Calculation of equilibrium constants for isotopic exchange reactions. *Jour. Chem. Physics,* **13**:261-267.

BIRD, E. C. F. 1969. *Coasts: An introduction to systematic geomorphology* (V. IV).Cambridge: MIT Press.

BIRKELAND, P. W. 1984. *Soils and geomorphology.* Nova York: Oxford Univ. Press.

BISSELL, H. J. 1959. Silica in sediments of the Upper Paleozoic of the Cordilleran area. *Soc. Econ. Paleont. and Mineral Spec. Publ.*, **7**: 150-185.

BJORNBERG, A. J. S.; GANDOLFI, N. & PARAGUASSU, A. B. 1964. Ocorrência de prismas hexagonais de arenitos em São Carlos, São Paulo (Formação Botucatu). *Bol. Soc. Bras. Geologia*, **13**: 61-66. São Paulo.

BLACKWELDER, E. 1928. Mudflow as a geological agent in semiarid mountains. *Geol. Soc. Amer. Bull.*, **39**: 465-484.

BLAKEY, R. C. 1988. Supercoops: their significance as element of eolian architecture.*Geology,*.**16**: 483-487.

BLANC, J. J. 1982. *Sédimentation des marges continentales actuelles et anciennes.* Paris: Masson & Cie.

BLATT, H. 1967. Original characteristics of clastic quartz grains. *Jour. Sed. Petrol.*, **37**:401-424.

BLATT, H.; MIDDLETON, G. & MURRAY, R. 1972. *Origin of sedimentary rocks.* Nova Jersey: Prentice Hall Inc.

BLISSENBACH, E. 1954. Geology of alluvial fans in semiarid regions. *Geol. Soc . Amer. Bull.*, **65**: 175-190.

BLOOM. A. L. 1970. *Superfície da Terra.* Trad. de S. Petri & R. Ellert. Editora Edgar Blücher – EDUSP.

_____. 1978. *Geomorphology – A systematic analysis of Late Cenozoic landforms.* Nova Jersey: Prentice Hall Inc.

BLOSS, F. D. 1957. Anisotropy of fracture in quartz. *Amer. Jour. Sci.*, **255:** 214-225.

BOKMAN, J. 1952. Clastic quartz particles as indices of provenance. *Jour. Sed. Petrol.*, **22**: 17-24.

BONATTI & ARRHENIUS, G. 1965. Eolian sedimentation in the Pacific Ocean off Northern Mexico. *Mar.Geol.,* **3**: 337-348.

_____. & NAYUDU, R. 1965. The origin of manganese nodules on the ocean floor. *Amer. Jour. Sci.,* **263:** 17-39.

BOND, G. 1954. Surface textures of sand grains from the Victoria falls area. *Jour. Sed. Petrol.*, **24:** 191-195.

BORNHOLD, B. D. & PILKEY, O. H. 1971. Bioclastic turbidite sedimentation in Columbus Basin, Bahamas. *Geol. Soc. Amer. Bull.*, **82**:1122-1254.

BOTSET, H. G. 1931. The measurement of permeabilities of porous alundum discs for water and oils. *Rev. of Scient. Instruments,* **2**:84-95.

BOULIN, J. 1977. *Méthodes de la stratigraphie et géologie historique.* Paris-Nova York-Barcelona:Masson et Cie.

BOUMA, A. H. 1962. *Sedimentology of some flysch deposits.* Amsterdã: Elsevier.

BOWEN, N. L. 1922. The reaction relation in petrogenesis. *Jour. Geol.*, **30:** 177-198.

_____. 1928. *The evolution of the igneous rocks.* Nova Jersey: Princeton Univ. Press.

BOWIE, S. H. U.; DAVIS, M. & OSTLE, D. (eds.)1972. *Uranium prospecting handbook.* Londres: Inst. Min. Met.

BRADLEY, W. C.; FAHNESTOCK, R. K. & ROWEHAMP, E. T. 1972. Coarse sediment transport by flood flows on Knik River, Alaska. *Geol. Soc. Amer. Bull.,* **83**: 1261-1284.

BRADLEY, W. H. 1929. The varves and climate of the Green River epoch. *U.S. Geol. Surv. Paper,* **158-E**: 87-110.

_____. 1931. Non-glacial marine varves. *Amer. Jour. Sci.,* **22**:318-330.

BRAGA, J. A. E. & DELLA-FÁVERA, J. C. 1978. *Seqüências deposicionais nas bacias brasileiras - determinação, integração regional e sua utilização nas pesquisas de hidrocarbonetos.* Petrobras/DEXPRO/DIVEX. Relatório interno nº. 3122 (inédito).

BRAMLETTE, M. N. 1946. Monterey Formation of California and the origin of its siliceous rocks. *U.S. Geol. Surv. Prof. Paper,* **212**:1-55.

BRANNER, J. C. 1904. The stone reefs of Brazil, their geological and geographical relations, with a chapter on the coral reefs. *Mus. Comp. Zoology Bull.,* Cambridge, **44**, *Geol. Ser.* 7: 1-285.

_____. 1910. Aggraded limestone plains of the interior of Bahia and the climatic changes suggested by them. *Geol. Soc. Amer. Bull.* **22**: 187-206.

BRAUN, E. H. G. 1977. Cone aluvial do Taquari, unidade geomorfológica marcante na planície quaternária do Pantanal. *Rev. Bras. Geogr.,* **39**: 164-180.

BRICKER, O. P. (ed.) 1971. *Carbonate cements.* Baltimore & Londres: Johns Hopkins Univ. Studies in Geology nº 19.

BRIGGS, L. l.; McCULLOCH, D. S. & MOSER, F. 1962. The hydraulic shape of sand particles. *Jour. Sed. Petrol.,* **32**: 645-646.

BRINKMANN, R. 1964. *Lehrbuch der Allgemeinen Geologie.* Stuttgart: Ferdinand Enke Verlag.

BRITO, I. M. 1992. *A era cenozóica na geologia do Brasil.* Instituto de Geociências-UFRJ. Contribuição Didática nº 5:1-38.Rio de Janeiro.

BRONGERSMA-SANDERS, M. 1967. Permian wind and the occurrence of fish and metals in the Kupferschiefer and Marl Slate. *In*: Inter-universities Geol. Congress, Leicester, Inglaterra. *Proceedings*:61-71.Inglaterra.

BROWN. J. S. (ed) 1968. Genesis of stratiform lead-zinc-barite-fluorite deposits. *Econ. Geol. Monogr.* nº **3**: 1-443.Virgínia.

BROWN W. H.; FYFE, W. S. & TURNER, F. J. 1962. Aragonite in California glaucophane schists and the kinetics of the aragonite-calcite transformation. *Jour.Sed.Petrol.,* **32**: 566-582.

BRUNI, C. E. 1981. Futuro do óleo pesado e areias betuminosas. *Bol. Téc. Petrobras,* **24**: 33-50. Rio de Janeiro.

_____ & PADULA, V. T. 1974. O interesse mundial na exploração do xisto e o esforço brasileiro para a sua industrialização. *In*: Congresso Brasileiro de Geologia, XXVIII, Porto Alegre. *Anais...* **1**:103-119. Porto Alegre.

BRYAN, K. 1945. Glacial *versus* desert origin of loess. *Amer. Jour. Sci.,* **143**:245-248.

BULL, W. B. 1964. Alluvial fans and near surface subsidence in Western Fresno County,California. *U .S. Geol. Surv. Prof. Paper,* **437-A**: 1-71.

BULLER, A. T. & McMANUS, J. 1972. Simple metric sedimentary statistics used to recognize different environments. *Sedimentology,* **18**:1-21.

BURST, J. F. 1969. Diagenesis of Gulf Coast clayey sediments and its possible relation to petroleum migration. *Amer. Assoc. Petrol. Geol. Bull.,* **53**:73-93.

BUSCHINSKI, G. I. 1964. Shallow-water origin of phosphorite evaporites. *In*: L. M. J. U.Van Straaten (ed.*) Deltaic and shallow marine sediments:* 62-70. Amsterdã:Elsevier.

BUSSON, G. 1968. Les sables rond-mats, émoussés-luisants et nonusés observés au microscope élèctronique à balayage (stereoscan). *Bull. Mus. Hist. Nat., Paris,* **40**: 850-856.

BUTZER, K. W. 1982. *Archaeology as human ecology.* Cambridge: Cambridge Univ. Press.

BYRNE, J. V. 1963. Variations in fluvial gravel imbrication. *Jour. Sed. Petrol.* **33**:467-469.

CAILLEUX, A. 1945. Distinction des galets marins et fluviatiles. *Bull. Soc. Géol. France,* **15**: 375-404.

_____ & SCHNEIDER, H. E. 1968.L'usage des sables vue en microscope élèctronique à balayage. *Sci. Prog.* **3395**: 92-94.

_____ & TRICART, J. 1959. *Initiation à l'étude des sables et de galets.* Centre de Documentation. Univ. de Paris.

CAILLEUX, J. & KAMPUNZU, A. B. 2001. Genesis of sediment-hosted stratiform copper-cobalt deposits: Evidence from the Central Africa copperbelt. *In*: A.Misi & J. B. G. Teixeira (orgs.) *Proterozoic base-metal deposits of Africa and South America:*43-47. *In*: IGCP-450 Field Workshop, I, 2001, BeIo Horizonte and Paracatu (MG).

CALVERT, S. E. 1966. Origin of diatom rich varved sediments from the Gulf of California. *Jour. Geol.,* **74**:546-565.

CALVIN, M. & BENSON, A. A. 1948. The path of carbon in photosynthesis. *Science,* **107**:476-480.

CAMPANHA, V. A. & MABESOONE, J. M. 1974. Paleoambiente e paleoecologia do Membro Picos, Formação Pimenteiras (Devoniano do Piauí).In: Congresso Brasileiro de Geologia, XXVIII, Porto Alegre (RS). *Anais...* **2**: 221-235. Porto Alegre.

CAMPBELL, C. V. 1966. Truncated wave-ripples laminae. *Jour. Sed. Petrol.,* **36**: 825-828.

_____.1967.Lamina, laminaset, bed and bedset. *Sedimentology,* **8**:7-26.

CAROZZI, A. V. 1960. *Microscopic sedimentary petrography.* Nova York: Willey and Sons.

_____; TIBANA, P. & TESSARI, E. 1973. Estudo de microfácies da Formação Bonfim (Cenomaniano) da Bacia de Barreirinhas, Brasil. *Petrobras/CENPES, Publ.***6**:1-86. Rio de Janeiro.

_____; ARAÚJO, M. B. CÉSERO, P.; FONSECA JR., J. R. & SILVA, V. J. L. 1976. Formação Salvador: Um modelo de deposição gravitacional subaquosa. *Bol. Téc. Petrobrás,* **19**:47-79.

CARUSO JR. F. 1995. *Geologia e recursos minerais da região costeira do Sudeste de Santa Catarina (com ênfase no Cenozóico).* Inst. de Geociências-UFRGS. Tese de doutoramento, 179 p. (inédita).

_____; SUGUIO, K. & NAKAMURA, T. 2000. The Quaternary geological history of the Santa Catarina southeastern region (Brazil). *An. Acad. Bras. Ci.,* **72**:257-270.

CARVALHO, E. T. 1999. *Geologia urbana para todos - Uma visão de Belo Horizonte.* Belo Horizonte: Edição do autor.

CASTER, K. E. 1934. The stratigraphy and paleontology of Northwestern Pennsylvania. *Amer. Paleont. Bull.,* **21**: 1-185.

CASTRO, G. 1969. Liquefaction of sands. *Harvard Soil Mech. Ser.,* **81**: 1-112.

CASTRO, J. C.; DIAS-BRITO, D.; MUSACCHIO, E. A.; SUAREZ, J.; MARANHÃO, M. S. A. S.; RODRIGUES, R. 1999. Arcabouço estratigráfico do Grupo Bauru do Oeste Paulista. *In*: Simpósio Sobre o Cretáceo do Brasil, 5, Serra Negra (SP), 1999. *Bol.de resumos...*: 509-515. Rio Claro.

CASTRO, R. C. G. 2002. Uma tecnologia para tirar ouro negro das profundezas do mar. *Jornal da USP,* 04-10/03/2002: 10-11.São Paulo.

CAYEUX, L. 1929. *Les roches sédimentaires de France.* Paris: lmprimérie National.

CHANG, G. H. 1975. Unconformity-bounded stratigraphic units. *Geol. Soc. Amer. Bull.* **86**: 1544-1552.

CHAPMAN, R. E. 1973. Petroleum geology. Amsterdã: Elsevier.

CHAPPELL, J. 1967. Recognizing fossil strandlines from grain size analysis. *Jour. Sed. Petrol.*, **37**: 157-165.

CHAUDRON, G. 1952. Contribution a l'étude des réactions dans l'état solide – *Cinétique de la transformation aragonite-calcite. In:* International Symposium on the Reactivity of Solids, Gotemburgo. *Proceedings*:9-20.

CHAYES, F. 1956. *Petrographic modal analysis.* Nova York: John Wiley & Sons.

CHILINGAR, G. V.; BISSELL, H. J. & WOLF, K. H. 1967. Diagenesis of carbonate rocks. *In:* G. Larsen & G. V. Chilingar (eds.) *Diagenesis in sediments*:179-322. Developments in sedimentology n.º 8. Amsterdã: Elsevier.

CHOQUETTE, P. W. & PRAY, L. C. 1970. Geologic nomenclature and classification of porosity in sedimentary carbonates. *Amer. Assoc. Petrol. Geol. Bull.*, **54**: 207-250.

CHRISTOFOLLETl, A. 1974. *Geomorfologia.* São Paulo: Edgard Blücher-EDUSP.

CLAISSE, G. 1972. Étude sur la solubilization du quartz en voie d'altération. *Cahier ORSTOM, Ser. Pédologie,* **10**: 97-122.

CLARKE, C. W. 1924. Data of geochemistry. *U.S. Geol. Surv. Bull.*, **550** (7.ª edição).

CLAYTON, R. N. & EPSTEIN, S. 1958. The relationship between $^{18}O/^{16}O$ ratios in coexisting quartz, carbonate and iron oxides from various geologic deposits. *Jour. Geol.*, **66**: 352-373.

_____; FRIEDMAN, I.; MAYEDA, T. K.; MEENYS, W. F. & SHIMP, N. F. 1966. The origin of saline formation waters. **1**: Isotopic composition. *Jour. Geophys. Res.* **71**:3869-3882.

CÓDIGO BRASILEIRO DE NOMENCLATURA ESTRATIGRÁFICA. Edição preliminar. *Jornal do Geólogo da Soc. Bras. Geol.*, São Paulo.

COIMBRA, A. M. 1976. *Arenitos da Formação Bauru: Estudos de áreas-fonte.* Instituto de Geociências-USP. Dissertação de mestrado (inédita).

COLEMAN, J. M. 1969. Brahmaputra river: channel processes and sedimentation. *Sed. Geol.* **3**: 129-239.

_____ & GAGLIANO, S. M. 1965a. Cyclic sedimentation in the Mississippi river deltaic plain. *Gulf Coast Geol. Socs. Trans.*, **14**:67-80.

_____ & GAGLIANO. S. M. 1965b.Sedimentary structures: Mississippi river deltaic plain. *In:* G.V. Middleton (ed.). *Primary sedimentary structures and their hydrodynamic interpretation*:133-148. Soc. Econ. Paleont. and Mineral. Spec. Publ. n.º 12.

_____ & WRIGHT, L. D. 1971. Analysis of major river systems and their deltas, procedure and rationale, with two examples. *Louisiana State Univ., Coastal Studies Inst.,Technical Report,* **95**: 1-125.

_____ & WRIGHT, L. D. 1975. Modern river deltas : Variability of processes and sand bodies. *In:* M. L. Broussard (ed.) *Deltas - Models for exploration.* Houston Geol. Soc.: 99-149.

COLMAN, S. M. & DEYHIER, D. P.1986. *Rates of chemical weathering of rocks and minerals.* Orlando: Academic Press.

COMISSÃO DE REDAÇÃO DO DICIONÁRIO DA SOCIEDADE DE PESQUISA DE GEOCIÊCIAS (Japão).1970. *Dicionário de Geociências* (1.ª edição). Tóquio: Heibon-sha. 2.ª edição de 1996 (em japonês).

CONYBEARE, C. E. B. & CROOK, K. A. W. 1982. *Manual of sedimentary structures* (2.ª edição). Camberra: Bureau of Mineral Resources, Geology and Geography.

COOKE, R. U. & DOORNKAMP, J. C. 1974. *Geomorphology in environmental management.* Oxford: Oxford Univ. Press.

COOPER, W. S. 1967. Coastal dunes of California. *Geol. Soc. Amer. Mem.,* **104**:1-131.

CORRÊA, I. C. S. 1990. *Analyse morphostructurale et evolution paleogeographique de la plate-forme continentale Atlantique Sud Brésilienne (Rio Grande do Sul, Brésil).* Univ. de Bordeaux l,Thèse de doctorat, 314 p.(inédita).

_____. 1996. Les variations du niveau de la mer durant les derniers 17.500 ans BP: L'exemple de la plate-forme continentale du Rio Grande do Sul, Brésil. *Mar. Geol:* **130**: 163-178.

COTTAS, L. R.1984. *Geologia ambiental e geologia de planejamento urbano de Rio Claro.* Instituto de Geociências USP. Tese de doutoramento, 2 v. (inédita).

COZZOLINO, V. 1972. *Tipos de sedimentos que constituem a Bacia de São Paulo.*Escola Politécnica-USP. Tese de doutoramento,116 p.(inédita).

CPRM (Companhia de Pesquisa de Recursos Minerais). 1990. Projeto *"Avaliação dos depósitos de areia industrial na Baixada Santista"* Relatório Final (II v.). (inédito).

CRAIG, H. 1953. The geochemistry of the stable carbon isotopes. *Geochim. et Cosmochim. Acta ,***3**:53-92.

_____. 1957.lsotopic standards for carbon and oxygen and correction factors for mass spectrometric analysis of carbon dioxide. *Geochim. et Cosmochim. Acta,.***12**: 133-149.

CROMBIE, M. K.; ARVIDSON, R. E.; STURCHIO, N. C.; EL ALFY, Z. & ABU ZEID, K. 1997. Age and isotopic constraints on Pleistocene pluvial episodes in the western desert, Egypt. *Palaeogeogr. Palaeoclimat. Palaeoecol.* **130**: 337-355.

CROMWELL, J. E. 1971. Barrier coast distribution: A worldwide survey. *In*: National Coastal and Shallow Water Conference, II, O. N. R., 1-50. Washington (DC).

CRONAN, D. S. 1992. *Marine minerals in Exclusive Economic Zones.* Londres Nova York-Tóquio – Melbourne- Madras: Chapman and Hill.

CROOK, K. A. W. 1960. Classification of arenites. *Amer. Jour. Sci.*, **258**: 419- 428.

CROSBY, E. J. 1972. Classification of sedimentary environments. *In*: J. K. Rigby & W. K. Hamblin (eds.) *Recognition of ancient sedimentary environments*: 1-11. Soc. Econ. Paleont Mineral. Mem. n° 16.

CUMINGS, E. R. 1932. Reefs or bioherms? *Geol. Soc. Amer. Bull.*, **43**:331-352.

CURRAY, J. R. 1956. Dimensional grain orientation studies of recent coastal sands. *Amer. Assoc. Petrol. Geol. Bull.*, **40**:2440-2456.

_____. 1965. Late Quaternary history, continental shelves of the United States. *In:* H. E. Wright & D. G. Frey (eds.) *The Quaternary of the United States*:723-735. Nova Jersey:Princeton Univ.Press.

_____. 1969. Estuaries, lagoons, tidal flats and deltas. *In*: D. J. Stanley(ed.) *The new concept of continental margin sedimentation* 1-30. Amer. Geo1. Inst.,Washington (DC).

_____. EMMEL, F. J. & CRAMPTON, P. J. S.1969. Lagunas costeras, un simpósio. *In:* Simpósio Internacional Lagunas Costeras, México (DF). *Mem.:* 63-100. México (DF).

DAKE, C. L. 1921. The problems of the St. Peter Sandstone. *Univ. of Missouri School Mines Metal. Bull., Tech. Ser.,* **6**:1-158.

DALE, T. N. 1923. The commercial granites of New England. *U.S. Geol. Surv. Bull.,* **738**: 1 -488.

DALY, R. A. 1936. Origin of submarine canyons. *Amer. Jour. Sci., 5th. Ser.,* **31**: 410-420.

DAMUTH, J. E. & FAIRBRIDGE, R. W. 1970. Equatorial Atlantic deep-sea arkosic sands and ice-age aridity in Tropical South America. *Geol. Soc. Amer. Bull.* **81**: 189-206.

DANA, J. D. 1873. On some results of earth's contraction from cooling including discussion of the origin of mountains and the nature of the earth's interior. *Amer. Jour. Sci.,* **5**: 423- 443.

DAPPLES, E. C. & HOPKINS, M. E. (eds.)1969. Environments of coal deposition. *Spec. Paper, Geol. Soc. Amer.* n. 114.

_____ & ROMINGUER, J. F. 1945. Orientation analysis of fine grained clastic sediments - A report of progress. *Jour. Geol.,* **53**: 246-261.

_____ & KRUMBEIN, W. C. & SLOSS, L. L. 1953. Petrographic and lithologic attributes of sandstones. *Jour. Geol.,* **61**:291-317.

DARDENNE, M. A.; RONCHI, L. H.; BASTOS NETO, A. C. & TOURAY, J. C.1997. Geologia da fluorita. *In:* C. Schobbenhaus; E. T. Queiroz & C. E. S. Coelho (eds.) *Os principais depósitos minerais do Brasil.* V.4B: *Minerais e rochas industriais.*DNPM. Brasília.

DAUBRÉE, A. 1879.*Études synthétiques de géologie experimentale.* Paris: Dunod.

DAVIS, R. & FOX, W. T. 1972. Four dimensional model for beach and inner nearshore sedimentation. *Jour.Geol.,* **80**: 484-493.

DAVIS, W. M. 1899. The geographical cycle. *Geogr. Jour.,* **14**: 481-504.

DAWDY, D. R. 1961. Depth/discharge relations of alluvial streams: Discontinuous rating curves. *U. S. Geol. Surv. Water Supply Papers,* **1498- C**: 1-16.

DE MULDER, E. F. J. 1993. Urban geology in Europe: An overview. *In:* P.T. Bobronsky & D. G. E. Liverman (eds.) Applied quaternary research. *Quaternary Int.,* **20**: 5-11.

_____. 1996. Urban geosciences. *In:* G. J. H. McCall; E. F. J. De Mulder & B. R. Marker (eds.) *Urban geoscience*: 1-11. Rotterdã: A. A. Balkema.

DE OLIVEIRA, P. E.; BARRETO, A. M. F. & SUGUIO, K. 1999. Late Pleistocene/Holocene climatic and vegetational history of the Brazilan caatinga: The fossil dunes of the Middle São Francisco River. *Palaeogeogr. Palaeoclimat. Palaeoecol.,* **152**: 319-337.

DE RAAF, J. M.; READING, H. G. & WALKER, R. G. 1965. Cyclic sedimentation in the Lower Westphalian of North Devon, England. *Sedimentology,* **4**:235-255.

DE SITTER, L. U. 1964. *Structural geology.* Londres: McGraw Hill.

DEFANT, A. 1961. *Physical oceanography* (v.2).Nova York: Pergamon Press.

DEGENS, E. T. 1965. *Geochemistry of sediments: A brief survey.* Nova Jersey: Prentice Hall Inc.

_____. 1967. Diagenesis of organic matter. *In:* G. Larsen & G. V. Chilingar (eds.) *Diagenesis in sediments:* 343-390. Amsterdã Elsevier. Developments in sedimentology n.º 8.

_____ & EPSTEIN, S. 1962. Relationship between $^{18}O/^{16}O$ ratios in coexisting carbonates, cherts and diatomites. *Amer. Assoc. Petrol. Geol.,* **46**: 534-542.

_____. & ROSS, D. A. (eds.) 1969. *Hot brines and recent heavy metals in the Red Sea.* Berlin: Springer-Verlag.

_____. WILLIAMS, E. G. & KEITH, M. L. 1957. Environmental studies of Carboniferous sediments. Part I: Geochemical criteria for differentiating marine and fresh-water shales. *Amer. Assoc. Petrol. Geol. Bull.* **41**: 2487-2495.

DELFAUT, J. 1972. Application de l'analyse séquentielle à d'exploration lithostratigraphique d'un bassin sédimentaire. L'exemple du Jurassique et du Crétacé inférieur de l'Aquitaine. *B. R. G. M. Mem.,* **77**, tome **2**:593-612.

DELLA-FÁVERA, J. C. 2001. *Fundamentos de estratigrafia moderna.* Rio de Janeiro: Editora UERJ.

DESSAU, G.; JENSEN, M. L. & NAKAI, N. 1962. Geology and istotopic studies of Sicilian sulfur deposits. *Econ. Geol.,* **57**: 410-436.

DEVERIN, L. 1924. L'étude lithologique des roches sédimentaires. *Schweiz. mineralog. petrolog. Mitt.,* **4**: 45-48.

DEWEY, J. F. & BIRD, J. M. 1970. Plate tectonics and geosynclines.*Tectophysics,* **10**: 625-638.

DIAS-BRITO, D.; MOURA, J. A. & BRÖNNIMANN, P. 1982. Aspectos ecológicos, geomorfológicos e geobotânicos da planície de maré de Guaratiba, RJ. *In*: Simpósio do Quaternário do Brasil. IV, Rio de Janeiro, RJ. *Atas...*153-174. Rio de Janeiro.

DICKSON, J. A. D. & COLEMAN, M. L. 1980.Changes in carbon and oxygen isotopic composition during limestone diagenesis. *Sedimentology,* **27**:107-118.

DIESSEL, C. F. K. 1966. The determination on the direction of transport of fluviatile arenites by orientation analyses of the detrital mica. *Sedimentology* **7**: 167-177.

_____. 1992. *Coal bearing depositional systems.* Berlim-Heidelberg-Nova York: Springer-Verlag.

DINNEEN, G. U.; SMITH, J. W.; TISSOT, P. R. & ROBINSON, W. E. 1968. *Constitution of Green River oil shale. In:* U. N. Simposium on Development and Utilisation of Oil Resources. Tallinn. *Proceedings*:1-22.

DOBKINS JR., J. E. & FOLK, R. L. 1970. Shape development on Tahiti. *Jour. Sed. Petrol.,* **40**: 1167-1203.

DOEGLAS, D. J. 1946. Interpretation of results of mechanical analysis. *Jour. Sed. Petrol.,* **10**: 19-40.

_____. 1962. The structure of sedimentary deposits of braided rivers. *Sedimentology,* **1**:167-190.

_____. 1968. Grain size indices, classification and environment. *Jour. Sed. Petrol.,* **16**: 83-100.

DOMINGUEZ, J. M. L.; BITTENCOURT, A. C. S. P. & MARTIN, L. 1981. Esquema evolutivo da sedimentação quaternária nas regiões deltaicas dos rios São Francisco (SE/AL), Jequtinhonha (BA), Doce (ES) e Paraíba do Sul (RJ). *Rev. Bras. de Geociências,* **11**:227-237.

DONOVAN, R. N. & FOSTER, R. J. 1972. Subaqueous shrinkage cracks from the Caithness Flagstone Series (Middle Devonian) of the Northeast Scotland. *Jour. Sed. Petrol.,* **42**: 309-317.

DOTT, R. H. & REYNOLDS, M. J. 1969. Sourcebook of petroleum geology. *Amer. Assoc. Petrol. Geol. Mem.,* **5**: 1-471.

DOTT JR., R. L. 1964. Wacke, graywacke and matrix: What approach to immature sandstone classification. *Jour. Sed. Petrol.,* **34**: 625-632.

DOUCHAUFOUR, P. 1964. *Précis de pédalogie* (2.ª edição). Paris: Masson & Cie.

DUFF, P. M. D. & WALTON, E. K. 1962. Statistical basis for cyclothems: A quantitative study of sedimentary succession on the East Pennine Coalfield. *Sedimentology,***1**: 235-255.

_____; HALLAM, A. & WALTON, E. K. 1967. *Cyclic sedimentation.* Amsterdã: Elsevier.

DUNBAR, C. O. & RODGERS, J. 1957. *Principles of stratigraphy.* Nova York: John Wiley & Sons.

DUNCAN, D. C. 1967. Geologic setting of oil shale deposits and world prospects. *In*: World Petroleum Congress, 7th., México, *Proceedings…* **3**: 659-667. México.

DUNHAM, R. J. 1962. Classification of carbonate rocks according to depositional texture. *Amer. Assoc. Petrol. Geol. Symp. Mem.*, **1**:108-121.

DUNOYER DE SEGONZAC, G. 1968. The birth and development of the concept of diagenesis (1906-1966). *Earth Sci. Rev.*, **4**:659-667

_____. 1970. The transformation of clay minerals during diagenesis and low grade metamorphism: A review. *Sedimentology*, **15**:281-346.

_____; FERRERO, J. & KUBLER, B. 1968. Sur la cristallinité de l'illite dans la diagénèse et l'anchimetamorphose. *Sedimentology*, **10**: 137-143.

DZULYNSKI, S. & SLACZKA, A. 1959.Directional structures and sedimentation of the Krosno beds (Carpathian Flysch). *Ann. Soc. Géol. Pologne*, **28**: 205-260.

_____ & WALTON, E. K. 1965. *Sedimentary features of flysch and graywackes.* Amsterdã: Elsevier. Developments in sedimentology nº 7.

EDELMAN, L. J. 1933. *Petrologische Province in Het Nederlandse Kwartar.* Amsterdã: Centen Publ. Co.

EHLERINGER, J. R. 1991. $^{13}C/^{12}C$ fractionation and its utility in terrestrial plant studies. *In:* D.C. Coleman & B. Fry (eds.) *Carbon isotope techniques*:187-200. San Diego: Academic Press.

EICHER, D. L. 1969. Paleobathymetry of Cretaceous Greenhorn Sea in Eastern Colorado. *Amer. Assoc. Petrol. Geol. Bull.*, **53**: 1075-1090.

EINSELE, G.; RICKEN, W. & SEILACHER, A. 1991. Cycles and events in stratigraphy - Basic concepts and terms. *In*: G. Einsele; W. Ricken & A. Seilacher (eds.) *Cycles and events in stratigraphy:* 1-19. Berlim-Heidelberg-Nova York: Springer-Verlag.

ELLISON, W. D. 1948. Erosion by raindrop. *Scient. Amer.*, **179**: 40-45.

ELVIDGE, C. D. 1979. *Distribution and formation of desert varnish in Arizona.* Arizona State University. M. Sc. dissertation.

EMERY, K. O. 1968. Relict sediments on continental shelves of the world. *Amer. Assoc. Petrol. Geol. Bull.*, **52**: 445-464.

_____. 1970. Continental margin of the world - Geology of East Atlantic continental margin. I. Gen. Econ. Papers. ICSU/SCOR Working Party Symposium, 31, Cambridge. *Rept.* **70** (13): 7-29.

_____. 1976.Perspective of shelf sedimentology. *In*: D. J. Stanley & D. J. P. Swift (eds.) *Marine sediment transport and environmental management:* 581-592. Nova York: Wiley & Sons.

_____ & UCHUPI, E. 1972. Western North Atlantic Ocean: topography, rocks, structure, water, life and sediments. *Amer. Assoc. Petrol .Geol. Mem.*, **17**:1-532.

_____; STEVENSON, R. E. & HEDGPETH, J. W. 1957. Estuaries and lagoons. Treatise on marine ecology and paleontology. 1-marine ecology: 673-749. *Geol. Soc. Amer. Mem.* n° 67.

_____; UCHUPI, E.; PHILLIPS, J. D.; BOWIN, C.O.; BUNCE, B. T. & KNOTT, S. T. 1970.Continental rise off Eastern North America. *Amer. Assoc. Petrol. Geol. Bull.*, **54**: 48-108.

EMILIANI, C, 1958. Paleotemperature analysis of core 280 and Pleistocene correlations. *Jour. Geol.*, **66**: 264-275.

ENGEL, A. E. J.; CLAYTON, R. N. & EPSTEIN, S. 1958. Variation in isotopic composition of oxygen and carbon in Leadville limestone and its hydrothermal and metamorphic phases. *Jour. Geol.*, **66**: 374-393.

EPSTEIN, S.; BUCHSBAUM, R.; LOWENSTAM, H. A. & UREY, H. C. 1953. Revised carbonate water isotopic temperature scale. *Geol. Soc. Amer. Bull.*, **64**: 1315-1326.

_____; SHARP, R. P. & GODDARD, I. 1963. Oxygen-isotope ratios in Antarctic snow, rain and ice. *Jour. Geol.*, **71**: 698-720.

_____; GRAF. D. L. & DEGENS, E. T. 1964. Oxygen isotopic studies on the origin of dolomites. *In:* H. Craig; S. L. Miller and G. J. Wasserburg (eds.) *Isotopic and cosmic chemistry;*169-180. Amsterdã: North-Holland.

ERDMAN, J. G. 1961. Some chemical aspects of petroleum genesis as related to the problem of source bed recognition. *Geochim. et Cosmochim. Acta*, **12**: 16-36.

EVANS, G. 1965. Intertidal flat sediments and their environment of deposition in the Wash. *Quart. Jour. Geol. Soc. London*, **121**:209-245.

_____ & BUSH, P. R. 1969. Some oceanographical and sedimentological observations on a Persian Gulf region. *In*: A. A. Castañares & P. B. Phleger (eds.) *Coastal lagoons - A symposium:* 155-170. Univ. Nac. Aut. México. (UNAM). México.

EVANS, O. F. 1939. Sorting and transportation of material in the swash and backwash. *Jour. Sed. Petrol.*, **9**: 28-31.

EVERTS, C. H. 1972. *Exploration for high energy marine placer sites. Part 1: Field and flume tests, North Carolina coast.* Report WIS-SG-72-210.The Univ. of Wisconsin Sea Grant Program. Univ. of Wisconsin, Madison, 179 p.

EYNON, G. 1972. *The structure of braid bar: Facies relationships of Pleistocene braided outwash deposits, Ontario.* McMaster University. M. Sc. dissertation, 235 p. (inédita).

EWING, M. & THORNDIKE, E. M. 1965.Suspended matter in deep-ocean water. *Science*, **147**: 1291-1294.

FAIRBRIDGE, R. W. 1947. Possible causes of intraformational disturbances in the Carboniferous varve rocks of Australia. *Jour. Proc. Roy. Soc. New South Wales*,**81**: 99-121.

_____. 1961. Eustatic changes in the sea-level. *Physics and Chemistry of the Earth*, **4**:99-185.

_____. 1967. Phases of diagenesis and authigenesis. *In:* G. Larsen & G. V. Chilingar (eds.) *Diagenesis in sediments:* 19-89. Amsterdã: Elsevier. Developments in sedimentology n.º 8.

FAIRCHILD, T. R.; NOGUEIRA, A. C. R.; SUGUIO, K.; SOUSA, S. H. M. & HIRUMA, S. 2000. Ichnofossils from the Passa Dois Group (Permian) near Santa Rosa de Viterbo (SP), Southeastern Brazil. *In:* PALEO-2000/SP (Reunião Anual da SBP). Botucatu (SP). Bol. Res. e Progr.: 6. Botucatu (SP).

FANIRAN, A. & JEJE, L. K. 1983. *Humid tropical geomorphology. A study of the geomorphological processes and landforms in warm humid climate.* Nova York: Longman Inc.

FARJALLAT, J. E. S. 1970. Diamictitos neopaleozóicos e sedimentos associados do Sul de Mato Grosso. *Bol. DNPM-DGM*, **250.** Rio de Janeiro.

_____. & SUGUIO, K. 1966. Observações sobre a zeolitização em basalto e arenito, Mato Grosso. *Bol. Soc. Bras. Geol.* **15**: 51-58.

FAUCK, R. 1972. Contribution à l'étude des sols des régions tropicales - Les sols rouges sur sables des régions d'Afrique Occidentale. Paris, Memo., ORSTOM, **13**:1-257.

FEELY, H. & KULP, J. L. 1957. The origin of Gulf Coast salt dome sulfur deposits. *Amer. Assoc. Petrol.Geol.Bull.,* **41:** 1802-1853.

FERNANDES FILHO, J. A.; MURICY FILHO, A. F.; SILVA, O. B. & ZABALAGA, H. M. C. 1982. Estágio atual da exploração de petróleo na Bacia do Recôncavo. *In:* Congresso Brasileiro de Geologia, XXXII, Salvador,1982. *Anais...;* **5:** 2273-2285. Salvador.

FERREIRA, G. C. 1995. *Estudo dos mercados produtor e consumidor de areia industrial no Estado de São Paulo.*Instituto de Geociências e Ciências Exatas-UNESP. Tese de doutoramento, 142 p.(inédita).

FERREIRA, J. C. 1984. A origem do petróleo - Síntese histórica. *In:* CENPES-Petrobras.*Geoquímica do petróleo:* 15-27. Rio de Janeiro.

FIGUEIREDO, A. M. F. & RAJA-GABAGLIA, G. P. 1986. Sistema classificatório aplicado às bacias sedimentares brasileiras. *Rev. Bras. Geociências.* **16:** 350-369.

FISCHER, A. G. & JUDSON, S. (eds.) 1975. *Petroleum and global tectonics.* Princeton & Londres: Princeton Univ. Press.

_____ & GARRISON,R.E.1967. Carbonate lithification on the sea floor. *Jour. Geol.,* **75:** 488-496.

FISHER, R. V. 1961. Proposed classification of volcaniclastic sediments and rocks. *Geol. Soc. Amer. Bull.,* **72:** 1409-1414.

_____. 1966. Rocks composed of volcanic fragments and their classification. *Earth-Sci. Rev.,* **1:** 287-298.

_____. 1971. Features of coarse-grained, high-concentration fluids and their deposits. *Jour. Sed. Petrol.,* **41:** 916-927.

FISHER, W. L. & McGOWEN, J. H. 1967. Depositionai systems in the Wilcox Group of Texas and their relationship to occurrence of oil and gas. *Gulf Coast Assoc. Geol. Soc. Trans.,* **17:** 105-125.

_____; BROWN JR., L. F.; SCOTT, A. J. & McGOWEN, J. H. 1969. *Delta systems in the exploration for oil and gas - A research colloquium.* Bureau of Econ. Geol., Univ. of Texas at Austin,1-78.

FISK, H. N. 1947. *Fine-grained alluvial deposits and their effects on Mississippi river activity.* Mississippi River Comission, 82 p., Vicksburg (Miss.)

_____. 1955. Sand facies of recent Mississippi delta deposits. *In:* The World Petroleum Congress, IV. *Proceedings, Sect. 1/C,* **3:** 377-398.

FLACH, K. W.; NETTLETON, W. G.; GILE, L. H. & CADY, J. G. 1969. Pedocementation: induration by silica, carbonates and sesquioxides in the Quaternary. *Soil Sci.,* **107:** 442-453.

FLINT, R. F. 1957. *Glacial and Pleistocene geology.* Nova York: Prentice Hall.

_____. 1971.*Glacial and Quaternary geology.* Nova York: John Wiley & Sons.

_____ & SKINNER, B. J. 1977. Physical geology (2ª edição). Nova York: John Wiley & Sons.

FLORÊNCIO, C. P. 2001. *Geologia dos evaporitos Paripueira na sub-bacia de Maceió, Alagoas, região Nordeste do Brasil.* Instituto de Geociências – USP. Tese de doutoramento, 160 p.

FOLK, R. L. 1951. Stages of textural maturity in sedimentary rocks. *Jour. Sed. Petrol.,* **21:**127-130.

_____. 1954. The distinction between grain size and mineral composition in sedimentary rocks nomenclature. *Jour. Geol.,* **62:**344-359.

_____. 1956. The role of texture and composition in sandstone classification. *Jour. Sed. Petrol.* **26:**166-171.

_____. 1959. Practical petrographic classification of limestones. *Amer. Assoc. Petrol. Geol. Bull.,* **43:**1-38.

_____. 1965. Some aspects of recrystallization in ancient limestones. *In:* L. C. Pray & R. C. Murray (eds.). *Dolomitization and limestone diagenesis: A symposium:* 14-48 Soc. Econ. Paleont. and Mineral. Spec. Publ. n.º 13.

_____. 1966. A review of grain size parameters. *Sedimentology,* **6:** 73-93.

_____. 1968. *Petrology of sedimentary rocks.* Austin: Hemphill's.

_____. 1974. The natural history of crystalline calcium carbonate: Effect of magnesium content and salinity. *Jour. Sed. Petrol.,* **44:** 40-53.

_____ & WARD, W. C. 1957. Brazos river bar: A study in the significance of grain size parameters. *Jour. Sed. Petrol.,* **27:**3-26.

FONSECA, J. I. 1973. Evaporitos de Sergipe. *In:* Congresso Brasileiro de Geologia, XXVII, Aracaju (SE), 1973. *Anais...* **2:**185-196. Aracaju.

FOREL, F. 1885. Les ravins sous-lacustres des fleuves glaciaires.*Comptes Rendus de l'Acad. Sci. Paris,* **101:** 725-728

FORSMAN, J. P. & HUNT, J. M. 1958. Kerogen in sedimentary rocks. *In:* L. G. Weeks (ed.) *The habitat of oil:* 747-778. Amer. Assoc. Petrol. Geol., Tulsa.

FOUCH, T. D.& DEAN, W. E. 1982. Lacustrine environments. *In:* P. A. Scholle & D. Spearing (eds.) *Sandstone depositional environments:* 87-115, Amer. Assoc. Petrol. Geol. Mem. n.º 31.

FRAKES, L. A. & CROWELL, J. C. 1969. Late Paleozoic glaciation. I-South America. *Geol. Soc. Amer. Bull.,* **80:** 1007-1042.

_____ & CROWELL, J. C. 1972. Late Paleozoic glacial geography between the Paraná Basin and the Andes Geosyncline. *An. Acad. Bras.* Ci. 44 (suplemento): 139-145.

_____; FIGUEIREDO, P. M. & FÚLFARO, V. J. 1968. Possible fossil eskers and associated features from the Paraná Basin, Brazil. *Jour. Sed. Petrol.,* **38:**5-12.

FRANZINELLI, E. 1972. *Arenitos asfálticos do Estado de São Paulo.* Instituto de Geociências-USP. Tese de doutoramento, 104 p. (inédita).

_____. 1982. Contribuição à geologia da costa do Estado do Pará (entre Baía de Curuçá e Maiaú).*In:* Simpósio do Quaternário no Brasil, IV, Rio de Janeiro. *Atas...*305-322. de Janeiro.

FRASER, H. J. 1935. Experimental study of porosity and permeability of clastic sediments. *Jour. Geol.,* **43:** 910-1010.

FRAZIER, D. E. & OSANIK, A. 1961. Point-bar deposits, Old River Locksite, Louisiana.: *Gulf Coast Assoc. Geol. Socs. Trans.,* **11:**121-137.

FREDERICKSON, A. F. 1951. Mechanism of weathering. *Geol. Soc. Amer. Bull.,* **62:** 221 -232.

FREITAS, R. O. 1955. Sedimentação, estratigrafia e tectônica da Série Bauru (Estado de São Paulo). *Fac. Filo. Ciên. Letras, USP, Bol.* **194:** Geol. 14:1-185.São Paulo.

FRIEDMAN, G. M. 1958. Determination of sieve-size distribution from thin-section data for sedimentary petrological studies. *Jour. Geol,* **66:** 394-416.

_____. 1961. Distinction between dune, beach and river sands from their textural characteristics. *Jour. Sed. Petrol.,* **31:** 514-529.

_____. 1962a. Comparison of moment measures for sieving and thin-section data in sedimentary petrographic studies. *Jour. Sed. Petrol.,* **32:**15-25.

_____. 1962b. On sorting, sorting coefficients, and the log normality of the grain-size distribution of clastic sandstones. *Jour. Geol.,* **70:** 737-753.

_____. 1967.Dynamic processes and statistical parameters compared for size frequency distribution of beach and river sands. *Jour. Sed. Petrol.*, **37**:327-354.

_____ &. JOHNSON, K. G. 1969. The Devonian Catskill deltaic complex of New York - Type-example of a delta complex. *In*: M. L. Shirley (ed.) *Deltas and their geologic framework*:171-188. Houston Geol. Soc.

FRYBERGER, S. G. 1986. Stratigraphic traps for petroleum in wind-laid rocks. *Amer. Assoc. Petrol. Geol. Bull.*, **70**: 1765-1776.

FRYE, J. C. & WILLMAN, H. B. 1962. Morphostratigraphic units in Pleistocene stratigraphy. Amer. Assoc. *Petrol. Geol. Bull.*,**46**: 112-113.

FÚLFARO, V. J. 1970. Contribuição à geologia da região de Angatuba, Estado de São Paulo. *Bol. DNPM-DGM*, **253**: 1-82. Rio de Janeiro.

_____. 1971. A evolução tectônica e paleogeográfica da Bacia Sedimentar do Paraná pelo "trend surface analysis". *Escola de Engenharia de São Carlos-USP, Geologia*, **14**: 1-111.

_____ & LANDIM, P. M. B. 1976. Stratigraphic sequences of the intracratonic Paraná Basin. *Newsletter Stratigraphy*, **4**:150-168

_____ & PONÇANO, W. L. 1976. Sedimentação atual no Estuário e Baía de Santos: Um modelo geológico aplicado a projetos de expansão de zona portuária. *In*: Congresso Brasileiro de Geologia de Engenharia, l, Rio de Janeiro. *Anais...,***2**:67-90. Rio de Janeiro.

_____; PONÇANO, W. L. & GIMENEZ, A. 1976. Sobre o significado dos depósitos argilosos do Estuário Santista: Contribuição ao estabelecimento de um modelo de sedimentação da área de interesse do porto. *In*: Congresso Brasileiro de Geologia, 2, Rio de Janeiro. *Anais...* **2**: 141-149. Rio de Janeiro.

_____; SAAD, A. R.; SANTOS, M. V. & VIANNA, R. B. 1982. Compartimentação e evolução tectôncia da Bacia do Paraná. *Rev. Bras. Geociên.*, **12**:590-611.

_____. ETCHEBEHRE, M. L. C.; PERINOTTO, J. A. J. & SAAD, A. R. 1999. Santo Anastácio: Um geossolo cretácico na Bacia Caiuá. *In*: Simpósio Sobre o Cretáceo do Brasil, 5, Rio Claro (SP). Publ. UNESP: 125-130. Rio Claro.

FYFE, W. S. & BISCHOPF, J. L. 1965. The calcite-aragonite problem. *In*: L. C. Pray & R.C.Murray (eds.) *Dolomitization and limestone diagenesis. A symposium*: 3-13. Soc. Econ. Paleont. and Mineral. Spec. Publ. nº 13.

GABELMAN, J. W. 1971. Sedimentology and uranium prospecting. *Sediment. Geol.*, **6**: 145-186.

GALLIHER, E. W. 1939. Biotite-glauconite transformation and associated minerals. *In*: P. D. Trask (ed.) *Recent marine sediments*: 513-515. Amer. Assoc. Petrol. Geol. Publ. Tulsa.

GALLOWAY, W. E. 1975. Process framework for de the morphologic and stratigraphic evolution of deltaic depositional systems. *In*: M. L. Broussard (ed.) *Deltas-Models for exploration*: 87-89. Houston Geol. Soc.

_____. 1977. Catahoula Formation of the Texas coastal plain: Depositional systems, composition, structural development, groundwater flow history, and uranium distribution. *Bur. Econ. Geol. Rept. Invest.*, **87**: 1-59.

_____. 1989.Genetic stratigraphic sequences in basin analysis. l. Architecture and genesis of flooding-surface depositional units. *Amer. Assoc. Petrol. Geol. Bull.*, **73**: 125-142.

GAMA JR., E. G. 1977. *Sistemas deposicionais e modelo de sedimentação das formações Campos e Emboré, Bacia de Campos, Rio de Janeiro, Brasil*. Inst. de Geociências-USP. Tese de doutoramento, 104 p. (inédita).

_____; BANDEIRA JR., A. N. & FRANÇA, A. B. 1982. Distribuição espacial e temporal das unidades litoestratigráficas paleozóicas na parte central da Bacia do Paraná. *Rev. Bras. Geociên.*, **12**: 578-589.

GARLICK, G. D. 1969. The stable isotopes of oxygen. *In*: K. H. Wedepohl (ed.) *Handbook of geochemistry*, v. II, Sect.8B.

GARRELS, R. M. & MACKENZIE, F. T. 1971. *Evolution of sedimentary rocks*. Nova York: W. W. Norton & Co.,lnc.

GEES, R. A. 1965. Moment measures in relation to the depositional environments of sands.*Eclogae Geol.Helvetiae*, **56**:209-213.

GIBBS, R. J. 1976. Amazon river sediment transport in the Atlantic ocean. *Geology*, 4: 45-48,

GILBERT, C. M. 1955. Sedimentary rocks. *In*: H. Williams, F. J. Turner & C. M. Gilbert (eds.) *Petrography*: 251-384. S Francisco: W. H. Freeman & Co.

GILBERT, G. K. 1890. Lake Bonneville. *U.S. Geol. Surv. Mem.*, **1**:1-438.

_____. 1914. The transportation of debris by running water. U. S. *Geol. Surv. Prof. Paper*. **86**: 1-263.

GILLULY, J. 1949. Distribution of mountain building in geologic time. *Geol .Soc. Amer. Bull.* **60**: 561-590.

GLADFELTER, B. G. 1981. Developments and directions in geoarchaeology. *In*: M. B. Schiffer (ed.) *Advances in archaeological method and theory*. 4: 343-364. Nova York: Academic Press.

GLASBY, G. P. 1972. The mineralogy of manganese nodules from a range of marine environments. *Mar. Geol.* **13**: 57-72.

GLENNIE, K. W. 1970. *Desert sedimentary environments*. Amsterdã: Elsevier Developments in sedimentology nº 14.

GOLDICH, S. S. 1938. A study of rock weathering. *Jour. Geol.* **46**: 17-58.

GOLDING, H. G. & CONOLLY, J. R. 1962. Stylolites in volcanic rocks. *Jour. Sed. Petrol.*, **32**:534-538.

GOMES, F. A. 1968. Fossas tectônicas do *Brasil. An. Acad. Bras. Ci.*, **40** (suplemento): 255-271.

GONÇALVES, N. M. M. 1978. *Estudos de materiais superficiais da região de Ribeirão Preto, SP, e suas relações com os elementos morfológicos da paisagem*. lnst. de Geociências-USP. Dissertação de mestrado, 177 p. (inédita).

GOODWIN, P. W. & ANDERSON, E. J. 1985. Punctuated aggradational cycles: A general hypothesis of episodic stratigraphic accumulation. *Jour. Geol.*, **93**:515-533.

GORNITZ, V. 1972. Electrolytes: flocculation of colloids. *In*: R. W. Fairbridge (ed.) *Encyclopedia of geochemistry and environmental sciencies*: 259-260. Nova York: Van Nostrand.

GOULD, H. R. 1951. Some quantitative aspects of Lake Mead turbidity currents. *In*: *Turbidity currents and transportation of coarse sediments to deep waters:* 34-53. Soc. Econ. Paleont. and Mineral. Spec. Publ. nº 2.

_____. 1970. The Mississippi delta complex. *In*: J. P. Morgan (ed.) *Deltaic sedimentation, modern and ancient*: 3-47. Soc. Econ. Paleont. and Mineral. Spec. Publ. nº 15.

GRABAU, A. W. 1904. On the classification of sedimentary rocks.*Amer. Jour. Geol.* **33**: 228-247.

_____. 1913. *Principles of stratigraphy*. Nova York: Seiler (Reimpresso em 1960. Dover & Nova York).

GRAF, D. L.; FRIEDMAN, I.; MEENTS, W. F. & SHIMP, N. F. 1965,The origin of saline formation waters: II. lsotopic fractionation by shale micropore systems. *Illinois State Geol. Surv. Circ.* **393**: 1-32.

_____; MEENTS, W. F., FRIEDMAN, I. & SHIMP, N. F. 1966. The origin of saline formation waters: III. Calcium chloride waters. *Illinois State Geol. Surv. Circ.* **397**: 1-60.

GRATON, L. C. & FRASER, H. J. 1935. Systematic packing of spheres, with particular reference to porosity and permeability. *Jour. Geol.*, **43**: 785-909.

GRAWE, O. R. 1927. Quantitative determination of rock color. *Science*, **66**: 61-62.

GREENSMITH, J. T. 1975. *Petrology of the sedimentary rocks*. Londres: Thomas Murby & Co.

GREGORY, H. E. 1915. The formation and distribution of fluviatile and marine gravels. *Amer. Jour. Sci.*, **39**:487-508.

GRESSLY, A. 1838. Observations géologiques sur le Jura Soleurois. *Neue Denkschr. Allg. Schweiz. Ges. Naturw.*, **2**:1-112.

GRIM, R. E. 1951. The depositional environments of red and green shales. *Jour. Sed. Petrol.*, **21**: 226-232.

_____. 1953. *Clay mineralogy*. Nova York: McGraw Hill Book Co.

_____ & JOHNS, W. D. 1954. Clay mineral investigation of sediments in the Northern Gulf of Mexico. *In: Clays and clay minerals*. Natl. Acad. Sci., Natl. Res. Council Publ., **327**:81-103.

GROGAN, R. 1945. Shape variation of some Lake Superior beach pebbles. *Jour. Sed. Petrol.*, **15**:3-10.

GUAZELLI, W. & COSTA, M. P. A. 1978. Ocorrência de fosfato no platô do Ceará. *Publ. n° 3, Projeto REMAC*: 7-14. Rio de Janeiro.

GUBLER, Y. (ed.) 1966. *Essai de nomenclature et de caractérisation des principales structures sedimentaires*. Paris: Editions Technip.

GUY, H. P. & JONES JR., D. E. 1972. Urban sedimentation in perspective. *Jour. of Hydraulics Div., Amer. Soc. Civil Engrs.*, 98, *Proc. Paper* 9420:2099-2116.

GUZA, R. T. & INMAN, D. L. 1975. Edge waves and beach cusps. *Jour. Geophys. Res.*, **80**: 2997-3011.

HACHIRO, J. 2001. Cicloestratigrafia (Capítulo 3). *In*: H. J. P. Severiano-Ribeiro (org.) *Estratigrafia de seqüência - Fundamentos e aplicações*: 27-41.São Leopoldo (RS): Editora da UNISINOS.

HACK, J. T. 1941. Dunes of Western Navaho County. *Geogr. Rev.*, **31**:240-263.

_____. 1966. Circular patterns and exfoliation in crystalline terrain, Grandfather Mountain area, North Carolina. *Geol. Soc. Amer. Bull.*, **77**:975-986.

HAILS, J. R. 1972. *The problem of recovering heavy minerals from the sea-floor - An appraisal of depositional processes. In*: International Geological Congress, 24th., Montreal. *Proceedings*, sect. **8**: 157-164.

HALBOUTY, M. T.; MEYERHOFF, A. A.; KING, R. E.; DOTT, R. H. S.; KLEMME, H. D. & SHABAD, T. 1970. Worl's giant oil and gas fields, geologic factors affecting their formation and basin classification. *In*: M. T. Halbouty (ed.) *Geology of giant petroleum fields*: 502-556. *Amer. Assoc. Petrol.Geol. Mem.* n° 14.

HALLAM, A. 1967. Editorial comment. *In*: Depth indicators in marine sedimentary environments. *Mar. Geol. Spec. lssue*,5:329-332.

HAMBLIN, W. K. 1962. X-ray radiography in the study of structures in homogeneous sediments. *Jour. Sed. Petrol.*,**32**: 201-210.

HARASSOWITZ, H. 1927. Anchimetamorphose, as Gebiet Zwischen. Oberflächen und Tiefnumwandlung der Erdrice. Oberhessischen Geselschaft für *Natur* un Helkunde zu Giesen. *Naturwissenschaftliche Abteilung*, Bericht, **12**:9-15.

HARBAUGH, J. W. & BONHAN-CARTER, G. 1970. *Computer simulation in geology*. Nova York: John Wiley & Sons.

_____ & MERRIAM,D.F.1968.*Computer applications in stratigraphic analysis*. Nova York: John Wiley & Sons.

HARMS, J. C. & FAHNESTOCK, R. K., 1965.Stratification, bedforms and flow phenomena (with examples from the Rio Grande). *In*: G.V. Middleton (ed.) *Primary sedimentary structures and their hydrodynamic interpretation*:84-155. Soc. Econ. Paleont. and Mineral. Spec. Publ. n°12.

HARRISON, A. G. & THODE, H. G.1958.Mechanism of the bacterial reduction of sulfate from isotopic fractionation studies. *Faraday Soc.Trans.*, **54**: 84-92.

HARRISON, P. W. 1957. New technique for three-dimensional fabric analyses of till and englacial debris containing particles from 3 to 40 mm in size. *Jour. Geol.*, **65**:98-105.

HASUI, Y. & PONÇANO, W. L. 1978. Organização estrutural e evolução da Bacia de Taubaté. *In*: Congresso Brasileiro de Geologia XXX, Recife, 1978. *Anais...*, **1**: 368-381. Recife.

_____; GIMENEZ, A. F. & MELO, M. S.1978.Sobre as bacias tafrogênicas continentais do Sudeste Brasileiro. *In*: Congresso Brasileiro de Geologia, XXX, Recife, 1978. *Anais...*, **1**: 382-392.

_____; FACINCANI, E. M.; SANTOS, M. & JIMÉNEZ-RUEDA, J. R. 1995. Aspectos estruturais neotectônicos na formação de boçorocas na região de São Pedro.*Geociências, São Paulo.*, **14**:59-76.

HAVEN, D. S. & MORALES-ALAMO, R. 1972. Biodeposition as a factor in sedimentation of fine suspended solids in estuaries. *In*: B. W. Nelson (ed.) *Environmental framework of coastal plain estuaries*: 121- 130. Geol. Soc. Amer. Mem. n.° 133.

HAYES, M. O. 1975. Morphology of sand accumulations in estuaries. *In*: E. Cronin (ed.) *Estuarine research* v.2: *geology and civil engineering*: 3-22. Nova York: Academic Press.

HECKEL, P. H. 1972. Recognition of ancient shallow marine environments. *In*: J. K. Rigby & W. K. Hamblin (eds.) *Recognition of ancient sedimentary environments*: 226-286. Soc. Econ. Paleont. and Mineral. Spec. Publ. n.° 16.

HEDBERG, H. D. (ed.) 1976. *International stratigraphic code*. Nova York: John Wiley & Sons.

HEEZEN B. C. & EWING, M. 1952. Turbidity currents and submarine slumps, and the1929 Grand Banks earthquake. *Amer. Jour. Sci.*, **250**:849-873.

_____; HOLISTER, C. D. & RUDDIMAN, W. F. 1966. Shaping of the continental rise by deep geostrophic contour currents. *Science*, **152**: 502-508.

HELING, D. 1994. Das ökologische Gleichgewicht aus geowissenschaftlicher Sicht. *In*: J. Matschullat & G. Müller (eds.) *Geowissenschaften und Umwelt*: 3-8. Berlim: Spinger-Verlag.

HENDERSON, J. B.; CALDWELL, W. G. E. & HARRISON, J. E. 1980. Ammendment of code concerning terminology for igneous and high-grade metamorphic rocks. *Geol. Soc. Amer. Bull.* **91**: 374-376.

HETTICH, M. 1977. A glaciação proterozóica no Centro-Norte de Minas Gerais. *Rev. Bras. Geociên.*,**7**: 87-101.

HIGH JR., L. R. & PICARD, M. D. 1965. Sedimentary petrology and origin of analcime rich Popo Agie Member, Chugwater (Triassic) Formation, West Central Wyoming. *Jour. Sed. Petrol.*, **35**: 49-70.

HILLS, E. S. 1963. *Elements of structural geology*. Nova York: Wiley.

HILT, C. 1873. Die beziehung zwischen der zusammensetzung und der technischen Eisenschaften de Steinkohlen. *Z. Ver. dt. Ing.*, **17**:194-202.

HOLLAND, H. D. 1984. *The chemical evolution of the atmosphere and oceans*. Princeton: Princeton Univ. Press.

HOLMES, A. 1920. *The nomenclature of petrology*. Londres: Thomas Murby & Co.

_____. 1965. *Principles of physical geology*. Londres: L. Nelson (edição revisada).

HOLSER, W. T. & KAPLAN, I. R. 1966. Isotope geochemistry of sedimentary sulfates. *Chem. Geol.*, **1**: 93-135.

HOLTEDAHL, H. 1965. Recent turbidites in Hardangerfjord, Norway. *In: Submarine geology and geophysics:*107-142. Londres: Butterworth.

HOUGH, J. L. 1942. Sediments of Cape Cod Bay, Massachusetts. *Jour. Sed. Petrol.* **12**: 10-30.

HOYT, J. H. 1967. Barrier-island formation. *Geol. Soc. Amer. Bull.*, **79**: 91-94.

_____. 1969. Chenier versus barrier, genetic and stratigraphic distinction. *Amer. Assoc. Petrol. Geol. Bull.*, **53**: 299-306.

HOWARD, J. D. & REINECK, H. E. 1979. Sedimentary structures of high-energy beach-to-offshore sequence; Ventura Port Hueneme area, California. *Amer. Assoc. Petrol. Geol. Bull.* **63**: 468-469 (abstract).

HUBERT, J. F. 1971. Analysis of heavy mineral assemblages. *In:* R. Carver (ed.) *Procedures in sedimentary petrology*: 453-478. Nova York: Willey Interscience Publ.

HUMBERT, F. L. 1968. *Selection and wear of pebbles on gravel beaches*. Ph. D. thesis. Groningen, 144 p. (inédita).

HUMMEL, K. 1922. Die Entstehung eisenreicher Gesteine durch Halmyrolise. *Geol. Rundschau,* **13**:40-81

HUTTON, J. 1795. *Theory of the Earth, with proofs and illustrations*. Edinburgo: W. Creech (facsimile edition, 1959: Codinote, Wheldon & Wesley).

IKEDA, Y.; MIRANDA, L. B. & ROCK, N. J. 1974. Observations in the region of Cabo Frio (Brazil), as conducted by continuous surface temperature and salinity measurements. *Bol. Inst. Oceanográfico, USP,* **23**: 33-46.

ILLING, L. V.; WELLS, A. J. & TAYLOR, J. C. M. 1965.Penecontemporary dolomite in the Persian Gulf. *In:* L. C. Pray & R. C. Murray (eds.) *Dolomitization and limestone diagenesis. A symposium*:89-111. Soc. Econ. Paleont Mineral. Spec. Publ. n.º 13.

IMBRIE, J. & BUCHANAN, H. 1965. Sedimentary structures in modern carbonate sands of the Bahamas. *In:* G. V. Middleton (ed.) *Primary sedimentary structures and their hydrodynamic interpretation:*149-172. Soc. Econ. Paleont. and Mineral. Spec. Publ. n.º 12.

INDEN, R. F. & MOORE, C.H. 1983. Beach environments. *In:* P. A. Scholle; D.G. Bebout & C. H. Moore (eds.) *Carbonate depositional environments*: 211-265. Amer. Assoc. Petrol. Geol. Mem. n.º 33.

INGLE, J. C. 1966. The *movement of beach sand*. Amsterdã: Elsevier (Developments in sedimentology n.º 5).

INGRAM, R. L. 1954. Terminology for the thickness of stratification and parting units in sedimentary rocks. *Geol. Soc. Amer. Bull.* **65**:937- 938.

INMAN, D. L. 1949. Sorting of sediments in the light of fluid mechanics. *Jour. Sed. Petrol.,* **19**:51-70.

IPT (Instituto de Pesquisas Tecnológicas S.A.)1994.*Carta geotécnica do Estado de São Paulo*. Escala 1:500.000, IPT,22 p. e mapas, São Paulo.

IRIONDO, H. H. 1973. Volume factor in paleocurrent analysis. *Amer. Assoc. Petrol. Geol. Bull.,* **57**: 1341-1342.

ISG (International Stratigraphic Guide) 1976. *A guide to stratigraphic classification, terminology and procedure*. Nova York-Londres-Sydney-Toronto: Wiley Interscience.

ISOTTA, C. A.; ROCHA-CAMPOS, A. C. & YOSHIDA, R. 1969. Striated pavement of the Upper Precambrian glaciation in Brazil. *Nature,* **222**: 466-468.

ISSC (International Subcommission on Stratigraphic Classification) 1987. Unconformity-bounded stratigraphic units. *Geol. Soc. Amer. Bull.* **98**: 232-237.

JAMES, P. 1979. Reefs. *In:* R. G. Walker (ed.) *Facies models*: 121-133. Geosc. Canada Reprint Series 1.

JANSA, L. 1972. Depositional history of the coal-bearing Upper Jurassic-Lower Cretaceous Kootenay Formation - Southern Rocky Mountains, Canada. *Geol. Soc. Amer. Bull.* **83**: 3199-3222.

JEFFERIES, R. 1963. The stratigraphy of the *Actinocamax planus* subzone (Turonian) in the Anglo-Paris Basin. *Proc .Geol. Assoc.,* **74**: 1-34.

JOHNSON, A. M. 1970. *Physical processes in geology*. San Francisco: Freeman.

JOHNSON, D. L. & WATSON-STEGNER, D. 1987. Evolution model of pedogenesis. *Soil Sci.* **143**:349-366.

JOHNSON, D. W. 1919. *Shore processes and shoreline development*. Nova York: Wiley & Sons.

JOHNSON, R. G. 1974. Particulate matter at the sediment-water interface in coastal environments. *Jour. Mar. Res.* **32**: 313-330.

JOPLING, A. V. 1963. Hydraulic studies on the origin of bedding. *Sedimentology,* **2**: 115-121.

_____. 1965. Laboratory study of sorting process in cross-bedded deposits. *In:* G. V. Middleton (ed.) *Primary sedimentary structures and their hydrodynamic interpretation:*53-65. Soc. Econ. Paleont. and Mineral. Spec. Publ. n.º 12.

_____. 1967. Origin of laminae deposited by the movement of ripples along a streambed: A laboratory study. *Jour. Geol.* **75**: 287- 305.

_____ & WALKER, R. G. 1968. Morphology and origin of ripple-drift cross-lamination, with examples from the Pleistocene of Massachusetts. *Jour. Sed. Petrol.,* **38**: 971-984.

JUDSON, S. 1968. Erosion of the land, or what's happening to our continents. *Amer. Scientist,* **56**:356-374.

KALKOWSKY, E. 1880. Uber die Erforschung der archaeischen Formationen. *Neues Jahrb. Min. Geol. Paleont., Moratsch.,* **1**:1-29.

KALLIOLA, R. & PUHAKKA, M. 1993. Geografía de la selva baja peruana. *In:* R. Kalliola; M. Puhakka & W. Danjoy (eds.) *Amazonia peruana: vegetación húmeda tropical en el llano subandino:* 9-21 (Cap.1). Turku (Finlândia): PAUT-ONERN.

KAPLAN, I. R. & RAFTER,T.A. 1958. Fractionation of stable isotopes of sulfur by *Thiobacilli*. *Science,* **127**:517-518.

KEITH, M. L. & DEGENS, E. T. 1959. Geochemical indicators of marine and freshwater sediments. *In:* P. H. Abelson (ed.) *Researches in geochemistry*: 38-61. Nova York: John Wiley & Sons, Inc.

KELLER, E. A. 1996., *Environmental geology*. Nova Jersey: Prentice-Hall.

KELLER, G. 1952. Beitrag zur Frage Oser und Kames. *Eiszeitalter Gegenwart,* **2**: 127-132.

KELLER, W. D. 1946. Evidence of texture on the origin of Cheltenham fireclay of Missouri and associated shales. *Jour. Sed. Petrol.,* **16**: 63-71.

KELLING, G. & STANLEY, D. J. 1970. Morphology and structure of Wilmington and Baltimore submarine canyons, Eastern United States. *Jour. Geol.,* **78**:637-660.

KIKUCHI, R. K. P. & LEÃO, Z. M. A. N. 1998. The effects of Holocene sea-level fluctuation on reef development and coral community structure in Northern Bahia, Brazil. *An. Acad. Bras. Ci.*, **70**: 159-171.

KIMMINS, J. P. 1987. *Foreste ecology*. Nova York: MacMillan.

KING, C. A. M. & BUCKLEY, J.T.1968.The analysis of stone size and shape in arctic environments. *Jour. Sed. Petrol.* **38**: 200-214.

KING, L. C. 1962. *Morphology of the Earth*. Edimburgo & Londres: Thomas Murby & Co.

KING, R. E. (ed.) 1972. Stratigraphic oil and gas fields - Classification, exploration methods and case histories. *Amer. Assoc. Petrol. Geol. Mem.*, **16**:1-687.Tulsa.

KINGSTOM, D. R.; DISHROON, C. P. & WILLIAMS, P. A. 1983. Global basin classification system. *Amer. Assoc. Petrol. Geol. Bull.*, **67**: 2175-2193.

KISCH, H. J. 1969. Coal-rank and burial-metamorphic facies. *In*: P. A. Schenk & l. Havenaar (eds.) *Advances in organic geochemistry*: 407-425. Nova York: Pergamon Press.

KITTLEMAN JR., L. R. 1964. Application of Rosin's distribution to size frequency analysis of clastic rocks. *Jour. Sed. Petrol.*, **34**: 483-502.

KLEIN, G. V. 1963a. Analysis and review of sandstone classification, in the North America geological literature. *Geol. Soc. Jour. Amer. Bull.*, **74**: 555-576.

_____. 1963b. Boulder surface markings on Quaco Formation (Upper Triassic), St. Martin's, New Brunswick, Canada. *Jour. Sed. Petrol.* **33**:49-52.

_____. 1971. A sedimentary model for determining paleotidal range. *Geol. Soc. Amer. Bull.*, **82**: 2585-2592.

_____. 1972. Determination of paleotidal range in clastic sedimentary rocks. *In*: International Geological Congress 24 th. *Proceedings Sect.* **6**:397-405.

KLEMME , H. D. 1971. The giants and super-giants. Part 2. To find a giant, find the right basin. *Oil and Gas Jour.* **69**: 103-110.

_____. 1980. Petroleum basins classification and characteristics. *Jour. Petrol. Geol.*, **3**:187-207.

KLOVAN, J. E. 1966. The use of factor analysis in determining depositional environments from grain size distributions. *Jour. Sed. Petrol.*, **36**:115-125.

KNIGHT, R. J. & DALRYMPLE, R. W. 1975. Interdital sediments from the Southshore of Cobequid Bay, Bay of Fundy, Nova Scotia, Canada. *In*: R. N. Ginsburg (ed.) *Tidal deposits: a casebook of recent examples and fossil counterparts*: 47-55. Nova York: Springer-Verlag.

KOCUREK, G. 1986. Origin of low-angle stratification in aeolian deposits. *In*: W. G. Nickling (ed.) *Aeolian geomorphology*: 177-193. Annual Binghampton Symposium, 17th., Massachusetts, 1986.

KOLB, C. R. & VAN LOPIK, J. R. Depositional environments of the Mississippi River deltaic plain, Southeastern Louisiana. *In*: M. L. Shirley (ed.) *Deltas and their geological framework*:17-61. Houston. Geol. Soc.

KOLDUK, W. S. 1968. On environment sensitive grain size parameters. *Sedimentology*, **10**: 57-69.

KOLMOGOROV, A. N. 1941. Uber das logaritmische verteilungsgesetg der teichen bei zerstückelung. *Dokl. Akad. Nauk. SSSR*, **31**: 99-101.

KOMAR, P. D. 1983. Beach processes and erosion - An introduction. *In*: P. D. Komar (ed.) *Handbook of coastal processes and erosion*:1-20. Miami: CRC Press.

_____. 1991. *Handbook of coastal processes and erosion* (4ª edição). Miami: CRC Press.

KOSUGI, M.; KANAYAMA, Y; HARIGAI, I.; TOIZUMI, T. & KOIKE, H. 1989. Relation between formation of shell-midden sites and paleoenvironments of the Earlier Jomon Period around the Paleo-Okutokyo Bay. *Archaeology and Nat. Sci.*, **21**:1-22 (em japonês).

KOVALEV, A. A. 1972. Polygenic character of uranium mineralization in coal bearing deposits. *Intl. Geol. Rev.*, **14**: 345-353.

KREVELEN, D. W. VAN. 1981. *Coal: typology, chemistry, physics-constitution (Coal science and technology)*. Amsterdã - Oxford – Nova York: Elsevier Scient. Publ. Co.

KRINSLEY, D. H. & CAVALLERO, L. 1970. Scanning electron microscopic examination of periglacial eolian sands from Long Island, New York. *Jour. Sed. Petrol.*, **40**: 1345-1350.

_____ & DONAHUE, J. 1968. Environmental interpretation of sand grain surface textures by electron microscopy. *Geol. Soc. Amer. Bull.*, **79**: 743-748.

_____ & DOORNKAMP, J. C. 1973. *Atlas of quartz sand surface textures*. Cambridge: Cambridge. Univ. Press.

_____ & FUNNELL, B. 1965. Environmental history of sand grains from the Lower and Middle Pleistocene of Norfolk, England. *Quart. Jour. Soc. London*, **121**: 435-461.

_____ & MARGOLIS, S. 1969. A study of quartz sand grain surface texture with the scanning electron microscope. *New York. Acad. Sci.Trans.* Ser. 2, **31**: 457-477.

_____ & TAKAHASHI, T. 1962a. Surface texture of sand grains: An application of electron microscope. *Science*, **135**: 923-925.

_____ & TAKAHASHI, T. 1962b. Electron microscopic examination of natural and artificial glacial sand grains. *Geol. Soc. Amer. Spec. Papers*, **73**:1-175.

KRONE, R. B. 1962. *Flume studies of the transport and sediment in estuarial shoaling processes: Final report*. Hydrol. Eng. and Sanitary Eng. Labo., Univ. of California, 1-110. Berkeley.

_____. 1972. A field study of flocculation as a factor in estuarial shoaling processes. U. S. Army Corps of Engs., *Committee of Tidal Hydraulics, Tech. Bull.*, **19**,1-62.

KRUMBEIN, W. C. 1934. Size frequency distributions of sediments. *Jour. Sed. Petrol.*, **4**:65-77.

_____. 1936. The application of lagarithmic moments to size frequency distribution of sediments. *Jour. Sed. Petrol.*, **6**: 35-47.

_____. 1938. Size frequency distribution of sediments and the normal "phi" curve. *Jour. Sed. Petrol.*, **8**: 84-90.

_____. 1941a. Measurement and geologic significance of shape and roundness of sedimentary particles. *Jour. Sed. Petrol.*, **11**: 64-72.

_____. 1941b.The effects of abrasion on the size, shape and roundness of rock fragments. *Jour. Geol.* **49**:482-520.

_____. 1942. Settling velocity and flume beahaviour of nonspherical particles. *Amer. Geophys. Union Trans.*, **1942**: 621-633.

_____ & GARRELS, R. M. 1952. Origin and classification of chemical sediments in terms of pH and oxidation-reduction potentials. *Jour. Geol.*, **60**: 1-33.

_____ & GRAYBILL, F. A. 1965. *An introduction to statistical methods in geology*. Nova York: McGraw Hill.

_____ & MONK, G. D. 1942. Permeability as a function of the size parameters of unconsolidated sands. *Amer. Institute Min. Met. Engs. Techn. Publ.*, **1492**: 1-11

_____ & PETTIJOHN, F. J. 1938. *Manual of sedimentary petrography*. Nova York: Appleton Century Crofts Inc.

_____ & RASMUSSEN,W.C.1941.The possible error of sampling beach sand for heavy mineral analysis. *Jour. Sed. Petrol.*, **11**: 10-20.

_____ & SLOSS, L. L. 1951. *Stratigraphy and sedimentation* (1ª edição) San Francisco: Freeman.

_____ & SLOSS, L. L. 1963. *Stratigraphy and sedimentation* (2.ª ed.). Nova York: W. H. Freeman.

KRYNINE, P. D. 1940. Petrology and genesis of the Third Bradford sand. *Pennsylvania State College Bull.*, **29**: 1-134.

_____. 1946. Microscopic morphology of quartz types. *In*: Panamerican Congress Mining and Engineering Geology, 2nd. *Proceedings*, **3**: 35-49.

_____. 1948. The megascopic study and field classification of sedimentary rocks. *Jour. Geol.*, **56**: 130-165.

_____. 1949. The origin of red beds. *New York Acad. Sci. Trans., Ser.* **2**:60-68.

KUENEN, P. H. 1950a. Marine geology. Nova York: Wiley & Sons.

_____. 1950b.Turbidity current of high density. *In:* International Geological Congress, 18th. Londres. *Rep. pt.* **8**: 44-52. Londres.

_____. 1951a. Turbidity currents as the cause of glacial varves. *Jour. Geol.* **59**: 507-508.

_____. 1951b. Mechanism of varve formation and the action of turbidity current. *Geol. Foren. Stockholm Forh.*, **73**: 69-84.

_____. 1956a. Experimental abrasion of pebbles.1. Wet sandblasting. *Leidse Geol. Meded.*, **20**:131-137.

_____. 1956b. Experimental abrasion of pebbles. 1. Rolling by current. *Jour. Geol.*, **64**: 336-368.

_____. 1958. Some experiments of fluvial rounding. *Koninkl. Nederl. Akad.Wetensch. Proc., Ser. B*, **61**:47-53.

_____. 1959. Experimental abrasion. 3. Fluviatile action on sand. *Amer. Jour. Sci.*, **257**: 190-192.

_____. 1960a. Experimental abrasion of sand grains. *In:* International Geological Congress, 21th., Norden. Pt. **10**: 50-53.

_____. 1960b. Experimental abrasion. 4. Eolian action. *Jour. Geol.*, **68**: 427-449.

_____. 1964. Experimental abrasion. 6. Surf action. *Sedimentology*, **3**: 29-43.

_____. 1965. Experiments in connection with turbidity currents and clay suspensions. *In:* W.F. Whitard & R. Bradshaw (eds.) *Submarine geology and geophysics*: 47-71. Londres: Butterworth.

_____ & MENARD, H. W. 1952.Turbidity currents, graded and non-graded deposits. *Jour. Sed. Petrol.*, **22**: 83-96.

_____ & MIGLIORINI, C. I. 1950.Turbidity currents as a cause of graded bedding. *Jour. Geol.*, **58**: 91-128.

_____ & PERDOK, W. G. 1961. Frosting of quartz grains. *Koninkl. Nederl. Akad. Wetensch. Proc., Ser.* **B**: 343-345.

_____ & PERDOK, W. G. 1962. Experimental abrasion. 5. Frosting and defrosting of quartz grains. *Jour. Geol.*, **70**: 648-658.

KUKAL, Z. 1970. *Geology of recent sediments.* Nova York: Academic Press.

KUKLA, G. J. 1975. Loess stratigraphy of Central Europe. *In:* K. W. Butzer & G. L. Isaac (eds.) *After the Australopithecines*: 99-188. Moulton.

KUTNER, A. S. 1976. Levantamentos sedimentológicos de apoio na pesquisa e reconhecimento de áreas portuárias. *In:* Congresso Brasileiro de Geologia de Engenharia, I, Rio de Janeiro. *Anais...* **2**: 47-65. Rio de Janeiro.

LABOREL, J. L. 1969. Les peuplements de madréporaires des côtes tropicales du Brésil. *Ann. de l'Univ. d'Abidjan, Sér.* **E-II**, Fasc. **3**: 1-260.

LAMEGO, A. R. 1955. Geologia das quadrículas de Campos, São Tomé, Lagoa Feia e Xexé. *Bol. DNPM-DGM*, **154**: 1-60.

LANCASTER, N. 1988. The development of large aeolian bedforms. *Sed. Geol.*, **55**: 69-89.

LANDIM, P. M. B. 1966. Estrutura de cone-em-cone em nódulos calcários da Formação Estrada Nova (Permiano). *Bol. Soc. Bras. Geol.,* **15**: 33-41. São Paulo.

LANDIM, P. M. B. 1970. O Grupo Passa Dois (Permiano) na bacia do Rio Corumbataí, São Paulo. *Bol.DNPM-DGM*, **252**: 1-103. Rio de Janeiro.

_____. 1971. Aplicação de matrizes de probabilidade de transição litológica a seções estratigráficas da Formação Itararé (Grupo Tubarão). *In:* Congresso Brasileiro de Geologia, XXV, São Paulo, 1971. *Anais* ... **1**: 281-293. São Paulo.

LANDON, R. E. 1930. An analysis of beach pebble abrasion and transportation. *Jour. Geol.*, **38**: 437-446.

LANGE, W. F. & PETRI, S. 1967. The Devonian of the Paraná Basin. *Bol. Paran. Geociên.*, **21**: 21-23. Curitiba.

LANZARINI, W. L. 1984. *Fácies sedimentares e ambiente deposicional da Formação Monte Alegre na área de Juruá, Bacia do Alto Amazonas, Brasil.* Instituto de Geociências – USP. Tese de doutoramento, 215 p.(inédita).

LAPORTE, L. (org.) 1974. Reefs in time and space: Selected samples from the recent and ancient. *Soc. Econ. Paleont. and Mineral. Spec. Publ.*, **18**:1-256.

LARRAS, J. 1961. *Cours d'hydraulique maritime et travaux maritimes.* Paris: Dunod.

LARSEN & CHILINGAR, G. V. (eds.) 1967. *Diagenesis in sediments.* Amsterdã: Elsevier (Developments in sedimentology n.º 8).

LATTMAN, L. H. 1960. Cross-section of a floodplain in a moist region of moderate relief. *Jour. Sed. Petrol.*, **30**: 275-282.

LEÃO, Z. M. A. N. 1971. *Um depósito conchífero do fundo da Baía de Todos os Santos, próximo à laje de Ipeba.* Instituto de Geociências. Dissertação de mestrado, 57 p. (inédita).

_____. 1982. *Morphology, geology and developmental history of the southernmost coral reefs of Western Atlantic: Abrolhos Bank, Brazil.* Ph. D. Thesis. Rosenstiel School of Marine and Atmospheric Science, University of Miami, 218 p. (inédita).

_____ & KIKUCHI, R. K. P. 1999. The Bahian coral reefs - From 7,000 years BP to 2,000 years AD. *In:* K. Suguio (guest editor) *Geosciences and commemoration of Brazil's 500-years anniversary of discovery.* Ciên. & Cult., Jour. of the Braz. Assoc. for Adv. of Sci, **51**: 262-273.

LEGGET, R. F. 1973. *Cities and geology.* Nova York: McGraw Hill.

LEHMAN, D. S. 1963. Some principles of chelation chemistry. *Soil. Sci. Soc. Amer. Proc.* **27**: 167-170.

LEINZ, V. & AMARAL, S. E. 1978. *Geologia geral.* São Paulo: Cia. Editora Nacional (7.ª edição).

LEITH, C. K. & MEAD, W. J. 1915. *Metamorphic geology.* Nova York: Holt, Reinehart & Winston.

LEMOALLE, J. & DUPONT, B. 1971. Iron-bearing oolites and the present conditions of iron sedimentation in Lake Chad (Africa). *In:* G.C. Amstutz & A. J. Bernard (eds.) *Ores in sediments:*167-178. Heidelberg: Springer-Verlag.

LEMOS, J. C. 1974. Urânio e ouro na Serra de Jacobina. *MME-CNEN, Bol.* **6**: 1-24. Rio de Janeiro.

LENK-CHEVITCH, P. 1959. Beach and stream pebbles. *Jour. Geol.*, **67**: 103-108.

LEONARDI, G. 1976. On the discovery of an abundant ichnofauna (Vertebrates and invertebrates) in the Botucatu

Formation s.s. in Araraquara, São Paulo, Brazil. *In:* Congresso Brasileiro de Geologia, XIX, Belo Horizonte (MG), 1976. Resumos...: 382. Belo Horizonte.

LEONARDOS, O. H. 1938. Varvitos de Itu, São Paulo. *Rev. Miner. Metal.,* **3:** 157-159. Rio de Janeiro.

LEOPOLD, L. B. & WOLMAN, M. G. 1957. River channel patterns: Braided, meandering and straight. *U. S. Geol. Surv. Prof. Paper,* **282-B:** 39-85.

_____ & WOLMAN, M. G. 1960. River meanders. *Geol. Soc. Amer. Bull.,* **71**: 769-794.

_____; WOLMAN, M. G. & MILLER, J. P. 1964. *Fluvial processes in geomorphology.* San Francisco: Freeman & Co.

LEVORSEN, A. I. 1954. *The geology of petroleum* (1.ª ed.). San Francisco: W. H. Freeman & Co.

_____. 1967. *The geology of petroleum* (2.ª ed.). Reading: Coleman & Co.

LIMA, M. R. 1979. Palinologia dos calcários laminados da Formação Areado, Cretáceo de Minas Gerais. *In:* Simpósio Regional de Geologia, 2, Rio Claro, 1979. *Atas...,* **1:** 203-216, Rio Claro (SBG/NSP).

_____; SALARD-CHEBOLDAEFF, M. & SUGUIO, K. 1985. Etude palynologique de la Formation Tremembé, Tertiaire du bassin de Taubaté (Etat de São Paulo, Brésil), d'après echantillons du sondage n.º 42 du CNP. *In*: Congresso Brasileiro de Paleontologia, VIII, Rio de Janeiro, 1983. MME-DNPM, Ser. Geol. n.º 2: 379-393. Rio de Janeiro.

LISITZIN, A. P. 1972. Sedimentation in the world ocean. *Soc. Econ. Paleont. and Mineral. Spec. Publ.* n.º **17:** 1-218.

LOGAN, B. W.; REZAK, R. & GINSBURG, R. N. 1964. Classification and environmental significance of algal stromatolites. *Jour. Geol.* **72:** 68-83.

LOMBARD, A. 1956. *Géologie sédimentaire: Les séries marines.* Paris: Masson & Cie.

_____. 1972. *Séries sédimentaires: génèse-évolution.* Paris: Masson & Cie.

LOUGHNAN, F. C. 1969. Chemical weathering of the silicate minerals. Nova York: Amer. Elsevier Publ. Co. Inc.

LOWE, D. R. 1975. Water escape structures in coarse grained sediments. *Sedimentology,* **22:** 157-204.

LOWELL, J. D. 1955. Application of cross-stratification studies to problem of uranium exploration, Chuska Mountains, Arizona. *Econ. Geol.,* **50:** 177-185.

LOWENSTAM, H. A. & EPSTEIN, S. 1957. On the origin of sedimentary aragonite needles of the Great Bahama Bank. *Jour. Geol.,* **65:** 364-375.

LYELL, C. 1832. *Principles of geology.* Londres: John Murray.

_____. 1830-1833. *Principles of geology, being an attempt to explain the former changes of the Earth's surface by reference to causes now in operation.* Londres: Murray.

_____. 1865. *Elements of geology.* Londres: John Murray.

MAACK, R. 1974. Breves notícias sobre a geologia dos estados do Paraná e Santa Catarina. *Arq. de Biol. e Tecnol. (IBPT),* **11:** 63-154.

MABESOONE, J. M. 1966. Relief of northeastern Brazil and its correlated sediments. *Z. für Geomorph., Berlim,* **10**: 419-453.

MABESOONE, J. M; CAMPOS E SILVA, A. & BEURLEN, K. 1972. Estratigrafia e origem do Grupo Barreiras em Pernambuco, Paraíba e Rio Grande do Norte. *Rev. Bras. Geociên.,* **2:**173-188.

MAC CARTHY, G. R. 1926. Colors produced by iron in minerals and sediments. *Amer. Jour. Sci.,* 5th Series, **12**:17-36.

MACAR, P. & ANTUN, P. 1949. Pseudonodules et glissements sousaquatiques dans l'Emsian Inférieur de l'Oesling. *Ann.Soc. Géol. Belge,* **73:** 121-150.

MACIEL, A. C.; AZUAGA, C. H. C. & CRUZ, P. R. 1973. Metodologia de prospecção de urânio no Brasil. *In:* Congresso Brasileiro de Geologia, XXVII, Aracaju (SE). *Anais...,* **2:** 431-440. Aracaju.

MACK, G. H. & SUGUIO, K. 1991. Depositional environments of the Yeso Formation (Lower Permian), Southern Caballo Mountains, New Mexico. *New Mexico Geol.,* **13**:45-49.

MACKENZIE, D. E. 1968. Studies for students: Sedimentary features of Alameda Avenue Curt, Denver, Colorado. *Mtn. Geologist,* **5**:3-13.

MACKENZIE, F. T. & GARRELS, R. M. 1966. Chemical mass balance between rivers and oceans. *Amer. Jour. Sci.,* **264**:507-525.

MAHIQUES, M. M. 1992. *Variações temporais na sedimentação quaternária dos embaíamentos da região de Ubatuba, Estado de São Paulo.* Instituto Oceanográfico-USP.Tese de doutoramento, 2v. (inédita).

MAISEY, J. G. 1991. *Santana fossils: An illustrated atlas.* TFH Publ.

MALLORY, B. F. & CARGO, D. N. 1979. *Physical geology.* Nova York: McGraw Hill Book Co.

MANCINI, F. 1995. *Estratigrafia e aspectos da tectônica deformadora da Formação Pindamonhangaba, Bacia de Taubaté, SP.* Instituto de Geociências-USP. Dissertação de mestrado 107 p. (inédita).

MARGOLIS, S. V. & KRINSLEY, D. H. 1971. Submicroscopic frosting on eolian and subaqueous quartz grains. *Geol. Soc. Amer. Bull.,* **82**:3395-3406.

MARQUES, A. 1990. A evolução tectônica e perspectivas exploratórias da Bacia de Taubaté, São Paulo, Brasil. *B. Geoc. Petrobras,* **4:** 4:253-262. Rio de Janeiro.

_____; ZANOTTO, O. A.; FRANÇA, A. B.; ASTOLFO. M. A. M. & PAULA, O. 1993. Compartimentação e tectônica da Bacia do Paraná. Curitiba: Petrobras/NEXPAR, 87 p. (inédita).

MARTILL, D. M.1993. *Fossils of the Santana and Crato formations, Brazil.* Londres: The Paleont. Assoc. Field Guides to Fossils n.º 5,159 p.

MARTIN, H. 1961. The hypothesis of continental drift in the light of recent advances of geological knowledge in Brazil and Southwest Africa. *Geol. Soc. South Africa Ann.,* **64:** Alex du Toit Memorial Lectures n.º 7.

_____ & SUGUIO, K. 1978. Ilha Comprida: Um exemplo de ilha-barreira ligado às flutuações do nível marinho durante o Quaternário. *In*: Congresso Brasileiro de Geologia, XXX, Recife, 1978. *Anais...* **2:** 905-912. Recife.

_____ & SUGUIO, K. 1992. Variation of coastal dynamics during the last 7,000 years recorded in beach-ridge plains associated with river mouths: Example from the Central Brazilian coast. *Palaeogeogr., Palaeocl., Palaeoecol.,* **99**: 119-140.

_____; SUGUIO, K. & FLEXOR, J. M. 1986a. Shell-middens as a source for additional information in Holocene shoreline and sea-level reconstructions: Examples from the coast of Brazil. *In:* O. Van de Plassche (ed.) *Sea-level research: A manual for collection and evaluation of data*: 503-521. Norwich (Inglaterra): Geobooks.

_____; FLEXOR, J. M.; BITTENCOURT, A. C. S. P. & DOMINGUEZ, J. M. L. 1986b. Neotectonic movements on a passive continental margin, Salvador region, Brazil. *Neotectnics,* **1:** 87-103.

_____ & SUGUIO, K.; FLEXOR, J. M.; DOMINGUEZ, J. M. L. & BITTENCOURT, A. C. S. P. 1987. *Quaternary evolu-*

tion of the central part of the Brazilian coast: The role of relative sea-level variation and of shoreline drift. In: UNESCO Reports in Marine Science (Quaternary Coastal Geology of West Africa and South America). INQUA-ASEQUA Symposium, Dakar (April, 1986): 97-145.

_____; SUGUIO, K. & FLEXOR, J. M. 1993. As flutuações de nível do mar durante o Quaternário superior e a evolução geológica dos "deltas" brasileiros. *Bol. IG-SP, Publ. Esp.,* **15**:1-186. São Paulo.

_____; SUGUIO, K. & FLEXOR, J.M; DOMINGUEZ, J. M. L. & BITTENCOURT, A. C. S.P. 1996. Quaternary sea-level history and variation in dyanamics along the Central Brazilian coast: Consequences on coastal plain construction. *An. Acad. Bras. Ciên.,* **68**: 303-354.

_____; SUGUIO, K.: DOMINGUEZ, J. M. L. & FLEXOR, J. M. 1997. *Geologia do Quaternário costeiro do litoral norte do Rio de Janeiro e do Espírito Santo.* FAPESP-CPRM. Mapas geológicos na escala 1:200.000 e texto explicativo de 104 p.

_____; BITTENCOURT, A. C. S. P. & DOMJNGUEZ, J. M. L. 1999. Physical setting of the Discovery Coast: Porto Seguro region, Bahia. In: K. Suguio (guest editor) *Geoscience and commemoration of Brazil's 500-years anniversary of discovery. Ciên. & Cult. (Journal of the Braz. Assoc. for the Adv. of Sci.),* **51**: 245-261.

MARTINELLI, L. A.; PESSENDA, L. C. R.; VALENÇA, E.P.E.; CAMARGO, P. B.; TELLES, E.C.C.; CERRI, C. C.; ARAVENA, R.; VICTORIA, R. L.; RICHEY, J. E. & TRUMBORE, S. 1996. Carbon-13 variation with depth in soils of Brazil and climate changes during the Quaternary. *Oecologia,* **106**:376-381.

MARTINI, I. P. 1971. Grain size orientation and paleocurrent systems in the Thorold and Grimsby sandstones (Silurian), Ontario and New York. *Jour. Sed. Petrol.,* **41**: 425-434.

MARTINS-SALLUN, A. E. 1999. *Relações entre a tectônica e a sedimentação cenozóica na região do Gráben Ypacaraí (Rift de Assunção, Paraguai Oriental).* Monografia de trabalho de formatura. Instituto de Geociências-USP, 59 pp.(inédita).

MARTINSSON, A. 1965. Aspects of Middle Cambrian Thanatope in Oland. Geol. För. Stock. Förh., **87**: 181-230.

MASON, B. 1966. *Principles of geochemistry* (3.ª ed.). Nova York: Wiley.

_____. 1971. *Princípios de geoquímica.* São Paulo: EDUSP/Polígono.

MASON, C. C. & FOLK, R. L. 1958. Differentiation of beach, dune and eolian flat environments by size analysis, Mustang lsland, Texas. *Jour. Sed. Petrol.,* **28**: 211-226.

MASSAD, F. 1985a. Progressos recentes dos estudos sobre as argilas quaternárias da Baixada Santista. Assoc. Bras. de Mec. dos Solos (ABMS), 21 p. São Paulo.

_____. 1985b. *As argilas quaternárias da Baixada Santista: características e propriedades geotécnicas.* Escola Politécnica-USP. Tese de livre-docência, 250 p. (inédita).

MATHEWS, R. K. 1974. *Dynamic stratigraphy.* Nova Jersey: Prentice Hall.

McBRIDE, E. F. 1963. A classification of common sandstones. *Jour. Sed. Petrol.,* **33**:664-669.

McCARTHY, T. S.; STANISTREET, l. G. & CAIRNCROOS, B. 1991.The sedimentary dynamics of active fluvial channels on the Okavango fan, Botswana. *Sedimentology,* **38**: 471. 487.

McCUBBIN, D. G. 1982. Barrer-island and strandplain facies. In: P. A. Scholle & D. Spearing (eds.). *Sandstone depositional environments*: 247- 279. *Amer. Assoc. Petrol. Geol. Mem.* n.º 31.

McGREGOR, B. & LOCKWOOD, M.1985.*Mapping and research in the Exclusive Economic Zone.* U. S. Dept. of the Interior and National Oceanic and Atmospheric Administration (NOAA).Washington (DC).

McGUGAN, A. 1965. Occurrence and persistence of thin shelf deposits of uniform lithology. *Geol. Soc. Amer. Bull.,* **76**: 125-130.

McKEE, E. D. 1957a. Flume experiments on the production of stratification and cross-stratification. *Jour. Sed. Petrol.,* **27**:129-134.

_____. 1957b.Primary structures in some recent sediments. *Amer. Assoc. Geol. Bull.,* **41:**1704-1747.

_____. 1966. Structures of dunes at White Sands National Monument, New Mexico, and a comparison with structures of dunes from other selected areas. *Sedimentology,* **7**:1-69.

_____. 1979. A study of global sand seas. *U. S. Geol. Surv. Prof. Paper,* **1052**:187-238.

_____ & GOLDBERG, M. 1969. Experiments on formation of contorted structures in mud. *Geol. Soc. Amer. Bull.,* **80**: 231-244.

_____ & STERRETT, T. S. 1961. Laboratory experiments on form and structure of longshore bars and beaches. In: J. A. Peterson & J. C. Osmond (eds.) *Geometry of sandstone bodies:*13-28. Amer. Assoc. Petrol. Geol. Bull.

_____ & TIBBITS JR, G. C.1964. Primary structures of seif dunes and associated deposits of Libya. *Jour. Sed. Petrol.,* **34**:5-17.

_____ & WEIR, G. H. 1953. Terminology for stratification and cross stratification in sedimentary rocks. *Geol. Soc. Amer. Bull.,* **64**:381-390.

_____; REYNOLDS, M. A. & BAKER, C. H. 1962. Laboratory studies on deformation in unconsolidated sediment. *U. S. Geol. Surv. Prof. Paper,* **450-D:** D151 -D155.

_____; CROSBY, E. J. & BERRYHILL, H. L. 1967. Flood deposits, Bijou Creek, Colorado, June 1965. *Jour. Sed. Petrol.,* **37**: 829-851.

_____; DOUGLAS, J. R. & RITTENHOUSE, S. 1971. Deformation of leeside laminae in eolian dunes. *Geol. Soc. Amer. Bull.,* **82**:359-378.

McMANUS, D. A.1975. Modern versus relict sediment on the continental shelf. *Geol Soc. Amer. Bull.,* **86**:1154-1160.

MEADE, R. H. 1972. Transport and deposition of sediments in estuaries. In: B. W. Nelson (ed.) *Environmental framework of coastal plain estuaries*: 91-120. Geol. Soc. Amer. Bull. 133.

MEDEIROS R. A. & PONTE, F. C. 1981. *Roteiro geológico da Bacia do Recôncavo (Bahia).* Petrobras/SEPES/DIVEN, SEN-BA, 63 p., Salvador.

_____ & THOMAZ FILHO, A. 1973. Fácies e ambientes deposicionais da Formação Rio Bonito. In: Congresso Brasileiro de Geologia, XXVIII, Aracaju, 1973. Anais..., **3**:3-12.Aracaju.

_____; SCHALLER, H. & FRIEDMAN, G.M. 1971. *Fácies sedimentares – Análise e critérios para reconhecimento de ambientes deposicionais.* Ciência-Técnica-Petróleo. 123 p. Petrobras. Rio de Janeiro.

MEIS, M. R. M. & MOURA, J. R. S. 1984. Upper Quaternary sedimentation and hillslope evolution: Southeastern Brazilian plateau. *Amer. Jour. Sci.,* **284**:241-254.

MELLO, C. L. 1997. *Sedimentação e tectônica cenozóica no Vale do Rio Doce (MG, Sudeste do Brasil) e suas implicações na evolução de um sistema de lagos.* Instituto de Geociências-USP.Tese de doutoramento,275 p. (inédita).

MELTON, F. A. 1940. A tentative classification of sand dunes: Its application to dune history in the Southern High Plains. *Jour. Geol.*, **48**: 113-174.

MELVIN, J. L. (ed.) 1991. *Evaporites, petroleum and mineral resources.* Amsterdã- Nova York-Tóquio: Elsevier.

MENDES, J. C. 1952. A Formação Corumbataí na região do Rio Corumbataí: estratigrafia e descrição de lamelibrânquios. *Fac. Filo. Ciên.Letras, USP, Bol.* **145** (Geol. **8**): 1-119.

_____. 1962. Recorrência das fácies no Grupo Passa Dois (Permiano) observada no perfil Irati-Relógio, Paraná. *Bol. Soc. Bras. Geol.,* **11** : 75-81.S Paulo.

_____. 1963. Código de Nomenclatura Estratigráfica. *Instituto de Geol.Univ. de Recife, Ser. Didática,* **1** : 1-58. Recife.

_____. 1984. *Elementos de estratigrafia.* São Paulo: Editoras T. A. Queiroz/EDUSP.

_____; BIGARELLA, J. J. & SALAMUNI, R.1972. Estratigrafia e sedimentologia. *In: Geologia – Enciclopédia Brasileira Universitária – Biblioteca Universitária.* Tomo 2, Ministério de Educação e Cultura/Instituto Nacional do Livro, 1-91.

MERO, J. L. 1965. *The mineral resources of the sea.* Amsterdã: Elsevier.

MEYERHOFF, A. A. & TEICHERT, C. 1971. Continental drift. III-Late Paleozoic glacial centers and Devonian-Eocene coal distribution. *Jour. Geol.,* **79**:285-321.

MIALL, A. D. 1977. A review of the braided river depositional environment. *Earth Sci.Rev.,* **13**:1-62.

_____. 1978. Lithofacies types and vertical profile models of braided rivers: A summary. *In:* A. D. Miall (ed.) *Fluvial sedimentology:* 597-604. *Can. Soc. Petrol. Geol. Mem.* n.º 5.

_____. 1982. *Analysis of fluvial depositional systems.* Amer. Assoc. Petrol. Geol. Educ. Course Note Series, **20**: 1-75.

_____. 1996. *The geology of fluvial deposits: sedimentary facies, basin analysis and petroleum geology.* Nova York: Springer-Verlag.

MIDDLETON, G. V. 1966. Experiments on density and turbidity currents. I - Motion of the head. *Can. Jour. Earth Sci.,* **3**:523-546.

_____. 1967. Experiments on density and turbidity currents. III – Deposition of sediment. *Can. Jour. Earth Sci.,* **4**: 475-505.

_____. 1968. The generation of log-normal size-frequency distribution in sediments. *In: Problems of mathematical geology:* 37-46. Leningrado: Science Press.

_____. 1978. Sedimentology history. *In*: R. W. Fairbridge & J. Bourgeois (eds.) *The encyclopedia of sedimentology*: 707-711. Stroudsburg: Dowden, Hutchinson & Ross Inc.

_____ & HAMPTON, M. A. 1976. Subaqueous sediment transport and deposition by sediment gravity flows. *In:* D. J. Stanley & D. J. P. Swift (eds.) *Marine sediment transport and environmental management:* 197-218. Nova York: John Wiley & Sons.

MIKI, T. 1996. Comparison of ancient and present environments by means of glauconite. *In:* International Symposium on Geology and Environment. *Proceedings:* 343-350. Jan. 31 to Febr. 02, 1996.

MILANI, E. J. 1997. *Evolução tectono-estratigráfica da Bacia do Paraná e seu relacionamento com a geodinâmica fanerozóica do Gondwana sul-ocidental.* Instituto de Geociências. UFRGS. Tese de doutoramento, 2v.(inédita).

MILLER, R. L. & KAHN, J. S. 1962. *Statistical analysis in* the *geological sciences.* Nova York: John Wiley & Sons.

MILLOT, G. 1953. Héritage et néoformation dans la sédimentation argileuse. *In:* Congrès Internationale de Géologie, Alger, 1952. CIPEA: 163-177.

_____. 1970. *Geology of clays.* Paris: Masson & Cie.

_____ & FAUCK, R.1971. Sur l'origine de silice des silicifications climatiques et des diatomites quaternaires du Sahara. *Comptes Rendus de l'Acad. Sci. Paris, Sér.* **D-272:** 4-7.

MILNER, H. B. (ed.). 1962. *Sedimentary petrography* (2 v.). Londres: George Allen & Unwin.

MISI, A. 1978. Ciclos de sedimentação e mineralizações de chumbo-zinco nas seqüências Bambuí (Supergrupo São Francisco), Estado da Bahia. *In:* Congresso Brasileiro de Geologia, XXX, Recife (PE). *Anais...* **6:** 2548-2561. Recife.

_____. 1999. *Um modelo de evolução metalogenética para os depósitos de zinco e chumbo hospedados em sedimentos proterozóicos da cobertura do cráton do São Francisco* (BA e MG). Instituto de Geociências-UFBA.Tese inédita, 151p.

_____ & SOUTO, P. G. 1972. *Projeto chumbo-zinco no Bambuí.* Relatório Parcial, 37 p. (inédita).

MITCHUM JR., R. M.; VAIL, P. R. & THOMPSON Ill, S. 1977. Seismic stratigraphy and global changes of sea-level. Part II - The depositional sequence as a basic unit for stratigraphic analysis. *Amer. Assoc. Petrol. Geol. Mem.* **26**:53-62.

MOIOLA, R, J. & WEISER, D. 1968. Textural parameters: An evaluation. *Jour. Sed. Petrol.,* **38**: 45-53.

MOORE, D. C. 1966. Deltaic sedimentation. *Earth Sci. Rev.,* **1**:87-104.

MOORE, D. G. & SCRUTON, P. C.1957.Minor internal structures of some unconsolidated sediments. *Amer. Assoc. Petrol. Geol. Bull.,* **41**:2723-2751.

MOORE, R. C. 1949.Meaning of facies. *Geol. Soc. Amer. Mem.,* **39**:1-34.

MOORE, G. T. & ASQUITH, D. O. 1971. Delta: term and concept. *Geol. Soc. Amer. Bull.,* **82:** 2563-2568.

MOORE JR., T. C.; VAN ANDEL, T. H.; BLOW, W. H. & HEATH, G. R. 1970. Large submarine slide off northeastern continental margin of Brazil. *Amer. Assos. Petrol. Geol. Bull.,* **54**:125-128.

MORAIS, J. L.1999. A arqueologia e o fator geo. *Rev.do Museu de Arqueologia e Etnologia,* **9**:3-22. São Paulo.

MORGAN, J. P. 1970. Depositional processes and products in the deltaic environments. *In:* J. P. Morgan (ed.) *Deltaic sedimentation: modern and ancient:* 31-47. Soc. Econ. Paleont. and Mineral. Nº 15.

MORRISON, R. B. 1978. Quaternary soil stratigraphy - Concepts, methods and problems. *In:* W. C. Mahaney (ed.) *Quaternary soils:* 77-108. Norwich: Geoabstracts.

MORTON. R. W. 1972. Spacial and temporal distribution of suspended sediment in Narragansett Bay and Rhode Island. *In:* B. W. Nelson (ed.). *Environmental framework of coastal plain estuaries*: 131-141. Geol. Soc. Amer. Mem. nº 133.

MOSS, A. J. 1962. The physical nature of common pebbly deposits (Part 1) *Amer. Jour. Sci.,* **260**: 337-373.

_____. 1963. The physical nature of common sandy deposits (part 2). *Amer. Jour. Sci.,* **261**: 297-343.

_____. 1966. Origin, shaping an significance of quartz sand grains. *Jour. Geol. Soc. Australia,* **13**: 97-136.

_____. 1972. Bedload sediments. *Sedimentology,* **18:** 159-219.

MOURA, J. R. S. 1994. Geomorfologia do Quaternário. *In:* A. J. Guerra & S. B. Cunha (orgs.) *Geomorfologia: Uma atualização de bases e conceitos:* 335-364. Rio de Janeiro: Bertrand-Brasil (2ª edição).

_____ & MEIS, M. R. M. 1986. Contribuição à estratigrafia do Quaternário superior no médio Vale do Rio Paraíba do Sul, Bananal, São Paulo. *An. Acad. Bras. Ciênc.,* **58:** 89-102.

_____ & MELLO, C. L. 1991. Classificação aloestratigráfica do Quaternário superior na região de Bananal (SP-RJ). *Rev. Bras. Geoc.,* **21:** 236-254.

MOUSINHO, M. R. & BIGARELLA, J. J. 1965. Movimentos de massa no transporte dos detritos de meteorização das rochas. *Bol. Paran. Geogr.,* **16/17:** 43-84.

MUEHE, D. 1994. Geomorfologia costeira. *In:* A. J. T. Guerra & S. B. Cunha (orgs.) *Geomorfologia: Uma atualização de bases e conceitos*: 253-308. Rio de Janeiro: Bertrand-Brasil (2.ª ed.).

MÜLLER, G. 1967a. *Methods in sedimentary petrography* (part I). Nova York: Hafner Publ. Co.

_____. 1967b. Diagenesis in argillaceous sediments. *In:* G. Larsen & G. V. Chilingar (eds.) *Diagenesis in sediments:* 127-177. Amsterdã: Elsevier (Developments in sedimentology n.º 8).

MUNIZ, G. C. B. & RAMIRES, L. V. O. 1977. *Observações icnológicas preliminares na Formação Maria Farinha, Paleoceno do Nordeste. In:* Simpósio de Geologia do Nordeste, VIII. Campina Grande (PB). *Bol. SBG/NE,* **6:** 111-119. Campina Grande.

MUNNICH, K. O. & VOGEL, J. C. 1962. Untersuchungen an pluvialen Wässern der Ost-Sahara. *Geol. Rdsch.,* **52:** 611-624.

MURCHISON, D. & WESTOLL, T. S. (eds.) 1968. *Coal and coal-bearing strata.* Nova York: Elsevier Publ. Co.

MURPHY, M. A. & SCHLANGER, S. O. 1963. Estruturas sedimentares nas formações Ilhas e São Sebastião, Bacia do Recôncavo, Brasil. *B. Téc. Petrobras,* **6:** 215-258.

MURRAY, R. C. 1960. Origin of porosity in carbonate rock. *Jour. Sed. Petrol.,* **30:** 59-84.

_____. 1964. Origin and diagenesis of gypsum and anhydrite. *Jour. Sed. Petrol.,* **34:**512-523.

NACSN (North American Commission on Stratigraphic Nomenclature) 1983. North American Stratigraphic Code. *Amer. Assoc. Petrol. Geol. Bull.,* **67:** 841 -875.

NAHON, D. & TROMPETTE, R. 1982. Origin of siltstones: glacial grinding versus weathering. *Sedimentology,* **29:** 25-35.

NAKAI, N. 1960. Carbon isotope fractionation of natural gas in Japan. *Jour. Earth Sci., Nagoya Univ.,* **8:** 174-180.

_____. 1963. Biochemical oxidation of sulphur and sulphide minerals by mixed cultures and the behaviors of stable sulphur isotopes. *Jour. Earth Sci., Nagoya Univ.,* **11:** 279-296.

_____. 1967. Isótopos estáveis de carbono e enxofre e os ambientes de sedimentação. *In:* Simpósio sobre Problemas de Sedimentologia. Soc. Geol. do Japão e outras associações. Nagoya Univ., *Anais:* 246-254 (em japonês).

_____ & JENSEN, M. L. 1960. Biochemistry of sulphur isotopes. *Jour. Earth Sci., Nagoya Univ.,* **8:** 181-196.

_____ & JENSEN, M. L. 1964. The kinetic isotope effect in the bacterial reduction and oxidation of sulphur. *Geochim. et Cosmochim. Acta.* **28:** 1893-1912.

NANZ, R. H. 1955. Grain orientation in beach sands : A possible mean for predicting reservoir trend. *Jour. Sed. Petrol.,* **25:**130 (abstract).

NEUMANN, V. H. M. L. 1999. *Estratigrafía, sedimentología, geoquímica y diagénesis de los sistemas lacustres aptiense-albiense de la Cuenca de Araripe (Nordeste de Brasil).*Tesis doctoral, Univ. de Barcelona, 233 p. (inédita).

NEVIN, C. M. 1932. Permeability, its measurement and value. *Amer. Assoc. Petrol. Geol. Bull.,* **16:** 313-384.

NIYOGI, D. 1966. Lower Gondwana sedimentation in Saharjuri coalfield, Bihar, India. *Jour. Sed. Petrol.,* **36:** 960-972.

NODA, E. K. 1971. State-of-art of littoral drift measurements. *Shore and Beach,* **39:**35-41.

NORDT, L. C.; BOUTTON, T.W; HALLMARK, C. T. & WATERS, M. R. 1994. Late Quaternary vegetation changes in Central Texas based on the isotopic composition of organic carbon. *Quatern. Res.,* **41:** 109-120.

NORTHFLEET, A.; MEDEIROS, R.A & MUHLMANN, H. 1969. Reavaliação dos dados geológicos da Bacia do Paraná. *B. Téc. Petrobrás.* **12:** 291-346. Rio de Janeiro.

NOWATZKI, C. H.; SANTOS, M. A. A.; LEÃO, H. Z.; SCHUSTER, V. L. L. & WACKER, M. L. 1984. Glossário de estruturas sedimentares. *Acta Geol. Leopoldensia,* **18/19:** 7-432.

NÜTTING, P. G. 1930. Physical analysis of oil sands. *Amer. Assoc. Petrol. Geol. Bull.,* **14:** 1342-1347.

OANA S. & DEEVEY, E. S. 1960. Carbon-13 in lake waters and its possible bearing on paleolimnology. *Amer. Jour. Sci.,* **258A:** 253-272.

OFF, J. 1963. Rhythmic linear sand bodies caused by tidal currents. *Amer. Assoc. Petrol. Geol. Bull.,* **47:** 324-341.

OKADA, H. 1971. Classification of sandstone: Analysis and proposals. *Jour. Geol.,* **79:**509-525.

OLLIER, C. D. 1965. Some features of granite weathering in Australia. *Zeit .f.Geomorph.,* **40:**285-304.

_____.1969. *Weathering.* Edinburgo: Oliver & Boyd (1ª edição).

_____.1975.*Weathering.* Londres: Longman Group Ltd.(2ª edição).

O'NEIL, J. R. & CLAYTON, R. N. 1964. Oxygen isotope geochemistry. *In*: H. Craig; S. L. Miller & G. J. Wasserburg (eds.) *Isotopic and cosmic chemistry*: 157-168. Amsterdã: North – Holland.

OOMKENS, E. 1966. Environmental significance of sand dykes. *Sedimentology,* **7:** 145-148.

_____. 1970. Depositional sequence and sand distribution in a deltaic complex. *Geol. in Mijnb.,* **46:**265-278.

OTTMAN, F. 1965. *Introduction à la géologie marine et littorale.* Paris: Masson & Cie.

OTTO, G. H. 1935. The sedimentation unit and its use in field sampling. *Jour. Geol.,* **46:**569-582.

PACHECO, A. 1984. *Análise das características técnicas e da legislação para uso e proteção de águas subterrâneas em meio urbano (Município de São Paulo).* Instituto de Geociências-USP. Tese de doutoramento,174 p. (inédita).

PADAN, J. W. 1971. Marine mining and the environment. In: D. Hood (ed.) *Impingement of Man on the Oceans:*553-561. Nova York: Wiley.

PADULA, V. T. 1969. Oil shale of Permian Irati Formation, Brazil. *Amer. Assoc. Petrol. Geol. Bull.,* **53:** 591-602.

PARAGUASSU, A. B. 1968. *Contribuição ao estudo da Formação Botucatu: Sedimentos aquosos, estruturas sedimentares e silicificação.* Esc. de Eng. de São Carlos-USP. Tese de doutoramento, 130 p. (inédita).

_____. 1972. Experimental silicification of sandstone. *Geol. Soc, Amer. Bull.* **83** : 17-24.

PARKER, A. 1970. An index of weathering for silicate minerals. *Geol. Mag.,* **107**: 501-504.

PARKER, R. J. & SIESSER, W. G. 1972. Petrology and origin of some phosphorites from the Southern African continental margin. *Jour. Sed. Petrol.,* **42** :434-440.

PASSEGA, R. 1957. Texture as a characteristic of clastic deposition. *Amer. Assoc. Petrol. Geol. Bull.* **41**: 1952-1984.

_____.1964. Grain size representation by CM patterns as a geological tool. *Jour. Sed. Petrol.,* **34**: 830-847.

_____ & BYRAMJEE, R. 1969. Grain size image of clastic deposits. *Sedimentology,* **13**:233-252.

PASSERINI, P. 1984. The ascent of Anthropogene: A point of view on the man-made environment. *Environmental Geol. And Water Sci.,* **6**: 211-221.

PAYTON, C. E. (ed.) 1977. Seismic stratigraphy - Applications to hydrocarbon exploration. *Amer. Assoc. Petrol. Geol. Bull.* **26**: 1-516.

PEARSON, E. S. & HARTLEY, H. D. 1954. Biometrika tables for statisticians (v.l).Nova York: Cambridge Univ. Press.

PELOGGIA, A. U. G. 1997. *Delineação e aprofundamento temático da geologia do tecnógeno do Município de São Paulo.* Instituto de Geociências USP. Tese de doutoramento, 271 p. (inédita).

_____. 1998. *O homem e o ambiente geológico - Geologia, sociedade e ocupação urbana no Município de São Paulo.* São Paulo: Xamã Editora.

PERLMUTTER, M. A. & MATTHEWS, M. D. 1989. Global cyclostratigraphy - A model. *In:* T. A. Cross (ed.). *Quantitative dynamic stratigraphy*: 233-260. Nova Jersey: Prentice Hall.

PERRY, W. J. & ROBERTS, H. G. 1968. Late Precambrian glaciated pavements in the Kimberley region, Western Australia. *Jour.Geol. Soc. Australia,* **15**:51-56.

PESSENDA, L. C. R.; GOMES, B. M.; ARAVENA, R.; RIBEIRO, A. S.; BOULET, R. & GOUVEIA, S. E. M. 1998. The carbon isotope record in soils along a forest-cerrado ecosystem transect: Implications for vegetation changes in Rondônia State, Southwestern Brazilian Amazon region. *The Holocene,* **8**:599-603.

PETRI, S. 1975. *Estratigrafia.* Depto. de Publicações. CEPEGE/ IGUSP (inédita).

_____ & COIMBRA, A. M. 1982. Estruturas sedimentares das formações Irati e Estrada Nova (Permiano) e sua contribuição para a elucidação dos seus paleoambientes. *In:* Congreso Latinoamericano de Geología, V, Buenos Aires, 1982. *Anales...*Tomo **II**: 353-371.Buenos Aires.

_____ & FÚLFARO, V. J. 1965. Aspectos da sedimentação e estruturas sedimentares dos depósitos da Represa Billings, São Paulo. *Bol. Soc. Bras. Geol.,* **14**:5-28.

_____. & FÚLFARO, V. J. 1976. Geology of the Parecis plateau, Brazil. *In:* International Geological Congress, 25th, Australia, 1976. *Abstracts Sect.6-A,* Australia.

_____. & SUGUIO, K. 1969. *Sobre os metassedimentos do Grupo Açungui do extremo sul do Estado de São Paulo.* Relatório Convênio DAEE/USP, 98 p. São Paulo (inédito).

_____. & SUGUIO, K. 1970. Sobre os microestilócitos da Formação Irati (Permiano) dos arredores de Assistência, Município de Rio Claro, Estado de São Paulo. *An. Acad. Bras. Ciên.,* **42**:501-506. Rio de Janeiro.

_____. & SUGUIO, K. 1971. Some aspects of the Neocenozoic sedimentatation in the Iguape-Cananéia lagoonal region, São Paulo, Brazil. *Estudos Sediment.,* **1**:25-33. Natal.

PETTIJOHN, F. J. 1940. *Relative abundance of size grades of clastic sediments. In:* Soc. Econ. Paleont. and Mineral. 1940 meeting Program (abstract).

_____. 1941. Persistence of heavy minerals and geologic age. *Jour. Geol.,* **49**: 610-625.

_____. 1943. Archean sedimentation. *Geol. Soc. Amer. Bull.* **54**: 925-972.

_____. 1949. Sedimentary rocks. Nova York: Harper & Bros (1.ª ed.).

_____. 1957. *Sedimentary rocks.* Nova York: Harper (2.ª ed.).

_____. 1975. *Sedimentary rocks.* Nova York: Harper Intl. Edition (3.ª ed.).

_____ & POTTER. P. E. 1964. *Atlas and glossary of primary sedimentary structures.* Berlim: Springer-Verlag.

_____; POTTER, P. E. & SIEVER, R. 1972. *Sand and sandstone.* Nova York: Springer-Verlag.

PFLUG, R. 1963. Contribuição à paleogeografia da Serra do Espinhaço (quartzitos da região de Diamantina, Minas Gerais). DNPM-DGM, *Notas Preliminares e Estudos,* **119**:1-16. Rio de Janeiro.

PHLEGER, F. B. Some general features of coastal lagoons. *In:* A. A. Castanares & F. B. Phleger (eds.) *Coastal lagoons - A Symposium*: 5-26. Univ. Nac. Aut. de México (UNAM).

PICARD, M. D. 1971. Classification of fine grained sedimentary rocks. *Jour. Sed. Petrol.,* **41**:179-195.

_____ & HIGH JR., L. R. 1968. Sedimentary cycles in the Green River Formation (Eocene), Uinta Basin, Utah. *Jour. Sed. Petrol.,* **38**: 378-383.

_____ & HIGH JR. L. R. 1972. Criteria for recognizing lacustrine rocks. *In:* J. K. Rigby & W. K. Hamblin (eds.) *Recognition of ancient sedimentary environments*:108-145. Soc. Econ. Paleont. and Mineral. Spec. Publ. nº 16.

PIENAAR, P. J. 1973. Exploration for auriferous and uraniferous conglomerates in the Witwatersrand (Supergroup of South Africa). *In:* Congresso Brasileiro de Geologia, XXVII, Aracaju (SE), 1973. *Anais,* **1**: 47-71. Aracaju.

PITMAN III, W. C. 1978. Relationship between eustasy and stratigraphic sequences of passive margins. *Geol. Soc. Amer. Bull.,* **89**: 1389-1403.

PLUMLEY, W. J. 1948. Black hills terrace gravels: A study in sediment transport. *Jour. Geol.,* **56**: 526-577.

POLDERVAART, A. 1955. Chemistry of the Earth's crust. *In:* A. Poldervaart (ed.) *Crust of the Earth – A Symposium*: 119-144. Geol. Soc. Amer. Spec. Paper nº 62.

POLYNOV, B. B. 1937. *Cycle of weathering.* (trad. de A. Muir). Londres: Murby.

PONTE, F. C. 1994. Geologia das bacias sedimentares brasileiras. *In:* International Sedimentological Congress, 14, Recife (PE). *Short Course Notes:* 1-26. Recife.

_____ & ASMUS, H.E.1978. Geological framework of the Brazilian continental margin. *Geol. Rundschau,* **67**: 201-235.

_____ & PONTE FILHO, F. C. 1966. Evolução tectônica e classificação da Bacia de Araripe. *In:* Simpósio sobre o Cretáceo do Brasil, 4, Águas de São Pedro (SP), 1996. *Bol.:* 123-133. Águas de São Pedro.

_____; FONSECA, J. R. & MORALES, R. G. 1977. Petroleum geology of Eastem Brazil continental margin. *Amer. Assoc. Petrol. Geol. Bull.,* **61**: 1470-1482.

_____; DAUZACKER, M. V. & PORTO, R. 1978. Origem e acumulação de petróleo nas bacias sedimentares brasileiras. *In:* Congresso Brasileiro de Petróleo, 1, Rio de Janeiro. *Anais...* IBP, I/121-I/147. Rio de Janeiro.

PONTE FILHO, F. C.1991. *Mapeamento de seqüências e sistemas deposicionais.* Seminário de Estratigrafia Genética, Curso de Pós-graduação, IGCE-UNESP (Rio Claro), inédito.

PONTES, A. R.; BETTINI, C. & MIURA, K. 1974. A indústria petrolífera e suas perspectivas futuras. *In*: Congresso Brasileiro de Geologia, XXVIII, Porto Alegre, *Anais...* **1**: 27-40. Porto Alegre.

POPP, J. H. & BIGARELLA, J. J. 1975. Formações cenozóicas do Noroeste do Paraná. *An. Acad. Bras. Ciên.*, **47** (suplemento): 465-472. Rio de Janeiro.

PORFIREV, V. B. 1974. Inorganic origin of petroleum. *Amer. Assoc. Petrol. Geol. Bull.*, **58**:3-33.

PORTER, J. J. 1962. Electron microscopy of sand surface texture. *Jour. Sed. Petrol.*, **32**: 124-135.

POSAMENTIER, H. W. & VAIL, P. R. 1988. Eustatic controls on clastic deposition. II - Sequence and system tract models. *In*: C. K. Wilgus; B. S. Hastings; C. G. S. C. Kendall; H. W. Posamentier & P. R. Vail (eds.). *Sea level changes - An integrated approach*:125-154. Soc. Econ. Paleont. and Mineral. Spec. Publ. n.º 42.

_____; JERVEY, M. T. & VAIL, P. R. 1988. Eustatic controls on clastic deposition. l-Conceptual framework. *In*: C. K. Wilgus; B. S. Hastings; C. G. S. C. Kendall; H. W. Posamentier & P. R. Vail (eds.). *Sea-level changes - An integrated aproach*: 109-124. Soc. Econ. Paleont. and Mineral. Spec. Publ. n.º 42.

POSTMA, H. 1967. Sediment transport and sedimentation in the estuarine environment. *In:* G. H. Lauff (ed.) *Estuaries*: 158-179. *Amer. Assoc. for the Adv. of Sci.*, Washington (DC).

POTTER, P. E. 1974. Sedimentology: past, present and future. *Naturwissenschaften*, **61**:461-467.

_____ & PETTI JOHN, F. J. 1963. *Paleocurrents and basin analysis*. Berlim: Springer-Verlag.

_____ & ROSSMAN, G. R. 1977. Desert varnish: The importance of clay minerals. *Science*, **196**: 1446-1448.

_____; SHIMP, N. F. & WITTERS, J. 1963. Trace elements in marine and freshwater argillaceous sediments. *Geochim. et Cosmochim. Acta*, **27**: 51-64.

POWERS, M. C. 1953. A new roundness scale for sedimentary particles. *Jour. Sed. Petrol.*, **23**: 117-119.

_____. 1967. Fluid release mechanisms in compacting marine mudrocks and their importance in oil exploration. *Amer. Assoc. Geol. Bull.* **51**: 1240-1253.

PRANDINI, F.; GUIDICINI, G. & GREHS, S. A. 1974. A geologia ambiental ou de planejamento. *In:* Congresso Brasileiro de Geologia, XXVIII, Porto Alegre (RS). *Anais...*, **7**:273-290. Porto Alegre.

PRICE, W. A. 1954. Dynamic environments, reconnaissance mapping, geologic and geomorphic, of continental shelf of Gulf of Mexico. *Gulf Coast Assoc. of Geol. Socs. Trans.*, **4**: 75-107.

PRITCHARD, D. W. 1967. What is an estuary: Physical viewpoint. *In:* G.H. Lauff (ed.) *Estuaries*: 3-5. Amer. Assoc. for the Adv. of Sci. Publ. n.º 83.

PROJETO REMAC 1 (1977) *Coletânea de trabalhos* (1971 a 1975). Rio de Janeiro: Petrobrás/CENPES, 507 p.

_____ 5 (1979) *Coletânea de trabalhos* (1974 a 1977). Rio de Janeiro: Petrobrás/CENPES, 392 p.

PROST, M. T. 1990. Sédimentation côtière et formation de chêniers en Guyane: La zone de Cayenne. *In:* M. T. Prost & C. Charron (eds.). *Evolution des littoraux de Guyane et de la zone Caraibe méridionale pendant le Quaternaire:* 397-414. Colloques et Series de Editions ORSTOM. Cayenne (Guyane).

PRYOR, W. A. 1971. Grain shape. *In:* R. E. Carver (ed.) *Procedures in sedimentary petrology:* 131-150. Nova York: Wiley lnterscience.

_____. 1973. Permeability-porosity patterns and variations in some Holocene sand bodies. *Amer. Assoc. Petrol. Geol. Bull.*, **57**: 162-189.

PUCHELT, H. 1971. Recent iron sediment formation at the Kameni lslands, Santorini (Greece). *In:* G. C. Amstutz & A. J. Bernard (eds.) *Ores in sediments*: 227-245. Heidelberg: Springer-Verlag.

PURSER, B. H. 1973. *The Persian Gulf: Holocene carbonate sedimentation and digenesis in shallow epicontinental sea.* Nova York: Springer Verlag.

_____. 1980. *Sédimentation et diagenèse des carbonates néritiques recents.* Paris: Technip.

PUTZER, H. 1953. O primeiro solo fóssil de raízes no Carbonífero superior do Brasil. *DGM-DNPM, Notas Preliminares e Estudos,* **68**:1-5.

QUINTAS M. C. L. 1995. *O embasamento da Bacia do Paraná: Reconstrução geofísica de seu arcabouço.* lnst. Astron. e Geofísico-USP. Tese de doutoramento, 213 p. (inédita).

RAAF, J. F. M. & BOERSMA, J. R. 1971. Tidal deposits and their sedimentary structures (Seven examples from Western Europe). *Geol. Mijnb.*, **50**: 479-504.

RADLOWSKA, C. 1969. On the problematics of eskers. *Geogr. Polonica,* **16**: 87-104.

RAINWATER, E. H. 1966. The environmental control of oil and gas in terrigenous clastic rocks. *Gulf Coast Assoc. of Geol. Socs. Trans.*, **13**: 79-94.

_____. 1972. The factors which control petroleum accumulation. *Gulf Coast Assoc. of Geol. Socs. Trans.*, **22**: 39-54.

RAJA-GABAGLIA, G. P. & FIGUEIREDO, A. M. F. 1990. Evolução dos conceitos acerca das classificações de bacias sedimentares. *In:* G. P. Raja Gabaglia & E. J. Milani (coords.) *Origem e evolução de bacias sedimentares:* 31-45. Rio de Janeiro, Petrobras.

RAMOS, A. N. 1966. Análise estratigráfica da Formação Rio Bonito e suas possibilidades petrolíferas. Petrobras/DESUL. Rel. Int. n.º 324: 1-31 (inédito).

_____. 1970.Aspectos paleoestruturais da Bacia do Paraná e sua influência na sedimentação. *B. Téc. Petrobras,* **13**: 85-93.

RAMSAY, J. G. 1961. The effects of folding upon the orientation of sedimentary structures. *Jour. Geol.*, **69**: 84-100.

RAMSBOTTOM, W. H. C. 1979. Rates of transgression and regression in the Carboniferous of NW Europe. *Jour. Geol. Soc. Amer.,* **136**:147-153.

RANKAMA, K. 1954. *Isotope geology.* Pergamon Press.

RAPP, A. & FAIRBRIDGE, R. W. 1968. Talus fan or cone; scree and cliff debris. *In:* R. W. Fairbridge (ed.) *Encyclopedia of geomorphology*:1106- 1109. Stroudsburgo: Hutchinson & Ross.

RAPP JR., G.R. & HILL, C. L. 1998. *Geoarchaeology - The earth-science approach to archaeological interpretation.* New Haven & Londres: Yale Univ. Press.

RAUP. O. B. & MIESCH, A. T. 1957. A new method for obtaining significant average directional measurements in cross-stratification studies. *Jour. Sed. Petrol.,* **27**: 313-321.

READING, H. G. & WALKER, R. G. 1966. Sedimentation of Eocambrian tillites and associated sediments of Finmark, Northern Norway. *Palaeogeogr. Palaeoclim. Palaeoecol.*, **2**: 177-212.

REBOUÇAS, A. C. 1976. *Recursos hídricos subterrâneos da Bacia do Paraná - Análise de pré-viabilidade.* Instituto de Geociências-USP. Tese de livre-docência, 143 p. (inédita).

_____. 1999. Águas subterrâneas. *In*: A. C. Rebouças; B. Braga & J.G. Tundisi (orgs. e coords. cient.) *Águas doces no Brasil - Capital ecológico, uso e conservação*: 117-151. São Paulo: Escrituras.

REEVES JR., C. C. 1968. *Introduction to paleolimnology.* Amsterdã: Elsevier (Developments in sedimentology n.º 11).

REICHE, P. 1938. An analysis of cross-lamination of Coconino sandstone. *Jour. Geol., 44*: 905-932.

REIMNITZ, E.; LAWRENCE, J. T.; SHEPARD, F. P. & GUTIÉRREZ-ESTRADA, M. 1976. Possible rip current origin for bottom ripple zones to 30m-depth . *Geology, 4* :395-400.

REINECK, H. E. 1972. Tidal flats. *In:* J. K. Rigby & W. H. Hamblin (eds.,) *Recognition of ancient sedimentary environments*: 146-159. Soc. Econ. Paleont. and Mineral. Spec. Publ. n.º 16.

_____. & SINGH, l. B. 1975. *Depositional sedimentary environments.* Nova York-Heidelberg-Berlim: Springer-Verlag (1.ª ed.).

_____. & SINGH, l. B. 1980. *Depositional sedimentary environments.* Nova York: Springer-Verlag (2.ª ed.).

RENFRO, A. R. 1974. Genesis of evaporite-associated stratiform metalliferous deposits - A sebkha process. *Econ. Geol., 63*: 33-45.

RETALLACK, G. J. 1988. Down to earth approaches to Vertebrate Paleontology. *Palaios, 3*: 335-344.

_____. 1990. *Soils of the past: An introduction to paleopedology.* Boston: Unwin Hyman.

REYNOLDS, R. L. & GOLDHABER, M. B. 1978. Origin of a South Texas roll-type uranium deposit. I-Alteration of iron-titanium oxide minerals. *Econ. Geol., 73*:1677-1689.

RHOADS, D. C. & STANLEY, D. J. 1965. Biogenic graded bedding. *Jour. Sed. Petrol., 35*: 956-963.

RIBAULT. L. LE & TASTET, J. P. 1979. Apports de l'exoscopie de quartz à la determination de l'origine des depôts quaternaires littoraux de Cote d'Ivoire. *In:* Interntional Symposium on Coastal Evolution in the Quaternary. São Paulo, 1978. *Proceedings:* 573-587.

RICCI-LUCCHI, F. 1970. *Sedimentografia.* Bolonha: Zanichelli.

RICCI-LUCCHI, F. & CASA, G. D. 1970. Surface textures of desert quartz grains - A new attempt to explain the origin of desert frosting. *Ann. Museo Geol. Bologna, Ser. 2a, 36*: 751-766.

RICCOMINI, C. 1989. *O rift continental do Sudeste do Brasil.* Instituto de Geociências-USP.Tese de doutoramento, 256 p. (inédita).

_____; CHAMANI, M. A. C; AGENA, S. S; FAMBRINI, G. L; FAIRCHILD, T. R. & COIMBRA, A. M. 1992. Earthquake-induced liquefaction features in the Corumbataí Formation (Permian, Paraná Basin, Brazil) and the dynamics of Gondwana. *An. Acad. Bras. Ciên., 64*: 210. Rio de Janeiro. (resumo).

RICHTER-BERNBURG, G. 1973. Paleogeographical preconditions for the genesis of evaporites. *In*: Congresso Brasileiro de Geologia, XXVII, Aracaju (SE). *Anais... 2*: 163-169. Aracaju.

RITTENHOUSE, G. 1943. Transportation and deposition of heavy minerals. *Geol. Soc. Amer. Bull., 54*: 1725-1780.

_____. 1972. Crossbedding dip, a measure of sandstone compaction. *Jour. Sed. Petrol., 42*: 682-683.

ROBERTS, H. H.; ADAMS, R. D. & CUNNINGHAM, R. H. W. 1980. Evolution of sandstone dominant subaerial phase, Atchafalaga delta, Louisiana. *Amer. Assoc. Petrol. Geol. Bull., 64:* 264-279.

ROBINSON, R. B. 1966. Classification of reservoir rocks by surface texture. *Amer. Assoc. Petrol. Geol. Bull.,50*: 547-559.

ROCHA-CAMPOS, A. C.; YOSHIDA, R. & FARJALLAT, J. E. S. 1968a. Texturas superficiais de grãos de areia do Subgrupo Itararé (Neopaleozóico) examinadas ao microscópio eletrônico. *In:* Congresso Brasileiro de Geologia, XII, Belo Horizonte (MG). Resumo de comunicações: 65. Belo Horizonte.

_____; YOSHIDA, R. & FARJALLAT, J. E. S. 1968b.Texturas superficiais de grãos de areia da Formação Botucatu (Cretáceo inferior) examinadas ao microscópio eletrônico. *In:* Congresso Brasileiro de Geologia, Belo Horizonte (MG). *Resumo de comunicações: 66.* Belo Horizonte.

RODRIGUES, R.; TAKAKI, T. & SANTOS, R. C. R. 1982. Correlação dos petróleos da plataforma Ceará/Piauí através dos isótopos estáveis do carbono. *B. Téc, Petrobras, 11*: 47-60.

RODRIGUEZ, J. & GUTSCHICK, R. C. 1970. Late Devonian-Early Mississippian ichnofossils from Western Montana and Northern Utah. *In*: T. P. Crimes &. J. C. Harper (eds.) *Trace fossils:* 407-438. Inglaterra: Liverpool Geol. Society.

RODRIGUEZ, S. K. 1998. *Geologia urbana da Região Metropolitana de São Paulo.* Instituto de Geociências. Tese de doutoramento, 171 p. (inédita).

ROEP, T. B. 1986. Sea-level markers in coastal barrier sands: Examples from the North Sea coast. *In:* O. Van de Plassche (ed.). *Sea-level research: A manual for the collection and evaluation of data:* 97-128. Norwich (Inglaterra): Geobooks.

ROGERS, J. J. W. & HEAD, W. B. 1961. Relationship between porosity, median size and sorting coefficients of synthetic sands. *Jour. Sed. Petrol., 31*: 467-470.

_____; KRUEGER, W. C. & KROG, M. 1963. Size of naturally abraded materials. *Jour. Sed. Petrol., 33*: 628-632.

ROHDE, G. M. 1996. *Epistemologia ambiental (uma abordagem filosófico-científica sobre a efetuação humana alopoiética).* Porto Alegre: EDIPUCRS.

ROLLER, P. S. 1937. Law of size distribution and statistical description of particulate materials. *Jour. Franklin Institute, 223*:609-633.

_____. 1941. Statistical analysis of size distribution of particulate materials with special reference to bimodal frequency distributions. *Jour. Phys. Chem., 45*:241-281.

ROSENQUIST, I. T. 1955. Investigations in the clay-electrolyte-water system. *Norweg. Geotech. Inst. Publ., 9*:1-125.

ROSIN, P. O. & RAMMLER, E. 1934. Die kornzusammensetzung des mahlgutes im lichte der wahrscheinlichkeitslehre. *Kolloid Zeitschr., 67*: 16-26.

ROTH, E. S. 1965. Temperature and water content as factors in desert weathering. *Jour. Geol., 73*: 454-468.

ROTH, R. 1932. Evidence indicating the limits of Triassic in Kansas, Oklahoma and Texas. *Jour.Geol., 40*:718-719.

ROYSE, C. F. 1970. A sedimentologic analysis of the Tongue river - Sentinel Butte interval (Paleocene) of the Williston Basin Western North Dakota. *Sedim. Geol., 4*:19-80.

RUBEY, W. W. 1931. Lithologic studies of fine grained Upper Cretaceous rocks of the Black Hills Region. *U.S. Geol. Surv. Prof. Paper, 165-A*: 1-54.

_____. 1933. Settling velocities of gravel, sand and silt particles. *Amer. Jour. Sci., 5th Series, 25*:325-338.

_____. 1937. The force required to move particles on a stream bed. *U. S Geol. Surv. Prof. Paper, 189-E*: 121-141.

RUCHIN, L. B. 1958. *Grundzüge der Litologie.* Berlin: Akademie-Verlag (A. Schüller, transl.).

RUEDEMANN, R. 1897. Evidence of current action in the Ordovician of New York. *Amer. Geologist, 21*: 162-172.

RUHE, R. V. 1959. Stonelines in soils. *Soil. Sci., 87*:223-231.

RUSNAK, G. A. 1957. The orientation of sand grains under conditions of "unidirectional" fluid flow.1-Theory and experiment. *Jour. Geol.,* **65**: 384-409.

_____. 1960. Sediments of Laguna Madre, Texas. *In:* F. P. Shepard; F. B. Phleger & T. H. Van Andel (eds.) *Recent sediments, Northwest Gulf of México*: 153-196. Amer. Assoc. Petrol. Geol., Tulsa.

RUSSELL, I. C. 1885. Geological history of Lake Lahontan, a Quaternary lake of Northwestern Nevada. *U. S. Geol. Surv. Monogr.,* **11**: 1-288.

RUSSELL, R. D. 1939. Effects of transportation on sedimentary particles. *In:* P. D. Trask (ed.). *Recent marine sediments*: 32-47. Londres: Thomas Murphy.

_____ & TAYLOR, R. E. 1937a. Bibliography on roundness and shape of sedimentary rock particles. *Rept. of Comm. on Sedimentation, 1936-1937. Natl. Res. Council*: 65-80.

_____ & TAYLOR, R. E. 1937b. Roundness and shape of Mississippi river sands. *Jour. Geol.,* **45**: 225-267.

RUSSELL, R. J. 1954. Alluvial morphology of Anatolian rivers. *Ann. Assoc. Amer. Geogr.,* 44: 363-391.

_____. 1968. Where most grains of very coarse sand and fine gravels are deposited. *Sedimentology,* **11**:31-38.

RUST, B. R. 1978. A classification of alluvial channel systems. *In:* A. D. Miall (ed.). *Fluvial sedimentology:* 187-198. Can. Soc. Petrol. Geol. Mem. n.º 5.

RUXTON, B. P. 1968. Measures of the degree of chemical weathering. *Jour. Geol.,* **76**:518-527.

SAAD, S. 1973. Evidências da paleodrenagem na Formação Rio Bonito e sua importância na concentração de urânio. *In:* Congresso Brasileiro de Geologia, XXVII. Acaraju (SE). *Anais...,* **1**: 129-160. Aracaju.

_____. 1974. Aspectos econômicos do aproveitamento do urânio associado aos fosfatos do Nordeste. *MME-CNEN, Bol.* **6**: 1-46. Rio de Janeiro.

SAHU, B. K. 1964a. Depositional mechanisms from the size analysis of clastic sediments. *Jour. Sed. Petrol.,* **34**: 73- 83.

_____. 1964b. Significance of size distribution statistics in the interpretation of depositional environments. *Res. Bull. Panjab Univ.* (n.s.) **15**:213-219.

SAIJO, Y. & TUNDISI, J. G. 1997. Synthesis. *In:* J.G. Tundisi & Y. Saijo (eds.). *Limnological studies on the Rio Doce valley lakes, Brazil,*: 485-491. Braz. Acad. of Sci. – School of Eng. at São Carlos. Univ. of São Paulo, Center for Water Resources and Applied Ecology.

SAKAI, H. 1957. Fractionation of sulphur isotopes in nature. *Geochim. et Cosmochim. Acta,* **12**:150-169.

SALAMUNI, R.; MARQUES FILHO, P. L. & SOBANSKI, A. 1966. Considerações sobre turbiditos da Formação Itararé (Carbonífero superior), Rio Negro (PR) e Mafra (SC). *Bol. Soc. Bras. Geol.,* **15**: 5-31.

SAMES, C. W. 1966. Morphometric data of some recent pebble associations and their application to ancient deposits. *Jour. Sed. Petrol.,* **36**: 126-142.

SANDERS, J. E. 1965. Primary sedimentary structures formed by turbidity currents and related sedimentation mechanisms. *In:* G. V. Middleton (ed.) *Primary sedimentary structures and their hydrodynamic interpretation:* 192-219. Soc. Econ. Paleont. and Mineral. Spec. Publ. n.º 12.

SANT'ANNA, L. G. 1999. *Geologia, mineralogia e gênese das esmectitas dos depósitos paleogênicos do "rift" continental do Sudeste do Brasil.* Instituto de Geociências - USP. Tese de doutoramento, 293 pp. (inédita)

SANTELLI, R. L. 1988. *Estudo de isótopos estáveis em sedimentos carbonáticos da Lagoa Vermelha (RJ).* Depto. de Química da Univ. Católica do Rio de Janeiro.Tese de doutoramento (inédita).

SAURAMO, M. 1923. Studies on the Quaternary varve sediments in Southern Finland. *Comm. Geol. Finland Bull.,* **11**: (60).

SBG (Sociedade Brasileira de Geologia) 1983. *Documento final do II Simpósio sobre o Ensino de Geologia no Brasil: currículo mínimo. In:* Congresso Brasileiro de Geologia, XXXII, Salvador (BA), 73 p.

SBG (Sociedade Brasileira de Geologia) 1986. Código Brasileiro de Nomenclatura Estratigráfica. *Rev. Bras. Geociên.,* **16**: 372-415.

SCHÄFER, W. 1972. *Ecology and paleoecology of marine environments.* Edimburgo: Oliver & Boyd.

SCHALLER, H.; VASCONCELOS, D. N. & CASTRO, J. C. 1971. Estratigrafia preliminar da Bacia Sedimentar da Foz do Rio Amazonas. *In:* Congresso Brasileiro de Geologia, XXV, São Paulo. *Anais...,***3**:189-202. São Paulo.

SCHLEE, J. 1956. *Sedimentological analysis of the upland gravels of Southern Maryland.* Ph.D. thesis. The Johns Hopkins Univ., Baltimore.

_____; UCHUPI, E. & TRUMBULL, J. V. A. 1965. Statistical parameters of Cape Cod beach and eolian sands. *U. S. Geol. Surv. Prof. Paper,* **501-D**: 118-122.

_____; FOLGER, D. & O'MARA, C. 1971. Bottom sediments of the N.E.U.S.: Cape Cod to Cape Ann. *USGS Open File Rept. and Misc. Geol. Invest.,* n.º **1**:1-746.

SCHNEIDER, H. E. 1970. Problems of quartz grain mosphoscopy. *Sedimentology,* **14**:325-335.

SCHOBBENHAUS, C.; CAMPOS, D. A.; DERZE, G. R. & ASMUS, H. E. 1984. *Geologia do Brasil.* Texto explicativo e mapa geológico do Brasil na escala 1:2.500.000, DNPM, 501 p.

SCHREIBER, B. C. (ed.) 1988. *Evaporites and hydrocarbons.* Nova York: Columbia Univ. Press.

SCHUBEL, J. K. 1971. *The estuarine environment - Estuaries and estuarine sedimentation.* Short Course-Lecture Notes, 30/31-10-1971. Amer. Geol. Inst., Washington (DC).

SCHUMACHER, D. & PERKINS, B. F. (eds.) 1990. Gulf coast oils and gasses: Their origin, distribution, exploration and production significance. *In:* Annual Research Conference,9th. *Proceedings*:1-373. Soc. Econ. Paleont. and Mineral. Publ.

SCHUMM, S. A. 1961. Effect of sediment characteristics on erosion and deposition in ephemeral stream channels. *U. S. Geol. Surv. Prof. Paper,* **352-C**: 31-70.

_____. 1972. Fluvial paleochannels. *In:* J. K. Rigby & W. K. Hamblin (eds.) *Recognition of ancient sedimentary environments:* 98-107. Soc. Econ. Paleont. and Mineral. Spec. Publ. n.º 19.

_____. 1977. *The fluvial system.* Nova York: John Wiley & Sons.

_____ & LICHTY, R. W. 1963. Channel widening and floodplain construction along Cimarron River and Southwestern Texas. *U.S. Geol. Surv. Prof. Paper,* **352-D**:71-88.

SCHWARZACHER, W. 1951. Grain orientation in sands and sandstones. *Jour. Sed. Petrol.,* **21**: 162-172.

_____. 1975. *Sedimentation models and quantitative stratigraphy.* Amsterdã: Elsevier, 382 p.

_____. 1993. *Cyclostratigraphy and the Milankovitch Theory.* Amsterdã: Elsevier Sci. Publs. (Developments in sedimentology n.º 52).

SCOTT, A. J. & FISHER, W. L. 1969. *Delta systems and deltaic deposition - Discussion notes.* Dept. of Geol. Sci. Bur. of Econ. Geol., Univ. of Texas at Austin.

SCRUTON, P. C. 1960. Delta building and deltaic sequence. *In:* F. P. Shepard; F.B. Phleger & T. H. Van Andel (eds.) *Recent sediments, Northwest Gulf of México:* 82-102. Amer. Assoc. Petrol. Geol., Tulsa.

SEED, H. B. 1968. Landslides during earthquakes due to soil liquefaction. *Amer. Soc. Civil Engrs. Proceedings. Jour. of Soil Mech. & Found. Div.,* **94** (SM-5): 1053-1122.

SEIBOLD, E. 1963. Geological investigation of nearshore sand transport. *In:* M. Sears (ed.) *Progress in oceanography* (v.1):1-70. Oxford: Pergamon.

SEIGNEMARTIN, C. L. 1979. *Geologia de áreas urbanas: O exemplo de Ribeirão Preto, SP.* Instituto de Geociências-USP. Tese de doutoramento, 2 v. (inédita).

SEILACHER, A. 1964. Biogenic sedimentary structures. *In:* J. lmbrie & N. Newell (eds.). *Approaches to paleoecology:* 296-316. Nova York: Wiley & Sons.

_____. 1967. Bathymetry of trace fossils. *Mar. Geol.,* **5**: 413-428.

_____. 1981. Towards an evolutionary stratigraphy. *In:* J. Martinell (ed.). *Concept and method in paleontology:* 39-44. Acta Geol. Hispánica n.º 16.

_____.1984. Storm beds, their significance in event stratigraphy. *Amer. Assoc. Petrol. Geol., Studies in Geology,* **16**:49-54.

SELLEY, R. C. 1965. Diagnostic characters of fluviatile sediments in Precambrian rocks of Scotland. *Jour. Sed. Petrol.,* **35**:366-380.

_____. 1968. A classification of paleocurrent models. *Jour. Geol.,* **76**:99-110.

_____. 1969. Torridonian alluvium and quicksands. *Scott. Jour. Geol.,* **5**:328-346.

_____. 1970. Studies of sequence in sediments using a simple mathematical device. *Quart. Jour. Geol. Soc. London,* **125**: 557- 581.

_____. 1976a. *An introduction to sedimentology.* Londres-Nova York – San Francisco: Academic Press.

_____. 1976b. *Ancient sedimentary environments: A brief survey.* Londres: Chapman & Hall.

SENGUPTA, S. 1966. Studies on orientation and imbrication of pebbles with respect to cross-stratification. *Jour. Sed., Petrol.,* **36**:362- 369.

_____. 1970. Gondwana sedimentation around Bheermaram (Bhirmaram) Pranhita, Godavari Valley, India. *Jour. Sed. Petrol.,* **40**: 140-170.

SERVANT-VILDARY, S. & SUGUIO, K. 1990. Marine diatom study and stratigraphy of Cenozoic sediments in the coastal plain between Morro da Juréia and Barra do Una, State of São Paulo, Brazil. *Quaternary of South America and Antarctic Peninsula,* **6**: 267-296.

SEVERIANO-RIBEIRO, H. J. P. (org.) 2001. *Estratigrafia de seqüências - Fundamentos e aplicações.* São Leopoldo (RS): Editora UNISINOS.

SHANTSER, E. V. 1951. Alluvium of river plains in a temperate zone and its significance for understanding the laws governing the structure and formation of alluvial suites. *Akad. Nauk. SSSR, Geol. Ser.,* **135**:1-271.

SHARP, R. P. 1960. *Glaciers.* Oregon State System of Education: The Condon Lectures.

SHATSKY, N. S. 1946. Basic features of the structure and development of the East European Platform - Comparative tectonics of ancient platforms. *Izv. Akad. Nauk. SSSR, Ser. Geol.,* **1**:5-62.

SHAW, A. B. 1964. *Time in stratigraphy.* Nova York: McGraw Hill.

SHAW,W., 1972. Sedimentation in ice-contact environment, with examples from Shropshire (England). *Sedimentology,* **18**:23-62.

SHEARMAN, D. J. 1978. Evaporites of coastal sabkhas. *In:* W. E. Dean & B. C. Schreiber (eds.) *Marine evaporites:* 6-42 (Soc. Econ. Paleont. and Mineral. Short Course n.º 4).

SHELTON, J. W. & MACK, D. E. 1970. Grain orientation in determination of paleocurrents and sandstone trends. *Amer. Assoc. Petrol. Geol. Bull.,* **54**:1108-1119.

SHEPARD, F. P. 1932. Sediments on continental shelves. *Geol. Soc. Amer. Bull.,* **43**:1017-1034.

_____. 1956. Marginal sediments of the Mississippi delta. *Amer. Assoc. Petrol. Geol. Bull.,* **40**: 2537-2623.

_____. 1967. *Submarine geology.* Nova York: Harper & Row (2.ª ed.).

_____. 1976. *Submarine geology.* Nova York: Harper &Row (3.ª ed.).

_____ & DILL, R. F. 1966. *Submarine canyons and other sea valleys.* Chicago: Rand McNally.

_____ & INMAN, D.L. 1950. Nearshore water circulations related to bottom topography and wave refraction. *Amer. Geophys. Union Trans.,* **31**: 196-212.

_____ & MOORE, D. G. 1960. Bays of Central Texas coast. *In:* F.P. Shepard; F. B. Phleger & T. H. Van Andel (eds.). *Recent sediments, Northwest Gulf of México:* 117-152. Amer. Assoc. Petrol. Geol. Tulsa.

_____ & YOUNG, R. 1961. Distinguishing between beach and dune sands. *Jour. Sed. Petrol.,* **31**: 196-214.

_____; PHLEGER, F. B. & T. H. VAN ANDEL (eds.) 1960. *Recent sediments, Northwest Gulf of México.* Amer. Assoc. Petrol. Geol., 1-394. Tulsa.

SHINN, E. A. 1983. Tidal flat environment. *In:* P. A. Scholle; D. G. Bebout & C. H. Moore (eds.). *Carbonate depositional environments:*171-210. Amer. Assoc. Petrol. Geol. Mem. n.º 33.

_____; LLOYD, R. M. & GINSBURG, R. N. 1969. Anatomy of a modern carbonate tidal-flat, Andros lsland, Bahamas. *Jour. Sed. Petrol.,* **39**: 1202-1228.

SHORT, A. D. 1988. Wave, beach, foredune and mobile dune interactions in the Southeast Australia. *Jour. Coast. Res., Spec. Issue,* **3**: 5-8.

_____. 1991. Macro-meso-tidal beach morphodynamics - An overview. *Jour. Coast .Res.,* **7**: 417-436.

SHROCK, R. R. 1948. *Sequence in layered rocks.* Nova York: Wiley.

SHUIRMAN, G. & SLOSSON, J. E. 1992. *Forensic engineering - Environmental case histories for civil engineers and geologists.* São Diego - Nova York - Boston - Londres - Sydney - Tóquio - Toronto: Academic Press.

SÍCOLI, J. C. M. (coord.) 2000. *Legislação ambiental.* São Paulo: Ministério Público; CAO das Promotorias do Meio Ambiente.

SILBERLING, N. J. & ROBERTS, R. J. 1962. Pre-Tertiary stratigraphy and structure in Northwestern Nevada. *Geol. Soc. Amer. Spec. Paper,* **72**: 1-58.

SlLVA, H. P. 1984. Mineração de petróleo. *B. Téc. Petrobras,* **27**:174-184. Rio de Janeiro.

SILVA, N. M. 1966. Paleocorrentes deposicionais da Formação Sergi. *B. Téc. Petrobras,* **9**: 181-209. Rio de Janeiro.

SILVERMAN, S. R. 1963. lnvestigation of petroleum origin and evolution mechanisms by carbon isotope studies. *In:* H. Craig; S. L. Miller & G. J. Wasserburg (eds.). *lsotopic and cosmic chemistry:* 92-102. Amsterdã: North-Holland.

SIMONS, D. B. 1975. Open channel flow. *In:* J. Chorley (ed.) *Introduction to fluvial processes:*124-145. Londres: Methuen Co. Ltd.

_____; RICHARDSON, E. V. & NORDIN, C. F. 1965. Sedimentary structures generated by flow in alluvial channels. *In:* G. V. Middleton (ed.). *Primary sedimentary structures and their hydrodynamic interpretation:* 34-52. Soc. Econ. Paleont. and Mineral. Spec. Publ. n.º 12.

SINDOWSKI, K. H. 1957. Die synoptische methode des kornkurbenvergleiches zur ausdentung fossiler sedimentationsräume. *Geol. Jahrb.*, **73**: 235-275.

SINGH, H.; PARKASH, B. & GOHAIN, K. 1993. Facies analysis of the Kosi megafan deposits. *Sedim. Geol.*, **85**: 87-113.

SINGH, I. B. 1965. Primary sedimentary structures in Precambrian quartzites of Telemark, Southern Norway, and their environmental significance. *Norsk. Geol. Tidsskr.*, **49**: 1-31.

_____. 1972. On the bedding in the natural levée and the point-bar deposits of the Gomti River, Uttar Pradesh, India. *Sedim. Geol.*, **7**: 309-317.

SIPPEL, R. F. 1968. Sandstone petrology, evidence from luminescence petrography. *Jour. Sed. Petrol.*, **38**:530-554.

_____. 1971. Quartz grain orientations. I-The photometric method. *Jour. Sed. Petrol.*, **41**:38-59.

SLOSS, L. L. 1950. Paleozoic stratigraphy in the Montana area. *Amer. Assoc. Petrol. Geol. Bull.*, **34**:423-451

_____. 1958. Lithosome. *In:* J. M. Weller (ed.) *Stratigraphic facies differentiation and nomenclature:* 624. Amer. Assoc. Petrol. Geol. Bull., 42.

_____. 1963. Sequence in the cratonic interior of North America. *Geol. Soc. Amer Bull.*, **74**: 93-114.

_____. 1964. Tectonic cycles of the North American craton. *Kansas Geol. Surv. Bull.*, **169**: 449-460.

_____. 1972. Synchrony of Phanerozoic sedimentary-tectonic events of the North American craton and the Russian platform. *In:* International Geological Congress, 24th, Montreal (Canadá). *Proceedings*, **6:** 24-32. Montreal (Canadá).

_____; KRUMBEIN, W. C. & DAPPLES, E. C. 1949. Integrated facies analysis. *In:* C. R. Longwell (ed.) Sedimentary facies in geologic history: 91-124. *Geol. Soc. Amer. Mem.* n.º 39.

SMALLEY, I. J. 1966. Origin of quartz sand. *Nature*, **211**: 476-479.

_____ & VITA-FINZI, C. 1968. The formation of fine particles in sandy deserts and the nature of desert loess. *Jour. Sed. Petrol.*, **38**: 766-774.

SMITH, N. D. 1974. Sedimentology and bar formation in the Upper Kicking Horse River, a braided outwash stream. *Jour. Geol.*, **21**: 205-223.

SMITH, R. L. 1960. Ash flows. *Geol. Soc. Amer. Bull.*, **71**: 795-842.

SMITHSON, N. F. 1941. The alteration of detrital minerals in the Mesozoic rocks of Yorkshire. *Geol. Mag.*,**78**: 97-112.

SMYERS, N. B. & PETERSON, G. L. 1971. Sandstone dykes and sills in the Moreno Shale, Panoche Hills, California. *Geol. Soc. Amer. Bull.*, **82**: 3201- 3207.

SNEED, E. D. & FOLK, R. L. 1958. Pebbles in the Lower Colorado River, Texas - A study in particle morphogenesis. *Jour. Geol.*, **66**: 114-150.

SNEIDER, R. M.; TINKER, C. N. & RICHARDSON, J. G. 1981. Reservoir geology of sandstones. *In:* Annual Technical Conference, 56, San Antonio (Texas). *Short Course presented at the Soc. of Petrol. Engrs.*

SOARES, P. C. 1973. *O Mesozóico gondwânico no Estado de São Paulo.* Fac. Filo. Ciên. de Rio Claro.Tese de doutoramento, 152 p. (inédita).

_____. 1975. O mesozóico gondwânico do Estado de São Paulo. *Rev. Bras. Geociên.*, **5**: 229-251. São Paulo.

_____; LANDIM, P. M. B. & FÚLFARO, V. J. 1978. Tectonic cycles and sedimentary sequences in the Brazilian intracratonic basins. *Geol. Soc. Amer. Bull.*, **89**: 181-191.

_____; LANDIM, P. M. B.; FÚLFARO, V. J. & SOBREIRO-NETO, A. F. 1980. Ensaio de caracterização estratigráfica do Cretáceo no Estado de São Paulo: Grupo Bauru. *Rev. Bras. Geociên.*, **10**: 177-185. São Paulo.

SOLOHUB, J. T. & KLOVAN, J. E. 1970. Evaluation of grain size parameters in lacustrine environments. *Jour. Sed. Petrol.*, **40**:81-101.

SONNENFELD, P. 1984. *Brines and evaporites.* Londres: Academic Press.

SONU C. J. & VAN BEEK, J. L. 1971. Systematic beach changes in the outer banks, North Carolina. *Jour. Geol.*, **74**: 416-425.

SORBY, H. C. 1853. *On the oscillation of currents drifting the sandstone beds of the Southeast Northcumberland, and their general direction in the coalfield in the neighbourhood of Edinburgh.* Repts. of the Proceedings of Geol. and Polytechnic Soc. of the West Riding of Yorkshire for 1852:232-240.

_____.1859. On the structures produced by the currents present during the deposition of stratified rocks. *The Geologist*, **2**:137-147.

_____.1880.On the structure and origin of non-calcareous stratified rocks. *Presidential address, Geol. Soc. London. Proceedings*, **35**: 56-77.

_____. 1908. On the application of quantitative methods to the study of the structure and history of rocks. *Quart. Jour. Geol. Soc. London*, **64**: 171-233.

SOUBIES, F.; SUGUIO, K.; MARTIN, L.; LEPRUN, J. C.; SERVANT, M.; TURCQ, B.; FOURNIER, M. DELAUNE, M. & SIFEDDINE, A. 1991. The Quaternary lacustrine deposits of the Serra dos Carajás (State of Pará, Brazil). Ages and other preliminary results. *Bol. IG-USP, Publ. Esp.*, **8**: 223-243. São Paulo.

SOUSA, S. H. M. 1985. *Fácies sedimentares das formações Estrada Nova e Corumbataí no Estado de São Paulo.* Instituto de Geociências-USP. Dissertação de mestrado, 142 p. (inédita).

SPEARING, D. R. 1974. *Summary sheets of sedimentary deposits.* Geol. Soc. Amer. (7 folhetos).

SPENCER, D. W. 1963. The interpretation of grain-size distribution curves of clastic sediments. *Jour. Sed. Petrol.*, **33**: 180-190.

SPJELDNAES, N. 1964. The Eocambrian glaciation in Norway. *Geol. Rundschau*, 54: 24-45.

SRIRAMADAS, A. 1957. Appositional fabric study of the coastal sediments, East Godawari District, Andhra, India. *Jour. Sed. Petrol.*, **27**: 447-452.

STACH, E.; MACKOWSKY, M. T.; TEICHMÜLLER, M. & TEICHMÜLLER, R. 1975. *Stach's textbook of coal petrology* (traduzido para o inglês por D. G. Murchison; G. H. Taylor & F. Zierkie). Berlim: Bornstraeger.

STANISTREET, I. G. & McCARTHY, T. S. 1993. The Okavango fan and the classification of fan systems. *Sedim. Geol.*, **85**:115-133.

STAPOR, F. W. & TANNER, W. F. 1975. Hydrodynamic implications of beach, beach ridge and dune grain size studies. *Jour. Sed. Petrol.*, **45**: 926-931.

STAUFFER, K. W. 1962. Quantitative petrographic study of Paleozoic carbonate rocks, Caballo Mountains, New Mexico. *Jour. Sed. Petrol.*, **32**:357-396.

STAUFFER, P. H. 1967. Grain-flow deposits and their implications, Santa Ynes Mountains, California. *Jour. Sed. Petrol.*, **37**: 487-508.

STEARNS, N. D. 1927. Laboratory tests on physical properties of water bearing materials. *U. S. Geol. Surv. Water Supply Paper*, **596-F**: 134- 137.

STEVAUX, J. C. 1994. The upper Paraná River (Brazil): Geomorphology, sedimentology and paleoclimatology. *Quatern. Intern.* **21**: 143-161.

_____ & SANTOS, M. L. 1998. Palaeohydrological changes in the upper Paraná River, Brazil, during the Late Quaternary: A facies approach. *In*: G. Benito; V. R. Baker & K. J. Gregory (eds.). *Palaeohydrology and environmental changes*:273-285. Nova York: John Wiley & Sons.

STEWART, F. H. 1963. Marine evaporites. *In:* Data of geochemistry. *U. S. Geol. Surv. Prof. Paper,* **440-Y**: 1-52.

STOCKDALE, E. 1926. Stratigraphic significance of solution in rocks. *Jour. Geol.*, **34**: 399-414.

STOCKDALE, P. B.1922. Stylolites: their nature and origin. *Indiana Univ. Studies*, **IX**: 1-97.

STOCKMAN, K. W.; GINSBURG, R. N. & SHINN, E. A. 1967. The production of lime mud by algae in South Florida. *Jour. Sed. Petrol.*, **37**: 633-648.

STOKES, W. L. 1961. Fluvial and eolian sandstone bodies in Colorado Plateau. *In:* J. A. Peterson & J. C. Osmond (eds.) *Geometry of sandstone bodies:* 151-178. Amer. Assoc. Petrol. Geol.

_____. 1968. Multiple parallel-truncation bedding planes: A feature of wind-deposited sandstone formations. *Jour. Sed. Petrol.*, **38**: 510-515.

STONE, R. O. 1967. A desert glossary. *Earth-Sci. Rev.*, **3**: 211-268.

STOPES, M. C. 1919. On the four visible ingredients in banded bituminous coal. *Royal Soc. London Proceedings*, **B-90**: 68-97.

STORMER. JR., J. C.; GOMES, C. B. &. TORQUATO, J. R. 1975. Spinel-llerzolite nodules in basanite lavas from Asunción, Paraguay, *Rev. Bras. Geociênc.* **5**:176-185. São Paulo.

STRAKHOV, N. M. 1953. Diagenesis of sediments and its significance in sedimentary ore formation. *lzvest. Akad. Nauk. SSSR, Seriya Geol.*, **5**.

_____. 1967. *Principles of lithogenesis* (v.1). Nova York: Consultants Bureau.

_____; BRODOSKAYA, N. G.; KHYAZEVA, L. M.; RASZHIVINA, A. N.; RATEEV, M. A.; SAPOZHNIKOV, D. G. & SHISKOVA, E. S. 1954. *Formation of sediments in recent basins*. Moscou: *Dokl. Akad. Nauk. SSSR*, 1-791.

SUGUIO, K. 1966. Aragonita pulverulenta em folhelho de subsuperfície de Carmópolis, Sergipe. *Bol. Soc. Bras. Geol.*, **15**: 49-54. São Paulo.

_____. 1969. Contribuição à geologia da Bacia de Taubaté. Vale do Paraíba, Estado de São Paulo. *Fac. Filo. Ciên. Letras – USP, Bol. Esp.*, 1-106. São Paulo.

_____. 1971. Textural modifications of well-sorted sands as a response to dynamic processes in the sedimentary environments. *Jour. Mar. Geol.*, **7**: 13-25 (Japão).

_____. 1973a. *Introdução à sedimentologia*. São Paulo: Edgard Blücher/EDUSP.

_____. 1973b. *Formação Bauru: Calcários e sedimentos detríticos associados*. Instituto de Geociências -USP. Tese de livre-docência, 2 v. (inédita).

_____. 1980. *Rochas sedimentares: Propriedades, gênese e importância econômica*. São Paulo: Edgard Blücher/EDUSP.

_____. 1981. Introdução à sedimentação deltaica. *In:* K. Suguio *et al.* (eds.) *Roteiro de excursão geológica à região do complexo deltaico do Rio Paraíba do Sul. (Rio de Janeiro)*: 3-37. CTCQ - SBG, CENPES – Petrobras – IG-USP, IG- UFRJ. Simpósio do Quaternário no Brasil, IV, Rio de Janeiro. Publ. Esp. n.º 2. Rio de Janeiro.

_____. 1998. *Dicionário de geologia sedimentar e áreas afins*. Rio de Janeiro: Bertrand-Brasil.

_____. 1999. *Geologia do Quaternário e mudanças ambientais*. São Paulo: Paulo's Editora.

_____. 2000. *O papel do Homem como importante agente de modificação dos ecossistemas terrestres. In:* Simpósio de Ecossistemas Brasileiros, V, Vitória (ES). *Anais...* **IV**: 1-16. Vitória.

_____ & BARCELOS, J. H. 1978. Quaternary sedimentary environments in Comprida lsland, State of São Paulo, Brazil, *Bol. IG., Inst. de Geociên.-USP,* **9**:203-211. São Paulo.

_____ & BARCELOS, J. H. 1983a. Paleoclimatic evidence from the Areado Formation, Cretaceous of the São Francisco Basin, State of Minas Gerais, Brazil. *Rev. Bras. Geociên.*, **13**: 229-231. São Paulo.

_____ & BARCELOS, J. H. 1983b. Paleoclimatic evidence from the Bauru Group, Cretaceous of the Paraná Basin, Brazil. *Rev. Bras. Geociên.*, **13**: 232-236. São Paulo.

_____ & BIGARELLA, J. J. 1979. Ambientes fluviais. *In:* J. J. Bigarella; K. Suguio & R. D. Becker (eds.). *Ambientes de sedimentação*. Curitiba: Editora da UFPR, 1-183 (1.ª ed.).

_____ & FÚLFARO, V. J. 1974. Diques clásticos e outras feições de contato entre os arenitos e basaltos da Formação Serra Geral. *In:* Congresso Brasileiro de Geologia, XXVIII, Porto Alegre (RS) *Anais...* **2**: 107-112.Porto Alegre.

_____ & FÚLFARO, V .J. 1977. Geologia da margem ocidental da Bacia do Parnaíba, Estado do Pará. *Bol. IG, Instituto de Geociências - USP*, **8**: 31-54. São Paulo.

_____ & KÖHLER, H. C. 1992. Quaternary barred lake systems of the Doce River (Brazil). *An. Acad. Bras. Ciên.*, **64**: 183-191. Rio de Janeiro.

_____ & KUTNER, M. B. 1974. Sedimentação na área de ltanhaém, SP. *In:* Congresso Brasileiro de Geologia, XXVIII, Porto Alegre (RS). *Anais...* **2**: 95-106. Porto Alegre.

_____ & MARTIN, L. 1978. Quaternary marine formations of the states of São Paulo and southern Rio de Janeiro. *In:* Symposium on Coastal Evolution in the Quarternary, 1978, São Paulo. Spec. Publ. n.º 1:1-55.

_____ & MARTIN, L. 1981. Significance of Quaternary sea-level fluctuations for delta construction along the Brazilian coast. *Geomarine Letters*,**1**:181-185.

_____ & MARTIN, L. 1996. The role of neotectonics in the evolution of the Brazilian coast. *Geonomos,* **4**: 45-53.

_____ & MUSSA, D. 1978. Madeiras fósseis dos aluviões antigos do Rio Tietê, São Paulo. *Bol. IG, Instituto de Geociências - USP,* **9**:25-45.

_____ & NOGUEIRA, A. C. R. 1999. Revisão crítica dos conhecimentos geológicos sobre a Formação (ou Grupo?) Barreiras do Neógeno e o seu possível significado como testemunho de alguns eventos geológicos mundiais. *Geociências, São Paulo*, **18**:461-479.

_____ & PETRI, S. 1973. Stratigraphy of the Iguape-Cananéia lagoonal region sedimentary deposits, São Paulo State, Brazil. Part 1: Field observations and grain size analysis. *Bol. IG, Instituto de Geociências - USP*, **4**:1-20. São Paulo.

_____ & TAKAHASHI, L. I. 1970. Estudo de aluviões antigos dos rios Pinheiros e Tietê, São Paulo. *An. Acad. Bras. Ciên.*, **42**: 555-570.

_____ & TESSLER, M. G. 1987. Characteristics of a Pleistocene nearshore deposit: An example from Southern São Paulo State coastal plain. *Quatern. of South America and Antarctic Penins.*,**5**:257-267.

_____ & VESPUCCI, J. B. O. 1985. Turbiditos lacustres da Bacia de Taubaté, SP. *In:* Simpósio Regional de Geologia, 5, São Paulo. *Atas...* **1**: 243-250. São Paulo.

_____; COIMBRA, A. M; MARTINS, C; BARCELOS, J. H. GUARDADO, L. R. & RAMPAZZO, L. 1971. Novos dados sedimentológicos dos aluviões antigos do Rio Pinheiros (SP) e seus significados na interpretação do ambiente deposicional. *In:* Congresso Brasileiro de Geologia, XXV, São Paulo (SP). *Anais...* **2**:219-225.São Paulo.

_____; FÚLFARO, V. J. & COUTINHO, J. M. V. 1971. Tipos de contatos e estruturas sedimentares associadas da Bacia de São Paulo. *In:* Congresso Brasileiro de Geologia, XXV, São Paulo (SP). *Anais...* **2**: 215-218. São Paulo.

_____; COIMBRA, A. M. & CATTO, A. J. 1972. Estudos comparativos dos sedimentos e rochas cristalinas circundantes da Bacia de São Paulo (granulometria e minerais pesados). *In:* Congresso Brasileiro de Geologia, XXVI, Belém (PA). *Anais...* **1**: 141-152. Belém (PA).

_____; COIMBRA, A. M. & GUARDADO, L. R. 1974a. Correlação sedimentológica de arenitos da Bacia do Paraná. *Bol. IG, Instituto de Geociências - USP*, **5**: 85-116. São Paulo.

_____; SALATI, E. & BARCELOS, J. H. 1974b. Calcários oolíticos de Taguaí (SP) e seu possível significado paleoambiental na deposição da Formação Estrada Nova. *Rev. Bras. Geociên.*, **4**: 142-166. São Paulo.

_____; BERENHOLC, M . & SALATI, E. 1975. Composição química e isotópica dos calcários e ambiente de sedimentação da Formação Bauru. *Bol. IG, Instituto de Geociências - USP*, **6**:55-75. São Paulo.

_____; FÚLFARO, V. J.; AMARAL. G. & GUIDORZI, L. A. 1977a. Comportamentos estratigráfico e estrutural da Formação Bauru nas regiões administrativas 7 (Bauru), 8 (São José do Rio Preto) e 9 (Araçatuba) no Estado de São Paulo. *In:* Simpósio Regional de Geologia, 1977, São Paulo (SP). *Atas...* 231-247. São Paulo.

_____; MARTIN, L. & FLEXOR, J. M. 1977b. Sea-level fluctuations during the past 6,000 years along the coast of the State of São Paulo, Brazil. *In:* N.A. Mörner (ed.) *Earth rheology, isostasy and eustasy*: 471-486. Londres: John Wiley & Sons.

_____; SVISERO, D. P. & FELITTI FILHO, W. 1979. Conglomerados polimíticos diamantíferos de idade cretácea de Romaria (MG): Um exemplo de sedimentação de leques aluviais. *In:* Simpósio Regional de Geologia, 2, Rio Claro (SP) *Atas...* **1**:217-219. Rio Claro.

_____; BARCELOS, J. H. & MATSUI, E. 1980. Significados paleoclimáticos e paleoambientais das rochas calcárias da Formação Caatinga (BA) e do Grupo Bauru (MG/SP). *In:* Congresso Brasileiro de Geologia, XXXI, Balneário de Camboriú (SC). *Anais...* **1**: 607-617. 217-219, Balneário de Camboriú.

_____; MARTIN, L.; BITTENCOURT, A. C. S. P. ; DOMINGUEZ, J. M. L. & AZEVEDO, A. E. G. 1985. Flutuações do nível relativo do mar durante o Quaternário superior ao longo do litoral brasileiro e suas implicações na sedimentação costeira. *Rev. Bras. Geociên.*, **15**: 273-286. São Paulo.

_____; MARTIN, L. & FLEXOR, J. M. 1988. Quaternary sea-levels of the Brazilian coast: Recent progress. *Episodes*, **11**:203-208.

_____; MARTIN, L. & FLEXOR, J. M. 1992. Paleoshorelines and the sambaquis of Brazil. *In:* L. L. Johnson & M. Stright (eds.) *Paleoshorelines and Prehistory: An investigation of method*: 83-99. Boca Raton: CRC Press.

_____; TATUMI, S. H. & KOWATA, E. A. 1999. The Comprida Island inactive dune ridges and their possible significance for the island evolution during the Holocene, State of São Paulo, Brazil. *An. Acad. Bras. Ciên.*, **71**: 623-630.

SUMMERHAYES, C. P.; COUTINHO, P.N.; FRANÇA, A. M. C. & ELLIS, J. P. 1975. Continental margin sedimentation off Brazil. Part III: Salvador to Fortaleza, Northeastern Brazil. *Contributions to sedimentology*, **4**:44-78. Stuttgart (Alemanha).

SUNDBORG, A. 1956.The River Klarälven: A study of fluvial processes. *Geogr. Ann.*, **38**: 27-316.

SUTHERLAND, D. G. 1985. Geomorphological controls on the distribution of placer deposits. *Jour. Geol. Soc. London*, **142**:727-737.

SUTTNER, L. J. 1974. Sedimentary petrographic provinces. *In:* C. A. Ross (ed.). *Paleogeographic provinces and provinciality*: 75-84. Soc. Econ. Paleont. and Mineral. Spec. Publ. n° 21.

SWIFT, D. J. P.; SANFORD, R. B.; DILL JR., C. E. & AVIGNONE, N. F. 1971. Textural differentiation on the shoreface during erosional retreat of an unconsolidated coast, Cape Henry to Cape Hatteras, Western North Atlantic Shelf. *Sedimentology*, **16**: 221-250.

_____; LUDWICK, J. C. & BOEHMER, W. R. 1972. Shelf sediment transport: A probability model. *In:* D. J. P. Swift; D. B. Duane & O. H. Pilkey (eds.). *Shelf sediment transport - Transport and pattern*: 195-223. Stroudsburgo: Dowden, Hutchinson & Ross.

SZATMARI, P. 1986. Controle tectônico da origem inorgânica do petróleo. *B. Téc. Petrobra*, **29**:3-6, Rio de Janeiro.

_____ & PORTO, R. 1982. *Classificação tectônica das bacias sedimentares terrestres do Brasil*. Rio de Janeiro: Petrobras/CENPES.

SZUPRYZYNSKI, J. 1965. Eskers and kames in Spitsbergen. *Geogr. Polonica*, **6**:127-140.

TAGGART, B. E. & SCHWARTZ, M. L. 1988. Net shore-drift direction determination: A systematic approach. *Jour. Shoreline Management*, **3**: 285-309.

TAKAKI, T. & RODRIGUES, R. 1986. Análise dos isótopos estáveis do carbono para determinar a origem e migração de hidrocarbonetos gasosos nas bacias sedimentares brasileiras. *In:* Congresso Brasileiro de Petróleo, III, Rio de Janeiro. Trab. TT27: I/7-7/7. Instituto Brasileiro do Petróleo. Rio de Janeiro.

TANNER, W. F. 1959. Sample components obtained by the method of differences. *Jour. Sed. Petrol.*, **29**: 408-411.

_____. 1964. Modification of sediment size distributions. *Jour. Sed. Petrol.*, **34:** 156-164.

_____. 1967. Ripple mark indices and their uses. *Sedimentology*, **9:** 89-104.

_____. 1991. Suite statistics: The hydrodynamic evolution of the sediment pool. *In:* J. P. M. Syvitski (ed.). *Principles, methods and applications of particle size analysis*: 225-236. Cambridge: Cambridge Univ. Press.

TARBUCK, E. J. & LUTGENS, F. K. 1976. *Earth science*. Columbus (Ohio): Charles E. Merrill Publ. Co.

TARDY, Y. 1969. *Géochimie des altérations: Etude des arènes et des eaux de quelques massifs cristallins d'Europe et d'Afrique*. Estrasburgo: Mem. Serv. Carte Géol. Als. Lorr. n° 31:1-199.

TAYLOR, J. M. 1950. Pore space reduction in sandstones. *Amer. Assoc. Petrol. Geol. Bull.*, **34**:701-716.

TEICHERT, C. 1958. Concept of facies. *Amer. Assoc. Petrol. Geol. Bull.*, **42**: 2718-2744.

TEIXEIRA NETTO, A. S. 1978. A implantação da fase "rift" na Bacia do Recôncavo. *In:* Congresso Brasileiro de Geologia, XXX, Recife (PE). *Anais ...* **1**:506-517. Recife.

TEODOROVICH, G. I. 1961. *Authigenic minerals in sedimentary rocks.* Nova York: Consultants Bureau Enterprises Inc.

TERUGGI, M. E. & ROSSETO, H. 1963. Petrología del Chubutiano en el codo del Río Senger. *Bol. Inf. Petrol. Arg.*, **354**:18-35.

_____; MAZZONI, M. M.; SPALETTI, L. A. & ANDREIS, R. R. 1978. Rocas piroclásticas: Interpretación y sistemática. *Publ. Esp. Ser.* B (Didáctica y complementaria) **5**: 1-36. Asoc. Geol. Argentina. Buenos Aires.

TERWINDT, J. H. J. & BREUSERS, H. N. C. 1972. Experiments on the origin of flaser, lenticular and sandy-clay alternating bedding. *Sedimentology,* **19**: 85-98.

TERZAGHI, R. D. 1940. Compaction of lime mud as a cause of secondary structure. *Jour. Sed. Petrol.,* **10**: 78-90.

THODE, H. G.; WANLESS, R. K. & WALLOUCH, R. 1954. The origin of natural sulfur deposits from isotope fractionation studies. *Geochim. et Cosmochim. Acta,* **5**:286-298.

_____; MONSTER, J. & DUNFORD, H. B. 1961. Sulphur isotope geochemistry. *Geochim. et Cosmochim. Acta,* **25**:150-174.

THOMAS, M. F. 1966. Some geomorphological implications of deep weathering patterns in crystalline rocks in Nigeria. *Inst. Brit. Geogr. Trans.,* **40**:173-193.

_____ & THORP, M. B. 1995. Geomorphic response to rapid climatic and hydrologic change during the Late Pleistocene and Early Holocene in the humid and sub-humid tropics. *Quatern. Sci. Rev.,* **14**: 193-207.

THOMPSON, R. W. 1968. Tidal flat sedimentation on the Colorado River delta, Northwestern Gulf of California. *Geol. Soc. Amer. Mem.,* **107**: 1-133.

THOMSON, A. 1959. Pressure solution and porosity in Ireland. *In: Silica in sediments, A symposium:* 92-110. Soc. Econ. Paleont. and Mineral. Spec. Publ. n.º 7.

THORARINSSON, S. 1954. Tephrokronologiska studier par Island. *Geogr. Annaler,* 1-127.

TIBANA, P. & TERRA, G. J. S. 1981. Seqüências carbononáticas do Cretáceo na Bacia Potiguar. *B. Téc. Petrobras,* **24**: 174-183.

TILLMAN, R. W. & WEBER, K. J. 1987. Reservoir sedimentology. *Soc. Econ. Paleont. and Mineral. Spec. Publ.,* **40**: 1-357.

TISSOT, B. P. & WELTE, D. H. 1978. *Petroleum formation and occurrence.* Berlim: Springer-Verlag.

_____; DURAND, B.; ESPITALIÉ, J. & COMBAZ, A. 1974. Influence of nature and diagenesis of organic matter on formation of petroleum. *Amer. Assoc. Petrol. Geol. Bull.,* **58**: 499-506.

TODD, T. W. & FOLK, R. L. 1957. Basal clairborne of Texas, record of Appalachian tectonism during the Eocene. *Amer. Assoc. Petrol. Geol. Bull.,* **41**:2545-2566.

TOMLINSON, C. W. 1916. The origin of red beds. *Jour. Geol.,* **24**:153-179 e 238-253.

TOOMS, J. S.; SUMMERHAYES, C. P. & McMASTER, R. L. 1971. Marine geological studies on the Northwest African margin: Rabat-Dakar. *In: The geology of the East Atlantic continental margin.* Inst. Geol. Sci. Rept., 70/16, **4**: 11-26. África.

TRASK, P. D. (ed.) 1950. *Applied sedimentation.* Nova York: Wiley Sons.

TRASK, P. D. & PATNODE, H. W. 1936. *Means of recognizing source beds. In:* Amer. Petrol. Institute Ann. Meeting, 17th (preprint).

TRICART, J. 1970. *Geomorphology of cold environments.* Edinburgo: McMillan.

_____. 1972. *The landforms of humid tropics, forests and savannas.* Londres: Longman Group Ltd.

_____. 1982. El Pantanal: un ejemplo del impacto geomorfológico sobre el ambiente. *Informaciones. Geol.,* **29**: 81-97. Santiago (Chile).

TROWNBRIDGE, A. C. 1930. Building of Mississippi. *Amer. Assoc. Petrol. Geol. Bull.,* **14**:867-901

TYSON, R. V. 1995. *Sedimentary organic matter - Organic facies and palynofacies.* Londres-Glasgow – Winheim – Nova York – Tóquio – Melbourne - Madras: Chapman & Hill.

TWENHOFEL, W. H. 1932. *Treatise on sedimentation.* Baltimore: Williams & Wilkins Co. (2.ª ed.).

_____. 1937. *Terminology of the fine grained mechanical sediments.* Rept. Comm. on Sedimentation for 1936-1937. Natl. Res. Council: 81-104.

_____. 1939. *Principles of sedimentation.* Nova York: McGraw Hill (1.ª ed.).

_____. 1950. *Principles of sedimentation.* Nova York: McGraw-Hill, (2.ª ed.).

UDDEN, J. A. 1898. *Mechanical composition of wind deposits.* Augustana Library Publ. n.º 1.

_____. 1914. The mechanical composition of clastic sediments. *Geol. Soc. Amer. Bull.* **25**: 655-744.

URDININEA, J. S. A. 1977. *Aspectos geoquímicos e ambientais dos calcários da Formação Pirabas, Estado do Pará.* Instituto de Geociências - UFRGS. Tese de doutoramento, 272 p.(inédita).

UREY, H. C. 1947. The thermodynamic properties of isotopic substances. *Jour. Chem. Soc.,* **1**: 562-581.

VAGELER, P. 1930. *Grundriss der tropischen und subtropischen Bodenkunde.* Berlim: Verlag f. Ackerbau.

VAIL, P. R. 1987. Seismic stratigraphy interpretation using sequence stratigraphy. Part 1. Seismic stratigraphy interpretation procedure. *In:* A. W. Bailey (ed.). *Atlas of seismic stratigraphy.* Amer. Assoc. Petrol. Geol. 1:1-9 (Amer. Assoc. Petrol. Geol. Studies in Geology, v.27).

_____ & MITCHUM JR., R. M. 1977. Seismic stratigraphy and changes of sea-level. Part. 1. Overview. *In:* C. E. Payton (ed.). *Seismic stratigraphy: Applications to hydrocarbon exploration:* 51-52. Amer. Assoc. Petrol. Geol. Mem. n.º 26.

_____; MITCHUM JR., R. M.; TODD, R. G.; WIDMIER, J. M.; THOMPSON, III, S.; SANGREE, J. B.; BUBB, J. N. & HATLELID, W. G. 1977. Seismic stratigraphy and global changes of sea-level. *In:* C. E. Payton (ed.). *Seismic stratigraphy - Applications to hydrocarbon exploration:* 49-212. Amer. Assoc. Petrol. Geol. Mem. n.º 26.

_____; AUDEMARD, F.; BOWMAN, S. A.; EISNER,P.N. & PÉREZ-CRUZ, C. 1991. The stratigraphic signatures of tectonic, eustasy and sedimentation - An overview. *In:* G. Einsele; W. Ricken & A. Seilacher (eds.). *Cycles and events in stratigraphy:* 617-659. Berlim-Heidelberg: Springer-Verlag.

VAN ANDEL, T. H. 1968. The Orinoco delta. *Jour. Sed. Petrol.,* **37**:297-310.

VAN DER PLAS, L. & TOBI, A. C. 1965. A chart for judging the reliability of point counting results. *Amer. Jour. Sci.,* **263**:87-90.

VAN HISE, C. R. 1904. Treatise on metamorphism. *U. S. Geol. Surv. Mem.*, **47**: 866-868.

VAN HOUTEN, F. B. & PURUCKER, M. E. 1984. Glauconitic pelloids and chamositic ooids - Favourable factors, constraints, and problems. *Earth-Sci. Rev.*, **20**:211-243.

VAN STRAATEN, L. M. J. U. 1949. Occurrence in Finland of structures due to subaqueous sliding of sediments. *Comm. Geol. Finlande Bull.*, **144**:9-18.

_____. 1954a. Composition and structure of Recent marine sediments in the Netherlands. *Leidse Geol. Mededel.*, **19**:1-110.

_____. 1954b. Sedimentology of Recent tidal flat deposits and the psammites du Condroz (Devonian). *Geol. Mijnb.*, **16**:25-47.

VAN WAGONER, J. C.; MITCHUM JR., R. M.; POSAMENTIER, H. W. & VAIL, P. R. 1987. Key definitions of sequence stratigraphy. *In:* A. W. Bailey (ed.) *Atlas of seismic stratigraphy*, v. 1:11-14 (Amer. Assoc. Petrol. Geol. Studies in Geology v. 27).

VERDADE, F. C. & HUNGRIA, L. S. 1966. Estudo genético da bacia orgânica do Vale do Paraíba. *Rev. Bragantina,* **25:** 189-202. Campinas.

VICALVI, M. A.; KOTZIAN, S. C. B. & FORTI-ESTEVES, l. R. 1977. A ocorrência de microfauna estuarina no Quaternário da plataforma continental de São Paulo. *Projeto REMAC*, Publ. n.º **2**: 77-96.

VILELA, C. G. 1998. Benthic foraminifera of Mass-Transport Deposits (MTD's) in the Amazon fan. *An. Acad. Bras. Ciên.* **70**: 173-185.

VILLWOCK, J. A.; TOMAZELLI, L. J.; LOSS, E. L.; DEHNHARDT, E. A.; HORN FILHO, N.O.; BACHI, F. A. & DEHNHARDT, B. A. 1986. Geology of the Rio Grande do Sul coastal province. *Quater. of South America and Antarctic Penins.*, **4**:79-97.

VISHER, G. S. 1965. Fluvial processes as interpreted from ancient and recent fluvial deposits. *In:* G. V. Middleton (ed.). *Primary sedimentary structures and their hydrodynamic interpretation:* 116-132. Soc. Econ. Paleont. and Mineral. Spec. Publ. n.º 12.

_____. 1969. The mechanical composition of clastic sediments. *Geol.* Soc. *Amer. Bull.*, **39**: 1074-1106.

_____ & HOWARD, J. D. 1974. Dynamic relationship between hydraulics and sedimentation in the Altamaha estuary. *Jour. Sed. Petrol.*, **44**:502-521.

VISTELIUS, A. B. 1949. On the question of the mechanism of the formation of strata. *Dokl. Akad. Nauk. SSSR,* **65**: 191-194.

VITA-FINZI, C. 1971. Heredity and environment in clastic sediments: Silt-clay depletion. *Geol. Soc. Amer. Bull.*, **82**: 187-190.

_____ & SMALLEY, I. L. 1970. Origin of quartz silt: Comments on a note by P.H. Kuenen. *Jour. Sed. Petrol.*, **40**: 1367-1368.

VON BERTALANFFY, L. 1968. *General system theory - Foundations, developments and applications.* The Penguin Press.

VON GÜMBEL, C. W. 1868. Geognotische Beschreibung des ostabayerischen grenzgebirges v. 2 de *Geognotische beschreibung des Köigreichs, Bayern.* Kassel: Fischer.

VON RAD, U. 1971. Comparison between magnetic and sedimentary fabric in graded and cross-laminated sand layers, Southern California. *Geol. Rundsch.*, **60**: 331-354.

WADELL, H. 1932. Volume, shape and roundness of rock particles. *Jour. Geol.*, **40**: 443-451.

_____. 1933. Sedimentation and sedimentology. *Science,* **77**: 536-537.

_____. 1935. Volume, shape and roundness of quartz particles. *Jour. Geol.*, **43**:29-43.

_____. 1938. Proper names, nomenclature and classification. *Jour. Jour. Geol.*, **46**: 546-568.

WAHLSTROM, E. E. 1948. Pre-Fountain and recent weathering on Flagstaff Mountain near Boulder, Colorado. *Geol. Soc. Amer. Bull.*, **59**: 1173-1190.

WALKER, A. S. 1992. *Deserts: Geology and resources.* U. S. Geol. Surv. Publ.

WALKER, R. G. 1963. Distinctive types of ripple-drift cross-lamination. *Sedimentology,* **2**: 173-188.

_____. 1967a. Turbidite sedimentary structures and their relation to proximal and distal depositional environments. *Jour. Sed. Petrol.*, **37**: 25-43.

_____. 1967b. Upper flow regime bedforms in turbidites of the Hatch Formation, Devonian of New York State. *Jour. Sed. Petrol.*, **37**: 1052-1058.

_____. 1969. Geometrical analysis of ripple-drift cross-lamination. *Can. Jour. Earth Sci.* **6**: 383- 391.

_____. 1975. Generalized facies models for resedimented conglomerates of turbidite association. *Geol. Soc. Amer. Bull.*, **86**:737-748.

_____. 1978. Deep water sandstone facies and ancient submarine fans: Models for exploration for stratigraphic traps. *Amer. Assoc. Petrol. Geol. Bull.*, **62**: 932-966.

_____. 1979. *Facies models.* Toronto: Geoscience Canada Series,1.

_____. 1984. Turbidites and associated coarse clastic deposits. *In:* R. G. Walker (ed.) *Fades models*: 171-188. Geoscience Canada Reprint Series 1.

_____. 1990. Facies modeling and sequence stratigraphy. *Jour. Sed. Petrol.*, **60**:777-786.

WALKER, T. R. 1967. The origin of red beds in modern and ancient deserts. *Geol. Soc. Amer. Bull.*, **78**: 353-391.

WALTHER, J. 1893-1894. Einleitung in die Geologie als historische Wissenschaft. Jena: Gustav Fischer.

WANLESS, F. K. & WELLER, J. M. 1932. Correlation and extent of Pennsylvanian cyclothems. *Geol. Soc. Amer. Bull.*, **43**: 1003-1016.

WARME, J. E. 1967. Graded bedding in the Recent sediments of Mugu Lagoon, California. *Jour. Sed. Petrol.*, **37**: 540-547.

WAYLAND, R. G. 1939. Optical orientation in elongate clastic quartz. *Amer. Jour. Sci.*, **237**: 99- 09.

WEAVER, O. E. 1960. Possible uses of clay minerals in search for oil. *Amer. Assoc. Petrol. Geol. Bull.*, **44**: 1505-1518.

WEBSTER, T. 1826. Observations on the Purbeck and Portland beds. *Geol. Soc. Trans.*, **2**: 37-44.

WEEKS, L. G. 1952. Factors of sedimentary basin development that control oil occurrence. *Amer. Assoc. Petrol. Geol. Bull.*, **36**: 2071-2124.

WEGMANN, E. 1962. L'exposé original de la notion de facies par A. Gressly (1814-1865). *Sci. de la Terre.*, **9**:83-119.

WELLER, J. M. 1958. Stratigraphic facies differentiation and nomenclature. *Amer. Assoc. Petrol. Geol. Bull.*, **40**: 17-50.

_____. 1960. *Stratigraphic principles and practice.* Nova York: Harper & Row.

WELLMAN, H. W. & WILSON, A. T. 1965. Salt weathering, a neglected erosive agent in coastal and arid environments. *Nature,* **205**:1097-1098.

WENTWORTH, C. K. 1919. Laboratory and field study of cobble abrasion. *Jour. Geol.*, **27**: 507-521.

_____. 1922a. A scale of grade and class terms for clastic sediments. *Jour. Sed. Petrol.,* **30**: 377-392.

_____. 1922b. A field study of the shapes of river pebbles. *U. S. Geol. Surv. Bull.,* **730-C:** 1-114.

_____. 1922c. The shapes of beach pebbles. *U. S. Geol. Surv. Prof. Paper,* **131-C:** 75-83.

_____. 1931. The mechanical composition of sediments in graphic form. *Univ. of Iowa Studies, Nat. Hist.,* **14**: 1-127.

_____. 1933. Fundamental limits to the sizes of clastic grains . *Science,* **77**:633-634.

_____. 1936. An analysis of shapes of glacial cobbles. *Jour. Sed. Petrol.,* **6**:85-96.

WERNICK, E. & CASTRO, P. R. M. 1971a. Contribuição ao estudo dos grãos alongados do Arenito Botucatu. *Not. Geomorfol.,* **11**:39-48. Campinas.

_____ & _____. 1971b. Contribuição ao estudo dos grãos alongados do Arenito Bauru. *In:* Congresso Brasileiro de Geologia, XXV, São Paulo (SP). *Anais...,* **2**:207-231. São Paulo.

WHEELER, H. E. 1964. Baselevel, lithosphere surface and time stratigraphy. *Geol. Soc. Amer. Bull.,* **75**: 599-610.

_____ & MALLORY, V. S. 1956. Factors in lithostratigraphy. *Amer. Assoc. Petrol. Geol Bull.,* **40**: 2711-2723.

WHITE, G. 1961. Colloid phenomena in the sedimentation of argillaceous rocks. *Jour. Sed. Petrol.,* **31**: 560-565.

WHITE, M. G. 1956. *Uranium in the Serra de Jacobina, State of Bahia, Brazil.* Peaceful Uses of Atomic Energy Volume: 140-142.

WILLIAMS, E. 1960. Intrastratal flow and convolute bedding. *Geol. Mag.,* **97**: 208-214.

WILLIAMS, H.; TURNER, F. J. & GILBERT, C. M. 1954. *Petrology.* San Francisco: Freeman.

WILLIAMSON, I. A. 1967. *Coal mining geology.* Londres: Oxford Univ. Press.

WILLMAN, H. B. 1942. Geology and mineral resources of Marseilles, Ottawa, and Streater quadrangles. *Ill. State Geol. Surv. Bull.,* **66**:343-344.

WINKELMOLEN, A. M. 1982. Critical remarks on grain-size parameters, with special emphasis on shape. *Sedimentology,* **29**: 255-265.

_____; VAN DER KNAPP, W. & EIJPE, R. 1968. An optical method of measuring grain orientation in sediments. *Sedimentology,* **11**: 183-196.

WOLLE, C. M. 1988. *Análise dos escorregamentos translacionais numa região da Serra do Mar no contexto de uma classificação de mecanismos de instabilização de encostas.* Escola Politécnica. Tese de doutoramento, 406 p. (inédita).

WOOLNOUGH, W. G. 1927. The duricrust of Australia. *Jour. and Proc. of the Royal Soc. of N. S. Wales,* **61**:24-53.

WORZEL, J. L. 1968. Survey of continental margins. *In:* D. T. Donovan (ed.). *Geology of shelf seas:* 117-152. Edinburgo: Oliver & Boyd.

WRIGHT, L. D. 1978. River deltas. *In:* R. A. Davis (ed.). *Coastal sedimentary environments:* 5-68. Nova York: Springer-Verlag.

_____ & SHORT, A. D. 1984. Morphodynamics variability of surf zones and beaches A synthesis. *Mar. Geol.,* **56**:93-118.

_____; COLEMAN, J. M. & ERICKSON, M. V. 1975. Analysis of major river systems and their deltas: Morphologic and process comparison. *Louisiana State Univ. Coastal Studies. Inst., Techn. Report,* **156**: 1-114.

_____; CHAPPELL, J.; THOM, B. G.; BRADSHAW, M. P. & COWELL, P. 1979. Morphodynamics of reflective and dissipative beach and inshore system, Southern Australia. *Mar. Geol.,* **32**:105-140.

_____; SHORT, A. D. & GREEN, M. O. 1985. Short term changes in the morphodynamic states of beaches and surf zones: An empirical predictive model. *Mar. Geol.,* **62**:339-364.

_____; SHORT, A. D.; BOON, J. D.; KIMBALL, S. & LIST, J. H. 1987. The morphodynamic effects of incident wave groupiness and tide range on energetic beach. *Mar. Geol.,* **74**: 1-20.

WRIGHT, T. L. 1968. X-ray and optical study of alkakali feldspar: II. A X-ray method for determining the composition and structural state from measurement of 2θ values in three reflections. *Amer. Mineralogist,* **53**: 88-104.

WYCOFF, R. D.; BOTSET, H. G.; MUSKAT, M. & REED, D. W. 1934. Measurement of permeability of porous media. *Amer. Assoc. Petrol. Geol. Bull.,* **18**:161-190.

YOUNG, E. J. 1966. A critique of methods for comparing heavy mineral suites. *Jour. Sed. Petrol.,* **36**: 57-65.

YOUNG, G. S. W. 1976. Petrographic textures of detrital polycrystalline quartz as an aid to interpreting crystalline source-rocks. *Jour. Sed Petrol.,* **46**: 595-603.

ZANKL, H. 1969. Structural and textural evidence of early lithification in fine-grained carbonate rocks. *Sedimentology,* **12**: 241-256.

ZEMBRUSCKI, S. G.; BARRETO, H. T. PALMA, J. C. & MILLIMAN, J. D. 1972. Estudo preliminar das províncias geomorfológicas da margem continental brasileira. *In:* Congresso Brasileiro de Geologia, XXVI, Belém (PA). *Anais...* **2**: 187-209. Belém.

ZENKOVITCH, V. P. 1969. Origin of barrier beaches and lagoon coast. *In:* A. A. Castañares & F. B. Phleger (eds). *Coastal, lagoons - A symposium:* 27-38. Univ. Nac. Aut. de México (UNAM). México.

ZIMMERLE, W. & BONHAM, L. C. 1962. Rapid methods for dimensional grain orientation measurements. *Jour. Sed. Petrol.,* **32**: 751-763.

ZINGG, T. 1935. Beitrage zur schotteranalyse. *Min. Petrogr. Mitt. Schweiz.,* **15**: 39-140.

ZUQUETTE, L. V. 1987. *Análise crítica de cartografia geotécnica e proposta metodológica para as condições brasileiras.* Escola de Engenharia de São Carlos-USP. Tese de doutoramento, 3 v. (inédita).

Índice Remissivo de Assuntos